ISBN 978-0-666-55881-7
PIBN 11045417

English
Français
Deutsche
Italiano
Español
Português

www.forgottenbooks.com

Handbuch

der

Wasserbaukunst

von

G. Hagen.

Dritte neu bearbeitete Auflage.

Erster Theil:

Die Quellen.

Erster Band mit 10 Kupfertafeln.

Berlin 1869.

Verlag von Ernst & Korn.

(Gropius'sche Buch- und Kunsthandlung.)

Brunnen, Wasserleitungen

und

Fundirungen.

Von

G. Hagen.

Dritte neu bearbeitete Auflage.

Erster Band.

Mit einem Atlas von 10 Kupfertafeln in Folio.

Berlin 1869.

Verlag von Ernst & Korn.

(Gropius'sche Buch- und Kunsthandlung.)

Vorrede
zur dritten Auflage.

Seit dem Erscheinen der ersten Ausgabe dieses Handbuches sind die Methoden der Anordnung und Ausführung der Wasserbauwerke so vervielfältigt worden, dafs von ihrer vollständigen Zusammenstellung gegenwärtig abgesehn werden mufste. Viele derselben, die weniger wichtig erschienen, habe ich daher entweder gar nicht, oder nur mit wenig Worten berührt, auch manche Mittheilungen unterdrückt, welche die beiden ersten Ausgaben enthielten. Dagegen sind diejenigen neuern Methoden hinzugefügt, welche sich bereits bewährt haben, oder günstige Erfolge mit grofser Wahrscheinlichkeit erwarten lassen.

Aufserdem habe ich mich auf diejenigen Gegenstände beschränkt, die unbedingt zum Wasserbau gehören, und habe daher in den vielfachen Beziehungen dieser Wissenschaft zu andern, engere Grenzen gezogen. Eine Ausnahme hiervon macht nur die ausführliche Beschreibung mancher mechanischen Vorrichtungen, die der Baumeister mit Hülfe gewöhnlicher Handwerker selbst zusammenstellen kann.

Bei dieser Beschränkung des Inhaltes wurden manche der früher mitgetheilten Figuren entbehrlich, und
hierdurch erklärt es sich, daſs einige Nummern derselben fehlen, während die Nummern der Tafeln geändert
sind.

Von besonderer Wichtigkeit für die weitere Entwickelung der Wasserbaukunst erschien der Hinweis
auf den Zusammenhang der betreffenden physikalischen Erscheinungen. Ich habe mich daher bemüht,
aus den in neuerer Zeit angestellten hieher gehörigen
Beobachtungen die wahrscheinlichsten Resultate her-
zuleiten, und dadurch zu Gesetzen und Regeln zu gelangen, die mit gröſserer Sicherheit, als bisher, auf die
zu erwartenden Erfolge schlieſsen lassen.

Die Anordnung des ganzen Werkes ist die frühere
geblieben, doch werden übereinstimmend mit dem vor
wenig Jahren erschienenen dritten Theile auch die beiden ersten durch besondere Titel als selbstständige
Werke bezeichnet und in mehrere Bände zerlegt werden. Der erste, überschrieben die Quellen, zerfällt
in zwei, und der zweite, die Ströme *), wie schon
früher, in drei Bände. Jedem Theile wird auch ein al-
phabetisches Sachregister beigefügt werden.

Es mag auffallen, daſs ich in dieser neuen Ausgabe
noch das Rheinländische Fuſsmaaſs beibehalten habe, obwohl die Einführung des Meters im nördlichen Deutschlande bereits definitiv beschlossen ist. Ich mochte indessen nicht jenes Maaſs, welches durch Bessel in gröſs-

---

*) Die Worte „und Canäle“ waren ohne mein Vorwissen dem
Titel des zweiten Theiles zugesetzt worden, und konnten auch aus
der zweiten Ausgabe desselben nicht beseitigt werden, da diese nur
wörtlicher Abdruck der ersten sein durfte.

G. Hagen.

Vorrede
zur ersten Auflage.

Der vorliegende erste Theil des Handbuches der Wasserbaukunst enthält die Beschreibung derjenigen Anlagen, wodurch kleinere Wassermassen aufgefangen, geleitet, abgesperrt oder in ihren Wirkungen unschädlich
gemacht werden; er behandelt also im Allgemeinen die
Quellen. Die beiden folgenden Theile, zu denen die
Materialien gröfstentheils schon gesammelt und geordnet
sind, werden die Ströme und das Meer umfassen.

Die einzelnen Gegenstände sind in der Art vorge-
tragen, dafs zuerst der Zweck und die Wirksamkeit jeder hydrotechnischen Anlage näher erörtert und daraus
die Bedingungen und Rücksichten hergeleitet werden,
die man bei der Anordnung des Baues oder bei der
Entwerfung des Projectes zu beobachten hat; sodann
aber werden die verschiedenen Constructionsarten, soweit sie in jedem Falle angewendet sind, möglichst vollständig beschrieben.

Um die Wirkungen der Wasserbauwerke richtig
zu beurtheilen, ist es nöthig, den Zusammenhang der
dabei vorkommenden Erscheinungen aufzufassen. Die

Erfolge, die man herbeiführen will, und ebenso auch
diejenigen, die zuweilen unerwartet eintreten, können
zwar nur in den Gesetzen der Mechanik und in den
physischen Eigenschaften der Körper ihre Begründung
finden; man sucht aber meist vergeblich in der Mechanik und Physik die Aufklärung der Verhältnisse, die
hier vorkommen. Manche Erscheinungen, die für den
Wasserbau besonders wichtig sind, blieben bisher beinahe ganz unbeachtet, und bei andern hat man sich damit begnügt, gewisse algebraische Ausdrücke mit einigen wenigen Messungen ungefähr in Uebereinstimmung
zu bringen. Auf solche Art sind die meisten sogenannten Theorien entstanden; allgemeine Gültigkeit kann
man von ihnen eben so wenig erwarten, als sie eine
solche wirklich zeigen, doch eben deshalb dürfen sie
weder als unumstöfsliche Wahrheiten angesehn werden,
durch deren Entdeckung jede weitere Untersuchung abgeschnitten wurde, noch auch liefern sie den Beweis,
dafs eine gründliche Forschung in diesem Gebiete zu
keinem sichern Resultate führt. Ihre Unhaltbarkeit ist
die natürliche Folge ihrer Unvollständigkeit. Vor Allem
fehlte es bisher an genauen und vielseitigen Beobachtungen, die einer umfassenden Theorie zum Grunde gelegt werden konnten; sodann aber geschah die Zusammenstellung und Benutzung der beobachteten Resultate
auch gar zu willkürlich und keineswegs nach den bestimmten Methoden, welche die Mathematik auf ihrem
gegenwärtigen Standpunkte für solche bezeichnet.

Die weitere Ausbildung des wissenschaftlichen Theiles der Wasserbaukunst steht mit der Praxis in sehr naher Beziehung, denn nur durch sie darf man diejenige
Sicherheit in der Anordnung der Wasserbauwerke zu

erreichen hoffen, welche man so häufig vermifst und
deren Mangel sich noch immer in der Unzulänglichkeit
mancher Anlagen zu erkennen giebt. Die Ausfüllung
dieser Lücke ist ohne eine kräftige Unterstützung von
Seiten des Gouvernements gar nicht denkbar. Zunächst
kommt es indessen darauf an, die Lücken bestimmt
nachzuweisen und zu zeigen, ob und in welchem Falle
man den Regeln und Formeln, die der Wasserbaumeister gegenwärtig benutzt, einige Gültigkeit beilegen darf;
ich habe es versucht, diese Aufgabe zu lösen.

Die verschiedenen Constructionen, die man bei
gleichartigen Anlagen wählen kann und an verschiedenen Orten auch wirklich zu wählen pflegt, sind zum
Theil durch Localverhältnisse bedingt, zum Theil aber
stehn sie sich an Zweckmäfsigkeit und Solidität auch
keineswegs gleich; einzelne darunter verdienen ohne
Zweifel eine allgemeinere Anwendung. Ich habe mich
bemüht, sie möglichst vollständig zu sammeln, und soweit es geschehn konnte, auch die Data anzuführen,
welche ein Urtheil über ihre Brauchbarkeit begründen.
Indem die Einführung des Neuen und Fremden gewöhnlich Mifstrauen erregt, so wäre kaum zu erwähnen, dafs
man dieses nur mit grofser Vorsicht versuchen darf.
Dagegen mufs man aber auch nicht unbeachtet lassen,
dafs eine Methode, die durch lange Praxis sich bereits
bewährt hat, deshalb noch nicht unbedingt die beste
ist, und wenn der Versuch, sie durch eine andere zu
ersetzen, mifsglückt, so folgt daraus wieder noch nicht
immer, dafs die neue Methode an sich unpraktisch war,
denn auch durch Unvorsichtigkeit mifsräth Vieles.

Die ausführende Wasserbaukunst ist in der neueren Zeit hauptsächlich durch die vielfache Anwendung

von Maschinen sehr vervollkommnet worden. Die Prüfung und Zubereitung der Materialien, ihre Versetzung und Aufstellung, sowie auch die Untersuchung ihrer spätern Lage läfst sich zuweilen durch besondere Maschinen viel sicherer, schneller, und wenn die Operationen sich vielfach wiederholen, auch wohlfeiler bewirken, als dieses durch unmittelbare Handarbeit und durch gewöhnliche Werkzeuge möglich war. Die Maschinenlehre ist sonach ein wesentlicher Theil der Wasserbaukunst geworden, und wenn die Kenntnifs derselben im Allgemeinen auch vorausgesetzt werden mufste, so konnte die Beschreibung der hierher gehörigen Apparate doch um so weniger umgangen werden, als eine grofse Vorsicht und Ueberlegung bei ihrer Anordnung und Aufstellung unerläfsliche Bedingung ist.

Berlin, im December 1840.

G. Hagen.

Abschnitt III.

Wasserleitungen. 135

Abschnitt IV.

Erster Abschnitt.

Atmosphärischer Niederschlag und Verdunstung.

L

§. 1.
Entstehung des Regens.

Verschiedene hydrotechnische Anlagen haben allein den Zweck, dasjenige Wasser zu sammeln oder abzuleiten, welches als Regen und Schnee auf die Erdoberfläche herabfällt. Schon aus diesem Grunde wird die Erwähnung einiger Beobachtungen über die Menge des atmosphärischen Niederschlages nicht überflüssig erscheinen, der Gegenstand gewinnt aber für den Wasserbaumeister noch an Wichtigkeit, insofern das Wasser, welches als Regen oder in andern Formen aus der Luft herabfällt, die alleinige Veranlassung zum Entstehn der meisten Quellen ist, und die Bäche, Flüsse und Ströme ihren Ursprung und ihre Speisung demselben verdanken.

Die Bäche und Flüsse nehmen jedoch nicht die ganze Wassermenge des atmosphärischen Niederschlages auf, da ein grofser Theil desselben schon durch Verdunstung vom Erdboden verschwindet. Ist das Maafs der letzteren, wie auch das des Niederschlages auf einer gegebenen Fläche bekannt, so kann man aus der Gröfse des Flufsgebietes, das heifst aus der Ausdehnung der Fläche, die dem Flusse das Wasser liefert, auf seine Reichhaltigkeit schliefsen. Es zeigt sich freilich, dafs theils die Beobachtungen über die Menge des Niederschlages sehr abweichende Resultate geben, und theils auch die Beschaffenheit des Bodens einen grofsen Einflufs auf die Bildung der Quellen ausübt, wenn aber keine directe Messung der Wassermenge eines Flusses möglich ist, so gewährt diese Methode doch wenigstens einigen Anhalt, und namentlich wird man sie benutzen müssen, wenn es darauf ankommt, die Verhältnisse unter gewissen Umständen zu beurtheilen, zu deren directer Beobachtung die passende Gelegenheit nicht abgewartet werden kann.

1 *

Die Ursache der Circulation des Wassers, wodurch dasselbe von sumpfigen Niederungen, von den Seen und selbst von dem Ocean zurück auf die höchsten Gebirge geführt, und über die ganze Oberfläche der Erde verbreitet wird, beruht in der Eigenschaft der Luft, eine gewisse Quantität Wasserdunst in sich aufzunehmen, die sie unter veränderten Umständen wieder ausstöfst. Je weniger Wassertheilchen die Luft enthält, um so begieriger saugt sie das Wasser auf, und um so stärker verdunstet daher eine von ihr berührte Wasserfläche. In dem Maafse, wie sich aber der Wasserdunst in der Luft anhäuft, vermindert sich auch ihre Fähigkeit, noch mehr Wassertheilchen aufzunehmen, und es tritt endlich eine vollständige Sättigung ein. Dieser Sättigungspunkt ist jedoch nicht constant, sondern von der Temperatur abhängig. Je wärmer die Luft ist, desto mehr Wasser kann sie aufnehmen.

Unter Voraussetzung der von Regnault ermittelten Spannungen des Wasserdampfes können in 1 Rheinländischem Cubikfufs atmosphärischer Luft unter dem mittleren Drucke von 29 Zoll Rheinl. bei verschiedenen Temperaturen die in der zweiten Spalte der nachstehenden Tabelle angegebene Anzahl Gran Wasser aufgenommen werden. Die dritte Spalte bezeichnet dagegen den Wassergehalt einer gleichfalls gesättigten Luftmasse, welche in der Temperatur des Gefrierpunktes 1 Cubikfufs mifst.

Temperatur nach Réaumur	Wassergehalt in Gran	
	in 1 Cubikfufs	in constanter Luftmasse
— 8°	1,76	1,69
- 4°	2,07	1,90
0°	2,48	2,48
+ 4°	2,98	3,04
+ 8°	3,62	3,76
+ 12°	4,42	4,67
+ 16°	5,41	5,81
+ 20°	6,63	7,25
+ 24°	8,11	9,02

Wird sonach eine mit Wasserdunst gesättigte Luftmasse erwärmt, so erhält sie von Neuem das Vermögen, noch mehr Wasser in sich aufzunehmen, wird sie dagegen abgekühlt, so stöfst sie einen Theil des Wassers von sich, das sie bisher gebunden hatte. Letzteres scheidet alsdann als sichtbarer und feuchter Nebel oder als Wolke aus der bisher ganz durchsichtigen Luft aus, und indem die feinen Wassertheilchen sich nach und nach zu Tropfen verbinden, so fallen sie als Regen nieder.

Die vorstehende Tabelle zeigt noch, daß bei gleichen Temperaturveränderungen der Sättigungspunkt sich nicht gleichmäßig verändert, sondern daß bei höherer Temperatur eine gewisse Aenderung derselben, wie etwa um 4 Grade, die Luft zur Aufnahme einer größeren Wassermenge fähig macht, als bei einer niedrigeren Temperatur. Hieraus folgt zunächst, daß im Allgemeinen die atmosphärischen Niederschläge in heißen Zonen reichhaltiger sein müssen, als in kalten. Es ergiebt sich daraus aber ferner, daß zur Bildung dieser Niederschläge keine fremdartige Veranlassung zur Abkühlung der Luft erforderlich ist, sondern daß zwei mit Wasserdunst gesättigte Luftmassen von verschiedener Temperatur bei ihrer Verbindung jedesmal einen Theil des enthaltenen Wassers ausstoßen, indem die mittlere Temperatur nicht mehr der mittleren Wassermenge entspricht, sondern immer einer kleinern, woher ein Theil derselben frei wird. Dem letzten Umstande scheinen die atmosphärischen Niederschläge vorzugsweise ihre Entstehung zu verdanken, und es darf nicht befremden, daß dieselben so ungleichmäßig über die Erdoberfläche vertheilt sind. Sobald warme, mit Wasserdunst gesättigte Luft sich abkühlt, so bildet sich der Regen, wenn dagegen die warme Luft nur wenig Wasser enthält und über eine stark erhitzte öde Fläche streicht, so erwärmt sie sich noch mehr und wird dadurch in den Stand gesetzt noch größere Wassermassen in sich aufzunehmen. Begegnet sie alsdann einer kalten und sogar mit Wasser gesättigten Luftmasse, so kühlt sie sich zwar ab, aber das in der letzteren enthaltene Wasser wird nicht niedergeschlagen. So geschieht es, daß die Trockenheit des Bodens, wie etwa auf ausgedehnten Sandflächen, die Bildung des Regens verhindert.

Man hat vielfach die Vermuthung ausgesprochen, daß die Vegetation einen merkbaren Einfluß auf die Niederschläge ausübt, und letztere geringer werden, sobald ausgedehnte Waldungen verschwinden. Einzelne Thatsachen bestätigen allerdings diese Auffassung, doch zeigen andere wieder das Gegentheil, und es scheint daher, daß die Luftströmungen, die theils von allgemeinen physischen Ge-

6 I. Atmosphärischer Niederschlag und Verdunstung.

setzen, theils auch von der Gestaltung des Landes im Ganzen bedingt werden, vorzugsweise die ungleichmäfsige Vertheilung des Regens veranlassen.

Dafs die Flüsse und Ströme bei zunehmender Boden-Cultur ihren Charakter auffallend verändern und während der Dürre viel weniger, nach starkem Regen aber und beim Schmelzen des Schnees viel mehr Wasser abführen, als in früherer Zeit, ist freilich nicht zu bezweifeln, doch rührt dieses davon her, dafs bei zunehmender Cultur der schnellere Abflufs des Wassers durch Gräben und Drainirung künstlich befördert wird. Nach den Briefen des Kaisers Julian veränderte sich der Wasserstand der Seine innerhalb Paris im vierten Jahrhundert nicht bedeutend, und ihr Wasser blieb immer klar, woher es als gutes Trinkwasser galt. Jetzt dagegen erhebt sich der Strom zur Zeit der Anschwellungen bis 30 Fufs über seinen niedrigsten Stand, und das Wasser ist stets so trübe, dafs es gar nicht mehr als Trinkwasser benutzt wird. *)

In einem heifsen Klima und auf weit ausgedehnten kahlen Flächen kann die Verdunstung im Verhältnisse zum Niederschlage so zunehmen, dafs Wassermassen, die sich schon zu Strömen angesammelt hatten, beim Eintritt in grofse Niederungen oder in weite Landseen vollständig verschwinden. Die Seen dieser Art können also nicht überfliefsen, oder sie haben keinen Abflufs nach dem Ocean. In unserm Klima ist das Eintreten ähnlicher Verhältnisse undenkbar, wenigstens können sie sich nur im kleinen Maafsstabe zeigen.

Die verschiedenartigen Formen, in denen der atmosphärische Niederschlag sich zeigt, sind vorzugsweise Regen, Schnee und Hagel, und auf diese bezieht sich das vorstehend Gesagte. Der Thau, der bei niedriger Temperatur sich als Reif darstellt, gehört freilich auch hierher, doch ist er von jenen in sofern verschieden, als sein Eintreten und seine Reichhaltigkeit von der Oberfläche der Körper abhängt, an denen er sich zeigt. Wenn letztere in klaren Nächten die Wärme stark ausstrahlen, und sonach schnell erkalten, so kühlen sie auch die zunächst umliegende Luftschicht ab, und indem dadurch wieder Wassertheilchen frei werden, sammeln sich diese als Thautröpfchen, oder bei stärkerer Abkühlung bilden sie die feinen

*) Dausse, de la pluie et de l'influence des forêts sur les cours d'eau. Annales des ponts et chaussées. 1842. II. pag. 184.

Eiskrystalle, die man Reif nennt. Auf diese Bildung hat die Vegetation einen wesentlichen Einfluß. Auf kahlem Boden bemerkt man keinen Thau, und eben so wenig in dichten Waldungen, wohl aber auf Wiesenflächen. Unter diesen Umständen bietet die Messung der jährlich niederschlagenden Thaumenge große Schwierigkeiten. Dalton schätzte ihre Höhe für England (wahrscheinlich viel zu hoch) auf 5 Zoll, zu Viviers wurde dagegen diese Höhe nur zu 2,9 Linien beobachtet. Für den vorliegenden Zweck ist der Umstand besonders wichtig, daß der größte Theil des Thaues wieder durch Verdunstung entschwindet und nur selten ein Tropfen auf den Boden gelangt. Es darf daher diese Form des Niederschlages hier ganz unbeachtet bleiben.

§. 2.
Messung der Regenmenge.

Zur Bestimmung der Wassermenge, die als Regen niederfällt, dient der Regenmesser, auch Ombrometer oder Udometer genannt. Mit demselben kann auch der Hagel gemessen werden, wenn er geschmolzen ist. Der Schnee bietet dagegen einige Schwierigkeit, indem er bei seiner großen Beweglichkeit sich so verschiedenartig ablagert, daß im Ombrometer leicht eine verhältnißmäßig zu geringe Quantität aufgefangen wird. Man mißt aber nicht unmittelbar sein Volum, sondern das des Wassers, nachdem er geschmolzen ist. Seine Dichtigkeit oder sein specifisches Gewicht ist nämlich sehr verschieden und variirt zwischen 0,04 und 0,50.

Der gewöhnliche Regenmesser (Taf. I. Fig. 1) besteht aus einem Kasten von 1 bis 4 Quadratfuß Oberfläche, der mit einer niedrigen Seitenwand versehn und oben offen ist. Der Boden ist geneigt und über denselben fließt das Wasser nach einer Röhre, die es in ein darunter gestelltes Gefäß führt. Die Wassermenge wird entweder durch unmittelbares Ausmessen oder durch Abwiegen bestimmt. Auf diese Art erfährt man, wie viel Cubikzoll Wasser in den Kasten gefallen sind. Dividirt man diese Zahl durch die Oberfläche des Kastens, in Quadratzollen ausgedrückt, so ergiebt sich, wie hoch das beim Regen herabgefallene Wasser den Erdboden bedecken würde, wenn derselbe horizontal, und zum Einsaugen des Wassers nicht fähig wäre. Diese Höhe ist das gewöhnliche Maafs des Regens.

Damit die Beobachtungen dieser Art hinreichend genau ausfallen, mufs zunächst für die waagrechte Aufstellung des Kastens, und zwar des obern Randes desselben gesorgt werden, weil sonst beim schrägen Herabfallen der Tropfen zu viel oder zu wenig Wasser aufgefangen würde. Ferner haftet nach dem Regen noch ein Theil des Wassers an den Wänden und auf dem Boden des Kastens, ohne in das Gefäfs zu fliefsen. Bei schwachem Regen kann es sogar geschehn, dafs die ganze Masse hier hängen bleibt, und durch die bald darauf erfolgende Verdunstung sich der Beobachtung entzieht. Durch Auswischen mit einem Schwamme, der vorher gewogen ist, kann man auch diese Wassermasse auffangen und bestimmen. Endlich bietet das untergestellte Gefäfs, wenn es eine passende Form hat, zwar nur eine geringe Wasseroberfläche dar, und die Verdunstung in demselben ist alsdann nicht bedeutend, nichts desto weniger kann letztere sehr grofs werden, wenn die Nachmessung erst nach längerer Zeit vorgenommen wird. Um diesem Mangel zu begegnen, hat man den Gebrauch von Apparaten vorgeschlagen, worin das einfliefsende Wasser ein Kippwerk in Bewegung setzt, und sich dadurch selbst registrirt, in ähnlicher Art, wie auf den Salinen die gehobene Soole gewöhnlich gemessen wird. Dafs durch dieses Mittel die Genauigkeit der Beobachtung verliert, bedarf kaum der Erwähnung, nichts desto weniger mag die Beschreibung einer Vorrichtung dieser Art dennoch hier mitgetheilt werden, weil dieselbe auch in andern Fällen, wie z. B. bei Wasserleitungen zuweilen Anwendung findet.

In Fig. 2 sind A und B zwei gleich grofse Kasten, deren jeder etwa 10 Cubikfufs fafst. Die Soole fliefst aus der Röhre L durch den Trichter R in einen oder den andern dieser Kasten, je nachdem der Trichter die in der Figur angedeutete Lage, oder die entgegengesetzte einnimmt. Dieser Trichter ist nämlich am Balancier CD befestigt und dreht sich mit demselben um die horizontale Achse K. Damit der Balancier nicht schwankt und jedesmal seine Stellung behält, wobei das Wasser über die Mittelwand fort nach der einen oder der andern Seite abfliefst, so liegt in jedem Arme des Balanciers eine eiserne Kugel E, C, von denen die äufsere, also in der Figur die Kugel *C*, ein entschiedenes Uebergewicht bildet. Sobald der Kasten *A* beinahe bis zum Rande angefüllt ist, fängt das Wasser an, durch eine Seitenrinne in den kleinen Eimer *N* überzufliefsen, und füllt denselben sehr schnell an, obgleich er im Boden mit einer engen Oeffnung versehn ist. Dieser Eimer hängt am Ende des Balanciers, und wenn er beinahe gefüllt ist, so hebt er das Uebergewicht der Kugel *C* auf und verursacht dadurch die Drehung des Balanciers. Letzterer bewegt sich Anfangs langsam, aber sobald er die horizontale Lage überschreitet, so fangen auch die Kugeln *C* und *E* zu rollen an, und indem die letzte nach *D* gelangt, so stöfst der Balancier auf die Seitenwand des Kastens *A* auf, und nimmt diese Stellung mit Sicherheit ein, wodurch das Wasser nunmehr in den Kasten *B* geleitet und der leere Eimer *M* gehoben wird. Bei der Bewegung des Balanciers wird mittelst einer über die Rolle geführten Leine die Klappe *P* am Boden des Kastens *A* gehoben, und die darin befindliche Wassermasse fliefst aus. Auch der Eimer *N* entleert sich durch die in seinem Boden angebrachte kleine Oeffnung. Auf solche Art füllt sich abwechselnd der eine und der andere Kasten, und die beiden Sperrhaken, die vom Balancier nach dem Rade *Q* hinaufgehen, von denen der eine zieht und der andere schiebt, rücken bei jedem einzelnen Stofse des Balancier das Rad um einen Zahn und zwar immer in derselben Richtung weiter, woher der an der Achse befestigte Zeiger die Anzahl der vorgekommenen Abwechselungen bezeichnet. Durch Verstellung der Abflufsrinnen, welche das Wasser aus dem Kasten in die Eimer leiten, und durch andere Veränderungen, kann man leicht bewirken, dafs die gesammte Wassermasse, die jedesmal in einen Kasten fliefst, ein bestimmtes Volumen einnimmt.

Zur Messung der Regenmenge wendet man nicht leicht einen so complicirten Apparat an, vielmehr begnügt man sich für diesen Zweck mit einem kleinen Kipptroge Fig. 3, bei dem das Wasser jedesmal in das obere Reservoir fliefst, welches durch die Füllung selbst das Uebergewicht bildet, und dadurch die veränderte Stellung hervorbringt. Um die Anzahl der erfolgten Stöfse zu markiren, darf aber auch hier die Anbringung eines Räderwerks nicht fehlen. Es mufs dabei noch bemerkt werden, dafs Fig. 3, um die Aufstellung des Kipptroges zu verdeutlichen, zwar mit Fig. 1 in Verbindung gesetzt, jedoch in einem viel gröfseren Maafsstabe gezeichnet ist.

Auch andere selbst registrirende Apparate werden zuweilen benutzt. Auf unsern meteorologischen Stationen macht man aber keinen Gebrauch von denselben, vielmehr wird das aufgefangene Wasser in einer graduirten Glasröhre gemessen. Die hier benutzten Regenmesser sind in der obern Oeffnung 12 Pariser Zoll lang und breit. Die umgebenden Wände sind einige Zolle hoch senkrecht, alsdann aber unter 45 Grad gegen den Horizont geneigt. Aus diesem pyramidalen Körper tritt das Wasser durch eine ziemlich kleine Oeffnung in einen kupfernen Cylinder, der etwa einen halben Cubikfuß faßt, und dessen Boden durch eine Kegelfläche in eine Röhre übergeht. Letztere ist durch einen Hahn geschlossen, und durch diesen kann man das Wasser in eine Glasröhre fließen lassen und messen. Die Theilung der letzteren ist in der Art gewählt, daß man ohne weitere Reduction sogleich die Höhe des Niederschlages in Zehntheilen des Pariser Zolles abliest. Da der kupferne Cylinder bis auf die kleine Zufluß-Oeffnung ganz geschlossen ist, so findet darin auch kein starker Luftwechsel statt, und sonach vermindert sich auch nicht merklich das darin befindliche Wasser durch Verdunstung.

Zum Auffangen des Schnees bedient man sich eines andern Gefäßes, welches sich unter der Oeffnung bis zum Querschnitte von 18 Zoll Seite erweitert, in seiner obern Oeffnung aber wieder nur 1 Pariser Quadratfuß mißt. Bei dieser Form lagert sich der Schnee sicherer ab, und ist weniger der Gefahr ausgesetzt, vom Winde fortgeführt zu werden.

Beim Gebrauche des Regenmessers zeigt sich noch eine bedeutende Unsicherheit, insofern die Höhe, in welcher er aufgestellt ist, einen auffallenden Einfluß auf das Resultat ausübt, und zwar findet man die Regenmenge um so kleiner, je größer diese Höhe ist. Dalton bemerkte schon, daß auf einem 150 Fuß hohen Thurme die Regenmenge im Sommer um ein Drittel und im Winter sogar um die Hälfte geringer war, als die, welche unten gemessen wurde. Eben so große Unterschiede hat man auch in York wahrgenommen, woselbst auf Veranlassung der *British Association* drei Regenmesser beobachtet wurden. Der erste stand auf einem ausgedehnten niedrigen Grasplatze im Garten des Museums, der zweite auf dem Dache des Gebäudes 43 Fuß 8 Zoll über dem ersten, und der dritte auf einer Rüstung über den Zinnen des Thurmes 212 Fuß 10 Zoll

dem ersten Apparate. In den drei Jahren von 1832 bis 1835
g die Gesammthöhe des Niederschlages in dem ersten Regen-
er 65,43 in dem zweiten 52,17 und in dem dritten 38,97 Zoll. *)
Aehnliche Resultate haben auch die von 1818 bis 1837 auf der
asse und auf dem Hofe der Pariser Sternwarte angestellten
achtungen ergeben **). Der Höhenunterschied beider Stationen
gt 89 Rheinl. Fufs, und die Niederschläge mafsen durchschnitt-
in Rheinl. Zollen

	in 1 Jahr	im Januar	im August
dem Hofe	21,88	1,45	1,81
der Terrasse . . .	19,18	1,22	1,68
erschied	2,70	0,23	0,13.

Um diesen Einflufs der Höhenlage möglichst zu beseitigen, wer-
die Regenmesser auf unsern Stationen 8 Fufs über den Erdbo-
gestellt. Dieses Maafs ist mit Rücksicht auf die Bequemlichkeit
m Auffangen des Wassers gewählt worden.

Fragt man nach der Ursache dieser auffallenden Erscheinung,
deuten die einzelnen Messungen schon den grofsen Einflufs des
indes an. Die Unterschiede sind jedesmal um so gröfser, je hef-
er der Wind während des Regens ist, doch bleiben sie auch bei
higer Luft noch merklich. Die Ablenkung der Tropfen von der
threchten Richtung, die offenbar wegen des heftigern Windes in
r gröfseren Höhe auch bedeutender ist, kann natürlich das Phä-
men nicht veranlassen, indem der horizontale Abstand der Tropfen
irch die schräge Richtung ihrer Bewegung nicht verändert wird.
agegen ist hierbei gewifs der Umstand von grofser Wichtigkeit,
fs die Luft nicht mit aufgefangen wird. Indem sie dem Regen-
esser ausweicht, so reifst sie eine Masse Wasser mit sich, und
ihrt dieses seitwärts vorbei. Diese Wirkung kann auch in dem
alle nicht ganz verschwinden, wenn der Wind aufhört, oder wenn
ie Bewegung der Luft für das Gefühl unmerklich wird, denn die
inen Wassertheilchen, die nicht sichtbar herabfallen, sondern noch
hwebend sich langsam senken, weichen wieder dem Regenmesser
us, und selbst wenn der Luftstrom ganz aufhören sollte, so kön-
en sie nicht so vollständig von dem Regenmesser aufgenommen

---

*) *Transactions of the association for the year* 1835.
**) *Annales des ponts et chaussées.* 1842. *I. pag.* 187.

werden, als sie über dem Erdboden sich ansammeln, und hier un-
gestört niedersinken.

Hierzu kommt noch eine andere Ursache. Bei der Abkühlung
durch den Regen werden nämlich die von der Luft eingesogenen
Wassertheilchen bis zum Sättigungs-Punkte frei, und bilden einen
feinen Nebel, der vielleicht nicht sichtbar ist, aber an den hindurch-
fallenden Tropfen haftet und dieselben vergröfsert. Die Wirkung
wird um so bedeutender, als die in der Luft schwebende Wassermasse das spezifische Gewicht der Luft vergröfsert, also der Wassergehalt in der Nähe des Erbodens am gröfsten ist.

Die vorstehend erwähnte Erscheinung bezieht sich allein auf
den Fall, dafs die verschiedenen Beobachtungen nahe in derselben
Vertikale angestellt werden. Liegen die Beobachtungsorte dagegen
meilenweit von einander entfernt, so ist die Regenmenge von andern
Umständen abhängig. Nach einer Zusammenstellung*) einiger in England angestellten Messungen scheint die Regenmenge mit der Erhebung des Bodens zuzunehmen und etwa in der Höhe von 2000
Fufs über der See das Maximum zu erreichen, während sie in noch
gröfserer Höhe wieder merklich geringer wird, was vielleicht davon
herrührt, dafs ein Theil der Wolken sich nicht so hoch erhebt.

§. 3.
Beobachtete Regenmengen.

Was die Resultate der vorstehend beschriebenen Messungen betrifft, so ergiebt sich schon aus dem Gesagten, dafs die Regenmenge
durch verschiedene locale Verhältnisse bedingt wird, und daher nicht
überall dieselbe ist. Aufserdem zeigen sich auch zwischen den an
einem und demselben Orte angestellten Beobachtungen so grofse
Differenzen, dafs die in einem Jahre gefundene Regenmenge oft nur
die Hälfte, zuweilen sogar nur den dritten Theil von der beträgt,
die in einem andern Jahre eben daselbst gemessen wurde. Man
kann daher nur aus lange fortgesetzten Beobachtungsreihen die durchschnittliche Menge des jährlichen Niederschlages eines Ortes ermit-

---

*) *The Civil-Engineer and Architect's Journal.* 1854. *pag.* 218.

:h muſs man bei Vergleichung verschiedener Orte möglichst
ι Jahrgänge zum Grunde legen. Seitdem im Jahre 1848
ɛorologischen Stationen in Preuſsen und den angrenzenden
ι unter Dove's Leitung eingerichtet sind, ist in dieser Be-
bereits ein sehr schätzbares Material gesammelt worden,
ι die nachstehenden Mittheilungen entnommen sind. *)
: folgende erste Tabelle giebt die Höhe der jährlichen Nie-
-ge, in Rheinländischen Zollen ausgedrückt, für die 20 Jahre
.8 bis 1867 an, wie solche in Tilsit, Königsberg, Stettin, Bres-
ankfurt a. O., Berlin, Erfurt und Cöln gemessen wurden.

Tilsit	Königs-berg	Stettin	Breslau	Frank-furt a. O.	Berlin	Erfurt	Cöln
17,8	24,1	18,8	18,0	20,4	23,0	24,1	28,7
30,0	26,5	15,2	19,8	14,7	16,5	20,0	23,1
27,6	28,9	19,9	23,4	23,3	23,8	21,5	23,9
25,8	31,1	23,1	21,3	22,8	23,9	23,4	29,2
30,4	22,7	18,8	14,4	22,6	24,0	20,2	27,2
31,4	25,5	20,8	25,6	20,3	23,1	19,7	24,1
23,5	27,4	19,9	34,2	26,2	24,0	20,8	27,5
25,7	23,1	20,6	23,8	21,2	23,1	19,7	21,3
19,1	24,7	22,5	16,7	24,2	18,0	18,9	15,3
15,2	14,3	11,4	16,0	12,7	13,5	14,7	12,7
17,4	12,7	14,4	22,7	20,3	16,8	19,3	21,3
20,5	17,3	16,0	23,9	21,5	20,8	17,0	24,4
23,5	21,2	16,4	23,8	21,8	25,0	22,7	35,1
29,9	24,7	20,5	22,8	19,7	26,0	16,8	16,8
24,2	18,4	21,3	19,9	18,5	18,5	25,0	25,6
26,2	22,1	17,3	20,1	15,2	21,1	21,2	19,2
24,9	26,7	17,2	17,0	18,4	20,8	17,4	16,0
21,3	18,4	15,2	20,3	17,8	19,6	16,1	15,4
37,0	23,4	21,4	21,2	20,5	—	17,4	22,5
40,4	32,0	23,5	24,4	22,5	24,7	20,9	19,8
25,6	23,3	18,7	21,5	20,2	21,4	19,8	22,5

ιter diesen Jahrgängen zeichnet sich 1857 durch besonders
, wie 1867 durch besonders starke Niederschläge aus. Im

———

)ie letzte Publication ist im Jahre 1864 erfolgt in dem VI. Hefte
ιſsischen Statistik, betitelt Witterungs-Erscheinungen des nördlichen
ιnds von H. W. Dove.

August 1866 ist aber die Beobachtung der Regenhöhe in Berlin
terblieben.

Die folgende Tabelle enthält die an einigen andern Static
in Nord-Deutschland beobachteten mittleren Regenmengen, gle
falls in Rheinländischen Zollen ausgedrückt, worin zugleich in
zweiten Spalte die Anzahl der Jahre angegeben ist, aus denen
Mittel genommen worden. Die letzten Jahrgänge von 1864
konnten dabei jedoch nicht berücksichtigt werden.

Beobachtungs-Orte	Jahre	Zolle	Beobachtungs-Orte	Jahre	Z
Arys	16	19,2	Mühlhausen.....	12	1
Danzig	8	19,8	Salzwedel......	15	2
Conitz........	10		Heiligenstadt	15	2
Posen	13	19,0	Wernigerode	5	2
Cöslin........	15	22,9	Brocken	4	4
Putbus	10	20,1	Clausthal......	9	5
Wustrow	11	13,7	Lüneburg......	10	2
Rostock.......	10	15,5	Jever	7	2
Schwerin	10	21,6	Emden	11	2
Lübeck	10	20,0	Münster.......	11	2
Kiel	13	24,3	Paderborn	12	2
Ratibor	15	22,2	Gütersloh......	15	2
Görlitz	16	25,9	Cleve	15	2
Landskrone....	7	24,5	Crefeld	16	2
Potsdam	15	20,7	Boppard	16	2
Torgau	16	22,5	Kreuznach	13	1
Dresden.......	10	22,2	Trier	14	2
Freiberg	14	24,6	Gießen	11	2
Halle	13	19,2	Frankfurt a. M. ...	9	2
Gotha	12	23,5			

Es mögen hier noch einige Beobachtungen an verschied
Orten im südlichen Deutschlande, wie auch in andern Ländern
Erdtheilen hinzugefügt werden, die sich großentheils auf frü
Messungen beziehen.

Beobachtungs-Orte	Zolle	Beobachtungs-Orte	Z
Mannheim	21	Würzburg	1
Carlsruhe	25	Ulm	2
Stuttgart	27	Augsburg	3
Tübingen........	24	Tegernsee	4

chtungs-Orte	Zolle	Beobachtungs-Orte	Zolle
rg	21	Oise in den Ardennen .	25
. . . .	15	Pontoise an d. Mündung	
. . . .	16	der Oise und d. Seine	16
. . . .	16	la Rochelle	25
. . . .	33	Poitiers.	22
. . . .	32	Mühlhausen im Elsaß .	30
. . . .	43	Strasburg	26
）	38	Metz	27
. . . . . . ' . .	30	Cambray	17
ard	59	Brüssel	17,9
. . . .	25	Middelburg	25
. . . .	35	Breda	25
. . . .	29	Dortrecht.	39
. . . .	35	Rotterdam	21
. . . .	35	Utrecht.	23
. . . .	30	Haag	26
. . . .	32	Amsterdam	24
. . . .	29	Dover	42
. . . .	29	London	22
. . . .	21	Bristol	21
. . . .	25	Liverpool	31
t	24	Manchester.	32
eneen)	39	Lancaster	36
. . . .	24	Kendal	49
er	30	Glasgow	20
. . . .	21	Edinburg	22
. . . .	36	Carrickfergus in Irland .	38
. . . .	18	Copenhagen	17
. . . .	24	Lund	18
im Département		Bergen	83
e)	48	Upsala	17
ebendaselbst)..	58	Stockholm	19
ebendaselbst an		Abo.	24
elle der Yonne)	60	Petersburg	17
ler Yonne nimmt		Bombay	73
genmenge ab, so		Rio Janeiro	56
n Einfluß in die		Guadeloupe	122
. . . .	20	Havannah	86
er Seine	32	Charlestown	55
al in der Cham-		New-Orleans.	51
. . . .	16	Philadelphia	44
. . . .	20,1	Cincinnati	47
der Seine bei		Buffalo	39
ille	30		

Die grofsen Unterschiede, welche die vorstehende Tabelle nachweist, erklären sich zum Theil durch die localen Verhältnisse der Beobachtungs-Orte, die ein Begegnen verschiedener Luftströme mehr oder weniger begünstigen. Die meteorologischen Schriften von Kämtz, Schübler, Dove und Andern enthalten hierüber das Nähere. Hier dürfte nur noch darauf aufmerksam zu machen sein, dafs auf den höchsten Gebirgen, welche die Schneegrenze übersteigen, die Regenmenge wahrscheinlich noch bedeutender ist, insofern die vorüberstreichenden Luftmassen in ihrer Nähe sich viel stärker abkühlen und daher das darin enthaltene Wasser sich vollständiger ausscheidet. Die aus den Gletschern vortretenden Bäche bestätigen auch diese Vermuthung.

Die vorstehend nachgewiesenen Regenmengen sind keineswegs in dem ganzen Jahre gleichmäfsig vertheilt, vielmehr trifft im nördlichen Deutschlande, sowie auch meist in Frankreich der überwiegend gröfste Theil auf die Sommermonate. In folgender Zusammenstellung sind die auf jeden Monat treffenden Niederschläge für die bereits oben gewählten 8 Beobachtungs-Orte nach den 6 Jahrgängen von 1858 bis 1863 in Theilen des ganzen jährlichen Niederschlages angegeben.

	Tilsit	Königsberg	Stettin	Breslau	Frankfurt a. O.	Berlin	Erfurt	Cöln
Januar	0,051	0,066	0,053	0,051	0,056	0,065	0,040	0,070
Februar	0,056	0,061	0,061	0,058	0,063	0,064	0,051	0,062
März	0,047	0,053	0,050	0,047	0,060	0,058	0,054	0,066
April	0,064	0,042	0,077	0,052	0,074	0,077	0,097	0,082
Mai	0,070	0,066	0,092	0,082	0,106	0,095	0,118	0,093
Juni	0,123	0,103	0,121	0,104	0,117	0,125	0,120	0,101
Juli	0,128	0,100	0,126	0,165	0,149	0,143	0,162	0,107
August	0,121	0,126	0,141	0,185	0,112	0,100	0,099	0,113
September	0,094	0,126	0,073	0,097	0,066	0,062	0,076	0,078
October	0,093	0,100	0,073	0,048	0,060	0,067	0,081	0,080
November	0,084	0,088	0,073	0,053	0,075	0,070	0,062	0,069
December	0,069	0,069	0,060	0,058	0,062	0,074	0,045	0,079

Die mittleren relativen Werthe, sowie auch die auf jeden Monat treffenden absoluten Werthe, wenn die jährliche Regenmenge gleich 22 Zoll gesetzt wird, enthält die folgende Tabelle, darin sind aber noch die 5jährigen Beobachtungen von Niévre und zwar von den Jahren 1844 bis 1848, sowie auch die Beobachtungen von Algier

Ojährigen Messungen aufgenommen, und namentlich zeigen
rten eine wesentlich andere Vertheilung, als in unserm Clima.

	Nördl. Deutschland		Nièvre		Algier	
	relat.	absol.	relat.	absol.	relat.	absol.
	Höhe		Höhe		Höhe	
		Zolle		Zolle		Zolle
r	0,056	1,23	0,077	4,47	0,135	4,89
iar	0,060	1,32	0,089	5,15	0,157	5,67
	0,055	1,21	0,086	5,00	0,084	3,02
	0,071	1,56	0,118	6,85	0,093	3,38
	0,089	1,96	0,053	3,12	0,047	1,68
	0,114	2,51	0,073	4,24	0,008	0,28
	0,135	2,97	0,061	3,58	0,000	0,006
st	0,125	2,75	0,087	5,05	0,008	0,29
mber	0,084	1,85	0,063	3,69	0,035	1,27
er	0,075	1,65	0,114	6,63	0,083	2,99
mber	0,072	1,58	0,087	5,05	0,164	5,92
mber	0,064	1,41	0,092	5,35	0,186	6,71
	1,000	22,00	1,000	58,13	1,000	36,11

n Algier hört sonach in den Monaten Juni, Juli und August,
namentlich im Juli der Regen beinahe ganz auf, woher die
iäfsige und den Culturen so nachtheilige Dürre in den Som-
onaten sich erklärt, während die Niederschläge des ganzen
s reichlicher sind, als sie im nördlichen Deutschlande vorzu-
ien pflegen.

n den heifsen Zonen ist im Allgemeinen die Vertheilung des
is viel ungleichmäfsiger, als in den gemäfsigten. So fällt in
nnah mehr als der vierte Theil des ganzen jährlichen Nieder-
ges während des Monats Juni herab, und nach den in Bombay
tellten vieljährigen Beobachtungen regnet es daselbst während
1 Monaten, nämlich vom November bis Mai, gar nicht, und
ehr grofse Regenmenge stürzt nur vom Juni bis September
'.

'ür den Wasserbau ist noch die Frage von grofser Wichtig-
welche Wassermenge während eines und weniger auf einander
iden Tage herabfällt. Diese Wassermenge ist im nördlichen
chland jedenfalls viel unbedeutender, als in den wärmeren Ge-

2

genden. So beobachtete man im Februar 1820 in Cayenne in 10 Stunden eine Regenmenge von 10½ Zoll, und in 24 Tagen fielen 123 Zoll. Doch zeigen sich in Europa auch ähnliche Fälle. Am 9. October 1827 betrug der Niederschlag zu Joyeuse (Dep. de l'Ardêche) in 22 Stunden 29 Zoll 3 Linien. Am 25. October 1822 fielen zu Genua 30 Zoll und selbst im südwestlichen Deutschlande schlugen am 28. und 29. October 1820 in 36 Stunden 5½ und 7½ Zoll Regen nieder. Die in Berlin angestellten Beobachtungen zeigen, daß fast in jedem Jahre an einzelnen Tagen bis 1 Zoll Regen, und zuweilen sogar bis 1,4 Zoll beobachtet ist. Die früheren Königsberger Beobachtungen (mitgetheilt in den Beiträgen zur Kunde Preußens) geben zuweilen den täglichen Niederschlag auf mehr als 1¼ und am 11. August 1818 sogar zu 1½ Zoll an.

§. 4.

Quantität der Verdunstung.

Wenn die Messung des Niederschlages schon in mancher Beziehung unsicher ist, so ist die der Verdunstung dieses noch in höherem Grade. Jenachdem das Gefäß, worin man die Verdunstung beobachtet, der Sonne und dem Winde ausgesetzt, oder so gestellt wird, daß es beiden entzogen bleibt, sind die Resultate so verschieden, daß die ersteren oft das Drei- und Vierfache der letzteren betragen. Dazu kommt noch der Einfluß der Höhe des Wasserstandes, denn es zeigt sich, daß die Verdunstung nicht nur von der Ausdehnung der Oberfläche, sondern auch von der Wassertiefe abhängt, und zwar wird sie größer, wenn die Tiefe zunimmt, vorausgesetzt, daß nicht etwa das flachere Wasser sich stärker erwärmt und deshalb auch stärker verdunstet. Endlich zeigt sich noch eine neue Schwierigkeit, wenn man die Resultate dieser Beobachtungen auf die Bestimmung der Wassermasse anwenden will, welche sich in den Quellen und Flüssen ansammelt. Die Erdoberfläche, welche nämlich den Niederschlag aufgenommen hat, verdunstet nur so lange, als der mit der Luft in Berührung stehende Theil derselben noch feucht ist, nach erfolgter Austrocknung geschieht dieses aber nur in dem Maaße, als die Feuchtigkeit sich von unten heraufzieht. Sonach ist die verdunstete Wassermenge in höhern und trocknen Gegenden ohne Vergleich viel geringer, als das Atmidometer sie angiebt, welches beständig mit Wasser gefüllt bleibt.

Das Atmidometer, oder der Apparat, womit die Verdunstung gemessen wird, besteht wieder in einem offenen Kasten von bekannter Grundfläche, bei dem man durch Nachwiegen oder Nachmessen die Höhe der Wasserschicht ermittelt, welche täglich daraus entweicht. Beim Gebrauche desselben kommt es besonders darauf an, es so zu stellen, dafs es der Sonne und dem Winde nicht zu stark ausgesetzt ist, sondern ungefähr nur in dem Maafse, wie durchschnittlich der Erdboden. Durch eine angebrachte Bedachung mufs man aber Regen und Schnee davon abhalten.

Die Anzahl der Beobachtungen dieser Art ist sehr beschränkt. Einige derselben mögen hier mitgetheilt werden, und zwar zunächst solche, die ohnfern der See, oder doch an Orten angestellt sind, welche zu den feuchteren gehören.

Orte	Verdunstete Wassermengen
la Rochelle	23,2 Zolle
London	23,8 -
Liverpool	35,7 -
Breda	23,2 -
Rotterdam	23,1 -
Stuttgart	22,9 -

Es stimmt für diese Orte die Verdunstung nahe mit dem Niederschlage überein, dagegen wird sie im Binnenlande gemeinhin gröfser. Sie beträgt

in Mannheim	73,0 Zolle
in Augsburg	60,0 -
in Bordeaux	59,1 -
in Marseille	85,8 -
in Poitiers	38,6 -
in Troyes	29,8 -

Die an drei verschiedenen Orten neben dem Canal von Bourgogne angestellten Beobachtungen, die einen Zeitraum von 6 Jahren umfafsten, ergaben dagegen durchschnittlich die Höhe der jährlich verdunsteten Wasserschicht nur gleich 22,4 Zoll, während die Höhe des Niederschlages in derselben Zeit 30,7 Zoll maafs. Dieselbe Erscheinung ist auch später an verschiedenen andern Orten in Frankreich beobachtet.

In der heifsen Zone ist die Verdunstung bedeutend stärker, und besonders wenn der Wassergehalt der Luft nur geringe ist und von dem Sättigungspunkte weit entfernt bleibt, also wenn der Regen nur selten, vielleicht auch nie vorkommt. Man hat beobachtet, dafs in Cumana jährlich 130 Zoll verdunsten, in den Steppen Africa's steigt dieses Maafs sogar wahrscheinlich auf 300 Zoll.

Die Verdunstung ist augenscheinlich nicht während des ganzen Jahres dieselbe. An einzelnen Orten hat man tägliche Beobachtungen angestellt, und daraus für die verschiedenen Monate die mittlere tägliche Verdunstung gefunden. In Montmorency ist dieses in den 40 Jahren von 1765—1804 geschehen, in Liverpool während 4 Jahren.

Mittlere tägliche Verdunstung.

	Montmorency.	Liverpool.
Januar . . .	0,26 Linien . .	0,56 Linien
Februar . . .	0,41 - . .	0,73 -
März	0,70 - . .	0,98 -
April	1,00 - . .	1,28 -
Mai	1,24 - . .	1,63 -
Juni	1,38 - . .	1,72 -
Juli	1,64 - . .	1,92 -
August . . .	·1,60 - . .	1,94 -
September . .	1,04 - . .	1,27 -
October . . .	0,64 - . .	0,95 -
November . .	0,32 - . .	0,58 -
December . .	0,25 - . .	0,56 -
Durchschnittlich	0,877 Linien . .	0,173 Linien.

Plieninger in Stuttgart stellte sowol über die tägliche Verdunstung, wie auch über den täglichen Niederschlag Messungen an, und fand die nachstehenden Resultate, von denen die ersteren aus den 15jährigen Beobachtungen von 1834 bis 1848 und die letztere aus den 24jährigen von 1825 bis 1848 hergeleitet sind.

	mittlere Verdunstung	tägliche Niederschläge
Januar . . .	0,19 Linien . . .	0,48 Linien
Februar . . .	0,31 - . . .	0,56 -
März	0,55 - . . .	0,61 -
April	0,86 - . . .	0,64 -
Mai	1,28 - . . .	0,83 -
Juni	1,35 - . . .	1,18 -
Juli	1,33 - . . .	0,98 -
August . . .	1,16 - . . .	0,98 -
September . .	0,76 - . . .	0,94 -
October . . .	0,44 - . . .	0,69 -
November . .	0,31 - . . .	0,78 -
December . .	0,21 - . . .	0,51 -
Durchschnittlich	0,736 Linien . . .	0,769 Linien.

Um für unsere Gegenden einigen Anhalt zu gewinnen, sind die in Berlin angestellten Beobachtungen für das Jahr 1833 in dieser Beziehung näher untersucht. Dieses Jahr ist gewählt, weil der Niederschlag in demselben ungefähr der Mittelzahl entspricht, und weil die Beobachtungen dieses Jahrganges noch etwas vollständiger, als die der andern sind.*) Nach den mitgetheilten Angaben, wobei jedoch 23 Tage fehlen, beträgt die Verdunstung im ganzen Jahr 26,0 Zoll. Von diesen treffen

		Anzahl der beob. Tage	mittlere tägl. Verdunstung
auf den Januar . .	0,74 Zoll . .	31 . . .	0,29 Linien
- - Februar . .	0,82 - .	28 . . .	0,35 -
- - März . . .	1,29 - .	31 . . .	0,50 -
- - April . .	2,40 - .	30 . . .	0,96 -
- - Mai . . .	4,44 - .	26 . . .	2,05 -
- - Juni . . .	5,32 - .	29 . . .	2,21 -
- - Juli . . .	3,28 - .	19 . . .	2,08 -
- - August . .	2,97 - .	29 . . .	1,22 -
- - September .	1,08 - .	30 . . .	0,43 -
- - October . .	2,09 - .	30 . . .	0,84 -
- - November .	0,89 - .	29 . . .	0,37 -
- - December .	0,70 - .	30 . . .	0,28 -
	26,02 Zoll.		

*) Preußische Staatszeitung für 1833.

Wenn es statthaft ist, aus diesem einzelnen, und noch dazu unvollständigen Jahrgange einen Schluß zu ziehn, so wäre für den vorliegenden Zweck die Folgerung wichtig, daß für die hiesige Gegend die Verdunstung in den Monaten Mai bis Juli am stärksten ist und alsdann durchschnittlich an jedem Tage etwa 2 Linien beträgt, daß sie aber, wenn der Regen am seltensten wird, unter eine Linie herabsinkt.

Endlich muß hier noch der Beobachtungen erwähnt werden, welche Dalton in der Nähe von Manchester anstellte, um zu ermitteln, in welchem Verhältnisse die auf den Erdboden herabfallende Wassermenge theils verdunstet, theils offen abfließt und theils unterirdische Quellen bildet. *) Ein Gefäß von verzinntem Eisenblech, 3 Fuß hoch und 10 Zoll weit, wurde sowohl nahe über seinem Boden, als auch unter dem obern Rande mit Oeffnungen und Abflußröhren versehn. Um das Verstopfen der untern Oeffnung zu verhindern, befand sich über dem Boden eine Kiesschicht, worüber frische Erde geschüttet war. Dieses Gefäß wurde so tief eingegraben, daß die Oberfläche der Erde im Gefäße so hoch als die des umgebenden Bodens lag. Die beiden Abflußröhren wurden aber nach andern Gefäßen geleitet, deren Inhalt man bequem untersuchen konnte. Zunächst wurde reichlich Wasser zugegossen, um die vollständige Tränkung der Erde hervorzubringen. Dieses Wasser floß durch beide Oeffnungen ab. Alsdann blieb der Apparat nur demselben Einfluß der Atmosphäre, wie der umgebende Boden, ausgesetzt, und nach einigen Monaten fing man an, die ausfließenden Wassermengen zu messen, während ein danebenstehendes Ombrometer die Regenmenge angab. Diese Beobachtungen wurden während der drei Jahre 1796 — 1798 fortgesetzt, doch erlitten sie nach kurzer Zeit insofern eine Aenderung, als die Erde im Gefäße sich setzte und der Abfluß durch die obere Oeffnung ganz aufhörte. Nach einem Jahr hatte sich im Gefäße ein Rasen gebildet, welcher indessen auf die Verdunstung keinen Einfluß zu haben schien. Die Resultate waren durchschnittlich für die einzelnen Monate folgende:

---

*) Gilbert's Annalen. Band 15. S. 266 ff.

	Höhe des aus- fliefsenden Wassers	Höhe des Nieder- schlages in dem Ombrometer	Differenz beider, oder Höhe der Verdunstung
Januar . . .	1,45 Zoll .	. 2,46 Zoll .	. 1,01 Zoll
Februar . . .	1,27 - .	. 1,80 - .	. 0,53 -
März	0,28 - .	. 0,90 - .	. 0,62 -
April	0,23 - .	. 1,72 - .	. 1,49 -
Mai	1,49 - .	. 4,18 - .	. 2,69 -
Juni	0,30 - .	. 2,48 - .	. 2,18 -
Juli	0,06 - .	. 4,15 - .	. 4,09 -
August . . .	0,17 - .	. 3,55 - .	. 3,38 -
September . .	0,32 - .	. 3,28 - .	. 2,96 -
October . . .	0,23 - .	. 2,90 - .	. 2,67 -
November . .	0,88 - .	. 2,94 - .	. 2,06 -
December . .	1,72 - .	. 3,20 - .	. 1,48 -
Summa	8,40 Zoll .	. 33,56 Zoll .	. 25,16 Zoll.

Von der ganzen Regenmenge verdunsteten also ungefähr drei
ertheile, während nur ein Viertheil abflofs, und zwar hörte dieser
bflufs oder die Speisung der Quellen in dem Sommer und Herbste
inahe ganz auf. Ein unmittelbar daneben aufgestelltes Atmido-
eter ergab den Werth der Verdunstung gleich 30 Zoll, während
r beschriebene Apparat nur 25 Zoll dafür nachwies. Dieser Unter-
hied erklärt sich dadurch, dafs das Erdreich oft so trocken wurde,
fs seine Oberfläche nicht die Wassermenge enthielt, welche die
uft aufzunehmen fähig war.

§. 5.

Cisternen.

Da das Regen- und Schneewasser sich in ähnlicher Art aus der
uft ausscheidet, wie dieses im Helm der Destillirblase geschieht, so
t es sehr rein und eignet sich sonach vollständig zu den gewöhnlichen
irthschaftlichen Zwecken, und namentlich zur Zubereitung der Spei-
n und Getränke und zum Waschen. Aus diesem Grunde ist das
uffangen des Regenwassers in gröfserer oder geringerer Ausdeh-
ung vielfach üblich. Wo andere reiche Quellen zu Gebote stehn,
rwendet man indessen hierauf wenig Sorgfalt, und kaum wird da-
lbst irgend eine bauliche Einrichtung zu diesem Zwecke getroffen.

Wenn dagegen der Boden entweder kein Wasser giebt, auch die
Zuleitung von Quellen schwierig ist, oder wenn der sumpfige und
vielleicht mit Seewasser durchzogene Grund alle Brunnen mit un-
brauchbarem Wasser speist, so erhält die Auffangung und Aufbe-
wahrung des Regenwassers solche Wichtigkeit, daſs man bedeutende
Anlagen zu diesem Zwecke macht. Dieses sind die Cisternen,
die man, wenn sie nur das Wasser der Dachrinnen aufnehmen, auch
wohl Regensärge zu nennen pflegt. Sie bestehn aus wasserdichten
überwölbten Bassins, die so tief im Boden liegen, daſs weder der
Frost, noch die Sommerwärme eindringt, und sind mit den nöthigen
Vorrichtungen zur zweckmäſsigen Zuleitung und Entnehmung des
Wassers, sowie zur Reinigung versehn. Insofern die Speisung der
Cisternen von der Quantität des Niederschlages abhängt, und diese
wieder in den verschiedenen Jahreszeiten sehr verschieden ist, während der Verbrauch des Wassers ziemlich gleichmäſsig erfolgt, so
müssen die Cisternen den Bedarf von 3 bis 4 Monaten faſsen können,
und hieraus ergiebt sich sowohl die nöthige Gröſse derselben, als auch
die erforderliche Ausdehnung der Oberfläche, die das Wasser auffängt. Es ist dabei jedoch nicht zu übersehn, daſs die aufgefangene
Wassermenge etwas geringer ist, als die wirklich niedergeschlagene,
und dieses namentlich, wenn man nicht nur Dachflächen, sondern
auch gepflasterte Hofräume benutzt, weil alsdann eine merkliche
Quantität sich schon durch die Fugen des Pflasters in den Boden zieht.

Nichts desto weniger ist die auf solche Art gewonnene Wassermenge noch sehr bedeutend, und in unserm Klima würde der Bedarf
für die gewöhnlichen häuslichen Zwecke durch Cisternen vielfach
gesichert werden können. Wenn die aufgefangene Wassermenge
auch nur einem Niederschlage von 12 Zoll entspricht, oder jährlich
von jedem Quadratfuſs Oberfläche nur ein Cubikfuſs Wasser in die
Cisterne flieſst, während jeder Einwohner täglich $\frac{1}{8}$ Cubikfuſs Wasser consumirt, was nach den spätern Mittheilungen für häusliche
Zwecke gewöhnlich genügt, so würde eine Oberfläche von $1\frac{1}{4}$ Qua-
dratruthe jedem Einwohner das nöthige Wasserquantum liefern.
Nimmt man aber, wie Leslie gethan hat, den nothwendigen Bedarf
eines Individuums nur zu $\frac{1}{8}$ Cubikfuſs englisches Maaſs oder sehr
nahe 5 preuſsische Quart an, so liefern schon die Dachflächen das
nöthige Wasser.

Wasserdichtigkeit ist bei einer Cisterne das erste Erforderniſs,

und hierdurch wird zugleich die möglichste Solidität des Baues bedingt, denn wenn einzelne Theile sich setzen sollten, so würden die
entstehenden Risse dem Wasser den Durchfluß gestatten. Aus die
sem Grunde pflegt man dem Gewölbe, welches die Decke der Cisterne bildet, keine weite Spannung zu geben, sondern diese im
Maximum auf 10 bis 12 Fuß zu beschränken, und dafür lieber,
wenn eine größere Breite erforderlich ist, mehrere überwölbte Räume,
die unter sich in Verbindung stehn, neben einander anzulegen, wobei
die Zwischenmauern die gemeinschaftlichen Widerlager bilden. Diese
Anordnung stellt sich bei großen Cisternen auch gemeinhin als die
wohlfeilste heraus.

Fig. 4 und 5 zeigen eine Cisterne von Mittlerer Größe, welche
durch die Rinnen eines gepflasterten Hofes gespeist wird. *A* ist der
Brunnen, in welchem das Wasser sich zunächst ansammelt. Derselbe ist oben mit einem Gitter verschlossen, um das Hineinfallen
größerer Körper zu verhindern. Um Sand und andere schwere
Stoffe, welche das Wasser mit sich führt, aufzufangen, steht er nicht
an seinem Boden, sondern 1 bis 2 Fuß darüber mit der Cisterne
in Verbindung, und läßt sonach das Wasser in seiner Oberfläche
abfließen. Damit er von Zeit zu Zeit gereinigt werden kann, muß er
wenigstens 3 Fuß weit sein. Bei kleineren Cisternen, welche nur das
Regenwasser der Dächer aufnehmen, pflegt man statt dieses Speise-
brunnens ein kleines Bassin, der Seiger genannt, unter dem Abfall-
rohre anzubringen, welches einige Cubikfuß Wasser faßt, und von
dessen oberm Rande die Zuleitungsröhre nach der Cisterne führt.
Jedenfalls wird das Wasser, bevor es in die Cisterne tritt, noch
durch ein zweites enges Gitter oder Drahtnetz geleitet, damit auch
kleine schwimmende Körper zurückgehalten werden. Das Saugerohr
B, durch welches das Wasser aus der Cisterne gehoben wird, muß
möglichst weit von der Einflußöffnung entfernt sein, damit die feinern
erdigen Stoffe nicht leicht zu demselben gelangen. Um durch die
Pumpe alles Wasser ausheben und nöthigenfalls die Cisterne ganz
trocken legen zu können, giebt man dem Boden eine schwache Nei-
gung von $\frac{1}{100}$ bis $\frac{1}{150}$ und bringt längs der Stirnmauer, welche die
niedrigste Seite des Bodens begrenzt, einen flachen Graben *D* an.

Behufs Reinigung der Cisterne wird noch eine 3 Fuß weite Ein-
steigeöffnung *C* angebracht, die am passendsten ihre Stelle neben
der Pumpe findet, wodurch theils die Reparatur der letzteren und

theils die Reinigung des Bodens und die Heranschaffung des zusammengekehrten Niederschlages erleichtert wird. Diese Oeffnung ist mit einem Deckel geschlossen. Endlich pflegt man auch dafür zu sorgen, dass die Cisterne nicht bis zum Scheitel des Gewölbes sich anfüllen, und dadurch das letztere einem starken Drucke aussetzen kann. Zu diesem Zwecke geht ein Ableitungsrohr E entweder von der Cisterne selbst, oder noch besser von dem Speisebrunnen aus nach einer tiefern Stelle des Hofes.

Ueber die Construction der Cisterne ist wenig zu bemerken. Um das Durchdringen des Wassers durch die Mauern zu verhindern, müssen letztere aus hartgebrannten Steinen in gutem hydraulischen Mörtel ausgeführt werden. Ausserdem wird der Boden gewöhnlich mit 3 Schichten flach gelegter Ziegel bedeckt, und zwar wenn der Baugrund fester Kies ist, kann man, wie die Figur andeutet, die untere dieser Schichten unmittelbar auf den sorgfältig geebneten Boden legen. Die Fugen derselben werden mit einem dünnflüssigen hydraulischen Mörtel ausgegossen, die zweite und dritte Schicht, die mit der ersten und unter sich einen guten Verband bilden müssen, legt man in ein Mörtelbette, und sorgt dafür, dass auch hier die Stossfugen nicht offen bleiben. Wenn dagegen der Baugrund einiges Setzen befürchten läfst, so muss der Boden der Cisterne eine größere Stärke erhalten. Bei der Cisterne zu Charlemont, die Bélidor[*] beschreibt, bestand derselbe aus einem drei Fuß starken Mauerwerk, worüber jene drei Ziegelschichten noch gelegt wurden.

Nachdem das gesammte Mauerwerk der Cisterne mehrere Monate gestanden hat, und theils gehörig ausgetrocknet ist, theils aber sich vollständig gesetzt hat, so wird gemeinhin die ganze innere Oberfläche der Cisterne und des Brunnens, am Boden, an den Wänden und der gewölbten Decke, und ebenso auch von aussen die flache Abdachung über dem Gewölbe mit einer Lage von sorgfältig zubereitetem und schnell bindendem hydraulischen Mörtel 1 bis 1¼ Zoll hoch überzogen. Damit dieser Ueberzug gut haftet, müssen vorher die sämmtlichen Fugen mit einem eisernen Haken etwa 1 Zoll tief geöffnet und das Mauerwerk stark benetzt werden. Der Mörtel wird in kleinen Massen aufgetragen und mit einer schmalen flach convexen Kelle fest eingestrichen. Zur Ausfüllung der Unebenheiten,

---

[*] *Science des Ingénieurs.* Buch IV. Cap. 12.

sowie der feinen Risse, welche sich nach einigen Tagen zeigen, wird eine zweite, jedoch viel dünnere Lage desselben Mörtels aufgebracht und gerieben, bis sie erhärtet. Dieses Verfahren muſs so lange von Tage zu Tage wiederholt werden, bis keine Risse mehr zum Vorschein kommen. Die Quantität des aufgetragenen Mörtels muſs aber, sobald die Risse feiner werden, auch immer abnehmen, so daſs der dünne Mörtel zuletzt nur mit einem Pinsel aufgestrichen wird, doch wird das Einreiben auch alsdann noch fortgesetzt. Bei Anfertigung des Mörtelüberzuges über der äuſseren Abdachung muſs man durch Ueberdeckung mit Stroh das zu schnelle Austrocknen verhindern und an sehr heiſsen Tagen die Arbeit ganz einstellen. Endlich ist noch zu erwähnen, daſs die Abdachung später gewöhnlich mit Kies beschüttet wird, um das Ansammeln des Wassers darüber zu verhindern.

Wenn der Ueberzug aus gewöhnlichem Mörtel besteht, den man aus fettem Kalke bereitet hat, so darf man die Cisterne nicht früher benutzen, als bis der letztere sich mit Kohlensäure gesättigt hat. Wartet man diesen Zeitpunkt nicht ab, so löst sich zunächst der Kalk im Wasser der Cisterne auf, und verdirbt dasselbe, worauf nach und nach die Mauern undicht werden. Bei einer neben Beaumont an der Oise ausgeführten Cisterne war diese Vorsicht unbeachtet geblieben, und man bemerkte bald, daſs das Wasser in derselben sich in Kalkwasser verwandelte. D'Arcet lieſs die Cisterne entleeren, möglichst austrocknen, und am Boden mehrere Feuerstellen durch Aufschütten von Asche und Einfassen mit Ziegeln einrichten. Hierin wurden alle Tage groſse Massen Holzkohlen verbrannt, während in der Nacht die frische Luft hinzutrat. Nach acht Tagen war der Ueberzug schon in kohlensauren Kalk verwandelt, doch setzte man das Verbrennen der Kohlen noch drei Tage fort. Alsdann wurde das Wasser hineingelassen, das sich auch vollständig rein erhielt.

Ist der Untergrund sehr wasserhaltig, so pflegt man denselben mit einer starken Thonschicht zu überdecken, die fest angestampft wird, und den Boden der Cisterne trägt. Nicht selten werden auch die Seitenmauern der letzteren in solchem Falle mit einem Thonschlage umgeben.

Die sehr groſsen und zum Theil mit auffallendem Luxus ausgeführten alten Cisternen in Constantinopel scheinen nicht sowol zum Auffangen des Regenwassers, als vielmehr desjenigen Wassers bestimmt gewesen zu sein, welches durch die Aquaducte vor dem Eintritt der trocknen Jahreszeit aus den Umgebungen der Stadt zugeführt wurde. *)

Als eine besondere Art von Cisternen verdienen noch die Brunnen in Venedig erwähnt zu werden. Der niedrige, vom Seewasser durchzogene Boden giebt kein brauchbares Wasser, und die weite Entfernung des festen Landes von nahe einer Meile erlaubte nicht eine Wasserleitung von dorther einzurichten. Der Bedarf wurde also zum Theil in kleinen Fahrzeugen, die man in der Brenta füllte, beigeschafft, doch waren diese keineswegs so zweckmäßig eingerichtet, wie jene, welche von der Vechte aus das Wasser nach Amsterdam bringen. Bei den letzten ist nämlich der Wasserraum vollständig abgeschlossen und verdeckt, und wird durch Klappen im Boden gefüllt, während mehrere Pumpen dazu dienen, das Wasser bequem und ohne Verunreinigung zu heben. In Venedig war diese, durch Fahrzeuge herbeigeführte Wassermasse nur unbedeutend gegen die, welche durch Auffangen des Regenwassers angesammelt wurde, und hierzu dienten eben die erwähnten Brunnen. Dieselben werden nicht nur durch den auf die Dächer niederschlagenden Regen gespeist, sondern auch durch das Wasser von den Strafsen und sogar durch Spühligt, das gewöhnlich in die Rinnen neben den Brunnen gegossen wird. Sie sind daher mit einer Vorrichtung zum Filtriren versehn, und dieser Umstand unterscheidet sie eben von den gewöhnlichen Cisternen. Es mufs aber noch daran erinnert werden, dafs das Sammelwasser von den Strafsen in Venedig nicht in der Art verunreinigt ist, wie in andern Städten, da es hier keine Pferde giebt. Die Einrichtung dieser Brunnen zeigt Fig. 6 im Durchschnitte. Man hebt die Baugrube so tief aus, wie dieses wegen des Wasserzudranges möglich ist, und mindestens bis zu den fest abgelagerten und bereits stark comprimirten Erdschichten, die man in einer Tiefe von 10 Fufs vorfindet. Die Weite ist gleichfalls sehr verschieden, je nachdem man gröfsere oder kleinere Wassermengen darin auffangen will. Der Grund wird mit einer etwa 1 Fufs hohen Lage fetten Thones sorgfältig ausgestampft und darüber ein wasserdichter Boden von gebrannnten Steinen ausgeführt, der zugleich das Fundament der darauf stehenden Mauern bildet. Die äufsere dieser

---

*) Wiener allgemeine Bauzeitung 1853, S. 56.

······, welche entweder einen kreisförmigen, oder einen quadrati-
····· Raum einschließt, und im ersten Falle theils senkrecht steht,
····· nach außen überhängt, um den cubischen Inhalt des Brunnens
··········, muß in allen Theilen wasserdicht sein. Zu diesem
····· wird sie gleich bei dem Aufführen mit Thon hinterstampft.
··········· so weit, daß ihre Deckplatten einen Theil des Stra-
········· bilden. Der cylindrische innere Brunnenkessel ist im
····· Theile, etwa 2 Fuß hoch, aus roh bearbeiteten Bruchsteinen
···· offenen Fugen erbaut, damit das Wasser ohne Schwierigkeit
·········· kann; weiter aufwärts ist er dagegen wasserdicht und
······· Steinen ausgeführt, und erhebt sich bis zur Höhe
············ Er trägt als Einfassung gewöhnlich ein Co-
········· Capitäl aus weißem Marmor. Der Raum zwischen beiden
······ wird mit reinem Flußsande bis etwa 5 Fuß unter dem
······ angefüllt, und nachdem derselbe mit reinem Wasser ange-
······ und angestampft ist, so daß man ein merkliches Setzen nicht
····· ········ darf, so legt man als Boden und Fundament für
···· kleinem Canal möglichst nahe an der äußern Mauer eine Lage
··········· mit offenen Stoßfugen. Hierüber wird aus gebrannten
····· Steinen der zwei Fuß weite und drei Fuß hohe überwölbte Canal
···· geführt, von dem zwei oder vier gemauerte Röhren nach eben
so viel durchlochten Steinen des Straßenpflasters hinaufführen. Der
übrigbleibende Raum wird wieder mit reinem Sande ausgefüllt,
worauf das Pflaster mit den Rinnen liegt, welche das Wasser zu
den erwähnten durchlochten Steinen führen. Die Wirksamkeit des
Brunnens ist diese, daß das hineinfließende Wasser sich zunächst
in dem Canale ansammelt, und von hier langsam durch den Sand
in den innern Brunnenkessel dringt. Bei einigen dieser Brunnen
soll man auch den innern Kessel, soweit derselbe offene Fugen hat,
mit Kohlen umschütten, um dadurch das Wasser noch vollständiger
zu reinigen.

Diese Brunnen versiegen niemals ganz, indem der durchnäßte
Sand auch während der größten Dürre noch einiges Wasser ausscheidet, doch ist die Wassermenge zuweilen so geringe, daß morgens in sehr kurzer Zeit der ganze Vorrath, der sich während 24
Stunden angesammelt hatte, ausgeleert wird, und der Brunnen alsdann während des ganzen Tages geschlossen bleiben muß. Das
ausgehobene Wasser ist klar und gewöhnlich von reinem Geschmack,

so daß es zu allen häuslichen Zwecken benutzt wird, einen großen
Uebelstand verursachen aber die selten wiederkehrenden sehr hohen
Fluthen des Adriatischen Meeres, welche, indem sie die Straßen
unter Wasser setzen, auch in die Brunnen treten und den Sand mit
Salztheilchen anfüllen. Es bleibt alsdann nur übrig, den verunrei-
nigten Sand und zugleich die Canäle auszuheben, und nachdem frischer
Sand eingeschüttet worden, letztere neu aufzuführen. *)

Die Sandschüttung, durch welche sich der Venetianische Brunnen hauptsächlich von der gewöhnlichen Cisterne unterscheidet, gewährt nicht nur den Vortheil, daß das Wasser filtrirt, sondern dieses
auch zurückgehalten wird, so daß es nur nach und nach in das
einentliche Sammelbassin oder den innern Brunnenkessel gelangt.
Der letzte Umstand ist nicht minder wichtig, als der erste, denn
während das Wasser sich in den Zwischenräumen des Sandes befindet, so ist es bei dessen geschützter Lage von jeder Verunreinigung von außen, sowie auch vor der Bildung eines organischen
Lebens im Innern gesichert, und da es nur in dem Maaße in den
Brunnenkessel fliest, wie letzterer ausgeschöpft wird, so bleibt es
nicht so lange darin, daß der Zutritt der Luft es daselbst verderben,
oder daß Pflanzen und Thiere darin vegetiren könnten. Dieser
Brunnen ist also ein fließender Quell, der ähnlich den natürlichen
Quellen immer frisches Wasser giebt.

Man hat auch bei andern Cisternen die Vorrichtung angebracht,
daß das eintretende Wasser durch Sandschüttungen geleitet wird,
doch ist die Quantität des Sandes alsdann so geringe, daß sie nur
wenig Wasser zurückhält und der größte Theil desselben sich in
dem Reservoir ansammelt. Dieses ist z. B. in der ausgedehnten
Cisterne in Livorno der Fall. Ein großes Bassin von etwa 21
Ruthen Länge und 18 Ruthen Breite, dessen gewölbte Decke von
zwanzig Mittelpfeilern getragen wird, nimmt das gereinigte Wasser
auf, während zwei mit Sand gefüllte Räume zur Seite, deren jeder
nur den vierten Theil des Flächeninhalts vom Bassin faßt, als Filter
dienen. **)

---

*) Die vorstehende Beschreibung beruht großentheils auf Nachrichten,
die ich in Venedig gesammelt habe. Die in der Wiener allgemeinen Bauzeitung, Jahrgang 1836, wie in den Litteratur-Blättern derselben von 1861
und 1864 gemachten Mittheilungen stimmen hiermit ungefähr überein, indem
sie noch verschiedene Details hinzufügen.
**) Förster's Allgemeine Bauzeitung. 1838. S. 165.

Zweiter Abschnitt.

Quellen und Brunnen.

§. 6.
Wassermenge der Quellen.

Aus den im ersten Abschnitte mitgetheilten Beobachtungen ergiebt sich, daſs an vielen Orten im Laufe des Jahres eine gröſsere Wassermenge verdunstet, als die atmosphärischen Niederschläge liefern. Wäre daher hier der Erdboden ganz eben und wasserdicht, so daſs der Regen oder das Schneewasser unbeweglich an der Stelle bliebe, wo es niedergefallen, so würde daselbst keineswegs das Wasserquantum fortwährend zunehmen, sondern im Gegentheil würde es zuweilen vollständig verschwinden und der Boden würde ganz trocken werden.

Die Erdoberfläche ist indessen weder eben noch undurchdringlich. Das Regen- und Schneewasser flieſst sogleich von allen, und selbst von schwach geneigten Anhöhen herab, und sammelt sich in den tieferen Stellen, also in Sümpfen, Teichen oder Bachbetten. Hier wird es von der Luft nur in einer geringeren Oberfläche beührt, als diejenige war, auf der es niederfiel, und sonach verdunstet es auch nur weniger, als wenn es nicht abgeflossen wäre. Andrerseits dringt das Wasser auch in den Boden ein, und wenn dieses bis zur Tiefe von etwa 1 Fuſs oder darüber geschieht, so entzieht es sich vollständig der Verdunstung, bis es vielleicht an einer tiefer belegenen Stelle wieder als Quell hervortritt und mit der Luft aufs Neue in Berührung kommt. Dasjenige Wasser aber, welches die obere Erdschicht benetzt, bleibt der Verdunstung ausgesetzt, und in dem Maaſse wie es verdunstet, steigt das darunter befindliche Wasser in Folge der Capillar-Attraction aus der Tiefe von etwa 1 Fuſs wieder auf, und verdunstet gleichfalls nach und nach.

In dieser Weise entzieht sich ein groſser Theil des Niederschlages der Verdunstung und speiset die Bäche, Ströme und Seen. Das

I. 3

Verhältnifs desselben zur ganzen Masse des Niederschlages hängt aber theils von der Neigung und theils von der Beschaffenheit des Bodens ab. Von steilen Abhängen eines festen Gebirges stürzt das Wasser ohne merklichen Verlust in das Bachbette hinab, in klüftigen Gebirge, wie in der Kreide, verschwindet es dagegen sogleich in den Spalten, woher die wenig ausgebildeten Bachbetten daselbst auch nur zur Zeit des stärksten Regens sich zu füllen pflegen. In den Ebenen sammelt sich das Wasser an, wenn nicht für eine schnelle Entwässerung durch Abzugsgräben künstlich gesorgt wird. Besteht der Boden dagegen aus Torf oder ist er mit Laub oder Moos überdeckt, so nehmen diese Stoffe das Wasser in grofser Menge auf und schützen es gegen Verdunstung, während es durch die darunter befindlichen Sand- und Kiesschichten langsam abfliefst und nie versiegende Quellen speist.

Wenn auch in früherer Zeit, als man die Wassermassen der Flüsse noch nicht gemessen hatte, diese einfachen Verhältnisse nicht erkannt, vielmehr die wunderbarsten Hypothesen über den Ursprung der Quellen aufgestellt wurden, so überzeugte sich doch schon Mariotte, dafs die Seine nur etwa den sechsten Theil desjenigen Wassers dem Meere zuführt, das in ihrem Gebiete als Regen oder Schnee niederfällt.

Dalton stellte sich die Aufgabe, für die sämmtlichen Ströme und Flüsse in England und Wales diesen Vergleich durchzuführen. Wie sicher seine Messungen der Regenmenge indessen auch waren, so blieben die Schätzungen der Wassermengen der Ströme doch höchst zweifelhaft, indem für die Themse nur mittlere Tiefen und Geschwindigkeiten arbitrirt, und die andern Ströme sogar nur nach oberflächlicher Schätzung mit der Themse verglichen wurden. Das Resultat war dafs eine Wassermenge, welche der Höhe von 12 Zoll 7 Linien Rheinländisch entspricht, durch diese Ströme dem Meere zugeführt wird. *)

Für die Seine hat Arago **) eine Berechnung mitgetheilt, die jedenfalls gröfseres Vertrauen verdient. Hiernach werden an der Brücke unterhalb der Tuilerien bei mittlerem Wasserstande 8248 Rhl. Cub. Fufs in der Secunde abgeführt, also während des Jahres 26012 Millionen Cub. Fufs, und der Flächenraum, auf dem das Wasse

---

sich sammelt, hat eine Ausdehnung von 664,2 Deutschen Quadrat-Meilen. Die Höhe der durch die Seine abgeführten Wassermenge beträgt also 7 Zoll 1 Linie, oder sie kommt ungefähr dem dritten Theile des Niederschlages gleich.

Später hat Dausse *) die Höhe desjenigen Theiles des Nieder-schlages im Gebiete der Seine, der im Flusse abgeführt wird, aus den an der Brücke Tournelle in Paris angestellten Wasserstands-Beobachtungen hergeleitet. Letztere umfassen die dreifsig Jahre von 1807 bis 1836. Auf Rheinländische Zolle reducirt ergab sich durch-schnittlich diese Höhe

von Mai bis October	2,37 Zoll
von November bis April	4,41 -
also im ganzen Jahre	6,78 -

was mit dem von Arago gefundenen Resultate ungefähr überein-stimmt.

Ich habe versucht, für einige Ströme in Preufsen dieses Ver-hältnifs zu ermitteln, und wenn die Resultate auch nicht den Grad von Sicherheit haben, den man bei allen Untersuchungen zu errei-chen wünscht, so dürften sie doch den eben mitgetheilten nicht an Genauigkeit nachstehn. Welche Ausdehnung ein Stromgebiet hat, worauf das Wasser sich sammelt, das an einer bestimmten Stelle des Flusses vorbeigeführt wird, läfst sich auf jeder guten Charte genau genug nachmessen. Wie grofs die Regenmenge ist, kann man aus der obigen Tabelle, wenn auch nicht ganz sicher, doch wenig-stens annähernd entnehmen. Viel schwieriger ist aber die Frage zu beantworten, welche Wassermenge der Strom durchschnittlich abführt. Eine genaue Messung derselben ist schon bei kleinem Was-ser und schwacher Strömung sehr zeitraubend und umständlich, bei hohen und den höchsten Wasserständen, die oft ganz unerwartet eintreten und nicht lange anhalten, ist sie aber kaum mit einiger Sicherheit auszuführen. Eine Zusammenstellung aller verschiedenen Wassermengen, die während des ganzen Jahres abgeführt werden, woraus man die mittlere finden könnte, läfst sich sonach nicht ma-chen, und man mufs voraussetzen, dafs beim mittlern Wasserstande der Strom auch die mittlere Wassermenge abführt. Der mittlere Was-serstand ist überall, wo Pegelbeobachtungen regelmäfsig angestellt

---

*) *Annales des Ponts et Chaussés* 1842. I. *pag.* 200.

werden, leicht zu finden. Ich habe in den folgenden Rechnungen
denselben allein aus dem Jahre 1833 hergeleitet, da die mittlere
Höhe sowohl der Wasserstände, als der atmosphärischen Niederschläge, in diesem Jahre ziemlich nahe gleich kommt den aus mehreren Decennien hergeleiteten arithmetischen Mitteln. Hiernach bestimmten sich die Wasserstände, für welche man die zugehörigen
Wassermengen suchen muſs, doch trafen die wenigen, meist zu anderem Zwecke angestellten Messungen der Wassermengen nicht auf
diese Pegelstände, und es kam daher zunächst darauf an, zu untersuchen, in welchem Maaſse die Wassermenge bei höherem oder nie-
drigerem Stande sich vergröſsert oder verkleinert. Hierzu würde
eine einfache Interpolation genügen, wenn gröſsere Reihen von Messungen bei verschiedenen Wasserständen vorgelegen hätten, doch
war dieses allein bei der Weser der Fall, für alle übrigen Ströme
konnte ich nur einzelne Messungen zum Grunde legen.

    Wenn auch die neuern Messungen zu einer ganz andern Be-
ziehung zwischen der mittleren Geschwindigkeit und dem Gefälle
der Ströme geführt haben, als man bisher annahm*), so haben dieselben dennoch bestätigt, daſs bei gleichem Gefälle die mittlere Geschwindigkeit der Quadratwurzel aus der mittleren Tiefe proportional ist. Indem aber auch die Wassermengen bei gleicher Breite
des Fluſsbettes wieder den Producten aus den mittleren Geschwindigkeiten in die mittleren Tiefen proportional sind, so folgt, daſs
bei verschiedenen Wasserständen die Quadrate der Wassermengen
zu den dritten Potenzen der mittleren Tiefen in constantem Verhältnisse stehn. Die beiden eingeführten Voraussetzungen sind freilich in aller Strenge nicht richtig, aber sie rechtfertigen sich wohl,
wenn der Wasserstand, bei dem die Wassermenge gemessen wurde,
demjenigen ziemlich nahe liegt, auf den man letztere reduciren will.
Man erhält hiernach die dem mittleren Wasserstande entsprechende
Wassermenge

$$M' = \left(\frac{h+a}{h}\right)^{\frac{3}{2}} M$$

wo M die beobachtete Wassermenge für die mittlere Tiefe h, und
$h + a$ die mittlere Tiefe beim mittleren Wasserstande bedeutet. Eine

---

*) Ueber die Bewegung des Wassers in Strömen. Abhandlungen d. Kgl.
Academie der Wissenschaften. Berlin 1868.

Vergleichung der hiernach berechneten Resultate mit den an der
Weser wirklich beobachteten zeigte, daſs die Abweichungen nicht
bedeutend sind, woher man mit einigem Vertrauen sich dieses Ausdrucks bedienen kann.

Die folgende Tabelle weist die Resultate der sieben Messungen
nach, die mir vorlagen. In der zweiten Spalte derselben ist die
Ausdehnung des Fluſsgebietes nur soweit angegeben, als die Zuflüsse
den Strom schon oberhalb des Beobachtungsortes treffen. Die letzte
Spalte zeigt aber an, wieviel Zolle hoch das ganze Fluſsgebiet von
demjenigen Theile des jährlichen Niederschlages bedeckt wird, welchen der Fluſs abführt.

	Aus-dehnung des Fluſs-gebietes	Wasser-menge beim mittleren Wasser-stande	Mittlere Wasser-menge pro Quadrat-meile	Höhe der abgeführten Wasser-menge
	Quadrat-M.	Cubik-F.	Cubik-F.	Zolle.
1) Der Rhein bei Emmerich	2800	76000	27,2	17,8
2) Der Rhein bei Coblenz, oberhalb der Mosel-Mündung	2000	43000	21,5	14,1
3) Die Ems bei Rheine .	65	600	9,3	6,1
4) Die Weser b. Schlüssel-burg	370	7100	19,2	12,6
5) Die Weichsel b. Schwetz	3400	34000	10,0	6,6
6) Die Weichsel oberhalb der Montauer Spitze	3500	24000	6,9	4,5
7) Der Pissek b. Johannis-burg	35	330	9,4	6,2

Es ergiebt sich hieraus wieder, daſs auch in diesen Fällen die
abgeführte Wassermenge bedeutend kleiner, als der jährliche Niederschlag ist, es zeigen sich dabei aber wesentliche Unterschiede,
die man keineswegs als Beobachtungsfehler ansehn kann, sie geben
vielmehr, übereinstimmend mit der obigen Auseinandersetzung, zu
erkennen, daſs die Wassermenge, welche aus Gebirgsgegenden den
Strömen zugeführt wird, bedeutender ist, als diejenige, welche eine
gleiche Oberfläche des ebenen Landes liefert.

Ueber die einzelnen Beobachtungen muſs noch bemerkt werden, daſs

No. 1. zwar nur auf einer einzelnen Messung beruht, die aber bei einem Wasserstande angestellt wurde, der dem mittleren sehr nahe war.

No. 2. gründet sich auf eine einzige Messung bei sehr niedrigem Wasser, das aus ihr gezogene Resultat verdient sonach wenig Vertrauen.

No. 3. liegen mehrere Messungen zum Grunde, die jedoch in allen Details nicht mehr bekannt sind.

No. 4. bezieht sich auf mehrere Beobachtungen, die vor etwa 20 Jahren bei verschiedenen Wasserständen mit Sorgfalt angestellt wurden.

No. 5. und 6. liegen wieder nur einzelne Messungen zum Grunde, die aber bei Wasserständen gemacht sind, welche nicht viel unter dem mittleren waren.

No. 7. ist endlich auf eine Messung basirt, die ich bei einem Wasserstande, der dem mittleren sehr nahe kam, ausgeführt habe.

In neuster Zeit sind über denselben Gegenstand sehr interessante Untersuchungen theils bereits angestellt, theils auch eingeleitet worden. Namentlich muſs die Einrichtung des hydrometrischen Büreaus für das Seine-Gebiet (*service hydrométrique du bassin de la Seine*) erwähnt werden, die 1854 erfolgte [*]). Für die Seine selbst, sowie für deren sämmtliche Zuflüsse werden nämlich sowol die täglichen Wasserstände, mit Bezeichnung der Reinheit des Wassers, wie auch die täglichen Niederschläge aufgezeichnet, und in groſsem Maaſsstabe graphisch dargestellt. Indem jeder Tag durch die Länge von einem Millimeter (0,46 Rheinl. Linie) bezeichnet ist, die Wasserstände aber im hundertsten Theile und die Niederschläge in der vollen Gröſse angegeben sind, so lassen sich alle Maaſse aus diesen Scalen mit hinreichender Sicherheit entnehmen, während die verschiedene Färbung der Wasserstände zugleich die Reinheit des Wassers bezeichnet und die Formation des Bodens durch die beigedruckten Bemerkungen namhaft gemacht wird. Es mag hier nur bemerkt werden, daſs nach den Scalen von 1866 wieder der stärkste Niederschlag bei Settons im Departement Nièvre gemessen wurde und derselbe am 24. September 3 Zoll 10 Linien betrug.

Auch die Wassermengen andrer Ströme sind sowol für das

---

[*]) *Annales des Ponts et Chaussées* 1857. I. *pag.* 257.

ganze Jahr, als bei besonders hohen oder niedrigen Wasserständen in neuerer Zeit ermittelt.

Die Oder führt bei Steinau *) jährlich ungefähr den dritten Theil des Niederschlages im Stromgebiete ab, nämlich 5,75 Zoll.

Die Weser soll **) zur Zeit des kleinsten Wassers bei Münden 4,7 und unterhalb der Aller-Mündung nur 4 Cubikfuſs von jeder Quadratmeile ihres Gebietes in der Secunde abführen, zur Zeit des höchsten Wassers dagegen an denselben Stellen 347 und 282 Cubikfuſs von der Quadratmeile. Oberhalb der Mündung der Hase führt die Ems beim niedrigsten und beim höchsten Wasserstande von jeder Quadratmeile ihres Gebietes in der Secunde 3,1 und 415 Cubikfuſs ab.

Für die nachstehend benannten Flüsse in Frankreich sollen die abgeführten Wassermengen zur ganzen Regenmenge in folgendem Verhältnisse stehn ***):

bei der Yonne (in der Lias-Formation) zu l'Auxois 0,65 : 1
bei der Saône zu Trévoux 0,53 : 1
bei der Garonne oberhalb Marmande 0,65 : 1 und
bei der Seine oberhalb Paris 0,28 : 1.

Ferner ist zu erwähnen, daſs die Cure bei ihrer Mündung in die Yonne bei Settons nach 5jährigen Beobachtungen während der Sommermonate Juni bis October 0,44 und während der andern 7 Monate 0,98, durchschnittlich im ganzen Jahre aber 0,74 des gesammten Niederschlages abführt. †)

Endlich sind noch die Resultate der von Humphreys und Abbot in dieser Beziehung angestellten Beobachtungen mitzutheilen. Für den ganzen Missisippi stellt sich das Verhältniſs der jährlich abgeführten Wassermenge zum Niederschlage auf 0,25 während es bei einigen Nebenflüssen, wie dem Missouri und Arcansas nur 0,15 bei andern dagegen wie beim Yazao und St. Francis 0,90 beträgt.

Sehr wichtig sind bei diesen Strömen noch die Verhältnisse zwischen den beim kleinsten und höchsten Stande abgeführten Wassermengen. Bei Columbus, nahe unterhalb der Mündung des Ohio,

---

*) Zeitschrift für Bauwesen 1868. Seite 90.
**) Zeischrift des Architekten- und Ingenieur-Vereins in Hannover 1849. Seite 234.
***) *Annales des Ponts et Chaussées* 1860. I. *pag.* 154.
†) *Annales des Ponts et Chaussées* 1853. II. *pag.* 161.

trat der höchste Wasserstand bei 40,7 Fuſs am Pegel den 18. Juni 1858 ein, der niedrigste dagegen am 16. October desselben Jahres bei 3,5 Fuſs. Die Differenz betrug also 37,2 Fuſs Engl. oder 36,2 Rheinländisch. Die Wassermengen betrugen in beiden Fällen nach den dort üblichen Messungsmethoden 1 403 400 und 128 670 Engl. Cubikfuſs in der Secunde. Sie verhalten sich daher zu einander, nahe wie 11 : 1.

In Vicksburg dagegen, das 4½ Grade südlicher liegt und wo inzwischen mit vielen andern kleineren Flüssen noch der Arcansas hinzugetreten ist, fand in demselben Jahre der höchste Stand von 48,2 Fuſs am 24. Juni und der niedrigste von 8,7 Fuſs am 25. October statt. Der Unterschied der Wasserstände betrug also 39,5 Fuſs Englisch oder 37,1 Fuſs Rheinländisch. Die gröſste gemessene Wassermenge wird aber nur zu 1 244 500 Cubikfuſs Engl., also geringer, wie bei Columbus angegeben, die kleinste dagegen zu 233 329 Fuſs. Das Verhältniſs beider stellt sich auf 5,4 zu 1.

In Corrollton dicht oberhalb New-Orleans, woselbst die Messungen im Jahre 1851 gemacht wurden, erreichte der Missisippi die gröſste Höhe von 14,8 Fuſs am 17. März und sank am 20. October auf 1,6 Fuſs herab. Die Differenz der Wasserstände betrug also nur 13,2 Fuſs Engl. oder 12,8 Rhl. Fuſs, und das Verhältniſs der gröſsten Wassermenge zur kleinsten war wie 4,2 zu 1.

Daſs bei einem so groſsen Stromgebiete, wie dem des Missisippi, welches etwa 18 Breitengrade umfaſst, die abgeführte Wassermenge viel gleichmäſsiger bleibt, als in einem kleineren Flusse, dessen ganzes Gebiet leicht von demselben Regen getroffen wird, ist erklärlich, und ebenso auch die andre Erscheinung, die sich aus den vorstehenden Messungen ergiebt, daſs nämlich kleinere Flüsse und Bäche, besonders in festem Gebirge, das Regenwasser viel vollständiger aufnehmen und abführen als gröſsere im flachen Lande. Je länger das Wasser mit der Luft in Berührung bleibt, um so stärker verdunstet es, und je weiter es flieſst, um so mehr findet es auch Gelegenheit, die anliegenden Flächen zu durchdringen und auf denselben wieder zu verdunsten.

§. 7.
Quellenbildung.

Nachdem im Vorstehenden nachgewiesen ist, daſs selbst kleinere Flüsse nicht die ganze Regenmenge abführen, die in ihrem Gebiete niederschlägt, so fehlt jede Veranlassung, noch andere Erklärungen für den Ursprung der gewöhnlichen Quellen zu suchen. Nichts desto weniger mögen diese dennoch mit wenig Worten erwähnt werden, da sie zum Theil auch in die hydrotechnischen Werke übergegangen sind.

Descartes, und nach ihm Silberschlag, betrachtete die Quellen als Producte einer Destillation. Das Meer soll in die feste Erdmasse eintreten und bis zu derjenigen Tiefe versinken, wo die Temperatur den Siedegrad erreicht. Hier verflüchtigt sich das Wasser und schlägt an der kalten Oberfläche nieder, von wo es durch zufällige Spalten oder Kiesschichten abfließt. Diese Hypothese wird nicht nur durch keine Erscheinung bestätigt, sondern auch durch die Temperatur des Quellwassers widerlegt, die in der Regel mit der mittleren Temperatur des Erdbodens übereinstimmt.

Noch unhaltbarer und augenscheinlich auf einem Irrthume beruhend ist die Voraussetzung, daſs das Wasser in Folge der Capillar-Attraction bis zu den höchsten Gebirgen ansteigt und von hier frei abfließt. Selbst in dem feinsten Material, wo also die Zwischenräume zwischen den einzelnen Körnchen möglichst enge sind, erhebt sich das Wasser wohl niemals höher, als etwa 2 Fuſs, es füllt aber nur eben die Zwischenräume und wird durch die Capillar-Attraction in diesen zurückgehalten. Legt man einen Schwamm in ein Gefäſs mit Wasser, so saugt er das letztere mehrere Zoll hoch an und füllt sich damit in seiner ganzen Höhe, bringt man darin aber eine weite Höhlung an, die nicht bis unter die Oberfläche des umgebenden Wassers herabreicht, so bleibt diese ganz leer.

Endlich ist noch in neuerer Zeit, namentlich in Folge mancher auffallenden Erscheinungen an Artesischen Brunnen, die Vermuthung ausgesprochen, daſs im Innern der Erde groſse Wassermassen durch darüber liegende undurchdringliche, aber doch flexible Schichten einem starken Drucke ausgesetzt sind, in Folge dessen die Quellen bis zur Oberfläche und selbst darüber hinaus ansteigen. Abgesehn von der vorausgesetzten eigenthümlichen und höchst unwahrscheinlichen Beschaffenheit solcher Schichten widerlegt sich diese Hypothese dadurch, daſs die Quellen in solchem Falle nach und nach immer schwächer werden und endlich ganz versiegen müſsten. Wenn aber hin und wieder bemerkt worden, daſs bei Artesischen Brunnen das Wasser im ersten Momente höher aufspritzt, als später, so erklärt sich dieses leicht aus dem gröſseren Drucke, dem das stehende Wasser ausgesetzt ist, und der sich vermindert, sobald ein Ausfluſs eröffnet wird. Diese letzte Erscheinung kann aber ebensowol durch den hydrostatischen Druck, wie durch den einer auf dem Wasser ruhenden Erdmasse veranlaſst werden.

Die Bildung der gewöhnlichen Quellen erklärt sich in der einfachsten Weise dadurch, daſs der atmosphärische Niederschlag in den Erdboden eindringt, und dem Gesetze der Schwere folgend sich abwärts bewegt, so lange er leere Räume findet, die er anfüllen kann. Wird seine Bewegung aber entweder durch eine wasserdichte Schicht oder dadurch unterbrochen, daſs die feinen Zwischenräume der lockern Erd- oder Sandschicht bereits vollständig gefüllt sind, so flieſst er seitwärts ab, indem er stets demjenigen Wege folgt, der ihn am meisten abwärts führt. Doch auch hier würde die Bewegung durch die vollständige Füllung der Räume bald unterbrochen werden, wenn nicht irgendwo ein Ausfluſs sich eröffnete, und zwar an einer Stelle die tiefer liegt, als diejenige, in der das Wasser sich angesammelt hat. Auf solche Art tritt das Wasser durch Sand- und Kiesschichten oder auch wohl durch klüftiges Gestein meist an dem Fuſse einer Anhöhe als Quell wieder hervor, und bei dem langen Aufenthalte im Erdboden nimmt es die Temperatur desselben an.

Da die wasserleitenden so wie die undurchdringlichen Erdschichten im aufgeschwemmten Boden sich ganz zufällig und sonach höchst unregelmäſsig abgelagert haben, so kann es nicht fehlen, daſs die unterirdischen Wasserläufe zuweilen in eigenthümlicher Weise sich bilden, also vielleicht bis zu groſser Tiefe herabsinken und alsdann wieder ansteigen, indem sie ringsumher bis zur Ausmündung von undurchdringlichen Schichten eingeschlossen werden. So wurde auf der sehr niedrigen Insel zwischen beiden Pregel-Armen in Königsberg vor etwa 30 Jahren ein Artesischer Brunnen ausgeführt, der zwar nur eine sehr kleine Quantiät Wasser lieferte, die jedoch einige Fuſs hoch über dem Erdboden ausfloſs. Dieses Wasser muſste unbedingt von einer Anhöhe, also wahrscheinlich von dem nicht weit entfernten nördlichen Pregelufer zufliefsen, aber es mufste auf diesem Wege den Stromarm passiren, der 20 Fufs tief ist, und zwar ohne mit demselben in Verbindung zu stehn, weil es sich sonst wegen des geringeren Gegendruckes in ihn ergossen hätte.

Auffallender ist noch das Phänomen, welches Poussin erwähnt, dafs nämlich vor der Mündung des Missisippi Salzquellen in der Höhe von 7½ Fufs über dem mittleren Stande der See, also noch einige Fufs über dem Hochwasser, austreten. Mehrfach findet man auch sonst am Seestrande, und zwar vor flachen Ufern, Brunnen die süfses Wasser enthalten, also mit der See nicht in Verbindung stehn, vielmehr nur durch die unterirdischen Zuflüsse aus den Dünen gespeist werden.

Die verschiedenen Erdschichten, welche theils das Wasser zurückhalten, theils dasselbe aufnehmen und zugleich eine mehr oder minder gehemmte Durchströmung gestatten, verdienen noch eine eingehende Betrachtung. Die Gartenerde, im gewöhnlichen compacten Zustande, wie sie in Folge der vegetabilischen Zersetzungen einen grofsen Theil der Oberfläche bedeckt, befeuchtet sich zwar durch den darauf fallenden Regen, doch dringt derselbe, wie schon Seneca bemerkte, nur bis zu sehr geringer Tiefe in sie ein. De la Hire überzeugte sich durch verschiedene Messungen, dafs selbst ein lange anhaltender Regen nie tiefer, als etwa 1 Fufs, eindringt. Hiernach scheint der atmosphärische Niederschlag, der eine starke Lage dieser Erde trifft, nicht unmittelbar zur Quellenbildung beitragen zu können, sondern soweit er nicht eingesogen wird, über der Oberfläche abzufliefsen, wobei er freilich beim Begegnen von Sandschichten später in diese eindringen kann. Es mufs aber gleich erwähnt werden, dafs vielfach die Quellen, welche man in der Tiefe von mehreren hundert Fufs angetroffen hat, nach starkem Regen oder nach dem Schmelzen des Schnees kräftiger werden, als sie sonst sind. Namentlich beim Bergbau ist diese Erfahrung oft gemacht worden. So bemerkt man in den Gruben von Cornwallis, dafs wenige Stunden nach einem starken Regen die Grubenwasser zunehmen. Dasselbe hat man auch in den Kohlenzechen an der Ruhr wahrgenommen. Es ergiebt sich hieraus augenscheinlich, dafs selbst solche tiefliegende Quellen dem Regen ihren Ursprung verdanken.

Auf welche Art das Wasser in den Boden eindringt und an

den tiefern Stellen der Erdoberfläche wieder zum Vorschein kommt, kann bei kiesigem und sandigem Grunde nicht zweifelhaft sein. Jenachdem die Zwischenräume, die sich darin vorfinden, größer oder kleiner sind, und jenachdem der Weg kürzer oder länger ist, so erfolgt das Durchdringen auch mit größerer oder minderer Schnelligkeit. Füllt man eine oben und unten offene Glasröhre, die auf eine Metallplatte gestellt ist, mit Sand und gießt Wasser hinein, so wird letzteres schnell in den Sand eingezogen, und man bemerkt, daß der Sand durchnäßt wird. War die Wassermenge nicht hinreichend, um allen Sand bis zum untern Ende der Röhre zu benetzen, so erfolgt keine Bewegung des Wassers, dasselbe wird vielmehr durch die Capillar-Attraction so fest im Sande gehalten, daß die Wirkung der Schwere sich nicht zu erkennen giebt. Die vollständige Benetzung des Sandes erfolgt, wenn $\frac{1}{4}$ bis $\frac{1}{3}$ von dem Volum des Sandes an Wasser zugegossen sind. Ein stärkerer Zusatz kann weder aufgenommen noch gehalten werden, die Capillar-Attraction setzt seiner Bewegung auch kein weiteres Hinderniß entgegen, und erlaubt den einzelnen Wassertheilchen, der Wirkung der Schwere zu folgen, so lange andere an deren Stelle treten, und nur die letzten hält sie mit ihrer ganzen Kraft zurück. So geschieht es, daß das Wasser, welches in den erwähnten Apparat nach der vollständigen Benetzung des Sandes noch zugegossen wird, aus der untern Oeffnung der Röhre hervorquillt. Wenn man aber umgekehrt das Wasser von unten in die mit trocknem Sande gefüllte Röhre eindringen läßt, so wird der Sand bis zu einer gewissen Höhe benetzt, aber weiter zieht sich kein Wasser hinein, weil die Capillar-Attraction nur bis zu einer bestimmten Grenze wirksam bleibt und eine andere Kraft nicht vorhanden ist, um das Wasser noch höher steigen zu lassen. Auf solche Art stellen sich zwei verschiedene Wasserspiegel, die durch zwischenliegende Sand- oder Kiesmassen von einander getrennt sind, nach und nach in gleiches Niveau. Hierauf beruht die Ansammlung des Wassers im Kessel des Venetianischen Brunnens, und ebendaher ist es auch so schwierig, im Sandboden einen Wasserstand zu halten, der höher oder niedriger als der des Grundwassers ist. Liegt letzteres bedeutend unter der Oberfläche des Erdbodens, so ist die Ableitung des Tagewassers nach einer niedrigeren Gegend überflüssig, indem selbiges sich schon in den Boden einzieht und verschwindet. Dieses eindringende Wasser ist jedoch selten

rein, gewöhnlich schweben darin feine Thon- und Humustheil-
, die es mehr oder weniger trüben. Diese Theilchen dringen
lfalls in die Zwischenräume zwischen den Sandkörnchen, aber
finden sie den Weg so verengt, daſs sie stecken bleiben. Sie
den sich alsdann vom Wasser aus, oder dieses wird filtrirt
erscheint in dem Quell, den es speist, vollkommen klar. Die
chenräume in derjenigen Sandschicht, in welche das trübe Was-
zunächst eintritt, verstopfen sich indessen nach und nach, und
Boden verliert dadurch die Fähigkeit das Wasser aufzunehmen,
1 auch das Grundwasser viel tiefer liegt. Um ein niedriges
-ain, das in dieser Weise versumpft ist, wieder trocken zu legen,
s man die dünne undurchdringliche Schicht durchstechen und
r an der tiefsten Stelle, wo die Ansammlung des Wassers vor-
rweise erfolgt. Solche Gruben, die zuweilen ihren Zweck sehr
iedigend erfüllen, nennt man Schling- oder Senkgruben.
pflegen indessen sich bald zu verstopfen und werden alsdann
rauchbar, man kann ihre Dauer jedoch sichern, wenn man sie
i Zeit zu Zeit nicht nur aufgräbt, (wodurch sie immer tiefer wer-
ı würden, bis man sie endlich verlassen müſste) sondern daſs man
:h dem jedesmaligen Ausheben der verunreinigten Sandschicht
e eben so starke Lage reinen Sandes hineinbringt. Die an den
trir-Apparaten gemachten Erfahrungen zeigen nämlich, daſs die
ıen Erdtheilchen nur wenig Zolle tief in den Sand einzudringen
-gen.

Die mächtigen Ablagerungen des aufgeschwemmten Bodens,
lche den gröſsten Theil der Erdoberfläche bedecken, sind entwe-
· Niederschlag des stehenden, oder doch nur wenig bewegten Was-
s, welches die darin schwebenden Thontheilchen fallen lieſs, und
llen alsdann eine für das Wasser mehr oder weniger undurch-
inglíche Schicht dar, oder sie bestehn aus Geschieben, Kies und
ıd, die sich im Bette eines mehr oder weniger heftigen Stromes
ɛelagert haben. Im letzten Falle bildet sich eine wasserleitende
ıicht, und dieses geschieht auch, wenn anhaltender Wellenschlag
e frühere Ablagerung traf und alle feinen Erdtheilchen auswusch.
: Verhältnisse bleiben aber keineswegs immer unverändert. Die
ıgestaltung des Bodens wird Veranlassung, daſs wasserleitende
ıichten von undurchdringlichen überdeckt werden und umgekehrt,
: dieses in Fluſsthälern, worin die Ufer nicht vollständig gesichert

sind, auch noch geschieht. Auf diese Art ist eine mannigfache Abwechselung der beiden Gattungen von Schichten entstanden, und in Rücksicht auf die Quellen bildet sich eine noch gröfsere Verschiedenheit dadurch, dafs diese Schichten nicht immer horizontal liegen und oft scharf abgeschnittene Grenzen haben.

Eine wasserleitende Schicht, welche an ihrem obern Ende das Regenwasser aufnimmt, bildet einen natürlichen Quell, wenn sie am untern Ende wieder die Erdoberfläche trifft, erreicht sie jedoch nicht die Erdoberfläche, und bleibt sie des Wasserdruckes ungeachtet mit einer undurchdringlichen Schicht bedeckt, so wird diese, wenn sich auch kein eigentlicher Quell darin bildet, doch immer feucht und deshalb häufig unfähig zur Cultur sein. In solchem Falle befand sich die kleine Besitzung Princetorp in Warwick, wo Elckingston den ersten Versuch zur Trockenlegung der Felder machte, und wo er seine Wirksamkeit begann, die bald darauf weit und breit in Anspruch genommen und später auf Veranlassung der Gesellschaft zur Beförderung des Ackerbaues durch Johnston beobachtet und bekannt gemacht wurde. Der thonige Untergrund war dort beständig von Wasser durchzogen, und die Gräben, die man anlegte, verfehlten ihren Zweck, indem kein Wasser hineinflofs. Elckingston hatte als letzten Versuch noch einen sehr tiefen Graben ausheben lassen, der aber, gleich den früheren, sich nicht mit Wasser füllte. Als er jedoch absichtslos seinen Stock in die Sohle des Grabens tief hineinstiefs, erreichte er zufällig die wasserleitende Kiesschicht, und ein starker Quell sprudelte mit Heftigkeit hervor, worauf das Feld trocken wurde.

Erreicht man durch Graben oder Bohren solche Schichten, so füllen sich die Brunnen mit Wasser an, und wenn die Höhenlage es gestattet, so fliefsen diese Brunnen über. Auch diejenigen Kiesschichten, denen ein natürlicher Abflufs nicht ganz fehlt, sind zur Speisung von Brunnen geeignet, und können sogar fliefsende Brunnen bilden, wenn das Wasser auf dem neuen künstlichen Wege leichter entweicht, als durch den früheren natürlichen Abflufs.

Manche Kiesschichten haben am obern Ende keinen natürlichen Zuflufs, während sie unten geöffnet sind. Wenn in solche zufälligerweise Wasser eindringt, so werden sie dieses leicht aufnehmen und abführen. Dasselbe geschieht auch in andern Schichten, wenn die Capacität des Abflusses gröfser ist, als die zugeführte Wassermenge.

Dieses sind die absorbirenden Schichten, die sehr geeignet sind, einen Zweck zu erfüllen, welcher dem der gewöhnlichen Brunnen gerade entgegengesetzt ist. Bei den Entwässerungsanlagen, die Elckingston ausführte, benutzte er zuweilen auch solche absorbirende Schichten, und stürzte das Wasser unmittelbar aus der Kiesschicht, die es zuführte, durch ein Bohrloch in eine darunter befindliche absorbirende Schicht. Auch bei Brunnenanlagen zeigen sich häufig Schichten der letzten Art. Auf dem hohen Ufer der Samländischen Küste in Ost-Preußen, nahe an der See, besteht unter andern ein achtzig Fuß tiefer Brunnen, der zwar immer Wasser enthielt, aber im Gebrauche unbequem war. Man glaubte, durch weitere Vertiefung reichhaltigere Quellen zu eröffnen und den Wasserspiegel zu heben, doch war der Erfolg gerade ein entgegengesetzter, man traf auf eine absorbirende Schicht, und der Brunnen versiegte ganz. Aehnliche Beispiele ereignen sich nicht selten, wo dergleichen abwechselnde Schichten vorkommen.

Bisher ist nur von wasserleitenden und undurchdringlichen Schichten die Rede gewesen, doch giebt es außerdem noch vielfache Abstufungen zwischen beiden. Zu diesen gehört auch der feine Sand, der wegen der Art, wie er das Wasser ausfließen läßt, eine besondere Erwähnung verdient. Er kann bei seiner Ablagerung verschiedene Grade von Dichtigkeit annehmen. Wird die Schüttung mit großer Vorsicht und recht leise ausgeführt, so daß die einzelnen Körnchen sich möglichst sanft niederlegen, so lassen sie größere leere Räume zwischen sich, die auch später durch bloßen Druck nicht zu beseitigen sind, weil der reine Sand nicht comprimirbar ist. Wenn dagegen eine Erschütterung erfolgt, so lagern sich die einzelnen Körnchen dichter, wobei ein starkes Setzen eintritt. Dieses Setzen erreicht bei ganz trockenem Sande niemals die äußerste Grenze. Träufelt man nämlich Wasser darauf, so vermindert sich noch merklich der cubische Inhalt. Dagegen kann man bei starker Benetzung und durch heftiges Umrühren auch wieder den allerlockersten Zustand der Schüttung darstellen und die Körnchen so übereinander legen, daß sie sich gegenseitig eben nur stützen und bei dem leisesten Stoße zusammen fallen. Ich nahm rein ausgewaschenen trockenen Seesand und schüttete ihn durch einen Trichter vorsichtig in ein cylindrisches Gefäß von $1\frac{1}{4}$ Quadratzoll Grundfläche. Die Höhe der Schüttung betrug 6,92 Zoll. Darauf stampfte ich den

Sand durch wiederholtes Einstofsen eines Drahtes so lange, bis der
Draht endlich den Sand nicht mehr durchdringen konnte. Jetzt betrug die Höhe nur noch 6,37 Zoll. Die Dichtigkeit hatte also ungefähr um $\frac{1}{14}$ zugenommen. Durch vorsichtiges Hinzutröpfeln von
Wasser, wobei die Luft aus den Zwischenräumen des Sandes vollständig entwich, konnte ich eine Quantität Wasser, die einer Höhe
des Cylinders von 2,16 Zoll entsprach, hineinbringen, und indem ich
den Sand von Neuem stampfte, betrug seine Höhe nur noch 6,17
Zoll. Das Volum hatte also wieder um $\frac{1}{16}$ abgenommen. Ein fernerer Zusatz von Wasser sammelte sich an der Oberfläche, doch
zog er sich beim Umrühren wieder in die dadurch entstehenden Zwischenräume ein, und es war auf solche Art sogar möglich, im Ganzen 3 Cubikzoll Wasser in den Sand zu bringen. Die Höhe des
Gemenges betrug alsdann 7,42 Zoll, woher eine gewisse Quantität
Luft durch das Umrühren hineingekommen sein mufste.

Die Festigkeit, sowie die Eigenschaft, das Wasser durchzulassen,
sind bei diesen verschiedenen Arten der Ablagerung des Sandes
sehr verschieden. Compact geschüttet und benetzt widersteht der
Sand einem starken Drucke, während die letzterwähnte lose Schüttung dem geringsten Eindrucke nachgiebt. Beide Erscheinungen
zeigen sich häufig sehr auffallend an sandigen Meeresufern. Ein
niedriger Seestrand, der bei vorhergehenden Stürmen von starkem
Wellenschlage getroffen wurde, und noch nicht austrocknete, zeigt
eine Festigkeit, die man sonst nur auf chaussirten Wegen findet.
Die Wagenräder rollen darüber, ohne eine Spur zu hinterlassen,
und kaum erkennt man die Stellen, wo der Pferdehuf aufschlug.
Wenn dagegen durch das Steigen des Grundwassers, wie etwa beim
Anschwellen der See, aus niedrigen Sandflächen das Wasser auf-
quillt, alsdann bildet sich jener gefährliche und leicht bewegliche
Boden, der unter dem Namen des Triebsandes bekannt ist, worin
zuweilen Reisende und noch häufiger Pferde und Vieh verunglücken.
Am interessantesten ist die Erscheinung des Triebsandes, wenn derselbe schon vor einigen Wochen sich gebildet hat und das Wasser
von seiner Oberseite verschwunden ist, so dafs diese wieder trocken
liegt. Man erkennt solche Stelle an ihrer vollkommen horizontalen
Lage und an der Abwesenheit jeder Vegetation. Betritt man sie,
so fühlt man ein sanftes Schwanken des Bodens, das bei heftigem
Auftreten und Springen aber so bedeutend wird, dafs Flächen von

tigen Unterstützung und theils auf der Reibung der einzelnen Körnchen. Bei einer geringen Benetzung tritt die Wirkung der Capillar-
Attraction noch hinzu, welche den gegenseitigen Druck und sonst
die Reibung vermehrt. Wird aber das Wasser so reichlich zugesetzt,
daß die Capillar-Attraction aufhört, wie dieses geschieht, wenn man
trocknen Sand in ein mit Wasser gefülltes Gefäß schüttet, wobei
augenscheinlich ein Körnchen nicht mehr an dem andern haftet, so
ist die Reibung geringer, als sie bei der trocknen Schüttung war,
indem das Wasser sogar wie eine Schmiere wirkt. Diese Verminderung der Reibung beim Zutritt des Wassers bemerkt man sehr
deutlich, wenn man die stärksten Böschungen mißt, die trocknen
Sand und Sandschüttungen unter Wasser annehmen. Für jenen reinen
Seesand fand ich im trocknen Zustande die stärkste Neigung gegen
den Horizont gleich 35½ Grade, während er unter Wasser sich nicht
steiler, als auf 29 Grade stellen ließ.

Endlich wird der Triebsand auch noch erzeugt, wenn Sandmassen in stehendes Wasser geweht, oder durch Bäche hineingespült
werden. Die drei verschiedenen Ursachen, die ich angeführt habe,
scheinen indessen noch nicht zu genügen, um die Auflockerung des
Sandes bis zu der Tiefe zu erklären, in welcher der Triebsand zuweilen vorkommt, und man muß wohl die Voraussetzung machen,
daß an manchen Stellen der Sand seine lockere Beschaffenheit seit
seiner ersten Ablagerung beibehalten hat. Dieses ist derjenige Triebsand, den man bei allen Bauten mit Recht fürchten muß, und man
wird ihn erkennen, wenn Pfähle mit Leichtigkeit hineindringen, ohne
daß eine Senkung des Wassers in der Baugrube vorgenommen ist,
dagegen verwandelt sich auch die festeste Ablagerung in Triebsand,
sobald man durch Senkung des Grundwassers die Quellen gewaltsam in der Richtung von unten nach oben hindurchtreibt. Ein fortgesetztes Pumpen kann daher sehr nachtheilige Folgen haben, und
einen an sich guten Baugrund vollständig verderben. Man muß
daher im sandigen Boden mit der Anwendung von Schöpfmaschinen
äußerst behutsam sein, und keine starke Senkung des Grundwassers
längere Zeit hindurch erzwingen wollen. Das Anwachsen der Quellen und eine sehr bemerkbare zunehmende Unzulänglichkeit der
Pumpen pflegt in solchem Falle auch gewöhnlich zu zeigen, daß die
Quellen immer mehr den Grund verschlechtern.

Aehnliche Verhältnisse, wie in dem aufgeschwemmten Boden,

n sich auch in den Gebirgsformationen, und die Bildung
Quellen ist hier zuweilen noch viel auffallender, insofern einige
rgsarten dem Wasser einen weit leichteren Durchfluſs gestatten,
Kiesablagerungen. Namentlich ist dieses bei manchen Sandstei-
und besonders beim klüftigen Kalk der Fall. In letzterem bil-
nicht nur die ursprünglichen Spalten ein zusammenhängendes
t von offenen Fugen, sondern diese werden auch fortdauernd
h das hindurchflieſsende Wasser erweitert, und so entstehn voll-
dige Wasserleitungen und sogar weit ausgedehnte unterirdische
h- und Fluſsbetten. Die weiten Höhlen, die man mitunter auf
denlange Entfernungen verfolgt hat, gehören wenigstens theilweise
rher. Einige derselben werden noch durch starke Bäche durch-
mt, wie die Höhle im Thale des Caripe in Peru und manche
hlen im Adelsberge in Illyrien. Bei andern sind freilich die
ffnungen nicht so groſs, daſs man sie verfolgen könnte, aber den-
ch zeigt sich hin und wieder die Erscheinung, daſs auch gröſsere
rper mit dem Wasser aus dem Boden treten, woraus sich ergiebt,
fs der unterirdische Lauf ohne Unterbrechung eine entsprechende
eite haben muſs. So kamen aus dem Bohrloche bei Tours Saamen
n Sumpfpflanzen, Dornenzweige von etwa 1 Zoll Länge, Stücke
urzeln, kleine Muscheln und dergleichen aus einer Tiefe von 350
fs herauf. Durch andere Brunnen sind lebende Fische ausge-
rfen, auch hat man beim Abbohren Artesischer Brunnen häufig
merkt, daſs plötzlich das Gestänge des Bohrers herabsank. Zu
ntainebleau geschah dieses bis auf 24 Fuſs, oder die Höhle, die
n anbohrte, hatte diese Höhe, und hier, wie in andern Fällen,
merkte man ein fortgesetztes Schwingen des Gestänges, welches
h nur dadurch erklären läſst, daſs das untere Ende desselben in
en heftigen Strom eintauchte.

Das Vorhandensein solcher Ströme giebt sich aber auch sehr
utlich durch die groſsen Wassermassen zu erkennen, die in man-
en Fällen theils vom Boden verschluckt werden und theils aus
mselben wieder hervorbrechen. Ein Beispiel hiervon war schon
i frühesten Alterthume bekannt. Der Kephissos in Böotien ergieſst
h in den Kopaïschen See, ohne daſs letzterer einen offenen Ab-
fs hat, nichts desto weniger schwillt der See keineswegs fortwäh-
nd an, sondern im Gegentheil verschwindet er im Sommer beinahe
nz, und es zeigen sich alsdann in dem Boden, der zur Kalkfor-

4 *

mation gehört, fünf Abzugsöffnungen, die zum Theil so geräumig sind, daſs man hineingehn kann. Aus eben so vielen Ausfluſsmündungen kommt das verschluckte Wasser wieder zum Vorschein, vier derselben liegen östlich in der Entfernung von 3 bis 4 Meilen am Ufer der Meerenge von Negropont, eine fünfte befindet sich in der Nähe des Kopaïschen Sees, und der Fluſs, der daselbst entspringt, führt wieder den Namen Kephissos. Diese natürlichen Abzüge verhindern indessen nicht vollständig die höheren Anschwellungen des Sees, und so hat man schon in der frühesten Zeit zwei künstliche Entwässerungsstollen angelegt, die jedoch gegenwärtig verschüttet sind. Auch der See Phonia in Morea hat keinen offenen Abfluſs. Je nachdem der unterirdische Abzugsgraben geöffnet ist, oder nicht, wechselt auch der Spiegel des Sees, und zwar in solchem Maaſse, daſs er in neuerer Zeit 300 Fuſs höher stand, als früher *).

Besonders gehört hierher der Zirknitzer See in Illyrien, dessen plötzliches Anschwellen und gänzliches Versiegen schon lange ein Gegenstand der Aufmerksamkeit der Physiker gewesen ist. Er liegt in einem rings umschlossenen Bergkessel der Krainer Alpen, ungefähr zwei Meilen östlich von der Kuppe dieses Gebirges, die unter dem Namen des Schneeberges bekannt ist. Seine Ausdehnung wird verschieden angegeben, und ist ohne Zweifel von dem jedesmaligen Zustande der Ausfluſs-Oeffnungen abhängig, sie scheint 1½ bis 2 Quadratmeilen zu betragen. Das Bette und die Ufer des Sees bestehn aus Kalkfelsen, worüber ein starker Niederschlag aus Thon und vegetabilischer Erde sich gebildet hat. An manchen Stellen ist jedoch der Kalkboden entblöſst, und man bemerkt darin eine groſse Anzahl von kleinen Oeffnungen. Auch befinden sich am Umfange des Sees eine Menge Höhlen, in welche man zum Theil bis 100 Fuſs herabsteigen kann. Alle diese Oeffnungen treten beim Anwachsen und beim Versiegen des Sees in Thätigkeit. Ihre Anzahl, oder vielmehr die Zahl der Hauptgruppen beträgt zwischen 40 und 50. Einige derselben werfen Wasser aus, andere saugen es ein, und die meisten üben in verschiedenen Zeiten beide Functionen aus. Im Allgemeinen werfen die Oeffnungen an der östlichen Seite vorzugsweise das Wasser aus, und die an der westlichen verschlucken es. Bei trockner Jahreszeit flieſsen auch ungefähr in dieser Richtung

---

*) Poggendorff's Annalen der Physik. Band 38, Heft 2.

mühle benutzt wird. Die vielen Grotten und Felsbrücken im Adelsberge verdanken diesen Strömungen gleichfalls ihre Entstehung, und
ebenso werden dadurch auch die Flüsse gespeist, die in das Adria-
tische Meer ihren grofsen Wasserreichthum ausgiefsen. Es scheint
indessen, dafs ein Theil der Wassermenge des Zirknitzer Sees auch
nach dem Norden fliefst, denn die Laibach und andere Zuflüsse
der Sau bilden sich aus sehr ergiebigen Quellen, die aus dem Kalkboden hervortreten. *)

Die Orbe, welche am Fufse des Jura im Waadtlande entspringt,
durchströmt den gröfseren Lac de Joux und dicht unterhalb desselben den kleinern See gleiches Namens. Sobald sie aus diesem
heraustritt, verschwindet sie vor einem Kalkfelsen und erscheint etwa
eine halbe Stunde davon am Fufse einer nakten Felswand wieder.
Die Oeffnungen, aus welchen sie hier hervorbricht, liegen 680 Fuſs
unter dem Spiegel jenes Sees. Der Zusammenhang beider Flüsse
war schon früher nicht zweifelhaft, doch gab er sich im Jahre 1776
auf eine sehr augenfällige Weise zu erkennen. Die Abzugsöffnungen
hatten sich nämlich damals stark verstopft, so dafs der kleinere See
zum Nachtheil der umliegenden Ländereien bedeutend anschwoll.
Um diesen Uebelstand zu beseitigen und um eine gründliche Reinigung der Schlinggruben vorzunehmen, durchdämmte man die Orbe
zwischen beiden Seen. Der gröfsere See schwoll darauf stark an,
durchbrach den Damm und stürzte sich mit Heftigkeit in den kleineren. Bei dieser Gelegenheit wurde das Wasser der unterhalb
entspringenden Orbe, welches sonst immer klar ist, stark getrübt. **)

Manche Fälle dieser Art kommen auch im nördlichen Deutschland vor, so entspringt unmittelbar in dem Weserufer, Dölme gegenüber, in dem Kohlenkalksteine ein so kräftiger Bach, dafs derselbe
sogleich eine Mühle, die Steinmühle, treibt. Die Oeffnung des Felsens, aus welcher er hervorbricht, ist unmittelbar neben dem Mühlrade.

Besonders verdienen die Quellen der Lippe und Pader in der
Umgegend von Paderborn Erwähnung. Die folgenden Angaben über
die Reichhaltigkeit beziehn sich auf Messungen, die ich im Sommer
1839 zu einer Zeit anstellte, als es zwar einige Tage hindurch stark

---

*) T. Gruber's Briefe hydrographischen und physikalischen Inhalts aus
Krain. Wien 1781.
**) Poggendorff's Annalen. Band XVI S. 595.

gregnet hatte, jedoch die Wasserstände in den Flüssen und Bächen
nur einem mittleren Sommerwasserstande entsprachen. Die Pader,
die bei Neuhaus in die Lippe fällt, entspringt am Fuße der Anhöhe
in Paderborn, worauf der Dom steht. Die Straßen in dem untern
Theile der Stadt werden etwa 6 Zoll hoch von dem Wasser bedeckt,
welches an beiden Seiten unter den erhöhten Trottoirs und unter
den Häusern hervorbricht. Auf einem Flächenraume von 50 bis
60 Ruthen Länge und 40 Ruthen Breite sammelt sich eine Wassermasse, welche im Stande ist, zehn unterschlächtige neben einander liegende Mühlräder zu treiben. Die Anzahl aller Wasserräder
in Paderborn ist noch größer, doch führe ich diejenigen nicht mit
auf, welche vor oder hinter der Hauptreihe von Mühlen liegen. Das
vorbrechende Wasser ist sehr klar und rein und von angenehmem
Geschmack, nur nach heftigem Regen werden einige Quellen getrübt.
Große Anschwellungen ereignen sich nie und ebenso wenig nehmen
die Quellen auch nie stark ab. Der ganze Unterschied zwischen
dem höchsten und niedrigsten Wasserstande scheint nur etwa
1 Fuß zu betragen. An der Neuen Brücke, dicht vor der Stadt,
sind alle Quellen vereinigt, ich fand daselbst die Wassermenge gleich
220 Cubikfuß in der Secunde. Der auf den Charten angegebene
kleine Bach, die Raute, hat sich hier noch nicht mit der Pader vereinigt, seine Wassermenge war auch höchst unbedeutend und betrug
kaum 1 Cubikfuß in der Secunde. Die erwähnten 220 Cubikfuß
sind sonach die Wassermenge, die auf einem Flächenraume von kaum
16 Morgen hervorbricht.

Noch interessanter, wenn gleich minder reichhaltig, ist die Quelle
der Lippe bei Lippspringe. Neben dem Städtchen dieses Namens
erhebt sich ein Plateau etwa 30 Fuß über den Wiesengrund, das
sich nach dem westlichen Abhange des Teutoburger Waldes hinzieht, und dem Anscheine nach ziemlich horizontal liegt, sogar durch
eine merkliche Vertiefung noch von der Anhöhe getrennt wird. Diese
erhöhte Ebene fällt neben Lippspringe steil ab, und an ihrem Rande
liegt die Ruine der alten Tempelburg. Unmittelbar davor befindet
sich ein Weiher, der keinen sichtbaren Zufluß hat. Er ist auf der
Seite nach der Wiese durch einen niedrigen Erddamm begrenzt.
Seine Länge beträgt etwa 25 Ruthen und seine Breite kaum 5 Ruthen. In der Mitte scheint seine Tiefe sehr bedeutend zu sein, und
hier treten die unterirdischen Zuflüsse hinein, welche sich theils durch

die Luftblasen und theils auch dadurch zu erkennen geben, dafs an
der südlichen Seite alle Wasserpflanzen von der starken Strömung
niedergelegt werden, während sie auf der nördlichen Seite aufrecht
stehn. Am südlichen Ende, wo der Weiher in einen Graben mündet, liegt eine Mühle, die drei unterschlächtige Räder und ein Frei-
gerinne hat. Durch letzteres und durch das eine Mahlgerinne flossen
in der Secunde 27 Cubikfufs ab.

Am Fufse desselben Plateau's, etwa 100 Ruthen davon entfernt
in nordöstlicher Richtung, entspringt ein anderer Zuflufs der Lippe,
der Jordan, der der Sage nach seinen Namen erhalten, als Carl
der Grofse die Sachsen darin taufen liefs. Unter dem üppig be-
wachsenen ziemlich steilen Ufer trat früher aus einem natürlichen
Gewölbe von etwa $1\frac{1}{2}$ Fufs Weite der eine Quell hervor und bildete
ein tiefes Bassin im Wiesengrunde. Aus dem Boden dieses Bassins
sprudelte der zweite Quell auf, und zwar mit solcher Heftigkeit,
dafs er an der Oberfläche einen Wasserberg von 3 bis 6 Zoll Höhe
bildete, der abwechselnd mit lautem Rauschen stieg und niederfiel.
Gegenwärtig existirt diese schöne Quellenbildung nicht mehr. Bei
Anlage der Promenaden wurde sie zerstört. Von der Fufsbrücke
aus, die etwa 100 Ruthen unterhalb beider Quellen liegt, maafs ich
die Wassermenge des Jordan gleich 19 Cubikfufs in der Secunde.

Fragt man, wo diese grofsen Wassermengen herkommen, so
giebt die Umgegend von Paderborn hierüber genügenden Aufschlufs.
Die kleinen Bäche, die man sowol auf der Strafse nach Gesecke, als
nach Lichtenau kreuzt, versiegen im Sommer vollständig, sie führen
selbst nach heftigem Regen auch nicht einen Tropfen der Lippe zu,
nur bei anhaltend nasser Witterung sammelt sich in ihnen Wasser
an. Der in allen Richtungen mit Spalten und Klüften durchzogene
Mergelboden im Süden von Paderborn nimmt alles Regenwasser in
sich auf, und führt es in unterirdischen Gängen der Lippe und Pader
zu. Auf dem Wege nach Lichtenau trifft man zunächst im Haxter-
grunde ein Bachbette, welches im Sommer so trocken bleibt, dafs
auf der westlichen Seite der Chaussee zwischen den Ackerflächen
gar kein Raum für den Abflufs des Wassers frei gelassen und das
Thal in seiner ganzen Breite bestellt wird. Der zweite Bach, den
man hier findet, ist die Sauer, die auf der Egge bei Kleinenberg in
der Entfernung ·von 2 Meilen ihre Quellen hat, und deren Bette neben der Chaussee in den Sommermonaten wieder ganz trocken ist.

Verfolgt man dasselbe aber aufwärts, so findet man etwa 300 Ruthen weiter, am untern Ende des Dorfes Grundsteinheim, schon Wasser in dem Bache. Hier ergofs sich etwa ein halber Cubikfufs in der Secunde in eine flache Grube im Kalkboden und verschwand daselbst. Die Wassermenge, die am obern Ende des Dorfes zufliefst, war aber schon viel bedeutender, und weiter aufwärts bei Lichtenau trieb zu derselben Zeit eben dieser Bach einen Mahlgang der dortigen Mühle.

Das Verschwinden dieses sehr bedeutenden Baches wird offenbar noch durch die auffallende Verlängerung seines Laufes befördert. Er entspringt auf der Egge bei Kleinenberg und fliefst etwa zwei Meilen bis Iggenhausen vor Grundsteinheim in nördlicher Richtung, hier ist jedoch das Thal auf der Nordseite geschlossen, und das Bachbette zieht sich ganz dem früheren Laufe entgegen $1\frac{1}{4}$ Meile weit südwestlich fort, bis es bei Atteln in die Altenau fällt, die sich später in die Alme ergiefst. Der unterirdische Lauf ist also wahrscheinlich um drei Meilen kürzer, als das Bachbette.

Von dem Vorhandensein der unterirdischen Wasserläufe in den Umgebungen von Paderborn geben auch die Erdfälle einen sichern Beweis, und namentlich ereignen sich solche nicht selten westlich von Paderborn. Man sah früher neben der Strafse nach Driburg mehrere derselben, die zum Theil eingefriedigt werden mufsten, um zu verhindern, dafs nicht Vieh herabstürzen möchte. Auch in den nahen Steinbrüchen findet man häufig röhrenförmige Canäle, die ohne Zweifel in früherer Zeit vom unterirdischen Wasser durchströmt und dabei nach und nach ziemlich regelmäfsig erweitert wurden.

Aehnliche Verhältnisse kommen selbst bei gröfseren Flüssen vor. Die Drome in der Normandie verschwindet bald nach ihrem Entstehn in einer weiten Wiese und kommt später als starker Bach wieder hervor. Dasselbe geschieht mit der Maafs bei Bazailles ohnfern Beaumont. Die Guadiana verliert sich in der Provinz La Mancha, nachdem sie schon 8 Meilen weit geflossen ist, und kommt erst 4 Meilen unterhalb wieder zum Vorschein. Sehr auffallend sind auch die Stromstrecken des Santa Fé und anderer kleinerer Flüsse im nördlichen Florida, wo wieder ein Kalkgebirge die Wassermassen verschluckt und meilenweit unterirdisch abführt.

Dafs manche von diesen Wasserläufen an der Oberfläche der Erde gar nicht wieder erscheinen, sondern unmittelbar dem Meere

zugeführt werden, darf nicht befremden, und es erklärt sich daraus
die auffallende Erscheinung, daſs hin und wieder im Ocean süſses
Wasser angetroffen wird, ohne daſs ein sichtbarer Strom in der
Nähe mündet. So brechen im Meerbusen von Xagua, auf der Süd-
seite von Cuba, in der Entfernung von 2 bis 3 Seemeilen von der
Küste, Quellen süſsen Wassers hervor, und Buchanan fand im
Indischen Meere sogar in einer Entfernung von 100 Seemeilen von
der Küste von Chittagong süſses Wasser, welches vermöge des geringeren specifischen Gewichts auf die Oberfläche des Meeres trat.
Ebenso bricht bei Astros in dem Meerbusen von Nauplia in der
Entfernung von etwa 1000 Fuſs ein starker Strom hervor, woselbst
das Aufwirbeln und Auftreiben des Sandes bei ruhigem Wetter sehr
auffallend bemerkt wird. Dasselbe geschieht im Meerbusen von Spezzia,
wo sich durch die Gewalt des aufsteigenden Strahles sogar eine merkliche Erhöhung zu erkennen giebt.

Die Wassermassen, welche durch die Spalten und Fugen eines
festen Gesteins abgeführt werden, treffen zuweilen an den Stellen,
wo sie an die Oberfläche treten, einen so engen Ausweg, daſs sie
springende Strahlen oder natürliche Springbrunnen bilden. Die
Fälle dieser Art sind indessen nur selten. So spritzt das Wasser am Fuſse des Chatagna-Berges im Jura 13 Fuſs hoch hervor,
und dasselbe thut der Quell von Royat im Fontanat-Thale.

Die groſsartigste Erscheinung dieser Art ist der Geiser auf
Island. Derselbe bildet einen intermittirenden Quell, der gewöhnlich
nicht flieſst, aber alle 2 Stunden in einem Strahle von 20 Fuſs Höhe
ausbricht. Die Haupteruptionen erfolgen dagegen in Zwischenzeiten
von 30 Stunden. Unter furchtbarem Getöse und von heftigen Erschütterungen begleitet steigt alsdann ein Wasserstrahl von 10 Fuſs
Durchmesser empor, der bald die Höhe von 80 bis 90 Fuſs erreicht,
und indem er hierauf langsam abnimmt, nach 10 Minuten verschwindet. Die oben entwickelte Quellentheorie kann diese Erscheinung
nicht erklären. Die hohe Temperatur des Wassers, die während
der Eruption sich bis 72 und sogar bis 80 Grad steigert, zeigt auch
deutlich, daſs hier vorzugsweise die Spannung der Wasserdämpfe
wirksam ist. Der Hecla befindet sich in der Nähe und erhitzt den
Boden so stark, daſs ringsumher Dämpfe hervorbrechen. Auf diese
Art wird auch der mächtige Quell, der den Geiser speist, bis zum
Sieden erhitzt, und das Wasser desselben tritt vielleicht in ein wei-

tes Bassin, das am untern Ende eine Oeffnung hat, durch welche
bei niedrigem Wasserstande der Dampf entweichen kann. Sobald
aber diese Oeffnung vom zuströmenden Wasser gesperrt wird, so
sammeln sich die Dämpfe an, und ihre Spannung nimmt mit der
steigenden Temperatur des Wassers zu. Das alsdann erfolgende
Ausströmen in mächtigen Strahlen erklärt man unter Voraussetzung
eigenthümlicher Gestaltungen der umschließenden Wände in gleicher
Weise, wie Dampfkessel bei zunehmender Spannung sich plötzlich
durch das Speiserohr entleeren. Dabei tritt keine allmählige Ausgleichung ein, sondern wie bei der Entleerung des Kessels die Dampf-
bildung sich steigert, so erfolgt die Ausströmung mit zunehmender
Heftigkeit. *)

Viel bekannter ist ein anderer heißer Quell, der gleichfalls in
springendem Strahle mündet. Dieses ist der Sprudel in Carlsbad. Obwohl er nicht aus einer von der Natur gebildeten Oeffnung,
vielmehr aus einer eingestellten hölzernen Röhre ausspritzt, so scheint
er doch auch früher, ehe er eingefaßt war, als Strahl vorgetreten
zu sein, wie dieses bei verschiedenen Durchbrüchen in neuerer Zeit
auch der Fall gewesen ist, und wobei er sogar eine viel größere
Höhe erreichte. Bei diesem Quell tritt die eigenthümliche Erscheinung ein, daß die Oeffnungen, durch welche der Ausfluß erfolgt,
nicht etwa mit der Zeit sich erweitern, sondern vielmehr verengen,
und sogar sich vollständig schließen, wenn sie nicht künstlich aufgebohrt werden.

In der Granit-Formation befinden sich die weit ausgedehnten,
mit Wasser gefüllten Höhlen, die sich unter einem großen Theile
der Stadt hinziehn und die übrigen darin vortretenden Heil-Quellen
speisen. Diese Quellen haben qualitativ nahe dieselben chemischen
Bestandtheile wie der Sprudel, woraus sich ihr gemeinschaftlicher
Ursprung ergiebt, nur ist ihre Temperatur niedriger und sie sind
mehr oder weniger mit reinem Wasser versetzt. Der Gehalt an Kohlensäure vermindert sich aber bei zunehmender Temperatur und ist
im Sprudel am geringsten, woselbst das austretende Wasser die
Temperatur von nahe 59 Grad Réaumur hat. Das Wasser ist vorzugsweise mit schwefelsaurem Kali und Natron, wie mit salzsau-
rem und kohlensaurem Natron, außerdem aber auch mit kohlen-

---

*) Karsten's Archiv für Mineralogie. Band IX.

saurem Kalk versetzt, wozu noch in kleineren Quantitäten eine Menge anderer Stoffe kommen. Indem das Wasser beim Austritt an die Oberfläche sich abkühlt und die Kohlensäure ausstöfst, schlägt ein grofser Theil dieser Beimischung nieder und bildet den sogenannten Sprudelstein, der bei seiner Festigkeit und verschiedenartigen Färbung vielfach zu Schmucksachen verarbeitet wird. Er überdeckt jene unterirdischen Wasserhöhlen. Im Bette der Tepel liegt er in grofser Ausdehnung frei zu Tage, bei Fundirungen in der Stadt hat man ihn aber in verschiedenen Lagen über einander in viel gröfserer Höhe angetroffen, woraus sich ergiebt, dafs in früherer Zeit, als sich das Bette der Tepel nicht so tief eingeschnitten hatte, der Sprudel in gröfserer Höhe ausgetreten ist.

Auf der Festigkeit der erwähnten Decke beruht die Existenz der sämmtlichen Quellen. Im Winter 1774 brach die Decke plötzlich durch und das unterirdische Wasser ergofs sich in die Tepel, die dadurch 3 bis 4 Fufs hoch anschwoll. Der Sprudel und alle übrigen Quellen hörten sogleich auf zu fliefsen. Nur nach vielfachen mifsglückten Versuchen gelang es endlich durch Sandsäcke und eingetriebene Hölzer den Bruch zu schliefsen. Die Natur unterstützte aber wesentlich dieses Bemühn, indem die Fugen sich bald mit Sprudelstein versetzten und der wasserdichte Verschlufs sich von selbst bildete. Seit jener Zeit ist die frei liegende Decke im Flusse durch einen Holzbelag geschützt, um namentlich Zerstörungen bei starken Eisgängen zu verhindern. Wo sich aber Spalten und Ausflüsse darin bilden, werden diese sogleich durch Keile, die mit Werg umgeben sind, geschlossen. Die Bildung des Sprudelsteines erfolgt dabei sehr schnell und bewirkt den vollständigen Abschlufs.

Zur gehörigen Sicherung der Quellen mufs man aufserdem auch auf die Mäfsigung des Druckes oder der Spannung der Dämpfe und Gase unter der Decke grofse Sorgfalt verwenden. Sobald der Sprudel mehr als etwa 5 Fufs hoch über die Steigeröhre sich erhebt, so ist dieses ein Zeichen von ungewöhnlicher Anspannung der Dämpfe und es tritt die Gefahr ein, dafs die Decke springen möchte. Um dieses zu verhindern, ist dieselbe an mehreren Stellen durchbohrt, wo gleichfalls Wasser und Dämpfe fortwährend austreten, wo aber wieder der Sprudelstein sich schnell bildet. Man mufs daher die Oeffnungen in jedem Jahre viermal durch Aufbohren räumen.

Die Oeffnung, durch welche der Sprudel austritt, mufs gleich-

7. Quellenbildung.

als häufig aufgebohrt werden, sie ist in der Schale des Sprudelsteins ungefähr 10 Fufs tief, und darüber erhebt sich die 7 Fufs
lange und im Lichten 5 Zoll weite hölzerne Röhre, aus welcher der
Quell ausspritzt. Auch diese Röhre mufs jährlich durch eine andre ersetzt werden, da der Sprudelstein sie gleichfalls nach und
nach verengt. Man hat es sonach ganz in seiner Gewalt, den Sprudel höher ansteigen zu lassen, wie dieses in früherer Zeit auch geschah, doch ist man hiervon zurückgekommen, um die Decke keiner
Gefahr auszusetzen. Der Strahl erhebt sich aber keineswegs zusammenhängend, wie derjenige eines Springbrunnens unter constantem Wasserdrucke, vielmehr bricht er wegen der vielen Gase, die
er mit sich führt, schäumend und stofsweise hervor. In der Minute
wiederholen sich etwa 40 Stöfse, die zusammen ungefähr 11 Cubikfufs Wasser aufwerfen. *)

Unter den Erscheinungen die in der Nähe des Sprudels und
selbst in der ganzen Ausdehnung des Quellengebietes auftreten, ist
noch die Ansammlung des kohlensauern Gases zu erwähnen, das
man in Kellern und andern verschlossnen Räumen vielfach bemerkt,
und das auch wiederholentlich zu Unglücksfällen Veranlassung gegeben hat. In dem Souterrain neben der Sprudelhalle lagert es
etwa in einer 2 Fufs hohen Schicht über dem Boden, ein Licht, welches man hineintaucht, erlöscht plötzlich.

Fragt man nach der Ursache, die das Austreten der Quellen
und das starke Aufspritzen des Sprudels veranlafst, so liegt die Erklärung nahe. Das Wasser, welches sich in den höheren Umgebungen ansammelt, übt den Druck aus. Ob die Vermuthung richtig
ist, dafs das Wasser bis zu derjenigen Tiefe in den Boden eindringt,
wo bei der allmähligen Erwärmung, die man aus andern Erfahrungen kennt, die Temperatur dem Siedepunkte sich nähert, mufs
dahingestellt bleiben. Indem aber der Basalt vielfach neben Carlsbad auftritt, dürfte man auch annehmen, dafs der Boden in geringerer Tiefe noch aus der Zeit der vulkanischen Thätigkeit den hohen
Wärmegrad behalten hat. Jedenfalls konnte die Erscheinung sich

---

*) Eine sehr ausführliche Beschreibung der Carlsbader Quellen und der
Vorrichtungen zu ihrer Sicherung, wie sie noch gegenwärtig bestehn, enthält
das 1789 erschienene Werk von D. Becher, betitelt: Neue Abhandlungen über
das Carlsbad.

aber nur durch die dauernde Absetzung des Sprudelsteins, der die festen und wasserdichten Decken darstellt, so auffallend ausbilden.

Intermittirende Quellen, oder solche, die in gewissen kurzen Perioden abwechselnd fliefsen und versiegen, kommen in verschiedenen Gebirgs-Formationen, wenn auch nur selten, vor. Bei Como, sowie auch neben der Abtei Haute Combe in Savoyen und bei Puis Gros in der Nähe von Chambery giebt es dergleichen. Die Periode, welche bei den einzelnen Quellen ziemlich constant ist, beträgt 30 Minuten bis mehrere Stunden. Auch bei Altenbecken ohnfern Paderborn soll im vorigen Jahrhunderte der Quell intermittirend geflossen sein. Diese Erscheinung pflegt man durch Voraussetzung unterirdischer Bassins zu erklären, die bei gleichförmigem Zuflusse sich durch heberförmige Abzugscanäle entleeren.

§. 8.
Brunnen mit weiten Kesseln.

Aus dem Vorstehenden ergiebt sich, dafs das Hervortreten der Quellen an der Erdoberfläche theils von der relativen Höhenlage und theils von der Formation des Bodens abhängt. An vielen Stellen ist die Oberfläche wasserarm, wenngleich grofse Wassermassen ebendaselbst unterirdisch sich bewegen. Um diese an einem beliebigen Punkte nutzbar zu machen und in einem zugänglichen Reservoir anzusammeln, werden Brunnen ausgeführt. Aber auch selbst da, wo natürliche Quellen hervorbrechen, ist ein Auffangen derselben und eine Abschliefsung des unreinen Tagewassers gemeinhin nothwendig. Daher kommen auch in dem letzten Falle Anlagen vor, welche den Brunnen sehr ähnlich sind und sich nur durch die geringere Tiefe von diesen unterscheiden. Von beiden soll hier die Rede sein, doch müssen die Artesischen Brunnen besonders behandelt werden, indem wegen der geringen Weite und grofsen Tiefe ihre Ausführung wesentlich verschieden ist.

Es ereignet sich häufig, und dieses ist in sandigen Gegenden sogar der gewöhnliche Fall, dafs die wasserhaltende Schicht durch keine undurchdringliche überdeckt ist, sondern sich bis zur Erdoberfläche fortsetzt. Indem sie aber nicht vollständig gesättigt ist, so dringt kein Wasser von selbst hervor, und man muſs bis zu einer gewissen Tiefe herabgehn, bevor man das sogenannte Grundwasser erreicht, oder bevor im Brunnenkessel sich Wasser ansammelt. Das Grundwasser steht in der Regel nicht viel höher, als das Niveau der Flüsse und Seen in der Nähe, und es findet sonach in den wasserhaltenden Schichten nicht sowol ein merkliches Strömen, als vielmehr nur eine Ansammlung von stehendem Wasser statt. Daraus erklären sich manche Erscheinungen, die bei Brunnenanlagen unter diesen Verhältnissen sich zu zeigen pflegen, wie zum Beispiel das Steigen des Grundwassers beim Anschwellen der Ströme, das jedoch nicht gleichzeitig, sondern nach Maaſsgabe der Entfernung erst später erfolgt. In den niedrig belegenen Stadt-Theilen von Berlin werden die Keller gewöhnlich nicht früher inundirt, als bis der Wasserstand der Spree sich schon merklich senkt.

Bei einem minder durchdringlichen Boden und auf einem festen Untergrunde erreicht das Grundwasser häufig eine bedeutende Höhe im Vergleiche zum Niveau der daneben befindlichen Flüsse. So giebt es in den Vorstädten von Paris, die groſsentheils weit über dem Spiegel der Seine liegen, viele Brunnen, die nur das Tagewasser sammeln, welches eben wegen des undurchdringlichen Untergrundes sich nicht tief einziehn kann. Auch die eigentliche Stadt hatte noch zur Zeit Franz I. eine Menge gewöhnlicher Brunnen, die reichliches und gutes Wasser gaben. Seitdem aber die freien Plätze, Höfe und Gärten verschwunden und die Straſsen viel dichter an einander gelegt, auch alle Räume, die noch unbebaut blieben, gepflastert und mit Abzugsrinnen versehn sind, so kann der Regen nicht mehr in den Boden dringen und die Brunnen sind versiegt. Dasselbe ist auch in London seit dem Anfange des vorigen Jahrhunderts geschehn.

In Paris tritt zuweilen eine andere sehr auffallende Erscheinung ein. Ganz unabhängig von dem Stande der Seine und weit über dem Spiegel derselben wächst nämlich zuweilen, und zwar durchschnittlich alle 30 Jahre einmal das Grundwasser so an, daſs die Keller in einzelnen Stadttheilen sich mit Wasser füllen. Die Erfahrung, daſs wenigstens zwei sehr nasse Jahre einer solchen unterirdischen Inundation vorangehn müssen, erklärt ihren Ursprung. Die obere Erdschicht, welche nämlich in früherer Zeit die Brunnen speiste, erhält jetzt zwar durch das unmittelbar darauf fallende

Wasser keine starken Zuflüsse mehr, aber wenn die benachbarten höher liegenden Plateaus grofse Wassermassen aufgenommen haben, so fliefsen diese unter der Oberfläche in jene Stadt-Theile über. *)

Wie langsam sich das Wasser im Sande bewegt, giebt sich schon dadurch zu erkennen, dafs manche Quellen erst geraume Zeit nach einem Regen sich verstärken, indem wegen des langen und beengten unterirdischen Laufes ihre Zuflüsse sie nicht früher erreichen, dasselbe zeigt sich auch an vielen Erscheinungen, die man bei Brunnen im sandigen Boden wahrnimmt. So wird bei neu angelegten Brunnen erst nach Monaten und selbst nach Jahren der Sand in ihren Umgebungen rein ausgewaschen, worauf sie brauchbares Wasser geben. Wie langsam das Wasser sich bewegt, zeigt besonders die folgende Thatsache. Ein Fabrikant in der Vorstadt St. Marceau bei Paris wollte das heifse Wasser, welches der Condensator der Dampfmaschine lieferte, ohne Kosten entfernen, und leitete es daher in einen Brunnen seines Hofes, worin der Wasserstand tief genug war, um kein Ueberströmen befürchten zu lassen. Einige Monate hindurch schien diese Einrichtung auch keinen Nachtheil zur Folge zu haben, doch später bemerkten die Nachbarn, dafs die Temperatur ihrer Brunnen allmählig zunahm und das Wasser dadurch zu vielen Zwecken unbrauchbar wurde. Auf die deshalb erhobene Beschwerde wurde dem Fabrikanten die fernere Ableitung des warmen Wasser in den Brunnen untersagt, es dauerte jedoch achtzehn Monate, bis die andern Brunnen ihre frühere Temperatur wieder annahmen. **)

Die meisten Quellen, welche unsere Brunnen speisen, werden im Sand- oder Kiesboden gefunden, und selbst diejenigen, welche aus festem Gesteine kommen, treten gewöhnlich in Sand- oder Kiesschichten aus, indem das Tagewasser feine Erdtheilchen und Sand hinzuführt, von denen die erstern durch das durchströmende Quellwasser entfernt werden, letzterer aber liegen bleibt und sich mit weiten Zwischenräumen, oder in Form von Triebsand ablagert. Dieser Umstand ist für das Austreten von Quellwasser sehr günstig, aber er bedingt eine sichere Umschliefsung der Seitenwände, damit nicht immer neue Sand- und Erdmassen hineinstürzen, was bei dem auf-

*) *Girard, sur les Inondations souterrains de Paris.* Paris 1818.
**) *Annales des ponts et chaussées.* 1833. II. *pag.* 333.

theilchen mit hineindringen, die man durch besondere Schlammfänge entfernen muſs. Zuweilen wird das Wasser auch nicht in dem offenen Graben, sondern in Drain-Röhren aufgefangen, die aber, um das Eintreiben von Erde zu verhindern, nicht stumpf zusammengestoſsen sind, sondern mit Muffen über einander greifen.

Als Beispiel einer weit ausgedehnten Zuleitung dieser Art, wodurch man einzelne sehr vertheilte Wasseradern aufgefangen hat, können die Tunnels angeführt werden, die sich unter Liverpool hinziehn, um daselbst die Quellen zu sammeln, welche die Wasserleitungen speisen. Die Stadt liegt am hohen Ufer des Mersey, welches aus buntem Sandsteine besteht. Es entspringen darin nicht reichhaltige Quellen, sondern das Wasser tritt nur in feinen Adern aus dem Gestein hervor. Um dieses möglichst vollständig aufzufangen, sind Stollen oder Tunnels in der Länge von 100 bis 250 Fuſs in den Berg getrieben, die das Wasser den Dampfmaschinen zuführen, die es in die Speisebassins der Röhrenleitung heben.

Je tiefer die wasserhaltenden Schichten liegen, um so schwieriger wird die Ausführung der Brunnen. Ist der Sand und Kies mit Thon- oder Lehmboden bedeckt, so wird der Quell durch unmittelbares Aufgraben eröffnet. Nach Maaſsgabe der Tiefe der Grube muſs man dieselbe oben erweitern, auch wohl Absteifungen vornehmen, um das Einstürzen der Wände während des Baues zu verhindern. Das Ausgraben selbst wird bei einem Boden der erwähnten Art gewöhnlich durch keinen starken Wasserzudrang erschwert, indem man nur so tief zu graben braucht, bis sich das Wasser zeigt, sobald man aber die Kiesschicht erreicht, füllt sich die Grube zuweilen mit groſser Heftigkeit an. Aus der Geschwindigkeit, womit das Wasser aufsteigt, und zum Theil auch aus der Höhe, die es erreicht, kann man auf die Reichhaltigkeit des eröffneten Quells schlieſsen und darnach beurtheilen, ob man mit demselben sich begnügen darf, oder ob man noch tiefer herabgehn muſs. Das Letzte ist nothwendig, wenn das Wasser auffallend unrein ist, und in diesem Falle tritt die Schwierigkeit hinzu, die weitere Ausgrabung unter einem starken Zudrange von Wasser vornehmen zu müssen, auch ist alsdann bei Aufführung des Brunnenkessels darauf Rücksicht zu nehmen, daſs derselbe wasserdicht wird, um das Eintreten dieses obern Quells zu verhindern. Dieser Umstand kommt jedoch bei gewöhnlichen Brunnen in aufgeschwemmtem Boden nicht leicht vor, indem das in gröfserer Tiefe durch den Sand zufliefsende Wasser ziemlich rein ist, oder man erwarten darf, dafs es mit der Zeit an Reinheit gewinnt.

Hat man die Grube so tief herabgeführt, dafs eine weitere Vertiefung überflüssig erscheint, so mufs die Einfassung dargestellt werden, und diese Arbeit wird namentlich anfangs durch den starken Wasserzudrang erschwert. Durch Schöpfmaschinen und gewöhnlich durch blofses Ausschöpfen mit Eimern und Aufwinden derselben senkt man den Wasserspiegel so weit, dafs die Sohle der Grube wenigstens nicht tief unter demselben liegt. Dieses Verfahren pflegt meist schon zum Ziele zu führen, da der starke Zudrang des Wassers sich bald etwas mäfsigt. Die aufgeschlossene Schicht ist nämlich ganz mit Wasser gesättigt, sobald sie aber den Wasserreichthum, den sie ursprünglich enthielt, zur ersten Füllung des Brunnens abgegeben hat, so fliefst das Wasser aus den entfernten Theilen minder schnell hinzu, und sonach pflegt die Reichhaltigkeit der Quellen bei ihrer ersten Eröffnung am stärksten zu sein.

Wenn die Brunnen nur mit Holz eingefafst werden, was wegen der geringen Dauer nicht zu empfehlen ist, so pflegt man gemeinhin aus Halbholz viereckige Brunnenkränze übereinander zu legen und dieselben durch Anstampfen der Hinterfüllungserde in ihrer Lage zu sichern. In manchen Gegenden stellt man auch Eckständer in die Brunnengrube, spreizt dieselben durch zwischengeschobene und leicht befestigte Riegel auseinander und verzapft sie oben in Rahmstücke, welche den obern Theil der Brunneneinfassung bilden. Gegen die Ständer werden alsdann von aufsen Bohlenstücke gelehnt, die wenigstens unten keine andere Befestigung als die Hinterfüllungserde erhalten. Diese Constructionsart, die freilich bei der Ausführung manche Bequemlichkeit bietet, hat den grofsen Nachtheil, dafs Reparaturen viel schwieriger, als bei Anwendung der Brunnenkränze auszuführen sind. Indem nämlich das Holz nur über dem Wasserspiegel bald schadhaft zu werden pflegt, so ist eine Erneuung der untersten Brunnenkränze nicht leicht erforderlich und man braucht nur die über Wasser liegenden von Zeit zu Zeit durch neue zu ersetzen. Bei der letzten Construction wird es dagegen nöthig, sobald die Ständer anfaulen, alles Holzwerk bis zur Sohle des Brunnens herauszunehmen.

Viel dauerhafter sind die massiven Brunnenkessel, die man

5 *

in cylindrischer Form auszuführen pflegt. Man fundirt sie gemeinhin auf starke hölzerne Brunnenkränze. Dauerhafte und hart gebrannte Steine sind hierbei vorzugsweise nöthig, dieselben müssen aber eine der Weite des Brunnens entsprechende Form haben, damit die Fugen nach aufsen nicht klaffen, wodurch die Solidität leiden würde. Eine solche Gestalt läfst sich indessen durch blofses Zuhauen nicht leicht geben, da jeder einzelne Stein in dieser Art behauen werden müfste. Sie erhalten daher schon beim Formen die keilförmige Gestalt. Dieses sind die sogenannten Brunnensteine. Dergleichen Brunnenkessel werden zuweilen in Mörtel, gewöhnlich aber nur in Lehm einen Stein stark aufgeführt. Dafs Brunnen aus festen Werksteinen gleichfalls sehr solide und dauerhaft sind, bedarf kaum der Erwähnung, doch beschränkt sich die Anwendung derselben gemeinhin nur auf die obere Einfassung. Es giebt endlich auch eine grofse Menge und zum Theil sehr tiefer Brunnen, die aus Bruchsteinen ausgeführt sind. Namentlich existiren viele dergleichen aus früherer Zeit, und sie sind oft aus Granit, also aus einer Felsart erbaut, die wenig lagerhaft bricht, dagegen verdanken sie ihre lange Erhaltung zum Theil der sehr bedeutenden Mauerstärke.

Bei einem Boden, der in geringer Tiefe schon von Wasser durchzogen ist, wird die Ausführung tiefer Brunnen in der erwähnten Art unmöglich, indem der Wasserzudrang zu stark ist, als dafs er selbst durch kräftige Schöpfmaschinen beseitigt werden könnte, und es tritt alsdann noch die neue Schwierigkeit hinzu, dafs die Zuflüsse von der Seite den Einsturz der Wände zur Folge haben. Silberschlag erzählt, wie bei einem Brunnen, den er in feinem Sande unter das Niveau eines in der Nähe befindlichen Flusses herabführen wollte, das Ausheben des Sandes beinahe gar keine Vertiefung des Brunnens zur Folge hatte, indem die einbrechenden Quellen theils wegen der Auflockerung des Grundes und theils wegen des Einsturzes der Seitenwände die Grube immer aufs Neue füllten. Diese Uebelstände wurden jedoch beseitigt, und eine Vertiefung nach Maafsgabe der ausgebrachten Erdmassen erfolgte wirklich, als Silberschlag dem Hervordringen der Quellen dadurch vorbeugte, dafs er in die Grube reichlich Wasser hineingiefsen liefs. Dieses Mittel setzt aber immer noch ein Arbeiten unter Wasser voraus, und man wird daher bei Anwendung desselben nur wenig unter das Grundwasser herab-

[...]men können, indem weiterhin das Verlegen der Brunnenkränze [...]cht mehr mit der nöthigen Sorgfalt erfolgen kann.

In Fällen dieser Art finden die Senkbrunnen ihre eigent[...]che Anwendung. Man gräbt bis zum Grundwasser, verlegt als[...]dann einen in sich fest verbundenen hölzernen Brunnenkranz und [...]hrt über demselben den massiven Brunnenkessel bis zu einer sol[...]chen Höhe auf, daſs derselbe hinreichend schwer wird, um ein leich[...]tes Einsinken zuzulassen, ohne jedoch das Herausschaffen des aus[...]gehobenen Sandes zu sehr zu erschweren. Sodann wird mittelst des [...]Senkbohrers der Brunnen vertieft, und da das zudringende Wasser [...]auch hier den Grund auflockert, so senkt der Brunnenkessel sich [...]langsam herab und man kann durch wiederholtes Aufmauern ihn [...]bis zu groſsen Tiefen herabführen. Der Vortheil dieses Verfahrens [...]besteht darin, daſs man weit unter das Grundwasser herabgeht, ohne [...]ein Ausschöpfen vornehmen zu dürfen, dabei muſs aber der Boden [...]lichter Sandboden und vom Wasser stark durchzogen sein, denn [...]sobald keine Auflockerung desselben unter dem Brunnenkessel er[...]folgt, so sinkt er auch nicht herab.

Fig. 7 zeigt die Zusammenstellung der Apparate, deren man [...]sich bei der Ausführung der Senkbrunnen zu bedienen pflegt. Der [...]hölzerne Brunnenkranz A besteht aus doppelten übereinander gena[...]gelten Bohlenstücken, mit gehöriger Versetzung der Fugen, wie [...]Fig. 8 in perspectivischer Ansicht darstellt. Dieser Kranz muſs in [...]einer Breite mit der Länge der Brunnensteine übereinstimmen, da[...]mit er weder von innen, noch von auſsen vor die Mauer tritt. Seine [...]Stärke und die Anzahl der Felgenstücke, woraus er zusammengesetzt [...]ist, richtet sich nach der lichten Weite des Brunnens. Beträgt die[...]selbe, wie hier angenommen ist, 3¼ Fuſs, so können die einzelnen [...]Felgen noch ganze Quadranten umfassen und brauchen nur 1½ Zoll [...]stark zu sein. Der Brunnenkessel B wird aus den bereits erwähn[...]ten keilförmigen Brunnensteinen in gehörigem Verbande ausgeführt. [...]Vortheilhaft ist es, hydraulischen Mörtel dabei anzuwenden, weil [...]sonst die Erhärtung nicht sobald erfolgt und das Mauerwerk wäh[...]rend des Versenkens sich trennen könnte. Auf dem Brunnenkessel [...]muſs eine Rüstung angebracht werden, damit die Arbeiter den Bohrer [...]gehörig einstellen und drehen können. Man pflegt diese Rüstung [...]auch noch durch Steine zu beschweren, wie die Figur zeigt.

Der Bohrer, der in Fig. 9 in gröſserem Maaſsstabe gezeichnet

ist, besteht theils aus einem weit vortretenden starken eisernen Dorne
und theils aus einem seitwärts angebrachten Bügel, woran ein klei-
nener Sack befestigt ist. Der erstere dringt leicht in den Boden ein
und bildet den untern Stützpunkt, um welchen der Bügel gedreht
wird. Der Bügel, häufig nur durch Schraubenbolzen befestigt,
ist mit einer Schneide versehn, und zwar befindet sich dieselbe an
seinem äufsern Rande, damit der nachfolgende Theil, woran der
Sack befestigt ist, keinen Widerstand erfährt. Der Sack hat eine
solche Gröfse, dafs er nahe einen Cubikfufs fafst, doch wird er gewöhnlich noch nicht halb gefüllt herausgebracht. Am obern Theile
des Bügels befindet sich ein Ring, der mit einem Wirbel versehn ist, und an diesen wird das Tau zum Herausheben des gefüllten Bohrers befestigt. Der Wirbel ist dabei insofern nothwendig,
als sonst das Tau beim Bohren immer in derselben Richtung gedreht
werden und daher Knoten schlagen würde. Der Hebel, wodurch
die Drehung erfolgt, hat wegen der beschränkten Gröfse des Gerüstes
meist nur eine Länge von etwa 3 Fufs und wird durch ein Tau an
den Stiel des Bohrers befestigt. Nachdem der Bohrer herabgelassen
und der Hebel in der gehörigen Höhe angebracht ist, fassen zwei
Arbeiter an den letztern und drehen den Bohrer langsam in solcher
Richtung, dafs die Schneide des Bügels zur Wirksamkeit kommt.
Sie gehen dabei auf dem Gerüste im Kreise herum und sind zugleich
bemüht, durch Herabdrücken des Hebels den Bohrer scharf eingreifen
zu lassen. Nach einigen Umdrehungen, deren Anzahl sich nach
der Festigkeit des Bodens richtet, zieht ein Arbeiter das hintere
Ende des Taues an und hebt dadurch mittels der festen Rolle den
Bohrer heraus, während ein anderer Arbeiter den Stiel hält und den
Bohrer führt und umstürzt, worauf das Einstellen von Neuem erfolgt.
    Durch vielfaches Ablothen mufs man sich stets von der senk-
rechten Stellung des Brunnens überzeugen, und sobald man bemerkt,
dafs diese nicht mehr statt findet, so mufs man den Bohrer auch
nicht mehr in die Mitte des Brunnens stellen, sondern näher an diejenige Seite, wo die Senkung am wenigsten erfolgt ist. Um aber
dem obern Theile der Mauer die nöthige Festigkeit zu geben, pflegt
man Brettstücke herumzustellen, die durch umgeschlungene und ge-
knebelte Taue und noch besser durch umgelegte Ketten und zwi-
schengeschlagene Holzkeile gehalten werden. Man kann Brunnen
dieser Art auch in gröfseren Dimensionen, als den beispielsweise

lten, ausführen, ohne dafs in dem Verfahren eine wesentliche
erung eintritt. Brunnen von 6 Fufs Weite lassen sich noch
rofser Sicherheit senken, selbst von 12 Fufs Weite hat man
it der Wandstärke von einem Steine ausgeführt, doch ist als-
schon eine grofse Vorsicht nöthig, um den Sand möglichst
mäfsig auszuheben. Um die cylindrische Form zu sichern,
nan zuweilen in gewissen Abständen übereinander noch eiserne
, oder hölzerne Kränze, wie den an der Sohle befindlichen, in
lauerwerk. Trifft es sich aber, dafs der Brunnenkessel bricht
heilweise einstürzt, so mufs der ganze Bau nicht nur aufs Neue
angen werden, sondern es ist auch alles Material, welches be-
unter das Grundwasser gesunken ist, verloren und es mufs
eine andere Baustelle gewählt werden, weil die erste wegen
larin steckenden Mauerwerks und Materials zu sehr verunrei-
ist.

Zu den gröfsten Senkbrunnen, die jemals ausgeführt sind, ge-
ohne Zweifel die Schachte, die zu dem Themse-Tunnel in
on herabführen. Im Jahre 1825 wurde mit dem Bau des
chtes auf der Südseite der Anfang gemacht. Derselbe war
ufs 8 Zoll im Lichten weit, in den Wänden 3 Fufs stark, und
der Sohle bis zur Hochwasser-Marke bei Trinity-House 59 Fufs

Dieser Schacht sowie auch der später auf der Nordseite aus-
rte bildet den Zugang für Fufsgänger. Es war ursprünglich
cht, noch in zwei andern, viel weiteren Schachten flach geneigte
pen darzustellen, auf welchen die Wagen auf und ab fahren
n. Diese sind jedoch nicht zur Ausführung gekommen, indem
ganze Unternehmen, wenn es auch in der Hauptsache beendigt
e, doch keineswegs den Erwartungen entsprach, und als ganz
hlt angesehn werden mufste.

Was die Construction dieser Schachte betrifft, so wurde für den
zunächst aus 48 Segmenten auf einer leichten Rüstung ein
iserner Ring zusammengesetzt, indem die einzelnen mit Flan-
versehenen Theile zusammengeschroben wurden. Dieser Ring
e einen 3 Fufs hohen Cylinder, von 48 Fufs 6 Zoll im Durch-
r. Aus demselben trat auf der innern Seite durch angegossne
Bänder unterstützt und zwar 6 Zoll unter seiner Oberfläche ein
fs breiter Ring vor. Auf diesem ruhte der 3 Fufs breite und 12
ohe hölzerne Ring, der die Basis des Mauerwerks bildete. Aus

dem letztern erhoben sich 24 eiserne Bolzen von 1⅓ Zoll Stärke und 41 Fuſs Länge, welche in die Mittellinie der Mauer fielen, und nachdem letztere ausgeführt war, wieder durch einen hölzernen Ring, gleich dem untern, durchgezogen und mittelst Muttern festgeschroben wurden. Das Mauerwerk bestand aus hart gebrannten Steinen, und der Mörtel aus Roman-Cement. Um bei den voraussichtlichen Erschütterungen die Mauern noch mehr zu sichern, waren in geringen Abständen noch hölzerne Ringe von 3 Zoll Breite und Höhe eingemauert.

Eine nähere Beschreibung der Einzelheiten ist in sofern entbehrlich, als dieselben wohl nicht als musterhaft angesehn werden dürfen. Es wäre nur zu erwähnen, daſs auf diesen thurmartigen Bau eine Dampfmaschine gestellt wurde, welche eine Baggermaschine in Bewegung setzte, um aus dem innern Raume die Erde auszuheben. Jene leichte Rüstung, worauf der Fuſs ruhte, wurde schon beim Beginne der Maurerarbeit entfernt, indem man nach und nach durch Unterbringen von Keilen und Anstampfen von Erde den ganzen Bau auf den gewachsenen Boden stellte.

Die Versenkung erfolgte keineswegs gleichmäſsig, bald neigte sich der Bau nach einer Seite, und bald stürzte er plötzlich mehrere Zoll tief herab, so daſs man namentlich wegen der darauf stehenden Maschine besorgt war. In dem festen Kleiboden, den man endlich antraf, hörte aber die Bewegung ganz auf, woher der untere Theil des Schachtes durch Unterfahrung aufgemauert werden muſste.

Der Schacht auf dem nördlichen Ufer der Themse, der sogleich in der Höhe von 77 Fuſs dargestellt wurde, scheint ohne Unfall versenkt zu sein. *)

Das in neuerer Zeit bei Fundirungen in Strombetten mehrfach angewendete Verfahren, durch Compression der Luft die Sohle trocken zu legen, wurde, soviel bekannt, zum ersten Male beim Abteufen eines Schachtes ohnfern Rochefort versucht. Die reichen Kohlenflötze an der Charente zwischen Rochefort und Ingrande konnten bisher nicht benutzt werden, weil man etwa bis 60 Fuſs unter dem

---

*) Nähere Beschreibungen dieses Baues, der die allgemeinste Aufmerksamkeit erregte, findet man in verschiedenen technischen Zeitschriften, vorzugsweise ist diejenige in *Weale's quarterly papers of Engineering, Part* IV. zu erwähnen.

leerte, als nöthig gewesen wäre, wenn die Röhre sich ganz mit
Wasser gefüllt hätte. Man vermehrte deshalb die Anzahl der kleinen Luftöffnungen, und so gelang es, mit einem Mehrdrucke von
einer Atmosphäre das Wasser aus der Tiefe von 60 Fuſs zu heben.

Die Arbeiter empfanden, so oft sie durch die Schleuse gingen,
bei der Aenderung des Luftdruckes Ohrenschmerzen, doch vergingen
dieselben sehr schnell, wenn durch wiederholtes Schlucken die Luft
im Körper mit der äuſsern ins Gleichgewicht gesetzt wurde. Das
Sprechen bot selbst unter dem Drucke von drei Atmosphären keine
Schwierigkeit, die Kerzen und Lampen leuchteten, wie gewöhnlich,
doch rauchten sie stärker, und verbrannten schneller, als in freier
Luft.

Als man auf festes Gestein gekommen war, drang die comprimirte Luft, wahrscheinlich durch aufwärts gerichtete Spalten, bis in
die Charente, in der man eine Menge Blasen aufsteigen sah. Man
teufte alsdann den Schacht noch etwa 20 Fuſs tiefer ab, mauerte
den untern Theil aus, und verband denselben mit dem eisernen
Cylinder, wodurch der Zudrang des Wassers ganz unterbrochen
und die fernere Benutzung der Luftschleuse entbehrlich wurde.

Ein weiter Brunnenkessel hat vor einem engen Bohrloche den
wichtigen Vorzug, daſs eine groſse Wassermasse, die vielleicht nur
langsam aus den Erdschichten hineinflieſst, sich darin ansammelt,
und sonach bei zufällig eintretendem starken Bedarfe das erforderliche Quantum sicherer entnommen werden kann. In dieser Beziehung ist es aber nicht nothwendig, die groſsen Dimensionen bis zu
der Eröffnung der wasserführenden Schicht beizubehalten, vielmehr
kann man ohne Nachtheil letztere durch eine enge Röhre mit dem
Kessel in Verbindung setzen. Ein solches Verfahren ist besonders
in sofern sehr empfehlenswerth, als die Darstellung des Brunnenkessels
um Vieles leichter wird, wenn man ihn in festem Thonboden ohne
Zutritt von Quellen ausführen, also die Ummaurung im Trocknen
vornehmen kann. Man muſs alsdann aber davon überzeugt sein,
daſs die wasserführende Schicht ziemlich nahe unter der Sohle liegt,
also jenes Verbindungsrohr leicht hindurchgetrieben werden kann.
Doch auch in diesem Falle können die einbrechenden Quellen, wenn
sie aus einer Schicht feinen Sandes mit groſser Gewalt und starkem
Drucke vortreten, soviel Sand mit sich führen, daſs sie nicht nur
den Kessel theilweise anfüllen, sondern auch die Röhre vollständig

erstopfen, so dafs die fernere Speisung des Brunnens ganz aufhört. Diese Gefahr tritt nur bei der ersten Anfüllung ein, denn späterhin bildet das darin befindliche Wasser einen so starken Gegendruck, als der Zuflufs nur langsam erfolgt und der Sand nicht mehr in Bewegung gesetzt wird.

Um bei der Durchbohrung der letzten Schicht das Eintreiben des Sandes zu verhindern, wandte Hallette bei Ausführung eines Brunnens zu Roubaix im Departement du Nord mit günstigem Erfolge das sogenannte Klärungsrohr an. Er füllte nämlich die eiserne Röhre mit kleinen Steinen, und indem das Wasser zwischen diesen hindurchdrang, mäfsigte sich seine Geschwindigkeit so sehr, dafs es keinen Sand mit sich rifs, wie dieses bei dem früheren Versuche mit der offenen Röhre geschehn war. Dieses Klärungsrohr wurde auf einen gufseisernen Kegel aufgestellt, indem dessen aufwärts gekehrte Basis mit einem dünnen Rande umgeben war, die das Rohr umfafste. Dieser Kegel diente als Pfahlschuh, und nachdem er die lockere Sandschicht erreicht hatte, so sank er von selbst so tief herab, dafs über ihm das Wasser eintreten konnte.

Ist die wasserführende Schicht fest abgelagert und keinem starken Drucke ausgesetzt, so kann es leicht geschehn, dafs selbst ein weiter Brunnenkessel bei fortgesetzter Entnahme von Wasser sich bald entleert. Der Zuflufs läfst sich indessen verstärken, wenn man die Differenz zwischen dem äufsern und innern Drucke vergröfsert. Eine Vermehrung des äufsern Druckes ist zwar nicht möglich, wohl aber eine Verminderung des innern, indem man den atmosphärischen Druck im Brunnenkessel theilweise aufhebt, oder hier eine Luftverdünnung bewirkt. Hierauf beruht der in der letzten Pariser Ausstellung bekannt gewordene Brunnen von Donnet. Derselbe ist oben luftdicht abgeschlossen, und über dem Wasser, welches sich in ihm sammelt, wird die Luft durch einen Exhaustor ausgesogen.

§. 9.
Artesische Brunnen im Allgemeinen.

Die Artesischen Brunnen haben ihren Namen von der Französischen Provinz Artois, woselbst sie seit geraumer Zeit üblich

sind, und wo sie besonders diejenigen auffallenden Erscheinungen
zeigen, die allgemeines Interesse erregt haben. Der klüftige Kreide-
boden, der sich von der Mündung der Seine bis zu dem Cap Blanc-
Nez ohnfern Calais hinzieht, erstreckt sich in bedeutender Höhe,
mehr oder weniger mit aufgeschwemmtem Boden überdeckt, weit
landeinwärts und bildet die Wasserscheide zwischen der Somme und
der Schelde. Er fällt nordwärts ab und in der Linie, welche die
Städte Béthune, Lillers, Aire, St. Omer und Calais verbindet, ist
er nahe 100 Fuſs hoch mit Sand und Lehm überdeckt. Hier findet
auch eine merkliche Abdachung des Bodens statt, welche zwar die
Richtung der kleinen Flüsse Yser und Lys und selbst der Schelde bedingt, aber noch nicht ein natürliches Hervortreten derjenigen Wassermassen gestattet, die in den Klüften der Kreide enthalten sind, und
in diesen dem Meere zuflieſsen. Gewöhnliche Brunnen geben hier in
geringer Tiefe, sobald man wasserführende Schichten antrifft, ziemlich befriedigende Resultate, wenn man aber in groſser Tiefe die
Kreide erbohrt, so ist der Erfolg viel auffallender, da alsdann das
Wasser unter dem Drucke hervorbricht, welcher der Höhe des Niveaus in weiter Entfernung entspricht. In solchen Brunnen sammelt
das Wasser sich nicht nur an, sondern es strömt aus denselben
frei auf die Erdoberfläche. Bei Gonnehem, ohnfern Béthune, sind
vier Brunnen auf einer Wiese angelegt, in denen man die Röhren
11½ Fuſs über den Boden heraufgeführt hat, und welche das Wasser
in solcher Höhe ausgieſsen, daſs sich ein hinreichendes Gefälle darstellt, um eine Mühle zu treiben, die in 24 Stunden 4 Centner Mehl
bereitet.

Bei der groſsen Tiefe dieser Brunnen ist die vorher beschriebene Art der Ausführung nicht mehr anwendbar. Dieselben werden
nicht gegraben, sondern gebohrt, und ihre Weite beschränkt sich
meist auf 6 bis 12 Zoll, während eiserne Röhren ihre Umschlie-
ſsungen bilden.

Wenn sich hieraus schon ergiebt, was man im Allgemeinen
unter der Benennung Artesischer Brunnen versteht, so bleibt
es dennoch zweifelhaft, ob das unterscheidende Kennzeichen derselben das freie Ausströmen des Wassers ist, oder ob jeder
gebohrte Brunnen ein Artesischer heiſst. Es scheint, daſs der
Sprachgebrauch hierüber bis jetzt noch nicht bestimmt entschieden
hat, und sonach läſst sich die oft angeregte Frage, ob man überall

Artesische Brunnen anlegen könne, nicht beantworten. Es ist gewifs, dafs man an jeder Stelle ein Bohrloch ausführen, und wenn Mühe und Kosten nicht gescheut werden, man dieses auch auf grofse Tiefe herabtreiben kann, dafs man aber jedesmal Quellen findet, die bis über die Oberfläche steigen, ist nach der gegebenen Erklärung der Quellen nicht anzunehmen.

In Frankreich wird in neuerer Zeit jeder tiefe, gebohrte Brunnen ein Artesischer genannt, woher man dort auch von Artesischen Brunnen spricht, die nicht Wasser geben, sondern solches verschlucken. In dieser Bedeutung soll der Ausdruck auch hier gebraucht werden, da es nur auf die Mittheilung des Verfahrens der Ausführung ankommt.

Die Brunnen dieser Art sind in manchen Theilen von Deutschland, Frankreich und Italien schon seit Jahrhunderten bekannt, ihre erste Anwendung fällt aber in eine viel frühere Zeit, da die alten Egyptier sich ihrer schon zum Bewässern der Oasen bedienten, und ähnliche Brunnen, deren Zweck jedoch ein anderer ist, kommen auch in China häufig vor. Von den gebohrten Brunnen in Egypten spricht bereits Olympiodor und sagt, dafs sie eine Tiefe von 200 bis 300 und sogar bis 500 Ellen haben und dafs sie das Wasser über die Erdoberfläche ausgiefsen, welches zur Bewässerung der Aecker benutzt wird. Durch neuere Untersuchungen hat sich die Richtigkeit dieser Angabe bestätigt. Die Pariser Academie der Wissenschaften erhielt hierüber folgende wichtige Mittheilung, und zwar nach den Angaben des Militair- und Civil-Gouverneurs Ayme, der in den Oasen von Theben und Garbe chemische Fabriken eingerichtet hatte.

Die grofse Oase von Theben und die von Garbe umfafst beinahe 2¼ Quadratmeilen eines Bodens, der sich nach den Versuchen von Ayme zur Cultur von Zuckerrohr, Indigo, Krapp und Baumwolle eignet. Diese beiden Oasen sind wie ein Sieb mit Artesischen Brunnen durchlöchert, die aber grofsentheils durch den Einsturz der Einfassungen und durch das Abbröckeln der Seitenwände verschüttet sind. Nachdem im Jahre 1836 ein Bohrgestänge von 500 Fufs Länge zugerichtet war, gelang es, mehrere dieser Brunnen aufzuräumen, in welchen das Wasser bis zur Höhe des Erdbodens aufstieg.

Das Verfahren der alten Einwohner dieser Gegenden beim Brunnenbohren war Folgendes. Es wurden vierseitige Löcher aus-

gehoben, die bei einer Weite von 6 bis 11 Fuſs sich bis zum Kalk
erstreckten, der in der Tiefe von 60 bis 75 Fuſs vorkommt. Die
Erdschichten, welche man dabei zu durchgraben hatte, bestanden
der Reihe nach aus vegetabilischer Erde, Thon, Mergel und thonigem
Mergel. Letzterer liegt auf dem Kalke, unter dem das Wasserbassin
sich befindet, das alle Brunnen der Oase speist. Sobald diese weiten Brunnenkessel den Kalk erreicht hatten, wurden sie mit einer
dreifachen Schalung von Palmenholz eingefaſst, um das Einstürzen
der Erde zu verhüten. Bis soweit geschah die Arbeit im Trocknen,
und nun muſste die 300 bis 400 Fuſs mächtige Kalkschicht durchbohrt werden, ehe man das unterirdische Wasser erreichte. Welche
Methode des Bohrens angewendet wurde, ist nicht bekannt, beim
Aufräumen der alten Bohrlöcher zeigte es sich aber, daſs die Quellen unter dem Kalke sich in oder auf einer Sandschicht bewegen,
die nach den Proben zu urtheilen, welche der Bohrer davon herauf-
brachte, mit dem Sande des Nils übereinstimmt. Einer dieser Brunnen zeigte nach der Aufräumung und Reinigung eine Erscheinung,
die auch bei Elbeuf ohnfern Rouen sich wiederholt hat. Aus der
Tiefe von 343 Fuſs kamen nämlich mit dem Wasser auch Fische
herauf.

Man bemerkt, daſs die Alten vorsichtig zu Werke gingen. Um
nämlich ein zu starkes Ausströmen des Wassers zu verhindern,
machten sie aus sehr hartem Sandsteine Pfropfen, die mit einer
Fassung umgeben, ganz oder theilweise geöffnet werden konnten.
Bei andern Brunnen sind statt dieser Pfropfen hölzerne Röhren in
die Bohrlöcher getrieben. Die Weite der Bohrlöcher beträgt
8 Zoll.

Aus der groſsen Anzahl dieser Brunnen und ihrem unregelmäſsigen Vorkommen ergiebt sich, daſs man in diesen beiden Oasen
überall Wasser findet, und es scheint, daſs die Wassermenge allein
durch die Weite der Bohrlöcher bedingt ist. Der Versuch, die letzteren
wieder aufzuräumen, war sehr kostbar, weil bei dem starken Wasserzudrange und bei dem Mangel an andern Hülfsmitteln Taucher
angewendet werden muſsten, die mit den Händen die Aufräumung
vornahmen. Dazu kommt noch der hohe Preis des Holzes in diesen
Gegenden. Ayme beabsichtigte, ganz neue Brunnen zu bohren,
wobei sich hoffentlich wichtige Aufschlüsse über die Natur des Bo-

dens und den mächtigen unterirdischen Strom ergeben werden, der, wie es scheint, von Darfour herkommt.[*])

Die gebohrten Brunnen in China sollen 2000 bis 3000 Fuſs tief und 5 bis 6 Zoll weit sein. Sie kommen in so groſser Anzahl vor, daſs zum Beispiel ohnfern des Fleckens U-Thung-Khiao auf einem Raume von 6 Meilen Länge und 3 Meilen Breite mehrere Zehntausende derselben existiren[**]). Sie sind in Felsen gebohrt, und das dabei angewendete Verfahren wird als so zeitraubend bezeichnet, daſs mehrere Generationen an einem und demselben Brunnen arbeiten müssen, bevor der gesuchte Quell erreicht wird. Diese Brunnen enthalten Quellen von 20 bis 25 Prozent Salzgehalt, und flieſsen nicht über, sondern die Sohle muſs noch aus einer bedeutenden Tiefe mittels einer 24 Fuſs langen Bambusröhre, die unten mit einem Ventile versehn ist, geschöpft werden, wozu ein Göpel dient, vor welchen Ochsen gespannt sind. Die Art, wie die Brunnen hier gebohrt werden, gehört zur Methode des Seilbohrens, weshalb man diese auch die Chinesische zu nennen pflegt.

In Europa waren gebohrte Brunnen bei Modena und Bologna, sowie auch in Nieder-Oestreich, schon lange bekannt. Vor 200 Jahren führte Dominicus Cassini im Fort Urbain einen solchen Brunnen aus, in welchem das Wasser bis zu den obersten Geschossen der Häuser anstieg. Im alten Karthäuserkloster zu Lillers soll schon im Jahre 1126 ein Brunnen dieser Art errichtet sein, und Bélidor[***]) giebt eine vollständige Beschreibung der gebohrten und überflieſsenden Brunnen und fügt derselben eine Erklärung und manche Bemerkungen hinzu, welche mit den neuesten Erfahrungen übereinstimmen. Die allgemeine Aufmerksamkeit auf Anlagen dieser Art wurde jedoch erst angeregt, als die Gesellschaft für Beförderung der National-Industrie zu Paris im Jahre 1816 einen Preis von 3000 Franks auf die beste Anweisung zur Aufbohrung flieſsender Quellen aussetzte, wie solche in der frühern Provinz Artois üblich sind. Diesen Preis gewann der beim Bergbau in Arras angestellte Inge-

---

[*]) *Compte rendu des séances de l'Académie des sciences: Séance du Lundi. 10. September* 1838.

[**]) Poggendorff's Annalen. Bd. XVIII. S. 604.

[***]) *Science des Ingénieurs.* 1729. *Cap. IV. Liv. XII.*

nieur Garnier, dessen Abhandlung*) eine ausführliche Beschreibung
der anzuwendenden Geräthe sowie des ganzen Verfahrens enthält.
Sie giebt zugleich eine Uebersicht der Boden-Verhältnisse, welche
die Quellenbildung begünstigen, doch ist dabei vorzugsweise und
beinahe ausschliefslich die Localität der Provinz Artois im Auge
behalten. Von gleicher Wichtigkeit war eine Schrift von Héricart de
Thury **), worin besonders die geognostischen Verhältnisse ausein-
andergesetzt sind, welche bei Bohrbrunnen einen günstigen Erfolg
herbeigeführt haben oder erwarten lassen. Aufserdem wird in diesem Werke die Ergiebigkeit und der Nutzen dieser Anlagen an
vielen Beispielen nachgewiesen, und zugleich sind die eigenthümlichen Erscheinungen beschrieben, die hin und wieder sich dabei gezeigt haben. Seit dieser Zeit sind Artesische Brunnen in Frankreich,
Deutschland, England, Nord-Amerika vielfach ausgeführt. Von grofser Bedeutung für die Landeskultur sind sie auch in Algerien gewesen. Nach dem Berichte des General Desvaux wurden bis zum
Jahre 1857 in der Provinz Constantine sechs Brunnen ausgeführt.
Der erste derselben, in Tamerna, einer Oase des Qued-Rir, gab bei
der Tiefe von nahe 200 Fufs in der Secunde über 2 Cubikfufs Wasser. Auch die andern Anlagen hatten ähnliche, zum Theil noch
gröfsere Erfolge.

Die in neuerer Zeit angewendeten Methoden weichen nach den
inzwischen gesammelten Erfahrungen wesentlich von denjenigen ab,
die Garnier empfohlen hatte. Besonders bei grofsen Tiefen mufsten
zur Sicherung der Arbeit eigenthümliche Apparate und Verfahrungs-
Arten benutzt werden. Eine nähere Bezeichnung derselben würde
zu weit führen, sie ist aber an dieser Stelle auch entbehrlich, da
vorkommenden Falls die Ausführung nicht dem Baumeister, sondern
dem Bergmanne oder einem darin besonders erfahrenen Techniker
übertragen wird. Es soll daher im Folgenden nur von dem Durchbohren der Diluvial- und Tertiär-Schichten und zwar bei der mäfsigen Tiefe von einigen hundert Fufs die Rede sein, doch müssen
zuvor noch manche Eigenthümlichkeiten der Artesischen Brunnen
erwähnt werden. Diejenigen Leser, die sich mit dem Gegenstande

---

*) *de l'art du fontenier sondeur et des puits Artésiens.* **Paris 1822.**
**) *Considérations géologiques et physiques sur le gisement des eaux sou-
terrains, relativement au jaillissement des fontaines artésiennes.* **Paris 1828.**

über bekannt machen wollen, werden auf die ausführlichen Mittheilungen von Bruckmann, Degoussée, Kind, Beer und Anderer
aufmerksam gemacht *).

Was früher über den Ursprung der Quellen gesagt ist, findet auch
auf die Artesischen Brunnen Anwendung. In den meisten Fällen kann
man mit Sicherheit angeben, woher diese Brunnen ihr Wasser beziehn,
und nur selten bleibt bei näherer Untersuchung des Terrains hierüber
ein Zweifel übrig. Zuweilen trifft es sich auch, daß man eine eigenthümliche und an sich wenig wahrscheinliche Gestaltung der wasserhaltenden und undurchdringlichen Erdschichten annehmen muß, um
übereinstimmend mit der oben entwickelten Quellentheorie die Erscheinung zu erklären. Indem diese Fälle aber sehr selten sind,
so darf auch ihr Vorkommen nicht befremden, und es würde sogar
auffallen, wenn unter den so verschiedenen Abwechselungen die
Erdschichten immer nur in der einfachsten Art sich abgelagert hätten.

Ueber die Richtung, in welcher sich das Wasser in diesen
unterirdischen Strömen bewegt, hat man in einzelnen Fällen entscheidende Versuche angestellt. So erzählt Garnier, daß von zwei
Brunnen in Béthune der eine sogleich trübes Wasser ausgoß, sobald
in den andern, der südwestlich vom ersten liegt, ein Kolben eingebracht und schnell auf und ab bewegt wurde. Im umgekehrten
Falle zeigte sich in dem zweiten keine Trübung. Es ergab sich
hieraus, daß der unterirdische Strom dieselbe Richtung hatte, in
welcher das Gebirge sich senkt.

Der Zusammenhang, in welchem manche Brunnen unter
sich stehn, ist zuweilen sehr auffallend. So hat man nicht selten bemerkt, daß durch Aufbohren eines zweiten Brunnens in der
Nähe eines schon bestehenden die Ergiebigkeit dieses merklich geringer wurde, und indem man einen von beiden wieder schloß,
strömte der andere sogleich um so kräftiger. In andern Fällen zeigt
sich diese Erscheinung nicht, und es ist klar, daß sie nur eintreten
kann, wenn dieselbe Wasserader beide Brunnen versorgt, sie kann

---

*) Besonders dürfte das Werk von A. H. Beer, das unter dem Titel
Erdbohrkunde 1858 in Prag erschienen ist, zu empfehlen sein. Auch die
ausführliche Beschreibung der in Frankreich üblichen Methoden in Förster's
allgemeiner Bauzeitung, XIV. Jahrgang Seite 217 bis 275 enthält viele wichtige Mittheilungen.

sich außerdem auch nur zu erkennen geben, wenn der zweite Brunnen einen namhaften Theil der Wassermasse dieser Ader abzieht und sie merklich schwächt. Artesische Brunnen, die in der Nähe des Meeres angelegt sind, zeigen gewöhnlich einen auffallenden Zusammenhang mit der Fluth und Ebbe. An das Eintreten der Fluth in den unterirdischen Quell darf man dabei nicht denken, aber dieser hat zwei Ausmündungen, die eine ins Meer und die andere durch das Bohrloch. Je kräftiger jene wirkt, um so weniger Wasser wird diese bei gleichem Zuflusse abführen. Bei größerer Entfernung des Brunnens von der Meeresküste muß dieser Einfluß sich aber später einstellen, und es erklärt sich, daß bei dem verminderten Abflusse während der Fluth die einzelnen Bassins oder die Zwischenräume zwischen den Kiesmassen sich zuerst anfüllen müssen, bevor der verstärkte Druck weiter aufwärts eintritt, und daß die Zwischenzeit leicht mehrere Stunden betragen kann. Dieses ist der Grund, weshalb manche Artesische Brunnen gerade während der Ebbe viel und während der Fluth wenig Wasser geben.

Die Ergiebigkeit eines Bohr-Brunnens und zum Theil sogar sein Gelingen hängt nicht nur von der relativen Höhe der Stelle ab, wo er angelegt wird, sondern eben so sehr auch von der Formation des Bodens. Die Wasserader, die einen reichen Zufluß gewährt, kann nur in einem klüftigen Gesteine oder in ausgedehnten Spalten gesucht werden. Aus diesem Grunde geben dichte und mit keinen oder nur mit engen Spalten durchzogene Gebirgsarten, wie die Urgebirge, auch keine überfließende Brunnen, wie auch die natürlichen Quellen hier schon ziemlich arm zu sein pflegen. Im Granit hat man in England einige Artesische Brunnen ausgeführt, die wenigstens zum Theil ihren Zweck erfüllt haben *), von dem Brunnen in Aberdeen in Schottland, der eine ansehnliche Wassermenge frei ausgießt, hat jedoch Robinson später gezeigt **), daß er nicht im Granit, sondern in einer tiefen mit Sand gefüllten Spalte das Wasser aufnimmt. Die Uebergangsgebirge, wenigstens die Grauwacke und der Thonschiefer, sind ungefähr von derselben Beschaffenheit, und einzelne Brunnen im Thonschiefer sind wegen des schlechten

---

*) *Civil Engineer and Architect's Journal.* 1839. *p.* 146.
**) Poggendorff's Annalen. Band 38. S. 588.

Wassers, das vom Schwefelkiese stark verunreinigt   auch als mißglückt zu betrachten.

Das eigentliche Gebiet der Artesischen Brunnen sind die Flötzgebirge. Der Sandstein ist jedoch wasserarm, und wenn man darin auch Quellen findet, so fließen sie nicht über, beim Keuper haben die bisherigen Versuche dasselbe ergeben, der Muschelkalk und Jurakalk stellen sich günstiger dar, aber vorzugsweise finden sich in der Kreide reichhaltige Wasseradern, wenn nach den sonstigen Verhältnissen deren Speisung möglich ist. Die Kalkerde wird nur in geringer Menge vom Wasser aufgelöst, daher sind die Quellen, die aus ihr treten, von reinem Geschmack und zu den meisten Zwecken brauchbar. Durch das ununter   ene Durchströmen von immer neuen Wassertheilchen geht   die Auflösung der Kreide zwar langsam, doch dauernd fort, und so erweitern sich die Wasserläufe und es bilden sich Höhlungen. Diese sind es, die beim Bohren der Artesischen Brunnen ein plötzliches Herabsinken des Gestänges verursachen, und sie scheinen zum Theil auch von Fischen bewohnt zu sein, wenigstens wäre sonst das Erscheinen derselben im Zirknitzer See und in den Bohrlöchern der Egyptischen Oasen nicht zu erklären. Der Brunnen zu Elbeuf, der 480 Fuß tief ist, warf eine Menge kleiner lebendiger Aale aus, deren Uebereinstimmung mit den gewöhnlichen Aalen constatirt wurde. Im Artesischen Brunnen im Zuchthause zu Beaulieu bei Caen fand man sogar einen lebendigen ausgewachsenen Aal, der sich durch sehr große Augen auszeichnete, was auf einen dauernden Aufenthalt in dunkeln Räumen schließen ließ.

Die Sandmassen, die einige Bohrlöcher bei ihrer ersten Eröffnung auswarfen, und manche Wahrnehmungen beim Bohren selbst, zeigen, daß die unterirdischen Ströme nicht immer im Kalke sich befinden, sondern daß sie zuweilen auch zwischen diesem und einer darunterliegenden Sandschicht (großentheils Grünsand) vorkommen. In diesem Falle bildet also der Kalk die feste Decke, welche das Verschütten des Stromschlauches verhindert.

Die Artesischen Brunnen, welche den Felsboden gar nicht erreichen und nur zu den Sand- und Kiesschichten im aufgeschwemmten Boden herabgeführt sind, pflegen im Allgemeinen weniger ergiebig zu sein, indem sich hier keine weiten Oeffnungen bilden können.

6 *

Die Höhe, zu welcher das Wasser der Artesischen Brunnen steigt, ist sehr verschieden, und hängt theils von dem Niveau des Speisewassers und theils von der Beschaffenheit der sonstigen Ausflüsse ab. Daß die Quellen zuweilen 20 bis 30 Fuß über den Boden gehoben werden, ist bereits bemerkt worden, doch giebt es Beispiele, wo sie noch viel höher steigen. In einem Brunnen zu Bruck bei Erlangen soll das Wasser bis 70 Fuß ausgespritzt sein, woher die Steighöhe in einer Röhrenleitung wahrscheinlich noch bedeutend größer gewesen wäre. In vielen Fällen dagegen erreicht das Wasser nicht die Oberfläche der Erde, so daß auch kein freier Ausfluß stattfindet und die Anwendung von Pumpen nöthig wird, wie dieses namentlich in London zu geschehn pflegt.

Eben so verschieden ist die Reichhaltigkeit der Artesischen Brunnen und diese wird wieder durch die Höhe bedingt, zu der man das Wasser ansteigen läßt. Je größer die letztere ist, um so mehr nimmt der Druck zu und um so stärker ergießt sich das Wasser in die andern natürlichen Abzugs-Canäle. Man hat diese Abhängigkeit überall bemerkt, und wo die Steighöhe nicht bedeutend ist, macht eine Differenz von einem Fuß schon einen merklichen Unterschied in der Wassermenge. In jedem Brunnen giebt es eine gewisse Höhe, zu der das Wasser nur eben noch ansteigt, ohne sich darüber zu erheben. Der Abfluß hört also ganz auf, wenn die Oeffnung oberhalb dieser Grenze liegt. Im Allgemeinen sind Brunnen, die in der Secunde 5 Quart, oder gegen $\frac{1}{4}$ Cubikfuß Wasser geben, schon ziemlich selten, doch kommen auch Beispiele vor, daß sie bis 2 Cubikfuß in der Secunde liefern, wie z. B. der bereits erwähnte Brunnen in Algerien, auch der Brunnen in der Gemeine Bages, 2 Lieues südwestlich von Perpignan, giebt nach Arago's Mittheilung in der Minute 2000 Liter oder in der Secunde über 1 Cubikfuß.

Sehr wichtig ist die Frage, welche Beziehung zwischen der Reichhaltigkeit eines Brunnens und der Höhe seiner Ausfluß-Mündung besteht, oder in welchem Maaße die Wassermenge sich vermindert, wenn man die Steighöhe vergrößert. Darcy theilte hierüber eine Reihe von Beobachtungen mit, die an dem Brunnen von Grenelle in Paris angestellt wurden [*]).

*) *Les fontaines publiques de la ville de Dijon, par Henry Darcy.* Paris 1856. *pag.* 160.

Dieses Bohrloch ist durch verschiedene in einander geschobene
öhren eingefafst, welche die nachstehenden lichten Weiten und
ängen (in Rheinländischem Fufsmaafse) haben:

der unterste Theil ist 411,5 Fufs lang und 0,54 Fufs weit,

der nächste   -   - 229,6   -   -   - 0,45   -   -

der folgende   -   - 625,2   -   -   - 0,57   -   -

der darauf folgende - 446,0   -   -   - 0,76   -   -

. der Höhe von 1712,3 Fufs über dem untern Ende der Röhre,
:findet sich die Sohle des auf dem Terrain ausgeführten Beckens,
ıd von diesem Niveau ab sind die Höhen der verschiedenen Steige-
ıhren gemessen, die bei den Versuchen verlängert und verkürzt
urden. Die lichte Weite der letzten Röhren betrug 0,69 Fufs.

In der nachstehenden Tabelle sind diese Höhen h, sowie auch
e dabei gewonnenen Wassermengen m in Rheinländischem Fufs-
ıaafse angegeben. Die dritte Spalte überschrieben $h+l$ bezeichnet
ıe ganze Steig-Höhe. Die Bedeutung der beiden letzten Spalten
ıırd später erklärt werden.

h	m	$h+l$	H	$H+l$
105,5	0,402	1817,8	4,12	1821,9
90,8	0,434	1803,1	4,76	1807,9
79,8	0,461	1792,1	5,34	1797,4
58,6	0,493	1770,9	6,03	1776,9
49,9	0,514	1762,2	6,51	1768,7
46,2	0,530	1758,5	6,91	1765,4
38,6	0,550	1750,9	7,41	1758,3
19,4	0,589	1731,7	8,42	1740,1
9,7	0,604	1722,0	8,80	1730,8
0,0	0,647	1712,3	10,04	1722,3

Es ergiebt sich hieraus, dafs bei gröfserer Höhe der Ausflufs-
ıündung die Wassermenge m sich wesentlich vermindert. Die Ge-
chwindigkeit in der Röhre, deren Querschnitt durchschnittlich etwa
ın Viertel Quadratfufs mifst, beträgt bei den verschiedenen Steige-
öhen 1,5 bis 2¼ Fufs, woher zur Darstellung derselben nur sehr
ıäfsige Druckhöhen erforderlich sind. Letztere lassen sich nach

den bekannten Gesetzen über die Bewegung des Wassers in cylindrischen Röhren leicht berechnen, um diese aber bequem anwenden zu können, muß man den Einfluß der verschiedenen lichten Durchmesser, die zwischen 0,54 und 0,76 Fuß liegen, beseitigen und den constanten Durchmesser einer solchen Röhre suchen, die bei gleicher Länge, der Bewegung des Wassers denselben Widerstand entgegensetzt.

Die Längen der einzelnen Röhrentheile bezeichne man mit $l, l_{u} \ldots$, die Weiten oder Durchmesser derselben mit $d, d_{u} \ldots$, die Geschwindigkeiten darin mit $v, v_{u} \ldots$ Die hindurchfließende Wassermenge m ist in allen Theilen dieselbe, man kann also jedes v durch das entsprechende d ausdrücken. Gesucht wird die Geschwindigkeit v und der Durchmesser d derjenigen gleichförmigen Röhre, die bei der Länge

$$l = l_{,} + l_{u} + \ldots$$

dieselbe Wassermenge, wie die ungleichförmige Brunnenröhre abführt, oder die der Bewegung dieselben Widerstände entgegensetzt.

Der Widerstand in jedem Röhrentheile ist nach den gewöhnlichen Annahmen gleich

$$n . l . d . v^{2}$$

wo n einen constanten Factor bedeutet. Man hat also

$$l . d . v^{2} = l_{,} d_{,} v_{,}^{2} + l_{u} d_{u} v_{u}^{2} + \ldots$$

und da $v = \dfrac{4\,m}{\pi\,d^{2}}$

so verwandelt sich dieser Ausdruck beim Fortfallen des gemeinschaftlichen Factors

$$\frac{16\,m^{2}}{\pi^{2}}$$

in $\dfrac{l}{d^{2}} = \dfrac{l_{,}}{d_{,}^{2}} + \dfrac{l_{u}}{d_{u}^{2}} + \ldots$

l ist aber bekannt, und sonach kann man aus den gegebenen Längen und Weiten der Röhrentheile die gesuchte entsprechende Weite der gleichförmigen Röhre finden.

Setzt man zur Abkürzung der Rechnung die Länge der obersten Röhre, die bei den verschiedenen Versuchen sich verändert, gleich der Hälfte des größten h oder $= 52,75$ so ergiebt sich beim Einführen der mitgetheilten Zahlenwerthe der gesuchte Durchmesser

$$d = 0,564$$

Es muß aber bemerkt werden, daß bei Annahme eines andern Werthes für das letzte l das gesuchte d nur wenig sich ändert.

Nunmehr kann man leicht die Druckhöhen H über der Ausfluß-Oeffnung der Röhre berechnen, welche bei der jedesmaligen Länge der Röhre die beobachteten Wassermengen liefern. Man darf bei die von Eytelwein gegebene Formel zum Grunde legen, da auf große Genauigkeit der Rechnung nicht ankommt.

$$m = 5{,}04 \cdot d^2 \sqrt{\frac{50 \cdot H \cdot d}{l + 50 \cdot d}}$$

$$H = \frac{(l + 50 \cdot d)\, m^2}{1270 \cdot d^3}$$

Führt man für d den gefundenen Werth ein, so erhält man

$$H = \frac{(l + 28{,}2)\, m^2}{72{,}54}$$

Hiernach sind die in der vierten Spalte der vorstehenden Tabelle gegebenen Werthe von H berechnet. Addirt man zu denselben die jedesmalige Länge l, so findet man die ganze Druckhöhe, die bei jeder Beobachtung das Steigen des Wassers veranlaßte. Die letzte Spalte bezeichnet diese.

Man bemerkt, wie der Druck in der wasserführenden Erdschicht sich sehr bedeutend, aber ziemlich regelmäßig mit der Zunahme der aufsteigenden Wassermenge vermindert. Die Erscheinung ist daher ganz analog der Abnahme der Dampfspannung, wenn der Kessel undicht wird und ein Theil des Dampfes durch die geöffneten Fugen entweicht. Trägt man die Wassermengen m und die Druckhöhen $H + l$ nach diesen Beobachtungen als Abscissen und Ordinaten auf, so bemerkt man, daß die Endpunkte der letzteren nahe in eine gerade Linie fallen, die keine Krümmung nach einer oder der andern Seite entschieden erkennen läßt. Verlängert man diese Linie in ihrer wahrscheinlichsten Richtung, so ergiebt sich für $m = o$ der Werth von $H + l$ ungefähr 2000 Fuß, und hieraus dürfte man schließen, daß in der Höhe von 290 Fuß über der Sohle des erwähnten Beckens der Abfluß ganz aufhört, oder eine solche Höhe der Wassersäule, dem Drucke in der wasserführenden Erdschicht entspricht, wo dieselbe angebohrt war. Diese Folgerung ist indessen sehr zweifelhaft, da nicht zu verkennen, daß die sämmtlichen Beobachtungen von dem Punkte, wo die volle Druckhöhe erreicht wird, noch weit entfernt sind, also die Verlängerung der Linie bis zu demselben sehr gewagt ist.

Hierbei muſs noch erwähnt werden, daſs in neuerer Zeit der französische Ingenieur Michal diese Verhältnisse in ganz andrer Art erklärt hat. *) Derselbe geht von der Voraussetzung aus, die Waſsermasse, welche sich in der Erde bewegt, sei so groſs, daſs der Abfluſs durch das Bohrloch den Druck nicht vermindert, und die scheinbare Abnahme des Druckes nur von den Oscillationen und dem Gegendrucke der auf der Röhre ruhenden kegelförmigen Waſsermasse herrührt, welche bei gröſserer Ergiebigkeit der Bewegung um so mehr entgegentritt. Die darüber ausgeführte Untersuchung ergiebt freilich eine gewisse Uebereinstimmung in den an den Brunnen von Grenelle und bei Passy angestellten Beobachtungen, doch kann diese auch zufällig sein und die ganze Auffassung der Erscheinung wie auch die theoretische Begründung derselben ist nicht überzeugend.

Es ist begreiflich, daſs reiche Quellen, wenn sie unerwartet angebohrt werden, groſse Verlegenheit veranlassen können. Hiervon giebt es mehrfache Beispiele. Héricart de Thury erzählt, daſs bei einem Bohrversuche in England das Wasser plötzlich so heftig hervordrang, daſs es nicht nur einen Garten überschwemmte, sondern auch die Keller in der Nähe anfüllte. Die Röhre lieſs sich aber nicht absperren, indem der Pfropfen immer mit groſser Heftigkeit herausgeworfen wurde, bevor man ihn fest eintreiben konnte. Es glückte jedoch, schwache Ringe oder dünne Röhrenstücke einzuschlagen, und dadurch nach und nach die Mündung zu verengen, bis sie zuletzt ganz geschlossen wurde. In Tooting dagegen, wo das plötzlich ausbrechende Wasser die benachbarten Grundstücke inundirte, gelang es zwar, einen starken Pfropfen in die Röhre einzutreiben und dadurch den eigentlichen Artesischen Brunnen zu sperren, aber hierauf drang das Wasser ringsumher aus dem Boden hervor und drohte alle umstehenden Gebäude zu zerstören. Man muſste sich beeilen, die Oeffnung wieder frei zu machen und durch Rinnen und Gräben für den Abfluſs des Wassers zu sorgen. Ein ähnlicher Fall ereignete sich auch ohnfern der Eisenbahn-Station Güldenboden in der Nähe von Elbing.

Indem man bei Ausführung der Artesischen Brunnen gemeinhin

---

*) *Annales des Ponts et Chaussées* 1866. *I. semestre pag.* 211.

die Lagerungs-Verhältnisse der Bodenschichten nicht   nnt,
also auch nicht weiß, in welcher Tiefe man die w   nde
Schicht antreffen wird, so empfiehlt es sich, das Gest   die
sonstigen Apparate in der Art vorzubereiten, daß man   sti-
gen Falle ohne großen Aufenthalt das Bohrloch tiefer   n kann.
Häufig ist der Zufluß aus einer wasserführenden Schic   geringe,
als daß er dem Bedürfnisse entspricht und alsdann mu   gleichfalls
die Arbeit fortgesetzt werden, um in einer tieferen S   ht einen
reicheren Quell zu eröffnen. In dieser Weise werden zuweilen meh-
re wasserführende Schichten durchbohrt, und es kann nicht fehlen
daß man mitunter auch Schicht   rer Zusammensetzung wasserleitend sind, die   nicht gespeist
werden, wohl aber am untern En   urch diese kann
augenscheinlich das Bohrloch si   , wohl aber wird das
in demselben befindliche Wasser   n. Es stellt sich
alsdann ein Brunnen dar, der n nt   r liefert, sondern solches
aufnimmt und abführt, man nennt einen absorbirenden oder
auch wohl einen negativen Brunnen. In Frankreich hat man
solche mehrfach mit großem Nutzen angewendet.

Diese letzte Art Artesischer Brunnen ist indessen keineswegs
von den gewöhnlichen wesentlich verschieden. Wie bereits erwähnt,
ist es jedesmal eine gewisse Höhe der Wassersäule, die dem Drucke
der wasserführenden Schicht entspricht. Erhebt sich die Steigeröhre nicht bis zu dieser Höhe, so fließt das Wasser über, im entgegengesetzten Falle kann man durch den Brunnen Wasser ableiten.
Derselbe Brunnen wird also unter Umständen Wasser geben, und
oder verschlucken. Ob dieses oder jenes geschieht, hängt gemeinhin nur davon ab, ob das Terrain neben dem Brunnen unter oder
über demjenigen Niveau liegt, welches dem hydrostatischen Gleich-
wichte entspricht.

Die absorbirenden Brunnen sind in mancher Beziehung so wichtig, daß eine kurze Erwähnung der dabei wahrgenommenen Erscheinungen nicht umgangen werden kann. Zu St. Denis hatte man
einen Artesischen Brunnen angelegt, dessen Wasser nicht den ge-
wünschten Grad von Reinheit besaß und welches überdieß in solcher Menge hervorbrach, daß namentlich im Winter die Passage
auf den Straßen beschwerlich und bei eintretendem Froste sogar
gefährlich wurde. Die städtische Behörde wollte schon den Brunnen

wieder schliefsen, als im Jahre 1828 der Ingenieur Mulot sich erbot, alle Uebelstände zu beseitigen, ohne dafs der Brunnen eingehn dürfe. Dieses gelang in der That und es wurde ein Brunnen dargestellt, der zu den interessantesten gehört, die überhaupt vorkommen. Mulot benutzte zuerst eine absorbirende Schicht, deren Tiefe jedoch nicht angegeben ist, um das überflüssige Wasser fortzuschaffen. Die Bohrung wurde alsdann weiter fortgesetzt, und in der Tiefe von 157 Fufs fand er dieselbe reiche Wasserader, die schon früher benutzt war. Er ging aber noch weiter und schlofs in der Tiefe von 207 Fufs einen Quell von grofser Reinheit auf, der jedoch nicht stark genug war, um den ersten ganz entbehrlich zu machen. Eine Röhre von 3 Zoll Weite führt den letzten Quell herauf und liefert sonach das Wasser zum Trinken und Kochen. Diese Röhre steckt in einer andern, die 4 Zoll weiter ist, und das minder reine Wasser in ein Becken leitet, welches zugleich den ersten Quell aufnimmt, insofern er nicht benutzt wird. Das erwähnte Becken giebt endlich das überflüssige Wasser in ein darunter befindliches Reservoir, und dieses wird durch eine 11 Zoll weite Röhre, welche die beiden andern einschliefst, in die absorbirende Schicht gegossen. So steigt das Wasser an derselben Stelle aus zwei verschiedenen Tiefen herauf, und wird wieder in den Boden zurückgeleitet *).

In diesem Falle hatte man der absorbirenden Schicht nur reines Wasser zugeführt, wenige Jahre später versuchte man auch, auf dieselbe Art unreines Wasser abzuleiten. Der Abgang und das Spühligt einer Stärkefabrik zu Villetaneuse, einem Flecken ohnfern St. Denis, verunreinigte die Brunnen in der Nachbarschaft und nicht minder den Bach Enghien, worüber weit und breit Klagen erhoben wurden. Der Versuch, dasselbe durch Senkgruben fortzuschaffen, mifsglückte, und deshalb wurde im Jahre 1831 ein Ausschufs des Gesundheitsrathes mit der nähern Untersuchung der Angelegenheit beauftragt. Derselbe erkannte es für nothwendig, das schmutzige Wasser auf irgend eine Weise zu entfernen, und machte zugleich den Vorschlag, es in Bohrlöcher zu versenken. Der Ingenieur Mulot übernahm wieder die Ausführung, und es gelang demselben, in

---

*) *Annales des ponts et chaussées.* 1833. II. p. 314.

[...] Winter von 1832 auf 1833 [...]

[...] den nächsten Nachbarn, [...] Be- [...] wurde. Nachdem dieser günstige Erfolg bekannt [...] wurde bald bei einer andern Anlage gleichfalls in der [...] Paris dasselbe versucht, und zwar unter Umständen, die [...] erschienen. In dem Bois de Boudy ohnfern des [...], Lieues von Paris, bestand nämlich seit geraumer [...], welche aus den Cloaken von Paris das Ma- [...] und weit und breit um sich die Luft verpestete, auch [...] der Crou-Bachen inficirte, der bei St. Denis in die Seine [...] Einrichtung eines bequemen Betriebes der Fabrik wurde [...] durch Mulot, ohne daß die Genehmigung dazu eingeholt [...] Bohrloch eröffnet, welches innerhalb 24 Stun- [...] 1600 Cubikfuß oder in 22 Secunden einen Cubikfuß von [...] unreines Wasser verschluckte. Als die Polizeibehörde [...] Kenntniß erhielt, ließ sie aus Besorgniß, daß alle Artesische [...] bei Paris dadurch verunreinigt werden möchten, die Be- [...] des Bohrloches einstellen und es wurde eine Commission [...] Untersuchung des Gegenstandes niedergesetzt. Das Gutachten [...]eben sprach sich unbedingt für die Beibehaltung der Anlage [...] Manche Beispiele zeigten nämlich, daß die wasserführenden [...]chten, wenn sie verunreinigt werden, ihren Einfluß nur auf die [...] Umgebungen erstrecken, und besonders ergab sich dies am [...]sse in Bicètre, wo man den Urin, Spühligt und dergleichen [...] 4000 bis 6000 Menschen seit dem Jahre 1810 in die zweite [...]führende Schicht geleitet hat, ohne daß die Brunnen in der [...], die nach ihrer Tiefe zu urtheilen, durch dieselbe Schicht ge- [...] werden, eine Spur von Verunreinigung zeigen. Hiernach war [...] zu erwarten, daß ein nachtheiliger Einfluß sich bis nach Paris [...]cken könne. Bei Ausführung dieses Bohrloches hatte Mulot [...] Tiefe von 125 bis 145 Fuß in klüftigem Kalk eine absor- [...] Schicht gefunden, die jedoch in 24 Stunden nur 1600 bis [...] Cubikfuß aufnahm, dagegen fand sich in der Tiefe von 210 [...] 240 Fuß eine Sandschicht, welche die erwähnte Masse ver- [...]ckte. Es ist auffallend, daß die Capacität des Bohrloches nach

der Eröffnung desselben sehr schnell und ziemlich regelmäßig abnahm *), dasselbe absorbirte nämlich

zu Ende März 1834 täglich	3460	Cubikfuß
Anfang April -	4430	-
Mitte April -	4750	-
Ende April -	4750	-
Anfang Mai -	5070	-

Das Vertrauen zu Anlagen dieser Art nahm schnell zu, und im
Jahre 1834 ließ der Magistrat von Paris drei absorbirende Brunnen
an den Thoren du Combat, de Saint-Mandé und de la Cunette ausführen. Der erste, der hauptsächlich einen sumpfigen District, dem
die natürliche Entwässerung fehlt, trocken legen sollte, war in demselben Jahr durch Mulot auf 258 Fuß herabgetrieben und im folgenden Winter stellte man Versuche über seine Capacität an. Diese
gaben das überraschende Resultat, daß er in einer Stunde 1620, 2260
und zuletzt sogar 3240 Cubikfuß, oder in einer Secunde bis $\frac{7}{8}$ Cubikfuß Wasser verschluckte. Die Weite der Röhre war nach der
Tiefe verschieden, sie betrug zum Theil nur 5 Zoll. Man versuchte
auch durch einen aufrecht schwimmenden Maaßstab die Erhebung
des Wasserspiegels im Bohrloche während des Zuflusses zu beobachten, doch gelang es nicht, hierüber zu einem entscheidenden Re-
sulte zu kommen, weil der Schwimmer von dem abwärts gerichteten
Strome heruntergezogen wurde. **)

In Bezug auf den ersten Zweck der Artesischen Brunnen, nämlich die Zuleitung von Wasser, muß noch auf die verschiedenartige
Benutzung desselben hingewiesen werden. Wenn durch dieses in
einzelnen Fällen auch Mühlen und andre kleine Maschinen getrieben
werden, so ist diese Verwendung doch nur von untergeordneter Bedeutung. Wichtiger ist es, daß man zuweilen durch passende Zuleitung dieses Wassers, das wegen der großen Tiefe, aus der es
tritt, auch im Winter eine höhere Temperatur behält, das Eis aus
den Radstuben beseitigt, wie dieses namentlich in einer Papier-
Fabrik bei Heilbronn geschieht.

---

*) *Annales des ponts et chaussées*. 1833 II. p. 324 ff. und 1835. I. p. 126.
Nach spätern mir gemachten Mittheilungen hat der Brunnen nach wenig Jahren zu wirken aufgehört.

**) *Annales des ponts et chaussées*. 1835. II. p. 362.

Die Versuche, durch Artesische Brunnen dem Wassermangel in Canälen und Hafenbassins abzuhelfen, haben überall unzulängliche Resultate gegeben. Dieses war sowol bei dem Hafen St. Ouen bei Paris der Fall, wie auch nach Seaward's Mittheilung bei einigen Canälen in und neben London. In gleicher Weise zeigte sich kein merklicher Erfolg, als man den nunmehr eingegangenen Max-Clemens-Canal bei Münster durch Artesische Brunnen speisen wollte.

Vielfach werden die Artesischen Brunnen zur Bewässerung von Gärten und anderer Culturen benutzt, ihr wichtigster Zweck bleibt aber unbedingt die Beschaffung von reinem Wasser für verschiedene industrielle Etablissements und vorzugsweise für den häuslichen Bedarf. In letzter Beziehung tritt ihr grofser Werth besonders in solchen Gegenden hervor, wo gewöhnliche Brunnen entweder gar kein Wasser oder nur unbrauchbares liefern. Der noch im Bau begriffene Norddeutsche Kriegshafen an der Mündung der Jade ist in meilenweiter Entfernung nur von niedrigen Marschen umgeben, die durch Alluvionen im Meere gebildet, die Bestandtheile des Seewassers noch so reichlich enthalten, dafs das Wasser in gewöhnlichen Brunnen, die man hier ausführen könnte, für den häuslichen Gebrauch ganz ungeeignet wäre. Es war hier üblich, neben den Gehöften tiefe Gruben auszuheben, die durch Thonschlag gedichtet waren, und welche sich beim Regen anfüllten. Indem aber die Verunreinigung nicht verhindert war, so konnte man das Wasser nicht trinken, wenn es auch zum Kochen benutzt wurde. Beim Beginne des Hafenbaues wurde zunächst eine grofse ausgemauerte und überwölbte Cisterne in dem Dienstgebäude der Bau-Beamten ausgeführt, welche durch die Dachrinnen gespeist, bei dem damaligen noch geringen Bedürfnisse und bei den starken Niederschlägen in dortiger Gegend sich als genügend erwies. Später mufste indessen in andrer Weise gesorgt werden, und da das nächstgelegene höhere Terrain in den Umgebungen von Jever über eine Meile entfernt ist, auch die dortigen Brunnen nur spärlich Wasser sammeln, so schien es nothwendig mit Artesischen Brunnen den Versuch zu machen. Der erste Bohrversuch, in den Jahren 1856 und 1857 ausgeführt, und etwa bis auf 200 Fufs Tiefe fortgesetzt, gab kein Resultat und mufste aufgegeben werden, da die Futterröhre so beschädigt war, dafs sie weder weiter herabgetrieben, noch eine andere darin eingeschoben werden konnte.

Im Jahre 1862 wurde ein zweiter Versuch an einer andern Stelle des Hafengebietes begonnen, nachdem Seitens der Bergbehörde die gutachtliche Aeußerung dahin abgegeben war, daß der Erfolg zwar keineswegs ganz sicher, es aber dennoch wahrscheinlich sei, daß die Kreide, die bei Braunschweig und Helgoland, so wie auch an manchen zwischenliegenden Punkten zu Tage tritt, und die man in Glückstadt in der Tiefe von 480 Fuß angebohrt hat, auch hier durchstreiche, und man daher hoffen dürfe, über oder in ihr Quellen zu finden, die von viel höher liegenden Gegenden gespeist werden. Man erwartete, in der Tiefe von 400 bis 500 Fuß die wasserhaltende Schicht zu erreichen.

Mit einer 24 Zoll weiten Röhre wurde der Anfang gemacht, jedoch diese nur bis auf 12 Fuß durch die Dargschicht getrieben. Hierin wurde ein 18zölliges Rohr gestellt, welches 34 Fuß tief eindrang. Den weiten Zwischenraum zwischen beiden vergoß man mit dünnflüssigem Cement, um das unreine Wasser aus den obern Erdschichten abzuhalten. Nunmehr wurde eine 14zöllige, alsdann eine 12zöllige, ferner eine 10zöllige, in diese eine 8zöllige und darin wieder eine 6zöllige Röhre eingeschoben. Mit der letztern erreichte man endlich in der Tiefe 636 Fuß einen Quell süßen Wassers, der nicht nur die ganze Röhre füllte, sondern auch etwa 3 Fuß über der allgemeinen Terrainhöhe abfloß.

Das Resultat war wegen der sehr geringen Wassermasse keineswegs befriedigend, nämlich 350 Cubikfuß in 24 Stunden, oder in 4 Minuten nahe 1 Cubikfuß, aber es erweckte doch die Hoffnung, daß man auf diesem Wege das Bedürfniß befriedigen könne. Das Wasser ist so rein, daß es als Trinkwasser benutzt wird, wenn es auch eine geringe Masse Salz enthält, nämlich etwa $\frac{1}{4}$ Procent. In dieser Beziehung soll es aber seit Eröffnung des Brunnens sich schon merklich verbessert haben.

Gegenwärtig hat man einen zweiten Brunnen in geringer Entfernung vom ersten und zwar in größeren Dimensionen abgeteuft, der aber in der Tiefe von 687 Fuß die wasserführende Schicht noch nicht erreicht hat. Man schließt hieraus, daß derselbe die Ergiebigkeit des ersten Brunnens nicht vermindern wird.

Wenn die Wassermenge eines Artesischen Brunnens dem Bedürfnisse nicht entspricht, so läßt sich dieselbe dadurch etwas vergrößern, daß man das Niveau in der Steigeröhre senkt, und hier-

durch, wie sich aus Obigem ergiebt, den Zuflufs aus der wasserführenden Schicht verstärkt. Man hat in England mehrfach dieses
Mittel mit Erfolg angewendet, indem man aus der Röhre einen Abflufs nach einem weiten Brunnenkessel eröffnet, der durch eine
Schöpfmaschine ausgepumpt wird.

Endlich sind die Artesischen Brunnen auch vielfach benutzt
worden, um aus Steinsalzlagern in grofser Tiefe eine reiche Soole
zu gewinnen, welche das Gradiren ganz oder theilweise entbehrlich
macht. Dieses ist z. B. bei Rehme ohnfern Minden in dem Bade
Oynhausen geschehn. Es sind daselbst zwei Brunnen etwa 2000 Fufs
tief gebohrt, von denen der zweite nur für die Soolbäder benutzt
wird, die er sämmtlich speist, ohne dafs dabei eine Schöpfmaschine
erforderlich wäre. Indem jedoch diese Bäder mit sehr seltenen Ausnahmen nur während des Sommers benutzt werden, so hat man sich
bemüht, während der übrigen Zeit den Brunnen zu schliefsen, um
die werthvolle Soole nicht zwecklos abfliefsen zu lassen. Dieser
Versuch ist jedoch bis jetzt noch nicht geglückt, da man bei dem
sehr starken Wasserdrucke die Vorrichtung, woran sich der Ab-
lafshahn befindet, nicht sicher und hinreichend dicht schliefsend befestigen konnte.

Beim Vortreten der Soole findet häufig auch ein starkes Ausströmen von Gas statt. Im Bade Oynhausen wird kohlensaures Gas
in einem Gasometer aufgefangen, und dieses leitet man in besondere
Räume der Badehäuser. Auf der Saline Gottesgabe bei Rheine an
der Ems giebt dagegen das Bohrloch Kohlenwasserstoffgas, das zur
Beleuchtung und zum Kochen verwendet wurde.

§. 10.
Artesische Brunnen: das Gestänge.

Die Ausführung der Artesischen Brunnen wird vorzugsweise
durch die grofse Tiefe derselben erschwert, die nicht gestattet, die
Bohrer und sonstigen Apparate unmittelbar zu fassen und ihnen die
gehörige Richtung und Haltung zu geben, dieses mufs vielmehr durch
Vermittelung des Gestänges oder auch eines Seils von hunderten
und selbst tausenden Fufs Länge geschehn. Das Bohrloch soll aber

immer senkrecht gehalten werden und einen bestimmten und regelmäßigen Querschnitt haben, weil sonst der Bohrer nicht gehörig wirken könnte, auch die Einführung der Futter- und Steigeröhren unmöglich würde. Dazu kommt noch, daß der Boden oft von sehr wechselnder Beschaffenheit ist, so daß man bald auf Sand und bald auf feste Geschiebe trifft, von denen der erstere eine Ausfütterung verlangt und die letzten nicht mit gewöhnlichen Erdbohrern, sondern mit Meißeln durchstoßen werden müssen, und daß vielleicht unter diesen wieder eine lose Schicht, oder ein bröckelndes Gestein liegt, welches die Einbringung von Futterröhren aufs Neue fordert. Den größten Uebelstand bilden die Zufälligkeiten, die bei solcher Arbeit unvermeidlich sind. Einzelne Theile des Apparats brechen und bleiben im Bohrloche stecken, hin und wieder fallen Schrauben oder andere Stücke herab, die bereits eingesetzten Futterröhren werden beschädigt und dergleichen mehr. Auf solche Art ist der Erfolg dieser Anlagen immer weit unsicherer, als der von andern Bergwerken, und dieses nicht nur in Bezug auf die Tiefe, worin die Quellen angetroffen werden, sondern auch auf die Arbeit selbst. Wenn bei geschickter Leitung und bei hinreichenden Geldmitteln diese Schwierigkeiten auch meist zu überwinden sind, bleiben die vielfachen unerwarteten Unterbrechungen doch überaus störend. Anfangs schreitet das Bohren sehr schnell vor, doch bald werden alle Operationen viel zeitraubender, und in der Tiefe von einigen Hundert Fuß pflegt man täglich kaum einen Fuß zu gewinnen, und dabei werden die zufälligen Störungen immer häufiger und bedenklicher. Bricht in großer Tiefe ein Theil des Apparats und stürzt in das Bohrloch herab, so müssen zahllose Versuche gemacht werden, das verlorne Stück wieder zu fassen. Eine Methode, deren Erfolg ganz sicher wäre, giebt es nicht und bei der unendlichen Mannigfaltigkeit der Zufälle, die hierbei eintreten können, und die man von oben her auch nicht immer zu beurtheilen im Stande ist, bleibt nur übrig, ein und das andere Mittel zu versuchen, bis es oft nach Wochen und selbst nach Monaten gelingt, das verlorne Stück zu fassen und zu heben.

Beim Bohren werden zwei wesentlich verschiedene Methoden angewandt, nämlich entweder mit festem Gestänge, oder mit dem Seile. Nach der ersteren wird der Stiel des Bohrers bei der zunehmenden Tiefe des Bohrloches nach und nach durch angesetzte

besten Material und sorgfältig bearbeitet sein.   Die Stange
jedesmal einen quadratischen Querschnitt, damit sie an jeder S
dem Schlüssel sicher gefaßt und gedreht werden können.   Ihr
ist von der Länge und zum Theil auch von der Weite des Bo
und manchen Eigenthümlichkeiten des Bodens abhängig, d
größeren oder minderen Widerstand bedingen.   Der gering
schnitt eines Gestänges, welches dauernd benutzt werden
trägt 1 Quadratzoll, für größere Tiefen von etwa 200 Fuß
Seite des Quadrates schon 1¼ Zoll zu messen, und 1½ Zo
man gegen 1000 Fuß herabgehn will.   Beim Bohrapparat
Schlachthause von Grenelle zu Paris angewandt wurde,
Querschnitt des Gestänges beinahe 4 Quadratzoll.

Man könnte meinen, daß bei größerer Tiefe nur d
Glieder verstärkt werden dürfen, doch lehrt die Erfahrung,
untern der Gefahr des Biegens immer am meisten ausges
und daher pflegt man in Frankreich, wenn man nicht einen
Querschnitt wählt, diesen sogar in den untern Gliedern zu
ken.   Bei dem ersten in Artern herabgeführten Bohrloch
größte Theil des Gestänges nur den Querschnitt von 1 Qu
während die untern Stangen 1¼ Zoll in der Seite hielten, do
das Gestänge hier auch besonders stark angegriffen.

Die Länge der einzelnen Glieder pflegt man um s
anzunehmen, je tiefer voraussichtlich das Bohrloch abzut
weil alsdann wegen der schwierigeren und ausgedehntere
die Einrichtungen vollständiger getroffen werden müssen un
Bohrthürme nicht zu vermeiden sind.   In neuerer Zeit g
aber den Gliedern gewöhnlich die Länge von 20 bis 30 F
rend einzelne kürzere Glieder nach Bedürfniß aufgesteckt
damit das Gestänge beim Bohren nicht zu weit die Münd
Bohrloches überragt.

Die Art der Verbindung der einzelnen Glieder ist
schieden, aber keine derselben entspricht vollständig allen
rungen, die man an ein Gestänge macht.   Eine Hauptbedin
daß die Theile nicht nur gegen eine zufällige Trennung
sind, sondern auch so fest schließen, daß sie nicht schlotte
ner muß eine Drehung des Gestänges wenigstens in einer
vorgenommen werden können, es ist aber vortheilhaft, we
genfalls auch rückwärts gedreht werden kann, denn ein festg

... läßt sich auf diese Art am leichtesten lösen. Sodann
... Verfahren beim Auseinandernehmen und Zusammensetzen des
... möglichst einfach und wenig zeitraubend sein, und endlich
... noch von großer Wichtigkeit, daß keine kleineren Verbin-
... wie Schraubenbolzen oder Muttern, vorkommen, da diese
... das Bohrloch herabfallen und alsdann nur nach vielfachem
... wieder heraufgebracht oder seitwärts gedrängt werden können.
... einfachste und vielleicht auch die beste Art der Verbindung
... ist die gewöhnliche Schraube, indem jedes Glied an
... Ende mit einer Schraubenspindel und am andern mit einer
... versehn ist. Die Schraube darf aber keine schwache Stelle
... bilden, vielmehr muß sie denselben Querschnitt, wie
... Theil des Gestänges haben, woher die Mutter eine ent-
... Verstärkung oder einen Bundring auf dem Gliede bildet.
... beim scharfen Anziehn der Schraube nur die Oberfläche
... gegen den Boden der Oeffnung in der Mutter drücken
... würde die Verbindung nicht fest genug sein, indem theils
... auf der die Reibung erfolgt, zu klein ist, und theils auch
... raubengänge in der Mutter nahe am Boden nicht scharf aus-
... werden können. Aus diesem Grunde versieht man auch
... Ende des Gliedes, woran die Schraubenspindel sich be-
mit einem Bundringe, und beide äußere Flächen dieser Bünde
abgedreht, so daß beim Anziehn der Schraube zwischen ih-
scharfe Schluß erfolgt. Die Schraubenspindel muß dabei
sein, daß sie den Boden der Mutter nicht berührt, auch
an später erfolgenden tieferen Eindringen nicht dagegen stößt.
e noch innigere Berührung hervorzubringen, werden zuweilen
Flächen flach abgedreht, die eine hohl, die andere erhaben,
. 10, und zwar a im Durchschnitt und b in der Seitenansicht,
Dabei wird noch der Vortheil erreicht, daß nicht nur die
..., sondern auch diese conischen Flächen eine scharfe Cen-
des Gestänges veranlassen.
fest und einfach diese Verbindung auch immer ist, so tritt
r Uebelstand ein, daß man den Bohrer nicht zurückdrehn
il sich sonst die Glieder lösen. Man hat zwar manche Vor-
n zur Verhütung des Auslösens beim Zurückdrehn vorge-
und zuweilen auch wirklich ausgeführt, dabei wird aber

das scharfe Anziehn der Schraube und dadurch die Fest
Steifigkeit des Gestänges beeinträchtigt.

Zuweilen wählt man statt der Schrauben, gabelförmig
dungen, wobei das Ende des einen Gliedes das des nächs
und mittelst Seitenschrauben gehalten wird. Auch hierb
manche Modificationen vor, sowie überhaupt fast bei je
Gestänge, auch einige Aenderungen versucht werden.
Garnier empfohlne Verbindung, Fig. 11, gestattet das Z
des Bohrers. Der gröfste Uebelstand dabei ist das Vork
losen Schraubenbolzen und Muttern, von denen die let
ohne Nachtheil entbehrt werden können, wenn die Gew
hintern Lappen eingeschnitten werden. Wenn man Muttern
so müssen die Schraubenbolzen in der Nähe des Kopfe
ausgeschmiedet sein, und einen gleichen Querschnitt m
die Löcher in dem vorderen Lappen haben, weil sonst be
der Muttern die Schraubenbolzen sich drehn würden. F
bemerken, wie dieses auch die Figur zeigt, dafs die Bol
gegengesetzer Richtung eingesteckt werden, damit sie
durch zwei Arbeiter befestigt und gelöfst werden kön
mufs erinnnert werden, dafs eine gleichmäfsige Bearb
Theile nothwendig ist, damit die einzelnen Glieder nicht ih
folge nach ausgesucht werden dürfen.

Das Gestänge darf während des Bohrens nicht auf
des Bohrloches ruhen, weil es dabei sich theils biegen,
durch sein Gewicht das Drehn verhindern würde. Es l
dauernd an der Rüstung und ist mit dem Windetau durch
stück oder einen Bohrwirbel verbunden, den Fig. 1?
einfachsten Form zeigt. In neuerer Zeit pflegt man die
nicht unmittelbar an das Tau, vielmehr an eine etwa 2
Schraubenspindel zu hängen. Man erreicht dabei den Vc
man beim Drehn der gewöhnlichen Erdbohrer, um diese
greifen zu lassen, nicht mittelst der Winde das Gestänge
braucht, sondern hierzu schon die Schraube Gelegenl
Fig. 33 auf Taf. III. zeigt diese Vorrichtung.

Soll das Gestänge in die einzelnen Glieder zerleg
diesen zusammengesetzt werden, so mufs man das erwä
stück beseitigen und dafür das Gestänge in andrer We
Besonders bequem und sicher für diesen Zweck ist der Do

das scharfe Anziehn der Schraube und dadurch die Festigkeit ⲙ
Steifigkeit des Gestänges beeinträchtigt.

Zuweilen wählt man statt der Schrauben, gabelförmige Ver⸗
dungen, wobei das Ende des einen Gliedes das des nächsten ⲙⲟ
und mittelst Seitenschrauben gehalten wird. Auch hierbei komⲙ
manche Modificationen vor, sowie überhaupt fast bei jedem ⲙⲟ
Gestänge, auch einige Aenderungen versucht werden. Die ▮
Garnier empfohlne Verbindung, Fig. 11, gestattet das Zurück▮
des Bohrers. Der gröſste Uebelstand dabei ist das Vorkommⲙ
losen Schraubenbolzen und Muttern, von denen die letzten ▮
ohne Nachtheil entbehrt werden können, wenn die Gewinde ▮
hintern Lappen eingeschnitten werden. Wenn man Muttern anw▮
so müssen die Schraubenbolzen in der Nähe des Kopfes vier▮
ausgeschmiedet sein, und einen gleichen Querschnitt müssen ▮
die Löcher in dem vorderen Lappen haben, weil sonst beim An▮
der Muttern die Schraubenbolzen sich drehn würden. Ferner ▮
bemerken, wie dieses auch die Figur zeigt, daſs die Bolzen ▮
gegengesetzer Richtung eingesteckt werden, damit sie gleich▮
durch zwei Arbeiter befestigt und gelöſst werden können. ▮
muſs erinnnert werden, daſs eine gleichmäſsige Bearbeitung ▮
Theile nothwendig ist, damit die einzelnen Glieder nicht ihrer R▮
folge nach ausgesucht werden dürfen.

Das Gestänge darf während des Bohrens nicht auf der ▮
des Bohrloches ruhen, weil es dabei sich theils biegen, theils ▮
durch sein Gewicht das Drehn verhindern würde. Es hängt ▮
dauernd an der Rüstung und ist mit dem Windetau durch ein K▮
stück oder einen Bohrwirbel verbunden, den Fig. 12 in ▮
einfachsten Form zeigt. In neuerer Zeit pflegt man diesen ▮
nicht unmittelbar an das Tau, vielmehr an eine etwa 2 Fuſs ▮
Schraubenspindel zu hängen. Man erreicht dabei den Vortheil,
man beim Drehn der gewöhnlichen Erdbohrer, um diese tiefer
greifen zu lassen, nicht mittelst der Winde das Gestänge zu ▮
braucht, sondern hierzu schon die Schraube Gelegenheit ▮
Fig. 33 auf Taf. III. zeigt diese Vorrichtung.

Soll das Gestänge in die einzelnen Glieder zerlegt oder
diesen zusammengesetzt werden, so muſs man das erwähnte ▮
stück beseitigen und dafür das Gestänge in andrer Weise ▮
Besonders bequem und sicher für diesen Zweck ist der Doppelh▮

Fig. 13 a und b in der Ansicht von vorn und von der Seite
Die Entfernung seiner beiden Arme von einander ist so groß,
nur der mittlere Theil eines Gliedes, aber nicht die Verstär-
ker der Bundring dazwischen Raum finden. Zur größeren
hält werden die beiden Arme an ihren Enden noch mit einem
verbunden, um das gefaßte Glied nicht entweichen zu lassen.
aber muß übrigens so geformt sein, daß er den Kopf jedes
in der Mitte trägt, und nirgend ein Klemmen oder Biegen
Der Fig. 14 a und b dargestellte Haken faßt nicht nur
des Gliedes, sondern jede Stelle des Gestänges. Fig. 14 b
so er beim Eingreifen eine etwas schräge Lage annimmt, und
die Seitendruck alsdann die nöthige Reibung veranlaßt. Bei
lohnendes tritt aber die Gefahr ein, daß er die Stange ver-
man muß daher, während das Gestänge daran hängt, jede
rung vermeiden.

neuerer Zeit bedient man sich hierzu vorzugsweise der Ab-
schere, die Taf. III. Fig. 38 dargestellt ist. Die beiden,
Ende durch ein Charnier verbundenen Arme derselben
schen sich, wenn sie geschlossen sind, einen quadratischen
ei, der dem Querschnitte des Gestänges entspricht, durch
also die Bundringe nich hindurchgleiten können. Damit
re sich aber nicht zufällig öffnet, so werden die Arme an
m Charnier entgegengesetzten Ende durch einen starken
rf zusammengehalten. Beim Heben oder Senken des Ge-
ruht die Schere auf dem obern Ende der Bohrröhre, über
ie auf beiden Seiten noch übertritt.

man das Gestänge ausheben, dessen oberes Ende jedesmal
Windetau hängt, so hebt man es mittelst des letzteren so
le der Bundring, der sich zunächst unter dem zu lösenden
findet, über die Bohrröhre tritt, und faßt diesen Ring mit
re oder dem Doppelhaken. Alsdann kann man den frei
den Theil, der aus einem oder zwei Gliedern besteht, lösen
en Bohrthurm stellen. Dieselbe Operation wiederholt sich
en der folgenden Theile. Damit aber dieselbe Winde beim
gen Heben des Gestänges benutzt werden kann, und die
icht gewechselt werden dürfen, versieht man zuweilen das
de jedes Gliedes mit zwei Bundringen, so daß jeder der-
sonders gefaßt werden kann. Hierdurch wird das wieder-

holte Anbringen des Kopfstückes vermieden. Beim Herablassen des Gestänges wiederholt sich dasselbe Verfahren in umgekehrter Reihenfolge.

Ueber das Anknüpfen eines starken Taues an einen eisernen Ring oder Haken mag hier gleich das Nöthige bemerkt werden. Wollte man das Tau unmittelbar um den eisernen Ring schlingen, so würden bei der scharfen Biegung des Taues die Fäden sehr ungleich gespannt werden, und indem die am stärksten gespannten bald zerreifsen, so käme nach und nach alle Theile des Taues zum Bruche, und der ganzen Verbindung fehlte die nöthige Festigkeit. Aufserdem aber würde bei jeder Bewegung auch der Ring gegen das Tau reiben und letzteres leicht abnutzen. Aus diesen Gründen pflegt man nicht nur in vorliegenden Falle, sondern bei jeder dauernden Benutzung von Hebezeugen die in Fig. 14 Taf. I. dargestellte Vorrichtung anzuwenden, die man eine Kausche nennt. Sie besteht aus einem Ringe von Eisenblech von 2 bis 3 Zoll Durchmesser, doch ist das Blech, bevor es zum Ringe gebogen wird, als flache Rinne ausgeschmiedet worden. In diese wird das Tau gelegt. Die Befestigung oder das Anknüpfen des Taues geschieht, wie Fig. 14 *b* zeigt, durch einmaliges Umschlingen, also durch einen halben Knoten oder einen einfachen Schlag. Nachdem das Tau umgelegt ist, klopft man die scharfe Windung bei *B* mit einem hölzernen Hammer möglichst fest, während man bei *A* das Tau hält, und zieht alsdann das kurze Ende herauf und bindet es mit einer dünnen Leine scharf gegen das längere. Diese Verbindung ist nicht nur vollkommen sicher, sondern auch so fest, dafs die Kausche immer scharf eingeklemmt bleibt und daher gegen das Tau nicht reiben kann.

Zum Drehen des Gestänges bedient man sich eines Hebels, der doppelarmig sein mufs, weil ein einarmiger das Gestänge verbiegen würde. Fig. 15 *a* und *b* auf Taf. II. zeigen in der Ansicht von der Seite und von oben einen solchen Hebel, der aus Holz besteht. Derselbe wird auf das Gestänge von oben aufgesteckt, und die Oeffnung *A* ist so geräumig, dafs sie nicht nur über die einzelnen Glieder, sondern auch über die Verbindung von zweien geschoben werden kann. Damit das Holz nicht spaltet, sind zwei eiserne Ringe *B* aufgetrieben, und in dem einen derselben ist ein Einschnitt von der Gröfse des Querschnittes des Gestänges angebracht, worin dieses beim Einstellen gelegt wird (Fig. 15 *b*). Ist

geschehn, so schließt man die Oeffnung A mit einem höl-
Lrne C und treibt denselben fest ein. Dieser Hebel wurde
früher empfohlen, doch bedient man sich in neuerer Zeit gewöhnlich eines eisernen. Einen solchen und zwar, wie er in Frankreich angewendet wurde, zeigt Fig. 16. Derselbe ist nicht nur sehr
stark, sondern gewährt auch den Vortheil, daß gar keine losen
Theile vorkommen. Es trifft sich indessen zuweilen, daß man
eine große Kraft anzuwenden gezwungen ist. In diesem Falle
sind noch lange Hebel, wie Schraubenschlüssel geformt, in
Gebrauch. Ein solcher ist Fig. 17 dargestellt. Letztere
wird zur Zusammensetzung des Gestänges benutzt, falls die
Theile durch Schrauben verbunden sind.

Wenn die Tiefe des Bohrloches sehr groß und ein festes Gestein durchzufahren ist, das nur durch fortgesetztes Aufstoßen der
schweren Bohrer zerbröckelt werden kann, so treten bei Anwendung des bisher beschriebenen fest verbundenen Gestänges wesentliche Schwierigkeiten ein, indem theils die zu hebende Masse
einen sehr großen Kraftaufwand erfordert, theils aber das Gestänge,
da es sich bei jedem Stoße plötzlich auf sein unteres Ende oder
den Bohrer aufstellt, heftigen Erschütterungen und vielfachen
Beschädigungen ausgesetzt wird. Dazu kommt noch, daß der Stoß
des Bohrers in Folge der Wirkung des schweren Gegengewichtes,
das bei dieser Art der Bewegung nicht vermieden werden kann,
weniger scharf und kräftig ist, als wenn ein leichteres Gestänge
bei herabfällt.

Man setzt aus diesen Gründen die langen Gestänge, und zwar
wenn die Bohrer durch den Stoß wirken sollen, aus zwei verschiedenen Theilen zusammen, die zwar mit einander verbunden
sind, so daß beim Herausziehn des obern, der untere mit gehoben
wird, die jedoch innerhalb gewisser Grenzen sich unabhängig von
einander bewegen können. Indem der obere Theil, der viel länger,
als der untere ist, auf diese Art vor Erschütterungen geschützt wird,
so ist es zulässig, demselben einen geringeren Querschnitt zu geben,
als ein in gewöhnlicher Weise zusammengesetztes Gestänge erfordert
haben würde. Man hat denselben Zweck auch auf andre Art zu
erreichen versucht, namentlich durch Anwendung von hölzernen Latten und eisernen Hohlcylindern statt der eisernen Stangen. In beiden Fällen tritt aber bei dem Eintauchen in das Wasser, das sich im

Bohrloche sammelt, eine bedeutende Verminderung des
ein.   Ein solches Hohlgestänge von 1½ Zoll lichter Weite
nien Wandstärke wurde bei der Ausführung des ersten l
bei Rehme angewendet.

Passender war die bereits erwähnte Trennung des '
die von Oynhausen bei Ausführung desselben Bohrbrunn
falls vornahm.   Um nämlich das Gestänge den Erschütteri
Aufstofsen der Bohrer zu entziehn, wurde der untere etw.
lange und besonders stark construirte Theil an ein s
Wechselstück gehängt.   Dieses besteht, wie Fig. 34
auf Taf. III in der Seitenansicht und im Querschnitt zeigt,
aufgeschlitzten starken Röhre, die etwa 2 Fufs lang ist u
durchgreifenden Armen versehene Stange umfafst.   Let:
sich auf und ab bewegen, und legt sich beim Heben des
mit ihren Armen auf den untern Ring auf.   Bei dieser '
wird nur der untere Theil des Gestänges von der Erschütte
Aufstofsen des Bohrers getroffen.

Um ferner den untern Theil des Gestänges ganz fre
abhängig von dem obern herabfallen zu lassen, hat man
sogenannte Fallstück an Stelle des Wechselstückes be
unterscheidet sich von diesem dadurch, dafs die erwäh
zwar in den Schlitzen frei herabfallen, aber beim Anhebe
stänges durch Seiten-Ansätze zurückgehalten werden, s
nicht auf dem untern Ringe aufliegen.   Sobald daher c
mung beseitigt wird, so fällt der untere Theil mit dem :
herab, während der obere Theil des Gestänges ihm lan;
Die Darstellung und Lösung dieser Hemmung ist auf v
Weise versucht worden.   Am einfachsten erfolgt sie dad
das Gestänge nach der einen, oder der andern Seite durch
meister etwas gedreht wird, und zwar so rasch, dafs d
gung sich auf den untern Theil nicht überträgt.

Von grofser Wichtigkeit ist es, die Länge jedes einz
des vom Gestänge so wie auch jedes Bohrers sorgfältig
damit man jederzeit bis auf einen Zoll genau angeben ka
cher Tiefe der Bohrer arbeitet.   Wenn man auch im A
hierauf schon grofse Aufmerksamkeit zu verwenden pfle;
Fortgang der Arbeit zu controlliren, so ist dieses doch
nöthig, sobald man gebrochene oder gelöste und her

Theile des Apparates fassen und heben will, oder wenn man festen Geschieben begegnet.

§. 11.
Artesische Brunnen: die Bohrer.

Die Einrichtung und Form der Bohrer ist nach der Beschaffenheit des Bodens, worin sie benutzt werden, wesentlich verschieden, auch sind dieselben vielfach verändert worden, indem man sie in einer oder der andern Beziehung brauchbarer zu machen gesucht hat. Eine vollständige Aufzählung aller verschiedenen Modificationen würde zu weit führen, hier sollen nur die Hauptformen und namentlich solche, die im aufgeschwemmten Boden brauchbar sind, beschrieben werden. Jeder Bohrer ist an einem Stiele befestigt, der mit demselben Kopfe versehn ist, wie jedes andere Glied des Gestänges und kann sonach mit allen Gliedern verbunden werden. Die Dimensionen der Bohrer entsprechen in den meisten Fällen der Weite des Bohrloches.

Für Bohrer, die in Erde, Lehm und festem Sande arbeiten, bildet die in Taf. II Fig. 18 a und b dargestellte Form den Haupttypus. Dieselbe kommt freilich nur selten vor, doch muß sie zuerst erwähnt werden, weil die andern gewöhnlichen Formen aus ihr abgeleitet sind. Der vollständige cylindrische Mantel ist am Boden durch eine Fläche geschlossen, die sich spiralförmig, wie ein Schraubengang, um einen senkrechten Dorn windet. Diese Bodenfläche entsteht, wenn ein Halbmesser des Cylinders sich um die Achse dreht und dabei gleichmäßig längs der Achse sich bewegt. In eine leicht trennbare, aber doch cohärirende Erde schneidet bei eintretender Drehung die Bodenfläche sich schraubenförmig ein, und sobald man den Bohrer hebt, wird die abgeschnittene Erdmasse vollständig unterstützt und getragen, so daß sie nicht herabfallen kann, sondern gleich mit dem Bohrer gehoben wird. Man pflegt indessen diese Einrichtung nicht leicht zu wählen, weil eines Theils die Anfertigung Schwierigkeiten bietet, und sodann, weil die Reibung und das Ankleben einer zähen Erde auf der Bodenfläche den Gebrauch des Bohrers erschwert. Dazu kommt noch die Unbequemlichkeit, den

Inhalt herauszuschaffen, oder den Bohrer zu leeren. Nur bei reinem
Sande verschwinden diese Uebelstände, doch fließt der Sand, sobald
er viel Wasser enthält, von selbst heraus und namentlich erfolgt
dieses in der Nähe der Achse, wo der Boden am stärksten geneigt ist.

Die gewöhnlichste Form des Erd- oder Brunnenbohrers,
die sich auch für einen lehmigen Grund vorzüglich eignet, ist Fig.
19 a und b in zwei Seitenansichten und Fig. 19 c im Grundriss
dargestellt. Die Cylinderfläche ist nicht geschlossen, ihr fehlt vielmehr der zehnte bis der dritte Theil, und zwar ist diese größte Oeffnung bei der Durchbohrung eines sehr zähen Thones vortheilhaft,
weil sie die Entleerung des Instrumentes erleichtert, bei stärkerer
Sandbeimengung ist dagegen eine vollständigere Umschließung erforderlich. Die Bodenfläche stellt wieder ein Schraubengewinde dar,
doch fehlt der mittlere Theil desselben. Man pflegt auch an dem
Boden eine etwas vortretende Zunge D anzubringen, welche zuweilen
den Schraubengang zu einer vollen Windung ergänzt, während der
Cylindermantel die weite Spalte behält. John Good brachte bei
diesem Instrumente noch die Aenderung an, daß er die Bodenfläche
nicht anniethete, wie gewöhnlich geschieht, sondern sie vielmehr
durch Schrauben gegen die Cylinderfläche befestigte, wie Fig. 20 im
Querschnitte zeigt, wodurch er den Vortheil erreichte, daß er die
Zunge D, die beim Gebrauche am meisten leidet, sobald es nöthig ist,
schärfen, auch frisch verstähien konnte.

Die Befestigung des Bodens an die Cylinderfläche bildet indessen eine schwache Stelle im Bohrer, und man hat daher die Aenderung eingeführt, daß man durch Krümmung die eine Fläche in
die andere übergehn läßt, ohngefähr in der Art, als wenn der
Cylinder durch eine Halbkugel geschlossen wäre, wobei der Quadrant, der durch seine Drehung um die Achse die Halbkugel erzeugt,
bei dieser Drehung auch gleichmäßig längs der Achse fortrückt. Diesen Bohrer zeigt Fig. 21 in der Seitenansicht.

Bei einem sehr zähen Thonboden pflegt man das Bohrloch nicht
sogleich in der vollen Weite zu öffnen, sondern ein 3 bis 4 Zoll
weites Loch vorzubohren und dieses später zu vergrößern. Zum
Vorbohren dient der Fig. 22 a, b und c dargestellte Bohrer, der mit
dem gewöhnlichen Löffelbohrer der Zimmerleute genau übereinstimmt
und wesentlich nichts andres ist, als der eben erwähnte abgerundete

Erdbohrer (Fig. 21). Er hat den cylindrischen Mantel, die Bodenfläche und die vortretende Zunge *D*, und unterscheidet sich nur dadurch, daß er nur zur Hälfte umschlossen ist.

Der zur Erweiterung dienende Bohrer muß unten in eine
Spitze auslaufen, damit er sich immer in die Achse des engeren
Bohrloches einstellt, und insofern er von dem zähen Thone nur
dünne Schalen abschneidet, so haften dieselben an ihm, wenn er auch
noch bedeutend weniger, als den halben Cylinder umfaßt. Fig. 23
a, *b* und *c* zeigt einen solchen. Zuweilen schneidet man von diesem
Bohrer noch die Hinterfläche des Löffels aus, so daß nur ein Reif
übrig bleibt, der nicht nur schneidet, sondern auch den abgeschnitten Thon festhält. Um das Anhaften zu befördern, hat man diesem
Reif zuweilen verschiedene Biegungen und scharfe Falten gegeben.
Andrerseits aber hat man die Löffelform auch ganz verlassen und
beide Schenkel mit Schneiden versehn, so daß sie bei der Drehung
gleichmäßig zur Wirksamkeit kommen. Fig. 24 *a* und *b* zeigt diese
Form.

Indem der Bohrer durch die Futterröhre herabgelassen wird, so
kann er bei gewöhnlicher Einrichtung nur ein Bohrloch darstellen,
dessen Weite sich dem innern Durchmesser der Röhre nähert. Der
feste Thon unter der Röhrenwand wird also von ihm nicht angegriffen und verhindert leicht das tiefere Eindringen der Futterröhre.
Der Bohrer muß sich daher erweitern, sobald er aus der letzteren
tritt. Dabei kann man ihm aber nicht mehr die Einrichtung geben,
daß er das gelöste Material noch in sich aufnimmt oder festhält, vielmehr muß dieses später durch andere Apparate gehoben werden.

Eine hierher gehörige Vorrichtung, die Krebsschere genannt,
zeigt Fig. 25 *a* und *b* in zwei Seitenansichten und *c* im horizontalen
Querschnitte. Ihre beiden Schenkel sind nämlich von einander getrennt und wie die Schenkel eines Tastercirkels durch ein Charnier
befestigt. Zwei Federn drücken sie auseinander, während durch
Anbringung zweier Bolzen *F* dafür gesorgt ist, daß sie nicht zu
weit zurückschlagen, was bei der Form der Schneiden erfolgen
müßte. Es ergiebt sich aus der Zeichnung, daß beim Zurückziehn
die Schenkel sich von selbst anlegen, und daß ihre Schneiden die
Röhren nicht berühren. Mittelst dieser Vorrichtung kann man Bohrlöcher darstellen, die um 2 bis 3 Zoll weiter sind, als der innere
Durchmesser der Futterröhre.

Fig. 26 *a*, *b* und *c* zeigt eine andere Vorrichtung, die zu demselben Zwecke dient. Zwei sichelförmig gebogene Arme drehn sich horizontal um zwei Achsen, so dafs sie entweder eingeschlagen werden können (Fig. *b*) oder weit vorstehn (Fig. *c*). In der ersten Stellung werden sie durch die Futterröhre herabgelassen, und indem das Gestänge auf den Boden des Bohrloches fest aufgestellt wird, so drücken sich die Spitzen dieser Arme, die besonders tief herabrachen, in den Boden ein. Dreht man alsdann das Gestänge vorwärts, so öffnen sich die Arme, wie Fig. *c* zeigt, und beim Zurückdrehn schliefsen sie sich wieder, so dafs man sie durch die engere Röhre hindurchziehn kann. Bei hölzernen Futterröhren von bedeutender Wandstärke thut dieses Instrument gute Dienste, es kann jedoch nur in dem Falle angewendet werden, wenn das Gestänge ein Rückwärtsdrehen erlaubt. Aufserdem tritt noch der Uebelstand ein, dafs nicht ein allmähliges Eingreifen der Arme erfolgt, wie bei der in Fig. 25 dargestellten Vorrichtung, sondern dafs die Arme plötzlich ausgespannt werden und alsdann einem starken Widerstande ausgesetzt sind.

Die sämmtlichen bisher erwähnten Bohrer finden in zäher Erde ihre Anwendung, zeigen sich aber in reinem Sande unbrauchbar, indem sie denselben nicht in sich aufnehmen. Der Bohrer Fig. 18 allein macht hiervon eine Ausnahme, doch hebt er auch nur in dem Falle den Sand, wenn derselbe nur feucht, aber nicht nafs ist. Gemeinhin ist das Bohrloch mit Wasser gefüllt, und sobald man den Bohrer herauszieht, so strömt das Wasser hindurch und spült dabei den Sand aus, so dafs der Bohrer ganz leer zum Vorschein kommt. Aus diesem Grunde mufs der Sand an einer Stelle im Bohrer aufgefangen werden, wo er vom durchströmenden Wasser nicht fortgespült werden kann. Dieses geschieht gewöhnlich mit dem sogenannten Löffel. Derselbe besteht aus einer cylindrischen Röhre, die am Boden durch ein Ventil geschlossen ist. Letzteres wird am vortheilhaftesten an einem eisernen abgedrehten Ringe angebracht, der in die Blechröhre gesteckt und mit Seitenschrauben daran befestigt ist. Bei dieser Anordnung läfst sich das Ventil leicht herausnehmen und falls es schadhaft werden sollte, durch ein anderes ersetzen. Dasselbe besteht gewöhnlich in einer einfachen Klappe (Fig. 27), zuweilen aber auch aus einem doppelten Ventile, bei dem jede Klappe einen Halbkreis umfafst (Fig. 28). Häufig wird auch

im Schließen der Oeffnung eine Kugel angewendet (Fig. 29), die
abgewogen ist, daß ihr specifisches Gewicht ungefähr das Doppelte von dem des zu hebenden Sandes (und zwar mit Rücksicht
auf die Beimischung von Wasser) beträgt. Damit aber die Kugel nicht
zu weit heraufgehoben werden kann, wird sie durch einen Bügel in
der Nähe des Ventils zurückgehalten.

Man gebraucht diese Instrumente in der Art, daß man sie abwechselnd hebt und senkt, das im Bohrloche befindliche Wasser
wird dadurch in starke Bewegung versetzt, die sich auch dem Sande
mittheilt. Letzterer dringt mit dem Wasser beim Niederfallen der
Röhre in dieselbe ein, aber sobald die Röhre wieder gehoben wird,
kann er wegen des geschlossenen Ventils nicht entweichen. Beim
nächsten Niederfallen tritt eine neue Quantität Sand hinzu und so
füllt sich nach und nach die Röhre. Nach 20 bis 30 Stößen zieht
man sie heraus und mit ihr den hineingedrungenen Sand. Eine besondere Vorrichtung zum Auflockern des Sandes ist nicht erforderlich, man kann vielmehr allein durch diese Röhre die Vertiefung
des Bohrloches bewirken, damit man aber wirklich auf die Vertiefung hinwirkt und nicht etwa den Sand von den Seiten löst, so muß
man häufig die Futterröhre nachtreiben und dafür sorgen, daß diese
immer dem Bohrer vorangeht. Degousée führt an, daß er mit solchem Apparate aus einer Tiefe von 300 Fuß täglich über 32 Cubikfuß flüssigen Sandes gehoben hat.

Zur Hervorbringung eines bessern Schlusses hat man der Röhre
zuweilen zwei Ventile, nämlich eines oben und eines unten, gegeben,
und sie sogar in eine vollständige Saugepumpe verwandelt. Das
Bohrgestänge ist nämlich in diesem Falle mit der Kolbenstange verbunden und an letzterer befinden sich zwei Bundringe E, wie
Fig. 30 zeigt, die gegen einen Steg F am obern Ende des Cylinders
sich lehnen, sobald der Kolben den zulässigen höchsten oder niedrigsten Stand erreicht hat. Auch den gewöhnlichen Erdbohrer
und zwar mit ganz geschlossnem Cylinder (Fig. 18) versieht man
zum Gebrauche in flüssigem Sande zuweilen mit einer Klappe über
der Oeffnung im Boden. Das Eintreten des Sandes wird dadurch
freilich beim Drehen des Bohrers etwas erschwert, dagegen wird die
darin aufgefangene Masse vollständiger gehoben.

Eine andere Vorrichtung zum Heben des reinen Sandes zeigt
Fig. 31. Sie besteht in einem conischen Eimer, der unten mit einem

Schraubengange versehn ist, damit er beim Drehn von ~~Albst~~
den Boden eindringt. Dieser Schraubengang ist zuweilen, ~~wie~~
dargestellt, mit keiner Spindel verbunden und wie ein Kork~~ziel~~
geformt, zuweilen bringt man ihn auch am Umfange des Eim~~ers~~
Beim Drehen des Instrumentes veranlaſst die Schraube eine ~~ster~~
Auflockerung des Sandes, namentlich wenn das Bohrloch sch~~on~~
Wasser gefüllt ist, und hierdurch wird es möglich, den Ei~~mer~~
seiner ganzen Höhe in den Sand zu versenken. Ist dieses ge~~schehn~~
so stürzt der Sand von oben hinein und füllt den innern Raum. ~~Um~~
den Widerstand möglichst zu mäſsigen, den der Sand dem ~~Eindrin~~
gen des Eimers entgegensetzt, muſs man sich bemühen, durch ~~ein~~
wechselndes Heben des Gestänges die Ablagerung noch mehr ~~zu~~
zulockern.

    Zur Ausführung von Bohrlöchern in festem Gestein ~~müssen~~
Instrumente angewendet werden, welche denen der Steinmetze ~~ähn~~
lich, durch fortwährendes Aufstoſsen kleine Splitter lösen und ~~da~~
durch nach und nach die beabsichtigten Oeffnungen darstellen. ~~Die~~
Bohrer bestehn in diesem Falle nur in Meiſseln, die mit Stahl~~
schneiden versehn sind. Letztere dürfen aber nicht durch Eb~~enen~~
begrenzt werden, die sehr spitze Winkel bilden, vielmehr müssen
die beiden Flächen der eigentlichen Schneide sich unter Winkeln
von 45 Graden treffen. Das Stumpfwerden der Schneiden erfolgt
besonders schnell, wenn das angegriffene Gestein trocken ist, man
muſs daher, sobald sich im Bohrloche nicht von selbst Wasser an~~
sammelt, solches häufig zugieſsen. Die Enden der Schneiden an
den Meiſseln sind vorzugsweise einer starken Abnutzung ausgesetzt,
und dieses ist der Grund, weshalb bei Anwendung desselben Boh~~
rers das Bohrloch in der Tiefe immer enger zu werden pflegt. Um
dieses zu vermeiden, müssen die Meiſsel bei jeder Instandsetzung auf
ihre ursprüngliche Breite wieder ausgeschmiedet werden. Damit das
Bohrloch sich kreisförmig abrundet, pflegt man das Gestänge nach
jedem Stoſse mittelst eines Hebels etwas zu drehen. Von dem Nutzen,
den die Anwendung eines Wechselstückes oder eines Fallstückes in
diesem Falle gewährt, ist bereits die Rede gewesen. Das auf diese
Art gelöste Material kann durch die Steinbohrer selbst nicht gehoben
werden, es sammelt sich daher als feiner Sand oder auch als dicker
und zäher Schlamm im Bohrloche an, wodurch nach und nach die
Wirkung des Bohrers verhindert wird. Zur Entfernung desselben

... die oben beschriebenen Instrumente und besonders die Löffel
... 27, 28 und 29.

Wenn der Bohrer nur eine einfache und zwar gerade Schneide
... nennt man ihn einen Meifselbohrer, ist die Schneide da-
... Sförmig gekrümmt, wie Fig. 35 Taf. III zeigt, wobei das Loch
... abrundet, so heifst er ein S-Bohrer. Beim Kreuz-
... durchkreuzen sich zwei Schneiden, während beim Kronen-
... eine grofse Anzahl von solchen radial gekehrt sind. End-
... noch die sogenannte Büchse zu erwähnen, die durch eine
... Schneide gebildet wird und vorzugsweise zur nachträg-
... Beseitigung der etwa vortretenden Unebenheiten dient.

Die Anfertigung und Unterhaltung der complicirteren Bohrer
... Art bietet grofse Schwierigkeiten, da die verschiedenen mit
... verbundenen Schneiden sich nicht in einem Stücke schmie-
..., verstählen und schärfen lassen. Es bleibt daher nur übrig
... einzeln zu bearbeiten und alsdann an den Block zu befestigen,
... am Gestänge hängt. Bei den übermäfsigen Erschütterungen ist
... keine Art der Verbindung hinreichend sicher, Schrauben, wie
... und Keile brechen oder lösen sich, und alsdann tritt die
... ein, dafs die getrennten Theile in das Bohrloch herabfallen.
... diesem Grunde wird dem einfachen Meifselbohrer wohl unbedingt
... allen andern der Vorzug gegeben, und bei sorgfältiger Arbeit
... man mit demselben und durch Nachhülfe mit dem S-Bohrer
... Bohrloch auch ziemlich regelmäfsig darstellen. Wenn vielleicht
... Theile der Wand zu weit vortreten und die Weite be-
... so lassen sich dieselben auch durch einen einfachen Mei-
... beseitigen, welcher der Weite des Bohrloches entsprechend
... ist und mittelst einer an der Rückseite angebrachten Fe-
... die Wand des Bohrloches gedrückt wird. Dasselbe Instru-
... wird auch mit Vortheil angewendet, wenn im aufgeschwemm-
... Boden ein einzelner Stein mit der, meist sehr glatten Seitenfläche
... Bohrloch tritt. Der frei herabfallende Bohrer wird nämlich
... dem Steine in diesem Falle jedesmal abgesetzt, so dafs er ihn
... angreift, während die Feder das Abspringen verhindert. Es
... aber bemerkt werden, dafs ein abgerundeter Stein, der in der
... tung des Bohrloches liegt, leichter diametral durchbohrt werden
..., als eine nur wenig vortretende Seitenfläche desselben sich
... lassen läfst.

Bei den Bohrarbeiten brechen zuweilen die Gestänge oder die Bohrer, oder es stürzen durch Unvorsichtigkeit Theile des Apparats in das Bohrloch herab. Jedesmal müssen diese Gegenstände zuerst entfernt werden, bevor man die Arbeit fortsetzen kann. Hierzu dienen die Fange-Instrumente. Der Gebrauch derselben besteht in einem sehr unsichern und oft lange Zeit hindurch fortgesetzten Probiren, bevor es gelingt, den gesuchten Gegenstand sicher zu fassen und heraufzuziehn. Nicht selten muß man sich auch begnügen, ihn seitwärts zu drängen oder zu zerschlagen, oder auch wohl soweit zusammenzudrücken, daß er die Fortsetzung der Arbeit nicht weiter behindert. Jedenfalls muß man die Tiefe, in welcher der zu beseitigende Gegenstand gefaßt werden kann, genau kennen. Sollte etwa das Gestänge brechen, so würde man aus der Länge des ausgehobenen Theiles sicher entnehmen können, in welcher Tiefe das abgebrochene Ende zu suchen ist.

Die Einrichtung der Fange-Instrumente hängt von der Größe und Gestalt der Gegenstände ab, die man damit ausheben will. Man pflegt deshalb sie auch nicht sogleich beim Beginne der Bohrarbeit anzuschaffen, vielmehr werden sie erst, sobald sie gebraucht werden sollen, in derjenigen Form und Stärke angefertigt, die dem jedesmaligen Zwecke am besten zu entsprechen scheint.

Wenn eine Schraubenmutter oder ein andrer sehr kleiner Gegenstand herabgefallen ist, so gelingt es wohl mittelst des gewöhnlichen Erdbohrers denselben zu fassen und zu heben. Liegen größere Körper frei im Bohrloche, so versucht man sie durch untergeschobene Haken herauszuschaffen, oder sie mittelst mehrarmiger Zangen zu greifen, die mit Widerhaken versehn sind und fest aufgestoßen werden. Vielfach werden auch glockenartige Instrumente angewendet, die beinahe über das ganze Bohrloch greifen. Zuweilen sind sie im Innern mit mehreren Armen versehn, die mit scharfen Stahlkanten sich dagegen lehnen. Es bedarf kaum der Erwähnung, daß man beim Gebrauche dieser sämmtlichen Apparate niemals weiß, ob der Versuch, den man soeben anstellt, geglückt ist, oder nicht. Nach mehrmaligem Drehen oder starkem Aufsetzen des Gestänges hebt man dasselbe aus, und erst wenn das letzte Glied mit dem Fange-Instrumente aus dem Bohrloche tritt, kann man sich überzeugen ob der Zweck erreicht ist, oder ob man die mühevolle und zeitraubende Probe aufs Neue wiederholen muß.

Wenn das Gestänge selbst gebrochen ist und der herabgestürzte Theil, wie gewöhnlich geschieht, sich stark verbogen und festgeklemmt hat, so ist freilich das sichere Fassen desselben nicht leicht, aber man kann in diesem Falle aus dem Widerstande beim Anheben entnehmen, ob das Eingreifen erfolgt ist, oder nicht, so dafs also das wiederholte vergebliche Aufwinden und Zusammensetzen des Gestänges vermieden wird.

Hat das Gestänge in einer Verbindung zweier Glieder oder dicht darüber sich getrennt, so bemüht man sich mit spiralförmig gewundenen Haken den nächsten Bundring zu fassen, erhebt sich dagegen das abgerissene Ende des Gliedes weit über den Bundring, so mufs dieses gefafst werden. Hierzu dient wieder jene Glocke mit den Stahlarmen, oder man verengt auch wohl die Glocke so sehr, dafs der Durchmesser der obern cylindrischen Höhlung in ihr kleiner als die Diagonale des Gestänges ist und versieht jene Höhlung wie eine Kluppe mit einem Schraubengewinde. Die Glocke, die in diesem Falle aus Stahl bestehn und gehärtet sein mufs, schneidet alsdann in das Ende der gefafsten Stange ein Gewinde ein und zieht an diesem das Gestänge heraus. Taf. III Fig. 37.

Auch die Fig. 36 dargestellte Spirale, die aus hartem Stahl besteht und auf der innern Seite mit einer Schneide versehn ist, wie Fig. 36 c zeigt, ist in diesem Falle mehrfach mit Vortheil benutzt worden. Beim Drehn derselben wird durch die weit vortretende Spitze das Gestänge leicht gefafst und in die Windung, die sich immer mehr verengt, hineingeschoben. Sobald aber bei wiederholten Versuchen zum Weiter-Drehen, die Schneide in eine Kante eingreift, so fafst sie zuweilen das Gestänge so sicher, dafs dieses gehoben werden kann.

Endlich ist noch zu erwähnen, dafs wenn die herabgestürzten Theile des Gestänges, oder Stücke von eisernen Futterröhren, oder sonstige Apparate sich im Bohrloche so fest geklemmt haben, dafs alle Fange-Instrumente sie weder fassen noch heben können, alsdann noch das Mittel bleibt, durch passend geformte grofse Feilen, die am besten eine birnförmige Gestalt haben, das Hindernifs zu beseitigen.

§. 12.
Artesische Brunnen: die Futterröhren.

Der aufgeschwemmte Boden, besonders wenn er sandig kiesig ist, stürzt beim Abbohren sehr bald nach, und dasselbe schieht auch in einem Felsboden, der aus leicht abbröckelndem stein besteht. In beiden Fällen muß man daher die Versch des Bohrloches und das Einstürzen der Wände durch Einfa der letztern verhindern. Dieses geschieht mittelst der Futterrö oder Bohrröhren. Dieselben sind nur in festem Gesteine entbeh auch in zähem Klaiboden wendet man sie zuweilen nicht an, muß man in diesem Falle überzeugt sein, die gesuchten Q bald zu erreichen und die Steigröhren früher einsetzen zu kö ehe der Thon nachstürzt.

In demselben Maaße, wie die Tiefe des Bohrloches zu muß auch die Futterröhre herabgetrieben werden, so lang Anwendung überhaupt nothwendig ist, sie muß daher auch v gert werden. Das Herabtreiben geschieht entweder mittelst Ramme oder durch todten Druck. In beiden Fällen wird die stark angegriffen, woher die möglichste Schonung derselben u Beseitigung der Hindernisse, welche ihrem weiteren Eindring gegentreten, eine der wichtigsten Rücksichten ist, die beim l der Artesischen Brunnen überhaupt zu nehmen sind. Der ¹ stand, den der umgebende Boden ausübt, läßt sich einiger dadurch vermindern, daß man die Erde nicht seitwärts drän dieses geschehn würde, wenn die Futterröhre die scharfe S an der innern Seite hätte, man muß im Gegentheil die Er den Seiten nach der Mitte des Bohrloches schieben, von w sie mittelst der Bohrer ausheben kann. Aus diesem Grunde das untere Ende oder der Schuh der Futterröhre eine nach vortretende Schneide, die zuweilen noch einen halben Zoll v äußere Wandfläche tritt. Nichts desto weniger wird das : treiben der Futterröhre mit der zunehmenden Länge immer s riger und zuletzt entweder unmöglich, oder es ist mit Gefa die Röhre verbunden. Wenn unter diesen Umständen die l sung des Bohrloches auch weiterhin noch nothwendig ist, so man eine neue Futterröhre einschieben, die gleich anfangs die

der ersten, jedoch eine geringere Weite hat. Diese erleidet
Theile, wo sie von der ersten umgeben wird, keine merk-
...ung und läßt sich daher bei gleicher Beschaffenheit des
...während des fortgesetzten Bohrens fast bis zur doppelten
...hereintreiben. Man ist zuweilen gezwungen, bis fünf derselben
...er zu schieben. Hieraus ergiebt sich, daß man Anfangs
...Dimensionen für die Futterröhre wählen und in zweifel-
...Fällen solche lieber zu groß als zu klein annehmen muß,
...letzten nicht zu enge ausfallen.

...lzerne Röhren wurden früher in vielen Fällen zur Ein-
...des Bohrloches benutzt. Es fehlt solchen keineswegs an
...dagegen bedürfen sie einer großen Wandstärke, woher
...das Bohrloch bedeutend erweitert werden muß und an-
...das Einschieben einer zweiten ähnlichen Röhre in die erste
...möglich ist. Hiernach beschränkt sich die Anwendung der
...cylindrischen Futterröhren nur auf solche Fälle, wo man
...Tiefe die gesuchten Quellen zu finden hofft. Dagegen
...vielfach von hölzernen, und zwar sehr weiten Röhren
...bohren einen andern Gebrauch. Dieselben besitzen näm-
...bei hinreichender Wandstärke nicht nur eine große Steifigkeit,
...sie lassen sich auch leicht und sicher mit den Rüstungen ver-
...und in andrer Weise solide befestigen. Sie sind daher sehr
...eiserne Futterröhren die nahe schließend in sie eingesetzt
...sicher zu führen, und denselben eine lothrechte Stellung
...geben. Haben sie diesen Zweck, so bedürfen sie nur der mä-
...Länge von 8 bis 10 Fuß. Man nennt sie alsdann Bohr-
...acher.

...Eintreiben der hölzernen Futterröhren bedient man sich
...gewöhnlichen Rammen, doch muß man, um den Beschädigungen
...das unmittelbare Aufschlagen des Klotzes zu begegnen, einen
...oder Aufsetzer anwenden, der mit einem Zapfen in die Röhre
...und dessen Kopf durch einen starken eisernen Ring vor dem
...gesichert ist. Wenn die Röhren zugleich als Steigeröhren
...das Quellwasser dienen sollen, was gemeinhin geschieht, so ist
...nöthig sie in den Stößen, wo sie zapfenartig in einander greifen,
...dicht zu schließen. Zu diesem Zwecke bringt man daselbst
...von getheerter Leinwand an, doch darf man nicht hoffen,
...dadurch das Durchfließen zu hindern, wenn von einer oder der

andern Seite der Druck viel stärker ist.   Ist dieses der Fall,
müssen noch metallene Steigeröhren eingesetzt werden.

Eine andere Art, die Bohrlöcher einzufassen, besteht in
Anwendung hölzerner Kasten. Dieselben haben einen qu
tischen Querschnitt und eine Wandstärke von mindestens 1½
Garnier hat sie besonders empfohlen und die Art ihrer Zusam
setzung ausführlich beschrieben.   Wenn ihre Verlängerung und
Vortheil bietet, dafs die Stöfse nicht ringsumher zusammenf
so besitzen sie doch nicht entfernt die Festigkeit der eisernen
ren, woher sie gegenwärtig nicht mehr Anwendung finden.

Gufseiserne Futterröhren, die zugleich Steigeröhren f
Quellwasser bilden, waren besonders in England üblich. Ihre
mäfsige und unveränderliche Form, ihre Steifigkeit, auch ihr
Gewicht bei geringer Wandstärke sind sehr empfehlenswerthe
schaften, und es kommt noch dazu, dafs sie in reinem Boden
mäfsigen Schlag des Rammklotzes sicher ertragen.   Eine H
dingung ihrer Anwendung ist aber ein möglichst genauer Gu
dieses namentlich in dem Falle, wenn sie mit Zapfen, die
halbe Wandstärke gegen die äufsere Fläche zurücktreten, inei
greifen. Man giebt ihnen bei 9 Fufs Länge und 6 Zoll Durch
nur eine Wandstärke von 4 Linien, und an den Enden, w
Röhre die andere umfafst, sogar nur von 2 Linien. In d
England bezogenen Apparate, dessen man sich bei einem B
suche in Bremerhaven bedient hatte, wobei jedoch wegen ein
ches dieser Röhren die Arbeit eingestellt werden mufste, wa
Ende der Röhre mit einem 2 Zoll hohen Zapfen versehn,
Wandstärke gleich der halben Wandstärke des übrigen Thei
Röhre maafs, und zur Verbindung beider dienten abgedrehte
von Schmiedeeisen, die wieder 2 Linien Stärke und etwas über
Höhe hatten.   Letztere verhinderten die unmittelbare Berühru
der Röhren und umschlossen und verstärkten zugleich die
derselben.   Um die Schwächung der Röhren in den Stöfsen
meiden, versieht man zuweilen auch jede derselben an dem
Ende mit einem erweiterten Halse, in den die folgende Röl
stellt und wie bei Wasserleitungen gedichtet wird.   Obwol
hierdurch eine wesentliche Verstärkung einführt, so wird do
tiefere Eindringen der Röhre erschwert.

Das Eintreiben der gufseisernen Röhren geschieht entwede

gewöhnlichen Ramme, oder man stellt auch einen leichten Ramm-
bau auf die Röhre. Der hölzerne Aufsetzer oder Knecht trägt
in der Achse der Röhre eine eiserne Stange, die als Läufer-
zur Führung des Klotzes dient. Letzterer wiegt 2 bis 3 Cent-
und besteht aus Gußeisen. Er ist der Länge nach durchlocht,
für die erwähnte Stange und wird mittelst eines Rammtaues ge-
welches über eine darüber befindliche Rolle geführt ist.
Endlich sind noch die Futterröhren aus Eisenblech zu
Sie werden in neuerer Zeit beinahe ausschließlich ange-
In Bezug auf Steifigkeit stehn sie den gußeisernen und
den hölzernen ausgebohrten Röhren nach, dagegen fehlt ihnen
Sprödigkeit der ersteren und vor beiden haben sie den Vorzug
geringeren Wanddicke, auch lassen sich ihre Theile sehr sicher
einander verbinden. Den Schlägen des Rammklotzes wider-
sie nicht, werden vielmehr durch dieselben leicht verbogen,
erleichtert ihre glatte Außenfläche das tiefere Eindringen un-
mäßigem Drucke. Dazu kommt noch, daß die Anzahl der in
ihr geschobenen Röhrenfahrten eben wegen der geringen Wand-
größer sein kann, als bei andern gleich weiten Röhren. So-
aber durch ihr eignes Gewicht nicht mehr von selbst herab-
werden sie durch aufgelegte Gewichte, oder in andrer Weise
gedrückt. Am vortheilhaftesten geschieht dieses durch Schrau-
doch muß man für dieselben sichere Stützpunkte bilden. Wie
geschehn kann, wird im Folgenden mitgetheilt werden. Viel-
ist man auch versucht, durch lange, mit kreisförmigen Ein-
versehene Hebel, die an die Röhre geschroben werden,
zu drehen und dadurch herabzutreiben. Obwohl diese Ver-
zuweilen geglückt sind, so wurden dadurch doch in andern
die Röhren zerrissen oder so stark gewunden, daß man sie
und durch neue ersetzen mußte.
Die Bleche, die man zu diesen Röhren anwendet, haben die
von etwa $\frac{1}{4}$ Zoll. Degousée gab den engsten Röhren, die
setzte, bei $7\frac{1}{2}$ Zoll Durchmesser, eine Blechstärke von 0,92 Linien
weitesten Röhren, von $12\frac{1}{2}$ Zoll Durchmesser, die Blechstärke
29 Linien. Die Länge der einzelnen Röhrenstücke richtet sich
der Breite der Bleche und beschränkte sich früher gemeinhin
Fuß, doch kann man gegenwärtig leicht größere Längen dar-
Die Bleche werden gewöhnlich mit übergreifenden Rändern

in der vorgeschriebenen Weite cylindrisch gebogen und vernietet. Ihre Zusammensetzung zum ganzen Röhrensatze erfolgt entweder mittelst 8 Zoll hoher, von aufsen aufgeschobener Ringe, die ebenso wie die Röhren zusammengesetzt sind. Auf der Hütte selbst, wo die Anfertigung geschieht, wird alsdann ein Verbindungsring an je des Röhrenstück geniethet. Andernfalls giebt man jedem Stück eine flachconische Gestalt, so dafs jede Verlängerung in den bereits eingestellten Röhrenstrang geschoben werden kann. Es bedarf kaum der Erwähnung, dafs die Näthe der beiden zu verbindenden Stücke nicht zusammenfallen dürfen, weil sonst vier Blechstärken überein ander liegen würden. Auf das genaue Zusammentreffen der Niet löcher ist aber besonders zu achten.

Die Niethe, welche versenkte Köpfe erhalten, werden von innen eingesetzt und von aufsen mit flachen Köpfen versehn. Ist das Röh renstück hinreichend weit und nicht lang, so kann man dabei von innen einen Hammer dagegen halten, der die Schläge aufnimmt. Ist dieses nicht thunlich, so bedient man sich hierbei eines gufseisernen Blockes, der auf der einen Seite sich der Röhrenfläche anschliefst, auf der andern dagegen durch eine starke Feder angedrückt wird. Man benutzt auch zwei schräge abgeschnittene Cylinder-Segmente, die durch einen passenden Keil fest gespannt werden. In diesem Falle mufs jedes der drei Stücke mit einem hinreichend langen Stiele versehn sein.

Eine andre Verbindungsart der Röhren aus Eisenblech beruht darauf, dafs man die Verbindungsringe anlöthet, was besonders in Bezug auf die Wasserdichtigkeit vortheilhaft ist. Aufserdem kann bei diesem Verfahren noch ein wesentlicher Zweck erreicht werden. Die Verbindungsringe vergröfsern nämlich den äufsern Durchmesser der Futterröhre, und diese Ungleichmäfsigkeit erschwert das Ein dringen, wenn man aber die Verbindungsringe so lang macht, dafs sie sich unmittelbar berühren, oder eine vollständige äufsere Röhre bilden, so verschwindet nicht nur der erwähnte Nachtheil, sondern die Röhre wird bei gleicher Wandstärke auch fester, oder man darf zur Hervorbringung des nöthigen Grades von Festigkeit schwächere Bleche anwenden. Zu einem Röhrensatze werden in diesem Falle innere und äufsere Röhren von gleicher Länge angefertigt, von denen die letzteren sich mit Leichtigkeit und mit reichlichem Spielraume über die ersteren schieben lassen. Sie werden so gestellt, dafs jede innere

... daran ... ...

... Diese ... ist ...

... oder industriellen Era ...

... gegeben, vielmehr ...

... jederzeit frei. An der Besch...

... man zwar auf das Vorl...

... schließen, wenn diese ab...

... keit überdeckt sind, so ...

... scheinlichkeit. Quellen zu

... gleich groß, und nur auf

... Hieher gehört zunächst

... ...tenem Terrain wird man da

...ausführen, weil man bis zu der voraussichtlich nahe hori-
...Lage der wasserführenden Schicht alsdann um so tiefer
...muſs. Andrerseits aber wird man auch solches Terrain
..., welches sich nur wenig über das Grundwasser erhebt,
...die Arbeit sich wesentlich erleichtert, wenn man einen wasser-
...wenigstens 8 Fuſs unter den Erdboden herabführen
...Auſserdem muſs man auch auf die Zugänglichkeit des Punktes
...nehmen, und denselben so wählen, daſs man die erforder-
...Apparate bequem anfahren kann. Besonders wichtig ist dieser
..., wenn man, wie gewöhnlich geschieht, einen Bohrthurm
...und das dazu erforderliche Bauholz gleichfalls beigeschafft
...muſs. Endlich ist aber noch die Nähe von Ortschaften zu
..., wo die Arbeiter ein Unterkommen finden.

Wenn man hoffen darf, die Arbeit in sehr kurzer Zeit zu been-
...voraussichtlich nicht bis zu einer groſsen Tiefe herab-
...werden darf, so läſst sich der Bohrthurm zwar entbeh-
...und dafür eine leichte Rüstung, bestehend aus einem dreibeini-
...Bocke benutzen, woran das Gestänge gehoben und herabgelassen
...wird. Da jedoch in diesem Falle keine sonstigen Hülfsmittel, als
der Flaschenzug und eine einfache Winde angewandt werden kön-
...nen, und auſserdem bei ungünstiger Witterung die Arbeit sehr erschwert, vielleicht sogar unmöglich wird, wie auch die Fortsetzung
derselben während der Nacht sich verbietet, weil die nöthige Beleuchtung sich nicht darstellen läſst, so empfiehlt es sich immer,
ihnen leichten Bohrthurm zu errichten, der vielleicht zu gleichem
zwecke später noch anderweit benutzt werden kann. Fig. 39 auf
Taf. III zeigt den Bohrthurm mit den darin befindlichen Apparaten
Derselbe besteht zunächst aus dem eigentlichen Thurme, der so hoch
sein muſs, daſs darin auf etwa 30 Fuſs Länge das Gestänge ausgehoben werden kann, also die einzelnen Glieder des Gestänges diese
Länge erhalten dürfen. Das Zerlegen und Zusammenfügen derselben
nimmt bei dem in kurzen Zwischenzeiten nöthigen Ausheben und
Ablassen der Bohrer und sonstigen Apparate einen groſsen Theil
Zeit in Anspruch und dieser wird um so gröſser, in je mehr
Theile das Gestänge zerlegt werden muſs, oder je kürzer die einzel-
Glieder sind. Auſserdem befindet sich in dem Thurme das Spill-
, das etwa 15 Fuſs im Durchmesser hält und das entweder an
Sprossen, oder dadurch gedreht wird, daſs die Arbeiter auf die

§. 13.
Ausführung der Artesischen Brunnen.

Um die Anwendung der vorstehend erwähnten Apparate und zugleich die Methode darzustellen, wie Artesische Brunnen ausgeführt werden, empfiehlt es sich, das ganze Verfahren nach der Reihenfolge der einzelnen dabei vorkommenden Arbeiten zu beschreiben. Es ist jedoch hier nur der einfachste und gewöhnlichste Fall zu berücksichtigen, nämlich dafs nicht im Felsen, auch nicht in sehr grofser Tiefe gebohrt wird, sondern nur in Diluvial- oder tertiären Formationen, wobei man kein festes Gestein antrifft, aber doch vielleicht erratische Blöcke durchstofsen oder seitwärts geschoben werden müssen. Andern Falls pflegt die Leitung der Arbeit nicht mehr dem Baumeister, sondern dem Bergmanne oder einem in Ausführungen dieser Art geübten andern Techniker übertragen zu werden.

Wenn bei solchen schwierigeren Unternehmungen die Methoden, wie die Apparate sehr verschieden sind, und sogar jedesmal neue Erfindungen gemacht werden, so findet in geringerem Grade dasselbe auch schon im vorliegenden Falle statt, wie sich aus der Vergleichung der darüber veröffentlichten Beschreibungen ergiebt. Nachstehend sind diejenigen Methoden bezeichnet, welche die zweckmäfsigsten zu sein schienen und ich verdanke dieselben zum Theil der sehr gefälligen Mittheilung eines in Ausführung solcher Arbeiten sehr geübten Technikers, des Herrn Obersteiger Wagner in Rüdersdorf bei Berlin.

Zunächst kommt es darauf an, die passendste Stelle für das Bohrloch zu ermitteln. Dieselbe ist nicht leicht durch die Situation von Gebäuden oder industriellen Etablissements in der Nachbarschaft ganz bestimmt gegeben, vielmehr bleibt innerhalb gewisser Grenzen die Wahl jederzeit frei. An der Beschaffenheit des Bodens und der Vegetation kann man zwar auf das Vorhandensein von Quellen in geringer Tiefe schliefsen, wenn diese aber durch Erdschichten von 100 Fufs Mächtigkeit überdeckt sind, so verschwindet jede Spur derselben. Die Wahrscheinlichkeit, Quellen zu eröffnen, ist daher in weiter Umgebung gleich grofs, und nur äufsere Umstände können die Wahl leiten. Hieher gehört zunächst die Höhenlage des Bodens. Bei unebenem Terrain wird man das Bohrloch nicht auf

man ausführen, weil man bis an der voraussichtlich nahe horizontalen Lage der wasserführenden Schicht alsdann um so tiefer
abgehen muß. Andrerseits aber wird man auch solches Terrain
meiden, welches sich nur wenig über das Grundwasser erhebt,
da die Arbeit sich wesentlich erleichtert, wenn man einen wasser-
... Schacht wenigstens 6 Fuß unter den Erdboden herabführen
... Außerdem muß man auch auf die Zugänglichkeit des Punktes
Rücksicht nehmen, und denselben so wählen, dass man die erforderlichen Apparate bequem anführen kann. Besonders wichtig ist dieser
Umstand, wenn man, wie gewöhnlich geschieht, einen Bohrthurm
bildet, und das dazu erforderliche Bauholz gleichfalls beigeschafft
werden muß. Endlich ist aber noch die Nähe von Ortschaften zu
achten, wo die Arbeiter ein Unterkommen finden.

Wenn man hoffen darf, die Arbeit in sehr kurzer Zeit zu been-
digen, man voraussichtlich nicht bis zu einer großen Tiefe herabsteigen werden darf, so läßt sich der Bohrthurm zwar entbehren, und dafür eine leichte Rüstung, bestehend aus einem dreibeinigen Bocke benutzen, woran das Gestänge gehoben und herabgelassen
wird. Da jedoch in diesem Falle keine sonstigen Hülfsmittel, als
ein Flaschenzug und eine einfache Winde angewandt werden können, und außerdem bei ungünstiger Witterung die Arbeit sehr erschwert, vielleicht sogar unmöglich wird, wie auch die Fortsetzung
derselben während der Nacht sich verbietet, weil die nöthige Beleuchtung sich nicht darstellen läßt, so empfiehlt es sich immer,
einen leichten Bohrthurm zu errichten, der vielleicht zu gleichem
Zwecke später noch anderweit benutzt werden kann. Fig. 39 auf
Taf. III zeigt den Bohrthurm mit den darin befindlichen Apparaten
Derselbe besteht zunächst aus dem eigentlichen Thurme, der so hoch
sein muß, dass darin auf etwa 30 Fuß Länge das Gestänge ausgehoben werden kann, also die einzelnen Glieder des Gestänges diese
Länge erhalten dürfen. Das Zerlegen und Zusammenfügen derselben
nimmt bei dem in kurzen Zwischenzeiten nöthigen Ausheben und
Herablassen der Bohrer und sonstigen Apparate einen großen Theil
der Zeit in Anspruch und dieser wird um so größer, in je mehr
Theile das Gestänge zerlegt werden muß, oder je kürzer die einzelnen Glieder sind. Außerdem befindet sich in dem Thurme das Spillrad, das etwa 15 Fuß im Durchmesser hält und das entweder an
den Sprossen, oder dadurch gedreht wird, dass die Arbeiter auf die

letzteren steigen und das Rad als Laufrad benutzen. Um die Welle dieses Rades windet sich das Tau, das unter dem Dache des Thurmes über eine Rolle läuft, und das Gestänge trägt.

Endlich befindet sich in dem Bohrthurme noch die Vorrichtung mittelst deren die Steinbohrer stofsweise auf und nieder bewegt werden. Dieses ist der Schwengel, an den man das Gestänge hängt, sobald man auf festes Gestein, oder auf einen Granitblock trifft. Ereignet sich dieses in der Nähe der Oberfläche, also in der Zeit, wo das Gestänge noch nicht schwer ist, so läfst die stofsweise Bewegung sich leicht durch einen Handschwengel, der dem gewöhnlichen Pumpenschwengel ähnlich ist, ausführen. In der Tiefe von 50 Fufs oder darüber ist dagegen die vereinigte Kraft einer gröfseren Anzahl von Arbeitern nothwendig, und aufserdem mufs man auch dafür sorgen, dafs der Bohrer bei jedem Schlage scharf aufstöfst und unmittelbar darauf sich wieder abhebt. Der Schwengel besteht alsdann in einem 30 bis 40 Fufs langen hochkantigen Halbholze oder auch wohl in einem Balken, der einen ungleicharmigen Hebel bildet. Die Längen der beiden Arme verhalten sich zu einander gewöhnlich wie 5 : 1 oder 6 : 1 und bei sehr langen Gestängen sogar wie 9 : 1. Häufig sind die Schienen an beiden Seiten des Schwengels, die unmittelbar auf der Achse liegen, mit mehreren Einschnitten versehn und ebenso auch diejenigen in dem Schwengelbocke, so dafs man bei Verlegung der eisernen Achse beliebig das Längenverhältnifs der Arme ändern kann, ohne dafs dabei der Kopf des Schwengels sich von der Mittellinie des Bohrloches entfernt. An diesem Kopfe, oder dem Ende des kürzeren Armes, hängt das Gestänge, am Ende des längeren befinden sich dagegen durchgesteckte Stangen, welche von den Arbeitern entweder unmittelbar oder mittelst Zugleinen niedergedrückt werden. Nachdem Letzteres geschehn ist, fällt das Gestänge, das stets ein bedeutendes Uebergewicht behalten mufs, von selbst herab, oder es löst sich dabei auch wohl das bereits beschriebene Fallstück. Damit der Meifsel aber nicht auf dem Gestein stehn bleibt, sondern augenblicklich zurückspringt, so wird über dem langen Hebelsarme noch ein elastisches starkes Holz, der Prellbalken, angebracht, der während der letzten Zeit der Bewegung aufwärts gestofsen wird, und unmittelbar darauf wieder zurückweicht, wobei er das Gestänge etwas anhebt.

... ... erwähnt werden, daß man von dieser ein... Ein-
... vielfach abgewichen ist, namentlich um den ... an
... Kraft zu vermindern, den die entgegengese... b-
... schweren Schwengels veranlassen. Zu die... cke
... zuweilen an dem langen Arm desselben eine... b mit
..., der beim Herabsinken in Wasser taucht und alsdann die
... erleichtert. Andrerseits läßt man den Schweng... um
... Achse drehen, sondern auf zwei starken Bo... wiegen-
..., wobei das Verhältniß der beiden Arme s... fortwäh-
... und das Niederdrücken des langen Armes ... wegen der
... desselben, Anfangs ... Diese und ähn-
... Erfahrungen finden indes... ...n Gestängen,
... tiefen Bohrungen Anwe... er nicht die
... ...

... der Stelle, wo das Bohrloch a... führt werden soll, teuft
... kleinen Schacht ab, um sowol in der größeren Tiefe
... sicherer befestig...n zu können, als auch um die
... Stützpunkte zum Niederdrücken der Bohrröhren zu gewin-
... Dieser Schacht muß wenigstens 8 Fuß tief sein und dasselbe
... in der Weite haben, weil sonst der Raum für die darin aus-
...führenden Arbeiten zu beschränkt wäre. Fig. 40, a und b zeigt
... Schacht im vertikalen Durchschnitt und im Grundrisse. Ein
...iger Rahmen, oder das sogenannte Joch A, aus schwachen
Hölzern gebildet, die in den Enden überblattet sind, wird in den
...ig geöffneten Boden versenkt, und während man darin die Grube
...t, werden gleichzeitig, rings umher zugeschärfte Brettstücken C,
...le genannt, eingetrieben, die das Nachstürzen der Wände ver-
...n. Sobald der Schacht etwa 3 Fuß tief ist, bringt man das
...e Joch ein, und stützt gegen dieses das obere Joch durch senk-
... Stiele B, Bolzen genannt. Alsdann treibt man eine neue
... Pfähle ein. Damit diese sich aber nicht flach gegen die ersten
...en und dadurch theils nicht so leicht mit dem hölzernen Schlä-
...ler hier die Stelle der Ramme vertritt, getroffen werden kön-
...theils aber auch gegen die ersten Pfähle eine starke Reibung
...en würde, so bringt man zwischen beide noch Keile ein, die
...annte Pfändung.
In dieser Weise setzt man das Abteufen des Schachtes fort, bis

letzteren steigen und das Rad als...
dieses Rades windet sich d...
mes über eine Rolle...

Endlich bef...
mittelst deren...
den. Dieses
sobald ma...
Ereignet
wo da...
wegr
lief
5(

diese nicht grofs...
...res Aufgraben zur Seite
...Widerlager für die Schra...
...nen noch zwei andere kürzere
...der ersten Balken zu verbin
...rselben mit Bohlen und die dara...
...gestampft.

...Balken *D* und *E* wird der Täucher
...nd getrieben. Es ist von grofser Wicht
...fest und lothrecht einzusetzen, weil hiervo
...gelmäfsige Eindringen der Röhren und sona...
...zen Brunnens abhängt.

...cher besteht aus einer starken hölzernen Röhr
...von 6 bis 8 Fufs Länge, die mit ihrer untern Hälfte
...getrieben, und gegen die umgebenden Hölzer fest v
...lichter Durchmesser wird so gewählt, dafs die erste
...sich so eben hindurchschieben läfst, und darin eine...
...findet. Der Täucher wird entweder, wie die Fig
...aus Fafsdauben von 2$\frac{1}{4}$ Zoll Stärke, oder noch bess...
...zwei starken Holzstücken zusammengesetzt, die bei hinr...
...Wanddicke die cylindrische Oeffnung von der erforde...
Weite darstellen.

Was das Bohren selbst betrifft, so geschieht dieses
§. 12 beschriebenen Bohrröhre aus Eisenblech. Man stellt,
dem die erwähnten Einrichtungen getroffen sind, diese Röhre
Täucher ein. Der Erdbohrer ist an ein Glied des Gestänge
passender Länge geschroben und dieses hängt an dem Tau
dem Bande, welches durch das Spillrad angezogen und nachge
werden kann. Indem ein einfaches Tau beim Auf- und Ab
sich zu drehen pflegt, so ist es vortheilhafter, mehrere dersel
einem flachen Bandseile zusammenzunähen. Das Ende de
teren ist an die cylindrische Welle des Spillrades befestigt un
hier aufwärts nach einer Scheibe mit entsprechender Rille g
die in der verlängerten Achse des Bohrloches möglichst hoch
nahe unter dem Dache des Bohrthurmes angebracht ist. Da
dieser herabführende Ende des Seiles ist mittelst des Fig. 3
gestellten Kopfstückes, mit dem Gestänge verbunden.

Sobald der Bohrer sich mit der Erde gefüllt hat, wird er b

entleert. Beim Herausziehn stürzen indessen bei leich-
'igem Boden die Wände des so eben unter der Bohr-
lten Loches zusammen, und das hineingefallene Ma-
...te man immer von Neuem ausheben. Hierdurch würde
die Arbeit unnöthiger Weise ausgedehnt, sondern es wäre
besorgen, dafs unter der Röhre die seitwärts befindliche
las Bohrloch fiele, und dadurch Höhlungen entständen, die
Erdstürze veranlassen könnten. Letztere sind aber beson-
...ern gefährlich, als die Röhre dabei leicht eingedrückt wird.
...ach nothwendig, dafs unmittelbar nach der weitern Ver-
...s Bohrloches die Röhre der Sohle desselben jedesmal folgt.
...öhre wird durch den Seitendruck der Erde so sehr za-
...en, dafs sie durch ihr eigenes Gewicht nicht herabzusinken
...an schraubt daher zuweilen eiserne Ringe mit Seitenarmen
...r das obere Ende der Röhre, bildet darüber eine einfache
...nd beschwert diese mit aufgelegten Steinen, oder in an-
...se. Hierdurch läfst sich allerdings das Gewicht vergröfsern,
...gt auch dieses vielfach nicht, um die Röhre gleichmäfsig
..., auch tritt dabei häufig der Uebelstand ein, dafs die Röhre
...it hindurch dem Bohrer nicht folgt, und alsdann plötzlich
...er Erschütterung herabsinkt. Andrerseits hat man nicht
...sucht, die Röhre durch Drehen herabzutreiben, doch ist
...rfahren, wie bereits erwähnt, sehr bedenklich.
...in Fig. 40 dargestellte Vorrichtung, wodurch die Röhre
...weier starken Schrauben senkrecht herabgedrückt wird,
...sich sowol wegen ihrer Wirksamkeit, als auch dadurch,
...Röhre dabei nicht zu leiden pflegt. Die Schrauben greifen
...untern Enden durch die Balken E, und werden hier durch
...halten, während die Balken E sich gegen die Widerlags-
...stützen. Die obern Enden der Schrauben greifen durch
...men, der aus den Hölzern F und G besteht und an zwei
...aken hängt, die über die Röhre übergreifen. Diese Haken
...er, wie die Figur zeigt, die starken Bolzen, welche die
...ölzer G unter sich verbinden. Indem die auf den Hölzern
...len Schraubenmuttern mit starken Schlüsseln angezogen
...o erfolgt der beabsichtigte Druck gegen die Röhre, der ihr
...Eindringen veranlafst. Es darf dabei kaum erwähnt wer-
...sowol über den Splinten, wie unter den Muttern der Schrau-

die beabsichtigte Tiefe erreicht ist. Indem diese nicht grofs ist, so lassen sich auch leicht durch unmittelbares Aufgraben zur Seite zwei starke Balken *D* einbringen, die als Widerlager für die Schrauben-Vorrichtung dienen, und unter denen noch zwei andere kürzere Balken *E* liegen. Um das Heben der ersten Balken zu verhindern, überdeckt man die Enden derselben mit Bohlen und die darauf gebrachte Erde wird fest angestampft.

Zwischen die vier Balken *D* und *E* wird der Täucher eingestellt und in den Grund getrieben. Es ist von grofser Wichtigkeit, denselben möglichst fest und lothrecht einzusetzen, weil hiervon vorzugsweise das regelmäfsige Eindringen der Röhren und sonach das Gelingen des ganzen Brunnens abhängt.

Der Täucher besteht aus einer starken hölzernen Röhre, gewöhnlich von 6 bis 8 Fufs Länge, die mit ihrer untern Hälfte in den Boden getrieben, und gegen die umgebenden Hölzer fest verkeilt wird. Ihr lichter Durchmesser wird so gewählt, dafs die erste Bohrröhre sich so eben hindurchschieben läfst, und darin eine sichere Führung findet. Der Täucher wird entweder, wie die Figur angiebt, aus Fafsdauben von 2¼ Zoll Stärke, oder noch besser nur aus zwei starken Holzstücken zusammengesetzt, die bei hinreichender Wanddicke die cylindrische Oeffnung von der erforderlichen Weite darstellen.

Was das Bohren selbst betrifft, so geschieht dieses in der §. 12 beschriebenen Bohrröhre aus Eisenblech. Man stellt, nachdem die erwähnten Einrichtungen getroffen sind, diese Röhre in den Täucher ein. Der Erdbohrer ist an ein Glied des Gestänges von passender Länge geschroben und dieses hängt an dem Tau oder dem Bande, welches durch das Spillrad angezogen und nachgelassen werden kann. Indem ein einfaches Tau beim Auf- und Abwinden sich zu drehen pflegt, so ist es vortheilhafter, mehrere derselben zu einem flachen Bandseile zusammenzunähen. Das Ende des letzteren ist an die cylindrische Welle des Spillrades befestigt und von hier aufwärts nach einer Scheibe mit entsprechender Rille geführt, die in der verlängerten Achse des Bohrloches möglichst hoch, also nahe unter dem Dache des Bohrthurmes angebracht ist. Das von dieser herabführende Ende des Seiles ist mittelst des Fig. 33 dargestellten Kopfstückes, mit dem Gestänge verbunden.

Sobald der Bohrer sich mit der Erde gefüllt hat, wird er heraus-

gen wird entleert. Beim Herausheben stürzen indessen bei leicht
beweglichem Boden die Wände des so eben unter der Bohrröhre dargestellten Loches zusammen, und das hineingefallene Material müßte man immer von Neuem ausheben. Hierdurch würde
nicht nur die Arbeit unnöthiger Weise ausgedehnt, sondern es wäre
auch zu besorgen, daß unter der Röhre die seitwärts befindliche
Erde in das Bohrloch fiele, und dadurch Höhlungen entständen, die
eine Erdstürze veranlassen könnten. Letztere sind aber besonders insofern gefährlich, als die Röhre dabei leicht eingedrückt wird.
Es ist sonach nothwendig, daß unmittelbar nach der weitern Ver-
längung des Bohrloches die Röhre der Sohle desselben jedesmal folgt.
Die Röhre wird durch den Seitendruck der Erde so sehr zurückgehalten, daß sie durch ihr eigenes Gewicht nicht herabzusinken
vermag. Man schraubt daher zuweilen eiserne Ringe mit Seitenarmen
um das obere Ende der Röhre, bildet darüber eine einfache
Rüstung und beschwert diese mit aufgelegten Steinen, oder in anderer Weise. Hierdurch läßt sich allerdings das Gewicht vergrößern,
doch genügt auch dieses vielfach nicht, um die Röhre gleichmäßig
zu senken, auch tritt dabei häufig der Uebelstand ein, daß die Röhre
längere Zeit hindurch dem Bohrer nicht folgt, und alsdann plötzlich
mit starker Erschütterung herabsinkt. Andrerseits hat man nicht
selten versucht, die Röhre durch Drehen herabzutreiben, doch ist
dieses Verfahren, wie bereits erwähnt, sehr bedenklich.

Die in Fig. 40 dargestellte Vorrichtung, wodurch die Röhre
mittelst zweier starken Schrauben senkrecht herabgedrückt wird,
empfiehlt sich sowol wegen ihrer Wirksamkeit, als auch dadurch,
daß die Röhre dabei nicht zu leiden pflegt. Die Schrauben greifen
mit ihren untern Enden durch die Balken E, und werden hier durch
Platte gehalten, während die Balken E sich gegen die Widerlags-
böcke D stützen. Die obern Enden der Schrauben greifen durch
den Rahmen, der aus den Hölzern F und G besteht und an zwei
eisernen Haken hängt, die über die Röhre übergreifen. Diese Haken
fassen aber, wie die Figur zeigt, die starken Bolzen, welche die
beiden Hölzer G unter sich verbinden. Indem die auf den Hölzern
F ruhenden Schraubenmuttern mit starken Schlüsseln angezogen
werden, so erfolgt der beabsichtigte Druck gegen die Röhre, der ihr
weiteres Eindringen veranlaßt. Es darf dabei kaum erwähnt werden, daß sowol über den Splinten, wie unter den Muttern der Schrau-

ben Unterlagsplatten angebracht werden müssen, und daſs man Haken von verschiedener Länge in Bereitschaft haben muſs, um jederzeit die Röhre gehörig fassen zu können.

Indem es darauf ankommt, die Röhre sogleich weiter eindringen
zu lassen, wie das Bohrloch sich vertieft, so werden die Schraubenschlüssel jedesmal in Bewegung gesetzt, sobald der Erdbohrer sich
gefüllt hat, und mit seinem Inhalte gehoben wird.

Ueber die weitere Fortsetzung der Arbeit ist nach den bereits
gemachten Mittheilungen wenig hinzuzufügen.　　Der Erdbohrer oder
auch wohl der Löffel, den man im Sande anwendet, wird abwechselnd gefüllt, und alsdann gehoben und entleert, während man die
Röhre jedesmal kräftig herabdrückt.　　Sobald letztere mit ihrem obern
Ende den Täucher nahe erreicht hat, so wird sie verlängert, und
ebenso verlängert man durch Ansetzen eines neuen Gliedes auch
das Gestänge.　　Es tritt indessen, wenn der Boden auch von Geschieben und andern festen und harten Körpern frei ist, bei zunehmender Tiefe endlich der Zeitpunkt ein, wo die Reibung der Röhre
gegen die umgebende Erde so groſs wird, daſs man sie nicht weiter
herabtreiben kann, oder auch wohl bei Anwendung einer starken
Kraft ihre Beschädigung besorgt werden müſste.　　Dieses pflegt in
der Tiefe von etwa 100 Fuſs zu geschehn, und alsdann bleibt nur
übrig, eine zweite, etwas engere Röhre einzubringen, die sich in die
erste leicht einschieben läſst, also in der ganzen Tiefe des bereits
ausgeführten Bohrloches keine merkliche Reibung erfährt.　　Es ist
dabei aber Bedingung, dieser zweiten Röhre die möglichst gröſste
Weite zu geben, da man nicht weiſs, wie viele Röhren später noch
eingeschoben werden müssen, bevor man den gesuchten reichhal-
tigen und reinen Quell anbohrt.

Der geregelte Fortgang der Arbeit wird wesentlich gestört, sobald man auf Geschiebe trifft, und hierauf muſs man beim Durchbohren der Alluvial- und Diluvial-Schichten im nördlichen Deutschlande immer gefaſst sein, da die erratischen Granitblöcke sich fast
überall in verschiedenen Tiefen vorfinden.　　Dieselben sind gewöhnlich mehr oder weniger abgerundet, woher der Meiſsel, wenn er die
Oberfläche nicht normal trifft, seitwärts davon abspringt, und sie
nur wenig oder gar nicht angreift.　　Eine sehr sichere Führung derselben ist daher nothwendig.　　Wie solche durch eine seitwärts angebrachte Feder bewirkt werden kann, ist bereits oben (§. 11) mit-

mit worden. Zuweilen treten indessen sehr kleine Geschiebe wenig in das Bohrloch und es gelingt alsdann wohl, durch und geformte Werkzeuge sie soweit seitwärts zu drängen, daß Röhre neben ihnen vorbeigeschoben werden kann. Dieses ist in dem häufig nicht möglich, und man muß in solchem Falle den tretenden Theil mit dem Meißel beseitigen. Wenn aber der Stein st groß und nahe kugelförmig abgerundet ist, so wird die Wirkg des Meißels noch dadurch geschwächt, daß der Stein in seinem per sich dreht und sonach jedem Stoße eine neue Angriffs-Fläche gt. Wenn man nach dem langsamen Fortgange der Arbeit dieses muthet, so empfiehlt es sich, eine Quantität recht zähen Thon in Bohrloch zu werfen und diesen möglichst compact anzustampfen. dadurch gelingt es, den Stein fest einzubetten, so daß er unbeglich seine Lage behält und nunmehr der Meißel gehörig auf ihn wirken und den vortretenden Theil abstoßen kann.

Schon in diesem Falle läßt sich die Anwendung des Schwengels nicht vermeiden, wobei die Stöße viel schneller und schärfer folgen, als wenn man das Gestänge noch mit der Winde heben d herablassen wollte. Auch die Anwendung des oben beschriebenen Fallstückes erleichtert diese Arbeit wesentlich.

Andere Schwierigkeiten treten beim Durchbohren von Sandschichten ein, besonders wenn dieselben stark mit Wasser durchgen sind. Die Erdbohrer, wie auch die Löffel werden bei nassem unde leicht von dem hindurchdringenden Wasser, sobald man sie hebt, vollständig entleert. In solchem Falle kann man einen Apparat anwenden, der unten ganz geschlossen ist, wie Fig. 31 darstellt. erselbe muß, da er sich nur von oben füllen kann, ringsum in der öhre einen weiten Spielraum von 1 bis 2 Zoll frei lassen, damit r lose Sand zur Seite ansteigen und in ihn hineinfallen kann. Zuweilen gelingt es auch, solche Sandschichten mit weniger Mühe zu durchfahren, wenn man wieder zähen Thon in das Bohrloch wirft, denselben durch Aufstoßen von Meißeln mit dem Sande vermengt und dadurch eine festere Masse darstellt, die sich mit dem Erdbohrer heben läßt.

Es muß in Betreff der Sandschichten noch daran erinnert werden, daß dieselben sich in hohem Grade auflockern, und alsdann um so störender sind, mit je größerem Drucke das Wasser sie in der Richtung von unten nach *oben durchdringt.* Jeder Löffel, den

L   9

man aushebt, vermindert den Druck, den der Sand von oben er*
veranlafst also ein solches Aufsteigen des Wassers. Dieses l
sich aber verhindern. wenn man durch Hinzugiefsen von Wa
wieder auf der obern Seite den stärkern Druck darstellt. In 1
chen Fällen ist dieses Verfahren mit Vortheil angewendet wor*

Dieses Auftreiben des Sandes ist besonders beim Einsetzen
neuen Röhrentour sehr nachtheilig. indem der Sand alsdann de
gen Zwischenraum zwischen dieser und der vorhergehenden l
so vollständig anfüllt und sich darin so fest ablagert, dafs die
Röhre sich nicht weiter herabtreiben läfst, und daher ihr Zweck
verfehlt wird. In diesem Falle mufs man den Sand durch Zusat
anderem Boden zu binden suchen. und dieses geschieht in folg
Weise. Man bringt wieder fetten Thon in das Bohrloch, ver
denselben mittelst Meifselschlägen mit dem Sande und läfst a
Gemenge einen besondern Stampfer einwirken, um eine rec*
schlossene Masse darzustellen. Diese hebt man mittelst des B*
aus, ohne jedoch die natürliche Ablagerung des reinen Sand
berühren. Man mufs daher grofse Aufmerksamkeit auf den
maligen Inhalt des Bohrers verwenden und denselben nicht '
wirken lassen. sobald das Gemenge nur noch wenig Thonthe
enthält. Alsdann wirft man aufs Neue zähen Thon in das Boh
das nunmehr sich schon bis unter die Röhre fortsetzt, und w
holt dieselbe Operation. Dieses geschieht so lange, bis ma*
Bohrloch etwa 3 Fufs vor die Röhre getrieben hat. Nunmehr
bert man die Röhre von dem daran vielleicht noch haftenden*
und bringt aufs Neue fetten Thon ein, der in einzelnen Lage
angestampft wird, bis er nicht nur das vorgetriebene Bohrloch
sondern auch 4 bis 5 Fufs hoch in die Röhre tritt. Wenn Alles
lichst fest angestofsen ist, wartet man 24 Stunden, damit die im
ser noch schwebenden Erdtheilchen vollständig niederschlagen k*
Diese werden nunmehr ausgehoben und es wird ein Bohrloc
getrieben, welches der Weite der neuen Röhrentour entspricht
bald dieses sich bis auf 8 oder 10 Zoll dem Ende der ersten
genähert hat, so stellt man die folgende engere Röhre ein, u*
Bohrung wird alsdann wieder unter stetem Nachtreiben der
fortgesetzt. Der Thonring zwischen beiden Wänden verhindert
das Durchdringen des Sandes, und noch mehr wird derselbe

nenge abgehalten, das sich mehrere Fuſs tief unter die
brtsetzt.

ler Art, wie nach vorstehenden Mittheilungen durch das
on zähem Thon das Bohren im Sande erleichtert wird
rheit gewinnt, so ist andern Falls auch das Einschüt-
ides zuweilen sehr vortheilhaft. Wenn nämlich in plasti-
t gebohrt wird, während das Bohrloch mit Wasser gesetzt sich derselbe um den Erdbohrer so fest an, daſs
t einen Cylinder verwandelt, dessen Durchmesser sich
e der Röhre vergröſsert, und dadurch wird sowol das
auch das Ausheben übermäſsig erschwert. Geschieht
nn man durch einen Zusatz von Sand, und durch Ver-
selben mit dem Thone die Masse in der Art verän-
ner Uebelstand verschwindet.

urchbohren des Thones treten oft noch andre Hinder-
e nicht unerwähnt bleiben dürfen. Ist derselbe sehr
wirkt der Erdbohrer nicht mehr, man muſs vielmehr,
)oden die Meiſseln benutzen. Wenn aber das Bohrloch
nit Wasser gefüllt ist, so dringt dieses bald in die ge-
tücke, sowie auch in die frei gelegten Seitenwände des
in, und in dem die Masse zu quellen anfängt, also ein
lum annimmt, so wird die Reibung gegen die Röhre so
sie sich nicht weiter herabtreiben läſst. Um dieses zu
mpfiehlt es sich, die oben beschriebenen Erweiterungs-
wenden.

n wird die Röhre, wenn sie auch noch nicht weit über die
le hinaus eingedrungen ist, entweder durch ein dagegen
eschiebe oder in andrer Weise so fest gehalten, daſs
Schrauben-Vorrichtung die Reibung nicht überwunden
ı. In solchem Falle ist ein kräftiger Schlag mit einem
ze oft von groſser Wirksamkeit, namentlich wenn gleich-
brauben einen starken Druck ausüben, also das Zurück-
öhre in ihre frühere Stellung verhindern. Zu diesem
l die Ramme vielfach benutzt, wenn sie aber, wie im-
ıt mittelst eines aufgelegten Blockes auf das obere Ende
virkt, so schwächt sich der Stoſs in hohem Maaſse bis
ange zu dem Punkte, wo das Hinderniſs sich befindet,

9 *

das gewöhnlich dem untern Ende ziemlich nahe liegt. Bei der Nach-
giebigkeit und Elasticität der Röhre leidet diese unter den heftigen
Rammschlägen und ihre Verbindung in den Stöfsen lockert sich
oft so sehr, dafs die Fortsetzung der Arbeit unmöglich wird. Diess
liefse sich vermeiden und ein günstigerer Erfolg erwarten, wenn die
Rammschläge nicht auf das obere, sondern auf das untere Ende der
Röhre ausgeübt werden könnten. Das Fallstück am Gestänge bietet
hierzu Gelegenheit. Die Schwierigkeit liegt nur darin, einen Block
am untern Ende der Röhre so zu befestigen, dafs der darauf fallende
Schlag sich auf die letztere überträgt. Es ist vorgeschlagen worden,
die Röhre zu diesem Zwecke mit einem stählernen Schuh zu versehn, der einen halben Zoll vor die innere Röhrenwand vortritt,
aber gerade dadurch wird theils der Gebrauch der verschiedenen
Bohrer, theils aber auch das Einbringen einer folgenden Röhrentour
sehr erschwert, woher man diese wichtige Aufgabe noch nicht als
vollständig gelöst ansehn kann.

Die vorstehenden Mittheilungen beziehn sich allein auf die Ausführung Artesischer Brunnen mittelst fester Gestänge. Wesentlich
verschieden davon sind die Methoden des Seilbohrens. Nach
diesen hängt man die Bohrer und sonstigen Apparate an ein Seil,
wodurch denselben keine drehende, sondern nur eine auf und abwärts gerichtete Bewegung mitgetheilt werden kann. Letztere genügt auch zum Aufstofsen der Meifselbohrer, wie zum Heben des
gelösten Materials mittelst der Löffel, und sonach kann man in festem und gleichmäfsigem Gestein auch nach dieser Methode Bohrlöcher ausführen, wie mehrfach geschehn ist. Die ganze Einrichtung
vereinfacht sich dabei ungemein und wird viel wohlfeiler, während
zugleich das schwierige und sehr zeitraubende Zerlegen und Zusammensetzen des Gestänges beim jedesmaligen Ausheben des Bohrers
fortfällt. Dagegen treten die wesentlichsten und oft unüberwindlichen
Schwierigkeiten ein, sobald man den gewachsenen und gleichmäfsig
festen Stein verläfst. Das Durchfahren einer losen Schicht ist in
der Tiefe kaum noch ausführbar, während das Einbringen von Futterröhren sich dadurch verbietet, dafs das Bohrloch nicht mehr den
kreisförmigen Querschnitt behält, sondern sich zufällig anders gestaltet. Dazu kommt noch, dafs durch die Elasticität des Seiles ein
grofser Theil des Hubes aufgehoben, und das Seil in kurzer Zeit
durch Abreiben unbrauchbar wird. Die gröfste Verlegenheit tritt

ich ein, wenn Bohrer oder andere Theile des Apparates herab-
len sind. Man hat zwar Fange-Instrumente auch für die Auf-
ung am Seile angegeben, doch sind diese in ihrem Gebrauche
unsicherer, als diejenigen an festem Gestänge. Mit Rücksicht
liese sehr grofsen Nachtheile ist das Seilbohren in neuster Zeit
aufser Gebrauch gekommen, und die nähere Beschreibung des
ffenden Verfahrens und der Apparate ist um so mehr entbehr-
als diese Methode in denjenigen Fällen, die bei uns am häu-
n vorkommen, nämlich beim Bohren im aufgeschwemmten Bo-
überhaupt nicht Anwendung findet.

Dritter Abschnitt.

Wasserleitungen.

§. 14.

...sfluſs des Wassers durch Oeffnungen in dünnen Wänden.

...ſach und selbst von den berühmtesten Mathematikern ist ver-
worden, die eigenthümlichen Bewegungen des Wassers und
...lüssigkeiten überhaupt, aus den allgemein gültigen Gesetzen
...lechanik zu erklären. Dabei zeigen sich jedoch selbst unter
...infachsten Voraussetzungen so grofse Schwierigkeiten, daſs nur
...enigen Fällen die Rechnungen durchgeführt werden können.
...: Schwierigkeiten steigern sich aber noch in hohem Maaſse,
..., die unverkennbare Eigenschaft aller Flüssigkeiten berücksich-
...wird, wonach die einzelnen Theilchen derselben an einander
...n, also zwischen ihnen nur unmerkliche Uebergänge der Ge-
...indigkeiten stattfinden. Hierdurch bilden sich vielfache innere
...egungen, welche mit der allgemeinen Richtung der Strömung
...: zusammenfallen, und derselben oft direct entgegengekehrt sind.
Dieser rein theoretische Weg hat bisher in der Hydraulik noch
...einem Resultate geführt, welches durch die Beobachtungen be-
...ſt wäre. Nichts desto weniger ist es dringendes Bedürfniſs,
...jeder hydrotechnischen Anlage den zu erwartenden Erfolg we-
...tens annähernd vorher zu kennen, und zu diesem Zwecke bleibt
...übrig. die unter ähnlichen Verhältnissen gemachten Erfahrungen
...sammeln, und daraus auf die Gesetze der Bewegung zu schlieſsen.
Resultate, zu welchen man auf diesem empirischen Wege ge-
...ſt. sind aber keineswegs so sicher und allgemein gültig, wie ma-
...matische Sätze, und bei ihrer Anwendung muſs man sich vor-
...zweise hüten, sie über die Grenzen der zum Grunde liegenden
...obachtungen hinaus noch benutzen zu wollen. Das allgemeine
...setz ist unbekannt, aus den Beobachtungen weiſs man nur, daſs
...terhalb gewisser Grenzen die Erscheinungen sich an das daraus

hergeleitete Gesetz anschliefsen.   Ob dieses darüber hinaus noch gilt
weifs man nicht, da man aber nur von Erfahrungen ausgegangen
ist, so darf man auch keine allgemeine Gültigkeit voraussetzen. Man
hat sich zwar mehrfach bemüht, die in solcher Weise gefundenen
Gesetze zu erklären und sogar durch leichte Raisonnements zu beweisen, diese Beweise beruhen indessen gewöhnlich auf ganz unsichern Voraussetzungen, und sind sogar in vielen Fällen augenscheinlich unrichtig.

Im Folgenden sollen die wichtigsten derjenigen empirischen Gesetze, die sich auf den Ausflufs des Wassers durch Oeffnungen in
Wänden, oder durch Röhrenleitungen beziehn, mitgetheilt und so
weit es geschehn kann, der Zusammenhang derselben mit den allgemeinen mechanischen Gesetzen nachgewiesen werden.   Die Bewegung des Wassers in offenen Leitungen wird bei Gelegenheit der
Ströme behandelt werden.

Nach einem bekannten Gesetze der Hydrostatik ist der Druck,
den das Wasser auf jeden kleinen Theil der Wand eines Behälters ausübt, dem Gewichte eines Wasserprisma's gleich, welches diesen Theil
der Wand zur Grundfläche und den verticalen Abstand desselben
vom freien Wasserspiegel zur Höhe hat.   Dieser Druck wirkt normal gegen die Wandfläche.   Für gröfsere Theile der Wand, wo der
Abstand vom Wasserspiegel, oder auch die Richtung der Wandfläche
sich ändert, läfst sich das Gesetz über Stärke und Richtung des
Druckes nicht so kurz ausdrücken.   Aus der Zusammensetzung der
verschiedenen Pressungen auf die einzelnen Theile kann man indessen
immer die Resultate darstellen.

Die Wassertheilchen befinden sich sämmtlich in einer Spannung
oder unter einem Drucke, welcher ihrer Druckhöhe oder ihrer verticalen Entfernung vom Wasserspiegel entspricht.   Wenn also plötzlich an einer Stelle die Wand des Gefäfses beseitigt wird, so werden die zunächst liegenden Wassertheilchen einen Impuls erhalten,
der dem verticalen Abstande vom Wasserspiegel oder der Druckhöhe entspricht, das heifst, sie nehmen dieselbe Geschwindigkeit
an, welche sie erhalten hätten, wenn sie aus der Höhe des Wasserspiegels bis zu der Oeffnung frei herabgefallen wären.   Im Allgemeinen können jedoch nur die ersten Wassertheilchen diese Geschwindigkeit annehmen, die folgenden werden nur in dem Falle
ebenso heftig ausspritzen, wenn der Druck vor der Oeffnung durch die

tretende Bewegung nicht vermindert wird. So pflegt beim schnellen
Öffnen des Hahns neben der Ausfluſsmündung eines Springbrunnens
er Strahl sich im ersten Momente höher zu erheben, als später,
nachdem die regelmäſsige Strömung in der Röhre eingetreten ist.
us gleichem Grunde spritzt der so eben erbohrte Artesische Quell
unter dem vollen hydrostatischen Wasserdrucke höher, als später
geschieht, indem der Druck nur nach Maaſsgabe des Zuflusses sich
setzt.

Das Wasser, welches durch eine Oeffnung in der Wand des
Behälters ausströmt, ersetzt sich mittelbar aus derjenigen Wasserschicht, welche die freie Oberfläche bildet. Es entsteht nämlich
weder vor der Oeffnung, noch an irgend einer andern Stelle im
Innern der Wassermasse ein leerer Raum, sondern der Wasserspiegel senkt sich. Wenn man daher unter dem allgemeinen mechanischen Gesichtspunkte die Verhältnisse beurtheilt, so kommt man
zu dem Resultate, daſs die ausströmende Wassermenge wirklich die
Geschwindigkeit hat, die der ganzen Druckhöhe entspricht, vorausgesetzt, daſs keine Widerstände eintreten, welche einen Verlust an
lebendiger Kraft veranlassen. Es kommt darauf an, zu prüfen, in-
wiefern die Erfahrung dieses bestätigt.

Man nehme ein Gefäſs, welches durch eine treppenartig gebrochene Fläche begrenzt wird, deren untere Seite im Innern des Gefäſses liegt. Versieht man die horizontalen Ebenen, welche den
Trittstufen einer Treppe entsprechen, mit feinen Oeffnungen, so bilden sich bei der Füllung des Gefäſses eben so viele springende
Strahlen, die zwar unter verschiedenen Druckhöhen austreten, aber
sämmtlich beinahe die Höhe des Wasserspiegels im Gefäſse erreichen.
Da nun nach den bekannten Gesetzen der Mechanik die Geschwindigkeit eines frei aufsteigenden Körpers in derselben Art abnimmt,
wie die des frei fallenden Körpers zunimmt, so darf man den Schluſs
ziehn, daſs die bemerkten geringen Unterschiede nur vom Widerstande der Luft herrühren, und daſs die Geschwindigkeit, womit das
Wasser ausspritzt, eben so groſs ist, als wenn dasselbe von der
Oberfläche bis zu den Ausfluſsöffnungen frei herabgefallen wäre.
Diesen Satz sprach zuerst Torricelli im Jahre 1643 aus, nachdem
er die Bestätigung desselben in dem erwähnten Versuche gefunden hatte.

Es blieb indessen ungewiſs, ob die geringe Verminderung der

Steighöhe nur durch den Widerstand der Luft veranlafst wird, oder
ob vielleicht die Geschwindigkeit des austretenden Wassers nicht
ganz so grofs ist, als jenes Gesetz besagt. Die Versuche von Michelotti haben die Richtigkeit der ersten Voraussetzung und sonach
auch den Torricelli'schen Lehrsatz bestätigt. Bei diesen Versuchen
wurde aber nicht die Höhe des springenden Strahls gemessen, die
niemals genau bestimmt werden kann, vielmehr liefs Michelotti den
Strahl aus einer verticalen Wand hervorspringen und bestimmte die
Curve, welche derselbe bildete. Wenn der Torricelli'sche Lehrsatz
richtig war, so mufste der Strahl eine halbe Parabel beschreiben,
deren Parameter der vierfachen Druckhöhe gleich ist. Michelotti
bestimmte durch Messung der Coordinaten die Parameter von drei
Parabeln, die sich unter Druckhöhen von ungefähr 7, 12 und 22
Fufs bildeten und fand die Verhältnisse der wirklichen Druckhöhen
zu denen, die sich unter obiger Voraussetzung aus der Messung ergaben, gleich

$$1 : 0,993$$
$$1 : 0,988 \text{ und}$$
$$1 : 0,983$$

Man ersieht also, dafs die Unterschiede bei kleineren Druckhöhen
und folglich bei kleineren Geschwindigkeiten, wobei der Widerstand
der Luft geringer ist, noch nicht ein Procent erreichen, mit zunehmender Geschwindigkeit wachsen sie etwas an, und dieser Umstand
bestätigt die Voraussetzung, dafs nur der Widerstand der Luft die
Verminderung der Geschwindigkeit veranlafst.

Man sollte hiernach vermuthen, dafs die Wassermenge, die
in der Zeiteinheit durch eine kleine Oeffnung abfliefst, gleich sei
dem Producte aus dem Flächeninhalte der Oeffnung in die Geschwindigkeit, welche der Druckhöhe entspricht. Dieses ist indessen
nicht der Fall, alle Beobachtungen zeigen vielmehr, dafs weniger
Wasser ausfliefst. Diese Beobachtungen geben aber auch zu erkennen, dafs unter übrigens gleichen Umständen die Wassermengen den
Quadratwurzeln aus den Druckhöhen proportional sind, oder dafs sie
zu jenen Producten in einem constanten Verhältnisse stehn. So
ergiebt sich durch Interpolation der von Poncelet und Lesbros gefundenen Resultate, dafs durch eine quadratische Oeffnung von 2
Decimeter Seite, unter dem Drucke von

$$0,40 \quad 0,70 \quad 1,00 \quad 1,30 \text{ und } 1,60 \text{ Meter,}$$

ssen ansflossen, die sich zu einander verhielten, wie

1,000 : 1,330 : 1,590 : 1,806 : 2,000

genau mit dem Verhältnisse der Quadratwurzeln aus den
übereinstimmt, dieses ist nämlich

1,000 : 1,323 : 1,581 : 1,803 : 2,000.

sich sonach die wirklich ausfliefsende Wassermenge berech-
der Flächeninhalt der Oeffnung in einem bestimmten Ver-
verkleinert, oder mit einem aus den Beobachtungen herge-
constanten Factor multiplicirt wird. Letzteren nennt man
tractions-Coefficient. Die genaue Ermittelung dessel-
seit langer Zeit die Physiker beschäftigt, und wenn gleich
ste Theil der angestellten Beobachtungen und . Messungen
ehr kleinem Maafsstabe ausgeführt ist, so befinden sich dar-
ch manche, die sich auf gröfsere Oeffnungen beziehn und
sultate daher eine sichere Anwendung auf Schützöffnungen
gleichen gestatten. Unter den ältern Beobachtungen die-
sind besonders diejenigen wichtig, die Michelotti, sowol der
ls der Sohn angestellt haben. Beide benutzten dazu das
des Doria, den sie in einiger Entfernung von Turin nach
hurme führten, der nur zu diesem Zwecke gebaut war, und
ckhöhen sich darstellen liefsen, die bis 24 Fufs mafsen.
er den neueren Arbeiten müssen vorzugsweise die von Pon-
l Lesbros erwähnt werden, die sich dadurch auszeichnen,
? sehr grofse Wassermenge, die beliebig aus der Mosel ent-
wurde, zu den Versuchen verwendet werden durfte. Eine
eschreibung der Beobachtungsmethode und des ganzen Ap-
) wird schon insofern hier nicht überflüssig sein, als die
lenen Rücksichten und Vorsichtsmaafsregeln, die man bei
ng hydraulischer Messungen zu nehmen hat, sich dabei klar
ellen. Aufserdem aber wird sich hiernach auch um so si-
ie Zuverlässigkeit der gefundenen Resultate beurtheilen las-
ie Versuche wurden auf Veranlassung des französischen
inisteriums in den Jahren 1827 und 1828 angestellt, und
cehrungen, die dabei getroffen waren, sind folgende.
erhalb der Festungswerke zu Metz hat die Mosel ein Gefälle

---

périences hydrauliques sur les lois d'écoulement de l'eau, par Poncelet
s. Paris 1832.

von 12¼ Fuſs, wovon jedoch nur ein kleiner Theil als Dr
für den ausflieſsenden Wasserstrahl benutzt werden konnte,
gröſste Theil desselben für das zweckmäſsige und bequeme
gen und Abführen des ausströmenden Wassers erforderli
Die gröſste Druckhöhe, die man darstellte, betrug 4¼ Rheinli
Fuſs. Die verhandenen Bassins und Stauanlagen, welche in
catorischen Interesse hier bestehn, eigneten sich nicht zu de
achtungen, indem keine Aenderungen daran gestattet waren. E
sonach ein besonderes Bassin für das Druckwasser von
112 Quadratruthen Flächeninhalt ausgegraben und eingedeic
ches durch einen Zuleitungscanal mit dem Oberwasser der
Verbindung stand. Es konnte beliebig trocken gelegt und bis
mit Wasser angefüllt werden. Um den Wasserstand in dies
sin auf jeder Höhe constant zu erhalten, während bei jedem
eine verschiedene Wassermenge consumirt wurde, war es
den Ab- und Zufluſs jedesmal zu reguliren und auſserdem d
des Wasserstandes sehr genau zu messen. Jener Zuleitu
wurde demnach mit einem Schütz versehn, und aus den
wurde das Wasser nicht nur durch diejenigen Oeffnungen a
deren Ergiebigkeit man messen wollte, sondern auſserdem no
einen seitwärts belegenen Grundablaſs, der zur Regulirung
serstandes diente, sobald einige Veränderung desselben sich b
liefs. Der Grundablaſs hatte zugleich den Zweck, das B
Schlusse jeder Beobachtungsreihe trocken zu legen. Bei de
Ausdehnung des Bassins erzeugte jedoch theils der Wind ein
lichen Wellenschlag, theils aber lieſsen sich auch nach M
des jedesmaligen Abflusses gewisse partielle Strömungen
Um beide Uebelstände zu beseitigen, wurde eine Weiden
darin angelegt.

Zur Beobachtung des Wasserstandes dienten besonde
Diese bestanden aus sorgfältig bearbeiteten Maaſsstäben, die
lothrecht aufgestellt, und mit Nonien versehen waren, welc
Stellschrauben bewegt werden konnten. Die Nonien waren
den mit abwärts gekehrten Stahlspitzen, deren Berührung
Wasserspiegel sich sehr genau beobachten lieſs. Die einzel
meter (0,46 Linien) konnte man unmittelbar ablesen, doc
unter günstigen Umständen nicht schwer, die Zehntheile
durch Schätzung zu bestimmen. Von diesen Maaſsstäben

erwähnten Bassin drei angebracht, die während
dauernd beobachtet wurden. Der erste befand sich
ndung des Zuleitungscanals, der zweite 13 Fuſs vor
ung und der letzte unmittelbar neben derselben, un
er hauptsächlich, um die Senkung des Wasserspie
ffung zu messen. Zur Vergleichung der drei Peg
rde der Zu- und Abfluſs des Bassins unterbrochen, adurch
Wasser ins Niveau gestellt.

Die Durchfluſsöffnung, worin der zu untersuchend bl sich
dete, war vierseitig, und zwar 2 Decimeter oder 7 2 Linien
it und eben so hoch, in einer hnuen. Man
aber, um das Eintreten all verden, welche schon bei kurze und
on später die Rede sein wird. ng durch
schneiden begrenzt, welche in jeni Oberfläche der Platte la-
, die dem Druckwasser zugekehrt war. Daſs diese Platte mit
er Vorsicht eingesetzt wurde, so daſs die Ränder der Oeffnung
lich horizontal und vertical lagen, bedarf kaum der Erwähnung,
muſs darauf aufmerksam gemacht werden, daſs mittelst des
ten Pegels auch die Höhe des untern Randes der Oeffnung be-
mmt werden konnte, sobald man das Wasser im Bassin weit ge-
g gesenkt hatte. Die Oeffnung wurde durch ein messingenes Schütz,
e an seinem untern Rande gleichfalls zugeschärft war, geschlossen,
d der Maaſsstab an der Zugstange lieſs die jedesmalige Höhe der
ffnung beurtheilen. Hierbei zeigten sich indessen manche Schwie-
keiten, denn die Platte, die das Schütz bildete, bog sich merklich
, auch die Zugstange behielt nicht unverändert ihre Länge, woher
e Anbringung von Absteifungen und andern Vorsichtsmaaſsregeln
d Correctionen nöthig wurde.

Das durch diese Oeffnung strömende Wasser wurde in einem
serne Gerinne aufgefangen, und nach dem Unterwasser der Mosel
ührt. Man lieſs jedesmal so lange den Strahl ausspritzen, ohne
e Ergiebigkeit zu messen, bis die Zu- und Abflüsse vollständig
pirt waren, oder bis man sich durch Beobachtung der Pegel
zeugt hatte, daſs das Wasser in dem Bassin weder stieg noch
l, sondern seine Höhe unverändert behielt. Sobald dieser Zeit-
kt eingetreten war, ging man zur Bestimmung der Wasser-
nge über, und hierzu diente ein hölzerner Kasten unter dem Ge-

rinne, der 808 Cubikfufs fafste. Ueber diesem Kasten befand
im Boden des Gerinnes eine Klappe, bei deren Oeffnung die
durchfliefsende Wassermenge in den Kasten stürzte. Oeffnete
also beim Schlage einer bestimmten Secunde die Klappe und sch
man sie wieder nach Verlauf einer passenden Anzahl von Secu
so fing man in dem Kasten die ganze Wassermenge auf, die w
rend dieser Zeit vorbeiströmte, oder die in einer gleichen Zeit
der Oeffnung geflossen war. Die erwähnte Klappe schlofs ind
nicht scharf genug, um ein Durchtröpfeln des Wassers zu ver
wodurch schon vorher der Kasten zum Theil gefüllt worden
Man brachte deshalb noch eine zweite leichte Rinne unmittelbar
dem Kasten an, die jedesmal beim Oeffnen und Schliefsen der Kl
zurückgezogen oder vorgeschoben wurde.

Um endlich die in dem Kasten aufgefangene Wassermenge
messen, genügte es nicht, nur die Höhe der Füllung zu beobach
denn man durfte weder eine genau prismatische Form, noch
eine absolute Steifigkeit der Seitenwände voraussetzen, viel
bauchten diese sich aus, sobald Wasser hineinflofs. Man stellte d
neben dem Kasten ein am Boden mit einem Hahne versehenes F
auf, welches 968 Liter oder 845 Quart maafs. Dieses füllte
wiederholentlich mit Wasser an und entleerte es in den Kasten,
letzterem wurde aber jedesmal mittelst eines Pegels, der den
Bassin aufgestellten gleich war, die Höhe des Wasserspiegels
messen, und man konnte sonach auch umgekehrt durch einf
Ablesen des Pegels den jedesmaligen Inhalt ermitteln. Der Kas
war übrigens am Boden mit einem Hahn versehn, und wurde, so d
nur geringe Wassermengen aufgefangen werden sollten, durch Zw
schenwände verkleinert, damit aus der beobachteten Höhe um so
eherer der Inhalt gefunden werden konnte.

Um den Contractions-Coefficient, oder das Verhältnifs der wir
lich ausfliefsenden Wassermenge gegen diejenigen zu ermitteln, d
man erhalten würde, wenn durch alle Theile der Oeffnung das Wa
ser mit der Geschwindigkeit durchströmte, die der jedesmaligen Druck
höhe entspricht, so mufs zunächst untersucht werden, ob die Diff
renz in der Druckhöhe aufser Betracht gelassen werden darf, od
ob sie auf das Resultat einen merklichen Einflufs behält. Bei se
kleinen oder niedrigen Oeffnungen ist die im Mittelpunkte derselb
stattfindende Druckhöhe als die gemeinschaftliche zu betrachten, u

b die Breite eines horizontalen Abschnittes der Oeffnung, dh
öhe desselben und h die mittlere Druckhöhe bedeutet, während
e gewöhnlich den Raum bezeichnet, den ein frei fallender Kör-
in der ersten Secunde durchläuft, so würde, wenn alle Theilchen
herabfielen, die Wassermenge oder

$$dM = 2\,b \cdot dh \cdot \sqrt{gh}$$

L Der Fall, dafs auch b variabel ist, wie dieses etwa bei kreis-
rigen Oeffnungen geschieht, ist hier aufser Betracht geblieben, in-
a er auf diese Beobachtungen nicht Anwendung findet. Es folgt
hach

$$M = \tfrac{2}{3} b \cdot \sqrt{g} \cdot h \cdot \sqrt{h} + Const.$$

ht man h diejenige Druckhöhe, die dem Mittelpunkte der Oeffnung
spricht, und a die ganze Höhe der Oeffnung, so erhält man

$$M = \tfrac{2}{3} b \sqrt{g} \left[(h + \tfrac{1}{2}a)^{\frac{3}{2}} - (h - \tfrac{1}{2}a)^{\frac{3}{2}} \right]$$

$$M = \tfrac{2}{3} b h \cdot 2\sqrt{gh} \left[\left(1 + \frac{a}{2h}\right)^{\frac{3}{2}} - \left(1 - \frac{a}{2h}\right)^{\frac{3}{2}} \right]$$

Wenn die Oeffnung über den Wasserspiegel hinausreicht
i letzterer sich in der Höhe H über dem untern Rande der er-
ren befindet, so wird

$$M = \tfrac{2}{3} b H \cdot 2\sqrt{gH}$$

u heifst, es wird in diesem Falle der dritte Theil weniger aus-
flsen, als wenn die ganze Oeffnung dem Drucke H ausgesetzt wäre.

Wenn dagegen der obere Rand der Oeffnung unter dem Wasserspiegel liegt, oder wenn

$$\tfrac{1}{2} a < h$$

k, während h wieder die Höhe bezeichnet, in welcher der Wasserspiegel über dem Mittelpunkte der Oeffnung sich befindet, so kann
an leicht den obigen Werth für M in eine stark convergirende
lhe verwandeln. Man erhält nämlich

$$M = a b \cdot 2\sqrt{gh} \left(1 - \tfrac{1}{96} \cdot \frac{a^2}{h^2} - \tfrac{1}{2048} \cdot \frac{a^4}{h^4} - \cdots \right)$$

Der Factor vor der Parenthese bezeichnet die Wassermenge, welche
durch die Oeffnung ausfliefsen würde, wenn die Druckhöhe überall
gleich h wäre, und man kann die Reihe in der Parenthese oder
den zweiten Factor unbedenklich gleich Eins setzen, oder die Ver-

L.   10

schiedenheit des Druckes vernachlässigen, sobald $\frac{a}{h}$ ein kleiner Bruch

ist. Selbst wenn $a = \frac{1}{4}h$ wäre, oder der Wasserspiegel nur um anderthalbmalige Höhe der Oeffnung über dem obern Rande derselben läge, so würde der Fehler, den man durch Vernachlässigung der folgenden Glieder begeht, nur etwa $\frac{1}{4}$ Procent betragen. Hiernach ist in den nachstehend mitgetheilten Resultaten die Aenderung des Druckes nur bei den Poncelet'schen Beobachtungen und denen, die an Schleusenschützen angestellt sind, berücksichtigt worden.

Die folgenden Mittheilungen sind grofsentheils aus dem Werke von d'Aubuisson *) entnommen, doch sind die Dimensionen der Oeffnungen und die Druckhöhen über den Mittelpunkten auf Rheinländisches Maafs reducirt.

A. Kreisförmige Oeffnungen.

Beobachter	Durchmesser	Druckhöhe	Contractions Coefficient
1) Mariotte	3,1 Linien	5,69 Fufs	0,692
2) Derselbe	3,1 „	25,17 „	0,692
3) Castel	4,6 „	0,16 „	0,673
4) Derselbe	4,6 „	0,99 „	0,654
5) Derselbe	6,9 „	0,44 „	0,632
6) Derselbe	6,9 „	0,96 „	0,617
7) Eytelwein	1 Zoll	2,35 „	0,618
8) Bossut	1,04 „	4,14 „	0,619
9) Michelotti	1,04 „	7,10 „	0,618
10) Castel	1,15 „	0,53 „	0,629
11) Weisbach	1,51 „	1,78 „	0,606
12) Venturi	1,57 „	2,80 „	0,622
13) Bossut	2,06 „	12,14 „	0,618
14) Michelotti	2,06 „	7,01 „	0,607
15) Derselbe	3,10 „	7,14 „	0,613
16) Derselbe	3,10 „	12,14 „	0,612
17) Derselbe	3,10 „	21,54 „	0,597
18) Derselbe	6,20 „	6,72 „	0,619
19) Derselbe	6,20 „	11,66 „	0,619

*) *Traité d'hydraulique à l'usage des Ingénieurs par J. E. d'Aubuisson de Voisins.*

B. Quadratische Oeffnungen.

echter	Seite des Quadrats	Druckhöhe	Contractions-Coefficient
. . . .	4,6 Linien	0,16 Fufs	0,655
. . . .	1,03 Zoll	12,14 „	0,616
tti	1,03 „	12,14 „	0,607
e. . . .	1,03 „	21,76 „	0,606
. . . .	2,06 „	12,14 „	0,618
tti	2,06 „	7,14 „	0,603
be.	2,06 „	12,20 „	0,603
be.	2,06 „	21,60 „	0,602
be.	3,13 „	7,20 „	0,616
be.	3,10 „	12,20 „	0,619
lbe	3,10 „	21,73 „	0,616

C. Rechteckige breite Oeffnungen.

echter	Höhe der Oeffnung	Breite der Oeffnung	Druckhöhe	Contractions-Coefficient
. . . .	0,35 Zoll	0,75 Zoll	1,05 Fufs	0,620
be . . .	0,35 „	1,41 „	1,05 „	0,620
be . . .	0,35 „	2,82 „	1,05 „	0,621
be . . .	0,35 „	5,65 „	1,05 „	0,626
ach . .	0,96 „	1,93 „	0,76 „	0,657
be . . .	0,96 „	1,93 „	1,78 „	0,614

obachtungen von Poncelet und Lesbros an recht-
eckigen Oeffnungen von 7,647 Zoll Breite.

nung	Contractions-Coefficienten für verschiedene Wasserstände über dem obern Rande der Oeffnung			
	zwischen 5 Fufs u. 2 Fufs	zwischen 2 Fufs u. 6 Zoll	zwischen 6 Zoll u. 2 Zoll	unter 2 Zoll
6	0,603	0,602	0,599	0,593
3	0,613	0,617	0,613	0,611
2	0,619	0,629	0,630	0,624
7	0,624	0,632	nicht beobachtet	0,643
4	0,625	0,642	0,656	0,667
2	0,623	0,649	0,679	0,702

In Bezug auf die letzte Tabelle, welche die Poncelet'schen
sultate enthält, ist zu bemerken, daſs die angeführten Werthe
Contractions - Coefficienten groſsentheils Mittelzahlen aus mehr
Beobachtungen sind, die innerhalb derjenigen Grenzen des Waſ
standes angestellt wurden, welche die Ueberschriften der einze
Spalten bezeichnen.   Dabei ist die unmittelbar über der Oeffn
eintretende Senkung des Niveau's nicht berücksichtigt, sondern
Druckhöhe ist vielmehr aus dem Wasserstande hergeleitet, den
zweite in 13 Fuſs Entfernung aufgestellte Pegel bezeichnete. W
man die Senkung des Wasserspiegels berücksichtigt, wie Ponc
gethan hat, so findet man weit gröſsere Anomalien, und bei
kleinsten Wasserständen steigern sich alsdann die Werthe der Co
cienten bis gegen 0,8.   Die Contractions - Coefficienten sind abe
der Art berechnet, daſs die wirklich ausflieſsenden Wasserme
mit denjenigen verglichen wurden, welche man erhalten würde, w
durch jeden horizontalen Schnitt der Oeffnung das Wasser ι
Contraction nach Maaſsgabe des darüber stattfindenden Druckes
strömte.   Endlich ist noch zu bemerken, daſs hier nur diejen
Beobachtungen berücksichtigt sind, die im Jahre 1828 anges
wurden, indem die im vorhergehenden Sommer gemachten Beob
tungen weniger vollständig aufgezeichnet waren.

Schlieſslich erwähne ich noch einer Beobachtung, die ich ι
an der neueren Schleuse zu Mühlheim an der Ruhr anstellte. W
rend die Unterthore und deren Schütze geschlossen waren, lieſs
die Kammer durch ein Schütz in einem Oberthore füllen.   Die (
nung hielt 9,03 Quadratfuſs.   Die Kammer ist 18 Fuſs breit, und
zum Abfallboden nahe 140 Fuſs lang, wegen der Neigung des l
tern ist der horizontale Querschnitt der Kammer in verschiede
Höhen verschieden.   Der Stand des Oberwassers über dem ol
Rande der Schütz-Oeffnung betrug 8 Zoll 11 Linien, senkte sich
doch während der Strömung unmittelbar vor den Thoren um 1¼ Ζ
An einem in der Kammer aufgestellten Maaſsstabe wurde das ſ
gen des Wassers von 6 zu 6 Zoll beobachtet, bis dasselbe den
tern Rand der Durchfluſs-Oeffnung erreichte.   Die Rechnung e
aus 10 einzelnen Beobachtungen den Werth des Contractions-Cœ
cient zwischen 0,57 und 0,63, im Mittel aber 0,604. Die beden
den Abweichungen rührten augenscheinlich von der heftigen Strö
in der Schleusenkammer her, wobei das Wasser periodisch vor

ßstabe immer mehrere Zolle hoch anschwoll, und alsdann wie-
sich senkte. Diese Unsicherheit der einzelnen Messungen hatte
r auf die ganze Beobachtung oder den angegebenen mittleren
rth nur geringen Einflufs, und die Uebereinstimmung desselben
dem von Poncelet bei der gröfsten Oeffnung und der gröfsten
ckhöhe gefundenen Coefficienten verdient bemerkt zu werden.
Oberwasser bildete sich während der Beobachtung eine lebhafte
mung, welche eine geringe Senkung des Wasserspiegels vor der
rchflufs-Oeffnung veranlafste. Dieselbe ist in der Rechnung nicht
cksichtigt, da sie ungefähr der Geschwindigkeit entsprechen mufste,
das Wasser schon vor dem Eintritt in die Oeffnung hatte.

Die angeführten sämmtlichen Beobachtungen zeigen eine gewisse
ereinstimmung der Werthe des Contractions-Coefficienten. Der-
e scheint zu wachsen, wenn das Verhältnifs der Druckhöhe zur
e der Oeffnung zunimmt. Für die in der Praxis vorkommenden
e, wo grofse Oeffnungen und verhältnifsmäfsig kleine Druck-
en sich am häufigsten wiederholen, dürfte der Coefficient gleich
1 anzuwenden sein. Lesbros hat versucht, die Abhängigkeit
Coefficienten von der Druckhöhe und der Weite der Oeffnung
seinen Beobachtungen nachzuweisen, doch bestätigt sich das in
er Beziehung gefundene Resultat nicht durch die übrigen Mes-
gen. Erwähnung verdient noch, dafs kreisförmige und quadrati-
e Oeffnungen unter übrigens gleichen Umständen, beinahe dieselbe
traction zeigen, bei sehr flachen Strahlen nimmt dagegen der Con-
tions-Coefficient merklich zu.

Im Vorstehenden war nur von dem Falle die Rede, dafs der
hl frei austritt, und die ganze Ausflufs-Oeffnung füllt. Es bleibt
r noch zu untersuchen, ob die Resultate sich wesentlich ändern,
der Strahl entweder in ein zweites mit Wasser gefülltes Ge-
fiefst, oder wenn über ihm die Oeffnung nicht geschlossen ist.
Wenn die Oeffnung sich in einer Zwischenwand zwischen zwei
en befindet, die beide bis über den obern Rand der Oeffnung
t sind, so ist die Druckhöhe gleich der Niveaudifferenz der
seitigen Wasserstände, und es ist zu vermuthen, dafs die Durch-
ng in gleicher Art erfolgen wird, als wenn unter demselben
e der Strahl frei austritt. Ein Unterschied findet nur in sofern
ls bei dem Ausflufs unter Wasser die obern, wie die un-
chichten demselben Drucke ausgesetzt sind. Vielfache Beob-

achtungen haben in der That gezeigt, daſs durch gleiche Oeffnu
bei gleichem Drucke auch gleiche Wassermengen abflieſsen,
daſs der Umstand, ob der Strahl frei in die Luft oder unter V
ser austritt, keinen Unterschied macht. Besonders wichtig si
dieser Beziehung die Messungen, die man über die Zeit der Fü
von Schleusenkammern angestellt hat. Die Resultate, welche I
wein in Betreff der Füllung der zweiten massiven Schleuse am E
berger Canale anführt, und welche sich auf zwei verschiedene E
des Schützenzuges beziehn, gehören hierher. Wenn man die
Angabe vernachlässigt, welche sich auf die vollständige Füllun;
Kammer bezieht, die sich nicht scharf beobachten läſst, so fol;
der ersten Beobachtungsreihe der Contractions-Coefficient gleich
und aus der letzten 0,636. Die einzelnen Beobachtungen zeig
groſse Abweichungen, daſs dieser Unterschied der Hauptres
nicht auffallen darf.

Aehnliche Beobachtungen führen auch Navier (in Belidor's S
des Ingénieurs) und d'Aubuisson an, die theils an einer Schleu;
Canal du Midi und theils zu Hâvre angestellt sind. Jene gebe
Contractions-Coefficient bei verschiedenen Wiederholungen zwi
0,594 und 0,647, im Mittel aber 0,625 und diese bei einmaliger
sung gleichfalls 0,625. Es muſs aber bemerkt werden, daſs b:
sen beiden Beobachtungen der Strahl Anfangs noch nicht unter
ser ausströmte, sondern dieses erst gegen die Mitte jedes Ver;
geschah.

Für die unter Wasser ausflieſsenden Strahlen stellt sich
nach der Contractions-Coefficient, soweit die Beobachtungen hi;
ein Urtheil gestatten, ebenso groſs heraus, wie bei denjenigen, v
frei in die Luft treten. Dieses Resultat durfte man auch erw
wenn man nicht etwa annehmen wollte, daſs unter starkem D
das Wasser an Beweglichkeit verliert. Daſs Letzteres nicht de
ist, haben vielfache Beobachtungen bewiesen, und namentlich in
rer Zeit diejenigen von Darcy, welche zeigen, daſs bei gle
Ueberdrucke die Röhren noch dieselbe Wassermenge liefern,
man auf beiden Seiten die Druckhöhe um 50 Fuſs vergröſser

Endlich bleibt noch zu untersuchen, welchen Contractions-(
cient die Beobachtungen ergeben, wenn die Ausfluſsöffnun
über das Oberwasser hinausreicht, also ˙die oberste Schic
Strahles gar keinem Drucke ausgesetzt ist. Diese Schicht, v

f den darunter befindlichen aufliegt, wird augenscheinlich nur von
sen in Bewegung gesetzt. Hieraus erklärt sich die starke Senkung
s Wasserspiegels vor der Oeffnung. Wenn man diese unbeachtet
st, und die Druckhöhe nach dem Niveau in einiger Entfernung
r der Oeffnung bestimmt, so wird dadurch gewissermaafsen eine
usgleichung veranlafst.

Zur Ermittelung des Contractions-Coefficient für diesen Fall
d wieder vielfache Messungen angestellt. Bidone fand ihn nach
ei Beobachtungen gleich 0,607 und aus andern sechs Beobachtun-
n im Mittel gleich 0,603. D'Aubuisson dagegen im Mittel aus
chs Beobachtungen bei sehr kleinen Wasserständen von 1 bis 2
ll gleich 0,617. Die Messungen, welche Eytelwein in seinem
ndbuche der Hydraulik anführt, die in einem Bache neben Brom-,
rg vom Bau-Inspector Kypke angestellt wurden, sind

Breite der Oeffnung	Druckhöhe über dem unteren Rande	Contractions-Coefficient
0,500 Fufs	1,250 Fufs	0,632
0,833 „	0,900 „	0,621
1,167 „	0,720 „	0,633
1,500 „	0,596 „	0,640
2,146 „	0,480 „	0,619
3,448 „	0,344 „	0,633

Bei den Bobachtungen von Poncelet und Lesbros war dagegen
e Breite der Durchflufsöffnung gleich 7,647 Zoll.

Druckhöhe über d. untern Rande	Contractions-Coefficient
7,95 Zoll	0,583
6,23 „	0,589
3,94 „	0,593
2,33 „	0,600
1,72 „	0,610
0,88 „	0,624

Die Werthe der Contractions-Coefficienten, die Poncelet aus
nselben Beobachtungen findet, sind theils gröfser, theils auch we-
ger übereinstimmend, als die vorstehenden. Er führte indessen die

Rechnung in der Art, daſs er aus den Senkungen des Wasserspiegel
in der Oeffnung die gewonnenen lebendigen Kräfte und aus di
die in Vergleichung gestellten Wassermengen herleitete. Ich h
dagegen, wie auch Eytelwein, die Senkung des Wasserspiegels
der Oeffnung unbeachtet gelassen und die Rechnung so geführt, a
ob bis zur Oeffnung das Niveau des Oberwassers sich fortsetzt.

Nachdem gezeigt worden, daſs die Wassermenge, welche dur
die Oeffnung in der Wand eines Gefäſses ausflieſst, nicht so g
ist, als man nach der Gröſse der Oeffnung und nach der Druck
erwarten sollte, daſs sie vielmehr in einem beinahe constanten V
hältnisse kleiner ausfällt, und nachdem schon früher nachgewiesen i
daſs die Geschwindigkeit des ausströmenden Wassers wirklich d
.jedesmaligen Druckhöhe entspricht, so kann jener Unterschied d
Wassermengen nur dadurch erklärt werden, daſs der Strahl an de
Stelle, wo er die volle Geschwindigkeit annimmt, einen Querschn
bildet, der in einem constanten Verhältnisse kleiner, als der Fläch
inhalt der Oeffnung ist. Die Beobachtungen zeigen auch sehr deu
lich, daſs der Strahl beim Austreten aus der Oeffnung dünner wir
und dieses nicht nur, wenn er herabfällt, wo die Abnahme sein
Durchmessers eine Folge der Beschleunigung durch den freien Fa
wäre, sondern die Verminderung des Querschnittes hinter d
Oeffnung giebt sich auch sehr augenscheinlich zu erkennen, we
der Strahl horizontal oder aufwärts gerichtet ist.

Bei kreisförmigen Oeffnungen hat man vielfach den Durchm
ser des contrahirten Strahles unmittelbar gemessen und dadurch
Verhältniſs zum Durchmesser der Oeffnung bestimmt. Dass
stellte sich nach früheren Untersuchungen annähernd auf 0,80 m
Michelotti's genauere Beobachtungen ergaben folgende Resultate.

Druckhöhe	Durchmesser der Oeffnung	kleinster Durchmesser	Abstand des letzten v der Oeffnung
6,7 Fuſs	6,209 Zoll	4,902 Zoll	2,45 Zoll
11,7 „	6,209 „	4,894 „	2,45 „
7,1 ,	3,104 „	2,439 „	1,22 „
12,1 „	3,104 „	2,432 „	1,19 ,
21,5 ,	3,104 „	2,344 „	1,15 „

Vernachlässigt man die kleinen Differenzen, die eine Verminderung des kleinsten Durchmessers des Strahles bei zunehmendem
Druck zeigen, so nimmt nach den ersten beiden Beobachtungen
der Durchmesser des Strahles im Verhältnisse von 6,209 zu 4,898
und nach den drei letzten im Verhältnisse von 3,104 zu 2,405 ab.
Heraus ergeben sich die Coefficienten für die Verminderung der
Durchmesser gleich 0,789 und 0,775 und für die Verminderung der
Querschnitte gleich 0,622 und 0,601, also nahe übereinstimmend mit
aus der Vergleichung der Wassermengen gefundenen Contractions-Coefficienten.

In der letzten Spalte der vorstehenden Tabelle sind noch die
Abstände der stärksten Contraction des Strahles von der
Oeffnung angegeben, wiewohl die Bestimmung derselben ziemlich
unsicher ist. Der Theil des Strahles, der zunächst der Oeffnung
liegt, bildet also einen abgestutzten Kegel, und das Verhältniſs des
Durchmessers der Oeffnung zu dem des kleinsten Querschnittes und
des Abstande beider ist

$$1 : 0,78 : 0,39.$$

Wenn die Ausfluſsöffnung nicht kreisförmig ist, sondern eine
dreieckige Figur bildet, so zeigt sich die auffallende Erscheinung,
die Querschnitte des Strahles nicht immer derjenigen der Oeffnung entsprechen, sondern in geringem Abstande von der letztern
vortretenden Kanten sich abstumpfen und weiterhin statt der-
en tiefe Furchen sich bilden, wogegen der Strahl in der Mitte
Seiten stark anschwillt. Der Strahl behält indessen auch diese
Form nicht lange. Die vortretenden Rippen, die niemals scharfe
Kanten bilden, senken sich, während die dazwischen liegenden Flächen anschwellen, und aus ihnen wieder neue Rippen hervortreten,
lafs die Rippen sich in Furchen und umgekehrt die letzteren in
Rippen verwandeln. In dieser Weise nimmt der Strahl, so lange
eine zusammenhängende Masse bildet, abwechselnd verschiedene
Querschnitte an, indem die stumpfen Kanten sich in hohle Seitenflächen und umgekehrt verwandeln. Bei Strahlen, die aus dreiseitigen Oeffnungen unter starkem Drucke austreten, kann man bis zehn
solcher Abwechselungen wahrnehmen.

Die Ursache dieser auffallenden Erscheinung ist allein in der
genannten Molecular-Attraction, oder in der Spannung der Oberfläche zu suchen. Dieselbe ist bekanntlich umgekehrt dem Krüm-

mungshalbmesser proportional, sie zieht also am stärksten die sch
vortretenden Kanten und Rippen zurück und theilt dadurch
Wassermasse in denselben eine solche Seitenbewegung mit, daß l
tere sich noch fortsetzt, wenn auch die Kraft aufhört und ihr sc
entgegenwirkt.

Am sorgfältigsten haben Poncelet und Lesbros diese Ersc
nung beobachtet, indem sie in bestimmten Entfernungen kleine F
men um den Strahl anbrachten, von welchen aus scharfe Stahlspi
bis zur Berührung gegen den Strahl geschroben und dadurch s
Form bestimmt wurde. Diese Messungen sind insofern sehr wic
als sie auf manche Umstände hinweisen, die beim freien Aus
des Wassers in Betracht kommen. In Fig. 69 und 70 auf Taf
sind die Längen- und Querschnitte zweier Strahlen dargestellt,
die Messungen sie ergaben. Die Seitenansicht Fig. 69 zeigt e
Strahl, der aus einer quadratischen Oeffnung von 7,647 Zoll W
unter einem Drucke von 5,353 Fuß über dem Mittelpunkte der (
nung tritt. Die mit a, b, c u. s. w. bezeichneten punktirten Li
weisen die Stellen nach, wo die mit denselben Buchstaben i
schriebenen senkrechten Querschnitte gemessen sind. Bei letzt
ist zugleich die Ausfluß-Oeffnung in der entsprechenden Höhen
angegeben. Der Einfluß der Schwere giebt sich durch die Senl
des Strahles schon in dem Profile d deutlich zu erkennen, und l
auffallender in allen folgenden.

Die Verfasser haben die Flächeninhalte der sämmtlichen
messenen Querschnittte und deren Verhältnisse zur Fläche der (
nung wie nachstehend gefunden.

Profil	Abstand: Centimeter	Querschnitt: Quadrat-Centimeter	Verhältniß
—	0,0	400,00	1,000
a	6,4	252,05	0,630
b	11,0	245,12	0,613
c	15,0	237,46	0,594
d	20,0	233,01	0,583
e	25,0	232,04	0,580
f	30,0	225,06	0,563
g	35,0	239,48	0,599
h	40,0	243,62	0,609
i	45,0	244,27	0,615

Die starke Verminderung der Fläche im Profil *f* gab Veranlassung, die Messung derselben zu wiederholen. Ihr Werth stellte ich dabei auf 226,925 und bei nochmaliger Wiederholung auf 226,848 Quadrat-Centimeter. Das Verhältnifs zur Fläche der Durchflufsöffnung war demnach 0,567. Wenn man die Differenzen der Zahlen in der letzten Spalte vergleicht, so lassen sie ein sehr complicirtes Gesetz vermuthen, und besonders auffallend sind dabei die Unregelmäfsigkeiten, die das Profil *f* zeigt. Man kann nicht umhin, einigem Verdachte in Bezug auf die Richtigkeit der Messung Raum zu geben, man müfste aber vermuthen, dafs dieses Profil und sonach auch das Verhältnifs desselben gröfser wäre, als es angegeben ist.

Der gegen das Profil *f* angeregte Zweifel erklärt indessen noch keineswegs die starke Verengung, oder die grofse Geschwindigkeit in allen nächsten Profilen. Diese ist vielmehr die Folge von der Senkung des Strahles, nachdem er die Oeffnung passirt hat. Wegen dieser Senkung sind die vertical gemessenen Profile etwas gröfser als die gegen den Strahl normal gerichteten, und da letztere allein die wirkliche Geschwindigkeit bezeichnen, so ist diese sogar noch gröfser, als sie sich nach Poncelet's Rechnung herausstellt. Ich habe aus der mittleren Geschwindigkeit des Strahles in der Oeffnung, wie ihn die Rechnung ergiebt, nämlich 5,7424 Meter und unter der Voraussetzung, dafs die Richtung derselben horizontal sei, die Senkungen für die Abstände 0,15 u. s. w. bis 0,35 also für die Profile *e* bis *g* berechnet und daraus die Zunahme der Geschwindigkeit abgeleitet. Ferner habe ich die in der obigen Tabelle angegebenen Flächen der Querprofile auf den normalen Querschnitt reducirt, und gefunden, dafs sie nach Entfernung des Einflusses der Senkung des Strahles in folgenden Verhältnissen zur Durchflufsöffnung stehn:

Profil *c* . . . 0,6190
- *d* . . . 0,6157
- *e* . . . 0,6213
- *f* . . . 0,6105
- *g* . . . 0,6578

Es ergiebt sich hieraus in Bezug auf das Profil *f* eine noch auffallendere Anomalie, als aus der früheren Tabelle, dagegen zeigen diese Verhältnisse durchaus nichts, was mit dem Princip der Erhaltung der lebendigen Kräfte im Widerspruch wäre. Der Contractions-Coefficient erreicht vielmehr hiernach noch nicht die früher an-

gegebene Gröfse, und um ihn mit der wirklich erhaltenen Wassermenge in Uebereinstimmung zu bringen, mufs man noch einigen Verlust an lebendiger Kraft voraussetzen.

Fig. 70 zeigt die Seitenansicht und die Querprofile eines Strahles, der durch dieselbe Oeffnung, jedoch bei einem so niedrigen
Wasserstande ausfliefst, dafs der obere Rand der Oeffnung nicht
benetzt wird. Der untere Rand derselben befindet sich 6,894 Zoll unter
dem Spiegel der ungesenkten Wasserfläche. Beim Punkte *A*, in einem
Abstande von 11,47 Zoll beginnt die Senkung, und in der Oeffnung
selbst beträgt sie schon 7,3 Linien. Das erste Querprofil *a* ist in
der Oeffnung gemessen, die folgenden an den Stellen, die in der
Seitenansicht mit denselben Buchstaben bezeichnet sind. Diese Profile sind insofern wichtig, als sie zeigen, dafs die oberen Wasser-
schichten, die keinem starken Drucke ausgesetzt waren, und denen
daher durch solchen auch keine grofse Geschwindigkeit mitgetheilt
wurde, sich nicht in ihrer Lage erhielten, sondern bald, wie namentlich das Profil *d* zeigt, seitwärts herabflossen.

Es mufs noch erwähnt werden, dafs die Profil-Messungen an
beiden Strahlen nicht weiter fortgesetzt werden konnten, weil letztere
über diese Grenzen hinaus nicht zusammenhängend blieben, vielmehr
einzelne Tropfen sich schon von ihnen ablösten.

Im Vorstehenden sind die Erscheinungen mitgetheilt, welche
beim Durchfliefsen des Wassers durch Oeffnungen in dünnen Wänden einteten, und zwar unter der Voraussetzung, dafs der Querschnitt
des Gefäfses viel gröfser, als der der Oeffnung ist, oder dafs das
Wasser ohne merkliche Geschwindigkeit sich der letzteren nähert.
Findet diese Bedingung nicht statt, so ändert sich der Contractions-
Coefficient sehr bedeutend nach Maafsgabe der Geschwindigkeit des
zuströmenden Wassers. *) Hierauf wird später bei Gelegenheit der
Röhrenleitungen zurückgekommen werden. Diejenige Contraction
von der hier die Rede ist, stellt sich aber, wie nachgewiesen worden, beim Wasser unter sehr verschiedenen Umständen immer nahe
in gleicher Gröfse heraus, auch für die Luft weicht sie nach andern
Beobachtungen nicht wesentlich davon ab, und selbst der Strahl des
ausfliefsenden Sandes nimmt in einiger Entfernung unter der hori-

---

*) Untersuchungen im Gebiete der Mechanik und Hydraulik von J. Weis-
bach. II. Abtheilung. Leipzig 1843.

ntalen Oeffnung wieder in ähnlichem Verhältnisse einen geringeren
erschnitt an. Die Ursache der Contraction darf man daher
eniger in den Eigenschaften der Flüssigkeiten, als in den allgemei-
n Gesetzen der Mechanik suchen.

Newton*) erklärte zuerst die Erscheinung, indem er sagte:
ie Wassertheilchen treten nicht sämmtlich senkrecht durch die
effnung, sondern gehn groſsentheils in schräger Richtung hindurch,
dem sie von allen Seiten aus dem Gefäſse zusammenflieſsen und
gen die Oeffnung convergiren. Da sie aber ihre Richtung verän-
rn, und die des ausspritzenden Strahles annehmen müssen, so wird
zterer etwas unterhalb der Oeffnung dünner, als in der Oeffnung
lbst."

Newton untersucht die hierbei eintretenden mechanischen Ver-
ältnisse nicht näher, führt aber an, er habe in einem Strahle, der
s einer Oeffnung von $\frac{1}{2}$ Zoll austrat, das Verhältniſs der Durch-
esser gleich 25 : 21 also der Flächen gleich 1 : 0,706 gefunden, und
acht darauf aufmerksam, daſs dieses mit

$$1 : \frac{1}{\sqrt{2}} \quad \text{oder} \quad 1 : 0,7071$$

ihe übereinstimmt, woraus folgen würde, daſs die Ergiebigkeit des
rahles eben so groſs wäre, als wenn die Wasserfäden sich senk-
cht bewegten, die Druckhöhe aber nur die halbe Gröſse hätte.

Navier **) gelangt zu demselben Resultate, indem er von dem
rincip der Erhaltung der lebendigen Kräfte ausgeht, und annimmt,
ſs die Wassertheilchen bis unmittelbar vor der Oeffnung sich voll-
ändig in Ruhe befinden, hier aber plötzlich durch einen starken
toſs herausgetrieben werden. Unter dieser Voraussetzung stellt
ch allerdings das Verhältniſs zwischen der erlangten Geschwindig-
it und der zur ganzen Druckhöhe gehörigen, wie 1 : $\sqrt{2}$ heraus.
an kann diese Erklärung indessen nicht als richtig ansehn, weil
ach den obigen Mittheilungen die Geschwindigkeit keine merk-
iche Verminderung erfährt.

Auſserdem ist die Voraussetzung, daſs die Wassertheilchen in
ler Oeffnung durch einen plötzlichen Stoſs in heftige Bewegung ver-

---

*) *Philosophiae naturalis principia.* Vol. II. Sect. VII. Probl. VIII.
**) *Résumé des leçons données à l'école des ponts et chaussées.* II. Partie.
§. 52.

setzt werden. nicht richtig. In ein gläsernes Gefäls, dessen I
die Ausflufs-Oeffnung enthielt. leitete ich mittelst einer feinen !
eine gefärbte Flüssigkeit. deren Bewegung nach dem Eintritt
Wassermasse deutlich wahrgenommen werden konnte. Es erga
dafs der gefärbte Faden. dessen Geschwindigkeit sich aus dem
schnitte ungefähr beurtheilen liefs. sich anfangs sehr langsa
Oeffnung näherte. sich aber allmälig beschleunigte, und ohn
plötzlichen Stofs zu erfahren durch die Oeffnung drang. Dal
auch noch bemerkt werden. dafs dieser Faden nirgend eine
Ecke zeigte, sondern wenn er auch zur Seite der Oeffnun
über dem Boden seinen Anfang nahm, doch immer eine gek
nicht aber eine gebrochene Linie bildete.

Eine zweite Erklärung der Contraction, die gleichfalls ·
vier herrührt, darf ebenso, wie die von Andern darin eing
Modificationen, unbeachtet bleiben, da sie augenscheinlich
richtigen Voraussetzungen beruht, wenn sie gleich den Coel
sehr nahe in derselben Gröfse darstellt, den die Beobachtu:
gaben.

Unter allen Versuchen zur theoretischen Begründung d
thes des Contractions-Coefficienten verdient wohl diejenige
weise beachtet zu werden, die schon Dubuat *) andeutete.
beruht auf Annahmen, die auch nach andern Erscheinun;
wahrscheinlich sind, und den allgemeinen Gesetzen der N
nicht widersprechen.

Das Wasser fliefst nicht durch alle Theile der Oeffr
gleicher Geschwindigkeit. Vielfache Erfahrungen zeigen
dafs das bewegte Wasser die ruhenden Wassertheilchen, di
rührt, mit sich fortreifst. Ebenso werden auch die bewegt«
chen durch die ruhenden zurückgehalten, und so geschieht
die gröfste Geschwindigkeit in dem Mittelpunkte der Oeffn
bildet, während von hier ab die Wasserfäden rings umher
mer langsamer bewegen und unmittelbar neben dem Rand
Bewegung gar nicht Theil nehmen. Diese Abnahme der G
digkeit des Wassers bedingt aber keineswegs eine Verminde
lebendigen Kraft, wie dieses der Fall wäre, wenn eine be
zeugte Geschwindigkeit durch Reibung zerstört würde.

*) *Principes d'Hydraulique.* I. $. 5.

nig wie ein Verlust an lebendiger Kraft dadurch entsteht, daſs die
rigen Theile der Wand gar kein Durchflieſsen gestatten, oder die
Geschwindigkeit daselbst gleich Null ist, so tritt ein solcher auch
da nicht ein, wo die Nähe der Wand nur die Bildung einer mä-
ſigen Geschwindigkeit erlaubt. Sodann bewegen sich die einzelnen
Wassertheilchen convergirend gegen den Mittelpunkt der Oeffnung,
nd indem sie sich hier weder kreuzen noch durchdringen, so müs-
n sie parallel zur Achse des Strahls sich weiter bewegen. Hieraus
steht ein vermehrter Druck gegen die mittleren Fäden und so-
ch eine gröſsere Geschwindigkeit derselben. Auf diese Art kann
Geschwindigkeit des mittleren Fadens gröſser werden, als die-
ige, welche ihm nach Maaſsgabe des Wasserstandes über der
fnung zukommt. Es schlieſst aber durchaus keinen Widerspruch
sich, wenn bei der Bewegung eines Systems von Körpern ein-
e derselben eine gröſsere Geschwindigkeit annehmen, als die,
che ihrer Fallhöhe entspricht, insofern andre den betreffenden
lust tragen. Läſst man z. B. einen Wassertropfen aus der Höhe
4 Zoll in eine Schale mit Wasser fallen, so spritzen häufig ei-
kleine Tröpfchen bis 8 Zoll hoch und noch darüber. Es wird
in diesem Falle eine Geschwindigkeit erzeugt, die gröſser ist,
sie bei der Fallhöhe sein sollte, aber nur ein kleiner Theil der
abgefallenen Masse nimmt diese Geschwindigkeit an.

Die Geschwindigkeit des Wassers ist sonach während des Durch-
ges durch die Oeffnung sehr verschieden. Am Rande der letz-
n ist sie nämlich gleich Null, sie vergröſsert sich in den Fäden,
der Mitte näher liegen und erreicht in allmähligen Uebergängen
der Achse des Strahles ihr Maximum. Die ganze lebendige
ft des austretenden Strahles muſs aber, insofern von jeder Rei-
g abgesehn wird, derjenigen gleich sein, welche das Wasser im
ſse durch seine Senkung erzeugt.

Unter diesen Voraussetzungen tritt in jeder Zeiteinheit ein Was-
kegel aus der Oeffnung hervor, der letztere zur Basis hat und
sen Höhe der Geschwindigkeit des mittleren Fadens gleichkommt.
Einfachheit wegen nehme ich an, daſs die Oeffnung kreisförmig ist,
setze den Radius der Oeffnung gleich ϱ und die Geschwindig-
des mittleren Fadens gleich c, alsdann ist die Geschwindigkeit
Abstande r vom Rande

$$v = \frac{r}{\varrho}\, c$$

Bezeichnet nun M die Wassermenge, die in der Zeiteinheit austritt und L die lebendige Kraft derselben, so hat man für den dünnen Ring im Abstande r vom Rande

$$dM = 2\,(\varrho - r)\,\frac{r}{\varrho}\, dr \cdot c\pi$$

$$\text{und}\quad dL = 2\,(\varrho - r)\left(\frac{r}{\varrho}\right)^{3} dr \cdot c^{3}\pi$$

Beides integrirt in den Grenzen

von $r = o$

bis $r = \varrho$

giebt $M = \frac{1}{3}\varrho^{2}\,\pi c$

und $L = \frac{1}{10}\varrho^{2}\,\pi c^{3}$

Die verschiedenen Geschwindigkeiten der austretenden Wasserfäden gleichen sich aber nach dem Austritt aus der Oeffnung bald aus, indem der Strahl sich nunmehr ganz frei bewegt. Die mittleren Fäden werden daher von den äußern zurückgehalten und diese von jenen beschleunigt. Nach dieser Ausgleichung sei die gemeinschaftliche Geschwindigkeit gleich x und der Halbmesser des Wasserstrahles verwandle sich nunmehr in R, so hat man

$$M = R^{2}\,\pi \cdot x$$
$$L = R^{2}\,\pi \cdot x^{3}$$

Setzt man die beiden Ausdrücke für M einander gleich und ebenso die beiden für L, so findet man

$$x = c \cdot \sqrt{0,3}$$

und $R^{2} = 0,6086 \cdot \varrho^{2}$

Der letzte Zahlen-Coefficient bezeichnet das Verhältniß, in welchem der Flächeninhalt der Oeffnung verkleinert werden muß, wenn man mit Berücksichtigung der jedesmaligen Druckhöhe die ausfließende Wassermenge finden will, und dieses stimmt in der That mit dem beobachteten nahe überein. Man überzeugt sich übrigens leicht, daß, wenn kein Verlust an lebendiger Kraft eintritt, x nichts anderes sein kann, als die der Druckhöhe des Wassers entsprechende Geschwindigkeit, und sonach ist die Geschwindigkeit des mittleren Fadens beim Austritt aus der Oeffnung

$$c = 1,8258 \cdot x$$

das heißt, um fünf Sechstheile größer, als sie beim freien Heraballen der Wassertheilchen vom Wasserspiegel bis zur Oeffnung sein würde.

Die vorstehende Herleitung bezieht sich nur auf die Erscheinung im Allgemeinen, läſst aber alle Einzelheiten unberührt, die ohne Zweifel manche Modificationen veranlassen. Schon eine andere Form der Oeffnung dürfte eine geringe Aenderung des Contractions-Coefficienten zur Folge haben. Besonders wichtig ist aber der Einfluſs, den auf denselben die Gestaltung des Behälters in der Nähe der Oeffnung ausübt, indem dadurch der Zutritt des Wassers von der Seite bedingt wird. Wenn nämlich die Ausfluſsöffnung sich nicht in einer ebenen Fläche und in hinreichendem Abstande von den Seitenwänden befindet, so vergröſsert oder vermindert sich der Coefficient. Das erste geschieht, sobald eine oder mehrere Wände sich sehr nahe an der Oeffnung befinden, oder dieselbe seitwärts berühren. Wenn dagegen die Oeffnung durch eine Röhre in das innere des Behälters verlegt wird, so vermindert sich die ausflieſsende Wassermenge. Borda's Versuche zeigen, daſs bei der letzten Anordnung der Contractions-Coefficient bis auf 0,515 verringert werden kann. Man muſs dabei aber vermeiden, daſs der Strahl die Wände der Röhre berührt, denn sonst wirkt letztere, wie eine Ansatzröhre, und vergröſsert die Ergiebigkeit der Oeffnung.

§. 15.
Ausfluſs des Wassers durch Ansatzröhren.

Wenn der Ausfluſs durch sehr kurze Röhren erfolgt, deren Länge nur wenig gröſser ist, als ihr lichter Durchmesser, oder durch sogenannte Ansatzröhren, so zeigen die austretenden Strahlen manche auffallende Unterschiede gegen diejenigen, die sich in der Oeffnung einer dünnen Wand bilden.

In die verticale und ebene Wand eines Blechgefäſses, das etwa 3 Zoll weit und 9 Zoll hoch war, schnitt ich ohnfern des Bodens eine Oeffnung von 1 Zoll Breite und $\frac{1}{2}$ Zoll Höhe ein, und löthete in diese eine Messingplatte, worin sich zwei gleiche kreisförmige Oeffnungen befanden, von denen die eine in dünner Wand eingeschnitten, und die andre mit kurzer Ansatzröhre versehn war. So-

bald ich das Gefäs mit Wasser füllte, stellten sich beide Strahl[en]
nebeneinander dar. Sie unterschieden sich in dreifacher Bezieh[ung]

1, Der Strahl aus der Oeffnung in der dünnen Wand hatte ei[nen]
geringeren Querschnitt, als der aus der Ansatzröhre.

2, Der erste wurde in gleichem Abstande viel weniger, als [der]
letzte, durch die Schwere herabgezogen. Das Wasser in i[hm]
hatte also eine gröfsere Geschwindigkeit angenommen.

3) Das äufsere Ansehn beider Strahlen war auffallend verschied[en]
Der Strahl aus der Oeffnung in der dünnen Wand glich ei[nem]
geschliffenen Glasstabe, alle Gegenstände spiegelten sich da[rin]
und er zeigte keine Bewegung. Der Strahl aus der Ans[atz]
röhre hatte dagegen ein mattes Ansehn und eine trübe Fä[r]
bung, seine Oberfläche war fein gefurcht, und indem die Fu[r]
chen wie kleine Wellen ihre Stellung fortwährend veränder[ten]
so entstand ein flimmernder Glanz auf demselben. Doch ni[cht]
allein diese Bewegungen unterscheiden ihn von dem erste[n]
sondern aufserdem war er einem starken Schwanken au[s]ge
setzt, welches in sehr kurzen Perioden sich wiederholte. S[o]
bald aber der Wasserstand im Gefäse sich bis auf einig[e] L[i]
nien über den Oeffnungen vermindert hatte, verschwande[n] d[ie]
Eigenthümlichkeiten des zweiten Strahles und er nahm d[as]
Ansehn des ersteren an.

Die beiden ersten Unterschiede sind schon oft bemerkt word[en]
man hat auch die Wassermengen, welche durch cylindrische Ansa[tz]
röhren abgeführt werden, durch vielfache Beobachtungen zu ermitt[eln]
gesucht. Wählt man zur Vergleichung wieder diejenige Wasserme[nge]
welche abfliefsen würde, wenn keine Contraction des Strahles [ein]
träte, so ist das Verhältnifs durchschnittlich, wie 1 zu 0,82.
Werth dieses Contractions-Coefficienten schwankt nach den versc[hie]
denen Beobachtungen zwischen 0,80 und 0,83. Wenn hierin
gröfsere Uebereinstimmung, als in den Beobachtungen über
Ausflufs durch Oeffnungen in einer dünnen Wand zu liegen sch[eint]
so rührt dieses wohl davon her, dafs diese Beobachtungen mi[t] z
zahlreich und nur in kleinem Maafsstabe ausgeführt wurden. S[o]
hat sich besonders Castel, Ingenieur der Wasserwerke zu Toulo[n]
mit Beobachtungen über Ansatzröhren beschäftigt, und nicht nur
Wassermengen, sondern auch die Geschwindigkeiten untersucht, [mit]
mit der Strahl ausfliefst. Nach den im Jahre 1837 zu Toulo[n]

n Beobachtungen [*]) gab eine cylindrische Röhre von 7,1 Li-
und 18,4 Linien Länge unter Druckhöhen von 8 Zoll bis
nach sechs verschiedenen Beobachtungen das Verhältniß
rmengen sehr übereinstimmend 0,829 und die Form des
elche der Strahl beschrieb, zeigte, daß die Geschwindig-
u derjenigen, die der Druckhöhe entsprach, wie 0,826
oder im Mittel wieder wie 0,829 : 1 verhielt. Es ergiebt
as, daß in diesem Falle keine eigentliche Contraction statt-
Durchmesser des Strahles vielmehr mit dem der Oeffnung
nmt, und die geringere Ergiebigkeit der Oeffnung allein
'erringerung der Geschwindigkeit herrührt.

; man, woher die Ansatzröhre die ausfließende Wasser-
rmehrt und deren Geschwindigkeit vermindert, so läßt sich
Erklärung dafür geben, doch ist es bis jetzt nicht gelun-
Zahlenwerth des Coefficienten durch Rechnung zu begrün-
Wasser haftet bekanntlich an den Metallen, woraus man
n darstellt. Es haftet aber auch an der umgebenden Luft,
Wasserstrahl reißt letztere mit Heftigkeit mit sich, wie man
i Wasserfällen und starken springenden Strahlen wahrneh-
1. Wird nun die Oeffnung in der dünnen Wand mit ei-
tzröhre versehn, die sehr kurz ist und noch nicht ihren
urchmesser zur Länge hat, so berührt der Strahl gar nicht
e und tritt in gleicher Art, wie aus einer Oeffnung in dün-
1 heraus. Sobald aber die Röhre an Länge zunimmt, oder
n die Geschwindigkeit sehr geringe wird, so berührt der
1 irgend einer Stelle die Röhre und sogleich haftet er daran.
ihrung dehnt sich aber weiter aus, während die Luft, die
wischen dem Strahle und der Röhrenwand befindlich war,
rem herausgeführt wird und sich nicht mehr ersetzt, weil
inge gesperrt sind. Auf solche Art ist der Druck der Luft
ite Veranlassung, um die Ansatzröhre vollständig mit Was-
üllen. Die Wassertheilchen, welche in die Oeffnung treten,
sich alsdann nicht mehr wie früher überwiegend in der Mitte
i und hier die große Geschwindigkeit erzeugen, weil sonst
re am Rande leer bleiben würde. Es erfolgt also eine gleich-
e Vertheilung der Wassermasse über die ganze Fläche der

---

itgetheilt in den *Annales des Mines. Tome XIV.* Sept. u. Oct. 1838.

11*

Oeffnung, als früher, und die lebendige Kraft, welche die zutret...
Wassertheilchen haben, wird weniger auf die Bildung der st...
Geschwindigkeit des mittleren Fadens verwandt, als auf die V...
gröfserung der bewegten Masse. Auffallend ist es, dafs die le...
dige Kraft des aus der Oeffnung in der dünnen Wand tret...
Strahles ziemlich nahe gleich ist der lebendigen Kraft des, d...
die gleich weite Ansatzröhre fliefsenden Strahles, während die W...
sermengen sich nahe wie 3 zu 4 verhalten.

Wichtig sind noch andre Erscheinungen an den Ansatzrö...
Venturi versah die Ansatzröhre mit feinen Seitenöffnungen, d...
diese flofs aber nicht Wasser ab, vielmehr drang Luft hinein. ...
Strahl löste sich alsdann von den Wänden und nahm die E...
schaften des aus der Oeffnung in dünner Wand austretenden Str...
an. Man hat diesen Versuch auch unter dem Recipienten der L...
pumpe wiederholt, dabei jedoch im Allgemeinen keine Aender...
wahrgenommen, und nur in einzelnen Fällen, wo die Ansatzr...
besonders kurz war, schien der Strahl zur Füllung der ganzen Rö...
weniger geneigt zu sein, als unter dem gewöhnlichen Luftdr...
Ueberraschend ist noch die Erscheinung, die schon Daniel Bern...
bemerkte, dafs nämlich durch eine abwärts gekehrte Seitenrö...
welche in die Ansatzröhre an derjenigen Stelle einmündet, wo d...
freie Strahl die stärkste Contraction erfährt, kein Wasser ausfl...
vielmehr aus einem darunter befindlichen Gefäfse Wasser aufgesog...
wird.

Die Ansatzröhren haben oft andere Formen, als die cylind...
sche, und namentlich die Gestalt von Kegeln oder Pyramiden, d...
in der Richtung des Strahles sich verengen, oder erweitern. D...
ersten Fall hat besonders Castel sehr ausführlich untersucht. We...
der Winkel der Convergenz der gegenüberstehenden Seit...
sich von 0 Grad bis 180 Grad verändert, so kann man sowol d...
Oeffnung in der dünnen Wand, als auch die cylindische Ansatzrö...
als äufserste Grenzen der conischen Ansatzröhren betrachten.

Castel benutzte in der That eine Reihe von conischen Ans...
röhren, die verschieden convergirten, und bestimmte sowol die ...
fliefsenden Wassermengen, als auch die Geschwindigkeiten, und sw...
wurden die letzteren aus der Form der Parabel hergeleitet, welc...
der Strahl beschrieb, sie bezogen sich aber auf den kleinsten od...
den äufsersten Querschnitt der Ansatzröhre. Auf diese Art ste...

Coefficienten, einen für die **Wassermenge** und einen
ſeschwindigkeit dar, durch Division des ersten durch
en ergab sich aber noch ein dritter Coefficient, nämlich der
traction. *) Bei diesen Ansatzröhren, deren Durchmesser
ıgsten Stelle jedesmal 7.1 Linie und deren Länge 18,4 Li-
ıg, wurden als Mittelzahlen von 5 und 6 Beobachtungen,
ıbwechselndem Drucke von 8 Zoll bis 10 Fuſs angestellt
ır die verschiedenen Convergenzwinkel die folgenden Coef-
gefunden:

zwinkel	Coefficient der		
	Wassermenge	**Geschwindigkeit**	**Contraction.**
0'	0,829	0,829	1,00
36'	0,866	0,867	1,00
10'	0,895	0,894	1,00
10'	0,912	0,910	1,00
26'	0,924	0,919	1,00
52'	0,930	0,932	1,00
58'	0,934	0,942	0,99
20'	0,938	0,951	0,99
4'	0,942	0,955	0,99
24'	0,946	0,963	0,98
28'	0,941	0,966	0,97
36'	0,938	0,971	0,97
28'	0,924	0,970	0,96
0'	0,919	0,972	0,95
0'	0,914	0,974	0,94
58'	0,895	0,975	0,92
20'	0,870	0,980	0,89
50'	0,847	0,984	0,86

tel theilt noch andere Beobachtungen mit, die sich auf Ansatz-
on verschiedener Weite und verschiedener Länge beziehn.
gehe dieselben, da sie nicht genügen, um das Gesetz ge-
ı verfolgen, welches sich hiernach schon im Allgemeinen
ıllt. Man bemerkt, daſs der Coefficient der Geschwindigkeit

---

iese Beobachtungen sind in den *Annales des Mines 1833* mitgetheilt.

bei zunehmender Convergenz wächst und der der Contraction
nimmt. Durch Verbindung beider erhält man den Coefficient
Wassermenge. der, soweit sich dieses aus der Tabelle beurth
läfst, etwa bei 13 Graden sein Maximum erreicht.

Es giebt noch einige Beobachtungen, die über die coni
oder vielmehr pyramidalen Ansatzröhren im Grofsen angestellt
Bei den im südlichen Frankreich seit langer Zeit üblichen bor
talen Mühlrädern wird nämlich der Wasserstrahl durch eine p
midale Zuleitungsröhre auf die Schaufeln des Rades geführt.
Ingenieur Lespinasse untersuchte eine solche Röhre, sie war 9 F
4 Zoll lang und ihr oblonger Querschnitt maafs neben der Ein
mündung in den Seiten 27,9 und 37,3 Zoll, dagegen in der A
mündung 5,2 und 7,2 Zoll. Die Seiten convergirten also in Wi
von 11¼ und 15¼ Graden. Die Druckhöhe betrug 9 Fafs 4 Z
Es ergaben sich aus drei Beobachtungen die Coefficienten der W
sermenge

0,987   0,976 und 0,979.

Es war also der Erfolg noch günstiger, als man nach den Ca
schen Beobachtungen erwarten sollte, und es ist bemerkenswer
dafs man durch die ziemlich rohe Praxis dieses Mühlenbaues
den vortheilhaftesten Convergenzwinkel geführt worden ist.

Endlich können die Ansatzröhren auch divergirend s
d. h. sie können abgestutzte Kegel bilden, deren engere Oeffnu
die Einflufsmündung und deren weitere Oeffnung die Ausflufsmünd
ist. Mittelst dieser kann man den gröfsten Coefficient der Was
menge darstellen, wenn man das engste Profil, also die Einfl
mündung als Querschnitt des in Vergleich gestellten Cylinders
sieht. Für die Oeffnung in der dünnen Wand war der Coeffici
gleich 0,61, für die cylindrische Ansatzröhre 0,82, für die dive
rende conische Ansatzröhre wird er gröfser als Eins und nach
Beobachtungen von Venturi und Eytelwein wächst er bis 1¼
sogar bis 1¼. Letzteres geschieht, wenn man eine convergir
conische Ansatzröhre von der Form des contrahirten Strahle
mittelbar davor anbringt und der divergirenden Ansatzröhre
neunfachen Durchmesser des kleinsten Querschnittes zur Länge g
und ihre Seiten unter einem Winkel von 5° 6' gegen einander
In die näheren Details dieser Beobachtungen einzugehn scheint
flüssig, da eine Anwendung derselben kaum denkbar ist.

Es muß hierbei noch bemerkt werden, daß die in dem engsten ... der zuletzt erwähnten Ansatzröhre erzeugte sehr große Geschwindigkeit keineswegs mit den allgemeinen dynamischen Gesetzen Widerspruch steht. Dieses würde nur der Fall sein, wenn das ... mit dieser Geschwindigkeit frei ausströmte, was jedoch keineswegs geschieht. Die ganze Wassermenge, die sich auf einmal ... Röhre befindet, ist als ein zusammenhängendes System von ... zu betrachten, welches gegenseitig seine Geschwindigkeit ... Ist die mittlere Geschwindigkeit im engsten Profile gleich 1, beträgt sie bei der angegebenen Gestalt der divergirenden Röhre ... Ausflußmündung noch nicht $\frac{1}{3}$, oder die Geschwindigkeit, ... das Wasser ausspritzt, ist nur etwa die Hälfte von der, die beim freien Falle von der ganzen Druckhöhe erlangen würde. ... lebendige Kraft wird also nicht vergrößert, sondern im Gegentheil sehr bedeutend vermindert. Es muß aber noch darauf aufmerksam gemacht werden, daß in diesem Falle nahe dieselbe Erscheinung durch die Beobachtung sicher festgestellt ist, die bei der ... der Construction des aus dünner Wand austretenden Strahles ... wurde, daß nämlich einzelne Theile der bewegten ... masse oder des Strahles eine größere Geschwindigkeit annehmen, als diejenige ist, die sie beim freien Herabfallen vom Niveau des Druckwassers erhalten konnten.

§. 16.
Bewegung des Wassers in Röhrenleitungen.

Wenn eine längere, vollständig mit Wasser gefüllte cylindrische Röhre aus einem weiteren Bassin gespeist wird, so ist der ... Theil derselben nichts anderes, als eine Ansatzröhre. In ... bildet sich die Geschwindigkeit, die, in der Richtung der ... gemessen, sich unverändert durch die ganze Leitung fort..., weil eben sowol die Querschnitte, wie auch die Wasser..., welche durch diese hindurchfließen, dieselben sind. Letzt... ist die nothwendige Folge theils von dem Mangel an merk... Comprimirbarkeit des Wassers, und theils von dem Drucke ... Luft, der die Bildung leerer Räume in der Röhre nicht

gestattet. Diese constante Geschwindigkeit in der ganzen A
nung der cylindrischen Leitung bezieht sich aber keinesw
alle darin befindlichen Wassertheilchen, nur die mittlere Ge
digkeit in jedem Querschnitt, und zwar in der Richtung de
gemessen, bleibt überall dieselbe. Sie ändert sich auch be
setztem Durchflusse nicht, wenn die Druckhöhe constant i
ter Druckhöhe versteht man aber die Niveau-Differenz :
Ober- und Unterwasser, oder wenn der Strahl nicht unter
austritt, zwischen dem Oberwasser und dem Mittelpunkte
flußmündung.

Ein Theil dieser Druckhöhe wird verwendet, um dem
welches gewöhnlich sich vorher in Ruhe befand, die Geschv
mitzutheilen, während der andre die Widerstände in der
überwindet. Man unterscheidet daher die Geschwind
Höhe und die Widerstands-Höhe, die zusammen di
höhe darstellen. Was die erstere betrifft, so ergeben die
tungen bei engen Röhren, und zwar bei mäfsigen Geschwin
dafs dieselbe mit dem oben (§. 15.) hergeleiteten Contractio
cienten der cylindrischen Ansatzröhren übereinstimmt. Be
Leitungen ist aber die Geschwindigkeits-Höhe vergleich
zur Widerstands-Höhe unmerklich klein, und kann daher ol
theil unbeachtet bleiben, wie dieses in Frankreich auch ül

Man sollte vermuthen, dafs die Bewegung des Wass
lindrischen Röhren, als eine der einfachsten hydraulischer
nungen, leicht zu verfolgen, und daher die Gesetze, denen
worfen ist, eben so leicht nachzuweisen sein müfsten. Be
gen Röhren und mäfsigen Geschwindigkeiten ist dieses
der Fall, aber keineswegs bei weiteren Röhren.

In dieser Untersuchung mufs auch die Neigung der Rö
den Horizont berücksichtigt werden. Zuerst mag von sol
tungen die Rede sein, die ganz oder doch nahe horizo
legt sind. Der Druck, der in der ganzen Länge der
Widerstände überwinden mufs, kann nicht wie in eine
Gerinne, oder in einem Stromlaufe durch seine freie Obe
jeder Stelle unmittelbar dasjenige Gefälle darstellen, we
Widerständen entspricht. Es mufs vielmehr eine Uebertr
Druckes eintreten, und diese erfolgt entweder nur durch
Spannung, in welcher die ganze Wassermasse sich befu

in jenen engen Röhren der Fall ist, oder es treten innere Be-
ein, die häufig übermäßig stark sind, die man auch deut-
⸭kennt, wenn man durch Glasröhren mit dem Wasser zugleich
hindurchtreiben läßt.   Man bemerkt alsdann, daß die
Masse sich in wirbelnder und anscheinend ganz unregelmä-
Bewegung befindet.   Sehr auffallend unterscheiden sich auch
Arten der Bewegung durch das Ansehn des aus der Leitung
en Strahles.   Derselbe gleicht einem festen Glasstabe mit
Oberfläche und zeigt sich ganz unbeweglich, so lange die
innern Bewegungen in der Röhre fehlen.   Sobald diese jedoch eintreten, so schwankt er nicht nur hin und her, sondern seine Oberfläche nimmt auch einen matten Glanz, wie geätztes Glas an, und
läßt unter der Lupe eine zahllose Menge kleiner Wellen erkennen.

Im letzten Falle wird also dem Wasser eine viel größere Geschwindigkeit mitgetheilt, als sich aus der austretenden Masse erkennen läßt.   Letztere, dividirt durch den Querschnitt, giebt die
**mittlere Geschwindigkeit in der Richtung der Leitung
gemessen**, während der erwähnte Versuch deutlich zeigt, daß die
Wassertheilchen sich wirklich in ganz anderen Richtungen bewegen.
Es ist denkbar, daß die große lebendige Kraft, die dem Wasser
bei dem Eintritt in die Röhre mitgetheilt wird, und die sich eben
in den Wirbeln zu erkennen giebt, zur Ueberwindung der Widerstände auf dem ganzen Wege dient.   In diesem Falle müßte indessen in der Nähe der obern Mündung die innere Bewegung stärker
sein, als vor der Ausmündung, was ich doch nie bemerken konnte.
Die Erscheinung ist daher keineswegs aufgeklärt, und man ist noch
nicht im Stande, sie auf die allgemeinen Gesetze der Mechanik
zurückzuführen.   Gewiß ist nur, daß die sogenannte Widerstandshöhe keineswegs allein zur Ueberwindung der Widerstände neben
der Röhrenwand, die man theils als Reibung und theils als Klebrigkeit ansieht, verwendet wird, sondern vorzugsweise die **innern
Bewegungen** erzeugt.

Unzweifelhaft gestaltet sich die Erscheinung am einfachsten in
engen Röhren und zwar bis zu denjenigen Geschwindigkeiten,
wo die innern Bewegungen beginnen.   Obwohl dieser Fall in grös-
sern Wasserleitungen nicht leicht vorkommt, so steht er doch mit
den Erscheinungen bei diesen in sehr naher Beziehung und dient
zum Theil zur Erklärung derselben.   In jenem Falle ist die Wider-

standshöhe oder die Niveau-Differenz, welche zur Ueberwindung der
Widerstände verwendet wird, der ersten Potenz der mittleren
Geschwindigkeit, oder der ausfliefsenden Wassermenge proportional,
aufserdem ist sie aber auch umgekehrt proportional dem Quadrate
des Durchmessers der Röhre.

Letzteres ergab sich unzweifelhaft aus Beobachtungen, die ich
mit drei verschiedenen, sorgfältig ausgeschliffenen Röhren von 1,17
. . . 1,84 und von 2,71 Rheinl. Linien Weite anstellte *), erstere
war schon früher bemerkt worden. Wenige Jahre später gelangt
Poiseuille zu demselben Resultate, indem er zu den Messungen sehr
feine Haarröhren von 0,007 bis 0,40 Rheinl. Linien Weite benutzt.
Diese Untersuchung verfolgte vorzugsweise den physiologischen
Zweck, die Gesetze der Bewegung des Blutes im thierischen Körper
aufzufinden. Poiseuille legte seine Arbeit der Pariser Academie der
Wissenschaften vor, und da die bereits erwähnten Resultate, von
den bisher geltenden wesentlich abwichen, so ernannte die Academie
eine Commission, zu der auch Arago gehörte, welche den Gegen
stand näher prüfen sollte. Diese betheiligte sich an den Messungen
und konnte nur die gefundenen Resultate bestätigen **).

Sowol meine, als diese Untersuchung zeigte, dafs die Bewegung
des Wassers in engen Röhren in hohem Grade von der Temperatur
abhängt, wie Gerstner dieses schon früher gefunden hatte ***). Die
ser Einflufs der Temperatur veranlafst eigenthümliche Erscheinungen
Bei höherem Wärmegrade gewinnt das Wasser an Beweglichkeit
hierdurch bilden sich innere Bewegungen, und in Folge derselb
vermindert sich die in der Richtung der Röhre gemessene Geschw
digkeit, oder die ausfliefsende Wassermenge. Wenn ich beispie
weise auf die enge Röhre von 1,17 Linie Weite und 18 Zoll Län
einen Druck von 11 Zoll wirken liefs, so nahm in der Richtung
Röhre gemessen die Geschwindigkeit von 27 bis 36 Zoll zu, sob
das Wasser von 0 bis 18 Grad Réaumur erwärmt wurde. 1
weiterer Erwärmung traten innere Bewegungen ein, die ein
Theil der Druckhöhe consumirten, und dadurch jene Geschwindigk

*) Poggendorff's Annalen. Bd. 46. 1839.
**) Der Commissions-Bericht vom 25. December 1842 ist in den An
les de chimie, Ser. III. Tom VII. vom Jahre 1843 abgedruckt, derselbe
auch in Poggendorff's Annalen, Band 58. 1843 aufgenommen.
***) Gilbert's Annalen. Band 5. 1800.

wieder verminderten, die bei 32 Grad nur noch 31,6 Zoll maafs. Bei dieser Temperatur hatten sie sich vollständig ausgebildet und nunmehr vergröfserte sich wieder bei noch höheren Wärmegraden die ausfliefsende Wassermenge oder die Geschwindigkeit in der Richtung der Röhre. Letztere nahm freilich nur sehr langsam zu, doch fand ich sie bei 67 Grad gleich 35,4 Zoll. Indem ich diese Verhältnisse näher untersuchte *), bemühte ich mich nochmals, ein allgemein gültiges Gesetz für die Bewegung des Wassers in Röhren aufzustellen. Ich benutzte zu den Versuchen wieder dieselben Röhren, deren Weite ich aufs Neue maafs, ich liefs jedoch die Strahlen frei in die Luft austreten, um ihre Beschaffenheit wahrnehmen zu können.

Wenn c die mittlere Geschwindigkeit in der Richtung der Röhre, h die Druckhöhe (also die Niveau-Differenz zwischen dem Spiegel des Druckwassers und dem Mittelpunkte der Ausflufs-Oeffnung), L die Länge der Röhre und D ihren Durchmesser bezeichnet, Alles in Rheinländischen Zollen ausgedrückt, so fand ich

$$h = \alpha \cdot D + \beta \frac{cL}{D^2} + \gamma c^2 + \delta \frac{c^2 L}{D}$$

Der constante Factor α des ersten Gliedes, das von der Geschwindigkeit ganz unabhängig ist, bezeichnete die Molecular-Attraction oder die Spannung der Oberfläche im austretenden Strahle, die nach Maafsgabe des Durchmessers D einen bestimmten Gegendruck bildete. Die Stärke dieser Spannung schlofs sich sehr nahe an denselben Werth an, der sich für die frisch gebildete Oberfläche des Wassers, aus der Gröfse der abfallenden Tropfen ergiebt. Er ist von der Temperatur abhängig, doch stellt sich dieses erste Glied stets so geringe dar, dafs man es vernachlässigen darf. Es verschwindet auch ganz, wenn man den Strahl unter Wasser austreten läfst.

Das dritte Glied bezeichnet die Geschwindigkeits-Höhe, der constante Factor γ hatte nahe denselben Werth, den die mit kurzen Ansatzröhren angestellten Versuche ergaben (§. 15), derselbe ist sowol von der Temperatur, wie auch von der Länge und Weite der Röhre unabhängig.

---

*) Ueber den Einflufs der Temperatur auf die Bewegung des Wassers in Röhren. Abhandlungen der Academie der Wissenschaften. Berlin 1854.

Eine nähere Betrachtung verdient das zweite Glied, welches bei engen Röhren und mäfsigen Geschwindigkeiten vorzugsweise die letzteren bedingt. Indem es das Quadrat des Durchmessers im Nenner enthält, so ergiebt sich, dafs es für kleine D überwiegend grofs sein mufs. Es wäre dabei zu erwähnen, dafs eine etwas grössere Uebereinstimmung mit den Beobachtungen sich noch darstellen liefs, wenn ich annahm, dafs eine sehr dünne Wasserschicht neben der Röhrenwand an der Bewegung gar nicht Theil nahm. Die Dicke derselben fand ich gleich 0,0013 Zoll, doch schien sie auch von der Temperatur abhängig zu sein. Dadurch verwandelt sich das zweite Glied in

$$\beta \frac{c\,L\,D^2}{(D-0,0026)^4}$$

doch kann man von dieser unbedeutenden Correction absehn, da sie das Resultat nur wenig ändert, auch kaum durch meine Beobachtungen unzweifelhaft festgestellt ist, während Poiseuille's Beobachtungen ihr direct widersprechen. Der Factor β ändert sich sehr auffallend mit der Temperatur. Indem ich die Beziehung zwischen beiden suchte, kam ich endlich zu den Ausdrücken

$$\beta = 0,00006338 - 0,00001441 \sqrt[3]{\tau}$$

oder auch

$$\beta = 0,000015 \, (\sqrt[3]{80} - \sqrt[3]{\tau})$$

worin τ den Thermometer-Grad nach der Réaumurschen Scale bezeichnet und Rheinländisches Zollmaafs zum Grunde gelegt ist.

Ich mufs nech hinzufügen, dafs die erste Potenz der Geschwindigkeit im Zähler dieses Gliedes und die zweite des Durchmessers im Nenner sich vollständig erklären, wenn man wieder in derselben Weise, wie beim Ausflufs des Wassers durch Oeffnungen in dünner Wand (§. 14) geschah, eine stätige Zunahme der Geschwindigkeit von der Wand der Röhre bis zur Achse derselben annimmt. Es mag in dieser Beziehung genügen, auf meine letzterwähnte Abhandlung zu verweisen, und wäre nur zu erwähnen, dafs keine andre Voraussetzung dabei gemacht ist, als die an sich sehr plausible, dafs der Widerstand den zwei sich begrenzende unendlich dünne Lamellen ihrer gegenseitigen Verschiebung entgegensetzen, bei gleichen Flächen, der Gröfse dieser Verschiebung proportional ist.

Was endlich das vierte Glied des obigen Ausdrucks für λ be-

t, so stellt es den üblichen Werth der Widerstandshöhe für wei-
e Röhren dar. Nach meinen Beobachtungen ist der constante
ctor δ gleichfalls, jedoch nur in sehr geringem Grade von der
mperatur abhängig. Aufserdem stellte sich auch eine etwas grö-
re Uebereinstimmung zwischen den Beobachtungen dar, wenn ich
n Exponent von c etwas verminderte und den von D etwas ver-
fserte, doch konnten die in sehr kleinem Maafsstabe angestellten
essungen hierüber nicht entscheiden, vielmehr läfst sich über die
rm und den constanten Factor dieses vierten Gliedes nur unter
grundelegung von Beobachtungen an weiteren Röhren mit Sicher-
it urtheilen.

Unter diesen an weiten Röhren angestellten Messungen
d zuerst diejenigen zu erwähnen, die Couplet im Jahre 1732 der
riser Academie vorlegte. Er hatte dieselben an 7 verschiedenen
eitungen bei Versailles gemacht. Die Leitungen waren 4 bis 18
oll weit und 1700 bis 11400 Fufs lang, man würde also hieraus
hr wichtige Resultate ziehn können, wenn die Messungen sicher
ären. Von der einen Leitung bemerkte Couplet selbst, dafs sie
ch in sehr schlechtem Zustande befunden habe, ob die sämmtlichen
löhren aber durch Niederschläge oder vielleicht durch angesammelte
uft stellenweise verengt waren, wurde nicht untersucht. Diese ge-
ammten Messungen schliefsen sich auch an keine der bisher aufge-
tellten Theorien an, woher man daraus immer nur zwei bestimmte
usgewählt hat, bei denen dieses ungefähr statt findet.

Demnächst hat Bossut mit 3 Röhren Beobachtungen angestellt,
ie 1, 1¼ und 2 Zoll weit waren, und nach und nach von 30 bis
80 Fufs verlängert, und jedesmal dem Drucke von 1 und 2 Fufs
usgesetzt wurden. Endlich theilt Dubuat in seinem bekannten
Verke noch 56 eigne Messungen an Röhren von ¾ Linien bis 1 Zoll
urchmesser mit. Von diesen sind jedoch bisher immer nur diese-
igen 10 benutzt worden, die sich auf die einzölligen Röhren be-
iehn.

Die vorstehend benannten Beobachtungen, die sämmtlich aus
m vorigen Jahrhunderte herrühren, liegen allein allen bisherigen
heorien zum Grunde. In neuerer Zeit sind freilich noch durch das
utitution of Civil Engineers Messungen von Provis an einer 1½ zöl-
gen Röhre bekannt gemacht worden, die jedoch unter sich viel

weniger übereinstimmen, als diejenigen von Bossut und Dubuat, woher von denselben nie Gebrauch gemacht ist.

Dubuat versuchte zuerst aus seinen eignen und den erwähnten frühern Beobachtungen eine allgemein gültige Regel über die Bewegung des Wassers in Röhren aufzustellen, der Ausdruck zu dem er gelangte und der zugleich die Bewegung in offenen Gerinnen umfassen sollte, war indessen so complicirt, daß er wohl niemals einer Rechnung zum Grunde gelegt ist.

Woltman, der die Deutschen Hydrotecten zuerst mit Dubuat's *Principes d'hydraulique* bekannt machte [*]), vereinfachte diesen Ausdruck in Betreff der Röhrenleitungen sehr wesentlich, indem er nachwies, daß nach den vorliegenden Beobachtungen der Widerstand, also die Druckhöhe nahe der $\frac{7}{4}$ Potenz der Geschwindigkeit und umgekehrt der Röhrenweite proportional sei. Auch Eytelwein empfahl, bei genaueren Rechnungen nicht die zweite, sondern eine etwas niedrigere Potenz, nämlich die $\frac{44}{24}$ zu wählen.

Für gewöhnliche Fälle stellte Eytelwein [**]) das einfache Gesetz auf, daß die Widerstandshöhe $H' = K \dfrac{o^2 L}{D}$ sei. Eytelwein versuchte auch, das Quadrat der Geschwindigkeit dadurch zu begründen, daß bei doppelter Geschwindigkeit in gleicher Zeit von derselben Röhrenwand nicht nur die doppelte Anzahl der Wassertheilchen, sondern diese auch noch einmal so schnell abgerissen werden müssen. Dieses Räsonnement ist indessen sehr zweifelhaft, wenn man die mechanischen Verhältnisse schärfer auffaßt. Außerdem wird dabei nur die Reibung gegen die Röhrenwand in Betracht gezogen, von den innern Bewegungen aber ganz abgesehn, und endlich findet dieses Gesetz, wie bereits erwähnt, in engen Röhren keine Bestätigung. Was dagegen die Einführung des Durchmessers D in den Nenner betrifft, so erklärt Eytelwein dieselbe dadurch, daß der Widerstand bei gleicher Länge verschiedener Röhren dem Umfange, also dem Durchmesser proportional sein müsse, sich aber auf die ganze Wassermasse, oder auf den Querschnitt vertheile, woher der Widerstand für jeden einzelnen Wasserfaden dem Durchmesser dividirt durch das Quadrat desselben, oder umgekehrt dem Durchmesser proportional sei.

[*]) Beiträge zur hydraulischen Architectur. Band I. Göttingen 1791.
[**]) Handbuch der Mechanik und Hydraulik. Berlin 1801.

Obwohl diese Begründungen, wobei die ganze Wassermenge, die grade in der Röhre befindet, als ein fester Körper betrachtet, keineswegs als vollgültige Beweise angesehn werden können, so stellt der Ausdruck, zu dem sie führen, sich doch sehr bewähr, und dieses um so mehr als die sogenannte Geschwindigkeits-Höhe gleichfalls dem Quadrat der Geschwindigkeit proportional und sich sonach leicht mit der Widerstands-Höhe verbinden läfst. Ist *H* die ganze Druckhöhe und *L* die Länge der Röhre, so findet sich wenn, wenn alle Gröfsen in Rheinländischen Fufsen ausgedrückt

$$c = 45{,}4 \sqrt{\frac{HD}{L + 50 . D}}$$

In gleicher Weise, wie diese Formel bisher bei uns allen beiden Rechnungen zum Grunde gelegt wurde, so ist dieses in Frankreich mit dem Ausdrucke geschehn, den Prony wenige Jahre vor aus denselben Beobachtungen herleitete [*]). Der letzte Ausdruck unterscheidet sich jedoch von jenem dadurch, dafs darin die Geschwindigkeitshöhe unbeachtet bleibt, dagegen vorausgesetzt wird, dafs der Widerstand nicht nur von der Reibung der Röhrenwand, sondern auch von der Klebrigkeit derselben herrührt. Prony nimmt aber an, dafs jene der zweiten und diese der ersten Potenz der Geschwindigkeit proportional sei. Ob diese Unterscheidung, die man Coulomb einführte, sich wirklich begründet, mag dahin gestellt bleiben, jedenfalls liefs sich aber ein schärferer Anschlufs an die Beobachtungen erreichen, indem zwei Glieder, mit zwei unbekannten konstanten Factoren eingeführt wurden. Zur Zeit, als Prony die Formel berechnete, war indessen die Methode zur Auffindung der wahrscheinlichsten Werthe der Factoren aus einer gröfseren Anzahl von Beobachtungen noch wenig bekannt, und daher sind die Resultate auch nicht in aller Strenge richtig. Er gelangte zu dem Ausdruck

$$c = -0{,}175 + \sqrt{(0{,}03 + 922 . PD)}$$

in *P* das relative Gefälle, also die Widerstandshöhe dividirt durch die Länge der Röhre bedeutet, und *c* und *D* in Metern ausgedrückt sind. Wenn dagegen die Geschwindigkeit und die Röhrenweite in rheinländischen Fufsen gemessen werden, so verwandelt sich dieser Ausdruck in

---

[*]) *Recherches physico-mathématiques des eaux courantes.* Paris 1804.

$$c = -0,557 + V(0,31 + 2937 \cdot PD)$$

Indem aus den erwähnten Beobachtungen mit einiger Sich
gefolgert werden konnte, daſs der Widerstand nicht der r
sondern einer etwas geringeren Potenz der Geschwindigkeit
tional sei, so muſste entweder eine solche angenommen od
ein zweites Glied eingeführt werden, welches die erste Pote
hielt. Letzteres hat Prony gethan, und gewiſs war dieses d
sendere, dadurch kommt man aber, wenn man c ausdrück
auf eine quadratische Gleichung, welche zugleich die erste
der Unbekannten enthält, und daher in der Anwendung et
bequem ist. Um diesem geringen Uebelstande zu begegnen,
Vorschlag von Woltman, c unter einen gebrochenen Exp
einzuführen, mehrfach befolgt, was um so mehr zulässig e
als bei der Unsicherheit der zum Grunde liegenden Beobac
doch kein sicheres Resultat zu erwarten stand. In dieser Be
hatte ich in der früheren Ausgabe dieses Werkes die Eir
der $\frac{1}{4}$ Potenz empfohlen, die nach jenen Beobachtungen sich
wahrscheinlichste herausstelle und eine sehr bequeme logarit
Berechnung gestattete. Saint Venant veränderte diesen Exp
in $\frac{1}{5}$, während Dupui dem Ausdrucke, wonach aus der
menge und dem Gefälle die Weite der Röhre berechnet werd
wieder die Voraussetzung zum Grunde legte, daſs die Dr
der zweiten Potenz ·der Geschwindigkeit proportional sei.

Indem gröſsere Leitungen weder vollkommen cylindri
gestellt, noch auch wenn dieses der Fall wäre, dauernd i
Regelmäſsigkeit erhalten werden können, da Verengunger
Niederschläge, auch wohl durch Ansammlung von Luft aller ·
unerachtet, unvermeidlich sind, so rechtfertigt sich gewiſs (
sicht, stets solche Weiten zu wählen, daſs voraussichtlich
giebigkeit gröſser, als das Bedürfniſs ist. Durch theilweise
sung der Hähne kann man alsdann leicht die nöthige Re
veranlassen. Aus diesem Grunde ist die Ansicht vielfach ve
daſs die Technik einer nähern Kenntniſs der Gesetze über
wegung des Wassers in cylindrischen Röhren nicht bedarf
ist aber nicht der Fall, da die Anlage sich unbedingt w
vertheuert, wenn man Weiten wählt, welche jedes Bedürfr
übersteigen, man aber auch bemüht sein muſs, nach den je
gen localen Verhältnissen den erforderlichen Zusatz in den

ʼg zu bemessen, und hierzu die Kenntniſs der Ergiebigkeit, die
ʼrmalem Zustande eintreten würde, unentbehrlich ist. Dazu
ιt aber noch, daſs eine Technik, die ihrer Natur nach sich auf
ιschaft gründet, von solcher Willkühr frei werden muſs, sobald
ιe Gelegenheit sich bietet.

etzteres war bisher nicht der Fall, da die vorliegenden Beob-
ϱen, in so fern sie sich auf weitere Röhren bezogen, zu un-
waren, als daſs man zuverlässige Resultate daraus hätte ziehn
. Dieser Mangel ist gegenwärtig in höchst anerkennungs-
ʼ Weise durch die Messungen gehoben, welche Darcy an der
ʼleitung Chaillot in Paris angestellt hat *). Wenn dadurch
eineswegs alle Zweifel vollständig gelöst sind, so übertreffen
ıeobachtungen doch so sehr alle früheren an Vollständigkeit
ıärfe, daſs der Versuch sich rechtfertigt, aus ihnen die Ge-
ϱrzuleiten, denen das Wasser beim Durchflieſsen cylindrischer
folgt. Darcy hatte freilich nicht zu diesem Zwecke die
ϱen angestellt, er wollte vielmehr daraus nur gewisse Regeln
ι, wonach die Ergiebigkeit verschiedener Röhren, wie sie ge-
ʒh zur Anwendung kommen, beurtheilt werden kann. Er
ʼ daher auch Röhren, worin sich durch langen Gebrauch
ιchläge abgesetzt hatten, so wie auch solche, von denen jede
ʼm Ende weiter, als am andern war. Bei den Glasröhren
ʒen sich die an verschiedenen Stellen gemessenen Querschnitte
zu 7 gegen einander, auch bei den Asphaltröhren und den
ı Blechröhren war die regelmäſsige cylindrische Form keines-
ʼrauszusetzen. Ob solche, mit unregelmäſsigen Röhren an-
ʼen Versuche wirklich von Nutzen sind, muſs man wohl be-
ιι, da die Gröſse der Unregelmäſsigkeiten doch nicht constant
d man daher bei Anwendung der Röhren gleicher Art auch
ʼegs dieselben Resultate erwarten darf. Gewiſs würden diese
ιgen von viel gröſserer Bedeutung und zugleich in technischer
ιng viel nützlicher gewesen sein, wenn auf die Darstellung
ιst regelmäſsiger cylindrischer Formen mehr Aufmerksamkeit
det wäre. Hiernach war es nothwendig, der nachstehenden
ιchung nur diejenigen Beobachtungsreihen zum Grunde zu

Recherches expérimentales relatives au mouvement de l'eau dans les tu-
ʼr H. Darcy. Paris 1857.

legen, bei denen vorausgesetzt werden durfte, daſs die Röhr
auffallend unregelmäſsig waren.

Der Einfluſs dieser gröſsern, oder minderen Abweichu
der regelmäſsigen Form stellt sich in den Beobachtunge
scheinlich heraus. Eine Asphaltröhre (No. VII) hatte zum
sehr genau dieselbe Weite, wie eine Blechröhre (No. II)
noch sind die darnach berechneten Constanten im Verhält
2 zu 3 verschieden. Die an den einzelnen Röhren angestellter
gen stimmen dagegen unter sich so genau überein, wie ɑ
zu wünschen ist, und hiervon überzeugt man sich leicht, ᴠ
die Messungen nach den relativen Gefällen P und den
Geschwindigkeiten c graphisch aufträgt: ein Beweis, daſ
obachtungen mit groſser Vorsicht ausgeführt sind. Verglɩ
dagegen unter einander die Resultate, die sich aus den Be
gen mit verschiedenen Röhren herausstellen, so bemerkt
auffallendsten Abweichungen und diese erklärt Darcy ɑ
stärkeres oder schwächeres Haften des Wassers an den ᴠ
nen Wänden, woher er für jedes Material einen andern
Coefficienten einführt. Diese Voraussetzung ist indessen
höchst unwahrscheinlich und es ist sogar undenkbar, daſs
über eine sehr dünne Schicht hinaus noch einen verschiɛ
Einfluſs auf die Bewegung des Wassers ausüben sollte, r
wenn man die Bewegungen im Innern der Masse berüɑ
Wenn man aber neben der Röhrenwand eine ruhende Was
voraussetzen wollte, deren Dicke von dem Material abhän
so läge die Vermuthung viel näher, daſs die Gestaltung d
also die Unregelmäſsigkeit derselben den bemerkten Einflur

Die Grenzen dieses Handbuches würden weit übɛ
werden, wenn ich die Rechnungen, denen ich Darcy's Beob.
unterwarf, vollständig mittheilen wollte, ich beschränke mi
den Gang derselben und die Hauptresultate anzuführen,
ich die Beobachtungen kurz beschrieben habe.

Darcy benutzte 22 Röhren, deren Weite er groſsentheil
bestimmte, daſs er sie mit Wasser anfüllte, und darauf ɑ
maaſs. In den weiteren Röhren wurden auch an beiden .
des einzelnen Theiles die Durchmesser in kreuzweiser Ricl
mittelbar gemessen. Das Verlegen der Röhren erfolgte in
daſs nicht nur alle Biegungen des Stranges vermieden wur

dem derselbe auch in der Richtung der Strömung sanft anstieg, damit die Luftblasen, die in den Leitungen nicht selten vorkommen, sich nicht ansammeln, sondern sogleich mit dem Wasser fortgetrieben werden möchten.

Die Stränge waren über 100 Meter lang, nur die der Bleiröhren schränkten sich auf die Hälfte. Sehr zweckmäfsig war die Vorrichtung zur genauen Bestimmung der Druckhöhen gewählt. Es wurde nämlich nicht, wie sonst geschieht, die Niveau-Differenz zwischen Ober- und Unterwasser, sondern der Druck gemessen, der an verschiedenen Stellen der Leitung statt fand. Hierzu diente das ähnlichen Zwecken schon sonst benutzte Piezometer, welches in einer oben offenen Glasröhre besteht, in der das Wasser aus der Röhre bis zu derjenigen Höhe frei ansteigt, welche dem Drucke an der Stelle entspricht. Ein solches Instrument befand sich in einiger Entfernung hinter dem obern Ende der Leitung, ein zweites vor dem untern Ende, und ein drittes oder zwei solche, die nur zur Controlle dienten, an dazwischen liegenden Stellen. Von allen diesen Piezometern waren Bleiröhren nach einer in der Mitte stehenden Scale gezogen, wo alle Glasröhren neben einander standen und an derselben Maaſse abgelesen werden konnten. Die Differenzen zeigten unmittelbar diejenige Druckhöhe an, die in dem betreffenden Theile der Leitung zur Ueberwindung der Widerstände verwendet wurde. Durch diese Anordnung wurde zugleich der Vortheil erreicht, daſs derjenige Theil der Druckhöhe, der dem Wasser beim Eintritt in die Röhre die Geschwindigkeit mittheilt, mit der es diese durchläuft, oder die sogenannte Geschwindigkeits-Höhe, ganz umgangen wird.

Sobald sich beim Beginne der Beobachtungen eine gleichmäfsige Strömung eingestellt hatte, hörten an den drei oder vier Piezometern die Schwankungen auf, und alsdann leitete man das abflieſsende Wasser unterhalb der Versuchsröhre durch Oeffnen einer Bodenklappe eine bestimmte Zeit hindurch in ein cylindrisches Gefäſs, dessen Inhalt demnächst gemessen wurde. Dieser Abfluſs war aber so angeordnet, daſs er auf die Durchströmung der Versuchsröhre keinen Einfluſs ausübte, was sich durch fortgesetzte Beobachtung der Piezometer leicht erkennen lieſs.

Zuerst wurden drei Röhren aus Eisenblech (I, II und III) von 0,47 . . . 1,02 und 1,51 Zoll Durchmesser benutzt, an denen unter

verschiedenen Druckhöhen, also bei verschiedenen Geschwindig‹
13 ... 13 und 12 einzelne Beobachtungen angestellt wurden.
Die Röhren IV, V und VI waren Bleiröhren von 0,54 ..
und 1,56 Zoll Weite. Mit jeder machte man 7 Beobachtunge
Sodann folgen die Asphaltröhren VII, VIII, IX und ⁚
1,02 ... 3,16 ... 7,49 und 10,89 Zoll, damit wurden 12 .
... 11 und 7 einzelne Beobachtungen ausgeführt.
XI ist eine Glasröhre, durchschnittlich 1,90 Zoll weit. 6
achtungen.

Die folgenden Nummern bis XXII sind sämmtlich guſ‹
Röhren, von denen ich aber diejenigen ausschloſs, die nicℓ
vielmehr durch Niederschläge in Folge der frühern Benutzuℓ
engt waren, die übrigen waren theils ganz neu, nämlich XVI,
XVIII und XXII, theils vorher gereinigt, XIII, XV, XX, unℓ
Die Weiten, sowie die Anzahl der damit angestellten Beobacℓ
betrugen

bei XIII .... 1,39 Zoll und 7 Beobachtungen
- XV ..... 3,06 - - 7 -
- XVI .... 3,13 - - 13
- XVII .... 5,24 - - 10
- XVIII ... 7,19 - - 9
- XX ..... 9,35 - - 8
- XXI .... 11,36 - - 8
- XXII.... 19,15 - - 9

Zunächst kam es darauf an, die Form des Ausdrucks
zu lernen, an welche die mit jeder Röhre angestellte Beobac
reihe sich am besten anschlieſst. Ich versuchte zuerst, wie ⁈
heren Messungen darauf hingedeutet hatten, den Widerstanℓ
unbekannten Potenz der Geschwindigkeit proportional zu setze
wählte daher den Ausdruck

$$P = m\,c^{x}$$

Indem ich für jede Reihe den wahrscheinlichsten Werth des Eℷ
ten x berechnete, ergab es sich, daſs derselbe für die engsten
sich auf 1,5 stellte, mit der Weite der Röhren zunahm und
Röhre No. XXII sogar etwas gröſser, als 2 wurde.
Von der Einführung eines allgemein gültigen Exponenten
daher abgesehn werden, doch kam es noch darauf an, zu

lleicht die einzelnen Reihen sich an diesen Ausdruck besser
iefsen, als an denjenigen der zwei Glieder mit der ersten und
ı Potenz der Geschwindigkeit enthält. Zu diesem Zwecke
ich diejenigen beiden Reihen aus, welche sowol eine grofse
einzelner Beobachtungen umfafsten, als auch in andrer
ıng als besonders zuverlässig angesehn werden durften. Die-
·en die Reihen III und XVI. Ich verglich dieselben mit den
ısdrücken

$$A \ldots P = mc^2$$
$$B \ldots P = rc + sc^2$$
$$\text{und } C \ldots P = s'c^2$$

tte Vergleich war an sich zwar entbehrlich, indem schon der
ein sicheres Urtheil in dieser Beziehung gestattete, doch er-
es angemessen die Form C, da sie besonders häufig ange-
wird, noch speciell einer Prüfung zu unterwerfen. Um die
ıten m, x, r, s und s' nach der Methode der kleinsten Qua-
u berechnen, mufste ich die Bedingung stellen, dafs nicht so-
Summe der Quadrate der absoluten, als die der relativen
r von P ein Minimum wird, weil sonst ausschliefslich die-
Beobachtungen berücksichtigt worden wären, in welchen die
sehr grofs sind, und diejenigen mit den kleinsten Gefällen
influfs verloren hätten. Zu diesem Zwecke dividirte ich alle
usdrücke durch c, was auch in allen folgenden Untersu-
n geschehn ist. Nachdem in dieser Weise die betreffenden
nten gefunden waren, führte ich dieselben in die Ausdrücke
d berechnete darnach die Werthe von $\frac{P}{c}$. Die Unterschiede
en diesen und den beobachteten Werthen, waren die Fehler.
Quadrate, mit $[x' x']$ bezeichnet, ein Minimum sein sollten.
ıd

die Reihe III

nach $A \ldots [x' x'] = 0,00001691$
- $B \ldots = 0,00001441$
- $C \ldots = 0,00011135$

für die Reihe XVI

nach $A \ldots [x' x'] = 0,00002980$
- $B \ldots = 0,00000285$
- $C \ldots = 0,00000724$

In beiden Fällen war also die Summe der Quadrate bei Anwendung des zweiten Ausdruckes am geringsten, und sonach dieser
der wahrscheinlichste.

Es entstand ferner die Frage, ob das zweite Glied wirklich das
Quadrat, oder vielleicht eine andre Potenz der Geschwindigkeit zum
Factor hat. Für das erste Glied war nach meinen oben erwähnten
Beobachtungen ein ähnlicher Zweifel bereits beseitigt. Ich verglich
daher den Ausdruck

$$P = rc + sc^z$$

mit den einzelnen Beobachtungsreihen und berechnete daraus den
unbekannten Exponenten z. Die Lösung dieser Aufgabe nach der
Methode der kleinsten Quadrate würde aber die Einführung von
Näherungswerthen gefordert haben und daher sehr mühsam gewesen
sein, woher ich es vorzog, nachdem ich die einzelnen Reihen graphisch aufgetragen hatte, daraus je drei Beobachtungen auszusuchen,
die theils recht weit aus einander lagen, und theils dem allgemeinen
Zuge der Curve sich gut anschlossen. Hiernach fielen die Werthe
von z zwischen 1,82 und 2,06, nur zweimal wichen sie sehr stark
ab, indem sie 1,59 und 3,20 betrugen. Diese beiden grofsen Abweichungen rührten aber allein von denjenigen Beobachtungen her
bei welchen die relativen Gefälle sehr klein, also auch sehr unsicher
waren. Nachdem ich diese ausgeschlossen, stellten sich alle Werthe
von z nahe auf 2, und es mufs noch bemerkt werden, dafs ihre
Gröfse keine Beziehung zur Weite der Röhre erkennen liefs. Der
vorstehende Ausdruck B darf also als der richtige angesehn werden.

Bevor ich zur nähern Bestimmung der Constanten überging
war es nöthig diejenigen Beobachtungsreihen auszuschliefsen, bei
welchen eine regelmäfsige cylindrische Form nicht vorausgesetzt
werden durfte.

Dieses war bei den engen Röhren aus Eisenblech der Fall, wo
die Schweifs-Naht im Innern nicht beseitigt werden kann. Ich ver-
warf daher die Beobachtungsreihen I und II. Bei No. III schien
dieses wegen der gröfseren Weite nicht nothwendig, insofern die
Unregelmäfsigkeiten sich auf enge Grenzen beschränken. Die Bleiröhren No. IV, V und VI müssen als die regelmäfsigsten unter allen
angesehn werden, wogegen die Asphaltröhren nach der Beschreibung
die Darcy bei Gelegenheit der Leitungen in Dijon von der Fabri-

ı darselben giebt, keineswegs regelmäfsig geformt sein können.
stehn aus zusammengenietheten Blechröhren, die von aufsen,
on innen mit Asphalt überzogen sind. Da nicht abzusehn,
r innere Ueberzug gleichmäfsig aufgetragen werden kann, so
ie betreffenden Beobachtungsreihen ausgeschlossen. Mit der
hre, deren verschiedenartige Weite Darcy selbst angiebt, mufste
gleichfalls geschehn, und eben so auch mit .den gufseisernen
, aus welchen die Niederschläge nicht entfernt waren. Von
Beobachtungsreihen blieben sonach nur 12 übrig.

ch auch diese durften nicht vollständig benutzt werden. Die
;en Rechnungen zeigten nämlich schon, dafs vielfach sehr
Abweichungen in denjenigen Beobachtungen vorkommen,
lie Gefälle sehr klein sind. Darcy giebt dieselben, also die
von P, in fünf Decimalstellen an, woher die geringsten Ge-
rin nur durch zwei Ziffern ausgedrückt werden. Wenn die
erselben sich um einige Einheiten ändert, was bei der Un-
it dieser Messungen doch leicht möglich ist, so nehmen die
n Constanten schon wesentlich andre Werthe an. Ich habe
lle Beobachtungen ausgeschlossen, in welchen P kleiner, als
ıt.

chdem diese Sonderung vorgenommen war, berechnete ich
aus allen übrigen Beobachtungen für den Ausdruck

$$\frac{P}{c} = r + sc$$

ırscheinlichsten Werthe der Constanten r und s. In nach-
ır Tabelle sind dieselben unter Beifügung der Röhrenweiten
etrischem Maafse zusammengestellt.

	D Meter.	r	s
IV	0,014	0,01279	0,0898
V	0,027	0,00713	0,0470
(III	0,0364	0,00304	0,0343
III	0,0395	0,00422	0,0316
VI	0,041	0,00447	0,0281
XV	0,0801	0,000544	0,0188
(VI	0,0819	0,000923	0,0157
.VII	0,137	0,000500	0,00740
/III	0,188	0,000364	0,00588
XX	0,2447	0,000136	0,00557
(XI	0,297	0,000024	0,00406
XII	0,5006	0,000005	0,00195

Es ergiebt sich hieraus, dafs sowol r, wie auch s bei $\imath$
menden Röhrenweite kleiner werden, man bemerkt aber so$\imath$
dafs die Abnahme beider in ganz verschiedenem Verhältnisse ϵ
Die s sind der Röhrenweite D umgekehrt proportional, die
gegen dem Quadrate der letzteren. So bestätigen also Darcy's
achtungen sehr augenfällig dasselbe Gesetz, welches ich an
Messungen mit sehr engen Röhren früher gefunden hatte, dafs
lich in dem Ausdrucke für das relative Gefälle dasjenige
welches die erste Potenz der Geschwindigkeit zum Factor h$\imath$
zweite Potenz der Röhrenweite im Nenner enthält.

Man hat sonach

$$\frac{P}{c} = \frac{1}{D^2}\, x + \frac{c}{D}\, y$$

Wollte man indessen hiernach die beiden Unbekannten x
berechnen, so würde man die Summen von Gliedern erhalter
meist durch D^2, D^3 und D^4 dividirt sind, wobei also die m
weitern Röhren angestellten Beobachtungen vollständig unbe
bleiben, und nur die engsten Röhren die gesuchten Gröfsen b
men. Der Ausdruck mufste daher nochmals verändert werde

$$\frac{PD}{c} = \frac{1}{D}\, x + cy$$

Indem ich aus den 87 einzelnen Beobachtungen die Werthe
D und c einführte, fand ich

$$x = 0{,}000\ 005\ 336$$

und
$$y = 0{,}001\ 193$$

Für die Constante x ist der wahrscheinliche Fehler relat
gröfser, als für y. Unter Zugrundelegung des oben mitget
Ausdruckes, der die Abhängigkeit des Factors x von der Te$\imath$
tur nachweist, würde (mit Rücksicht auf das hier benutzte me
Maafs) sich ergeben, dafs die zum Grunde liegenden Beobach
bei $+1$ Grad der Réaumur'schen Scale ausgeführt sind. Dar
nur in wenigen Fällen die Temperaturen angegeben, nach de
reszeiten zu urtheilen, in welchen die Messungen gemacht w
mufs man indessen annehmen, dafs die Temperatur viel höhϵ
und mindestens 10° R. betrug. Dadurch würde für metrisches

$$x = 0{,}000\ 003\ 382$$

sein. Diese Aenderung erscheint bei der Unsicherheit des aus I
Messungen hergeleiteten Werthes dieses Gliedes zulässig, und

auch die in

hen Fufsen

bezeichnet.

dafs

ckhöhe,

ungsweise,

verschwindend klein

Coefficient für cylindri-

indigkeitshöhe, die von

des ersten

gleich der Widerstandshöhe,

= L, folglich die erstere gleich

$$000\ 377\ \frac{L\,c^2}{D}$$

$$\left(2 + 0,000\ 377\ \frac{L}{D}\right) c^2$$

$$000\ 377\ \left(\frac{L}{D} + 61,5\right) c^2$$

ehler von 5 Procent im Werthe von P, lässig erachtet, dieser tritt bei Fortlassung der Parenthese ein, wenn

$$\frac{L}{D} = 19.61,5 = 1168,5$$

Vereinfachung des Ausdruckes ausführen, oder digkeitshöhe absehn, sobald

$$L = 1168,5 . D$$

r ist, also wenn

Hierbei tritt indessen gemeinhin noch eine andre sehr we
liche Erleichterung ein. Eine große Schärfe der Rechnung ist
lich nicht erforderlich, da man den Querschnitt der Röhre
zufälliger Verengungen, und weiterer Ausdehnung des Bedürf
doch jedesmal etwas vergröfsert. Aufserdem schliefsen sich die
Grunde liegenden Beobachtungen auch keineswegs in aller Sc
dem gefundenen Ausdrucke an, vielmehr beträgt der wahrschei
relative Fehler von P sogar noch 10 Procent. Begnügt man
daher mit einer solchen Schärfe der Rechnung, wobei der
diese veranlafste Fehler nur halb so grofs ist, als der eb
wähnte wahrscheinliche, so kann man das erste Glied unbe
lassen, sobald dieses kleiner, als der zwanzigste Theil von
Dieses geschieht, wenn die Geschwindigkeit gröfser wird, als

$$\frac{19 \cdot x}{D y}$$

oder wenn die Wassermenge M gröfser wird, als

$$\frac{19 \cdot \pi x}{4 \cdot y} D$$

In der folgenden Tabelle sind diese Grenzwerthe von c und
verschiedene Röhrenweiten zusammengestellt.

D	c	M
3 Zoll	2,52 Fufs	0,12 Cb. Fufs
6 -	1,26 -	0,25 -
9 ·	0,84 ·	0,37
12 ·	0,63 -	0,49
15 ·	0,50 ·	0,62
18 ·	0,42 -	0,74
21 ·	0,35 ·	0,86
24 ·	0,31 -	0,99
36 -	0,21 -	1,48 -

Indem diese Grenzen mit den seltensten Ausnahmen bei
ren Leitungen wohl immer überschritten werden, so hindert
n solchen Fällen das erste Glied im Ausdrucke für P zu ve
lässigen. Man hat alsdann

$$P = 0{,}000\,377 \, \frac{c^2}{D}$$

oder

$$P = 0{,}000\,611 \, \frac{M^2}{D^5}$$

$$D = 0,228 \sqrt[6]{\frac{M^2}{P}}$$

In diesem, für logarithmische Berechnung sehr bequemen Aus-
dke ist sowol der Durchmesser der Röhre (D) wie auch die in
ecunde abgeführte Wassermenge (M) in Rheinländischen Fußen
ben, während P das relative Gefälle der Leitung bezeichnet.

Dieser Ausdruck beruht auf der Voraussetzung, daß die zur
tstellung der Geschwindigkeit erforderliche Druckhöhe, also die
genannte Geschwindigkeitshöhe, vergleichungsweise zu der
r allein berücksichtigten Widerstandshöhe verschwindend klein
. Es kommt sonach darauf an, die Grenze zu bezeichnen, von
lcher ab man die vorstehende einfache Formel anwenden darf.

Unter Annahme, daß der Contractions-Coefficient für cylindri-
e Röhren gleich 0,83 sei, ist die Geschwindigkeitshöhe, die von
' Länge der Röhre ganz unabhängig ist,

$$= 0,0232 \cdot c^2$$

Widerstandshöhe dagegen unter Fortlassung des ersten Gliedes

$$P = 0,000\,377\,\frac{c^2}{D}$$

ist aber das relative Gefälle, also gleich der Widerstandshöhe,
dirt durch die Länge der Röhre $= L$, folglich die erstere gleich

$$= 0,000\,377\,\frac{L\,c^2}{D}$$

daher die ganze Druckhöhe

$$h = \left(0,0232 + 0,000\,377\,\frac{L}{D} \right) c^2$$

$$h = 0,000\,377 \left(\frac{L}{D} + 61,5 \right) c^2$$

on oben wurde ein Fehler von 5 Procent im Werthe von P,
o auch von h, für zulässig erachtet, dieser tritt bei Fortlassung
zweiten Gliedes in der Parenthese ein, wenn

$$\frac{L}{D} = 19 \cdot 61,5 = 1168,5$$

un darf also die Vereinfachung des Ausdruckes ausführen, oder
n der Geschwindigkeitshöhe absehn, sobald

$$L = 1168,5 \cdot D$$

ler noch größer ist, also wenn

für $D = 0,25$ Fuſs $L = 292$ Fuſs

     $= 0,50$ - $= 584$ -

     $= 0,75$ - $= 876$ -

     $= 1,00$ - $= 1168$ -

     $= 1,25$ - $= 1460$ -

     $= 1,50$ - $= 1752$ -

     $= 1,75$ - $= 2044$ -

     $= 2,00$ - $= 2336$ -

     $= 3,00$ - $= 3504$ -

Bei Ausführung von Leitungen dürfte diese Grenze wohl je
überschritten werden, woher man die Geschwindigkeitshöhe ı
nicht in Rechnung zu stellen braucht. Hat das Wasser ab
dem Eintritt in die Röhre schon eine gewisse Geschwindig
so ist die erforderliche Druckhöhe, wodurch die Geschwir
sich von c' in c verwandelt

$$= 0,232 . c^2 - \frac{c'^2}{4g}$$

oder $= 0,232 . c^2 - 0,0160 . c'^2$

wodurch der Werth der Geschwindigkeitshöhe noch geringer

Die vorstehende Untersuchung setzte voraus, daſs die
nahe horizontal liegt, also die Widerstände darin durch den
überwunden werden, dem das Wasser schon bei seinem Eir
die Röhre ausgesetzt ist. Dieses ist zwar bei gröſsern Le
der gewöhnliche Fall, doch treten zuweilen auch andere Verh
ein, die bisher ganz unbeachtet geblieben sind. Es mag h
von vertikalen cylindrischen Röhren die Rede sein, in v
das Wasser abwärts flieſst.

Das Wasser tritt in solche unter einem Drucke ein, d⟨
Wasserstande über der Einfluſsöffnung entspricht, und nur s
ringe ist, wenn letzterer nur eine unbedeutende Höhe hat.
Durchflieſsen der Röhre erfährt aber die Masse die Best
gung durch die Schwere, und die in verschiedenen Höhen
lichen Theile derselben würden mit zunehmender Geschwir
herabfallen, wenn sie sich von einander trennen könnten.
wird aber durch den Druck der atmosphärischen Luft verhind⟨
innerhalb seiner Grenze die Bildung von luftleeren Räumen
dert. Sollte aber in der Röhre noch Luft vorhanden sein, sc
diese mit dem Wasser zugleich fortgerissen werden, so daſs di⟨

s in Kurzem sich mit Wasser füllte. Die darin befindliche
s ist also innig verbunden, und da die Querschnitte überall
b grofs sind, so müssen sich auch überall gleiche Geschwin-
niten darstellen. Das neu hinzutretende Wassertheilchen, wenn
ach von oben her nur einen geringen Druck erfährt, mufs
ach in Folge der daran hängenden Wassersäule sogleich eine
in Geschwindigkeit annehmen, und es wird während des
bganges durch die Röhre nicht sowol gedrückt, als vielmehr
en. In horizontalen Leitungen sind die Wände dem Drucke
innen nach aufsen, in diesen vertikalen dagegen einem sol-
yon aufsen nach innen ausgesetzt. In einem hiermit verbun-
Piezometer steigt das Wasser nicht aufwärts, sondern die
wird durch die Oeffnung hineingetrieben, und kehrt man die
abwärts, so wird bis zu einer gewissen Höhe sogar Wasser
ogen.

Die Bildung des negativen Druckes in solchem Falle war be-
früher verschiedentlich zur Sprache gebracht, doch war die
ge, welchem Gesetze diese Bewegung folge, bisher nicht beant-
tet. Vielleicht erwartete man, dafs dieselben Gesetze, wie bei
iontalen Röhren, auch auf vertikale Anwendung fänden.

Dieses ist aber keineswegs der Fall. Einige Versuche, die ich
it engen Röhren von verschiedenen Längen und Weiten anstellte,
ben folgende Resultate. Indem ich mehrere Röhren von gleicher
ite mit einander verband, so ergab sich, dafs die Geschwindig-
itshöhe sehr nahe der Geschwindigkeit entsprechend sich darstellte.
r Contractions-Coefficient ergab sich nämlich gleich 0,987 also
ut gleich 1. Ferner war der übrigbleibende Theil der Druckhöhe,
mlich die Widerstandshöhe augenfällig der ersten Potenz der Ge-
hwindigkeit proportional, obgleich letztere so grofs war, dafs in
selben horizontal gelegten Röhren das Glied, welches c^2 enthält,
hon überwiegend grofs geworden wäre. Auch der austretende
hl zeigte keine Schwankung noch Bewegung in der Oberfläche.
raus würde folgen, dafs in diesem Falle keine innern Bewegun-
en eintreten.

Ueberraschend war die Beziehung zwischen der Geschwindigkeit
nd der Weite der Röhre. Oben ergab sich aus sehr verschiedenen
obachtungen, dafs dasjenige Glied, welches im Ausdrucke für die
Widerstandshöhe die erste Potenz der Geschwindigkeit zum Factor

hat, im Nenner die zweite Potenz des Röhrendurchmessers
Hier dagegen verwandelt sich D^2 in $\frac{1}{3}D$. Aus den Beobacht
ergab sich der wahrscheinlichste Werth des Exponenten
gleich $-\frac{1}{3}$. Indem ich aber der gröfseren Sicherheit wegen
lich noch versuchte. die Exponenten -2, -1 und $-\frac{1}{3}$ einz
und darnach die wahrscheinlichsten Werthe der Constanten be
nete. fand ich die Summen der übrigbleibenden Fehlerquadra
ziehungsweise gleich 3787. 302 und 56,8. Nur im letzten
zeigten sich die Fehler als zufällige, während sie in beiden
regelmäfsig zu- oder abnahmen.

    Indem Rheinländisches Zollmaafs zum Grunde gelegt wird,
die Widerstandshöhe

$$H = 151 \frac{cL}{\frac{1}{3}D}$$

    Ausgedehntere Beobachtungen werden vielleicht zur Erkl
dieser eigenthümlichen Verhältnisse führen.

    Bisher war nur von geraden cylindrischen Röhren die
es läfst sich aber bei gröfseren Leitungen nicht vermeiden, daß
weilen die Richtungen derselben geändert, also Krümmun
darin angebracht werden müssen. Welchen Einflufs diese auf
Bewegung des Wassers ausüben. ist vielfach untersucht wo
Dubuat stellte darüber verschiedene Beobachtungen an, und
daraus ein Gesetz ab, das auch Eytelwein und d'Aubuisson
einigen Aenderungen gelten liefsen. Dasselbe beruht auf der Vor
setzung. dafs gewisse Bricolirungen gegen die Röhrenwand eintre
zu deren Darstellung ein namhafter Theil des Wasserdruckes
wandt wird. Um diesen zu finden wird vorausgesetzt, dafs
mittlere Faden im anschliefsenden geraden Schenkel der Röhre
wie ein Lichtstrahl vor einer spiegelnden Fläche bewegt, und de
nach beim Begegnen der Röhrenwand unter demselben Win
mit dem er aufstöfst. auch wieder reflectirt wird. Trifft er
bei stärkerer Krümmung zum zweiten Male die Wand, so wie
holt sich dieselbe Brechung. bis die Linie endlich ungefähr mit
Achse des folgenden geraden Stranges zusammenfällt. Die Wi
standshöhe. welche durch diese Brechungen bedingt wird, soll
gleicher mittlerer Geschwindigkeit proportional sein der Su
der Quadrate von dem Cosinus derselben Anprallungs- oder P
gonal-Winkel. Diese Winkel werden aber augenscheinlich um

r, je näher die Mittellinie an der Wand liegt, oder je enger
öhre ist. Bei sehr engen Röhren ist der Polygonal-Winkel
zwei Rechten gleich, also der Cosinus des halben Winkels
windend klein, bei weiteren Röhren wächst seine Größe, und
er sich hier auch nicht so oft wiederholt, so ist jene Summe
im ersten Falle meist beträchtlich kleiner, als im zweiten.
sollen also bei gleichen Krümmungen die betreffenden Wider-
b in der weiten Röhre größer sein, als in der engen, was an
höchst unwahrscheinlich ist. Die ganze Vorstellung, daß der
sre Faden die übrigen kreuzt und gegen die Röhrenwand stößt,
ber durchaus unzulässig und wird durch die unregelmäßigen
n Bewegungen augenscheinlich widerlegt. Letztere lassen sogar
sehen, daß sanfte Krümmungen gar keinen vermehrten Wider-
l verursachen. Ein Versuch bestätigte dieses. Eine Bleiröhre
t Linien Durchmesser und 8 Fuß Länge führte unter verschie-
n Druckhöhen genau dieselben Wassermengen ab, während sie
de war, und nachdem ich sie vorsichtig so gebogen hatte, daß
ihen vollen Kreis bildete. Bei schärferer Biegung änderte sich
ich die Erscheinung, und die Wassermengen wurden etwas ge-
er, aber es waren dabei auch die Querschnitte verändert und
m elliptische Formen angenommen und sich dabei verkleinert.
nach darf man wohl voraussetzen, daß mäßige Krümmungen
iner Leitung ohne Einfluß sind, besonders wenn die Röhre weit
, und die innern Bewegungen sich darin stark ausgebildet haben.

, Aehnlich verhält es sich auch mit Verengungen, die stellen-
ise in einer Leitung vorkommen. Wo sich solche befinden, muß
s Wasser augenscheinlich eine stärkere Geschwindigkeit in der
htung der Röhre annehmen, aber eben diese stärkere Geschwin-
keit wird weiter abwärts wieder zur Ueberwindung der Wider-
nde in der Röhre verwandt. Ich brachte in der Mitte einer cy-
ndrischen Röhre eine starke Verengung an. Dieselbe hatte auf
le bei gewissem Drucke hindurchfließende Wassermenge nur einen
sehr geringen und kaum merkbaren Einfluß. Als ich jedoch dieselbe
rengung an das Ende der Röhre verschob, verminderte sich die
hindurchfließende Wassermenge sogleich sehr bedeutend, weil die
höhere Geschwindigkeit, die sich daselbst bildete, nunmehr die Bewegung des Wassers in der Röhre nicht mehr befördern konnte, und
die die darauf verwendete lebendige Kraft vollständig verloren war.

Die Ansicht. daſs jede Verengung der Röhre einen Verlust an Dru
höhe bedingt. welcher der Vergröſserung der Geschwindigkeit e
spricht. ist daher nicht als richtig anzusehn, doch fehlt es in di
Beziehung so sehr an entscheidenden Erfahrungen, daſs sich zur
auch keine andere Auffassung der Erscheinung begründen läſst.

Bei Erwähnung der wichtigeren Gesetze über die Bewegung d
Wassers in Röhrenleitungen darf die Verschiedenheit des Druck
auf die Wände der Röhren bei wechselnder Geschwindigkeit d
Wassers. nicht mit Stillschweigen übergangen werden, indem m
hierin nicht nur ein Mittel gefunden hat, den Betrieb der Röh
leitungen zu controlliren. sondern man dadurch auch den Ein
der verschiedenen Unregelmäſsigkeiten in den Röhren ermitteln k
Endlich aber bestimmt dieser Druck auch die Höhe des Stra
wenn man einen Springbrunnen durch eine Röhrenleitung spe
will. Daniel Bernoulli stellte zuerst den Grundsatz auf*), daſs
gegen die Röhrenwand ausgeübte Druck gleich sei der Diff
zwischen der ganzen Druckhöhe und derjenigen Höhe, welche
Geschwindigkeit des Wassers an der fraglichen Stelle der Röh
leitung entspricht. Indem nämlich nur die Geschwindigkeit par
mit der Achse der Röhre berücksichtigt wird. so trifft das bew
Wasser nicht die Röhrenwand. und folglich verschwindet der Dru
derjenigen Wasserhöhe. welche die Geschwindigkeit erzeugt. Di
Erfahrung bestätigt dieses hydraulico-statische Princip, wie Berno
es nennt. vollständig. wenn man eine nothwendige Aenderung in de
Werthe der ganzen Druckhöhe anbringt. die Bernoulli auch sel
angiebt. Wenn nämlich eine Stelle der Röhrenwand unters
wird. deren Abstand vom Speisebassin gleich a ist, so kann
selbige nicht mehr die ganze Druckhöhe wirken, sondern ein Th
der letztern ist bereits consumirt durch die Widerstände, welche
der stattfindenden Geschwindigkeit auf dem Wege von der Läa
a zu überwinden waren. Für den folgenden Theil der Röhr
leitung sind die Verhältnisse ganz dieselben, als wenn die Rö
bei dem zu untersuchenden Punkte ihren Anfang nähme und
Druckhöhe um diejenige Quantität vermindert wäre, welche
Widerstandshöhe für die Länge a gleichkommt.

Wenn man auf eine cylindrische Leitung eine Reihe von v

---

*) *Hydrodynamica, Strasburg 1738. Sect. XII §. 3.*

icalen und oben offenen Glasröhren kittet, die mit ihr in Verbindung stehn, ohne ihren Querschnitt zu beschränken, so zeigen sie
durch die Höhe des Wasserstandes den Druck an, den die Wand
an jeder Stelle erfährt. Der Wasserstand in derjenigen Glasröhre,
welche zunächst dem Speisebassin sich befindet, stimmt nicht mit
dem Niveau des letzteren überein, sondern stellt sich etwas tiefer,
und zwar ist die Differenz derjenigen Druckhöhe gleich, die dem
Wasser beim Eintritt in die Leitung die Geschwindigkeit mittheilt.
In allen folgenden Glasröhren bemerkt man, daſs nach Maaſsgabe
der überwundenen Widerstände, also der Länge der dazwischen liegenden Leitung, die Höhe des Wasserstandes abnimmt, bis endlich in
diejenige Glasröhre, welche dicht vor die Ausfluſsmündung der Leitung (insofern der Ausfluſs nicht unter Wasser geschieht) gekittet
ist, das Wasser gar nicht hineintritt, oder hier der Druck ganz
aufhört. Tritt dagegen der Strahl unter Wasser aus, so trifft die
gerade Linie, welche die Wasserstände in den Glasröhren verbindet,
am Ende der Röhrenleitung das Niveau des Unterwassers. Wäre
indessen irgend wo in der Röhrenleitung eine Verengung oder ein
Hahn befindlich, der den Querschnitt um eine gewisse Quantität beschränkte, so würde dadurch die Ergiebigkeit etwas ermäſsigt werden und in gleichem Verhältnisse auch die Geschwindigkeit in der
Leitung abnehmen. Mit der Geschwindigkeit würde auch die Geschwindigkeitshöhe und ebenso die Widerstandshöhe sich vermindern,
und folglich die Wasserstände in allen Glasröhren oberhalb jenes
Hahnes steigen, während sie unter sich wieder in einer geraden
Linie liegen, bis sie an derjenigen Stelle, wo die Verengung sich
befindet, eine auffallende Stufe bilden. Wenn endlich die Röhrenleitung ganz gesperrt wird, so hört die Geschwindigkeit mit allen
Widerständen auf und alle Glasröhren oberhalb der abgesperrten
Stelle zeigen den Wasserstand des Oberwassers, sowie die unterhalb
derselben befindlichen entweder ganz leer werden, oder den Stand
des Unterwassers annehmen. Dabei ist freilich die Wirkung der
Capillar-Attraction von Einfluſs, doch mäſsigt sich diese sehr, wenn
man weitere Glasröhren benutzt.

Auf solche Art geben diese Glasröhren sehr deutlich die Widerstände zu erkennen, welche in der Röhrenleitung vorkommen, und gestatten zugleich durch genaue Messung die Gröſse des Widerstandes zu
ermitteln, welchen Krümmungen, absichtliche oder zufällige Sperrungen

L .   13

und andere Hindernisse in der Röhrenleitung veranlassen. Belang
machte zuerst auf diese wichtige Anwendung des Bernoulli'
Princips aufmerksam, und gemeinschaftlich mit Génieys und M
stellte er einige Beobachtungen dieser Art an den Wasserlei
zu Paris an. Dieselben waren aber so wenig umfassend, daß
von keiner Bedeutung sind. Dabei wurde jedoch dem Piezome
solche Einrichtung gegeben, daß man die Glasröhren nicht bis
vollen Druckhöhe verlängern durfte. Indem es nämlich nur da
ankam, den Verlust an Druckhöhe an einer bestimmten Stelle
Leitung kennen zu lernen, so wurden oberhalb und unterhalb
selben Bleiröhren eingesetzt, die man an dieselbe Scale führte
mit vertikal gerichteten Glasröhren versah. Diese waren aber
nicht offen, vielmehr durch eine gekrümmte Messingröhre luft
mit einander verbunden. Die in der letzteren befindliche Luft
alsdann auf die Wassersäulen in beiden Glasröhren einen gle
Druck aus, woher die Niveau-Differenz wieder den gesuchten U
terschied des Druckes an beiden Stellen angab. Durch einen
gebrachten Hahn konnte man aber soviel Luft ab- und zulass
daß die Wasserstände an dem gemeinschaftlichen Maaße sich b
quem ablesen ließen. Fig. 41 auf Taf. III zeigt die Zusamme
stellung dieses Apparates.

Eine andere Anwendung von diesem Instrumente machte d'A
buisson bei der Wasserleitung zu Toulouse, indem er von den Haup
röhren der Leitung dünne Röhren nach dem Geschäftszimmer führ
wo man den Druck beobachten konnte. Je kräftiger die Leitu
wirkte, oder je größer die Wassermenge war, die sie förderte,
so größer mußte die Geschwindigkeit sein, und folglich stellte si
um so niedriger der Wasserstand in der nahe am Anfange d
Röhrenleitung aufgestellten Glasröhre. Sobald der Wasserstand ab
stieg, so zeigte dieses an, daß mehrere Hähne geschlossen, oder d
zufällige Hindernisse eingetreten waren. Dadurch wurden die Bea
ten in den Stand gesetzt, durch einen Blick auf die Glasröhren d
Wirksamkeit der ganzen weit ausgedehnten Röhrenleitung zu co
trolliren.

Endlich bestimmt sich, wie bereits erwähnt worden, auch d

---

*) *Essai sur les moyens de conduire, d'élever et de distribuer les eaux p*
M. Génieys. **Paris 1829.**

16. Bewegung des Wassers in Röhren. 195

eines springenden Strahles oder die Geschwindigkeit des aus dem Drucke, den das bewegte Wasser gegen die Röhre ausübt. Man muſs, um beide zu ermitteln, wieder die Druckhöhe um diejenige Höhe vermindern, welche für die malige Geschwindigkeit zur Ueberwindung der Widerstände in vorhergehenden Röhrenleitung consumirt wird. Es ergiebt sich aus, weshalb beim ersten Oeffnen des Hahns der Strahl unter vollen Druckhöhe, also viel höher steigen kann, als später, das Wasser in der Röhre in Bewegung kommt und dadurch Widerstände sich bilden, welche die Druckhöhe vermindern. der Verminderung der Höhe um den Theil, der zur Erzeugung Geschwindigkeit in der Leitungsröhre erforderlich ist, kann um mehr abstrahirt werden, als das Wasser nicht an der Sprung- vorbeifließt, sondern in diese hineintritt, also die bereits er- Geschwindigkeit sich dem Strahle wieder mittheilt. Die Höhe, welcher der Strahl steigt, ist, wie schon früher erwähnt worden, etwas geringer als die Druckhöhe. Genau läßt sich nach wenigen hierüber angestellten Beobachtungen das Gesetz nicht geben, doch scheint die Differenz beider Höhen proportional zu dem Quadrate der Druckhöhe. In dieser Weise bestimmte Mariotte *) nach seinen Beobachtungen die Sprunghöhe H in Fuſsen ausgedrückt durch die Formel

$$h = H + \frac{1}{300} \cdot H^2$$

bei indessen h nicht die volle Druckhöhe, sondern nur diejenige zeichnet, welche das Piezometer dicht vor dem Strahle angiebt. Reduction auf Rheinlandisches Fuſs-Maaſs verwandelt sich Ausdruck in

$$h = H + \frac{1}{290} \cdot H^2$$

Wenn der Strahl nicht durch Oeffnungen in dünner Wand, sondern durch Ansatzröhren austritt, so muſs die dabei stattfindende Vermin- derung der Geschwindigkeit noch besonders berücksichtigt werden.

_____

*) *Oeuvres de Mariotte.* Leide 1717. *Tome II.* S. 489.

§. 17.
Speisung der Leitungen.

Unter den verschiedenen Wasserleitungen sind besondere
jenigen wichtig, deren Zweck es ist, gröfsere Orte mit reinem W
ser zu versorgen. Von diesen soll hier allein die Rede sein.

In Gebirgsstädten pflegt die Zuführung des Wassers ke
Schwierigkeiten zu bieten. Die Quellen und Bäche enthalten m
reines Wasser, man braucht dieses nur in einiger Höhe über
Sohle abzufangen, um das Eintreiben von Sand und Erde zu
hindern. Das Gefälle ist auch gemeinhin so grofs, dafs der Röh
strang in ununterbrochener Neigung den höchsten Punkt der S
erreicht, und hier einen fliefsenden Brunnen, auch wohl einen Spr
brunnen speist, der ein Bassin füllt, welches sich meist wied
andere Bassins, an tieferen Punkten ergiefst. Auf diese Art
der Quell sich so vertheilen, dafs überall das Bedürfnifs leicht
friedigt werden kann.

Bedeutender werden die Schwierigkeiten, wenn man in we
Entfernung die Quellen suchen mufs, und wenn diejenigen, die m
nach ihrer Reichhaltigkeit und nach der Beschaffenheit des Was
zur Speisung der Brunnen am meisten eignen, nur wenig höher
das Niveau der Stadt liegen, oder wohl gar durch tiefe Terraine
schnitte davon getrennt sind. Auch kann es geschehn, dafs m
Quellen und Bäche umher die ganze Wassermenge, die man brau
nicht liefern. Alsdann bleibt nur übrig, das Wasser aus dem tie
liegenden Strome künstlich zu heben, und wenn dasselbe, wie g
wöhnlich, nicht den nöthigen Grad von Reinheit besitzt, es noch
klären und zu filtriren, bevor man es durch die Leitungen in d
Stadt verbreitet. Das letzte Verfahren, welches schon lange beka
und zur Speisung einzelner Leitungen benutzt war, hat man in ne
rer Zeit auch zur Versorgung ganzer Städte gewählt, und es schei
dafs dasselbe bei Anwendung der vollkommeneren Maschinen, v
man sie heutiges Tages darstellen kann, die nöthige Wassermen
nicht nur sicher liefert, sondern unter gewöhnlichen Verhältniss
auch minder kostbar ist, als wenn man Bäche und Quellen a
weiter Entfernung herbeiführt.

In früheren Jahrhunderten konnte diese Methode wegen d

gelhaften Einrichtung und geringen Haltbarkeit der Maschinen
an Eingang finden, dagegen wurden schon zur Zeit der römi-
a Republik und noch mehr unter den Kaisern, künstliche Lei-
ja von Bächen dargestellt, die noch heute an Großartigkeit un-
troffen sind. Etwa dreihundert Jahre vor Christi Geburt legte
ja Claudius die erste Wasserleitung an, und als Nerva seine
rung antrat, wurden, wie Frontinus angiebt, durch neun Lei-
ja schon über 27 Millionen. Cubikfuß Wasser täglich nach
geführt, die in 1300 fließenden Brunnen ausströmten. Die An-·
der Leitungen vermehrte sich auch ferner, da namentlich die
hung neuer Bäder das Bedürfniß immer mehr steigerte. So
später bis 50 *) Millionen Cubikfuß nach Rom geführt wor-
ja, was bei der Anzahl der Einwohner, von etwa einer Million,
a reichliche Versorgung ist, wie in neuerer Zeit nirgend vor-
ja. Von diesen Anlagen sind einige in Wirksamkeit erhalten
ja, und Prony schätzte das Wasserquantum, welches die drei
ja Aqua Felice, Juliana und Paulina gegenwärtig noch täg-
ja nach Rom führen, auf mehr als 5 Millionen Cubikfuß.
ja Diese sämmtlichen Anlagen führten das Wasser nicht in Röh-
ja herbei, sondern in Canälen, die also ein stätiges Gefälle in der
ja der Strömung erhalten mußten. Ihre Ausdehnung beträgt
ja mehrere Meilen, und die Anlage gewann besonders in dem
ja an Wichtigkeit und gab zur Darstellung großer Mauermassen
ja oft zu einer kühnen und reichen Architectur Veranlassung, wenn
ja Thäler zu überschreiten waren. Man führte alsdann Bogen-
ja quer durch das Thal, die oft mehrfach übereinander stan-
ja, und auf diesen ließ man den Canal mit geringem und gleich-
ja Gefälle fließen. Es sind dieses die Bauwerke, denen man
ja Namen der Aquäducte beilegt. Die Gesammtlänge der Lei-
ja bei Rom maaß 55,5 deutsche Meilen, davon waren 48,5 Mei-
ja unterirdisch, 0,5 Meilen lagen wenig über dem Boden und 6,5
ja ruhten beim Uebergange über Thäler auf Bogenstellungen.
Daß man durch Benutzung von Röhren diese Unterbaue hätte
ja können, leidet keinen Zweifel, denn der starke Druck,
ja durch die Senkung der Röhrenleitung bis zur Sohle des Thales

---

*) Sehr eingehend behandelt Rozat de Mandres die Römischen Wasser-
tungen. *Annales des ponts et chaussées.* 1858. *II. Sémestre.*

entsteht, treibt das Wasser in dem zweiten Schenkel der N
beinahe bis zu derselben Höhe wieder herauf. Man hat d
Princip in neuerer Zeit verschiedentlich angewendet, z. B. b½
Soolenleitung zwischen Berchtesgaden und Illsang, wo die R
an einer Stelle etwa 200 Fuſs sich senkt. Einrichtungen dieser
sind jedoch, wenn guſseiserne Röhren nicht benutzt werden,
kostbar und unsicher. Da solche im Alterthume nicht bekannt w
so darf man sich nicht wundern, wenn zur Erreichung des
Zweckes ein anderes Mittel gewählt wurde. Dazu kommt v
scheinlich noch, daſs man bei den Wasserleitungen, die ihrer l
nach groſsentheils sehr unscheinbar sind, und sich oft ganz
Auge entziehn, einige Werke absichtlich anbrachte, welche die (
artigkeit des Unternehmens zeigten.

Der Eifer für Einrichtung von Wasserleitungen beschränkt
indessen keineswegs auf Rom, vielmehr finden sich fast in
Ländern, die der römischen Herrschaft unterworfen waren, l
von solchen Werken vor. In Constantinopel existiren mehrere W
leitungen, von denen einige ohne Zweifel aus jener Periode herr
Auf Mytilene, Salamis, sowie in Kleinasien bei Antiochia sind
von alten Wasserleitungen vorhanden, letztere bestehn in einem
ducte von 200 Fuſs Höhe. Ferner sieht man solche bei Neaj
Pästum, wie auch zu Castellana. Letzterer zeichnet sich durcl
Gröſse aus, indem die Gesammthöhe des Baues in beiden
stellungen bis 190 Fuſs beträgt. Bei Lyon, Metz, Nismes u
Arcueil in der Nähe von Paris befinden sich alte Wasserleil
auch kommen sie in Spanien, namentlich bei Sevilla und S
vor, und besonders wichtig ist die bei Lissabon, die sich m
200 Fuſs hoch über die Thalsohle erhebt, sie wurde zwar in
gen Jahrhunderte erneut, soll aber von Trajan herrühren.

Aehnliche Anlagen wurden auch später und selbst bis
die neueste Zeit ausgeführt. Theodorich erbaute um's Jahr 7
Aquäduct bei Spoleto, der an Höhe und Kühnheit alle ältere
traf. 10 Spitzbogen von 68 Fuſs Spannung bilden den U
und darüber trägt eine Reihe von 30 kleinern Bogen den Can
410 Fuſs über dem Wasserspiegel des Moragia liegt. Beson
Frankreich entstanden in den letzten Jahrhunderten noch ei
zahl solcher Bauwerke, z. B. 1558 der bei Arles über den
1624 wurde neben den Ruinen des alten Aquäducts bei Arcue

zu Paris unter Maria von Medicis ein neuer gebaut. Im 17. Jahrhunderte erbaute man neben Versailles die Aquäducte von Marly und Buc, und es wurde der colossale Aquäduct Maintenon begonnen, der 132 Ruthen lang und 240 Fuſs hoch werden sollte, doch gab man bald wegen der enormen Kosten diesen Bau auf. Nur wenige Bogen der untern Theile sind ausgeführt, während drei derselben übereinander stehn sollten. Endlich muſs noch der Aquäduct bei Montpellier erwähnt werden, den Pitot ausführte.

Ueber Wasserleitungen dieser Art ist in hydrotechnischer Beziehung wenig zu bemerken. Als Beispiel einer solchen Anlage mag eine kurze Beschreibung der Leitung von Arcueil folgen, die noch heute zur Versorgung eines Theiles von Paris mit Wasser dient. Durch grabenförmige Einschnitte, die an den Bergseiten mit trocknen Mauern eingefaſst und oben mit Steinplatten überdeckt sind, wird in den Ländereien der Gemeinden Rungis, Paret und Coutin, etwa drei Lieues südlich von Paris, das Wasser gesammelt und von hier in einer überwölbten Leitung von 3625 Ruthen Länge nach dem Reservoir an der Porte St. Jaques zu Paris geführt. Dieser Canal hat überall ein gleichmäſsiges Gefälle, nämlich 1 : 2400. Er verläſst oft sehr merklich die gerade Richtung, um diejenige Terrainhöhe zu verfolgen, wo er mit den geringsten Kosten und mit der gröſsten Sicherheit angelegt werden konnte. Er liegt beinahe auf seiner ganzen Länge so tief, daſs die Felder darüber bebaut werden, und in gewissen Abständen sind runde massive Thürmchen aufgeführt, welche den Zugang gestatten und den Luftwechsel befördern. Der wichtigste Punkt der Leitung ist der Uebergang über den Bièvre-Bach in der Nähe des Schlosses Arcueil. Der neue Aquäduct daselbst schneidet das Thal rechtwinklig, und zwar an einer besonders schmalen Stelle. Er ist 1240 Fuſs lang, in der Mitte 74 Fuſs hoch und unten 12 Fuſs breit, doch treten die Strebepfeiler zu beiden Seiten noch um einige Fuſs weiter vor. Die Anzahl der Bogenöffnungen beträgt 10, davon ist eine aber nur halb so breit als die übrigen. Der Canal über dem Aquäducte ist 1½ Fuſs breit und 1 Fuſs tief, ein 2 Fuſs breites Banket liegt an der südwestlichen Seite, und die Höhe des Gewölbes erlaubt es, daſs man bequem darin gehn und die von Zeit zu Zeit erforderlichen Reparaturen und Reinigungen vornehmen kann. In den unterirdischen Strecken, die wahrscheinlich älter sind, verändert sich einigermaaſsen das Profil.

Statt des einen Bankets sind deren zwei angebracht, jedes von 18 Zoll Breite, auch die Höhe der Gallerie vermindert sich, jedoch beträgt sie immer noch 5 bis 6 Fuſs und nur unter einigen Straſsen war man gezwungen, sie noch mehr zu beschränken. Das Gewölbe und die freistehenden Seitenmauern sind aus Hausteinen, die überschütteten Mauern aus Bruchsteinen aufgeführt, und der Canal hat am Boden und an den Seitenwänden einen etwa ¼ Zoll starken Ueberzug von hydraulischem Mörtel erhalten. Die Quantität des zugeführten Wassers bestimmte Girard durchschnittlich auf 50 Wasserzoll, oder 1 Cubikfuſs in 3 Secunden.

Sehr wichtig ist die um das Jahr 1847 begonnene Ausführung der Leitung, welche sowol die Stadt Marseille, als deren Umgebung mit Wasser versieht. Ursprünglich beabsichtigte man mit derselben nur die Cultivirung des kahlen Kalkbodens zu befördern, doch entschloſs man sich noch vor dem Beginne der Arbeiten, auch die Brunnen in der Stadt und neben dem Hafen dadurch mit reinem Wasser zu speisen. Der sogenannte Canal von Marseille, der diese Leitung bildet, tritt neben dem Städtchen Pertuis aus der Durance aus, von der er das Wasser entnimmt, und zwar in einer Höhe von 596 Fuſs über dem Meeresspiegel. Indem er, soviel wie möglich, die Abhänge verfolgt, hat er bis zum Reservoir in Marseille die Länge von 12,9 deutschen Meilen erhalten. Das Gefälle ist aber in der Art vertheilt und ihm sind solche Profile gegeben, daſs er 450 Cubikfuſs in der Secunde abführen kann. Dieses Quantum wird ihm zur Zeit aber noch nicht zugewiesen, indem durch 200 Cubikfuſs schon das Bedürfniſs befriedigt wird.

An vielen Stellen ist der Canal unterirdisch geführt, wogegen er vielfach sich auch bedeutend über den Boden erhebt. Letzteres geschieht vorzugsweise in dem groſsartigen Aquäduct von Roquefavour ohnfern der Eisenbahn-Station Rognac, von welcher aus man ihn auch deutlich sehn kann. Er besteht aus drei Bogenstellungen, von denen jede der beiden untern 108, die obere aber 40 Fuſs hoch ist. Die ganze Höhe über der Thalsohle miſst 258 Fuſs und die Gesammtlänge 1428 Fuſs. Der Bau ist aus Quadersteinen ausgeführt, die Rinne, in welcher das Wasser geleitet wird, ist dagegen mit hart gebrannten in Cement versetzten Ziegeln verkleidet. Sie bildet im Profil einen Halbkreis von 4 Fuſs Radius.

Dem Vernehmen nach hat man sich zur Ausführung dieses sehr

Baues entschlossen, und die viel wohlfeilere Leitung des
in Röhren durch das Thal nicht gewählt, weil man be-
ls der sehr starke Kalkgehalt eine baldige Sperrung der
eranlassen würde. Nichts desto weniger scheint es, daß
roßartigkeit der ganzen Anlage auch durch ein imposan-
rk bezeichnen wollte.

uiger Entfernung von Marseille spaltet sich die Leitung,
eile der Wassermenge werden in besondern Canälen zum
m Culturen abgeführt, während nur ein Viertel nach Mar-
t. Hier tritt das noch ungereinigte Wasser in der Höhe
'uls über dem Spiegel des Meeres in ein großes Bassin,
ulse einer natürlichen Anhöhe neben dem botanischen
gelegt ist. Aus demselben wird dasjenige Wasser abge-
zur Spülung und Reinigung der Straßen dient, außerdem
leutende Massen an dem Abhange des Felsens und der
sten Erde herab, und geben hier zur Cultur von Sumpf-
ehr günstige Gelegenheit. Das zur Versorgung der Häuser
Wasser wird aber daselbst filtrirt, indem es in das darunter
Filtrir-Bassin tritt. Beide Bassins sind nicht nur überwölbt,
ich hoch mit Erde überschüttet, um das darin befindliche
gen starke Erwärmung zu schützen.

n Leitungen, welche Constantinopel mit Wasser ver-
t man schon in früherer Zeit Röhren angewendet, die oft
rken Drucke ausgesetzt sind. Auf eigenthümliche Weise
aber die Leitung abwechselnd immer unterbrochen und
r mit der Luft in Berührung gebracht. Um dabei nicht
eil der Druckhöhe zu verlieren, so war es nöthig, diese
assins in angemessener Höhe anzulegen. Auf solche Art
Durchgange durch Thäler und bei sonstigen Vertiefungen
len von etwa 600 Fuß isolirte Pfeiler errichtet, an wel-
Wasser von der einen Seite in Bleiröhren aufsteigt und
e Bassins auf dem Scheitel der Pfeiler ergießt. Auf der
ite fällt es wieder in Bleiröhren nach der Röhrenleitung
ilsohle zurück, die aus gebranntem Thon besteht. Durch
, die Suterrazzi heißen, beabsichtigte man wahrschein-
Auffinden schadhafter Stellen zu erleichtern, theils aber ver-
auch die Stelle von Luftspunden oder Lufträhren, die
ich dem, was im Folgenden darüber gesagt werden soll,

sich auf andere Art einfacher einrichten lassen. Auf höherem Terrain fliefst das Wasser nicht in Röhren, sondern in offenen Leitungen.

Weit unscheinbarer als die erwähnten Einrichtungen sind die Leitungen, welche manche Städte in der Provinz Preufsen mit Wasser versorgen. Man pflegt dieselben sämmtlich Copernicus zuzuschreiben. Bei Frauenburg, wo Copernicus Domherr war, ist das Flüfschen Baude etwa drei Viertel Meilen oberhalb seiner Mündung in das Frische Haff abgefangen und in einem Canale längs dem flachen Abhange des Thalrandes nach der Stadt geleitet worden. Hier durchfliefst es die Hauptstrafse des Städtchens und treibt unter dem Hügel, worauf der Dom steht, eine Mahlmühle. Daneben befand sich in früherer Zeit noch ein Pumpwerk, das einen Theil des klaren Wassers auf den Domhof hob. Der massive Thurm, der die Wasserkunst einst enthielt, steht noch, doch ist die Maschine bei einem Brande zerstört und seitdem nicht wieder hergestellt. Auf ähnliche Art wird die Stadt Danzig mit trinkbarem Wasser aus der Radaune versehn.

Besonders wichtig ist die weit ausgedehnte Leitung, welche Königsberg mit Wasser versorgt. Zwei Canäle, der Landgraben und der Wirrgraben genannt, führen das Wasser, das sich nordwestlich von Königsberg auf einem Flächenraume von etwa zwei Meilen sammelt, in ein weites Bassin am nördlichen Rande der Stadt. Dieser künstliche See, der Oberteich genannt, hat eine Ausdehnung von etwa 300 Morgen, und ist durch Schliefsung eines Thales entstanden, doch erhebt sich das Wehr oder der Damm, der das Wasser aufstaut, nicht nur bis zur Höhe der natürlichen Thalufer, sondern sogar über dieselben, und seine Seitenflügel erstrecken sich aufwärts, um einen Stau bis über die Terrainhöhe zu gewinnen. So geschieht es, dafs der Wasserspiegel des Sees höher liegt, als jeder Theil von Königsberg. Er befindet sich 70 Fufs über dem mittleren Stande des Pregels, und der Schlofsteich, der innerhalb der Stadt einen zweiten künstlichen See in demselben Thale bildet und sich bis an den Fufs des ersten Dammes erstreckt, liegt 36 Fufs unter dem Oberteiche. Zwei Reihen von Mühlen, eine grofse Menge von Brunnen, die zum Theil fliefsende Brunnen sind, und mehrere Springbrunnen werden durch diese Wasserleitung gespeist. Der letzte Theil der Anlage zeigt indessen nicht Bemerkenswerthes, wohl aber ist diese

nit den beiden oben erwähnten Speisegräben und nament-
lem Landgraben. Dieser leitet drei gröfsere Bäche, die
Vasserscheide zwischen der Ostsee und dem Häffe oder
:l entspringen, nach dem Oberteiche, und indem er sich
hen Abhange der Anhöhe hinzieht, mufste er nach der
des ersten Baches noch die Thäler der beiden folgenden
ten. Es trat also hier dieselbe Schwierigkeit ein, deren
wähnung geschehn ist, und die Art, wie sie hier über-
urde, ist von den bezeichneten Methoden wesentlich ver-
Die Thäler sind nämlich dicht unterhalb des Landgrabens
nme geschlossen, so dafs der Bach, der sie bildet, sich davor
staut oder zu grofsen Teichen ausdehnt, bis er hoch ge-
chwollen ist, um in der Fortsetzung des Landgrabens nach
g zu fliefsen. Die Teiche sind niemals Mühlenteiche, wohl
en die Bäche weiter oberhalb oder unterhalb verschiedene
nd in den erwähnten Dämmen befinden sich Freiarchen,
tarken Anschwellungen ein Ueberströmen und sonach ein
:hen der Dämme zu verhindern. Diese Methode gewährt
eil, dafs nicht nur die Ausführung der kostbaren Aquäducte
h wird, sondern auch die Wassermengen von allen Bä-
Leitung zugeführt werden, welche diese durchschneidet.
·rden freilich sehr bedeutende Flächen Landes der Cultur
und man würde deshalb heut zu Tage bei einer ähnlichen
on diesem Mittel keinen Gebrauch machen dürfen. Endlich
tu erwähnen, dafs der Graben mit sorgfältiger Beachtung
inhöhe gezogen und auf der südlichen Seite mit einer nie-
rwallung eingefafst ist. Seine mittlere Breite beträgt etwa
nd seine Tiefe 2 Fufs, die Geschwindigkeit der Strömung
einst 9 Zoll in der Secunde.
London nach und nach an Ausdehnung gewann, und we-
ngeren Bebauung des alten Theiles der Stadt die Brunnen
re Ergiebigkeit verloren, auch die kleineren Pumpwerke,
ttlich an der alten Londonbrücke existirten, sich als un-
erwiesen, trat 1606 und 1607 eine Actiengesellschaft zu-
um die Flüfschen Chadwell und Amwell in Herfordshire
don zu leiten und deren Wasser daselbst zu vertheilen.
·auen zu Unternehmungen dieser Art war indessen damals
geringe, dafs nur das Anerbieten eines gewissen Hugh Myd-

delton, die ganze Anlage auf eigne Gefahr und Kosten auszuführen, den Beginn der Arbeiten veranlafste. Die Kosten stellten sich aber viel höher, als man erwartet hatte, und als die Mittel erschöpft waren, auch die Communal-Behörden jeden Beitrag verweigerten, bewilligte Jacob I. die nöthigen Summen. Am 29. September 1613 füllten sich zur allgemeinen Verwunderung und Freude der Einwohner die Reservoire in New-River-Head im Kirchspiel Clerkenwell. Jetzt erst, nachdem der Erfolg gesichert war, trat die Gesellschaft zusammen und im Jahre 1619 wurde sie gesetzlich bestätigt. Die aufgefangenen Quellen sind in gerader Linie 20 engl. Meilen von London entfernt, die Länge des Canals beträgt aber 38¼ engl. oder 8¼ deutsche Meilen, indem die Unebenheit des Terrains vielfache Krümmungen nothwendig machte. Die Breite des Canals ist durchschnittlich 18 Fufs und die Tiefe sollte 5 Fufs messen. Das Gefälle beträgt 3 Zoll auf die engl. Meile oder 1 : 21120. Unter den ausgeführten Werken befanden sich auch mehrere Brückencanäle, die aber, da sie nur aus Holz erbaut und durch eine Ausfütterung mit Bleiplatten gedichtet waren, bald schadhaft wurden, und die man nach und nach durch massive Durchlässe ersetzte. Die erwähnten beiden Flüfschen genügten indessen bald nicht mehr für die immer gröfsere Ausdehnung der Leitungen in London, und da der Leaflufs unmittelbar neben dem Canale oder dem New-River ausströmte, so wurde auch dieser zur Speisung des letzteren benutzt und grofse Wassermengen aus demselben der Wasserleitung zugeführt. Dieses Verfahren hatte man mehrere Jahre hindurch schon angewendet, als die Lea-Schiffahrtsgesellschaft darüber Klage erhob. Nach langen Debatten wurde endlich ums Jahr 1738 die Berechtigung zur Entnehmung gewisser Wassermassen aus dem Lea durch einen Beschlufs des Parlaments festgestellt.

Um das Wasser in dem New-River rein zu erhalten, hatte die Gesellschaft schon lange durch eine Bill die Bestimmung ausgewirkt, dafs niemand Steine, Erde, Schmutz, todte Thiere oder thierische Stoffe, noch sonst irgend welche nachtheilige Körper hineinwerfen, ferner dafs niemand Wolle, Hanf, Flachs oder irgend welche ungesunde oder unreine Stoffe darin waschen, und endlich, dafs niemand die Anlage beschädigen oder ohne besondere Erlaubnifs daraus Wasser entnehmen sollte. Einen sehr grofsen Uebelstand verursachte der Reiz, in dem klaren und frischen Wasser des New-River zu

...den. Um dieses abzustellen, erbot sich die Gesellschaft, zu Frei-
...dern das Wasser unentgeltlich zu liefern, falls die Stadt London
...ie Kosten für die Einrichtung derselben übernähme. Der Vorschlag
...und indessen nicht Eingang und sonach dauert der Mifsbrauch noch
...rt. Die Gesellschaft läfst freilich durch ihr Aufsichtspersonal das
...den möglichst verhindern, wenn aber jemand dabei betroffen wird,
...kann er nicht bestraft werden, weil der einzige Rechtstitel, der
...ne Klage begründen würde, der Einbruch in fremdes Eigenthum
...re, und da hierauf Deportation steht, so wird durch Billigkeits-
...sichten jede weitere Verfolgung abgeschnitten. Auf jede vier
...len Länge des Canals ist ein Aufseher angestellt, der nament-
...h darauf achten mufs, dafs die benannten Bestimmungen in Bezug
...f die Reinhaltung des Wassers nicht übertreten werden. Das Un-
...ut wird regelmäfsig geschnitten, und um alle schwimmenden Kör-
...r aufzufangen, sind stellenweise Drahtnetze durchgezogen, die aber
...smal in einer Erweiterung des Bettes liegen, damit hier die Ge-
...windigkeit sich mäfsigt und sonach die Körper um so sicherer
...gefangen werden. An diesen Stellen schlägt sich auch vorzugs-
...se der im Wasser schwebende Schlamm nieder, woher hier vier-
...ährlich eine Reinigung vorgenommen wird.

Es bleibt noch übrig, von denjenigen Wasserleitungen zu spre-
...n, welche nicht durch hochgelegene Quellen oder Bäche, sondern
...ttelst Pumpwerken aus Strömen gespeist werden. An-
...m dieser Art sind am wenigsten von den Localverhältnissen
...ängig, sie lassen sich überall ausführen, und gestatten auch jede
...bige Ausdehnung, indem die Wassermenge, die man braucht,
...mal disponibel ist, und es nur darauf ankommt, die Schöpf-
...schinen darnach einzurichten. Die Kostbarkeit der Maschinen,
...wel in der ersten Anlage, als der Unterhaltung, setzt indessen
...er Methode oft Hindernisse entgegen, während man vielfach nach den
...mischen Untersuchungen des Wassers grofser Ströme darin Bestand-
...le findet, welche der Gesundheit nachtheilig sein könnten. Ob-
...l Bedenken dieser Art sich dadurch widerlegen, dafs dasselbe
...er, und zwar nicht filtrirt, Jahrhunderte hindurch zur Zuberei-
...g von Speisen ohne wahrnehmbaren Nachtheil benutzt ist, so ist
...a doch in neuerer Zeit in dieser Beziehung hin und wieder be-
...der vorsichtig geworden, indem man vermuthet, dafs selbst sehr

geringe schädliche Beimengungen die Verbreitung der Cholera befördern könnten.

Zuweilen besorgt man auch, daſs an den Wasserhebungs-Maschinen leicht Beschädigungen vorkommen, und die Wasserleitung unterbrechen möchten. Gewiſs ist bei schlechten Maschinen diese Besorgniſs sehr begründet, und hat man daher in früherer Zeit auch oft Bedenken getragen, hiervon Anwendung zu machen. Die groſse Vollkommenheit, die man gegenwärtig den Maschinen geben kann, vermindert indessen so sehr die Wahrscheinlichkeit einer möglichen Stockung, daſs man dieselbe und vielleicht noch eine gröſsere Sicherheit erreicht, als wenn das Wasser sich mit seinem natürlichen Gefälle bewegt.

Schon im Jahre 1724 wurden die Chelsea Water-Works unterhalb London eingerichtet, die durch Dampfmaschinen gespeist werden. Die meisten übrigen Leitungen entstanden erst in diesem Jahrhunderte. Hierher gehören die West-Middlesex Water-Works, die bei Hammersmith das Wasser aus der Themse schöpfen. Die Grand Junction-Company muſste sich wegen der Unbrauchbarkeit des Wassers des Brent und Colne-Flusses, die den Grand Junction-Canal speisen, gleichfalls entschlieſsen, aus der Themse und zwar in der Nähe von Chelsea zu schöpfen. Die Southwark Water-Works heben innerhalb der Stadt das Wasser aus der Themse, ebenso die Lambeth Water-Works und South London Water-Works. Nur die unter dem Namen des New-River bekannte Leitung, von der bereits die Rede war, führt noch Quellwasser nach London und zwar zum Theil mit Benutzung des natürlichen Gefälles. Nichts desto weniger muſsten auch hier noch mehrere Dampfmaschinen eingerichtet werden, um theils die höheren Theile der Stadt vorsorgen zu können, theils aber auch um groſse Hülfs-Bassins zu füllen, so oft der New-River bei anhaltendem Froste seine Zuflüsse verliert, oder eine Sperrung und Trockenlegung desselben wegen vorzunehmender Reparaturen oder Reinigungen nothwendig wird.

Auch in Frankreich werden die Wasserleitungen häufig durch Pumpwerke aus Flüssen gespeist. Zunächst muſs hier die berühmte Maschine bei Marly erwähnt werden, die an Steighöhe alle übrigen übertrifft, wenn man nicht etwa die Soolenleitung bei Berchtesgaden damit in Parallele stellen will. Vierzehn Wasserräder heben in früherer Zeit in drei Absätzen das Wasser auf die Wasser-

...nb zunächst die Sauge- und Druck-
...as 100 Toisen entfernte Reservoir auf
...stange, welches hier die zweite Druck-
...le Reservoir füllte. Dieses lag 224 Toisen
...fufs höher, und endlich die Fortsetzung des
...der Pumpe trieb. Diese hob das Wasser um
...990 Toisen entfernten Aquäducte. Die ganze
...a betrug demnach 3813 rheinl. Fufs und das
...rheinl. Fufs gehoben. Die Maschine wurde 1682
...t. die vielfachen Reparaturen, die daran vorkamen,
... Veranlassung, dafs man bei der zunehmenden Ver-
...des Maschinenbaues auch vielfache Aenderungen und
...gen einführte. 1823 waren fünf Wasserräder gänzlich
...d von den übrigbleibenden neun, die zwar sauber aus-
...nur sehr unvollkommen angeordnet waren, befanden
...wei in regelmäfsigem Betriebe. Die hölzernen Röhren
...als durch eiserne ersetzt worden und die Gestänge und
...f dem Ufer existirten nicht mehr. Die Pumpen hoben
...Male das Wasser auf die ganze Höhe von 520 Fufs,
...merksam ich auch die Röhrenleitung am Fufse des Ufers
..., konnte ich doch keine Stelle entdecken, wo das Wasser
...tzte. Man baute damals das Gebäude für eine Dampf-
...welche die Wasserräder ersetzen sollte.
...ris selbst existirten schon seit langer Zeit einige Pump-
...lche durch die Seine getrieben wurden und das Wasser
...in die nächste Umgebung leiteten. Hieher gehört das
...Pont Neuf, gewöhnlich nach einer Sculptur am fliefsenden
...ie Samaritanerin genannt, und ebenso ein anderes Werk
...Notre Dame. Beide beschreibt Bélidor. Späterhin sind
...dere Anlagen hinzugekommen, die zum Theil mit keinen
...en Leitungen in Verbindung stehn, und von denen das
...Wasser, nachdem es gereinigt ist, gesammelt und verkauft
...sonders wichtig sind die Dampfmaschinen Chaillot und
...u, welche am rechten und linken Seineufer kurz vor de-
...t aus Paris das Wasser schöpfen und grofse Theile der
...t versorgen. Die erste hebt das Wasser 118 Fufs hoch
...gedehnten Reservoire auf der Anhöhe hinter den Elysei-
...ern. Die Maschine Gros-Caillou am linken Seineufer ist

viel unbedeutender, und giefst das gehobene Wasser in ein kleines
Bassin aus, welches etwa 100 Fufs über dem Spiegel der Seine in
einem Thurme auf dem Maschinengebäude selbst angebracht ist.
Der gröfste Theil von Paris wird durch den Ourcq-Canal gespeist,
der zugleich Schifffahrts-Canal ist, bei seiner ersten Eröffnung aber
in der einen Beziehung, wie in der andern, so viele Mängel zeigte,
dafs er im Laufe der Zeit wesentlich verändert werden mufste.

Wichtig ist die in den Jahren 1822 bis 1828 unter d'Aubuisson's Mitwirkung ausgeführte Wasserleitung in Toulouse, deren nähere Beschreibung daher nachstehend mitgetheilt wird *). Veranlassung zu derselben gab das Vermächtnifs eines Einwohners der
Stadt, wodurch die Kosten jedoch nur zum kleinsten Theile gedeckt
wurden, während die Commune dieselben grofsentheils übernahm.

Zunächst war zu entscheiden, ob man das Wasser aus der Garonne neben der Stadt durch Pumpwerke heben, oder es vielleicht
von oberhalb durch künstliche Canäle mit Benutzung des natürlichen
Gefälles herbeiführen sollte, wobei auch auf andere Quellen Rücksicht genommen werden konnte. Die meisten Stimmen des Stadt-
rathes waren für das letzte Project und zwar aus dem Grunde, weil
man meinte, dafs die Maschinen häufig ihren Dienst versagen würden, d'Aubuisson wufste indessen durch Aufführung von Beispielen
an andern Maschinen diese Zweifel zu beseitigen und man entschied
sich für das Pumpwerk, doch wurde bestimmt, dafs deren zwei und
zwar unabhängig von einander eingerichtet werden sollten, damit bei
zufälligen Beschädigungen doch immer eins im Gange erhalten werden könnte. Was die Wahl der Betriebskraft betrifft, so entschied
man sich mit gutem Grunde für die Wasserkraft, da diese hier vorhanden war und sogar zwei Stauwerke neben der Stadt hinter einander existirten, die man benutzen konnte, während die Kosten für
die Beschaffung der Feuerung bei einer Dampfmaschine sehr ansehnlich gewesen wären. Endlich wurde noch die Quantität des zu
hebenden Wassers ermittelt und diese auf 200 Wasserzoll, d. h. auf
124000 rheinl. Cubikfufs in 24 Stunden festgestellt. Diese Wassermasse mufste 20 Meter oder 63⅓ Fufs gehoben werden, um alle Theile
der Stadt versehn zu können.

---

*) *Histoire de l'établissement des fontaines à Toulouse. Annales des ponts
et chaussées.* 1838. II.

Nachdem die Hauptbedingungen festgestellt waren, wurde der
Weg der Concurrenz eröffnet und dem Verfasser desjenigen Projects,
welches gewählt werden würde, die Ausführung der Arbeit und eine
Vergütung von 5 Procent der wirklichen Anlagekosten zugesichert.
Es gingen mehrere Projecte ein, doch nur eines darunter zeichnete
sich durch sorgfältige Bearbeitung und eine sehr zweckmäfsige und
dem neueren Zustande des Maschinenbaues entsprechende Anordnung
der ganzen Anlage aus. Es war von dem in Toulouse wohnenden
Maschinenbauer Abadie aufgestellt. Für dieses entschied sich die
Commune.

Von den beiden Stauanlagen, die neben der Stadt vorhanden
waren, wählte man zum Betriebe des Werkes die untere und zwar
theils wegen der gröfseren Festigkeit des daselbst liegenden Wehrs,
und theils wegen der gröfseren Räumlichkeit, wozu noch kam, dafs
man hier dem Angriffe des Stromes nicht ausgesetzt war. Diese
Vortheile waren überwiegend gegen die, welche das obere Wehr geboten hätte, letztere bestanden aber in der bedeutend gröfseren Nähe
am Haupttheile und zugleich dem höchsten Theile der Stadt und
in der Gewinnung des oberen Staues für die Steighöhe. Die Maschine wurde dicht oberhalb der steinernen Brücke und zwar an
das linke Ufer der Garonne gestellt, während Toulouse gröfstentheils am rechten Ufer liegt. Das Wasser zum Betriebe der Maschinen wird durch einen überwölbten Canal von 7½ Fufs Breite,
5½ Fufs Höhe und 11 Ruthen Länge zugeführt, und fliefst durch
einen andern Canal, der im Ganzen 297 Ruthen lang ist, nach der
Rhone zurück. Der nächste Theil desselben von 200 Ruthen Länge
verfolgt die Strafsen der Vorstadt St. Cyprien, und mufste daher
überwölbt werden. Seine Breite beträgt hier 6½ Fufs und seine
Höhe 5½ Fufs. Diese Anlage war sehr schwierig, insofern die Sohle
oft mehr als 30 Fufs unter das Strafsenpflaster traf. Der folgende
Theil des Canals von 97 Ruthen Länge, der in freiem Felde befindlich ist, konnte als offener Graben dargestellt werden. Das ganze
Gefälle zwischen der obern und untern Mündung des Canals beträgt
zur Zeit des niedrigen Sommerwasserstandes 17 Fufs 5 Zoll, wovon
auf das nutzbare Gefälle 9 Fufs 3 Zoll treffen, während der Rest
theils zur Räusche dient, theils aber auch bei passendem Wasserstande eine Säge-Mühle treibt.

Die Pumpen heben das Wasser nicht unmittelbar aus der Ga-

I.   14

ronne, vielmehr aus Canälen neben derselben. Beim Ei
letzteren ist es bereits filtrirt, woher es sogleich in di
vertheilt werden kann. Ueber die hier eingerichteten n
Filter wird im Folgenden ausführlich die Rede sein.

Die Anordnung der Räder, Pumpen und Steigro
sich aus den Figuren 71, a, b, c und d auf Taf. V., we
tenansicht, den Durchschnitt und zwei Grundrisse der
stellen. Das Gebäude besteht aus einem runden Thurm
eine überwölbte Gallerie umgiebt. In letzterer liegen die
serräder mit ihren Gerinnen, ferner die Bassins, die acht
ihren Balanciers und überhaupt die ganze Maschinerie.
enthält dagegen die Steigeröhren und Abfallröhren, sow
obern Theile das kreisförmige Bassin, zu dem das Wa
wird und den Apparat zum Messen des Wassers. Bei .
tritt das Betriebswasser in die erwähnte Gallerie hinein,
die rechts und links abgehn, führen es nach den Krop
beiden Räder und ein dritter schmalerer Canal durch
metral das ganze Gebäude. Letzterer dient dazu, der
legenen Sägemühle den nöthigen Wasserzufluss zu sich
gen Reparaturen, oder aus andern Gründen nur ei
Wasserhebungsmaschinen benutzt wird, und sonach da
geschlossen bleibt. Dicht unterhalb des Gebäudes be
sich wieder die drei Gerinne und bilden gemeinschaft
wölbten Untercanal. Das gereinigte Wasser, welches d
pen gehoben werden soll, tritt bei C in das Gebäu
in einem gemauerten Canale unter den drei Canälen,
Oberwasser enthalten, bis gegen die äussere Umfassung
Es fällt durch Verbindungsröhren in vier Bassins E.
durch andere Röhren wieder mit den Untercanälen i
und man kann durch acht Ventile jedes einzelne der
mit dem filtrirten Wasser füllen, oder trocken legen.
In den Gerinne hängt ein Wasserrad von 18; Fuss Hö
breit. Diese Räder bestehn mit Ausnahme der
verbessert und sind Kropfräder, jedoch nach Art der
verbaut, dass die Schaufeln auf der Stirn der beiden
zwischen der Spielraum zwischen den Schaufeln und
verengt wird. Die gusseiserne Welle jedes Rades
ist mit einer Scheibe und Krummzapfen versehn un

enkstangen die Balanciers. Letztere sind 9 Fufs lang
1 jedem Ende Kreisbogen, worauf die Ketten liegen,
ampenstangen heben. Auf solche Art treibt jede Ma-
mpen. Sie sind Druckpumpen, doch haben sie nicht
olben, die in ausgebohrten Stiefeln sich bewegen, son-
e Plungerkolben aus hohlen bronzenen Cylindern von
hmesser. Die Hubhöhe beträgt etwa 2 Fufs. Die
Kolben gehoben werden, erlaubt es nicht, sie durch
elbst herabzustofsen, zu diesem Zwecke mufsten sie
lers beschwert werden. Dieser Umstand war in dem
obersten Baubehörde gerügt worden, und allerdings
Vermehrung der todten Last unpassend erscheinen,
ser in die Steigröhren drücken soll, doch behielt man
bei, um das Parallelogramm oder eine andere künst-
; zur senkrechten Führung der Pumpenstange zu ent-
m an jedem Balancier befindlichen Pumpen, die sonach
len, drücken das Wasser in eine gemeinschaftliche
nd je zwei derselben, die von demselben Wasser-
rden, verbinden sich im Thurme zu den Röhren
Die letzteren giefsen ihren Inhalt in ein sichelför-
(Fig. 71, b und d), von diesem fliefst es nach der
lichen Methode durch gröfsere Oeffnungen in die
gestalteten Bassins I und aus diesen in das ring-
. Beim letzten Durchflusse durch die Wand zwi-
assirt es die kreisförmigen Oeffnungen, welche die
erzolle bestimmen, und wenn man in der Mitte des
en Bassins steht, kann man die Wirksamkeit jeder
le mit einem Blicke beurtheilen. Das letzerwähnte
den drei Abfallröhren L in Verbindung, von denen
rücke nach dem Haupttheile der Stadt gehn und
rstadt St. Cyprien am linken Ufer der Garonne

asser aus den Bassins E unmittelbar in die Pum-
nte man die Windkessel entbehren, die sonst bei
a grofser Steighöhe und überhaupt bei langen Röh-
entlich sind und den sanften Gang der Maschine

tkosten der Anlage betrugen

14*

1) für Zu- und Ableitung des Betriebswassers 170000 Francs
2) für das Maschinengebäude . . . . . . 92000 -
3) für die Maschinen . . . . 106000 -
Summa 368000 Francs

Nach der Mittheilung, die d'Aubuisson im Jahre 1837 über diese Leitung machte, waren bis dahin gar keine namhaften Reparaturen oder Aenderungen nöthig geworden, nur das ursprünglich eingerichtete natürliche Filter lieferte nicht den nöthigen Bedarf, es mußte daher bald weiter ausgedehnt werden, was später auch wiederholentlich noch geschehn ist.

§. 18.
Messung des Wassers.

Wenn man Wasserleitungen durch Quellen speisen will, so entsteht zunächst die Frage, ob diese dem Bedarf entsprechen. Die Ergiebigkeit einer Quelle oder eines Baches läfst sich annähernd (§. 6) aus der Ausdehnung und Beschaffenheit des Terrains beurtheilen, welches die Zuflüsse liefert. Man darf zwar nicht hoffen, auf diese Art eine grofse Genauigkeit zu erreichen, aber nichts desto weniger sichert eine solche Betrachtung doch vor groben Täuschungen, zu denen eine einmalige directe Messung leicht führen kann. Am sichersten ist es, in verschiedenen Jahreszeiten die Messung der Wassermenge zu wiederholen. Dieses Verfahren ist aber mühsam und häufig unausführbar, man mufs sich daher gemeinhin mit einer annähernden Schätzung begnügen. Vorzugsweise kommt es darauf an, die Ergiebigkeit der Quellen zur Zeit der trockenen Witterung und selbst der gröfsten Dürre zu kennen, weil alsdann die gewöhnlichen Brunnen ganz oder theilweise versiegen, also die Wasserleitung am wenigsten entbehrt werden kann. Man darf sich daher nicht zu einer Anlage entschliefsen, die nur durchschnittlich das erforderliche Quantum liefert, vielmehr ist eine solche als ganz verfehlt zu betrachten, wenn sie nicht bei anhaltender Dürre noch dem Bedürfnisse entspricht.

Die Messung der Wassermenge geschieht gewöhnlich, indem man an einer ziemlich regelmäfsigen Stelle des Baches das Quer-

» fil und die mittlere Geschwindigkeit bestimmt. Es ist diese Methode, die auch bei Flüssen und Strömen angewendet wird,
? specielle Beschreibung wird daher im zweiten Theile einen pas-
deren Platz finden. Es tritt indessen bei der Untersuchung von
eben und Quellen der Uebelstand ein, daſs die geringe Wasser-
le häufig die Geschwindigkeits-Messungen nicht genau genug an-
llen läſst, und überdies zeigen sich hier auch gemeinhin groſse
weichungen zwischen den Geschwindigkeiten an verschiedenen
llen desselben Profiles. Hiernach ist die Bestimmung geringer
lassermengen aus ihrer mittleren Geschwindigkeit keineswegs sicher,
ä es sind dafür andere Methoden zu wählen, von denen hier die
de sein soll. Die Ergiebigkeit einzelner Quellen und kleinerer
che, besonders wenn sie starke Gefälle haben, läſst sich bequem
l sicher dadurch bestimmen, daſs man sie in Gefäſsen von be-
untem Inhalte auffängt und die Zeit beobachtet, in der diese
a füllen. Um jedoch zu sichern Resultaten zu gelangen, muſs man
ei Umstände dabei nicht auſser Acht lassen, nämlich

1) muſs die Messung während eines constanten und gleichmäſsigen
Abflusses erfolgen, damit die aufgefangene Wassermenge wirklich diejenige ist, die der Bach in derselben Zeit regelmäſsig
abführt. Man darf also nicht etwa den Bach durchdämmen,
und sobald er eine gewisse Höhe des Dammes oder eine darin angebrachte Ausfluſsöffnung erreicht hat, die überströmende
Wassermenge messen. Man muſs vielmehr, wenn dergleichen
Anlagen gemacht sind, die Messung nicht früher beginnen, als
bis der Beharrungstand eingetreten ist, d. h. bis der Wasserspiegel oberhalb der Stauvorrichtung sich nicht mehr ändert.

2) Darf man den künstlichen Stau, der zu diesem Zwecke erzeugt
wird, nicht zu hoch treiben, denn in diesem Falle dringt ein
Theil des Wassers in den Boden, auch wohl durch diesen in
das Unterwasser, woher das beobachtete Resultat zu klein ist.

Am vortheilhaftesten ist es, zur Messung eine Stelle zu wählen,
die Ufer geschlossen sind und das Gefälle recht stark ist. Hier
gt man den Quell in einer Rinne auf, und gräbt neben derselben
s wasserdichte Gefäſs in das Bette ein. Sobald die Strömung in
r Rinne zum Beharrungsstande gekommen ist, oder das Oberwasser
der steigt noch fällt, so öffnet man eine Klappe am Boden oder
r Seite der Rinne und läſst ihren ganzen Inhalt nach dem Gefäſse

strömen, während man nach einer Secundenuhr die Zeit der Fül[...]
beobachtet.

Prony führte eine sinnreiche Abänderung dieser Methode ei[...]
die auch bei andern Beobachtungen benutzt werden kann, und de[...]
ich mich bei manchen hydraulischen Untersuchungen mit Vor[...]
bedient habe. Ich will sie hier in ihrer Anwendung auf den v[...]
liegenden Fall beschreiben. Man bringt im Bette des Baches ein[...]
hölzernen Kasten, oder eine Arche an, die in den verschiedenen Höh[...]
einen gleichen horizontalen Querschnitt haben muſs, den ich Q ne[...]
In diesen Kasten flieſst das Wasser durch eine Oeffnung A ein [...]
durch eine zweite Oeffnung B auf der entgegengesetzten Seite o[...]
am Boden ab. Es ist vortheilhaft, die erste recht groſs, und [...]
zweite dagegen nur klein anzunehmen. Die Oeffnung A kann d[...]
ein leicht bewegliches Schütz geschlossen werden. Dieses Sch[...]
wird zunächst geöffnet und sonach flieſst der ganze Bach durch d[...]
Kasten hindurch. Es bildet sich ein Stau bei A und ein zwe[...]
bei B, der letzte wird bei der angegebenen Gröſse der Oeffnun[...]
bedeutender sein, als der erste. Wenn die Strömung den Beharr[...]
stand erreicht hat, was man an einem im Kasten aufgestellten Pe[...]
beobachten kann, so schlieſst man nach einer Secundenuhr das Schü[...]
in der Oeffnung A. Der Kasten erhält alsdann keinen Zufluſs me[...],
während der Abfluſs im nächsten Momente noch der vollen Wassermenge des Baches entspricht, aber nach Maaſsgabe der eintretend[...]
Senkung des Wassers sich nach und nach vermindert. Man beobachtet die Senkungen, die in gewissen Zeiten eintreten. Bezeichn[...]
man die Senkungen mit z und die Zeiten mit t, so kann man a[...]
erste Näherung annehmen

$$z = a \cdot t + b \cdot t^2$$

wo a und b gewisse Constanten sind, die Zeit t aber von dem Auge[...]
blicke des Schlieſsens der Oeffnung A gerechnet wird, und z vo[...]
der früheren constanten Wasserhöhe abwärts zählt. Hat man [...]
gefunden, daſs nach den Zeiten t' und t'' die Senkungen z' und [...]
betragen, so kann man durch Einführung dieser Werthe die Constanten a und b berechnen. Man findet aus diesen

$$z = \frac{t}{t'' - t'} \left(\frac{t'' - t}{t'} z' - \frac{t' - t}{t''} z'' \right)$$

---

*) *Mémoire sur le jaugeage des eaux courantes par de Prony.* Paris 18[...]

hieraus
$$\frac{dz}{dt} = \frac{1}{t'-t}\left(\frac{t'-2t}{t}z - \frac{t-2t}{t'}z'\right)$$

er Ausdruck bezeichnet die Geschwindigkeit, womit as-
spiegel im Kasten sich zur Zeit t senkt, und es kom... darauf
diese Geschwindigkeit zur Zeit $t = o$, oder für denjenigen Mo-
t zu kennen, wo das Schütz geschlossen wurde. Für dieses t ist

$$\frac{dz}{dt} = \frac{1}{t'-t}\left(\frac{t'z'}{t} - \frac{tz''}{t'}\right)$$

Geschwindigkeit, womit der Wasserspiegel sich senkt, steht aber
inem bestimmten Verhältnisse zur ausströmenden Wassermenge,
letztere ist
$$= Q \cdot \frac{dz}{dt}$$

da zur Zeit des Schlusses der obern Oeffnung noch die ganze
assermenge ausströmte, so ist diese oder

$$M = \frac{t'\,t''\,z' - t\,t\,z''}{t\,t''\,(t'-t)}\,Q$$

f solche Art ergeben zwei Messungen der Senkung des Wassers
rch eine leichte Rechnung die Wassermenge des Baches, die Beob-
tung wird aber besonders bequem, wenn man gleiche Senkungen
blt, oder $z'' = 2z'$ setzt, weil man alsdann die betreffenden Maaße
her bestimmen und die Pegel darnach einstellen kann.

Um zu einem hinreichend sichern Resultat zu gelangen, müssen
Senkungen, oder die jedesmaligen Höhen des Wasserstandes sehr
arf beobachtet werden. Dieses geschieht am passendsten durch
e abwärts gekehrte Spitze, die am Nonius des Pegels angebracht
Ob dieselbe noch eintaucht oder über dem Wasser schwebt,
t sich auf der spiegelnden Oberfläche sehr deutlich wahrnehmen.
a stellt sie, während der constante Durchfluß stattfindet, möglichst
arf ein, und liest das Maaß ab. Alsdann senkt man sie um eine
visse Anzahl von Zollen, und später wieder eben so tief, und
bachtet beide male die Zeit, in welcher die Spitze sich von der
erfläche löst.

Bei diesen Messungen, sowie auch bei Bestimmung der Wasser-
age größerer Ströme, legt man eine gewisse Zeiteinheit zum
unde, gewöhnlich eine Secunde, und ermittelt das Quantum,
lches während derselben abgeführt wird. Diese Bezeichnungsart
fordert also zwei Angaben, nämlich die der Zeit und des cubischen
halts. Bei gleichmäßiger Strömung, von der hier nur die Rede

ist, ist indessen die Zeit ein ganz fremdes Element, welches
entbehren könnte, wenn man die Ergiebigkeit mit einem passen
Maaße, als durch den cubischen Inhalt gemessen hätte. Zu
solchen, oder zur Einheit dieses Maaßes, eignet sich vorzug:
ein Wasserstrahl von bestimmter Stärke. Diese Messungs:
bei uns gegenwärtig nicht mehr üblich, doch war sie e
her. In Italien und Frankreich wird sie aber auch noch
wendet. Die Einheit heißt Wasserzoll, und sie ist ein :
der durch eine kreisrunde Oeffnung von 1 Zoll Durchmesser i
dünnen und senkrechten Wand unter dem möglichst kleinsten I
abfließt, d. h. die Druckhöhe ist so weit ermäßigt, daß nu
der obere Rand der Oeffnung noch vom Strahle berührt wird.
Maaß ist daher genau bestimmt und seine Anwendung biete
große Bequemlichkeit, der einzige Vorwurf, den man ihr i
kann, besteht darin, daß sie nur ganze Zahlen angiebt. Der I
den man aus diesem Grunde begeht, ist im Maximum gl
und wird um so unbedeutender, je größer die Wassermen
Schon bei fünf Zollen beträgt er nur den zehnten Theil des G
Diese Genauigkeit ist aber in vielen Fällen genügend, wen
kann die gewöhnliche Methode, wonach das Querprofil und di
lere Geschwindigkeit gemessen wird, bei kleinen Zuflüssen
leicht eine höhere und kaum diese Sicherheit geben.

　　Der Apparat, womit man diese Messung ausführt, ist Fi
im Profile und b in der Ansicht von vorn dargestellt. Die Spei
A, deren Ergiebigkeit man messen will, mündet über einem
B, und aus diesem fließt das Wasser durch mehrere Oeffnur
die am untern Theile der Zwischenwand angebracht sind,
Kasten D. Letzterer ist nur deshalb vom ersten getrennt,
die starke Bewegung sich nicht bis an die Kreisöffnungen fo
Zu demselben Zwecke ist der Kasten D auch noch durch Zw
wände getheilt. In der Wand, welche die Kasten D und
einander trennt, befinden sich die kreisförmigen Oeffnungen vom
Durchmesser, welche zur Messung dienen. Das hier durchfli
Wasser sammelt sich in einem dritten Kasten F, von wo es
geleitet wird. Hauptbedingung ist, daß die aus den Oeff
tretenden Strahlen sämmtlich gleich stark sind, woher die O
gen gleich groß, und einem gleichen Wasserdrucke ausgeset
müssen. Aus dem letzten Grunde löthet man die Messing

Kupferbleche, worin in gerader Linie und etwa in 3 Zoll Abstand von Mitte zu Mitte die Oeffnungen eingeschnitten sind, mit großer Sorgfalt auf, so daß die Mittelpunkte aller Oeffnungen gleich hoch liegen, außerdem ist aber auch dafür zu sorgen, daß in den Kasten *B* und *D* sich kein starkes Gefälle bilde, welches den Wasserstand vor den Oeffnungen neben der Speiseröhre merklich höher stellen würde, als vor den entfernteren. Dieses wird erreicht, indem man beiden Kasten ein großes Profil giebt, da aber gewöhnlich der Raum sehr beschränkt und sonach eine große Breite nicht zulässig ist, so bleibt nur die Darstellung einer großen Tiefe möglich. Die Messung geschieht in folgender Art. Die sämmtlichen Zollöffnungen *E*, *E* sind mit gewöhnlichen Korken geschlossen, und sobald die Röhre *A* zu wirken anfängt und der Kasten *D* bis zur Höhe der Oeffnungen gefüllt ist, nimmt der Aufseher einen Kork nach dem andern heraus und zwar so lange, bis die durchfließenden Strahlen sich von den obern Rändern der Oeffnungen trennen. Man kann dieses mit der größten Deutlichkeit bemerken. Gesetzt, daß durch fünf Oeffnungen *E*, *E* noch volle Strahlen durchfließen, daß aber, sobald die Oeffnung *E'*, die in der Figur geschlossen dargestellt ist, zu fließen anfängt, die Strahlen sich von den obern Rändern der Oeffnungen trennen, so zeigt dieses, daß die Wassermenge 5 Zoll oder darüber, aber noch nicht 6 Zoll beträgt. Durch diese Oeffnungen fließt das Wasser dauernd ab, und der Aufseher kann zu jeder Zeit sich überzeugen, ob die Wassermenge sich nicht vermindert hat, er kann aber auch leicht wahrnehmen, ob sie sich vermehrt, wenn er von Zeit zu Zeit versucht, noch eine der bisher geschlossenen Oeffnungen frei zu machen. Dieser Meßapparat gewährt sonach den großen Vortheil, daß er eine überaus leichte und bequeme Controle über die Ergiebigkeit der Wasserleitung dauernd zuläßt.

Wenn das zufließende Wasser nicht eine einzige, sondern mehrere Röhrenleitungen speisen soll, und es nöthig ist, das ganze Quantum unter diese entweder gleichmäßig, oder nach einem bestimmten Verhältnisse zu vertheilen, oder aber wenn einige derselben ein gewisses Quantum unter allen Umständen erhalten müssen, so läßt sich dieses, wie Fig. 73*a* im Grundrisse und *b* im Profile zeigt, leicht bewirken, sobald eine zweite Reihe von Zollöffnungen dargestellt wird. Die Steigeröhren *A* gießen das Wasser in möglichst gleichen Abständen in den gemeinschaftlichen Kasten *B* aus, von wo es in

den Behälter *D* tritt. Die Oeffnungen in der Wand des letzten
führen es nach *F*, und bei diesem Uebergange geschieht, wie erwähnt, die Messung. Jede Mündung *G* einer zu speisenden Röhrenleitung ist aber wieder in einem besondern Kasten *H* angebracht,
dem das Wasser durch eine neue Reihe von Oeffnungen zugeführt
wird. Durch Schliefsen oder Oeffnen der letzteren kann der Aufseher jeder Leitung ihr Quantum zuweisen.

Die Figuren zeigen die ganze Anordnung der Bassins, wie sie
in Frankreich üblich und sehr bequem ist. In dem Thurme auf dem
Gebäude der Wasserhebungsmaschine liegen zunächst an der Mauer
ganz frei und zugänglich die verschiedenen Steigeröhren. Sie giefsen
sämmtlich ihren Inhalt in den äufsern Kasten, der gemeinhin ohne
Zwischenwand entweder an allen vier Wänden des Zimmers, oder
doch wenigstens an drei derselben sich hinzieht, indem an der vierten die Treppe liegt. Vor diesem Kasten *A* befinden sich die andern *B*, *C* und *D*, und der Aufseher kann leicht sowol die Controlle,
als auch die vorgeschriebene Vertheilung des Wassers ausüben. In
der Figur ist noch ein blecherner Cylinder über der Mündung der
Röhrenleitung *G* dargestellt, der ringsum mit feinen Oeffnungen versehn ist, um die gröberen Stoffe, die das Wasser vielleicht mit sich
führt, vom Eintritt in die Leitung abzuhalten. Gewöhnlich befindet
sich in der Achse desselben noch ein Kegelventil, womit die Mündung der Leitung verschlossen werden kann. Endlich sind die sämmtlichen Kasten auf einem starken hölzernen Gestelle in solcher Höhe
angebracht, dafs der Aufseher möglichst bequem alle Oeffnungen im
Auge behalten und erreichen kann. Die äufsern Wände der Reservoire, die dem vollen Seitendrucke ausgesetzt sind, bestehn aus Holz,
das Ganze ist aber mit Bleiplatten verkleidet und Bleiplatten bilden
die innern Wände mit Ausnahme der Theile, worin die zölligen
Oeffnungen eingeschnitten sind. Dieses sind gewöhnlich Kupfer-
platten. Durch die beschriebene Anordnung wird ein Theil der
gewonnenen Höhe allerdings verloren, der Verlust beträgt aber nicht
leicht mehr als 1 Fufs und ist daher unbedeutend in Vergleich zu
den dadurch erreichten Vortheilen.

Diese Methode läfst sich auch zur Messung der Ergiebigkeit
eines Baches anwenden, wenn man denselben durch ein eingegrabe-
nes Brett sperrt, worin die Metallplatte mit den zölligen Oeffnungen
eingesetzt ist. Dieses Verfahren empfiehlt sich bei kleinen Wasser-

ngen ganz besonders, insofern der hierzu erforderliche Stau sich
f 2 bis 3 Zoll beschränkt.

Endlich wäre noch die Gröfse des Wasserzolles anzugeben, oder
bestimmen, wie viel Wasser die zöllige Oeffnung unter den an-
führten Umständen in einer gewissen Zeit liefert. Die Lösung
ser Aufgabe bietet in sofern einige Schwierigkeit, als es unbe-
mmt ist, wie stark das Wasser sich vor der Oeffnung senkt, da-
t der gesenkte Wasserspiegel so eben den obern Rand der Oeff-
ng berührt. Man nimmt in Frankreich gewöhnlich an, dafs diese
nkung oder die Druckhöhe über dem obern Rande 1 Pariser
sie beträgt, wenn der Durchmesser der Oeffnung 1 Pariser Zoll
. Die Druckhöhe über dem Mittelpunkte der Oeffnung wäre also
Pariser Linien. Der Contractions-Coefficient, der für solche kleine
ruckhöhen gilt, beträgt etwa 0,65. Hiernach kann man die Be-
chnung anstellen, und sie macht sich am einfachsten, wenn man
e unendlich schmalen horizontalen Sectionen der Oeffnung, welche
rselben Druckhöhe ausgesetzt sind, durch den Centriwinkel aus-
äckt, dessen einer Schenkel vertical aufwärts und dessen andrer
ich dem Seitenrande der Schicht gezogen ist. Man erhält alsdann
e Wassermenge oder

$$ M = \tfrac{1}{2}\, c\,\pi\, . \, D^2 \sqrt{gh} \left(1 - \tfrac{1}{12}\, . \, \frac{D^2}{h^2} - \tfrac{1}{317}\, . \, \frac{D^4}{h^4} \ldots \right) $$

o D den Durchmesser der Oeffnung, h die Druckhöhe über dem
littelpunkte und c den Contractions-Coefficient bedeutet. Hiernach
at man die Wassermenge berechnet, und damit ungefähr überein-
timmend nimmt man in Frankreich allgemein an, dafs ein Wasser-
oll in Pariser Maafs in der Minute 15 Pinten oder in 24 Stunden
9,1953 Cubikmeter liefert, d. i. 620,9 Cubikfufs Rheinl. Prony hat
orgeschlagen, die Oeffnung so zu vergröfsern, dafs sie in 24 Stun-
len 20 Cubikmeter giebt, und diesem abgeänderten Wasserzolle gab
r die Benennung „*double module d'eau.*" Bei der Wasserleitung
n Toulouse hat man diese Aenderung eingeführt, doch scheint sie
onst keinen Beifall gefunden zu haben.

Wenn die Oeffnung einen Rheinländischen Zoll im Durchmesser
hält, so giebt sie unter derselben kleinsten Druckhöhe in der Secunde 0,00602 und in 24 Stunden 520 Rheinländische Cubikfufs.

§. 19.
Ansammlung des Wassers.

Wenn man einen Bach oder Fluſs zur Speisung einer Waſser-
leitung benutzen will, so muſs das Wasser an einer Stelle geschöpft
werden, wo es möglichst rein ist. Unmittelbar in der Oberfläche
oder am Boden darf es aber nicht entnommen werden, weil dort
alle schwimmenden Körper in die Leitung treten, oder die davor
angebrachten Gitter und Drahtnetze bald sperren würden, am Boden
enthält es dagegen meist erdige Theile und geht sogar oft in dünnflüssigen Schlamm über. Man entnimmt daher das Wasser an solchen Stellen, wo es besonders tief ist, und vermeidet die Nähe der
Ufer, weil daselbst eine Verunreinigung durch Staub, Blätter u. dergl,
auch durch Thiere am meisten zu besorgen ist. Sodann ist eine
besonders starke Strömung an der Stelle, wo die Ableitung geschieht,
auch nicht vortheilhaft, weil im schnell bewegten Waser oft feine
Sandkörnchen schweben, die sich bei einiger Ruhe niederschlagen.
Wenn man einen Damm oder ein Wehr quer durch das Bette führt,
so vermeidet man auf die einfachste Weise die erwähnten Nachtheile.
Das Wasser staut sich davor an und man gewinnt den nöthigen
Wasserstand, um in gehöriger Entfernung von dem Grunde schöpfen
zu können. Auſserdem wird die Strömung wegen des vergröſserten
Profiles gemäſsigt und das Wasser ist daher reiner. Endlich tritt hierbei zuweilen auch noch der günstige Umstand ein, daſs die Druckhöhe
sich etwas vermehrt und dadurch die ganze Leitung an Wirksamkeit gewinnen kann. In dieser Beziehung darf man sich jedoch
nicht zu viel versprechen, noch auch einen zu groſsen Stau bilden,
denn die Wassermasse des Quelles folgt dem Bette nur, wenn
die Widerstände in demselben viel geringer sind, als in den Adern,
die sich im Boden und namentlich zwischen den Kies- oder Sandkörnchen befinden. Sperrt man aber das Bette und staut man das
Wasser an, so treten sogleich die Nebenwege in Wirksamkeit, und
die Leitungsröhre empfängt um so weniger Wasser, je höher man
dasselbe anspannt. Dieses Gesetz gilt auch noch, wiewohl aus einem
andern Grunde, bei gröſsern Bächen und selbst bei Flüssen. Staut
man dieselben nämlich hoch auf, so wird der Erdboden rings umher
stärker befeuchtet, wie früher, die Verdunstung entzieht also ein

Größeres Wasserquantum und eine Menge Quellen zeigt sich oft nicht nur am Fuße des Dammes, sondern auch neben demselben und an den Ufern, indem das Wasser wegen des stärkeren Druckes durch den Boden hindurchgetrieben wird und nutzlos verloren geht. Durch eine sorgfältige Dammschüttung und Dichtung derselben läfst sich freilich dieser Uebelstand zuweilen umgehn, doch ist dieses nicht immer möglich.

Mit Rücksicht auf die abzuleitende Wassermenge und die Wichtigkeit der ganzen Anlage werden verschiedenartige Vorrichtungen zum Schöpfen des Wassers gewählt. Eine der einfachsten zeigt Fig. 74 *a* im Längendurchschnitt und *b* in der Ansicht von oben. Die hölzerne Grundrinne *K* liegt in dem Erddamme, der den Stau bewirkt. Sie muß sorgfältig mit einem Lehmschlage umgeben sein, damit das Wasser nicht zwischen ihr und der Erde einen Abfluß findet. An dem vordern Ende, womit sie in den Weiher, oder in das Speisebassin hineinreicht, ist sie mit einem hölzernen Pflock geschlossen, bei vorkommenden Reinigungen wird letzterer herausgeschlagen. Nicht weit davon steht der Rinnstock *L*, auch wohl der Mönch genannt, der sie mit zwei Backen von beiden Seiten umfaßt, und um die Verbindung um so sicherer zu machen, wird die Rinne einige Zoll tief eingeschlitzt, wie in Fig. 74 *b* durch die punktirten Linien angedeutet ist. Der Rinnstock ist auf der dem Quell zugekehrten Seite offen, und wird durch eingesetzte Brettstückchen, die durch das Wasser angedrückt werden, geschlossen. Je mehr derselben eingestellt werden, um so höher spannt man das Wasser, und man kann sonach die Druckhöhe nach Maafsgabe der Reichhaltigkeit des Quells etwas vergröfsern. Der Zuflufs geschieht hier immer in der Oberfläche, woher ein Gitter in dem Rinnstocke angebracht sein mufs, um das Eintreiben von Laub und andern schwimmenden Körpern zu verhindern. Endlich mufs für die gehörige Dichtung des ganzen Apparats gesorgt werden, indem man in die Fugen zwischen und neben den Brettstücken Moos oder Werg von aufsen eintreibt.

Wenn ein Quell, wie gewöhnlich geschieht, am Fufse einer Anhöhe vortritt, so bietet sich die Gelegenheit, ihn so abzufangen, dafs er gar nicht mit der Luft in Berührung kommt, also dem Einflusse der äufsern Temperatur ganz entzogen wird. Auch für die Reinheit des Wassers ist diese unterirdische Verbindung mit der Röhrenleitung von wesentlichem Nutzen, weil Pflanzen, wie Thiere, in weit

gröfserer Menge sich einfinden, sobald der Quell zu Tage tritt, ¹
alsdann auch Staub hineingeweht, oder erdige Theilchen durch ¹
tenzuflüsse zugeführt werden. Eine Anlage dieser Art nennt ¹
eine Brunnenstube. Fig. 32 auf Taf. III zeigt eine solche, ¹
b in zwei senkrechten und c in horizontalem Durchschnitte.

Dieselbe ist rings umher, und so auch oben und unten
Mauerwerk umschlossen. Die Quellen treten zwar gewöhnlich
rein ausgewaschenen Sand- oder Kies-Schichten hervor, indem
die dauernde Durchströmung alle Thon- und sonstigen Erdthe
daraus fortgespült sind, da jedoch der Sand durch das aufque
Wasser in Bewegung gesetzt wird, so könnte er auch leicht
Leitung getrieben werden. Aus diesem Grunde ist die Ueberde
der Sohle mit einem dicht schliefsenden umgekehrten Gewöl
forderlich. Dieses sowol, wie auch die Seitenmauern ruhen auf
durchgehenden Fundamente, welches gemeinhin aus Bruchstei
Cementmörtel ausgeführt ist. Indem durch die Umfassungen
sowol an beiden Seiten, wie auch rückwärts die im Boden
den Wasseradern in das innere Bassin treten sollen, so si
Mauern etwa bis zu der Höhe des gewöhnlichen Wassersta
der Brunnenstube trocken, oder mit offenen Fugen ausgefüh
auswärts noch mit Steinschüttungen umgeben, damit der Zu
diger Theilchen um so vollständiger verhindert wird. Auf de
seite darf dagegen das Wasser nicht durchdringen. Die hier
liche Mauer, sowie auch die Flügelmauern werden daher aus
steinen in Cementmörtel ausgeführt und stehn gleichfalls auf de
serdichten Fundamente auf. Die obern Theile der Umfassungs
wie auch das Gewölbe, welches die Decke der Brunnenstube
sind wieder in Mörtel gemauert, auch von innen geputzt. L
geschieht zur Sicherung gegen das von oben eindringende ¹
woher sie auch mit einer fest angestampften Schicht zähen
überdeckt sind. Ueber dieser befindet sich die Erdschüttung,
die ganze Anlage gegen Frost und Hitze schützt.

Die Gröfse der Brunnenstube ist von der anzusammelnde
sermenge abhängig. Der vordere Theil derselben, zu welch
niedrige Eingangsthüre führt, pflegt etwas höher, als der hin
halten zu werden, damit die Vorrichtung zum Oeffnen und Sc
der Röhrenleitung sich bequemer benutzen läfst. Zu diesem
ist in der Höhe der Thürschwelle eine schmale Brücke ang

welche die Schraube hindurchgreift, welche die Klappe vor der
n-Mündung hebt und senkt. Diese Vorrichtung ist Fig. 32 d
in gröfserem Maafsstabe dargestellt.

Die Röhre schöpft das Wasser etwas über dem Boden der
enstube, der zu diesem Zwecke hier noch gesenkt ist, und tritt
in unter der Erdanschüttung aus, so dafs sie nirgend offen liegt.
ssender Stelle ist sie jedoch mit einer Abflufsröhre versehn,
welche bei vorkommenden Reinigungen und Reparaturen die
enstube ganz entleert werden kann.

ahe unter der erwähnten Brücke befindet sich eine zweite stets
Röhre, die zur Ableitung des Wassers dient, falls der Quell
ise so viel zuführen sollte, dafs die Brunnenstube ganz gefüllt
adurch die Decke derselben bedroht würde. Sobald diese
in Wirksamkeit tritt, führt sie das Wasser in eine gepflasterte
auf der Anschüttung, welche den Zugang zur Thüre der Brun-
bei bildet.

nlagen dieser Art kommen vielfach vor, die hier beschriebene
der Nähe von Saarbrücken ausgeführt.

Wird das Wasser aus einem Strome oder aus einem See ge-
, so ist die Speiseröhre auch zugleich Saugeröhre der Was-
ings-Maschine. Eine künstliche Aufstauung kommt, wenig-
n schiffbaren Gewässern in diesem Falle nicht vor, doch mufs
hende Tiefe vorhanden sein, damit die Mündung selbst beim
sten Wasserstande noch unter diesem bleibt, ohne den Grund
ühren. Vielfach leitet man in solchem Falle die gufseiserne
über das Ufer und das flache Wasser bis zur genügenden
auf einer Rüstung und zwar in solcher Höhe, dafs sie beim
alichen Wasserstande über denselben hinaustritt. Die Mün-
ist aber abwärts gekehrt und reicht bis unter das kleinste
r herab. In solcher Art wurde unter andern die Wasserlei-
ros-Caillou in Paris aus der Seine gespeist. Hierbei tritt inder Uebelstand ein, dafs die Röhre manchen Beschädigungen,
lich bei Eisgang und zur Zeit des hohen Wassers durch
r treibende Gegenstände und selbst durch Schiffe ausgesetzt
aus diesem Grunde wählt man häufig eine andre Einrichtung,
h die Röhre unter die Sohle des Flufsbettes versenkt wird
a ihrem Ende in einem starken massiven Bau sich lothrecht
. Letzteren hat man wegen der wirbelnden Bewegung, die

er im Strome erzeugt, Delphin genannt. Fig. 75 auf Taf. V zeigt
einen solchen. Die Mündung der Speiseröhre liegt etwa 9 Zoll unter dem kleinsten Wasser, die Röhre selbst senkt sich aber mit
schwachem Gefälle vom Delphin ab bis zum Brunnen, aus welchem
die Maschine das Wasser schöpft, und treibt sonach den etwa eintretenden Sand bis zu diesem, ohne dafs sie dadurch gesperrt werden kann. Bei dieser Anordnung liegt die Röhre so tief, dafs sie
vor Beschädigungen gesichert ist, und wenn man ihre Mündung
schliefst, so kann sie im Innern trocken gelegt werden. Die aufwärts gerichtete Mündung mufs aber vor möglichen Beschädigungen
gesichert werden, und dieses geschieht durch das massive Gebäude,
welches sie umgiebt. Dasselbe ist mit einer Reihe fensterähnlicher
Oeffnungen versehn, die von aufsen mit starken Gittern und von innen mit feinen Drahtnetzen geschlossen sind. Durch selbige erfolgt
der Zuflufs des Wassers. Bei Hochwasser wird das ganze Gebäude
überströmt, bei niedrigem Wasser kann man aber heranfahren und
auch hineingehen, um die Gitter und Netze zu reinigen. Im Schiff-
fahrts-Interesse ist es nothwendig, die Stelle, wo der Delphin sich
befindet, deutlich zu bezeichnen, damit nicht etwa bei hohem Wasserstande Schiffe darauf stofsen. Mehrere Anlagen dieser Art befinden sich in der Themse bei London.

Zuweilen wird der Bach, durch den man die Wasserleitung
speisen will, theilweise schon zu andern Zwecken, wie etwa zum
Betriebe von Mühlen benutzt, und wenn es alsdann nicht gelingt
diese anzukaufen, so bleibt nur übrig, der Leitung nur diejenige Wassermenge zuzuweisen, deren die ältere Anlage nicht bedurfte. Es
mufs also eine bestimmte Vertheilung eintreten, die oft wieder
durch die verschiedenen Witterungsverhältnisse bedingt wird. Gewöhnlich wird zu diesem Zwecke der Zuflufs nach der Röhrenleitung
durch Schütze oder Ventile, oder auf andre Art von dem dazu angestellten Aufseher regulirt. Diese Anordnung macht indessen die
genaue Wahrnehmung des einen und des andern Interesses nur von
der Aufmerksamkeit des Wärters abhängig. Man hat sich daher
vielfach bemüht, die Bewegung jener Schütze und Klappen durch
die veränderte Strömung oder die Veränderung des Wasserspiegels in dem Gerinne oder Bache zu bewirken, um nicht nur den
Aufseher zu entbehren, sondern auch um jede eintretende günstige
Veränderung in dem Zuflusse, wenn sie auch nur von kurzer Dauer

... zu benutzen und jeder Versäumniß im Ziehn der Schütze
... Bei uns kommen dergleichen Anlagen nicht vor, und
... im Allgemeinen zu denselben auch wenig Vertrauen, indem
... daß die Maschinerie bald in Unordnung kommen müsse.
... indessen nicht vergessen, daß der Grund des Mißglückens
... nicht immer in der Unbrauchbarkeit der Erfindung
... häufig in der unpassenden Anordnung und schlechten
... zu suchen ist.

... England sind Anlagen dieser Art mehrfach zur Ausführung
... Hierher gehören schon die schwimmenden Heber,
... Wasserständen des Baches immer eine gleiche Quan-
... abführen. Man richtet sie so ein, daß der Bach einen
... speist, und in diesem schwimmt eine Kugel, die den über
... des Brunnens herüberreichenden Heber trägt und sonach
... Stellung nach Maaßgabe der Hebung oder Senkung des Was-
... verändert. Damit der Heber indessen immer senkrecht
... bleibt und nach einer bestimmten Seite ausgießt, so hängt
... zwei Ketten, die über Räder führen, und letztere sind durch
... gewichte so abgeglichen, daß die größere oder mindere Länge
... herabhängenden Ketten ihren Einfluß verliert. *)

In großer Ausdehnung ist diese Selbstregulirung der Zu-
... Abflüsse bei der Wasserleitung in Ausführung gebracht, welche
... ock (etwa 1 Meile unterhalb Glasgow an der Clyde) mit Was-
... versorgt. Ich will die wichtigsten der daselbst getroffenen An-
... gen nach der Beschreibung von Mallet **) mittheilen und be-
... zuvor, daß man den Shaw-Fluß oberhalb Greenock in einem
... Bassin von 470 Magdeburger Morgen Grundfläche und mehr
... 500 Fuß hoch über dem Niveau der Clyde auffing und außer-
... mehrere andere Bassins anlegte, die jedoch nur geringere Aus-
... haben. Man sammelt hier alles Wasser, was man irgend
... kann, und läßt den bereits bestehenden Mühlen nur soviel,
... bisher zu ihrem Betriebe benutzten. Der Ueberschuß bei
... Wetter fließt sonach in das Bassin, und dasselbe geschieht
... der ganzen Wassermenge, wenn sie bei trockner Witterung für

---

*) Verhandlungen des Gewerbevereins. Zehnter Jahrgang. Berlin 1831.

**) Annales des ponts et chaussées. 1831. I. S. 152.

die Mühle ungenügend war. Aus diesem Bassin werden zwei ~~~
hen von Mühlen getrieben, von denen die eine 26 und die ~~~
18 oberschlächtige Räder enthält. Endlich dient das Wasser ~~~
zur Versorgung von Greenock und der daselbst anlegenden Sch~~~

Die hier angebrachten Selbstregulirungen der Zu- ~~~
flüsse beruhn auf verschiedenen Anordnungen, die sich aus den ~~~
genden Beispielen ergeben, die auf Taf. VI dargestellt sind. Fig~~~
zeigt die Vorrichtung, um einen Mühlgraben aus dem Sammel~~~
zu speisen, der jederzeit Zufluſs erhalten muſs, sobald die Müh~~~
Gang gesetzt wird. A ist das Niveau im Bassin, B dasselbe ~~~
Mühlgraben. Beide sind mit einander durch einen überwölbten ~~~
nal verbunden, an dessen oberer Mündung sich ein Schütz be~~~
welches durch einen Hebel DE gestellt wird. Dieser Hebel e~~~
seine Bewegung durch einen Schwimmer FG im Mühlgraben. ~~~
bald die Mühle in Gang gesetzt wird, senkt sich davor der ~~~
serspiegel und mit demselben der erwähnte Schwimmer, der fo~~~
das Schütz C hebt und dadurch den Zufluſs aus dem Sammel~~~
eröffnet. Dieser Zustand dauert so lange, bis die Mühle in ~~~
gesetzt wird. Geschieht dieses, so hebt sich der Schwimmer ~~~
dem Wasser vor der Mühle, und sperrt den weitern Zufluſs ab. ~~~
Schwimmer FG ist 19 Fuſs lang und breit und 7 Zoll stark. Der ~~~
bel DE miſst im kürzern Arme (auf der Seite des Schwimmers) 9 ~~~
und im längern 18 Fuſs. Das Schütz C ist $3\frac{1}{4}$ Fuſs lang und $1\frac{1}{2}$ ~~~
hoch. Es trifft sich indessen zuweilen, daſs das Oberwasser ~~~
Mühle auch durch fremdes von den Seiten zuströmendes W~~~
stark gehoben wird, und der Hebel, der nach der beschrieb~~~
Einrichtung sich nur so lange heben kann, bis das Schütz ganz ~~~
schlossen ist, würde alsdann durch den Schwimmer einem ~~~
Drucke ausgesetzt werden, daſs die Zugstange des Schützes verb~~~
werden könnte. Um dieses zu verhindern, ist die Achse des Sch~~~
mers nicht unmittelbar am Hebel befestigt, sondern an einem ~~~
Hebel, der durch ein Gewicht H in einer bestimmten Stellung ~~~
den ersten erhalten wird. Sobald der erwähnte Fall eintrit~~~
hebt sich der zweite Hebel mit dem angehängten Gewichte, so ~~~
der Schwimmer noch ansehnlich höher steigen kann. Diese ~~~
richtung fand Mallet seit 13 Jahren im Gange.

Fig. 77 zeigt eine andere zu demselben Zwecke dienend~~~
ordnung, die vor der ersten den Vorzug hat, daſs sie noch~~~

erden kann, wenn die Niveaudifferenz zwischen dem Bassin
em Mühlgraben *B* sehr bedeutend auch das Stauwehr so
dafs jener Hebel nicht mehr bequem herüberreichen würde.
Speisebassin leitet eine enge Röhre *C D*, die fortwährend
bleibt, einen feinen Wasserstrahl nach dem Gefäfse *E* und
atleert sich durch die Röhre bei *F* in den Mühlgraben. Hier
sich der kleine Schwimmer *G*, der ein Ventil trägt, womit
intere Mündung der benannten Röhre von unten verschliefst,
er bis zu einer gewissen Höhe steigt. Der Erfolg ist sonach
le bei einem niedrigen Wasserstande im Mühlgraben der Cy-
£ leer ist, und bei höherem sich füllt. Die Ausflufsmündung
m Bassin nach dem Mühlgraben wird durch eine Klappe *I*
issen, welche sich um eine horizontale Achse dreht und so ein-
rt ist, dafs sie durch den Druck des im Bassin *A* befindlichen
rs, wie hoch dieses auch steigen mag, nicht geöffnet wird, ihre
ang vielmehr nur durch das Anziehn der Kette *K* erfolgen kann.
Kette führt über eine Scheibe und trägt ein Gewicht *H*, das
linder *E* hängt. Letzteres übt den Zug auf die Klappe aus,
es frei herabhängt, wenn also der Cylinder *E* nicht gefüllt
der wenn das Wasser im Mühlgraben niedrig steht. Dieses
eht, wenn die Mühle im Gange ist. Sobald sie angehalten
füllt sich der Cylinder *E*, das Gewicht *H*, welches ein ange-
nes Volum haben mufs, schwimmt auf, wodurch die Kette *K*
? wird und der Wasserdruck schliefst die Klappe.
ler in Fig. 78 dargestellte Apparat hat denselben Zweck, wie
urhergehenden, unterscheidet sich aber dadurch, dafs die Achse
chwimmers zwei Ventile trägt. Mallet meint, dafs diese Vor-
ng sich zur Darstellung eines constanten Niveaus bei hy-
lischen Versuchen besonders eignet. Auch hier bezeichnet
a Wasserspiegel im Speisebassin und *B* denselben im Canale,
. man das constante Niveau erhalten will. Wie die Figur zeigt,
der Regulirungs-Apparat durch einen fremden Quell in Thä-
t gesetzt, doch könnte man dazu auch eine Ableitung aus dem
a benutzen. Die Verbindung zwischen dem Speisebassin und
Mühlgraben wird durch eine Klappe *C* geschlossen, welche
a den Wasserdruck immer geöffnet bleiben würde, wenn nicht
Gewicht *H* mittelst der Kette *K* sie zudrückte. Dieses Gewicht
chwebt wieder in einem Cylinder *E*, der mit Wasser gefüllt oder

15*

leer ist, jenachdem der Wasserstand im Mühlgraben niedrig o
hoch ist. An der Achse des Schwimmers G befinden sich z
Kegelventile, wodurch zwei Oeffnungen verschlossen werden kö
von denen die eine die Verbindung zwischen dem Reservoir D
dem Cylinder E darstellt und die andere das Wasser aus dem
linder E entweichen läfst. Ist jene geschlossen und diese geö
was bei hohem Wasserstande im Canale B der Fall ist, so b
der Cylinder E leer und folglich drückt das Gewicht H die Kl
C fest an. Senkt sich dagegen der Wasserspiegel B und mit
selben der Schwimmer G, so öffnet sich das obere Ventil, das W
ser tritt also aus dem Bassin D aus, doch ist nunmehr die da
befindliche Ausflufsöffnung durch das andere Ventil geschlo
das Wasser füllt daher den Cylinder E, hebt das Gewicht H
die Klappe C wird durch den Wasserdruck geöffnet. Das Niv
B kann also bei dieser Anordnung sich nur soweit verändern,
die beiden mit einander verbundenen Ventile sich heben und se
können. Bei sorgfältiger Ausführung läfst sich dieser Spielr
leicht auf eine Linie oder noch weniger beschränken. Ein App
dieser Art war seit 1819 im Gange. Der Cylinder E ist 4 F
1 Zoll weit und 5 Fufs hoch, wogegen das Gewicht H, welch
gleichfalls cylindrisch ist, 4 Fufs im Durchmesser hält und 4 F
hoch ist. Der Schwimmer G ist 2 Fufs breit, ebenso lang und 6 Z
hoch. Die beiden Ventile bei F haben 2 Zoll im Durchmesser,
lich die Klappe C ist 4 Fufs lang und 6 Zoll hoch, doch ist
Apparat so kräftig, dafs die Klappe ohne Nachtheil auch grö
sein könnte.

Für den Fall, dafs aus einem Mühlgraben, sobald derselbe m
Wasser führt, als zum Betriebe der Mühlen erforderlich ist,
Ueberschufs nach dem Speisebassin geleitet werden soll, dient
Vorrichtung Fig. 79. A ist der Mühlgraben. Die Klappe BD,
um die horizontale Achse bei B sich dreht, schliefst den Ab
nach dem Speisebassin. Ein gufseiserner Hebel ist an der Kl
befestigt und vermöge des Gegengewichts E hält er sie gegen
Wasserdruck geschlossen. Steigt das Wasser im Mühlgraben,
fliefst es durch die Rinne BC nach dem Eimer F, und wie der
sich mit Wasser füllt, so wirkt er dem Gewichte E entgegen
hebt letzteres zugleich mit der Klappe auf, so dafs der Ausflu
folgt. Sobald aber der Wasserstand bei A sich senkt, so dafs

fluſs in den Eimer F aufhört, so entleert sich dieser durch eine ſie Oeffnung im Boden und das Gewicht E schlieſst wieder die Klappe.

Man möchte vielleicht glauben, daſs die ganze Wassermenge, die man bei höheren Anschwellungen ableiten will, in derselben über ein Ueberfallwehr von einer gewissen Höhe gestürzt werden könnte, wie das kleine Gerinne BC wirkt. So lange jedoch ein Wehr überfluthet wird, senkt sich der Wasserspiegel davor nie bis zur Höhe seines Rückens, sondern das Wasser steht immer um ſo höher, je stärker der Zufluſs ist. Will man also einen constanten Wasserspiegel darstellen und groſse Wassermengen abführen, so muſs man Oeffnungen bilden, die einem höheren Wasserdrucke ausgesetzt sind, und dieses ist hier geschehn. Einen Apparat von dieser Art hatte man seit 1821 eingerichtet. Die Klappe BD ist 4 Fuſs lang und $2\frac{1}{4}$ Fuſs hoch, der Hebel hat eine Länge von 5 Fuſs. Das Gewicht E besteht aus einem eisernen, mit Steinen angefüllten Cylinder von 6 Zoll Durchmesser und 18 Zoll Höhe, und wiegt mit der Füllung 260 Pfund. Der kupferne Eimer F dagegen ist 18 Zoll hoch und ebenso weit.

Zu gleichem Zwecke dient auch der Apparat, den Fig. 80 darstellt. Der Abfluſs aus dem Mühlgraben A ist durch die Klappe C geschlossen, die sich um die horizontale Achse B dreht. Der Wasserdruck allein würde diese Klappe sogleich öffnen, wenn nicht das Gewicht D sie mittelst einer Kette zurückhielte. Letzteres hängt doch in einem guſseisernen Cylinder, der im Mühlgraben steht und in der Höhe desjenigen Wasserstandes, wobei der Abfluſs eröffnet werden soll, ringsum mit kleinen Löchern versehn ist. Steigt das Wasser bis hierher, so füllt es den Cylinder, und das Gewicht D ist nicht mehr im Stande, die Klappe geschlossen zu erhalten, woher der Abfluſs beginnt. Senkt sich dagegen der Wasserspiegel im Mühlgraben, so daſs die Löcher kein Wasser dem Cylinder zuführen, so entleert sich der letztere durch die feine Röhre EF und das Gewicht D zieht wieder die Klappe an. Die Röhre EF muſs einen so geringen Querschnitt haben, daſs sie bei eintretender Wirksamkeit der Oeffnungen im Cylinder nicht den ganzen Zufluſs abführen kann, sie wird aber nicht geschlossen und sonach bildet sich für jeden constanten Zufluſs durch die Oeffnungen auch ein constanter Wasserstand im Cylinder, und zwar wird derselbe um so höher sein, je

größer jener Zufluß ist. Auf solche Art erreicht man noch
Vortheil; daß bei höheren Wasserständen im Mühlgraben auch
Klappe um so weiter geöffnet wird. Ein Apparat dieser Art
seit 1817 im Gange, bei demselben ist der gußeiserne Cyl
5 Fuß 10 Zoll tief und 2 Fuß 1 Zoll weit, das Gewicht D ist
falls cylindrisch, sein Durchmesser mißt 2 Fuß und seine Höhe
trägt eben so viel, es wiegt 500 Pfund. Die Klappe, die
eine etwas andere Einrichtung hatte, war 4 Fuß hoch und 4
breit.

Endlich ist noch eine gleichfalls bei Greenock zur A
gebrachte Einrichtung zu erwähnen, die vom Mühlgraben d
flüssige Wasser dem Speisebassin zuweist, und zwar nicht
Zeit des Hochwassers, wo der Graben zu viel Wasser führt,
auch zur Zeit der Dürre, wo er so wenig Zufluß hat, daß die
doch nicht in Betrieb gesetzt werden kann. Die Regulirung
hier durch einen kleinen Seitenzufluß, von dessen Reichhalt
abhängt, ob das Wasser in das Bassin geleitet wird, oder
Diese Anordnung ist insofern angemessen, als man vor
darf, daß alle benachbarten Quellen nach Maaßgabe der Witt
Verhältnisse gleichzeitig reichhaltiger fließen, oder weniger W
abführen. Der Mühlgraben nimmt in diesem Falle zwischen
Speisegraben und der Mühle noch mehrere Quellen und Bäche
die zur Zeit eines anhaltenden Regens schon allein das erford
Betriebswasser liefern. Bei etwas geringerem Zuflusse darf fü
Leitung nur ein Theil des Wassers entnommen werden, und
noch geringerem gar nichts. Versiegen die Zuflüsse aber imme
so daß eine gewisse Grenze der Dürre erreicht wird, so darf w
alles Wasser in das Speisebassin geleitet werden, weil alsdan
Mühle wegen Wassermangel doch außer Betrieb gesetzt werde
Fig. 81 stellt die Einrichtung dar, welche diese verschiedenen M
ficationen des Zuflusses bewirkt. Mallet sagt, daß sechs s
Apparate eingerichtet wurden, und Robert Thom, von de
diese sinnreichen Erfindungen ausgegangen waren, auch hiervo
nen günstigen Erfolg sich versprach. A ist der Mühlgraben
die Klappe, die seinen Abfluß nach der Mühle sperrt, sie wird
nicht nur durch den Wasserdruck geschlossen erhalten, so
außerdem noch durch ein kugelförmiges Gewicht, das beson
dazu dient, sie wieder zu schließen, sobald sie geöffnet war.

Klappe befindet sich noch ein zweiter Arm, woran eine Kette
ist, und diese wird angezogen, sobald der Eimer D sich
Am Boden des letzteren befindet sich eine Oeffnung, durch
des hineingeführte Wasser wieder abfliefst, und so verschwin-
einem geringen, oder noch mehr bei gar keinem Zuflusse
das Uebergewicht des Eimers D, und die Klappe B wird
geschlossen. Es kommt darauf an, das Wasser aus dem
der im Bassin E gesammelt wird, bei einer gewissen
Ergiebigkeit in den Eimer zu führen und bei gröfserer
Reichhaltigkeit davon abzuhalten. Dieses geschieht
maafsen. Der Seitenzuflufs tritt durch die Röhrenleitung
den Ausgufs bei F in den Eimer. Ist er sehr schwach,
der Eimer nicht das Uebergewicht bekommen, indem das
sich nicht darin sammelt, sondern schon mit geringer Druck-
durch die Bodenöffnung abgeführt wird. Wird dagegen die im
E aufgefangene Wassermenge gröfser, so genügt die Boden-
im Eimer nicht mehr, die Ansammlung zu verhindern, und
wird so schwer, dafs er die Klappe B öffnet. Wird der
noch gröfser, so ist auch die Ausmündung der Leitung F
mehr genügend, um das Wasser sogleich abzuführen, es steigt
in die cylindrische Erweiterung bei G, und hebt den in dersel-
liegenden Schwimmer, der ein Kegelventil trägt. Sobald dieses
heben wird, so schliefst es die darüber befindliche Oeffnung und
wieder den Zuflufs zum Eimer. Letzterer entleert sich durch
Bodenöffnung so weit, dafs die Klappe B sich schliefst, und so-
hört auch in diesem Falle die Zuführung des Wassers nach
Mühle auf und dasselbe gelangt zum Speisebassin.

Auch in andern Fällen, als gerade bei solchen Wasserleitungen,
wovon hier die Rede ist, hat man Vorkehrungen getroffen, wodurch
die Erhebung des Wasserstandes über eine gewisse Höhe verhindert
wird. Hierher gehören die heberförmigen Ablässe, welche Garipuy
am Canal du Midi anlegte. Fig. 82 a und b zeigen einen solchen
im Querschnitte und im horizontalen Durchschnitte, letzteren nach
der Linie AB des Querschnittes. Hätte man hier nur ein Ueber-
wehr angebracht, so würde, wie bereits erwähnt, eine starke Erhebung des Wasserspiegels im Canale möglich geblieben sein, und
die Gefahr vor einem Durchbruche der Canaldämme an der Thalseite wäre nicht beseitigt. Sobald dagegen diese Heber in Wirk-

samkeit treten, so ist die Geschwindigkeit von der Nivea
des Ober- und Unterwassers abhängig, und die Wirkung wir
kräftig, wie bei Grundablässen. Es sind immer je drei solcher
migen Oeffnungen in einer gemeinschaftlichen Mauer angebr
haben einen oblongen Querschnitt und sind etwa 2¼ Fuß
1¼ Fuß hoch, ihre obere Mündung liegt zwei Fuß über (
sohle, wodurch das Eintreiben schwimmender Körper verhi
Die Bodenfläche der Heber erhebt sich in dem höchst
bis zur Höhe desjenigen Wasserstandes, den man im Cana
ten pflegt, und in dieser Höhe liegt auch das enge Luf
Die Wirksamkeit der Heber ist folgende: bis zu dem
Wasserstande ist jedes Ueberlaufen verhindert, sobald ab
nal noch mehr wächst, so fließt durch die Oeffnungen, w
Wehr, etwas Wasser über, doch ist die Menge desselber
deutend, so lange nicht die Decke des Hebers an der höcl
erreicht wird. Geschieht dieses, so beginnt die eigentlich
da nunmehr die ganze Niveaudifferenz zur Druckhöhe
Abfluß würde aber ohne das erwähnte Luftrohr nicht l
hören, als bis der Canal sich fast ganz entleert hätte. L
unterbricht jedoch die Wirksamkeit des Hebers, sobald de
liche Wasserstand wieder erreicht ist. Man hat diese E
soviel bekannt, bei andern Canälen nie nachgeahmt, sie
insofern nicht empfehlenswerth sein, als sie häufig in
kommt und schwierige Reparaturen sich dabei oft wieder

§. 20.
Filtriren des Wassers.

Die Quellen, so wie auch die Bäche und Flüsse enth
ganz reines Wasser. Die fremden Bestandtheile dar
weilen verschiedene Erdarten, die fein zertheilt im Wasser

---

*) *Programme ou Resumé des Leçons d'un cours de constructi*
de feu Mr. Sganzin, quatrième édition par Reibell. Paris 1839
p. 136.

...be mit demselben in chemische Verbindung getreten zu sein, häufig ...det Letzteres auch in so geringem Maaße statt, daß diese Ver- ...igung unbeachtet bleiben darf. Außerdem rührt die Verun- ...igung des Wassers in manchen Fällen auch von Stoffen her, ...in größerer Menge darin aufgelöst sind, und weder durch Trü- ..., noch auch durch Färbung sich zu erkennen geben. Manche ...isarten sind im reinen Wasser löslich, wie Gyps, Steinsalz ... Viel häufiger ist aber Kohlensäure, und zuweilen sogar in sehr ...r Menge im Quellwasser enthalten. Auch andres Wasser, das ...e mit der Luft in Berührung bleibt, zieht aus der Atmosphäre ...Kohlensäure an. Besonders nachtheilig ist aber die Verunreini- ..., wenn das Wasser organische Stoffe enthält, die bereits in ...ß übergegangen sind. Es nimmt alsdann einen faulen, wider- ...en Geschmack an, und es erzeugen sich darin Pflanzen und Thiere, ...er man vor solchem Wasser die Leitungen besonders bewahren ... Sobald aber eine größere Menge Kohlensäure im Wasser ...alten ist, so wird dessen auflösende Kraft verstärkt, und nament- ...ch verbindet es sich alsdann leicht mit kohlensaurem Kalk, und ...t große Massen desselben auf. Dasselbe geschieht mit dem ...it verbreiteten kohlensauren Eisenoxydul, welches dem Wasser ...ß eine braune Farbe giebt.

Dieses sind die gewöhnlichsten chemischen Verbindungen, die ...ich im Quell- und Flußwasser vorfinden. Wie man dieselben er- ...kennt, gehört nicht hierher, und ebensowenig die Auseinandersetzung der Methode, wodurch einer oder der andere fremde Bestandtheil daraus geschieden werden kann. Letzteres geschieht auch niemals bei größeren Wasserleitungen, man beschränkt sich vielmehr nur darauf, die im Wasser schwebenden Theilchen, die also nicht chemisch damit verbunden sind, zu entfernen. Nur in kleineren Filtrir-Apparaten wird die Kohle, und zwar vorzugsweise die Kno- chenkohle, benutzt, um dem Wasser den faulen Geschmack zu nehmen, oder es werden auch chemische Mittel angewendet, um die Reinigung eines unbrauchbaren und selbst eines trüben Wassers ent- weder eintreten zu lassen, oder doch zu befördern. So wird zu die- sem Zwecke in Paris der Alaun benutzt, in Egypten reibt man da- gegen eine Art Brod, das aus Mandeln gebacken ist, an die Wände eines thönernen Gefäßes, und indem man darin das Wasser stark

umrührt, so klärt es sich in wenig Stunden auf, und nimi
reinen Geschmack an. *) Aehnliche Vorrichtungen kommen be
ren Anstalten, von denen hier nur die Rede sein kann, nicht v
beziehn sich vielmehr allein darauf, durch längere Ruhe
Wasser schwebenden Erdtheilchen niederzuschlagen, oder i
Filtriren zu entfernen. Es handelt sich hier also immer
die Lösung der mechanischen, aber nicht der chemischen
dungen.

Das erste Mittel, nämlich das Niederschlagen dur
Ruhe, hat bei der Anwendung im Grofsen manche Schwie
Das aus einem schnell fliefsenden Strome geschöpfte W
gewöhnlich sehr trübe, und pflegt in den ersten 24 Stun
nicht den nöthigen Grad von Klarheit und Reinheit zu j
so dafs es längere Zeit hindurch stehn mufs. Dieser Um
dingt die Anlage von mehreren, nämlich wenigstens drei
deren jedes den ganzen Bedarf für einen vollen Tag fafs
man aber die häufigen Reinigungen und Reparaturen berüe
so sind sogar vier solcher Bassins erforderlich. Die Be
des dazu nöthigen Raumes ist in der Nähe grofser Städte
sonders da eine bestimmte Localität Hauptbedingung bleibt,
eine willkührliche Verlegung nicht vornehmen darf, sehr
und kostbar. Ebenso veranlafst ihre Einrichtung und Uni
auch grofse Kosten. Besonders nachtheilig ist es aber, di
Bassins, wenn sie die nöthige Ausdehnung haben, nicht l
Sonnenstrahlen und dem Staube durch eine Verdachung
werden können. Im Winter tritt ein anderer Uebelstand
eben so nachtheilig ist, indem das Wasser bis zum Gefrierer
Aus diesen Gründen mufs man von der Klärung des Wass
blofse Ruhe meist absehn, wenigstens in dem Falle, wenn
sichtigte Reichhaltigkeit der zu speisenden Wasserleitung d
ausgedehnter Bassins erfordert. Handelt es sich dagegen
kleinere Reservoire, die mit einem Gewölbe überspannt wei
nen, so verschwinden die erwähnten Nachtheile beinahe gi

Man kann einem Bassin, in welchem das Wasser
werden soll, gewöhnlich keine bedeutende Tiefe geben, weil
zu der das Wasser gehoben wird, in gleichem Maafse v

*) *Annales des ponts et chaussées.* 1836. I. p. 102.

werden müßte. Die Maschine muß nämlich so kräftig wirken, daß
sie das Bassin bis zum Rande füllen kann, während die Röhre,
welche das reine Wasser abführt, nur in der Nähe des Bodens liegen
darf, weil sonst von dem Inhalte des Bassins jedesmal ein großer
Theil unbenutzt zurückbliebe. Wenn es demnach darauf ankommt,
eine große Wassermasse im Bassin zu fassen, so muß dieses eine
bedeutende Länge und Breite erhalten. Es giebt deren viele, die
über hundert Fuß breit und mehrere hundert Fuß lang sind, woher
eine Ueberdachung und vollends eine Sicherstellung gegen Erwärmung und Frost nicht ohne sehr große Kosten möglich ist. Man
pflegt daher bei ihrer Anlage vorzugsweise nur die möglichste Wasserdichtigkeit zu berücksichtigen. Zu diesem Zwecke besteht der
Boden meist aus einem sorgfältig ausgeführten und mehrere Fuß mächtigen Thonschlage, und die Seiteneinfassungen werden durch starke
Mauern gebildet, an welche gemeinhin auf der äußern Seite sich
noch Erdböschungen anlehnen. Außerdem muß man die ganze Anlage so einrichten, daß sie vor heftigen Winden geschützt ist.

Endlich muß man auch die häufig vorkommenden Reinigungen
berücksichtigen, denn das Bassin würde sonst nicht nur durch die
Niederschläge sich immer mehr verflachen, sondern sich auch als
ganz unwirksam erweisen, wenn hohe Schlammschichten darin lägen.
Zu diesem Zwecke pflegt man die Sohle nicht nur zu befestigen,
so daß sie ohne beschädigt zu werden, gespült und gefegt werden
kann, sondern man giebt ihr auch regelmäßige Gefälle und versieht
sie mit Rinnen, die zu besondern Ausflußöffnungen führen, um alles
Wasser und allen flüssigen Schlamm daraus leicht entfernen zu können. Gemeinhin fällt die Sohle des Bassins von beiden Seiten nach
der Mittellinie sanft ab, und hier befindet sich eine flache, ausgemauerte Rinne, die etwa 4 Fuß weit ist, und mit geringem Gefälle
nach derjenigen Ausflußmündung führt, die nur bei vorkommenden
Reinigungen benutzt wird. Um aber die Schlammablagerungen durch
Fegen alsdann sicher beseitigen zu können, ohne die Sohle anzugreifen, so wird diese mit einem gut schließenden und fest eingerammten Steinpflaster versehn. In solcher Art pflegt man diese
Bassins in England zu behandeln, und ihre Reinigung erfolgt besonders leicht und vollständig, wenn sie in kurzen Zwischenzeiten vorgenommen wird.

Beim **Filtriren** des Wassers werden die darin schwebenden

Erdtheilchen nicht nur vollständiger, sondern, wenn das Filtrum die gehörige Ausdehnung hat, auch schneller ausgeschieden. Es tritt dabei gar keine Unterbrechung der Bewegung ein. Während die Pumpe das Wasser unaufhörlich zuführt, reinigt sich das Wasser, und tritt sogleich in die Leitung. Hierdurch werden die oben erwähnten Uebelstände umgangen, und man hält allgemein, wenigstens bei grofsen Wasserleitungen, das Filtriren für viel zweckmäfsiger, als das Klären durch Ruhe.

Kleine Filtrirapparate werden nicht nur mit Sand und Kies, sondern auch mit Schwämmen, porösen Steinen, Kohlen und andern Stoffen gefüllt, und sind häufig ziemlich künstlich eingerichtet. Im Grofsen, und wenn sie zur Speisung ausgedehnter Wasserleitungen dienen, werden sie dagegen jedesmal sehr einfach angeordnet. Auf dem Boden des wasserdichten Bassins werden Canäle dargestellt, in welchen das filtrirte Wasser sich sammelt, darüber befinden sich Schüttungen von groben, von kleineren Steinen, von Kies und von Sand, so dafs der feinste Sand, in welchem die Filtration erfolgt, die obere Lage bildet. Das trübe Wasser überdeckt den Sand noch mehrere Fufs hoch. Indem es ihn durchdringt, klärt es sich, und dringt bis zu den Canälen herab, die es sogleich der Leitung zuführen.

Der gröfste Uebelstand beim Gebrauche dieser Filtrirvorrichtungen besteht darin, dafs die erdigen Stoffe, die sich aus dem Wasser ausscheiden, die Zwischenräume zwischen den Sandkörnchen verstopfen, und dadurch nicht nur die Wirksamkeit der Anlage, oder die Ergiebigkeit des Filters in kurzer Zeit schwächen, sondern bald sogar ganz unterbrechen. Um dieses zu verhindern, mufs man von Zeit zu Zeit die obere Lage der Sandschüttung entfernen, und durch eine reine ersetzen. Dieses ist aber bei grofsen Apparaten mit bedeutenden Kosten verbunden, und man hat daher versucht, Vorrichtungen zum Selbstreinigen des Filters anzubringen, oder abwechselnd Strömungen in entgegengesetzten Richtungen darzustellen. Die Erdtheilchen, welche im Wasser schwebten und von demselben in die Zwischenräume des Sandes hineingezogen wurden, bis sie irgendwo nicht weiter dringen konnten und stecken blieben, verhindern nämlich die Bewegung des Wasser nur in dessen bisheriger Richtung, sobald aber eine Strömung von unten nach oben eintritt, werden sie auf demselben Wege entfernt, auf dem sie eingedrungen waren.

Diese Einrichtung hat unter Andern der Ingenieur Thom zu [...]ock in Ausführung gebracht. [*]) Er erbaute drei Filtrir-Bassins, [...] 50 Fuß lang, 12 Fuß breit und 8 Fuß hoch, die so einge[...] waren, daß das zu filtrirende Wasser beliebig von oben oder [...] eingeleitet werden konnte. Das Sandbette, bestehend aus [...], gehörig ausgewaschenem Kiessande, hatte eine Höhe von [...], darin befand sich auch Knochenkohle, um dem Wasser die [...] Färbung und den unangenehmen Beigeschmack, der von seiner [...] in Moorgegenden herrührte, zu benehmen. Das so ge[...] Wasser war vollkommen klar, farblos und von reinem [...]macke. Mit der Zeit wurde indessen die Wirksamkeit des [...] geschwächt. Alsdann verschloß man die Ableitungsröhre [...]den des Bassins, und ließ das Wasser nicht mehr von oben, [...]n von unten eintreten, und zwar unter einem etwas verstärk[...]rucke. Es quoll alsdann sehr trübe an der Oberfläche des [...] hervor. Man leitete dieses durch eine besondere Oeffnung ab, [...] die Reinigung ging so schnell von statten, daß schon nach we[...]g Minuten wieder klares Wasser folgte, worauf die Richtung des Stromes aufs Neue verändert wurde, und das Filter in gewöhnlicher Art wirkte. Dasselbe zeigte sich anfangs auch recht kräftig, doch sagt Thom selbst, daß man hierdurch die Wirksamkeit keineswegs für beständig sichern könne, vielmehr müsse das Sandbette von Zeit zu Zeit erneut werden. Nichts desto weniger meint er, daß dennoch die Unterhaltung wohlfeiler, als bei der gewöhnlichen Einrichtung sei.

Diese Erwartung ist wohl nicht in Erfüllung gegangen. Schon früher untersuchte eine Commission, deren Mitglied Telford war, einige Filtrir-Apparate ähnlicher Art, und berichtete darüber nicht vortheilhaft. Namentlich hatte sie gefunden, daß die aufwärts gerichtete Strömung das ganze Sandbette in Bewegung setzt, und es so in Unordnung bringt, daß später der Sand in die Unterlage dringt. Die Commission spricht die Ansicht aus, daß alle Versuche zur Darstellung entgegengesetzter Strömungen in den Filtrir-Apparaten theils unwirksam und theils mit andern Nachtheilen verbunden, aber jedenfalls sehr kostbar sind. [**])

---

[*]) *Annales des ponts et chaussées*, 1831. I. p. 222.
[**]) *Life of Telford.* London 1838. p. 645.

Um an einem Beispiele die erwähnte Einrichtung näher zu beschreiben, wähle ich die Filtriranstalt, die man bei Couchin ohnfern Cherbourg erbaut hat, um das Wasser der Divette, bevor es nach dem Arsenale und der Stadt Cherbourg geleitet wird, zu reinigen. Fig. 83a Taf. VI zeigt den Durchschnitt durch die Mitte des Gebäudes und Fig. 83b den Grundriß in der Höhe der Sohle des Zuleitungscanals. Dieser Zuleitungscanal AB führt das zu reinigende Wasser nach dem Filter C, worauf es in die beiden Bassins D und E tritt. Letztere stehn durch die überwölbte Oeffnung F unter dem erwähnten Canale mit einander in Verbindung und speisen die Röhrenleitung G. Das Filter befindet sich in einem gemauerten Bassin. Auf sieben Unterlagen, die der Länge nach durchreichen, liegen die Roststäbe, welche den groben Kies tragen, auf letzteren ist feiner Kies und darüber Sand geschüttet. Mit dem Raume unter dem Filter steht eine gußeiserne Röhre I in Verbindung, die am Boden des Zuleitungscanals dicht vor dessen Ausmündung abgeht, demnächst aber auch zwei kurze Röhren H, die zu den Bassins D und E führen. In den obern Theil des Filters, oder über dem Sandbette mündet der Zuleitungscanal, ferner die beiden kurzen Röhren K, welche die Verbindung mit den Bassins D und E darstellen und endlich die Röhre L, welche den Anfang der Röhrenleitung G bildet. Wenn das Filter von unten gespeist wird, so ist das Schütz B an der Ausmündung des Zuleitungscanals geschlossen und die Röhre I geöffnet, wodurch das trübe Wasser unter den Rost tritt. Indem zugleich die beiden Röhren H geschlossen sind, so muß das Wasser von unten nach oben das Filter durchdringen, und fließt durch die Röhren K nach den beiden Reservoiren D und E, oder unmittelbar durch die Röhre L nach der Leitung ab. Im entgegengesetzten Falle, wenn der Wasserstand im Zuleitungscanale niedrig wird, so muß das Filter von oben gespeist werden, weil man sonst nicht den nöthigen Druck darstellen könnte, um das Wasser hindurchzutreiben. Die Röhre I wird alsdann geschlossen und dagegen das Schütz B geöffnet. Ferner schließt man die Oeffnungen K und die Röhre L. Sobald das Wasser unter dem Roste anlangt, fließt es durch die Oeffnungen H in die Reservoire D und E und aus diesen durch die beiden Mündungen M in die Röhrenleitung G. Durch die beiden Röhren M kann man auch die Reservoire entleeren, falls sie bei der Umkehrung der Strömung mit trübem Wasser ge-

sind, oder falls das Filter wegen Reparaturen außer Thätigkeit
t wird.

In den von Fonvielle angegebenen Filtern, die mehrfach in
reich angewendet sind, findet gleichfalls die Reinigung durch
irts gerichtete Strömung statt. Dieselben unterscheiden sich
gweise von den sonst üblichen durch den übermäſsigen
k, unter dem sie wirken und der nach einzelnen Versuchen
00 Fuſs und darüber gesteigert ist, wodurch die Ergiebigkeit
500 Cubikfuſs für den Quadratfuſs in 24 Stunden erreicht sein soll.
ascheinlich läſst sich dieser Druck, der wahrscheinlich durch Com-
ion der Luft erzeugt wird, nicht bei groſsen Bassins darstellen,
hr nur in eisernen Gefäſsen, die nur 6 bis 8 Quadratfuſs Ober-
hatten. — Dabei mag sogleich bemerkt werden, daſs man in
r Zeit auch vorgeschlagen hat, die Wirksamkeit der Filter
ch zu verstärken, daſs man unter der Schüttung die Luft ver-

Wenn man eine Wasserleitung mit Fluſswasser speist und dieses
m will, so kann man die Sandablagerungen, welche gemeinhin
dem Fluſsbettte liegen, als natürliche Filter benutzen, und
igt schon, eine Vertiefung darin zu bilden und selbige auszu-
n, weil das zudringende Wasser beim Durchgange durch den
iltrirt wird. Diese Reinigung, welche eigentlich bei allen Brun-
attfindet, die in sandigem Boden das Grundwasser sammeln,
an mehrfach auch zum Filtriren gröſserer Wassermengen be-
und namentlich ist dieses bei Glasgow geschehn. Am Ufer
lyde, und zwar in einer vortretenden Sandbank, wurden, wie
iws angiebt, etwa 30 Stück cylindrische horizontale Röhren
Fuſs lichtem Durchmesser und in 33 Fuſs Abstand von ein-
in Ziegeln, jedoch ohne Mörtel ausgeführt und mit Kies und
Sande beschüttet. Diese Röhren oder Gewölbe standen sämmt-
it einer querlaufenden Gallerie in Verbindung, welche die guſs-
Saugeröhre der Dampfmaschine speiste. Der Erfolg ent-
freilich Anfangs nicht den Erwartungen, und zwar trat der
tand ein, daſs eine Menge Sand in die Pumpen kam. Nichts
weniger ist dieses Verfahren doch beibehalten worden und
rühmte Uebelstand scheint auch beseitigt zu sein. Dagegen
te man bald, daſs das Wasser, obwohl es Anfangs in hin-
der Menge eingedrungen war, abnahm, indem dieses natür-

liche Filter sich ebenso wie die künstlichen verstopfte. Man mußte
daher eine weitere Ausdehnung der Leitungen vornehmen, um den
Bedarf an andern Stellen zu sammeln. Dieser Umstand war vorzugsweise Veranlassung, daß man bei Greenock die abwechselnde
Strömung in dem Filtrirapparate einrichtete.

Wenn man die Sandschellen neben dem Flußbette zum Filtriren
des Wassers benutzt, so kann man kaum erwarten, daß nicht auch
hier die Oberfläche, durch welche das Wasser in den Sand eintritt,
sich nach und nach mit Schlamm versetzt und dadurch die Wirksamkeit schließlich aufhört. Nichts desto weniger ist in diesem Falle
die Ausdehnung der Sandmasse, und namentlich der vom Flusse
berührten Oberfläche, viel größer, als bei allen künstlichen Filtern,
und es ist daher im Allgemeinen wohl anzunehmen, daß die Sperrung der Zwischenräume hier viel langsamer vor sich geht. Von
großer Wichtigkeit sind dabei aber die im Flußbette eintretenden
Veränderungen, und am vortheilhaftesten ist es gewiß, wenn die
Sandschelle zu Zeiten abbricht, zu Zeiten aber wieder anwächst,
weil in diesem Falle der Strom selbst die Beseitigung der verunreinigten Schichten und deren Ersetzung durch andre veranlaßt.
Andrerseits wird aber das Filter ganz unbrauchbar, wenn Thonschichten auf und neben dem Sandfelde sich ablagern sollten. Endlich kommt die Entfernung des Sammelbassins oder des künstlichen
Quelles vom Flusse in Betracht, und ebenso die Höhenlage des
Wasserspiegels in demselben. Je tiefer man diesen durch die Pumpen senkt und je näher das Bassin am Flusse liegt, um so kräftiger
dringt das Wasser hinzu, oder um so schneller filtrirt dasselbe. Aus
diesem Grunde empfiehlt es sich auch, den Bassins eine große Ausdehnung in der Richtung des Flusses zu geben, wenn man bedeutende Wassermassen gewinnen will. Nur die äußere Oberfläche
der dazwischen befindlichen Sandablagerung bewirkt die Filtration,
dieselbe muß also möglichst vergrößert werden, und die Ergiebigkeit wird daher nicht vermehrt, wenn man das Bassin landwärts,
also normal gegen die Richtung des Flusses verlängert.

Bei diesen natürlichen Filtern rühmt man noch, daß das Wasser unabhängig von der Temperatur des Flußwassers, die Wärme
des Erdbodens annimmt, also im Sommer sich abkühlt und im Winter sich erwärmt. Es ist jedoch kaum zu erwarten, daß bei kräftiger Filtration diese Ausgleichung dauernd erfolgen möchte, vielmehr

die Sandmasse nach und nach die Temperatur des hindurch
den Wassers annehmen.

ie wenigen Erfahrungen über Filter dieser Art, die zum Theil
n Erwartungen nicht entsprochen, haben bisher noch nicht
gtes Vertrauen dafür erweckt, noch auch zu allgemein gül
tben Schlußfolgen berechtigt. D'Aubuisson hat in dem oben
ten Aufsatze*) über die Wasserleitung zu Toulouse das
, worauf die Filter eingerichtet wurden, und die dabei ge
Erfahrungen sehr sorgfältig und vollständig beschrieben.
lt oberhalb des Maschinengebäudes befindet sich am linken
r Garonne neben der Straße Dillon eine ausgedehnte Kies
relche zur Darstellung der Filter benutzt ist. Fig. 84 zeigt
. Sie besteht größtentheils aus Kies und Sand, doch finden
in auch größere Geschiebe und hin und wieder thonige
hilsge. An der Stelle, wo das Filter I angelegt wurde,
m versuchsweise eine Grube ausgehoben und die Wasser
jmessen, die hineindrang. Man erwartete hiernach, daß ein
m 105 Fuß Länge und 73 Fuß Breite, das bis 3½ Fuß un
niedrigsten Wasserstand der Garonne herabreicht, die ver
200 Wasserzoll geben würde. Obgleich die Schlußfolge nicht
her war, auch sogleich in Zweifel gestellt wurde, so kam
chlag dennoch zur Ausführung, und mit der Darstellung des
wurde der Anfang gemacht. Eine gußeiserne Röhrenleitung
as angesammelte Wasser vom Punkte A über B und D nach
schinengebäude C. Als man zu pumpen anfing, zeigte es
ls das Resultat bedeutend unter dem erwarteten blieb, man
urchschnittlich kaum 60 Wasserzoll, aber das Wasser war
d blieb auch klar, wenn die Garonne sich stark trübte. Um
äsae zu vermehren, gab man darauf dem Filter eine Aus
; von 344 Fuß und schloß es zugleich mit Deichen ein, um
bste Wasser davon abzuhalten. Die Zunahme der Wasser
intsprach jedoch keineswegs dieser Verlängerung und betrug
0 Zoll, so daß man immer noch nicht die Hälfte von dem
ras man brauchte. Der Grund von der geringen Ergiebigkeit
längerung des Filters lag augenscheinlich darin, daß die zuerst
e Strecke schon ringsum das Wasser angesogen hatte und

———

Annales des ponts et chaussées, 1838. S. 273 ff.

16

man also bei der weiteren Fortsetzung nicht mehr den sta
näfsten Boden, wie das erste Mal, antraf.

Bald zeigte sich ein zweiter Uebelstand. Das filtrirt
war Anfangs rein und klar, im zweiten Jahre bildete sich
ker Pflanzenwuchs in dem offenen Bassin und das Was
schon einigen Beigeschmack an. Im dritten Jahre vergröf
das Uebel auf eine sehr unangenehme Art, woran name
grofse Hitze Schuld war. Die Pflanzen vegetirten aufs üp
dem Bassin, und ihre Beseitigung war unmöglich. Frösch
dere Thiere fanden sich in grofser Anzahl ein, und inden
starben und faulten, wurde das Wasser in dem folgenden Ja
unbrauchbar. Eine Aenderung der ganzen Einrichtung w
dringend nöthig, das Filter mufste überdeckt werden. Auf
son's Rath wurde dasselbe so gut wie möglich gereinigt
Boden ein überwölbter Gang in gebrannten Steinen, jedoch
nen Fugen, ausgeführt, worin das Wasser sich ansamme
Zur Seite desselben und darüber brachte man eine Schü
grofsen Steinen an, die beinahe die ganze Höhe der A
füllte. Ueber diese schüttete man kleinere Steine, dann
endlich trug man die Deiche wieder ab und füllte mit de
woraus sie bestanden, die Vertiefung vollends aus. So w
sprüngliche Oberfläche wieder hergestellt und konnte in i
zen Ausdehnung als Viehweide benutzt werden. Eine B
gung des Filters, die früher nothwendig gewesen war, v
durch entbehrlich, doch führte bei *A* eine Treppe herab
hier aus konnte man den Zustand und die Wirksamkeit d
jederzeit beobachten. Die Resultate dieser Aenderung war
befriedigend. Das Wasser nahm seine frühere Klarheit un
wieder an und hat dieselbe seitdem behalten. Selbst wä
heifsesten Zeit erreicht es keine höhere Temperatur als etw
Réaumur, und im Winter 1830, nachdem es 25 Tage hind
gefroren hatte, zeigte es noch 6 Grade über dem Gefrierpu
gesammten Kosten für die Anlage und die Abänderung
Filters beliefen sich auf 44700 Francs, doch meint d'Aubui
es für die halbe Summe sogleich in seiner letzten Gestalt
gerichtet werden können.

So günstig das erreichte Resultat in gewisser Bezieh
so genügte es doch nicht, denn man brauchte 200 Wasser

a noch nicht 100. Statt auf dem bereits mit Glück ver-
ege weiter fortzufahren, schenkte die städtische Behörde
nnenmacher ihr Vertrauen, der die Ausführung einer Reihe
rorschlug, die mit einander in Verbindung gesetzt werden
Ob man solche Brunnen, oder eine zusammenhängende
aute, konnte im Wesentlichen keinen Einfluß haben, nur
ı vermehrten sich durch diese Aenderung. Das erste Filter
ıschnittlich 15 Ruthen vom Strome entfernt, und die Er-
atte gezeigt, daß dieses genügte. Es blieb ungewiß, ob
erung in dieser Beziehung vortheilhaft sein würde, und da
s voraussetzte, so verlegte man das neue Filter, wie die
ft, zwischen D und E in einen Abstand von etwa 3 Ruthen
se. Im Anfange des Jahres 1827 wurde dieses Project
. Auf eine Länge von 24 Ruthen wurden, nachdem ein
ıer eröffnet war, 11 Brunnen versenkt, deren oberer Rand
ıß unter dem Boden lag. Man verband sie unter einander
ıeiserne Röhren, bedeckte sie mit gußeisernen Platten und
ete Alles mit Kies. Das Wasser dieses zweiten Filters
sich bei D mit dem des ersten und beide wurden zusam-
den Pumpen geführt. Die Kosten dieser neuen Einrich-
fen sich auf etwa 27000 Francs, die Resultate waren aber
Beziehung befriedigend. Man gewann nicht mehr als 60
stens 80 Wasserzoll, und das Wasser hatte einen modrigen
k, weil die Brunnen zum Theil in schlammigem Boden
waren. Das Uebelste war aber, daß das Wasser immer
ıe Temperatur des Flusses annahm und zwischen 17 und
Réaumur wechselte. Die große Wärme verursachte wie-
eich der Zutritt der Luft und des Lichtes abgeschlossen
ın starken Pflanzenwuchs und zwar von feinen Wasser-
die man durch dichte Drahtgewebe von den Leitungsröh-
ıalten suchte, die aber wegen ihrer Feinheit dennoch das
ıit kaum sichtbaren Fäden verunreinigten. Ein anderer
d war, daß die Röhren bei der geringen Strömung, die in
ttfand, und bei der höheren Temperatur stark rosteten.
ıgehalt des Wassers färbte auch den Marmor in den Bas-
Springbrunnen und fließenden Brunnen. So hatte dieses
ter in keiner Beziehung den Erwartungen entsprochen, man
auch eingehn lassen, doch waren einige Stimmen dafür, es

16 *

noch beizubehalten und nur die eisernen Röhren durch stein
ersetzen.

Die Anlage eines dritten Filters war nicht zu umgeb
Anfange des Jahres 1829 legte man dasselbe an, und gab ih
nur die nöthige Ausdehnung, um den noch fehlenden Bed
40 bis 50 Wasserzoll zu decken, sondern richtete es so ei
es 160 Zoll lieferte, und man also für den gewöhnlichen G
das zweite Filter entbehren konnte. Man berücksichtigte be
Darstellung nur die Erfahrungen, die man beim ersten Filter g
hatte. Es ist von F bis G 66 Ruthen lang, 8 bis 13 Ruth
Strome entfernt, und seine Sohle liegt 3 Fuſs 8 Zoll unter d
drigsten Wasserstande. Fig. 85 zeigt das Profil dieses Filter
Canal, worin sich das Wasser ansammelt, ist 4 Fuſs 9 Zo
und 1 Fuſs 11 Zoll weit, man kann also noch hineingehn
nöthigen Reinigungen vornehmen. Die Seitenmauern beste
Ziegeln, die ohne Mörtel nur im Verbande übereinander gele
und Steinplatten überdecken die Oeffnung. Der Raum zur S
mit Steinen ausgefüllt. Darüber ist 2 Fuſs hoch grober K
schüttet und das Ganze bis zur ursprünglichen Höhe mit S
deckt. Um einen festen Rasen darüber zu bilden, wurde
Gras-Samen ausgestreut.

Das Wasser dieses dritten Filters kann bei B mit dem de
vereinigt werden, es kann aber auch über den Punkt K be
zum Maschinengebäude gelangen. Castel machte später noch
vortheilhafte Abänderung, daſs er unter der letzten Zuleitung i
überwölbten Canale das Wasser des zweiten Filters von D
in das Unterwasser des Betriebsgrabens führte. Hierdurch
möglich, ohne daſs man eine künstliche Ausschöpfung vor
darf, die beiden Filter I und II trocken zu legen. Man ka
auch das Wasser des Filters III nach dem Unterwasser
und sonach entweder alle drei Filter oder jedes einzelne d
beliebig reinigen, während die andern die Pumpen speise
Wasser dieses dritten Filters ist, so lange die Garonne i
Bette bleibt, vollkommen rein und klar, nur wenn sie die S
überströmt und dabei sehr trübe ist, so wird das hier filtrir
ser auch etwas getrübt. In dieser Zeit ist aber das erste Fil
ergiebig, auf welches der hohe Wasserstand nur wenig Einfl
Man läſst alsdann das Wasser des dritten Filters gar nicht

se gelangen, sondern leitet es in das Unterwasser. Ein andrer
stand ist der, dafs sich auch hier zum Theil jene feinen Pflänz-
bilden, von denen beim Filter II die Rede war. Das dritte
nebst der Leitung nach dem Unterwasser kostete 68000
...

Im Ganzen kann man die Anlage dieser Filter als gelungen
... Der Bedarf war überreichlich gesichert, und man kann
Unterbrechung des Dienstes die von Zeit zu Zeit nöthig wer-
Reinigungen vornehmen. Das Wasser ist auch vollkommen
, und selbst, wenn die Garonne in eine Schlammasse verwan-
sein scheint, behält es seine volle Reinheit. Besonders wich-
eine Bemerkung von d'Aubuisson, die in wörtlicher Ueber-
lautet: „Ich füge hinzu, dafs man seit der Benutzung un-
Filter, und dieses ist für das erste seit 14, für das zweite seit
und für das dritte seit 9 Jahren, keine Abnahme in der Güte
Menge des Wassers bemerkt hat. Die Beschaffenheit desselben
sich sogar verbessert, und was die Quantität betrifft, so wieder-
.ich, dafs man kein Zeichen einer Abnahme wahrgenommen hat,
Dienst geschieht heute noch ebenso wie im Anfange."
Schliefslich ist aber noch zu erwähnen, dafs man für den mög-
den Fall eines Abbruches der Sandbank, worauf die Filter liegen,
... zum Voraus die Projecte zu künstlichen Filtern entwor-
... hat.

Es bleibt noch übrig, von der Einrichtung der gewöhnlichen
Filtrirbassins zu sprechen, wobei das zu reinigende Wasser das
...liche Filter beständig in der Richtung von oben nach
...ten durchströmt. Diese Anordnung, welche in gewisser Bezie-
...ng die einfachste ist, wird am häufigsten angewendet, und die
... Vortheile, die sie gewährt, bestehn darin, dafs die verschie-
...nen Schichten des Filters am wenigsten vom Wasser in Unordnung
...racht werden, und man überdies Gelegenheit hat, die Nieder-
...läge, die das Wasser im feinen Sande absetzt, sobald es nöthig
..., zu entfernen und dadurch die dauernde Wirksamkeit des Filters
... sichern. In früherer Zeit, wo man von dem Grundsatze ausging,
... das Wasser zuerst durch groben, alsdann durch feinen Kies
... zuletzt durch Sand geführt werden müsse, um sich zuerst der
...beren und dann der feineren Stoffe zu entledigen, konnte der
... Vortheil nicht erreicht werden, weil die Sandschicht, die sich

immer zuerst versetzt und alsdann die Durchströmung hindert,
versteckt liegt, daß bei einer vorzunehmenden Reinigung das
Bette ausgehoben werden muß. Durch einige Ruhe, die man
Wasser vor seinem Eintritt in das Filter giebt, kann man
die gröbsten Stoffe schon entfernen, und jedenfalls ist der feine
allein genügend, um die Filtrirung zu bewirken. Es kommt
darauf an, ihn so sicher zu lagern, daß er weder durch die unmittel
darauf gerichtete Strömung aufgespühlt, noch auch in die Ableitung
röhren geführt wird. Um die erste Bedingung zu erfüllen,
man sich, die Strömung möglichst zu mäßigen. Man läßt das W
ser durch mehrere Oeffnungen und mit sehr geringem Gefälle
flache Rinnen über die Sandschüttung treten, wodurch starke V
tiefungen vermieden werden. Die andere Bedingung glaubt
aber dadurch zu erfüllen, daß der feine Sand auf gröberem,
dieser auf Kies und Steinen liegt, so daß die nach und nach
nehmende Erweiterung der Zwischenräume eine Vermischung
Schichten und ein tiefes Eindringen des Sandes verhindert.
letzte Zweck wird hierdurch aber nicht vollständig erreicht, dage
gelingt es, durch eine schwache Lage flacher und dünner Kö
den Sand sicherer zurückzuhalten, ohne daß dem Wasser der Du
gang gesperrt wird.

Es ist bereits oben (§. 7) erwähnt worden, daß der trockne
und ebenso auch der Sand, der in Wasser geschüttet wird, eine
stimmte Neigung in den Seitenflächen annimmt. Dieses gesch
auch noch, wenn er nicht vom Wasser bedeckt ist, sondern das
ihn vielmehr von oben nach unten oder seitwärts durchdringt.
nehme eine Röhre, etwa den Glas-Cylinder einer Lampe, und
festige dieselbe so, daß ihr unteres Ende ungefähr einen halben
über einer horizontalen Glastafel schwebt. Schüttet man als
sehr vorsichtig Sand hinein, so wird derselbe nicht nur die R
füllen, sondern, wenn er ganz trocken ist, auch einen abgestum
Kegel darunter bilden. Die obere Grundfläche desselben ist di
tere Oeffnung der Röhre und seine untere Grundfläche stellt
als Kreis auf der Glasscheibe dar, und zwar bestimmt sich
Größe dadurch, daß die Seiten des Kegels 30 bis 36 Grade g
den Horizont geneigt sind. Nunmehr tröpfele oder gieße man
ser in den Cylinder, jedoch so langsam, daß nicht ein heftiger
gegen den Sand ausgeübt, noch auch eine zu starke Strömun

ist wird. Das Wasser durchzieht alsdann den Sand, und sobald
ihn untern Kegel erreicht hat, so verwandelt dieser sich in Trieb-
und breitet sich zu einem viel flacheren Kegel aus. Nichts
weniger gestaltet er sich wieder regelmäßig, und das ferner
zudringende Wasser bringt in ihm keine weitere Veränderung
her. Selbst auf der glatten Glastafel wird außer dem Sande,
wegen der unvollständigen Benetzung auf dem Wasser schwimmt,
der gleich Anfangs abgespült wird, kein Sandkörnchen weiter
fest. Die untere Grundfläche ist ringsumher scharf begrenzt,
ob sie sich auch stellenweise von der Kreisform bedeutend entfernt, indem die Dossirungen zufällig bald steiler und bald flacher
sind. Dieselben sind nunmehr durchschnittlich 18 Grade gegen
Horizont geneigt, doch beträgt ihre Neigung in einzelnen Fällen
nur 12 Grade, woher man annehmen darf, daß eine flachere
Lage, als von 5facher Anlage sich niemals bildet. Sobald der
Sand beim ersten Durchfließen des Wassers solche Gestalt angenommen hat, so tritt später keine Veränderung darin ein, wie lange
auch die Durchströmung fortgesetzt wird. Kein einziges Sandkörnchen wird ferner in Bewegung gesetzt.

Die Erscheinung ändert sich freilich, wenn der Abstand des
Cylinders von der Scheibe sehr groß ist, weil alsdann der Sand
durch den untern Rand des Cylinders nicht hinreichend gestützt wird.
Als ich letzteren 8 Linien über der Scheibe schweben ließ, war Anfangs der Erfolg noch derselbe, wie früher, und die Durchströmung
geschah, ohne daß der Sand sich bewegte. Sobald aber die Druckhöhe des Wassers im Cylinder bis auf 6 Zoll zunahm, kam plötzlich die ganze Masse in Bewegung und aller Sand wurde fortgespült.

Der erwähnte Versuch berechtigt zu der Annahme, daß man
das Durchfallen des feinen Sandes sehr sicher verhindern
kann, wenn die Unterlage desselben Gelegenheit bietet, daß unter
allen Fugen die fünffache Anlage oder die fünffüßige Böschung sich
bilden kann. Mittelst drei Lagen hart gebrannter flacher Steine
oder Fliesen ist dieses sehr leicht zu erreichen, indem die Stoßfugen
der obern Lage durch die Steine der zweiten gedeckt, und an den
Punkten, wo beide zusammentreffen, jedesmal die Mitte eines Steines
der untern Lage sich befindet. Es dürfte vortheilhaft sein, die Steine
nicht mit ebenen Oberflächen zu formen, diese vielmehr oben oder

unten mit flachen Rinnen von 1 bis 1¼ Linien Tiefe zu ver
damit das filtrirte Wasser zwischen zwei Lagen frei abfließen l
Sollte zufällig neben der obern Stoßfuge an einer Stelle der Abv
beider Schichten 2 Linien betragen, so würde der darunter bo
liche Stein schon hinreichende Größe haben, wenn er auch nur ?
breit wäre. Hiernach haben jedenfalls Fliesen von 4 oder 6 Zo
Quadrat schon genügende Ausdehnung, um das Hindurchtreibet
Sandes sicher zu verhindern.

Versuche dieser Art sind im Großen noch nie gemacht wo
wiewohl der Vorschlag von Telford, eine dünne Lage flache:
schelschalen unter die Sandschüttung zu legen, augenscheinlich
mit in naher Beziehung steht. Telford erklärt diese Vorsicht
für geboten, wenn man das Fortführen des Sandes sicher verh
will *). Der Unterschied zwischen diesem Vorschlage und de
stehenden besteht nur darin, daß nach Ersterem die erford
Ueberdeckung der Stoßfugen dem Zufalle überlassen, nach
aber sehr sicher künstlich dargestellt wird.

Das übliche Verfahren, wonach man aus verschieden:
Material eine Anzahl von Schichten bildet, die sich 8 bis 1
über die Canäle erheben, durch welche das filtrirte Wasser s
ist dagegen mit den wesentlichsten Nachtheilen verbunden
Durchfallen des feinen Sandes, der die obere Lage bildet, un
die Filtration bewirkt, wird nur dadurch etwas erschwert, d:
ihn auf gröberem Sande, diesen auf feinem Kiese und so for
läßt, so daß das Material nach unten immer gröber wird.
durch läßt sich aber nicht verhindern, daß die Strömung
Körnchen faßt und weiter herab führt. Einen augensche
Beweis dafür, daß dieses wirklich und zwar nicht nur beim
Anfüllen des Filters, sondern auch später geschieht, dürfte
die Luft-Blasen liefern, die man vielfach aufsteigen sieht,
zuweilen sogar die Schüttung aufbrechen sollen, zu deren Al
man in England auch hölzerne Röhren benutzt, die bis üt
Wasserspiegel hinaufreichen, und bis zu den groben Stein
abgehn. Diese Luftentwickelung erklärt man gemeinhin
eine Gasbildung, welche durch die chemische Einwirku:
im Wasser schwebenden fremden Substanzen auf den Sa

---

*) *Life of Telford.* pag. 645.

Steine veranlaßt werden soll. Die Ursache ist aber wohl einfacher und naturgemäßer darin zu suchen, daß der Sand durch die Strömung herabgeführt wird, und die dadurch entstehenden leeren Räume sich mit der Luft anfüllen, welche von unter zwischen den Steinen und dem Kiese frei aufsteigen. Indem aber die Kiesschüttung und selbst die Steinschüttung nach und nach durch den herabfallenden Sand immer mehr angefüllt wird, so gewinnt dadurch die Sandschüttung an Mächtigkeit, in umgekehrten Verhältnisse vermindert sich die Ergiebigkeit des. Man muß also, um das erforderliche Wasserquantum zu erhalten, den Filtrirbassins größere Ausdehnung geben, als wenn durch passende Anordnung das Hindurchtreiben des Sandes gehindert hätte. Endlich wird durch die übliche hohe Sand- und Kiesschüttung auch ein bedeutender Theil der Steighöhe des Wassers verloren, und die Pumpen müssen um so kräftiger sein.

Nachdem vorstehend die Einrichtung großer Filtrir-Anstalten im Allgemeinen angedeutet ist, mag hier die Beschreibung einer solchen, und zwar der neben den Wasserwerken von Chelsea bei London befindlichen mitgetheilt werden. Es ist dieses eine der wenigen, worin man das Durchfallen des Sandes dadurch zu verhindern gesucht hat, daß unter demselben eine Schicht Muschelschaalen ausgebreitet ist, woher die darunter befindlichen Kies- und Steinlagen etwas schwächer als gewöhnlich werden durften.

Eine Dampfmaschine hebt das Themsewasser in zwei gemauerte Bassins, jedes von zwei Morgen Flächeninhalt. Indem das Wasser hier in Ruhe kommt, läßt es die gröbsten Unreinigkeiten zu Boden fallen, und fließt in der Nähe der Oberfläche durch kurze Canäle nach den Filtern. Zufluß und Abfluß werden dauernd unterhalten, so daß ein vollständiger Stillstand des Wassers nicht eintritt. Die Niederschläge füllen indessen die Bassins mit der Zeit stark an, woher endlich eine Reinigung nöthig wird. In diesem Fall wird das eine Bassin außer Thätigkeit gesetzt.

Zum Filtriren sind gleichfalls zwei Bassins eingerichtet, von denen das größere 348 und das kleinere 237 Fuß lang ist, beide sind 178 Fuß breit. Ihr Boden besteht 18 Zoll hoch aus einem festen Lehmschlage, die Seitenmauern sind 12 Fuß hoch, durch Strebepfeiler gestützt, und lehnen sich an Umwallungen, die mit Rasen bedeckt sind. In beiden Filtrirbassins befinden sich parallel zu den Längen-Achsen derselben gemauerte cylindrische Canäle, nämlich im längeren liegen 9 und im kürzeren 11 solche neben einander, wie Fig. 86, Taf. VII zeigt. Sie sind ungefähr 2 Fuſs weit, aus doppelten Lagen von besonders geformten Steinen mit weiten Fugen ausgeführt, so daſs das Wasser ringsum frei eintreten kann. Eine Lage von kleinen Steinen und grobem Kiese umgiebt sie, und überdeckt sie noch einige Zoll hoch. Hierauf ruht die 6 Zoll hohe Lage Muschelschalen. Alsdann folgt gröberer und zuletzt sehr feiner Sand. Die ganze Stärke der Sandschicht beträgt 5 Fuſs. Alle diese Schichten sind, auſser einer geringen Neigung nach der Länge, auch nach der Breite der Filter nicht horizontal, sondern wellenförmig abgeglichen, so daſs sich zwischen den Canälen vertiefte Furchen bilden. Der Zweck hiervon ist, das Wasser gleichmäſsig zu verbreiten und zu verhindern, daſs es nicht etwa in einem einzigen Strome über das Filter flieſst, wobei es die Oberfläche angreifen würde. In eine jede der so gebildeten Rinnen wird das Wasser aus dem Zuleitungscanale von den Klärungsbassins durch ein besonderes Ausguſsrohr hineingeleitet, und damit es den Sand der obern Schicht nicht fortspült, so tritt es jedesmal zunächst in eine hölzerne Rinne von 3 Fuſs Länge, 6 Zoll Breite und 3 Zoll Tiefe. Aus diesen flieſst es mit wenig Gefälle in die Sandrinnen. Das Material zu allen Schichten muſs vor dem Gebrauche sorgfältig gewaschen und gereinigt werden.

Indem das Wasser das Filter bedeckt, zieht es sich nicht unbemerkt in den Sand ein, sondern es erfolgt ein Aufwallen, wovon bereits die Rede war. Zum Theil rührt dieses wahrscheinlich davon her, daſs vor dem Eintreten des Wassers der Sand bis zu einer gewissen Tiefe trocknete und seine Zwischenräume sich mit Luft anfüllten. Letztere hatte bei der Ueberdeckung mit Wasser nicht Gelegenheit vollständig zu entweichen, sie blieb also im Sande, und indem sie durch die von unten beim Herabfallen des Sandes noch hinzutretende Luft sich zu gröſseren Massen ansammelt, so verstärkt ihr aufwärts gerichteter Druck sich so sehr, daſs sie endlich bald hier, bald dort die obere Sandschicht durchbricht.

Die Filtration erfolgt allein in dem feinen Sande, der die obere Schicht bildet, doch auch keineswegs in der ganzen Stärke derselben, sondern nur bis zur Tiefe von einigen Zollen und vorzugsweise in der

he selbst. Auf letzterer lagert sich der Schlamm ab, von
se Massen bis etwa einen halben Zoll tief eindringen, wei-
rts wird der Sand nur noch wenig verunreinigt. Wenn
eilen in noch gröfserer Tiefe, nämlich 6 und sogar bis 9
fremdartige Ablagerungen vorgefunden hat, so dürften
l nicht durch den darüber liegenden Sand hindurchgedrun-
iehr beim Brechen der obern Schichten herabgefallen sein.
a die Ueberdeckung der Oberfläche und die in die obere
ht eingedrungene Masse die Wirksamkeit des Filters we-
:hwächt und dieselbe schliefslich vollständig aufhebt, so
von Zeit zu Zeit Reinigungen vornehmen. Bei den Was-
von Chelsea geschieht dieses durchschnittlich alle 14 Tage.
alsdann in der ganzen Ausdehnung des Filtrir-Bassins eine
he Sandschicht ab und ersetzt diese sogleich durch eine
e reinen Sandes von gleicher Stärke. Der abgehobene
l alsdann in kleinen Quantitäten in einer hölzernen Rinne
i, indem man unter kräftigem Umrühren Wasser darüber
st. Wird letzteres nicht mehr getrübt, so ist der Sand
ereinigt und kann demnächst wieder zur Ueberdeckung
benutzt werden.
en erwähnten Wasserwerken erfolgt die Versetzung der
schnellsten, wenn die Themse bei schmelzendem Schnee
cem Regen anschwillt, während hohe Fluthen keinen merk-
iflufs darauf haben.
Bedeutung ist noch die Frage, welche Wassermenge in
issin von gegebener Gröfse täglich filtrirt werden kann.
iben hierüber weichen übermäfsig von einander ab. Der
fs liefert nach manchen Erfahrungen nur 9, nach andern
l0 und sogar noch mehr Cubikfufs. Jedenfalls hängt die
eit von verschiedenen Umständen wesentlich ab. Zunächst
-löhe des Wasserstandes über der Sandschüttung, sodann
Mächtigkeit der letzteren. Diese setzt sich aber noch in
und Steinschüttung fort, wenn die Zwischenräume in die-
lem durchgefallenen Sande sich gefüllt haben. Endlich ist
ermuthen, dafs die Temperatur einen wesentlichen Einflufs
iltration ausübt.
u der Einflufs dieser verschiedenen Umstände noch nicht

sicher festgestellt war*), so stellte ich einige Beobachtungen an,
die wenn sie sich auch nur auf sehr kleine Dimensionen beschränkten,
doch zu Resultaten führten, denen man wegen ihrer Uebereinstimmung
mit andern Erfahrungen eine allgemeinere Gültigkeit beimessen darf.
Man geht gewöhnlich von der gewifs passenden Voraussetzung aus,
dafs das Wasser, indem es zwischen den einzelnen Sandkörnchen
hindurchfliefst, sich in ähnlicher Weise, wie in engen Röhren bewegt,
doch darf man dabei nicht auf horizontale Röhrenleitungen zurückgehn, vielmehr die verticalen berücksichtigen, von denen oben (§. 16)
die Rede war.   Darcy bemerkte schon, dafs die durch ein Filter
hindurchdringende Wassermenge nicht der Quadratwurzel der Druckhöhe, wie man bisher angenommen hatte, sondern der Druckhöhe
selbst proportional sei, dafs man daher durch Vergröfserung der letzteren die Ergiebigkeit in höherem Grade vermehren könne, als man
gewöhnlich glaubt.   Eine wichtige Frage ist es aber, was man bei
einem Filter unter Druckhöhe versteht.   Der obere Endpunkt
dieser Linie ist zwar durch das Niveau des über dem Sande stehenden Wassers augenfällig gegeben, aber das untere Ende derselben
liegt nicht in der Oberfläche der Sandschüttung, sondern soweit unter
derselben, als das zwischen den einzelnen Sandkörnchen befindliche
Wasser eine zusammenhängende Masse bildet, von der einzelne
Theile sich nicht lösen und unabhängig von den obern herabfliefsen
können.   Diese Wassermasse zieht also, wie in der senkrechten
Röhre, das in das Filter tretende Wasser herab, und ist daher bei
der Bestimmung der Druckhöhe mit zu berücksichtigen.   Die untere
Grenze der letzteren liegt also jedenfalls nicht höher, als in der
Sohle der Schüttung des feinen Sandes.   Ob die Zwischenräume
des darunter befindlichen groben Sandes auch ausschliefslich mit
Wasser gefüllt sind, ist zweifelhaft, da kaum anzunehmen, dafs die
ursprünglich darin enthaltene Luft bei eintretender Durchströmung
vollständig daraus entfernt und zugleich mit dem Wasser fortgetrieben
sein sollte.   In der Kiesschicht, und noch mehr in der Steinschicht,
ist dieses gewifs nicht vorauszusetzen, vielmehr kann durch die
weiten Zwischenräume in denselben das Wasser sich in Adern auf-

---

*) Mehrere sehr wichtige, an verschiedenen grofsen Filtrir-Bassins ange-
stellte Messungen theilt Darcy mit in dem Werke „*les fontaines publiques de
Dijon.*"

unabhängig von einander abfliefsen. Sobald dieses aber
so hängt das Wasser nicht mehr an dem darüber schwe-
d übt darauf keinen Zug aus, woher die Druckhöhe hier
e findet.

ichst lag die Vermuthung nahe, dafs die Capillar-At-
,deren Wirkung ich schon bei engen cylindrischen Röhren
ft wahrgenommen hatte, auf die Bewegung des Wassers
Sande einen viel stärkeren Einflufs ausübt. Hierüber so
ber die Zunahme der Ergiebigkeit bei höherer Tempe-
n noch keine Erfahrungen vor.

und, den ich bei meinen Beobachtungen benutzte, war
und rein ausgewaschener Quarzsand, den die See auf dem
Ufer der Insel Hiddens-Oe ausgeworfen hatte. Derselbe
icht unmittelbar vom Strande, vielmehr von der dahinter
Wiese entnommen. Er war also bei den vorhergegangenen
wa 50 Ruthen weit vertrieben, wobei die gröbern Körn-
geblieben waren und er in den stellenweisen Ablagerungen
grofse Gleichmäfsigkeit zeigte. Die Länge einer Rhein-
Linie nahmen jedesmal 7 bis 8 Körnchen ein, also der
r eines einzelnen maafs etwa 0,13 Linien.

einheit des Sandes läfst sich vielleicht noch sicherer
zeichnen, dafs man ihn in ganz trockenem Zustande in
inem Teller stehenden Glascylinder schüttet, und in den
ser giefst. Je feiner der Sand ist, um so höher wird
i Wasser benetzt. Im vorliegenden Falle erstreckte sich
ung, die man an der Cylinderwand deutlich wahrnehmen
einer Stelle bis 20 Linien über das Niveau des äufsern
urchschnittlich aber auf sehr nahe 18 Linien.

iltrirversuche wurden mit dem bereits filtrirten Was-
liner Wasserleitung in einem Messing-Cylinder angestellt,
Zoll Durchmesser hatte. Um dem Sande eine sichere
zu geben, durch welche er nicht hindurchfallen konnte,
dem oben erwähnten Princip Gebrauch gemacht, wonach
ei Scheiben flache Böschungen sich bildeten, durch welche
austrat. Diese Blechscheiben hatten in ihrer Verbindung
die Höhe von 1 Linie, also jede war 0,2 Linien stark
o weit waren auch die beiden Zwischenräume zwischen
durch schmale Streifen desselben Bleches gebildet waren.

In den beiden obern Scheiben waren in Abständen von 3,9 Lin
je 9 Spalten von 0,3 Linien Weite mit einer Säge eingeschnitt
Diese Scheiben wurden an den 2 Linien breiten Rändern so mit ei
ander verbunden, daſs die Spalten sich rechtwinklig kreuzten, als
zwischen den beiderseitigen Spalten quadratische Räume entstanden
Die dritte Scheibe war in der Mitte von jedem dieser Quadrate mi
einer Oeffnung von 1 Linie Weite versehn. Bis zum Rande diese
Oeffnung konnten also nur Böschungen von 5facher Anlage sich
bilden. Um mich zu überzeugen, daſs keine namhafte Sandmaſs
hindurchfiel, versah ich das Gefäſs, worin das hindurchdringende
Wasser sich zunächst ansammelte, vor der Ausfluſsmündung mit eine
1 Linie hohen Schwelle, und nachdem ich etwa 5 Stunden hindurch
mit dem Apparat experimentirt hatte, waren nur etwa 100 einzeln
Körnchen hier aufgefangen.

Es kam noch darauf an, die Sandschüttungen vor Aufwühlun
gen durch das hineinflieſsende Wasser zu sichern. Zu diesem Zweck
verband ich noch zwei andre durchlochte Scheiben mit einander, vo
denen jede die in der andern befindlichen Löcher überdeckte. Diese
wurden auf die Schüttung gelegt. Um aber die feinen Zwischenräum
der Schüttung mit Wasser vollständig zu füllen und das Zurück
bleiben der Luft zu verhindern, wodurch unfehlbar das Filtrum
stellenweise seine Wirksamkeit verloren hätte, so stellte ich jedes
mal den mit trockenem Sande gefüllten Cylinder in ein Gefäſs mi
Wasser, so daſs letzteres von unten nach oben in die Schüttung ein
dringen und vor sich die Luft vollständig heraustreiben konnte.

Zunächst wurde ein halbes Pfund trockener Sand eingeschüttet
und in der beschriebenen Art überdeckt und benetzt. Alsdann lei
tete ich mittelst eines Hebers, dessen Ausfluſs-Mündung leicht be
liebig gehoben und gesenkt werden konnte, das Wasser darüber. De
aufsteigende Schenkel dieses Hebers war in nahe horizontaler Rich
tung weit ausgezogen, so daſs sein Ende, dieser Aenderung unerachtet
stets unter Wasser blieb. Er schöpfte aber aus einem ausgedehnte
Becken, daſs über 6 Quadratfuſs Grundfläche hatte, woher der Was
serstand etwa eine Viertel Stunde hindurch sich nicht wesentlich ver
änderte und daher auch der Zufluſs in den Filtrir-Apparat nich
merklich geringer wurde. Sobald die Zuleitung des Wassers begann
nahm der Wasserstand im Cylinder anfangs zu, sobald er aber un
gefähr die passende Höhe erreicht hatte, so wurde der Heber so

gehoben oder gesenkt, bis das [...] Niveau sich [...], auch sich nicht mehr merklich [...], [...] wurde [...] Wasserstand sorgfältig gemessen, und [...] Wasser [...] Wasser nach dem Schlage einer [...] an [...] einem leichten Blechgefäss aufgefangen [...] der Wasserstand [...]. Unmittelbar [...] unter denselben Umständen [...] eine zweite [...] beiden Blechgefässe wurden [...] gewogen, daraus die in einer Minute [...] Wassermenge gefunden. [...] beide Messungen [...] [...] auf 1 Procent mit einander [...], [...] war die [...] ganzen Messung keineswegs [...] gegen die Beob- [...] bei verschiedenen Wasserständen [...] Temperatur [...] einander weit grössere [...].

Nachdem mehrere Messungen [...] in der [...] gemacht waren, wurde derselbe [...] und [...] 1 Pfund [...] Sandes eingeschüttet, später aber [...] Pfund.

Die nachstehende Zusammenstellung enthält die Resultate der [...] Beobachtungen. [...] ist die Höhe der Sandschüttung. H die [...] des Wasserspiegels über [...] in Rheinländischen Zollen [...] und [...] Wasser [...] Minute [...] Wassermenge mit [...] [...] ausgedrückt. In dieser [...] [...] von [...] Tempe- ratur des Wassers [...] constant mit [...] zwischen [...] und [...] Graden [...] [...] Die [...] noch zu [...] [...] mit der [...] in einer [...] Wasser [...] [...] gefunden wurde.

[...]

Aus der [...] Resultate mit einander [...] sich

dafs die Wassermenge unter übrigens gleichen Umständen umgekehrt
der Höhe der Sandschüttung oder h proportional ist, dafs sie aber
bei gleichem h nicht mit der Druckhöhe $h + H$ in constantem Verhältnifs steht, von letzterer vielmehr eine gewisse Quantität abge-
zogen werden mufs. Die Beobachtungen schliefsen sich also an einen
Ausdruck an von der Form

$$h + H = x + Mh \cdot x.$$

Nach der Methode der kleinsten Quadrate ergab sich

$$x = 1{,}53.$$

Die Capillar-Attraction hebt also sehr genau denselben Theil
der ganzen Druckhöhe auf, welcher nach der directen Messung die
Höhe bezeichnet, zu der das Wasser in der Sandschüttung ansteigt. Der
wahrscheinlichste Werth der durch jeden Quadratzoll der Oberfläche
des Filters in 1 Minute hindurchfliefsenden Wassermenge, und zwar
in Cubikzollen ausgedrückt, ist

$$M = 0{,}66 \, \frac{h + H - 1{,}5}{h}$$

Vergleicht man dieses aus den vorstehend beschriebenen Beobachtungen hergeleitete Resultat unter Einführung der üblichen Höhe
der Sandschüttung und des Wasserstandes darüber mit den Wassermengen, welche grofse Filtrir-Bassins liefern, wie Darcy diese zusammengestellt hat, so bemerkt man einen sehr grofsen Unterschied,
und zwar stellt sich nach den letzteren die Ergiebigkeit ohne Vergleich viel geringer heraus. Zum Theil erklärt sich dieses dadurch,
dafs ich nur filtrirtes Wasser durch den Sand fliefsen liefs, also gar
keine Versetzung der Zwischenräume stattfand. Ohne Zweifel haben
darauf aber noch zwei andre Umstände wesentlichen Einflufs, nämlich zunächst die sichere Bettung des Sandes und sodann auch seine
vollständige Tränkung mit Wasser, also die Beseitigung der, vor
dem Eintritt der Strömung, in den Zwischenräumen befindlichen
Luft, welche stellenweise die Wirksamkeit des Filters vollständig
verhindert, bis sie gewaltsam die darüber befindliche Sandlage durchbricht.

Aufserdem stellte ich einige Beobachtungen mit wärmerem
Wasser an, dessen Temperatur 23,5 Grade R. betrug. Hierbei
wurde die Ergiebigkeit viel gröfser, nämlich nahe im Verhältnisse
von 3 : 2, woher also, wenn man von obigem Ausdrucke ausgeht,

Erwärmung des Wassers um einen Grad eine Steigerung der
ßebigkeit um nahe 4 Procent veranlafst.

§. 21.
Leitungsröhren von Holz, Stein, Blei und Asphalt.

Nachdem das Wasser angesammelt und nöthigen Falls auch
reinigt ist, so läfst man es in die Leitungsröhren treten, die es
ßeh seinem Bestimmungsorte führen. Diese Röhren bestehn, wenn
ß Anlage weder eine grofse Ausdehnung, noch sonstige Wichtigkeit
ß, aus Holz, mitunter aus Stein und zuweilen auch aus Blei. Sie
ßd jedoch im letzten Falle so kostbar, dafs man heut zu Tage
ßht leicht einen langen Röhrenstrang daraus darstellt, doch wird
kurzen Verbindungsröhren und schwachen Abzweigungsröhren
ß Blei noch vielfach benutzt, da seine Biegsamkeit eine grofse
quemlichkeit bietet. Soll dagegen die Leitung einen gröfsern Ort
ß Wasser versehn, und ist sie für alle Verhältnisse so wichtig
vorden, dafs eine Unterbrechung nicht eintreten darf, so mufs ein
terial gewählt werden, welches theils an sich dauerhafter ist,
ßs aber auch gestattet, alle Nebentheile der Leitung, wie Hähne,
ßtile, Luftspunde und dergleichen mit genauem und sicherm
ßlusse anzubringen. Dieses ist nach den bisherigen Erfahrungen
in beim Gufseisen der Fall, und da dasselbe bei der Vervoll-
ßmnung des Gusses auch in sehr geringer Wandstärke und so-
ß für mäfsige Preise dargestellt werden kann, so wird es gegen-
ßg bei wichtigeren Anlagen dieser Art beinahe ausschliefslich
ßtzt. In neuester Zeit sind jedoch mehrfache Versuche gemacht
·den, dafür Asphalt-Röhren einzuführen, die in Betreff der gerin-
ßn Kosten häufig empfohlen werden.
ßBei sämmtlichen Röhrenleitungen kommt es nicht nur darauf
dafs die einzelnen Stücke hinreichend fest sind, um dem stärk-
ß Wasserdrucke, dem sie ausgesetzt sein können, zu widerstehn,
ß dafs sie gehörig schliefsend mit einander verbunden werden,
ßdern man mufs aufserdem auch dafür sorgen, dafs der Quer-
ßnitt an keiner Stelle weder durch eine Absetzung von Sand und

L   17

andern Stoffen, noch auch durch Luft ganz gesperrt oder ss
verengt werde. Eine Leitung, welche abwechselnd steigt und fl
wie Fig. 87 zeigt, ist beiden Uebelständen ausgesetzt. Wenn das W.
ser in der mit dem Pfeile angedeuteten Richtung in die noch le
Leitung tritt, so wird es die Luft vor sich herschieben und diese
aus dem ansteigenden Theile entfernen. In dem Scheitelpunkte
wird es aber anfangs nur über den Boden fliefsen und sich we
verbreiten und sogar an der tiefsten Stelle bei *B* den ganzen Qu
schnitt der Röhre füllen, ohne dafs die an der höchsten Stelle l
findliche Luft in dem folgenden Theile der Leitung abwärts bis
geführt werden kann. Bei eintretender Hitze dehnt sich die ein
schlossene Luft stark aus, und hierdurch erklärt sich die Erschein
dafs manche Röhrenleitungen unerachtet einer gleichen Höhe im Spe
bassin bei kalter Witterung mehr Wasser geben, als bei war
Es erfolgt indessen eine ähnliche und eben so nachtheilige Ansa
lung der Luft, wenn die Röhre auch weniger geneigt ist, als m
dem gezeichneten Profile, und selbst in nahe horizontalen Stred
haften oft die Luftbläschen mit grofser Zähigkeit an der ob
Wand der Röhre und verursachen ähnliche Verengungen. Di
Luft ist keineswegs allein diejenige, welche ursprünglich die Rö
füllte, sondern aus dem Wasser scheiden sich häufig Gase ab,
weilen schöpft aber die Mündung der Röhrenleitung mit dem W
ser auch Luft. Man mufs dafür sorgen, dafs nicht nur beim er
Eintreten des Wassers, sondern auch später die Luft an einzel
Stellen entweichen kann. Am einfachsten wird dieses dadurch
reicht, dafs man auf die Scheitelpunkte senkrechte Röhren, so
nannte Lufträhren oder Luftspunde aufstellt, die immer o
bleiben. Damit sie aber kein Wasser ausgiefsen, so müssen sie
über das Niveau des Speisebassins reichen. Dieses ist oft n
leicht, und noch häufiger verbietet eine solche Einrichtung sich
durch, dafs man sie an der Stelle, wo sie angebracht werden so
vor zufälligen und muthwilligen Beschädigungen nicht gehörig sic
kann. Von andern Vorkehrungen zu demselben Zwecke wird sp
die Rede sein.

Wenn erdige Theilchen im Wasser enthalten sind, so schl
dieselben vorzugsweise an den tiefsten Stellen wie bei *B* ni
Obwohl ein solcher Niederschlag auch nur langsam erfolgt, so
er mit der Zeit doch nachtheilig werden, und man mufs daher

... sorgen, um einer zu grofsen Ausdehnung desselben vorzu-
.... Dieses geschieht entweder durch die Anbringung sogenannten Wechselhäuschen oder Schlammkasten, oder durch Aus-
fsröhren. Jene sind kastenförmige Erweiterungen der Röhren-
.... die an den Seiten und am Boden wasserdicht und mit den
.. und ausmündenden Röhren fest verbunden sind. Indem das
.... in sie hineintritt, so durchströmt es sie mit geringerer Ge-
...digkeit, und läfst daher die erdigen Theilchen fallen. Auf
.... Art sammelt sich der Niederschlag, der sonst die Röhre zum
.... sperren würde, in den Kasten an, dieselben reichen aber so
.. unter die Röhren herab, dafs der darin abgelagerte Schlamm
.... sobald die Wirksamkeit der Leitung beeinträchtigt. Die Reini-
... des Kastens erfolgt, wenn die Leitung aufser Thätigkeit ge-
... und entleert ist durch Ausgraben, wobei der wasserdicht schlies-
... Deckel entfernt werden mufs. Die ungesunde Luft, die sich
.. dem Schlamme entwickelt, setzt zuweilen dieser Reinigung grofse
...dernisse entgegen. Ein Haupterfordernifs ist es, dafs solche An-
... nur da vorkommen, wo sie keinem starken Wasserdrucke aus-
... sind, weil sie sonst nicht leicht wasserdicht geschlossen wer-
.. können. Sie finden daher meist ihre Stelle an den höchsten
...len der Leitung, und keineswegs an den niedrigsten, wo die
...setzung von Schlamm am meisten zu besorgen ist. Hierdurch
...schränkt sich in hohem Grade ihre Anwendbarkeit, und sie ge-
...hren nur da Vortheil, wo die Röhrenleitung horizontal oder sanft
...fallend geführt ist. Bei neuern Wasserleitungen fehlen sie ge-
...wöhnlich ganz und statt ihrer sind Ausgufsröhren angebracht.
...dem man nämlich den Röhrenstrang möglichst horizontal zu legen
...sucht, so wird bei undulirendem Terrain, wie dieses gewöhnlich vor-
...kommt, auf der Höhe die Röhre versenkt, im Thale dagegen geho-
.... Nichts desto weniger bildet sich dort ein höchster und hier
.. tiefster Punkt, letzterer liegt aber über der Thalsohle, und von
...sem Umstande hat man den Vortheil gezogen, hier einen Aus-
...gufs anzubringen, der ohne Schwierigkeit das Röhrenwasser abführt.
...bald der Hahn geöffnet wird, bildet sich sogleich in den nächsten
...Theilen der Röhre eine starke Strömung, wodurch der Niederschlag,
.. gerade hier sich vorzugsweise absetzte, in Bewegung gebracht
... fortgespült wird. Diese Ausgüsse und ebenso die Schlamm-
...kasten haben noch den Nutzen, dafs man bei vorkommenden Ver-

17 *

stopfungen durch sie leicht entdecken kann, in welchem Theile der
Leitung die Sperrung zu suchen ist.

Endlich muſs bei Gelegenheit des Längenprofils noch bemerkt werden, daſs die Leitung in ihrer ganzen Ausdehnung die
Höhe des Wasserspiegels im Speisebassin nicht wieder erreichen
darf, vielmehr bei zunehmender Entfernung um so tiefer darunter
bleiben muſs. Man kann zwar, indem man die Röhre in die
Heber verwandelt, selbst über gröſsere Höhen fortgehn, indessen
darf an solcher Stelle kein Ausfluſs angebracht werden, auch tritt der
der Uebelstand ein, daſs dieser Theil der Röhre sich nicht mehr von
selbst füllt, vielmehr beim jedesmaligen Anlassen durch eine besondere Pumpe vollgegossen werden muſs. Es giebt nur wenige Beispiele dafür, daſs man dessen ohnerachtet den Heber in Anwendung
gebracht hat, und zwar ist es alsdann gewöhnlich nur geschehn, um
über den Erddamm oder die Mauer, welche unmittelbar das Speisebassin einschlieſst, das Wasser zu leiten, ohne dieselbe durch eine
Oeffnung zu schwächen. In gröſseren Röhrenleitungen kommt auch
selbst dieses nicht vor.

Der Horizont des Wasserspiegels im Speisebassin bezeichnet
keineswegs die Grenze der Höhe, die man beliebig mit der Röhre
erreichen darf. Die Ausfluſsmündung muſs jedenfalls niedriger liegen,
denn sonst würde alles Gefälle fehlen und keine Bewegung eintreten,
aber auch in der Mitte der Leitung darf kein Punkt jener Höhe sich nähern, weil sonst die Röhre sich gar nicht, oder doch nur überaus langsam füllen könnte. Hierher gehören die Fälle, in welchen mehrere Tage und selbst Wochen vergehn, bevor die volle Wirksamkeit
eintritt, wie dieses Bossut von einer Leitung bei Versailles anführt.
Sonach müssen bei längeren Röhrenleitungen, die abwechselnd steigen und fallen, die aufeinander folgenden Scheitelpunkte unter derjenigen geneigten Linie bleiben, welche das nöthige Gefälle bezeichnet.
Andrerseits können dagegen die tiefsten Punkte der Röhre sich weit
von dieser Grenze entfernen, man muſs indessen nicht auſser Acht
lassen, daſs der Wasserdruck, der sich hier bildet, auch ein starkes
Durchsickern der Fugen und bei hölzernen und steinernen Röhren
auch eine schnelle Zerstörung derselben zur Folge zu haben pflegt.
Sonach muſs man bei schwachen Röhren starke Senkungen vermeiden. Man verlegt die Röhren am vortheilhaftesten mit möglichst
gleichmäſsigem Gefälle.

5lzernen Leitungsröhren kann man fast jede Holzart
man wählt daher diejenige, die am wohlfeilsten zu best. Bedingung ist dabei vorzugsweise, daß die einzelnen
cke nicht gar zu kurz ausfallen, indem jede Zusammen-
icht nur Kosten verursacht, sondern auch eine schwache
hte Stelle in der Leitung bildet. Aus diesem Grunde eignet
gsweise hierzu dasjenige Holz, welches recht gerade Stämme
Kiefern und Lerchen. Sodann muß die Röhre auch dauer-
und Festigkeit genug besitzen, um dem Wasserdrucke zu
n, und man giebt deshalb dem festen Holze und demjenigen,
riele harzige Theile enthält, den Vorzug. Weiden- und
lz wird wohl nie angewendet. Endlich darf die Röhre
ser keinen Beigeschmack geben, und aus diesem Grunde
man gern die Benutzung von Eichenholz, doch giebt es
le Ausnahmen und in Frankreich scheint dasselbe sogar
eise gewählt zu werden. Im Allgemeinen möchte sonach
n Kiefern- und Lerchen-, noch das Ellernholz, sich besen-
fehlen.   .
Länge der einzelnen Röhrenstücke beträgt gewöhnlich
12 und 18 Fuß. Ueber 20 Fuß darf sie nicht sein, weil
las Bohren zu schwierig wird. Die Wandstärke hängt
r Festigkeit des Holzes auch von der lichten Weite des
es und von dem Wasserdrucke ab, wie dieses bei Gelegenheit
isernen Röhren näher entwickelt werden wird. Man darf
die Wände einer hölzernen Röhre nicht auf die möglichst
Dimensionen beschränken, weil die Röhre vom durchflies-
Vasser angegriffen wird und ihre Wandstärke sich nach
verringert. Gewöhnlich macht man die Wand dem Durch-
es Bohrloches gleich, und da letzterer von der Wassermenge
Gefälle abhängt, so ergiebt sich leicht die nöthige Stärke
n Röhren zu benutzenden Stämme. Trifft es sich aber, daß
e sehr tief unter das Speisebassin verlegt wird und daher
oßen Wasserdrucke ausgesetzt ist, so genügt die eben ge-
egel nicht mehr, und man muß der Wand in diesem Falle
ere Stärke lassen. Dabei kommt es aber nicht allein auf
serdruck an, den das Piezometer, während die Leitung in
hätigkeit ist, anzeigen würde, sondern man muß auch den
ücksichtigen, daß unterhalb dieser Stelle eine absichtliche

oder zufällige Sperrung eintreten kann, und daſs alsdann der w
Wasserdruck des Speisebassins wirksam wird.   Wenn aber die 8
rung plötzlich erfolgt, so vermehrt der Stoſs der bewegten Wa
säule noch sehr beträchtlich diesen Druck.   Man pflegt hier
die stärksten Röhren an die tiefsten Stellen zu verlegen, wä
man die schwächeren in den höheren Theilen der Leitung b
darf.

Indem die hölzernen Röhren nie trocken werden, so soll
eine sehr lange Dauer voraussetzen, es treten indessen
andere Ursachen ihrer Zerstörung ein und namentlich leide
häufig durch den Schwamm, doch kann man der Entstehung
starken Verbreitung desselben durch sorgfältige Vermeidung
Berührung mit Humus und andern Erdarten vorbeugen, welch
Fäulniſs befördern.   Auſserdem ist, wie bereits angedeutet w
die Wirkung des flieſsenden Wassers auf das Holz zu berück
tigen.   Es ist eine bekannte Erfahrung, daſs im Boden eines W
oder einer Freiarche, wenn derselbe auch fortwährend naſs g
ben ist, nach einer Reihe von Jahren die Zapfen nicht mehr
Zapfenlöcher füllen und alle Verbandstücke, soweit sie nicht
mit Erde umgeben waren, den genauen Schluſs verloren h
Ebenso bemerkt man auch, wenn ein Pfahl ausgezogen wird,
etwa ein halbes Jahrhundert in einem Flusse steckte, daſs der Th
der über das Bette vorragt, viel schwächer ist als der, welcher
dem flieſsenden Wasser nicht in Berührung gekommen ist.
ähnliche Weise wird auch das Holz in den Röhren angegriffen
verzehrt.   Bei den Wasserleitungen in Prag vergröſsert sich
Weite der Röhren in 6 Jahren um 3 bis 4 Zoll, und die Wands
vermindert sich dadurch so sehr, daſs die Röhren in diesen kur
Zwischenzeiten schon erneut werden müssen. *)   Namentlich
sich diese Erscheinung am auffallendsten an solchen Stellen, wo
Röhren dem starken Drucke von 80 Fuſs ausgesetzt sind, und
wahrscheinlich auch das Durchdringen durch die Röhrenwand
Zerstörung noch befördert.   Um diesem letzten Einflusse zu beg
verlegt man hölzerne Röhren gewöhnlich in ein Thonbette, wo
zwar das erste Durchdringen der Wasser-Ader nicht verhindert
den, wohl aber das hindurchgedrungene Wasser nicht weiter fie

---

*) v. Gerstner, Handbuch der Mechanik. Prag 1832. Bd. II. S. 2

1 und sonach sich aufserhalb der Röhre bald ein Gegendruck
st. Die hölzernen Röhren, welche früher das Wasser des New-
r in London vertheilten, dauerten durchschnittlich 20 Jahre. Sie
anden aus Ulmenholz, waren aber so häufig schadhaft, dafs man
Wasserverlust, den sie verursachten, im Durchschnitt auf 25
cent schätzte. Dieses rührte zum Theil davon her, dafs man
undichten Stellen, die sich in der verminderten Ergiebigkeit zu
annen gaben, nicht sogleich auffinden konnte und oft Wochen
g darnach suchen mufste. Zur Verbindung hölzerner Röhren wählt man am häufigsten
ι Fig. 88 a in der Seitenansicht und b im Durchschnitte darge-
then Zapfen. Die Röhre wird conisch zugeschärft und zwar so,
ir wenn der Kegel ergänzt würde, seine Höhe mindestens zwei-
l so grofs, als der Durchmesser seiner Basis wäre. Einen feste-
ι Schlufs erhält man aber, wenn man das Verhältnifs beider Gröfsen,
ε 2½ zu 1 annimmt. Um das Aufspalten der Röhre zu verhin-
m, welche die conische Vertiefung erhält, wird ein eiserner Ring,
r ¼ bis ½ Zoll stark sein mufs, aufgetrieben, und zur gehörigen
khtung der Fugen wird entweder Oelkitt auf den conischen Zapfen
strichen, der jedoch auf dem nassen Holze meist nicht haftet, oder
m umwindet diesen Zapfen mit getheerter Leinwand. Dieselbe
rebindung kann man auch, wie Fig. 89 zeigt, zu Abzweigungen
knutzen, und zwar eben sowol, wenn dieselben unter einem rechten,
k wenn sie unter einem spitzen Winkel abgehn.

Die conische Gestalt der Zapfen giebt häufig Veranlassung, dafs
k Röhren, sobald sie quellen, sich auseinanderschieben, und zwar
erfolgt dieses um so leichter, je stumpfer der Kegel ist. Man begegnet diesem Uebelstande zuweilen dadurch, dafs man durch cylindrische Zapfen die Röhren in einander greifen läfst, wie Fig. 90
im Durchschnitte zeigt. Die Stärke des Zapfens ist in diesem Falle
gewöhnlich das arithmetische Mittel zwischen der Stärke und der
lichten Weite der Röhre. Man schneidet den Zapfen so zu, dafs er
villig in das Zapfenloch hineingeht, alsdann umwindet man ihn mit
getheerter Leinwand und treibt ihn ein, sobald die Röhre später mit
Wasser gefüllt wird, quillt das Holz, und der Schlufs wird dicht.
Der Zapfen ist meist 3 bis 4 Zoll lang, und die Röhre, worin das
Zapfenloch sich befindet, wird wieder durch einen eisernen Ring
gegen das Aufspalten gesichert.

Die beste Art der Zusammensetzung hölzerner Röhre
Fig. 91 dargestellt. Man schneidet die Röhren an beiden
stumpf ab und verbindet je zwei derselben durch eine eise
beiden Enden zugeschärfte Büchse *A*. Damit diese indess
etwa nur in eine Röhre eindringt, so ist sie in der Mitte m
vorstehenden Rande versehn. Man macht die Büchse bi
3 Zoll lang, so daß sie in jede Röhre nur etwas über einen
greift, und giebt ihr auch wohl einen so kleinen Durchmes
sie nur wenige Zoll vom Umfange des Bohrloches absteht.
ist zur Darstellung einer sichern Verbindung nicht genüge
wenn man einige Mehrkosten nicht scheuen darf, so läßt
Büchse in jedes Röhrenstück 3, auch wohl 4 Zoll tief ei
und giebt ihr einen solchen Durchmesser, daß sie in die l
Röhrenwand trifft. Ihre Stärke beträgt alsdann neben der
henden Rande ungefähr ¼ Zoll. Die Kosten für die An
solcher Büchsen sind freilich bedeutend, aber sie sind bei wie
Auswechselung der Röhren aufs Neue zu benutzen. Es ist
haft, die Büchse eben sowol im Innern, wie im Aeußern, ‹
nisch abzuschrägen, wie dieses Fig. 92 zeigt. Um die Bü
zusetzen, stellt man sie concentrisch mit dem Bohrloche auf
fläche der einen Röhre und treibt sie mit einem Hammer
an den vorstehenden Rand ein, so daß derselbe etwa n‹
halben Zoll vom Holze entfernt bleibt. Hierauf wird di
herausgezogen, was mittelst einer Brechstange, die unter ‹
faßt, nicht schwer ist, und man treibt sie in gleicher \
ihrer andern Seite in das folgende Röhrenstück eben so
Endlich wird die erste Seite wieder in den bereits gebilde
eingestellt und mittelst starker Schläge, die man auf das
zweiten Röhre führt, dringt die Büchse auf beiden Seite‹
Rippe ein. Es darf kaum erwähnt werden, daß man s
muß, die Schneiden durch das Aufschlagen zu beschädi‹
benutzt daher hierbei einen eisernen Aufsetzer, der auf ‹
paßt und die Schneide überdeckt. Bei dieser Methode
Dichtung mit Hanf oder Leinwand entbehrlich, ebenso fel
die eisernen Ringe, die sonst das Aufspalten der Röhren ve
Die Länge der ausgebohrten Röhren wird aber in diesem F
ständig benutzt, indem keine Zapfen angeschnitten werden.
Wenn diese Büchsen an einer Seite verlängert werden

man sie auch zur Darstellung von Abzweigungen, die unter einem rechten Winkel seitwärts austreten. Zu diesem Zwecke muſs die Seitenöffnung in der Röhre hinreichend erweitert werden, so daſs man die Büchse eintreiben und mit Holzkeilen dichten kann, während sie auf der andern Seite in der beschriebenen Art in das Hirnholz der Zweigröhre eingreift. Am sichersten werden die Biegungen und Abzweigungen in hölzernen Röhrenleitungen dargestellt, wenn man guſseiserne Verbindungsstücke benutzt. Dieselben werden in die hölzernen Röhren eingeschoben und durch Holzkeile, die in Theer getränkt sind, gedichtet. Damit hierbei aber nicht vielleicht die Röhre spaltet, muſs sie eben so, als wenn eine hölzerne Röhre hineingeschoben würde, mit einem eisernen Ringe umgeben sein.

Zuweilen setzt man hölzerne Röhren aus einzelnen Stücken zusammen, um ihnen eine gröſsere Weite zu geben. So ist schon oben bei Gelegenheit der Artesischen Brunnen von der Zusammensetzung aus zwei Hälften die Rede gewesen, und wenn die Anzahl der Segmente noch gröſser wird, so ist ihre Construction übereinstimmend mit der eines Fasses, wobei die eisernen Zugbänder den Zusammenhang zwischen den einzelnen Theilen darstellen. Obwohl man dergleichen Röhren bei Wasserleitungen nicht anwendet, so muſs doch erwähnt werden, daſs früher auf diese Art die guſseisernen Röhren, welche das von der Maschine Chaillot in Paris gehobene Wasser unter sehr starkem Drucke nach den Reservoiren leiteten, mit Holz verkleidet waren, um das Durchsickern zu verhindern. Der hölzerne Mantel bestand aus 1½ zölligen eichenen Stäben und starke Zugbänder verbanden diese.

Beim Verlegen der Röhren muſs man bis zu derjenigen Tiefe herabgehn, in der das Wasser vor dem Gefrieren und starker Erwärmung gesichert ist. Der Frost ist besonders nachtheilig, weil dadurch nicht nur die Leitung ganz unterbrochen, sondern auch die Röhren zersprengt werden. Wiewohl die Boden-Temperatur selbst in groſser Tiefe im Sommer nicht dieselbe, wie im Winter ist, so dringt in unserm Klima der Frost doch nur selten über 3 Fuſs in den Boden ein. In Städten werden die Röhrenstränge häufig noch aus einem andern Grunde sehr tief verlegt, man muſs sie nämlich vor den Erschütterungen des Fuhrwerks sichern, wodurch ihre Verbindungen sich lösen und undicht werden, sie selbst aber auch brechen könnten. Diese Vorsicht ist indessen bei hölzernen Röhrenleitungen weniger nöthig, als bei eisernen und steinernen.

Bei verschiedenen Wasserleitungen ist die Tiefe sehr verschieden gewählt. Die hölzernen Röhren, welche die Soole von dem Scheid des Soldenköpfel bei Berchtesgaden nach Reichenhall führen, liegen des kalten Klimas unerachtet meist ganz unbedeckt zur Seite der Chaussee, hier verhindert indessen der starke Salzgehalt des Wassers das Einfrieren. Leitungen, welche Quellwasser aus dem Erdboden aufnehmen, braucht man wegen des Frostes nicht tief zu versenken, weil die Abkühlung nicht so schnell erfolgt. Wo aber das Wasser aus dem Speisebassin schon abgekühlt und vielleicht unter einer Erddecke abfliefst, da mufs man jede fernere Erniedrigung der Temperatur verhindern, und deshalb einige Fufs tief unter die Oberfläche des Bodens herabgehn. In Paris legt man alle Röhren mindestens 1 Meter oder 3 Fufs 2 Zoll tief, in England wählt man ungefähr dieselbe Tiefe, doch geht man in Deutschland bei der Anlage gröfserer Leitungen gemeinhin noch vorsichtiger zu Werke, und versenkt die Röhren bis 5 Fufs tief.

Eine zweite Rücksicht, die man beim Verlegen der Röhren zu nehmen hat bezieht sich auf die Festigkeit des Bodens. Im Allgemeinen darf man diese immer voraussetzen, insofern keine neue Aufschüttung gemacht, sondern der Graben, worin die Röhre liegt, mit derselben Erde angefüllt wird, die schon früher hier lag und drückte. Das Gewicht der Röhre ist an sich unbedeutend und meist noch geringer, als das der Erde, deren Stelle sie einnimmt. Man hat also nur darauf zu achten, dafs bei einem nachgiebigen Boden nicht andere Aufträge oder sonstige starke Belastungen hinzukommen, durch welche der Röhrenstrang, wenn er darunter liegt, theilweise herabgedrückt und dadurch in seiner Verbindung gelöst werden könnte. Endlich mufs man jede Berührung der hölzernen Röhre mit animalischen oder vegetabilischen Stoffen sorgfältig vermeiden, weil solche vorzugsweise die Bildung des Schwammes befördern. Aus diesem Grunde darf auch keine fette Gartenerde zur Bedeckung genommen werden, sondern am besten eignet sich dazu Sand oder Thon, sowie auch die Verbindung beider, oder Lehm. Eine Ausnahme hiervon rechtfertigt sich nur, wenn der Röhrenstrang, wie dieses in moorigem Boden zuweilen geschieht, unter dem Grundwasser liegt. Der Thon hat übrigens vor dem Sande den Vorzug,

... e das Durchsickern des Wassers verhindert, woher er auch ...weise benutzt wird. Zuweilen werden die Röhren vor dem ...gen in der äußeren Oberfläche getheert, was jedoch wenig Nutzen ..., da man das Holz vorher nicht so stark austrocknen läßt, daß ...Theer eine feste Verbindung damit eingehn könnte. Andrer-... geschieht es auch, daß man die Röhren von außen schwach ..., wodurch zwar der Fäulniß sehr kräftig entgegengewirkt, ... nicht der große Uebelstand herbeigeführt wird, daß die Röh-...enweise geschwächt werden.

Die hölzernen Röhren werden gewöhnlich ohne Untermauerung ... Man hebt einen Graben in der Richtung aus, wo der Röh-...g liegen soll, und zwar in solcher Tiefe, daß seine Sohle ... das Bette für den letztern bildet. Unter Umständen kann ...bringung eines Thonschlages auf der Sohle nöthig werden, ... wird man den Graben nur so breit machen, daß die Röhre ... Platz findet. Von großer Wichtigkeit ist es, jede einzelne ...strecke, bevor sie wieder mit Erde verschüttet wird, in Hin-... ihrer Wasserdichtigkeit zu prüfen. Zu diesem Zwecke wird ...die äußere Oeffnung der zuletzt verlegten Röhre ein hölzerner ...ck eingetrieben und der Zufluß des Quells nach der Leitung ...net. Es bildet sich alsdann in der ganzen Leitung der volle ...ck, welcher der Niveaudifferenz gegen das Speisebassin entspricht, ...wenn dieser kein Ausspritzen oder Hervorquellen des Wassers ...den Fugen zwischen den Röhren oder durch die Röhrenwände ...bst zur Folge hat, so kann man diesen Theil als gehörig wasser-...ht ansehn und ihn verschütten.

Die willkührliche Zulassung und Absperrung des Wassers aus ...dem Sammelbassin nach der Röhrenleitung erfolgt gemeinhin durch ...die in Fig. 74 auf Taf. V dargestellte Vorrichtung. Man bringt dafür ...häufig eine Art von Kegelventil an, welches an einem Stiele ...herausgehoben und eingesetzt wird, um die Oeffnung in der Grund-...platte oder im daraufgestellten Rinnstocke zu schließen.

Luftspunde dürfen in hölzernen Leitungen nicht fehlen. Da ...letztere viel roher zusammengesetzt sind als eiserne, so tritt für ...die Luftspunde noch der sehr wichtige Zweck ein, durch sie bei ein-...tretenden Verstopfungen oder Lecken die schadhaften Stellen aufzu-...den. Wo es geschehn kann, bringt man verticale Luftröhren in ...der Fig. 89 gezeichneten Verbindungsart an, und führt sie bis über das Niveau des Speisebassins herauf. Hierzu findet sich indessen nicht leicht die Gelegenheit, man mufs also bei jedem Gebrauche des Luftspundes die darüber geschüttete Erde aufgraben. Man pflegt in diesem Falle gewöhnlich die Röhre von oben anzubohren, und das Bohrloch mit einem hölzernen Pflock zu schliefsen. Dieses geschieht etwa alle 10 Ruthen. Man bezeichnet diese Stellen, und wählt sie an Orten, wo die Röhre nicht tief liegt und wo man leicht hinzukommen kann. Soll die Röhrenleitung angelassen werden, so sind alle diese Oeffnungen frei, sobald aber das Wasser durch das Bohrloch ausfliefst, so wird der Pflock eingetrieben und der Graben an dieser Stelle mit Erde angefüllt.

Zeigt sich später eine merkliche Abnahme der zugeführten Wassermenge, während das Speisebassin gehörig gefüllt ist, so gräbt man die Stellen auf, wo die Spunde befindlich sind, und schlägt letztere nach und nach heraus. Aus der Stärke der austretenden Strahlen erkennt man schon, in welcher Strecke der Schaden zu suchen ist, und dieser Theil der Leitung mufs gewöhnlich ganz aufgegraben werden. Entdeckt man einen Leck, so läfst sich durch Eintreiben von Hanf oder Werg derselbe gemeinhin leicht schliefsen. Anders ist es aber, wenn eine Verstopfung in der Röhre vorgekommen ist, die sich oft aus Wurzelfasern bildet. In diesem Falle ist es besonders nützlich, wenn man recht viele Wechselhäuschen angebracht hat, durch welche man flexible Stangen einstofsen kann. Auch die Luftspunde lassen sich so einrichten, dafs sie zu diesem Zwecke brauchbar sind. Dieses geschieht, indem sie nicht in einem blofsen Bohrloche, sondern vielmehr in einer etwa 3 Fufs langen Oeffnung bestehn. Fig. 93 a zeigt eine solche von oben und Fig. 93 b im Querschnitt. Sie wird mit einem pyramidalisch zugeschnittenen Klotze geschlossen, der Fig. 93 c perspectivisch dargestellt ist. Letzter darf natürlich nicht das Bohrloch der Röhre verengen, und mufs einige Zolle vor die äufsere Wand der Röhre vortreten, damit man ihn, so oft es nöthig ist, herausschlagen kann. Um ihn gehörig schliefsend zu machen, ist er von allen vier Seiten pyramidalisch geformt, und wird, bevor man ihn einsetzt, noch mit getheerter Leinwand umwunden.

Durch solche lange Oeffnungen läfst sich die Stange sowol nach der einen, wie nach der andern Seite einschieben. Sie besteht aus zähen Ruthen von Haselnufs, Esche und andern Holzarten, die lange nd gerade Triebe haben und dabei nicht spröde sind. Man bindet diese recht fest aneinander und stellt dadurch solche Längen dar, laſs man von einem Spunde bis zu dem nächsten reichen kann. Am Ende werden sie auch wohl mit einem Besen oder mit einer eigenthümlichen Vorrichtung, der sogenannten Röhrbirne, versehn. Dieses ist ein Stück Eisen, welches einer kreuzweise aufgespaltenen Birne gleicht. Die einzelnen Viertel hängen an der Stelle, wo bei der Birne der Stiel ist, durch Federn zusammen, und werden durch stärkere auseinander gedrängt, während sie bei vorkommenden Unebenheiten sich zusammenlegen und durch engere Profile treiben lassen. Greift man hiermit das in der Röhre steckende Geflecht von Wurzeln an, so pflegt sich solches leicht von der Wand zu rennen, und man kann es bis zum nächsten Spunde schieben, durch welchen es herausgezogen wird. Wenn eine Anhäufung von Schlamm die Ursache der Verstopfung war, so sind aber besonders die bereits erwähnten Ausgüsse an den niedrigsten Stellen sehr wirksam, während die Schlammkasten schon die Versetzung der Röhre verhindern.

Die steinernen Röhren sind sehr verschieden. Sie werden entweder durch Ausbohrung eines natürlichen Steins, und zwar vorzugsweise des Sandsteins dargestellt, oder sie sind wie gewöhnliches Töpfergeschirr geformt und gebrannt und in diesem Falle gemeinhin von innen glasirt. Man bildet sie ferner aus einer porcellanartigen Masse, die beim Brennen zusammensintert, und daher keiner besonderen Glasur bedarf, und endlich werden sie zuweilen auch aus Mauerwerk oder auf andere Art unmittelbar da, wo sie liegen sollen, ausgeführt. Diese Röhren sind zum Theil sehr wohlfeil, auch dauerhaft, wenn sie vor äuſsern Beschädigungen gesichert werden. Sie geben dem Wasser am wenigsten einen fremdartigen Beigeschmack, lassen wegen der rauhen und festen Oberfläche die verschiedenen Kitte gut haften und sind daher bei sorgfältiger Verlegung auch in den Stöſsen gehörig dicht. Gekrümmte Röhrenstücke und Abzweigungen sind leicht darzustellen, und endlich gewähren sie den Vortheil, daſs ihre Durchführung durch Mauern wegen der Uebereinstimmung des Materials wenig Schwierigkeiten macht.

Diese Gründe werden häufig hervorgehoben, um den steinernen Röhren allgemeineren Eingang zu verschaffen, als sie bisher gefunden haben, es fehlt auch keineswegs an Beispielen, welche zeigen, daſs sie lange Zeit hindurch benutzt werden können, aber dagegen sind auch viele Fälle bekannt geworden, in denen sie so wenig haltbar waren, dafs man sie bald verwerfen mufste, und besonders sind in dieser Beziehung die Erfahrungen wichtig, die man in England gemacht hat. Ihre grofse Zerbrechlichkeit gereicht ihnen ohne Zweifel sehr zum Vorwurf. Keine andere Art von Röhrenleitung verlangt eine solche Vorsicht in der Verlegung, damit kein Theil hohl liegt oder durch Erschütterungen berührt wird. Die Steifigkeit, welche sie durch die festen Kitte in den Stöfsen erhalten, ist eine neue Veranlassung ihres häufigen Brechens. In dieser Beziehung wirkt schon die Temperaturveränderung sehr nachtheilig auf sie ein, während es unmöglich ist, ihnen die genaue Form zu geben, welche sie haben müfsten, wenn man eine künstliche Compensation, wie bei eisernen Röhren, anbringen wollte. Ferner ist ihre Festigkeit nur sehr geringe und noch dazu sehr ungleichmäfsig, so dafs man sie einem gröfsern Wasserdrucke nie aussetzen darf, wenn sie nicht einen sehr kleinen Durchmesser haben. Auch ist ihre Wasserdichtigkeit nicht immer so vollständig, als man vermuthet. Endlich beeinträchtigt der Pflanzenwuchs die Wirksamkeit der steinernen Röhren weit mehr, als andre. Manche Bäume sind so begierig, ihre Wurzeln in diese Röhren zu senden, dafs man bemerkt hat, wie dieselben sich bis auf 30 Fufs in horizontaler Entfernung und bis 12 Fufs in der Tiefe direct nach der Leitung hinzogen, und sobald sie diese erreicht hatten, durchdrangen die feinen Fasern den Mörtel oder den Stein, und machten dabei die Röhren undicht, und verstopften sie. *) Auch die Vegetation im Innern ist bei keiner andern Leitung so reichlich und so störend, wie gerade bei den steinernen.

Hiernach scheint es, dafs die Vorzüge vollständig durch die Nachtheile aufgewogen werden, und wenn gleich unter manchen localen Verhältnissen die erstern überwiegen mögen, so ist doch zu bezweifeln, dafs diese Röhren eine allgemeine Verbreitung finden können.

In England hat man mittelst besonderer Maschinen mehrere Röhren von verschiedener Weite aus denselben Sandstein-Blöcken dargestellt, indem etwa 6 concentrische kreisförmige Schnitte gleichzeitig in jeden Block eingeschliffen wurden. Die Zusammensetzung solcher Röhren erfolgte in gleicher Weise, wie zuweilen bei eisernen

---

*) *Sganzin Resumé*, 4. Auflage. S. 161.

ren geschieht durch darüber geschobene breite eiserne Ringe,
he die Stöfse überdecken. Der Zwischenraum zwischen den-
en und dem Ringe wird mit hydraulischem Mörtel oder einem
ern Kitte ausgestrichen, oder behufs eines recht dichten Schlusses
à mit schmalen Holzkeilen gefüllt. Dafs man bei der Verlegung
er Röhren, und noch mehr bei ihrer Beschüttung sehr vorsichtig
Werke gehn mufs, ist bereits erwähnt worden. Gewöhnlich legt
m sie durchweg auf ausgemauerte Fundamente, und zwar wird das
erwerk oben nach der Form der Röhre abgeglichen, damit der
rek sich auf eine grofse tragende Fläche vertheilt.

Dergleichen Röhren aus Sandstein und zum Theil auch aus
ern Steinen, wie aus Marmor, hat man schon zur Zeit der ersten
ischen Kaiser benutzt. Sie sind auch später mehrfach versucht
rden, wenn gleich die grofsen Kosten ihrer Darstellung die Be-
ung zu ausgedehnten Leitungen zu verhindern scheinen. Doch
dieses in England geschehn. Im Anfange dieses Jahrhunderts
ete sich nämlich in Manchester eine Actiengesellschaft zur Ver-
gung der Stadt mit Wasser. Sie legte zuerst hölzerne Röhren,
diese jedoch viele Reparaturen erforderten, so mufsten sie durch
ere ersetzt werden. Der Eigenthümer eines Steinbruches in der
he erbot sich zur Lieferung von Sandsteinröhren, von denen einige
ben günstig ausfielen. Die Gesellschaft entschlofs sich daher auf
Rath Rennie's, diese Röhren zu wählen. Beim Verlegen wurde
 mögliche Vorsicht beobachtet, als aber das Wasser hineinge-
en war, so zeigte sich die Unangemessenheit der Wahl des Ma-
als auf die augenscheinlichste Art. Grofse Theile der Stadt wur-
sogleich inundirt, indem eine Menge Röhren unter dem Wasser-
cke zersprangen und aus den andern, die ganz geblieben waren,
rall das Wasser durch die Röhrenwand durchquoll. Indem nun
Fonds der Gesellschaft vollständig erschöpft und alles Zutrauen
ihr beim Publikum verschwunden war, so löste sie sich auf,
l die neue Gesellschaft, die 1817 zusammentrat, legte gufseiserne
hren, die noch in Wirksamkeit sind. *) In derselben Zeit, als
Manchester die steinernen Röhren gelegt wurden, sollte die Grand
nction-Canal-Wasserleitung in London ausgedehnt werden, und
nnie, der auch hier der Ingenieur der Gesellschaft war, veran-

*) *Matthews hydraulia.* p. 138 ff.

laſste letztere sogar, die guſseisernen Röhren, die nach s
nung das Wasser verunreinigten, zu entfernen und daſü
anzuwenden. Man folgte seinem Rathe und der Erfolg wa
wie in Manchester, so daſs man sich beeilen muſste, wied,
eisernen Röhren zu benutzen. Die Kosten dieses Versuch
11000 Pfund.

Die thönernen, inwendig glasirten Röhren würde
zugsweise durch ihre Wohlfeilheit empfehlen, wenn ih
Dauer nicht ihre Anwendbarkeit wesentlich beschränkte.
die nöthige Festigkeit abgeht, um auch nur einem gering
drucke zu widerstehn, so vermauert man sie gewöhnlich
daſs sie wirklich nur die innere Wand der Röhrenleit,
Hierzu ist eine sichere Fundirung erforderlich, damit ,
Setzen sich zeigt, die Kosten werden dadurch aber so
daſs der Vorzug der Wohlfeilheit im Vergleiche zu der
und oft selbst zu den eisernen Röhren verschwindet. 1
dung ist in der Regel diese, daſs jede Röhre in das erwe
der nächsten eingreift und die Fuge mit Kitt gedichtet
dem Trocknen lassen die Röhren sich biegen, man ,
Krümmungen, sowie in besonderen Formen auch Stück
zweigungen darstellen. Es ist aber nicht ungewöhnlich
Luftspunde und Abzweigungen nicht in den thönernen R
dern in zwischengelegten hölzernen Röhren anbringt, in ,
eingreifen.

Indem nach dieser Darstellung die gemauerte Ur
der Röhre den Haupttheil bildet, so kann man die gebr,
selbst auch ganz fortlassen. Auf diese Art stellt ma
nur kleine Canäle dar, die überwölbt, oder mit Deck
schlossen sind, die aber immer durch das Wasser vollstä
werden und aus diesem Grunde als Röhren anzusehn sir
hat sie auch ohne Anwendung von Mauersteinen allein
schnell erhärtenden Mörtel gebildet. Er bediente sich
hölzernen Cylinders, dessen Durchmesser der beabsichtig
weite entsprach; derselbe wurde mit Mörtel umgeben
etwas herausgezogen, jedoch so, daſs er noch zum T
bereits fertigen Röhre stecken blieb, woher die Forts
immer genau anschloſs. Fig. 94 zeigt den Querschnitt e
Röhre.

Die aus einer porcellanähnlichen Masse oder aus Steingut
gebildeten Röhren sind unter den verschiedenen steinernen Röhren
wol die vorzüglichsten, insofern sie am festesten und für das
Wasser am wenigsten durchdringlich sind. Bei einem Durchmesser
von wenigen Zollen halten sie auch einen Wasserdruck bis 80 Fuß
an, doch müssen sie aus einer möglichst gleichartigen Masse behn und so fest gebrannt sein, daß sie am Stahle Funken geben.
Die Wandstärke ist natürlich dem Drucke angemessen zu wählen,
meinhin genügt es aber, derselben den vierten Theil der lichten
Weite zu geben. Solche Röhren sind in Augsburg schon seit langer
Zeit zu den Wasserleitungen benutzt, und ähnliche Beispiele kommen auch an andern Orten vor. Beim Verlegen dieser Röhren muß
man indessen sehr vorsichtig sein. Eine ununterbrochene Fundirung,
falls sie in einer Rinne liegen, ist meist nothwendig, außerdem
aber müssen sie auch vor Erschütterungen von dem darübergehen-
den Fuhrwerke gesichert und daher gehörig tief verlegt werden.
Zu ihrer Zusammensetzung dient entweder ein mörtelähnlicher Cement, oder auch ein Kitt, der heiß aufgebracht wird und beim Erkalten erhärtet, wie z. B. Schwefel, der hierbei vorzugsweise benutzt wird.

Die bleiernen Röhren waren vor einigen Jahrzehnden noch
vielfach im Gebrauch. Sie empfehlen sich mit Recht durch manche
schätzbare Eigenschaften: sie können einen starken Wasserdruck
aushalten, ohne zu springen, sie sind sowol an sich sehr wasserdicht, als auch in den Stößen, wo sie zusammengelöthet werden.
Man kann sie biegen und dadurch jede beliebige Krümmung darstellen, und endlich kommt es bei ihnen am wenigsten auf eine gesicherte Lage an, denn Stöße und Erschütterungen schaden ihnen
nichts, und eben so wenig leiden sie, wenn sie theilweise auf einem
nachgebenden Boden liegen, wo sie tiefer als an andern Stellen einsinken. Nachtheilig ist zwar ihre starke Ausdehnung in der Wärme,
die 2⅓ Mal größer, als bei Gußeisen ist. Da sie indessen nicht
leicht in ganz geraden Strängen liegen, so haben sie meist Gelegenheit, sich ohne Nachtheil zu verlängern oder zu verkürzen. In der
neuesten Zeit sind sie indessen durch die gegossenen eisernen Röhren verdrängt, die bei der vollkommneren Methode des Gießens
viel billiger sind, und endlich hat man ihnen den Vorwurf gemacht,
daß sie das Wasser mit Bleikalk versetzen und es dadurch förmlich

... Darstellung war die, daſs ...
... scharf zusammenbog und ...
... verdeckten, zusammenlöthete.

... durch bloſses Falzen und ohne
... Hauptsächlich werden die F
... ist das Ziehn der gegossenen Röl
... stählerne Löcher von abnehmend
... Die gegossenen Röhren sind gewöhnlich
... Weite von 1 bis 6 Zoll. Ihre Wands
... bei einer lichten Weite

von 1 Zoll . . . $2\frac{1}{4}$ Linien
- 2 Zoll . . . $3\frac{1}{4}$ Linien
- 3 Zoll . . . 4 Linien
- 4 Zoll . . . $4\frac{1}{4}$ Linien
- 6 Zoll . . . $5\frac{1}{4}$ Linien

Weiten werden sie auch gegenwärtig nicht ...
... aus Platten geformt und gelöthet. Man lö ...
... also Flanschen daran mittelst deren sie, wie ...
... geschieht, durch Schraubenbolzen verbunden werde ...
... nöthig, eiserne Ringe, welche die Bolzenlöcher ...
... die Röhren aufzuziehn, da ohne dieselben der ...
... auf den ganzen Umfang gleichmäſsig vertheilt ...
... Röhren löthet man dagegen zusammen, in ...
... stumpf gegeneinander gebracht, aber nicht ineinander ...
... werden. Indem man bei den Bleiröhren überall O ...
... und andere Röhren dieser Art wieder anlöth ...
... Abzweigungen hier besonders leicht anzubringen. '
... eisernen Röhren verbindet, soll bei Gelegenheit ...
... der letzteren mitgetheilt werden, dieses ist aber ...
... wie sie auch mit hölzernen Röhren verbunden werden ...
... dem Jahre 1840 werden Bleiröhren noch in andr ...
... zwar in der höchsten Regelmäſsigkeit und in beliebiger ...
... indem man das geschmolzene Blei durch eine ei ...
... Röhre abflieſsen läſst, in der sich ein massiver ...
... befindet. Das Blei tritt also schon als Röhre ...
... und Wandstärke aus, und es ist nur dafür s ...

...chen der eisernen Röhre und dem Dorne schon erstarrt,
...r die Form nicht zu verändern. Man kann in dieser Weise
...e bis von nahe 4 Zoll Weite darstellen.

...Um eine Bleiröhre zu prüfen, ob sie beim Gusse oder beim
... oder Walzen überall die nöthige Wandstärke erhalten hat
...ob die Fugen wasserdicht sind, schliefst man sie an einem
...mit einem hölzernen Pfropfen, giefst sodann Wasser hinein
...steckt in das offene Ende einen starken Stock, der unten mit
...Art Kolben versehn ist. Kann man auf letztern mit einem
...mer aufschlagen, ohne dafs Wassertropfen aus der Röhre aus-
..., oder dieselbe irgendwo Veränderungen zeigt, so hat sie die
...derliche Stärke und Wasserdichtigkeit.

...Jardine in Edinburg beobachtete, dafs eine Bleiröhre von 1¼ Zoll
...ite und ¼ Zoll Wandstärke noch einem Wasserdrucke von 1000
...fs widerstand, dafs sie aber aufrifs, sobald der Druck auf 1200
...fs sich vermehrte. Eine andere Röhre von derselben Wand-
...ke, die 2 Zoll weit war, hielt nur den Druck von 860 Fufs mit
...erheit aus und brach bei 1000 Fufs. *) Indem die absolute
...igkeit des Bleies nur etwa dem neunten Theile der des Gufseisens
...ch ist, der Preis dafür vergleichungsweise zum letzteren sich aber
...auf das Dreifache stellt, so rechtfertigt es sich gewifs, dafs man
...der Kosten wegen allgemein das Gufseisen vorzieht und das
...ur anwendet, wenn die Röhre nicht sicher verlegt werden
...und ein späteres Biegen derselben in Aussicht genommen wer-
...mufs. Tritt dieses ein, so verhindert die Zähigkeit des Bleies
...Bruch, und selbst unter sehr starkem Wasserdruck zerspringt
...nicht, wie etwa das gewalzte Eisen, vielmehr schwillt sie zu-
...st an der schwächsten Stelle auf. Es bildet sich hier eine
...liche Blase, und nur wenn die Wand derselben sich soweit ver-
...nt hat, dafs eine weitere Ausdehnung nicht mehr erfolgen kann,
...eifst sie auf, wobei die Ränder zurückgebogen werden, und der ganze
...halt der Röhre schnell entweicht. . So sah ich 1822 eine schad-
...fte Röhre in einer Strafse in Paris aufnehmen, worin auf etwa 6 Zoll
...änge eine 2 Zoll weite Spalte sich gebildet hatte.

...In neuerer Zeit sind auch Asphaltröhren vielfach versucht
...und angewendet worden. Dieselben werden gewöhnlich aus Papier

---

*) *Navier, résumé des leçons. Vol. I.*

gefertigt, welches durch geschmolzenen Asphalt gezogen ist. Dieses Papier bereitet man aus altem Tauwerk der Marine, und zwar wird es nicht geschöpft, sondern ohne Ende dargestellt. Nachdem es durch den Asphalt-Behälter gegangen, windet man es um einen Cylinder, dessen Durchmesser mit der beabsichtigten lichten Weite der Röhre übereinstimmt. Dieser Cylinder wird von der Maschine gedreht und auf ihm ruht ein zweiter Cylinder, der das Papier gleichmäfsig andrückt. Hat man durch mehrfache Umdrehungen die beabsichtigte Wandstärke erreicht, so schneidet man das Papier ab, und zieht den Cylinder, der als Kern diente, aus der so geformten Röhre. Letztere wird noch im Innern mit einem wasserdichten Firnifs, im Aeufsern dagegen mit einem, mit Kies vermischten Asphalt-Lack überzogen und ist alsdann zum Gebrauche fertig.

Die Asphaltröhren-Fabrik in Hamburg liefert Röhren von 7 Fufs Länge und 2 bis 24 Zoll lichter Weite für Preise, die nur die Hälfte der gufseisernen Röhren betragen sollen.

Was die Verbindung dieser Röhren unter sich oder mit gufseisernen Röhren betrifft, so wird besonders der Patent-Verschlufs als vollkommen dicht und zugleich als etwas flexibel gerühmt. Derselbe besteht im Wesentlichen aus einer gufseisernen oder auch aus einer Asphaltröhren-Muffe, die über den Stofs gezogen wird, sowie aus zwei mit Flanchen versehenen gufseisernen Ringen, die an beiden Enden der ersten liegen, jedoch an den gegenüberstehenden Seiten hohle Kegelflächen bilden. Diese Kegelflächen lehnen sich nicht unmittelbar an die Muffe, sondern es befindet sich davor auf jeder Seite noch ein Kautschuck-Ring, dessen Querschnitt ein abgestumpftes gleichschenkliches Dreieck bildet, und der mit seiner Basis auf der Röhre ruht. Sobald die eisernen Ringe durch Schraubenbolzen zusammengepreſst werden, so drücken sie die Kautschuckringe sehr fest gegen die Röhre und stellen dadurch den wasserdichten Verschlufs dar.

Wenn diese Röhren aber keinem, oder nur einem geringen Drucke ausgesetzt sind, so genügt es, die beiden Enden zu erhitzen und auf einander zu drücken, während darüber ein Leinenband, das wieder in Asphalt getaucht war, um den Stofs gewunden wird.

Die mit diesen Röhren angestellten Versuche haben in der That sehr günstige Resultate ergeben. So fanden Karmarsch und Rählmann, dafs eine aus mehreren Stücken zusammengesetzte Röhre von

lichter Weite und ¼ Zoll Wandstärke einem Druck
zig Atmosphären widerstand ohne undicht zu we
gend eine Beschädigung zu zeigen. Auch unter h
gen sollen die Röhren nicht leiden, noch auch
werden. Mehrfach sind sie bereits angewende
h den frühesten Versuchen haben sie sich bereits
gut gehalten. Besonders rühmt man, daß sie beim
sers nicht springen, und daß sie demselben, auch
rin gestanden hat, keinen Beigeschmack geben,
in irgend einer Weise verunreinigen. Jedenfall.
htung werth, obwohl vielfa   .. t wird.
hunderten bewährten gußeis   en   .n
en.

entlich verschieden sind die Asphaltröhren, die in neuerer
ach in Frankreich benutzt werden, und die aus Eisenblechen
und von innen, wie von außen mit Asphalt überzogen wer-
rcy *) theilt verschiedene Notizen über ihre Fabrication, so
ihre Verwendung und die dabei gemachten Erfahrungen
atere sind sehr befriedigend. Hier wäre nur zu bemerken,
Eisenblech, welches vorher verzinnt, oder vielmehr durch
in eine Metallmischung von Blei und etwas Zinn mit
inen Schicht derselben überzogen war, gebogen und durch
ng der Fuge zur Röhre verbunden wird. Die Wasser-
t wird durch den Asphaltüberzug dargestellt, der sowol
en, wie von innen aufgebracht wird. Letzterer gewährt
h den Vortheil, daß er das Metall vollständig überdeckt
ch seine Oxydation verhindert. Darcy bemerkt, daß diese
bedeutend wohlfeiler, als gußeiserne sind, daß aber der
ed der Kosten bei größeren Weiten nur geringe ist.

§. 22.
Gußeiserne Leitungsröhren.

gußeisernen Röhren lassen sich alle diejenigen Vorkehrungen
dung bringen, welche eine zweckmäßige Vertheilung des

fontaines publiques de Dijon. pag. 632.

Wassers und eine ununterbrochene Wirksamkeit der Leitung bezwecken. Ein großer Vorzug dieser Röhren liegt aber noch in ihrer Dauer. In England giebt es Röhren, die 100 Jahre hindurch
das Wasser geleitet haben, ohne daß eine Abnutzung daran bemerkt
wäre. Ferner ist ihre Stärke und Wasserdichtigkeit so groß, daß
man ihnen selbst bei einem Wasserdrucke von 100 Fuß nur diejenige Wandstärke geben darf, die schon wegen des gleichmäßigen
Gusses erforderlich ist. Mittelst der hydraulischen Presse können sie
leicht und sicher geprüft werden. Die einzelnen Röhrenstücke lassen sich dauerhaft und wasserdicht verbinden, und man hat dabei
noch die Wahl, entweder eine ganz steife Verbindungsart zu benutzen,
oder in den Stößen, unbeschadet der Waserdichtigkeit, eine gewisse
Biegsamkeit und Dehnbarkeit darzustellen, so daß der ganze Strang
bei Temperatur-Veränderungen sich verlängern und verkürzen, und
bei zufälligem Setzen des Untergrundes an einzelnen Stellen sich
auch biegen kann, ohne die Wirksamkeit der Leitung zu beeinträchtigen. Andrerseits kann man dabei aber auch die Vorrichtung treffen,
daß eine Röhre mittelst einer Stopfbüchse sich in eine andre schiebt,
oder durch ein Gelenk mit derselben verbunden ist, so daß Verkürzungen und Biegungen in ausgedehntem Maaße möglich sind.

Die gußeisernen Röhren sind bei der geringen Wandstärke, die
man ihnen heutiges Tages giebt, so wenig kostbar, daß sie mit
Rücksicht auf die Unterhaltung in den meisten Fällen andern Leitungen vorzuziehn sind, soweit letztere schon durch längere Erfahrungen versucht wurden. Das Wasser, welches sie leiten, wird auch
nicht verdorben, und am wenigsten in der Art, daß es der Gesundheit nachtheilig würde. Der größte Uebelstand ist, daß das Gußeisen oxydirt, und in manchen Fällen dieses Oxyd sich in großen
Massen absetzt. Man hat indessen diesen Fall nur selten, und wie
es scheint, nur einmal bemerkt, auch ist die ganze Wahrnehmung
sehr zweifelhaft, woher die Besorgniß, daß bei einer neuen Anlage
derselbe Uebelstand sich wiederholen möchte, nicht gerechtfertigt ist.

Um die nöthige Wandstärke der gußeisernen Röhren zu
bestimmen, muß man außer der absoluten Festigkeit des Gußeisens
auch den innern Durchmesser der Röhre und die Druckhöhe des
Wassers kennen. Es sei f die absolute Festigkeit, oder diejenige
Anzahl von Pfunden, welche ein gußeiserner Stab von 1 Quadratzoll Querschnitt mit Sicherheit tragen kann, ohne zu zerreißen, d

der Durchmesser oder die lichte Weite der Röhre, e ihre Wandstärke, Beides in Zollen ausgedrückt, und h bezeichne die Druckhöhe des Wassers über der Achse der Röhre und zwar in Fufsen.
Die Röhre kann brechen, indem der Druck in jedem einzelnen ringförmigen Theile derselben gegen die betreffende Wand gröfser wird,
als die Festigkeit der letzteren. Es ist aber auch denkbar, dafs die
Wand nicht parallel, sondern normal gegen die Röhren-Achse
zerrissen wird, also ein Theil der Röhre sich von dem vorhergehenden löst. Der letzte Fall ist weniger wahrscheinlich, als der
erste, weil die Befestigungsart der Röhren ihn gemeinhin schon verhindert, da er aber doch zuweilen eintreten kann, so ist es nöthig,
ihn auch in Betrachtung zu ziehn. Ich mache mit ihm den Anfang
und untersuche also zunächst, wie grofs e sein mufs, damit die Röhre
nicht transversal bricht. Indem 1 Cubikfufs Wasser 61,736 Pfund
wiegt, so ist der Druck auf jeden Quadratzoll Oberfläche der Röhrenwand gleich $0,4287 . h$ also auf den ganzen Querschnitt der Röh-
ren-Oeffnung

$$= 0,1072 . h d^2 \pi$$

Der Querschnitt der Röhrenwand ist aber

$$= (e^2 + e d) \pi$$

und der Druck, dem derselbe mit Sicherheit widerstehn kann

$$= (e^2 + e d) \pi f$$

Man hat also

$$0,1072 . h d^2 = (e^2 + e d) f$$

woraus sich ergiebt

$$e = -\tfrac{1}{2} d + \tfrac{1}{2} d \sqrt{\left(1 + 0,4287 \frac{h}{f}\right)}$$

oder mit Vernachlässigung der höheren Potenzen des sehr kleinen
Buches $\dfrac{h}{f}$

$$e = 0,1072 \frac{h}{f} d - 0,0115 \frac{h^2}{f^2} d.$$

Damit die Röhre nicht der Länge nach brechen kann, darf in
jedem ringförmigen Theile, dessen Breite 1 Zoll sei, der Druck auf
ein einzelnes Stück desselben nicht gröfser werden, als die Cohäsion
der Wand, und da hier an ein Umbiegen, oder an den Bruch in
einer einzelnen Stelle nicht gedacht werden kann, da das Gufseisen
nicht biegsam ist, und überdies ein gleichmäfsiger Gufs vorausgesetzt

wird, so muſs der Ring auf zwei Stellen brechen. Der Waſſerdru
der dieses bewirkt, ist proportional der Sehne des abgebroches
Stückes vom Ringe, er wird also ein Maximum, sobald der Kö
diametral zerbricht, auch möchte das Heransdrücken eines und
Segmentes außerdem noch eine neue Kraft erfordern. Sonach 1
ε so groſs sein, daſs es in jedem einzelnen Ringe den diametr
Bruch verhindert. Die Cohäsion in beiden Bruchstellen beträgt

$$= 2\varepsilon f$$

und der Wasserdruck, dem sie widerstehn soll, ist gleich

$$0{,}4287 \cdot h d$$

daher muſs

$$\varepsilon = 0{,}2144 \, \frac{h}{f} \, d$$

oder mehr als doppelt so groſs sein, wie im ersten Falle.
sonach die Röhre so stark ist, daſs der Longitudinalbruch nic
folgen kann, so ist dadurch auch Sicherheit gegen den Transv
bruch erreicht.

In Bezug auf den Longitudinalbruch ist noch zu bemerken
man hierbei zuweilen auch die Elasticität in Betracht gezoger
über die dadurch herbeigeführten Aenderungen der Röhre g
Voraussetzungen gemacht hat, welche eine geringe Modificatic
Resultates veranlassen. Man bedarf dieser Voraussetzunger
Modificationen aber nicht, wenn man für f denjenigen Werth
der noch keine merkliche Ausdehnung des Materials hervorl
und überdies ist eine groſse Schärfe der Rechnung auch zwe
da die Constante f wegen der Verschiedenartigkeit des Ma
doch niemals genau bekannt ist.

Die geringste Wandstärke, die man im Gusse darstellen
ist etwa ein Viertel Zoll, und mit dieser würde eine Röhre von
Weite einem Wasserdrucke von 2900 Fuſs, von 12 Zoll Weite
noch einem Drucke von 1450 Fuſs Widerstand leisten, wenn
16000 angenommen wird. Die Erfahrung zeigt jedoch, da
Röhren diese Festigkeit wirklich nicht besitzen, weil der Guſs
überall rein, noch auch gleichmäſsig genug ausfällt. Dazu k
noch, daſs eine zufällige Schwächung durch Rost oder in ε
Art leicht erfolgen kann, und daſs nicht der todte Druck des
sers allein die Ursache des Bruches der Röhren ist, sondern ii
höherem Grade der Stoſs der bewegten Wassersäule beim Schl

Ventiles, wodurch ein Effect ähnlich dem des Stoßhebers her-
bracht wird. Bei der mehrfach erwähnten Anlage zu Toulouse
d'Aubuisson die geringste Wandstärke zu 10 Millimeter oder
Rheinländisch an, und dieselbe behielt er bis zur Röhren-
von 4,5 Zoll bei. Betrug die lichte Weite indessen mehr, so
die Wandstärke gleich drei Hunderttheilen der lichten Weite
Millimeter (3¼ Linien). Er erwähnt dabei, daß er im Allge-
der Regel gefolgt sei, die Wandstärke im metrischen Maaße
annehmen, daß

$$e = 0,01 + 0,015 . d$$

im Rheinländischen Zollmaaße

$$e = 0,38 + 0,015 . d$$

giebt Th. Wicksteed [*]) an, daß die Röhren, die er in Lon-
verlegen ließ

bei 13 Zoll Weite ½ Zoll stark
- 5 - - ⅜ - -
- 3 - - ¼ - -

wären. Leitet man hieraus eine ähnliche Formel ab, in-
man die wahrscheinlichsten Werthe der Constanten aufsucht,
findet man nach der Reduction auf Rheinl. Zollmaaß

$$e = 0,41 + 0,013 . d$$

Bei Röhren von mäßiger Weite pflegt man indessen noch schwä-
Wandstärken zu wählen, was auch zulässig ist, sobald man
verten kann, daß der Guß mit Sorgfalt und mit Verwendung
gutem Material ausgeführt ist.

Darcy berücksichtigt den auffallenden Unterschied der Festig-
zwischen den horizontal und vertikal gegossenen Röh-
, und entscheidet sich unter Zugrundelegung eines Druckes von
Atmosphären, für die durch nachstehende Ausdrücke bezeichneten
Wandstärken, die ebenso, wie die Weiten der Röhren auf Rheinlän-
sches Zollmaaß übertragen sind. Für horizontal gegossne Röhren

$$e = 0,38 + 0,020 . d$$

für vertikal gegossene

$$e = 0,31 + 0,016 . d.$$

In früherer Zeit war man nicht im Stande schwächere Wandstärken, als von 1 Zoll, darzustellen, auch glaubte man die Länge jeder

---

[*]) *Civil Engineer and Architects Journal* 1838. p. 242.

einzelnen Röhre auf 3 Fuſs beschränken zu müssen. Als man jed
anfing, die Röhren ohne Rücksicht auf die übermäſsige Wandstä
nur nach den Längen zu verdingen, und allein die Innehaltung d
bestimmten Weite, sowie die Widerstandsfähigkeit gegen einen g
wissen Druck forderte, so wurden die Hüttenbesitzer in ihrem ei
nen Interesse dahin geführt, einen feinen und dabei fehlerfreien Gu
darzustellen. Indem aber die Concurrenz bald den Preis in de
selben Maaſse herabdrückte, wie das Gewicht der Röhren vermi
dert war, so hatten die Anlagekosten für guſseiserne Röhrenleitun
sich bald auf die Hälfte und den dritten Theil des früheren Betrag
vermindert, wozu noch kam, daſs die Hüttenbesitzer sich auch b
mühen muſsten, die einzelnen Röhrenstücke recht lang zu mache
denn die Ränder und sonstigen Vorrichtungen zur Verbindung war
nicht besonders bezahlt. Die Röhren hatten hierdurch aber kei
wegs an Güte verloren, vielmehr durch die Einführung des Verf
rens, daſs jedes einzelne Stück mit der hydraulischen Presse gepr
wurde, wesentlich gewonnen.

Wenn die Röhren nach der früheren Art horizontal oder l
gend gegossen werden, so muſs das glühende Eisen in der schm
len Spalte, welche der Stärke der Röhrenwand entspricht, sich v
seitwärts verbreiten, wobei es sich leicht abkühlt, und dadurch v
hindert wird, eine gleichmäſsige und dichte Masse zu bilden. D
kommt noch, daſs es in diesem Falle, wenn es auch dünnflü
eingedrungen ist, keinem starken Drucke ausgesetzt werden ka
Auſserdem geschieht es nicht selten, daſs bei gröſseren Längen u
der Kern durchbiegt, den man, um dieses zu vermeiden, durch E
zen stützt. Dieselben verbinden sich zwar sehr fest mit dem Gu
eisen, doch bilden sich daneben auch leicht undichte Stellen. D
vortretenden Enden werden später sowol auf der innern, wie
äuſsern Seite der Wand abgeschnitten.

Beim vertikalen Guſse verschwinden die erwähnten Uel
stände. Mit demselben Krahne werden centrisch übereinander die d
Formkasten und darauf in diese der Kern versenkt, der im Bod
des untern Formkastens schon sein richtiges Lager findet und o
genau eingerichtet werden kann. Das Eisen flieſst hier senkre
herab und zwar für den untern Theil unter starkem Drucke. Aug
scheinlich werden hierdurch viele Fehlerquellen umgangen, und m
darf bei diesen Fabrikaten eine gröſsere Vollkommenheit voraussetz

den nach der ersten Art dargestellten. Es wäre nur noch ....ken, daß die Röhren gewöhnlich 9 Fuß lang sind, und daß ....hen Verstärkungen, die sie gemeinhin in Abständen von ....haben, nur die unvermeidlichen Unregelmäßigkeiten an den ....verdecken sollen, wo zwei Formkasten sich berühren.

....chdem die Röhren aus den Formen genommen und gereinigt ....pflegt man die untern Enden noch mit dem Hartmeißel zu ....damit hier nicht etwa Unebenheiten bleiben, die bei der Zu-....setzung große Oeffnungen bilden, durch welche das Tauwerk, ...Dichten gebraucht wird, in die Röhre dringen könnte.

....ei Abnahme der Röhren verwirft man

....alle, welche Risse, Blasen und überhaupt einen unreinen Guß ....zeigen,

....die an dem einen oder dem andern Ende eine sehr ungleiche Wandstärke zu erkennen geben. Nach Génieys darf man nur einen Spielraum von etwa 1 Linie gestatten.

...) diejenigen, an welchen man nicht einen kreisförmigen, sondern einen elliptischen Querschnitt, entweder in der innern oder der äußern Oberfläche bemerkt, und endlich

4) alle Röhrenstücke, welche bei der Probe mit der hydrauli- schen Presse entweder springen, oder das Wasser in feinen Strahlen oder auch nur durch merkliches Ausschwitzen ent- weichen lassen.

Wenn gutes Eisen angewendet und der Guß mit der gehörigen ....cht in richtig aufgestellten Formen ausgeführt ist, auch sonst ....e Zufälligkeiten dabei eingetreten sind, so ist die Festigkeit der ....hre bei der angegebenen Wandstärke so groß, daß der Druck ....r Wassersäule von mehreren hundert Fuß Höhe keinen Bruch ....beiführen kann. Der Zweck der Probe ist daher nur die Er- ....ttelung der zufällig dabei vorgekommenen größeren Unregelmäßig- ....ten und der besonders schwachen Stellen. D'Aubuisson, der bei ....r Wasserleitung zu Toulouse nur eine Druckprobe von 30 Meter ....wendete, giebt den Rath, denselben auf 100 Meter oder 10 Atmo- ....hären zu verstärken. Dasselbe empfiehlt Génieys. Die Röhren ....r New-River Wasserleitung wurden wirklich auf 300 Fuß geprüft ....d diejenigen, welche Jardine in Edinburg verlegen ließ, die einen ....uck von mehr als 300 Fuß auszuhalten haben, sogar auf 800 Fuß. ....e Probe läßt sich am bequemsten auf der Hütte selbst anstellen

und dieses wird von den Lieferanten auch immer gewünscht;
wird aber von allen Beschädigungen abgesehn, die beim T…
und namentlich beim Auf- und Abladen vorkommen.

Die Prüfung erfolgt mittelst der hydraulischen Pr…
Dieselbe bedarf hier keiner Beschreibung, wohl aber ist der Ap…
worin die Röhren eingespannt werden, näher zu bezeichnen. F…
zeigt ihn in der Ansicht von der Seite und Fig. 95b von oben.
einem hölzernen Rahmen, der zugleich die hydraulische Presse
ist eine starke gufseiserne Platte A senkrecht aufgestellt u…
Schraubenbolzen befestigt, durch sie tritt das Druckrohr D d…
draulischen Presse hindurch. Zwei eiserne Zugstangen BC …
gleichfalls durch diese Platte und werden durch Vorsteckbolzen…
gehalten. Eine zweite ebenso hohe gufseiserne Platte E st…
weitere Befestigung lose auf dem Rahmen und läfst sich hi…
herschieben, indem sie nur durch die beiden Zugstangen BC g…
wird. Hinter der letzten Platte befindet sich ein gufseiserner…
F, durch welchen die beiden Zugstangen gleichfalls hindurch…
und den sie mittelst Schraubenmuttern halten. In der Mitte …
Riegels bewegt sich die starke Schraube G, welche die zweite P…
gegen die erste A prefst. Man legt die zu prüfende Röhre auf…
sende Unterlager H, so dafs die Achse der Röhre parallel mit…
beiden Zugstangen und zwar in deren Mitte trifft, auch web…
weder höher noch tiefer als diese liegen. In diesem Falle trifft…
Schraube G und das Druckrohr D gleichfalls in die Achse …
Röhre. Alsdann dreht man die Schraubenmuttern am Ende …
Zugstangen so weit, dafs der Riegel F nicht weit von dem Ende…
Röhre entfernt ist, legt starke Lederringe oder geflochtene Kr…
aus Hanf an beide Enden der Röhren und schiebt die Platten…
und E dagegen. Indem man zuletzt noch die Schraube G fest …
zieht, so ist die Röhre sicher geschlossen, und wenn sie auch…
beiden Enden nicht ganz parallel abgeschnitten sein sollte, so las…
die beiden Platten sich doch weit genug neigen, um einen gut…
Schlufs hervorzubringen. Nunmehr kommt es darauf an, die Rö…
mit Wasser anzufüllen. In der Platte E befinden sich zu die…
Zwecke verschiedene Paare von Oeffnungen, die mit Schrauben …
vorgelegten Lederringen fest geschlossen werden können. Man öf…
zwei derselben, die noch in die Röhre, jedoch möglichst nahe…
ihren obern Rand treffen. In die eine stellt man den gekrüm…

eines Trichters, durch welchen man Wasser eingießt, die
ent zum Entweichen der Luft. Es bedarf kaum der Erw
Füllung vollständiger geschieht, und weniger Luft in der Röhre
:ibt, wenn der Rahmen nicht ganz horizontal, sondern etwas
erlegt wird. Kann man kein Wasser mehr hineintreiben, so
man beide Oeffnungen und setzt die hydraulische Presse in
g. Das Sicherheitsventil ist auf den Druck von 10 Atmo-
beschwert, und man pumpt so lange, bis dieses wiederho-
aufspringt. Wenn die Röhre durch diesen Druck nicht be-
wird, noch auch Wasser durchläßt, so ist sie in dieser
g tadelfrei. Am häufigsten pflegen undichte Stellen sich da
i, wo man den Kern mit dem Formkasten durch eiserne
erbunden hatte.
Zusammensetzung der gußeisernen Röhren versah man
ie auch jetzt noch zuweilen geschieht, jedes einzelne Stück
n Ende mit einem vorstehenden Rande oder Flansch,
ch nach Maaßgabe der Weite der Röhre 4 bis 8, auch
ch mehr Löcher befanden, durch die man eben so viele
:nbolzen einzog, Fig. 96 zeigt diese Verbindung. Um aber
hörig wasserdichten Schluß zu bewirken, ist dieser Rand
rch eine Ebene, sondern durch eine flach conische Fläche
. Eine ringförmige Bleiplatte, an welche sich auf jeder
ie getheerte Tuch- oder Lederscheibe anschließt, legt man
Stoß zweier Röhren und zwar innerhalb der Schrauben-
wodurch beim Anziehn der Muttern ein sehr dichter Schluß
er innern Röhrenwand erfolgt, ohne daß die äußern Ränder
inder in Berührung kommen. So fest die auf solche Art
llte Verbindung auch ist, und wie sehr sie sich auch zur
iensetzung von Maschinentheilen eignet, so ist sie für einen
ı Röhrenstrang, dem man gern einige Biegsamkeit giebt, nicht
. Außerdem kann man hierbei die Wandstärke nicht in der Art
ern, wie dieses oben angegeben ist, weil sonst zwischen ihr
a Rande (der eine größere Stärke erhalten muß) wegen der
förmigen Erkaltung leicht ein Bruch erfolgt. Endlich ist die
ung wegen der vielen Schraubenbolzen auch kostbar, und
m so mehr, als die einzelnen Röhrenstücke, wenn sie in die-
und in der größeren Wandstärke gegossen werden, gemein-
3 Fuß lang sind.

In neuerer Zeit ist man von dieser Verbindungsart abgegangen giebt dafür jeder Röhre an einer Seite einen erweiterten Hals welchen das Ende der folgenden Röhre eingreift, wie Fig. 97 Auf solche Art fassen die Röhren 4 bis 6 Zoll übereinander, und freie Zwischenraum, dessen Weite etwa der Wandstärke der gleichkommt, wird zur halben Länge mit aufgelockertem T angefüllt und ausgestampft. Nachdem dieses geschehn, wird Mündung der Fuge mit Lehm geschlossen und der übrige Raum Blei ausgegossen. Endlich schlägt man mit einem Eisen in den Bleiring eine Furche um den letzteren sowol innere, als an die äufsere Röhrenwand anzutreiben und ihn die nöthige Wasserdichtigkeit zu geben. Dieser Schlufs gewährt Vortheil, dafs der Röhrenstrang etwas Biegsamkeit behält und bei Temperaturveränderungen auch etwas ausziehn kann.

Diese Art der Zusammensetzung vergröfsert in zweifache ziehung die Kosten für die Anlage einer Röhrenleitung, zunächst verlängert sich jeder Theil derselben um den erw Hals, dessen Länge bei weiteren Röhren 6 Zoll mifst, und sich füglich vermindern läfst. Wollte man letzteren auf 2 oder reduciren und den Zwischenraum unmittelbar vergiefsen, so das Blei zwischen den unebenen Gufsflächen hindurch in die treten. Um dieses zu verhindern ist der Schlufs mit Werg n umgehn. Sodann ist aber auch die grofse Quantität Blei, d darüber bringen mufs, nicht ohne Einflufs auf die Kosten. deshalb in neuerer Zeit verschiedene Versuche mit andern dungs-Arten gemacht worden, die nach den darüber veröffentl Mittheilungen zu günstigen Resultaten geführt haben.

Die Unebenheiten der Gufsflächen sind durch Abdrehn den Röhren-Enden leicht zu beseitigen, und indem dieses einzelnen Stücken einer Leitung sich wiederholt, so sind die dafür nicht bedeutend. Dadurch wird aber ein so dichter dargestellt, dafs ein Hindurchfliefsen des Bleies verhindert wi sonach die Dichtung mit Werg entbehrt und in entsprecl Maafse auch die Länge des Halses verringert werden kann ist dabei in manchen Englischen Städten aber noch weiter ge indem man selbst das Vergiefsen mit Blei unterlassen und ei Dichtungen angewendet hat. Zu diesem Zwecke war es abe wendig, nicht nur scharfe Ränder, sondern Flächen von m

tur unmittelbaren Berührung zu bringen, und dieses ließ sich
rreichen, indem man die Enden der Röhren nach überein-
iden concaven und convexen Kegelflächen abdrehte. Wurden
in polirt, so stellten sie ohne irgend welche Zwischenlage
den dichten Schluß dar. Bei Temperatur-Veränderungen
erselbe jedoch auf, auch brachen Stücke von der umschlies-
Röhre aus, sobald irgend eine Senkung eintrat, und selbst
legen der Röhren machte große Schwierigkeit, da die Kegel-
gar keine Abweichung von der durch sie bestimmten Rich-
statteten. Sobald ein Röhrenstück angesetzt und scharf ein-
in wurde, so nahm es sowol horizontal, wie vertikal diese
g an, und der Strang wurde vollkommen steif.
i den in neuerer Zeit in Liverpool verlegten Röhren hat man
lie Breite der Kegelfläche bis auf die Wandstärke der Röhren
t, und in dem eingeschobenen Theile sogar in der äußern
eine etwas flachere Kegelfläche gewählt, woher die Berüh-
r in sehr geringer Breite erfolgt, und dadurch die Möglich-
boten ist, die Richtung zu verändern. Der dichte Schluß
durch aufgelockertes Taawerk dargestellt, das man vorher
sem Theer tränkte, und wie beim Abdichten eines Schiffes
l. Diese Verbindungs-Art soll den Erwartungen vollständig
chen, und bei Temperatur-Veränderungen, wie auch bei zu-
Versackungen zu keinen Wasser-Verlusten Veranlassung ge-
n haben.

Frankreich hat eine andre Art der Verbindung, die sich aus
l auf Taf. III ergiebt, vielen Beifall gefunden. Nach ihrem
r wird sie das System von Doré genannt. Der eingeschobene
ler Röhre schließt mit einer Kugelfläche, gegen welche der
urze Hals der andern Röhre mit einer scharfen Kante sich
Indem die Figur alle Theile in dem richtigen Maaße zeigt,
rf die ganze Anordnung keiner weitern Beschreibung, und
: nur darauf aufmerksam zu machen, daß der äußerste Theil
lees auf der innern Seite nicht cylindrisch, sondern etwas
ausgedreht ist, und zwar so, daß sein Durchmesser in der
g sich etwas verengt. Dieses geschieht, um dem darin be-
m Blei mehr Haltung zu geben. Das Blei wird gewöhnlich
sen, doch hat man auch versucht, passende Bleiringe einzu-
l und durch stumpfe Meißeln sowol gegen die Kugelfläche,

als gegen den Hals fest anzutreiben. Dieses soll auch in ge[...]
der Weise geglückt sein und wesentliche Erleichterung beim [...]
legen der Röhren geboten haben.

Es ist nicht zu verkennen, daß Röhrenstränge dieser Art [...]
Nachtheil bedeutende Krümmungen beschreiben können und [...]
hohen Grad von Flexibilität auch später behalten. Ihre Kosten [...]
len sich wegen der geringeren Länge des Halses wohlfeiler als [...]
der gewöhnlichen Röhren und überdieß tritt beim Umlegen [...]
Aufnehmen der Röhren noch der wesentliche Vortheil ein, daß [...]
schmale Bleiring leicht ausgeschmolzen werden kann, und die [...]
rige Beseitigung des eingetriebenen Tauwerks ganz umgangen [...]

Die landwirthschaftliche Gesellschaft der Sarthe unter[...]
in dieser Art verbundenen Röhren verschiedenen Proben. Es [...]
den Stränge von 280 Fuß Länge dargestellt und an beiden [...]
sicher gestützt, damit der starke Druck sie nicht auseinander [...]
ben möchte. War das Blei eingegossen, so blieb der Schluß [...]
unter dem Drucke von 10 Atmosphären noch vollkommen [...]
Bei eingeklopften Bleiringen schwitzte dagegen schon unter 6 At[...]
sphären Druck etwas Wasser aus den Fugen, und wie der D[...]
sich verstärkte, nahm der Wasserverlust zu. Bei 13 Atmosph[...]
wurde endlich ein Bleiring ganz herausgedrückt.

Eine andre Art der Dichtung der Stöße von gußeisernen R[...]
ren, die man in früherer Zeit vielfach benutzte, besteht in der [...]
wendung des beim Zusammensetzen von Maschinen gebräuchli[...]
Eisenkittes, der in den erweiterten Hals gestrichen wird. [...]
selbe besitzt die Eigenschaft, daß er beim Erhärten sich etwas [...]
dehnt, indem die blanken Eisenfeilspähne oxydiren. Es bedarf k[...]
der Erwähnung, daß dieser Kitt eine absolut steife Verbindung [...]
stellt, und der Strang durch ihn die Flexibilität vollständig verli[...]

Endlich kann man solche Röhren, die am Ende ineinander [...]
fen, auch durch hölzerne Keile dichten *), und diese Verbin[...]
gewährt nicht nur den Vorzug einer geringen Flexibilität, son [...]
sie ist auch mit einer ansehnlichen Kostenersparung verbunden.
Leitungsröhren zu Norwich waren seit 40 und die zu New C[...]
upon Tyne seit 50 Jahren auf diese Art zusammengesetzt, als [...]
steed ums Jahr 1830 dasselbe Verfahren auch bei der East-L[...]

---

*) The Civil Engineer's and Architect's Journal. Vol. I. p. 242.

Leitung in Anwendung bringen wollte. Daß es wohlfeiler war, ... Zweifel und über die Dauer und den dichten Schluß der Ver-... gaben die bereits gemachten Erfahrungen volle Sicherheit. ... nur zweifelhaft, ob bei dem starken Drucke von 100 Fuß ... die Keile herausgetrieben werden möchten, was von ... besorgt wurde. Ein deshalb angestellter Versuch, wobei Röh-... 18, 5 und 3 Zoll Weite auf diese Art verbunden wurden, ... indessen den Ungrund einer solchen Besorgniß. Der Druck ... jedesmal bis 712 Fuß Rheinländisch gesteigert, und kein Keil ... heraus und überhaupt zeigte sich keine Undichtigkeit. Hierauf ... die Gesellschaft den Vorschlag, und die sämmtlichen Lei-...röhren, die im Ganzen 22 engl. Meilen lang waren, wurden in ... Art verbunden. Die Verbindung zeigte sich als sehr dauer-... die Reparaturen waren geringer, als beim Blei oder beim ...kitt. Nach der Vergleichung, die Wicksteed mittheilt, ist das ...niß der Kosten der drei Verbindungsarten, nämlich mit Blei, ...kitt und mit Holzkeilen durchschnittlich wie 8 zu 2 zu 1. ... Röhren ist der Vortheil der Holzkeile noch bedeutender, ... aber wegen der schwierigeren Arbeit merklich geringer, ... auch bei den 3 Zoll weiten Röhren erspart man gegen Blei ... die Hälfte.

Das Verfahren bei der Anfertigung und Einbringung der Holz-... ist folgendes: man schneidet Kiefernstämme (*Danzig fir*) in ... lange Klötze und spaltet sie mit der Axt in Stücke von etwa ... Breite und ¼ Zoll Stärke, sie werden auf der Schneidebank mit ... Schneidemesser, das die Rundung der innern Röhre hat, auf der ... Seite concav cylindrisch geformt, auf der äußeren Seite aber mit ... flacheren Schneidemesser durch kegelförmige Flächen nach bei-...Enden zugeschärft. Fig. 98 Taf. VII stellt diese Doppelkeile in vordern Ansicht und im Längen- und Querdurchschnitte dar. Als-... sägt man sie in der Mitte auseinander, so daß jedes Stück zwei ... giebt. Man stellt sie im Kreise in die zu schließende Fuge, und ... sie nicht den ganzen Raum füllen, so spaltet man von einem ... so viel ab, bis er sich an die beiden nächsten anschließt. Nun ... hält der Arbeiter ein passendes Holz darüber und schlägt mit ... Hammer immer im Kreise herum, so daß alle Keile gleichmäßig ... ingen. Ist er nicht im Stande sie ganz hineinzubringen, so ... der noch vorstehende Theil abgeschnitten. Am Schlusse jedes

I.

Tagewerkes füllt man den frischgelegten Theil mit Wasser u
ihn demjenigen Wasserdrucke aus, den er später erleiden ka
bequemsten ist es, wenn man das Ende der letzten Röhre ve
und das Wasser aus dem Speisebassin hineintreten läfst. Man
sucht dabei sorgfältig jeden Stofs, und wenn einer derselben
dicht ist, so werden darin später noch schmale feine Keile
trieben, wie Fig. 99 zeigt.

Sind die Röhren in der Art verbunden, dafs jede in den (
terten Hals der nächsten eingreift (Fig. 97), so läfst sich ei
zelne Röhre nicht ausnehmen und durch eine andre er
man mufs vielmehr dieselbe zerschlagen, und die dafür späte
zulegende in andrer Art mit der folgenden verbinden. Letzter
schieht mittelst der übergeschobenen Muffe, die auch vi
bei neuen Leitungen in Abständen von 100 bis 300 Fufs angel
wird, um bei vorkommenden Auswechselungen Endpunkte s
winnen, von welchen ab der Strang sich in seine einzelne '
zerlegen läfst. Die Muffe besteht aus einem gufseisernen Ring
der doppelten Länge des gewöhnlichen Halses, und wird, wie Fi
zeigt, über den Stofs zweier Röhren geschoben und in gleicher
abgedichtet, wie sonst in dem erweiterten Halse geschieht, da
fehlt.

Bei gufseisernen Röhren lassen sich Abzweigungen un
dem beliebigen Winkel leicht anbringen, indem die passenden
selstücke, deren eines Fig. 101 Taf. VIII im Durchschnitte
besonders gegossen werden. Man pflegt solchen Stücken gew(
keine grofse Länge zu geben, weil ihr Gufs dadurch zu sc|
werden würde. Ebenso werden Röhrenstücke, welche Krüm
gen bilden sollen, besonders gegossen, und wenn man diese
mäfsige Länge giebt, so kann man durch sie und dazwisch
schobene gerade Stücke jede beliebige Curve darstellen. D'A
son gab ihnen die Länge von 3 Fufs und ihre Krümmung ent
einem Winkel von 15 Graden, oder ihr Krümmungshalbmess
trug etwa 11¼ Fufs. Der Einflufs dieser Krümmung auf d
wegung des Wassers war unmerklich.

Von der Verbindung der gufseisernen Röhren mit höl
ist schon früher die Rede gewesen. Die Verbindung mit b
nen Röhren stellt Fig. 102 dar. Man erweitert die Bleiröl
einem Ende, so dafs sie einen aufgebogenen Rand erhält und

starkem Ring aus Schmiedeeisen darüber, der gegen den Rand
ßeisernen Röhre mit Schraubenbolzen befestigt wird. Diese
indungsart kommt in Paris häufig vor, indem bei kleineren Lei-
en die Krümmungen gewöhnlich durch Bleiröhren gebildet wer-

Will man aber schwache Bleiröhren von den gufseisernen ab-
igen, so wählt man die Verbindungsart, die Fig. 103 a in der
enansicht und Fig. 103 b im Querschnitte gezeichnet ist. An das
le der Bleiröhre wird ein breiter Rand, der gleichfalls aus Blei
eht, angelöthet. Diesen biegt man nach der Krümmung der
eisernen Röhre, an welche er sich anschliefsen soll, und zwischen
die legt man einen getheerten Lederring. Alsdann wird die Hälfte
er ringförmigen Zwinge aus Schmiedeeisen mit der darin ange-
achten Oeffnung auf die Bleiröhre gezogen, ein Lederring dazwi-
en gelegt, und sobald man die Schrauben, welche sie mit der
ern Hälfte verbinden, anzieht, so prefst sich jener Bleirand genau
fsend an den äufsern Umfang der gufseisernen Röhre.

Unter den Nebentheilen einer eisernen Röhrenleitung müssen
st die Hähne erwähnt werden. Fig. 104 a und b zeigt einen
en in der Seitenansicht und im Durchschnitte. An die Röhre
t ein Kegel, der sie senkrecht durchschneidet, angegossen, und in
em befindet sich der gleichfalls kegelförmig gestaltete Hahn.
etzterer besteht gewöhnlich aus Gufseisen, und ist mit einer cy-
drischen Oeffnung versehn, die der Weite der Röhre gleichkommt,
dafs keine Verengung des Querschnittes erfolgt, sobald der Hahn
nz geöffnet ist. Dafs der Hahn und ebenso auch die conische Oeff-
ng genau abgedreht und abgeschliffen sein müssen, darf kaum er-
hnt werden, der mittlere Durchmesser des Hahns mufs sich aber
r lichten Weite der Röhre mindestens wie 5:3 verhalten, weil
st ein sicherer Schlufs nicht erfolgen kann. Endlich ist noch
auf aufmerksam zu machen, dafs der Kegel, den der Hahn bil-
t, nicht zu spitz, auch nicht zu stumpf sein darf, denn im ersten
lle erschwert ein starkes Klemmen die Bewegung, und im letzten
t der Schlufs nicht hinreichend dicht. Man wählt gemeinhin eine
egelform, wobei der Durchmesser der Grundfläche dem siebenten
fünften Theile der Höhe gleichkommt. Um das Heben des
hns zu verhindern, ist derselbe unten mit einer Scheibe versehn,
e entweder, wie hier gezeichnet, durch einen Keil gehalten wird,
er dieses geschieht mittelst einer oder mehrerer Schrauben. Die

19*

Scheibe darf indessen die untere Fläche des Hahns nicht unmittelbar berühren, damit sie, wenn es nöthig ist, schärfer angezogen werden kann, auch muſs sie so befestigt sein, daſs sie sich mit dem Hahne zugleich dreht, weil sie sich sonst lösen würde. Der untere Zapfen des Hahns ist daher viereckig. Die Drehung wird dem Hahne auf die einfachste Weise mittelst eines eisernen Hebels ertheilt.

Wie unentbehrlich die Hähne bei Wasserleitungen auch sind, so kann man sie doch nur bei engeren Röhren in Anwendung bringen, weil sie sonst eine zu starke Reibung der Bewegung entgegensetzen. Schon bei 6 Zoll weiten Röhren kommen sie selten vor und sind alsdann schwer zu bewegen. Bei der Wasserleitung in Toulouse benutzte man sie nur bei Röhren, die weniger als 4½ Zoll im Durchmesser hielten. Girard brachte dagegen bei den Leitungen in Paris, die durch den Ourcq-Canal gespeist werden, die Aenderung an, daſs er auf den obern Zapfen des Hahns ein gezahntes Rad befestigte, welches durch zwei einander gegenüberstehende Getriebe mittelst Curbeln bewegt wird. Wenn beide Curbeln gleichmäſsig angezogen werden, so verursachen sie keinen vermehrten Druck gegen die Seitenfläche des Hahns und sonach auch nicht die Reibung, welche eine einzelne Curbel veranlassen würde. Auſserdem brachte Girard sowol über, als unter dem Hahne und zwar in der Achse desselben noch Schrauben an, mittelst deren der Hahn gehoben oder gesenkt und dadurch so gestellt werden konnte, daſs er, ohne zu stark zu klemmen, doch gehörig schloſs. Endlich war der Hahn, der aus Glockenmetall bestand, hohl gegossen. Auf diese Art benutzte Girard die Hähne noch bei Röhren, die beinahe 10 Zoll im Durchmesser hielten.

Bei weitern Röhren ist der Hahn nicht mehr zu gebrauchen, und unter den Vorrichtungen, die man alsdann wählt, um den Durchfluſs zu sperren, ist besonders das Schiebeventil zu erwähnen, welches Fig. 105 a, b und c in der Seitenansicht und im Längen- und Querdurchschnitte zeigt. Zur Erklärung dieser Figuren darf nur erwähnt werden, daſs die Bewegung durch eine Schraube erfolgt, deren Kopf durch eine Stopfbüchse geht, die also neben sich kein Wasser durchflieſsen läſst. Sie faſst nicht unmittelbar den umgebogenen Rand des Schiebers, sondern eine in denselben lose eingesetzte Mutter, wodurch diese etwas Spielraum erhält, und weniger

t ein Klemmen eintritt, wenn auch die Stopfbüchse scharf angen ist.

Das Schiebeventil selbst besteht häufig aus Messing oder Glok-
metall, in neuerer Zeit pflegt man indessen die Anwendung andrer
lle neben dem Eisen zu vermeiden, weil dadurch die Oxydation
rdert wird, und stellt den ganzen Apparat aus Schmiede- und
eisen dar, wodurch er zugleich wohlfeiler wird. Noch ist zu
rken, dafs der wasserdichte Schlufs sich nur darstellt, wenn
Wasserdruck in der durch den Pfeil angedeuteten Richtung (Fig.
b) wirkt.

Zuweilen ist es nöthig, auch das Zurückfliefsen des Wassers
erhindern, dieses wäre etwa der Fall, wenn man abwechselnd
h dieselbe Maschine zwei Leitungen speist, von denen die eine
höher liegt, als die andre, und jene daher in diese sich entlee-
würde. Man bringt alsdann das Fig. 106a und b in der Sei-
sicht und im Durchschnitte dargestellte Klappenventil an,
en Einrichtung sich aus der Figur vollständig ergiebt.

Eine besondere Erwähnung verdient endlich noch die Art, wie
die Mündung einer Röhrenleitung öffnet oder schliefst.
ei können Kegel- und Klappenventile gebraucht werden, die sich
elst einer einfachen Vorrichtung von oben aus bewegen lassen.
der Speisung der Pariser Wasserleitung aus dem Ourcq-Canal
etzte Girard hierzu kupferne Röhren, die unten das Kegelventil
eten. Die Figuren 107a und b zeigen sie im Längendurch-
itte und in der Ansicht von oben. Sieben Stück gekrümmte
eiserne Röhren von 10 Zoll Durchmesser schöpfen das Wasser
er Tiefe von 5 Fufs unter dem gewöhnlichen Wasserspiegel des
ins la Villette. Ihre Mündungen sind conisch und zwar nach
Form des contrahirten Strahles ausgeschliffen. Senkrecht über
en schweben eben so viele Röhren aus Kupferblech, jede 6¼ Fufs
g *), die man durch eiserne Hebel heben und senken kann, da-
diese Röhren aber immer in der Achse der Einflufsmündung
ben, so sind die Ketten, an welchen sie hängen, um eiserne Bogen
vordern Ende der Hebel geschlungen. Jede Röhre ist endlich
ch drei eiserne Ringe im Innern verstärkt und hat unten einen
ken messingenen Ring, der genau an die aufwärts gerichtete Mün-

---

*) Die Figur ist, um die einzelnen Theile noch deutlich darzustellen,
s verkürzt.

dung des Schöpfrohres sich anschliefst. Durch diese Vorrichtung
erreicht man den wichtigen Vortheil, dafs beim schnellen Schluss
die Wassermenge, die in der Röhre sich bewegt, nicht plötzlich zur
Ruhe kommt, wobei die Gefahr eines heftigen Stofses, wie bei einem
Stofsheber, eintreten würde. Die messingene Röhre ist nämlich oben
offen, und sobald sie den Zutritt des Wassers sperrt, so schöpft sie
noch Luft und das Wasser in der Leitung kann in Folge seines
Trägheits-Momentes die Bewegung fortsetzen, bis es beim abnehmenden Drucke zur Ruhe kommt oder rückwärts fliefst.

Auch in gufseisernen Wasserleitungen dürfen Luftspunde nicht
fehlen, bei der gröfsern Vorsicht im Verlegen der Röhren und Auffangen des Wassers befinden sie sich hier aber gemeinhin in gröfsern
Abständen, als für die hölzernen Röhren angegeben ist. Wo die
Localität es erlaubt, kann eine dünne Bleiröhre, die bis über das
Niveau des Speisebassins heraufreicht, als Luftrohr dienen. Ein
solches bedarf keiner weiteren Beaufsichtigung, doch findet sich zur
Anbringung desselben nur selten Gelegenheit. Am häufigsten wird
eine kurze, aufwärts gerichtete Zweigröhre von Gufseisen angebracht,
deren oberes Ende durch einen Hahn geschlossen ist. Beim Ar-
lassen der Röhren und auch zuweilen während des Betriebes öffnet
man diesen Hahn, schliefst ihn aber, sobald Wasser ausströmt. Man
kann statt des Hahns auch ein Kegelventil anbringen, das gemeinhin
in diesem Falle sich nach unten öffnet und an einem hervorragenden
Stiele herabgedrückt wird. Zuweilen verbindet man auch dieses
Ventil mit einem Schwimmer, der so eingerichtet ist, dafs er sich
nach Bedürfnifs von selbst öffnet und schliefst. Fig. 108 zeigt ein
solches Ventil, das in Edinburg ausgeführt ist, und zwar ist *a* die
Seitenansicht und *b* der Querschnitt. Das Ventil ist hier geöffnet
dargestellt. Sein Stiel wird theils durch die Oeffnung im Boden
der messingenen Büchse, worin die Ventilöffnung sich befindet, und
theils unter dem Schwimmer durch einen Ring gehalten, welcher
durch drei Arme sich mittelst Schrauben so stellen läfst, dafs das
Ventil genau die Oeffnung trifft. Wenn die Röhre leer ist, ruht
der Schwimmer auf dem erwähnten Ringe und beim Eintreten des
Wassers findet die Luft durch die Ventilöffnung einen freien Ausgang. Sobald aber das Wasser die Leitungsröhre gefüllt hat und
in die senkrechte Ansatzröhre steigt, so hebt es den Schwimmer
und mit ihm das Ventil. Letzteres wird also von selbst geschlossen,

ld die Luft entfernt ist. Auch die Luft, welche während des
der Leitung sich im Cylinder sammelt, giebt Veranlassung,
der Schwimmer von selbst herabfällt. Alsdann öffnet sich das
so lange, bis das Wasser wieder in die Röhre tritt. Diese
Art ihrer Wirksamkeit erfolgt indessen nicht, wenn der Druck
ist, dafs die Spannung der Luft unter dem Ventile dasselbe
Es kommt auch noch der Uebelstand hinzu, dafs solche Ven-
oft fest ansaugen. Man mufs sie daher von Zeit zu Zeit
bstofsen, indem sie aber auf diese Art sich nicht selbst überlassen
dürfen, so wendet man statt ihrer gewöhnlich Hähne an.
In den tiefsten Stellen der Leitungen, oder wo man sonst ein
Absetzen von Sand oder Schlamm besorgt, bringt man in
Flächen der Leitungsröhren kurze Ausgufsröhren an,
it Hähnen geschlossen sind. Durch diese werden die Nieder-
sicher und leicht entfernt, man mufs jedoch dafür sorgen,
as herausstürzende Wasser auch freien Abflufs findet.
m zu verhindern, dafs die Röhre beim schnellen Schliefsen
Hahns oder einer Klappe nicht einen gar zu heftigen Stofs
t, sind Luftventile, die sich von selbst öffnen, von grofsem
l. Oberhalb der Stelle aber, wo die Sperrung erfolgt, mufs
rörig beschwertes Sicherheitsventil eingerichtet sein, das nach
aufschlägt. Das sicherste Mittel, um solche Stöfse zu ver-
, ist die Vorsicht, dafs man die Hähne oder ähnliche Vor-
gen nur langsam schliefst. Bei den Schiebeventilen (Fig. 105)
lert schon die Anwendung der Schraube eine zu schnelle Be-
.
enn die gufseisernen Röhren mittelst vorstehender Ränder mit
verbunden sind (Fig. 96), oder wenn sie in die erweiterten
eingreifen (Fig. 97) und durch Eisenkitt gedichtet werden, so
sie einen festen Strang, der eine Verlängerung oder Verkür-
cht gestattet. Sind die Enden einer solchen Leitung, wie
lich geschieht, eingemauert, so werden bei einer starken Tem-
veränderung die Röhren in den Befestigungspunkten lose, auch
dabei die Mauer und die Röhren werden undicht. Veranlas-
iervon ist die Ausdehnung oder Verkürzung des Röhrenstran-
rch Wärme oder Kälte. Nach Tretgold's Beobachtungen dehnt
as Gufseisen bei der Erwärmung vom Gefrierpunkte bis zum
unkte des Wassers um 0,00111 seiner Länge aus, dagegen hat

Girard die Ausdehnung durch Beobachtung der Compensationsstü…
in den Wasserleitungen zu Paris um den neunten Theil gering
gefunden. Hiernach würde eine Temperaturerhöhung um 16 Gra…
Réaumur, die man im Wasser des Ourcq-Canals bei Paris be…
achtet hat, den Röhrenstrang beinahe um den sechstausendsten T…
verlängern, oder eine Röhre von einer Viertelmeile Länge w…
sich ungefähr um einen Fufs ausdehnen. Um hierzu Geleg…
zu geben, hat man besondere Compensationsstücke in den L…
tungen angebracht, die sich verlängern und verkürzen können. …
ältere Methode zu ihrer Darstellung bestand darin, dafs ein g…
serner Reif von viel gröfserm Durchmesser als die Leitungsrö…
zwischen zwei der letzteren concentrisch gestellt und durch …
dünne kreisförmige Kupferscheiben mit diesen verbunden wurde. …
bildete sich auf solche Art in der Röhrenleitung ein kurzer, et…
weiter und hohler Cylinder, dessen beide Grundflächen nicht st…
sondern biegsam waren, und indem an diese die nächsten Röh…
befestigt wurden, so bauchten die Grundflächen etwas aus, od…
drückten sich ein, ohne dafs dadurch ein Bruch oder eine Undi…
tigkeit entstand. Diese Vorrichtung war indessen wenig solide u…
konnte auch nur unter sehr mäfsigem Drucke benutzt werden, wo…
nur selten davon Gebrauch gemacht ist. Am häufigsten wendet m…
die Fig. 109, a und b in der Seitenansicht und im Durchschn…
dargestellte Compensation an. Es kann nämlich die Röhre A …
in die Röhre B weiter hinein- oder aus derselben herausschieb…
und damit sie in jeder Stellung gehörig geschlossen ist, so bew…
sie sich in einer Stopfbüchse. Sie ist deshalb in der äufsern Fl…
abgedreht und polirt und wird von einem ringförmigen Polster
umschlossen, das letzte liegt im Halse der Röhre B und lehnt …
gegen den Ring C. Sobald das Polster nicht mehr schliefst, …
das Wasser neben demselben zu entweichen anfängt, so kann …
mittelst der sechs oder acht Schraubenbolzen, welche durch den …
stehenden Rand der Röhre B und den Ring C gezogen sind, d…
näher zusammenbringen und dadurch das Polster schärfer anpre…
Diese Vorrichtung ist jedoch nur da anwendbar, wo die Röhre
gänglich ist, also wo sie frei in einer Gallerie liegt. Bei den W…
serleitungen in Paris brachte man solche Compensationen alle
Meter oder in 318 Fufs Entfernung von einander an, auch in E…
land sind sie vielfach gebraucht, sie sind jedoch entbehrlich, w…

n zwischen den einzelnen Röhren mit Blei ausgegossen,
Holzkeilen gedichtet sind.

das Verlegen der gußeisernen Röhren betrifft, so treten
lben Rücksichten ein, welche bereits bei Gelegenheit der
Röhren erwähnt sind. Am vortheilhaftesten ist es, wenn
ge in unterirdischen Gallerien liegen, wie dieses bei größe-
ungen oft geschieht. Fig. 110e zeigt den Querschnitt der
worin in Paris die Leitungsröhren von der Anhöhe am
n Rande der Stadt nach dem tieferen Theile, zunächst der
rabsteigen. Die Röhren liegen theils auf hölzernen und
steinernen Unterlagen, die im Mittel 4 Fuß von einander
ind, und man hat sonach Gelegenheit, sie von allen Seiten
uchen, und wo es nöthig ist, die Fugen zu dichten und
Reparaturen vorzunehmen. In andern Fällen werden die
n der Gallerie von gußeisernen Stühlen getragen.

Kosten für solche Gallerien sind indessen so bedeutend,
nur selten, und jedesmal nur für die Hauptleitungsröhren,
hrer Anlage entschließt. Will man sie vermeiden, so kann
Röhren entweder unmittelbar in dem Boden, oder noch in
leineren bedeckten Gängen verlegen. In Paris hielt man
as Vorhandensein der vielen überwölbten Abzugsrinnen
die so geräumig sind, daß ein Mann noch gebückt durch-
n, in dieser Beziehung für einen großen Gewinn und brachte
inerne Consolen an, auf welche man die Wasserröhren legte.
olg war jedoch keineswegs befriedigend, denn die Unter-
der Röhren war wegen der ungesunden Luft und des
s in diesen Abzugsrinnen viel schwieriger, als da, wo die
unmittelbar unter dem Straßenpflaster lagen, und außerdem
an bei jeder vorzunehmenden Reparatur und beim Gebrauche
punde und Hähne nicht vorsichtig genug sein, um eine Ver-
ng des Wassers zu verhindern.

nächst hat man auch zuweilen die Röhren, um sie vor den
les darüber gehenden Fuhrwerks zu sichern, in kleine ge-
Canäle gelegt, die nur so eben die Röhren umschließen und mit
ten bedeckt sind. Hierbei zeigt sich indessen die Unbequem-
daß man, sobald ein Wasserverlust eintritt, nicht weiß, wo
schadhafte Stelle suchen soll, indem das ausfließende Was-
Canal verfolgt und oft erst in großer Entfernung von der

zersprungenen Röhre oder der undichten Fuge zum Vorschein ko___
So zeigten sich in einem solchen Falle in der Strafse Bondy in P___
die Quellen in einer Entfernung von fast 300 Fufs von der schadh___
Stelle, und man war daher gezwungen, auf eine grofse Länge das P___
ster vergeblich aufzureifsen und nachzugraben. Anders verhält es s___
wenn die Röhren unmittelbar in den Erdboden verlegt und überschl___
sind. Die schadhafte Stelle giebt sich alsdann sogleich durch das E___
sinken des Pflasters zu erkennen, die Gefahr wegen der Erschütter___
gen verschwindet auch, wenn die Röhren fest unterstützt und solc___
Verbindungen gewählt sind, wobei der Strang einige Flexibilität be___
hält. Nur an den Stellen, wo besonders grofse Lasten darüber g___
fahren, oder darauf geworfen werden, wie etwa vor den Werkstätt___
der Steinhauer, bemerkt man häufige Beschädigungen. Werden d___
Röhren frei in den Boden verlegt, so gräbt man denselben bis z___
nöthigen Tiefe auf, stampft die Sohle der Grube fest an, beschü___
die Röhre mit Erde und stampft auch diese wieder, ehe das Pfla___
aufgebracht wird.

Zuweilen ereignet es sich, dafs man die Leitungsröhren von d___
einen Ufer eines Flusses nach dem andern hinüberführen mufs. B___
kleinen und seichten Flufsbetten und eben so, wenn massive Brück___
vorhanden sind, zeigen sich hierbei keine wesentlichen Schwierig___
ten, aber sehr bedeutend werden diese in andern Fällen. Man h___
in England zu diesem Zwecke flexible Röhrenstränge an___
wendet, die durch Charniere in ihren einzelnen Theilen mit einan___
verbunden sind, und daher, ohne dafs man das Flufsbette troc___
zu legen braucht, in dasselbe versenkt werden. Der erste Versuch ___
ser Art wurde bei den Wasserleitungen zu Glasgow gemacht, wo___
Speisequellen sich am linken Ufer der Clyde befinden, während___
gröfste Theil der Stadt auf dem rechten Ufer liegt. James Watt ___
im Jahre 1810 den biegsamen Röhrenstrang, den Fig. 111 Taf. IX___
stellt, quer durch die Clyde. Die Leitung hatte eine Weite von 15 Z___
die Röhren waren theils auf gewöhnliche Art mit einander verbund___
und wo dieses der Fall war, durch steife hölzerne Rahmen unterst___
die Biegungen oder Charniere waren dagegen ähnlich der zum Auf___
len der gewöhnlichen Messinstrumente üblichen Nufs, durch Ku___
segmente gebildet, die sich in einander drehn konnten. In der äuf___
Kugelschale befand sich ein Ring von Werg, der wie bei der St___
büchse durch einen Deckel angedrückt werden konnte. Dieser De___

er die äufsere Kugelfläche bis über den gröfsten Kreis der-
et und verhinderte dadurch das Ausschieben der innern
Derjenige Durchmesser der Kugel, um welchen die Drehung
st zugleich die Achse des Charniers, das beide zunächst
hölzernen Rahmen mit einander verbindet. Um zufälligen
jungen vorzubeugen, war jedes Gelenk mit wasserdichter
l lose umwunden, und der ganze Strang wurde noch da-
sichert, dafs man ihn nicht auf das natürliche Flufsbette
dern zuvor eine Rinne quer durch den Flufs baggerte, hierin
ng versenkte und den Raum darüber mit Kies beschüttete.
enkung geschah, um ein scharfes Biegen zu verhindern,
gleichmäfsig von Flöfsen aus, und man hatte nach Aus-
Figur darauf Rücksicht genommen, ungefähr einen gleichen
. Innern, wie im Flusse darzustellen, wodurch die Veran-
a einem starken Durchquellen vermieden wurde. Fig. 112
e Construction im Detail, nämlich Fig. 112 *a* in der Seiten-
b im Längendurchschnitte und *c* in der Ansicht von oben.
eiterer Ausdehnung der Wasserleitungen in Glasgow wurde
l zweite Röhre von 28 Zoll Durchmesser und später noch
e von 36 Zoll versenkt. Auch an andern Orten hat man
Leitungen angelegt. So liefs die Middlesex-Wasserleitungs-
ft oberhalb London eine 3 Fufs weite Röhrenleitung durch
se legen. Dieselbe bestand aus 68 einzelnen Röhren von
änge, die sämmtlich durch Kugelflächen mit einander ver-
aren. Es verdient Erwähnung, dafs der Ingenieur, nach-
Leitung gelegt war, hindurchkroch, woraus sich ergab, dafs
t des verschiedenen Wasserdruckes dennoch ein guter Schlufs
ugen stattfand.
ich mufs noch der Oxydation der gufseisernen Röhren
verden. Es leidet keinen Zweifel, dafs solche fast jedesmal
selbst wenn man die Röhren vor dem Verlegen mit einem
im Innern versehn hat. Das Wasser nimmt dabei aber
r Gesundheit nachtheilige Substanzen auf, auch wird die
bei nur unmerklich angegriffen, woher auf diesen Umstand
egel kein Gewicht gelegt wird. Zuweilen wird indessen
geklagt, dafs das mit Eisen-Oxyd versetzte Wasser die
verdirbt und Rostflecke veranlafst. Dieses geschieht jedoch
m das Wasser längere Zeit in den Röhren gestanden hat.

Bei Leitungen, die dauernd in Thätigkeit sind, bemerkt man
derartigen Uebelstand, wie auch allgemein das Wasser der
Leitungen zur Wäsche benutzt wird. Wenn aber eine Unterb
eingetreten war, so kommt es nur darauf an, jenes verunreinig
ser abzulassen, bevor das zur Wäsche zu benutzende saß
wird.

Vor mehreren Jahrzehenden wurde indessen auf eine
höchst bedenkliche Folge der Oxydation die Aufmerksaml
Ingenieure gerichtet. Im Anfange des Jahres 1826 war nä
Grenoble eine Wasserleitung angelegt, die Anfangs 46, siebe
darauf aber nur noch 22 Cubikfuß in der Secunde gab,
Veranlassung zu dieser sehr bedeutenden Verminderung der Erg
glaubte man in der stellenweisen Verengung der Röhre durc
Knollen Eisen-Oxyd zu finden. Es trat eine Commission zu
um diese bisher noch nie bemerkte Erscheinung näher zu
chen. Aus dem unter dem 22. Nov. 1833 von derselben er
Berichte *) ergab sich, daß die Röhren keineswegs durchwe
griffen waren, sondern es fanden sich nur stellenweise, ab
großer Anzahl Stücke Eisenoxyd oder Eisenknollen vor. S
im Allgemeinen die Gestalt einer halben Birne, deren Spi
der Seite gekehrt war, von wo das Wasser herkam. Ih
betrug oft bis 10 Linien. Sie waren schwarz, nahmen an
eine hellbraune Farbe an, und bestanden aus einer schalige
die großentheils leicht zerreiblich war, doch in einzelnen S
auch einige Härte zeigte. Die chemische Untersuchung erg
sie in der Hauptmasse aus verschiedenen Oxydationsstufen
sens bestanden.

Indem man nach dem Bekanntwerden dieser Erscheint
andere gußeiserne Leitungsröhren untersuchte, so fand man
überall vor, aber nirgend in solcher Menge und solcher Gr
hier. So fanden sie sich in einer Leitung des Departements .
auch in Paris sowol in den Leitungen, die vom Ourcq-C
denen, die von der Seine gespeist werden. Sie zeigten si
an Roststäben, besonders aber wo Gußeisen mit Seewasse
rührung stand. Es war also ihr Vorkommen weder eine F

---

*) *Annales des ponts et chaussées*, 1834. I. p. 355.

hmlichen Beschaffenheit des Wassers in Grenoble, noch der
menschungsart der Röhren.

lach vielfachen Discussionen über die Ursache dieser Erschei-
und über die Mittel, derselben vorzubeugen, fand zuletzt die
ht Eingang, daß das Oxygen der im Wasser enthaltenen Luft
xydation bewirke, und diese vorzugsweise sich da zeige, wo
a von grauem Gußeisen vorhanden sind. Man meinte jedoch,
ach hier das Zutreten von etwas Alkali oder andern fremden
an die nächste Ursache zur Oxydation sei, und sobald diese
raten, sie sich mit Leichtigkeit weiter fortsetze. Auffallend
s, daß in den drei folgenden Jahren sich keine weitere Ab-
ı in der Ergiebigkeit der Röhren zu Grenoble zu erkennen gab,
nach die Knollen sich weder zu vermehren, noch auch zu
an schienen.

Das Mittel, welches man zur Sicherung der Röhren in Vor-
g brachte, besteht in einem Ueberzuge, um das Wasser im Innern
ähre nicht in unmittelbare Berührung mit dem Eisen treten
ssen. Vicat wählte dazu hydraulischen Mörtel und Juncker,
an Leitungsröhren der Maschine zu Huelgoat, eine Mischung
Leinöl und Bleiglätte, welche er vermöge eines sehr starken
kes in das Gußeisen hineintrieb. *) In den meisten Fällen wird
, wie auch wohl schon früher geschah, jede Röhre vor dem Ge-
che erwärmt, und von innen und außen mit heißem Theer, meist
kohlentheer, überzogen.

Seit dem Jahre 1840 ist von dieser Oxydation der gußeisernen
ren beinahe gar nicht mehr die Rede gewesen, es scheint daher,
jene sehr besorglichen Erfahrungen in Grenoble entweder durch
le Verhältnisse herbeigeführt wurden, oder vielleicht auch die
te Abnahme des Wassers von andern Ursachen herrührte, und
dieselbe nur irrthümlich der Verengung der Röhren zugeschrie-
hatte.

---

*) In den *Annales des ponts et chaussées* aus jener Zeit befinden sich
ere Aufsätze über diesen Gegenstand, besonders wichtig ist der kurze
ng verschiedener Memoiren von Payen im Jahrgange 1837. II. S. 358.

§. 23.
Versorgung grofser Städte mit Wasser.

Bei der Versorgung gröfserer Städte bezieht sich das n̄
Bedürfnifs auf diejenige Wassermenge, welche zum Trinken
zur Bereitung der Speisen gebraucht wird. Dieses Wasser
nicht nur klar, sondern auch rein und wenigstens von schädli
und solchen Stoffen frei sein, die sich durch unangenehmen
schmack oder Geruch zu erkennen geben. In geringerem Ge
fordert man dasselbe auch von demjenigen Wasser, welches
Reinigung der Wäsche, der Wohnungen und zu ähnlichen Zwe
benutzt wird. Endlich aber pflegt man bei Anlage von Wasser
tungen auch auf andere Bedürfnisse, wie die Spülung der Stra
die Speisung von Springbrunnen, Feuerspritzen und dergleichen Rü
sicht zu nehmen, wobei die Reinheit des Wassers weniger nöthig
Man kann indessen ohne grofse Vermehrung der Anlage- und
triebskosten das für diese verschiedenen Zwecke bestimmte Wa
nicht füglich trennen, und sonach pflegt man die Leitungen übe
haupt nur mit reinem Wasser zu speisen. In manchen Fällen kom
men nur die ersten der benannten Zwecke in Betracht, u
namentlich giebt es in England eine grofse Anzahl von Anla
dieser Art, welche das Wasser nur in Privathäuser leiten. Hie
nach stellt sich der Bedarf einer Stadt, wenn man die Ei
wohnerzahl als Maafsstab wählt, sehr verschieden heraus. A
der Ourcq-Canal angelegt wurde, nahm man an, dafs jeder Ei
wohner von Paris täglich nur 5 Liter oder $\frac{1}{5}$ Cubikfufs gebraud
man überzeugte sich aber später, dafs dieses nicht genüge, und na
den persönlichen Bedarf auf $\frac{1}{1000}$ Wasserzoll, oder $\frac{1}{5}$ Cubikfufs tä
lich an. Wenn aber zugleich die öffentlichen Zwecke berücksich
werden, so braucht man ein bedeutend gröfseres Wasserquant
Ueber die Ergiebigkeit der Wasserleitungen in gröfseren Städten e
halten die technischen Schriften zwar sehr zahlreiche Mittheilung
diese weichen indessen so sehr von einander ab, dafs es unmög
ist, allgemein gültige Resultate daraus zu ziehn. Zum Theil rü
dieses davon her, dafs nach der ersten Einrichtung das Bedürf
sich fortwährend steigert und dadurch eine Erweiterung der Anl
nothwendig wird. Aufserdem stellt sich das Verhältnifs der ge

sermenge zur Einwohnerzahl auch ganz anders, je nach-
orstädte und die von minder wohlhabenden Familien be-
adttheile mit berücksichtigt werden, oder nicht. Endlich
sserversorgung gewöhnlich ein Aktien-Unternehmen und
n, die beim Besuche der Anstalt mitgetheilt werden, sind
r als zweifelhaft, sowie man auch aus der augenblicklichen
eit der Pumpen nicht auf ihre durchschnittliche Leistung
kann.

nachstehenden Zahlen, welche das auf jeden Einwohner
ffende Wasserquantum bezeichnen, sind aus neuern Publi-
ntlehnt und dürften wenigstens zeigen, wie verschiedenartig
fnifs angenommen und befriedigt wird:

Berlin . . .	3,2 Cubikfufs
Hamburg . .	3,0 -
Brüssel . . .	2,6 -
Paris . . .	2,7 -
Bordeaux . .	5,6 -
Marseille . .	6,0 -
Toulouse . .	2,5 -
Lyon . . .	2,7 -
Dijon . . .	7,7 -
London . . .	4,6 -
Manchester .	2,9 -
Liverpool . .	4,1 -
Glasgow . .	3,2 -

nag gleich bemerkt werden, dafs in gröfsern Städten etwa
e des ganzen Wasserquantums an Privat-Personen verkauft
von jedoch nur ein Theil auf die eigentlichen ökonomischen
sse trifft, während für Bäder, zum Begiefsen der Gärten
gleichen oft die bei Weitem gröfste Hälfte verwendet wird.
ten Theil der ganzen gehobenen Wassermasse nimmt das
und Spülen der Strafsen in Anspruch, und das letzte
vertheilt sich auf gröfsere industrielle Etablissements mit Ein-
ler öffentlichen Bäder, auf die Verwendung beim Feuerlö-
d beim Reinigen der öffentlichen Abtritte, auf Springbrunnen
während die unterirdischen Abzugscanäle gemeinhin schon
las Wasser hinreichende Spülung erhalten, also nur aus-
eise berücksichtigt werden dürfen.

Bei jedem Projecte zu einer Wasserleitung muß man ein
stimmtes Quantum zum Grunde legen, weil hiervon die Weite
Röhrenleitungen und aller damit in Verbindung stehenden An
abhängt. Dieses Quantum kann aber, wie bereits früher be
ist, entweder durch Abfangung von Quellen mit Benutzung
natürlichen Höhenlage, oder aus tiefer liegenden Strombetten
sonstigen Wasserbecken mittelst Pumpen gewonnen werden, wi
ergiebt sich schon aus der vorstehenden Mittheilung über die
wendung des Wassers, daß in der heißen Jahreszeit und na
lich bei anhaltender Dürre der Verbrauch ohne Vergleich viel g
ist, als zu andrer Zeit. Dieser muß aber der Rechnung allein
Grunde gelegt werden, denn die Anlage ist ganz verfehlt, wen
während der Dürre dem Bedürfniß nicht entspricht. Es ist d
sehr bedenklich, eine größere Leitung durch Quellen zu spe
deren Reichhaltigkeit im umgekehrten Verhältnisse zum Bed
nisse steht, und wenn bei der ersten Anlage letzteres auch n
zu befriedigen scheint, so darf man doch die Steigerung des
dürfnisses nicht unbeachtet lassen, und es ist daher im Allge
nen stets vorzuziehn, das Wasser aus einem größeren Fluss
entnehmen, dessen Reichthum unter allen Verhältnissen ge
Es muß hier erwähnt werden, daß man bei den Projecte
Versorgung von Wien auch Quellen berücksichtigt hat, die in
Schneebergen des Wiener Waldes bei Gloggnitz entspringen, d
Ergiebigkeit also gerade in der größten Hitze sich steigert.*)

Jedenfalls muß das Wasser beim Eintritt in die Leitung
in solcher Höhe befinden, daß es nach allen Plätzen und Str
die man damit versorgen will, fließen kann. Oft ist behuf
Klärung oder der Ansammlung des Wassers die Anlage von gr
Reservoiren nothwendig, in andern Fällen fehlt eine solche
anlassung, und namentlich geschieht dieses, wenn durch Pu
das Wasser gehoben wird. Es entsteht alsdann die Frage, ob
Reservoire anlegen muß, oder ob man sie entbehren kann. B
kommt vor. So sammelt sich in Paris das Wasser, welche
Maschine Chaillot hebt, in großen Bassins auf der ohnfern beleg
Anhöhe, die gegenüberliegende Maschine Gros-Caillou dagege

---

*) Bericht über die Erhebungen der Wasser-Versorgungs-Commi
Wien 1864.

es Bassin und giefst das gehobene Wasser unmittelbar in
garöhren. Das letzte geschieht auch bei dem Pumpwerke
se, und in England findet man gleichfalls Beispiele von
und der andern Anordnung. Es ist nicht zu leugnen, dafs
isebassins manche wesentliche Vortheile gewähren, sie ge-
e Maschinen einige Zeit hindurch aufser Dienst zu setzen
nöthigen Reparaturen daran vorzunehmen, ohne dafs die
lung zu wirken aufhört, und man kann auch, wenn das
auf einige Zeit in hohem Grade gesteigert wird, wie etwa
Brande, das Wasserquantum weit über die gewöhnliche
sit der Pumpen vermehren. Dagegen ist die Anlage sol-
gelegenen Speisebassins häufig überaus schwierig und zu-
ans unmöglich, da man sie auf eine natürliche Anhöhe
ifs. Wenn aber hierzu die Gelegenheit sich auch wirklich
ist im Innern oder neben grofsen Städten ein solcher Platz
r bereits davon gemachten anderweitigen Benutzung nur
unverhältnifsmäfsig hohen Preis zu erstehn. Demnächst
Wasser durch die Schöpfmaschinen auch nicht zu hoch
werden, wodurch ein überflüssiger Kraftaufwand und eine
ende Kostenverschwendung veranlafst würde. Bei verschie-
henlage der einzelnen Theile der Stadt, welche durch die-
schine gespeist werden sollen, darf man also nicht alles
a hochgelegene Bassins heben, wollte man aber die Bassins
iedene Höhen legen, so würde dieses Verfahren wieder zu
ansfallen, auch giebt es wohl kein Beispiel einer solchen
ug. In diesem Falle erbaut man daher keine Bassins, viel-
t man die Pumpe das Wasser unmittelbar in die Leitungs-
eiben und nur diejenige Kraft entwickeln, welche nöthig ist,
oder die andere Leitung, oder gleichzeitig mehrere in Thä-
i setzen.

öffentlichen Brunnen, die für die sämmtlichen Ein-
ines Ortes besonders wichtig sind, sind gewöhnlich dauernd
e, wenn sie aber nur durch einen geringen Zuflufs gespeist
so pflegt man sie mit Ventilen zu schliefsen, und sobald
ie benutzen will, hebt er diese mittelst der Schwengel,
ler Ausflufs erfolgt. Der Ausgufs der Brunnen befindet sich
egel in solcher Höhe über dem Strafsenpflaster oder über
ittoir, dafs man einen Eimer darunter stellen kann. Eine

gröfsere Höhe würde eine unnütze Vergröfserung der Dr[...]
sur Folge haben und die Fufsgänger belästigen. Zuweilen v[...]
delt man diese Brunnen in Springbrunnen, die zur Zierde[...]
licher Plätze dienen. Am grofsartigsten wird eine solche.[...]
wenn die ganze Wassermenge, welche zur Speisung eines St[...]
les bestimmt ist, auf einem erhöhten Platze in demselben m[...]
sen und mit Ausnahme einiger Strahlen, die dem Publikum [...]
überlassen werden, in einem Bassin gesammelt wird, aus [...]
in einzelnen Röhren nach den verschiedenen Strafsen des St[...]
fliefst. Girard hat auf solche Art die Fontaine auf dem B[...]
de Bondy gespeist. Es findet sich indessen hierzu nicht le[...]
legenheit.

Aus den fliefsenden Brunnen ergiefst sich das Wasse[...]
Rinnen der Strafsen, und wenn es diese auch nicht vollst[...]
nigt, dieselben vielmehr noch gefegt werden müssen, so w[...]
die Strömung doch die Fäulnifs und schädliche Ausdün[...]
darin abgelagerten Schmutzes.

In Bezug auf die Anordnung der Leitungen ist Folg[...]
erwähnen. Zunächst mufs man auf einen Situationsplan [...]
ganzen Districte die sämmtlichen zu versorgenden öffentli[...]
Privathäuser, die Brunnen und sonstigen Ausflüsse eintr[...]
nach bewirkter Reduction auf einen gemeinschaftlichen Hor[...]
Höhe bezeichnen, in welcher jeder Ausflufs erfolgen soll.[...]
eine Tabelle noch die Wassermengen aller Brunnen und [...]
nachweist, so hat man alle Data, um die passenden Grup[...]
zu machen und das Project im Allgemeinen aufzustellen. B[...]
wichtig ist dabei eine zweckmäfsige Vertheilung der Haupt-L[...]
Man mufs gewisse Vertheilungspunkte aufsuchen, von denen[...]
die Umgebungen bequem speisen kann, und diese Punkte[...]
entweder von der Hauptleitung oder von den Zweigröhre[...]
sten Ordnung berührt werden. Die Anordnung wird abe[...]
troffen, dafs alle Leitungen, welche Theilungspunkte speise[...]
lichst gerade geführt werden und leicht zugänglich sind, m[...]
es geschehn kann, ein gleichmäfsiges Gefälle erhalten. Die [...]
Theile der Zwischenleitung können zwar innerhalb gewisser[...]
sich senken oder ansteigen, doch bleiben sie meist unter [...]
veau des nächst vorhergehenden Theilungspunktes. Diese Tl[...]
punkte selbst müssen, soviel wie möglich, eine ihrer Entfer[...]

——nde Abstufung in der Höhe erhalten. Es ist aber weniger ——haft, die Theilung der Wassermenge durch unmittelbare Spal- ——des Röhrenstranges zu bewirken, als vielmehr aus offenen Bas- ——oder Brunnen die Zweigröhren ausgehn zu lassen. Man erreicht ——ei den Vortheil, daß solche Brunnen als Schlammkasten und ——ntile wirken, auch wird der nachtheilige Einfluß der verän- ——n Richtung durch sie umgangen. Ueberdies geben sie Gelegen- ——zu einer genauen Controlle über die Ergiebigkeit aller Haupt- ——gen, denn sobald eine derselben sich verstopft hat, oder leck ——den ist, so wird sich dieses an dem Wasserstande der beiden ——ten Brunnen zu erkennen geben. Die Einführung eines sehr ——chförmigen Gefälles in den einzelnen Theilen der Hauptleitung ——der Zweigröhren hat aber den Nachtheil, daß man in derjeni- ——trecke, wo die Niveaudifferenz zwischen den nächsten Brunnen ——rhältniß zur Länge der Leitung sehr geringe ist, besonders ——Röhren benutzen muß.

——iese Bassins oder Brunnen in den Vertheilungspunkten ——ntweder geräumige Reservoire, die große Wassermengen fassen, ——gemeinhin nur gußeiserne Cylinder von 2 bis 3 Fuß Durch- ——r, aus denen die Zweigröhren abgehen. Beide werden in der ——über dem Niveau der Straßen, also in kleinen Gebäuden oder ——nterbauen angelegt, weil man sonst keine fließenden Brunnen ——ten würde. Von den größern Reservoiren muß man indessen ——behn, weil dieselben die dem Drucke entsprechende Höhe nicht ——ten können, die kleineren Cylinder lassen sich dagegen bequem ——sen, wenn sie auch selbst unter dem Niveau der Straßen liegen, ——nd der Druck so groß ist, daß das Wasser zu den dritten ——twerken und darüber ansteigt. Kleine Ableitungen kann man, ——s nöthig ist, auch durch die Hauptröhren unmittelbar speisen, ——icht von dem nächsten Vertheilungspunkte aus einen längeren ——g dahin führen zu dürfen, im Allgemeinen ist es aber vortheil- ——von einem Vertheilungspunkte bis zum nächsten keine Vermin- ——g der Wassermenge eintreten zu lassen, weil nur in diesem ——die Beibehaltung derselben Röhrenweite sich rechtfertigt. Dabei ——jedoch nicht unbeachtet bleiben, daß die letzten Verzweigun- ——schon aus andern Gründen eine überflüssige Weite zu erhalten ——n.

——at man auf diese Art die Lage der sämmtlichen Vertheilungs-

punkte und den Zug derjenigen Röhren bestimmt, wodurch [...]
speist werden, so kann man nach den in §. 16 gegebenen F[...]
die nöthigen Weiten der Röhren berechnen. Man kennt [...]
die Länge jeder einzelnen Strecke, das daselbst stattfindende [...]
lute Gefälle und die Wassermenge, man thut aber wohl, wenn [...]
wie bereits erwähnt, letztere noch etwa um die Hälfte grö[...]
nimmt, als sie wirklich ist, man sichert sich dadurch theils [...]
lichkeit, bei steigendem Bedürfnisse, der Leitung eine größere [...]
dehnung zu geben, theils aber werden alsdann auch die [...]
Verengungen der Röhre nicht so nachtheilig, und jedenfalls [...]
man durch die Hähne oder Schiebeventile, die jeder Theil [...]
tung erhalten muß, das durchfliessende Wasserquantum belieb[...]
mindern, während man kein Mittel besitzt, es zu vergrößern, [...]
die Röhren zu enge sind. Die letzten Zweigröhren müssen [...]
eine solche Weite behalten, daß sie bei einem entstehenden [...]
den Wasserbedarf zur Versorgung mehrerer Spritzen mit S[...]
liefern. Endlich ist noch zu bemerken, daß man in dem [...]
Theile der Leitung, durch welchen die ganze Wassermenge g[...]
wird, doppelte Röhren zu legen pflegt, um bei einer zufälligen [...]
schädigung nicht die ganze Anlage außer Thätigkeit setzen zu [...]
Wenn aber besondere Hauptröhren nach den verschiedenen S[...]
theilen geführt sind, so pflegt man die einzelnen Systeme unter [...]
in Verbindung zu setzen, damit wenn eins derselben nicht in [...]
triebe ist, dennoch eine nothdürftige Versorgung der betreff[...]
Strassen möglich bleibt.

In der beschriebenen Art ermittelt man die verschiedenen W[...]
ten, welche die Röhren haben müssen, und um die Anzahl der [...]
thigen Formstücke nicht zu sehr zu vermehren, so beschränkt [...]
die berechneten Halbmesser auf eine gewisse geringe Anzahl. D[...]
buisson benutzte bei der Wasserleitung zu Toulouse nur neun A[...]
von Röhren, nämlich in den Weiten von 10,3 — 7,3 — 6,1 — 4,[...]
3,8 — 3,4 — 3,0 — 2,7 und 1,9 Zoll.

In eigenthümlicher Weise ist in Paris die Wasserleitung [...]
geordnet, welche durch den Ourcq-Canal gespeist wird. D[...]
Canal mündet nämlich in das geräumige Bassin la Villette zwi[...]
den Thoren la Villette und Pantin am nordöstlichen Rande von P[...]
Von hier wird das Wasser, wie bereits erwähnt, abgeleitet, [...]
tritt es bald darauf in einen unterirdischen überwölbten Canal,

ule de Ceinture, in welchem es etwa eine halbe Meile weit
p am nördlichen hohen Ufer des Seine-Thales fliefst. Auf solche
gelangt das Wasser in mannigfaltigen Krümmungen bis nahe an
Thor de Monceaux. Fig. 110a zeigt das Profil des Aqueduc
de ceinture. Derselbe ist so geräumig, dafs man mit einem kleinen
Kahn darin fahren kann, und ein Gang an der Seite erlaubt auch,
die ganze Gallerie zu begehn. An vielen Stellen hat man
Lichte und der Luft freien Zutritt verschafft, und mehrere
gen führen herab, damit man mit Leichtigkeit zu den einzelnen
gelangen kann. Auffallend ist es, dafs man diesem Canale
an der Sohle gar kein Gefälle gegeben hat. Sieben Röhrenleitun-
schöpfen darin das Wasser und führen es in andern Gallerien
dem tiefer liegenden Theile der Stadt. Die gröfste unter die-
st die Galérie Saint Laurent, worin vier Röhrenstränge neben
der liegen. Fig. 110c zeigt ihr Profil und Fig. 110b das Profil
einen Gebäudes, worin diese Röhren aus dem Canale treten. *)
Die Reservoire oder Bassins dienen entweder nur zur An-
lung des Wassers, oder sie haben noch den Zweck, öffentliche
e zu verzieren und sind in diesem Falle häufig mit Spring-
en verbunden. Vollkommene Wasserdichtigkeit ist bei ihnen
zeit die Hauptbedingung, und um diese zu erreichen, pflegt man
a der ganzen vom Wasser benetzten Oberfläche mit Cement zu
iehn. Demnächst giebt man ihrem Boden einige Neigung und
er tiefsten Stelle befindet sich eine Ausflufsöffnung, die gewöhn-
durch ein Ventil geschlossen ist. In dieser Art sind die Reser-
im Green Park zu London, worin das Wasser der Chelsea-
ng gesammelt wird, nicht nur mit einer ausgemauerten tiefen
e versehn, welche sich in der Längenachse des Bassins hinzieht,
ern aufserdem fällt der Boden von beiden Seiten aus mit der
ung von ½ nach dieser Rinne ab. Die Bassins sind 640 Fufs
, 102 Fufs breit und in der Mitte neben der Rinne 14 Fufs tief.
Boden besteht aus einem festen Lehmschlage, worüber ein Pfla-
in hydraulischem Mörtel ausgeführt ist.
Wenn die Reservoire geringere Dimensionen haben, so bestehn

---

*) Eine specielle Beschreibung der Wasserleitungen in Paris, die vom
t-Canale gespeist werden, hat Emmery geliefert. *Annales des ponts et
ées.* 1840. I. p. 145 ff.

sie aus Gußeisen und namentlich ist dieses bei den erwähnten Cylindern in den Vertheilungspunkten der Wasserleitungen der Fall, doch kommen auch größere Bassins aus demselben Material vor. So giebt es z. B. deren zwei in Liverpool, eines 60 Fuß lang, 15 Fuß breit und 10 Fuß tief und eines 33 Fuß lang, 17 Fuß breit und 7 Fuß tief. Die kleineren Reservoire endlich bestehn häufig aus hölzernen Kasten, die mit Blei gefüttert sind, und besonders benutzt man solche wegen ihres geringen Gewichtes in Gebäuden.

Wenn keine Speisebassins angelegt sind, vielmehr das Wasser aus den Pumpen unmittelbar in die Röhrenleitung tritt, so muß jedenfalls dafür gesorgt werden, daß die Stöße der Pumpe sich nicht weit fortsetzen, wodurch theils die Verbindung der Röhren gelöst, theils die Wirksamkeit der Maschine verringert würde, indem jedesmal eine lange Wassersäule von Neuem in Bewegung gesetzt werden müßte. In vielen Fällen, und besonders wenn der Röhrenstrang nicht lang ist, begegnet man diesem Uebelstande durch Windkessel, die bei jedem Stoße der Pumpe einiges Wasser aufnehmen, und bis zum folgenden Stoße durch den Druck der Luft dieses in die Röhre treiben. Sie veranlassen daher eine ununterbrochene, wenn auch nicht ganz gleichmäßige Bewegung des Wassers in der Röhre, und vermindern in hohem Grade die Erschütterungen. Dabei zeigt sich indessen ein andrer Uebelstand, besonders wenn das Wasser unter starkem Drucke in der Röhre sich bewegt, nämlich die in gleichem Maaße comprimirte Luft dringt durch die Fugen des Windkessels, derselbe füllt sich daher immer mehr mit Wasser an, und seine Wirksamkeit hört bald ganz auf. Will man demnach nicht in kurzen Zwischenzeiten die Leitung unterbrechen, um den Kessel aufs Neue zu füllen, so muß die Maschine noch eine Luftpumpe treiben, die entweder dauernd, oder so oft es nöthig ist, den Windkessel mit Luft speist.

Bei vielen Wasserleitungen in England hat man die erwähnten nachtheiligen Stöße in andrer Weise vermieden. Es wird nämlich ohnfern der Pumpe auf die Leitungsröhre eine sogenannte Standröhre aufgestellt, die aus starken Eisenbleche zusammengesetzt und etwa 2 Fuß weit ist, sich aber so hoch erhebt, daß das Wasser darin bis zur vollen Druckhöhe ansteigen kann, also der Verschluß derselben entbehrlich ist. Ist diese Röhre nur einfach, wie häufig der Fall ist, so unterbricht sie nicht die Hauptleitung. Das Wasser dringt bei jedem Stoße der Pumpe in die letztere, aber ein Theil

führten Wassermenge steigt auch in die Standröhre, erhöht
Druckhöhe, und fließt bis zum folgenden Stoße wieder in
ngsröhre ab. Die Wirkung ist daher dieselbe wie die eines
pels, doch darf hier für die Füllung mit Luft nicht gesorgt
Dabei wird aber noch ein anderer Vortheil erreicht. Aus
k gepreßten Wasser entwickelt sich nämlich, besonders in
en Jahreszeit eine bedeutende Menge Gas. In den Wind-
um dieselbe nicht treten, weil derselbe einen festeren Auf-
bedarf und daher zur Seite der Leitungsröhre stehn muß.
ß entweicht aber sehr sicher in die Standröhre, die sonach
i Zweck der oben beschriebenen Luftröhren versieht.
t selten ist die Standröhre doppelt, oder besteht aus zwei
en Röhren von den angegebenen Dimensionen, die nahe
nander stehn, und oben durch eine gekrümmte Röhre ver-
rird. In diesem Falle wird die Wasserleitungsröhre durch
ändig unterbrochen, und alles Wasser, welches die Pumpe
liefst durch sie hindurch, steigt also in dem einen Schenkel
römt über den Scheitel und fällt im andern Schenkel herab.
rartige Wirkung tritt dabei nicht ein, insofern der höchste
Röhrenwand durchbrochen und mit einer kleinen, stets of-
satzröhre verbunden ist, durch welche die Luft frei ein- und
kann. Derjenige Schenkel, in welchem das Wasser herab-
nichts andres als ein Speisebassin, worin der Wasserstand
twas schwankt, das aber von den Stößen der Pumpe nicht
roffen wird, und worin sich jedesmal diejenige Druckhöhe
welche nöthig ist, um die ganze zufließende Wassermenge
itung zu treiben. Indem das Wasser mit freier Oberfläche
itel der Standröhre überströmt, so wird die Gelegenheit
etzen der Luft vollständig geboten. Ein Uebelstand besteht
l, daß das Wasser immer bis zum Scheitel der Standröhre
werden muß, wenn auch vielleicht zeitweise nur eine ge-
)ruckhöhe erforderlich sein sollte.
Versorgung von Privatwohnungen mit Wasser geschieht
tung gemeinhin in bleiernen, oder gezogenen eisernen Röh-
le und namentlich die ersteren lassen sich leicht biegen und
quem nach jedem Punkte hinführen. Ganz frei dürfen sie
ht liegen, weil sie alsdann zu sehr der Gefahr einer zufälli-
chädigung ausgesetzt wären und beim Froste das darin ent-

haltene Wasser gefrieren könnte. Man versenkt sie daher
Wände und Fußböden, und um sie möglichst dem Froste :
ziehn, werden sie mehr in die innern, als die Umfassung
verlegt, auch pflegt man aus demselben Grunde sie mit Mo
andern schlechten Wärmeleitern zu umgeben, wodurch man :
das Beschlagen der Röhren vermeidet, das sonst eintritt, sob
zugeführte Wasser kälter als die Luft der Zimmer ist. Be
innern Röhren ist jeder Leck besonders nachtheilig, weil
die Wände feucht und die Malereien oder Tapeten verdorb
den. In England, wo die Küchen sich gewöhnlich im Sc
befinden, sind diese Bedingungen leichter zu erfüllen, und die
rigkeiten verschwinden zum Theil ganz, insofern das Wa
nicht in die Wohnräume geleitet wird. In Frankreich dage
namentlich in Paris, wo in jedem Stockwerke eine und
Haushaltungen sind und die Constructionen im Allgemeinen l
sondere Solidität haben, geben die erwähnten Schwierigke
oft sehr unangenehm zu erkennen.

Von den Reservoiren, worin die Haushaltungen zuw
Wasser sammeln, ist nur zu erwähnen, daß man dieselben ι
Schwimmer zu versehn pflegt. Sobald dieser bis zu einer
Höhe sich erhebt, schließt er das Ventil der Zuflußröhre
hindert dadurch das Ueberfließen des Reservoirs. Um
Wassermenge zu messen, welche in einem Hause oder in ει
nung verbraucht wird, werden häufig verschlossene Appar
bracht, die durch das zufließende Wasser in Bewegung geset:
und auf einem Zifferblatte die in der Zwischenzeit seit de
Einstellung entnommene Masse erkennen lassen. Der Be
Gesellschaft, der allein den Schlüssel zum Apparate führt,
durch von Zeit zu Zeit das consumirte Quantum fest, und
bestimmt sich der zu zahlende Kaufpreis.

Wesentlich verschieden ist hiervon die von d'Aubuisso
Wasserleitungen in Toulouse eingeführte Methode, wonach
nehmern das Quantum, welches sie verlangen, in einem ur
chenen feinen Strahle zugeführt wird. Das geringste Maaß
verabfolgt wird, sind 2 Hektoliter oder 6¼ Cubikfuß in 2⁴
und d'Aubuisson erwähnt, daß nach den dortigen Erfahruny
überaus feine Strahlen ohne Unterbrechung und ohne Aend
rer Stärke drei Monate hindurch flossen. Etwas unsich

e Methode indessen zu sein, namentlich da nach derselben Mit-
lung das dortige Wasser feine Pflanzenfasern mit sich führt.
zudem dürfte die starke Berührung, worin das Wasser mit der
t gebracht wird, auch leicht ihm die Frische nehmen, die man
vielen häuslichen Zwecken ungern entbehrt.

In Betreff der Versorgung der Häuser mit Wasser muß noch
ähnt werden, daß dieselbe in verschiedener Art erfolgen kann.
werden nämlich entweder die betreffenden Leitungen ununter-
chen gespeist, so daß man jederzeit Wasser entnehmen kann.
es ist der gewöhnliche Fall, doch kommt es in Englischen
ten auch vielfach vor, daß die Leitungen der einzelnen Straßen
während einer bestimmten Tagesstunde in Thätigkeit gesetzt wer-
, also alsdann der ganze Bedarf angesammelt werden muß. In sol-
a Falle bedarf man der größern Bassins, von denen vorstehend
Rede war. Diese Anordnung empfiehlt sich besonders, wenn
zu versorgenden Stadttheile in sehr verschiedenen Höhen liegen.

Was die öffentlichen Brunnen betrifft, so haben dieselben
fig noch den Zweck, die Straßen und namentlich die Rinnen
spülen. In Paris läßt man sie in dieser Absicht zweimal des
ges, nämlich um 6 Uhr Morgens und um 12 Uhr Mittags, jedes-
l eine Stunde lang fließen, während sie nur auf den Märkten und
denjenigen Hallen, wo Fleisch und ähnliche Artikel feil geboten
rden, dauernd in Wirksamkeit bleiben. Sie sind vorzugsweise
' den Scheitelpunkten der Straßen angebracht, das heißt da, wo
Rinnen nach beiden Seiten abfallen, und in diesem Falle hat der
unnen entweder zwei Ausgüsse, oder es ist in andrer Weise da-
r gesorgt, daß das Wasser sich nach beiden Richtungen ziemlich
eichmäßig vertheilt. Solche fließenden Brunnen erleichtern we-
ntlich die Reinigung der Straßen, und vermindern den Staub, doch
d sie nur mit Vortheil anzuwenden, wenn das zugeführte Wasser
rch unterirdische Abzugscanäle abgeleitet werden kann. Entgegen-
setzten Falles können die Rinnen, besonders wenn ihr Gefälle nur
äßig ist, die zugeführten Wassermengen nicht fassen, oder man
üßte sie so erweitern und vertiefen, daß sie den Verkehr beein-
ächtigen, und selbst gefährlich werden. Jedenfalls darf man den
chmutz der Straßen nicht durch das fließende Wasser beseitigen
ollen. Hierzu würde ein sehr starkes Gefälle erforderlich sein,
nd dennoch der Uebelstand hinzutreten, daß neben ihren Ausmün-

dungen ausgedehnte Ablagerungen in dem Flufsbette entsteh
nicht nur der Schifffahrt hinderlich, sondern auch den Umw
den lästig und schädlich wären. Sowol in England, als in
reich wird der Kehricht der Strafsen abgefahren, und nur da
ser fliefst in die Canäle. Die Mängel der Strafsenreinigung in
wo fliefsende Brunnen und Abzugscanäle vorhanden sind, hat (
und später Emmery in einem sehr interessanten Aufsatze ü
fsende Brunnen und Abzugscanäle entwickelt. *) Eine and
theilung von Mougey über denselben Gegenstand **) zeigt a
ter Angabe wichtiger Thatsachen, dafs auch in den englisc
schottischen Städten gleichfalls Vieles noch zu wünschen bleib
beiden Aufsätzen ist ein grofser Theil der folgenden Noti
nommen.

Die Wassermenge, welche ein fliefsender Brunnen liefe
um die Spülung der Rinne zu bewirken, ist von so vielen Un
abhängig, dafs man ein allgemein gültiges Maafs dafür nicht
kann. D'Aubuisson hat in Toulouse dasselbe bis auf ein
serzoll ($\frac{4}{5}$ Cubikfufs in der Minute) ermäfsigt, doch sind die
nen in ununterbrochener Wirksamkeit, und liegen mitunter s
nebeneinander, so dafs sie sich gegenseitig verstärken, und b
ist dieses in denjenigen Strafsen der Fall, wo der lebhafte
kehr stattfindet. Die Wassermenge, welche die Brunnen
geben, scheint viel gröfser zu sein, was auch nöthig ist, da
fortwährend fliefsen, also der Niederschlag, der sich in der Z
zeit festgesetzt hat, durch die Strömung wieder gelockert
mufs. Emmery nimmt die Wassermenge eines fliefsenden F
in Paris zu 8 Wasserzoll oder $3\frac{1}{4}$ Cubikfufs in der Minute

Was die sonstige Einrichtung dieser Brunnen betrifft, s
sie die Strafsen nicht beengen und die Trottoirs weder unt
ser setzen und im Winter mit Eis bedecken, noch auch di
so stark spritzen, dafs die Fufsgänger benetzt werden. Die
fliefsenden Brunnen in Paris sind von den erwähnte
ständen keineswegs frei, und es kommt namentlich in der

---

*) *Egouts et bornes fontaines par Emmery. Annales des ponts et*
1834. *I. p.* 241.

**) *Notice sur les égouts de Londres, de Liverpool et d'Edinbourg*
gey. Annales des ponts et chaussées 1838. *II. p.* 129.

ie vor, daß man, um die Bildung des Eises auf den Trot-
s vermeiden, im Winter während die Brunnen fließen, noch
e Rinnen anlegt, die das Wasser bis zu den gepflasterten
i neben dem Damme führen, wodurch die Benutzung der Trot-
ir erschwert wird. Man hat zur Beseitigung dieser großen
nmlichkeit den Versuch gemacht, die Brunnen an den äußern
der Trottoirs zu stellen, so daß sie das Wasser unmittelbar
gepflasterten Rinnen gießen, allein in diesem Falle verengen
eder den Fahrdamm und werden von den vorüberfahrenden
i beschädigt. Génieys schlägt dagegen vor, das Wasser gar
iber das Niveau des Trottoirs treten zu lassen, sondern es
ien Trottoirplatten, die aus Gußeisen bestehn, in einen über-
n Canal zu leiten, der am Rande des Fahrdammes ausmündet.
Einrichtung beseitigt zwar vollständig die benannten Uebel-
, aber sie vereitelt auch zugleich einen wesentlichen Zweck
Brunnen, nämlich das Auffangen des Wassers in Gefäßen.
reckmäßigsten erscheint demnach die in Fig. 113 dargestellte
iung der Brunnen, die in neuerer Zeit in Paris auch vorzugs-
gewählt wird. Der Brunnen, den a in der Ansicht von vorn,
Durchschnitte und c im Grundrisse zeigt, besteht in einem
rnen Kasten, der möglichst nahe an den Häusern steht, und
zwei Abweise-Steine von beiden Seiten gegen Beschädigungen
zt wird. Die Ausgußröhre, die senkrecht abwärts gerichtet
indet sich etwa 13 Zoll über dem Trottoir und giebt sonach
en Gelegenheit, einen Eimer darunter zu stellen. Sobald das
· aber nicht aufgefangen wird, so stürzt es durch einen Rost,
Stäbe, um das Spritzen zu vermeiden, oben zugeschärft sind,
efst durch eine gußeiserne Rinne unter dem Trottoir nach
ahrdamme. Der Hahn, welcher den Ausfluß schließt, hat
richtung, daß das Wasser in seine Achse hineintritt, wie Fig.
nd c zeigen. Er kann durch eine Oeffnung in dem obern Bo-
s Brunnenkastens gedreht werden, wenn man aber diesen Bo-
ler Deckel abhebt und die beiden durch Splinte gehaltenen
iern herausnimmt, so kann man den abwärts gekehrten Theil
sgußrohres abschrauben und einen Schlauch, der ein passen-
hraubengewinde hat, daran befestigen. Auf solche Art lassen
urch diese Brunnen auch die Feuerspritzen unmittelbar speisen.
außer den erwähnten Brunnen haben die Leitungsröhren auch

an den Stellen, wo sie unter dem Strafsenpflaster liegen,
gewissen Entfernungen kurze, aufwärts gerichtete und mit
und Schraubengewinden versehene Ansatzröhren, woran die
gleichfalls befestigt werden können. Gewöhnlich wird über
Hähnen das Strafsenpflaster unterbrochen, indem ein Rahmen
Holz oder Stein darüber liegt und die Oeffnung in demselben
gufseisernen Platte geschlossen ist. Diese Platte ist in der
mit einer kleinen, eigenthümlich geformten Oeffnung für einen
sel versehn, mit dessen Hülfe man sie heben kann. Diese
unterbrechen indessen das regelmäfsige Pflaster und wenn sie
gelegen haben, so werden ihre Oberflächen sehr glatt, und
für den Verkehr störend, aufserdem brechen sie leicht und
Winter zu einer starken Abkühlung der Leitung Gelegenheit
hat sie daher, mit Rücksicht auf ihren seltenen Gebrauch,
ganz entfernt, indem die Röhre auch an der Stelle, wo der
liegt, mit Erde beschüttet und das Pflaster darüber geführt ist.
wisse Marken an den nächsten Gebäuden weisen aber die
des Hahnes nach, und sobald es bei einem Brande nöthig wird,
selben zu benutzen, so ist in wenigen Minuten das Pflaster
brochen und die darunter liegende Oeffnung aufgegraben.

Häufig ist der Druck in der Leitungsröhre so grofs, dafs
die Spritzen ganz entbehren und aus dem aufgeschrobenen Schl
unmittelbar einen Strahl bis über die danebenstehenden Geb
treiben könnte. Man macht jedoch hiervon fast niemals Gebr
weil es bei einem Brande gewöhnlich nicht an der nöthigen M
schaft fehlt, um die Spritzen in Bewegung zu setzen, und es
vortheilhaft ist, letztere so zu stellen, dafs sie demjenigen P
wohin der Strahl gerichtet ist, möglichst nahe sind.

In England sind die Wasserleitungen jedesmal Privatunter
mungen, öffentliche Brunnen werden durch sie nicht gespeist, so
überhaupt kein Wasser unentgeltlich verabfolgt wird. Das zur
nigung der Strafsen erforderliche Wasser wird meist nicht
mittelbar aus den Leitungen entnommen, vielmehr dient hierzu
in den Reservoiren der einzelnen Wohnungen noch vorhandene
ser, die vor der neuen Füllung sämmtlich entleert werden, und
durch bedeutende Massen den Strafsenrinnen zuführen.

Will man die Strafsen benetzen, oder besprengen, wa
Städten zur Verminderung des Staubes nothwendig ist, so we

oben beschriebenen Feuer-Hähne benutzt, die in diesem
r leicht zugänglich sein müssen. Man schraubt auf die-
läuche auf, und zum Theil genügt schon der Wasserdruck
eitungsröhren, um die Sprengung zu bewirken, häufig mufs
ch zu diesem Zwecke Wasserkarren benutzen, die eine grofse
trahlen dicht über der Strafse ausfliefsen lassen.
Gelegenheit der Wasserleitungen in gröfseren Städten sind
och die verdeckten Abzugscanäle oder Siele zu er-
welche theils das Regenwasser, theils aber auch das un-
sser aus den offenen Rinnen aufnehmen und beides nach
se führen. Sie verhindern sonach bei heftigem Regen eine
nsammlung des Wassers, doch tragen sie gemeinhin auch
andere Art wesentlich zur Reinhaltung der Strafsen bei,
cht nur unreines Wasser, sondern auch eine Menge Schmutz
eingeleitet wird. Sie gewähren den Einwohnern eine grofse
chkeit, namentlich wenn die Kothgruben der Abtritte mit
Verbindung gesetzt werden dürfen, wie dieses in neuerer
London der Fall ist und wie grofsentheils auch in Paris
. Die daraus hervorgehende Verunreinigung des Flusses
h ein grofser Uebelstand, der jedoch in gleichem Maafse
all zeigt, wo das unmittelbare Einwerfen des Schmutzes in
s gestattet ist.
he Abzugscanäle kommen in den meisten gröfseren Städten
reich und Grofsbritannien vor, doch wo sie aus älterer Zeit
sind sie gewöhnlich nur nach dem nächsten Bedürfnisse
gehörige Rücksicht auf eine angemessene Vertheilung des
angelegt, woher sie in vielen Fällen denjenigen Effect nicht
en sie bei einer passenderen Anordnung haben könnten. In
nd sind sie seltener. Dagegen waren sie schon in früherer
nnt. Die Cloaken in Rom sind wegen ihrer Ausdehnung
sen Dimensionen noch jetzt unübertroffen. Sehr ausführliche
ten über die verdeckten Abzugs-Canäle in einigen Deutschen,
Französischen und namentlich in Englischen Städten wurden
lt, als man Berlin in gleicher Weise entwässern wollte. In-
auf den betreffenden Bericht verweise *), beschränke ich

———

Wiebe, die Reinigung und Entwässerung der Stadt Berlin. Ber-

mich nachstehend auf eine kurze Andeutung der wesentlichsten P
die bei Anlagen dieser Art zu berücksichtigen sind.

Vorzugsweise ist darauf zu achten, daß die Canäle
Stoffe, welche sie abführen, nicht verstopft werden. In
ziehung ist es zunächst nöthig, ihnen ein hinreichendes
geben. So muß in London in dem Districte zunächst West
das Gefälle wenigstens $\frac{1}{7}$ betragen, in dem Districte Holben
Finsbury wenigstens $\frac{1}{170}$, und die Commissarien, welche
ten controlliren, empfehlen besonders das Gefälle von $\frac{1}{8}$. Di
gedehnten Abzugscanäle in Edinburgh haben zum Theil viel
Gefälle, sogar bis auf $\frac{1}{4}$, und man betrachtet diejenigen
ders vortheilhaft, die zwischen $\frac{1}{15}$ und $\frac{1}{100}$ messen. Es l
indessen da, wo die Stadt in einem fast horizontalen Flußthale
ist, diese starken Gefälle nicht darstellen, und man muß als
andere Art die Reinigung zu bewirken suchen. In London g
dieses durch den verschiedenen Wasserstand in der Themse bei
und Ebbe. Man läßt nämlich das Hochwasser in die Abzug
treten und hält dasselbe bis zur niedrigsten Ebbe darin
Werden sie alsdann geöffnet, so stürzt das Wasser mit He
heraus und der starke Strom spült den Niederschlag fort. W
Fluth und Ebbe nicht in den Fluß treten und derselbe übe
nur wenige Fuße tiefer liegt als die Stadt, während letztere sich
zu weiter Entfernung von demselben ausdehnt, so ist es nicht nur
möglich, die vorerwähnten starken Gefälle darzustellen, sondern
kann selbst sehr schwache den Canälen nicht geben, wenn man
das Bassin, worin diese ausmünden, bis unter das Niveau des Flu
senkt. Indem nach manchen Erfahrungen selbst sehr schwache
fälle, wie von 1 zu 2500 schon zur Abführung des Wassers in
send geformten Canälen genügen, so ist für Berlin vorgeschl
worden, letztere nach einem Bassin zu führen, dessen Inhalt
eine Dampfmaschine in die Spree gepumpt wird.

Die Abzugscanäle erhalten in England fast immer solche
mensionen, daß sie bequem begangen werden können. Fig. 114
zwei Profile derselben, nämlich a ist das für den Westminster-Dis
vorgeschriebene Profil, sobald der Canal mehr als eine Straße
gen soll und b dasjenige für den District Holborn und Finst
In Paris mußte die Reinigung dieser Canäle namentlich in der
der Seine häufig durch Handarbeit vorgenommen werden. Die

... hatten daselbst das Fig. 115 dargestellte Profil, doch giebt es
... viele kleinere, die nur 1 Meter oder 3 Fuß 2 Zoll hoch sind,
... Reinigung aber theils wegen der geringen Höhe, und theils
... des Mangels an frischer Luft sehr beschwerlich ist. In neu-
... sind die Abzugs-Canäle in Paris wesentlich erweitert, auch
... ihre Reinhaltung mehr gesorgt worden.

... Wichtig ist die Art der Zuleitung des Wassers in diese Canäle,
... zwar ebensowol von den Straßen aus, als aus dem Innern der
... ... Gewöhnlich ergießen sich die gepflasterten Rinnen durch
... ...erne Roste in sie. Ein solcher Rost, wie er in England üb-
...t, ist Fig. 116 a in der Ansicht von oben und b im Durch-
... dargestellt. Er bildet oben eine concave Fläche, welche der
... der Rinne entspricht, und ruht auf einem Rahmen von Werk-
...... Zuweilen läßt man auch das Wasser nicht unmittelbar in
... Abzugscanäle, sondern wie Fig. 117 a und b im Grundrisse und
... Durchschnitte zeigt, in Schlammkasten treten, worin die schwe-
... Stoffe niederschlagen und woraus nur das reinere Wasser ab-
... Diese Anordnung kommt jedoch nicht häufig vor, sie hat
... den Nachtheil, daß die Reinigung der Schlammkasten für die
...barschaft höchst unangenehm ist, und gerade denjenigen Uebel-
...d herbeiführt, den man vorzugsweise vermeiden will. Fig. 118
...t die in Paris gewöhnliche Zuleitung des Wassers, wobei gleich-
...s der Rost angewendet ist. Derselbe ruht zunächst auf einem
...ernen Rahmen, und dieser liegt auf einem großen quadratisch
...bearbeiteten Werkstücke, welches mit einer dem Roste entsprechen-
...n Oeffnung versehn ist. Das Straßenpflaster ist ringsum ange-
...lossen, und giebt der Rostplatte die nöthige Haltung. Es er-
...get sich indessen häufig, daß die Oeffnungen im Roste durch
...uch und andere vom Wasser herbeigeführte Körper verstopft
...rden. In dieser Beziehung giebt man den breiten Einmündungen
...er den Trottoirs den Vorzug, wie eine solche Fig. 119 a und b
...er Ansicht und im Durchschnitte gezeichnet ist. Die im Trot-
...r liegende gußeiserne Platte ist ganz geschlossen, und das Was-
...r ergießt sich neben ihr zur Seite der sehr flachen Straßenrinne
... den Canal.

... Die Abzugscanäle liegen gemeinhin in der Mitte der Straße,
...ch sind sie zuweilen auch unter den Trottoirplatten angebracht, be-
...ders, wenn sie nicht tief sind. In den englischen Städten kommt

das Letzte nicht leicht vor, denn das Trottoir wird als Theil des
Hauses betrachtet, und der Raum darunter ist Keller, der zur Auf-
bewahrung der Kohlen benutzt wird. Ueberdies liegen die Canäle
hier so tief, daſs ihre Sohle sich mindestens 4 Fuſs unter dem gepflasterten Boden des Souterrains befindet. Man entfernt dadurch
jede Gefahr eines Durchsickerns in die Souterrains und braucht
keine besondere Vorsicht auf die Wasserdichtigkeit der Canäle zu
verwenden.

Wegen der tiefen Lage sind diese Abzugscanäle nicht so leicht
zu öffnen, als wenn sie nur durch die Trottoirplatten bedeckt wären,
und man muſs daher für die nöthige Anzahl von Einsteigeöffnungen
sorgen. In London finden sich solche wirklich in Entfernungen von
durchschnittlich 15 Ruthen, und sie werden gebildet durch gemauerte
Schachte, die an der Seite des Canales herabgeführt und durch Gallerien mit ihm verbunden sind. Guſseiserne oder Steinplatten, die
meist im Trottoir liegen, verschlieſsen die obern Mündungen dieser
Oeffnungen. Wenn die Abzugscanäle sich nicht unter den Straſsen-
rinnen hinziehn, so kann man das Wasser auch nicht unmittelbar
hineinleiten, bei gröſserer Breite derselben vermeidet man es auch
gern, in den gewölbten Decken Oeffnungen anzubringen. Die gemauerte Abfallröhre wird alsdann schräge herabgeführt und mündet
von der Seite und zwar in der Höhe von 1 oder 2 Fuſs über der
Sohle. In Paris hat man in diesem Falle auch guſseiserne Abfallröhren von 10 Zoll Weite benutzt. Gewöhnlich erreichen die Abfallröhren von beiden Seiten auf dem kürzesten Wege den Canal
doch zuweilen ist dieses wegen besonderer Umstände nicht möglich
und alsdann kann man sie auch in der Art verbinden, wie Fig. 13
zeigt.

Was die Ableitung des Spülichts aus den Gebäuden in die
Abzugscanäle betrifft, so findet bei einer tiefen Lage der letztern in
dieser Beziehung keine Schwierigkeit statt. Es wird in den englischen Städten nur darauf gehalten, daſs diese Seitencanäle auch ein
gehöriges Gefälle haben und mindestens 1½ Fuſs über der Sohle des
Hauptcanals ausmünden. Dadurch wird bei einer etwanigen Ansammlung von Schmutz ein Zurücktreten desselben in die sehr engen und daher schwer zu reinigenden Seitencanäle vermieden. Wenn
letztere mit Abtritten in Verbindung stehn, so ist diese Vorsicht noch
dringender.

Durch die Seitencanäle dringt indessen zuweilen von den Haupt-
en ein starker Geruch in die Häuser und aufserdem haben sie
Nachtheil, dafs die Ratten, die sich in jenen in grofser Anzahl
alten, auch in die Häuser kommen. Um beides zu vermeiden,
ht man die kleinen Zuleitungscanäle an ihren untern Mündun-
mit gufseisernen Klappen, die am obern Ende um eine horizon-
e Achse sich drehen. Sie öffnen sich also nur, wenn das vom
use aus eingegossene Wasser sie aufstöfst und schliefsen sich
auf von selbst. Dieses Mittel ist indessen sehr unsicher und giebt
t zu einer vollständigen Verstopfung der Zuleitungsröhre Ver-
ssung. Vortheilhafter ist dagegen die in Fig. 120 dargestellte
rdnung, welche in England häufig vorkommt. Die Zuleitungs-
re A geht nämlich nicht ohne Unterbrechung mit gleichem Ge-
fort, sondern ist an einer Stelle gesenkt, worin also das Was-
zurückgehalten wird, und eine Zunge, die aus einer Steinplatte
ht, tritt von der Decke bis unter das Niveau des hier gesam-
en Wassers herab. Dadurch wird die Röhre luftdicht geschlos-
und auch die Ratten sollen nicht leicht hindurchgehn. Ein Uebel-
d hierbei möchte nur der sein, dafs diese Vertiefungen wie
hlammkasten wirken, und von Zeit zu Zeit geräumt werden müs-
n. Zur Erklärung der letzten Figur mag noch bemerkt werden,
ß B das Trottoir und C der darunter befindliche Kohlenkeller
. D ist dagegen ein oben offener Graben, der das Haus von der
afse trennt, und Gelegenheit giebt, die Küche E und die sonsti-
n Räume des Souterrains zu erleuchten.

Vierter Abschnitt.

---

wässerungen und Bewässerungen.

§. 24.
Vorarbeiten.

i der unregelmäfsigen Gestaltung der Erdoberfläche kann es nicht
:n, dafs das Wasser stellenweise mehr oder weniger zurückge-
en wird, indem nicht überall ein freier Abflufs ihm eröffnet ist.
selne tiefe Bassins bleiben als Binnen-Seen dauernd gefüllt, und
dieses auch nicht geschieht, wird häufig der Boden nie so trocken,
ı er als Ackerland oder auch nur als Wiese benutzt werden
nte. Die Entwässerungen, von denen hier die Rede ist, beziehn
ı zuweilen auf den ersten Fall, oder auf die Ablassung von Seen,
zugsweise aber auf die Trockenlegung von Sümpfen. Letztere
len meist ebene, beinahe horizontale Flächen. Oft sind sie aus
n entstanden, welche durch das Material, das Bäche und Flüsse
en zuführten, sich nach und nach angefüllt haben. Indem das Was-
welches darüber fliefst, besonders die vorhandenen Vertiefungen
folgt, und diesen vorzugsweise neues Material zuführt, so bildet sich
ı selbst die nahe horizontale Oberfläche aus, die auch bei ferne-
Erhöhung sich immer von Neuem wiederherstellt, und eben des-
b einer natürlichen Entwässerung entbehrt. Häufig ist der Unter-
nd dieser sumpfigen, oder stets mit Wasser bedeckten Ebenen
an sich fruchtbarer Boden, und alsdann ist der Gewinn bei ihrer
twässerung oder ihrer Melioration aufserordentlich grofs. Dabei
ı gemeinhin noch eine andre nicht minder wohlthätige Aenderung
: Local-Verhältnisse ein. Nicht nur die versumpften Flächen, son-
m auch deren nächste Umgebungen waren bisher unbewohnbar
er doch wegen der Ausdünstungen so ungesund, dafs epidemische
ankheiten und namentlich Fieber fast nie in den Familien auf-
eten, die sich daselbst niedergelassen hatten. Auch dieses Uebel

verschwindet, sobald das stehende Wasser entfernt und der Boden
cultivirt wird. In beiden Beziehungen stehn daher die Meliorationen
mit den wichtigsten Interessen der menschlichen Gesellschaft in unmittelbarer Beziehung.

Die Erfolge solcher Anlagen haben vielfach den Erwartungen
vollständig entsprochen, wie zahlreiche Beispiele in Deutschland,
Frankreich, den Niederlanden und namentlich in Italien zeigen.
Nichts desto weniger giebt es wohl kaum irgend welche andre hydrotechnische Ausführungen, die so oft als ganz verfehlt dargestellt
werden, wie diese Meliorationen, selbst wenn die günstigsten Veränderungen unverkennbar sind. So war die Fläche von etwa 1 Quadratmeile Inhalt, der Schraden bei Mückenberg ohnfern der Preußisch-
Sächsischen Grenze an der Schwarzen Elster stets mit Wasser bedeckt und das schlechte Gras, welches den einzigen Ertrag lieferte,
konnte nur unter Wasser gemäht und in kleinen flachen Kähnen abgefahren werden, während keine Niederlassung darauf bestand. Durch
die Melioration hat diese Fläche seit einigen Jahrzehenden sich in
culturfähiges Land verwandelt, die fruchtbaren Getreidefelder dehnen
sich darauf immer weiter aus, und eine Anzahl Höfe sind darauf entstanden, die durch fahrbare Wege unter sich und mit den höhren Umgebungen in Verbindung stehn, aber dennoch wird das Unternehmen
vielfach als ganz mißglückt dargestellt und sogar behauptet, daß die
dafür verausgabten Kosten durchaus nutzlos verwendet seien. Abgesehn von manchen noch weniger zu billigenden Motiven dürfte das
Privat-Interesse vorzugsweise diese eigenthümliche Auffassung veranlassen. Die sehr bedeutenden Kosten solcher Anlagen werden
nach Maaßgabe des erwarteten Gewinnes auf die betreffenden Grundbesitzer vertheilt, woher der Einzelne sich bemüht, diesen Gewinn
als möglichst geringe darzustellen, und alle Unbequemlichkeiten und
Ausgaben, welche die Umgestaltung der Verhältnisse verursacht, als
unerträglich zu schildern.

Dazu kommt freilich der Uebelstand, daß durch die Melioration,
welche auf gemeinschaftliche Kosten ausgeführt wird, die Verbesserung nur eingeleitet werden kann, der einzelne Grundbesitzer aber
noch vielfache kleinere Anlagen machen muß, um von dieser den
vollen Nutzen zu ziehn. Außerdem erfordert die wesentliche Aenderung der Bewirthschaftung auch eine Menge neuer Anschaffungen
und sonstiger Einrichtungen, und wenn hierzu die nöthigen Mittel

m, der bisherige geringe Ertrag aber aufhört und durch nichts
⬛ wird, so tritt der erwartete Vortheil nicht früher ein, als bis
⬛ wohlhabender und intelligenter Oeconom das Grundstück ankauft.

In vielen Fällen ist der Boden von der Art, daß durch die
⬛ legung seine Ertragsfähigkeit nicht vermehrt, vielmehr in
⬛, die durch geringe Niederschläge sich auszeichnen, sogar ver-
⬛ wird. Bei Aufstellung des ersten Entwässerungs-Projectes
⬛ das Thal der obern Lippe entspann sich ein lebhafter Streit über
⬛ Frage, ob die Erträge mehr durch den Ueberfluß, oder durch
⬛ Mangel an Wasser beeinträchtigt würden. Vielfach ist es daher
⬛ wendig, zugleich mit der Entwässerung auch für Bewässerung zu
⬛.

⬛ Demnächst tritt den Meliorations-Anlagen, besonders wenn sie
⬛ auf größere Flächen beziehn, häufig noch die Besorgniß ent-
⬛, daß die untern Gegenden dabei leiden. So lange näm-
⬛ für die Trockenlegung eines Sumpfes nicht gesorgt ist, so ergießt
⬛ der Fluß, wenn er anschwillt, in denselben und da das Was-
⬛ sich daselbst weit ausbreitet und keinen leichten Abfluß findet,
⬛ meint man gewöhnlich, daß die unterhalb liegenden Flußthäler
⬛ längere Zeit hindurch, aber doch weniger hoch inundirt werden,
⬛ wenn die nöthigen Abzugsgräben eröffnet sind, durch welche ein
⬛ neller Abfluß dargestellt wird. Man hört diese Ansicht oft ausspre-
⬛, allein es ist keine Erfahrung nachzuweisen, wodurch sie be-
⬛ würde. Als dem Chiana-Flusse im Anfange dieses Jahrhun-
⬛ ein regelmäßiger Lauf gegeben und die Entwässerung seines
⬛ tigten Thales (wovon später die Rede sein soll) vorgenom-
⬛ wurde, hegte man in Florenz diese Besorgniß. Es zeigte sich
⬛ wirklich, daß dieses Thal sonst 10 bis 15 Tage lang die hö-
⬛ Fluthen zurückhielt, während es dieselben später schon in 2
⬛ 3 Tagen ablaufen ließ, aber nichts desto weniger haben nach
⬛ ti's und Fossombroni's Mittheilungen seit eben dieser Zeit im
⬛ nie solche hohe Anschwellungen statt gefunden, wie früher.
⬛ Einfluß der Entwässerung ist also in diesem Falle nicht nach-
⬛ gewesen. Dasselbe hat sich auch in vielen ähnlichen Fällen
⬛ zeigt, und die Erscheinung erklärt sich dadurch, daß in den ge-
⬛ angeordneten und kräftigen Abzugsgräben die Entwässerung
⬛ früher beginnt, und sonach schon vor dem Eintritt der höch-
⬛ Anschwellung große Wassermassen abgeflossen sind.

Der hohe Wasserstand, den man durch die Entwässerung ~~~
Niederung aus derselben entfernen will, kann entweder durch ~~
ursprüngliche Gestaltung der Erdoberfläche veranlaßt sein, wie ~~
ses bei den meisten von der Natur gebildeten Seen der Fall ist, ~~
er ist eine Folge von künstlichen Anlagen und namentlich von ~~
und endlich wird er nicht selten durch die Erhöhung der Flu~~
und Bachbetten verursacht. Der letzte Fall verdient eine ~~
dere Erwähnung. Alle Flüsse und Bäche führen nämlich eine ~~
Sand und andres Material mit sich, das sie an den Stellen, wo ~~
Strömung mäßig wird, fallen lassen. Dieses geschieht vorzug~~
zur Zeit des Hochwassers, und wenn später das Wasser fällt ~~
die Kraft des Stromes abnimmt, so wird derselbe durch solche ~~
lagerungen zurückgehalten, und er muß davor aufstauen, bis ~~
Wasser die nöthige Druckhöhe erhält, um entweder darüber for~~
fließen, oder sich ein anderes Bette zu bilden. Am stärksten p~~
gen diese Ablagerungen in den Krümmungen zu sein. Das Hoch~~
wasser verläßt hier das eigentliche Bette und folgt in gerade~~
Richtung dem Flußthale, wo es aber eine Vertiefung berührt, ~~
läßt es vorzugsweise die Stoffe fallen, die es mit sich führte. ~~
erhöht sich stellenweise das Bette und zwar besonders zur Seite ~~
stärksten Strömung des Hochwassers. Diese Veränderung der Ober~~
fläche des Flußthales hat wieder Einfluß auf die Strömung. D~~
selbe findet bald in einer andern Richtung eine große Tiefe ~~
und indem sie dieser folgt, so geht die Erhöhung des Bodens ~~
wieder ebenso vor sich, wie früher an der ersten Stelle. Auf sol~~
Art wächst ein Theil des Thales nach dem andern empor, und
bildet sich eine überraschende Gleichmäßigkeit in der Ablager~~
Eine dauernde Versumpfung würde demnach in einem Thale, ~~
ches hinreichendes Gefälle hat, nicht leicht vorkommen, wenn
nicht durch künstliche Anlagen herbeigeführt würde. Nur bei ei~~
Boden, der geringen Werth hat, bleibt der Besitzer desselben
ruhiger Zuschauer der natürlichen Veränderungen des Flußla~~
sobald aber Ackerbau, oder auch nur eine geregelte Graßnu~~
eingeführt ist, so werden die Versandungen sehr nachtheilig. ~~
verhindert diese, indem man durch Deiche die Aecker und Wi~~
abschließt, und sich bemüht, durch Deckung der Ufer den Flu~~
seinem Bette zu erhalten. Auf solche Art wird die regelmä~~
Umformung des Thales unterbrochen. Die der Ueberfluthung

ichen können sich nicht weiter erhöhen, und verlieren ihre
Entwässerung, indem das Flußbette mit den nächsten Um-
nach und nach sich erhebt.

; giebt das Zusammentreffen zweier Wasserläufe
ng zur Entstehung der Sümpfe. Wenn ein Bach in einen
det und letzterer sein Bette nach und nach erhöht, so
ich der erste in demselben Maaße an, wie der Wasser-
Flusses am Vereinigungspunkte sich erhebt, und das Thal
verliert die natürliche Entwässerung und verwandelt sich
umpf, oder einen See. Dasselbe geschieht auch, wenn ein
sein Bette stark erhöht, eine natürliche Niederung trifft,
ich einer Seite so weit ausdehnt, daß wegen der großen
; von der Hauptrichtung des Flusses die Bildung einer
ömung und sonach die natürliche Erhöhung daselbst nicht
ann.

h werden Versumpfungen auch häufig dadurch erzeugt,
lündungen der Flüsse und Bäche oder der Seen, die sich
er ergießen, nicht offen bleiben. Zwei verschiedene Ur-
wirken ihre Sperrung. Eines Theils wirft der Wellen-
heftigen Winden große Sandmassen in sie hinein, und
ladurch zuweilen auch nicht vollständig geschlossen wer-
rlegen sie sich, der Richtung des Windes und des Küsten-
lgend, seitwärts, so daß der Abfluß des Wassers durch
gerung des Laufes erschwert wird. Findet dagegen kein
m statt, und trifft zugleich kein heftiger Wellenschlag die
so schlägt sich das Material, welches der Fluß mit sich
littelbar davor nieder. Hieraus bildet sich nach und nach
d, oder die Ufer dehnen sich seewärts aus und der Fluß
r. Indem derselbe aber auch in dieser neu hinzugekom-
ecke eines gewissen Gefälles bedarf, so erhöht sich sein
gel weiter aufwärts, oder die daneben liegenden Ufer ver-
m sie schon niedrig waren, ihre natürliche Entwässerung.
n den Mündungen der meisten größeren Ströme befindli-
rungen sind wahrscheinlich auf diese Art entstanden. Die
der Rhône verlegt sich von Jahr zu Jahr weiter in das
ische Meer. Nach einer Mittheilung von Prony rückte die
des Po vom 12ten bis zum 17ten Jahrhundert jährlich
thren vor, seit dem Anfange des 17ten Jahrhunderts ist

das Fortschreiten aber viel stärker geworden und beträgt jäh[...]
sogar 18½ Ruthen. Ebenso zeigt eine Vergleichung der ältern [...]
neuern Charten der Nogat (eines Armes der Weichsel, der [...]
Elbing in das Frische Haff mündet), daß deren Mündung von 1[...]
bis 1794 jährlich um 6½ Ruthen, von 1794 bis 1838 aber jä[...]
um 11½ Ruthen vorrückte.

Der Grund, weshalb in neuerer Zeit die Verlandungen sch[...]
eintreten, und deshalb die Versumpfungen jetzt stärker werden[...]
früher, ist in der Zerstörung der Waldungen und in der Ausdeh[...]
des Ackerbanes zu suchen. So lange nämlich der Boden sein[...]
türlichen Schutz im Rasen und Strauche und in den Bäumen [...]
die darin wurzelten, so wurde das Wasser, welches bei einem [...]
ken Regen darauf niederfiel, nicht nur zurückgehalten, so d[...]
nur langsam den Betten der Bäche und Ströme zufloß, sonder[...]
berührte auch so wenig den nackten Boden, daß es von diesem [...]
Erde und den Sand nur selten lösen und mit sich führen k[...]
Wenn aber die Waldungen verschwunden sind und die Ober[...]
in Ackerland verwandelt ist, wobei man immer für einen leich[...]
Abfluß sorgt, so stürzt das Wasser bei starkem Regen sogleich [...]
Bach- und Flußbetten zu und reißt von dem aufgelockerten Be[...]
große Erdmassen mit sich, welche jene Versandung und Verlä[...]
rung der Flüsse erzeugen. Die Wiederherstellung des frühern [...]
standes ist aber abgesehn von dem langen Zeitraume, den sie jed[...]
falls in Anspruch nimmt, in vielen Fällen dadurch unmöglich [...]
worden, daß das herabstürzende Wasser die schwache Humus-De[...]
fortgespült hat und auf dem nakten Felsen keine Cultur gedeiht.

Im Vorstehenden sind die verschiedenen Ursachen der Versu[...]
pfung zusammengestellt, doch können die Methoden zur Beseitig[...]
derselben hier nur insofern mitgetheilt werden, als sie in das Geb[...]
der Hydrotechnik fallen. Wie tief das Wasser gesenkt werden m[...]
um diese oder jene Cultur, die der Beschaffenheit des Bodens [...]
den sonstigen localen Verhältnissen entspricht, zu ermöglichen,
eine Frage, die nur der Landwirth beantworten kann. Ueberh[...]
ist bei Meliorationen der Wirkungskreis des Wasserbaumeisters v[...]
dem des Oeconomen so wenig scharf getrennt, daß dem erste[...]
nicht leicht die Bearbeitung und Ausführung eines Entwurfes g[...]
überlassen wird, woher es sich rechtfertigt, daß nachstehend [...]
verschiedenen anzuwendenden Methoden nur in allgemeinen Um[...]

getheilt sind. Der eigentliche Deichbau wird aber später be-
 werden.

ll das Project zur Entwässerung eines Sumpfes oder zur
alegung eines Sees aufgestellt werden, so muſs man sich
t durch eine genaue Localuntersuchung von der Ursache der
mlung des Wassers Rechenschaft geben, damit einer ferneren
ung derselben gehörig vorgebeugt werden kann. Demnächst
 genaue Aufnahme des Terrains erforderlich. Dabei tritt
wierigkeit ein, daſs eine sumpfige Fläche nicht überall zu-
 ist, und da nicht nur die Grenze derselben, sondern auch
in belegenen Vertiefungen und Erhebungen auf der Charte
ichnen sind, so muſs man eine Methode wählen, wobei man
ikette beinahe ganz entbehrt, und durch Winkelmessungen
seinen Punkten aus schon in den Stand gesetzt wird, die
rselben zu bestimmen.

rzu empfiehlt sich zunächst die unter dem Namen der Po-
ben Aufgabe bekannte Methode, mittelst deren man die Lage
unktes findet, wenn man von demselben aus die beiden Win-
schen drei ihrer Lage nach bekannten andern Punkten ge-
hat. Es bedarf kaum der Erwähnung, daſs man diese Auf-
wol durch Rechnung, was unbedingt am sichersten ist[*]),
h mittelst des Meſstisches und am bequemsten mittelst der
 lösen kann. Im letzten Falle genügt es sogar schon, nach
kannten Punkten zu visiren, wobei freilich jede Controlle
ortfällt, als wenn man nur zwischen drei Punkten die Win-
essen hätte.

 Detail-Messungen muſs man zuweilen mit Instrumenten
n, die keiner festen Aufstellung bedürfen, weil der Boden
r so nachgiebig ist, daſs man ein festes Stativ in seiner Lage
cher erhalten kann, oder man wohl gar gezwungen ist, auf
die Tiefen- und zugleich auch die Winkelmessungen vorzu-
    Man ist alsdann auf den Spiegel-Sextant und ähnliche
ms-Instrumente beschränkt, während die Schmalkaldische

———

Vie man unter Zugrundelegung einer gröſsern Anzahl von Festpunk-
wahrscheinlichste Lage des gesuchten Punktes findet, habe ich in den
gen der Wahrscheinlichkeits-Rechnung, Berlin 1867, ausführlich ent-

IV. Entwässerungen.

Boussole, mit der aus freier Hand gemessen wird, bei kl
Entfernungen sehr brauchbar ist.

Die Ermittelung der Höhenlage des Bodens ist am leicl
wenn die zu entwässernde Fläche ein See ist, das heißt, w
so hoch mit Wasser bedeckt ist, daß dasselbe eine horizontal
fläche annimmt. In diesem Falle verwandelt sich das Nive
in eine Peilung oder Tiefenmessung. Hierüber wird bei G
heit der hydrometrischen Messungen, die den Strom-Corr
vorangehn, ausführlich die Rede sein. Ist dagegen der Sum
oder doch stellenweise stark verwachsen und dadurch der
spiegel vielfach unterbrochen, oder wenn eine merkliche S
sich irgendwo darin zu erkennen giebt, so bildet die Was
nicht mehr eine horizontale Ebene. Man kann alsdann die
rung eines Nivellements nicht umgehn, und zwar muß m
da hier eine große Genauigkeit nothwendig ist, eines guten
mentes mit Fernrohr und Libelle bedienen. Es fehlt aber
hier an der nöthigen Anzahl von Punkten, die fest genug
das Instrument mit Sicherheit darauf stellen zu können, m
sie daher theilweise durch Rüstungen künstlich bilden, und
sen aus die Höhenlage des umgebenden Bodens an fest ein
nen Visirlatten bestimmen.*) Außerdem kann man auch
scharf markirte Signale, wie etwa Kugeln im Sumpfe aufges
die Höhe derselben durch genaue Messung der Vertikalwir
dem höhern Ufer aus finden.

Die Resultate des Nivellements stehn mit der angefertigte
in genauer Beziehung, und es kommt darauf an, sie auf c
anzudeuten, daß man ein deutliches Bild von der
Höhenlage der zu entwässernden Fläche erhält. Durch
gang besonderer Nivellements-Profile erreicht man diesen
nicht. Man gewinnt keine Uebersicht, wenn man die versc
Profile besonders nachschlagen muß, und es gewährt auc
Erleichterung, wenn letztere unmittelbar in die Charte eing
sind, wodurch überdies die Deutlichkeit zu leiden pflegt. P
ist es, die Höhenlage aller gemessenen Punkte über oder u

---

*) Die Rücksichten, die zur Erlangung sicherer Resultate bei
vellement zu nehmen sind, habe ich in dem angeführten Werke ü
scheinlichkeitsrechnung im 5. Abschnitte gleichfalls behandelt.

nenen· Normalhorizont in Zahlen einzuschreiben. Ein be-
lares und scharfes Bild von der Gestaltung der Oberfläche
n aber, wenn man in die Charte diejenigen Linien einträgt,
)urchschnitt gewisser horizotalen Ebenen mit der Oberfläche
ι. Diese Art der Bezeichnung wird heutiges Tages auch
rn Charten vielfach angewendet.

ι unter den Vorarbeiten, welche der Ausführung einer Mo-
vorangehn müssen, die Untersuchung der Beschaffenheit
e ns inbegriffen ist, darf kaum erwähnt werden, indem hier-
tsächlich der ganze Bewirthschaftungsplan und der zu er-
Nutzen des Unternehmens abhängt. Diese Untersuchung
sen auch einen andern, mehr hydrotechnischen Zweck,
s fragt sich, ob der Boden bei der erfolgenden Austrock-
ι bedeutend senken wird, wodurch die spätere Entwässe-
der leidet. Bei Sand- und Kiesgrund hat man dieses we-
efürchten, bei einem stark durchweichten Thonboden in hö-
rade, und am meisten, wenn der Boden wie etwa loser
durchwachsenen Wurzelfasern zusammengesetzt ist und
sogar auf dem Wasser schwimmt. Die zu erwartende Sen-
Bodens ist aber nicht nur von der Beschaffenheit des wei-
rgrundes, sondern auch von der Mächtigkeit desselben ab-
Man muß also durch Bohrversuche sich hiervon eine nähere
verschaffen und demnächst durch ungefähre Schätzung die-
efe zu bestimmen suchen, zu der die Oberfläche herabsin-

er sind die Bäche oder Flüsse, welche sich in die Nie-
gießen, oder darin geleitet werden können, ein wichtiger
ıd, und zwar kommt außer der Höhe, in der man sie abfangen
ch ihre Wassermenge sowol in der trockenen Jahreszeit,
heftigen Regengüssen und beim Schmelzen des Schnees in
und endlich ist in beiden Fällen noch die Beschaffenheit
ıers zu untersuchen. Ein reines Wasser, oder ein solches,
tlar ist, setzt keinen Niederschlag ab, man kann es daher
· Entwässerungsgräben abführen, ohne befürchten zu dürfen,
ιlben dadurch verschlämmt werden. Dieses Wasser ist in-
r die Cultur weniger nützlich. Wenn dagegen Thon- und
'heilchen im Wasser schweben, so düngen sie den Boden.
ühren die Bäche auch Sand, Kies und Geschiebe und zwar

oft in grofser Menge mit sich. Alsdann mufs man sie von de
mittelbaren Eintritt in die Entwässerungsgräben abhalten, w
dieselben verflachen würden. Dieses Wasser ist aber bei bes
niedrigem Boden von der äufsersten Wichtigkeit, indem es 1
sogenannten Colmationen benutzt werden kann, das heifst, ma
melt es in grofsen Bassins an, worin es zur Ruhe kommt u
erdigen Stoffe und gröberen Geschiebe fallen läfst. Auf sok
erhöht man die einzelnen Flächen soweit, dafs ihnen die nat
Entwässerung gegeben werden kann.

Endlich sind die meteorologischen Verhältniss(
noch in Betracht zu ziehn. Man mufs, wenn auch nur ann
nicht nur die Menge des jährlichen Niederschlages, sonder
die gröfste Regenmenge kennen, die an einem oder an zwei
ander folgenden Tagen herabgefallen ist.

Wie diese verschiedenen Untersuchungen zur Entwerfu
Projectes benutzt werden, wird sich aus dem Folgenden e
Die Mittel, die man aber anwenden kann, um die Entwässer
bewirken, sind:

1) Beförderung der Vorfluth. Dieses geschieht ei
   durch Senkung des Wasserspiegels in dem Flusse od
   See, der die Entwässerungsgräben aufnimmt, oder du
   seitigung der sonstigen Hindernisse des Abflusses.

2) Entfernung des fremden Wassers von der zu ₁
   sernden Gegend, damit die Abzugsgräben keine ander
   sermenge abzuführen haben, als diejenige, welche in dem
   selbst niederschlägt, oder in Quellen darin hervortritt.

3) Anlage der Entwässerungsgräben, deren angemess(
   ordnung und Profilirung wesentlich zum Gelingen des
   nehmens beiträgt.

4) Erhöhung des zu entwässernden Terrains durch Coln
   oder durch den Niederschlag der hineingeleiteten Flü
   Bäche.

5) Sickergräben oder Drains, die jedoch nicht sowol i
   pfigen Niederungen, als in höherem Terrain benutzt 1
   um einen undurchlässigen Boden trocken zu legen.

Aufserdem kann man noch durch künstliche Entw
rung, das heifst durch Anwendung von Schöpfmaschinen, d
ser entfernen, doch kommt dieses bei solchen Meliorationen,

r die Rede ist, nicht leicht vor. Schliefslich mufs noch erwähnt
wden, dafs man zuweilen durch Anpflanzung solcher Gewächse
b Wasser zu entfernen gesucht hat, welche grofse Quantitäten des-
ben consumiren. Namentlich eignen sich hierzu manche Baum-
flngen, die man indessen alsdann nur als Strauch cultivirt, da
b Treiben von recht vielen und kräftigen Zweigen hierbei beson-
ts wirksam ist. Eine zehnjährige Weidenwurzel soll in sechs
gen etwa einen Cubikfufs Wasser aufsaugen. Da man aber ge-
hnlich eine andre und vortheilhaftere Benutzungsart des Bodens
bsichtigt, so wird hiervon nicht leicht Gebrauch gemacht, wenn
nicht etwa zugleich darauf ankommt, Faschinenholz für die son-
gen Entwässerungsanlagen zu gewinnen.

§. 25.
Beförderung der Vorfluth.

Wenn die versumpfte Fläche sich neben einem Flusse befindet,
durch Verlandung seines Bettes und seiner nächsten Ufer einen
ern Wasserstand angenommen und dadurch Veranlassung zum
stehn des Sumpfes gegeben hat, so mufs man untersuchen, ob
Wasserstand an der Stelle, wo der Abzugsgraben einmündet,
nkt werden kann. Die dabei anzuwendenden Mittel werden bei
egenheit der Stromcorrectionen ausführlich behandelt werden, hier
f nur insofern davon die Rede sein, als man zuweilen die Länge
Flusses mittelst Durchstechung der gröfseren und schärferen
immungen vermindert. Gelingt es, auf diese Art, unterhalb der
mündung des Abzugsgrabens eine Verkürzung des Stromlaufes
rzubringen und stellt sich in dem neuen Flufsbette beim Som-
wasser kein stärkeres relatives Gefälle dar, als das alte hatte,
gewinnt man dasjenige Gefälle, welches der früheren Mehrlänge
Flusses entpricht. Solche Durchstiche sind aber oft sehr kost-
, und zwar nicht nur in Bezug auf die Ausführung, sondern auch
gen der vielfachen Entschädigungen, die dabei vorzukommen pfle-
a und wegen der nothwendigen Uferdeckungen, wodurch die Bil-
ng neuer Serpentinen verhindert wird. Man darf von diesem
ittel auch nur Gebrauch machen, wenn man im Stande ist, um
ine bedeutende Länge den Flufslauf zu verkürzen.

Als Beispiel von dem günstigen Erfolge solcher Ger...
des Flusses, in Bezug auf die Senkung des Wasserspiegels, ...
die großartigen Arbeiten angeführt werden, die vor 50 Jahren
Ober-Rhein zwischen Neuburg bei Karlsruhe und der Mündung
Frankenthaler Canales bei Mannheim, auf der Grenze zwischen
den und Rheinbayern ausgeführt sind. Die Stromlänge betrug
her 15⅓ Meilen, und ist durch siebenzehn Durchstiche auf 10 M...
reducirt, so daß man 5⅓ Meilen an Länge gewonnen hat. Di...
Durchstiche waren nach 20 Jahren beinahe vollendet, doch h...
sie größentheils noch nicht den ganzen Strom aufgenommen und ...
Theil waren sie noch nicht eröffnet, und dennoch blieb Karl...
gegenüber der Wasserstand des Hochwassers schon 5 Fuß und ...
des Mittelwasers 3 Fuß unter dem früheren.

Wenn der Fluß, in welchen der Abzugsgraben mündet, ...
starkes Gefälle hat, so kann man den Wasserspiegel des Grab...
auch dadurch senken, daß man den letzteren neben dem Fl...
weiter abwärts leitet, und ihn erst später in diesen ...
läßt. Das im Sumpfe gesammelte Wasser ist immer sehr rein ...
giebt keine Veranlassung zu Versandungen, das dem Graben g...
bene tiefe Profil erhält sich daher lange Zeit hindurch und d...
ist auch kein starkes Gefälle zur Abführung der ganzen W...
menge nothwendig. Auf solche Art kann leicht ein Abzugsgraben, ...
2 bis 3 Fuß tiefer als der Fluß liegt, etwa eine Viertelmeile weiter ...
wärts schon in denselben geführt werden. Die Elbe und Havel ...
zwischen Genthin und Werben etwa auf acht Meilen Länge par...
neben einander. Am obern Ende dieser Strecke, in der Rich...
des alten Plauenschen Canales liegt der Wasserspiegel der Elbe ...
15 Fuß über dem der Havel, da jedoch das Gefälle der Elbe 1:500...
das der Havel dagegen nur 1:16000 beträgt, so kann letztere ...
terhalb Havelberg sich in die erste ergießen, und das weit aus...
dehnte tiefe Terrain zwischen Oder und Elbe entwässern.

Legt man in dieser Art einen Abzugsgraben neben den Fl...
so begegnet man leicht Bächen, die sich in den letzteren ...
gießen. Wollte man dieselben in den Graben treten lassen, ...
würde die größere Wassermenge ein stärkeres Gefälle und ...
eine Erhebung des Wasserspiegels zur Folge haben, außerdem ...
aber auch das Material, welches der Bach, wenigstens zur Zeit ...
Anschwellung, mit sich führt, das Bette des Grabens verflache...

rch aufs Neue die Wirksamkeit der Anlage beeinträchtigen. Man
also die beiden Wasserläufe von einander trennen und dieses
r möglich, wenn man einen über dem andern fortführt. Da
Abzugsgraben beinahe auf seine ganze Länge tiefer, der Bach
gen höher, als der Fluſs liegt, so ist es schon aus diesem Grunde
nessen, den Bach in einem Brückencanale über den Graben
Üren. Es giebt aber noch andere Gründe, die für diese An-
ung sprechen. Insofern nämlich der Graben nur aus einer Ebene
Wasser abführt, die bei heftigem Regen inundirt wird, so hebt sich
Wasserspiegel desselben nie zu einer bedeutenden Höhe, und
darf der Brückenöffnung, durch welche man ihn leitet, keine
roſse Weite geben, als der Bach erfordern würde, der in höhe-
Terrain entspringt und oft in kurzer Zeit hoch anschwillt. So-
aber ist man auch häufig gezwungen, denjenigen Wasserlauf,
ei der Durchkreuzung der untere ist, noch tiefer zu senken,
muſs sogar immer geschehn, sobald beide Wasserstände nahe
ticher Höhe liegen. In diesem Falle würde ein Bach, der Sand
Geschiebe führt, die vertiefte Rinne bald sperren und sich als-
in den darüber befindlichen Graben ergieſsen, wogegen umgekehrt
etztere, wenn er die vertiefte Rinne durchflieſst, dieselbe offen
t, indem sein Wasser von grobem und schwerem Material frei
Dennoch muſs man, um ein mögliches Verstopfen zu verhindern
im häufigen Räumungen vorzubeugen, scharfe Ecken vermeiden
n sanften Krümmungen den Graben hindurchführen. Fig. 121
af. X. zeigt das Profil des gesenkten Abzugsgrabens, welches
elmini empfiehlt.
Da jeder Fluſs gewissen Anschwellungen unterworfen ist
lieselben in den meisten Fällen so hoch sind, daſs sie das ge-
Gefälle der Abzugsgräben aufheben, so hört während dieser
lie Entwässerung auf, und gemeinhin würde auch das Hochwas-
urch Rückstau in die zu entwässernde Gegend treten und selbige
liren, wenn man es nicht durch besondere Anlagen davon ab-
. Einer Ueberfluthung kann hierdurch gewöhnlich nicht vor-
igt werden, indem die Anschwellung des Flusses und sonach
Unterbrechung der Abwässerung fast immer so lange anhält,
das Sammelwasser in der Niederung aus den Gräben tritt und
niedrigsten Umgebungen oder auch wohl das ganze Terrain
schwemmt, dagegen verhindern jene Anlagen das Eintreten des

l. 22

trüben Flufswassers und sonach die Verschlämmung der Gr
Die Periode der höchsten Anschwellung fällt gemeinhin in ein
reszeit, wo der Graswuchs dadurch noch nicht leidet, auch fü
Ackerbau der höhere Wasserstand, wenn er nicht zu lange an
unschädlich ist.

Die Anlagen, welche das Eintreten des Hochwassers der F
in die Abzugsgräben verhindern, ohne den Ausfluß des Binn
sers zu hemmen, sobald jenes aufgehört hat, nennt man Siele.
Construction wird beim Deichbau beschrieben werden. Im A
meinen wäre hier nur zu bemerken, dafs sie bei schnellen und h
figen Aenderungen des Wasserspiegels sich von selbst schließen
öffnen, indem sie mit Klappen oder Thüren versehn sind, die
aufsen aufschlagen. Wenn aber der Graben in einen Flufs m
der langsam und selten anschwillt, so gewähren Schütze, die d
angestellte Aufseher gehoben und geschlossen werden, eine gr
Sicherheit und gewöhnlich auch einen freieren Abfluß.

Endlich wäre noch zu erwähnen, dafs der Abzugsgraben
eine Stelle das Flufsbette treffen mufs, wo dasselbe nahe am U
hinreichend tief, auch vor Ablagerungen von Material geschützt
In dieser Beziehung empfehlen sich vorzugsweise Stromkrümmen
zwar die concaven Seiten derselben. Es befindet sich hier ge
hin die grofse Tiefe unmittelbar neben dem Ufer, und Ablagerun
treten nicht ein, da schon das Ufer im Angriffe liegt, und de
künstlich gedeckt werden mufs.

Es ist bisher nur die Rede davon gewesen, wie man die V
fluth durch Darstellung einer möglichst tiefen Ausmündung des A
zugsgrabens befördert, es kann aber auch geschehn, dafs in d
Abzugsgraben selbst künstliche oder natürliche Wehre vorha
sind, welche den schädlichen Aufstau bilden. Dieser Fall ist ni
selten und namentlich sind es häufig Mühlenanlagen, durch w
che die Versumpfung veranlafst wurde und durch deren Bes
gung schon das Uebel gehoben werden kann. Zuweilen ist d
die gänzliche Beseitigung der Mühle nicht erforderlich, vielmehr
nügt schon ein gehörig weiter und tiefer Grundablafs, um der
höhung des Flufsbettes vorzubeugen.

In Gebirgsgegenden werden häufig Seen dadurch gebil
dafs einzelne Höhenzüge oder Bergrücken die Thäler durchse
und das Wasser vor sich so hoch anspannen, bis es sie überst

l wie über ein künstliches Wehr abfliefst. Die vielen Seen, liche den nördlichen und zum Theil auch den südlichen Abhang r Alpen umgeben, sind auf diese Art entstanden, und man darf well annehmen, dafs unmittelbar nach der Bildung der jetzigen Erd- berfiche die Anzahl und Ausdehnung solcher Seen noch gröfser w, weil viele derselben theils durch Anfüllung ihrer Betten und teils durch Vertiefung der Abflüsse verschwunden sind.

h Nur in seltenen Fällen hat man eine tiefe Senkung solcher see durch Stollen versucht. Beispielsweise ist dieses am Lungern- te im Canton Unterwalden im Anfange dieses Jahrhunderts ge- lehn, wo nach 40 jähriger, oft unterbrochener Arbeit endlich im Mange des Jahres 1836 in der Tiefe von 120 Fufs unter dem bis- tigen Wasserspiegel ein Stollen eröffnet wurde, durch welchen der s bald darauf eben so tief abflofs.

§. 26.
Entfernung des fremden Wassers.

Die sumpfigen Flächen, deren Entwässerung man beabsichtigt, men fast jedesmal die niedrigsten Stellen der Flufsthäler ein, und rden daher nicht nur durch das Wasser des Flusses, sondern auch eh die Bäche gespeist, die seitwärts von dem höheren Ufer herab- sen. Je gröfser aber die abzuführende Wassermenge ist, um so hr füllt sich unter übrigens gleichen Umständen der Abzugsgraben oder um so weniger senkt er den Wasserstand in der Niede- g. die durch ihn trocken gelegt werden soll. Es ist daher noth- ndig. den Zuflufs des fremden Wassers möglichst zu beschränken.

Man erreicht hierdurch aber noch andre wichtige Vortheile. s Bäche und Flüsse, welche ein stärkeres Gefälle haben, führen nlich, besonders zur Zeit der Anschwellung, eine Menge Erde, nd und Geschiebe mit sich, die in den Abzugsgräben niederschla- o und häufige Räumungen derselben nothwendig machen. Endlich l das fremde Wasser auch stärkeren Anschwellungen ausgesetzt, s das Sammelwasser in dem Sumpfe, und man ist sonach bei der kreinigung beider gezwungen, den Ableitungsgräben gröfsere Pro- le zu geben, wodurch die Anlage-Kosten für Grabenarbeiten erhöht werden.

22 *

Hierdurch begründet sich die Regel, daß man bei jede v
nehmenden Entwässerung, soviel es möglich ist; das frem
ser von der Niederung abhalten und es in besondern Ca
derselben vorbeiführen muß. Diese Vorsicht ist im Allg
so nothwendiger und auch um so leichter zu beobachten, je
das Gefälle dieses Wassers in seinem obern Laufe ist. Ma
ihm ein künstliches, und zwar bei allen Wasserständen v
dig geschlossenes Bette, das entweder am Rande des hö
Ufers, also auf einer Seite bleibt, oder das man durch die Nie
selbst hindurchführt.

Im ersten Falle umgeht man die Theilung der Niederung.
zweite Fall, wobei nämlich die Niederung in zwei getrennte T
zerlegt wird, bietet manche Schwierigkeiten, man muß nämlich j
Theil der Niederung mit einem besondern Entwässerungsgraben
sehn, außerdem aber kann man das fremde Wasser nicht auf h
rem Terrain herabführen, welches Gelegenheit bietet das erf
liche Gefälle darzustellen, vielmehr muß man die Sohle des C
les sogleich bis zum Niveau der Niederung senken und nur d
hohe Verwallungen zu beiden Seiten läßt sich das Uebertrete
fremden Wassers vermeiden.

Bietet sich dagegen Gelegenheit, den Bach zur Seite der N
derung abzuleiten, so wird das natürliche Bachbette in einer a
messenen Höhe geschlossen, und das neue Bette steigt, indem
am Rande der Anhöhe sich hinzieht, allmälig herab, doch err
es die Thalsohle erst unterhalb der zu entsumpfenden Gegend. I
braucht dieses neue Bette gewöhnlich nur auf der Thalseite mit I
chen zu umgeben, auf der Bergseite fehlen solche ganz, ode
sind doch nur stellenweise und in geringerer Höhe erforderlich. T
es sich aber, daß man tiefe Seitenthäler überschreiten muß, so
die größere Tiefe, welche das Bette hier erhält, keineswegs na
theilig, vielmehr bietet sie eine günstige Gelegenheit zur Ablg
rung des Geschiebes. In dieser Beziehung ist auch eine stel
weise große Verbreitung des Bettes nicht ungünstig, denn auch
wirkt auf die Verminderung der Geschwindigkeit und sonach
die Reinigung des Wassers hin, und verhindert dadurch das Al
gern von Material in den untern Flußstrecken. Wenn sonach
Boden keinen großen Werth hat, so darf man solche Querb
nur auf der Thalseite abschließen und sie dadurch zur Zeit der A

...wellung der Bäche in Seen verwandeln, indem die Bäche, de-
... man begegnet, zugleich in das neue Bette eintreten. Damit aber
... Canäle ihr Gefälle dauernd erhalten und nicht etwa stellen-
...se sich so vertiefen, daß in der untern Strecke Mangel an Gefälle
...steht, so ist es von Wichtigkeit, in gewissen Abständen durch
...ndwehre oder Schwellen ihre Sohle zu sichern. Dieses sind
...urchgehende breite Rücken, die aus Steinen möglichst tief und re-
...mäßig gepackt und mit grofsen und lagerhaften Felsblöcken ab-
...plastert werden. Prony räth, sie bei starkem Gefälle in Abstän-
...n von höchstens 2000 Meter (etwa ½ Meile) anzulegen. Vor jeder
...chen Schwelle wird sich ein Stau bilden, der die Geschwindig-
...it des Wassers mäfsigt, man kann daher gerade hier ohne Nach-
...il auch schärfere Krümmungen anbringen, wenn der Zug der An-
...e solche bedingt. Vor den Schwellen wird eine starke Verlan-
...g und Erhöhung des Bettes eintreten, wodurch sich zuletzt ein
...nlich gleichmäfsiges Längen-Profil und zwar für dasjenige Gefälle
...det, welches gleich Anfangs durch die Steinschwellen bezeichnet
...rde. In demselben Maafse, wie die tiefen und breiten Stellen im
...en Bette verschwinden, worin sich das Geschiebe absetzt, vermehrt
...t hier die Geschwindigkeit, und die fernere Erhöhung des Bet-
... wird geringer, oder hört ganz auf, wenn endlich alles Material
...ter stromabwärts geführt wird.

Es giebt indessen zuweilen Veranlassung, das fremde Wasser
...die Niederung hineinzuleiten, und für diesen Fall ist es vortheil-
...-, keine feste Coupirung in dem ursprünglichen Flufs- oder Bach-
...e anzubringen, vielmehr hier ein Stauwerk, also eine Art von
...iarche zu erbauen, die beliebig geöffnet werden kann. Letz-
...s geschieht theils behufs der Colmationen, theils aber auch,
zur Zeit der Dürre die Gräben der Niederung mit Wasser zu
...en, auch wohl, um in diesen durch stärkere Strömung der Ver-
...atung zu begegnen.

Wird der Flufs oder Bach durch die Niederung hindurchgeführt,
vermindert sich die grofse Tiefe des ursprünglichen Bettes durch
...: darin angesammelten Niederschläge, und es tritt alsdann die
...enthümliche Erscheinung ein, dafs die Sohle bedeutend höher liegt,
... die beiderseitigen Wiesen oder Aecker. Bei kleinen Wasserläu-
...n läfst sich in solchem Falle ein Durchbruch der Dämme leicht
...erhindern. Man sieht daher in Gebirgsgegenden häufig die seit-

wärts herabkommenden Bäche auf 10 bis 20 Fuſs hohen Erdr███
über dem Wiesengrunde fließen, und dieses Verhältniſs ist ██
nicht künstlich dargestellt, sondern es entstand durch die ███
lige Ablagerung des Materials. Man bemühte sich nur, durch ██
höhung der Deiche den Bach von den Wiesen abzuhalten, ███
sonst mit dem Geschiebe überdecken würde. Die von den Tyr██
Alpen herabkommenden Flüsse im nördlichen Italien zeigen ██████
Erscheinungen. Auch ihre Betten befinden sich 20 Fuſs über ██
umgebenden Feldern und sind von innen mit Mauern eing████
welche sich gegen Deiche lehnen. Die Straßen steigen jede███
stark an, sobald sie sich einem solchen Flusse nähern, und das g██
Geschiebe, welches das Bette stets anfüllt, das man zum Theil d██
Ausfahren zu beseitigen sucht, läſst auf eine noch immer zunehm███
Erhöhung schließen. Auch gröſsere Ströme, wenn sie vor ihrer ██
dung weite Niederungen berühren, zeigen, wenn gleich in ger██
rem Maaſse, doch ähnliche Erscheinungen. So erhebt sich der Rh█
selbst beim niedrigsten Wasserstande vor Vianen (in der Nähe ██
Utrecht) bedeutend höher, als das eingedeichte Land liegt, auch ██
Wasserspiegel der Nogat bleibt vor den Elbinger Triften und an ██
Mündung des Kraffohl-Canals beständig höher, als das östliche ein██
deichte Ufer. Man hat diese unnatürliche Anspannung künstlich b██
beigeführt, indem man durch die Bedeichung eine gleichmäſsige ██
höhung der ganzen Niederung unmöglich machte.

Ein interessantes Beispiel der Abhaltung des fremden Was██
von dem Abzugsgraben bietet die Linth. Der Canal, der den W█
lenstädter See ableitet, nimmt kein fremdes Wasser auf, sond██
dieses wird auf beiden Seiten in besondern Canälen nach dem ██
richer See geleitet. Obwohl diese Trennung die Anlage von ██
Canälen nöthig machte, so entschloſs man sich dazu, um den Ha██
Canal nicht der Gefahr auszusetzen, durch starke Fluthen, die ██
wärts eintreten, in seinen Ufern angegriffen und durch das Mater██
was sie von den Bergen herabbringen, gesperrt zu werden. Sod██
aber führen die Seitencanäle in trockner Jahreszeit auch wenig W██
ser ab und sonach senkt sich alsdann in ihnen der Wasserspiegel██
unter den des Hauptcanals, und es wird dadurch möglich, das T██
als Weideland und Wiese zu benutzen. Man hat aber auch da██
gesorgt, daſs die Seitencanäle nicht unmittelbar das Bergwasser ██
nehmen, vielmehr wird dieses zunächst durch steinerne Wehre, h██

Wahre genannt, in den natürlichen Vertiefungen aufgestaut und es
... dabei alles Geschiebe und feineres Material, das es mit sich
..., fallen. In dieser Weise bewirken die Seitenzuflüsse eine all-
...lige Ausgleichung und Erhöhung des Thales, wodurch wieder der
...ptcanal in seinen Ufern gesichert wird. Aber auch die Linth
...lbst, die als wilder Bergstrom aus dem Canton Glarus herabkommt
...d das schwerste Geschiebe und dabei sogar Steinblöcke von meh-
...ren Cubikfußen führt, durfte nicht unmittelbar in den Abzugsgra-
...en des Wallenstädter Sees treten. Zur Aufnahme dieses Geschie-
...bot indessen der See wegen seiner großen Tiefe eine passende
Gelegenheit, doch mußte man, um eine frühere Ablagerung zu ver-
...den, das Flußbette mit starkem Gefälle, also hoch über der
Thalsohle bis nach dem See führen, und es von Zeit zu Zeit wei-
...r verlängern.

In vielen Fällen ist die Abschließung des fremden Wassers das
wirksamste Mittel, welches man zur Entwässerung einer sumpfigen
Gegend anwenden kann. So haben die vielfachen Versuche, die man
beinahe seit 2000 Jahren zur Cultivirung der Pontinischen Sümpfe
zwischen Rom und Neapel gemacht hat, wie Prony meint *), nur deshalb den erwarteten Erfolg nicht gehabt, weil das fremde Wasser gar
zu nachtheilig darauf einwirkte. Die Pontinischen Sümpfe erstrecken
sich auf 5½ Meilen Länge von Cisterna bis Terracina und zwar ziemlich parallel der Meeresküste. Von letzterer trennt sie eine doppelte
Dünenreihe, die sich südöstlich bis zum Vorgebirge Monte Circeo
hinzieht. Der Versuch, diese Dünen zu durchstechen, und das in
der Niederung angesammelte Wasser auf dem kürzesten Wege, und
zwar in einem gehörig weiten und tiefen Canale dem Meere zuzu-
führen, hatte keinen dauernden Erfolg, woher früher Castelli und später
Prony empfahlen, die Bäche und Flüsse, die sich in die Sümpfe ergießen, mit Umgehung der letzteren direct in das Meer zu leiten.

Die Anlagen zur Ableitung des fremden Wassers sind bereits
angedeutet, doch bedarf die Feststellung des dabei zu wählenden
Profiles noch einer besondern Erwähnung. Dieses läßt sich aus
den Gesetzen über die Bewegung des Wassers in Flußbetten berechnen, wenn man das Gefälle und die Wassermenge kennt. Hier-

---

*) *Description hydrographique et historique des marais Pontins par de Prony.*
Paris 1822.

bei kommt es jedoch weniger auf die durchschnittliche Wasse
des Flusses oder Baches an, als vielmehr auf das Maximum
ben, das bei plötzlichem Schmelzen des Schnees, oder nach be
heftigem Regen abgeführt wird. Gewifs ist es bei der Se
solcher Witterungsverhältnisse sehr schwierig und beinahe
lich, directe Messungen darüber anzustellen, und man mul
gemeinhin aus der Gröfse des Flufsgebietes und aus der Bes
heit desselben auf die höchste Reichhaltigkeit der Flüsse so
Dabei ist aber besonders die gröfste Regenmenge zu berücks
welche zu Zeiten in einem oder in zwei auf einander folgen
gen niederfällt.

Prony fand, dafs kleine Wasserläufe, wenn sie in kurz
schenzeiten durch starke Zuflüsse gespeist wurden, schon in
fernung von einigen hundert Fufsen eine gleichmäfsige S
zeigten, und er schlofs daraus, dafs die stärksten momenta
schwellungen weiter abwärts verzögert würden, und sonach
genmenge nicht so schnell, wie sie niedergefallen ist, sich i
bette sammelt und darin weiter strömt. Die Dauer der i
Anschwellungen ist gewifs von vielen Zufälligkeiten abhängig
nahm an, dafs dieselbe bei den Flüssen, welche in die Pon
Sümpfe treten, sich auf 200000 Secunden, oder auf $2\frac{1}{4}$ T
dehnt. Die Höhe des Niederschlages, wodurch eine sol
schwellung verursacht wird, setzte er aber gleich 6 Centim
$2\frac{1}{4}$ Zoll, auch nahm er an, dafs der dritte Theil davon sie
Boden einzieht, so dafs dem Flusse nur 4 Centimeter zuflie
einzelnen Fällen hat man zwar stärkere Niederschläge be
allein eines Theils meint Prony, dafs man die seltenen Aus
die vielleicht in hundert Jahren einmal erwartet werden
nicht zur Norm der Anlage wählen dürfe, und demnächst se
zweifelhaft, ob ein solcher heftiger Regen sich wirklich
ganze Flufsgebiet verbreitet. In Rheinländischem Maafse g
ses für jede Quadratmeile Flufsgebiet 360 Cubikfufs in der S

Man darf diese Regel gewifs nicht auf alle Fälle ar
denn wesentliche Abweichungen werden bedingt

　　1) durch die Verschiedenheit des Niederschlages, der n
　　　von den klimatischen Verhältnissen und der Beschaffer
　　　Bodens abhängt,

　　2) durch die Ausdehnung des Flufsgebietes. Je gröfser

ist, um so geringer wird die Wassermenge sein, welche die Quadratmeile Bodenfläche zur Zeit der höchsten Anschwellungen liefert, weil nicht leicht ein größerer Landstrich in seiner ganzen Ausdehnung von dem heftigen Regen getroffen wird. Endlich verursachen die längeren und kürzeren Wege, die das Wasser durchlaufen muß, bevor es das Flußbette erreicht und in diesen zur Niederung gelangt, auch eine größere Dauer, und sonach eine mindere Höhe der Anschwellung,

3) auf flachem und aufgeschwemmtem Boden ist derjenige Theil des Niederschlages, der in die Erde dringt, oder auf Wiesenflächen und anderen Ebenen, die fast horizontal sind, zurückgehalten wird, verhältnißmäßig größer und zugleich bewegt sich das Wasser darüber viel langsamer nach dem Flusse, als in einer Gebirgsgegend. Beide Ursachen vereinigen sich wieder dahin, die gleichzeitig abfließende Wassermenge zu vermindern.

Es ergiebt sich hieraus, daß der Werth der größten Wassermenge eines Flusses von den benannten Localverhältnissen abhängig ist, dabei entsteht aber die Frage, ob jene 360 Cubikfuß für die Quadratmeile Flußgebiet selbst für kleine Gebirgsflüsse das Maximum bezeichnen, oder ob sie den mittleren Werth hoher Anschwellungen ausdrücken. Schon aus den §. 6 gemachten Mittheilungen ergiebt sich, daß die Wassermengen der höchsten Fluthen zuweilen bedeutend größer sind und selbst in unsern Gegenden der Niederschlag in 2¼ Tagen jene 2¼ Zoll zuweilen übersteigt. Außerdem darf aber nicht angenommen werden, daß der dritte Theil davon in den Felsboden eindringt, selbst der aufgeschwemmte Boden nimmt kaum soviel auf, wenn er schon vorher sehr naß war. Endlich ist auch die Voraussetzung, daß das Wasser 2¼ Tage gebraucht, um in dem Strome abzufließen, sehr zweifelhaft, insofern manche Gebirgsflüsse regelmäßig nur 24 Stunden lang angeschwollen bleiben. Zwei Beispiele werden zeigen, daß Prony's Annahme in der That zu niedrig ist.

Bei Gelegenheit eines Brückenbaues über die Ruhr bei Mühlheim kam es darauf an, die Wassermenge zu kennen, welche zur Zeit der höchsten Anschwellungen hier durchströmt, und die nähere Untersuchung des in den letzten Decennien beobachteten höchsten Wasserstandes ergab, mit Berücksichtigung der Profilweite und des Ge-

fälles, eine Wassermenge von 56000 Cubikfuſs in der Secunde, wa
bei der Ausdehnung des ganzen obern Fluſsgebietes von 85 Quadratmeilen für eine Quadratmeile 660 Cubikfuſs macht.

Im Domleschger Thale im Canton Graubünden, wo der Rhein
ringsum von Gletschern gespeist wird, hat man bei Gelegenheit der
daselbst ausgeführten Correctionsarbeiten auf eine Wassermenge geschlossen, die bis 1100 Cubikmeter oder 35500 Cubikfuſs in der
Secunde beträgt. Die Ausdehnung des Fluſsgebietes miſst aber nur
etwa 25 Meilen, daher treffen auf die einzelne Quadratmeile über
1400 Cubikfuſs.

Wenn auch der letzte Fall sich auf so eigenthümliche Verhältniſse
bezieht, daſs er nicht als Norm angenommen werden kann, und der
erste es zweifelhaft läſst, ob die Geschwindigkeit wirklich so groſs
war, als man vorausgesetzt hat, da leicht eine Veranlassung zur
theilweisen Hemmung des Abflusses eingetreten sein mochte, so darf
man doch nicht annehmen, daſs die heftigsten Regengüsse gleichzeitig das Ruhrthal in seiner ganzen Ausdehnung treffen sollten, woher wohl niemals bei Mühlheim verhältniſsmäſsig eine so groſse Wassermenge vorbeiflieſst, wie kleinere Bäche und Flüsse in dortiger Gegend
zu Zeiten abführen. Hiernach erscheint es angemessen, Prony's Angabe
keineswegs als Maximum der Reichhaltigkeit anzusehn. Hiermit stimmt
auch ungefähr die Regel überein, wonach man in manchen Theilen
des mittleren Deutschlands die Profile von Brücken und Archen bestimmt, wenn keine andern Umstände darüber nähern Aufschluſs geben: man setzt nämlich voraus, daſs nach Maaſsgabe der besonden
localen Verhältnisse jede Quadratmeile Fluſsgebiet zur Zeit der höchsten Anschwellung 300 bis 600 Cubikfuſs in der Secunde giebt.

Sobald man annähernd die gröſste Wassermenge kennt, so komm
es darauf an, aus derselben das passende Profil zu ermitteln. Wi
aber bei allen Flüssen sich zwei verschiedene Profile bilden
nämlich eins für den gewöhnlichen niedrigen Wasserstand oder das
eigentliche Fluſsbette und eins für die hohen Fluthen, welches sich
von einem Thalrande oder von einem Deiche bis zum andern erstreckt, so ist es auch angemessen, dem künstlich gebildeten Fluss
in gleicher Weise zwei verschiedene Profile zu geben. Man verstärkt
dadurch bei kleinem Wasser die Strömung und verhindert Versandungen, und auſserdem ist die Sohle des weiten Profiles noch als
Wiese oder wenigstens als Weidegrund zu benutzen. Durch das

▆▆▆▆ge Rechnung, die jedoch grofsentheils auf sehr willkührlichen ▆▆▆setzungen beruht, findet Prony diejenigen Zahlenverhältnisse ▆ Profiles, welche in Fig. 122 dargestellt sind, nämlich für eine ▆▆▆e Maafseinheit

die obere Breite des weiten Profiles . . 45

die untere - - - - . . 39

die obere Breite des engen Profiles . . 15

die untere - - - - . . 9

die Höhe des weiten, sowie des engen Profiles 2

▆ Böschungen sind dabei mit $1\frac{1}{2}$ facher Anlage angenommen, ▆ der Flächeninhalt des weiten Profiles verhält sich zu dem des ▆▆ wie $4\frac{1}{4}$ zu 1.

Geht man von der bisher üblichen Formel aus

$$c = \varkappa \sqrt{\left(\frac{h}{l} \cdot \frac{q}{p}\right)}$$

wo c die mittlere Geschwindigkeit

h das absolute Gefälle

l die Länge des Canales

$\varkappa$ eine gewisse Constante

q den Flächeninhalt und

p den benetzten Umfang des Profiles bedeutet,

▆ nennt man jene noch zu ermittelnde Einheit x, so findet man

$$q = 108 \cdot x^2$$

$$p = 47{,}42 \cdot x$$

▆e Wassermenge ist aber

$$M = c \cdot q$$

▆eraus ergiebt sich

$$x^5 = 0{,}00003765 \cdot \frac{M^2}{x^2} \cdot \frac{l}{h}$$

▆enn man hier wie gewöhnlich die Constante $\varkappa$ gleich 90 setzt, so ▆gt

$$x^5 = 0{,}00000000465 \cdot M^2 \cdot \frac{l}{h}$$

▆r den Fall, dafs $M = 1000$ Cubikfufs und $\frac{h}{l} = \frac{1}{1000}$ ist, würde

▆ch ergeben

$$x = 1{,}56$$

▆o die obere Breite des weiteren Profiles gleich 70 Fufs, die des ▆geren $23\frac{1}{2}$ Fufs und die Tiefe jedes Profiles gleich 3 Fufs $1\frac{1}{2}$ Zoll.

Prony's Rechnungen sind nicht so einfach, indem er eine com-

plicirtere Formel über die Bewegung des Wassers in Fl
zum Grunde legt. Die Resultate, zu denen er gelangt, sind
von den vorstehenden nur wenig verschieden. In dem er
Werke über die Pontinischen Sümpfe wird noch mitgetheilt,
den Entwässerungen in Burgund diese Bestimmung der Was
gen und Profile zu sehr brauchbaren Resultaten geführt hat
bei hohen Anschwellungen die Profile sich füllen, die Deic
nicht überströmt werden.

Das vorstehend zum Grunde gelegte Gesetz, wonach d
lere Geschwindigkeit der Quadratwurzel aus dem relativen
proportional sein soll, hat sich in neuster Zeit als durchaus
tig erwiesen. Die Beobachtungen, welche sowol an großen S
als an kleineren Flüssen, Bächen und Canälen angestellt si
gen jedesmal, daß man eine höhere Wurzel des Gefälles
muß. Indem ich die sämmtlichen sehr verschiedenartigen, r
liegenden Beobachtungen zusammenstellte, und daraus ein
lichst einfachen Ausdruck suchte, so stellte sich als der wah
lichste heraus

$$c = 4{,}33 \sqrt{\frac{q}{p}} \sqrt[3]{\frac{h}{l}}$$

wobei alle Größen in Rheinländischen Fußen ausgedrückt
Im zweiten Theile dieses Werkes, der von den Strömen
soll die Herleitung dieses Ausdrucks und die Sicherheit d
näher erörtert werden, ich bemerke aber vorläufig, daß d
dratwurzel des relativen Gefälles sich nur rechtfertigen würd
letzteres allein auf die Darstellung der mittleren Geschwindigl
wandt würde, und sonstige innere Bewegungen nicht vorkä
doch niemals fehlen, und die mit zunehmender Geschwindigk
mit wachsendem Gefälle um so größer werden. Die einzel
Grunde gelegten Beobachtungsreihen schließen sich freilich t
höhere, theils an niedrigere Wurzeln etwas besser an, die Sicher
gefundenen Exponenten war jedoch nicht so groß, um dense
größere und kleinere Wasserläufe verschiedene Werthe zu j

Legt man den vorstehenden Ausdruck zum Grunde, so
sich für dasselbe Zahlenbeispiel

---

*) Ueber die Bewegung des Wassers in Strömen, aus den Abha
der Academie der Wissenschaften besonders abgedruckt. Berlin 186

$$x = 1,91$$

rnach wäre die obere Breite des gröfseren Profiles 86,0 Fufs, kleineren 28,6 und die Tiefe beider gleich 3,8 Fufs.

§. 27.
Abzugsgräben.

emeinhin sind die absoluten Gefälle der Abzugsgräben, welche die Niederungen entwässern, nur sehr geringe, und es at daher darauf an, sie so anzuordnen, dafs sie dennoch mög- wirksam sind. Wenn der Ausdruck

$$c = k \sqrt{\frac{q}{p}} \sqrt[6]{\frac{h}{l}}$$

er zum Grunde gelegt wird, worin k den constanten Factor ichnet, und man die mittlere Geschwindigkeit c, die Wassermenge nd den Inhalt des Profiles q nennt, auch die mittlere Tiefe

$$t = \frac{q}{b}$$

ihrt, indem b die Breite des Wasserspiegels bedeutet, wofür man ihernd auch den benetzten Umfang p setzen kann, so erhält man absolute Gefälle

$$h = \frac{1}{k^6} \cdot \frac{M^6 \, l}{b^6 \, t^9}$$

ı Werth dieses Ausdrucks kann man verkleinern,

) indem man M oder die Wassermenge vermindert. Hiervon ist im Vorigen bereits die Rede gewesen,

) indem l oder die Länge des Canales verringert wird. Auch hierüber ist Einiges schon angedeutet worden, und es mag nur noch darauf aufmerksam gemacht werden, dafs nach Ausweis der vorstehenden Formel das absolute Gefälle in demselben Maafse vermindert wird, wie sich die Länge des Canales ver- kürzt,

3) durch Vergröfserung der Breite des Canales und

4) durch Vergröfserung der Tiefe desselben.

Die beiden letzten Mittel sind in Bezug ihrer Wirksamkeit auch res sonstigen Einflusses einander nicht gleich, denn wenn man die

Breite des Canales verdoppelt, so ist für dieselbe Wassermeng
absolute Gefälle noch achtmal größer, als wenn man die
verdoppelt hätte. Außerdem wird durch die Vergrößerun
Breite eine entsprechende Fläche Landes der Cultur entzoge
bei der Vermehrung der mittleren Tiefe nicht geschieht.
letztere erreicht man auch noch den Vortheil, daß der Pflanze
minder stark zu sein pflegt, als in einem flachen Graben. E
sich indessen die mittlere Tiefe des Grabens nicht willkührlic
größern, auch darf man die vorstehende Formel nicht me
wenden, sobald die Tiefe einen namhaften Theil der Breit
macht, also die Breite nicht mehr dem benetzten Umfange
gesetzt werden kann. Besonders ist hierbei zu berücksichtige
die Seitenwände des Canales sich nicht steil erheben, vielme
der Beschaffenheit des Bodens mehr oder minder flach abg
werden müssen. Nur in festem Thonboden pflegt die $1\frac{1}{2}$ fac
lage oder $1\frac{1}{2}$ füßige Böschung zu genügen, während man gew
die 2 oder 3 fache und oft eine noch flachere Anlage wähle
Wenn also die Breite der Canal-Sohle auch nur der sec
gen größten Tiefe gleich ist, so kann die mittlere Tiefe
sten Falles nur dem 11ten Theil der Breite des Canales im '
spiegel gleich sein. Nimmt man zwischen diesen beiden (
oder zwischen t und b ein bestimmtes Verhältniß an, so
man nur eine dieser Dimensionen als Unbekannte einzuführe

Wenn kein fremdes Wasser in den Sumpf tritt, also di
führende Wassermenge allein von dem darin niedergefallenen
und Schnee herrührt, so läßt sich dieselbe nach den §. 3 ge
Mittheilungen annähernd berechnen. Bei Anordnung der ,
gräben muß man jedoch darauf Rücksicht nehmen, daß die
schon im April vollständig trocken gelegt, und sonach bis z
Zeit die ganze Wassermenge abgeführt sein muß, die hier a
melt war, und wegen des Frostes oder des höheren Wasser
im Flusse während des Winters und des ersten Frühjahrs ni
fernt werden konnte. Die Gräben erhalten daher wenigste
solche Profilweite, daß sie während eines Monats den vierte
des jährlichen Niederschlages abzuführen im Stande sind.
die Höhe des letzteren 24 Zoll, so würden von der Quad
288 Millionen Cubikfuß in einem Monate, oder in der Secu
Cubikfuß durch den Hauptgraben abfließen müssen.

Von wesentlichem Einfluß ist ferner die Lage des Haupt-
twässerungsgrabens. Derselbe muß wo möglich ungefähr
der Mitte den Sumpf durchschneiden, damit den Nebencanälen
ı hinreichendes relatives Gefälle gegeben werden kann, welches
sch Verlängerung derselben sich vermindern würde. Aus dem
lichen Grunde darf auch der Hauptcanal keine überflüssige Länge
ben, und muß also möglichst gerade gezogen werden. Von be-
sonderem Einflusse ist hierbei aber die Höhenlage des Terrains.
Sofern nämlich der Graben die ganze versumpfte Gegend entwässern soll, so muß er niedriger liegen, als jeder Theil derselben,
der ergiebt sich seine Richtung, wenn man die größte Vertiefung
in der Länge des Sumpfes verfolgt, oder wenn man die tiefsten
Punkte der Querprofile mit einander verbindet. Nach der ersten
Bedingung darf man nicht alle scharfen Krümmungen verfolgen, die
in Canal leicht auf eine nachtheilige Art verlängern könnten, wogegen die Einführung sanfter Biegungen nicht nachtheilig ist und für
die Erdarbeiten oft eine große Erleichterung gewährt. Prony führt
bei der Bestimmung dieser Linie eine andere Betrachtung ein, die
zu demselben Resultate führt. Er sagt nämlich, man solle diejenige
Richtung wählen, in der die stärkste Strömung sich bildet, wenn
das Terrain mit Wasser bedeckt ist und die Auswässerung eintritt.

Die vorstehende Regel findet indessen keine Anwendung, wenn
man einzelne besonders tief liegende Flächen trocken legen will.
Diese würden vom Hauptgraben getroffen werden, und sonach alles
Wasser der Niederung aufnehmen. Für sie ist aber der Zufluß aus
den höheren Theilen der Niederung schon als fremdes Wasser anzusehn. und der Zutritt desselben erschwert ihre Entwässerung. Man
muß sie also durch Deiche umschließen und ihnen besondere Abzugsgräben geben, gewöhnlich fehlt es aber an dem nöthigen Gefälle, um sie trocken zu legen, und es bleibt alsdann nur übrig,
Schöpfmaschinen zu diesem Zwecke anzuwenden. In der Provinz
Holland ist dieses wiederholentlich geschehn.

Die Seitengräben, oder die Canäle zweiter Ordnung folgen
dem natürlichen Abhange, den die Niederung von dem Rande aus
nach der tiefsten Einsenkung hat, woselbst der Hauptentwässerungs-
graben angelegt ist. Gemeinhin erlaubt die Beschaffenheit des Terrains, ihnen ein stärkeres Gefälle zu geben, als der letztere erhalten
darf. Man legt sie aber nicht in diejenige Richtung, in welcher die

Wiesenfläche geneigt ist, und dieses theils deshalb, weil sie alsdann weniger Wasser aufnehmen würden, insofern sie den natürlichen Lauf desselben nicht kreuzen, theils aber auch, weil sie durch die mehr schräge Richtung die Länge des Weges, den das Wasser verfolgen muſs, etwas verkürzen und dadurch ein stärkeres relatives Gefälle erhalten. Für den Fall, daſs die Wiesenfläche normal gegen den Hauptcanal geneigt ist, kann man leicht diejenige Richtung des Seitencanals finden, die dem stärksten Gefälle entspricht. Die Neigung der Thalfläche gegen den Hauptcanal sei $1:n$ und das Gefälle des letzteren $1:m$. Alsdann ist das relative Gefälle des Seitencanales, der in der Horizontal-Projection unter dem Winkel α in den Hauptcanal tritt

$$= \frac{1}{n} \, Sin \; \alpha + \frac{1}{m} \, Cos \; \alpha$$

Dieser Ausdruck wird ein Maximum, wenn

$$tang \; a = \frac{m}{n}$$

Die Entfernung dieser Seitengräben von einander richtet sich nach dem Nutzen, den das ganze Unternehmen verspricht, und sonach nach den Kosten, die man darauf verwenden kann. Im Allgemeinen legt man die Gräben um so weiter auseinander, je länger sie sind und je gröſser ihr Profil ist. In den Niederungen an der Rhone sind sie 150 bis 300 Ruthen entfernt, in den Maremmen bei Castiglione in Toscana, sowie auch in den Pontinischen Sümpfen, miſst ihr Abstand ungefähr 400 Ruthen, und wo sie in den eingedeichten Marschen des nördlichen Deutschlands und in Holland einigermaaſsen regelmäſsig vorkommen, liegen sie durchschnittlich in Entfernungen von etwa 300 Ruthen.

Bei gröſseren Entsumpfungen genügen die Entwässerungscanäle der ersten und zweiten Ordnung noch nicht, und man muſs deren noch andere ausführen, welche in die Seitencanäle münden, also mit den Hauptcanälen parallel laufen. Ueber diese ist hier nichts zu bemerken, da sie lediglich nach ökonomischen Rücksichten angeordnet werden und ihre Ausführung in der Regel auch nicht in den Hauptplan aufgenommen wird, sondern dem Besitzer jedes Grundstücks überlassen bleibt.

Es ist noch zu erwähnen, daſs der Wasserspiegel in den Gräben 1 bis $1\frac{1}{2}$ Fuſs unter dem Terrain gehalten werden muſs, wenn

geregelte Grasnutzung stattfindeu soll, 2½ Fufs, wenn man Feld-
te bauen will, während die Cultur von Obstbäumen eine Sen-
¡ des Wasserspiegels von wenigstens 4 Fufs erfordert.

Die Ausführung der Entwässerungsgräben ist wegen der sum-
n Beschaffenheit des Bodens gemeinhin sehr schwierig, und nicht
t kann man sie in ihrer vollen Tiefe gleich Anfangs darstellen,
bei Schiffahrtscanälen geschieht. Man beginnt die Arbeit, in-
ι man in der Richtung des Hauptcanales und zwar der Richtung
Stromes entgegen diejenigen Erhebungen des Terrains durch-
lt, welche vorzugsweise den Abflufs des Wassers hemmen, man
irkt dadurch sogleich einige Senkung des Wasserspiegels und
n alsdann die Gräben leichter vertiefen, doch vergehn oft Jahre,
or man das Wasser soweit gesenkt hat, dafs die volle Tiefe den
ben gegeben werden kann. Zuweilen befördert auch die Strömung,
sich in dem Hauptcanale darstellt, dessen Verbreitung und Ver-
mg. So ist der Canal zwischen dem Wallenstädter und Züricher
. nur in einzelnen kurzen Strecken ausgegraben worden, weil der
sserzudrang so stark war, dafs man die Hoffnung aufgeben mufste,
ι längere Zeit hindurch eine Baugrube wasserfrei zu halten. Man
mühte sich nur, durch Anstellung so vieler Arbeiter, wie darin
nd Platz fanden möglichst schnell die Tiefe darzustellen. So
leten sich einzelne Gruben, die nicht nur durch Erddämme, son-
n oft auch durch versunkene Baumstämme und Steine von ein-
ler getrennt waren. Die Strömung war indessen stark genug, um
che Gegenstände zu beseitigen. Zu diesem Zwecke wendete man
r auch das Bohrruder an, welches Fig. 123 zeigt. Es ist unten
t Eisen beschlagen und mit einem stählernen Dorn versehn. In-
m man es um den letzteren dreht, so dringt es tief in den Boden
ι und lockert denselben so sehr, dafs er um so leichter vom Strome
geführt wird, und dadurch Baumstämme und Steine freigelegt
rden.

In andern Niederungen, wo der Boden weicher ist, ist es nicht so-
ıl der starke Wasserzudrang, welcher die Arbeit erschwert, als viel-
hr die geringe Consistenz der Oberfläche. In England stellt man die
rbeiter aus diesem Grunde auf einen aus Brettern gebildeten Rahmen
ıd giebt ihnen lange Spaten, damit sie von diesem Standpunkte aus
cht tief graben können. Hierbei ereignet es sich häufig noch, dafs
r stark durchnäfste Boden selbst in flachen Dossirungen nicht steht

und sonach die Wände des Canales einstürzen. Es bleibt alsdann nichts übrig, als entweder den Zeitpunkt abzuwarten, bis nach und nach durch die Senkung des Wasserspiegels das Erdreich so weit ausgetrocknet ist, dafs man regelmäfsige und tiefe Gräben darstellen kann, oder man läfst die Baustellen voll Wasser laufen und bewirkt ihre Vertiefung nicht mehr durch Grabenarbeit, sondern durch Baggerung. Wählt man das letzte Mittel, so bleiben die Dossirungen dem Gegendrucke des Wassers ausgesetzt und leiden weniger.

Die ausgegrabene oder ausgebaggerte Erde wirft man gewöhnlich unmittelbar zur Seite des Grabens aus, und da es wichtig ist, feste Ufer zu schaffen, damit man den Graben mit Leichtigkeit untersuchen und die etwa nöthigen Aufräumungen darin vornehmen kann, so rechtfertigt sich auch in dieser Beziehung eine solche Anordnung. Andererseits aber wird durch die Beschwerung des äufsern Uferrandes die Dossirung um so leichter herausgedrängt, und der Einsturz der Erde veranlafst. Man mufs in solchem Falle die ausgebrachte Erde gleichmäfsig weit verbreiten, damit sie an keiner Stelle einen starken Druck verursacht. Doch auch in andern Fällen mufs man sich hüten, förmliche Deiche darzustellen, wodurch ein Abfliefsen des Wassers aus dem Sumpfe nach dem Graben verhindert würde, oder wenn sich dieses wegen der nöthigen Höhenlage der Wege nicht vermeiden läfst, so mufs man Durchlässe anbringen. Die letzte Regel findet nur so lange Anwendung, als der Graben noch innerhalb des zu entwässernden Terrains sich befindet, sobald er dieses verlassen hat, müssen alle Seitenzuflüsse gesperrt werden.

Bei Ausführung der Abzugsgräben werden die Arbeiter wegen des dauernden Aufenthalts auf dem nassen Boden und wegen des Einathmens der Sumpfluft häufig von Krankheiten und namentlich von Fiebern befallen. Durch gehörige Einleitung der Arbeit und Sorge für die Mannschaft läfst sich indessen dieses grofsentheils vermeiden. Die Vorsichtsmaafsregeln, die Sommariva bei Trockenlegung des Sumpfes von Coquenard anwendete und die er für ähnliche Fälle empfiehlt, sind folgende: 1) man soll die Arbeit in trockner Jahreszeit unternehmen, 2) in das stehende Wasser sobald wie möglich einige Bewegung bringen, 3) dieselben Arbeiter nicht mehrere Tage hindurch graben, was immer das gefährlichste ist, sondern sie abwechselnd auch karren lassen, und 4) dafür sorgen, dafs sie an sumpfigen Stellen nie ausruhen, sondern während der Ruhezeit in

█ höhere **Punkte** gehn, auch dort ihre Mahlzeiten einnehmen,
█ aber während der Nacht sich ganz aus dem Bereiche des
█ entfernen müssen. Wenn hierdurch auch die eigentliche
█eit um einige Stunden gekürzt wird, so ist diese Vorsicht
█ur durch die Humanität geboten, sondern auch in ökonomi-
█ Beziehung gerechtfertigt, da eines Theils die Leistungen von
█en Arbeitern sehr geringe ausfallen und man andern Theils
█ute, wenn sie sich durch die angewiesenen Verrichtungen
█beiten zugezogen haben, nicht ohne Unterstützung fortschicken
█. Es ist aber nothwendig, daß diese Sorge von dem aufsichts-
█den Baumeister ausgeht, da die Arbeiter selbst entweder aus
█ntniß der Gefahr, oder aus Ueberschätzung ihrer Kräfte durch
█e Warnungen nicht vermocht werden, eine Vorsichtsmaaßregel
█wenden, die mit einer Schmälerung ihres Verdienstes oder mit
█en Gängen oder andern Unbequemlichkeiten verbunden ist.

§. 28.
Colmationen.

█uweilen liegt der Sumpf, der entwässert werden soll, so nie-
█, daß die Senkung des Wasserspiegels bis unter seine Oberfläche
█t möglich ist. In diesem Falle finden Colmationen oder
█stliche Erhöhungen des Bodens Anwendung.

Die einfachste, doch zugleich auch die kostbarste Art der Colma-
█ besteht darin, daß man den Sand oder die sonstige Bodenart, die
█ zur Erhöhung des Sumpfes benutzen will, unmittelbar auf densel-
█ aufkarrt. An der untern Lippe sind viele niedrige Wiesen hier-
█ch erhöht worden, und die Arbeit erleichterte sich daselbst einiger-
█ßen dadurch, daß unmittelbar daneben die höheren sandigen Ufer
█en. Gewöhnlich wird aber das Wasser zur Herbeiführung des
█des und des sonstigen Materials benutzt, und zwar entweder, in-
█ man die Bäche gegen hohe Ufer führt, um dieselben anzugreifen
█ den Sand mit sich zu reißen, oder man überläßt den Bächen
█ Flüssen die Zuführung des Materials und bemüht sich nur, die-
█ möglichst vollständig an denjenigen Stellen abzulagern, die man
█ben will. Der erste Fall tritt bei der Darstellung der soge-

nannten Schwemmwiesen oder beim Wiesenflößen ein, und
von wird passender bei Gelegenheit der Wiesenwässerung
Rede sein, der letzte Fall ist aber der wichtigste und derselbe
vorzugsweise unter der Benennung Colmation verstanden.

Die Quantität der erdigen Stoffe, welche ein Fluß mit sich
hängt theils von der Beschaffenheit des Terrains und theils
Strömung ab. Es sind sonach nicht alle Flüsse zur Colmation
brauchbar. Vorzüglich sind Gebirgsflüsse, die nicht auf nackten
sen ihre Quellen sammeln, hierzu geeignet, jedoch auch diese,
dauernd, sondern nur während der Zeit der stärksten Anschwel-
gen, denn bei trockner Witterung pflegen sie zu versiegen oder
lenweise so schwach zu fließen, daß sie schon in ihren Betten,
Material fallen lassen.

Hiernach beschränkt sich die Zeit der Colmationen immer
auf wenige Tage. Die Anlagen, die hierbei in Anwendung kom-
beziehn sich zunächst darauf, daß man den Fluß an diejenige
leitet, wo die Aufhöhung eintreten soll. Zu diesem Zwecke
regelmäßige Betten mit möglichst gleichmäßigem und nicht
ringem Gefälle eingerichtet werden, damit der Fluß darin eine
Geschwindigkeit behält. Es darf aber das Flußwasser, welche
Colmation benutzt wird, nicht über ein Wehr oder auch nur
eine erhöhte Schwelle fließen, weil die gröbern Stoffe davor
bleiben würden, vielmehr muß die geneigte Sohle sich ohne U
brechung bis in die zu erhöhende Fläche fortsetzen.

Sodann muß das trübe Wasser, wenn es diese Stelle er-
hat, möglichst in Ruhe kommen. Zuweilen werden zu diesem Zw
nur einzelne Hindernisse der Bewegung entgegengestellt, wie Str
zäune u. dergl., wodurch die Geschwindigkeit nicht ganz ver-
sondern nur vermindert wird. Der Erfolg beschränkt sich ab
aber nur darauf, daß man das gröbere unfruchtbare Geschiebe
fängt, während die feinen im Wasser schwebenden Theilchen, w
in der Regel der Vegetation besonders förderlich sind, fortge
werden. Doch auch in quantitativer Beziehung ist dieser Ve
keineswegs unbedeutend, und sonach ist die andre Methode,
das Wasser große mit Deichen umgebene Bassins füllt und
ständig geklärt daraus wieder abfließt, viel wirksamer und zu
in den spätern Erfolgen viel günstiger. Wird aus diesen Ba
nach einiger Zeit das Wasser abgelassen, oder fließt es schon

des Zuflusses aus, so muſs dieses immer auf eine Art geschehn,
derjenigen entgegengesetzt ist, durch welche es aus dem Fluſs-
hineingeleitet wurde. Beim Austritt aus der Colmation muſs
ich der Abfluſs möglichst nahe an dem Wasserspiegel erfolgen,
die Stoffe, die sich bereits zu Boden gesetzt haben, nicht wieder
Bewegung zu bringen. Man läſst also das Wasser über Wehre
laufen, und selbst wenn Grundablässe angebracht werden, die
zur vollständigen Trockenlegung nicht entbehren kann, so dür-
diese nicht durch Schütze geschlossen sein, welche beim Oeffnen
starke Strömung unmittelbar über den Boden veranlassen wür-
sondern man bedient sich der Versatzbohlen, von denen
nach Maaſsgabe der Senkung des Wasserspiegels eine nach der
und zwar jedesmal die oberste abhebt, bis endlich das klare
Wasser von der ganzen Fläche abgeflossen ist.

Auf solche Art werden einzelne Theile der Niederung erhöht,
geht aber mit diesen Anlagen von oben nach unten oder strom-
wärts fort, und wo die Erhöhung bereits erfolgt ist, giebt man dem
Flusse, der hier in höhere Ufer eingeschlossen werden kann, einen
Lauf, daſs er alles Geschiebe wieder den weiter abwärts
gelegenen Flächen zuführt. Ist endlich die ganze Niederung zur
beabsichtigten Höhe angewachsen und sind keine Vertiefungen darin
zurückgeblieben, so darf das Material, welches der Fluſs auch ferner
sich führt, nicht zur Verwilderung seines Bettes in der nächsten
Strecke Veranlassung geben, weil sonst der Wasserspiegel in der
bereits gewonnenen Fläche sich wieder heben würde.

Colmationen sind bisher vorzugsweise in Italien zur Ausführung
gekommen, beispielsweise in dem Chiana-Thale, dasselbe erstreckt sich zwischen den Städten Arezzo und Orvieto beinahe in
der Richtung von Norden nach Süden, und bildet eine natürliche
Verbindung der Fluſsgebiete des Arno und der Tiber. Die gröſste
Höhe erreicht dieses Thal gegenwärtig auf der Südseite des Sees
von Chiusi, es ist indessen dieser Scheitelpunkt künstlich dargestellt
und dieses zeigt nicht nur das Längenprofil Fig. 125, sondern der
Name des nahe gelegenenen Städtchens Chiusi deutet auch darauf hin
und verschiedene historische Ueberlieferungen stellen die Thatsache
aſser Zweifel. Die Wasserscheide zwischen dem Arno und der Tiber
lag in früherer Zeit mehr nordwärts. Die italienischen Schriftsteller
versetzen dieselbe in die Nähe von Fojano und sogar bis Porto di

Pilli bei Arezzo. Der Beweis dafür wird aus einer alten Char
nommen die Julius von Medici (später Clemens VII.) im Jahre
aufnehmen liefs und worin mitten durch den See von Mont
ciano ein Weg angedeutet ist, der nach der beigeschriebenen B
kung früher von Arezzo nach Chiusi führte. *) Nach einzel
deutungen älterer Schriftsteller hat man sogar der Ansicht Ra
geben, dafs der Arno sich in früherer Zeit bei Arezzo in zwei
theilte, von denen der eine bei Florenz vorbei seinen jetzige
verfolgte, während der andere durch das Chiana-Thal von F
nach Süden der Tiber zuströmte und auf solche Art eine sch
Verbindung zwischen Florenz und Rom bildete. **) Man w
lig Anstand nehmen, diese Vermuthung als Thatsache gelten z
sen, auch Prony erklärt sich dagegen, doch ist von einem Eing
den natürlichen Lauf des Flusses schon sehr frühe die Rede g
Tacitus ***) erzählt, dafs man im Senate den Antrag machte, de
nis (Chiana) von der Tiber abzuschliefsen und dem Arno zuzw
um die Anschwellungen der Tiber zu mäfsigen, dafs aber den B
der Florentiner Gehör gegeben wurde und damals Alles beim A
blieb. Nichts desto weniger ist dieser Abschlufs in späterer Zeit w
lich zur Ausführung gekommen, wiewohl es unbekannt ist, wann d
geschah, und so bildete sich bei Chiusi der Scheitelpunkt, von wo
die Chiana nunmehr auf 6 Meilen Länge nordwärts ihrem nat
chen Gefälle entgegenfliefst. Wie man sich indessen auf der Süds
gegen das Wasser zu schützen suchte, so geschah dieses auch
der Nordseite. Neben dem Mönchskloster am Ausgange des Chi
Thales bei Arezzo erbaute man nämlich ein 38 Fufs hohes We
wodurch das Thal in solchen Zustand versetzt wurde, dafs Da
und Boccaz es erwähnen, wenn sie eine ungesunde und verpes
Gegend bezeichnen wollen. Unter der Regierung der Medici wu
die Aufmerksamkeit auf diesen unglücklichen Landstrich ernst
gerichtet. Die bereits erwähnte Charte, worin auch die Höhen

---

*) *Charte idrauliche dello stato antico e moderno della valle di Chi
di Manetti. Firenze 1823.* Die kurze Beschreibung, die den schönen C
ten beigefügt ist, ist überaus lehrreich und in technischer Beziehung sehr
teressant. Fig. 124 ist eine Copie dieser Charte in kleinerem Maafsstab
**) *Extrait des recherches sur le système hydraulique de l'Italie par
Prony. Annales des ponts et chausées 1834. II. p.* 384.
***) *Annalium liber I.*

er Punkte angegeben ist, sollte zur Entwerfung des Meliora-
planes dienen. Nach dieser Charte fand sich zwischen Fojano
gen das Mönchskloster, Arezzo gegenüber, die Scheitelstrecke
hier war stehendes Wasser, so daſs man kaum eine Bewegung
à der einen oder der andern Seite wahrnehmen konnte. Torri-
li bezeichnete schon die Colmationen als das einzige Auskunfts-
bil, das hier zu wählen sei. Er meinte, der Boden läge in der
ihm Ausdehnung gar zu horizontal, als daſs man durch Abzugs-
ben allein ihn trocken legen könnte, doch setzte er hinzu, daſs
li Nebenflüsse Goldsand dem Thale zuführen," wodurch er den
ym andeuten wollte, den die gehörige Auffangung und Ablagerung
selben in der versumpften Gegend verbreiten würde. Das Unter-
hmen wurde indessen damals bald aufgegeben und erst gegen das
nde des vergangenen Jahrhunderts entwarf Fossombroni den Plan
r Melioration *). Die frühern Verhältnisse hatten sich indessen
sentlich geändert. Die Thalsohle war seit 1551 stellenweise um
l Fuſs erhöht. Die Bedingung, die Fossombroni sich stellte, war,
sen regelmäſsigen Abfluſs in nördlicher Richtung zu bilden und
urch Colmationen den Boden so weit zu erhöhen, daſs die Chiana
der vielmehr der neue Canal das ganze Thal entwässern könnte.
ieser Canal sollte aber hinreichendes Gefälle erhalten, um in spä-
rer Zeit, wenn das Material zu solchem Zwecke nicht mehr ge-
ucht würde, dasselbe weiter stromabwärts bis unter das Wehr
a Mönchskloster zu führen, und dadurch dem Entstehn neuer Ver-
mpfungen im Thale vorzubeugen. Unter diesem Gesichtspunkte
urde die Arbeit auf Kosten der Regierung begonnen. Die Situa-
ons-Charte Fig. 124 und das Profil Fig. 125 auf Taf. X. zeigen
n Zustand im Jahre 1823, wo zwar noch eine Menge Colmationen
ı Betriebe, aber doch schon die meisten Flächen cultivirt und be-
ut waren. Der Grund und Boden, der, wie es scheint, gar kei-
n Besitzer hatte, wurde Domaine, und eine Menge Ansiedlungen
folgte in diesen Gegenden, die früher unbewohnbar gewesen waren.
ie Versumpfungen erstrecken sich indessen noch weiter südwärts,
s die Charte angiebt, und so waren mit Einschluſs desjenigen Thei-

---

*) *Memorie idraulico storiche sopra la Val di Chiana*, in der *Raccolta*
?89 mitgetheilt und 1823 zu Bologna besonders gedruckt.

les, der zum Kirchenstaate gehört, etwa 8 Quadratmeilen cultur[...]
Boden zu gewinnen.

Die Colmationen, deren passendste Einrichtung sich erst
die Erfahrungen herausstellte, die man hier machte, wurden
dermaaßen angeordnet. Man umschloß die zu erhöhenden F[...]
einzeln mit Erddeichen, und zwar gab man den letzteren we[...]
lich sogleich die ganze Höhe, die sie zur beabsichtigten Erh[...]
des Terrains brauchten, das heißt, man machte sie etwa 2½[...]
höher als der Boden werden sollte. In den Fällen aber, wo[...]
Boden noch sehr niedrig war, gab man ihnen eine geringere H[...]
und erhöhte sie später. Sie erhielten eine Kronenbreite von 4½[...]
und auf jeder Seite Dossirungen, die unter 45 Graden geneigt w[...]
Die Größe der Bassins bestimmte man nach der Breite der F[...]
welche sie füllen sollten. Wenn diese Breite und zwar zur[...]
der Anschwellung die Einheit ist, so halten die Bassins 100
300 Mal das Quadrat dieses Maaßes, nämlich für

den Esse, dessen Breite 25½ Ruthen mißt, das 150fache
- Foenna - - 31 - - -- 300 -
- Salarco - - 18½ - - - 200 -
- Salcheto - - 15 - - - 80 -
- Parce - - 18 - - - 100 -

Häufig legt man mehrere dieser Bassins hinter einander, und
bei starkem Zuflusse das Wasser aus dem einen in das an[...]
Bassin treten, um die feineren Stoffe, die es in jenem [...]
nicht abgesetzt hatte, in diesem vollends niederzuschlagen. V
die Bassins aber dem herrschenden Winde sehr ausgesetzt sind
muß man sie schon durch ähnliche Erddeiche in mehrere kle[...]
zertheilen, damit nicht etwa der Wellenschlag eine zu starke
wegung hervorbringt.

Der Fluß wird in einem eingedeichten Canale, der beim [...]
zen von Abzugsgräben immer über den letztern bleibt, in das[...]
sin geleitet. Er füllt dieses zur Zeit der Anschwellung bald
und das Wasser würde über die Deiche strömen und dieselben
stören, wenn man nicht für einen bestimmten Abfluß gesorgt [...]
Ein solcher heißt Regulator und wird durch eine Vertiefun[...]
Deiche dargestellt. Damit indessen das überstürzende Wasser
Deich nicht angreift, so erhält derselbe dreifache Anlage und
deckt diese mit Faschinen aus, welche durch niedrige Flecht[...]

estigt werden. Fig. 126 a und b zeigt diese Anordnung
isse und im Querschnitte. Die Krone des Regulators
3 Fuſs unter der des Deiches, und wenn der Deich belle Höhe hat, 6 Zoll über derjenigen Höhe, die das Ter-
en soll. Die Länge des Regulators ist im Allgemeinen
nger als die Breite des Flusses, nämlich

für den Esse . . . 18½ Ruthen
- - Foenna . . 31 -
- - Salarco . . 18½ -
- - Salcheto . . 12½ -
- - Parce . . . 15½ -

ehrere Bassins hinter einander, so führt der Regulator das
ns dem ersten in das zweite, und in diesem Falle pflegt
auch wohl zu theilen, damit eine leichtere und gleichmäſsi-
nng erfolgt, wenn er aber den Ausfluſs aus dem letzten
ildet, so kann man eine solche Theilung nicht vornehmen,
i verschiedene Abzugsgräben darzustellen und zu unterhal-
die Kosten zu sehr vermehren würde.

ld das Hochwasser vorüber ist und das eingeschlossene
während der nächsten 48 Stunden alle Stoffe, die es enthielt,
ig fallen gelassen hat, so muſs dasselbe wieder entfernt wer-
diesem Zwecke dienen kleine Archen von 2 Fuſs Weite,
lurch Versatzbohlen geschlossen sind, die man eine nach
rn mittelst Winden aushebt. An jedem einzelnen Bassin
sich an einer passenden Stelle diese Vorrichtung und zwar
ine solche immer seitwärts und nie in ein folgendes Bassin.
en aber nur leicht aus Holz erbaut, und sobald die Colma-
iner Stelle beendigt ist, an andern Bassins benutzt.

etti theilt das Gefälle, die Dauer der Anschwellungen und
alt an erdigen Stoffen für die erwähnten fünf Flüsse mit.
alt an Erde ist dabei in Procenten ausgedrückt. Ueber die
ienge und die Anzahl der jährlichen Anschwellungen fehlen
iben.

	Gefälle	Dauer der An-schwellung	Gehalt an Erde
Esse	1:2010	3 Tage	3 Procent
Foenna	1:1707	3 „	5 „
Salarco	1: 596	1 „	9 „
Salcheto	1: 604	1 „	5 „
Parce	1: 494	2 „	3 „

§. 29.
Sickergräben.

Bei thonigem Boden bietet die Beseitigung des Wassers hier insofern Schwierigkeiten, als dasselbe, wenn es eingedrungen ist, nur langsam sich ausscheidet.   Offene Abzugsgräben sind dabei von wenig Nutzen (§. 7), weil ihre Wirksamkeit sich allein auf die näch- sten Umgebungen beschränkt.   Sie müßten, wenn sie von Erfolg sein sollten, sehr nahe liegen, wodurch ein großer Theil der zu ent- wässernden Fläche der Cultur entzogen würde.   Das Mittel, welches man unter diesen Umständen wählt, ist die Anlage von Sicker- gräben (*Drains*), d. h. man bildet in solcher Tiefe, daß die Be- nutzung der Fläche dadurch nicht gestört wird, ein Netz von kleinen Canälen, welche die feinen Wasseradern aufnehmen und abführen. In England sind Drainirungen schon seit Jahrhunderten vielfach aus- geführt, in neuerer Zeit haben sie auch bei uns allgemeinen Ein- gang gefunden.

Die vortheilhafte Wirkung der Drains beschränkt sich aber kei- neswegs darauf, daß sie aus einem erweichten strengen Thonboden das Wasser abziehn, ihr wesentlicher Nutzen besteht vielmehr in der regelmäßigen Durchführung des Wassers von der Oberfläche nach der Tiefe.   Wie in einem Blumentopfe, der. am Boden mit keiner Oeffnung versehn ist und durch den das Wasser auch nicht durch- schwitzen kann, die Pflanzen nicht gedeihen, so ist derselbe Mangel auch bei Aeckern oft höchst nachtheilig.   Diesem wird aber durch die Drainirung abgeholfen.   Ohne sie verwandelt sich die Oberfläche leicht in eine für das Wasser undurchdringliche Schicht, der Regen bibt also darauf stehn, bis er seitwärts abfließt oder verdunstet, und er dringt sonach nicht bis zu den Wurzeln des Getreides herab. In diesem Falle beseitigen die Sickergräben keineswegs die Feuchtigkeit, sondern sie führen sie den Pflanzen zu, und dabei tritt noch der günstige Umstand ein, daß im Frühjahre der Regen auch den Boden in einiger Tiefe erwärmt und dadurch den Wachsthum wesentlich befördert.

Diese großen Vortheile wurden nach vielfachen ältern Erfahrungen zuerst in England anerkannt. Im Jahre 1847 bewilligte das Parlament über 50 Millionen Thaler an Grundbesitzer, welche zur Anlage von Drainirungen sich entschlossen. In dieser Zeit wurde die Art der Ausführung auch wesentlich verbessert.

Als man die Sickergräben noch sehr unvollkommen darstellte, versagten sie leicht ihren Dienst, und man mußte daher häufige Reparaturen in Aussicht nehmen. Aus diesem Grunde vermied man es, sie in große Tiefe zu legen. Eine Folge hiervon war, daß ihre Wirkung sich auf die nächsten Umgebungen beschränkte, und man war daher gezwungen, ihre gegenseitige Entfernung auf 2 bis 3 Ruten, zuweilen sogar nur von 18 Fuß zu beschränken. Außerdem durfte man ihnen auch kein starkes Gefälle geben, weil eine heftige Strömung sie leicht zerstört haben würde. Wenn daher der Boden eine merkliche Neigung hatte, so zog man sie nicht in der Richtung, in welcher derselbe abfiel, sondern schräge dagegen, wobei man noch den Vortheil zu erreichen glaubte, daß sie um so sicherer alle Wasseradern treffen und aufnehmen würden. Endlich bot auch die Sicherung ihrer Mündungen manche Schwierigkeiten, indem sie einzeln im niedrigeren Wiesengrunde am Fuße des Ackers austraten. Der besonders üppige Graswuchs, den sie hier veranlaßten, war Ursache, daß das Vieh sich vorzugsweise daselbst aufhielt und die Gräben zerstörte, auch trieben die Sträucher und Bäume in der Nähe ihre Wurzeln hinein und verstopften sie. Man sah sich daher meist gezwungen, sie unter hohen Steinschüttungen austreten zu lassen.

Um einer stellenweisen Sperrung der Sickergräben zu begegnen, die bei der geringen Stärke der Erddecke darüber (die meist nur 1 Fuß maaß) leicht möglich war, stellte man sie nicht sowol als freie Canäle dar, sondern bildete aus Steinen, Strauch und selbst aus Stroh poröse Stränge, durch welche das Wasser sich hindurchziehn mußte.

Gegenwärtig ist man hiervon zurückgekommen, und zieht
gemein die freien Canäle und zwar in größerer Tiefe vor, w
vor Beschädigungen gesichert sind. Die Art ihrer Darstelluq
sehr verschieden. Zuweilen wird dabei gar kein fremdes Mat
benutzt. Ein Stück Holz von 10 bis 12 Fuß Länge wird regeln
etwas konisch geformt, so daß es an dem hintern Ende 5 Zoll,
an dem vordern 6 Zoll im Durchmesser hält. In das stärkere
wird ein Haken eingeschlagen und daran eine Leine befestigt,
mit man es weiter ziehn kann. Man legt es auf die Sohle des
bens und bestreut es zunächst mit Sand, damit der feste Boden
zu stark daran haftet, alsdann bringt man eine dünne Lage s
Thon auf, der den Sand festhält und zugleich die innere Fläch
künstlichen Erdgewölbes bildet. Man tritt diese Lage gehör
und dasselbe geschieht mit allen einzelnen Schichten der folg
Aufschüttung, so daß man also unmittelbar diejenige feste l
darstellt, die sich sonst nur später bilden würde. Endlich zieh
das Holz etwa 2 Fuß weit vor und setzt die Arbeit auf gleid
weiter fort, indem man die Ueberschüttung über der ganzen l
des Holzkernes allmälig ansteigen läßt.

Sehr einfach ist auch das Verfahren, welches man in Land
anwendet, wobei nämlich der Graben einige Zolle über seiner
mit schmalen Banketen versehn wird, auf welche man Torf
von 9 Zoll Höhe legt, welche sonach die Decke des Canales l
Statt des Torfes wendet man in gleicher Weise auch flache
an, wie Fig. 127 zeigt. Um jedoch einer Verschüttung des C
durch die Fugen zwischen den Steinen vorzubeugen, muß d
noch eine grobe Kiesschüttung oder eine Strohlage angebrach
den, die man oft noch mit Rasen bedeckt.

Vortheilhafter ist es, wenn man Ziegel oder andere bes
zu diesem Zwecke gebrannte Steine benutzt, man kann alsdann
leicht die Seitenwände des Canales mit solchen einfassen. A
Methoden, wobei gleichfalls flache Steine zur Ueberdeckung un
schließung der Gräben verwendet werden, zeigen die Figures
129, 131, 132 und 133. Dieselben Constructionen werden in
land auch oft zur Trockenlegung von Straßen gewählt.

Bei Anwendung des Strauches zur Darstellung freier Can
die in Fig. 130 dargestellte Methode besonders häufig benutzt
den. Man schneidet nämlich kleine Stäbchen von etwa 15 Zoll l

l lehnt diese abwechselnd an die eine und die andre Wand des
aben, so dafs sie sich in der Mitte kreuzen und unmittelbar be-
ren. Alsdann füllt man den obern prismatischen Raum mit
ach, worüber Stroh gelegt wird, damit die aufgeschüttete Erde
ht hindurchfällt. Das untere dreiseitige Prisma bildet den eigent-
ten Sickercanal.

In neuester Zeit ist man von den beschriebenen Construc-
ten abgegangen, und hat dafür eine andere gewählt, die in Be-
' auf Dauer und Sicherheit des Erfolges unbedingt den Vorzug
dient. Jene Sickergräben, die mit vegetabilischen Stoffen über-
kt werden, bleiben nämlich nur so lange dem Drucke der darauf
enden Erde entzogen, als diese Stoffe ihre Festigkeit behalten,
man mufs besorgen, dafs später gröfsere Erdklumpen sich lösen,
r auch feinere Massen hindurchfallen und die Canäle sperren.
Indem man eine dauerhaftere Construction wählt, so fällt auch
Grund fort, die Gräben möglichst hoch zu halten. Bei gröfse-
Tiefe entzieht man sie aber nicht nur manchen Beschädigungen,
lern man senkt auch das Grundwasser, und indem die Wirksam-
eines Sickergrabens sich zu beiden Seiten um so weiter erstreckt,
efer er liegt, so erreicht man noch den wesentlichen Vortheil,
die Anzahl der Gräben sich vermindert und sonach die ganze
ige, der gröfseren Tiefe unerachtet, wohlfeiler wird. Auch eine
tige Strömung wird bei der festeren Construction unschädlich,
man darf die Canäle in die Richtung der Abdachung des Bo-
legen, wodurch ihre Wirksamkeit sich gleichfalls verstärkt.
Die in Fig. 131 dargestellte Anordnung bildet den Uebergang
neuern Methode. Eine Schicht flacher gebrannter Steine, also
ziegel oder Fliesen, stellt die Sohle des Canales dar, und zur
enzung an den Seiten, so wie zur Ueberdeckung dient eine
e von Hohl- oder Forstziegeln. Bei der grofsen Anzahl der
derlichen Steine gab man ihnen bald passendere Formen, indem
Bodensteine mit einer flachen Rinne versehn, und die Deck-
e in halbe Cylinder verwandelt wurden. Demnächst ersetzte
die ersteren durch die letzten, und bildete Canäle von kreis-
igem Querschnitt. Die horizontalen Fugen waren indessen
störend, weil theils leicht Sand und Erde durch sie eindrang,
ls auch die obern Steine auf den schmalen Seitenwänden der un-
nicht fest und sicher auflagen, und wenn sie sich beim Be-

schütten mit Erde verschoben und herabfielen, so sperrten sie einen grofsen Theil der Oeffnung. Hiernach ging man endlich dazu über, ganze Cylinder, nämlich die sogenannten Drainröhren, zu formen und zu brennen. Solche werden jetzt allgemein benutzt und sie haben sich bereits als sehr dauerhaft erwiesen, während zugleich der rinnenförmig gekrümmte Boden das durchfliefsende Wasser mehr zusammenhält und daher die zufälligen Ablagerungen leichter fortgespült werden.

Die einzelnen Röhrenstücke werden meist ohne weitere Verbindung nur stumpf an einander gelegt. Dabei kann es leicht geschehn, dafs der Sand durch die Stofsfuge dringt, und noch gröfser ist die Gefahr, dafs die kurzen Röhren beim Verlegen und Beschütten mit Erde etwas seitwärts rollen, so dafs ihre Oeffnungen nicht mehr genau auf einander treffen, und der Querschnitt der Leitung dadurch stellenweise beengt wird. Um dieses Rollen der Röhren zu vermeiden, hat man zuweilen versucht, sie mit einem breiten Fufse zu versehn, oder auch einen elliptischen Querschnitt ihnen zu geben. Beides kommt jedoch nur selten vor, dagegen benutzt man zuweilen weitere Ringe oder Muffen zur Ueberdeckung der Fugen, ähnlich denen, die auch bei eisernen Leitungsröhren vorkommen, und Fig. 100 Taf. VII. dargestellt sind.

Indem die Röhren oft nur 1 bis 2 Zoll weit sind, so bedarf der Graben, in den man sie legt, keiner bedeutenden Breite, doch mufs diese so grofs sein, dafs ein Arbeiter darin noch stehn und gehn kann. Letzteres geschieht freilich nur sehr unbequem, indem er den einen Fufs immer voranstellt und den andern nachzieht. Die Grabensohle wird zu diesem Zweck 4 Zoll breit gemacht, und da sie mindestens 4 Fufs tief liegt, so ist das Verlegen der Röhren sehr lästig, besonders da man die Seitenwände möglichst steil halten mufs, um die Erdarbeiten nicht zu weit auszudehnen. Der Graben wird, nachdem seine Richtung und Breite abgesteckt ist, mit Spaten ausgestochen, und zwar sind diese von verschiedener Breite und Form, um in den verschiedenen Tiefen die Arbeit möglichst zu erleichtern. Man bedient sich auch mit Vortheil gewisser Pflüge, die indessen nur zum Auflockern, nicht aber zum Ausheben des Bodens dienen.

Nachdem der Graben an einer Stelle die volle Tiefe erhalten hat, und gehörig geebnet ist, so werden die Röhren darin sogleich verlegt. Der Arbeiter, der dieses thut, steht gemeinhin im Graben,

man die Röhren, wenn sie auf einen passenden Hacken
l, auch von oben verlegen, obwohl dieses weniger sicher
ı Röhren nicht nur auf einander treffen, sondern auch
timmten gleichmäfsigen Gefälle verlegt werden müssen.
ieht man 2 bis 3 Röhrenstücke, deren Länge 12 bis 14 Zoll
einen dünnen Stab, und verlegt sie so, dafs dieser Stab
bereits früher verlegte Röhre greift. Mit der Setzwage
ı die Neigung untersucht, und die Grabensohle, soweit
;, vertieft oder erhöht. Wenn die Röhren passend liegen,
an sie fest an, überdeckt jeden Stofs mit einer Handvoll
ınd bringt eine dünne Lage feinen und zähen Thon auf,
angetreten wird, um ein ferneres Verschieben der Röh-
ndern. Alsdann zieht man den Stab heraus, und beginnt
ıg des Grabens. Auf diese Art wird der Graben kei-
röfserer Länge auf einmal eröffnet, wodurch seine Wände
:ocknen und nachstürzen würden, vielmehr pflegt man
it so anzuordnen, dafs der Graben nur da, wo gerade
verlegt werden, die volle Tiefe hat, und er dahinter
r verschüttet wird. Man pflegt aber die lockerste Erd-
ersten Ueberdecken der Röhren zu verwenden, um das
ı des Wassers zu erleichtern, und die compacten Schich-
ıbern Theil des Grabens zu werfen. Die einzelnen La-
man etwas an, um ein späteres starkes Setzen zu ver-

ⱻ Anordnung dieses Entwässerungs-Systems betrifft,
n im Allgemeinen anzunehmen, dafs die Canäle bei hin-
Jefälle so viel Ruthen von einander entfernt sein dürfen,
fe unter der Oberfläche Fufse mifst. Diese Regel gilt
ır für leichten, als für strengen Boden. Je fester der-
ı so geringere Entfernungen mufs man wählen. Leclerc
ⱻ bei Besichtigung dieser Anlagen in England gefunden,
tiefe Sickergräben bei verschiedenen Bodenarten in fol-
nungen gelegt werden:

m Boden	22 bis 32 Fufs
Untergrund aus Kreide besteht . .	25 - 35 -
. . . .	35 - 45 -
ı Thonboden	32 - 48 -
m Boden	48 - 64 -

Man giebt den Sickercanälen das stärkste Gefälle, welches das Terain gestattet, und betrachtet 1 : 500 oder auch wohl schon 1 : 400 als das schwächste, noch zulässige Gefälle. Ist die Fläche so eben, dafs man selbst bei Verfolgung des stärksten Abhanges dieses Gefälle nicht darstellen kann, so wählt man eine Anordnung, die dem Rückenbau für Ueberrieselungen ähnlich ist (§. 30). Man legt nämlich einen weiteren Sickercanal in gröfserer Tiefe mitten durch das Feld, der wegen der bedeutenden Oeffnung von 4 bis 6 Zoll Durchmesser nur eines geringen Gefälles bedarf, und läfst in diesen die kleineren Sickercanäle mit gehörigem Gefälle und in angemessenen Entfernungen von beiden Seiten eintreten.

Auch wenn das Terrain es gestattet, jeden einzelnen Sickergraben frei austreten zu lassen, so zieht man es doch vor, dieselben in eine gemeinschaftliche weitere Röhre zu führen, und zwar geschieht dieses in der Art, dafs die kleinern Röhren einige Zolle höher liegen, und durch die Decke in die weitere münden. Sie finden also einen freien Abflufs, wenn letztere auch gefüllt ist. Die Verbindung bedarf keiner besondern Festigkeit, man wählt dazu entweder Röhren, die vor dem Trocknen gebogen waren, oder man benutzt auch kleine hölzerne Zwischenröhren. Diejenigen Röhrenstücke, welche unmittelbar in den Wiesengrund, oder in einen offenen Graben austreten, müssen wenigstens 2 Fufs lang sein, damit die nächste Stofsfuge in feste Erde trifft. Man pflegt in denselben noch ein Drahtnetz anzubringen, um das Eintreten der Mäuse und Ratten zu verhindern, die oft zur Sperrung der Canäle Veranlassung geben.

Diejenigen Röhren, welche unmittelbar das Wasser aus dem Acker auffangen, sind genügend weit, wenn ihre Oeffnung 1 Zoll im Durchmesser hält, doch erweitert man sie meist auf $1\frac{1}{4}$ oder $1\frac{1}{2}$ Zoll, damit die unvermeidlichen Unregelmäfsigkeiten beim Verlegen nicht sogleich eine starke Verengung veranlassen. Die Länge des ganzen Stranges beträgt meist etwa 1000 Fufs und bei starkem Gefälle nicht selten sogar 2000 Fufs. Bei gröfserer Ausdehnung ist es aber vortheilhaft, sie in etwas weitere Röhren übergehn zu lassen, damit alles Wasser sicher gefafst wird.

Es bedarf kaum der Erwähnung, dafs der Ausführung einer solchen Anlage eine sorgfältige Untersuchung der Höhenlage und der Beschaffenheit des Bodens, und die Bearbeitung eines vollständigen Projectes vorangehn mufs. Zunächst ist zu prüfen, ob man

einfache System der parallelen Röhren wählen darf, oder ob es
g ist, gröfsere Abzugscanäle, in welche jene einmünden, dazwi-
ı zu legen. Für jene, wie für diese mufs die Richtung und
nlage vollständig ermittelt werden, damit das erforderliche Gesich überall bilden, und die ganze Anlage in kräftige Wirksam-
treten kann.

Die Anfertigung der Drain-Röhren erfolgt in gröfseren
eien oder besondern Fabriken und zwar mittelst Maschinen, in
hen der steife Thon unter sehr starkem Drucke durch eine kreis-
ige Oeffnung geprefst wird, in welcher ein cylindrischer Kern
rebt. Letzterer wird vor der Oeffnung durch einen schmalen
gehalten. In dieser Art tritt die fertige Röhre aus der Ma-
ı und wird in den Zwischenzeiten, wo der Druck aufhört, in
beabsichtigten Längen durch einen oder mehrere Drähte zer-
itten. Der hierbei zu verwendende Thon mufs von besonderer
auch möglichst sorgfältig bearbeitet und gereinigt sein, sowie
ı das Trocknen und Brennen mit grofser Vorsicht erfolgen mufs,
it die Röhren den nöthigen Härtegrad erhalten, ohne ihre Form
erändern.

§. 30.

Bewässerungsanlagen.

Die Bewässerung der Ländereien geschieht entweder durch
verstauung, oder durch Ueberrieselung. Die erstere ist
zugsweise beim Getreidebau üblich, doch wendet man sie auch
fig bei Wiesen zur Beförderung des Graswuchses an, während
letztere sich allein auf die Wiesencultur beschränkt. Nach der
en Methode wird in der geeigneten Jahreszeit das Feld einmal
r wiederholentlich unter Wasser gesetzt und bleibt einige Tage
durch damit bedeckt, wobei theils eine starke Durchnässung des
dens erfolgt, theils aber auch die erdigen Theilchen aus dem Was-
niederschlagen und dadurch zur Befruchtung wesentlich beitragen.
i der Ueberrieselung wird dagegen über die Wiesenfläche eine mög-
hst gleichmäfsige Strömung geführt, die keineswegs den Rasen be-
xkt, sondern die feinen Grasblättchen überall über das Wasser her-

vorragen läfst, so dafs man letzteres nur eben dazwischen dur
mern sieht.

Dafs in beiden Fällen auch reines Wasser von Nutzen
nicht zu bezweifeln, da dieses ebenso wie der Regen wirkt.
dagegen das Wasser nicht ganz rein ist, sondern einigen ß
mit sich führt, so ist es für die Ueberschwemmung um so m
und wahrscheinlich auch für die Ueberrieselung, obwohl ma
das Gegentheil behauptet. Eine starke Ablagerung erdiger Stoi
letzten Falle freilich insofern nicht günstig, als dadurch di
lich eingerichtete Wiesenfläche leicht so unregelmäfsig sich
dafs das Bewässerungssystem gestört wird, dagegen bemei
bei diesen Wiesen, wenn das Wasser auch ganz rein zu sein
mit der Zeit ein Aufwachsen des Bodens, und sonach ist
stimmend mit den sonstigen Erfahrungen anzunehmen, dafs a
die feinen und kaum merkbaren Erdtheilchen einigen Ein
die Vermehrung des Ertrages ausüben. Von welcher Art
Wasser schwebenden Erdtheilchen sind, und ob sie für d
sichtigte Cultur vortheilhaft oder vielleicht nachtheilig sein
mufs man, wenn nicht directe Erfahrungen vorliegen, nähe
suchen, damit man sich nicht etwa über die Verbesserung de
täuscht, oder man ihn wohl gar durch das darüber geleitete
verdirbt. Bélidor *) erzählt ein Beispiel des letzten Falles.

Die Bewässerungsanstalten zeichnen sich im Allgemei
allen sonstigen hydrotechnischen Anlagen durch eine grofse
heit aus. Sie bestehn gewöhnlich nur in kleinen Gräben
drigen Verwallungen, und die Stauwerke oder Schütze, die
weilen dabei benutzt, sind wegen der geringen Dimensionei
sehr einfache Bauwerke. Die grofse Anzahl und weite Aus
solcher Anlagen, die sämmtlich eine fortdauernde Aufmerl
und bei entstehenden Unregelmäfsigkeiten eine schleunige A
rung erfordern, erschweren aber häufig in hohem Grade
lingen des ganzen Unternehmens. Der Landmann, der von
wässerung den Nutzen zieht, mufs selbst alle zugehörigen
controlliren und in gutem Stande erhalten, und darf nur
Falle einen Vortheil davon erwarten, wenn er dieses mit Lie
und häufig thut. Ein einzelner Spatenstich, der zur rechten

---

*) *Architecture hydraulique. Vol. IV. p.* 476.

wird, kann leicht grofsen Unordnungen vorbeugen, und so
ese Arbeit ganz in den Kreis der gewöhnlichen landwirth-
chen Verrichtungen übergehn, wenn sie ohne grofse baare
en besorgt werden soll.

as die Bewässerung durch Ueberstauung betrifft, so war
Methode schon in dem frühesten Alterthume bekannt, indem
heil von Egypten seit dem Anfange der historischen Zeit
o bewässert wurde, wie dieses noch jetzt geschieht, nur sind
nlagen, die man künstlich für diesen Zweck dargestellt hat,
zu Tage nicht mehr sämmtlich in Wirksamkeit. Die natürli-
Anschwellungen des Nils setzen diese Bewässerungsanstalten
lätigkeit. Sie bestehn in einer Menge von Coupirungen, welche
m westlichen Arme des Nils, oder dem Josephs-Canale (*Bahr*
f) angelegt sind. Dafs dieser Arm künstlich ausgegraben sei,
der Name es vermuthen läfst, darf man wohl bezweifeln, aber
och ist eine solche Stromspaltung, wie diese, vielleicht ohne
Gleichen. Auf 70 bis 80 Meilen Länge von Dendyra bis Cairo
en nämlich die beiden Arme vielfach unter sich verbunden, doch
etrennten Betten in einem Abstande von 1 bis 2 Meilen paral-
nit einander fort, und man mufs vermuthen, dafs diese Spaltung,
he für das Bewässerungssystem so wesentlich ist, durch Kunst
ollständigt und gesichert wurde. Der westliche Arm, der nur
300 Fufs breit ist, während der eigentliche Nil oder der östliche
über 2000 Fufs Breite hat, heifst von Tharout es Sherif ab-
ls der Joseph-Canal, und von hier bis unterhalb Cairo, also auf
Breitengrade zieht er sich ohne Unterbrechung fort und dient zum
ässern des Landstriches, der zwischen ihm und dem eigentlichen
liegt. Jenseits des Nils konnte diese Bewässerung nicht ausge-
nt werden, weil der Fufs des Mokattam-Gebirges grofsentheils
Stromufer bildet. Auf der westlichen Seite des Josephs-Canales
eben sich gleichfalls die hohen Sandhügel, die von der Libyschen
rgkette herabgeweht sind, welche letztere auch nicht fern ist.
nach ist das eigentliche Flufsthal Mittel-Egyptens auf den frucht-
ren Strich zwischen beiden erwähnten Flufsarmen beschränkt, und
sem Bewässerungssysteme verdankt derselbe allein seine Frucht-
rkeit. Das Terrain liegt hier so hoch, dafs es durch die natür-
hen Anschwellungen des Nils nicht regelmäfsig inundirt werden

24*

kann. Zu diesem Zwecke sind aber die vielfachen Durchdä...
gen des Josephs-Canales ausgeführt, und in gehöriger Entfer...
von denselben, Verbindungen mit dem Nil eröffnet. Vor jeden
chen Damme staut das Wasser bis zu derjenigen Höhe auf, w...
der Wasserspiegel des Nils an der Einmündung des nächst obe...
belegenen Verbindungscanales erreicht, also nach Maaßgabe de...
fälles steigt es mehrere Fuß über die natürliche Anschwellun...
Stromes. So bilden sich treppenweise Bewässerungsbassins ...
einander, und vielfach werden die künstlichen Dämme durch...
oder durchbrochen, wodurch sich nach und nach die große Wa...
menge verliert, die aufgesammelt war, und sobald sie abge...
ist der Boden nicht nur durchnäßt und gedüngt, sondern übe...
so vorbereitet, daß die Saat sogleich ohne Weiteres au...
werden kann.

Das Steigen des Nils beginnt bald nach dem Sommerso...
also in den ersten Tagen des Julius. Am stärksten ist es im ...
fange oder der Mitte des August, Mitte September hat das ...
ser die größte Höhe, etwa 25 Fuß über dem kleinen Wasser, ...
reicht. Im October zeigt sich schon ein merkliches Fallen, No...
ber und December wird dieses am stärksten, doch erfolgt es ...
langsamer als das Steigen. Im October durchsticht man schon ...
Dämme und eröffnet dadurch dem Wasser den Abfluß, worauf ...
sogleich die Aussaat geschieht.

Von dem Josephs-Canale tritt etwa 12 Meilen oberhalb Ca...
durch ein enges Thal in der Libyschen Bergkette ein Arm in ...
acht Meilen lange und stellenweise eben so breite fruchtbare Eb...
el Fajoum, an deren nordwestlicher Seite sich der Möris-See ...
zieht. Diese ganze Ebene wird auf dieselbe Art, wie der Landstri...
zwischen den beiden Nilarmen, künstlich inundirt und sogar in ei...
zusammenhängenden See verwandelt, so daß die Communication ...
gänzlich aufhört. Nach Herodot's Erzählung floß das Wasser ...
nicht auf demselben Wege, auf dem es eingelassen wurde, wied...
zurück, sondern es ergoß sich durch einen künstlich eröffneten nör...
lichen Abfluß nach Nieder-Egypten und diente auch hier zu Bew...
serungen. Ein solcher nördlicher Abfluß ist aber gegenwärtig ni...
vorhanden, vielmehr verschwindet das eingetretene Wasser nur dur...
Verdunstung.

In Nieder-Egypten endlich, oder in dem Nil-Delta, wo das G...

e zur Zeit des Hochwassers nur etwa $\frac{1}{10000}$ beträgt, wird das
~~~er zwar auch durch Erddämme angespannt und dadurch so
~~~h gehoben, daſs es einen Theil der Ländereien bedeckt, doch
~~~en die höherliegenden Striche davon gewöhnlich frei und können
r durch Schöpfmaschinen bewässert werden.

In der neuern Zeit ist das System der Bewässerung durch Ueber-
~~~ung am meisten im nördlichen Italien ausgebildet, und das
~~~er, welches die von dem Südabhange der Alpen herabkommen-
~~~ Flüsse führen, wird zu diesem Zwecke so vollständig benutzt,
~~~ man im Sommer während der Bewässerungen keinen Tropfen
~~~er in den Fluſsbetten sieht. Das Terrain zeichnet sich hier
~~~h seine horizontale Lage aus, der geringe Abhang nach dem Po
~~~ kaum bemerkbar, und selbst die Felder sind so eben, daſs man
~~~er den künstlichen Erddämmen nicht die geringste Erhebung
~~~nimmt. Diese Gestaltung der Oberfläche ist groſsentheils durch
~~~ gleichmäſsige Ablagerung des Materials, welches die Flüsse herbei-
~~~ten, veranlaſst worden, gewiſs aber haben die künstlichen Ueber-
~~~wemmungen auch zur Entfernung der kleineren Unregelmäſsig-
~~~ten beigetragen, indem man solche durch Abgraben beseitigte, um
~~~ einzelne Feld vortheilhaft benutzen zu können.

Diese Ebene ist mit zahlreichen Gräben durchschnitten, welche,
~~~r allgemeinen Neigung des Terrains folgend, sich von Norden nach
~~~den hinziehn, und auf beiden Seiten von niedrigen Erddeichen ein-
~~~schlossen sind, welche die einzelnen Felder begrenzen. Jedes Feld
~~~ ringsum mit einem solchen Deiche eingefaſst, und ein kleines
~~~hütz von einigen Quadratfuſs Fläche, daſs zwischen steinernen Gries-
~~~ulen und auf einer Steinschwelle angebracht ist, giebt Gelegenheit,
~~~ der obern Seite das Wasser aus dem Graben einzulassen. So-
~~~ld dieses Schütz geöffnet wird, schlieſst man den Graben darun-
~~~, um alles Wasser in das zu inundirende Feld zu leiten. Der
~~~fluſs dauert so lange bis das ganze Feld, wenn es nicht so-
~~~ich einen Theil des Wassers verschlucken würde, 3 bis 6 Zoll
~~~h damit bedeckt werden könnte. Alsdann schlieſst man jenes
~~~hütz wieder, und bewässert auf gleiche Weise ein anderes Feld.
~~~ch kurzer Zeit hat sich alles Wasser in den Boden eingezo-
~~~n und die Getreidesaaten wachsen üppig empor, bis nach dem
~~~lgemeinen Culturplane vielleicht nach einer oder zwei Wochen wie-
~~~r eine neue Ueberstauung gegeben wird, bis das Getreide zur Reife

kommt. Häufig ist noch ein zweites Schütz an der untern Seite
Feldes angebracht, welches indessen nur nach starkem und a
tendem Regen geöffnet wird.

Die erwähnten Gräben werden durch Zuleitungscanäle ge
die von jenen Flüssen aus sich am Fuße der Anhöhe auf der
Seite der Ebene hinziehn. Ein Wehr schließt jedesmal dicht
der Mündung eines solchen Canales das ganze Flußbette, so
dieses nur das höhere Wasser abführt. Auf die gleichmäßige
theilung des Wassers aus dem Flusse über die ganze damit zu
dirende Fläche wird große Sorgfalt verwendet, und die Anlagen
so bemessen, daß zur Zeit des niedrigsten Wassers allen zu
renden Flächen in gleichen Zeiten gleiche Massen zuströmen.
Maaßgabe der Größe der Flächen wird aber die Dauer des Z
ses geregelt, und der niedrigste Wasserstand ist als Norm ange
men, weil während desselben es auf die gleichmäßige Verth
am meisten ankommt.

Dieses sind im Allgemeinen die Principien der Bewässer
der Lombardei. Der ganze Verband steht unter der Controlle
von demselben erwählten Aufsichtspersonals, welches nicht nur
Inundationen regulirt und zu diesem Zwecke alle Schütze unter V
schluß hat, sondern auch über die gute Erhaltung aller Werke wac
Die Sorgfalt, womit diese Anlagen aber unterhalten werden, ist übe
raschend.

Es kommt noch darauf an, einige Data über die Wassermen
mitzutheilen, welche zur Bewässerung benutzt wird. G. Goury
an, daß im Piemontesischen 343 Liter in der Secunde 130 bis
Hectaren fruchtbares Land bewässern, oder für die ganze Zeit d
Bewässerung muß man durchschnittlich für jede Hectare 11,4 Wa
serzoll rechnen, oder jeder Magdeburger Morgen braucht währ
dieser Zeit in der Secunde 0,021 Cubikfuß Wasser. Sandiger B
den verlangt das Doppelte, wenn man dagegen auf thonigem Un
grunde Wiesen bilden will, so braucht man nach Goury nur d
Hälfte.

Auch in Frankreich kommen mehrfach ähnliche Bewässer
anlagen vor. In der Provence rechnet man auf jede Hectare 7½ Wa
serzoll oder auf den Morgen 0,013 Cubikfuß, und dabei wird
wöhnlich alle Monate nur einmal jedes Feld bewässert. In ande
Gegenden Frankreichs bewässert man vom März bis Juni wöch

inmal, und zwar giebt man, wenn das Wasser reichlich vor-
en ist, jedesmal so viel davon, dafs es 3 Zoll hoch das Land
ckt. Die Kosten belaufen sich für die jährliche Bewässerung
in verschiedenen Theilen Frankreichs zwischen 23 und 40 Francs,
hschnittlich aber 30 Francs für die Hectare, oder für den Mor-
beinahe 2 Thaler. *)

Endlich mufs noch erwähnt werden, dafs die Bewässerungen
reilen, wie bei den untern Rhone-Niederungen noch zu einem an-
n Zwecke dienen. Der aus dem Meere aufgewachsene Boden ist
rk mit Salz durchzogen, und wenn eine Austrocknung durch Ver-
stung erfolgt, so efflorescirt das Salz an der Oberfläche und tödtet
. jungen Saaten. Man bedeckt daher den Boden vor der Aussaat
t dem süfsen Rhonewasser und nachdem dieses das Salz aufgelöst
t, wird es abgelassen. Dieselbe Operation mufs aber mehrmals
ederholt werden. Aufserdem bestreut man die Felder noch mit
hilf, nachdem die Aussaat geschehn ist, um das Austrocknen und
mit die starke Ansammlung von Salz zu verhindern. Dieses Schilf
ent aber für die Folge wieder zur Düngung. **)

Was die Bewässerung durch Ueberrieselung betrifft, so ist
ieselbe für den Hydrotecten von geringerer Bedeutung, indem sie
ch nur auf einzelne Wiesenflächen bezieht. Die betreffenden An-
lgen sind daher gemeinhin auch so wenig umfassend, dafs sie kaum
ls zur Wasserbaukunst gehörig betrachtet werden. In der Regel
rerden sie von dem Grundbesitzer selbst nach dem Augenmaafse
nd nach blofser Schätzung ausgeführt, woher denn auch in den
Schriften. die hierüber handeln, keine bestimmten Erfahrungssätze
mitgetheilt werden, sondern die Burtheilung des passendsten Gefälles,
der nöthigen Wassermenge und dergleichen nur von einer dunkeln
Schätzung, oder dem sogenannten praktischen Blicke abhängig gemacht wird. Nichts desto weniger mögen die wichtigsten Methoden,
die zum Theil sehr sinnreich sind und oft mit grofser Geschicklich-
keit angewendet werden, kurz berührt werden.

Augenscheinlich kann man die Wiesenwässerung in keiner grös-
sern Höhe beginnen lassen, als wo man im Stande ist das Wasser
noch hinzuleiten. Zuweilen wird freilich durch Schöpfräder, auch

---

*) Annales des ponts et chaussées 1833. II. p. 291 ff.
**) Annales des ponts et chaussées 1832. I. p. 127.

wohl durch andre Maschinen, das Wasser künstlich gehoben; gewöhnlich staut man aber den Bach, der in dem Thale fließt, an
einer passenden Stelle auf, und führt ihn in Seitengräben mög-
hoch am Ufer fort. Wenn ein solcher Graben auf eine große
Länge die Wiese bewässern soll, so darf man das Wasser nicht
mittelbar über das Ufer treten lassen, weil dadurch leicht tiefe
risse entstehn würden. Man versieht ihn also an beiden Seiten
höheren Ufern, und legt im Abstande von 3 Fuß an der Thal-
mit ihm parallel einen besondern Ueberrieselungsgraben an, der
einen Spatenstich breit und tief ist und durch Verbindungsgräben
Entfernungen von etwa 2 Ruthen gespeist wird. Diese Verbin-
gräben lassen sich leicht durch ein Stückchen Rasen oder
Spahn so weit verengen, oder andrerseits so viel erweitern, daß
gleichmäfsig dem Ueberrieselungsgraben das Wasser zuführen.
letzterem, der mit keinem höheren Ufer versehn ist, fließt das
ser überall auf den Rasen über und die Gleichmäßigkeit in der
breitung desselben wird dadurch erreicht, daß man mit dem
in der Hand täglich die Anlage begeht und wo es Noth thut
feinen Rinnen erweitert oder verengt. Es kann jedoch nicht
dafs wegen der Unebenheit der Oberfläche sich bald Unregelmä-
keiten bilden und das Wasser sich an einzelnen Stellen stärker
melt als an andern, man mufs daher in einem zweiten Ueberrie-
lungsgraben, der ganz horizontal geführt ist, das Wasser wieder
sammeln und es von diesem aus aufs Neue möglichst gleichmä-
verbreitet auf die unterhalb gelegene Wiesenfläche treten lassen.
durchzieht man in Abständen von 1 bis 5 Ruthen den Abhang
horizontalen kleinen Gräben, und in jedem derselben sammelt
das Wasser und verbreitet es aufs Neue über den Rasen. Man findet solche einfache Anlagen häufig im westlichen Deutschlande, wo
oft das stärkere Gefälle der Bäche es erlaubt, diese am Wiesen-
rande hin zu führen. Auf die Neigung der Wiesenfläche scheint
dabei wenig anzukommen, und die Grenze dafür wäre nur, daß sie
der Rasen noch bilden kann.

Zuweilen trifft es sich, dafs das Thal zu unregelmäfsig gestal-
ist, als dafs man es mit den horizontalen Furchen überziehn
überall einen kräftigen Rasen erzeugen kann. Dieses ist der Fall
wenn die Ufer stellenweise sehr steil sind, auch das Bachbette sich

ı ist, so daſs der gewonnene Rasen immer von Neuem
rd. Wenn in solchem Falle der Boden aus reinem Sande
ıbei die angedeuteten Uebelstände sich am stärksten zeigen,
e Gelegenheit zur Anlage von Schwemmwiesen ein,
an der Ems und Lippe und in andern sandigen Gegen-
ırdwestlichen Deutschlands nicht selten vorkommen. Eine
wiese zeigt, sobald sie fertig ist, nichts Eigenthümliches,
ıuch wie andere Wiesen überrieselt, dagegen ist ihre Dar-
der das sogenannte Wiesenflössen wichtig. Wollte man
urch Abgraben der sandigen Ufer die tiefen Stellen aus-
l theils dem Bache selbst ein regelmäſsig geneigtes und
ette geben, theils aber auch den Wiesengrund auf beiden
ı dem steilen Abhange bis zu diesem Bette sanft neigen,
ı die Kosten sehr groſs ausfallen. Man führt daher künst-
lben Veränderungen herbei, wodurch die Thäler der Flüsse
e sich in der Natur ausbilden, und unter günstigen Ver-
sich in weit ausgedehnte, nahe horizontale und fruchtbare
lnde verwandeln. Der Bach selbst muſs die Anhöhen, die
ltigen will, abbrechen, und das gelöste Material theils in
fungen führen, theils aber es gleichmäſsig über das ganze
ıreiten, um demselben die erforderliche Höhenlage und
dachung zu geben.

Wiesenflöſsen kann nur mit Erfolg betrieben werden, wenn
mäſsig angeschwollen ist. Oberhalb der Stelle, wo die
ın vorgenommen werden soll, zieht man einen Damm durch
, um die ganze Wassermenge zu einer kräftigen Strömung
zu können. Die Melioration beginnt jedesmal oben, oder
ırhalb jenes Dammes, und wird, so oft die Witterung es
weiter abwärts fortgesetzt. Das Verfahren besteht darin,
gegen die Höhen, die man abtreiben will, die Strömung
nd deren Wirkung noch dadurch unterstützt, daſs man diese
ıgleich abstechen läſst. Der gelöste Sand wird aber nicht
gekarrt oder ausgeglichen, vielmehr nur in das Wasser ge-
Letzteres läſst ihn groſsentheils in geringer Entfernung
ıllen und lagert ihn gleichmäſsig ab, indem es die Vertie-
ı der Nähe anfüllt. Bis zu der Stelle, wo jedesmal der An-
ȝeübt werden soll, flieſst der Bach in einem geschlossenen

und ziemlich regelmäfsigen Bette, welches man mit Sorgfalt d
da es auch später benutzt wird. Weiter abwärts wird dage;
Wasser nicht mehr zusammengehalten, es folgt daher dem st
Abhange und fliefst meist quer über das Thal nach dem fi
Bachbette. Auf diese Art bildet sich die beabsichtigte Er
und Abdachung aus, aber sie würde sehr unregelmäfsig und
auch wenig vortheilhaft sein, wenn man sie ganz dem Zufall
lassen wollte. Man mufs daher schon vor dem Beginne der
ein deutliches Bild von der neuen Wiesenanlage sich entwor
ben, auch die darzustellenden Höhen kennen, wobei Auf- u
träge sich ausgleichen. Gewöhnlich liegt in der Mitte der
bildeten Wiese das Bachbette, welches im erwähnten Damm;
eine Arche gespeist wird, die zur Abführung des Hochwasser
Zu beiden Seiten steigt der Wiesengrund sanft an bis zum Fi
höheren Ufer, und hier liegen die Zuleitungsgräben für das
wasser. Dieses sind dieselben Gräben, welche während des l
in der beschriebenen Art schon in Thätigkeit waren.

Es leuchtet ein, dafs eine grofse Aufmerksamkeit und e
faches kräftiges Einwirken nöthig ist, um die beabsichtigte
mung des Bodens wirklich darzustellen, und namentlich ist
nicht leicht, die erforderliche Erhöhung bis zur Mitte des
auszudehnen. Man mufs zuweilen allein zu diesem Zweck;
gräben eröffnen, in welchen das Wasser schnell genug flie
den bereits hineingeworfenen Sand nicht sogleich fallen zu
Wenn man aber hierdurch auch keineswegs eine ganz regel
Oberfläche darstellen kann, so läfst sich doch der schwierig;
der Arbeit auf diese Art ausführen, und es bleibt nur übrig,
nes durch Handarbeit auszugleichen. Es mufs aber noch
werden, dafs die Bäche, namentlich wenn sie weiter unterl
starkes Gefälle behalten, den Sand nicht vollständig fallen
sondern ihn zum Theil noch mit sich führen und sonach dies
senflöfsen oft Veranlassung ist, dafs Versandungen in den untei
len der Flüsse entstehn.

Endlich ist noch des sogenannten Siegenschen Wiesei
zu erwähnen. Das Eigenthümliche dabei ist, dafs der ganze
durch Handarbeit in allen Theilen diejenige Neigung gegeb;
welche bei eintretender Ueberrieselung den gröfsten Ertrag
Man bemüht sich gewöhnlich, die Neigung von 1 : 12 darz

h sind etwas flachere Abhänge, nämlich bis 1 : 18 noch zulässig.
; die Wiesenfläche schon diese Neigung, oder kann sie ihr künst-
gegeben werden, so wird die Bewässerung mittelt der horizon-
a stufenförmig unter einander liegenden Ueberrieselungsgräben
der Art eingerichtet, wie bereits beschrieben worden. Man nennt
es den Hangbau. Fig. 134 a und b zeigt zwischen E und H
Grundrisse und im Längenprofile diese Anordnung. E ist der
eitungsgraben, F und G sind die Ueberrieselungsgräben mit den
zwischen liegenden Verbindungsgräben, doch müssen die letzteren
brend der Ueberrieselung durch zugeschärfte Brettchen geschlos-
i werden.

Zuweilen hat die Wiese nicht das erwähnte starke Gefälle, als-
in kann man ihr dasselbe noch durch Querabhänge geben, wie
selbe Figur diese auf der rechten Seite und Fig. c im Querprofile
igt. Man nennt dieses den Rückenbau, der auch häufig mit
m Hangbau vereinigt ist, indem die Wiesen gewöhnlich oben ein
brkeres Gefälle haben als unten. Die Einrichtung des Rücken-
aes ist folgende: man theilt die Wiese in dachförmige Rücken ein,
elebe sich in der Richtung hinziehn, die den Abhang der Wiese
zeichnet. Die Breite der Rücken beträgt nur 2 bis 3 Ruthen,
enn nicht etwa in jedem Rücken noch der Hangbau angebracht
:. Der Sammelgraben oder Zuleitungsgraben H ergiefst sein Was-
r theils als gewöhnlicher Ueberrieselungsgraben in die anstofsen-
a dreieckigen Flächen zwischen je zwei Rücken, theils aber und
auptsächlich speist er die Rückengräben J, die sich längs dem
amme mit möglichst geringem Gefälle hinziehn. Die letzteren sind
e eigentlichen Ueberrieselungsgräben, welche das Wasser auf die
pezförmigen Flächen zu beiden Seiten ausgiefsen und aufserdem
ch die dreieckige Fläche (entsprechend dem Walme eines Daches)
wässern. Zwischen je zwei Rücken ziehn sich Sammelgräben K
i. die alles Wasser der Seitenabhänge auffangen und es in den Ab-
gsgraben L führen. Eine ganz gleichförmige Vertheilung des Wassers
det hier nicht statt, sobald der Graben H und die Rückengräben
gleichmäfsig an allen Stellen das Wasser übertreten lassen, denn
: Flächen, die oberhalb des Sammelgrabens K liegen, erhalten von
rei Seiten ihre Zuflüsse, während diejenigen, die unterhalb der
ückengräben J sich befinden, weder von der einen, noch von der
idern Seite gehörig gespeist werden, in ähnlicher Art, wie in der

Hohlkehle zwischen zwei Dachflächen sich vieles Wasser ansammelt, während dem Grade, der die Seitenfläche vom Walme trennt, gar kein Wasser zufliefst. Man mufs diese Unregelmäfsigkeit durch passende Zuleitung und durch Erhöhung oder Senkung der Grabenränder möglichst auszugleichen suchen.

Man überzeugt sich leicht, wie eine schwächere Neigung, welche die Wiesenfläche im Allgemeinen hat, dennoch ausreichen kann, um jedem einzelnen Abhange das nöthige Gefälle zu geben. Wenn dieses z. B. zu 1 : 12 angenommen ist, und die Länge der Rücken 6 Ruthen, ihre Breite 2 Ruthen und das Längengefälle der Rücken- und Sammelgräben $\frac{1}{4}$ Zoll auf die Ruthe oder 1 : 288 beträgt, so wird die Niveaudifferenz zwischen den Gräben H und L gleich $12 + 2\frac{1}{4}$ $= 14\frac{1}{4}$ Zoll sein, während man für den Hangbau bei Einführung desselben Gefälles 72 Zoll Gefälle gebraucht haben würde.

Nadault de Buffon *) hat sich bemüht, auch für die Ueberrieselung das Bedürfnifs an Wasser aus mehrfachen Beobachtungen festzustellen. Die Resultate weichen freilich unter sich sehr bedeutend ab, und der Unterschied wird, wie Buffon sagt, noch gröfser, wenn man die Landwirthe fragt, die immer möglichst viel Wasser fordern, um selbst bei anhaltender Dürre noch grofse Massen verwenden zu können. Es ergab sich aber, dafs ein Zuflufs, der während der Sommermonate durchschnittlich in der Secunde 1 Liter lieferte, in allen Fällen mehr, als genügend war, um eine Hectare Wiesengrund zu bewässern, ein halbes Liter wurde selbst in den heifsen Landstrichen des südlichen Frankreichs für genügend angesehn, und bei vorsichtiger Zuleitung und Vertheilung des Wassers war sogar die Hälfte davon oder ein Viertel Liter für dieselbe Fläche ausreichend.

Hiernach entscheidet sich Buffon dahin, dafs ein dauernder Zuflufs von einem Viertel bis zu einem halben Liter in der Secunde für eine Hectare Wiesengrund genüge, oder $3\frac{1}{4}$ bis $7\frac{1}{4}$ Cubikzoll für den Morgen. Ein Bach, der während des Sommers durchschnittlich 1 Cubikfufs in der Secunde giebt, ist sonach fähig, 480 bis 240 Morgen Wiesenfläche zu bewässern. Man läfst aber das Wasser nicht ununterbrochen auf dieselbe Fläche treten, vielmehr ist es vortheil

---

*) Traité théorique et pratique des Irrigations. Tome III. Paris 1844 p. 502 bis 509.

ı das Wasser möglichst vortheilhaft verwendet werden soll,
in zwei gleiche Hälften zu theilen, die abwechselnd im-
age hindurch bewässert werden. Die ungetheilte Wasser-
ıe während einer solchen Periode auf die halbe Fläche tritt,
einem Niederschlage von 2$\frac{1}{2}$ bis 4$\frac{1}{2}$ Zoll Höhe, also jeden-
m sehr starken Regen, während mehrerer Tage.

Nachträglicher Zusatz zu §. 8.

neuester Zeit haben die sogenannten Amerikanischen
)essinischen Brunnen mehrfach Eingang gefunden, und
htigkeit, womit sie sich unter günstigen Verhältnissen einlassen, dürfte ihnen eine ausgedehnte Verbreitung sichern.
ich bei dem Feldzuge der Engländer in Abessinien waren
unschätzbarem Werth, da sie an allen passend gewählten
ützen in der kürzesten Zeit das nöthige Trinkwasser liefer-
: unterscheiden sich von den gewöhnlichen Brunnen nur da-
ıafs ihnen der Kessel, oder das Bassin fehlt, in welchem das
sich ansammelt. Der natürliche Boden umgiebt nämlich un-
· das Pumpenrohr. Letzteres wird in irgend einer Weise
ben, und mufs, damit es leicht eindringt, von gleichmäfsi-
m und möglichst geringem Durchmesser sein, woher bei
: Einrichtung von Druckpumpen unmöglich ist. Diese Brun-
l nur ausführbar, wenn das Grundwasser nicht tief liegt,
also durch Luftverdünnung noch angesogen werden kann.
eite Bedingung ist, dafs der Boden hinreichend rein ist, um
r leicht eindringen zu lassen.
nachstehende Beschreibung bezieht sich auf einen Brunnen,
Kurzem in dem Hofraume der hiesigen Gewerbe-Academie
lt wurde.
em das Bohrloch nicht tief, und nicht bis in das Grund-
ıerabgetrieben, auch nur bis zum Einstellen des Saugerohres
halten werden sollte, so war die Umschliefsung desselben
terröhren entbehrlich, auch der Bohrer durfte nur zum He-

ben von feuchtem Sande eingerichtet sein: ihm fehlte daher d
lindrische Umschließung des gewöhnlichen Erdbohrers, und
stand nur aus zwei flachen Schraubengängen, von denen jeder
Halbkreis von 2 Zoll Radius umfaßte.   Dieser Bohrer, an ein
tes Gestänge befestigt, wurde von zwei Mann eingeschrobe
brachte jedesmal einen Cylinder feuchten Sandes anfänglich m
lem Bauschutt vermengt, von 3 bis 4 Zoll Höhe heraus.

In der Tiefe von 10 Fuß unter dem Pflaster zeigte si
Sand schon stark mit Wasser durchzogen, woraus sich ergab
man das Grundwasser erreicht hatte.   Nunmehr wurde die §
röhre eingestellt.   Dieselbe bestand in einer 2 Zoll weiten ge
eisernen Röhre.   An ihrem untern Ende befand sich eine G
schraube aus Schmiedeeisen, deren weit vortretende dünne
in ihren äußern Rändern einen Kegel darstellten, der unten i
Spitze auslief, dessen obere Basis aber 4 Zoll im Durchmesse
Oberhalb der Schraube, wo die Höhlung der Röhre ihren A
nahm, waren die Wandungen der letzteren mit einer großen A
angeblich neunzig, kleinen Oeffnungen versehn, durch welch
Wasser eintreten konnte.

Diese Röhre wurde, nachdem in passender Höhe ein
zweiarmiger Hebel mittelst Schrauben daran befestigt war,
4 Fuß tiefer in den Boden eingeschroben.   Sie mußte dabei
eine eben so weite Ansatzröhre mit Hülfe einer übergeschr
Muffe verlängert werden.   Endlich schrob man den gußeiserne
darauf, worin sich die vollständige Pumpe nebst Schweng
Ausgußrohr befand, und hiermit war die Aufstellung des Br
beendigt.   Die Zwischenzeit zwischen dem Aufbrechen des P
und der Benutzung der Pumpe betrug 45 Minuten und dabei
nur 2 Mann beschäftigt gewesen.

Das aus der Tiefe von etwa 13 Fuß gehobene Wasser w
fangs dunkelbraun gefärbt, doch klärte es sich schon beinah
ständig, nachdem man etwa 6 Eimer gepumpt hatte.

Auffallend war es, daß bei dem lange fortgesetzten P
der Brunnen nicht versiegte, vielmehr stets reichlich Wasse
dasselbe drang also nicht allein aus der nächsten Umgebung
sondern sammelte sich in weitem Umkreise.   Die Erschein
klärt sich durch den starken Druck, unter dem das Wass
Pumpe zufließt, und der keineswegs allein der Niveaudiffere

... dem Grundwasser und der Sohle des Saugerohres entspricht,
... vorzugsweise durch die Luftverdünnung in der Pumpe veran-
... wird. Der Ueberdruck der Atmosphäre treibt das Wasser in glei-
... Art nach der Röhre, wie Donnet (vergleiche Seite 75) die Luft-
... im Brunnenkessel zur schnelleren Speisung desselben
... Zu diesem Zwecke wurden auch die Schraubengewinde
... der Verlängerung des Saugerohres und vor dem Aufsetzen des
... mit dünnem Eisenkitt bestrichen, der den luftdichten Schlufs
... stellte.

... In andern Fällen werden diese Brunnen, nachdem der Boden
... Fufs tief aufgegraben oder aufgebohrt ist, nicht eingeschro-
..., sondern eingerammt. Das Saugerohr ist alsdann am untern
... nur mit einer massiven Spitze versehn, worüber sich die fei-
... Zuflufs-Oeffnungen befinden. Auf dieses Rohr wird aber zu-
... ein starker gufseiserner Kopf aufgeschroben, der sowol den
... des eisernen Rammklotzes aufnimmt, als er auch zwei Leit-
... trägt, zwischen welchen der leichte Klotz sich bewegt. An
... Leitstangen sind die Scheiben befestigt, worüber die Rammtaue
... fen.

Die Erfindung dieser Brunnen ist übrigens nicht ganz neu, da
... früher zuweilen hölzerne Röhren in ähnlicher Weise einge-
... und benutzt sind. So soll in Berlin ein Brunnen dieser Art
... seit 18 Jahren im Gebrauch sein.

Ende des ersten Bandes.

Gedruckt bei A. W. Schade (L. Schade) in Berlin, Stallsch

Handbuch

der

Wasserbaukun

von

G. Hagen.

Dritte neu bearbeitete Auflage.

Erster Theil:

Die Quellen.

Zweiter Band mit 13 Kupfertafeln.

Berlin 1870.

Verlag von Ernst & Korn.

(Gropius'sche Buch- und Kunsthandlung.)

runnen, Wasserleitungen

und

Fundirungen.

Von

G. Hagen.

Dritte neu bearbeitete Auflage.

Zweiter Band.

Mit einem Atlas von 13 Kupfertafeln.

Berlin 1870.

Verlag von Ernst & Korn.

(Gropius'sche Buch- und Kunsthandlung.)

Fünfter Abschnitt.

Fundirungen.

Fundirungen im Allgemeinen.

Die Oberfläche des natürlichen Bodens ist nur selten so fest oder fähig, dafs sie unter der Last eines darauf gestellten Gebäudes nicht in Bewegung gesetzt oder zusammengedrückt werden ... Wenn dieses aber auch während des Baues nicht der Fall so dürfen die spätern Einwirkungen der Witterung nicht unbe... bleiben. Der Regen dringt in die meisten Bodenarten ein ... erweicht dieselben, während er sogar zuweilen noch Unter... veranlafst. Der Frost verursacht dagegen andre Bewe... gen, indem das eingedrungene Wasser beim Gefrieren sich aus... ... und beim Schmelzen wieder ein geringeres Volum einnimmt, ... dafs auch hierdurch der Untergrund gelockert wird.

In dieser Weise kann der Bau, den man unmittelbar auf den ...türlichen Boden stellen wollte, entweder sogleich oder später ... sichere Unterstützung verlieren. Geschieht dieses in seiner ...zen Ausdehnung gleichmäfsig, so ist die Senkung weniger nach-...eilig, da die einzelnen Constructions-Theile sich weder trennen, ...ch aus dem Lothe weichen. Im entgegengesetzten Falle ist die ...fahr viel gröfser, und steigert sich nicht selten so sehr, dafs der ...llständige Einsturz erfolgt.

Das kunstgerecht ausgeführte Gebäude bildet einen Körper, ...sen Theile unter sich nicht nur fest, sondern auch so dicht ...bliefsend verbunden sind, dafs der Regen dazwischen nicht ein-...ingen kann. Die sichere Unterstützung fehlt aber, wenn der ...ntergrund nicht hinreichend fest ist, oder durch die erwähnten ...mosphärischen Einflüsse gelockert werden kann. Indem letztere ... der natürlichen Oberfläche und nahe unter derselben im All-

1*

..., als in gröfserer Tiefe, so
...rden, bis die Erd-Schichten di...
...nd danernd behalten. Diesen ...
...solcher Absicht unter die Oberfläche d...
...reicht, nennt man die F u n d i r u n g ...

...nd zusammenhängendes Gestein zu T...
...gewöhnlichen Verhältnissen keiner Fundir...
...schweren Bau darauf zu stellen, weil der Bode...
...Eigenschaften des künstlichen Mauerwerk...
...also nur darauf an, ihn mit diesem so innig
...er eine Fortsetzung desselben bildet. Dabei m...
...dafür sorgen, dafs ein Abgleiten verhindert wird.
...andern Bodenarten mufs dagegen der Bau tiefer
...werden, und wenigstens so tief, dafs man ihn jene
...schen Einwirkungen entzieht. In unserm Klima p...
...nicht tiefer, als etwa 4 Fufs in den Grund einzu...
...verschwinden alsdann die auffallenden Aenderungen de...
...keits-Zustandes, wenn nicht etwa Quellen sich in der N...
...Boden. Dieses Maafs bezeichnet also unter günstigen Un...
...nd wenn nicht etwa andre Rücksichten, wie Kelleranlag...
...weiteres Herabgehn fordern, die T i e f e der F u n d i r u n g.

Der aufgeschwemmte Boden besitzt jedoch häufig in de...
Lagen noch nicht die nöthige Tragfähigkeit, um einen s...
Bau sicher zu unterstützen. Bei gleichmäfsiger Beschaffen...
Bodens vermindert sich dieser Mangel bei zunehmender Tie...
theils zur Seite ein stärkerer Gegendruck sich bildet, the...
auch die unter der Fundirung liegende Schicht nicht so lei...
in der Nähe der Oberfläche seitwärts ausweichen kann. ...
sem Grunde mufs man im Allgemeinen um so weiter her...
je schwerer das Gebäude ist. Die gröfsere Tiefe des Fund...
giebt aufserdem noch Gelegenheit, die Basis desselben stufe...
zu verbreiten und dadurch den Druck auf eine gröfsere Fl...
vertheilen, oder den natürlichen Boden verhältnifsmäfsig ...
zu belasten.

In dem Falle, dafs verschiedenartige Erdschichten üb...
ander lagern, kann es leicht geschehn, dafs die obere feste...
das Gebäude zu tragen im Stande ist, auch vermöge ihre...

ubanges jede Bewegung und jedes Ausweichen der darunter
ichen loseren Masse verhindert, dafs jedoch der Bau in die
ı einsinkt, sobald man die Fundirung tiefer herabführt und
este Schicht ganz oder theilweise durchschneidet. Um in
Beziehung sich zu sichern, mufs man durch Aufbohren
rundes dessen Beschaffenheit bis zu gröfserer Tiefe genau
ichen, und zwar ist dieses in allen Fällen nothwendig, wenn
ıe Gebäude an Stellen errichtet werden sollen, woselbst die
ihigkeit des Bodens noch nicht durch das Verhalten andrer
ıer Gebäude erprobt ist. Ueber die Ausführung dieser Boh-
ı ist im II. Abschnitte bereits das Nöthige mitgetheilt worden.
ır ausgehobenen Erde kann man die Zusammensetzung des
ı in den verschiedenen Tiefen sicher erkennen, die Festigkeit
blagerung desselben wird jedoch durch das in das Bohrloch
ıgende Wasser oft wesentlich verändert. Der Sand wird
vollständig aufgelockert, so dafs er Triebsand zu sein scheint,
ıde Tragfähigkeit mangelt, während er in der That fest ab-
rt war, und nur durch das von unten in die Bohrröhre ein-
 nde Wasser gehoben wurde. Indem bei Untersuchungen
Art die Tiefen, bis zu welchen man hinabgehen mufs, ge-
ı nicht bedeutend sind, so kann man durch stumpfe eiserne
ın, die man in das Bohrloch stöfst, von der Festigkeit der
chen Lagerung des Sandes sich schon meist ein ziemlich
ıs Urtheil bilden.
uweilen ergiebt sich aus den Bohrversuchen, dafs bis zu
• Tiefe der Boden aus einer zähen und dickflüssigen Masse
t. Oft ist dieselbe aus mehr oder weniger zersetzten orga-
ı Substanzen gebildet, denen Thon beigemengt ist. Gewifs
sehr bedenklich, hierauf ein schweres Gebäude zu stellen.
ı sich in einer noch erreichbaren Tiefe ein fester Untergrund,
ıst sich mittelst des Pfahlrostes der Druck auf diesen über-
ı. In vielen Fällen gewinnt der Pfahlrost aber auch schon
öthige Tragfähigkeit in dem weichen Boden. Letzterer wird
ch durch die eingetriebenen Pfähle comprimirt, und übt gegen
eine bedeutende Reibung aus. In solcher Weise sind die
ıe, so lange sie nicht zu stark belastet werden, gegen ein tie-
Einsinken sicher gestellt. Die Festigkeit der Pfahlroste in
Niederlanden beruht gemeinhin allein auf dieser Reibung, da

.....*md*, **als in gröfserer Tiefe, so muf**
.... werden, bis die Erd-Schichten die n
.... **und dauernd behalten. Diesen Thei**
...... *in* solcher **Absicht unter die Oberfläche des r**
.... herabreicht, **nennt man die Fundirung** oder

Grundbau. **Wo festes** und zusammenhängendes Gestein zu Tage
bedarf es **unter gewöhnlichen Verhältnissen keiner Fundirung**
selbst einen schweren Bau darauf zu stellen, weil der Boden b
die erwähnten Eigenschaften des künstlichen Mauerwerks b
Es kommt also nur darauf an, ihn mit diesem so innig zu
binden, dafs er eine Fortsetzung desselben bildet. Dabei mufs
aber auch dafür sorgen, dafs ein Abgleiten verhindert wird.

Bei andern Bodenarten mufs dagegen der Bau tiefer h
geführt werden, und wenigstens so tief, dafs man ihn jenen a
sphärischen Einwirkungen entzieht. In unserm Klima pflegt
Frost nicht tiefer, als etwa 4 Fufs in den Grund einzudri
auch verschwinden alsdann die auffallenden Aenderungen des F
tigkeits-Zustandes, wenn nicht etwa Quellen sich in der Näh
finden. Dieses Maafs bezeichnet also unter günstigen Umstä
und wenn nicht etwa andre Rücksichten, wie Kelleranlagen
weiteres Herabgehn fordern, die Tiefe der Fundirung.

Der aufgeschwemmte Boden besitzt jedoch häufig in den o
Lagen noch nicht die nöthige Tragfähigkeit, um einen schw
Bau sicher zu unterstützen. Bei gleichmäfsiger Beschaffenhei
Bodens vermindert sich dieser Mangel bei zunehmender Tiefe.
theils zur Seite ein stärkerer Gegendruck sich bildet, theils
auch die unter der Fundirung liegende Schicht nicht so leicht,
in der Nähe der Oberfläche seitwärts ausweichen kann. Aus
sem Grunde mufs man im Allgemeinen um so weiter herab
je schwerer das Gebäude ist. Die gröfsere Tiefe des Fundam
giebt aufserdem noch Gelegenheit, die Basis desselben stufenfö
zu verbreiten und dadurch den Druck auf eine gröfsere Fläch
vertheilen, oder den natürlichen Boden verhältnifsmäfsig we
zu belasten.

In dem Falle, dafs verschiedenartige Erdschichten über
ander lagern, kann es leicht geschehn, dafs die obere feste Sch
das Gebäude zu tragen im Stande ist, auch vermöge ihres inn

...menhanges jede Bewegung und jedes Ausweichen der darunter
...lichen loseren Masse verhindert, daſs jedoch der Bau in die
...re einsinkt, sobald man die Fundirung tiefer herabführt und
...feste Schicht ganz oder theilweise durchschneidet. Um in
...r Beziehung sich zu sichern, muſs man durch Aufbohren
...Grundes dessen Beschaffenheit bis zu gröſserer Tiefe genau
...suchen, und zwar ist dieses in allen Fällen nothwendig, wenn
...re Gebäude an Stellen errichtet werden sollen, woselbst die
...fähigkeit des Bodens noch nicht durch das Verhalten andrer
...cher Gebäude erprobt ist. Ueber die Ausführung dieser Boh-
...ist im II. Abschnitte bereits das Nöthige mitgetheilt worden.
...der ausgehobenen Erde kann man die Zusammensetzung des
...ens in den verschiedenen Tiefen sicher erkennen, die Festigkeit
...Ablagerung desselben wird jedoch durch das in das Bohrloch
...ingende Wasser oft wesentlich verändert. Der Sand wird
...g vollständig aufgelockert, so daſs er Triebsand zu sein scheint,
...jede Tragfähigkeit mangelt, während er in der That fest ab-
...t war, und nur durch das von unten in die Bohrröhre ein-
...ende Wasser gehoben wurde. Indem bei Untersuchungen
...r Art die Tiefen, bis zu welchen man hinabgehen muſs, ge-
...hin nicht bedeutend sind, so kann man durch stumpfe eiserne
...gen, die man in das Bohrloch stöſst, von der Festigkeit der
...rlichen Lagerung des Sandes sich schon meist ein ziemlich
...heres Urtheil bilden.

...Zuweilen ergiebt sich aus den Bohrversuchen, daſs bis zu
...fer Tiefe der Boden aus einer zähen und dickflüssigen Masse
...teht. Oft ist dieselbe aus mehr oder weniger zersetzten orga-
...schen Substanzen gebildet, denen Thon beigemengt ist. Gewiſs
...es sehr bedenklich, hierauf ein schweres Gebäude zu stellen.
...det sich in einer noch erreichbaren Tiefe ein fester Untergrund,
...läſst sich mittelst des Pfahlrostes der Druck auf diesen über-
...gen. In vielen Fällen gewinnt der Pfahlrost aber auch schon
...nöthige Tragfähigkeit in dem weichen Boden. Letzterer wird
...lich durch die eingetriebenen Pfähle comprimirt, und übt gegen
...se eine bedeutende Reibung aus. In solcher Weise sind die
...hle, so lange sie nicht zu stark belastet werden, gegen ein tie-
...es Einsinken sicher gestellt. Die Festigkeit der Pfahlroste in
...Niederlanden beruht gemeinhin allein auf dieser Reibung, da

man aus dem starken Eindringen der Pfähle, wenn sie auf?
beabsichtigte Tiefe nahe erreicht haben, sicher entnehmen?
daſs sie in keine an sich tragfähige Erdschicht eingedrungen?

Sollte der Boden so stark mit Wasser durchzogen sein,
selbst durch eine groſse Anzahl von Pfählen, weder die n?
Verdichtung, noch eine hinreichende Reibung sich darstellen?
und festere Schichten nur in einer nicht erreichbaren Tief?
kommen, so könnte man daran denken, noch einen schwer?
dadurch sicher zu fundiren, wenn man ihn theilweise in der Ar?
senkt, daſs er förmlich schwimmt. Das ganze Gewicht des?
darf alsdann aber nicht gröſser sein, als die ausgehobene S?
masse, die früher seine Stelle einnahm. Bei manchen Art?
Bauwerken läſst sich diese Bedingung leicht erfüllen. — So?
z. B. eine Entwässerungsschleuse, deren Mauern sich nicht?
den Boden erheben, so eingerichtet werden, daſs sie den G?
auf dem sie erbaut wird, durchschnittlich nicht stärker bela?
er früher durch die daraufliegende Erde gedrückt wurde. E?
können Souterrains, die man unter Wohn- und andern Geb?
anbringt und die man wasserfrei erhält, auch den Druck ver?
Bei hohen und massiven Gebäuden läſst sich indessen in?
Weise der Druck nie vollständig aufheben. Es ist auch nich?
kannt, daſs man jemals von diesem hydrostatischen Princip?
ständig Gebrauch gemacht hat, nur bei Erbauung der Albion-M?
in London hat Rennie zum Theil diese Idee verfolgt. Far?
beschreibt die hier gewählte Fundirungsart mit folgenden Wort?

„Das Gebäude der Albion-Mühlen hat man auf den losen?
schüttungen am Stirnpfeiler der Blackfriars-Brücke erbaut, un?
theils die Mauern zu sichern und theils mit dem Fundamente?
gar zu tief herabgehn zu dürfen, so entwarf Rennie den Plan,?
ganze Gebäude auf umgekehrte Gewölbe zu stellen. Zu d?
Zwecke wurde der Grund unter den Mauern so befestigt, wie?
auch sonst üblich ist. Wo es nöthig war, schlug man Pfähle?
oder legte einige Schichten von recht groſsen und flachen S?
aus, und bildete so die Fundamente. Damit dieselben durc?
Belastung jedoch nicht in die lose Erde einsinken möchten, w?
alle Räume dazwischen mit starken umgekehrten Gewölben ver?

---

*) *Treatise on the Steam Engine by J. Farey.*

sich unter der ganzen Fläche des Gebäudes zwischen allen
hinzogen. Diese Gewölbe hatten ihre Widerlager in den
damenten der Mauern, und letztere konnten nicht sinken, ohne
die Gewölbe sich in gleichem Maaße in den Grund eindrückten.
wurden die sämmtlichen Fundirungen mit einander verbunden,
bildeten eine so große Basis, daß sie selbst in dem Falle das
wicht des ganzen Gebäudes hätten tragen können, wenn auch
Grund aus Schlamm bestanden hätte, denn das Gebäude mußte
wimmen, wie ein Schiff im Wasser schwimmt. Welche Sen-
aber auch eingetreten wäre, so hätte daran das ganze Gebäude
mäßig Theil nehmen müssen, und ein Ausweichen oder Ein-
einzelner Mauern war unmöglich. Der Grund hatte indessen
einige Festigkeit, und durch die erwähnte Ausdehnung der
den Fläche wurde der ganze Bau so gesichert, daß er sich
nicht gesenkt hat."
Hiermit stimmt gewissermaaßen das Verfahren überein, welches
beim Stollenbau im leichten Boden anwendet. Der schlammige
grund pflegt nämlich unter dem Gewichte der Seitenmauern
chen denselben, wo er keinen Gegendruck erfährt, aufzuquellen,
den Stollen mehr oder weniger auszufüllen. Man begegnet
em Uebelstande wieder durch ein umgekehrtes Gewölbe, das
am Boden anbringt. Diese Methode wird gegenwärtig bei
unterirdischen Canalstrecken und Tunnelirungen angewendet,
oft der Boden nicht aus festem Gestein besteht.
Gewiß ist die Frage von großer Wichtigkeit, in welcher
fe bei gleichmäßigem Boden eine gegebene Grundfläche die
thige Unterstützung findet, um eine gegebene Last zu tragen.
hatte hierüber und zwar sowohl für Sand- als für Thonschüt-
en schon in der ersten Ausgabe dieses Werkes (1841) einige
obachtungen mitgetheilt, und war zu dem Resultate gekommen,
die Belastung im Sande dem Quadrate der Einsenkung, im
ne dagegen der Einsenkung selbst proportional sei. Außerdem
te ich auch bemerkt, daß im Sande die Einsenkung momentan
ständig eintritt, während sie im Thon nur nach und nach
gt. Bei Wiederholung dieser Beobachtungen und zwar in
rer Ausdehnung bestätigten sich zwar im Allgemeinen die er-
nten Resultate, es zeigten sich dabei jedoch manche Eigenthüm-
keiten, welche nicht unwichtig sind. Ohne die einzelnen Mes-

sungen vollständig mitzutheilen, mögen nachstehend die
hergeleiteten Schlußfolgen, so wie die wichtigsten dabei
nommenen Erscheinungen zusammengestellt werden.

In einem Blechcylinder wurden die verschiedenen Abl
gebildet, deren Tragfähigkeit untersucht werden sollte. Ei
ständige Gleichmäßigkeit ließ sich dabei aber ohnerachte
Vorsicht nicht erreichen und dieses war der Grund, wesh
Wiederholung derselben Beobachtungen die Resultate oft
verschieden waren.

Die Beobachtungen wurden in der Art angestellt, d
Cylinder mit glatter Seitenfläche, der also möglichst wenig
veranlaßte, nach dem Lothe und in sicherer Führung auf di
tung sanft aufgestellt wurde. Dieser Cylinder war oben m
Scheibe versehn, worauf nach und nach größere Gewichte
wurden. Bei dieser zunehmenden Belastung mußte jedoch
Erschütterung vermieden, und daher jedesmal der Cylinder
weitig gestützt und später vorsichtig gelöst werden. An de
linder befand sich eine scharfe Marke, welche gegen einen
Maaßstab die jedesmalige Einsenkung sicher erkennen ließ.
solcher Cylinder wurden benutzt, von denen der eine 3,5 un
andre 5,4 Linien im Durchmesser hielt. Die horizontal abge
tenen Grundflächen derselben maaßen also 0,0669 und 0,1
Quadratzoll, oder verhielten sich zu einander nahe wie 8 zu
Die Cylinder mit den zugehörigen Scheiben wogen 3,80 und 2
Loth. Es mag gleich bemerkt werden, daß die mit beiden a
stellten Messungen in den meisten Fällen mit großer Wahrsch
lichkeit herausstellten, die Einsenkungen seien dieselben, wenn
Brutto-Gewichte den benannten Grundflächen proportional wa
Hiernach konnte das Gewicht berechnet werden, welches
Cylinder, dessen Basis 1 Quadratzoll mißt, in den verschiede
Schüttungen bis zu gewisser Tiefe eindringen läßt.

Nachdem in jedem einzelnen Falle sechs bis zehn Einsenkung
unter verschiedenen Belastungen beobachtet waren, untersuchte
zunächst, ob das Gewicht der ersten oder der zweiten Potenz
Einsenkung proportional sei, indem ich unter beiden Voraussetzung
die wahrscheinlichsten Werthe der constanten Factoren bestim
und nach Einführung derselben die Summen der Quadrate von
übrigbleibenden Fehlern mit einander verglich. Bei allen San

ttungen, sowohl den festeren, als den losen, und eben so-
bei trocknen, wie bei feuchten und nassen ergab sich, dafs
Summe unter Einführung des Quadrates der Einsenkung
geringer blieb, als wenn die erste Potenz gewählt war. Nur
einer einzigen unter den zahlreichen Beobachtungsreihen mit
abgelagertem feuchten Sande stellte sich das Gegentheil heraus,
gerade bei dieser Bodenart zeigten sich die gröfsten und zwar
auffallende Abweichungen, die ohne Zweifel davon herrührten,
die Ablagerung sich nicht gleichmäfsig darstellen liefs, wenn
auch die möglichste Sorgfalt verwendet wurde. Bei dem
onboden, und zwar ebensowohl, wenn er mit mehr oder mit
ger Wasser vermengt war, wurden die Fehlerquadrate dagegen
kleiner, wenn ich die Gewichte der ersten Potenz der Ein-
kung proportional setzte. Hierbei trat überdies noch der we-
liche Unterschied gegen die Erscheinung im Sandboden ein,
die Cylinder nach und nach tiefer einsanken, bis sie nach 20
30 Minuten eine sichere Unterstützung gefunden hatten und
weitere Bewegung bemerken liefsen. Die Einsenkungen
rden nach Verlauf dieser Zwischenzeiten gemessen. Bei Sand-
ttungen konnten die Beobachtungen dagegen sogleich angestellt
rden, weil die Cylinder momentan bis zur erforderlichen Tiefe
drangen und ohne äufsere Veranlassung später sich nicht weiter
kten.

Bei der Vergleichung der einzelnen Beobachtungen jeder Reihe
it den bezeichneten einfachen Ausdrücken ergab sich indessen,
s letztere nicht passend gewählt seien, weil jedesmal die Ge-
ichte, die den kleinsten Einsenkungen entsprachen, bedeutend
öfser waren, als sie nach der Rechnung sein sollten. Die Ueber-
instimmung wurde viel vollständiger, sobald ich noch ein con-
tantes Glied einführte. Dasselbe entspricht ungefähr demjenigen
Widerstande, den man in der Maschinenlehre Reibung nach der
uhe zu nennen pflegt, und es erklärt sich dadurch, dafs ein ge-
sser Druck erforderlich ist, bevor überhaupt eine Bewegung
ntritt und dafs letztere durch den Ueberschufs des ganzen Druckes
ber diesen bedingt wird. Auch bei Thonablagerungen wurde
urch ein solches constantes Glied eine bedeutend gröfsere Ueber-
instimmung der einzelnen Beobachtungen erreicht.

Augenscheinlich liefs die Uebereinstimmung sich noch vermeh-

ren, wenn dem Ausdrucke drei Glieder gegeben wurden, m
außer diesem constanten eines, welches die erste und ein m
welches die zweite Potenz der Einsenkung zum Factor hatte,
wenn die Form

$$\gamma = r + ss + ts^2$$

gewählt wurde, wo γ die Brutto-Last, s die Einsenkung bei
während r, s und t die jedesmal zu bestimmenden Constanten
Dieser Ausdruck schien sich auch insofern zu rechtfertigen
man vermuthen durfte, daß die Widerstände, welche beim
vorwiegend der zweiten, und beim Thon vorwiegend der
Potenz der Einsenkung proportional sind, jedesmal oder do
gewissen Fällen vereinigt vorkommen. Diese Voraussetzung
sich indessen als irrig, da in den ausgedehntesten und sich
Beobachtungsreihen, für die ich die Werthe der drei Cons
methodisch berechnete, eine oder die andere derselben sich i
meisten Fällen als negativ ergab, was an sich unmöglich ist
blieb daher bei den einfachen Formen

$$\gamma = r + s^2 t$$

oder $\gamma = r + ss$

und gelangte dadurch zu den nachstehenden Resultaten.

Was die Sandschüttungen betrifft, so war das M
dasselbe, welches ich zu den Beobachtungen über die Filt
(§. 20) benutzt hatte. Der Sand war, wie oben erwähnt, du
frei von jeder fremden Beimengung und bestand aus sehr g
Körnchen, die durchschnittlich 0,13 Linien im Durchmesser h
Das specifische Gewicht der Sandkörnchen fand ich
2,64. Bei möglichst vorsichtiger Einschüttung in ein cylindr
Gefäß, wobei der trockne Sand in feinem Strahle immer nu
nige Linien tief herabfiel, und jede Erschütterung vermieden
füllte die Masse nur 0,604 des Raumes an. Wenn der San
gegen schichtenweise angestampft wurde, so nahm er 0,64
ganzen Raumes ein. Diese beiden Grenzen wurden, sobald W
hinzu kam, merklich überschritten. Durch Einschütten des S
in Wasser, wobei die Körnchen einzeln und zwar sehr sanft n
sanken, also Triebsand bildeten, füllte ein Volum, das in com
Masse nur 0,574 des ganzen Raumes einnahm, den letzteren
stängig an, wenn ich dagegen dem Sande so wenig Wasser zu
daß er nur schwach befeuchtet war, und in diesem Zustand

...enweise anstampfte, so maafs sein Volum 0,647 des ganzen ...es *).

Diese verschiedenen Ablagerungen, sowohl des trocknen, wie feuchten und nassen Sandes wurden möglichst gleichmäfsig in cylindrischen Gefäfse von 6 Zoll Weite und 8 Zoll Höhe dar... In dem Boden desselben befand sich eine verschliefsbare ...ung, an welche auch ein Gummischlauch befestigt werden ...te, um zur Darstellung des Triebsandes das Wasser von unten zwar unter beliebigem Drucke eindringen zu lassen.

In der folgenden Zusammenstellung sind die Mittelwerthe der ...tungen auf 1 Quadratzoll Grundfläche und zwar in Pfunden ...drückt, mit γ, die Einsenkungen s dagegen in Zollen bezeichnet.

Trockner Sand war möglichst lose in das Gefäfs ge...tet, also unter Anwendung der vorhin erwähnten Vorsicht

$$\gamma = 2,0 + 3,2 \cdot s^2.$$

Bei trocknem Sande, der fest gestampft und durch lange ...gesetztes Einstofsen eines Drahtes möglichst dicht abgelagert ...r, fand ich

$$\gamma = 1,1 + 6,1 \cdot s^2.$$

...fs das erste Glied, welches von wenig Bedeutung ist, bei der ...sen Schüttung einen geringeren Werth hat, als bei der losen, ...rt augenscheinlich nur von der Unsicherheit der Beobachtungen ...r. Man dürfte vermuthen, dafs diese Constante in beiden Fällen ...lich grofs ist, da die Oberfläche des trocknen Sandes sich über...upt nicht befestigen läfst.

Indem ich in die Schüttung des trocknen Sandes Wasser von ...ten eintreten liefs, und dieses mit einer Druckhöhe wirkte, ...e sich etwa 1 Zoll über die Oberfläche des Sandes erhob, so ...oll der Sand schon stellenweise hoch auf und verlor alle Festig...it. Wenn dagegen die Druckhöhe nur einige Linien betrug, so ...at solche Bewegung nicht merklich ein und ich konnte das Wasser ...gere Zeit hindurch von unten nach oben durchfliefsen lassen,

---

*) Wenn diese Zahlen-Verhältnisse von den in §. 7 angegebenen zum ...eil abweichen, so rührt dieses davon her, dafs der früher untersuchte ...and, der vom Strande selbst entnommen war, aus Körnchen von sehr ver...schiedener Gröfse bestand.

indem es über den Rand des vollständig gefüllten Gefäfses
Für diesen Fall ergab sich durchschnittlich

$$\gamma = 2,0 + 4,4 \cdot s^2.$$

Wenn andrerseits das Wasser in entgegengesetzter B
also von oben nach unten den Sand durchströmt hatte,
der letztere eine viel gröfsere Tragfähigkeit, und nach
Versuchsreihen ergab sich durchschnittlich

$$\gamma = 14,6 + 12,4 \cdot s^2.$$

Die Festigkeit der Ablagerung liefs sich wesentlich
durch verstärken, dafs der Sand in feuchtem Zustande eing
und in dünnen Lagen angestampft wurde. Er lagerte sich
so dicht, dafs das darauf gegossene Wasser nur sehr lang
drang und nur tropfenweise durch die untere Oeffnung
dabei lockerten sich indessen die oberen Schichten wied
auf. Bei Prüfung des festgestampften feuchten S
dem kein Wasser später zugesetzt war, fand ich

$$\gamma = 12,7 + 62,3 \cdot s^2.$$

Hierauf untersuchte ich braunen plastischen Th
solcher zur Fabrikation feiner Thonwaaren zubereitet w
specifische Gewicht desselben in trocknem Zustande, also
er einige Stunden hindurch der Siedehitze ausgesetzt
fand ich gleich 2,26. Ich setzte ihm zunächst so wenig
zu, dafs er so eben nur noch plastisch blieb, das heifst I
änderungen annahm, ohne zu reifsen. Der Wassergehal
alsdann 0,249 der ganzen Masse. Ich füllte hiermit wieder s
weise das bereits beschriebene Gefäfs an, indem ich di
drücken der jedesmal aufgelegten Masse die etwa gebildete
Räume zu beseitigen mich bemühte. Wenn alsdann einer
andere mit mäfsigen Gewichten beschwerte Cylinder a
wurde, so schien derselbe zunächst gar keinen Eindruck zu
doch sank er nach und nach tiefer ein, bis etwa nach eine
Stunde die Bewegung ganz aufhörte, oder wenigstens un
geringe wurde. Es gab sich also wieder die auffallende '
denheit gegen die mit Sand angestellten Messungen zu erke
welchen das Gleichgewicht momentan eintrat.

Eine zweite eben so auffallende Verschiedenheit zei
Reihen der mit denselben Cylindern gemachten Beobac
indem nach und nach gröfsere Gewichte aufgelegt wurd

nichte waren nämlich, abgesehn von dem constanten Theile
‖eben, der die erste Bewegung veranlaſste, nicht mehr dem
‖rate der Einsenkung, sondern deren erster Potenz proportional.
Die Mittelwerthe mehrerer Reihen von Beobachtungen mit dem
‖ren Cylinder ergaben

$$\gamma = 17,9 + 11,1 \cdot \varepsilon.$$

‖ Die Summe der Quadrate der übrig bleibenden Fehler betrug
‖dann 17,3 während diese Summe sich auf 2600 stellte, wenn ich
‖ der zweiten Potenz einführte. Die mit dem stärkeren Cylinder
‖stellten Versuchsreihen ergaben dagegen die wahrscheinlichsten
‖e der Constanten unter Berücksichtigung der ersten Potenz
Geschwindigkeit und zwar wieder auf die Grundfläche von
‖adratzoll reducirt

$$\gamma = 30,1 + 23,7 \cdot \varepsilon.$$

‖ Summe der Fehlerquadrate stellte sich auf 18,4 während die-
‖e bei Einführung von ε^2, 6700 betrug.

Hiernach leidet es keinen Zweifel, daſs selbst bei diesem sehr
‖fen Thone das Verhalten sich dem der Flüssigkeiten anschlieſst,
‖ die Tiefe der Einsenkung, also das Volum der verdrängten
‖se, dem Drucke annähernd proportional ist.

‖ Die Vergleichung dieser beiden Resultate läſst indessen noch
‖en andern sehr wesentlichen Unterschied gegen die mit dem
‖nde angestellten Beobachtungen erkennen. Bei Reduction der
‖ewichte auf die Einheit der drückenden Bodenfläche zeigt sich
‖mlich, daſs die Einsenkungen keineswegs gleich sind, vielmehr
‖i gleichem Drucke der Coefficient der Einsenkung ungefähr der
‖sdehnung dieser Fläche proportional ist. Annähernd findet
‖selbe auch bei dem ersten, oder dem constanten Gliede statt.
‖s würde sich daraus ergeben, daſs für verschiedene drückende
‖ächen die Einsenkungen den Quadraten dieser Flächen oder den
‖erten Potenzen ihrer Durchmesser umgekehrt proportional sind.
‖eses Resultat stellt sich auch nicht als unwahrscheinlich heraus,
‖sofern die verdrängten Theilchen der steifen Masse um so schwie-
‖ger der drückenden Fläche ausweichen können, je weiter der Weg
‖t, den sie seitwärts machen müssen.

Schlieſslich stellte ich aus demselben Thon noch einen dicken
Brei dar, welcher ungefähr diejenige Consistenz hatte, welche der
Töpfer beim Setzen der Oefen dem Thone giebt. Der Wasser-

gehalt betrug in diesem Falle 0,806 der ganzen Masse.
Cylinder ergaben, wenn ich den Druck auf die Fläche von
dratzoll reducirte, ungefähr gleiche Resultate, nämlich

$$\gamma = 2,81 + 2,81 \, . \, s.$$

Der Versuch, die zweite Potenz der Einsenkung einzuführen,
die Beobachtungen viel weniger dar, und zwar betrugen die S
der Quadrate der übrig bleibenden Fehler ungefähr das H
fache der Summen, die sich aus der ersten Annahme ergab

Bei diesen Beobachtungen zeigten sich noch andre I
nungen, welche über die Art des Ausweichens des
unter dem Cylinder einigen Aufschluß geben. In den m
lose aufgeschütteten trocknen Sand drangen die Cylinder ei
daß irgend eine Erhebung der Oberfläche umher bemerkt
konnte. Es bildete sich vielmehr eine trichterförmige Vertief
neben, die Cylinder führten also, obwohl beide glatt un
waren, den sie zunächst berührenden Sand mit herab, und
die an der Basis verdrängte Masse, wie der Inhalt des
Trichters, drängten sich nur in die Zwischenräume der
Schüttung und verdichteten dieselbe.

War der trockne Sand dagegen schichtenweise fest ange
so erschien zwar wieder eine solche conische Höhlung, jed
geringerer Ausdehnung und ein schwaches Aufsteigen der Ob
war bemerkbar.

Im fest abgelagerten feuchten Sande, der also nur wenig
war, entstand dagegen rings um den Cylinder eine stark
und in einiger Entfernung schwoll die Oberfläche etwas auf

War das Wasser von unten nach oben durch den S
durchgedrungen, so gab sich die dichtere Ablagerung der
nur dadurch zu erkennen, daß die Oberfläche sich mit Wa
deckte, eine Erhebung derselben war aber nicht zu bemerk

Bei den Thonschüttungen trat dagegen das Ansteigen de
fläche sehr deutlich hervor, und zwar erhob sich bei dem
Thone die Masse in der Nähe des Cylinders besonder
während bei dem steiferen Brei die Anschwellung sich me
die ganze Oberfläche verbreitete und daher weniger auffallen

Aehnliche Messungen über die Tragfähigkeit des Bo
größerem Maaßstabe sind nicht bekannt geworden. Die
mung der Tiefe der Fundirung, wie die der Ausdehnung

la Fläche pflegt daher ziemlich willkührlich zu erfolgen. Ob mal das richtige Maaſs getroffen wird, dürfte zweifelhaft sein. in den nicht seltenen Fällen, daſs Senkungen eintreten, stellt sich heraus, daſs man für die Sicherheit nicht genügend gesorgt es bleibt aber ungewiſs, ob man nicht vielfach ohne Grund Fundirungen zu weit ausdehnt, und dadurch unnöthiger Weise Kosten vergröſsert.

Wie sich aus vorstehenden Beobachtungen ergiebt, stellt sich weichem Boden, der an einer Stelle stark belastet wird, das Gegengewicht dadurch her, daſs zur Seite Erhebungen eintreten. Gebäuden, für deren Sicherung man zu sorgen pflegt, tritt dieser nicht leicht ein, wohl aber bei hohen Dammschüttungen, die durch Sümpfe und Wiesen mit weichem Untergrunde geführt werden. In stark durchnäſstem Thon, und so auch in vegetabilischer Erde, wenn sie stark mit Wasser durchzogen ist, pflegen Dämme nicht nur zu versinken, sondern daneben entstehn Anschwellungen, die zuweilen den Damm überragen. Dabei nimmt aber das gebende Terrain eine merkliche Seitenbewegung an, die sich namentlich dadurch zu erkennen giebt, daſs Seitengräben in der Nähe zugeschoben werden, indem die nächsten Ufer derselben weiter zurückweichen, als die gegenseitigen. Bei Ausführung der Bahn von Nantes nach Lorient und Brest muſste eine Niederung durchsetzt werden, die auf 60 Fuſs Tiefe mit weichem Schlamm gefüllt war. Die aufgebrachte Erde versank nicht nur, sondern bei fortgesetzter Schüttung erhob sich im Abstande von 100 bis 200 Fuſs der Boden sogar bis gegen 30 Fuſs über sein früheres Niveau. Aehnliche Erscheinungen, wenn auch in geringerer Ausdehnung, wiederholen sich vielfach bei der Ausführung von Eisenbahndämmen. So hob sich der Thonboden in solchem Falle bei Oldesloe neben der Bahn zwischen Hamburg und Lübeck weit über die Dammschüttung, und indem seine obern Schichten weniger feucht waren, so erschienen die abgebrochenen Massen wie mächtige Felsblöcke, die in langer Reihe aus dem Boden emporgestiegen waren.

Solche Bewegungen sind besonders bei Brücken und Durchlässen, die immer an den niedrigsten Stellen erbaut werden, höchst bedenklich. Dem Zusammenschieben der Stirnpfeiler kann man zwar durch gegenseitige Verstrebung oder durch eingespannte Gewölbe begegnen, aber häufig tritt dabei noch eine Seitenbewegung

...Stirnpfeiler zerrissen werden. Namentlich ge...
... die Fundirung auf Pfahlrosten gewählt und ...
...bindung des Rostes in der Längenrichtung des ...
... gesorgt ist. Die Erde zwischen den Pfählen ...
...Folge der starken Belastung, eben so, wie die
...Damme lagernde, seitwärts gedrängt, und da die Pfähle,
... tieferes Eindringen gesichert, doch keinen festen
... werden sie theils nach der einen und theils nach d...
...Seite gedrängt. Der Rost zerreißt und es öffnet si...
...durch das Gewölbe, welches die beiden Stirnpfeil...
...Ereignisse dieser Art sind keineswegs selten, am
...sah ich solche Brüche in dem Durchlasse unter der
...tung ohnfern Feucht bei Nürnberg, welche den L...
...trägt, und wo man die beiderseitigen Stirnmauern
...Anker von etwa 200 Fuſs Länge gegen weiteres Au...
...mußte.

Um in solchem Falle eine zu starke Verbreitung der
...Erdmasse zu verhindern, hat man verschiedene
...Maaſsregeln versucht. Am erfolgreichsten wäre ge...
...minirung des Bodens, doch ist solche wegen der niedrig...
...unausführbar. Der Versuch, das Terrain an beide...
...zwar bis zu gröſserer Tiefe durch Comprimirung zu be...
...man etwa Gräben aushebt und diese mit Steinen an...
...wegen der groſsen Kosten gemeinhin unausführbar.
...bleibt aber auch ungewiſs, wenn die Belastung nicht ...
...bis zu .groſser Tiefe die Compression eintritt. A...
...wie etwa neben Brücken und Durchlässen, hat
...zur Seite, die starke Widerlager bilden, in viele
...Einhalt gethan; gemeinhin bleibt aber nu...
...hüttungen so lange fortzusetzen, bis endlich das fer...
...hört, doch darf man in dieser Beziehung das Gleich...
...einige Zeit hindurch einstellt, nicht als vollstä...
...hn, da vielfach die Bewegungen wieder später ...
...spiele giebt, daſs nach Zwischenräumen, die D...
...die Dämme wieder versinken. So erzählt Teten...
...ausgeführte Seedeich vor der Wilster-Marsch ...

...in die Marschländer an der Nordsee. Leipzig 1788. ...

ammenen Erhöhung um das Jahr 1780 plötzlich um 14 Fuſs
, und dieselbe Erscheinung wiederholte sich nach einem
raume von 86 Jahren vor Kurzem aufs Neue.

em der Untergrund keineswegs immer von gleichmäſsiger
enheit ist, so geschieht es nicht selten, daſs die obern Schich-
e gewisse Festigkeit besitzen, welche den darunter befind-
fehlt. Der Boden ist alsdann im Stande, mäſsige Lasten zu
, doch hört seine Widerstandsfähigkeit auf, sobald er einem
en Drucke ausgesetzt wird. Bei Ausführung der Oester-
schen südlichen Bahn muſste das Laibacher Moor durch eine
schüttung überbaut werden. Dem seitlichen Ausweichen des
suchte man durch Steinschüttungen zu begegnen und man
die Tragfähigkeit der dazwischen befindlichen weichen Masse,
man einen Pfahl, dessen stumpf abgeschnittene Grundfläche
dratfuſs maaſs, darauf stellte und durch eine Führung dafür
, daſs er nur lothrecht herabsinken konnte. Indem man
ben mit 25 Centnern belastet hatte, hörte seine Einsenkung
sobald man dagegen noch 10 Centner aufbrachte, versank er
dig im Moore.

Es ergiebt sich hieraus, wie wichtig es ist, vor der Ausführung
Baues, die Beschaffenheit des Untergrundes durch hinreichend
ausgedehnte Bohrungen genau zu ermitteln, und dabei nicht
achtet zu lassen, daſs die mit dem Bohrer ausgehobene Masse
starkem Zudrange von Wasser oft eine ganz andre Consistenz
, als der Boden im natürlichen Zustande hatte.

Wenn man von künstlichen Fundirungen absieht, also die
dament-Mauern unmittelbar auf den gewachsenen Boden stellen
, so läſst sich diejenige Tiefe, welche volle Sicherheit bietet,
ch nicht erreichen, weil theils die Kosten für die Erdarbeiten
Fundamentmauern zu bedeutend ausfallen, theils aber auch
so starker Wasserzudrang zu befürchten ist, daſs die Arbeit
rch aufs Neue vertheuert oder wohl gar unmöglich wird. In
sem Falle bietet sich zunächst das Mittel dar, daſs man die
agende Fläche des Fundaments vergröſsert. Nach Maaſs-
be dieser Vergröſserung müssen beim Nachsinken um so mehr
d- oder Sandtheilchen verdrängt werden, und die doppelt so
roſse Fläche kann unter übrigens gleichen Umständen auch das
ppelte Gewicht tragen. Dazu kommt noch, daſs der Weg, den

die einzelnen Erdtheilchen beim Ausweichen zurücklege
durch die Vergröfserung der tragenden Fläche verlängert
die Tragfähigkeit des Fundaments gewinnt durch die 1
desselben noch mehr, wenigstens ist dieses zu erwarten,
Erdtheilchen eine merkliche Reibung gegen einander
Gewissermafsen wird die Verbreitung des Fundaments
mal eingeführt, indem man die Mauern mit Banketen
Auch manche andre künstliche Fundirungsarten bezwe
dasselbe, wie der liegende Rost und die Sandschüttung
später die Rede sein wird.

Demnächst trifft es sich zuweilen, dafs die Erdschic
nicht die nöthige Festigkeit besitzt, sich nur etwa 10.
Fufs tief erstreckt und hier auf Felsboden oder doch
festeren Schicht lagert. In solchem Falle kann man di
Gebäudes durch eingerammte Pfähle auf den festen l
übertragen und dieses ist der eigentliche Zweck des Pfa
Perronet, dem wir die wichtigsten Belehrungen über c
pfähle und über das Einrammen derselben verdanken,
drücklich die Regel auf, dafs die Pfähle immer bis zum
Fels herabgetrieben werden müssen[*]). Dabei hat Perro
nur eine gewisse Localität vor Augen gehabt, wie sole
Frankreich oft vorfinden mag, nichts desto weniger nauf
erkennen, dafs der Pfahlrost die volle Sicherheit nur bi
er eine feste Schicht in der Tiefe erreicht.

Der Pfahlrost wird indessen auch häufig angewen
diese Bedingung nicht stattfindet und der Boden in der
Tiefe unverändert dieselbe geringe Festigkeit beibehält, d
hat. In diesem Falle erreicht man noch denselben Vort
chen die Tieferlegung des Fundaments gleichfalls h
würde. man vertheilt den Druck auf die sämmtlichen
welche von den Pfählen durchdrungen sind, weil übera
Reibung gegen den Pfahl wirksam ist, ein Theil des Dru
tragen wird. Auch diese Anwendung des Pfahlrostes
Umständen angemessen, man darf jedoch nicht unbeach
dafs der Vortheil dabei zuweilen so geringe ausfällt, d

[*]) *Mémoire sur les pieux et pilotis* in dem grofsen Werke
des *Ponts de Neuilly etc. par Perronet.* Paris 1788. pag. 588.

bdeutenden Kosten, die mit dieser Fundirungsart verbunden
leht aufwiegt. Dabei treten zuweilen noch unerwartete und
störende Erscheinungen ein. Man hat zuweilen Baugruben
oben, worin wegen des zähen Thones der Wasserzudrang
bedeutend war, dafs eine Handpumpe zur Wasserwältigung
s, sobald man aber zu rammen anfing, so eröffnete sich
jedem Pfahle ein Quell, und das Wasser nahm zuletzt so
berhand, dafs es selbst durch die kräftigsten Maschinen nicht
m beseitigen war und man versuchen mufste, durch Aenderung
eabsichtigten Fundirungsart die Quellen einigermafsen zu
l. Ein Fall dieser Art ereignete sich beim Bau der Brücke
leans. Perronet, der diese Brücke weder projectirt hatte,
mch an der Ausführung unmittelbar betheiligt, sondern nur
r Abnahme des Baues beauftragt war, beschreibt die Ver-
eiten, welche auf solche Art veranlafst wurden und die ver-
enen Mittel, die man dagegen in Anwendung zu bringen
hte. Indem man aber den Rost nur auf die Pfähle aufzu-
n pflegt, nachdem der Wasserspiegel bis zu denselben ge-
ist, so fordert diese Fundirungsart meist eine starke Wasser-
ung und oft die Umschliefsung mit Fangedämmen. Dafs
anhaltendes Pumpen der Untergrund wesentlich verschlechtert
n kann, namentlich, wenn er aus feinem Sande besteht, ist
oben (§. 7) erwähnt worden *).

Wenn die Pfähle den festen Untergrund erreichen, oder den
benden Boden stark comprimiren, so sinkt das von ihnen
gene Fundament nicht merklich unter der Last des darauf
llten Gebäudes. Anders verhält es sich, wenn auf einem nicht
festen Baugrunde nur die Verbreitung des Fundamentes vor-
mmen wird. Die Senkung, die alsdann erfolgt, ist zwar meist
nachtheilig, sobald sie ziemlich gleichmäfsig am ganzen Ge-
de sich zeigt, dagegen wird der Verband in den Mauern und
den aufgehoben, wenn ein Theil des Baugrundes sich stärker
kt, als der andere. Man mufs daher eine ziemlich gleichmäfsige

---

*) Ueber die verschiedenen Fundirungs-Arten auf losem Grunde hat
Miette Desnoyers eine Reihe wichtiger Erfahrungen zusammengestellt,
t er beim Bau der Bahn von Nantes nach Brest zu machen Gelegenheit
tte. *Mémoire sur l'établissement des travaux dans les terrains vaseux de
Bretagne.* In den *Annales des ponts et chaussées.* 1864. *I.* p. 273.

Senkung überall darzustellen suchen und deshalb die th
Anwendung des Pfahlrostes möglichst vermeiden. Hughe
zählt, wie beim Bau einer Wasserleitung einzelne Pfeiler au
und andere auf aufgeschwemmten Boden aufgeführt w
sämmtlich unversehrt standen, ein Pfeiler aber, der halb a
und halb auf Felsen gegründet war, spaltete plötzlich auf
Höhe. Bei grofser Ausdehnung der Gebäude und wenn der
sehr verschiedenartig ist, kann man es zuweilen nicht ver
verschiedene Fundirungsarten zu wählen. Alsdann mufs m
aber auf ein ungleichmäfsiges Setzen gefafst machen, und
dieses ohne grofsen Nachtheil für das Gebäude eintreten k
ist es am vortheilhaftesten, die einzelnen Theile nur stumpf
einander zu stellen.

Der liegende Rost sowohl, als der Pfahlrost müssen
gesenkt werden, dafs sie immer unter Wasser bleiben, v
bei abwechselnder Nässe und Trockenheit ihre Festigkeit v
und alsdann nicht mehr den darauf gestellten Bau tragen k
Aus diesem Grunde ist es Regel, die Roste immer unter d
sten Wasserstand der daneben befindlichen Gewässer oder
das tiefste Grundwasser zu legen. Man mufs indessen d
Rücksicht nehmen, dafs natürliche oder künstliche Veränder
im Bette des Baches oder des Flusses möglicher Weise eine
tiefere Senkung des Wasserspiegels herbeiführen können, als l
beobachtet worden. Die meisten Stromregulirungen haben
Erfolg, dafs der Abflufs befördert und sonach der Wassers
gesenkt wird, daher geschieht es nicht selten, dafs die Rost
Brückenpfeiler und der sonstigen Bauwerke neben dem Strom
Wasser treten, wenn sie auch bisher immer davon bedeckt w

Zur Darstellung dieser tief liegenden Roste wird es s
die Baugrube bis unter das Grundwasser auszuheben und so
vom zudringenden Wasser frei zu halten, bis man den untern
des Baues vollendet hat. Dazu kommt noch, dafs gewisse B
wie Schleusen und Freiarchen, noch in einer bestimmten Tiefe
dem kleinsten Wasser, andre dagegen, wie etwa Brückenpf
unter der Sohle des Flufsbettes fundirt werden müssen. Aus d
Gründen ist es oft erforderlich, bis zu einer grofsen Tiefe

---

*) *Theory, practice and architecture of bridges. Sect. VI. p. 59.*

Wasserspiegel herabzugehn und zwar zuweilen in dem Fluſs-
selbst. Es wird alsdann nöthig, die Baugrube mit wasser-
en Umfassungswänden oder sogenannten Fangedämmen zu
ben, auch wohl den Boden gegen ein zu heftiges Durchquellen
Wassers zu sichern und das zudringende Wasser herauszu-
fen. Die Schwierigkeiten, die hierbei eintreten, sind häufig
groſs, und um so unangenehmer, als man selten vorhersehn
, in welcher Art sie sich zeigen werden. Aus diesem Grunde
an namentlich in Frankreich seit langer Zeit bemüht gewesen,
)lchen Fällen andere Fundirungsarten zu wählen, wobei man
Wasserwältigung umgeht, die höchst unsicher, kostbar und
selten für den Baugrund nachtheilig ist. Hauptsächlich dien-
hierzu zwei Methoden, nämlich die Bétonbettung und die
dirung in Senkkasten oder Caissons. Nach dem ersten Ver-
en wird der an sich feste Untergrund durch Baggern und unter
em Zutritt des Wassers bis zur nöthigen Tiefe ausgehoben, und
i starken Bétonschichten bedeckt, d. h. mit einem Mauerwerk,
ches aus Steinstücken und Mörtel besteht und ohne Verband in
Baugrube geschüttet wird. Ist der Béton erhärtet, so sind alle
llen, die sonst durch den Boden hervorbrechen würden, ge-
pft, man kann leicht die Baugrube trocken legen und hat dadurch
ch die beiden wichtigen Vortheile erreicht, daſs der Untergrund
gen jede Auflockerung durch Quellen gesichert ist und die Béton-
e schon den untern Theil des Fundaments bildet. Was die
aissons betrifft, so fand die Anwendung derselben anfangs we-
ger Eingang, doch hat diese Methode in neuster Zeit manche
wesentliche Verbesserungen erfahren, woher sie besonders geeignet
scheint, um in weichem Untergrunde die Fundirung tief herabzuführen. Sie schlieſst sich gegenwärtig ziemlich nahe an die viel-
ach gewählte Gründung auf gemauerten Brunnen an, und
unterscheidet sich von dieser vorzugsweise durch die viel gröſseren
Dimensionen der ummauerten Räume.

Um das Eindringen des Wassers in die Baugrube zu verhin-
ern, und um bis zu groſser Tiefe durch gewöhnliches Aufgraben
herabgehn zu können, wird gegenwärtig vielfach der verstärkte
Luftdruck benutzt, und zwar nicht nur in der Taucherglocke
und in sonstigen Taucher-Apparaten, sondern in groſsen luftdichten
eisernen Kasten, welche die ganzen Fundamente bilden. Den neue-

ren Fortschritten des Maschinenbaues verdankt diese Metho
Ursprung, denn die Darstellung, Sicherung und gleichmäfsi
senkung dieser Kasten beruht allein auf der äufsersten
womit alle einzelnen Theile der Apparate ausgeführt und i
ander verbunden werden.

Im Allgemeinen wäre über die verschiedenen Fundirung
hier noch zu erwähnen, dafs der Druck eines Bauwerke
immer senkrecht wirkt, wie bei einer unmittelbaren und
mäfsigen Belastung der Fall sein müfste. Namentlich bil
ein starker horizontaler Druck, wenn das darauf
Mauerwerk das Widerlager eines Gewölbes ist, oder wenn
Erdschüttung, die sich dagegen lehnt, halten soll. Die Mi
welche sich aus diesem horizontalen und dem senkrechten
zusammensetzt, mufs möglichst in die Mitte des Fundame
doch wenigstens in die Basis desselben treffen, ohne si
Rande zu nähern, weil sonst der Widerstand auf der ein
nicht genügen möchte, um eine Drehung zu verhindern. V
Fundament in diesem Falle noch horizontal gehalten, i
möglicher Weise und namentlich, so lange der Mörtel no
erhärtet ist, ein Verschieben zwischen den einzelnen S
oder auf dem Roste erfolgen. Wenn diese Gefahr auch ni
ist, und vielleicht nur sehr selten eintritt, so hat es an
auch keine Schwierigkeit, die Fundirung so anzuordnen,
dem jedesmaligen Drucke, mag er vertical oder schräge
sein, den kräftigsten Widerstand entgegensetzt. In England
man dieses Princip mit grofser Consequenz, indem man die
ten des Fundaments normal gegen die Richtung des Druc
man begegnet dadurch vollständig der angedeuteten Gefa
sonders ist dieser Umstand bei Anwendung eines Pfahlro
Wichtigkeit, und manche Unfälle an massiven Brücken si
es scheint, nur dadurch veranlafst, dafs die Pfähle, dere
Theil in losem Boden steckt und die sonach einem hori
Drucke wenig Widerstand entgegensetzen, durch solchen
verschoben oder gebogen wurden. Bei den neuern B
England wird durch die schräge Stellung der Pfähle jeder
nifs dieser Art vorgebeugt, und wenn es sich auch nicht
läfst, dafs die Arbeit beim Rammen, sowie beim Legen de
und beim Zuhauen und Versetzen der Steine oder beim Ve

el etwas **erschwert** wird, sobald nicht mehr das Loth und
ähnliche Setzwage unmittelbar angewendet werden dürfen,
gewisse schräge Neigungen darzustellen sind, so ist diese
t doch nicht so wesentlich, daß sie die Annahme einer
Construction verhindern könnte. Hierbei tritt aber auch
e Ersparung an Material ein, weil alle Verbandstücke und
e so angewendet werden, daß sie dem jedesmaligen Drucke
ksten Widerstand entgegensetzen, und man darf daher nicht
n Ausfall an Festigkeit, welchen der schräge Druck be-
durch größere Massen und durch Vermehrung der Unter-
spunkte decken.

§. 32.
Fundirung auf festem Boden.

nn ein Gebäude auf Felsboden ausgeführt werden soll,
fiehlt es sich, wie bereits erwähnt, tiefer herabzugehn, als
wirkung des Frostes und der Nässe sich erstreckt. Im
n hat man in diesem Falle gewöhnlich kein Einsinken des
nents zu befürchten und kann daher mit voller Sicherheit
wersten Gebäude aufführen. Dennoch trifft es sich zuweilen,
r Felsboden nicht die Festigkeit und Tragfähigkeit hat, die
n Allgemeinen voraussetzen darf. Hierher gehört zunächst
all, dafs mancher Boden einer starken Verwitterung unter-
ist und daher Gebäude, welche ohnfern steiler Abhänge
ührt werden, mit der Zeit in Gefahr gerathen. Es zeigt sich
nicht selten bei den Ruinen alter Burgen in Gebirgsgegenden.
dem Wasser pflegt das Gestein sich im Allgemeinen besser
lten, als wenn es abwechselnd der Nässe und Trockenheit
setzt ist. nichts desto weniger kann eine starke Strömung
auch der Wellenschlag einen Felsen gleichfalls angreifen und
und nach Theile desselben lösen, so dafs das Ufer zurück-
t. Diese Wirkungen sind freilich gemeinhin sehr langsam,
dennoch unverkennbar. Die Flufsbetten in Gebirgsgegenden
n vielfach solche Einbrüche, woselbst das Ufer sich ganz steil
bt, während gegenüber auf der convexen Seite eine flache Ver-
ung sich gebildet hat, die ursprünglich hier nicht existirte.
so zeigen auch felsige Meeresufer die deutlichsten Spuren des

dauernden Abbruches, der im Laufe der Zeit noch durch
rückweichen der Küste sich zu erkennen giebt, wie man d
längs der französischen und englischen Küste am Kanale

Demnächst ist der Felsboden zuweilen auch nicht
unterstützt. Gewöhnlich sind die tieferen Formation
die festeren, und im Allgemeinen darf man daher, sobald d
boden erreicht ist, nicht mehr besorgen, daſs derselbe bei
Belastung die darunter befindlichen Schichten noch zerbrech
eindrücken möchte, nichts desto weniger tritt dieses B
doch zuweilen ein. So traf man bei dem Durchstiche bei B
auf der London-Birmingham Eisenbahn eine jüngere K
formation an, die auf Thonschichten lag, von denen die ob
mit Quellen durchzogen waren und keine Festigkeit hatten
muſs also, wann die geognostischen Verhältnisse einige
begründen, die Bohrungen noch in den Felsen hinein for
um sich zu überzeugen, daſs derselbe eine gehörig sichere
stützung bietet und die nöthige Mächtigkeit besitzt.

Es kann auch geschehn, daſs die feste Formation, di
antrifft und für gewachsenen Felsen hält, nur aus losem
schiebe besteht, welches durch starke Fluthen oder auf
Art herbeigeführt wurde. Besonders ist dieser Fall bei Fundir
unter Wasser denkbar, wo eine genaue Untersuchung des B
gemeinhin sehr beschwerlich wird. Ein Beispiel hiervon besch
Vicat bei Gelegenheit des im Jahre 1822 und 1823 ausgefü
Baues der Brücke zu Souillac über die Dordogne *). Der Gr
worauf der erste Pfeiler am linken Ufer fundirt wurde, zeig
dem untern Drittel von der Länge des Pfeilers eine ganz e
und horizontale Oberfläche des Kalkfelsens, im Uebrigen bem
man nur einige scharf zulaufende Felsspitzen und tiefe Spalten,
mit Kies und Steinschutt angefüllt waren. Man versuchte das
Pfähle einzurammen, doch trafen diese bald auf stark gene
Felsflächen und nahmen alsdann eine schräge Stellung an, e
krümmten sich und zerbrachen die Stützen, womit man sie k
recht halten wollte. Auf diese Art war das Rammen unmög
Ein Taucher ließ sich durch einige Felsblöcke, die er vorfa

---

*) *Nouvelle Collection de dessins relatifs à l'Art de l'Ingén*
1821—1825. *I, Partie.*

ben und sagte aus, daſs er den gewachsenen Felsen an meh-
, Stellen vortreten sähe. Das Sondireisen widerlegte nicht
Behauptung, und da die Jahreszeit weit vorgerückt war und
smauen Untersuchungen keine Zeit blieb, so muſste man sich
ı entschlieſsen. Man nahm also an, daſs der Kies sich weder
srimiren, noch auch ausweichen würde und versenkte ohne
sres den Béton. Nachdem dieser erhärtet war, brachte man
olgenden Jahre die Probe-Belastung auf und zwar ruhte die-
ı auf einer starken hölzernen Rüstung. Von dieser Belastung
sn etwa zwei Drittheile aufgepackt, als man bemerkte, daſs die
rfläche des hölzernen Bodens, die früher horizontal gewesen
, stromaufwärts sich um nahe einen Zoll senkte und stromab-
ts um $1\frac{1}{4}$ Linien hob. Diese beiden Messungen waren etwa in
sn Abstande von 50 Fuſs von einander angestellt. Man unter-
rte sogleich mit möglichster Aufmerksamkeit alle Fugen in dem
serwerke der Probe-Belastung, die man zu diesem Zwecke von
sen mit Mörtel verstrichen hatte, worin sich auch nicht der
iaste Riss zeigte. Sonach blieb kein Zweifel, daſs der ganze
lsonkörper sich stromaufwärts neigte und ohne zu brechen um
lse Querachse in der Nähe des Hinterkopfes des Pfeilers sich
lsbte. Dieser Hinterkopf selbst, der sich gehoben hatte, muſste
lseuscheinlich seine Unterstützung verloren haben und konnte nur
lsrth die Cohäsion des Mörtels schwebend erhalten werden. Der
lson war damals vor 10 Monaten versenkt worden und die Probe-
lsstung betrug $3\frac{3}{4}$ Millionen Pfund. Die Belastung wurde nun
lsi möglichster Schnelligkeit vervollständigt und bis auf $5\frac{1}{4}$ Mil-
lsen Pfund gebracht. Plötzlich brach mit heftigem Krachen der
stwa 16 Fuſs starke Bétonkörper nahe auf ein Drittel seiner Länge
sseinander. Der kleinere, stromabwärts belegene Theil desselben
sskte sich wieder und behielt im Ganzen nur eine Neigung von
$1\frac{1}{4}$ Linien, während der andere gröſsere Theil sich neben dem
Bruche um $6\frac{1}{2}$ Linien senkte und am Vorkopfe um 6 Zoll tiefer
war. Während der nächsten 8 Monate zeigte sich nicht mehr eine
fernere Senkung und die Quer-Achse des Pfeilers hatte die hori-
sontale Richtung beibehalten. Man erweiterte nunmehr die Bruchfuge im Béton, so daſs sie gefüllt werden konnte, verankerte die
untersten Steinschichten des Pfeilers mit einander, sicherte den
Fuſs des Fundaments durch eine starke Steinschüttung und ver-

minderte endlich, soviel es möglich war, die Belastung, indem
in der Uebermaurung des Pfeilers eine cylindrische Oeffn
brachte. Eine weitere Bewegung trat bei der Fortsetz
Baues nicht ein, die erwähnten Erscheinungen liefsen aber
Zweifel darüber, dafs man den Pfeiler nicht auf gewachsenen
boden, sondern auf lose Blöcke gestellt hatte.

Der gewachsene Felsboden verliert zuweilen durch
männische Arbeiten seine natürliche Festigkeit, so
in Gegenden, wo Steinkohlen gewonnen werden, weil da
gröfsten Massen gefördert werden und Erdstürzungen sich
am häufigsten wiederholen. Man pflegt zwar bei der Anlag
Gebäuden solche Stellen zu vermeiden, doch bemerkt a
Chausseen zuweilen die Senkungen, die hierdurch entstanden
Die vielfachen und bedenklichen, Sackungen und Trennunge
man an einzelnen Stellen in den Gebäuden der Stadt Es
Regierungs-Bezirk Düsseldorf bemerkt, stehen vielleicht m
darunter liegenden in früherer Zeit ausgebeuteten Kohlen-F
in Beziehung, wiewohl die darüber angestellten Untersuch
noch zu keinem sichern Resultate geführt haben.

Als die Brücke gebaut wurde, welche die Eisenbahn
New-Castle nach Noth Shields über ein weites Thal führt,
deckte man in dem Boden unter den Pfeilern die hohlen Rä
welche nach der Ausbeutung der Kohlenflöze geblieben wa
und ehe man die grofse Last der Brücke darauf zu stellen w
wurden die Höhlungen mit Bruchsteinmauerwerk wieder ausgefüll
Auch in Paris, wo die Gypslager sich oft in grofser Tiefe u
dem Boden hinziehn, und in früherer Zeit, ehe die Stadt noch i
gegenwärtige Ausdehnung hatte, gebrochen wurden, findet man
weilen bei tiefen Fundirungen die hohen und weiten Gallerien,
schwach gestützt, der Besorgnifs Raum geben, dafs sie ganz
vermuthet einbrechen möchten. Namentlich waren diese le
Räume bei der Anlage des Canales St. Martin und der dazu
hörigen Werke höchst bedenklich und liefsen besonders einen s
starken Wasserverlust befürchten. Man sah sich gezwungen,
Gallerien auszufüllen, und mit einem starken und wasserdich
Mauerwerke zu bedecken.

---

*) *Theory, practice and architecture of bridges.*

s kann sich auch ereignen, daſs andre künstliche Anlagen
ie Festigkeit des natürlichen Steines Einfluſs üben, so glaubt
daſs die an der Brücke zu Tours eingetretene Senkung zweier
r durch die vielen in der Nähe ausgeführten Artesischen
en veranlaſst worden. Es befindet sich nämlich in der Tiefe
360 Fuſs unter dem Wasserspiegel der Loire eine besonders
ige Schicht, deren Quellen bis 50 Fuſs über den Sommer-
rstand des Stromes sich erheben. Diese hat man durch viel-
Bohrlöcher aufgeschlossen, aber häufig die Quellen mit so
ʒ Vorsicht eingefaſst, daſs sie nur zum Theil an der Oberfläche
einen und eine groſse Wassermenge sich in den Kalkmergel
ſst, worauf die Brückenpfeiler stehn. Die Brücke ist 1766
.769 erbaut worden, und wenn sich auch schon sogleich ein-
i Pfeiler senkten und einige Bogen einstürzten, so zeigte sie
der Wiederherstellung, die 1810 beendigt wurde, doch keine
: einer Gefahr, bis man 1835 die erwähnten Senkungen be-
kte. Die Fundamente wurden in der Art untersucht, daſs man
Pfeiler von oben bis unten durchbohrte, und es ergab sich,
ı unter dem Roste leere Räume von 1,2 und sogar von nahe
Fuſs Höhe sich vorfanden. Beaudemoulin *) der diese That-
hen beschreibt, meint, daſs Beschädigungen, die sich nach mehr
ⅰ 60 Jahren ereigneten, durch besondere spätere Ursachen herbei-
ührt sein müſsten, und als solche betrachtet er die Artesischen
nnen in der Nachbarschaft, die kurze Zeit vorher in Ausführung
hracht waren. Es läſst sich hiergegen freilich einwenden, daſs
ch sonstige Ursachen eine allmälige Ausspühlung des Grundes
schen dem Pfeiler und dem Felsen verursacht haben mögen
ı die Wirkung davon sich nicht früher zu erkennen geben konnte,
ı bis der leere Raum eine gewisse Ausdehnung erreicht hatte.
ichts desto weniger kann man die von Beaudemoulin gegebene
klärung nicht unbedingt ganz zurückweisen, da unter gewissen
mständen auch die Quellen Veränderungen erfahren können, wo-
rch nachtheilige Wirkungen veranlaſst werden.
Endlich ist bei Gelegenheit des Felsgrundes noch zu erwähnen,
ſs derselbe, ganz abgesehn von den vulkanischen Einwirkungen,

---

*) Sur les divers mouvements du pont de Tours. Annales des ponts et
chaussées. 1839. II. p. 86 ff.

auch durch andere Kräfte in Bewegung gesetzt werde
Dieser Fall tritt besonders in den geschichteten Gebirgen
das Wasser bei einer geneigten Lage der Schichten l
Fugen durchdringt und häufig durch Absetzen von Thos
darin eine förmliche Schmiere bildet, wodurch die Bewq
so mehr erleichtert wird. Eines der wichtigsten Beispiel
Art ist der am 2. Septbr. 1806 nach lange anhaltenden
erfolgte Einsturz einer Kuppe des Rofsberges, östl
Zugersee, wobei einzelne Felsblöcke von mehreren tausen
fufs Inhalt eine halbe Meile weit und darüber fortgeschleu
drei Dörfer verschüttet wurden. Es kommt indessen nic
vor, dafs gröfsere Felsmassen sich auf diese Art von selb
gemeinhin sind es künstliche Anlagen, welche ein solches
herbeiführen. Dieses kann entweder durch eine besonde
Belastung der zunächst am Abhange befindlichen Schichten ;
und noch häufiger, indem man durch tiefe Einschnitte die
Schichten an ihrem Fufse löst und ihnen die natürliche l
zung nimmt. Das Wasser, welches bisher vielleicht nur
füllte, ohne sie zu durchfliefsen, weil der untere Ausgang ;
sen war, dringt nunmehr lebhaft hindurch. Es verstärl
Angriff auf das Gestein und der auf einer solchen Fuge
Theil stürzt oft erst nach Jahren mit den Bäumen und Al
darauf befindlich ist, herab. Besonders kommt dieser
Thonschiefer nicht selten vor und man mufs daher bei
führungen in und auf demselben die Neigung der Schicl
die Sicherung ihres Fufses aufmerksam in Betracht ziehn.

Wenn keine Besorgnifs in Bezug auf die sichere I
Felsbodens besteht, worauf man den Bau stellen will, so
nächst die Oberfläche geebnet und zwar gewöhnlich h
ausgebrochen, wenigstens mufs dieses immer geschehn,
ein verticaler Druck stattfinden kann. Im entgegengesetr
würde es sich auch hier rechtfertigen, die tragende Fläch
gegen die Richtung des Druckes zu neigen, doch ist dieses
hin nicht nöthig, indem bei weit gespannten Bogenbrücken
stärkste horizontale Druck sich bildet, die felsigen Ufer hin
Höhe haben, um demselben kräftig entgegenzuwirken, und
daher nur darauf an, das Fundament auch rückwärts ge
gehörig feste Felswand zu lehnen. Dabei ist es aber ni

dafs das ganze Fundament des Pfeilers auf derselben
alen Ebene aufsteht, vielmehr kann man ohne Nachtheil
)treppung vornehmen und den Bau auf mehreren einzelnen,
)rizontalen, Fundamenten ruhen lassen, die stufenweise hinter
r liegen und durch senkrechte Flächen verbunden sind.
Anordnung hat Telford beinahe jedesmal auf Felsboden ge-
und sie auch da angewendet, wo das Gestein an einzelnen
ı eine geringere Festigkeit zeigte oder etwas tiefer lag, in
em Falle zugleich das Fundament auf eine entsprechende
gesenkt wurde. Zuweilen haben diese verschiedenen Stufen
eine sehr grofse Höhe. So hebt sich z. B. das felsige Ufer
ırkwood-Burn bei Lismahago, wo Telford die massive Brücke
r Strafse von Glasgow nach Carlisle baute, auf der südlichen
so steil, dafs die Fundamente der Flügelmauern treppenförmig
fen Absätzen unter einander liegen, von denen der eine, wie
135 zeigt, sogar 30 Fufs mifst *).   Eine solche Anordnung
sich nur da rechtfertigen, wo das Gestein so fest und auf
ə Art geschichtet ist, dafs ein Abgleiten desselben unmöglich
die einzelnen Theile des Fundaments müssen aber durch
echte Wände von einander getrennt werden, denn schräge
ən, wenn sie auch einer solideren Unterstützung des dahinter-
den Gesteines entsprechen, darf man bei senkrechtem Drucke
anbringen, weil dabei eine Bewegung zu befürchten wäre.
ch ist noch darauf aufmerksam zu machen, dafs der eigentliche
rlagspfeiler in diesem Beispiele nicht in verschiedener Höhe
ı ist, sondern sein Fundament, welches 8 Fufs Breite hat,
ändig in dem tiefsten Einschnitte liegt. Die Stärke dieses
rs beträgt aber am Anfange des Bogens nur 5 Fufs und
h beziehn sich die Abtreppungen nicht auf ihn, sondern nur
lie beiden Flügelmauern, welche in der Verlängerung der
nauern der Brücke liegen. Diese Rücksicht war auch noth-
ig, insofern das unvermeidliche Setzen des Mauerwerks die
te selbst in Gefahr bringen könnte, während dieses bei der
fenen Anordnung nur in den Flügelmauern Risse erzeugen
e, die weniger nachtheilig sind.
Zuweilen hat Telford die Fundamente nur wenig in den Fels-

) *Life of Telford.* Taf. 54.

boden eingeschnitten, wie z. B. für das Dock zu Dundee,
dem Rücken einer Klippe erbaut ist und wobei die sc
Abtreppungen zu beiden Seiten nur die Unebenheiten in de
fläche ausgleichen. Es ist bei einem Bau von dieser Ans
und Lage, und besonders wenn der Fels auch in den obern
ten eine gehörige Festigkeit zeigt, nicht zu besorgen, d
Witterung noch einigen Einfluß darauf ausüben möchte, u
nach verliert der oben angeführte Grund für eine tiefe Fu
in diesem Falle seine Bedeutung. Ein eigenthümliches Einse
des Fundaments kommt, wie Fig. 136 a zeigt, noch bei der !
head-Brücke auf der Great-Western Eisenbahn vor, wo d
dament mit förmlichen Zahnschnitten in den Kalkfelsen e
um die flachen Bogen von 128 Fuß Spannung gegen d
weichen zu sichern. Fig. 136 b ist die Seitenansicht des Stirn
dieser Brücke *).

　　Andre Gebäude, welche verhältnismäßig auf einer sehr
Basis stehn und dabei dem stärksten Wellenschlage ausgese
wie diejenigen Leuchtthürme, die man auf Klippen in de
erbaut, werden zuweilen noch mit dem Felsgrund verbunde
einzelne Steine der untern Schicht in denselben eingreifen.
ist z. B. bei dem Leuchtthurme auf Bell-Rock geschehn. J
nämlich die Oberfläche der Klippe, die aus einem festen Se
bestand, zur Aufnahme des Fundaments geebnet hatte, zeig
darin noch mehrere Vertiefungen und minder feste Stel
regelmäßig ausgehauen, und worin 16 Granitquader versetz
mußten. Auf solche Art bildete sich die erste unvoll
Schicht, die mittelst steinerner Dübel ebenso gegen die
Schicht befestigt wurde, wie dieses zwischen allen folgenden

　　Die Fundirung dieses Leuchtthurmes, so wie auch dieje
Thurmes auf Eddystone bot übergroße Schwierigkeiten,
ganz isolirt in der See liegenden Klippen nur bei der Ebbe
wurden, und die Gelegenheit zur Unterbringung der Ma
und Utensilien durch Rüstungen künstlich beschafft werden
Die Schwierigkeiten steigern sich aber noch wesentlich, u
Klippe, worauf der Thurm gestellt werden soll, tief un
niedrigsten Wasserstande liegt. Dieses war beim Bau des

---

*) *Public works of great Britain.* Taf. 57 u. 58.

ies auf der Klippe Cassidaigne im Mittelländischen Meere,
rn la Ciotat der Fall. Dieselbe ist etwa eine halbe Meile
der Küste entfernt, den heftigsten Brandungen und starken
mungen ausgesetzt, und besteht aus einem Kalkfelsen, dessen
pe nur bis 12 Fuſs unter Wasser ansteigt. Die eisernen
mngen, die man bei ruhiger See aufstellte, wurden vielfach beim
lenschlage zerstört, bis es endlich gelang, sie so fest zu ver-
len, daſs man die Eisenstäbe sicher anbringen konnte, an
chen die Tafeln herabgelassen wurden, innerhalb deren die
on-Fundirung erfolgte. Der Bau wurde unter Leitung des In-
ieur Choll im Jahre 1850 ausgeführt *).

In Betreff der Fundirung auf Felsboden wäre noch zu erwäh-
, daſs es in manchen Fällen vortheilhaft sein kann, wie Sganzin
piehlt, eine an sich glatte Oberfläche absichtlich uneben und
h zu machen, damit der Mörtel darauf gehörig haftet und man
Stande ist, gleich die erste Steinschicht in ein Mörtelbett zu
tzen. Da jedoch in vielen Fällen der Mörtel mit dem Felsen
t hinreichend bindet, so möchte es noch passender sein, eine
e Bétonlage, die sich an alle Unebenheiten der Oberfläche
hlieſst, auszubreiten und darüber das Mauerwerk aufzuführen.
m die Fundirung aber in einiger Tiefe unter dem Grundwasser
genommen werden soll und das Gestein klüftig und oft in jeder
htung mit weiten Spalten durchzogen ist, so pflegt der Wasser-
rang so stark zu werden, daſs alle Versuche zur Trockenlegung
Baugrube miſsglücken. Alsdann wird die Aufbringung von
rken Bétonlagen nothwendig, und nachdem selbige erhärtet sind,
ingt es erst, das Wasser zu gewältigen und das Mauerwerk
zustellen.

Der feste Baugrund beschränkt sich indessen keineswegs allein
f den gewachsenen Felsboden, sondern auch aufgeschwemmter
den, wie Kies, Sand, Lehm und reiner Thon, sind häufig im
nde, selbst die schwersten Gebäude sicher zu tragen. Die oben
erwähnten Rücksichten zur Vermeidung des Eindringens der Nässe
nd des Frostes muſs man bei diesen Bodenarten freilich in viel
herem Grade wahrnehmen, um den Untergrund vor Quellen
iglichst zu schützen, sowie man auch verhindern muſs, daſs viel-

---

*) Forster's allgemeine Bauzeitung 1861. S. 187 ff.

leicht der Angriff des Wassers von der Seite den Bau in
bringt und unterwäscht.

Der reine Kies, so wie jedes gröbere Steingerölle
heftigen Strömungen niedergeschlagen, woher es so sicher
daſs man dabei eine lose Schüttung, ähnlich dem Trie
niemals befürchten darf, man muſs sich aber davon über
daſs der Kies nicht etwa auf andern lockern Schichten ro
bei starker Belastung vielleicht selbst versinkt. Findet eine
Besorgniſs nicht statt und hat der Kies vielmehr eine Mäc
von 10 bis 20 Fuſs, so kann man leichtere und schwerere C
mit aller Sicherheit darauf stellen, ohne daſs man ein me
Nachgeben des Bodens befürchten darf. Er gewährt überd
Vortheil, daſs er auch in der Sohle der Baugrube schon ei
reichende Festigkeit hat und die Fundamentsteine ihre Lage
ändert beibehalten. Ein groſser Uebelstand ist dabei al
starke Wasserzudrang, der sich sogleich einstellt, wie ma
den Wasserspiegel der nebenliegenden Flüsse oder unter das
wasser herabgeht. Man darf freilich hierbei nicht eine
Auflockerung des Bodens, wie bei dem feinen Sande, bef
aber es giebt sich dennoch bei anhaltendem Ausschöpfen d
grube zu erkennen, daſs der Wasserzudrang an Stärke z
und sonach scheint es, daſs die Quellen auch hier einige A
rung veranlassen, oder wenigstens die Fugen stärker öffi
Fällen dieser Art, oder wo überhaupt im Kiesboden ei
Fundirung vorgenommen werden soll, findet daher die Ver
von Béton passende Anwendung.

In welchen Fällen der reine Sand einen festen B
bildet, ist schon früher angedeutet worden. Begründet
dieser Beziehung keine Besorgniſs und entspricht die Mä
der Sandschicht gleichfalls dem Gewichte des darauf zu st
Gebäudes, so muſs man sich besonders hüten, ein stark
schöpfen des Wassers in der Baugrube vorzunehmen,
jedenfalls die Festigkeit der Ablagerung gefährdet wird.
hier ist eine Bétonbettung wieder sehr wirksam, um die
zu stopfen, doch hat man zu diesem Zwecke auch andere M
zuweilen benutzt und auf andere Art den Sand zu bedec
dadurch die Quellen zu sperren gesucht. Häufig zerlegt
Baugrube in mehrere kleine Theile, und indem man jeden d

ders behandelt, so schwächt man die schädliche Einwirkung
nfsteigenden Wassers. Auch der Gebrauch der Spundwände,
m Sande sich sehr regelmäfsig ausführen lassen, verhindert
ilen schon einen zu heftigen Andrang des Wassers. Man
oft, dafs der Sand nicht comprimirbar sei *), doch findet diese
nschaft in aller Strenge nicht statt. Die einzelnen Körnchen
m sich freilich nicht zusammendrücken und jedenfalls wird eine
i Sandschicht auch keine grofse Comprimirbarkeit zeigen, aber
s fehlt sie ihr doch nie, denn wie fest auch der Sand bereits
gert sein mag, so tritt bei einer starken Vergröfserung des dargestellten Gewichtes doch gewöhnlich ein noch näheres Zu-
menrücken der Körnchen ein. Dieses ergiebt sich schon aus
von mir angestellten Beobachtungen, und die Bewegung, welche
Pfeiler der Brücke zu Souillac annahm, scheint dieses gleich-
s zu beweisen. Besonders bleibt aber die Oberfläche des Sandes
rohl im trocknen Zustande, als auch, wenn sie vom Wasser
leckt ist, immer sehr locker. Nur wenn der Sand stark benetzt
r, und das Wasser in ihm herabgesunken ist, nimmt er eine
tere Lage an, und durch Abrammen kann man in diesem Falle
e recht geschlossene Lage der Körnchen hervorbringen und ein
neres Eindrücken des Baues vermeiden. Der trockne Sand und
enso der ganz nasse wird durch die Schläge der Handramme
r hin- und herbewegt, ohne sich dadurch fester zu lagern. Aus
sem Grunde sinken die untersten Steine des Fundamentes bei
ner starken Belastung jedesmal noch etwas tiefer ein, und wahr-
heinlich comprimirt sich auch die darunter befindliche Sandschicht.
eser Erfolg pflegt indessen so geringfügig zu sein, dafs er keine
irkliche Gefahr für das Gebäude veranlafst, besonders wenn man
las Fundament nach Maafsgabe der Belastung verbreitet und es
bis zur gehörigen Tiefe unter die Oberfläche des Bodens herabführt.

Die Eigenschaft des Sandes, dafs die einzelnen Körnchen
geuseitig eine starke Reibung äufsern und sich daher in ihrer
Lage halten, und folglich auch einen verschiedenartigen Druck
nter sich ausgleichen, läfst den Sand bei Fundirungen so vortheilhaft erscheinen, dafs man ihn vielfach als unterste Schicht des
Fundamentes benutzt. Sein eigentlicher Zweck ist in diesem Falle

---

*) *Régemortes, description du pont à Moulins.* Paris 1771. *p.* 3.

aber nur, den Druck auf eine große Fläche zu verbr

muß noch erwähnt werden, daß ein festgelagerter reiner

Rammarbeiten den Pfählen einen sehr sichern Stand giebt

man in solchem Boden kein Setzen des Fundamentes be

darf, sobald die Pfähle einigermaßen bis zum Stehn

getrieben sind.

Der größte Uebelstand beim Sande ist der gering

stand, den er dem durchfließenden Wasser entgegensetzt

Körnchen haften nicht aneinander und folgen daher, wenn

gedeckt sind, jeder Strömung, bei ihrer Feinheit werden

auch leicht gehoben und durch die Zwischenräume eine

schüttung und selbst durch die Fugen einer Spundwand h

geführt. Der Sand gewährt sonach als Baugrund nur in d

die nöthige Festigkeit, wenn kein Wasser hindurch, oder

bar daneben fließt. Aus diesem Grunde darf man in Fl

auf feinen Sandboden keinen Bau stellen, oder solchen n

darunter versenken, ohne einer möglichen Unterspülung sic

zubeugen. Dieses geschieht vielfach durch Steinschüttu

man nach und nach in dem Maaße verstärkt, wie sie her

Eine Ueberdeckung der umgebenden Flächen mit Béton

zu gleichem Zwecke auch verschiedentlich angewendet.

Die Eigenschaften des Thones sind in mancher B

denen des Sandes gerade entgegengesetzt. Derselbe w

dem Eindringen des Wassers, wenn er gegen eine Spundw

eine andere ziemlich dichte Wand gestampft ist, auch b

natürlichen Ablagerung läßt er keine Quellen hindurc

Er widersteht ferner einem starken Drucke, wenn er

trocken ist, aber wenn er mehr Wasser in sich aufgenom

so ist seine Tragfähigkeit nicht nur beschränkt, sondern de

derselben giebt sich auch später zu erkennen. Indem d

sich nach und nach in ihm ausgleicht, so sinken mit der

am stärksten belasteten Theile des Gebäudes herab, wenn

Anfangs gehörig unterstützt waren, und selbst Rostpfähle,

dem Schlage der Ramme nicht mehr wichen, geben im Tl

dem dauernden Drucke zuweilen nach. Ein stark dur

Thon ist daher ein gefährlicher Baugrund und dieses um

als er in diesem Zustande auch dem Eindringen des Wasse

Widerstand entgegensetzt. Anders verhält es sich, wenn d

ziemlich ausgetrocknet ist. Auf solchem können freilich
: Gebäude sich noch etwas setzen, doch meist nur unbedeu-
nd man kann dieses grofsentheils vermeiden, wenn man den
vorher stark comprimirt. Dieses geschieht am besten, wenn
ustgrofse Steine regelmäfsig auf der Sohle der Baugrube als
r ausbreitet, und mit einer Handramme fest eintreibt. Beim
es Primrosehill - Tunnels auf der London - Birmingham Eisen-
wurde dieses Verfahren ausdrücklich vorgeschrieben.
ı ähnlicher Weise kann man selbst einen sehr nachgiebigen
und, wenn feste Schichten in mäfsiger Tiefe darunter liegen,
befestigen und zum Tragen grofser Lasten geschickt machen.
erden in Bremen die hohen und oft mit schweren Gütern
en Packhäuser oder Speicher an der Weser nur unter den-
n Mauern mit einem Pfahlroste versehn, die unmittelbar oder
nahe am Ufer stehn, während die entfernteren Umfassungs-
n und die schwer belasteten Unterzugständer oder gemauerten
r auf festgerammten Steinschüttungen ruhn. Das Verfahren
ist folgendes. Man gräbt den Boden so tief auf, bis man
Jrundwasser erreicht, alsdann wird eine 1 bis 2 Fufs hohe
tung von unbrauchbaren oder zerbrochenen Ziegeln in der
ung der Mauern ausgebreitet, und man stellt eine Zugramme,
edoch nur aus einem dreibeinigen Bocke besteht, darüber.
Klotz, der etwa 5 Centner schwer ist, bewegt sich in einer
e, die ein Arbeiter hält, und mittelst deren der Schlag, ohne
die Ramme verstellt werden darf, einige Fufs weit seitwärts,
vor- und rückwärts erfolgen kann. Die erste Steinlage wird
urch sehr schnell ins Wasser herabgetrieben, eine zweite Lage
her Art leistet dagegen schon mehr Widerstand, und man fährt
dem Aufschütten von Steinen und dem Festrammen derselben
unge fort, bis endlich der Rammklotz keinen merklichen Ein-
k mehr macht. Die Steine der obern Lagen werden dabei in
en Staub zerschlagen, indem das Grundwasser sie aber durch-
t, so bilden sie auch in diesem Zustande eine feste Masse und
gehöriger Führung des Rammklotzes nehmen sie eine ebene
ı horizontale Oberfläche an, worauf die untere Mauerschicht
em versetzt werden kann. Es mufs erwähnt werden, dafs
ı bei Packhäusern, die theils auf solche Art fundirt sind, theils
f Pfahlrosten ruhen, keine Risse in den Mauern bemerkt, woraus

3*

sich ergiebt, daſs diese abgerammten Steinschüttungen die
Tragfähigkeit, wie der Pfahlrost haben.

In ähnlicher Weise hat man auch statt der Steine kurze
benutzt und diese letzte Methode kommt mit der Anwend
sogenannten Füllpfähle ziemlich nahe überein, die in d
Zeit zur Comprimirung des Grundes nicht selten benutzt w
In Venedig braucht man sie auch jetzt noch, und gewöhnl
kommen daselbst die groſsen Privatgebäude keine andere Fund
als daſs man so viele kleine Pfählchen mit der Handramme i
ausgehobene Baugrube einschlägt, bis sie sehr schwer eindri

Die Eigenschaft des steifen Thons, das Wasser nicht d
zulassen, macht ihn unter vielen Verhältnissen besonders wi
und man hat ihn sogar benutzt, um einen künstlichen Baug
darzustellen. Dieses war zum Theil schon von Régemort
de Cessart geschehn, doch dehnte Telford dasselbe Verfah
eine früher nicht gekannte Weise aus, um Schwierigkeiten zu
winden, die unübersteiglich schienen. Am nordöstlichen E
des Caledonischen Canales, nicht weit von Inverneſs, sollte in
Loch-Beauley die erste Schleuse, genannt die Schleuse von C
nacharry, erbaut werden. Hätte man sie auf das Ufer gelegt,
würde die Einfahrt der Schiffe durch das weit ausgedehnte da
liegende Watt (ein aufgeschwemmter thoniger Boden, der bei
Fluth mit Wasser bedeckt ist) noch gesperrt worden sein,
selbst durch den kostbaren Bau langer Molen oder Hafendä
wäre die Tiefe im Vorhafen nicht dauernd zu erhalten gew
daher entschloſs sich Telford, die Schleuse 97 Ruthen von
Grenze des Hochwassers ab in die See hinein zu verlegen.
Grund war an dieser Stelle so weich, daſs eine 55 Fuſs l
eiserne Stange darin versank, woher an gewöhnliche Fangedä
nicht gedacht werden konnte. Die Hügel neben der Küste be
den aber aus einer festen und zähen Klaierde, und es wurde
der Richtung der künftigen Canaldeiche Eisenbahnen angelegt,
zunächst das Material für die Deiche selbst herbeizuscha
Nachdem diese dargestellt waren, führte man groſse Thonma
an die Stelle, wo die Schleuse erbaut werden sollte, und bild
daraus eine mächtige Schüttung auf dem Watte Dieselbe erh
eine solche Ausdehnung, daſs sie zugleich die Fangedämme u
die Schleuse bildete, und ihre ganze Höhe betrug 60 Fuſs. D

packte man noch grofse Steine, die später beim Schleusenbau
tzt werden sollten und überliefs das Ganze ungefähr 6 Monate
der Wirkung des Wellenschlages. Während dieser Zeit war
Oberfläche der Thonmasse 11 Fufs gesunken, und da sie end-
keine weitere Bewegung zeigte und man daher annehmen
te, dafs der weiche Untergrund gehörig comprimirt sei, so
man an, die Baugrube darin auszuheben. Eine Kettenpumpe,
durch 6 Pferde getrieben wurde, schöpfte das Wasser bis auf
Tiefe von 15 Fufs aus, und bei der ferneren Vertiefung, die
a bis 30 Fufs unter Hochwasser trieb, wurden die Pumpen
ch eine Dampfmaschine in Bewegung gesetzt. Man kam hierbei
8 Fufs in den comprimirten natürlichen Boden hinein, doch
te man sich, auf einmal eine grofse Oeffnung darin darzustellen,
arte vielmehr in einzelnen Theilen von etwa 1½ Ruthen Länge
ı Schleusenboden in der Mitte 2 und an den Seiten 5 Fufs hoch
Bruchsteinen aus und spannte alsdann im Zusammenhange ein
gekehrtes Gewölbe darüber, welches in den Schleusenmauern
a Widerlager fand. Es verdient bemerkt zu werden, dafs die
atpfähle, die man nur unter den beiden Häuptern der Schleuse
wendete, sehr schnell und in ununterbrochener Arbeit eingerammt
rden mufsten, weil sie nach einer Pause von einer Stunde weder
fer eingeschlagen, noch auch herausgezogen werden konnten.
aber das ganze Verfahren sagt Telford: „diese Methode, den
ichlamm zu comprimiren und die ganze Baustelle darin zu ver-
enken und später den Klai-Berg zu durchstechen, um die Ein-
gänge zur Schleuse zu bilden, war nur ein Nothbehelf, doch ergab
lie Vergleichung der Kosten, dafs, wenn auch gewöhnliche Fangedämme hier anwendbar gewesen wären, die Ausführung derselben
sich doch nicht so wohlfeil als dieses Mittel herausgestellt haben
würde." *)

Schliefslich mufs in Bezug auf Fundirungen im aufgeschwemmten
Boden noch bemerkt werden, dafs dieselben nur insofern eine
ichere Unterstützung finden, als die Erde darunter nach keiner
ite leicht ausweichen kann. Wollte man sie daher in der Nähe

---

*) *Life of Thomas Telford.* London 1838. S. 58. Eine Beschreibung
dieses Baues gab schon früher Flachat in seiner *Histoire des travaux du
Canal Calédonien*, Paris 1828, doch stimmen die Angaben darin grofsentheils
mit denen von Telford nicht vollständig überein.

eines steilen Abhanges anbringen, woselbst der Boden
entweichen könnte, so wäre eine Senkung zu besorgen, die
dadurch befördert würde, daſs auch die Quellen in eben d
Richtung sich hinzuziehn pflegen. Die Vorsicht, die man sut
in diesem Falle empfiehlt, nämlich dem Fundamente einige Nei
und zwar dem Abhange entgegengesetzt, zu geben, ist bei s
schwemmtem Boden ohne Nutzen, indem dieser Boden sel
Bewegung geräth, sobald er stark belastet wird. Das sic
Mittel besteht darin, daſs man das Fundament entweder bi
Thalsohle herabführt, oder es doch wenigstens so weit senkt,
die gerade Linie, welche von demselben nach der nächsten
der Thalsohle gezogen wird, nicht steiler als etwa unter 20 G
gegen den Horizont geneigt ist. Diese Regel begründet sic
durch, daſs selbst lose Erdarten keine flachere Böschung
bilden pflegen und daher in diesem Falle der nachtheilige E
der Quellen aufhört.

§. 33.
Verbreitung des Fundamentes.

Abgesehn von den schmalen Banketen, durch welche
selbst bei festem Boden die Grundmauern etwas zu verl
pflegt, soll hier nur von stärkeren Verbreitungen die Red
welche die Vertheilung des Druckes auf eine bedeutend g
Fläche bezwecken. Jeder Baugrund, wenn er auch noch s
wäre, widersteht einigem Drucke, und weicht nur, sobald
Druck gröſser wird, als seine Tragfähigkeit ist. Vertheil
daher den Druck auf eine recht groſse Fläche, so wird e
gleichungsweise um so geringer, und um so sicherer kann der
die Last tragen. Gemeinhin wird hierbei noch eine
Absicht verfolgt. Ein weicher und nachgiebiger Boden ist n
häufig nicht überall von gleicher Beschaffenheit, und kann s
zelnen Stellen ein gröſseres Gewicht tragen, als an andern.
man unmittelbar ein Gebäude darauf stellen, dessen Theile
sich nicht innig verbunden sind, so würde leicht eine Ecke
ein andrer Theil tiefer versinken, als die übrigen, wodun

augenscheinlich mehr leidet, als wenn es sich im Zusam-
e und möglichst gleichmäfsig gesetzt hätte. Hiernach ist
gung, dafs die tragende Fläche unter dem ganzen Gebäude
nhängt und so innig verbunden ist, dafs nirgend eine
g erfolgen kann. Dieses allein genügt aber noch keines-
lenn ein Biegen dieser Fläche darf gleichfalls nicht statt-
wenn jeder Bruch im Gebäude verhindert werden soll.
e gewöhnlichen liegenden Roste sind keineswegs so steif,
jeder Biegung widerstehn, und eben so wenig findet dieses
jenigen Constructionen statt, die man statt derselben zu-
anwendet. Das Mauerwerk an sich hat dagegen, wenn es
irigem Verbande und aus gutem Material ausgeführt worden,
tarken innern Zusammenhang, wodurch ein mögliches Biegen
ndamentes oder des Rostes meist verhindert wird. Man
nach in der erwähnten Beziehung von dem liegenden Roste
cht zu viel versprechen. Abgesehn von der gröfsern Aus-
g der tragenden Fläche gewährt der liegende Rost auch
beginne des Baues den Nutzen, dafs die Steine nicht sogleich
elleicht bis zu verschiedenen Tiefen sich eindrücken. Diesem
wirkt er vollständig entgegen, und so lange er noch nicht
belastet ist, zeigt er auch eine hinreichende Steifigkeit. End-
wartet man zuweilen von einer solchen Unterlage unter dem
mente auch noch, dafs sie nicht nur steif ist, und daher das
n des Gebäudes verhindert, sondern dafs sie auch ein ganz
näfsiges Setzen bewirken, und verhüten soll, dafs nicht etwa
eite tiefer herabsinkt, als die andere, und sonach der Bau
chiefe Stellung einnimmt. Es darf kaum erwähnt werden,
dieser Erfolg nur von der Beschaffenheit des Untergrundes
gt, und dafs der liegende Rost dazu nichts beitragen kann.
beim Abbruche alter Gebäude findet man zuweilen Fundirungs-
gewählt, die einem liegenden Roste nahe kommen. Als man
Altstädtsche Kirche in Königsberg abtragen mufste, die auf
ı sehr unsichern Grunde im sumpfigen Thale des Pregels vor
als fünf Jahrhunderten gebaut war, fand man unter den
n Umfassungsmauern und Pfeilern eine Reihe von Aesten und
men von Ellernholz neben einander flach auf den Boden ge-
Dieselben hatten sich so gut erhalten, dafs sie grofsentheils
ı fest waren und man die Holzart wieder erkannte. Besonders

interessant war es, dafs man unter ihnen auch noch den
deutlich wahrnehmen konnte, woraus sich also ergab, dafs
gar keine Fundamentgräben für dieses grofse und hohe Ge
eingeschnitten, sondern sich begnügt hatte, nur den natür
Rasen mit Holzstücken zu bedecken und darauf die Mauern
zuführen.

Ein ähnliches Verfahren ist auch gegenwärtig noch in
Marschen Ost-Frieslands üblich. Die Festigkeit, welche der
besitzt, wird zum Tragen der leichten Gebäude mitbenutzt.
legt auf denselben eine Holzdecke, welche einen liegenden
darstellt, und auf dieser werden die Grundmauern ausgeführt.
starkes Sacken pflegt in dem wenig consistenten Untergrunde
auszubleiben, woher der Bau bis zur beabsichtigten Tiefe
sinkt, die Vertiefung, die sich um ihn bildet, wird durch Erd
tungen später ausgeglichen.

Eine der merkwürdigsten Anwendungen des liegenden
ist bei Erbauung der Seilspinnerei zu Rochefort durch B
gemacht. Der thonige Boden zeigte an der Oberfläche ei
nügende Festigkeit, doch nahm diese in einiger Tiefe bed
ab, und bei 12 Fufs ging er bereits in einen dicken Schlamm
Letzterer setzte sich so weit fort, dafs man die festen Sc
darunter gar nicht auffinden konnte und daher an einen Pf
nicht zu denken war. Das Gebäude mufste also allein dur
oberen Erdlagen getragen werden, und es kam darauf an,
möglichst wenig durch Einschneiden zu schwächen. Deshalb
in geringer Tiefe der Rost gelegt und der Bau darüber ausg
der sich auch wirklich gleichmäfsig setzte.

Es fehlt nicht an Beispielen, welche zeigen, dafs Gebäu
auf dem liegenden Roste fundirt wurden, einer starken S
ungeachtet, doch weder Risse bekamen, noch auch eine
Stellung annahmen. Es läfst sich hieraus indessen keineswe
Schlufs ziehn, dafs dieser günstige Erfolg wirklich durch
Fundirungsart veranlafst wurde, vielmehr mufste der Boden d
schon an sich eine so gleichmäfsige Beschaffenheit haben,
überall ungefähr in gleicher Art nachgab. Ein wichtiger V
des liegenden Rostes beruht noch darauf, dafs man mittel
Schwellen desselben die Fundamente unter den einzelnen
mit einander verankern kann, was besonders unter den

n Gewölben sehr vortheilhaft ist. sobald der Boden nur
'estigkeit hat.

der Ausführung eines Rostes muſs man zunächst dafür
ihn in solche Höhe zu legen, daſs er beständig vom
bedeckt bleibt. Wäre dieses nicht der Fall, so würde
faulen oder verrotten und man könnte alsdann nicht nur
en Vortheil von ihm erwarten, sondern er würde unter
uf ruhenden Last auch noch zerdrückt werden und dadurch
ie Veranlassung zur Senkung des Gebäudes geben. Im
len, wo die Feuchtigkeit länger zurückgehalten wird, ist
ebelstand zwar etwas weniger zu besorgen, als im Sande,
schneller austrocknet, nichts desto weniger muſs man aber
rt bis unter den kleinsten Wasserstand herabgehn und da-
ı noch darauf Rücksicht nehmen, daſs dieser Wasserstand
t durch besondere Umstände, wie etwa durch Strom-Correc-
tiefer gesenkt werden kann.

;. 137 a, b und c zeigt einen liegenden Rost im Querschnitte
den Ansichten von oben und von vorn. Den wichtigsten
esselben bilden die Langschwellen, welche das Funda-
ır Länge nach zusammenhalten. Zu diesem Zwecke müssen
den Stöſsen gehörig verkämmt, auch wohl durch eiserne
ern verbunden sein, damit sie sich nicht auseinanderziehn,
nso ist es auch nöthig, daſs diese Stöſse gehörig im Ver-
liegen und immer auf die Unterlager treffen. Die Lang-
en haben eine Stärke von 8 bis 12 Zoll und man legt sie
ıer Entfernung von einander. daſs die Bohlen darüber noch
herheit die Mauer tragen. Die Bohlen sind 3 bis 6 Zoll
ınd werden mit hölzernen Nägeln befestigt, auch giebt man
uweilen durch Einhauen mit der Axt eine rauhe Oberfläche,
as Mauerwerk besser darauf haftet. Die eigentliche Verbin-
ıter sich erhalten die Langschwellen durch die Unterlager,
leich wirkliche Zangen sind. Sie werden nach der Schnur
zwage in Abständen von 4 bis 6 Fuſs auf die Sohle der
be verlegt, und unter den Schwellen sind sie 2 bis 3 Zoll
zeschnitten, während die Schwellen selbst in voller Stärke
· fortgehn. Hierbei darf indessen keineswegs die ganze Last
·auf gestellten Baues auf den Unterlagern und Rostschwellen
denn beide würden sich in diesem Falle in den losen Unter-

und eindrücken und das Senken des Fundamentes wäre
gar stärker, als ohne den liegenden Rost. Es ist
andig, die Rostfelder und ebenso noch
r obern Fläche der Schwellen sorgfältig
ampfen. Man kann hierzu verschiedenes Material
an Thon oder Lehm anwendet, so ist ein Zusatz von
einen Steinen dabei insofern vortheilhaft, als
eniger comprimirbar wird. Hat man dagegen nur Sand,
an denselben von oben stark anzugiefsen, wodurch die
ne geschlossene Lage annehmen, doch mufs in
Wasserstand mittelst der Schöpfmaschine einige Fufs
erden. Etwas Aehnliches gilt auch vom Bauschutte,
als durch starkes Angiefsen sich fest lagert, der aber
äufig darin befindlichen ungebrannten Thonerde durch
och um so fester wird. Jedenfalls mufs man dafür
iese Füllung bis zur untern Fläche des Bohlenbelages
amit hier eine vollständige Unterstützung stattfindet.
in Herabsinken der obern Erdschichten nicht verhindert
ann, so darf doch keineswegs der Rost sich in diese

Zuweilen umgiebt man den liegenden Rost noch mit
Spundwand und dieses hauptsächlich in der Absicht, um
Auswaschen des Grundes und das Unterspülen des Funda
zu verhindern. Ein solcher Zweck läfst sich indessen hier
nicht mit Sicherheit erreichen, denn man darf nicht voraus
dafs die Spundwand wasserdicht sei. Dazu kommt noch,
wenn überhaupt ein Auswaschen oder Auflockern des Grundes
besorgen ist, dieses durch die Spundwand nur unter dem Fu
mente, aber keineswegs in dessen nächster Umgebung verhin
werden kann. Letzteres ist aber eben so nachtheilig, wie
denn sobald der Grund sich hier erweicht, so wird die Spund
von dem auf der innern Seite stattfindenden Drucke heraus
und der Rost senkt sich. Es mufs sonach für den liegenden
ebenso, wie für jede andere Fundirung, als Regel gelten, dafs
haupt keine Quellen sich darunter hindurchziehn, und wenn
tiefer liegenden Wasseradern, von denen früher die Rede war
man weder leicht entdecken, noch abschliefsen kann, hiervon
eine Annahme machen, so dürfen wenigstens keine Quell
nahe unter dem Fundamente vorkommen, dafs ein Ausspü

gen ist. Man vermeidet dieses, indem man das Fundament
so senkt, daſs der Weg, den die Wasseradern nehmen müssen,
wenn sie unter demselben noch durchdringen, so lang und deshalb
mit vielen Widerständen verbunden ist, daſs eine starke Strömung darin nicht mehr eintreten kann. Die möglichst tiefe Lage
des Rostes ist besonders geboten, wenn später und dauernd verschiedene Wasserstände an der einen und der andern Seite des
Bauwerkes sich bilden, wie dieses etwa bei Wehren der Fall ist.
Auch ist dabei stets darauf zu achten, daſs nicht etwa durch anhaltendes und starkes Pumpen der Untergrund gelockert und dadurch seine Tragfähigkeit vermindert wird. Wo dieses zu besorgen,
darf der liegende Rost nicht angewendet werden.

Die Spundwand um den liegenden Rost gewährt noch einen
andern wichtigen Vortheil. Zunächst schwächt sie schon während
des Baues den starken Wasserzudrang, indem sie manche Adern,
die sich sehr nachtheilig zeigen würden, theils unmittelbar und theils
durch die Compression der Erde sperrt, und überdies hinter ihr
Thonschlag zu gleichem Zwecke angebracht werden kann.

Die Verbindung des liegenden Rostes mit der Spundwand geschieht in der Art, daſs man die äuſsere Langschwelle beim Einrammen der Spundpfähle schon als Lehre benutzt. Man erreicht
dadurch den Vortheil, daſs zwischen der Spundwand und dem
Bohlenbelage die Erde unter dem Roste sicherer umschlossen wird,
wie Fig. 138 zeigt. Eine vollständige Verbindung darf aber zwischen der Spundwand und dem liegenden Roste nicht stattfinden,
weil ersterer seiner Natur nach einer gewissen Senkung ausgesetzt
ist und diese unregelmäſsig ausfallen müſste, wenn sie durch die
Spundwand zum Theil gehindert würde.

Häufig geschieht es, daſs die Mauer, die auf dem Roste steht,
unter einem gewissen Winkel und oft unter einem rechten Winkel
sich seitwärts abzweigt, wie dieses bei Flügelmauern vorzukommen
pflegt. In solchem Falle läſst sich der Verband zwischen beiden
Theilen des Rostes am leichtesten darstellen, wenn die Schwellen
des einen Theiles über die des andern fortschieſsen, also die Enden
einzelner Schwellen zugleich Unterlager für die andern Schwellen
werden. Der Bohlenbelag liegt alsdann nicht durchweg in derselben
Höhe, sondern es bildet sich auf den Ecken eine Stufe. Dieser
Umstand ist für die Festigkeit nicht nachtheilig, man muſs aber

dafür sorgen, daſs beide Theile des Rostes noch unter dem
sten Wasser liegen und daſs die Schwellen mit einander
verbunden werden. Da die Fundirung in der gröſseren Tief
barer wird, so pflegt man gewöhnlich denjenigen Theil des
am tiefsten zu legen, der die geringste Ausdehnung hat.
ferner die Flügelmauer nicht senkrecht, sondern schräge
Hauptmauer abgeht, so müssen die Schwellen dennoch par
den Mauern liegen. Sie überschneiden sich also in schräg
tung und dieser entsprechend werden auch die nächsten U
nicht rechtwinklig, sondern schräge verlegt, bis sie die
Lage annehmen können. Die Bohlen müssen sämmtlich a
Schwellen aufliegen, man darf sie daher nicht als kurze
Stücke aufbringen, vielmehr erhalten sie nur an einer Sei
geringere Breite, als an der andern, damit sie nach und
die senkrechte Richtung übergehn. Fig. 139 a und b zeigt
Anordnung im Grundrisse und im Querschnitte.

Bisher ist nur von derjenigen Construction des liegenden
die Rede gewesen, die bei uns üblich ist, in England w
man in mancher Beziehung wesentlich davon ab. Beim Ba
Brücke zu Gloucester über den Severn, wo der Bogen von 150
Spannung sehr feste Widerlager erforderte, fundirte Telford die
18 Fuſs unter dem niedrigen Wasser auf einem groben Kie
und zwar in einer Ausdehnung von 40 Fuſs Länge und 37
Breite. Er lieſs zuerst auf dem geebneten Grunde eine Sch
flacher und lagerhafter Steine ausbreiten und hierüber legte er
Rost. Derselbe bestand in der einen Richtung, wie in der and
aus Balken von Kiefernholz, die weniger hoch als breit waren
3 Fuſs von Mitte zu Mitte entfernt lagen. Vierzehn Stück
selben von 37 Fuſs Länge wurden senkrecht gegen die Richt
des Stromes verlegt, und dreizehn andere, 40 Fuſs lang, ka
quer darüber. Beide wurden bis zur Hälfte überschnitten, so
sie oben wie unten bündig waren. Die viereckigen Felder,
etwas über 2 Fuſs im Quadrat hielten, wurden mit Bruchste
sorgfältig ausgemauert und dann kam ein vierzölliger Bohlenbe
von Buchenholz darüber, der auf den Rost genagelt wurde.

Beim Bau einer Schleuse auf dem North-Walsham- und D
ham-Canale in Norfolk wählte Hughes die folgende Construct
der Boden bestand daselbst aus Moorerde, worin sich Sand

nzelne **Kieslager** vorfanden, die in allen Richtungen das Was-
dringen liefsen und den Grund so erweicht hatten, dafs man
grofse Mühe ein eiserne Stange 28 Fufs tief einstofsen konnte.
eser Tiefe befand sich ein festerer Untergrund, doch scheute
Actiengesellschaft die Kosten, um das Fundament so weit her-
führen, oder einen Pfahlrost anzuwenden. Es wurde daher
der der liegende Rost gewählt. Man streckte Balken von Kie-
holz 1 Fufs breit, 6 Zoll stark und 32 Fufs lang im lichten
ande von 3 Fufs, nach der Quere der Schleuse auf die Sohle
Baugrube. Hierüber nagelte man unmittelbar den dreizölligen
lenbelag und rammte Spundwände vor und hinter den Rost.
Spundpfähle drangen nie tiefer, als 15 Fufs, und oft nur 9 bis
Fufs ein, und wenn die Arbeit auch nur sehr kurze Zeit (Hug-
sagt wenige Secunden) unterbrochen war, so liefsen sie sich
ht mehr bewegen und konnten alsdann weder unter den Schlä-
der Ramme tiefer herabgebracht, noch auch herausgezogen
rden.

Eine eigenthümliche Construction des liegenden Rostes, die
lford bei der Tewkesbury-Brücke über den Severn anwandte,
dient noch erwähnt zu werden. Das eine Ufer bestand aus
erem Boden, so dafs ein Pfahlrost, der auf der andern Seite
wählt werden mufste, hier nicht nöthig schien. Es wurde eine
ge Halbholz von 6 Zoll Stärke dicht schliefsend auf der geeb-
ten Baugrube verlegt und zwar so, dafs die einzelnen Stücke die
hse der Brücke unter einem Winkel von 45 Graden schnitten.
erüber kam eine ganz gleiche Lage, welche die erstere unter
em rechten Winkel kreuzte. Beide wurden durch eiserne Nägel
it einander verbunden und eine Spundwand umgab sie auf der
m Flusse zugekehrten Seite.

Auch bei andern gröfseren Bauten in England hat man den
genden Rost angewendet, man ist indessen in neuerer Zeit hier-
m meist abgegangen und giebt einer Fundirung auf Béton unbe-
ngt den Vorzug. Es leidet keinen Zweifel, dafs die letzte Me-
ode gröfsere Bequemlichkeit und Sicherheit gewährt, insofern die
rockenlegung der Baugrube dabei ganz umgangen wird, oder doch
cht früher erfolgen darf, als bis die Quellen darunter vollständig
schlossen sind, also eine Auflockerung des Untergrundes nicht
hr zu besorgen ist. Dazu kommt noch, dafs der Béton schon

wirkliches Mauerwerk ist, sich also mit dem darüber aufg
innig verbinden läßt, auch nicht leidet, falls vielleicht sp
Grundwasser gesenkt werden sollte.

Bei dem liegenden Roste, wie man ihn in Frankre
wendet, befinden sich gewöhnlich die Rostschwellen unten,
Zangen liegen darüber, die Zwischenräume zwischen den
werden mit Bohlen ausgefüllt und diese fallen entweder i
Oberfläche der Zangen in eine Ebene, oder bleiben tiefer,
dem man die Zangen und Querschwellen mehr oder we
einander eingelassen hat. Bei uns pflegt man die Fläche,
die Mauer aufgeführt wird, möglichst eben darzustellen u
daher auch beim Pfahlroste die Zangen gewöhnlich nicht ü
Bohlenbelag vorstehn. Der Grund dafür ist, daß schon die
Schichten der Mauer ohne Unterbrechung und in gleiche
ausgeführt werden können. Diese Rücksicht ist indessen ni
sentlich, wenn man nur dafür sorgt, daß bei Anwendung ge
Steine die obere Fläche der Zangen mit einer gewissen
von Schichten genau erreicht wird, die folgende Schicht ai
über fortläuft. Bei der mangelhaften Verbindung, die zwisch
Bohlenbelage und dem Mauerwerke stattfindet, dürfte es i
chen Fällen vortheilhaft sein, durch die Unebenheiten der Ro
einem möglichen Verschieben der darauf stehenden Mauer vorzu

Demnächst kommen bei den liegenden Rosten in Fra
noch manche andre Abweichungen vor, wie die Einfassu
Rahmen, wovon bei Gelegenheit der Pfahlroste die Rede sei
Zuweilen läßt man den Rost auch nur aus den Schwell
dem Bohlenbelage bestehn. Eine eigenthümliche Abänderung
noch darin, daß man sogar den ganzen Bohlenbelag fortläßt.
Bélidor *) bemerkt, daß, wenn man die Rostfelder bis zum
belage ausmauert, wie er dieses für nothwendig hält, un
man über dem Bohlenbelage die Mauer fortsetzt, daß alsd
Bohlenbelag selbst überflüssig und sogar nachtheilig ist.
meint gleichfalls, daß der Bohlenbelag nur den Verband de
erwerks unterbricht und daher die Festigkeit beeinträchtig
Fortlassung der Bohlen scheint in der That nicht unpass
sein, obgleich man dadurch sich der Gefahr aussetzt, daß v

---

*) *Science des Ingénieurs.* Buch III. Cap. 9.

·k einzelne Theile sich lösen und tiefer einsinken. Dieser
d ist jedoch nur während des Baues zu besorgen und
durch ein gehöriges Ausmauern der Rostfelder verhindern.
a und b zeigt im Grundrisse und Querschnitte den Rost
rchlasses, der auf diese Art angenordnet ist und wobei
Zangen beide Widerlager mit einander verankern *).
e andere Methode zur Verbreitung des Fundamentes, wo-
nan gleichfalls das Einsinken einzelner besonders nachgie-
tellen verhütet und den Druck, der auf solche trifft, auf die
Umgebungen überträgt, besteht in der Anwendung starker
chüttungen. Man hat dieses Verfahren in Frankreich
a und seit längerer Zeit angewendet, in Surinam sollen aber
ebäude auf diese Art fundirt werden und die Erfahrung zeigt,
er Zweck des liegenden Rostes (mit Ausschlufs der erwähnten
terungen) dadurch vollständig erreicht werden kann. Es
n sich hierbei aber noch die beiden wichtigen Vortheile, dafs
andschüttung beinahe jedesmal wohlfeiler und leichter darzu-
ist, als der liegende Rost, und dafs die Fundirung keines-
so tief zu sein braucht, dafs sie immer· unter dem niedrigsten
lwasser bleibt, denn die Festigkeit der Sandablagerung leidet
. wenn sie auch abwechselnd nafs und trocken wird. Es ·
t nur darauf an, sie vor der unmittelbaren Berührung des
enden Wassers zu sichern.
Dafs eine Sandschüttung von angemessner Stärke den Druck
re ganze Grundfläche vertheilt und das Einsinken besonders
belasteter oder. nicht hinreichend unterstützter Stellen verhin-
läfst sich leicht nachweisen.
Der Horizontal-Druck des Sandes gegen eine verticale Wand
em Quadrate der Höhe der Schüttung proportional, voraus-
zt, dafs die Oberfläche horizontal abgeglichen ist und dafs die
d, welche den fraglichen Druck erfährt, bis zu dieser Ober-
e heraufreicht. Aus einfachen Betrachtungen, die später bei
rsuchung der Stabilität der Futtermauern mitgetheilt werden
n, ergiebt sich dieser Druck gleich

$$\tfrac{1}{2} a^2 b \gamma A$$

---

*) Entnommen aus dem *Récueil de dessins rélatifs à l'Art de l'Ingénieur.*
rtion *I.*

wenn a die Höhe der Schüttung, b die Breite der Wand
Gewicht der Raumeinheit des Sandes und A eine von de
des Sandes abhängige Constante bezeichnet. Nennt ma
den Reibungs-Coëfficient des Sandes gegen die Wandung
die Reibung, welche die Sandschüttung gegen einen Cylin
die, gleich

$$\tfrac{1}{2} n a^2 b \gamma A$$

oder wenn der Radius des Cylinders gleich r ist, also
so wird jene Reibung

$$n \pi \gamma A a^2$$

Diese Reibung läfst sich direct messen, wenn man hohle
ohne Boden auf Platten stellt, dieselben mit Sand füllt,
einen Wagebalken befestigt.   Das Gewicht, durch welch
dann ‑gehoben werden, nach Abzug ihres eignen Gewi
diese Reibung.   Ich fand auf solche Art für den ei
Streusand in Glascylindern

$$n A = 0,12$$

während $\gamma = 2,82$ Loth war, wobei der Rheinländisch
Maafseinheit angenommen ist.

Der Druck, den die Schüttung im vorliegenden Fa
den Boden des Cylinders ausübt, ist aber gleich dem
der Schüttung, weniger dieser Reibung, also

$$r \pi \gamma a (r - n A a)$$

Es folgt hieraus, dafs der letzte, in die Parenthese einge
Factor für eine gewisse Höhe der Schüttung gleich Nul
eine noch gröfsere Höhe sogar negativ wird, das heifst, di
des Sandcylinders könnte unter gewissen Umständen nich
Druck auf den Boden vollständig aufheben, sondern dens
noch mit einer solchen Kraft zurückhalten, dafs ein daran
Gewicht davon getragen würde.   Diese Schlufsfolge ist
nicht richtig, da der Sandcylinder keine zusammenhänge
bildet, vielmehr an jeder Stelle sich trennen kann.   I
Sandschicht kann sonach durch die Reibung, welche
Schichten erfahren, nicht zurückgehalten werden, drück
fortwährend den Boden.   Wenn man in einer cylindrisc
Anfangs eine sehr niedrige Sandschüttung anbringt und
und nach erhöht und dabei jedesmal den Druck mifst,
Boden erleidet, so ist der Druck Anfangs dem Gewichte

gleich, nimmt aber später in einem geringeren Maaſse zu, als
das Gewicht, und zwar wird die relative Vergröſserung desselben
immer geringer, bis sie zuletzt ganz aufhört. Sobald man diese
Höhe erreicht hat, tritt keine Zunahme des Druckes ein, wie
hoch man auch die Aufschüttung fortsetzen und welche andere Belastung man auf dem Sande auch noch anbringen mag. Ich be-
sitze einen Glascylinder, dessen Radius gleich 1,02 Zoll war, und
stellte ihn vertical in der Art, daſs die obere und untere Oeffnung frei blieb, alsdann nahm ich eine ebene Scheibe, welche die
untere Oeffnung schloſs, hing sie an einen Wagebalken und brachte
durch Gegengewichte in der Schale am andern Arme ins Gleichgewicht. Nunmehr schüttete ich Sand in die Röhre, so daſs die
Höhe der Schüttung oder a verschiedene Werthe annahm. Eine
Aufschüttung in der andern Schale hob jedesmal im Anfange der
Beobachtung den Druck auf den Boden der Röhre vollständig auf.
Eine feine Oeffnung im Boden der Wageschale lieſs indessen diesen
Sand, der das Gegengewicht darstellte, langsam ausflieſsen, so daſs
eine sehr sanfte Verminderung des Gegendruckes erfolgte, bis endlich der Boden der Röhre nicht mehr gehörig unterstützt war und
endlich herabfiel. Sobald dieses geschah, wurde der fernere Ausfluſs des Sandes aus der Schale gehemmt und das Gewicht des
noch zurückgebliebenen Theiles desselben ergab den Gegendruck
die Zeit, wo der Druck auf den Boden das Uebergewicht erhielt. Auf diese Art lieſs sich der Druck sehr sicher bestimmen,
ohne daſs die Wage berührt und die Gewichte durch Abheben und
Aufsetzen verändert werden durften. Es war aber auch nöthig,
dies zu vermeiden, indem die geringsten Erschütterungen schon
sehr bedeutende Abweichungen hervorbrachten. Die Beobachtungen
schlossen sich an die Resultate der Rechnung etwa bis auf 5 Procent
an, und es ergab sich, daſs schon bei der Höhe der Schüttung von
= 4,2 Zoll der Druck den gröſsten Werth annimmt, der 19,38
Zoll betrug.

In derselben Art benutzte ich demnächst auch eine engere
Glasröhre. Ihr Radius maaſs 0,57 Zoll, und um dabei nicht zu
kleine Gewichte zu erhalten und zugleich einige Abänderung in
die Versuche zu bringen, so füllte ich die Röhre diesesmal mit
feinem Schrote an. Für letzteres war

$$\gamma = 8,245 \quad \text{und} \quad nA = 0,135.$$

I. n.

Das Maximum des Druckes trat diesesmal bei einer Höhe
Schüttung von 2,13 Zoll ein und betrug 8,85 Loth.

Um von der gegebenen Formel auf den vorliegenden Fall
wendung zu machen, muß bemerkt werden, daß, wenn unter
ausgedehnten Sandschüttung ein Theil des Bodens schwächer
stützt ist, als die gleichmäßige Vertheilung des Druckes b
während die umgebende Grundfläche eine mehr als g
Widerstandsfähigkeit besitzt, daß alsdann jene Stelle nicht
einsinkt, sondern ein Theil des darauf treffenden Druckes
wärts durch die Reibung überträgt und der Boden hier wied
die Differenz zwischen dem darüber befindlichen ganzen Ge
und der Reibung tragen darf. Wenn sonach in einem G
welches bis zur Höhe a mit Sand gefüllt ist, ein kreisf
Theil des Bodens, dessen Radius gleich r ist, ausgeschnitt
durch eine passende Scheibe ersetzt wird, so trifft bei gleich
Vertheilung auf letztere ein Druck gleich

$$r^2 \pi \gamma a.$$

Die Scheibe sinkt indessen noch nicht herab, wenn sie au
dem Drucke

$$r \pi \gamma a (r - a n A)$$

Widerstand leistet. Dieses gilt aber allein für kleinere Werth
a, denn das Maximum des Druckes, das bei

$$a = \frac{r}{2 n A}$$

eintritt, bezeichnet auch für höhere Schüttungen das Gewicht
ches auf dem Boden lastet, und sich nicht seitwärts übe

Dasselbe ist $= \dfrac{r^2 \pi \gamma}{4 n A}$

Der Druck, dem die Scheibe Widerstand leisten muß,
Schüttung im Gleichgewichte zu erhalten, entspricht dem Ge
eines senkrechten Paraboloïds dieser Sandschüttung, das sic
Umfange der Scheibe anschließt, und dessen Höhe gleich

$$\frac{r}{2 n A}$$

ist. Zu der erzeugenden Parabel gehört aber der Parameter

$$2 r n A.$$

Bei Schüttungen, die nicht den Scheitel des Paraboloïds err

r entsprechende Druck gleich dem Gewichte desjenigen Theiles
Paraboloïds, der innerhalb der Schüttung liegt.

Directe Versuche bestätigten wieder die Richtigkeit dieser
Isfolgen. In zwei Messingplatten, die nach einander den Boden
Schüttung bilden sollten, schnitt ich kreisförmige Oeffnungen
0,379 und 0,727 Zoll Halbmesser ein, und schlofs dieselben
anten durch genau passende Scheiben, die in den Mittelpunkten
a Haken unterstützt waren, welche jedesmal an einen Arm
r Wage gehängt wurden. Die Scheiben und Oeffnungen mufs-
sehr sorgfältig bearbeitet sein, damit theils kein Klemmen er-
fe, theils aber auch kein Sandkörnchen in die Fuge drang.
ph mufsten die obern Flächen in eine Ebene fallen. In die
e Schale wurde reichlich Sand geschüttet, um sicher das Gewicht zu bilden, dieses verminderte sich aber nach und nach,
a der Sand durch eine feine Oeffnung im Boden abflofs.
Die Schüttung, deren Druck ermittelt werden sollte, bestand
a dem eisenhaltigen Streusande, der aber nach sorgfältiger Reini-
g etwas schwerer wurde. Der Cubikzoll wog 2,9 Loth. Die
sungen erforderten grofse Vorsicht, und namentlich mufste dafür
sorgt werden, dafs die Ablagerung des Sandes recht gleichmäfsig
r. Wenn die Höhe der Schüttung $\frac{1}{4}$ Zoll betrug, so war der
Druck gegen die gröfsere Scheibe nahe dem Gewichte eines Cylinders von derselben Höhe gleich. Ungefähr bei 1 Zoll Höhe erreichte der Druck seinen gröfsten Werth, so wie für die kleinere
Scheibe bei $a = \frac{1}{4}$ Zoll. Die Reibung war in diesem Falle wesentlich anders, als bei Anwendung der Glasröhre, weil sie hier zwischen Sand und Sand erfolgte. Der Werth von nA variirte zwischen 0,31 und 0,35.

Diese merkwürdige Eigenschaft des trocknen Sandes, dafs sein
Druck auf einzelnen Stellen des Bodens, der höhern Schüttung oder
fremden Belastung ohnerachtet, ein gewisses Maafs nicht übersteigt,
ist auch sonst bemerkt worden. Im Jahre 1829 machte Huber-
Burnand die Entdeckung bekannt, dafs die Sandmasse, welche durch
eine Oeffnung am Boden eines Gefäfses ausfliefst, von der Druckhöhe ganz unabhängig ist. Diese Erscheinung erklärt sich vollständig durch die obige Herleitung. Später stellte Niel *) Versuche

---

*) *Annales des ponts et chaussées.* 1835. *II.* p. 192.

4*

in gröfserem Maafsstabe über den Druck an, welchen San...
auf Oeffnungen im Boden von Gefäfsen ausüben und gelang...
zu Resultaten, welche sich ungefähr an die von mir g...
anschliefsen, da jedoch die Specialien nicht vollständig m...
sind, so läfst sich der Vergleich nicht scharf durchführen...
erklärt die Verminderung des Druckes, die sich bei gröfseren...
der Schüttung zu erkennen giebt, durch die Bildung von G...
in dem Sande. Diese Auffassung läfst sich indessen nicht...
verfolgen, auch ist sie gewifs nicht richtig, denn die Sand...
lagern sich beim Niederfallen nur in der Art, dafs sie s...
unterstützt sind, aber keineswegs lehnen sie sich in jeder Ri...
wie die Steine eines Gewölbes gegen einander, wodurch...
Druck aufheben, der irgend eine freiwerdende Oeffnung im...
trifft. Wenn die Bildung eines Gewölbes hier überhaupt d...
wäre, so könnte sie erst eintreten, nachdem beim Ausweich...
darunter befindlichen Sandmasse die betreffenden Theilchen...
sammengerückt sind.

Aus dem Angeführten ergiebt sich, dafs eine Sandsch...
wie Fig. 141 dargestellt ist, den liegenden Rost ersetzt, si...
zwar keineswegs einer Senkung überhaupt, oder auch nur...
ungleichmäfsigen Senkung vorbeugen, was man vom liegenden...
gleichfalls nicht erwarten darf, aber sie bildet eine feste Sohle...
Baugrube, worauf man die Fundamentmauer aufführen kann,...
die einzelnen Steine derselben der Gefahr auszusetzen, dafs si...
gleichmäfsig versinken, und wenn überdies der Grund an ein...
Stellen besonders weich oder die Belastung sehr grofs sein...
so wird der Druck sich nach Maafsgabe der Tragfähigkeit...
Bodens vertheilen, wodurch ein theilweises Einsinken inner...
gewisser Grenzen vermieden wird. Die Wohlfeilheit und D...
der Sandschüttungen sind bereits erwähnt worden. Die Sch...
gewährt noch einen andern Vortheil, dafs sie sich nämlich gesch...
sen ablagert und alle Unebenheiten genau ausfüllt. Be...
man sie mit Wasser, welches sich von oben nach unten d...
sie hindurchzieht, so wird sie um so compacter und wenn...
nur wenig feucht ist, so kann man sie durch Abrammen noch fe...
lagern.

Eine wichtige Anwendung dieser Fundirungsart wurde...

Canale St. Martin in Paris gemacht *). Die Kaimauern dieses
stellte man, so viel es möglich war, unmittelbar auf den
stein, den man gewöhnlich in einer nicht grofsen Tiefe antraf,
zuweilen konnte man ihn nicht erreichen und man war als-
gezwungen, die Mauer auf den aufgeschütteten und grofsen-
sehr ungleichmäfsigen Grund zu stellen. So sah ich (1823)
Fundamentgraben in der Sohle fest anstampfen und darüber
Sandschüttung von 3 Fufs Höhe aufbringen, worauf alsdann
Mauer unmittelbar aufgeführt wurde **). Im Jahre 1830 stellte
in gleicher Art die Säulen der Vorhalle des Wachtgebäudes
Bayonne auf Sandschüttungen, und im folgenden Jahre wurde
daselbst diese Fundirungsart beim Bau eines Bastions auf auf-
schüttetem, sehr weichem Boden wiederholt. Der letzte Versuch
ein sehr starkes und ungleichmäfsiges Setzen, was indessen
von herrührte, dafs der lose Untergrund nicht überall gleich
mächtig war. An der einen Seite berührte die Sandschüttung beiden gewachsenen Boden, während sie auf der andern etwa
Fufs davon entfernt blieb, und so geschah es, dafs sie dort gar
und hier sehr stark sank, was bei einem liegenden Roste
der Fall gewesen sein würde. In und bei Paris sind seitdem
vielfache Anwendungen dieser Fundirungsart gemacht worden, eine
wichtigsten unter denselben kam bei der Erbauung des Hauses
Canalwärters im sumpfigen Thale der Beuvronne vor, wo
Boden aus Torf bestand. Man brachte hier eine 6 Fufs hohe
Sandschüttung auf, welche das Gebäude auch ohne alle Spuren
ungleichmäfsigen Senkung trug.

In neuerer Zeit haben die Sandschüttungen auch in Deutsch-
und mehrfache Anwendung gefunden. Das Empfangsgebäude der
Hamburger Bahn in Berlin, über einem losen Wiesengrunde erbaut,
steht auf einer mächtigen künstlichen Sandschüttung und hat sich
vollkommen gutem Zustande erhalten. Bei Anlage des Bahn-
hofes in Emden wurden über diese Fundirungsart vielfache Ver-

---

*) *Sur la fondation sur sable. Note par Devilliers. Annales des ponts chaussées.* 1835. II. p. 404.

**) Beschreibung neuerer Wasserbauwerke. S. 169.

████ ████████, ████ ████████ ███ obigen Mittheilungen ████████?

████████ ███ ███ ████████, ███ Sand durch Uebergi████ ███ Kalkmilch ██ ██████. der Erfolg ist indessen wohl ███ ███ sehr geringe ████████, so lange man nicht so ███████████ ██████, ████ ███ ein wirklicher Mörtel bilden h███ ███ ████ ████ ███ Kalkproben für ausgedehnte Bau███ ████ ██ Sand████ ████████ der Fall ist. Ein solches Verf████ ██████████ ████████, würde ████ den Uebergang zu den Fundir████ ██ ████ ████.

███ ███ ███ ███ Sand████████████ noch eine andere A████ ████ ████████ ███ ████████ nicht mehr dem Liegenden, viel████ Pfähl████ ████████. ███ jedoch mit dem Vorstehenden ██ ████████████████, ████ ████ hier am passendsten die Rede ████. Die Bau████ ██ A███████ ██ Bayonne verlangten wegen ████ ████████████ ████ Pfahlrost, und da wegen der hohen ███ Preise ███ ███ Anwendung sehr langer Pfähle abgesehn w███ ██████, so ██████ ███ ███ Versuch, diese Pfähle, nachdem s██ ████████ ████ █ wieder auszuziehn und die Löcher, worin s██ ████ █████, mit Sand auszufüllen. Aus Furcht, dafs der ███ ██ ████ versinken möchte, schlug man aber noch mittelst ███ ████████ Pfahlspitzen hinein, auf welchen der Sand auflag. ██ ██ ██████ Art gebildeten Sandcylinder stellte man unmi██ ███ █████ Bankett der Mauern, wie Fig. 142 zeigt **). Das Ver███████ ███ ███ auch später benutzt, jedoch mit dem U████ ███████, ████ ███ ███ Eintreiben der Pfahlspitzen unterliefs ████ ███ Sandes förmlichen Béton anwendete, den man fest ██████.

███ ████ wohl nicht erwarten, dafs diese Sandpfähle ███ ███ reinem Sande gebildeten Säulen eine irgend merk ███████████ ████████ sollen. Wenn es auch wirklich g██ das Loch, das der eingerammte Pfahl gebildet hat, bis zum ███████ ███ Sandes offen zu erhalten, so füllt es sich doch

---

*) Zeitschrift des Hannoverschen Architecten- und Ingenieur-Ve█
X█ Seite 154.
**) Annales des ponts et chaussées. 1835. II. p. 172.

r an und der hineinfallende Sand lagert sich ganz lose, oder
Triebsand. Er ist überdies durch keine feste Wand ein-
lossen, und kann also mit Leichtigkeit nicht nur abwärts,
rn auch zur Seite ausweichen. Ein geringer Erfolg dabei
nur denkbar, wenn der Boden schon an sich nahe die er-
rliche Tragfähigkeit besäfse, und diese demselben durch die
pression beim Einrammen der Pfähle und durch die geringe
röfserung der festen Masse beim Hineinschütten des Sandes
ichend gegeben werden könnte. In diesem Falle müfsten
die Pfähle ziemlich nahe neben einander gestellt werden,
hierdurch, so wie durch das Einrammen und Wiederausziehn
slben möchten die Kosten sich so sehr steigern, dafs diese
dirungs-Art vergleichungsweise gegen andre kaum noch einen
heil bieten würde.

Das Verfahren hat, soviel bekannt, in neuerer Zeit keine wei-
Anwendung gefunden, und wäre daher hier gar nicht zu ernen gewesen, wenn es nicht bei Deichanlagen auf losem
nde mehrfach, und zwar angeblich mit grofsem Nutzen, ge-
llt wäre. Solche Sandpfähle sollen nach verschiedenen, in der
vinz Preufsen gemachten Erfahrungen das starke Sacken
Deiche verhindert haben. Ich mufs mich begnügen, diese
sicht historisch mitzutheilen, da keine sicheren Messungen
rtheilen lassen, welchen Erfolg die Sandcylinder wirklich
beiführten.

Endlich mufs noch von den Steinschüttungen die Rede
n, die man zuweilen anwendet, um grofse Bauwerke darauf zu
len. sie finden indessen weniger bei einem losen und nachgie-
en Baugrunde ihre Anwendung, als vielmehr da, wo die Wasser-
e sehr grofs ist und der Wellenschlag jede andere Fundirungs-
sehr schwierig macht. Die wichtigsten Beispiele dieser Art
d bei Seehäfen vorgekommen. So wurde der Damm, der die
de von Cherbourg sichert, durch eine lose Steinschüttung ge-
let, doch zeigten die eben daselbst gemachten Erfahrungen, dafs
che Werke, wenn sie einem starken Wellenschlage ausgesetzt
d, keinen sichern Untergrund bilden. Die in der Mitte dieses
mmes angelegte Batterie wurde nach wenig Jahren bei einem
tigen Sturme vollständig zerstört. In welcher Art man durch

Anwendung von grofsen Blöcken die Steinschüttungen gegen
Wellenschlag sichern kann, ist im dritten Theile dieses W
bei Behandlung der Hafendämme mitgetheilt. Es ist aber hi
erwähnen, dafs man zuweilen auch grofse Bauwerke auf
mäfsig versenkte Steinblöcke fundirt hat.

   Ein Fall dieser Art kam bei Inverness vor. Man wo
selbst einen Hafendamm (*Pier*), der zum Anlegen der Sch
stimmt war, im Ness-Flusse erbauen, und indem die Geld
ziemlich beschränkt waren, so schlug Telford die folgende
thümliche Construction vor, die auch wirklich gewählt
Das Flufsbette, welches 4 Fufs unter dem niedrigsten Wass
bestand aus einer festen Ablagerung von grobem Kiese und
und der Hafendamm, an dessen innerer Seite die Schiffe, v
Wellenschlage gesichert, zur Zeit des Hochwassers anlegen
erhielt die Länge von 160 Fufs und die Breite von 8 Fufs.
Anfang wurde damit gemacht, dafs man in der Richtu
Dammes das Bette 2 Fufs tief ausbaggerte. Alsdann wurd
jeder Seite in 20 Fufs Abstand von einander schwache
von 12 Fufs Länge eingerammt, und je zwei gegenüberste
Pfähle verband man in der Höhe der gewöhnlichen Ebben d
seitwärts angenagelte Bohlen und schnitt die vorstehenden P
köpfe ab. Auf diese Bohlen nagelte man Halbhölzer, welche
Holme für die Pfahlreihen bildeten. An der innern Seite di
Holme rammte man endlich in weiten Zwischenräumen von
bis 12 Zoll Dielen ein, die nur wenige Zolle tief in den Bo
eindrangen. Auf solche Art war der ganze Raum, der ma
ausgemauert werden sollte, umschlossen, und nunmehr verse
man darin die regelmäfsig bearbeiteten Steine, indem man
möglichst genau schliefsend an einander stellte und durch
wechselung der Fugen auch für einigen Verband sorgte.
Versenken geschah mittelst der später zu beschreibenden V
richtung, der Wolf genannt, wodurch jeder Stein nur in se
Oberfläche gefafst und selbst unter Wasser leicht gelöst w
konnte. Nachdem mehrere Schichten grofser Werkstücke so
setzt waren, erreichte man den Wasserstand der Ebbe und
folgende Theil des Baues wurde als gewöhnliches Mauerw
Mörtel ausgeführt. Im Jahre 1815 hatte man den Damm
und das Werk hielt sich so gut, dafs vier und zwanzig J

noch keine Spur von einer Beschädigung sich darin zu

n gab *).

: den Hafendamm bei Ardrossan wählte Telford eine etwas
,ende Fundirungsart. Die Unebenheiten, welche der Fels-
hier zeigte, wurden durch Schichten von aufrechtgestellten
icken von 6 bis 10 Fufs Höhe und 3 Fufs Breite aus-
en. Diese Blöcke versetzte man mit der Teufelsklaue unter
· und zwar so, dafs sie sämmtlich sich gegen einander lehn-
i deshalb eine schräge Stellung erhielten. Von aufsen um-
: eine Schüttung grofser Steine.

afs man auf weichen und thonigen Untergrund zuweilen eine
von Steinen bringt, die gewöhnlich 3 bis 4 Zoll im Durch-
: haben, und dieselben fest einrammt, ist bereits erwähnt
n. Es findet hierbei indessen auch eine Verbreitung der
iden Fläche statt, wenn das Pflaster an beiden Seiten vor
undament tritt, und man legt zuweilen mehrere solcher Stein-
iten möglichst geschlossen über einander, rammt sie jedesmal
n, und füllt die Fugen mit Sand aus, worauf man endlich
i Einschlämmen von Sand noch diejenigen Räume zu dichten
, die vielleicht offen geblieben waren **). Es ist kaum zu ver-
n, dafs diese Methode einen Vorzug vor der oben beschrie-
i Sandschüttung haben sollte.

§. 34.
Der Pfahlrost.

Der Pfahlrost findet seine eigentliche Anwendung, wenn der
: Boden, der mit Sicherheit das Gebäude tragen kann, zu tief
:, um das Fundament unmittelbar darauf zu stellen, vielmehr
: lose Erdschicht sich darüber befindet, die keinen sichern Bau-
id bildet. Indem die Pfähle die letztere durchdringen und mit
a Fufse auf der festen Schicht aufstehn, oder in dieselbe ein-

---

*) *Theory, practice and architecture of bridges.* *Sect. VI. p.* 17. Da-
st ist auch der Hafendamm bei Ardrossan beschrieben.
**) Crelle's Journal, Bd. III. S. 484.

greifen, so übertragen sie auf diese den Druck des Gebäudes und
geben dadurch dem letzteren eine sichere Unterstützung. Häufig
wendet man indessen den Pfahlrost auch da an, wo der Baugrund
durchweg von gleichmäfsiger Beschaffenheit ist, oder wo die Spitze
der Pfähle keine festere Schichten erreichen, als diejenigen sind,
welche sie bereits durchdrungen haben. In diesem Falle kann man
die Reibung, welche das umgebende Erdreich gegen die Pfähle
ausübt, den stärkeren Widerstand erzeugen, und man pflegt aus
der Leichtigkeit, womit der Pfahl unter der Ramme eindringt, auf
die Gröfse der Last zu schliefsen, welche man darauf stellen kann.
Im folgenden wird die Tragfähigkeit der Grundpfähle näher untersucht werden, zunächst aber ist die Anordnung des Pfahlrostes
und seine Construction zu beschreiben.

Für den Pfahlrost gilt die Bedingung, welche für den liegenden
Rost bereits angeführt ist, dafs er nämlich immer unter dem
Grundwasser sich befinden mufs. Man weicht von dieser Regel
zuweilen insofern ab, als man annimmt, dafs der Boden unter,
wenn er vor dem Zutritte der Luft geschützt ist, nicht so schnell
austrocknet, und namentlich erwartet man dieses von einer zähen
thonigen Erde. Ein Beispiel hiervon giebt die Victoriabrücke über
den Flufs Wear auf der Durham-Verbindungseisenbahn, wo man
den Pfahlrost des linken Widerlagspfeilers für den 100 Fufs gespannten Bogen auf dem hohen Ufer etwa 50 Fufs über dem Wasserspiegel angebracht hat. Dergleichen Abweichungen haben indessen
häufig sehr unangenehme Verlegenheiten herbeigeführt, und vielfach mufsten Gebäude allein aus diesem Grunde abgetragen werden.
Die Vergänglichkeit eines solchen Rostes zeigt sich aber nicht nur
in einem leichten Boden und in grofser Höhe über dem Wasser,
sondern zuweilen auch an solchen Stellen, wo kein vollständiges
Austrocknen des umgebenden Grundes stattfindet. In dem sumpfigen aufgeschwemmten Boden bei Danzig, und zwar in der Tiefe
von 8 Fufs unter der Oberfläche des Terrains und nur in geringer
Höhe über dem Wasserspiegel der nahegelegenen Mottlau, sah ich
das Holz eines Rostes vollständig verzehrt, so dafs man leicht mit
einem Stocke hindurchstiefs. Wenn es sich aber trifft, dafs man
bei einem alten Gebäude eine solche unpassende Lage des Rostes
entdeckt, die seine Zerstörung in Kurzem erwarten läfst, so mufs
man Sorge tragen, durch eine dichte Umgebung mit fetter Thon

hn möglichst sicher zu stellen. Es ereignet sich dieser Fall
selten bei den Fundamenten der Brückenpfeiler, und man
in solchem Falle durch Spundwände ringsumher einen Kasten
stellen, der mit einem Thonschlage gefüllt wird. Es mag
auch noch an die Erfahrung erinnert werden, die man in
nne gemacht hat und die eben zu der oben (§. 33) erwähnten
:ndung des Sandes Veranlassung gab. Die Rostschwellen von
rnholz hatten, obgleich sie in der Höhe des mittleren Wasser-
les lagen und einen Fuß stark waren, doch so gelitten, daß
eim Aufschlagen in eine Menge Splitter zerbrachen, und kleine
ene Pfählchen, die wahrscheinlich zur Befestigung des Grundes
:trieben waren, konnte man mit dem Spaten durchstechen.
i diesen Erfahrungen, die sich oft genug wiederholen, darf
wohl annehmen, daß es jedesmal ein sehr gewagter Versuch
einen Rost, der über dem niedrigsten Wasserstande liegt, be-
dig naß zu erhalten und ihn vor Fäulniß oder vor Verrottung
ichern. Bei Neubauten muß es daher immer als Regel gelten,
solche Gefahr nicht eintreten zu lassen und den Rost so tief
egen, daß er unter allen Umständen stets vom Grundwasser
:kt bleibt.
Nach manchen Erfahrungen ist es selbst zweifelhaft, ob diese
sicht in allen Fällen genügt, um das Holz unversehrt zu er-
en. Als der schadhafte Stirnpfeiler einer kleinen Brücke über
Bach Gélise in den Landes der Provinz Gascogne wieder her-
ellt werden sollte, fand man den alten Pfahlrost, obwohl der-
e den niedrigsten Wasserstand des Baches nicht überragte,
i dauernd unter Wasser geblieben war, doch so verrottet, daß
ohl der Rost selbst, wie die Pfähle, die ihn trugen, mit dem
ten leicht durchstochen werden konnten. Es zeigte sich auch,
i bei andern Bauwerken in dortiger Gegend dasselbe geschehn
:. Die Ursache dieser Erscheinung soll die Zersetzung der
anischen Bestandtheile des Bodens sein, wobei ein Ferment
i bildet, das bei der Berührung des Holzes auch dieses, und
ir selbst unter Wasser in Fäulniß versetzt *). Wird das Holz
egen von fließendem Wasser unmittelbar berührt, so zeigen
fache Erfahrungen, daß seine Oberfläche mit der Zeit ange-

*) *Annales des ponts et chaussées.* 1857. *I. p.* 122 und 369.

griffen wird, und sich vollständig aufzulösen scheint, da die Z
und selbst die vortretenden Pfähle nach mehreren Jahrzeh
auffallend geringere Dimensionen annehmen.

Die Holzart, die zu den Pfählen vorzugsweise gewählt
ist Kiefernholz, doch ist auch die Anwendung des Eichen
wo dasselbe wohlfeil zu haben ist, nicht ungewöhnlich, sowi
auch Ellern-, und jedes andere feste Holz dabei zuweilen b

Es ist schon früher (§. 32) darauf aufmerksam gemacht
den, daß jedes Fundament in derjenigen Richtung den
ehenden Widerstand leisten muß, in welcher der Druck
Diese Regel findet besonders Anwendung auf den Pfahlrost,
namentlich in dem Falle, wenn die Pfähle den festen Grund
mit der Spitze erreichen und mit dem größten Theile ihrer L
in losem Boden stehn, oder wenn sie vielleicht sogenannte L
pfähle bilden, welche den Rost weit über dem Boden tragen,
bei Brücken zuweilen geschieht. Wie wichtig die Vorsicht in
Beziehung ist, hat sich besonders an der bereits erwähnten
siven Brücke über die Loire bei Tours gezeigt. 1765 begann
Bau. 1777 stürzte schon ein Pfeiler ein und man schrieb die Sc
der schlechten Beschaffenheit der Grundpfähle zu, die drei J
lang nach der Ablieferung auf dem Bauplatze gelegen hatten. D
wichtigste Ereigniß trat aber im Jahre 1789 ein, nämlich b
Eisgange wurden vier Brückenbogen zerstört. De Cessart m
daß der Stoß des Eises sie umgeworfen habe, doch bestätigte
dieses nicht nach den Untersuchungen, die Beaudemoulin dar
anstellte *), denn die Brücke stand noch acht Stunden, nachdem
Eisgang aufgehört hatte, als sie plötzlich etwa auf den dr
Theil ihrer Länge zusammenfiel. Die Ursache davon lag aber
den Rostpfählen, die nicht gehörig unterstützt waren. Der
Felsgrund (ein Tufstein) erreichte gerade an dieser Stelle s
größte Höhe, und um das Einrammen der Pfähle zu erleicht
hatte man die Baggerung so weit getrieben, daß die Pfähle
4 Fuß im aufgeschwemmten Boden standen, der ihnen allein ei
Haltung geben konnte, da ihre Spitzen nur den Felsen berühr
Gegen seitliches Ueberweichen waren sie um so weniger geschü

---

*) *Annales des ponts et chaussées.* 1839. *II. p. 86 ff.*

öglicher Weise die lose Erde vielleicht beim Eingange noch
er ausgewaschen war, als man später bemerken konnte.

Auch bei gleichmäfsigem Grunde, der in seinen obern Schichten
besonders lose ist, bleibt der Widerstand, welchen die Pfähle
n Seitwärtsschieben und einem Verbiegen entgegensetzen, ziem-
unbedeutend, und es kommt daher darauf an, einem solchen
lge durch andere Mittel vorzubeugen. Hierher gehört zunächst
möglichst innige und solide Verbindung des ganzen Rostes,
wenn es geschehn kann, auch die gegenseitige Verbindung
verschiedenen Roste, die unter den einzelnen Theilen des Ge-
des liegen. So ist es z. B. sehr vortheilhaft, die Roste unter
beiden Widerlagern eines Bogens mit einander zu verankern.
können indessen auch in anderer Art Trennungen erfolgen.
rher gehört die bereits oben (§. 31) erwähnte Erscheinung, dafs
er der Last einer hohen Dammschüttung die zwischen den Rost-
hlen befindliche Erde an der allgemeinen Bewegung Theil nimmt,
l die Pfähle nach der einen und der andern Seite drängt.

Nicht selten ist die auf dem Pfahlroste stehende Mauer einem
rken Seitendrucke ausgesetzt. Dieses geschieht namentlich, wenn
das Widerlager eines weit gespannten Bogens bildet, oder wenn
gen sie als Futtermauer eine hohe Erdschüttung sich lehnt. In
lchem Falle setzt der Seitendruck sich auch auf den Rost und
Pfähle fort, und letztere würden, besonders wenn sie auf grofse
inge entweder ganz frei, oder in lockerem Boden stehn, diesem
rucke nicht Widerstand leisten, vielmehr sich seitwärts neigen.
n dieses zu verhindern, hat man verschiedene Mittel angewendet.
n passendsten ist es gewifs unter diesen Umständen, die sämmtlichen
rstpfähle nicht vertical, sondern schräge, und zwar in der Rich-
ng desjenigen Druckes zu stellen, der sich aus dem verticalen
d horizontalen zusammensetzt. Der Druck trifft sie alsdann in
rer Achse, und es ist keine weitere Kraft vorhanden, die sie
itwärts drängt. Das Einrammen der Pfähle in schräger Rich-
ng, die sich etwa 20 bis 30 Grade von der des Lothes ent-
nt, verursacht aber wenig Schwierigkeit, wenn die Läuferruthe
r Ramme beliebig geneigt werden kann.

Man hat in England dieses Verfahren häufig angewendet. So
rden die Rostpfähle unter den Stirnpfeilern der Southwark- und
r neuen London-Brücke schräge eingerammt, und man findet

mehrfache Beispiele dafür unter den neuesten englischen Brückenbauten. Für die Roste der Kaimauern, welche durch den Druck der Erde eine horizontale Pressung erleiden, ist die schräge Stellung der Pfähle sogar ganz gewöhnlich geworden. Fig. 143 zeigt die Fundirung des einen Widerlagspfeilers der neuen London-Brücke *) und es muſs dabei bemerkt werden, daſs die an der innern Seite vorgerammte Spundwand gegen den Lehrbogen verstrebt wird, weil sonst die Gefahr eintreten möchte, daſs gleich beim Bau die ersten Schichten des Pfeilers herabgleiten, indem die horizontale Pressung, welche sie dagegen sichert, erst eintritt, sobald der ganze Bogen geschlossen und ausgerüstet ist. Die Spannungen der Bogen dieser Brücke betragen 130 bis 152 Fuſs. Fig. 144 stellt dagegen das Profil der Kaimauer dar, welche das Verbindungsdock in Hull umgiebt **).

Vielfach giebt man nicht allen Pfählen, sondern nur der vorderen Reihe derselben, oder auch wohl nur einzelnen Pfählen eine schräge Stellung. Diese müſsten, wenn der Horizontaldruck das Gleichgewicht stören sollte, sich aufrichten, also in ihren Köpfen eine höhere Lage annehmen und sonach die darauf ruhende Last heben. Um dieses zu vermeiden, muſs man dafür sorgen, daſs die Mauer sie hinreichend beschwert. Figur 213 auf Tafel XVI zeigt das Profil der Hafenmauer in Geestemünde, die auf einem Pfahlroste steht, in welchem zwischen den durch kurze Schwellen verbundenen Querreihen schräge Pfähle eingerammt sind, welche abwechselnd die vordere und die hintere Langschwelle mit Klauen umfassen. Indem sie vor die vordere Pfahlreihe weit vortreten so konnte die Spundwand nicht vor den Rost, sondern muſste hinter denselben gestellt werden, und dieses war hier ohne Nachtheil, da die Erdböschung sich hinreichend erhebt, um das Ausspülen der Erde zwischen den Pfählen zu verhindern. Zur Erklärung der Figur mag noch hinzugefügt werden, daſs man, um die Kosten zu vermindern, in der Mauer Oeffnungen von 9 Fuſs Länge, 5 Fuſs Breite und 8 Fuſs Höhe frei gelassen hat, die rückwärts durch eine 1 Stein starke horizontal gespannte Kappe geschlossen und

---

*) A practical treatise on bridge-building by Cresy. London 1832.
**) Transactions of the Institution of Civil Engineers. Vol. I. p. 34.

t sehr verlängertem Mörtel gefüllt sind. Zwischen je zwei Oeffnen ist die Mauer in 5 Fufs Breite voll hindurchgeführt.

Ein anderes Verfahren, wodurch man das Ueberweichen der
Pfähle verhindert, bezieht sich auf eine gegenseitige Ab-
lifung derselben unter einander. Durch hölzerne Verbandstücke
t sich dieser Zweck nicht erreichen, weil man alsdann die Bau-
le bis zu grofser Tiefe trocken legen müfste, der zwischen die
ile versenkte Béton wirkt indessen nach seinem Erhärten in
ther Weise und stellt sogar die Absteifung in jeder Richtung,
sehr vollständig dar. Diese Constructions-Art gewährt noch
e wichtige Vortheile. Die Spundwand kann und mufs sogar
den Rost gestellt werden, und die Bétonschüttung, welche den
lichen Boden, wie tief derselbe auch unter Wasser liegen mag,
tändig überdeckt und daher gegen Ausspülung sichert, darf
ohne Nachtheil bis zum niedrigsten Wasserstande und selbst
diesen hinauf geführt werden. Sie findet sichere Unterstützung
l auf dem Untergrunde und theils auf den Pfählen, und zwar
len letztern ebensowohl in den Köpfen, wie in Folge des ge-
n Anschlusses auch an ihren Seitenflächen. So bietet dieses
l Gelegenheit, die Trockenlegung der Baugrube ganz zu um-
. Nachdem die Rammarbeiten beendigt sind, schneidet man
Pfähle einige Fufs tief unter dem niedrigsten Wasser ab und
die Bétonschüttung, die sowohl unter wie über Wasser ein
s Mauerwerk bildet, so hoch hinauf, bis die eigentliche Maurer-
it beginnen kann. In dieser Weise ist die Kaimauer an der
neben dem Bahnhofe in Stettin ausgeführt und hat sich nun-
bereits 30 Jahre hindurch unversehrt erhalten. Im Pillauer
n ist in neuster Zeit dieselbe Fundirungsart der Hafenmauern
Ausführung gekommen.

Verankerungen der Pfahlroste durch Erd-Anker, die rück-
s in den Boden greifen, sind nicht üblich, wiewohl sie bequem
nführen wären, auch ihrer Anwendung kein wesentliches Be-
ten entgegenstände. Andrerseits werden aber nicht selten die
erseitigen Roste unter den Widerlags-Pfeilern der Brücken mit
ader verankert, wie Figur 150 auf Tafel XII zeigt.

Was die Anordnung der Pfahlroste betrifft, so werden die
le reihenweise eingerammt, und auf die Köpfe derselben legt
gewöhnlich zunächst die Rostschwellen, welche durch

Zangen mit einander verbunden werden. Figur 145 auf Tafel
zeigt einen solchen Rost. Die Entfernung der Pfahlreihen
einander, und zwar von Mitte zu Mitte, beträgt nach Maaß
des Gewichtes der darauf ruhenden Mauern 2½ bis 4 Fuß. D
Entfernung der einzelnen Pfähle in jeder Reihe ist aber gew
lich etwas gröfser. Die Pfähle werden mit Zapfen versehn,
um diese genau in gleicher Höhe anzubringen, läfst man das W
in der Baugrube so hoch steigen, als die obere Fläche der Zap
liegen soll. Die Höhe wird an allen Pfählen bezeichnet, und nach
dem das Wasser wieder ausgepumpt ist, schneidet man die
stehenden Enden der Pfähle ab und schnürt darauf die Zapfen
2 bis 3 Zoll Breite und 6 Zoll Länge ab, die alsdann in einer Hö
von 3 bis 4 Zoll ausgeschnitten werden. Diejenigen Pfähle,
welche die Stöfse der Schwellen treffen, erhalten Zapfen von d
ganzen Breite der Pfähle, um jedesmal beide Enden der Schwe
sicher zu fassen. Zu den Schwellen wählt man recht lange Höl
um die Anzahl der Stöfse möglichst zu vermindern. Sie lieg
gemeinhin nach der Länge des Baues, woher man sie auch Lang
schwellen nennt. Man versieht sie nur mit Zapfenlöchern für
die Zapfen der Pfähle, ohne sie darauf weiter zu befestigen, weil
ein Abheben undenkbar ist. Im Stofse kann nicht füglich ein
Hakenkamm, wie bei dem liegenden Roste, angebracht werden,
weil der Zapfen sich hier befindet, und sonach diejenige Stelle in
der Schwelle, wo gerade die meiste Tragfähigkeit erforderlich ist,
nicht gehörig sicher wäre. Bei dem liegenden Roste kommen solche
besonders stark belastete Stellen nicht vor, indem derselbe in sein
ganzen untern Fläche und selbst gegen den Bohlenbelag unter
stützt wird, während beim Pfahlroste die Pfahlköpfe allein die tra
genden Flächen bilden und die Schwellen den ganzen Druck d
Mauer auf diese übertragen. Aus diesem Grunde werden die Schwe
len in den Stöfsen nur stumpf abgeschnitten, und erhalten die n
thige Verbindung durch eiserne Klammern, oder noch besser dur
eiserne Schienen, die seitwärts aufgenagelt werden, doch müss
diese Schienen wenigstens ¼ oder ⅓ Zoll stark sein, auch mit N
geln von 8 bis 9 Zoll Länge befestigt werden. Man schlägt
Nägel so ein, dafs man sie beim Einstellen mit der Spitze an d
äufsern Rand des Nagelloches drückt, wodurch sie beim ferner
Eindringen wegen ihrer zunehmenden Stärke die Schiene nach

, oder die Schwelle nach dem Stoſse hin pressen. Daſs die
ιe in den Schwellen wieder gehörig abwechseln müssen, darf
a erwähnt werden.

Die sämmtlichen nebeneinander liegenden Schwellen erhalten
nächst ihre Verbindung unter einander durch eine zweite Lage
Verbandstücken, welche sie rechtwinklig kreuzen. Dieses sind
Zangen oder Querschwellen. Ein Verschieben der letztern
h der Länge der Rostschwellen ist gewöhnlich ganz undenkbar
l wird überdies durch die zwischenliegenden und aufgenagelten
blen verhindert. Die Schwelle braucht also nicht eingeschnitten
werden und die Ueberschneidung wird allein in der Zange anmacht, wodurch die Rostschwellen im gehörigen Abstande von
ander gehalten werden. Eine möglichst sorgfältige Ausfüllung
l bei wichtigen Bauten eine Ausmaurung des Raumes in den
stfeldern ist auch hier nothwendig. Gewöhnlich hebt man, nach-
m die Pfähle eingerammt sind, den Grund 1 bis 2 Fuſs unter
m Roste aus, wodurch das Anschneiden der Zapfen erleichtert
rd, und bringt einen Lehmschlag darüber, auf welchem die Aus-
urung ruht, die zwischen den Schwellen bis zu deren oberer
lche hinaufreicht. In Figur 145 d ist eine solche Anordnung
rgestellt, wobei der Rost wieder eine ebene Fläche bildet, indem
ι Zangen so weit eingeschnitten sind, daſs sie nur die Stärke
r Bohlen behalten und mit diesen bündig liegen. Es rechtfertigt
h eine solche Anordnung insofern, als bei einer gleichmäſsigen
rtheilung des Druckes die Zangen keine gröſsere Last zu tragen
ben, als die Bohlen, die Bohlen selbst müssen jedoch in diesem
llle auch so stark gewählt werden, daſs sie mit Sicherheit den
ruck tragen können und nicht etwa zwischen den Balken brechen.
ndlich ist zu erwähnen, daſs die Bohlen auch hier fest gena-
elt werden. Die ganze beschriebene Anordnung ergiebt sich aus
ig. 145. a ist nämlich der Grundriſs des Rostes in den ver-
hiedenen Bauperioden, und da, wo die Schwellen noch nicht mit
ſn Zangen versehn sind, liegt eine solche umgekehrt darüber.
ig. 145 b ist die Ansicht von der Seite und c und d sind zwei
uerschnitte, von denen der erste durch eine Zange und der letzte
urch eine Bohle gelegt ist.

Wenn gleich die beschriebene Construction bei uns die übliche
t, so kommen doch manche Modificationen vor, die in Fig. 146

I. II.   5

dargestellt sind. Zunächst bemerkt man hier, daß die Pf¦
den einzelnen Reihen sich nicht gegenüber stehn, sonder¦
setzt sind. Dieses begründet sich dadurch, daß die Pf¦
gleicher Entfernung von einander eine gleichmäßigere Com¦
des Bodens bewirken. Durch die zuerst eingerammten Pfä¦
nämlich schon der Boden ringsumher verdichtet und das¦
gen der folgenden erschwert, und zwar geschieht diese¦
mehr, je näher die Pfähle neben einander stehn. Der Wi¦
den die letzten Pfähle dem Eindringen entgegensetzen, b¦
aber keineswegs ihre Tragfähigkeit, denn nach und nac¦
sich die im Boden hervorgebrachte Spannung einigermaaße¦
aus, und alsdann behält derjenige Pfahl eine geringere T
keit, der nahe an einem andern eingerammt wurde.
versetzten Pfähle nicht immer unter die Zangen treffen,
doch bleibt dieser Umstand in Bezug auf die Festigkeit de
ziemlich gleichgültig. Ferner ist in der letzten Figur au
eine andere Verbindung der Zangen gegen die Schwellen,
mit einer geringeren Verkämmung, dargestellt. Der Bol
liegt hier tiefer, als die Oberfläche der Zangen, was ke
als nachtheilig angesehn werden darf. Diese Construction
noch einigen Vortheil in Bezug auf die Festigkeit gewähre¦
solche Zangen nicht so leicht einbiegen.

Endlich muß bemerkt werden, daß man bei einer Verä
in der Richtung des Rostes dieselben Verbandstücke, we
einen Theil Schwellen waren, in dem andern als Zangen üb¦
läßt, ebenso wie dieses Fig. 139 für den liegenden Ros
stellt ist.

Beim Pfahlroste ist die Anbringung einer Spundwa
gewöhnlich. Ihr Zweck ist wieder kein andrer, als derjen
schon für den liegenden Rost angedeutet wurde, nämlich
die Verminderung des Wasserzudranges während des Bau
sodann die Zusammenhaltung des Erdkörpers, welcher das (
tragen soll. Da aber hier ein tieferes Einsinken durch ferne
pression des Bodens nicht stattfinden darf, so ist eine inni
bindung der Spundwand mit dem Roste nicht mehr als na¦
anzusehn und man erreicht dadurch noch den Vortheil, d
auch unter dem Roste Spundwände anbringen kann,
Durchdringen der Quellen sicher verhindern, besonders we

э mit einem festen Thonschlage umgiebt. Dieses ist vorzugs-
₩ in dem Falle wichtig, wenn das Gebäude ein Wehr oder
▪ Schleuse ist oder überhaupt einen höheren Wasserstand gegen
₩ tieferen begrenzt und als Stauwerk dient.

Wenn der letzterwähnte Fall nicht eintritt und die Spundwand
r den Rost umgeben soll, so erhält sie die passendste Stelle
fserhalb der vordern Pfahlreihe, weil sie nur hier für die
amtlichen Pfähle die erwähnten Vortheile herbeiführen kann,
l man thut sogar wohl, sie nicht gar zu nahe an diese zu stel-
, weil das Einrammen der Pfähle durch sie schon erschwert
rde. Jedenfalls muſs die Spundwand zuerst ausgeführt werden,
l sie sonst in den bereits stark comprimirten Boden nicht regel-
ßig und tief genug eindringen würde, man läſst sie aber einige
э hoch über den Rost vorragen, so daſs der dahinter ange-
ehte Thonschlag die Stelle eines niedrigen Fangedammes ver-
ıt. Die Zangen und Bohlen des Rostes treten so weit vor,
ı sie bis zur Spundwand reichen und sonach die ganze einge-
lossene Erdmasse, sowie auch den Thonschlag und dessen
bermaurung vollständig bedecken. Fig. 147 Taf. XII zeigt diese
ordnung. Die schwache Spundwand ist mit keinem Fach-
ume, das heiſst mit keinem Rahmstück versehn, das auf ihr
ıt, und worin alle Spundpfähle verzapft sind, sie wird vielmehr
r durch die an beiden Seiten dagegen lehnenden und mit ein-
ler verbolzten Zangen zusammengehalten. In vielen Fällen ist
jedoch nicht statthaft, die Spundwand vor den Rost vortreten
lassen, auch ist bei gröſserer Stärke derselben der Fachbaum
ht füglich zu entbehren. Die Anordnung, die man alsdann
ıhlt, zeigt Fig. 148. Der Fachbaum liegt hier neben der äuſsern
hwelle und ist durch Schraubenbolzen mit ihr verbunden, wäh-
ıd die Bohlen und Zangen bis zu seinem äuſsern Rande reichen,
ıo einen Theil des Druckes auf ihn übertragen. Die Zangen
rden alsdann auf dieselbe Art, wie Fig. 146 zeigt, überkämmt,
ıd nur wo sie auf dem Fachbaume aufliegen, müssen sie aus-
 schnitten werden, da man den letztern nicht schwächen darf.

Die ganze Construction vereinfacht sich wesentlich, wenn man
e Spundwand mit der äuſsern Pfahlreihe verbindet und die Rost-
ähle in der letzten mit Nuthen versieht, welche als Nuthpfähle
hon die Stelle einzelner Spundpfähle vertreten. Man erspart

alsdann auch den Fachbaum, da dieser mit der äußern
zusammenfällt. Diese Anordnung ist besonders in F
lich; Fig. 149 stellt sie im Grundrisse dar, sie ist ind
bedenklich, als die Spundwand, welche doch zur S
festen Stellung der Rostpfähle angebracht wird, a
Reihe derselben ihren Einfluß verliert. Außerdem
Ausführung einer Spundwand, die auf solche Art d
stärkere und tiefer eindringende Pfähle unterbroche
erschwert. Zuweilen stellt man die Spundwand sog
der äußern Rostpfähle, um ihr eine mehr gesich
geben. Dieses ist z. B. bei der Kaimauer Fig. 1
Eine solche Anordnung ist indessen nicht passend, d
erste Pfahlreihe ohne die Spundwand schon gehörig
so wird dieses von den folgenden eben so gut g
Spundwand wäre ganz entbehrlich. Endlich muß
werden, daß man zuweilen auch die vordere Pfahlre
läßt und dafür nur die Spundwand anbringt, wie di
der Umschließungsmauer des Humber-Docks zu Hull
wie Fig. 154 zeigt.

Unter den Abweichungen gegen die beschrieb
tionsart des Pfahlrostes muß zunächst die Wegl
Zangen erwähnt werden, die in Frankreich, Englan
sehr gewöhnlich ist. Beim liegenden Roste hatten di
len (Unterlager) offenbar den Zweck, ein ungleichm
zu verhindern. Beim Pfahlroste dagegen kann das l
zelner Stellen nicht erfolgen, indem jeder Pfahl geh
und sonach jede Rostschwelle hinreichend unterstü
Die Ausgleichung des Druckes ist daher hier nich
und die Zangen haben nur den Zweck, das Ausweicl
schwellen nach der Seite zu verhindern, und diesell
gleichem Abstande von einander zu erhalten. Die
einer solchen Bewegung ist in den meisten Fällen ni
und zum Theil wird ihr schon durch die Befestigun
belages begegnet, der auf die Schwellen genagelt wi
sem Grunde ist die Fortlassung der Zangen in den
len gerechtfertigt. Um einige Beispiele hiervon z
Fig. 150 a und b im Längendurchschnitt und im Grun
dirung einer massiven Brücke dargestellt, welche im

 Jahrhunderts bei Catwijk aan den Rhijn bei Leyden für den
 Entwässerungscanal von Süd-Holland ausgeführt wurde.
 Brücke hat 60 Fuſs Spannung, 10 Fuſs Pfeilhöhe, die Rost-
 erstrecken sich von dem einen Widerlager bis zum an-
 und sind jedesmal unter dem Bogen noch durch zwei Pfähle
 Auf diesen Schwellen liegt der Bohlenbelag und da-
 befindet sich nur eine einzige Zange, welche 6 Zoll vor-
 und einen sichern Stützpunkt gegen den horizontalen Schub
 ogens bildet.

 England kommen bei den Pfahlrosten zuweilen Zangen
 ie bei der neuen London-Brücke, Fig. 143. Ebenso sind
 auch beim Fundamente der Waterloo-Brücke vorhanden,
 lich fehlen sie aber. Fig. 151a und b zeigt im Grundriſs
 Querschnitt das Fundament eines Mittelpfeilers der Stai-
 cke über die Themse, wobei gegen die oben beschriebene
 iction des Pfahlrostes auch noch der Unterschied stattfindet,
 ie Schwellen nach der Quere des Pfeilers gerichtet sind.
 stellt Fig. 152a und b die Kaimauer zu Aberdeen dar,
 lford erbaute *), wobei die Zangen gleichfalls fehlen und
 inter den schmalen Verstärkungspfeilern nicht vorkommen.
 rronet wendete die Zangen zuweilen an, wie bei der Brücke
 tes, gewöhnlich liefs er sie aber fort, wie bei denen zu
 xence, Chateau-Thierry und Neuilly. Da die letztere beson-
 en Ruhm ihres Erbauers begründete, so ist die dabei ge-
 Anordnung des Pfahlrostes Fig. 153a und b durch den
 iſs und Querschnitt eines Pfeilers nachgewiesen, ich muſs
 emerken, daſs die Zeichnungen im Perronetschen Werke
 onstigen Sauberkeit unerachtet, dennoch wegen des kleinen
 abes diesen Theil des Baues nicht ganz klar darstellen.
 Vergleichung des Anschlages mit der Beschreibung des
 und mit allen Zeichnungen ergab sich diejenige Construc-
 ie hier mitgetheilt ist. Die äuſsern Grundschwellen bilden
 eschlossenen Rahmen, der den ganzen Rost umgiebt, und
 Zoll höher als die innern Schwellen, ihre Oberfläche trifft
 die Ebene des Bohlenbelages, der auf den Querschwellen
 . Um die Bohlen, die zuweilen auch schräge verschnitten

Life of Telford. S. 134. Taf. 35.

sind und deren Enden daher nicht immer auf Querschwelle
gehörig zu unterstützen, sind jene äußern Schwellen mi
versehn, worin die Enden der Bohlen und überhaupt de
Rand des Bohlenbelages aufliegt. Es ist nicht zu verken
der letztere hierdurch eine sehr gesicherte Lage erhält. A
ist der Rahmen und der ganze Rost noch dadurch v
daß die Querschwellen schwalbenschwanzförmig in de
verkämmt und die Enden der äußern Schwellen gegens
blattet sind. Eine Spundwand kommt hier nicht vor.
Anordnungen wiederholen sich häufig in Frankreich *),
meinhin giebt man den innern Schwellen dieselbe Höhe
äußern, so daß die Bohlen parallel mit den letztern
beide erstrecken. In diesen Fällen pflegt man die
schwanzförmige Verkämmung und die Einrahmung d
Rostes beizubehalten, und es läßt sich nicht leugnen,
durch die Ausmaurung der Felder sehr erleichtert wird
uns gewöhnliche Anwendung der Zangen, und zwar
wenn sie mit den Rostschwellen bündig, als wenn sie
ben vorstehend verlegt werden, ist aber in Frankreich
unbekannt **).

In England fehlen nicht nur sehr häufig die Zange
man ersetzt auch oft die Rostschwellen durch Halbh
selbst durch Bohlen. Hughes ***) beschreibt die Ausfi
Pfahlrostes indem er sagt, man müsse die Pfahlköpfe
abschneiden, etwa einen Fuß darunter den Boden ausg
diesen Raum bis zum Niveau der Pfahlköpfe mit Steinst
Mörtel, also mit Béton, wieder anfüllen. Alsdann solle
len von Eichen, Buchen oder Ellern von 4 bis 6
über die Pfahlköpfe legen und mit eisernen Nägeln, B
mit Nägeln von hartem Holze daran befestigen. Er fi
an, daß es üblich sei, eine Bohlenlage von gleicher S
zwar dicht schließend, über diese ersten Bohlen zu ve
darauf das Mauerwerk zu stellen. Auffallend ist es,
dieser Beschreibung die Zwischenräume zwischen den e

---

*) Mehrere Beispiele dafür befinden sich in dem *Recueil d*
latifs à l'Art de l'Ingénieur.
**) *Gauthey, traité de la construction des ponts.* Tome II. p
***) *The theory, practice and architecture of bridges.* Vol. I. H

leiben, was gewiſs fehlerhaft ist und was wahrscheinlich
igland nie geschieht. Fig. 154 *a* und *b* zeigt den Grund-
aerschnitt von der Umfassungsmauer des Humber-Docks
Die Pfähle unter der eigentlichen Mauer halten 9 Zoll
iesser und diejenigen unter den Verstärkungspfeilern
beiden Fällen sind sie 10 Fuſs lang. Die Spundwand,
·, wie bereits erwähnt, die Stelle einer Pfahlreihe ver-
ht ans wirklichen Spundpfählen, die mit Federn und
einander greifen und 6 Zoll stark und 12 Fuſs lang
den Schwellen, die sämmtlich aus Halbhölzern bestehn,
nnern flach auf den Pfahlköpfen, während die äuſsern
gegen die Spundpfähle gebolzt sind. Der Bohlenbelag
ärke von 4 Zoll. Das sämmtliche Holz ist Kiefernholz
itsee.

ndere Abweichung von der gewöhnlichen Construction
ı darauf, daſs man ebenso wie beim liegenden Roste,
ı belag fortläſst, das Mauerwerk also unmittelbar
stschwellen und Zangen ruht. Beispiele dafür kommen
ei kleineren Brücken in Frankreich vor. Gegen dieses
wäre zu erinnern, daſs durch das ungleichmäſsige Setzen
ı vor der vollständigen Erhärtung des Mauerwerks der
esselben in den untern Schichten aufgehoben werden
ı England geschieht dieses gleichfalls, z. B. bei Fun-
Kaimauer in Hull, die Fig. 144 zeigt, wobei wieder
lalken nur Halbhölzer benutzt sind. Bei den Pfeilern
ı Gerrards-Hostel-Brücke zu Cambridge, wo der dichte
ţ gleichfalls fehlt, sind sogar nur 6zöllige Bohlen über
pfe gestreckt und darauf genagelt, während ein 2 Fuſs
ıbette zwischen den Pfählen den befestigten Untergrund
uerwerk in den Rostfeldern bildet. Auch die Kammern
e des Verbindungsdocks in Hull sind in ähnlicher Art
die Zwischenräume zwischen den Bohlen eben so breit
ie Bohlen selbst. Andrerseits geschieht es in England
daſs man, nachdem die Pfahlköpfe in einer Ebene ab-
und die Zwischenräume ausgemauert sind, einen dichten
ţ darüber streckt und darauf einen zweiten so verlegt,

actions of Civil Engineers. Vol. I. p. 15.

daſs die Fugen sich kreuzen, worauf beide zusammen
werden. Dieses Verfahren ist in der Fundirung der Ely
und der Haddlesey-Brücke angewendet worden.

Endlich erleidet der Pfahlrost zuweilen auch noch
einfachung, daſs das Mauerwerk unmittelbar auf die Pſ
gestellt wird und also der eigentliche Rost gans fehl
Beispiel hiervon ist die Fundirung des Georges-Docks i
pool, wovon Fig. 155 das Profil sowohl der Mauer se
auch eines Verstärkungspfeilers darstellt. Die eigentlich
welche sehr schwach ist, und ihre Stabilität allein d
Pfeiler erlangt, reicht bis zum niedrigsten Wasserspieg
so daſs die Pfähle, die sie tragen, nie trocken werden, d
dagegen, die sich unter den Pfeilern befinden, reiche
höher herauf, sind also der abwechselnden Nässe und Tr
ausgesetzt, wenn nicht die vordere Mauer die Nässe z
Letzteres ist insofern wohl anzunehmen, als alle zwöl
Hochwasser eintritt, das bedeutend höher ansteigt. I
unter der eigentlichen Mauer sind in drei Reihen eingera
zwar stehn sie sich nicht gegenüber, sondern sind ve
daſs sie unter sich ungefähr gleiche Abstände von 2 Fuſ
von Mitte zu Mitte bilden. Unter den Pfeilern sind da
derselben Richtung acht Pfahlreihen vorhanden, die ab
zwei oder drei Pfähle enthalten. Diese sind von Mitte
2¼ Fuſs entfernt. Die Pfeiler sind 8 Fuſs breit und i
Abstande von 30 Fuſs angebracht. Sie treten 14 Fuſs
Mauer vor, doch ist dabei die auffallende Anordnung
daſs die eigentliche Mauer an der innern Seite durch b
Bogen begrenzt wird, und in ihrer Basis neben den Pfeile
über das in der Figur dargestellte Profil heraustritt, wie
tirte Linie angiebt, so daſs also hier die Mauer nicht m
hängt. Die Pfähle bestanden bei diesem Bau aus Eichei
oder andern Holzarten. Sie hatten unter der Mauer
Länge von 22, und unter den Pfeilern von 28 Fuſs.
nicht beschlagen und wurden sorgfältig abgeschnitten
Ebene, die ihre Richtung unter einem rechten Winkel
im Verhältniſs von 1 zu 7 gegen den Horizont geneigt v
dann grub man den Boden ringsum die Pfähle 12 Zoſ
und füllte die Zwischenräume mit einem Mauerwerk

en, die in Mörtel versetzt wurden. Dieses Mauerwerk wurde
einen halben Zoll über die Pfahlköpfe heraufgeführt, damit
Füllmauer des Rostes sich noch etwas senken konnte. Die
re Schicht der Kaimauer bestand aus starken und grofsen
len eines besonders festen Steines, die auch in den untern
hen sorgfältig bearbeitet waren, um möglichst gleichmäfsig
len Pfahlköpfen aufzuliegen. Das übrige Mauerwerk ist aus
lern ausgeführt *).

In gleicher Weise sind auch die Pfeiler der Chelsea-Brücke
ondon gegründet. Dieses ist eine Hängebrücke, deren mitt-
)effnung 323 Fufs mifst, während die beiden Seiten-Oeffnun-
alb so weit sind. Die Breite der Brücke beträgt 45½ Rhein-
che Fufs. Sie ist nach dem von Page im Jahr 1846 auf-
lten Projecte ausgeführt. Bei der Gründung der Pfeiler dieser
e kam es darauf an, die Wasserstrafse nicht zu beengen,
lurfte daher keine weit vortretenden Fangedämme anwenden.
: wurden in gegenseitigen Abständen von 3 Fufs in der gan-
nsdehnung der Pfeiler Pfähle eingerammt, die 13½ Zoll im
rten hielten, und die nach dem verschiedenen Widerstande,
ie fanden, 24 bis 39 Fufs unter Niedrig-Wasser eindrangen.
n umgab man die Pfeiler mit einer gufseisernen Umfas-
Dieselbe bestand aus Röhren von 12 Zoll äufserm Durch-
r und 26 Fufs Länge, die an den gegenüberstehenden Seiten
uthen versehn waren. In letztere schob man 1 Zoll starke
Fufs lange gufseiserne Platten ein. Hierdurch wurde eine
hliefsung bis auf 2 Fufs über Niedrig-Wasser gebildet. Der
innerhalb dieses Kastens wurde darauf bis zu dem groben
, der auf dem ursprünglichen Kleiboden lagert, zwischen den
'n ausgebaggert, und mit Béton gefüllt. Letzterer erreichte
das Niveau des niedrigen Wassers und in dieser Höhe waren
die Pfähle abgeschnitten. Die darauf gelegte Werkstein-
it, mit der das Mauerwerk begann, ruht daher theils auf den
'n und theils auf dem Béton **).
Is bleibt endlich in Betreff des Pfahlrostes noch die Frage
irtern, ob es ausreichend ist, denselben nur in solche Tiefe

) *Strickland, Reports on Canals, Railways, Roads and other subjects.*
elphia 1826. *pag.* 11.
) *Civil Engineer and Architects Journal. Vol. XXVII.* 1864. *p.* 310.

zu legen, daſs er immer unter Wasser bleibt, oder ob
an der betreffenden Stelle vielleicht eine groſse Wasse
findet, die Pfähle unmittelbar über dem Grunde
und hier den Rost verlegen muſs. Die Kosten des Ba
sonders für die Wasserwältigung in der Baugrube ver
ungemein, wenn man sehr tief fundirt, und da die Pfä
ganze Rost immer vom Wasser bedeckt sind, wenn m
wenig unter dem kleinsten Sommerwasserstande bleibt,
es passend erscheinen, die erste Anordnung zu wähle
erregt aber die freie Stellung der Pfähle Besorgniſs
theils in Bezug auf das Verbiegen und Brechen, theils
indem sie dem flieſsenden Wasser ausgesetzt bleiben
mit der Zeit leiden. Wenn sie aber nicht tief in den
greifen, so geschieht es auch wohl, daſs sie sich säm
neigen und umfallen. Besonders ist dieses zu besorg
der Rost eine Futter- oder Kaimauer trägt, die ein
Seitendrucke ausgesetzt ist. Auf solche Art stürzte
Theil der Kaimauer am neuen Dock in Bremerhaven
Eröffnung des letzteren ein.

In manchen Fällen hat man die Zwischenräume z
Rostpfählen mit Faschinen ausgepackt, wodur
wohl nur wenig Sicherheit erreicht wird, auch die
schüttete Erde, selbst wenn sie auf der äuſsern Seite
Spundwand gedeckt ist, kann leicht ausgespült werden
sich auch nie so fest, daſs sie dem Seitendrucke hinrei
derstand leistet. Man muſs also, wie bereits oben er
weder durch Strebepfähle oder durch Einbringen vo
nöthige Widerstandsfähigkeit dem Bauwerke geben, wen
den Rost bis auf den festabgelagerten Boden senkt, d
etwa eintretenden Vertiefungen noch durch eine Erdböschung gegen Ausspülung zu sichern ist.

Beim Bau der Brücke zu Rouen füllte man den Rau
den Pfählen auf 13 Fuſs Höhe mit Béton an und umgab
mit einer losen Steinschüttung. Die Kaimauer im Hafe
fundirte dagegen de Cessart im Jahre 1779 sogar 36
dem Strombette. Fig. 156 zeigt die dabei getroffene
Zuerst wurde der Boden stellenweise 25 Fuſs hoch,
16 Fuſs unter dem kleinsten Wasser mit dem Mergelkal

ersteinknollen, wie sie sich dort überall in einiger Tiefe vor-
len, ausgefüllt, um den Pfählen sogleich einen festen Stand zu
en. Nachdem hierauf die Rammarbeiten beendigt und die Pfähle
er Wasser abgeschnitten waren, erfolgte die zweite Schüttung.
dann wurden die Futtermauern in Caissons aufgeführt, während
l aber das Terrain hinter dem Kai erhöhte, so brachte man
l Erdanker an, die gegen das Banket der Mauer verbolzt wur-
Diese Anker sollten nur so lange einigen Widerstand äufsern,
lie Erde sich gehörig gesetzt haben würde, es ist jedoch zwei-
ft, ob sie in der frisch geschütteten Erde den nöthigen Wider-
leisten konnten. Endlich wurde die Hinterfüllung ergänzt
gleichzeitig noch eine dritte Schüttung vor der Kaimauer an-
cht *).

Auf der gegenüberliegenden Seite der Seine erbaute Lamandé
hre 1784 eine ähnliche Kaimauer, doch brachte er eine starke
ebung, wie Fig. 157 zeigt, zwischen den Rostpfählen an. Die
n bestanden aus doppelten Zangen, die über Wasser mittelst
l zusammengesetzt wurden und so ausgeschnitten waren, dafs
e Oeffnungen für die Pfähle zwischen sich freiliefsen. Da
ein hinreichender Spielraum hier erforderlich war, so trieb
päter in diesen, zwischen die Pfähle nnd den äufsersten Bol-
er untern Zangen noch je zwei starke Keile ein. Die untere
lag dabei auf der natürlichen Böschung. Ohne Zweifel wäre
rstrebung sicherer und in der Ausführung leichter gewesen,
man die Pfähle schräge eingerammt hätte. Es mufs noch
kt werden, dafs der Wasserspiegel in dieser, wie auch in der
gehenden Figur der niedrigste ist.
Jenn neben dem auf einen Pfahlrost zu stellenden Bau keine
ende Wassertiefe erforderlich ist, so kann man durch vor-
ehende Anschüttung eines festen Bodens den Stand der
sichern. Dieses geschah zum Beispiel beim Bau der Brücke
die Wiese St. Nicolas in der Bretagne in der Eisenbahn
antes nach Lorient und Brest. Die Brücke sollte eine
von nahe 48 Fufs erhalten und zum Durchgange von Canal-
n von etwa 4 Fufs Tiefgang eingerichtet werden. 38 Fufs
dem ziemlich niedrigen Terrain fand sich fester Felsboden,

---

de Cessart, description des travaux hydrauliques. Tome I. Paris 1806.

arüber lag zunächst eine schwache Torfschicht vielfach ı
tücken durchzogen, und hierauf der schlammige Grund, in
Nähe der Oberfläche bis etwa in 6 Fuſs Tiefe etwas fe
Vor dem Beginne des Baues überschüttete man die ga
telle mit festem Boden, durchschnittlich 28 Fuſs hal
reiche Untergrund wurde dadurch fast vollständig fort
o daſs die frühere etwas compactere obere Schicht bei
Torf erreichte. Nachdem dieses geschehen war, und kei
ung sich mehr zeigte, begann man das Einrammen d
nter den Stirnmauern, auf denen die Brücke ruhen soll
var aber keine feste, vielmehr eine Zugbrücke, es entst
lie Besorgniſs, daſs die beiden Widerlager in Folge der
ler dagegen geschütteten Dämme sich dennoch einand
zönnten. Deshalb wurde schlieſslich noch unter der I
Fluſsbettes ein 3 Fuſs starkes Bétonbette angebracht, w
Mauern gegenseitig abstaift *).

Den Rost in groſser Tiefe zu verlegen, verbietet sich
ich durch den starken Zudrang des Wassers in der Baugr
s aber auch möglich wäre, durch besonders kräftige Pu
ehr tiefe Grube trocken zu legen, so lockern die eind
Quellen doch den Boden auf, woher selbst die Pfähle
stand verlieren, und sogar zuweilen sich so sehr von der
len Erde trennen, daſs sie aufschwimmen. Um in solch
noch einen Rost auf die unter Wasser in gleicher H
chnittenen Pfähle aufzubringen, hat man verschiedene
ersucht, die kurz angedeutet werden mögen, wenn gleich
rwähnte Bétonbettung zwischen und über den Pfählen
ım passendsten ist.

Zunächst muſs der Fundirung in Caissons gedac
las heiſst in wasserdicht schlieſsenden groſsen hölzerne
leren Boden aus nebeneinander liegenden Balken besteht
die Stelle des Rostes vertritt. Diese Kasten werden se
iber die Pfähle gebracht, versenkt, und in ihnen wird d
verk bis über Wasser aufgeführt, worauf man die Se
entfernt. Von dieser Constructions-Art wird später au
lie Rede sein.

---

*) *Annales des ponts et chaussées.* 1864. *I. pag.* 294.

 line andre mehrfach zur Anwendung gekommene Methode,
ch jedoch nur auf mäßige Wassertiefen von etwa 3 Fuß be-
kt, beschreibt schon Gautbey *). Nachdem die Pfähle mög-
regelmäßig eingerammt und in gleicher Höhe unter Wasser
hnitten sind, verbindet man den Rost aus Lang- und Quer-
llen und schneidet beide bis zur Mitte ein, so daß sie sowohl
obern, wie in der untern Fläche bündig sind. Die Ueber-
ungen müssen aber jedesmal auf Pfahlköpfe treffen. Jede
kreuzung wird durchbohrt und ein mit Widerhaken versehener
n in das Bohrloch gestellt. Ist der Rost in dieser Weise
eitet, so bringt man ihn schwimmend über die Pfähle und
n kt ihn durch aufgelegte große Steine, die man jedoch leicht
men kann, wenn er beim ersten Herablassen nicht vollständig
ahlköpfe treffen sollte. Sobald letzteres erreicht ist, so treibt
ene Bolzen mittelst darauf gestellter Eisenstangen, die unten
er Höhlung die Köpfe aufnehmen, in die Pfähle ein, und
gt die aufgelegten Steine. Die Zwischenräume zwischen den
ndstücken, oder die rechtwinkligen Felder werden nunmehr
teinen und Béton sorgfältig und so ausgefüllt, daß sie sich
u der obern Fläche des Rostes erheben. Der Bohlenbelag
aus zwei Lagen sich kreuzender Dielen gebildet, die nach-
sie in sich verbunden sind, ebenso wie der Rost versenkt und
tzteren aufgenagelt werden. Nach diesen Vorbereitungen be-
man den Bau mit dem Verlegen einer Schicht Werkstücke,
o hoch sind, daß sie ungefähr den Wasserspiegel erreichen.
fugen zwischen denselben kann man schon, wenigstens theil-
, mit steifem Mörtel füllen, und das darauf zu stellende Mauer-
wird in gewöhnlicher Weise ausgeführt.

Beim Bau der Brücke zu Berry au bac wurde diese Fundi-
art angewendet, auch Wiebeking versuchte sie bei seinen
tenbauten, doch gelang es ihm nicht, die Pfähle in gleicher
abzuschneiden, woher er durch Taucher noch Keile zwischen
fahlköpfe und den Rost eintreiben ließ. Verschiedene Mo-
tionen dieses Verfahrens sind später vorgeschlagen **), wo-
i es auch möglich sein soll, den Rost bis auf 6 Fuß unter

) *Traité sur la construction des ponts. Vol. II.* Paris 1813. *pag.* 290.
) Förster's allgemeine Bauzeitung. 1863. Seite 143.

Wasser zu versenken, doch dürfte dadurch wenig gewonnen werden, da man in dieser Tiefe doch keine gewöhnliche Maurerarbeit
ausführen kann.

Wichtig ist die Fundirung des linkseitigen Pfeilers der Aar-
Brücke bei Aarau in der Schweiz, wobei der Ingenieur Hirsch
ein Verfahren in Anwendung brachte, das in gewisser Beziehung
dem beschriebenen ähnlich ist *). Die alte Brücke war von dem
zuweilen sehr reifsenden Flusse lange Zeit hindurch angegriffen
worden, und um namentlich den linkseitigen Pfeiler zu halten, der
besonders von der heftigsten Strömung getroffen wurde, hatte man
vor demselben Faschinenwerke und ganze Bäume versenkt und
theils mit grofsen Steinen, theils aber mit beladenen Kähnen beschwert. Der Baugrund war also im höchsten Grade verunreinigt
und dennoch mufste die neue Brücke wieder auf derselben Stelle,
wo die alte gestanden hatte, erbaut werden. Dazu kam noch,
dafs wegen der grofsen Tiefe davor die Fundirung eben so weit
herabgeführt, oder der Rost 10$\frac{1}{4}$ Fufs unter das niedrigste Wasser
verlegt werden mufste.

Man machte mit der Regulirung des Ufers und mit einer Umschliefsung der Baugrube den Anfang, um der starken Durchströmung Einhalt zu thun, eine Senkung des Wasserstandes war aber
wegen des unreinen Grundes unmöglich. Sodann räumte man die
Baugrube auf, indem mit Zangen die Steine, wie das Holz und
Strauch gehoben und herausgerissen wurden, so dafs man etwa
bis 11 Fufs Tiefe alle hier lagernden Gegenstände entfernt hatte.
Nunmehr wurde die Rammarbeit begonnen. Der Rost, der 52 Fufs
lang und 26 Fufs breit war, sollte auf 8 Pfahlreihen ruhen, von
denen jede aus 11 Pfählen bestand. Bei dem überaus unreinen
Untergrunde war es aber unmöglich diese regelmäfsig einzutreiben
sie wichen bald nach einer, bald nach der andern Seite über, und
erreichten sehr verschiedenartige, doch immer nur mäfsige Tiefen.
Mit grofser Sorgfalt wurden sie sämmtlich in gleicher Höhe ab
geschnitten und über jede Querreihe eine 5 Zoll hohe und 13 Zoll
breite Bohle nach der oben beschriebenen Methode genagelt, die
dazwischen befindlichen Räume aber bis zur Oberfläche der letzteren mittelst eingeschütteter Steine ausgeglichen. Weshalb die

---

*) Förster's allgemeine Bauzeitung. 1845. Seite 131 ff.

ufgebracht wurden, ist nicht ersichtlich, da der Rost so
tet war, dafs er in seiner ganzen Ausdehnung eine hori-
:bene bildete, also auf jedem Pfahlkopfe, wenn solcher
der Reihe gewichen war, sicher auflag.

Rost bestand aus Balkenholz von 9 Zoll Höhe, während
der Verbandstücke etwas gröfser war. Die Lang- wie
:hwellen waren überschnitten, so dafs sie sowohl oben,
ı bündig lagen. In jedem Felde waren aber die Quer-
auf der obern Seite mit 3 Zoll breiten und $4\frac{1}{2}$ Zoll
:en versehn, worauf Zwischenbalken von 9 Zoll Höhe
e also, indem ihre Zapfen die halbe Höhe hatten, so-
ı, wie unten mit den Hauptverbandstücken in dieselbe
en.

wesentliche Abweichung der Benutzungsart dieses Rostes
ıben beschriebenen Versenkung war durch die grofse
'e geboten. Man wollte nämlich den Rost nicht sogleich
ı, vielmehr ihn über den Pfählen schwebend er-
l ihn nur in dem Maafse senken, wie die Mauerschichten
er erhoben, damit die Arbeit immer im Trocknen aus-
·rden könnte. Zu diesem Zwecke umgab man den Rost
auf eingerammten Pfählen ruhenden Rüstung. Da aber
ıung der gegenüberstehenden Wände desselben 34 Fufs
o zu grofs war, um an die übergespannten Balken den
ler Mauer sicher aufhängen zu können, so wurden noch
n einer Mittelreihe eingerammt, von denen 4 durch die
hindurchgingen. Diese bildeten eine sichere Führung
blassen, und die Zwischenbalken waren so ausgeschnit-
ie diese vierkantigen Pfähle nahe umschlossen.

rei so dargestellten Pfahlreihen wurden verholmt und
1 starke Querbalken gelegt, welche die 39 eisernen
trugen, woran der Rost hing. Diese Schrauben waren
en wie unten mit Gewinden versehn. Die untern Ge-
·en links geschnitten, griffen durch die Langschwellen
neben den Querschwellen hindurch und wurden hier
ı Muttern gehalten. Die obern Gewinde waren rechts
und so lang, dafs beim Zurückdrehn der Muttern,
ı Querbalken des Gerüstes lagen, der Rost vollständig
en werden konnte.

Man schrob nun den Rost so weit auf, daß seine obere F
einige Zolle über Wasser schwebte und versetzte darauf die
Schicht Werksteine. Alsdann wurden die obern Muttern
gedreht, so daß die fertige Mauerschicht wieder nur wenig
den Wasserspiegel sich erhob. Bei diesem Zurückdrehn der M
tern war zu besorgen, daß die Schrauben selbst, wenn sie
in irgend einer Weise gehalten würden, an dieser Bewegung T
nehmen möchten. Sie würden in diesem Falle sich von den
Muttern gelöst haben, falls beide Gewinde in gleicher Rich
geschnitten gewesen wären. Bei der getroffenen Anordnung k
dieses aber nicht geschehn, und man brachte nur, nachdem
Senkung des Rostes vollständig erfolgt und die obere Mu
gezogen war, die Schraube in umgekehrter Richtung zu
um sie ausheben zu können. Das Mauerwerk wurde übrigens
unmittelbar bis an die Schrauben herangeführt, vielmehr w
Steine so zugerichtet, daß sich hohle Cylinder von 3 Zoll D
messer um sie bildeten.

Es war Absicht, in dieser Weise die Mauer so hoch
führen, daß ihre obere Fläche einige Fuß tief unter Wasser
diese aber mit einer Reihe Werksteine ringsumher zu umge
die einen Fangedamm um den noch auszumauernden hohlen R
bilden sollte. Die Oeffnungen um die Schrauben sollten nach
vollständigen Versenkung des Rostes und nach Beseitigung
Schrauben und der hindurchgreifenden Rüstpfähle mit Béton ge
tet und alsdann der obere Raum ausgepumpt werden. Die St
der 39 Schrauben, die nicht angegeben wird, war nach der
theilung so gewählt worden, daß das daran hängende Gewi
jederzeit sicher getragen werden konnte, vorausgesetzt, daß
nach Vollendung jeder einzelnen Schicht, das Mauerwerk mögli
tief eintauchen ließ. Die Schrauben waren auch möglichst gl
mäßig über die ganze Fläche vertheilt, und sämmtliche Mu
wurden beim Herablassen gleichzeitig und genau übereinstim
gedreht, wodurch die gleichmäßige Senkung des Rostes ermög
wurde.

Nach Vollendung der zweiten Schicht und nachdem man d
äußere Reihe der dritten Schicht versetzt hatte, wodurch das Mau
werk sich etwa 8 Fuß über den Rost erhob, brachen indessen wä
rend des Versenkens plötzlich 3 Schrauben, und wenn man d

durch Haken, die von aufsen untergeschoben wurden, zu er-
ı sich bemühte, so sah man sich doch gezwungen, nunmehr
Rost möglichst schnell auf die Pfähle zu stellen und einige
tief die Maurer-Arbeit unter Wasser fortzusetzen.

§. 35.
Die Zugramme.

Zum Eintreiben der Rostpfähle, wie auch der Spund- und
rer Pfähle bedient man sich der Rammen. Der wesentlichste
il derselben ist der hölzerne oder eiserne Rammklotz, auch
Bär genannt. Dieser wird abwechselnd gehoben und übt
n jedesmaligen Herabfallen auf den Pfahl den Stofs aus, wo-
ch letzterer tiefer in den Grund eindringt. Das Heben des
tzes erfolgt entweder aus freier Hand; alsdann ist keine wei-
ı Vorrichtung erforderlich und die ganze Ramme besteht nur
dem Klotze. Man nennt eine solche die Handramme. Hat
Klotz dagegen ein gröfseres Gewicht, so dafs er nicht mehr
nittelbar gefafst werden kann, so hängt er an einem Tau, das
'r eine Rolle gezogen und am hintern Ende mit den Zugleinen
bunden ist, von denen jede durch einen Arbeiter gefafst und bei
em Hube angezogen wird. Diese Ramme, welche eine feste
stung erfordert, heifst Zugramme. Bei der Kunstramme
llich erfolgt das Heben des Klotzes durch eine mehr complicirte
chanische Vorrichtung, und wenn diese durch Dampfkraft in
wegung gesetzt wird, so nennt man die Ramme eine Dampf-
mme.

Die Handramme besteht wohl immer aus Holz, und zwar
egt man der Festigkeit wegen dazu Eichenholz anzuwenden.
ın versieht sie mit Armen oder Bügeln, an welchen die herum-
behenden Arbeiter sie fassen und bequem heben und führen kön-
n, indem aber beim tieferen Eindringen des Pfahles auch der
lotz tiefer herabsinkt, während die Arbeiter unverändert in glei-
er Höhe stehn bleiben, so mufs man dafür sorgen, dafs der
lotz in verschiedener Höhe gefafst werden kann. Zu diesem
wecke bringt man zuweilen vier Arme an, die in der halben

L. ı. 6

Höhe des Klotzes befestigt und gegen das eine Ende de
gerichtet sind. Sobald der Pfahl gesetzt wird, also noch
ist, gebraucht man die Ramme so, dafs die Arme abwärts
sind, man dreht sie aber um, sobald der Pfahlkopf sich nur
über dem Boden befindet.

Vortheilhafter ist es, die Ramme mit langen Bügeln
sehn, die von oben bis unten herabreichen und sonach in
Höhe einen bequemen Angriffspunkt gewähren. Die Bügel
jedoch mindestens zwei Zoll vom Klotze entfernt bleiben
sonst die Arbeiter ihre Hände klemmen und wund stoßen
untern Ende versieht man die Handramme mit einem ei
Ringe, der fest schliefsen mufs, um das Spalten des Klot
verhindern. Am vortheilhaftesten ist es, ihn heifs und zw
oben aufzutreiben, wodurch sein Herabfallen verhindert
Gewöhnlich wählt man die Form einer achteckigen abgestu
Pyramide, weil diese sich ohne grofsen Verschnitt aus dem
holze am leichtesten darstellen läfst. Fig. 158 Taf. XIII z
der Seitenansicht und der Ansicht von oben eine solche R
Bei ihrer Anfertigung mufs man besonders darauf sehn, da
Holz trocken ist, weil es bei einem späteren Austrocknen s
den und spalten, auch der eiserne Ring sich lösen würde.

Durch Nägel und Krammen läfst sich bei den heftige
schütterungen der Ring nicht sicher befestigen, es ist auch
theilhaft, die Nägel ganz zu vermeiden, damit der Ring,
einiger Spielraum entsteht, tiefer herabsinken und sich da
von Neuem auf dem stärkeren Holze feststellen kann, in ähn
Art, wie dieses bei Gelegenheit der Zugrammen näher er
werden wird.

Den Gebrauch der Handramme kann man keineswegs b
nennen und am wenigsten, wenn der Pfahl noch hoch steh
die Arbeiter den Klotz weit heben müssen, bei unvorsic
Handhabung kann derselbe alsdann leicht neben dem Pfahl
beischlagen und die Leute beschädigen. Diese Besorgnifs ist
anlassung, dafs die Arbeit gemeinhin sehr langsam von s
geht und der Klotz nur wenig gehoben wird. Aus diesem G
ist es auch unzulässig der Handramme ein grofses Gewic
geben. Man darf auf jeden Arbeiter kaum 25 Pfund re
und, da nicht mehr als höchstens vier Mann dabei angestellt

a können, so beschränkt sich das Gewicht der Handramme im
ximum auf 100 Pfund, und dennoch dürfen nur starke und ge-
kickte Leute dabei angestellt werden, welche auch Uebung
ben, um gleichmäfsig und kräftig die Ramme zu führen.

Um den Effect der Handramme zu vergröfsern, hat man
nche Modificationen dabei eingeführt. Zunächst gehört dahin
e Anbringung einer eisernen Stange in der Mittellinie des
hles, an welcher der Klotz herabgleitet. Fig. 159 stellt sie
r. Sie ist wenigstens 5 Fufs lang und 1½ Zoll stark, unten mit
ner Holzschraube versehn und darüber befindet sich ein vier-
kiger Kopf, mittelst dessen man sie mit dem Schlüssel fassen
d aus- und einschrauben kann. Jeder Pfahl wird am Kopfe,
d zwar genau in der Achse angebohrt, und ehe man den Pfahl
tzt, schraubt man die eiserne Stange hinein. Der Rammklotz,
r in diesem Falle etwas niedriger und stärker sein kann als
nst, ist der Länge nach und zwar mit reichlichem Spielraum
rchbohrt. Er wird, nachdem der Pfahl gesetzt ist, oder auch
chon vorher aufgeschoben, und indem die Leute nicht mehr ein
Herabfallen desselben besorgen dürfen, so arbeiten sie kräftiger.
Einige Uebung ist indessen auch hierbei noch nothwendig, weil
ei ungleichmäfsigem Anheben eine starke Reibung eintreten würde.

Endlich ist zu erwähnen, dafs man beim Gebrauche der
Handramme zuweilen auf dem einzurammenden Pfahle eine leichte
Rüstung für die Arbeiter anbringt und diese alsdann nicht nur
en Druck auf den Pfahl durch ihr Gewicht vermehren, sondern
eim tieferen Eindringen desselben auch mit ihm herabsinken,
nd daher den Pfahlkopf immer in der passendsten Höhe behalten.
ig. 160 a und b zeigt diese Rüstung in der Ansicht von der
eite und von oben. Der Pfahl wird zwei Fufs unter seinem
opfe durchbohrt und eine starke Brechstange hindurchgesteckt.
achdem man ihn durch Hin- und Herbewegen so weit in den
oden getrieben hat, dafs er ohne weitere Unterstützung sicher
eht, so legt man zwei Bohlen, deren hintere Enden beschwert
erden, auf die Brechstange. Diese Bohlen dienen noch zur vor-
äufigen Befestigung des Pfahles, wenn eine solche nöthig sein
llte, und zwei kurze Brettstücke werden darüber gelegt. Als-
nn stellen sich zwei, auch wohl drei oder vier Arbeiter auf die
hlen und treiben zuerst leise den Pfahl ein, sobald er sich aber

6 *

fester stellt, so rammen sie mit voller Kraft und alsdann erst treten die oben erwähnten Vortheile ein.

Von den beiden erwähnten Methoden hat man mehrfache Anwendung gemacht und darin eine bedeutende Erleichterung im Gebrauche der Handramme gefunden, unter andern ist dieses auch bei der Correction des Wertach-Flusses geschehn, wobei aber die Rüstung noch besonders unterstützt wurde *).

Bei der Zugramme wird der Klotz, wie bereits erwähnt, nicht aus freier Hand, sondern mittelst eines Taues gehoben. Seine Führung geschieht zuweilen durch unmittelbares Anfassen, die gewöhnliche Anordnung ist aber diese, daſs an der Rüstung besondere Ruthen angebracht sind, welche den Klotz sicher führen. Es sind dieses die Läufer oder Läuferruthen, auch Mäkler genannt, die entweder einfach oder doppelt sind und von den Armen des Klotzes umfaſst werden, oder einen Schlitz bilden, durch welchen die Arme hindurchgreifen. Die Figuren 161, 162 und 163 zeigen die drei verschiedenen hierbei vorkommenden Verbindungsarten. Fig. 161 ist diejenige, welche bei uns die üblichste ist und den Vortheil gewährt, daſs man nur eine Läuferruthe braucht. Der Klotz hat vier Arme, die seitwärts an der Ruthe vorbeigehn und von denen je zwei hinter der Ruthe noch durch Riegel mit einander verbunden sind. Dabei tritt leicht der Uebelstand ein, daſs der Klotz sich gegen die ziemlich schmale Fläche der Ruthe nicht sicher lehnt und stark seitwärts schwankt, was bei längerem Gebrauche der Ramme immer zuzunehmen pflegt, indem die Kanten der Ruthe sich nach und nach abstoſsen. Nach Fig. 162 ist der Klotz nur mit zwei Armen versehn, die zwischen den beiden Läuferruthen hindurchgreifen und wieder durch Riegel gehalten werden. Wenn der Schlitz nur $2\frac{1}{2}$ bis 3 Zoll breit ist, so pflegt man beide Ruthen aus einem Holzstücke zu bilden, indem man so weit, als der Schlitz sich erstreckt eine Bohle ausschneidet. In diesem Falle sind aber die Wangenstücke leicht so schmal, daſs sie nicht die nöthige Steifigkeit behalten, wenn man sie nicht durch Bügel in der Mitte verbindet, wovon bei Gelegenheit der Kunstrammen die Rede sein wird. Häufig werden die beiden

---

*) Voit, über die Correctionen des Wertach-Flusses; in Crelle's Journal Bd. II. S. 251.

Ruthen aus zwei schwachen Hölzern ausgeschnitten und oben wie unten durch dazwischen geschobene und gehörig befestigte Bohlenstücke in der beabsichtigten Entfernung von einander gehalten, wie Fig. 167 zeigt.

Nach beiden Anordnungen lehnt sich der Klotz beim Aufziehn und beim Herabfallen nur mit einer Seite an die Ruthe und dieser Umstand giebt Veranlassung, dafs er zu schwanken pflegt, die Befestigung der Arme und Riegel erfordert aber grofse Vorsicht, damit sie nicht etwa abbrechen oder herausfallen, was für die darunter stehenden Arbeiter sehr gefährlich wäre. Bei den Rammen, wie man in Holland gewöhnlich sieht und welche auch in Frankreich häufig vorkommen, sind diese beiden Uebelstände dadurch umgangen, dafs nach Fig. 163 der Klotz acht Arme hat, welche zu beiden Seiten symmetrisch die Ruthen umfassen. Man nennt die beiden Ruthen in diesem Falle die Schere und die ganze Ramme heifst alsdann eine Scher-Ramme. Diese Anordnung gewährt manche Vortheile. Der Klotz kann bis zu beliebiger Tiefe unter die Verschwellung der Rammen herabfallen, ebenso kann man ihn seitwärts oder schräge wirken lassen, wie die jedesmalige Richtung des Pfahles es fordert. Die Arbeit wird hierdurch genauer, und besonders bei Ausführung von Spundwänden ist diese Ramme sehr brauchbar.

Was die Aufstellung der Zugrammen betrifft, so sind in den Figuren 164 bis 168 *) diejenigen Arten der Rüstungen dargestellt, welche wesentliche Verschiedenheiten zeigen. Fig. 164 ist die Ramme, die im nördlichen Deutschland besonders häufig vorkommt, und die Eytelwein die vierschwellige Ramme nennt. Sie zeichnet sich durch die Menge der starken Verbandstücke, woraus sie besteht, vor allen übrigen aus, und wenn die grofse Holzmasse durch ihr Gewicht auch zum festen Stande wesentlich beiträgt, so ist eben dieses Gewicht beim Aufstellen und Niederlegen der Ramme und beim Verfahren derselben sehr hinderlich. Gewöhnlich sind die Schwellen sowohl unter sich, als auch mit den Streben und der Läuferruthe durch Zapfen und Ueberwürfe

---

*) Diese Figuren sind so aufgetragen, dafs das Auge 20 Fufs hoch über dem Boden der Rammen liegt und 8 Zoll von der Bildfläche entfernt ist, die vordere Seite der Läuferruthe schneidet aber unter einem Winkel von 45 Graden die Bildfläche.

verbunden, während die Streben am obern Ende mittelst Verstzung und durchgesteckter Schrauben- oder Splintbolzen an die Läuferruthe befestigt werden. In die Läuferruthe ist über den Streben die Rammscheibe eingelassen, welche das Rammtau vom Klotze nach der sogenannten Stube oder dem Raume über der Verschwellung führt. Hier stehn die Arbeiter auf einem losen Dielenboden und ziehn mittelst der angesteckten Zugleinen das hintere Ende des Rammtaues stofsweise herab, wodurch sie den Klotz heben, der beim plötzlichen Nachlassen des Zuges auf den Pfahl fällt und denselben eintreibt. Die eine Strebe in der vordern Wand der Ramme, und zwar die linkseitige, ist mit Sprossen versehn, auf welchen ein Arbeiter hinaufsteigen und die nöthigen Verrichtungen beim Einbringen der Taue, beim Schmieren der Scheiben und dergleichen bewirken kann. Diese Ramme hat endlich noch eine besondere Vorrichtung zum Setzen der Pfähle, nämlich eine Winde, die sich in Einschnitten auf den hintern Streben bewegt und durch eiserne Bügel darin gehalten wird. Das Windetau geht von ihr über den Krahnbalken, der auf dem obern Ende der Läuferruthe aufliegt und häufig noch durch Winkelbänder befestigt ist, oder wohl nur mit starken Leinen angebunden wird. Das Richten dieser Ramme geschieht, indem man die Läuferruthen nebst den beiden vordern Streben und der zugehörigen Schwelle flach auf den Boden legt und hierauf die ganze Verschwellung stellt, und diese mit den hintern Streben verbindet. Ist dieses geschehn, so befestigt man ein starkes Tau am Kopfe der Ramme, zieht dieses über die hintere Schwelle und legt es um eine Winde oder läfst es mittelst eines Flaschenzuges scharf anziehn. Indem man den Kopf der Ramme Anfangs durch unmittelbares Anfassen etwas anhebt, so wird bald eine solche Stellung erreicht, wobei der Zug an jenem Tau schon minder stark sein darf, und schliefslich wird es sogar nöthig, noch ein zweites Tau vom Kopfe der Ramme um einen Pfahl rückwärts zu befestigen (das Stopftau), womit man die Ramme zurückhält und verhindert, dafs sie nicht zu heftig sich auf die Verschwellung stellt. Beim Niederlegen der Ramme ist das Verfahren dasselbe, doch wird dabei das erste Tau, Stopftau, und das zweite mufs zunächst mit der Winde, oder aus freier Hand angezogen werden.

Fig. 165 stellt die sogenannte Winkelramme dar, welche

nur durch eine andere Anordnung der Verschwellung von
origen unterscheidet, aber sonst mit ihr übereinstimmt. Sie
dazu, um in den Ecken der Baustelle, die vielleicht wegen
Fangedämme oder aus anderm Grunde für die erste Ramme
gänglich sind, Pfähle einzuschlagen.

Fig. 166 ist die Ramme, die Perronet benutzte und die nahe
lenen übereinkommt, die man auch heut zu Tage in Frank-
anwendet. Sie hat nur eine hintere Strebe und sonach
die Winde, die zum Setzen der Pfähle dient, gerade in den
n, wo die Arbeiter stehn, und diese müssen sich daher zu
en Seiten gleichmäfsig vertheilen. Die Verbindung der ganzen
tung erhält durch Zangen und Schraubenbolzen eine grofse
figkeit, doch tritt dabei der Uebelstand ein, dafs die Zange
r der Winde gerade in die Richtung des Taues trifft, mittelst
sen die Pfähle gehoben werden. Das Rammtau selbst berührt
Zange aber nicht, indem die Zugleinen schon oberhalb abgehn.
i vielen französischen Rammen fehlt indessen diese Zange und
: ist nur deshalb hier angegeben, um die von Perronet benutzte
nordnung vollständig darzustellen. Der wichtigste Theil ist die
chere, in welcher der Klotz vor der vordern Wand spielt. Sie
st hier zwar fest und sonach entbehrt sie des Vorzuges, dafs die
lichtung des Schlages leicht verändert werden kann, aber sie
gewährt dennoch den Vortheil, dafs man den Klotz bis unter die
Terschwellung der Ramme kann spielen lassen, und dieses ist be-
onders beim Einrammen von Grundpfählen sehr wichtig, da es
unbequem ist, die Ramme gar zu tief zu stellen. Ferner ist die
Gröfse der Scheibe zu beachten, die 3¼ Fufs im Durchmesser hält,
loch ist sie nicht vor, sondern hinter der vordern Wand der
Ramme befestigt. Um die Scheibe deutlich darzustellen, war es
nöthig, sie etwas weiter von der vordern Wand zu entfernen. Ihr
Abstand beträgt in der Wirklichkeit nur 1 Fufs, wodurch auch
die Scheibe eine andere Lage erhält, als in der Zeichnung angegeben ist.

Fig. 167 zeigt ferner die sogenannte Stützenramme oder
Schwanzramme, die in den Ostseehäfen üblich ist, und sich
heils durch die Bequemlichkeit der Aufstellung und des Trans-
portes, und theils auch dadurch vortheilhaft auszeichnet, dafs man
nit ihr in jeder beliebigen Neigung Pfähle einrammen kann. Sie

besteht, wie die Figur zeigt, nur aus der vordern verschwellen Wand und der Stütze oder dem Schwanze, während ein oder zwei Taue, die sogenannten Kopftaue, die jedoch nur bei einem beinahe senkrechten Stande erforderlich sind, sie zurückhalten, damit sie nicht vorn überschlägt. Die Windevorrichtung fehlt ihr, dagegen ist am obern Ende der Stütze ein Haken befestigt, woran man einen Flaschenzug hängen kann, und mittelst dieses hebt eine zahlreiche Mannschaft noch schneller den Pfahl, als mit der Winde. Will man die Ramme richten, so legt man die Läuferruthe nebst den Streben mit ihrem obern Ende auf einen gewöhnlichen Räsbock und befestigt die Verbandstücke der vordern Wand unter sich und gegen die Schwelle. Alsdann setzt man die Stütze ein und verbindet mit dem Fuße derselben den einen Block eines Flaschenzuges, während der andere an den Fuß der Läuferruthe befestigt wird. Sobald man das in beide eingeschorne Tau anzieht, so richtet sich die Ramme von selbst auf. Das Versetzen oder Verfahren dieser Ramme ist aber insofern überaus leicht, als die Stütze einigen Spielraum in der Läuferruthe hat und man daher zuerst die Schwelle mit Brechstangen um einige Fuß fortschieben und sodann die Stütze an dem daran gebundenen Hebel weiter rücken kann. Eine Ramme dieser Art, die ich zur Kunstramme eingerichtet hatte und die 40 Fuß hoch war, wurde durch sechs Arbeiter ohne Mühe verfahren. Die gewöhnliche Ansicht, daß man zum Versetzen großer Rammen 20 bis 30 Mann nöthig habe, gilt keineswegs für diese Einrichtung. Daß die Ramme minder fest steht, als andere, welche an sich viel schwerer sind und überdies noch durch die ganze Mannschaft belastet werden, ist nicht zu leugnen, doch ist ihre Beweglichkeit nicht störend und man kann durch passende Anordnung der Ueberwürfe, womit die Ruthe und die Streben gegen die Schwelle befestigt werden, die Schwankungen vollständig aufheben. Fig. 169 zeigt einen solchen Ueberwurf in der Ansicht von zwei Seiten, wobei der eingetriebene keilförmige Pflock beide Verbandstücke fest zusammendrängt, was beim gewöhnlichen Ueberwurfe nicht geschieht. Es ist hierbei aber nothwendig, alle Haken und Krammen recht stark zu machen und mit Widerhaken zu versehn, damit sie nicht aus dem Holze herausgerissen werden. Endlich wäre noch darauf aufmerksam zu machen, daß die Schwelle nicht mit ihrer ganzen Grundfläche,

em nur mit drei niedrigen Füfsen unter der Läuferruthe und
r den beiden Streben aufstehn darf, weil man sonst nicht mit
hstangen darunter fassen kann.

Es darf kaum erwähnt werden, dafs man auch feste Rammen
urichten kann, dafs die Läuferruthen schräge stehn, dieses geht jedoch nur, wenn eine grofse Anzahl Pfähle unter einer
nmten Neigung eingerammt werden soll. Beim Bau der An-
idämme der Traject-Anstalt bei Lauenburg hatte man diese
:htung getroffen.

leim Einrammen von Schräg-Pfählen verbietet es sich zuwei-
lie Läuferruthe an diejenige Seite des Pfahles zu bringen,
derselbe übergeneigt ist. Dieses geschieht zum Beispiel bei
:rstärkung von Duc d'Alben, indem man an dieselben aus-
neue Pfähle stellt, die nach der Mitte hin geneigt sein
    Auf dem Eise läfst sich dieses besonders bequem aus-
, und man könnte zwar die Stützen-Ramme, indem die
verlängert wird, so schräge stellen, dafs sie sich unter dem
:htigten Winkel nach vorn übergeigt. Eine sorgfältige Ver-
ig der Stütze gegen die Schwelle, wie auch die Anbringung
· Kopftaue wäre alsdann aber nothwendig. Es ist jedoch
ier, die Ramme so über den Duc d'Albe zu stellen, dafs die
lle aufserhalb des zu setzenden Pfahles liegt. Man hängt
len Klotz verkehrt ein, so dafs er auf der untern oder der
Seite der Läuferruthe spielt und die Arbeiter sich aufserhalb
ordern Wand der Ramme befinden. Die Wirksamkeit wird
freilich durch den schrägen Zug an den Zugleinen merklich
ächt, aber ein wesentlicher Vortheil liegt darin, dafs man in
n seltenen Falle noch mittelst der gewöhnlichen Apparate
weck überhaupt erreicht. Es ist hierbei jedoch nöthig, zur
iderung der Reibung zwischen die Läuferruthe und die
an den Armen ein dünnes Brett einzuziehn, das so lang
·r Klotz ist. Ich habe diese Anordnung vielfach benutzt und
n gefunden.

ehr einfach ist die Ramme, die in Holland vorzugsweise,
:lbst bei den gröfsten Bauten angewendet wird. Fig. 168
·ine solche. Sie hat gar keine Verschwellung und die drei
·, welche die Rüstung bilden, sind unten mit eisernen Dornen
n, wie Fig. 171 einen solchen in gröfserem Maafsstabe dar-

sm111. eben sind sie durch einen Bolzen, den Fig. 170 zeigt, mit einander verbunden. Dieser Bolzen ist mit einem Oberair in Mitte versehn, daneben hat er auf jeder Seite einen Ansatz, w die Unterlagsscheibe sich lehnt, und an beiden Enden sind Sch bengewinde eingeschnitten, auf welche Muttern passen. Auf d. ken Seite der Bolzen (nach der Zeichnung) werden die beiden in der vordern Wand der Ramme, und auf der rechten Seite ... nige Baum, der die Stelle der Stütze versieht, aufgeschob mit den Schraubenmuttern befestigt. Es ergiebt sich hieraus, die drei Bäume leicht beweglich sind und man sie willkürlich g auseinander stellen kann. Mit ihren Füßen stehn sie gew. nicht unmittelbar auf dem Boden, weil sie darin zu tief ver ... wirden, vielmehr werden, wie die Figur zeigt, Bohlen unterg und auf diese oft noch andere Dielen, worauf die Arbeiter d An das obere Ende dieses Bockes ist mittelst einer Kette oder ... nes Taues eine hölzerne oder auch eine eiserne Scheibe von 18 Durchmesser in gehöriger Fassung angehängt. Der Rammklotz spi zwischen den dünnen Ruthen der Schere, die oben durch zwei ... geschrobene eiserne Bügel gehalten werden und die man unten u mittelbar auf den Boden oder auf untergelegte Brettstücke stel Mit der richtigen Stellung der Schere ist jederzeit ein Zimmerges ... ausschließlich beschäftigt, er verschiebt sie nicht nur in den Pau ... sondern auch während der Arbeit, sobald es ihm nöthig schei ... den Schlag des Klotzes mehr nach der einen oder nach der and Seite zu führen, und zuweilen hält er sogar die Schere längere Z hindurch mit den Händen, um jeden einzelnen Schlag auf die ... gemessene Stelle zu richten. Wenn diese Ramme zum senkrecht Einschlagen von Pfählen benutzt wird, wie gemeinhin der Fall i so muß sie durch ein Kopftau noch besonders gehalten werd das neben der Stütze angebracht wird und welches das Umfal der Rüstung, sowie auch das Verschieben derselben verhindert.

Viele Rammen, die man in Holland sieht, sind indessen no einfacher, als diese, indem ihnen sogar die Stütze fehlt. Sie besteh nur aus den beiden Bäumen, welche die vordere Wand bilden, u aus der Schere. Solche Rammen bedürfen indessen nicht nur d jenigen Kopftaues, welches Fig. 168 zeigt, sondern außer dies noch eines zweiten, welches nach vorn herabgeführt ist. Dabei d nicht unbemerkt bleiben, daß man in den Niederlanden, obwohl d

ı jeder gröfsere Bau auf einen Pfahlrost gestellt werden
ınoch solche schwerfällige Zugrammen, wie bei uns, nie-
⸱.
ın England üblichen Zugrammen haben eine Rüstung,
ıt derjenigen der Kunstramme, die Fig. 195 auf Taf. XV
ist, ungefähr übereinstimmt. Sie unterscheidet sich jedoch
⸱ theils dadurch, dafs ihr die Schere fehlt, und theils durch
re Verschwellung. Man sieht zuweilen solche Rammen,
⸱fs hoch sind, deren Rammstube aber nur 8 Fufs im Gelt. Aus diesem Grunde wird jederzeit ein Kopftau nach
ıgebracht, und oft befinden sich auch zwei solche seitwärts.
orderen Schwelle stehn die beiden Läuferruthen etwa im
von 6 Zoll. Dieselben sind oben durch einen Riegel mit
⸱erbunden, und häufig noch durch einen zweiten nahe un-
ammscheibe. Aufserdem erheben sich von der Schwelle
ıen, die jedoch gemeinhin die Läuferruthen nur etwa in
en Höhe fassen. Eine zweite kürzere Schwelle liegt am
ıde der Rammstube, und beide Schwellen werden durch
schwellen mit einander verbunden, die jedoch durch Ueber-
ollständig in die ersten eingelassen sind. Von der hintern
 gehn zwei Streben nach den zwei kurzen Riegeln, die an
über den Läuferruthen befestigt sind, wie die Figur zeigt.
diesen Riegeln befindet sich die eiserne Rammscheibe, und
den hintern Streben sind Sprossen eingezogen, auf welchen
Scheibe steigen kann. Häufig, und besonders wenn die
ne gröfsere Höhe hat, sind die vorderen und hinteren
ıch durch horizontale Riegel verbunden, oder solche ver-
hintern Streben mit den Läuferruthen. Die sämmtlichen
icke bestehn nur aus schwachem Kreuzholz, doch sind sie
durch genau schliefsende eiserne Bänder und durch Schrau-
verbunden, und die ganze Rüstung wird sorgfältig im Oel-
nterhalten. Die äufsern Flächen der Läuferruthen, neben
gufseiserne Rammklotz sich bewegt, sind mit Eisenschie-
det.
n Frankreich üblichen Rammen schliefsen sich ungefähr
'erronet benutzten an, doch stehn die Läuferruthen oft so
n einander, dafs der Klotz nicht dazwischen hängt, son-
ıeinen beiden Armen hindurchgreift, wie Fig. 162 angiebt.

Hier wäre nur zu bemerken, daſs man zuweilen auch Rams
zwei Scheiben und zwei Rammtauen sieht. Letztere strig
neben einander vom Klotze zu den beiden Scheiben auf,
also nahe berühren müssen, diese sind aber nicht parallel,
unter einem rechten Winkel gegen einander gerichtet, und
von besondern Rahmen getragen. · Die beiden Rammtaue en
sich bei dieser Anordnung von einander, und dadurch wird e
lich, die Zugleinen weniger schräge herabzuführen. Da jed
Entfernung der herabgehenden Rammtaue, wenn die Scheibe
4 Fuſs im Durchmesser halten, noch nicht 6 Fuſs beträgt,
des Tau sich nur 3 Fuſs von derjenigen Richtung entfernt,
einfache Tau haben würde, so ist der hierdurch erreichte V
in Betreff des mehr senkrecht gerichteten Zuges nicht von Bede

　　　Endlich wäre noch einer Ramme zu erwähnen, die si
allen übrigen dadurch unterscheidet, daſs sie in bedeutende
stande von ihrer Verschwellung die Pfähle setzt und ein
Beim Bau der Hafendämme in Stolpmünde kam es darauf
der Richtung dieser Dämme Rüstungen frei in die See hi
führen, von welchen aus die weiteren Ramm- und sonstigen
ten bewirkt werden könnten. Es sollten nämlich im Abstan
8 Fuſs Joche hergestellt werden, deren jedes zunächst a
Pfählen bestand. Indem die See aber selten so ruhig ist,
Rammarbeit vom Prahne aus erfolgen kann, und beim Begi
Baues, mitten im Winter, dieses am wenigsten erwartet
konnte, so muſste man eine Ramme benutzen, deren Läufer
vortrat, daſs man von der Rüstung auf den bereits fertigen
aus, die Pfähle des neuen Joches setzen konnte. Die zu
Zwecke construirte Ramme, die auf Fig. 214 auf Taf. XVI pe
visch dargestellt ist, erfüllte diese Aufgabe vollständig, und wurde
gesetzt benutzt, wiewohl ihre Leistung noch dadurch erschwert
daſs bei der Ausführung ein Abstand der Joche von 9 Fuſs
war. Die Figur giebt die ganze Zusammensetzung der Masc
speciell an, daſs eine nähere Erklärung entbehrlich ist. I
nutzung zweier Rammscheiben, wodurch unbedingt die Reibu
gröſsert wird, lieſs sich nicht vermeiden, doch war dieser Ueb
nur geringe im Vergleich zu dem wesentlichen Vortheil, daſs
beit beinahe ganz unabhängig von Wind und Wetter ausgefüh
den konnte. Auf der Laufbrücke wurden die vorbereiteten

schafft, und mit der Ramme gesetzt und eingeschlagen. Von
beiden weit vortretenden Schwellen aus liefs sich auch leicht
Bohle hochkantig an die neugestellten Pfähle nageln, und hier-
eine Rüstung legen, um die Pfähle abzuschneiden, mit Blatt-
zu versehn und den Holm aufzubringen, worauf das folgende
in Angriff genommen werden konnte. Nur an sehr wenigen
en, wenn die Wellen bis zum Bohlenbelage anstiegen, mufste die
unterbrochen werden. Der Baumeister Leiter, der die Auf-
t über diesen Bau führte, hatte diese Ramme, die Pionir-
me genannt wurde, construirt.

Nächst der Rüstung verdient der Rammklotz oder der Bär
nähere Beschreibung. Derselbe besteht aus Holz oder aus Gufs-
. Sein Gewicht beträgt nach Maafsgabe des Widerstandes, den
Pfähle dem Eindringen entgegensetzen, 6 bis 12 Centner, doch
en beide Grenzen zuweilen überschritten. Der hölzerne
mklotz besteht aus einem gesunden und starken Stücke, ge-
lich dem Stammende einer Eiche. Bei den harten Stöfsen, de-
er ausgesetzt ist, so wie der dauernden Einwirkung der Wit-
g, wobei er bald nafs, und bald durch Sonne und Wind wie-
rocken wird, ist die Wahl eines besonders kräftigen und feh-
ien Holzes unbedingtes Erfordernifs. Ist man in dieser Bezie-
nicht vorsichtig gewesen, so pflegt der Klotz bald zu reifsen,
littern, auch wohl zu spalten und sich stumpf zu schlagen, das
die untern Enden der Holzfasern legen sich um, wodurch eine
ne Grundfläche entsteht, die jeden kräftigen Schlag mildert und
Wirkung schwächt. Es kann indessen selbst das festeste Holz
rschütterung nicht lange widerstehn, die es bei diesem immer
rholten Aufstofsen erfährt, wenn man es nicht durch starke
rne Ringe zusammenhält. Damit der Ring es aber fest um-
fst, ist es nothwendig, dafs das Holz schon vorher ziemlich
trocknet war. Gewöhnlich wird der Rammklotz prismatisch
war mit quadratischem Querschnitte bearbeitet. Oben und un-
chneidet man entweder ringsumher oder wenigstens an der
, welche sich gegen die Läuferruthe lehnt, Falze von ½ Zoll
ein, weil der Beschlag daselbst nicht vorstehn darf, und in
Falze treibt man die eisernen Ringe. Jeder derselben wird
Theil durch Nägel befestigt, hauptsächlich geschieht dieses aber
vier eiserne Schienen, die man in die Mitte der Seiten ein-

läfst und die mit ihren umgebogenen Rändern den Ring halten
werden, nachdem der Ring aufgetrieben ist, unter demselben i
schon früher eingeschnittenen vertieften Rinnen eingeschoben
gleichfalls durch Nägel oder auch wohl durch Krammen bei
doch müssen im letzten Falle die Schienen auch am obern
einen umgebogenen Rand erhalten und lassen sich alsdann m
dem Ringe zugleich einbringen. Fig. 172 zeigt diese Anordun
wohl in der Seitenansicht des Klotzes, als auch im Längen
schnitte. Es tritt hierbei indessen der grofse Uebelstand ein
die Ringe durch die Schienen und Nägel wohl am Herabfall
hindert werden, ihnen dadurch aber keineswegs der feste f
gesichert wird, sie daher beim Eintrocknen des Holzes lose v
und der Klotz Risse bekommt, sich stumpf schlägt und oft
in mehrere Stücke zerfällt. Will man dieses verhindern, so i
die Ringe, welche durch die starken Stöfse während des Geb
der Ramme immer abwärts getrieben werden, sich eben dadu
selbst wieder festsetzen, wenn sie auch durch das Trockn
Schwinden des Holzes lose geworden sein sollten. Zu
Zwecke darf der Klotz keine prismatische, sondern mufs v
eine pyramidale Form erhalten, indem er nach oben und i
beiden Richtungen sich verjüngt. Sowohl die untere, als di
Fläche desselben wird gegen diejenige Seite, die sich an die
-ruthe lehnt, senkrecht abgeschnitten, und damit die Ringe,
nen man bei gröfseren Klötzen sogar drei auftreiben kann,
gespannt werden können, so müssen sie hinreichende Bre
Stärke erhalten, besonders gilt dieses aber von dem untere
wenigstens $\frac{1}{2}$ Zoll stark und 2 Zoll breit werden mufs. All
werden von oben aufgetrieben, und damit sie sämmtlich, w
der unterste sich noch senken können, so darf dieser dem
Ende des Klotzes nicht zu nahe liegen, sondern mufs Anfan
6 Zoll davon entfernt bleiben. Alle Ringe stehn alsdann
Seitenflächen des Klotzes weit vor und würden die Läuferrut
beschädigen, wenn man sie nicht davon gehörig entfern
könnte. Dieses geschieht dadurch, dafs man ein dünnes B
Eichenholz darüber nagelt, welches an den Stellen. wo es d
nen Ringe trifft, passend ausgeschnitten ist. Man erreicht
noch den Vortheil, dafs man dieses Brettchen glatt behobe
auswählen kann, dafs es recht gerade Fasern hat, wodurch

g gegen die Läuferruthe geringer wird, als wenn der Ramm-
 sich unmittelbar dagegen lehnte. Fig. 173 a und b zeigt die
 riebene Anordnung. Ich habe einen Klotz dieser Art einige
 hindurch bei einer Kunstramme benutzt, und er wurde, trotz
viel stärkeren Erschütterungen, die er erlitt, dennoch weit we-
 beschädigt, als die auf gewöhnliche Art beschlagenen Ramm-
 der Zugrammen, doch auch bei den letzten zeigte sich die-
veränderte Beschlag in gleichem Maaße vortheilhaft, indem da-
 die vielfachen Reparaturen aufhörten, die früher immer er-
che Kosten verursacht und häufig den Betrieb der Arbeit un-
rochen hatten. Es muß aber noch bemerkt werden, daß die
 heiß anfgetrieben werden müssen.

Die Verbindung der Arme mit dem Rammklotze ist demnächst
' wichtig. Häufig versieht man die Arme nur mit gewöhnlichen
matischen Zapfen, die bedeutend schwächer als sie selbst sind,
setzt diese in Zapfenlöcher ein, worin sie verbohrt und mit
ernen Nägeln befestigt werden. Zuweilen giebt man ihnen
albenschwanzförmige Zapfen, wie Fig. 174 auf Taf. XIV zeigt,
durch Keile von unten festgestellt, auch wohl mit hölzernen Nä-
gehalten werden. Diese Verbindungen sind indessen nicht pas-
, denn es ist kein Grund vorhanden, die Ausarbeitung eines
n Zapfenloches im Klotze zu vermeiden, da eine Schwächung
lben doch nicht eintritt. Diese Arme stehn aber seitwärts vor
Klotze vor und jeder Stoß trifft sie eben so, wie den Klotz
t, ein Abbrechen des Zapfens ist also leicht möglich, wenn der-
 in der Verbindung mit dem Arme geschwächt wird. Dazu
mt noch, daß die Nässe sich in das Zapfenloch hineinzieht,
r man beim Ausnehmen eines Armes immer bemerkt, wie der-
 besonders an der Stelle, wo er die Seitenfläche des Klotzes
, angefault und verrottet ist, während er in dem vorstehenden
le noch frisches Holz hat. Gerade da, wo der Stoß am leich-
 den Bruch bewirken kann, ist auch der Einfluß der Witte-
am nachtheiligsten. Hiernach ist es nicht zu billigen, wenn
an eben dieser Stelle den Querschnitt schwächt. Die in der
 dargestellte Befestigungsart mit dem schwalbenschwanzförmi-
apfen und dem eingetriebenen Keile ist aber auch an sich nicht
nessen, da eine solche Verbindung theils durch das Eintrocknen
olzes, und theils durch die heftigen Stöße sich bald löst, so

dafs der Keil herausfällt, während die hölzernen Nägel
Kurzem brechen, wenn sie allein den Arm halten sollen.
brechen der Arme mufs aber mit der gröfsten Vorsicht v
werden, weil sie alsdann vielleicht aus grofser Höhe auf d
ter fallen und diese beschädigen würden. Am sichersten is
Arm in seiner ganzen Höhe und Stärke in den Klotz ein
lassen und ihn durch einen horizontal durchgesteckten eise
zen von ½ Zoll Durchmesser, der die ganze Breite des Kl
Länge hat, zu befestigen, wie Fig. 173 auf Taf. XIII se
Bolzen wird durch die Stöfse, die ihn von unten treffen, t
schoben, wenn er nur einigermaafsen im Bohrloche festsitzt
nicht gar zu willig aus- und eintreiben läfst. Hat der F
Arme, so wird ein Bolzen immer je zwei derselben festh
bei acht Armen oder bei einer Scher-Ramme genügen l
zwei Bolzen, doch können sie im letzten Falle auch ganz f
durch hölzerne Nägel ersetzt werden, indem je zwei Arme ;
hindurchreichenden Stücke Holz bestehn.

Werden die Arme an ihrem hintern Ende noch mit
versehn, so erhalten sie zu diesem Zwecke quadratische C
von 2 bis 2½ Zoll Weite und Höhe. Der Riegel hat an
Seite einen seitwärts vortretenden Kopf, damit er sich i
hindurchschieben kann, und auf der andern Seite wird er ;
durch einen vorgeschlagenen gewöhnlichen eisernen Nagel
Man wählt statt des letztern zuweilen auch einen kleinen
bolzen, der aber leicht ausspringt, wodurch der Riegel g
und herabfällt. Jedenfalls wird der Riegel aber nicht fes
ben, sondern nur lose eingesteckt, und sonach sind di
Ringe, die man auf die Arme aufzuschlagen pflegt, e
Ueberhaupt mufs man sich hüten, am Rammklotze und a
men desselben viele Beschläge anzubringen, denn durch d
Stöfse werden sie doch bald gelöst und sie nützen alsdann
nichts, sondern veranlassen beim Herabfallen auch Gefa
Arbeiter.

Die Oese, woran das Tau befestigt wird, kann ent
mittelbar an den Klotz angeschnitten werden, wie dieses i
zu geschehn pflegt. Aus Figur 168 ergiebt sich diese A
und dieselbe empfiehlt sich dadurch, dafs das Tau weni
indem es kein Eisen berührt, auch nicht so scharf geb

sich dieses auch bei eisernen Krammen vermeiden. Die
erursacht weniger Kosten, als die hölzerne Oese, insofern
inglich ist, und von einem Klotze, sobald er zerschlagen
ult ist, auf einen andern übertragen werden kann, die höl-
: ist aber nicht nur wegen der Arbeit kostbar, sondern
ch für das zum Rammklotze zu wählende Holzstück schon
gröfsere Länge. Endlich aber gewährt die Kramme noch
:il, dafs man mit grofser Sicherheit, nachdem der Klotz
bearbeitet, beschlagen und mit den Armen versehn ist,
genau über dem Schwerpunkte aussuchen und dadurch
der Ramme erleichtern kann. Fig. 175 zeigt eine eiserne
n der Seitenansicht. Sie mufs mindestens 1 Zoll und bei
Rammen bis 1$\frac{1}{4}$ Zoll im Durchmesser halten und eine
ı 9 bis 12 Zoll haben. Die beiden Spitzen, womit sie
n wird, sind mit Widerhaken versehn und genau parallel
r gerichtet. Wenn sie auf solche Art ausgeschmiedet ist
gehörigem Vorbohren der Löcher kalt eingeschlagen wird,
ın nicht befürchten, dafs sie herausgerissen oder zerbro-
en möchte, sie bleibt vielmehr, so lange man den Klotz
rann, fest darin stecken und leidet in keiner Beziehung.
r endlich der Klotz zerschlagen wird, so kann sie unmit-
ohne alle Reparatur wieder bei einem andern Klotze ge-
erden.
eiserne Rammklötze werden bei Kunst- und Dampf-
ewöhnlich angewendet, aber auch bei Zugrammen werden
erer Zeit vielfach benutzt. Ihr Vorzug vor den hölzernen
rin, dafs sie an sich keine Unterhaltungskosten erfordern
r That unverwüstlich sind. Man darf sie aber nicht un-
an hölzernen Läuferruthen sich bewegen lassen, weil sie
ı angreifen, es ist daher nöthig entweder die Ruthen mit
beschlagen, oder den Klotz an der reibenden Fläche mit
verkleiden. Sodann ist auch die Befestigung der Arme
r und weniger sicher, und überdiefs tritt bei ihnen noch
stand ein, dafs die Pfähle stark angegriffen werden und
plittern oder spalten, woher man auf die Köpfe derselben
nge aufzutreiben pflegt. Der letzte Uebelstand vermindert
ermaafsen dadurch, dafs man dem Klotze keine convexe
he giebt, wie oft geschieht, sondern eine ebene, und noch

7

besser ist es, sie etwas concav zu machen. Zum Befestige
Arme werden die Oeffnungen für diese gleich beim Gusse (
stellt, man muß aber dafür sorgen, daß sie hinreichend weit
weil schwache Arme bei dem dauernden Aufstoßen auf die l
masse leichter abbrechen, als bei hölzernen Rammklötzen. D
festigung der Arme ist sehr verschieden, erfordert jedoch i
große Vorsicht, damit kein Theil derselben sich lösen und l
fallen kann. Wenn der Klotz neben der Läuferruthe verkleide
den soll, so giebt man dem vortretenden Theile des Armes
etwas größere Stärke, als diese Oeffnung hat, so daß er,
Fig. 176 zeigt, mit den vortretenden Rändern zugleich das Bre
hält, welches die unmittelbare Berührung des Klotzes und der
ferruthe verhindert. Keilförmige Splinte auf der andern Seit
nen zur Befestigung der Arme. Dieselbe Figur zeigt die ge
liche Oese, zuweilen benutzt man aber auch hier eine Kramme
einen Bügel aus Schmiedeeisen, der in die Gußform gesetzt und (
angegossen wird.

Ein andrer wichtiger Theil der Zugramme ist die Sch(
worüber das Rammtau geführt wird. Hauptbedingung für di(
ist es, daß sie das Tau in solcher Richtung faßt, daß es p
zur Läuferruthe gespannt wird. Die Scheibe muß also eben s(
vor die Läuferruthe vortreten, wie der Aufhängungspunkt des Kl
oder nach der obigen Bedingung wie der Schwerpunkt dess
und außerdem muß sie auch in die Ebene fallen, welche die M
linie der Läuferruthe schneidet. Diese Bedingungen zeigen sic
sonders in dem Falle als nothwendig, wenn der Klotz bis na
die Scheibe gehoben werden soll, was beim jedesmaligen Setz
nes Pfahles der Fall zu sein pflegt. Demnächst darf die S(
nicht einen gar zu kleinen Durchmesser erhalten. Es ge
nicht selten, daß dieser nur 8 bis 9 Zoll mißt, doch geht al
nicht nur ein großer Theil der Kraft in der Ueberwindun
Steifigkeit des Seiles verloren, sondern außerdem wird die Re
an der Achse auch sehr groß, was hier um so mehr zu be
sichtigen ist, als gemeinhin die Scheibe sich nicht mit der A(
sondern vielmehr um dieselbe dreht, wodurch eine weniger
mäßige Bewegung und ein stärkeres Schleifen und Klemmen
steht. Bis zu welchem Grade die Reibung auf diese Art an
sen kann, läßt sich nicht sicher nachweisen, doch ist ihre Z

lenfalls viel gröſser, als man nach der Verschiedenheit der Halbmesser der Scheiben erwarten sollte. Was den Einfluſs der Steifig-
it des Taues betrifft, so läſst sich dieser mit Zugrundelegung der
wöhnlichen Annahme für Scheiben von verschiedener Gröſse und
r ein bestimmtes Gewicht des Rammklotzes leicht finden. Der
lotz mag 12 Centner wiegen und das Tau 1½ Zoll im Durchmes-
r halten, alsdann wird die Reibung, oder der nöthige Ueberschuſs
r Kraft über die Last,

wenn die Scheibe   9 Zoll miſst . . . . 165 Pfund
-    -   -   12   -   -   121   -
-    -   -   18   -   -   82   -
-    -   -   24   -   -   62   -
-    -   -   30   -   -   49   -
-    -   -   36   -   -   41   -

lan kann also nach diesem Beispiele in Beziehung auf die Steifig-
ait des Seiles die nöthige Kraft schon um 100 Pfund vermindern,
obald man die Scheibe von 9 auf 24 Zoll vergröſsert. In Betreff
er Reibung wird der Vortheil aber noch gröſser. In England hat
lan die Erfahrung gemacht, daſs der fünfte Theil der Mannschaft
atbehrlich wurde, sobald man statt der dort üblichen Scheiben von
0 Zoll Durchmesser, 4 Fuſs hohe Scheiben benutzte, die aber auch
ach insofern eine Vervollkommnung erfahren hatten, als die Achse
a der Scheibe befestigt war und in Pfannen lief.

Das Material, woraus die Scheibe gewöhnlich besteht, ist
lolz, doch wählt man dazu solche Arten, die nicht nur hart sind,
andern sich auch recht glatt reiben, und wo sie über den Spahn
geschnitten sind, keine groſse Schärfe zeigen. Aus diesem Grunde
at Eichenholz hierzu nicht passend, dagegen wird Weiſsbuchen-,
lach Birken- und bei kleineren Scheiben das sehr feste und dauer-
lafte Guajak- oder Pockholz besonders benutzt. Man dreht die
Scheiben, wenn sie klein sind, aus vollem Holze aus, und selbst
gröſsere werden zuweilen aus mehreren Bohlenstücken so zusam-
lengesetzt, daſs die Holzfasern durchweg parallel liegen. Fig. 177
leigt eine Scheibe dieser Art von 2 Fuſs Durchmesser, die bei den
lammarbeiten am Ems-Canale in der Gegend von Lingen angewen-
let wurde. Die drei Bohlenstücke waren darin theils durch Federn
ad Nathen und theils durch vier eingeschobene und verbohrte höl-
erne Däbel, auſserdem aber noch an jeder Seite durch fünf eiserne

7*

Schienen verbunden. Es ist indessen vortheilhafter, di
aus mehreren Stücken so zusammenzusetzen, daß sie v
räder aus Armen und Felgenstücken bestehn. Fig. 178 i
Seitenansicht und im verticalen Durchschnitt eine sold
Scheibe, die häufig vorkommt. Die beiden Verbandstü
die Arme bilden, sind überblattet und in die Felgen ver
eiserne Schienen, die in kreuzweiser Richtung auf beider
gelassen sind, verbinden die Arme mit den betreffenden
bilden zugleich die Pfannen, womit die Scheibe den Bo
der ihr zur Achse dient. Besonders wichtig ist es, n
nig Hirnholz in der Rille, worin das Tau ruht, vortret
weil das Tau dadurch besonders leidet. Die Scheibe
nämlich keineswegs immer übereinstimmend mit dem d
den Tau. Dieses geschieht freilich während des A
Klotzes, wobei das Tau stark gespannt ist und durch i
der Scheibe die gleiche Bewegung mittheilt. Auch we
herabfällt, nimmt die Scheibe bald die der früheren ent
Bewegung an, aber sobald der Klotz aufschlägt, so w
das nunmehr ganz lose auf der Scheibe liegt, zurückg
die Scheibe, welche in diesem Moment eine grofse Ge
angenommen hat, kommt nicht augenblicklich zum Sti
dern dreht sich noch weiter und hierbei erfolgt vorz
starke Abnutzung des Taues, die immer um so gröfse
her und schärfer das Holz in der Rille war. — Die
freilich in ziemlich kurzer Zeit eine polirte Oberfläche
dennoch die Reibung nicht aufhört, giebt sich am dei
durch zu erkennen, daſs die Rillen immer tiefer werder
testen gleitet das Tau über diejenigen Stellen, wo d
tangential liegen, und dadurch rechtfertigt es sich, d
Kranz der Scheibe nicht nur aus vier Felgenstücken zu
sondern daſs man dazu, wo möglich, auch krummgewa
nimmt, welches sich überdiefs sicherer durch die Zapf
läſst. Bei gröſseren Scheiben wird die Anzahl der
gleichfalls gröſser, und man muſs alsdann auch die Anz
vermehren, die sich in diesem Falle aber nicht mehr
lassen, sondern mit Zapfen in einander greifen, oder n
Scheibe, wie einem Wagenrade, eine vollständige Nabe
delt die Arme in Speichen, wie in Frankreich oft gesc

noch nöthig, die einzelnen Felgenstücke durch Schie-
nder zu verbinden.

eibe findet gewöhnlich in der Läuferruthe ihre Be-
woselbst sie in einen Schlitz eingesetzt wird, man
sdann die beiden Backen des Schlitzes so, dafs theils
ihnten Bedingung über das Vortreten der Scheibe vor
he Genüge geschieht, und theils auch das Bohrloch für
ht gar zu nahe an den vordern oder hintern Rand der
it. Die Achse besteht bei den gewöhnlichen Ram-
1 losen Bolzen mit vorgestecktem und umgebogenem
emeinhin pflegt dieselbe bei der Bewegung der Scheibe
gleich einige Drehung anzunehmen. Sie greift alsdann
worauf sie ruht, stark an. Aus diesem Grunde ist es
lie Schienen zu verstärken und mit förmlichen Pfannen
zu versehn, die gleich beim Ausschmieden dargestellt
neinhin setzen sich diese Schienen noch weiter auf- und
und bei der Stützenramme ist es üblich, dafs sie zu-
olzen, durch welchen die Stütze gehalten wird, umfas-
unter die Ringe reichen, woran die Kopftaue befestigt
selben Schienen reichen aber noch weiter abwärts und
wo sie gegen die Streben treffen, Verlängerungen, wel-
arniere mit ihnen verbunden sind und wieder den drit-
mfassen, der beide Streben mit der Läuferruthe ver-
167 zeigt diese Anordnung.

ich ist die Rille in der Scheibe nicht tief eingeschnitten
:ht alsdann die Besorgnifs, dafs das Tau herausfallen
dieses zu verhindern, setzt man an die Läuferruthe
iten noch breite Backenstücke an, welche etwas
ie Scheibe, nach vorn und nach hinten vortreten und
Herausspringen des Taues unmöglich machen. Diese
man aber nicht allein durch Nägel befestigen, weil sie
lle sich leicht lösen und herabstürzen könnten, minde-
uf jeder Seite ein Schraubenbolzen, bei dem die Mutter
;ezogen ist, hindurchgehn.

ie Scheibe einen Durchmesser von 4 bis 5 Fufs erhält,
chland und Holland zwar nicht vorkommt, wohl aber
und England, so darf sie nicht mehr lose auf der
en, sondern letztere mufs an sie befestigt sein und

sich zugleich mit ihr umdrehn.　Dieses begründet sich dad
die Entfernung der Stützpunkte, welche die senkrechte Su
Scheibe sichern, ohne dafs diese sich gegen die Läufern
hierdurch gröfser wird und sonach eine Neigung nach
nicht so leicht erfolgen kann.　Wenn nach der gewöhn
richtung die Scheibe sich auf der Achse dreht, so schlei
Buchse nicht gleichmäfsig aus, sondern das ursprünglich
Loch wird bald an beiden Seiten weiter als in der Mitt
mehr neigt sich die Scheibe stark seitwärts und fängt a
gen die Ruthen oder die erwähnten Backen zu schleife
ein grofser Kraftverlust entsteht.　Diesem Uebelstande
vor, wenn die Achse innerhalb der Scheibe viereckig
beiden vorstehenden Enden cylindrisch ausgeschmiedet un
wird.　Mit diesen Enden läfst man sie in gehörigen Pfan
laufen, und wenn sich hier nach und nach auch einige
zeigt, die man jedoch durch gehöriges Einschmieren sehr
kann, so läuft die Scheibe dennoch immer frei und je
gegen die Ruthe tritt nicht ein.

Die Pfannenlager kann man auf Knaggen legen,
gen die Läuferruthen befestigt, doch sind in diesem Fa
hende Schraubenbolzen nothwendig, weil die Nägel sich
ziehn.　Dasselbe ist auch zu besorgen, wenn man eise
der unter den Knaggen oder Riegeln anbringen wollte,
nur mit Nägeln befestigt wären.　Fig. 179 zeigt die Vor
ser Art, die bei den Rammen am Ems-Canale getroffen
Knagge wurde durch 2 Bolzen gehalten und beide verb
im obern Theile, so dafs sie zugleich die Stelle der
sahn.　Man mufs statt der Knaggen schon Riegel anwen
weiter rückwärts die Pfannen tragen, sobald das Rad so
dafs seine Achse etwa 3 Zoll, oder noch weiter hinter
ruthe trifft.　Sehr einfach wird diese Anordnung, wie
der Seitenansicht und im horizontalen Querschnitt zeigt
Ramme zwei Läuferruthen hat.　An jede derselben bolz
lich von aufsen einen Riegel, und beide Riegel sind auf
Seite wieder mit der Strebe oder Stütze durch einen S
zen verbunden.　Es ist hier jedoch nothwendig, dafs di
mer eine bestimmte Neigung gegen die Läuferruthe beh
Endlich wendet man auch zuweilen zwei Scheit

erwähnt die Zugleinen weniger schräge wirken zu las-
31 zeigt die Befestigungsart zweier Scheiben von 5 Fuſs
, wie ich solche in Havre sah. Jede Scheibe hat ne-
ui Riegel, die theils auf einer gegen die Stütze gebolz-
ch Bänder unterstützten Schwelle aufliegen und theils
uferruthen und zwei Stiele befestigt sind. Diese Stiele
er andern Schwelle auf, welche wieder in gleicher Art,
ähnte, von den Läuferruthen getragen wird. Hierbei
e Oese des Rammklotzes neben einander zwei Taue
leren hintere Enden auf den andern Seiten der Schei-
uſs von einander entfernten.

isher nur von hölzernen Scheiben die Rede gewesen,
sieht man die Ramme aber auch mit guſseisernen
oder es geschieht wohl, daſs man die Rille in der höl-
se, um ein Abschleifen zu verhindern, mit eisernen
füttert. Das erste kommt bei den bessern Rammen in
öhnlich vor, das letzte sieht man nicht selten in Frank-
itlich wenn gröſsere Scheiben benutzt werden. Man
, daſs das Rammtau, wenn es über Eisen oder über-
letall läuft, stark angegriffen wird, auch daſs es sich
und auf diese Art leidet. Die Erhitzung steht in ge-
ng zur Reibung, wenn daher letztere sehr groſs ist, so
a Abnutzung bedeutend, besonders wenn die Wärme so
lte, daſs das Tau zu rauchen anfinge. Ich habe häufig
nen Rammscheiben arbeiten lassen, aber dabei nie eine
ler Scheibe und ebensowenig des Taues wahrgenom-
eibung und die daraus hervorgehende Abnutzung des
freilich bei Anwendung guſseiserner Scheiben oder ei-
en sehr bedeutend und viel gröſser werden, als beim
das Eisen noch die rauhe Guſsfläche hat, oder die
mit einer groben Feile bearbeitet sind und wohl gar
charfe Ränder haben. Man muſs also möglichst dafür
lem Gebrauche solche Unebenheiten zu entfernen, der
selben ist hier viel gröſser, als bei einer andern Be-
Scheiben, indem, wie bereits erwähnt, beim Aufschla-
mklotzes die Scheibe sich noch weiter dreht, während
gehalten wird, und diese Bewegung der Scheibe setzt
inger fort, je gröſser ihr Gewicht und namentlich das

des Kranzes ist. In der letzten Beziehung zeigt sich das G
aber nicht ungünstig, denn wenn es auch ein·viel größe
fisches Gewicht als Holz hat, so darf es dagegen auch i
gehalten werden, indem die vortretenden Ränder, welch
tiefte Rille bilden, schon dem Rade die nöthige Festigk
und wenn sonach eine gußeiserne Scheibe auch immer n
rer bleibt als eine hölzerne, so ist der Unterschied des
dennoch nicht so bedeutend, daß er das Moment der Be
eine nachtheilige Art vermehren könnte. Der wichtige \
gußeisernen Scheiben ist aber ihre Dauer und Festigkeit
sich die Achse darin sicherer anbringen, so daß die Dre
mäßiger als bei hölzernen Scheiben erfolgt. Dann k
daß diese Räder sich bei längerem Gebrauche sehr gla
und die Rillen mit der Zeit solche Politur annehmen, a
ausgeschliffen wären. Alsdann ist die Abnutzung der ;
viel geringer, als bei hölzernen Scheiben.

Fig. 182 zeigt eine gußeiserné Scheibe, ähnlich c
schon bei Gelegenheit der Scher-Ramme (Fig. 168) c
Man kann dieselbe bei kleineren Rammen sehr zwecl
nutzen und sie ist auch sonst auf jeder größeren Ba
brauchbar. Ihre Construction ergiebt sich aus den Fig
ist dabei nur zu erwähnen, daß die Achse in die Sc̄
keilt ist und auf Pfannen ruht, welche seitwärts vor c
vortreten, die Fassung aber besteht aus zwei geschmied
die mittelst dreier Riegel mit einander verbunden sind.
gel ist an jeder Seite mit einer Schraubenspindel versehr
jede Platte greifen drei solche Spindeln, die mittelst]
angezogen werden. Zwischen dem eigentlichen Riege
Schraubengewinde befindet sich noch ein kurzer Theil
tischem Querschnitt, dieser steckt in der Fassung und
Drehen des Riegels, während die Schraubenmutter ange
Wenn die Riegel passend ausgefeilt sind, so erhält die
sung der Scheibe eine große Festigkeit. Es ist aber .
merken, daß durch die Mitte des obern Riegels ein Hake
greift, der unten mit einem Kopfe versehn ist und e
bildet.

Das Rammtau ist derjenige Theil des Appara
schnellsten abgängig wird, und dieses rührt hauptsächlic

.zieho her, wodurch das Tau nicht dauernd in einer ge-
panoung erhalten wird, sondern eine solche abwechselnd
d wieder aufhört. Aus diesem Grunde mufs das Tau eine
tärke erhalten, als wenn es nur dazu dienen sollte, den
z zu tragen, oder mit mäfsiger Geschwindigkeit zu heben.
s ist aber eine grofse Dicke und ein grofses Gewicht des
h sehr nachtheilig, denn durch die erstere vermehrt sich
keit und die Kraft, die zur Ueberwindung derselben er-
ist, und das grofse Gewicht des Taues vermindert wieder
des Klotzes beim Herabfallen. Aus diesem Grunde em-
sich, das beste Tauwerk, das man bekommen kann, zu
)ie Mehrkosten dafür werden, abgesehn von den übrigen
durch die längere Dauer desselben reichlich aufgewogen,
ist es aber, dafs das Rammtau bei geringem Durchmesser
:hte recht fest und dabei möglichst biegsam sein mufs.
Tauwerk ist aus dem letzten Grunde ganz unpassend.
rorzugsweise darauf zu sehn, dafs das Tau aus reinem
onnen ist, und man überzeugt sich hiervon, wenn man
iufzerrt, es in die einzelnen Stränge und Drähte zerlegt
diese noch löst und untersucht, ob überall recht feine und
ʔasern vorkommen, oder ob vielleicht dazwischen noch
der holzigen Masse des Hanfstengels liegen. Im letzte-
st das Tau schon im Allgemeinen von geringem Werthe,
:au aber ganz unbrauchbar. Ferner ist es vortheilhaft,
tau links spinnen zu lassen. Es werden nämlich ge-
lle Drähte, sowie auch die Stränge, die schon aus den
Drähten oder den zuerst gesponnenen Fäden bestehn,
)onnen, das heifst die Windung ist in derselben Richtung
, wie bei der gewöhnlichen Schraube. Hält man den
:r den Faden senkrecht vor sich, so sieht man die Win-
der linken Seite nach der rechten ansteigen. Werden die
1 einem Tau verbunden, so spinnt man sie gewöhnlich
hts, links gesponnen ist aber dasjenige Tau, in welchem
ng der Stränge derjenigen der einzelnen Fäden entgegen-
Hält man ein solches Tau wieder vor sich, so bemerkt
die Windung von der rechten Seite nach der linken an-
diesem Falle vermindert sich etwas die Steifigkeit der
Fäden und das Tau wird dadurch biegsamer, man meint

aber, daſs es sich stärker reckt oder ausdehnt, als das
sponnene, was jedoch bei dieser Anwendungsart nicht
lig ist.

Wenn das Tau aus vorzüglichem Material besteht,
eine Stärke von 16 Linien im Durchmesser *) für einen
schweren Klotz, und ein solches Tau pflegt sich bei fo
Gebrauche während der gewöhnlichen Arbeitsstunden ei
hindurch ohne Beschädigung zu erhalten. Zuerst wird
griffen, wo es die Rammscheibe trifft, während der Kl
Pfahle steht. Diese Stelle ist zwar bald höher und bal
aber die Anzahl der Schläge auf jeden Pfahl, so lan
schnell eindringt, sehr unbedeutend gegen diejenige ble
trifft, wenn er schon beinahe seine ganze Tiefe erreicht
stimmt sich die Stelle der stärksten Beschädigung im
nach der Tiefe, zu welcher die Pfähle durchschnittlich,
werden. Wenn diese Stelle nicht gerade in die Mitt
trifft, so kann man, sobald sich Beschädigungen zeig
noch umkehren und das Ende, woran früher die Zug
steckt waren, an die Oese des Klotzes befestigen.

Das Anbinden des Taues an den Klotz geschieht
Art, wie bei Gelegenheit der Befestigung des Gestänge
ren Artesischer Brunnen (§. 10.) erwähnt wurde, und z
wohl, wenn eine hölzerne, als wenn eine eiserne Oese
klotze angebracht ist. Im letzten Falle darf man indes
nicht unmittelbar um diese Oese oder die Kramme schl
hier die Windung zu scharf wäre, der Gebrauch der
eisernen Rinnen oder der Kauschen ist hier aber ni
weil dieselben sich bei den starken Stöſsen zu leich
Man umwindet daher die Kramme einige Zoll hoch mit
werk und darüber mit Leinen, wodurch eine noch weic
lage gebildet wird, als die hölzerne Oese bietet. Auch
im Tau erfordert hier gröſsere Vorsicht, und es ist gewö
wenn auf die in Fig. 14 Taf. I dargestellte Art der Sch

---

*) Bei Ankertauen und überhaupt bei der Takelage der Se
man unter der Benennung Stärke eines Taues nicht den Durch
dern den Umfang zu verstehn, doch ist diese Bedeutung hier
nommen.

man das kurze lose Ende des Taues in die einzelnen Stränge
und jeden derselben mehrmals zwischen die Stränge des an-
Theiles hindurchzieht. Um die letzteren von einander zu tren-
bedient man sich eines starken eisernen Dornes. Wenn diese
sorgfältig gemacht wird, so erhält das Tau wieder eine re-
Rundung, und hierdurch überzeugt man sich, dafs alle
desselben gleichmäfsig tragen. Ein starker Faden wird als-
möglichst fest umgewunden und zwar über die ganze Strecke,
das Ende versteckt ist.

An den von der Scheibe herabhängenden Theil des Ramm-
werden die Zugleinen angesteckt, deren Anzahl eben so
ist, wie die der Arbeiter. Sie dürfen nur etwa ein Viertel
stark sein, es kommt aber sehr darauf an, dafs sie die nöthige
haben und recht hoch am Rammtau befestigt sind. Die Ar-
stellen sich nämlich rings um das Rammtau, und wenn ihrer
viele sind, so stehn die äufsern wohl 10 Fufs von der verlängerten Richtung desselben entfernt. Sind nun die Zugleinen nicht
bedeutend länger, als dieser horizontale Abstand, so ist der Zug
sehr schräge, und die Arbeiter können in diesem Falle nur eine
geringe Kraft entwickeln, aufserdem aber überträgt sich auf das
Rammtau nur derjenige Theil von dieser Kraft, der vertical abwärts
gerichtet ist, und der horizontale Theil derselben wird durch den
entgegengesetzten Zug aufgehoben, den die auf der andern Seite
stehenden Arbeiter ausüben. Es ergiebt sich hieraus der Vortheil,
den die Anwendung zweier grofsen Scheiben (Fig. 181) gewährt.
und es mufs bemerkt werden, dafs man auch andre Mittel angewendet hat, um für die ganze Mannschaft einen mehr senkrechten Zug möglich zu machen. Hierher gehört namentlich, dafs man
einen grofsen eisernen Reif von etwa 10 Fufs Durchmesser durch drei
oder vier starke Leinen an das Rammtau horizontal aufhängt und
an diesen die Zugleinen befestigt *), auch wählt man statt dessen
zuweilen einen Baum oder eine Bohle, wie in Holland oft geschieht,
wodurch gleichfalls die Zugleinen etwas weiter auseinandergebracht
werden, aber sehr nachtheilig ist in beiden Fällen das Gegengewicht, wodurch der Schlag des Rammklotzes geschwächt wird, es
pflegen dabei auch unangenehme Schwankungen einzutreten, welche

---

*) *Perronet description des ponts.* p. 589.

ein scharfes und kräftiges Anziehn verhindern. Das vorthei
und einfachste Mittel zur Vermeidung des schrägen Zuges b
nach immer die Anwendung langer Zugleinen.

Die Knebel oder die Handhaben, woran die Arbeit
müssen immer in passender Höhe sich befinden. Wenn di
auch in einer gewissen Zeit der Fall ist, so ändert es si
denn wie der Pfahl weiter eingeschlagen wird, so hebt
Knebel, und der Arbeiter ist alsdann nicht mehr im Sta
kräftigen Zug daran auszuüben. Hiernach muß in kurzen Z
zeiten immer ein Verstellen vorgenommen werden, und die
auf zwei verschiedene Arten geschehn, nämlich entweder
sämmtlichen Zugleinen an ein besonderes kreisförmig ge
Tau, das sogenannte Kranztau, gebunden, und dieses so
sobald es nöthig ist, mittelst eines hölzernen Pflockes höh
Rammtau fest. Fig. 183 zeigt die gewöhnliche Befestigun
Kranztaues, und man bemerkt leicht, wie durch die Entfe
Pflockes sogleich die durch das Kranztau hindurchgezog
dung des Rammtaues frei wird und die Verbindung sich l
drerseits läßt man aber auch das Kranztau ganz fort, in
die Zugleinen unmittelbar an das Rammtau bindet. Alsd
jeder Arbeiter den Knebel in der passenden Höhe befes
so oft es nöthig ist, verstellen. In diesem Falle wird das
Zugleine um den Knebel gewunden, und indem man die le
dung verkehrt aufsteckt, so bildet sich die Befestigungsar
Fig. 184 zeigt. Der Arbeiter kann dabei den Knebel
Kraft herabziehn, ohne die Leine zu lösen, sobald er aber
bel in der durch den Pfeil angedeuteten Richtung zurück
verlängert sich sogleich die Zugleine.

Die letzte Methode hat zwar den Nachtheil, daß n
Zugleinen braucht und daß dieselben dennoch, sobald
Pfahl gesetzt wird, ziemlich tief am Rammtau hängen, wo
Zug wieder sehr schräge wird. Dieser Umstand ist abe
von keiner Bedeutung, als der so eben gesetzte und d
lose Pfahl nur schwacher Schläge bedarf, um schnell ein
Die Arbeiter pflegen in dieser Zeit auch gar nicht die l
benutzen, ziehn vielmehr die Zugleinen und das Rammta
den Händen herab und lassen auf solche Art den Klotz k
Fuß weit fallen, es ist sogar nothwendig, daß Anfangs kei

...ige erfolgen, weil dabei der Pfahl leicht eine schiefe Richtung ...mmt. Viel bedenklicher ist die Anwendung des Kranztaues, ...enn dasselbe leicht etwas zu hoch oder zu niedrig befestigt ...d. Auch leidet dabei das Rammtau durch die scharfe Windung, ...e beim Feststecken annehmen muſs, und die jedesmal, nach-... das Kranztau verstellt wurde, immer von Neuem festgezogen ...d. Endlich aber verlangen die Arbeiter, jenachdem sie näher ...Rammtau stehn und von verschiedener Gröſse sind, auch eine ...schiedene Höhe des Knebels. Aus dem letzten Grunde muſs ... selbst in dem Falle, wenn das Kranztau angewendet wird, ...och die beschriebene Befestigungsart der Knebel beibehalten, ...it jeder diesen nach Belieben passend einstellen kann. Dage-...hat die unmittelbare Befestigung der Zugleinen an das Ramm-...keine Unbequemlichkeit, und selbst in dem Falle nicht, wenn ...fähle bis 30 Fuſs tief eingeschlagen werden. Man erspart da-...ber noch an der Länge des Rammtaues, denn dasselbe darf, ... der Klotz an seiner tiefsten Stelle steht, nur etwa 3 Fuſs über ...ammscheibe reichen, und in diesem Falle ist ein Umkehren ...Taues, wie oben erwähnt worden, sehr wohl möglich.

Was die Ausführung der Rammarbeiten betrifft, so wer-...die Arbeiter rings um das Rammtau gestellt, so daſs sie sämmt-...mit dem Gesichte demselben zugekehrt sind, sie dürfen dabei ...h nicht zu dicht neben- und hintereinander stehn, und man ...auf jeden einen Flächenraum von 5 bis 6 Quadratfuſs rechnen. ...zu groſse Verbreitung ist andrerseits aber auch nachtheilig, in-...alsdann die Zugleinen gar zu schräge gerichtet werden. Für ...Knebel, der in einem cylindrisch zugeschnittenen Holze von ...oll Durchmesser besteht, genügt eine Länge von 12 Zoll, wenn ...das Ende der Zugleine daran gebunden wird, er muſs aber min-...ns 15 Zoll lang sein, wenn noch 20 bis 25 Fuſs Zugleinen ...m geschlungen werden sollen. Die Windungen müssen auch in ...m Falle nur in der Mitte bleiben, und nie darf der Arbeiter ...end des Rammens darüber fassen, weil er sonst zu unbequem ...Knebel halten würde. Die passendste Höhe für den Knebel ist ..., daſs derselbe, sobald der Klotz auf dem Pfahle aufsteht, vor ...Augen des Arbeiters schwebt, wenigstens ist dieses nothwendig, ... man den einzelnen Arbeiter mit mehr als 30 Pfund belastet. ...t auf jeden ein geringeres Gewicht, so ist es vortheilhaft, den

ein scharfes und kräftiges Anziehn v... ...opfe ...

und einfachste Mittel zur Verme... ...t wird. Der Arbeiter

nach immer die Anwendung ... ...n Knebel und drückt ...

Die Knebel oder di... ...nfange jedes Zuges ...

müssen immer in pass... ...theils die Masse ...

auch in einer gew... ...ch die Kraftäußerung ...

denn wie der Pf... ...indessen der Knebel ...

Knebel, und d... ...r Druck dagegen ausüben. ...

kräftigen Zug... ...rmen nicht mehr gedrückt, ...

zeiten imm... ...e Klotz vermöge der erhalt... ...

auf zwei... ...öher heraufspringt und dadurch ...

sämmtl... ...lich vermehrt. Die ganze Höhe ...

Tau, ...der der Knebel herabgedrückt wird, beträgt ...

sob... ...öhnlich heb... ...

R... ...einen halben ...

F ... ...Zuges erhalten ...

... ...der Rammen... ...

... ...5 Fuß ...

... ...wird, so ...der Rammklotz selbst 6 und 7 Fuß

...erzählt, er habe gesehn, daß bei Gelegenheit einer Wette ...

Pfund schwerer Rammklotz durch 40 Menschen einmal 10 ...

...undert wurde. Man darf indessen dieses keineswegs ...

... und solche Leistung nicht dauernd verlangen, man

... bei Anstellung gewöhnlicher Tagelöhner schon ...

..., wenn durchschnittlich während der ganzen Arbe...

... 4 Fuß beträgt.

... Bei uns rechnet man gewöhnlich auf jeden Mann

... von 30 Pfund, wenn also der Rammklotz 6 Cent...

...werden 20 Mann angestellt. Man weicht indessen häufig v...

... bedeutend ab. Bei den Rammarbeiten, die ich in d...

... Seehäfen ausführen sah, belastete man jeden einz...

...beiter mit mehr als 40 Pfund, doch rechtfertigte sich diese...

daß man nur während des niedrigen Wassers, also täglich

3 und 6 Stunden arbeiten konnte, und bald nach dem B...

Fluth die Baustelle verlassen werden mußte. Bei den A...

der Brücke zu Orleans hatte Perronet für die Ramme von ...

16 Mann angestellt, es traf also auf jeden ein Gewicht von ...

In England rechnet man wieder auf 100 Pfund 3 Mann ...

stimmt. Sehr häufig geschieht es aber,
ijer viel weniger belastet. Perronet
Grundpfähle *), dafs man bei Ramm-
· Pfund 24 Arbeiter
i00 - 28 -
1200 - 48 -

.s trifft also auf jeden nur ein Gewicht von 25 Pfund.
ᴣart stellte bei der Brücke zu Saumur bei einer Ramme,
1200 Pfund wog, 47 bis 50 Mann an. In Holland
gleichfalls auf den Mann nur 25 Pfund. Bei den sehr
u Arbeiten am Ems-Canale, welche der Ober-Baurath
it grofser Sorgfalt leitete, wurden die gröfsten Rammen,
2000 Pfund wog, mit 70 Mann besetzt, der einzelne
; also 28½ Pfund.
äfsige Belastung empfiehlt sich im Allgemeinen, inso-
:her mit gröfserer Energie und mit weniger Unterbre-
ᵣbeitet wird. Für die Rammen gilt dasselbe, wie für
iinen. Der Effect setzt sich zusammen aus dem Pro-
ᵤges oder der Spannung in die Geschwindigkeit, womit
geübt wird, jemehr man den erstern vergröfsert, um so
·d die letzte, und das Maximum des Effectes erreicht
ᵢlich, wenn der Zug bedeutend unter seinem Maximum
ᵢ Rammarbeiten kann es freilich unter Umständen vor-
·den, die Anzahl der Arbeiter zu vermindern und so-
einzelnen stärker zu belasten. Dieses ist namentlich
nn eine grofse Mannschaft angestellt wird, die nur bei
chen Rammen ihre volle Beschäftigung findet und wäh-
lfachen Nebenarbeiten beim Verfahren der Ramme und
der Pfähle grofsentheils unthätig bleibt.
mmarbeit ist so anstrengend, dafs sie durch vielfache
:erbrochen werden mufs. Es erfolgen gewöhnlich 20 bis
ᵢnmittelbar nacheinander, man nennt dieses eine Hitze,
tritt eine Pause von 2 bis 3 Minuten ein. Ein kräf-
verlässiger Arbeiter, der bei der übrigen Mannschaft in
ht, leitet durch seinen Zuruf diese Arbeit. Er führt
nicht eine Zugleine, sondern hält das Haupttau und
in der Mitte der Arbeiter. Da das hintere Ende des
vtion des ponts. pag. 588.

Rammtaues Schwanztau genannt wird, so heißt er der Schw[...]
meister.

Wenn auf alle drei Minuten eine Hitze trifft, so werde[...]
der Stunde 20 und während der 10 Arbeitsstunden 200 Hitze[...]
geführt. Dieses kann man aber nicht leicht erreichen und [...]
bringt es sogar selten über 150. De Cessart erzählt, daß e[...]
mit recht starken Arbeitern, die überdies für jede Hitze beso[...]
bezahlt wurden, es bis zu 170 Hitzen am Tage bringen [...]
Es ergiebt sich hieraus, daß die Tagesthätigkeit eines bei[...]
Ramme angestellten Arbeiters, oder daß die Anzahl der Pf[...]
womit er belastet ist, multiplicirt in die ganze Höhe, zu w[...]
er sie erhebt, nur ungefähr 300000 beträgt. Coulomb *) [...]
daß bei einer Münze in Paris, wo die Anzahl der wirklic[...]
machten Schläge gezählt wurde, bei der Ramme die Tagesth[...]
keit eines Arbeiters durchschnittlich nur auf 270000 betrag[...]
nun aber die Tagesthätigkeit beim Drehn einer Kurbel 790000 [...]
beim Steigen sogar 1400000 ist, so ergiebt es sich, daß die [...]
beiter bei der gewöhnlichen Ramme sehr unvortheilhaft ange[...]
werden und der Effect viel größer ausfallen würde, wenn man [...]
des ermüdenden stoßweisen Anziehens eine gleichmäßige Kr[...]
entwickelung zur Bewegung der Ramme anwenden könnte.

Ein andrer Uebelstand, der wieder die Wirksamkeit der Z[...]
ramme schwächt, beruht darauf, daß so viele Arbeiter zugl[...]
angestellt sind und es unmöglich ist, die Leistung des Einzel[...]
sicher zu controlliren. Man muß bei allen Verrichtungen, die [...]
auf Accord ausgeführt werden, die Arbeiter möglichst zu tren[...]
suchen, damit man den Fleiß jedes Einzelnen zu beurtheilen [...]
Stande ist. Bei der Ramme ist dieses nicht möglich, man darf a[...]
auch nicht mit den Arbeitern in der Art accordiren, daß sie f[...]
jeden Pfahl bezahlt werden, weil sich nicht vorher sehn läßt, welc[...]
Hindernisse vielleicht zufällig eintreten. Ein Accord ist nur m[...]
lich, wenn man bei zuverlässiger Aufsicht die einzelnen Hitzen v[...]
gütet und zugleich darauf achtet, daß diese die gehörige An[...]
von Schlägen umfassen, und der Klotz dabei jedesmal hinreiche[...]
hoch gehoben wird. Gemeinhin begnügt man sich damit, ein[...]
tüchtigen Schwanzmeister anzustellen, der guten Willen hat u[...]

---

*) *Théorie des Machines simples, nouvelle édition.* Paris 1821. p. 2[...]

Leute zu folgen geneigt sind, wenn aber mehrere zuver-
.rbeiter in der Mannschaft sich befinden, so beurtheilen sie
ieraden sehr richtig und leiden es nicht, daſs einzelne dar-
h zu wenig anstrengen. Die schlechtesten Arbeiter erkennt
h daran, daſs ihre Zugleinen beim Niederfallen des Klotzes
ben, sie lassen sich nämlich, wenn sie sich mit den andern
ileich gebückt haben, durch den Klotz wieder heraufziehn
vächen dadurch die Kraft des Schlages.

n Bau der Brücken über die Havel und Elbe in der Pots-
ideburger und Magdeburg-Wittenberger Eisenbahn wurden
ne sehr zweckmäſsige Anordnung in den Rammarbeiten be-
günstige Resultate erreicht. Diese stellten sich indessen
ius, nachdem die Mannschaften sich aus besonders kräfti-
ten zusammengefunden und längere Uebung erworben hat-
ᵉ Arbeiten wurden in Accord ausgeführt und zwar in der
ı ein gewisser Tagelohn jedem Einzelnen als Minimum zu-
war, und hierin die Bezahlung für 150 Hitzen bestand,
ᵢch die folgenden Hitzen besonders bezahlt wurden. Der
ıg 18 Centner und wurde durch 60 Mann in Bewegung ge-
ede Hitze zählte 40 Schläge, von denen jeder $4\frac{1}{2}$ bis 5 Fuſs
r. Gemeinhin wurden mehrere Hitzen, und oft 4 bis 5 der-
bne Pause geschlagen, in seltenen Fällen sogar 8 bis 9,
ı bis 360 Schläge unmittelbar auf einander folgend. Die
ler Hitzen stieg an einem Tage, wenn die Ramme nicht oft
werden durfte, auf 270 und im Maximum auf 280 Hitzen.
n Falle verdiente jeder Arbeiter das Doppelte des ihm zu-
en Taglohnes.

Schläge waren indessen zuweilen viel stärker, besonders
ı Pfahl schon beinahe den festen Stand erreicht hatte. Der
urde nämlich so hoch geschnellt, daſs die Arbeiter nicht
den an die Zugleinen befestigten Knebeln gegen den Boh-
stießen, sondern ehe der Klotz herabfiel, schlugen sie noch
auf den Boden, so daſs man bei diesem Rammen zwischen
ken Schlägen des Klotzes das laute Trommeln mit den Kne-
nahm. In diesen sogenannten Trommelhitzen betrug die
ᵢ des Klotzes $6\frac{1}{4}$ bis 7 Fuſs, und 40 Schläge derselben wur-
anderthalbfache gewöhnliche Hitze oder eben so, wie 60
chläge vergütet.

Indem beim jedesmaligen Setzen eines Pfahles die Ra
stellt, der Pfahl gehoben, herabgelassen und anfangs nur m
chen Schlägen eingetrieben wird, damit er sicher die bea
Stellung einnimmt und behält, und für diese verschiedene
tionen eine mäfsige Anzahl von Arbeitern genügt, wobei
starke Bemannung der Ramme nicht gehörig beschäftig
kann, so ist es vortheilhaft hierzu eine besondere Ram
nutzen, die der andern vorangeht. Für diese genügt ein l
3 bis 4 Centnern und eine Bemannung von 16 bis 20 Leu
rend die Hauptramme mit dem schweren Klotze die berei
stellten Pfähle weiter herabtreibt, und abgesehn von de
Unterbrechung beim Verfahren dauernd in Thätigkeit bleib
diese letzte Ramme aber nicht mehr zum Setzen der Pfäh
wird, so bedarf sie auch keiner grofsen Höhe. Bei den
in jedem Jahre wiederholten Rammarbeiten im Pillauer Ha
ich diese Anordnung ein und dieselbe zeigte sich sehr vor

Bei Beschreibung der Rammgerüste ist schon von der
tungen zum Setzen der Pfähle die Rede gewesen. G
dienen zu diesem Zwecke Winden, wodurch man zwar (
sicher, aber nur langsam heben kann. Häufig fehlt ind
Winde, und es befindet sich am Kopfe der Ramme ei
woran man einen Flaschenzug hängen kann. Letzterer g
jeder gröfseren Baustelle zu den nothwendigsten Inventari
und es wird daher eine nähere Beschreibung der Constru
Erfordernisse desselben nicht überflüssig sein.

Der Flaschenzug oder das Takel besteht aus zwei B
deren jeder eine oder mehrere Scheiben oder Rollen
Wenn mehrere Scheiben in dem Blocke befindlich sind,
sie nebeneinander, so dafs sie sich um eine gemeinschaftli
drehn. Nur sehr selten sieht man noch die in den Leh
der Mechanik dargestellte Anordnung, wobei die eine Sc
ter der andern angebracht ist: solche Blöcke heifsen Violir
Diese Einrichtung ist aber unzweckmäfsig, weil die auf de
Seite des Flaschenzuges befindliche Scheibe sehr klein s
damit die darüber gezogene Leine nicht gegen diejenig
welche über die äufsere Scheibe läuft. Ein solches Str
einer Leine gegen eine andere mufs man aber immer ve
weil dadurch nicht nur Reibung entsteht, sondern auch st

;. Demnächst ist diese Anordnung aber auch kostbarer als
'o die Scheiben neben einander liegen, und hierzu kommt
ıls die ganze Hubhöhe bei gleicher Befestigung der Blöcke
i gleicher Länge der eingeschornen Leine geringer wird,
Blöcke länger sind.

. 185 *a* und *b* auf Taf. XIV stellt einen gewöhnlichen drei-
ın Block in der Ansicht von vorn und von der Seite dar,
. 185 *c* zeigt denselben, nachdem er mit der Stroppe (einer
aus starkem Tau) und der Kausche versehn worden.
Scheiben werden aus dem sehr festen und harzigen Gua-
r Pockholze gedreht und eben daraus besteht auch der Na-
r die Achse, auf der die Scheiben laufen. Dieses Holz ver-
wegen des starken Gehaltes an Harz nur wenig Reibung
:t sich daher auch nur langsam ab. Aus demselben Grunde
auch die Feuchtigkeit nicht an, selbst wenn nasses Tau-
rüber gespannt wird, und es quillt weder, noch wirft es
er abgedrehte Nagel steckt nicht sehr fest in der Fassung,
n mit Leichtigkeit herausgeschlagen werden, er darf aber
· lose sein, dafs er sich mit der Scheibe umdreht. Die
·re, die man hier von Zeit zu Zeit anbringt, und nament-
ald der schrillende Ton beim Gebrauche des Takels sich
fst, besteht in reinem Talg. Man streicht dasselbe nicht
las Loch der Scheibe, sondern man reibt damit auch ihre
Seitenflächen ein, weil letztere sich gegen die Fassung leh-
eim Ankaufe eines Blockes mufs man besonders darauf ach-
fs die Schlitze für die Scheiben unter sich parallel ausge-
ı sind und das Bohrloch für den Nagel in beiden Richtun-
jenen Schlitzen senkrecht steht, ferner müssen die Scheiben
ht gegen die Fassung klemmen, doch dürfen sie auch nicht
Spielraum haben, und die Rinne, worin die Stroppe zu lie-
nmt, die aber in der Nähe des Nagels immer verschwindet,
ine scharfen Ecken haben, damit das Tau in sanfter Bie-
erumgeführt werden kann. Hat der Nagel sich beim Ge-
: etwas ausgelaufen, so kann man ihn noch umdrehn, da er
f einer Seite angegriffen wird, sobald er aber merklich ein-
tten ist, so mufs man ihn durch einen andern ersetzen. Die
ng besteht gewöhnlich aus Eschenholz, das sich hierzu theils
seine Härte, besonders aber durch seine Zähigkeit empfiehlt,

8*

indem es auch bei einem starken Stoße oder Schlage
ausspringt oder splittert.

Will man einen Block gebrauchen, so muß er mit de
versehn werden, dieselbe umfaßt aber zugleich die Ka
ringförmig gebogene Rinne aus starkem Eisenblech), wa
ken befestigt wird. Das Umlegen der Stroppe geschie
gende Art: man zieht das Tau über die Kausche und
und schneidet es so ab, daß es etwa auf einen Fuß
pelt ist. Nachdem der Block wieder entfernt ist, lö
Stränge der beiden Enden auf und verknüpft und v
sorgfältig in einander, so daß sich hier wieder ein mögli
mäßiges Tau bildet. Man darf hierbei aber keineswegs
kührlich die Stränge verstecken, sondern man muß d
des Taues folgen und überhaupt sich bemühn, alle St
legen, als ob sie vom Seiler zusammengesponnen wär
starken Schlagen mit einem hölzernen Hammer regulire
die Windungen und man bindet alsdann recht fest einen sta
Faden um den zusammengesteckten Theil und verknüpf
des Fadens, damit sie nicht lose werden. Nunmehr zie
Block wieder ein, und nachdem man ihn gehörig gericht
det man eine starke dünne Leine wieder zwischen der
dem Blocke um die Stroppe, wodurch die gehörige Sp
die sichere Lage der letztern erreicht wird. Hierbei ko
sonders darauf an, daß, wenn der Block am Haken
Scheiben eine senkrechte Stellung annehmen, und man
während des Gebrauches des Flaschenzuges hierauf imm
sam bleiben, indem leicht ein Verschieben erfolgt und d
nur starke Reibung entsteht, sondern auch der Block
geschorne Leine sich abnutzen. Durch die Stroppe w
den Seiten der Nagel bedeckt, so daß er nicht heraus
doch pflegt die Stroppe bald so lose zu werden, daß ma
seitwärts schieben und den Nagel herausziehn kann,
Schmieren nöthig wird. An einen von beiden Blöcken d
zuges muß noch die einzuscherende Leine befestigt werd
ses geschieht entweder, indem man sie unmittelbar durch
hindurchzieht und anknüpft, oder noch besser ist es,
Kausche auf der andern Seite des Blockes an die Stro

Ibe Art, wie die erste, zu befestigen, worin alsdann das Ende der
▪ine jedesmal eingehakt werden kann.

An diesen Blöcken kommt aufser der Kausche kein Eisen vor,
◂ch findet dieses nicht immer statt und häufig werden sie auch mit
isen beschlagen. Es leidet keinen Zweifel, dafs sie im letzten
▪lle dauerhafter sind, doch vergröfsert sich alsdann auch ihr Preis,
◂d das Aufbringen des Beschlages mufs mit grofser Sorgfalt ge-
▪ehn, wenn dadurch nicht die Reibung vermehrt werden soll. Es
▪ört überhaupt das Beschlagen eines Blockes zu den schwierigeren
▪miedearbeiten, und wenn man nicht die nöthige Sorgfalt und Ge-
▪icklichkeit dabei voraussetzen kann, so thut man besser, den
▪ck so zu benutzen, wie er aus der Hand des Blockmachers kommt,
▪ei die Scheiben und Nägel immer gehörig abgedreht zu sein
▪en. Ein beschlagener Block erhält eine eiserne Achse und des-
▪ mufs die Scheibe mit metallnen Buchsen versehen sein. Die
▪en werden gegenwärtig sehr häufig aus Gufseisen dargestellt und
alsdann viel billiger, als wenn sie geschmiedet werden. Sie er-
▪n, wie Fig. 186 zeigt, drei Lappen, worin die Bohrlöcher nach
▪n erweitert sind, damit man Nägel mit versenkten Köpfen ein-
▪n und dieselben auf der andern Seite der Scheibe, wo gleichfalls
Buchse eingelassen ist, vernieten kann, so dafs die Flächen auf
▪n Seiten ganz eben bleiben und nirgend das Eisen vortritt, wo-
▪ die Fassung des Blockes leiden und die Scheiben den guten
▪fs verlieren würden. Das Einlassen der Buchsen in die Scheibe
mit grofser Sorgfalt geschehn, damit die Löcher an beiden
▪ sich einander genau gegenüberstehn und in die Achse der
▪be treffen, der Bolzen, um den die Scheiben sich drehn, mufs
abgedreht sein. Er ist auf der einen Seite mit einem Kopfe
▪uf der andern mit einem Schraubengewinde versehen, auf wel-
▪ine Mutter pafst, die ihn fest hält. Damit er sich aber nicht
mit der Scheibe zugleich umdrehn kann, wodurch die Mutter
würde, so ist er neben dem Kopfe viereckig ausgeschmiedet
▪ieselbe Form hat auch die Oeffnung in dem Beschlage der
▪ng. Den eisernen Ring, der die Fassung des Blockes umgiebt,
Fig 187, und zwar mit einem Haken, der sich drehen läfst,
▪ giebt man ihm aber sowohl oben wie unten eine solche Oese,
▪ie Figur am untern Ende zeigt und worin ein Haken oder

Ring eingeschmiedet werden kann. Die Schwierigkeit besteht hierbei hauptsächlich darin, dafs sowohl der obere Haken, als die untere Oese genau in die Längenachse des Blockes fallen müssen, oder wenn der Block am Haken oder der Oese aufgehängt wird, müssen die Scheiben sich in senkrechter Lage befinden. Aufserdem müssen auch die Achsenlöcher im Beschlage genau den Löchern im Blocke entsprechen, und endlich mufs der Beschlag sich fest um den Block umlegen, ohne dafs dieser durch das glühende Eisen gelitten hat und wohl gar theilweise verkohlt ist. Der Bügel, der den Beschlag bilden soll, mufs sonach unter wiederholtem Aufpassen ausgeschmiedet werden, und damit dieses geschehn kann, so ist er anfangs noch nicht mit der engen Oese versehn, sondern nach einer weiteren Krümmung abgerundet. Nachdem er zuletzt noch heifs aufgelegt ist, wird erst die untere Oese durch starke Hammerschläge gebildet, indem man die Ecken zwischen derselben und dem Blocke einbiegt und dadurch den Beschlag in scharfe Spannung versetzt.

Wenn ein Pfahl gesetzt werden soll, so wird entweder das vordere Ende des Windetaues, das vom Krahnbalken herabhängt, oder wenn der Flaschenzug benutzt wird, ein am untern Blocke angestecktes Tau an den Pfahl befestigt. Dieses geschieht am leichtesten in der Fig. 188 dargestellten Art. Die untere Schlinge, die nur durch Umlegung des Taues gebildet wird, ist allein schon hinreichend, die meisten Pfähle zu halten, wenn man nur, sobald sie zu tragen anfängt und ehe der Pfahl die horizontale Lage verläfst sie recht fest anzieht, was durch Herabstofsen der Schleife leicht zu bewirken ist. Wenn dagegen der Pfahl glatt ist, und ein Abgleiten zu besorgen wäre, so bringt man noch den einfachen Schlag an der im obern Theile derselben Figur dargestellt ist, in manchen Fällen mufs der Sicherheit wegen noch ein zweiter ähnlicher Schlag weiter aufwärts gemacht werden.

Die Leine, welche in den Flaschenzug eingeschoren ist, können nur zwei und höchstens drei Arbeiter unmittelbar herabziehn, und selbst diese müssen Uebung haben, wenn sie gleichmässig und kräftig wirken und sich gegenseitig nicht hindern sollen. Um die übrigen Ramm-Arbeiter auch zu beschäftigen, und dadurch das Heben des Pfahles zu beschleunigen, so befestigt man an die Schwelle der Ramme noch einen einscheibigen Block, der wegen der Stelle, wo er befestigt ist, der Fufsblock genannt wird, zieht durch ihn zu

läst an deren hinteres Ende, welches horizontal gerichtet
e übrige Mannschaft anfassen. Auf solche Art wird die
raft zu diesem Zwecke gehörig benutzt, und wenn der
 oder die Mannschaft stark ist, so hebt letztere nicht
ise, sondern in vollem Zuge den Pfahl und alsdann er-
zen besonders schnell.

ngt den Pfahl so weit, dass er frei vor der Läuferruthe
r Rammklotz mufs aber schon früher so hoch gehoben
das gehörige Setzen des Pfahles nicht hindert, und er
ser Stellung durch einen Vorsteckbolzen gehalten,
eins der dazu angebrachten Löcher in die Läuferruthe
 Pfahl wird, während er noch schwebt, in diejenige
racht, in welcher er eingerammt werden soll, und wenn
etwas gekrümmt, oder ein anderer Grund vorhanden
iner gewissen Lage einzurammen, so mufs man ihm
und ihn sogleich durch ein umgeschlungenes Tau gegen
he befestigen. Gewöhnlich wird die Winde oder die
ischenzuge plötzlich gelöst, damit der Pfahl mit Heftig-
Grund eindringt. Dieses Verfahren ist aber nicht pas-
wenige schwache Schläge mit dem Rammklotze dieselbe
vorbringen und beim Herablassen des Pfahles die Rück-
ne gehörige Einstellung besonders wichtig ist. Es ist
, dafs man den Pfahl langsam herabläfst, indem
 Hebeln oder Brechstangen und durch umgeschlungene
 auch wenn seine Spitze schon in den Grund eingedrun-
man seine Stellung immer aufs Neue prüfen, und wenn
ungen entdeckt, durch Verstellen der Ramme und durch
 und Absteifen des Pfahles solche wieder entfernen, was
ler Rammarbeit auch bald gelingt. Späterhin ist diese
 Sorgfalt weniger nöthig und es giebt alsdann auch
iehr, die Richtung des Pfahles noch bedeutend zu ver-

ind besonders bei Grundpfählen mufs der Pfahl so tief
verden, dafs man ihn nicht mehr unmittelbar mit dem
rreichen kann. Bei der Scherramme tritt dieser Uebel-
in, indem die Schere sich durch Einsetzen anderer
ig verlängern läfst, so dafs der Rammklotz auch un-
ichwelle spielen kann. Eine eigenthümliche Vorrich-

tung, um die Pfähle mittelst gewöhnlicher Rammen sogar bis 30
unter die Rüstung herabzutreiben, und zwar durch die unmittel
Schläge des Rammklotzes, wurde beim Bau der Eisenbahn
bei Wittenberge angewendet. Fig. 215 auf Taf. XVI zeigt die
Die Ramme war eine Winkelramme, und die einfache Ruth
selben wurde durch die Arme des Klotzes umfaßt. Sobal
Pfahl so tief eingedrungen war, daß der Klotz den Kopf nicht
treffen konnte, so befestigte man eine zweite Ruthe in ihrem
Theile gegen die erste, und zwar in gleicher Weise, wie der
mit dieser verbunden gewesen war. Ihr unteres Ende hin
dagegen mittelst einer Kette an den bereits ziemlich fest ste
Pfahl. Der Klotz wurde nunmehr an die zweite Ruthe gel
erhielt durch diese seine Führung, indem er eben so wie frü
wechselnd gehoben wurde. Das Rammtau nahm dabei kau
etwas schräge Richtung an, wenn man, wie die Figur zeig
zweite Ruthe an die äußere Seite des Pfahles befestigte, so d
Pfahl zwischen beiden Ruthen sich befand.

  Gewöhnlich wird der Aufsetzer oder Knecht ange
um die Pfähle unter der Schwelle der Ramme noch tiefer be
treiben. Fig. 189 zeigt denselben. Er besteht in einem ei
Klotze, der oben mit zwei oder einem Arme versehn ist, die
des Rammklotzes gleichkommen. Mit diesen umfaßt er die I
ruthe, oder greift durch selbige hindurch und wird auch d
unterer mit einem Riegel gehalten, so daß seine Stellung ge
hörige gesichert ist. Am untern Ende ist er
von einem Dorne versehn von etwa 6 Zoll Länge und
greift in ein Kernloch, das im Pfahlkopfe angebracht ist.
der Aufsetzer gebraucht werden soll, so wird zunächst de
den Pfahles, der gemeinhin schon stumpf geschlagen ist, abge
wo und das Loch für den erwähnten Dorn eingebohrt, ma
aber darauf sehr, daß dieses an der passenden Stelle ang
wird, damit der Aufsetzer in die Richtung der Läuferruthe u
Pfahles trifft. Bei Anwendung dieses Aufsetzers bemerkt m
damit eine bedeutende Schwächung des Effectes der Ramm
eine Folge von der Uebertragung des Stoßes von dem einen
auf den andern zu, dieser Verlust wird aber noch bedeutender
die Oberflächen des Pfahlkopfes und des Aufsetzers nicht ane
schließen brauchen, dieser sich vielmehr getrennt und umgelegt

n Beobachtungen, die ich mit dem Modelle einer Ramme
gab sich, daſs wenn abwechselnd eine gewisse Anzahl
n den Klotz unmittelbar traf, und eine eben so groſse
zwar mit gleicher Hubhöhe des Klotzes auf den Auf-
rt wurde, der Aufsetzer den Effect beinahe um ein Dritte. Bestand der Aufsetzer aber aus einem Korke, so
Verlust beinahe die Hälfte.
Pfähle schräge eingerammt werden sollen, so muſs die
gestellt werden, daſs die Läuferruthe der Richtung des
allel ist. Mittelst der oben beschriebenen Stützenramme
st dieses leicht auszuführen. Zuweilen richtet man auch
men mit fester Verschwellung so ein, daſs durch ver-
efestigung der rückwärts angebrachten Stützen, der vor-
l eine beliebige Neigung gegeben werden kann. In ein-
en hat man indessen auch durch senkrechte Schläge die
äge und oft stark geneigt eingerammt, indem man den
edesmal so abzusteifen sich bemühte, daſs derjenige Theil
der normal gegen die Achse des Pfahles gerichtet war,
wurde. Dabei ist aber der Verlust an lebendiger Kraft
was sich schon aus den heftigen Erschütterungen und
gen der Rüstung bemerken läſst. Neben der früheren
e in Bremen sah ich einst auf diese Art einen Pfahl einer etwa 30 Grade gegen das Loth geneigt war. Wenn
ıch wirklich nach und nach etwas tiefer eingetrieben
geschah dieses doch so unmerklich, daſs es eine überaus
rbeit zu sein schien, und dieses um so mehr, als die Ab-
ınd die ganze Rüstung bei den Erschütterungen wieder-
ich lösten, auch einzelne Stücke zerbrachen.
h ist noch zu erwähnen, daſs man zuweilen auch von
en, und besonders von breiten und platten Prahmen aus
rbeiten ausführt, namentlich wenn im Wasser eine Rü-
auch ein Fangedamm erbaut werden soll. Starke Grund-
l man auf diese Art freilich nicht einrammen, weil die
ınsicher ist, auch manche Schwierigkeiten dabei eintreten,
ıliche Verfahren ist vielmehr dieses, daſs die eigentliche
t erst später, und zwar mit Benutzung der auf diese Art
n Rüstung vorgenommen wird. Beim Gebrauche der auf
gestellten Rammen tritt leicht ein starkes Schwanken ein,

indem der Klotz, der immer über das Fahrzeug hinaus hänges m[...]
beim Herabfallen und beim Aufschlagen auf den Pfahl, das Fah[...]
zeug gar nicht belastet, wohl aber während er aufgezogen wird [...]
nen starken Druck veranlaßt, der sogar, wenn er schnell geholt [...]
wird, größer als sein Gewicht ist. Auf diese Art wird vor [...]
Läuferruthe die Belastung des Fahrzeuges abwechselnd bald grö[...]
und bald kleiner, und dadurch entsteht das Schwanken, welches [...]
desmal sehr merklich ist und oft so stark wird, daß es die F[...]
setzung der Arbeit verhindert und man jede Hitze auf wenige S[...]
beschränken muß. Man kann diesen Uebelstand wesentlich ve[...]
dern, wenn man die Ramme so stellt, daß die vordere Sch[...]
senkrecht gegen die Längenachse des Prahmes gerichtet ist, [...]
braucht man in diesem Falle zwei Prahme, und dieselben [...]
zu verbinden, daß der einzurammende Pfahl zwischen sie [...]
Häufig erlaubt die Stellung der Pfähle nicht diese Anordnung; [...]
dann findet sich aber oft Gelegenheit, die Ramme oder den Pr[...]
gegen die bereits fest stehenden Pfähle zu stützen. Man kann [...]
das Schwanken vermindern, wenn man einen Baum quer über [...]
Prahm legt und unter das hintere Ende desselben einen Nac[...]
bringt, der oft noch beladen wird, um nicht so leicht gehoben [...]
werden. Dieser Baum wird sowohl an beide Seitenwände des Prahm[...]
als an den Nachen befestigt, und er verhindert die Schwankun[...]
um so vollständiger, in je weiterer Entfernung er den Nachen fa[...]
Ich habe dieses Mittel vielfach benutzt und dadurch die Schwank[...]
gen so vermindert, daß sie nicht mehr störend waren. Diese[...]
Anordnung war auch noch sehr vortheilhaft, wenn ein geringer We[...]
lenschlag statt fand, der ähnliche Schwankungen erzeugt haben wür[...]
Wird dagegen die Nasmythsche Dampframme benutzt, wo die Schlä[...]
überaus schnell auf einander folgen, so versetzt dieselbe den Prahm[...]
auf dem sie steht, gar nicht in Schwankung, weil die abwechseln[...]
den Aenderungen der Belastung in zu kurzen Perioden sich wie[...]
derholen, als daß der Prahm schnell genug sich senken und wiede[...]
heben könnte.

§. 36.
Die Kunstramme.

Wenn man eine Zugramme in Wirksamkeit sieht, und wahr-
at, dafs die grofse Anzahl der dabei angestellten Arbeiter den
iten Theil der Zeit hindurch müfsig stehn, und dafs sie dieser
a auch wirklich bedürfen, indem die Anstrengung während der
an Dauer einer Hitze von 40 bis 60 Secunden so grofs ist, dafs
a lange Unterbrechung eintreten mufs, so vermifst man darin den
agelten und gemessenen Gang und die zweckmäfsige Verwen-
ag der Betriebskraft, wodurch die neueren Maschinen sich
vortheilhaft auszeichnen. Man bemerkt auch, dafs die Arbeiter
ar unpassend bei der Zugramme beschäftigt werden, indem die
iste Anstrengung, welche so schnell völlige Erschöpfung herbei-
hat, unmöglich dem Maximum des Effectes für die ganze Tages-
higkeit entspricht. Die im vorigen Paragraph angegebenen Erlangen zeigen auch, dafs dieses sich wirklich so verhält, und dafs
welben Arbeiter weit mehr leisten könnten. wenn sie an Kurbeln
agestellt wären. Demnächst ist aber die Vereinigung so vie-
'r Menschen zu gleichem Zwecke auch unvortheilhaft, und man
at auf den Baustellen vielfach Gelegenheit, sich davon zu überzeu-
a, dafs die Leistungen des Einzelnen immer um so geringer wer-
en, mit je mehr Mitarbeitern er zusammenwirken soll: können z. B.
wei Mann ein gewisses Stück Holz noch leicht aufheben, und
schnell forttragen, so genügen acht Mann nicht, um ein viermal so
schweres Stück zu bewegen. Dieses wiederholt sich in allen Fällen,
weil theils die Leistungen weniger gleichmäfsig und übereinstimmend
sind, theils aber auch Keiner zum Vortheil der Andern sich anstrengen mag. Hiernach begründet sich die Regel, dafs man die
Arbeiter wo möglich immer so anstellen mufs, dafs die Leistung
des Einzelnen sicher controllirt werden kann und ein Zusammenwirken Vieler, wie bei der gewöhnlichen Ramme, soweit es irgend
geschehn kann, vermieden werden mufs.
Hiernach liegt der Gedanke sehr nahe, durch irgend eine mechanische Vorrichtung den Rammklotz zu heben, und dadurch die

Anzahl der Arbeiter an der Ramme zu beschränken. Man hat,
bereits seit langer Zeit vielfache Vorschläge zu diesem Zweck
macht und es fehlt keineswegs an Erfahrungen, welche zeigen,
man auf diesem Wege zu sehr günstigen Resultaten gelangen
In England sind solche Rammen sogar 'seit mehreren Jahr
den ziemlich allgemein eingeführt, nichts desto weniger hat di
ramme selbst jetzt ihre eifrigen Vertheidiger behalten, und es
auch nicht an Beispielen, dafs Versuche, die man mit Kunstram
anstellte, mifsglückt sind. Wenn aber ein Versuch ungünstig
fällt, so folgt daraus keineswegs, dafs die Sache unbedingt
werflich ist, denn eine unpassende Anordnung oder Mangel an
falt ist gleichfalls sehr oft die Ursache des Mifsglöckens. Die K
ramme erfordert allerdings in der Unterhaltung einzelner T
eine gröfsere Sorgfalt, als die gewöhnliche Zugramme. L
läfst sich noch immer im Gange erhalten, wenn auch die Lä
ruthe stark bestofsen ist und der Klotz von der einen Seite
andern schwankt, oder wenn das Nagelloch in der Ramme
schon einen Spielraum von mehreren Zollen erhalten hat. A
wenn die Scheibe vielleicht sich gar nicht mehr dreht, so kan
stärkere Bemannung dennoch die Ramme in Bewegung setzen.
Arbeit wird alsdann freilich sehr schwierig und kostbar, es
aber keine vollständige Unterbrechung ein. Wenn dagegen bei
Kunstramme der Haken sich ausgeschliffen hat, oder der Klotz
sicher und scharf von der Läuferruthe geführt wird, so wird
Klotz gar nicht mehr gefafst und die Wirkung hört in diesem F
vollständig auf. Solche Zufälligkeiten lassen sich aber durch dazu
Aufmerksamkeit vermeiden und diese mufs von dem Baumeister,
den Bau leitet, selbst ausgehn, da bei uns die Tagelöhner und so
die Bauhandwerker in der Behandlung von Maschinen keine Ueb
haben.

Es ist bisher nur davon die Rede gewesen, dafs bei der Kun
ramme die Arbeiter zweckmäfsiger als bei der Zugramme angest
werden. ein grofser Vorzug der ersteren beruht aber noch dar
dafs der Klotz höher gehoben und dadurch der Effect d
Ramme verstärkt wird. Dieser Umstand bedarf einer näheren A
einandersetzung, da die gewöhnlichen Voraussetzungen zu einem u
dern Resultate führen. Wenn man annehmen dürfte, dafs der W
derstand, den der Pfahl der Bewegung entgegensetzt, allein d

er der umgebenden Erdmasse seine ganze Geschwin-
einen gewissen aliquoten Theil derselben mittheilt, so
der Schluß rechtfertigen, daß die Fallhöhe des Klotzes
roportional ist, zu welcher der Pfahl bei jedem Schlage
alsdann würde beispielsweise der Effect sich gleichblei-
der Rammklotz einmal aus der Höhe von 20 Fuß, oder
nfmal aus der Höhe von 4 Fuß herabfällt. Bei gewis-
n scheint dieses auch wirklich der Fall zu sein, und na-
aben die vielfachen Beobachtungen, die man über das Ein-
on Kugeln in Erde und Mauern angestellt hat, ergeben,
efe, zu der sie eindringen, dem Quadrate ihrer Geschwin-
portional ist. Lambert ging in seiner interessanten Un-
über das Eindringen der Pfähle *) von diesem Grund-
und fand denselben durch die Beobachtungen mit trocke-
auch bestätigt. Später ist man dieser Annahme gefolgt,
Richtigkeit weiter zu prüfen.
ß das Modell einer Ramme auf einen Pfahl wirken, der
rockenem Sande stand, und es ergab sich, daß derselbe
i kleinen Fallhöhen des Klotzes verhältnißmäßig eben
bei größeren eindrang. Es zeigte sich auch bei diesem
ne andere Eigenthümlichkeit, die ihn wesentlich von den
unterscheidet, die man beim Einrammen der Pfähle ge-
nämlich die Tiefe, zu der der Pfahl durch eine bestimmte
Schlägen mit gleicher Fallhöhe eingetrieben wurde, war
abhängig von der Tiefe, die der Pfahl bereits erreicht
ug letztere z. B. 3 Zoll und bewirkte eine gewisse An-
chlägen eine Senkung von 1 Zoll, so drang der Pfahl
lben Schlägen noch 11 Linien ein, wenn er schon 12 Zoll
len steckte. Auch bei Anwendung nassen Sandes war
g jedes Schlages der Fallhöhe des Klotzes proportional,
der Widerstand sehr merklich bei großer Tiefe zu.
n Versuchen mit zähem Ton, der so durchnäßt war, wie
r Tiefe unter der Erdoberfläche gewöhnlich vorkommt,
dagegen sehr entschieden der Vortheil der größeren
Die Höhen, zu welchen ich den Klotz erhob, betrugen

.

*) äge zum Gebrauche der Mathematik. Berlin 1772. Bd. III.

V. Fundirungen.

2 Zoll und 7 Zoll, ich benutzte auch zwei verschiedene Klötze
zugleich den Einfluß eines schwereren Rammklotzes zu ern
Der größere Klotz wog 1,90 und der kleinere 1,08 Loth, sie
hielten sich also sehr nahe wie 7 : 4. Hiernach war in den f
den vier Fällen die Betriebskraft oder die der Maschine mitge
lebendige Kraft sich gleich, nämlich

a) wenn mit dem größeren Klotze   8 Schläge von 7 Zoll Höh

b) wenn mit demselben Klotze   28 Schläge von 2 Zoll Höh

c) wenn mit dem kleineren Klotze 14 Schläge von 7 Zoll Höh

d) wenn mit demselben Klotze   49 Schläge von 2 Zoll Höh

gemacht wurden. Es kam darauf an, zu prüfen, ob die Effecte
die Tiefen, zu welchen der Pfahl eindrang, dieselben waren
diesem Zwecke befestigte ich an das obere Ende des Pfahles
eingetheilten Maaßstab, an dem sowohl die Hubhöhe, als die
des Eindringens abgelesen wurde. Indem der Pfahl aber An
leichter eindrang, als später, so durfte diese Differenz nicht zu
Resultat Einfluß behalten, ich entfernte sie dadurch, daß ich i
letzten Hälfte der Beobachtungen die Reihenfolge umkehrte und
lich aus den je vier entsprechenden Beobachtungen das arithme
Mittel nahm. Die vorstehend gewählte Bezeichnung der versc
nen Versuche durch *a*, *b*, *c* und *d* ist in der folgenden Zusam
stellung beibehalten.

Beobachtungs-art	Abgelesene Höhe	Senkung des Pfahles
1) *a* . . . . . . 0,24 Zoll	. . . . . . 0,24 Zoll
2) *b* . . . . . . 0,40 -	. . . . . . 0,16 -
3) *c* . . . . . . 0,53 -	. . . . . . 0,13 -
4) *d* . . . . . . 0,62 -	. . . . . . 0,09 -
5) *a* . . . . . . 0,80 -	. . . . . . 0,18 -
6) *b* . . . . . . 0,92 -	. . . . . . 0,12 -
7) *c* . . . . . . 1,05 -	. . . . . . 0,13 -
8) *d* . . . . . . 1,12 -	. . . . . . 0,07 -
9) *d* . . . . . . 1,17 -	. . . . . . 0,05 -
10) *c* . . . . . . 1,26 -	. . . . . . 0,09 -
11) *b* . . . . . . 1,33 -	. . . . . . 0,07 -
12) *a* . . . . . . 1,45 -	. . . . . . 0,12 -
13) *d* . . . . . . 1,50 -	. . . . . . 0,05 -

Beobachtungs-art	Abgelesene Höhe	Senkung des Pfahles
14) c	1,58 Zoll	0,08 Zoll
15) b	1,65 -	0,07 -
16) a	1,75 -	0,10 -

a bemerkt, daſs die Beobachtungen Litt. a den gröſsten Effect **ben** und die Beobachtungen Litt. d den geringsten. Die mittle-**a** Werthe sind

$$\begin{aligned} \text{für } a &\dots 0,160 \\ - b &\dots 0,105 \\ - c &\dots 0,108 \\ - d &\dots 0,065 \end{aligned}$$

Dieselbe Betriebskraft gab also bei dem gröſseren Klotze und **a der** gröſseren Hubhöhe einen $2\frac{1}{2}$ mal so groſsen Effect, als wenn **der** kleinere Klotz zu der kleineren Höhe erhoben wurde, die ge-**linge** Differenz zwischen den Werthen für b und c scheint aber an-**deuten**, daſs eine Vergröſserung der Hubhöhe vortheilhafter ist, **als eine** Vermehrung des Gewichtes des Klotzes.

Das erhaltene Resultat schlieſst sich an manche Erfahrungen **an, die** man oft genug zu machen Gelegenheit hat. Wenn man z. B. **in einem** beschränkten Raume, wo man einen Hammer nicht gehö-**rig** schwingen kann, einen Nagel einschlagen will, so wird man **lange** Zeit hindurch klopfen müssen, ehe man den Nagel soweit ein-**treibt**, wie durch einen einzigen kräftigen Schlag geschehn wäre. **Den** Grund davon kann man zum Theil in der starken Reibung **sehen**, welche nach der Ruhe eintritt. Der Nagel setzt nämlich **dem** weiteren Eindringen einen gewissen Widerstand entgegen, aber **bevor** er überhaupt in Bewegung kommt, muſs jene Reibung schon **überwunden** werden und der Impuls, den er erhält und wodurch er **weiter** eingetrieben wird, bestimmt sich durch die Differenz zwischen **der lebendigen** Kraft des Schlages und derjenigen lebendigen Kraft, **welche** zur Ueberwindung der Reibung nach der Ruhe erforder-**lich** ist. Nun kann es sich treffen, daſs die letzte beinahe eben so **groſs** ist, als die erste, und alsdann ist jene Differenz sehr unbe-**deutend**, sie kann sich sogar auf Null reduciren, oder die Wirkung **hört** ganz auf und alle Schläge werden vergeblich geführt. So be-**merkt** man beim Rammen, daſs ein Pfahl, der schon ziemlich fest

steht, durch die wiederholten Hitzen von niedrigen Schläg
mehr afficirt wird, während einige stärkere Schläge ihn gleic
lich herabtreiben. Aus den angeführten Versuchen ergiebt si
daſs die Beschaffenheit des Grundes von wesentlichem Ein
Sobald dem plötzlichen tieferen Eindringen bedeutende Wid
entgegentreten, so geben wahrscheinlich die nächsten Erde
etwas nach, und folgen dem Klotze, wenn er einen sc
Schlag erhält, ohne sich von ihm zu lösen, und heben ihn
an seine frühere Stelle, wenn die Wirkung des Schlages
Ein stärkerer Schlag dagegen löst die Verbindung und tr
Pfahl herab.   Diese Erklärung steht. in naher Beziehung
andern Erscheinung, die man beim Einrammen von Pfähle
hem und nassem Thone mehrmals beobachtet hat, daſs nä
jedem Schlage der Pfahl zugleich mit seiner nächsten Ur
sich merklich senkt, aber unmittelbar darauf auch sich wi
hebt, und daher gar nicht eingerammt werden kann.

Es entsteht die Frage, ob der erwähnte Vortheil de
seren Hubhöhe sich bei den Kunstrammen wirklich her
oder ob man ihn nur bei Versuchen im Kleinen bemerk
Beim Bau der Brücke zu Neuilly machte schon Perronet di
rung, daſs unter gleichen Umständen der Arbeitslohn für
schlagen eines Pfahles mit der Zugramme 13 Livres 15 S
mit der Kunstramme 5 Livres 1 Sous 7 Deniers kostete. '
Vergleichung ist indessen insofern nicht entscheidend, als di
ramme nicht durch Menschen, sondern durch Pferde in B
gesetzt wurde.   Dagegen theilt de Cessart das noch günsti
sultat mit, daſs beim Bau der Brücke zu Saumur das Ein
des Pfahles auf 26 Fuſs Tiefe durchschnittlich mit der Z
38 Francs 15$\frac{1}{2}$ Sous und mit der Kunstramme, die gleichfa
Menschen bewegt wurde, nur 12 Francs 13 Sous, also n
den dritten Theil kostete. **)

Als ich bei den Bohlwerksbauten in Pillau eine Kur
eingerichtet hatte, lieſs ich die gewöhnliche Zugramme, de
10 Centner wog und die mit 36 Mann besetzt war, lange
durch auf denjenigen Bohlwerkspfahl wirken, woran mit de

-- ---

*) *Description des ponts etc. p.* 75.
**) *Description des travaux hydrauliques. I. p.* 185.

me der erste Versuch gemacht werden sollte. Der Pfahl steckte
lem festen Sandboden so tief, daſs er in der einzelnen Hitze zu-
t gar nicht mehr merklich zog, und die 36 Mann in der Arbeit von zwei Stunden ihn keinen Zoll tiefer herabbringen konn-
. Nunmehr lieſs ich die Kunstramme darüber stellen, und der
je Schlag des 10¼ Centner schweren Klotzes trieb bei der Fall-
he von 20 Fuſs den Pfahl ¼ Zoll herab, es hatten also in diesem
je die vier Mann in Zeit von zwei Minuten an der Kunstramme
he gewirkt, als 36 Mann an der Zugramme in einer Stunde lei-
n konnten. Dieses Resultat war so überraschend und augen-
ch, daſs die Arbeiter ihre Besorgniſs laut aussprachen, sie wür-
n nunmehr die dauernde Beschäftigung an der Ramme verlieren.
her habe ich durch directe Beobachtung den Effect des Schlages,
wie er durch verschiedene Fallhöhen hervorgebracht wird, zu er-
heln versucht. Ich lieſs nämlich, nachdem ein Pfahl schon eini-
maſsen fest stand, den Rammklotz zu verschiedenen Höhen he-
l und beobachtete das Eindringen des Pfahles. Dieses betrug
Reihenfolge nach

1) bei 10 Schlägen von   3 Fuſs Höhe . . . 1,7 Zoll
2) -   6   -   -   6   -   -   . . . 3,9 -
3) -   4   -   -   9   -   -   . . . 5,9 -
4) -   3   -   - 12   -   -   . . . 7,9 -
5) - 10   -   -   3   -   -   . . . 1,7 -
6) -   6   -   -   6   -   -   . . . 3,9 -
7) -   4   -   -   9   -   -   . . . 6,0 -
8) -   3   -   - 12   -   -   . . . 8,0 -

rgiebt sich aus der Uebereinstimmung der vier ersten Beob-
ngen mit den vier letzten, daſs der Widerstand während des
ches ziemlich unverändert blieb, und wenn man hiernach die
ren Werthe für die Effecte der einzelnen Schläge darstellt, so
man, daſs diese nahe den Quadraten der Fallhöhen propor-
sind, und es lassen sich die beobachteten Gröſsen ziemlich
durch die Formel

$$s = 0,018 . h^2$$

llen, wo s die Tiefe bezeichnet, zu welcher der Pfahl ein-
und h die Fallhöhe des Klotzes. Man findet hieraus

für $\lambda = 3$ $s = 0,162$ also für 10 Schläge 1,62 Zoll
- $\lambda = 6$ $s = 0,648$ - - 6 - 3,89 -
- $\lambda = 9$ $s = 1,458$ - - 4 - 5,83 -
- $\lambda = 12$ $s = 2,092$ - - 3 - 7,78 -

was mit den Beobachtungen ungefähr übereinstimmt.

In Frankreich stellte Vauvilliers [*] einen directen Vergl zwischen der Leistung der Zugramme und der Kunstramme Beide hatten gleich schwere Klötze, nämlich von 641 Pfund, mit beiden wurden gleiche Pfähle in denselben Boden und g tief eingeschlagen. An der Zugramme arbeiteten 22 Tagelöhner 1 Zimmermann, an der Kunstramme dagegen 4 Tagelöhner 1 Zimmermann, und bei letzterer wurde der Klotz mittelst der l bel durch Rad und Getriebe jedesmal 12¼ Fuß hoch gehoben. erste Ramme schlug 48 Pfähle in 28 Tagen ein, die letzte ebe viele in 18 Tagen. Die Kunstramme arbeitete also noch schn als die Zugramme, und bei ihr betrugen die Kosten an Tagel und Unterhaltung der Geräthe für jeden Pfahl 3,4 Fr., während der Zugramme diese Kosten auf 15,3 Fr. stiegen.

Auch verschiedene Erfahrungen aus neuster Zeit haben das Resultat ergeben. Bei den sehr ausgedehnten Rammarbeiten Gebäude für die steuerfreie Niederlage in Harburg wurden s Zug- wie Kunstrammen benutzt, und zwar beide nur durch Mensc kraft bewegt. Die schliefsliche Berechnung ergab, dafs die K bei Anwendung der Kunstramme sich zu denjenigen der Zugra nahe wie 4 zu 7 verhielten. [**] Man darf dabei jedoch nicht beachtet lassen, dafs der Vortheil der Kunstramme nicht früher tritt, als bis der Pfahl so tief eingedrungen ist, dafs man den Ra klotz darüber bis zu einer angemessenen Höhe erheben kann, der Pfahl dem weiteren Eindringen einen gröfseren Widerstand gegensetzt. Beim Bau der Brücke über den Cher neben Saint-A ergab sich [***], dafs das Setzen und das anfängliche Eintreibe Pfähle mittelst der Zugramme weniger Kosten verursachte, al der Kunstramme, und dafs der Vorzug der letztern sich nicht

---

[*] Traité élémentaire de mécanique industrielle par Flachat. Paris pag. 43.

[**] Zeitschrift des Hannöverschen Architekten- und Ingenieur-Ve 1860. S. 288.

[***] Annales des ponts et chaussées 1853. I. pag. 319.

zeigte, als bis die Pfähle ungefähr 11 Fuſs tief in den leichten
en eingedrungen waren. Es dürfte sich sonach wohl diejenige
rdnung empfehlen, die ich in Pillau getroffen hatte, daſs nämlich
einer hohen Zugramme, die jedoch nur einen lejchten Klotz
e, die Pfähle gesetzt und so tief herabgeschlagen wurden, bis sie
der gewöhnlichen Hitze nur noch etwa 4 Zoll eindrangen, daſs
dann aber die Kunstramme sie bis zur erforderlichen Tiefe ein-
trug.

Es ergiebt sich hieraus, daſs die Kunstramme vergleichungs-
ise zur Zugramme in doppelter Beziehung die Leistung der dabei
gestellten Arbeiter vermehrt, nämlich einmal gestattet sie eine an-
messene Kraftäuſserung, wodurch die ganze Tagesthätigkeit des
einen Arbeiters sich vergröfsert, und sodann bewirkt der höhere
b des Rammklotzes verhältniſsmäſsig ein tieferes Eindringen des
ähles, woher der Effect gegen die Betriebskraft sich gleichfalls
stiger herausstellt. Es ist sonach in ökonomischer Beziehung
rtheilhaft, sich der Kunstramme zu bedienen, und wenn die Pfähle
r fest eingeschlagen werden sollen, so kann man durch sie die
lfte bis zwei Drittheile des Arbeitslohnes ersparen. Dagegen ge-
hört die Zugramme den Vortheil, daſs man mehr Arbeiter dabei
stellen kann, und wenn man sonach auf eine gewisse Anzahl von
nmen beschränkt ist, und die möglichste Beschleunigung in die-
n Theile der Arbeit erfordert wird, so kann es allerdings zwei-
zweckmäſsig sein, die Kunstrammen zu vermeiden. Nichts desto
niger dürften solche Verhältnisse sich nicht leicht wiederholen und
nigstens bei gröfseren Bauten wohl nie vorkommen.

Bei den Kunstrammen wird der Klotz mittelst einer mechani-
nen Vorrichtung durch verschiedene Haken gehoben, in ei-
· gewissen Höhe löst sich diese Verbindung, der Klotz stürzt
i herab, und gemeinhin folgt ihm alsdann der Haken, um ihn aufs
ue zu fassen. Wird die Ramme durch Menschenkraft bewegt, so
gt man, um den ganzen Apparat möglichst einfach darzustellen,
Arbeiter eine Kurbel drehen zu lassen, doch geschieht dieses zu-
ilen auch in andrer Weise. So waren beim Bau des Aquaducts
r den Potamac zwei Kunstrammen im Gange, an jeder wog der
otz 1300 Pfund und konnte 40 Fuſs herabfallen. Die eine, die
ttelst einer Kurbel durch 8 Mann bewegt wurde, machte nur alle
Minute einen Schlag und die andere, die durch 6 Mann in Be-

wegung gesetzt wurde, welche auf einem Tretrade ginge,
alle 1¼ Minute einmal, weshalb man später die erste Ramm
mit einem Tretrade versah. *) In Frankreich hat man s
auch andere Betriebskräfte und namentlich die Pferdekraft
sem Zwecke angewendet. So liefs Perronet schon die Wind
den Klotz hob, durch ein Pferd in der Art in Bewegung
dafs dieses ein Tau von einer Trommel abwickelte und dadu
letztere drehte. Bei den Bauten im Kriegshafen zu Lorient
zwei Kunstrammen durch Pferdegöpel in Bewegung gesetzt
beim Bau der Brücke zu St. Maxence liefs Perronet die l
durch ein Wasserrad treiben. In England sind Kunstrammen
seit langer Zeit theils durch besondere Dampfmaschinen, thei
durch Locomobilen in Bewegung gesetzt, gegenwärtig geschie
ses auch bei uns und anderweitig nicht selten, besonders wenn l
arbeiten in grofser Ausdehnung ausgeführt werden.

Zunächst mag hier die sehr einfache Kunstramme besc
werden, die ich nach dem Muster einer in Hull benutzten, i
einrichtete und die ich bis zu meinem Abgange von dort m
günstigem Erfolge bei allen dortigen Bohlwerks-Bauten geb
Sie hat vor den übrigen, von denen weiterhin die Rede sei
den Vorzug, dafs sie mit sehr geringen Kosten (etwa 30 '
aus einer gewöhnlichen Zugramme dargestellt war.

Der wichtigste Theil des Apparates ist der Haken, '
den Klotz hebt und in einer gewissen Höhe ihn wieder falle
Derselbe ist Fig. 190 a, b und c dargestellt, a zeigt ihn v
Seite, dicht über dem Klotze schwebend, in dessen Bügel
fernerer Senkung von selbst eingreift, b ist die Ansicht vo
und c von oben. In der letzten Figur sind zugleich die
ruthen im Querschnitte sichtbar. Der Haken mufs so ausge
ten sein, dafs er an der untern Seite eine schräge Fläche
welche beim Aufstofsen auf die Oese des Rammklotzes sich
legt und dadurch ein Eingreifen in dieselbe möglich macht.
ist dagegen der Haken concav ausgefeilt, doch mufs diese Krü
einem Kreisbogen entsprechen, dessen Mittelpunkt in der Dr
achse des Hakens liegt, weil er nur in diesem Falle sicher d
fafst und sie leicht hinausgleiten läfst, sobald er zurückgezoge

---

*) *Civil Engineer and Architect's Journal.* I. p. 150.

den Haken sind zwei Arme angeschmiedet, von denen der kür-
das Gegengewicht trägt, welches den Haken einstellt, der län-
dient dazu, ihn zu lösen, sobald der Klotz hoch genug gehoben
Der letzte greift durch einen Schlitz in dem unteren Theile des
block hindurch und sichert dadurch nicht nur dem Haken die feste
, sondern verhindert auch, daß nicht etwa das Gegengewicht ihn
weit umdreht. Eine Schiene, die sich wieder in der Linie befindet,
durch den Schwerpunkt des Klotzes parallel zur Läuferruthe
gen ist und daher mit der Richtung des Rammtaues zusammen-
, trägt den Haken. Oben ist sie mit einer Kausche versehen,
an das Rammtau angesteckt ist. Der hölzerne Klotz am Haken
r der Fallblock (the follower) greift zwischen die beiden Läu-
ruthen hindurch und wird rückwärts durch ein Brettstück, welches
Stelle der Riegel an den Armen des gewöhnlichen Rammklotzes
niebt, gehalten. Diese Befestigung muß, wie die Figur zeigt,
glichst hoch angebracht werden, indem sie alsdann beim Herab-
len des Blockes die schräge Stellung des letzten verhindert, wo-
i dieser eine starke Reibung erfahren würde. Beim Aufsteigen
rd dagegen der Fallblock durch das überwiegende Gewicht des
ammklotzes in der gehörigen Richtung erhalten, wodurch jedes
emmen vermieden wird.

Der abwärts gerichtete Theil des Fallblockes, der unten mit
em eisernen Ringe beschlagen ist, muß so lang sein, daß, wenn
auf dem Klotze aufsteht, der Haken bereits in die Oese einge-
ten ist, ohne jedoch weder diese noch die Oberfläche des Klotzes
berühren. Sobald der Fallblock nunmehr aufgewunden wird, so
bt er den Klotz mit sich, bis der längere Arm am Haken herabdrückt wird, worauf der Rammklotz sich löst und herabstürzt.
s Herabdrücken dieses Armes geschah Anfangs übereinstimmend
t der in Hull vorkommenden Einrichtung durch eine Leine,
lche an die Schwelle der Ramme befestigt wurde. In einer ge-
ssen Höhe zog sich diese Leine von selbst steif, drehte den Ha-
n und löste den Klotz. Es trat jedoch hierbei der Uebelstand
daß die Leine leicht in Unordnung kam, sie legte sich oft
ischen die Arme des Klotzes und die Läuferruthe, oder klemmte
verwickelte sich an andern Theilen des Apparates, so daß sie
fig riß und noch öfter den Klotz löste, bevor er hoch genug
oben war. Ich brachte daher die Aenderung an, daß ich den

erwähnten Arm am Haken eben so weit als die Arme d
klotzes verlängern liefs und etwas unter derjenigen Höl
der Fallblock überhaupt erreichen durfte, einen Bügel
An diesen stiefs der Arm und wurde dadurch herabgedr
solche Art konnte die Leine nicht nur entbehrt werde
ich erreichte auch noch den Vortheil, dafs das Auslösen (
immer möglichst spät erfolgte und letzterer dadurch je
der gröfsten Höhe herabstürzte, die er nach Maafsgabe (
gerüstes überhaupt erreichen konnte.

Die Vorrichtung zum Aufwinden und Herablassen des
zeigt Fig. 191 *a* und *b* in der Ansicht von der Seite und
Die Zusammensetzung dieses Theils des Apparates bes
hauptsächlich durch das Rad und Getriebe, welches am
zu beschaffen war. An einen starken Rahmen aus eiche
der durch zwei Riegel und zwei Schraubenbolzen verb
wurde die Windevorrichtung befestigt, woran das Rammt
zogen werden sollte. Bei dem starken Zuge, den das I
wärts ausübt, kam es darauf an, nicht nur die Pfannen
vor einem Ausheben gehörig zu sichern, sondern auch d
selbst zurückzuhalten. Letzteres geschah in der Art, da
Halbholz unter die Schwelle der Ramme neben den Läufern
geschoben wurde. Auf diesem ruhte der Rahmen, und ein
beide Riegel geschlungene Kette, die noch durch zwischen
Keile gespannt wurde, hielt ihn sehr sicher in seiner Lag
wurde noch das hintere Ende des Halbholzes durch Klötze
beschwert. Die Pfannendeckel für die Achse der Winde
die Figur zeigt, durch zwei Schraubenbolzen an jeder Se
welche durch den Rahmen griffen. Die Achse des Ge
bei der Richtung, in welcher das Tau aufgewunden i
gedrückt und sonach kommt ein Heben derselben nicht

Indem das Getriebe nicht immer in das Rad ein
sondern gelöst werden mufs, sobald der Klotz hera
und der Fallblock demselben folgen soll, so ruht sein
einer Seite in einer Gabel und auf der andern in eine
einem Hebel. Letzterer kann über einer Latte, die an
genagelt ist, hin- und hergeschoben werden, und jena
der einen oder andern Kerbe ruht, ist das Getriebe
oder frei. Das Getriebe hatte 10 und das Rad 46 Zäh

rbel, deren Länge 15 Zoll betrug, konnte ich nur je zwei, also
mmen nur vier Mann anstellen und sonach durfte die Walze,
welche das Rammtau sich aufwindet, nur 8 Zoll im Durchmesser
ben, weil sonst die Last für die Arbeiter zu grofs geworden wäre.
raus ergab sich der Uebelstand, dafs die Steifigkeit des Taues
en ein merkliches Hindernifs der Bewegung entgegensetzte, und was
eh übler war, das Tau litt sehr stark und rifs schon nach kurzem
brauche. Ich sah mich daher wieder gezwungen, von dem be-
m Hanf zu diesem Zwecke Taue von 1 Zoll Durchmesser spinnen
lassen, und diese zeigten sich so dauerhaft, dafs sie jedesmal
hrere Monate hindurch benutzt werden konnten.

Sobald der Rammklotz herabgefallen war, so durfte man nicht
ne Weiteres das Getriebe auslösen, denn in diesem Falle stürzte
r Fallblock mit grofser Heftigkeit herab und ertheilte der Winde
ne so starke Drehung, dafs das ganze Tau ablief und das hintere
nde desselben sich verkehrt aufwand, wodurch nicht nur ein be-
utender Zeitverlust entstand, sondern auch das Tau, besonders
, wo es mit der Kramme an die Walze befestigt war, beschädigt
rde. Es mufste sonach diesem Uebelstande durch eine Brems-
rrichtung vorgebeugt werden, welche die beiden Figuren zeigen.
bald einer von den vier Arbeitern an der Kurbel das Getriebe
löste, so drückte der andre die Bremse auf die Winde, so dafs
se sich nur mit mäfsiger Geschwindigkeit und nur so weit beste, bis der Fallblock auf dem Klotze aufstand.

Was den Betrieb der Ramme betrifft, so hatte ich um alle
sen zu vermeiden, sechs Mann dabei angestellt, von denen jedoch
vier die Kurbeln drehten, während zwei ausruhten, um nach
zer Zwischenzeit zwei der Ersten abzulösen. Es war aber die
dingung gemacht, dafs die Arbeit nie unterbrochen werden durfte
dieses liefs sich leicht controlliren, da die starken Schläge der
nstramme sehr weit zu hören waren. In einer Minute erfolgten
Umdrehungen der Kurbel, oder der Klotz wurde um 19½ Fufs
oben. Von dem Augenblicke ab, wo sich der Klotz löste, bis
Wiederbeginne des Drehens der Kurbel vergingen aber 50 bis
Secunden, sonach wurden durchschnittlich in der Stunde 25
äge gemacht. An einem Tage konnten 2¼ Pfähle nachgeschla-
werden, während die mit 36 Mann besetzte Zugramme durch-
ittlich 4 solcher Pfähle nachschlug. Der Arbeitslohn für das

timmte. Er ist Fig. 193 auf Taf. XV in der Ansicht von
d von der Seite dargestellt. Der Fallblock besteht gleichfalls
is und zwar aus zwei Klötzen, welche durch zwei Bolzen
ander verbunden sind. Bei dieser Ramme verdient die Be-
gsart des Klotzes gegen die Läuferruthe einer besondern Er-
g. Der Klotz, der in beiden Ansichten unter dem Fallblocke
net ist, besteht aus Gufseisen und statt der Arme sind zwei
hindurchgezogen, die am hintern Theile abgedreht sind und
h die Achsen für hölzerne Walzen bilden. Diese Walzen be-
sich in dem Schlitze zwischen den Läuferruthen, um die Rei-
m vermindern. Endlich sind hinter den Walzen noch Scheiben
senblech von 11 Zoll Durchmesser und ½ Zoll Stärke aufge-
und festgeschroben, welche theils das Abfallen und theils das
ten der Walzen aus den Läuferruthen verhindern. Die letz-
ind sowohl hinten als vorn mit eisernen Schienen beschlagen
ne Walze nebst Scheibe, die der beschriebenen gleich ist, be-
sich auch am Fallblocke, um dessen Bewegung zu erleichtern
a sichern. Der Rammklotz wog 1200 Pfund und wurde mit-
iner eisernen Winde durch 4 Mann 20 bis 30 Fufs hoch ge-
. Um das Spalten und Zerschlagen der Pfähle zu verhindern,
: der Kopf eines jeden Pfahles etwas conisch zugeschnitten und
arker eiserner Ring von 4 Zoll Höhe und 1 Zoll Stärke auf-
ben. Nach den ersten Schlägen des Klotzes war das Holz,
t es vor diesem Ringe vorstand, zerschlagen, aber weiter konnte
fahl auch nicht beschädigt werden, und sobald er bis zur ge-
en Tiefe eingerammt war, schnitt man das obere Ende ab, wor-
er Ring wieder für die folgenden Pfähle benutzt wurde.
Häufig sieht man in England die in Fig 195 dargestellte Ein-
ng der durch Menschenkraft getriebenen Kunstrammen. Die
ng unterscheidet sich von der in England üblichen Zugramme
rch, dafs die beiden Querschwellen vor die vordere Langschwelle
eten, und aufserhalb der letzteren die beiden Läuferruthen um-
a, die eine Schere bilden und so oft es nöthig ist, unter die
chwellung herabreichen. Der gufseiserne Rammklotz ist nicht
vortretenden Armen, sondern an beiden Seiten mit ausgehobel-
Rinnen versehn, und diese umfassen die gleichfalls sorgfältig be-
teten Eisenschienen von quadratischem Querschnitt, die mittelst
nkter Holzschrauben an die innern Seiten der Läuferruthen be-

Dampf eingerichtet, daher auf einem We

Luft, und kann aufserdem um einen s

an dafs sie beim Vorrücken eine Reih

auf derselben Bahn parallel zur erst

reibt. Die Kette ohne Ende, welche den Ra

genannte Vaucansonsche Kette, deren Glieder

nd zweien durchbohrten Scheiben bestehn

nder verbunden sind. Indem die Zähne ei

Doppel-Platten eingreifen, so wird die

t, wenn sie auch nur auf einem Quadrant

bleibt also stets in derselben Ebene, und i

biger und sicherer als bei der Bowerschen

wieder über zwei Rollen, von denen eine

m Kopfe der Läuferruthen angebracht ist,

re gleichfalls durch eine Schraube verstellt

e die nöthige Spannung zu geben.

te befindet sich hier sogar hinter der Lä

daher noch mehr von dem Schwerpunkt

ist durch die hintern Enden der beiden Arn

urchgezogen und an dem obern sind zwei

ver im Jahre 1853 in England patentirt wurde. *) Eine Kette
Ende wird durch eine Trommel in Bewegung gesetzt, in ihr
n gewissen Abständen eiserne Kegel eingeschaltet, die beim
igen die Basis nach oben und die Spitzen nach unten gekehrt
. Damit die Kette der Bewegung der Trommel folgt, muß
hrmals um diese geschlungen sein, und alsdann legt sich jede
Vindung an die Seite der nächst vorhergehenden, woher die Kette
lber das Ende der Trommel herabfallen würde, wenn diese
ylindrisch gestaltet wäre. Aus diesem Grunde ist die Trommel
Seite, wohin die Windungen vorrücken, mit einem stark vor-
len Rande versehn, neben dem die Seitenbewegung der Kette
en muß. Von dieser Trommel wird die Kette über eine Rolle
en die Läuferruthen geleitet, und über eine zweite Rolle am
Ende der letzteren geht sie zur Winde zurück. Sie steigt also
en den beiden Läuferruthen auf, ohne vor dieselben vorzutreten.
er gußeiserne Rammklotz greift mit einem angegossenen Arme,
en so lang ist, wie er selbst, durch die Läuferruthen hindurch
ird rückwärts durch eine angeschrobene Platte gehalten. Der
st in der ganzen Höhe durchbohrt, und zwar so weit, daß
te mit den kegelförmigen Ansätzen hindurch gezogen werden
ohne daß die letzteren die Wandungen berühren. Der Klotz
1 seiner obern ebenen Fläche eine darauf liegende Zange, die
einen vertikalen starken Bolzen, um welchen ihre beiden Arme
ehn, an ihm befestigt ist. Diese Arme greifen, wie bei der
llichen Schere, über einander, so daß die Zange, deren kür-
rme über jener Oeffnung im Rammklotze sich befinden, sich
sobald die längeren, die über diesen hinausgreifen, aus einan-
drückt werden. Dieses Trennen der Arme erfolgt durch eine
mige Eisenplatte, die man in solcher Höhe an die Läufer-
schraubt, daß der Klotz, nachdem er auf den Pfahl herab-
n ist, möglichst bald von dem folgenden kegelförmigen Ansatze
wird. Die Zange wird durch eine Feder geschlossen und
her Stellung gehalten, daß jeder kegelförmige Ansatz sich
sie legt und sie zugleich mit dem Klotze hebt, bis der Keil
nge öffnet, und worauf sie wieder mit dem Klotze herabstürzt.

Civil Engineer and architect's Journal. XVII. 1854. p. 373. Der Be-
ıag ist auch eine ziemlich klare Zeichnung beigefügt.

Um die Kette gehörig zu spannen, kann die obere Rolle mittelst einer Schraube gehoben und gesenkt werden, doch auch dies genügt nicht, indem die Kette sich bald mehr, bald weniger auf den ansteigenden Rand der Trommel auflegt, daher ist auch die untere Rolle beweglich und wird durch eine starke Feder dauernd herab gedrückt.

Obwohl diese Ramme verschiedentlich Anwendung gefunden hat, so ist doch die mehrfache, gewöhnlich dreimalige, Umschlingung der Kette um die Trommel höchst nachtheilig, weil die Kette dabei bis an den erhöhten Rand rückt, und von diesem stofsweise zurück gleitet. Aufserdem ist es auch nicht vortheilhaft, dafs der Klotz nicht über seinem Schwerpunkte, sondern seitwärts gefafst und gehoben wird.

Der erste dieser Uebelstände ist in der Ramme von Simons und White vermieden, die in England vielfach wie zum Beispiel beim Umbau der Westminster Brücke, und so auch in Bremen bei Erbauung der Entwässerungs-Schleuse des Blocklandes benutzt ist, und die sehr günstige Resultate gegeben haben soll. Sie ist für den Betrieb durch Dampf eingerichtet, steht auf einem Wagen, der auf einer Eisenbahn läuft, und kann aufserdem um einen starken Zapfen gedreht werden, so dafs sie beim Vorrücken eine Reihe Pfähle und beim Rückgange auf derselben Bahn parallel zur ersten Reihe eine zweite eintreibt. Die Kette ohne Ende, welche den Rammklotz hebt, ist eine sogenannte Vaucansonsche Kette, deren Glieder abwechselnd aus einer und zweien durchbohrten Scheiben bestehn die durch Bol zen mit einander verbunden sind. Indem die Zähne eines Stirnrades zwischen die Doppel-Platten eingreifen, so wird die Kette scho sicher gefafst, wenn sie auch nur auf einem Quadranten des Rad aufliegt. sie bleibt also stets in derselben Ebene, und ihre Beweg ist gleichmäfsiger und sicherer als bei der Bowerschen Ramme. D Kette läuft wieder über zwei Rollen, von denen eine am Fuſse u die andre am Kopfe der Läuferruthen angebracht ist, und von d nen die letztere gleichfalls durch eine Schraube verstellt werden kan um der Kette die nöthige Spannung zu geben.

Die Kette befindet sich hier sogar hinter der Läuferruthe u entfernt sich daher noch mehr von dem Schwerpunkte des Ram klotzes. Sie ist durch die hintern Enden der beiden Arme des Ram klotzes hindurchgezogen und an dem obern sind zwei Rollen ang

..kt, die sich gegen die Rückseite der Ruthen lehnen, um die
..bung zu vermindern.

Aus dem Klotze tritt ein horizontaler Riegel gegen die Kette,
.. mittelst einer excentrischen Scheibe, gegen welche er sich lehnt,
.. und zurückgeschoben werden kann. Die Achse dieser Scheibe
.. zur Seite des Klotzes zwei Arme, an einen derselben ist eine
.. angesteckt, welche, durch einen besonders dazu angestellten
.. angezogen wird, sobald der Riegel in die Kette geschoben,
.. der Klotz gehoben werden soll. Der andere Arm stöfst dage-
.. in einer gewissen Höhe an einen Daumen, der an die Läufer-
.. geschroben ist, wird von diesem gedreht und zieht dadurch
.. Riegel zurück, worauf der Klotz herabstürzt. *)

Die verschiedenen Arten der Kunstrammen werden in neuerer
.. häufig durch Dampf betrieben, und zwar entweder durch
.. Dampfmaschinen, die zu diesem Zwecke besonders bestimmt
.. auf die Verschwellung der Ramme gestellt werden, während
.. alsdann auf Rädern ruht und auf einem weitspurigen Eisen-
.. Geleise läuft, oder noch häufiger benutzt man eine Locomobile,
.. mittelst einer Riemscheibe die Winde der Ramme treibt.
.. anders vortheilhaft zeigt sich die Anwendung der Dampfkraft,
.. die Bewegung der Winde nicht bei jedem Schlage unterbrochen
.. en darf, vielmehr wie bei den zuletzt beschriebenen Kunstram-
die Winde in continuirlicher Drehung erhalten wird.

Eine eigenthümliche Dampframme, in welcher die ganze Dampf-
..hine unmittelbar auf dem einzutreibenden Pfahle ruht und diesen
..tet, während die Schläge des mit der Kolbenstange fest verbun-
.. Klotzes sich überaus schnell wiederholen, verdient noch er-
..t zu werden, wenn auch die Beschreibung aller Details dersel-
..icht hierher gehört.

Nach manchen Erfahrungen ist es wenigstens bei gewissen Boten vortheilhaft, die Rammarbeiten schnell fortzusetzen, und
..hen den einzelnen Schlägen keine langen Pausen eintreten
..ssen, wobei der Pfahl sich fester mit der umgehenden Erde
..det, und alsdann zum weitern Eindringen eines stärkeren

—— —

*) Ausführliche Beschreibung und Zeichnung dieser Maschine ist in der
..rift des Hannöverschen Architekten- und Ingenieur-Vereins Bd. XII.
Seite 418. mitgetheilt.

Um die Kette gehörig zu spannen, kan...

...einer Schraube gehoben und gesenkt ...

...nicht, indem die Kette sich bald ...

ansteigenden Rand der Trommel auf... wissert

Rolle beweglich und wird durch e... die erste

gedrückt.   waren, sich

Obwohl diese Ramme ... are Maschine ...

hat, so ist doch die mehrfache ... marbeiten möglich

der Kette um die Trommel ...

bis an den erhöhten Ran... den Hafenbauten in Dov...

gleitet. Aufserdem ist die 60 ...

nicht über seinem Se... Fufs tief ...

hoben wird.   ...te bei Newcastle, so wie da...

Der erste d... ucts über den ...

und White ver... fähle nach der ...

beim Umbau ... Fufs tief ...

Erbauung d... ihm gemacht...

und die s... Maschinen, ... Zeit ...

Betrieb ... hrungen erfunden ... Die Ra...

einer F... nen andern Orten versucht, auch h...

gedre... ah dieses, indem eine solche, in der Ma...

bein... rsig erbaut, zum Einschlagen einer ans...

zw... Ufer der Spree vor dem Hüttenwerke b...

is... Sie trieb die Pfähle mit überraschender

... dafs Nasmyth's Aeufserung, die Pfähle dräng...

... in Grund, wie man eine Stecknadel in ein Nadel

... ch nicht weit von der Wahrheit entfernte, w...

... ere Zeitaufwand zum Verstellen der Ramme

... neuen Pfahles sehr auffallend war. Aufser...

... och andere und zwar sehr bedeutende Unt...

... ken Erschütterungen verursachen nämlich,

... nstruction ohnerachtet, häufige Brüche einze...

... ge Beschädigungen der Maschine, so dafs m...

... en kann, ohne eine gehörig eingerichtete

... le zu haben, und selbst in diesem Falle dürfte e...

die am meisten einer Gefahr ausgesetzten T...

‎chädigung sie sogleich auswechseln zu
‎ auch diese Vorsicht angewendet
‎en behufs Reparaturen so oft
‎ngefähr den vierten Theil
‎cher die Maschine aufge-
‎ufs aber noch viel ungünsti-

‎mmen ist in mehreren technischen
‎re Anordnung schliefst sich im Allgemei-
‎ Dampfhammer an, der schon früher auf
‎n und Maschinenbau-Anstalten eingeführt war.
‎e Eisenmasse, welche den Hammer bildet, unmit-
‎Kolben des Dampfcylinders gehängt ist, so trägt auch
‎ampframme die Kolbenstange unmittelbar den schweren
‎lotz. Hierbei tritt indessen die Schwierigkeit ein, dafs der
‎cylinder immer in gleicher und bestimmter Höhe über dem
‎opfe schweben, oder in dem Maafse, wie letzterer herabsinkt,
‎gleichfalls senken mufs. Dieses ist dadurch erreicht, dafs der
‎cylinder mit einem Gehäuse aus starkem Eisenblech verbun-
‎ist, worin der Klotz spielt, dieses Gehäuse aber auf dem Kopfe
‎einzurammenden Pfahles aufsteht. Das Dampfrohr mufs hier-
‎ flexibel sein, um bei allen Stellungen des Cylinders denselben
‎ dem fest stehenden Dampfkessel zu verbinden.

‎ Eine starke Rüstung, die bei der nach Dirschau gelieferten
‎mme 15 Fufs lang und 13 Fufs breit ist, steht mit vier Rädern
‎uf einer Eisenbahn und trägt die ganze Maschine. Auf der hintern
‎Seite dieser Rüstung liegt der Dampfkessel, der wie ein Locomo-
‎kessel eingerichtet ist. In der Mitte der vordern Seite steht
‎gegen die Läuferruthe, die seitwärts durch Zugstangen und rück-
‎wärts durch einen starken gufseisernen Rahmen gehalten wird. Sie
‎ist 45 Fufs hoch und 14 und 12 Zoll stark. Zwei starke Schienen,
‎ auf ihrer vorderen Fläche befestigt sind, treten auf beiden Seiten
‎1 Zoll weit vor, und dienen zur Führung des erwähnten Gehäuses,

---

*) Förster's allgemeine Bauzeitung. XV. Jahrgang. 1850. Seite 4. —
Verhandlungen des Vereins zur Beförderung des Gewerbfleifses in Preufsen.
Jahrgang 1848. S. 151. Die letzte Beschreibung bezieht sich auf die beim
Bau der Weichselbrücke bei Dirschau benutzte Ramme.

auf dem der Dampfcylinder steht. Dies

hoch, und unten mit zwei starken gufse

welche den Pfahlkopf umfassen, so d

häuses unmittelbar vom Rammklotz

    Auf den Deckel des Gehäu

schroben, der $3\frac{1}{2}$ Fufs hoch und

tritt abwärts durch eine Sto

an den Rammklotz befesti

schlufs des Kolbens und

gegen wiegen die feste   dad

nämlich das Gehäuse   langen

    Der Dampf ist   gt sind, geho

Pfund auf den Qua   e bewegt, der K

dem Cylinder l   er mit Auslösung ve

nen der erst   n den Hebel zu sehr ges

während di   eraus complicirten Maschi

und die D   ten Versuche sollen sehr gü

Dieses i   läfst sich nicht ersehn, in we

satzröl   en Kunstramme einen Vorzug

greif   ensetzung augenscheinlich viel

sich   Schlage erforderliche Drehung

S   enden Theil der Betriebskraft in

§. 37.

Rostpfähle

    Die Rostpfähle, die entweder unbe

vorher beschlagen sind, versieht man

vierseitigen Spitzen. Solche Pfähle nem

unterscheidet dabei aber wieder zwei A

und Langpfähle. Grundpfähle heifse

Grunde stecken, Langpfähle dagegen,

tenden Theile ihrer Länge über den Bo

es gleichgültig, ob der freistehende Theil

ser befindet. Sowohl Grundpfähle, al

Rostpfähle sein. Bohlwerkspfähle, Schif

der Langpfähle. Hier sollen zunächst die
···den, doch ist sogleich zu bemerken,
Unterscheidung von den Spund-
auch von solchen die Rede sein
···hneide versehn, oder auch

ist fast immer Holz
···ene Holzarten dazu
···aſs der Stamm, den man
···u in dieser Beziehung empfeh-
···hölzer, die man auch am häufigsten
···iefernholz widersteht wegen der harzigen
···, einer abwechselnden Nässe und Trockenheit
···nem dauernden Angriffe des Wassers lange Zeit
dieser Beziehung hat es selbst vor dem Eichenholze
ich dieses namentlich beim Ausziehn der alten Bohl-
m Pillauer Hafen sehr deutlich bemerkte. Das Kiefern-
·weit es immer unter Wasser geblieben war, sich gut
beim Eichenholze nicht der Fall war, auf den eichenen
es sogar schwer, die Kette des Wuchtbaumes zu be-
ald diese angezogen wurde, drückte sie sich tief in
und schnitt häufig den Kopf des Pfahles durch, wogen-
nholz groſsentheils in so gutem Zustande sich befand,
em es ausgezogen war, noch bei Rüstungen und man-
Bauten benutzt werden konnte. Beide Sorten von
aber abwechselnd in früherer Zeit gewählt worden
Jurchschnittlich etwa 50 Jahre im Grunde gesteckt
der gewöhnlichen Ansicht ist das Eichenholz, wenn
Wasser bedeckt bleibt, vorzugsweise von langer Dauer,
Lostpfählen häufig angewendet wird, wahrscheinlich
ch besser, wenn es vollständig ausgewachsen ist, doch
e schon oben angedeutete Vorsicht noch besonders
ein, daſs eine Berührung mit flieſsendem Wasser ver-
ler daſs die eichenen Pfähle wirklich Grundpfähle sind.
eineswegs an Erfahrungen, welche beweisen, daſs das
unter Wasser zuweilen sehr lange erhält. So fand
·ne Pfähle die in einem Moore bei Lancaster wahr-
·00 Jahren eingerammt waren, noch ganz gesundes

10*

die ganze Rüstung mit dem Dampfkessel, der Ramme und
Maschinen-Theilen auf der Eisenbahn soweit zu verfahren, d..
folgende Pfahl gesetzt werden kann, und endlich diesen Pfahl
zu heben und unter das Gehäuse zu bringen. In einzelnen..
hat man überdiefs eine Kreissäge angebracht und mit der..
Dampfmaschine verbunden, wodurch jeder Pfahl, nachdem..
gerammt ist, sogleich in der passenden Höhe abgeschnitten w..
kann.

In neuster Zeit ist in den Niederlanden noch eine Kun..
versucht, die sich von allen übrigen dadurch unterscheidet, d..
Klotz mittelst eines etwa 20 Fufs langen gleicharmigen Heb..
woran die Zugleinen befestigt sind, gehoben wird. Die Ramme
also wie eine Zugramme bewegt, der Klotz hebt sich auch un..
5 Fufs, doch mufs er mit Auslösung versehn sein, weil ohne..
der Schlag durch den Hebel zu sehr geschwächt werden würd..
mit dieser überaus complicirten Maschine, die von Bovy e..
ist, angestellten Versuche sollen sehr günstige Resultate ergeb..
ben, doch läfst sich nicht ersehn, in welcher Beziehung sie vor..
einfachsten Kunstramme einen Vorzug haben sollte, während..
Zusammensetzung augenscheinlich viel kostbarer ist, auch die
jedem Schlage erforderliche Drehung des schweren Hebels er..
bedeutenden Theil der Betriebskraft in Anspruch nimmt.

§. 37.
Rostpfähle.

Die Rostpfähle, die entweder unbeschlagen, oder wie B..
vorher beschlagen sind, versieht man mit pyramidalen und..
vierseitigen Spitzen. Solche Pfähle nennt man Spitzpfähle,..
unterscheidet dabei aber wieder zwei Arten, nämlich Grundp..
und Langpfähle. Grundpfähle heifsen sie, wenn sie gan..
Grunde stecken, Langpfähle dagegen, wenn sie mit einem be..
tenden Theile ihrer Länge über den Boden vorragen, und zwar..
es gleichgültig, ob der freistehende Theil sich über oder unter W..
ser befindet. Sowohl Grundpfähle, als auch Langpfähle kö..
Rostpfähle sein. Bohlwerkspfähle, Schiffshalter und dergleichen..

ren immer zur Klasse der Langpfähle. Hier sollen zunächst die
Spitzpfähle behandelt werden, doch ist sogleich zu bemerken,
daß diese Benennung nur zur Unterscheidung von den Spundpfählen beibehalten ist, und daher auch von solchen die Rede sein
wird, die statt der Spitze mit einer Schneide versehn, oder auch
wohl ganz stumpf abgeschnitten sind.

Das Material, woraus die Pfähle bestehn, ist fast immer Holz
und zwar können nach Umständen sehr verschiedene Holzarten dazu
benutzt werden. Hauptbedingung ist es, daſs der Stamm, den man
rammen will, recht gerade ist, und in dieser Beziehung empfehlen sich vorzugsweise die Nadelhölzer, die man auch am häufigsten
wählen pflegt. Das Kiefernholz widersteht wegen der harzigen
Theile, die es enthält, einer abwechselnden Nässe und Trockenheit
und besonders einem dauernden Angriffe des Wassers lange Zeit
hindurch. In dieser Beziehung hat es selbst vor dem Eichenholze
Vorzüge, wie ich dieses namentlich beim Ausziehn der alten Bohlwerkspfähle im Pillauer Hafen sehr deutlich bemerkte. Das Kiefernholz hatte, soweit es immer unter Wasser geblieben war, sich gut
gehalten, was beim Eichenholze nicht der Fall war, auf den eichenen
Pfählen war es sogar schwer, die Kette des Wuchtbaumes zu befestigen. Sobald diese angezogen wurde, drückte sie sich tief in
das Holz ein und schnitt häufig den Kopf des Pfahles durch, wogegen das Kiefernholz groſsentheils in so gutem Zustande sich befand,
daſs es, nachdem es ausgezogen war, noch bei Rüstungen und manchen leichten Bauten benutzt werden konnte. Beide Sorten von
Pfählen waren aber abwechselnd in früherer Zeit gewählt worden
und mochten durchschnittlich etwa 50 Jahre im Grunde gesteckt
haben. Nach der gewöhnlichen Ansicht ist das Eichenholz, wenn
es immer vom Wasser bedeckt bleibt, vorzugsweise von langer Dauer,
woher es zu Rostpfählen häufig angewendet wird, wahrscheinlich
hält es sich auch besser, wenn es vollständig ausgewachsen ist, doch
dürfte dabei die schon oben angedeutete Vorsicht noch besonders
zu empfehlen sein, daſs eine Berührung mit flieſsendem Wasser vermieden wird, oder daſs die eichenen Pfähle wirklich Grundpfähle sind.

Es fehlt keineswegs an Erfahrungen, welche beweisen, daſs das
Eichenholz sich unter Wasser zuweilen sehr lange erhält. So fand
man, daſs eichene Pfähle die in einem Moore bei Lancaster wahrscheinlich vor 900 Jahren eingerammt waren, noch ganz gesundes

Holz enthielten *), und als man einen Pfahl aus der Brü
Trajan unterhalb Belgrad erbaut hatte, am Ende des vorig
hunderts auszog, so ergab es sich, dafs derselbe im äufse
fange etwa auf ⅓ Zoll Stärke in Chalcedon verwandelt war.
findet man zuweilen, dafs das Holz von Schiffen, die vor lan
gesunken sind, theilweise überaus fest geworden ist, so d
aus einzelnen Stücken Lineale verfertigt, die so schwer und h
sogar von derselben schwarzen Farbe wie Ebenholz sind.
kommt andrerseits auch wieder der Fall vor, dafs alte Schiff
die aus Eichenholz bestehn, und immer unter Wasser gelegen
sogar durch die Baggereimer zerschnitten werden. Beide Fä
in der Nähe des Pillauer Hafens vorgekommen.

In England wählt man zu Rostpfählen gemeinhin Buch
doch auch das Ellernholz hat seiner geringeren Festigkeit unc
wenn es vom Wasser immer bedeckt geblieben, sich als seh
haft gezeigt. Aufserdem wird man keinen Anstand nehme
andre Holzart, wenn dieselbe in passenden Stämmen und b
beschaffen ist, zu Pfählen zu gebrauchen, und nur diejenige
tungen, welche besonders weich sind, wie Weiden und P
wird man ausschliefsen müssen. Endlich ist zu erwähnen, d
auch gufseiserne Spitzpfähle zuweilen statt der hölzernen
det hat, dieses ist indessen bei Rosten wohl nur selten vor
men, vielmehr vorzugsweise bei Bohlwerken, wovon später d
sein wird.

Was die Stärke der Pfähle betrifft, so pflegt man selb
meinhin von ihrer Länge abhängig zu machen. Perronet sa
die Pfähle bei 15 bis 18 Fufs Länge eine mittlere Stärke
Zoll erhalten und letztere auf jede folgende 6 Fufs um 2 Z
nehmen mufs, doch bemerkt er, dafs für lange Pfähle, die g
theils im Grunde stecken und die sonach am Biegen und B
verhindert werden, es genügt, wenn man auf jede 6 Fufs de
(über jene ersten 18 Fufs) die mittlere Stärke um 1 Zoll w
läfst, woher z. B. ein 30 Fufs langer Pfahl nur 12 Zoll s
Stärke erhalten, oder derselbe am Stammende 14 und am
ende 10 Zoll messen darf. Es ist klar, dafs man bei sehr
Pfählen von dieser Regel abweichen mufs, auch bedingen d

*) The Civil Engineer and Architect's Journal. II. p. 30.

ıft eine gröfsere oder mindere Stärke. Steckt der Pfahl seiner
Länge nach in festem Boden, woselbst er sich nicht biegen
ɔ wird eine geringe Stärke schon ausreichen, um grofse
ːu tragen, steht dagegen ein bedeutender Theil desselben ent-
anz frei oder in loser Erde, so mufs er solchen Querschnitt
dafs seine rückwirkende oder auch seine relative Festigkeit
auf wirkenden Kräften entspricht. Am wenigsten ist der
ιes Pfahles zu besorgen, wenn der Druck, den er erfährt,
ıu in seiner Längenrichtung trifft. Ist dieses, wie etwa bei
ken, nicht möglich, so lassen sich die Pfähle durch Veran-
ɔder in andrer Weise noch unterstützen, wovon §. 34 schon
ɛ war.

erforderliche Stärke der Spitzpfähle läfst sich nach den
ɛn Gesetzen und Erfahrungen über die Festigkeit des Holzes
ı Falle leicht ermitteln, wenn die Bodenart genau bekannt
ɾelche sie eingetrieben werden sollen. Man pflegt aber über
ˈaafs weit hinauszugehn, und solche Vorsicht rechtfertigt sich
sofern das Holz leicht leidet oder wenn es mit fliefsendem
dauernd in Berührung bleibt, sogar mit der Zeit in seiner
he vollständig verzehrt wird. In England und Frankreich
et man ziemlich allgemein zu den Rostpfählen schwächere
als bei uns.

Pfähle müssen, ehe man sie setzt, von der Rinde entblöfst
Dieses ist schon nöthig, um die Reibung beim Einram-
ıglichst zu mäfsigen, denn die rauhe Rinde verhindert das
ɟen des Pfahles, ohne die Stärke und Tragfähigkeit dessel-
ɾvergröfsern. Am passendsten ist es, die Rinde gleich nach
llen, oder wenigstens sobald das Holz angeliefert ist, abzu-
weil man dadurch das Austrocknen befördert und zugleich
ɛrt, dafs die Säfte in dem frischen Holze nicht in Fäulnifs
n und das Holz verderben. Aufserdem leiden diejenigen
, welche lange unter der Rinde liegen, auch von dem Wurme,
ɔch bald stirbt, wenn das Holz dem Zutritt der Luft freige-
ird. Das Entfernen des Splintes von den Pfählen ist nicht
denn wenn derselbe auch nur eine geringere Festigkeit hat,
ɹehrt er doch immer noch einigermaafsen die Tragfähigkeit
hles, und besonders wichtig ist es, dafs er den Kern vor
n Beschädigungen schützt. Nach den Untersuchungen, die

Buffon über die Festigkeit des Splintes im Vergleiche zu der
innern Holzes von demselben Eichenstamme anstellte, ergab
nur die Differenz von etwa ein Fünfzehntel, was mit dem Un-
schiede des specifischen Gewichtes beider übereinstimmt. Hier
würde man den Pfahl schon bedeutend schwächen, wenn man
Splint beseitigen wollte. Es ist freilich nicht in Abrede zu
dafs letzterer um Vieles vergänglicher ist, aber selbst in die
Falle verhindert er noch immer die unmittelbare Berührung
Wassers mit dem festeren Kern.

Das scharfkantige Beschlagen der Spitzpfähle und na-
lich der Rostpfähle läfst sich eben so wenig rechtfertigen
manchen Orten ist man freilich zur Anwendung von Balke
gezwungen, indem nur solches zu haben ist, so ist z. B. das
feste Polnische Kiefernholz, welches die Weichsel herabgeflöfst
und das sich durch die feinen Jahresringe augenfällig von
deutschen Kiefernholze unterscheidet, jedesmal schon roh beschla
Andererseits ist der Ankauf von beschlagenem Holze auch insofern
weilen zu empfehlen, als die Güte des Stammes sich alsdann l
ter erkennen läfst. Wenn man jedoch Rundholz angekauft hat, so
kein Grund vorhanden, dieses vor dem Einrammen noch beschla
zu lassen, wenn die Pfähle nicht vielleicht zum Theil sichtbar ble
ben und man dem Bau ein regelmäfsiges Ansehn geben will.

Sehr wichtig ist die Bestimmung der erforderlichen Länge de
Pfähle. Bei Bohlwerkspfählen hat dieses keine Schwierigkeit, i
dem solche nicht stark belastet werden und daher ein späteres E
dringen bei ihnen nicht zu besorgen ist, wenn sie auch nicht bes
ders fest eingerammt sind. Bei den Rostpfählen dagegen tritt, wie
reits erwähnt worden, entweder die Bedingung ein, dafs sie den fe
Untergrund erreichen und sonach die Last des Baues auf die
übertragen sollen, oder sie müssen, wenn der Boden mehr gle
förmig ist, so tief eingerammt werden, dafs die Reibung, welche
von der umgebenden Erde erfahren, ihnen die nöthige Tragfähig
giebt. In beiden Fällen werden sie so lange herabgetrieben,
sie noch leicht eindringen, und nur, wenn sie bei der Hitze
unter dem Schlage des durch die Maschine gehobenen Rammklo
nur noch um einige Linien sich senken, pflegt man sie als fes
hend zu betrachten und ihnen die erforderliche Tragfähigkeit
zumessen. Die Schwierigkeit besteht darin, vorher zu wissen

lcher Tiefe sie diesen festen Stand erreichen werden. Sind sie
lang, so werden dadurch nicht nur unnöthiger Weise die Kosten
den Ankauf des Holzes vermehrt, sondern die Arbeit des Setzens
r Pfähle wird auch schwieriger und man muß vielleicht höhere Ram-
m gebrauchen. Noch größer ist aber der Uebelstand, wenn die Pfähle
kurz sind und während ihr Kopf den vorher bestimmten Horizont
Rostes schon erreicht, noch mit Leichtigkeit eindringen. Man
uß, wenn man in diesem Falle sicher gehn will, die Arbeit unterbre-
en und längere Pfähle herbeischaffen, doch zuweilen pflegt man auch,
nn dieses nicht thunlich ist, die Anzahl der Pfähle zu vermehren
id sonach die Belastung jedes einzelnen zu ermäfsigen. Endlich
er stellt man auch auf einen solchen Pfahl, der schon ganz in
n Boden eingedrungen ist, ohne einen festen Stand angenommen
haben, noch einen zweiten auf; man nennt dieses das Auf-
ropfen der Pfähle. Ein solches Verfahren ist bei einzelnen Pfäh-
l wohl zulässig, aber es darf nicht bei mehreren neben einander
kommen, weil alsdann die Gefahr eintritt, dafs der Theil des
tes, der darauf ruht, seitwärts umfallen möchte. Dazu kommt
h noch, dafs durch ein solches Aufpfropfen der Effect des Schla-
der Ramme sehr geschwächt wird und sonach ein andres Maafs
r das Minimum des Eindringens während einer Hitze eingeführt
den muſs. Perronet erzählt, daſs beim Bau der Brücke zu Or-
s manche Pfähle sogar zweimal gepfropft werden muſsten, doch
it er, daſs sie alsdann einen hinreichend festen Stand wirklich
chten.
Die Art, wie bei diesem Brückenbau die Pfähle verbunden
len, ist Figur 196 dargestellt, es wurden nämlich auf eine
;e, welche dem doppelten Durchmesser des Pfahles gleich
zwei Prismen sowohl aus dem untern Pfahle, als dem
1 ausgeschnitten, von denen jedes einen Quadrant des Quer-
ttes zur Grundfläche hatte. Auf solche Art griffen beide
le in einander und wurden in dieser Verbindung noch durch
eingelassene Zugbänder zusammengehalten, die jedoch über
iufsere Fläche nicht vortraten, also weder verschoben werden
ten, noch auch die Reibung verstärkten. Man darf indessen
erwarten, dafs ein in solcher Weise zusammengesetzter Pfahl
ieser Stelle dieselbe Steifigkeit besitzt, als wenn er aus einem
ce bestände. Solches läfst sich überhaupt in keiner Weise er-

reichen, und es bleibt daher nur übrig, dafür zu sorge

beiden Enden der Pfähle sicher auf einander treffen

etwa bei den starken Erschütterungen sich gegenseitig

Der Schlag des Klotzes wird aber um so vollständiger

tern Theil übertragen, je größer die berührenden Fläche

daher empfiehlt es sich, beide Theile stumpf abzuschn

diesem Grunde dürfte ein in die Achse des untern Pf

triebener starker eiserner Dorn, der etwa 6 Zoll weit

gebohrtes Loch des obern Pfahles eingreift, besonders z

sein, während fest aufgetriebene Ringe das Spalten des

hindern. Noch vortheilhafter ist es, diese beiden Ring

höheren Cylinder zu verbinden, der beide Enden umfaßt.

wird alsdann entbehrlich, aber man muß dafür sorgen, d

weder aufwärts noch abwärts gleiten kann, wodurch die

ständig getrennt würden. Zu diesem Zwecke versieht m

in der Mitte mit einer Bodenplatte, auf welche beide P

sich aufstellen. Dergleichen eiserne Schuhe, und zwar a

bestehend, hatte man vielfach zu diesem Zwecke in En

wendet. Fig. 216 *a* und *b* auf Taf. XVI zeigt einen

Durchschnitt und in der Seitenansicht. Beim Umbau d

belle croix zu Nantes über die Loire wurden dieselben

vernietheten Blechen dargestellt, dabei aber zugleich de

der angebracht, der durch die Mittelplatte hindurchreic

Wenn ein in dieser Weise verlängerter Pfahl sich

Richtung des Druckes befindet, den er auf das unter

Pfahles überträgt, so kann er von dem umgebenden Er

gehörig gehalten werden. Er neigt sich alsdann seitw

derselben Art, als wenn er an dieser Stelle mit ein

versehn wäre.

Um diesen Zufälligkeiten begegnen und beim Ankau

schon deren Länge sicher beurtheilen zu können, ist

Untersuchung des Grundes nothwendig. Befindet

Tiefe, die mit dem Pfahle erreicht werden kann, eine d

Schicht, oder streicht etwa hier ein Felslager darunter

sich dieses durch das Bohren, oder durch den Gebrau

direisens sicher zu erkennen, es bleibt aber noch zw

---

*) *Annales des ponts et chaussées.* 1865. *I. pag.* 41.

Schicht überall in gleicher Höhe liegt, oder in welcher Neigung
nach welcher Seite sie abfällt. Man muſs sonach mehrere Stel-
l untersuchen und man kann aus der Uebereinstimmung der Tiefe
darauf schlieſsen, ob vielleicht einzelne Klüfte im Gesteine
wo die Pfähle weiter eindringen und daher eine gröſsere Länge
sie angenommen werden muſs. Bei der Brücke zu Orleans
dieses in der That statt, der Tuff, der den Untergrund bildete,
eine so abwechselnde Oberfläche, daſs mehrere Pfähle sehr
zum Stehn kamen, während die meisten erst in 30 Fuſs Tiefe
standen und einzelne sogar 50 bis 60 Fuſs eindrangen. Sobald
Pfähle wirklich den Fels erreichten, so gab sich dieses durch
hellen Klang und das starke Zurückspringen des Rammklotzes
erkennen.

Wenn dagegen keine scharfe Begrenzung zwischen dem losen
dem festen Grunde stattfindet, oder auch die Pfähle immer
weichen Boden bleiben und nur durch die vermehrte Reibung
n tieferen Eindringen endlich einen festen Stand annehmen, so
sich durch die angedeutete Untersuchung nicht mehr mit hin-
bender Sicherheit auf die erforderliche Länge der Pfähle schlie-
, und es bleibt alsdann nur übrig, beim Entwerfen des Projec-
und ehe das Holz angekauft wird, eine Ramme aufzustellen und
ge Pfähle zur Probe einzutreiben. Dieses Mittel ist zwar um-
dlich, man darf es indessen nicht umgehn, wenn man spätern
egenheiten vorbeugen will, und wenn man einmal eine solche
e einleitet, so muſs man dieselbe auch an verschiedenen Punk-
der Baustelle wiederholen, um sich zu überzeugen, ob überall
fähr eine gleiche Länge für die Pfähle erforderlich ist, denn
im losen aufgeschwemmten Boden zeigen sich zuweilen in ge-
n Abständen schon merkbare Verschiedenheiten. Endlich wäre
zu erinnern, daſs man der Sicherheit wegen lieber die Pfähle
zu lang, als zu kurz zu wählen pflegt, denn die Vermehrung
Kosten ist im ersten Falle geringer, als im letzten, und man
ht dadurch mit einiger Sicherheit den Unterbrechungen der
it, welche bei Fundirungen überaus nachtheilig sind, und leicht
lassung sein können, daſs die beschränkte Dauer eines gün-
Wasserstandes unbenutzt vorübergehn muſs.

Ferner ist hier die Frage zu berühren, ob man die Pfähle in
Lichtung einrammen soll, wie sie gewachsen sind, oder so,

s bleibt dah... ...n gekehrt wird. Es leidet h
der PC... ...ar auf einen kleinen Theil seiner
...mbiegen oder Brechen besser wide
...ach unten, als wenn dasselbe nac
...cher Art muſs jede Stütze (wie z. B. c
...o befestigt werden, daſs das stärkere E
...ſt, wo die Befestigung stattfindet. Für
...mpfiehlt daher auch Perronet, das Stamm
...unten zu stellen. Er führt dabei an, daſs c
...Richtung in einer etwa um den vierten Theil
...mmt werden kann, als wenn das Wipfelende ab
...Der letzte Umstand würde gleichfalls dafür
...Anordnung zu wählen, und man hat auch sonst
Eindringen des Pfahles hierbei Anfangs zwar et
...oder wenn er weiter herabgekommen ist, merklich
als im entgegengesetzten Falle. Dieses erklärt sich
...e Spitze eine weitere Oeffnung bildet und der dünn
Pfahles, welcher derselben folgt, weniger Widersta
...unlicher Art wie man den Futterröhren bei Artesische
...ach einen auswärts vortretenden Schuh giebt, um den D
die Reibung auf die Röhre selbst zu vermindern. Man
lessen hierbei befürchten, daſs in demselben Maaſse,
...chläge des Rammklotzes wirksamer werden, auch ein F
unter einer starken Belastung um so leichter erfolgen ka
...ommt dazu noch der Umstand, daſs im Allgemeinen da
...en des Pfahles, während er eingerammt wird, durch die
...ion des Bodens erschwert wird, die nicht dauernd ist.
...eugt sich hiervon durch die bekannte Erfahrung, daſs
...ause von mehreren Arbeitsstunden die Pfähle gewöhnl
...nerklich besser ziehn, als vorher geschah. Indem nun
...lessen Stammende abwärts gerichtet ist, eine solche Co
...ur vor seiner Spitze erzeugt, so wird er nach der erfo
...leichung des Druckes weniger fest stehn, als wenn er
...anze Länge einen gehörigen Druck erleidet und hier
...Reibung ihn zurückhält. Man hat keine directen Versuche
...vodurch diese Ansicht sicher bestätigt oder widerlegt v
...ie wird ziemlich allgemein getheilt, und das gewöhnliche
...t auch dieses, daſs man das Wipfelende des Pfahles

'me davon macht man nur in dem Falle, wenn
.e durch Eis besorgt wird, wie dieses bei den
. Brücke und bei Eisbrechern besonders vorkommt.
.e Umstand ist in dieser Beziehung aber wohl der, den
.et anführt, dafs man besonders dafür sorgen mufs, das
.de des Pfahles an diejenige Stelle zu bringen, wo der
.riff des Wassers stattfindet oder andere Beschädigungen
. Bei Bohlwerks- und Brückenpfählen ereignen sich
Beschädigungen durch Fäulnifs und durch den Eisgang
.iedrigen Wasserstande. Trifft diese Stelle über die Mitte
, was gemeinhin der Fall ist, so mufs das Wipfelende
gekehrt werden. Alsdann werden nämlich solche un-
.e Beschädigungen weniger nachtheilig, als wenn der Pfahl
gestellt wäre. Auch bei Rostpfählen findet etwas Aehn-
weil die Angriffe durch Fäulnifs oder durch fliefsendes
gröfserer Tiefe weniger zu besorgen sind.
stpfähle wie alle Pfähle, die nicht in geschlossener Reihe
.gt man an den untern Enden mit Spitzen zu versehn,
.nter den Rammschlägen um so leichter in den Boden
Man dürfte freilich vermuthen, dafs in gleichem Maafse,
.itze das Einrammen erleichtert, sie auch Veranlassung
der Pfahl bei der spätern Belastung nur einem gerin-
.ke widersteht, und früher die Senkung des Gebäudes
.als wenn er unten stumpf abgeschnitten wäre. Eine be-
.arfe Zuspitzung mufs man unbedingt vermeiden, weil
.eicht beschädigt wird, auch wohl abbricht. Dafs durch
.Rammarbeit aber keineswegs erleichtert wird, davon hatte
.irch mehrfache Versuche vollständig überzeugt, obwohl
.leute stets das Gegentheil behaupten.
.mir bekannt, sind niemals entscheidende Versuche dar-
.ellt worden, ob die Spitze wirklich das Eindringen des
.eichtert. Unbedingt findet dieses wohl bei den ersten
.tatt, wenn der Pfahl aber tiefer herabgetrieben ist, so
.las vergleichungsweise nur überaus geringe Eindringen
.nter jedem Schlage des Rammklotzes nur durch die sehr
.bung erklären, dem seine Seitenwand ausgesetzt ist
.äfsigem Boden, wie solcher oft vorkommt, mufs die Spitze
dringen der tiefern Schichten eben so wirksam sein, wie

daſs das Stammende nach oben gekehrt wird. Es leidet
Zweifel, daſs ein Pfahl, der nur auf einen kleinen Theil sein
im Boden steckt, dem Einbiegen oder Brechen besser wi
wenn das Stammende nach unten, als wenn dasselbe n
gekehrt ist. In ähnlicher Art muſs jede Stütze (wie z. B.
an einem Tische) so befestigt werden, daſs das stärkere l
diejenige Seite trifft, wo die Befestigung stattfindet. Für
gegebenen Fall empfiehlt daher auch Perronet, das Stamm
Pfahles nach unten zu stellen. Er führt dabei an, daſs
bei solcher Richtung in einer etwa um den vierten Theil
Zeit eingerammt werden kann, als wenn das Wipfelende ab
kehrt ist. Der letzte Umstand würde gleichfalls dafür
die erste Anordnung zu wählen, und man hat auch sonst
daſs das Eindringen des Pfahles hierbei Anfangs zwar etw
samer, aber wenn er weiter herabgekommen ist, merklich
erfolgt, als im entgegengesetzten Falle. Dieses erklärt sich
daſs die Spitze eine weitere Oeffnung bildet und der dünn
des Pfahles, welcher derselben folgt, weniger Widerstan
in ähnlicher Art wie man den Futterröhren bei Artesischen
auch einen auswärts vortretenden Schuh giebt, um den Dr
die Reibung auf die Röhre selbst zu vermindern. Man
dessen hierbei befürchten, daſs in demselben Maaſse,
Schläge des Rammklotzes wirksamer werden, auch ein E
unter einer starken Belastung um so leichter erfolgen kan
kommt dazu noch der Umstand, daſs im Allgemeinen das
gen des Pfahles, während er eingerammt wird, durch die
sion des Bodens erschwert wird, die nicht dauernd ist.
zeugt sich hiervon durch die bekannte Erfahrung, daſs n
Pause von mehreren Arbeitsstunden die Pfähle gewöhnli
merklich besser ziehn, als vorher geschah. Indem nun
dessen Stammende abwärts gerichtet ist, eine solche Co
nur vor seiner Spitze erzeugt, so wird er nach der erfol
gleichung des Druckes weniger fest stehn, als wenn er
ganze Länge einen gehörigen Druck erleidet und hier
Reibung ihn zurückhält. Man hat keine directen Versuche
wodurch diese Ansicht sicher bestätigt oder widerlegt w
sie wird ziemlich allgemein getheilt, und das gewöhnliche
ist auch dieses, daſs man das Wipfelende des Pfahles n

Eine Ausnahme davon macht man nur in dem Falle, wenn
ieben der Pfähle durch Eis besorgt wird, wie dieses bei den
ifähen einer Brücke und bei Eisbrechern besonders vorkommt.
richtigste Umstand ist in dieser Beziehung aber wohl der, den
Perronet anführt, daß man besonders dafür sorgen muß, das
ire Ende des Pfahles an diejenige Stelle zu bringen, wo der
ie Angriff des Wassers stattfindet oder andere Beschädigungen
immen. Bei Bohlwerks- und Brückenpfählen ereignen sich
ieisten Beschädigungen durch Fäulniß und durch den Eisgang
dem niedrigen Wasserstande. Trifft diese Stelle über die Mitte
Pfahles, was gemeinhin der Fall ist, so muß das Wipfelende
unten gekehrt werden. Alsdann werden nämlich solche un-
eidliche Beschädigungen weniger nachtheilig, als wenn der Pfahl
ikehrt gestellt wäre. Auch bei Rostpfählen findet etwas Aehn-
s statt, weil die Angriffe durch Fäulniß oder durch fließendes
ser in größerer Tiefe weniger zu besorgen sind.
Die Rostpfähle wie alle Pfähle, die nicht in geschlossener Reihe
i, pflegt man an den untern Enden mit Spitzen zu versehn,
t sie unter den Rammschlägen um so leichter in den Boden
ingen. Man dürfte freilich vermuthen, daß in gleichem Maaße,
die Spitze das Einrammen erleichtert, sie auch Veranlassung
, daß der Pfahl bei der spätern Belastung nur einem gerin-
Drucke widersteht, und früher die Senkung des Gebäudes
laßt, als wenn er unten stumpf abgeschnitten wäre. Eine be-
rs scharfe Zuspitzung muß man unbedingt vermeiden, weil
i zu leicht beschädigt wird, auch wohl abbricht. Daß durch
i die Rammarbeit aber keineswegs erleichtert wird, davon hatte
iich durch mehrfache Versuche vollständig überzeugt, obwohl
immerleute stets das Gegentheil behaupten.
ioviel mir bekannt, sind niemals entscheidende Versuche dar-
ingestellt worden, ob die Spitze wirklich das Eindringen des
is erleichtert. Unbedingt findet dieses wohl bei den ersten
gen statt, wenn der Pfahl aber tiefer herabgetrieben ist, so
sich das vergleichungsweise nur überaus geringe Eindringen
ben unter jedem Schlage des Rammklotzes nur durch die sehr
i Reibung erklären, dem seine Seitenwand ausgesetzt ist
leichmäßigem Boden. wie solcher oft vorkommt, muß die Spitze
Durchdringen der tiefern Schichten eben so wirksam sein, wie

in den obern, sie scheint aber hier der starken Seitenreibung gegenüber allen Einfluſs zu verlieren. Die Spitze drängt die Erde, auf welche sie trifft, unmittelbar zur Seite, veranlaſst also hier eine stärkere Compression, die wahrscheinlich die Reibung vermehrt. Aus diesem Grunde versieht man Spundpfähle und andre Pfähle, die eine geschlossene Wand bilden sollen, nicht mit Spitzen, sondern mit Schneiden. Letztere drängen nämlich die Erde nicht an die Stelle, wo der nächste Pfahl gesetzt werden soll, sondern vor und hinter die Wand. In welcher Richtung ein Pfahl, der stumpf abgeschnitten ist, die Erde fortschiebt, läſst sich freilich nicht bestimmt beantworten, aber es ist wahrscheinlich, daſs er in seiner unmittelbaren Nähe nicht eine so starke Compression veranlaſst, und sonach wäre zu vermuthen, daſs wenn er so tief eingedrungen ist, daſs der zu überwindende Widerstand beinahe ausschlieſslich nur von der Seiten-Reibung herrührt, diese etwas geringer sein dürfte, als wenn er mit einer Spitze versehn wäre.

Der vorstehend angeregte Zweifel findet einigermaaſsen Bestätigung in der Mittheilung *), daſs bei dem Bau einer Brücke die mit einer Spitze versehenen Rostpfähle im Verhältnisse von 9 zu 7 langsamer eindrangen, als wenn man ihnen eine schneidenförmige Zuschärfung gegeben hatte. Der für diese Erscheinung daselbst angegebene Grund ist wohl nicht richtig, aber es schien mir doch angemessen, durch Versuche, wenn auch nur in kleinem Maaſs-stabe zu prüfen, welchen Einfluſs die Form der Spitze auf das Eindringen des Pfahles hat.

Zu diesem Zwecke schnitt ich mit einer Kreissäge kleine prismatische Stäbchen aus hartem, geradefasrigem Holze von gleichem quadratischen Querschnitt aus, und versah sie mit verschiedenen Spitzen oder Schneiden, während einige derselben stumpf abgeschnitten waren. Die Seiten der Querschnitte maſsen 0,27 Zoll, und die Länge der Pfähle betrug 7 Zoll. Jeder derselben war an dem der Spitze gegenüber befindlichen Ende in der Richtung der Achse mit einem Bohrloche versehn, worin ein etwas zugeschärfter Stahldraht paſste. Dieser diente theils zur lothrechten Führung des Stabes, indem er durch eine Oeffnung einer festen Metallplatte gezogen war, theils aber führte er auch den kleinen bleiernen Rammklotz. (

*) Förster's allgemeine Bauzeitung 1852. Literatur-Blatt Seite 271.

er Länge nach durchbohrt war und den Draht umfaſste. An
en Draht befestigte ich auſserdem einen kleinen Cylinder in
her Höhe, daſs der Rammklotz dagegen stieſs, so bald er
ʃll hoch gehoben wurde, und endlich trug der Draht am obern
e noch einen Zeiger, der neben einem senkrecht aufgestellten
ʃastabe schwebte und erkennen lieſs, wie tief der Pfahl bei je-
ı Schläge eindrang. Die Schläge waren aber constant dieselben,
m der Klotz jedesmal 4 Zoll hoch gehoben wurde.

Dieser Apparat wurde bei verschiedenen Sandschüttungen ver-
ıt, doch trat dabei die schon früher erwähnte groſse Schwierig-
hervor, die Schüttungen jedesmal möglichst gleichmäſsig darzu-
ⅰn, und hieraus erklären sich die vielfachen Unregelmäſsigkeiten
Resultate. Um die verschiedenen Pfahlspitzen bei derselben
üttung vergleichen zu können, benutze ich ein cylindrisches Blech-
ſs von 9 Zoll Weite und 6 Zoll Höhe, worin sich 4 Pfähle im
ınseitigen Abstande von 4 Zoll eintreiben lieſsen, also nicht zu
ırgen war, daſs die Schüttung, welche ein neuer Pfahl durch-
ıg, schon durch das Eintreiben der früheren verändert sei. Die
ıchen wurden aber jedesmal nur so tief eingeschlagen, daſs ihre
ⅰrn Enden noch etwa 1 Zoll vom Boden entfernt blieben.

Bezeichne ich mit *A* den stumpf abgeschnittenen Pfahl, mit *B*
enigen dessen pyramidale Spitze 0,3 und mit *C* denjenigen, des-
Spitze 0,6 Zoll lang ist, so betrug die Einsenkung in den letz-
Schlägen, wenn also die Pfähle beinahe die volle Tiefe erreicht
en und ein gleichmäſsiges Eindringen sich einstellte:

) bei trocknem Sande der möglichst vorsichtig, und zwar mit
    sehr geringer Fallhöhe eingeschüttet war, wobei sich also die
    lockerste Ablagerung bildete

    A . . . . 0,127 Zoll
    B . . . . 0,133 „
    C . . . . 0,116 „

) bei trocknem, schichtenweise mäſsig angestampften Sande

    A . . . . 0,043 Zoll
    B . . . . 0,044 „
    C . . . . 0,055 „

) bei trocknem Sande, der durch vielfaches Einstoſsen eines halb-
    zölligen Drahtes eine möglichst dichte Ablagerung angenom-
    men hatte

$$A \ldots 0{,}040 \text{ Zoll}$$
$$B \ldots 0{,}033 \text{ „}$$
$$C \ldots 0{,}034 \text{ „}$$

4) bei feuchtem Sande, dem jedoch nur so wenig Wasser zugesetzt war, dafs er so eben mit der Hand sich zu Klumpen formen liefs. Bei diesem Gemenge war es am schwierigsten, eine gleichmäfsige Ablagerung zu bilden, wie sich aus dem sehr verschiedenartigen Eindringen jedes einzelnen Pfählchen zu er kennen gab. Die beste Methode war noch diese, dafs ich sehr dünne Schichten von etwa ¼ Zoll Höhe einbrachte und jede der selben durch sanftes Aufsetzen eines 4 Pfund schweren Gewicht stückes an allen Stellen comprimirte. Hiernach ergab sich

$$A \ldots 0{,}159$$
$$B \ldots 0{,}208$$
$$C \ldots 0{,}131$$

Wenn man aus diesen Beobachtungen, welche wegen der un gleichmäfsigen Ablagerungen des Sandes sehr auffallende Unter schiede unter sich zeigen, einen Schlufs ziehn kann, so ergiebt sich dafs das Eindringen des Pfahles unter gleichen Rammschlägen nahe dasselbe bleibt, wenn der Pfahl mit einer langen, oder mit einer kurzen Spitze versehn oder stumpf abgeschnitten ist. Einen Unter schied zwischen der Spitze und der Schneide konnte ich eben so wenig mit Sicherheit bemerken. Augenscheinlich hatte aber die scharfe Spitze oder Schneide auf das erste Eindringen wesentlichen Einflufs und beförderte dieses in hohem Grade, doch nur bis die Pfählchen etwa 2 Zoll tief eingedrungen waren, also die Reibung die sie seitwärts erfuhren, den Haupt-Widerstand bildete, der über wunden werden mufste.

Indem mittelst des beschriebenen Apparates das Eindringen d Pfählchen unter den ganz gleichen Schlägen sich messen, und (Verminderung der Bewegung bei der tieferen Stellung des Pfah sich leicht wahrnehmen liefs, so versuchte ich noch aus den re mäfsigsten Beobachtungs-Reihen die Beziehung zwischen der Tief zu welcher der Pfahl bereits eingedrungen war, und der Einsenk τ bei jedem Schlage festzustellen.

Die einfachste Form des zum Grunde zu legenden Gese schien diese zu sein

$$\tau = \frac{n}{s^{\mu}}$$

...in x einen noch unbekannten Exponenten und n eine Constante ...eutet. Die wahrscheinlichsten Werthe von x stellten sich aus ...einzelnen Reihen ziemlich verschieden heraus und schwankten ...zwischen 0,6 und 1,5. Die größten Abweichungen wurden ...jedesmal beim ersten Schlage bemerkt, dessen Wirkung auch ...wenigsten sicher gemessen werden konnte. Bei den zugespitz-...Pfählen war überdieß der anfängliche sehr bedeutende Einfluß ...Spitze nicht zu beseitigen, woher ich dieser Untersuchung allein ...stumpf abgeschnittenen Stäbe zum Grunde legen durfte. Hiernach ...b sich der Exponent ungefähr gleich 1, so daß für jede Reihe ...Product $r s$ eine constante Zahl bildete. Der Werth derselben ...s ergab sich für verschiedene Schüttungen trocknen Sandes ...und bei den gewählten Dimensionen der Pfählchen und des Ramm-...klotzes:

1) bei möglichst loser Schüttung

$$n = 0,783$$

2) wenn der Sand etwa 6 Zoll tief herabgefallen war, sich also etwas fester abgelagert hatte

$$n = 0,622$$

3) bei schichtenweiser Anschüttung und jedesmaligem sanften Andrücken des trocknen Sandes

$$n = 0,261$$

4) nach vielfachem Einstoßen eines starken Drahtes

$$n = 0,211$$

In welcher Beziehung diese Constanten mit dem Drucke stehn, unter dem die Pfähle weiter herabsinken, soll im folgenden Paragraph untersucht werden, so wie alsdann auch davon die Rede sein wird, wie man die mechanischen Verhältnisse beim Eindringen der Pfähle in den Boden aufzufassen pflegt. Hier mag nur ein Umstand erwähnt werden, der von großem Einflusse ist und auf den auch Weisbach und Whewell aufmerksam gemacht haben. Er betrifft die Beschaffenheit des Holzes sowol in den Pfählen, als in den Rammklötzen. Die Wirkung des Schlages äußert sich am vollständigsten, wenn beide Körper möglichst hart sind, in dem entgegengesetzten Falle wird ein Theil der ausgeübten Kraft auf die Lösung und Biegung der Fasern verwendet. Zum Theil läßt sich eine solche Schwächung nicht vermeiden und namentlich in der vom Schlage getroffenen Oberfläche des Pfahles. Hierauf beruht die §. 35 bereits

erwähnte Erfahrung, daß dieselben Schläge auffallend weni
sam werden, sobald der Klotz nicht mehr unmittelbar d
trifft, vielmehr ein Aufsetzer oder Knecht dazwischen ge
Noch auffallender schwächt sich die Wirkung, wenn in de
holz, auf welches der Klotz fällt, die Fasern sich trennen
legen und oft ein dickes Polster bilden, das man mögli
entfernen muß. Es begründet sich hierdurch die Regel,
nur gesundes und kräftiges Holz zu Rammarbeiten verwen
Ist dieses der Fall, so hört man den Klotz scharf aufschla
sieht auch wohl, wie er nach dem Schlage von selbst sic
etwas erhebt.

Wenn man die Pfähle mit Spitzen versieht, so ist l
darauf zu achten, daß diese weder selbst zu scharf, noch
die Kanten zwischen ihren Seitenflächen zu schwach werd
in diesem Falle brechen und spalten die dünnen Holztheile
indem dadurch die noch übrigbleibende Spitze mehr nach e
gerichtet werden kann, als nach der andern, so dringt
schräge ein und erfährt überdies einen größeren Widerst
denfalls genügt es, der Spitze den doppelten Durchmesser
les zur Länge zu geben, wie dieses auch gewöhnlich
häufig mißt diese Länge sogar nur das Ein- und Einhalb
Durchmessers, oder noch weniger. Außerdem muß das äuf
der Spitze noch abgestumpft und in eine flache Pyramide
delt werden. Die Spitze wird mit quadratischem Quersch
in Form einer vierseitigen Pyramide zugeschnitten, wie
zeigt. Sie läßt sich auf diese Art am leichtesten abschi
bearbeiten, und die Seitenflächen treffen dabei unter einem
Winkel gegen einander. Man giebt zuweilen auch der
Form einer dreiseitigen Pyramide, und zwar um das l
Pfahles zu verhindern, doch wird dadurch eine Beschädig
ter möglich, weil alsdann die Seitenflächen unter spitzen
zusammenstoßen.

Um die Beschädigung der Pfahlspitzen beim Einra
mentlich in festem Boden zu verhindern, hatte man früher,
ronet erwähnt, die Methode, die Pfähle mit ihren Ender
helles Feuer zu legen, so daß die Spitzen in ihren äußer
sich etwas verkohlten, doch war dieses gewiß nicht
denn wenn man dadurch auch vielleicht das Absplittern

e, so wurde das Ausbrechen um so leichter möglich. Dage-
legt man häufig die Spitze mit Eisen zu beschlagen oder einen
schuh darauf anzubringen. Fig. 198 zeigt einen solchen.
steht aus einer eisernen Pyramide, welche die Spitze des Pfah-
det, und an diese sind zur Seite vier Federn angeschmiedet,
auf die Seitenflächen der Pahlspitze mittelst starker Nägel
igt werden. Das Aufbringen der Pfahlschuhe erfordert grofse
lt, weil eine innige Berührung zwischen dem Holz und Eisen
den mufs. Die Spitze des Pfahles, der mit dem Schuhe ver-
werden soll, darf nicht zugeschärft sein, sondern mufs senk-
abgeschnitten werden, so dafs sich eine quadratische Grund-
von 4 bis 9 Quadratzoll bildet. Eine eben so grofse und
ebene Fläche mufs der Pfahlschuh enthalten, damit ihn der
und der Stofs des Pfahles gleichmäfsig trifft. Wenn man
esen Umstand nicht aufmerksam ist und vielmehr die Verbin-
nur durch die Federn und Nägel darstellen will, so bildet sich
ein ungleichmäfsiger Widerstand und der Pfahlschuh verschiebt
Bei der grofsen Anzahl alter Pfähle, die ich am Pillauer Hafen
hn liefs, waren diejenigen, welche vor dem sogenannten hohen
erke steckten, sämmtlich mit Pfahlschuhen versehn, aber kaum
zehnten Theile derselben safs der Schuh noch in der Achse
fahles. Fast jedesmal hatte er sich seitwärts geneigt und
war er normal gegen den Pfahl gerichtet, oder er hatte sich
aufrecht gekehrt, indem alle Federn bis auf eine abgebrochen
Es bedarf kaum der Erwähnung, dafs der Schuh, sobald
h schief stellt, das Eindringen des Pfahles mehr erschwert,
eichtert, also seinen Zweck ganz verfehlt, und sogar höchst
eilig wirkt.
an mufs sonach dem Schuh eine sichere Befestigung geben,
larf derselbe nicht heifs aufgebracht werden, weil dadurch jene
, auf welcher der Pfahl ruht, verkohlt und sonach die unmit-
Berührung des festen Holzes mit dem Eisen verhindert würde.
ist es nothwendig, dafs der Schuh aus einer hinreichend
Eisenmasse besteht, damit jene Berührungsfläche die erfor-
ausdehnung erhält. Der letzte Umstand war wohl vorzugsweise
assung zur Verschiebung jener in früherer Zeit in Pillau an-
deten Pfahlschuhe, die durchschnittlich nur 5 und zuweilen
nur 3 Pfund wogen. Ein Gewicht von 10 Pfund dürfte das

Minimum sein, was auf jeden Pfahlschuh gerechnet w
sehr häufig ist es aber noch gröfser. So wendete Telf
Fangedämmen des St. Katharine's Docks in London ,
an, die 16 Pfund wogen. Beim Bau der Brücke zu Neu
Perronet dergleichen von 25 Pfund, und de Cessart wand
der Brücke zu Saumur Pfahlschuhe von 25 bis 30 Pfund an
ist indessen noch das Gewicht der gufseisernen Pfähle
199 *a* und *b* zeigt in der Seitenansicht und im Durchsc
solchen, wie ihn Deschamps angiebt. *) Die ebene Flä
cher sich der Pfahl und der Schuh berühren, hat die l
des Pfahles zum Durchmesser, woher das Gewicht des
10 Zoll starken Pfählen schon gegen 50 Pfund beträgt
führt an, dafs er bei einer Kaimauer in Paris dergleich
wenden sehn, die 30 Kilogramme oder 60 Pfund wogen.
nung, die von Batsch mitgetheilt wird, unterscheidet sich
gegebenen dadurch, dafs der Schuh nicht einen Kegel, i
vierseitige Pyramide bildet, also auf einen beschlagenen
Diese gufseisernen Schuhe sind statt der Federn mit eir
gebenden Rande versehn und ihre Befestigung im Pfa
sie durch einen eingegossenen Dorn aus Schmiedeeisen
haken hat und in den Pfahl eingreift.

In neuster Zeit wendet man in Frankreich vielf:
Camuzat angegebenen Pfahlschuhe an. Dieselben beste:
pyramidalen oder kegelförmigen Hülse aus Blech von
nien Stärke, die durch einen doppelt übergebogenen R
Form gesichert ist, und deren unteres Ende an einen mas
deeisernen Kegel oder Pyramide angeschweifst ist. Na
ger Bearbeitung der Pfähle werden sie auf diese aufge
dem bereits erwähnten Bau der Brücke la belle Croi:
gab man ihnen das Gewicht von 36 Pfund, und bei
Behandlung soll es gelungen sein, sie selbst durch alte:
hindurch zu treiben. Dabei war man aber sehr aufmerl
ein starker Widerstand sich zeigte, die Hubhöhe der 1:
Pfund schweren Klötze der Kunstrammen zu mäfsigen

---

*) *Nouvelle Collection de dessins relatifs à l'art de l'Ingénie*
**) Hydrotechnische Wanderungen. Bd. II. S. 39.

ultende schwache Schläge die festen Massen zu durchbrechen, sonst die Pfähle und Schuhe litten. *)

Es entsteht die Frage, ob, und in welchem Falle Pfahlschuhe hwendig sind. Es ist klar, daſs sie in weichem Grunde nichts wr nützen können, als daſs sie vielleicht die Reibung an der te des Pfahles etwas mäſsigen, doch ist dieses sehr gleichgültig, der frische Grund, den die Pfahlspitze erreicht, noch keinen tn Druck dagegen ausübt. Die gröſste Reibung findet gegen Seitenwände des Pfahles statt, soweit derselbe seine volle Stärke und hierauf übt der Pfahlschuh augenscheinlich keinen Einfluſs Sein Zweck ist nur, die harten Körper, die in der Richtung Pfähles liegen, zu durchstoſsen, oder zur Seite zu drücken. t aber nicht zu bezweifeln, daſs, sobald ein groſser und fester Stein ſfen wird, derselbe dem Pfahlschuh eben so wenig ausweichen nachgeben kann, als der hölzernen Spitze, und bei festen Holz- nen, die im Grunde liegen, dürfte wohl dasselbe stattfinden. leibt also ein Vortheil des Schuhes nur noch in dem Falle denk- wenn der berührte Körper keinen bedeutenden Widerstand l, wobei aber doch die hölzerne Spitze des Pfahles beschädigt ːn möchte. Für diesen Fall wäre der Vorzug des Pfahlschuhes immer wesentlich, wenn man sicher wäre, daſs er nicht leidet, seine Stellung nicht verändert, aber eben dieses darf man ı voraussetzen, da seine Verbindung nie ganz fest ist, und die ührten Erfahrungen auch zeigen, daſs die Nägel leicht nach- ı, sobald die Tendenz zu einer Verschiebung vorhanden ist. . kommt noch, das der Stoſs bei der Uebertragung gemäſsigt ı woher man annehmen kann, daſs in vielen Fällen die unbe- e Spitze leichter eindringt, als der Pfahlschuh. Bei dem aus ın Sande bestehenden Boden in Pillau bestätigte sich diese uthung vollständig: die Pfähle, welche mit keinen Schuhen ın waren, zeigten, wenn ich sie mitunter nach kurzer Zeit ı sie etwa vom Eise durchschnitten waren) ausziehn muſste, ings eine rauhe Oberfläche und die Enden der Fasern des Kie- ɔlzes hatten offenbar beim Einrammen sich zurückgelegt, auch ı hin und wieder starke Eindrücke zu bemerken, die wohl vom

---

Annales des ponts et chaussées. 1865. *I. pag.* 40.

Aufstoſsen auf harte Körper herrühren mochten, und zuwei
die äuſsere Spitze etwas breit geschlagen. Ich konnte :
niemals eine solche Beschädigung wahrnehmen, die eine n
Erschwerung des Eindringens des Pfahles hätte vermuthe
und aus diesem Grunde prüfte ich durch einen sehr übers
Versuch den Nutzen, den die Pfahlschuhe unter diesen Verh
gewährten. Ich lieſs nämlich an derselben Stelle, wo sie bish
angewendet waren, abwechselnd einen Pfahl um den ande
versehn und es ergab sich, daſs die Pfähle ohne Schuhe etw
ter eindrangen, als die, welche einen solchen hatten. Es si
auch bei andern Bodenarten, und namentlich bei Kiesbo
mit schwereren Pfahlschuhen ähnliche Versuche gemacht,
ergaben, daſs man durchschnittlich wenigstens keinen Ut
bemerken konnte. *) Hiernach scheint der Nutzen der Pf
sehr zweifelhaft zu sein, jedenfalls wird er aber nur in
Fällen eintreten, und um ihn zu erreichen, ist die Anwendu
rer und sehr sorgfältig bearbeiteter Schuhe nothwendig, wel
ohne bedeutende Kosten zu beschaffen sind.

Bei Ausführung der meisten Bauten fehlt es nach Fe
des Projectes an Gelegenheit, oft aber auch an dem g
len zur Anstellung vergleichender Versuche. Wenn man
gedehnte Rammarbeiten leitet und vorher überzeugt ist,
Anwendung der Pfahlschuhe nothwendig sei, so wird i
glücklicher Beendigung des Baues auch jedesmal überz
daſs die Pfahlschuhe von wesentlichem Nutzen gewesen.
treten indessen doch Umstände ein, die ein sicheres Urthe
gestatten. Dazu diente schon jenes Ausziehn der Pfähle
drer Fall dieser Art ereignete sich beim Bau des Viaduct
rascon. Daselbst war eine Pfahlwand noch nicht gegen A
gesichert, als bei einer plötzlichen Anschwellung der B
Grund um dieselbe so tief ausgewaschen wurde, daſs d
ganz entblöſst wurden und an den Holmen hingen. Die
chung ergab, daſs kein einziger Pfahl noch den Schuh

---

*) Auch bei dem sandigen, mit etwas Lehm gebundenen E
Dirschau, worin die Pfähle schwer eindrangen, bemerkte Lents
Verhandlungen des Vereins zur Beförderung des Gewerbfleiſses. 18

man ihn vor dem Einrammen versehn hatte, auch daſs viel-
Brüche im Holze vorgekommen waren. *)

Was die Bearbeitung der Pfähle betrifft, so muſs bemerkt
n, daſs sie vor dem Einrammen am Kopfe recht eben und
senkrecht gegen ihre Achse abgeschnitten werden müssen.
ber ein Aufspalten des Kopfes zu verhindern, was besonders
m Falle zu geschehn pflegt, wenn der Schlag nahe an den
trifft, so muſs man die Kanten an der Oberfläche brechen.
len versieht man auch zu demselben Zwecke jeden Pfahl
nem Ringe, wie dieses bereits bei Gelegenheit der Kunstramme
kt ist. Auſserdem legen sich, wenn der Rammklotz längere
indurch den Pfahl getroffen hat, die sämmtlichen Holzfasern
nd bilden dadurch eine weiche Unterlage, die den Effect der
ne ungemein schwächt. Sobald dieses geschieht, muſs man
Zoll weit den Pfahl abschneiden, um frisches und festes Holz
Schlage des Rammklotzes auszusetzen. Der Nutzen hiervon
sich oft auf eine überraschende Art, indem der Pfahl sogleich
r weit leichter eindringt. Dieselbe Wirkung übt zuweilen eine
e Verstellung der Ramme, wodurch der Schlag des Klotzes
nach der Achse des Pfahles geführt wird, und überhaupt ist
nausgesetzte Aufsicht auf die Rammarbeiten zu deren Beschleu-
; und Erleichterung dringend nöthig.

Wenn mehrere Reihen von Rostpfählen hinter einander einge-
: werden sollen, so entsteht die Frage, ob man mit den äus-
oder mit den innern den Anfang zu machen hat. Gewöhn-
wählt man das erste, weil durch die äuſsern Pfähle schon der
in der Mitte der Baugrube comprimirt wird und die hier
ammenden Pfähle daher schneller den für erforderlich erach-
Widerstand zeigen. Da jedoch die Spannung, welche ihr tie-
Eindringen verhindert, sich mit der Zeit wieder ausgleicht,
nen sie dadurch auch leicht so lose werden, daſs der ganze
ost weniger feststeht, als wenn man mit den innern den An-
gemacht und die Compression des Bodens allmälig nach der
hin getrieben hätte. Hiernach dürfte es sich empfehlen, zu-
ie innern Pfähle einzutreiben. Wo Spundpfähle vorkommen,

———
Förster's allgemeine Bauzeitung. 1861. Seite 180.

Aufstofsen auf harte Körper ... ...nahme, weil die Spand
die äufsere Spitze etw... ... ausführen läfst.
niemals eine solche ... ...on manchen Eigenthüml
Erschwerung des ... ...ch in verschiedenen Bodenarter
und aus diesem ... ...weilen zu erkennen geben. Hie
Versuch den ... ...s so elastisch ist, dafs er mit
gewährten. ... ...t, und sonach die beabsichtigte ...
angewend... ...hört. Man hat in solchem Falle ein
versehr... ...ngebracht, passender möchte es aber
ter e... ...des Stofses zu vermehren, oder den Klotz
auf... ...fallen zu lassen. Andrerseits hat es sich ...
... ...ereignet, dafs Pfähle, die bereits gesetzt
... ...wieder hoben. Einen solchen Fall erzählt
... ...heit der Brücke zu Orleans, woselbst ein Quel
... ...um einen Pfahl so auflockerte, dafs letzterer si
... ...anschwamm. Dasselbe geschah auch auf einer S
... ...elle im Bromberger Canale. *) Der Boden bestand
Thon, der auf Sand lagerte, und nachdem man die R
beinahe beendigt, auch bereits die Fachbäume auf die
aufgebracht hatte, so hoben sich plötzlich alle Pfähle
pfähle und letztere so stark, dafs sie den darauf lieg
baum sogar 9 Zoll aufwärts bogen. Man schrieb die
der starken Seitenbelastung des Terrains und der geri
tenz des Thones zu, es möchte indessen die Hauptver:
für wohl in den Quellen zu suchen sein, die man durch
legen der Baustelle hineinleitete und welche den Bode
und ihn zugleich mit den bereits eingerammten Pfähl
Man hat auch sonst dieselbe Erscheinung bemerkt, sie w
aber immer nur da, wo durch starkes Wasserschöpfen ein
schicht in Triebsand verwandelt wird. Zuweilen wi
wahrgenommen haben, dafs durch den Druck der späte
ten Pfähle die früheren gehoben wurden, und eben
vermeiden, hat man empfohlen, die Stammenden na
kehren.

Dafs die Pfähle, wenn die Rammarbeit einige St
brochen war, gewöhnlich wieder merklich leichter zi

---

*) Praktische Anweisung zur Wasserbaukunst von Eytelwein

ᵴe, ist bereits erwähnt worden. Die Erklärung
ᵛſs die Compression des Bodens unmittelbar
ᵛᶜh und nach etwas vermindert, oder die
ausweichen. Es kann dieses offenbar nur
.ᵣ Boden weich ist oder in gewissem Grade eine
ₒᵪeit bildet, und es giebt sich diese Erscheinung auch
iᵴe in einem zähen Thonboden zu erkennen. Bei den
iten in Pillau im festen Sandgrunde war ein solcher Ein-
ʾausen weniger auffallend. Andrerseits hat man in sehr
ällen auch wahrgenommen, daſs die Unterbrechung der
ᵉn Erfolg hatte, der dem erwähnten gerade entgegenge-
so daſs die Pfähle, wenn sie einige Stunden, oder auch
ᵉ Zeit hindurch gestanden hatten, gar nicht weiter einge-
ch auch herausgezogen werden konnten. Beispiele hiervon
ı bei Gelegenheit der Beschreibung von Schleusenbauten
ı angeführt worden. Die näheren Umstände sind dabei
ʰt bekannt, vielleicht wurde durch die Pfähle dem Was-
ier Zutritt zu den untern Erdschichten eröffnet, wodurch
trockne Thonboden zu quellen begann und die Rei-
in hohem Grade vermehrte.
ᵣ verdient hier das Drehen mancher Pfähle erwähnt
. Dieses wird nicht immer durch eine äuſsere Krüm-
nlaſst, sondern vorzugsweise tritt es ein, wenn die Holz-
iich schon eine merkliche Windung zeigen, wie man nicht
let. Man muſs annehmen, daſs die Erschütterung durch
ᶚ des Rammklotzes sich der Länge nach durch die Fasern
ınd wenn diese nicht gerade sind, so verliert auch der
ᶠ ursprüngliche Richtung. Bei den Bauten in Pillau wur-
ᶴämme, welche eine Windung in den Fasern auf einzelnen
d mitunter auf gröſsere Längen bemerken lieſsen, nicht
ᵉntlichen Bohlwerken benutzt, weil sie sich nicht regel-
ug einrammen lieſsen, wohl aber konnten sie ohne Nach-
ispfähle verwendet werden, das heiſst, sie wurden vor das
gesetzt, um das letztere vor dem Angriffe des Eises sicher
Bei diesen zeigte sich ein starkes Drehn unter der Ramme,
d Fälle vorgekommen, daſs sie, obgleich sie ganz gerade
ldeten, beim Eindringen auf etwa 15 Fuſs Tiefe eine volle
ᶚ machten und sonach wieder in ihre ursprüngliche Lage

zurückkamen. Die Drehung erfolgte aber jedesmal in der F
welche die Windung der Fasern angab, so daſs die Ers
ungefähr dieselbe war, als wenn diese Fasern, die jedoch |
vortraten, sich in den Boden eingeschroben hätten.

Zuweilen ist man gezwungen, einzelne Pfähle im Fe|
aufzustellen. Wenn man z. B. im Fluſsbette unter Wasser
Felsen eine Bétonfundirung ausführen will, so muſs man B
darüber erbauen, auch die Baustelle einschlieſsen, und s
Zwecke ist es nöthig, Pfähle in den Boden einzutreiben. Nu
weichem Gestein gelingt es, mittelst starker Pfahlschuhe (
noch einzurammen, doch pflegen sie alsdann den Boden,
eben, so daſs sie keinen festen Stand annehmen. Es ble
nur übrig, das Loch für den Pfahl vorzubohren, in ähnl|
wie man weite Bohrlöcher behufs der Artesischen Brunne
Dieses geschah z. B. bei Anlage des Wehrs in dem Dool
bei Néwy, welches zur Speisung des Rhein-Rhone Cana|
wurde. Der Boden bestand in klüftigem Jura-Kalk und
dirung sollte in Béton gemacht werden, man muſste ab
versenkenden Bétonmassen dem unmittelbaren Angriffe de
entziehn und deshalb war eine Umschlieſsung erforderlich,
nur darstellen konnte, nachdem einige Pfähle eingeramm
Zu diesem Zwecke wurde mit einem Kronenbohrer ein
von etwas geringerem Durchmesser, als dem der Pfähle
trieben, und hierin schlug man mit einer Handramme (
ein. *) Dasselbe Verfahren zeigte sich auch in einem an
sehr vortheilhaft und ergab überdieſs, daſs solche Pfähle
feste Stellung annehmen.

Wird ein fester Felsboden durch weiche Erdschichten
so kann es leicht geschehn, daſs die letzteren nicht mäch
sind, um das Ueberweichen und selbst das Umstürzen (
zu verhindern, wie dieses zuweilen, z. B. bei der Brücke
wirklich vorgekommen ist. Man versieht alsdann gewöl
Rostpfähle mit recht scharfen Schuhen, und bemüht sich,
anhaltendes Rammen noch bis zu einiger Tiefe in den F
einzutreiben. Dieses Verfahren ist aber sehr gefährlich, d
der festen und harten Unterlage aufstehende Pfahl von den

---

*) *Recueil de dessins relatifs à l'art de l'Ingénieur. I. Collec*

Rammklotzes mehr als sonst angegriffen wird. Wenn er als-
o aber an seinem untern Ende spaltet und bricht oder vielleicht
s zersplittert, so giebt sich dieses in seinem obern Theile
nicht zu erkennen. Man bemerkt beim eintretenden Bruche
, dafs der Pfahl wieder besser zieht als früher, und glaubt als-
o, dafs eine besonders feste Schicht, auf die er getroffen hatte,
sie durchdrungen ist und er nunmehr wieder weichere Lagen
durchschneidet, worin er sich gehörig fest und sicher einstellen
o. Sehr interessant sind in dieser Beziehung die Erfahrungen,
man am rechtseitigen Stirnpfeiler der Brücke zu Bergerac über
Dordogne machte. Man schlug hier 15 Pfähle, wie es scheint,
als Probepfähle ein, und da sie mit Ausnahme eines einzigen
weit herabgetrieben waren, dafs sie tief genug im festen Boden
backen schienen, so entschlofs man sich zur Anlage eines Pfahl-
s. Nichts desto weniger war das verschiedenartige Verhalten
Pfähle doch zu auffallend gewesen, um keinen Verdacht wegen
sichern Stellung aufkommen zu lassen, und eine ganz eigen-
liche Beschaffenheit des Grundes mufste man voraussetzen, um
abwechselnden Effect der einzelnen Hitzen zu erklären. Man
ilofs sich hiernach zu einer nähern Untersuchung, und grub
boden auf. Es ergab sich, dafs die sämmtlichen Pfähle, mit
ahme des einzigen, der nur auf eine geringe Tiefe herabzutrei-
rar, gespalten und gebrochen waren. Ich wähle aus den ver-
enen Gruppirungen der Pfahlstücken, die man hier vorfand,
ine aus, welche Fig. 200 darstellt. Die sämmtlichen Pfähle
den aus starkem und festem Holze und zwar zwölfmal aus Ei-
olz und dreimal aus Kiefernholz, doch scheint die Verschie-
it des Materials auf den Effect keinen Einflufs gehabt zu haben.
nal waren aber schwere Pfahlschuhe und hauptsächlich gufs-
e benutzt worden. *) Auch Beaudemoulin **) erzählt, dafs er
einen Pfahlrost im Felsboden ausgeführt, und später bei der
ggerung der obersten losen Erdschichten gefunden habe, dafs
als die Hälfte der Pfähle bei der Berührung des Felsens in

- - - —

*) *Nouvelle Collection de dessins etc.* Eine Uebersetzung des Aufsatzes,
eine Mittheilung der sämmtlichen Zeichnungen befindet sich auch in
Journal für die Baukunst. Bd. V.
**) *Annales des ponts et chaussées.* 1839. *II. p.* 102,

ähnlicher Art zerbrochen waren. Die früher erwähnte Erschei
bei der Brücke zu Orleans, wo einzelne Pfähle bald fest
andere dagegen bis 60 Fuß herabgetrieben werden konnten,
sich durch die Voraussetzung ähnlicher Beschädigungen am
fachsten erklären.

Bisher ist nur von hölzernen Pfählen die Rede gewesen,
wenn die eisernen, die in neuerer Zeit besonders in England
fache Anwendung gefunden haben, auch als eigentliche R
nicht benutzt sind, so haben sie doch bereits unter schwieri
hältnissen sich bei Fundirungen so sehr bewährt und ver
weise zu andern Constructions-Arten in ihrer Befestigung
Erleichterungen geboten, daß ihre nähere Beschreibung nicht
gangen werden kann. Wenn eiserne und zwar gußeiserne
eingerammt werden, so treten diese Vortheile nicht ein, und
solche ist hier wenig zu sagen. Am häufigsten werden sie zur
stellung von Spundwänden benutzt, wovon später manche
mitgetheilt werden sollen, indem man ihnen aber jeden beli
Querschnitt geben kann, so pflegt man selbst wenn sie einzeln
nicht cylindrisch, sondern als Platten zu formen, die durch Ver
kungsrippen die nöthige Festigkeit und Steifigkeit erhalten.

Die wichtigste Art der eisernen Pfähle sind aber die Schrau
benpfähle. die nicht mit der Ramme eingetrieben, sondern in den
Grund eingeschroben werden. Die Idee, auf diese Weise P
eindringen zu lassen, ist schon früher angeregt worden; Gilly
Eytelwein *) erwähnen derselben als eines „lächerlichen Ein
sie durfte auch wohl bei der damaligen unvollkommenen Fabrika
der Eisen-Arbeiten, wenigstens in Deutschland, als ganz ver
angesehn werden. Soviel bekannt, ist sie früher auch nie ver
worden, bis Mitchell im Jahre 1838 sich darauf ein Patent
ließ und Anwendungen davon machte, die sogleich die allge
Aufmerksamkeit erregten.

Die Schrauben. welche mit den Pfählen verbunden werden
sind in vielen Fällen und namentlich in reinem Sandboden die
ben, welche man zur Befestigung der Buoyen benutzt, also Grund
schrauben. deren Beschreibung und Zeichnung im dritten Theil die
Werkes gegeben ist. **) In dieser Form bestehn sie meist aus Schmie

*) Praktische Anweisung zur Wasserbaukunst I. Heft. 1809. 8. M.
**) Seeufer und Hafenbau. Vierter Band. 8. 286.

, und halten bis 4 Fuſs und darüber im Durchmesser. Sie bilden
:inen einzigen Schraubengang von dieser Gröſse der am untern
' sehr schnell sich verkleinert und in der Spitze der Spindel
:en Schneckenbohrer sich verwandelt. Die Steigung des Schrau-
unges muſs ziemlich niedrig gehalten werden, weil sonst das
ringen des Pfahles zu viel Kraft erfordert, es ist aber darauf
:hten, daſs dieselbe Steigung, welche der obere Schraubengang
bis zur untern Spitze sich fortsetzt. Die Spindel dieser Schraube
ist gleichfalls aus Schmiedeeisen, und ist mit dem Gange innig
anden. In passenden Gesenken werden beide aus demselben
astücke ausgeschmiedet. Der Gang ist am äuſsern Rande etwa
ill stark, verstärkt sich aber nach innen immer mehr, so daſs
a Anschlusse an die Spindel 3 bis 4 Zoll dick wird. Später
Wells sich noch auf eine Abänderung dieser Schraube ein Pa-
geben lassen, die darin besteht, daſs der äuſsere Rand des Ge-
ks nicht aus gewöhnlichem Schmiedeeisen besteht, sondern aus
il, und daſs darin Zähne, wie bei einer Säge angebracht sind,
urch das Eindringen in unreinen und harten Boden erleichtert
len soll.
Die Spindel hat nach Maaſsgabe der Last, die sie tragen soll,
s 8 Zoll im Durchmesser und gewiſs ist es vortheilhaft, sie wo
lich in ihrer ganzen Länge, also bis zu derjenigen Höhe, wo
durch darüber gelegte Rahmstücke mit den andern ähnlichen
ideln verbunden wird, aus einem Stücke bestehn zu lassen. Beim
einer Brücke über die Etsch in Verona waren die Spindeln
8 Zoll Stärke sogar 50 Fuſs lang. *) Wenn dieses aber nicht
:hehn kann, so muſs man dafür sorgen, daſs die übereinander
enden Theile der Spindel nicht nur fest, sondern auch centrisch
einander verbunden sind, so daſs ihre Achsen genau in dieselbe
ide Linie fallen. Man pflegt alsdann das eine Ende kegelför-
abzudrehn und das andre, welches etwa den doppelten Durch-
ser hat, mit einer entsprechenden Oeffnung zu versehn, so daſs
s in dieses genau eingreift. Die innige Verbindung zwischen
len wird alsdann durch fest eingetriebene starke Schluſskeile dar-
ellt.
Andrerseits bestehn die Schrauben auch häufig aus Guſseisen

---

*) Civil Engineer and Architect's Journal. 1867. p. 105.

und sind alsdann entweder wieder mit Spitzen versehn, auf d...
das Gewinde mit unveränderter Steigung und mit abnehmenden D...
messer sich fortsetzt, oder der weit vortretende Schraubengang ...
nahe über dem untern Ende einer cylindrischen Röhre. Ist ...
der Fall, so hat der ganze Pfahl dieselben Dimensionen, ...
gleiche Weite im Innern wie der untere Cylinder. Die ...
Rand des unteren abgeschnittene Erde kann also im Innern ...
gen. Solche cylindrische Pfähle bestehn aus gußeisernen ...
die in den vortretenden Flanschen durch Schrauben-Bolzen m...
ander verbunden sind, man gießt auch wohl an die Flanschen ...
schen den Schrauben Winkelbänder an, um das Abbrechen ...
hindern. Auch jene mit Spitzen versehene Schrauben pfle...
einem Theile hohle Cylinder zu bilden, die entweder in gl...
Weise mit andern gußeisernen Röhren verbunden werden, ode...
streift sie auch über die vorher sorgfältig zugeschnittenen ...
hölzerner Pfähle, auf die sie sicher befestigt werden. Die gu...
sernen Schrauben erhalten im Allgemeinen geringere Durch...
als die geschmiedeten, doch pflegt man ihnen mehr, als eine W...
dung zu geben, damit wenn irgend wo ein Stück des Schraub...
ganges abbricht, sie noch immer vollständig gehalten werden. B...
... worin man keinen Geschieben begegnet, i...
... jeder Vorsicht entbehrlich.

Der wesentliche Vorzug der Schraubenpfähle vor den eingeram...
ten Pfählen besteht darin, daß sie auf einer viel größeren Grun...
... nämlich auf der Kreisfläche des Schraubenganges, anstat...
... einem weit stärkeren Drucke den nöt...
gen Widerstand leisten. Dabei sind sie auch nicht der Gefahr a...
gesetzt, etwa durch das Eis gehoben zu werden, und aus die...
... eignet sich die Schraube vorzugsweise zur Befestigung v...
... vor denen Schiffe liegen. Die ganze dar...
... die in größerer Höhe einen größe...
Durchmesser annimmt, also einen umgekehrten Kegel bildet, n...
... herausgerissen werden, wenn die Schraube ge...
... werden sollte.

Demnach ist auch das Einstellen eines Schraubenpfahles u...
ungünstigen Verhältnissen bequemer und sicherer, als das Einr...
men von Pfählen. Wenn eine feste Rüstung auch immer vorzuz...
wäre, so bieten doch auch zwei fest geankerte Fahrzeuge hie...

lle Gelegenheit. Die Schraubenpfähle lassen sich alsdann
jede beliebige Stelle bringen, und es ist gleichgültig ob sie
t, oder etwas geneigt stehn sollen. Das Einschrauben eines
ist aber, wenn für hinreichend kräftige Windevorrichtungen
und Alles gehörig verbreitet ist, meist in wenig Stunden
1.

erste bedeutende Anwendung fanden die Schraubenpfähle
uung des Leuchtthurmes auf Maplin-Sand vor der Mündung
nse *), woselbst neun Pfähle aus gewalztem Eisen bestehend,
ief in den Sand eingeschroben wurden. In gleicher Weise
ald darauf andre Leuchtthürme gebaut, und unter diesen ist
s derjenige an der Küste von Florida wichtig, woselbst
llenriff durchbohrt werden mußte. Später ist diese Con-
art auch zu andern Zwecken benutzt, so dienten beim Bau
os von Portland hölzerne Pfähle mit gußeisernen Schrauben
als Rüstpfähle, und vielfach hat man eiserne Pfähle in den
eschroben, welche eiserne Brücken tragen. Wenn im Ge-
zu diesen Erfahrungen es hin und wieder nicht geglückt
st kleinere Schrauben auch nur einige Fuß tief in reinen
dringen zu lassen, so dürfte der Grund davon wohl nur in
gelhaften Vorkehrungen zu suchen sein, welche die Aus-
er nöthigen Kraft zum Drehn der Schrauben nicht gestat-

passendsten ist es, wie auch gewöhnlich geschieht, an den
eil des Schaftes etwa 8 Hebel von 10 bis 12 Fuß Länge
speichen zu befestigen und über die gabelförmigen Enden
ein starkes Tau oder eine Kette zu legen, welche durch
Winden angezogen wird. Besonders empfiehlt es sich aber,
e Gelegenheit dazu es irgend gestattet, zwei Winden auf
nüber stehenden Seiten desselben Rades aufzustellen, und
eichzeitig wirken zu lassen, weil alsdann der Pfahl keinen
ick erfährt und nur um seine Achse gedreht wird. Im ent-
etzten Falle ist eine sehr feste Absteifung erforderlich, wo-
starke Reibung gegen die Pfannen nicht vermieden werden

---

1 dritten Theile dieses Werkes ist in Fig. 249 eine Zeichnung dieses
nitgetheilt.

Um an einem Beispiele die Vorrichtung zum Einschrauben der
Pfähle zu erläutern, wähle ich diejenige, welche beim Bau der Brücke
über den Festungsgraben bei Königsberg in der Bahn nach Pillau
benutzt wurde. *) Der Boden besteht bis zu sehr großer Tiefe aus
weicher Moorerde, woher es darauf ankam, die Pfähle mit möglichst
großen tragenden Flächen zu versehn. Die Schraubengewinde erhielten daher einen Durchmesser von 5 Fuß, und wurden 22 Fuß
tief eingeschroben. Jede derselben mußte 800 Centner tragen, und
sie haben diese Widerstands-Fähigkeit auch in der That gezeigt.

Jeder Pfahl besteht aus gußeisernen Röhren von 30 Zoll äus-
serm Durchmesser und 6 bis 8 Fuß Länge, die mittelst Flanschen
und Schraubenbolzen mit einander verbunden sind. Die Wandstärke
der Röhren mißt in den Zwischenstücken 1¼ Zoll, in den unteren
aber, woran das Gewinde angegossen ist, und eben so auch in den
obern Aufsatz-Stücke, dem die Drehung mitgetheilt wird, 2 Zoll.
Die Röhre ist unten offen und zwar ist der Rand des untern Stückes
nach außen zugeschärft, damit der verdrängte Boden in die Röhre
selbst aufsteigt.

Figur 217 auf Tafel XVI zeigt neben der Vorrichtung zum
Einschrauben auch die verschiedenen Theile der Röhre. Fig.
217 c stellt das mit der Schraube versehene Stück dar, und
die punktirten Linien bezeichnen die erwähnte Zuschärfung. Das
Schraubengewinde, welches 15 Zoll vor die Röhre vortritt ist neben
derselben 4 Zoll, am äußern Rande aber 2 Zoll stark, seine Steigung beträgt 10 Zoll. Es beginnt fast unmittelbar über dem untern
Ende der Röhre. Fig. 217 b zeigt das obere Ansatzstück, welches den
Apparat zum Drehn trägt, und zwar sowol im Durchschnitt, wie
auch in der Seiten-Ansicht. Letztere läßt eine der beiden einge-
bolten Schlitze bemerken, die nebst den darin befindlichen Schlie-
keilen in der Ansicht von oben, Fig. 217 a, sichtbar sind.

Die letzte Figur stellt das Rad dar, welches zum Drehn des
Pfahles dient. Je zwei gewalzte Eisenplatten von ¼ Zoll Stärke sind
durch aufgeniethete Winkeleisen zu kreisförmigen Scheiben von
Fuß Durchmesser verbunden. Die Oeffnung für die Röhre, welche
sie umschließen ist in ihrer Mitte ausgespart. Zwei solche Schei-

---

*) Eine kurze Notiz hierüber befindet sich in Erbkam's Zeitschrift
Bauwesen 1866. S. 473.

im Abstande von 6 Zoll über einander und der Zwischenraum
theils durch hartes Holz und theils durch vier schmiedeeiserne
Platten ausgefüllt. Etwa 150 Schraubenbolzen greifen sowol durch
die Platten, wie auch durch die verschiedenen Theile der Füllung
durch und verbinden das Ganze.

Von den vier Eisenblöcken stehen 2, nämlich *A* und *B* sich
central gegenüber. Diese sind an der innern Seite eben so wie
obere Ansatzröhre mit Rinnen versehn, und hierin werden die
Drehkeile eingestellt, welche die Drehung der Scheibe der Röhre
ertheilen. Durch diese gegenüber stehenden Keile liefs sich aber
eine innige Verbindung noch nicht darstellen, hierzu mufsten noch
auswärts Keile eingetrieben werden, und dazu dienen die beiden
Blöcke *C*, die gegen einander und gegen *A* um 120 Grade abstehn.
Die Keile bei *C* haben allein den Zweck, die Scheibe mit ihren
Armen in jeder beliebigen Höhe zu halten, sie treffen daher nur
auf die äufsere Fläche der Röhre. In Fig. 217 *b* ist ein solcher
Keil sichtbar.

In diese Scheibe sind 8 Arme von Eichenholz eingelassen, deren
jeder am äufsern Ende eine gufseiserne Kapsel trägt, die mit einem
Einschnitte zur Aufnahme des Taues oder der Kette versehn ist.
An diesen Kapseln sind an jeder Seite noch je zwei Lappen angegossen,
worin die Augen von einzölligen Eisenstangen eingreifen und durch
Schraubenbolzen daran befestigt sind. An die andern Enden dieser
Stangen sind Schraubengewinde, und zwar abwechselnd links und
rechts gedrehte, eingeschnitten. Je zwei derselben, die von den nächsten Armen ausgehn, greifen in die mit einander verbundenen Schraubenmuttern in den Schnallen und man kann sonach durch Umdrehn
der letztern die beiden betreffenden Stangen beliebig spannen. In
dieser Weise werden alle acht Arme unter sich verbunden.

In die Rillen an den Enden der Arme wurde eine starke Kette
gelegt, deren Ende durch eine kräftige Winde von acht Mann angezogen wurde. Später hat man aber, wie es scheint, zwei Ketten in gleicher Richtung um das Rad geschlungen, und beide Enden derselben durch Erdwinden, die sich gegenüber standen, angezogen. Diese Anordnung ist unbedingt vorzuziehn, weil der
Pfahl alsdann eben so stark nach der einen, wie nach der andern
Seite gedrückt, also nur um seine Achse gedreht wird.

§. 38.

Tragfähigkeit der Pfähle.

Indem die Rostpfähle die darauf gestellten Bauwerke ...
tragen sollen, so müssen sie theils in sich so stark sein, daß ...
unter ihrer Belastung weder zerdrückt, noch auch gebogen ...
brechen werden, theils aber müssen sie so fest im Boden ste...
sie bei der spätern Belastung nicht tiefer einsinken und d...
ein Sacken oder Brechen des Gebäudes veranlassen. In beid...
ziehungen ist es nothwendig, das Gewicht des Baues mit Ein...
der möglichen fremden Belastung, und wenn die Gewichte ...
gleichmäßig vertheilt sind, dieselben für die einzelnen Fund...
zu berechnen und den Rost so anzuordnen, daß auf keinen Pf...
eine Belastung trifft, die ihn beschädigen oder in Bewegung s...
könnte.

Die Gefahr, daß ein Pfahl der seiner ganzen Länge nach, w...
auch nur in ziemlich losem Boden steht, zerdrückt oder gebroch...
werden sollte, ist selten vorhanden und würde nur eintreten, we...
seine Spitze auf einen festen Körper, wie etwa auf gewachsen...
Felsen oder auf ausgedehntes Geschiebe träfe, und der darüber l...
ähnliche Grund ihm keine Haltung gäbe. Welche Dimensionen...
aber in diesem Falle haben muß, damit er dem senkrechten Druc...
widersteht, ergeben die bekannten Gesetze der Statik, woher hi...
davon abgesehn werden kann.

Wichtiger ist dagegen die zweite Frage, nämlich wie tief ...
Pfahl in aufgeschwemmtem Boden eingerammt werden muß, da...
er unter dem gegebenen Drucke nicht weiter einsinkt. Der l...
Grund, der die Pfähle alsdann trägt und umgiebt, läßt sie sch...
während des Rammens zu keinem absolut festen Stande gelang...
denn bei der einzelnen Hitze oder bei mehreren aufeinanderfolg...
den Hitzen giebt sich immer noch ein tieferes Eindringen zu...
kennen, und wenn dieses vielleicht bei Anwendung der gewöhnlich...
Zugramme auch unmerklich werden sollte, so stellt es sich d...
wieder ein, sobald man mittelst der Kunstramme einen schwe...
Rammklotz aus großer Höhe herabfallen läßt. Nichts desto we...

er wird man auf solche Pfähle schon eine gewisse Last mit voller
Sicherheit aufbringen können, während sie unter sehr starker Belastung noch tiefer einsinken. Die Abwesenheit eines absolut festen
Standes giebt sich also auf zweifache Art zu erkennen, nämlich einmal bei den Schlägen des Rammklotzes, oder durch die mit-
getheilte lebendige Kraft desselben, und sodann auch durch den
Einfluß des todten Druckes, welcher von der spätern Belastung
herrührt. Es liegt der Gedanke sehr nahe, die Leichtigkeit, womit
der Pfahl während der letzten Hitzen noch eindringt, als Maaßstab
für die Festigkeit seines Standes zu benutzen, und man kann nicht
zweifelhaft sein, daß eine gewisse Beziehung zwischen diesen beiden
Größen stattfindet. Es rechtfertigt sich auch vollkommen die Annahme, daß von zweien in denselben Boden und unter übrigens
gleichen Umständen eingerammten Pfählen derjenige eine größere
Last tragen wird, der in der letzten Hitze weniger tief eindrang,
wenn bei beiden derselbe Rammklotz zu gleicher Höhe gehoben
wurde und die Hitze aus derselben Anzahl von Schlägen bestand.
Wäre man also im Stande, die Beschaffenheit des Baugrundes für
die ganze Tiefe, zu welcher der Pfahl eindringt, genau zu bezeichnen, und zwar nicht nur in Bezug auf seine Zusammensetzung, sondern auch auf den Wassergehalt oder auf den mehr oder minder
lockern Zustand, und hätte man endlich für alle Modificationen, die
hierbei eintreten können, die nöthigen Erfahrungen bereits gesammelt,
so wäre es möglich, aus dem Eindringen des Pfahles unter gewissen
Schlägen auf seine Tragfähigkeit mit Sicherheit zu schließen. Dieser empirische Weg ist indessen so schwierig, daß seine Benutzung
kaum denkbar ist, und jedenfalls ist er zur Zeit noch nicht geöffnet.
Nur da, wo eine große Gleichmäßigkeit des Bodens stattfindet und
vielfache Rammarbeiten bereits vorgekommen sind, wird man zu beurtheilen im Stande sein, wie weit man die Pfähle jedesmal eintreiben muß.

Man hat indessen bisher kaum versucht, diesen Weg zu verfolgen, und sich vielmehr bemüht, unter Zugrundelegung mancher Hypothesen zwischen der lebendigen Kraft und dem todten Drucke
einen directen Vergleich anzustellen und denselben so allgemein durchzuführen, als ob er unter allen Verhältnissen gültig und von der
Beschaffenheit des Bodens unabhängig wäre. Es ist klar, daß dieser
Versuch mißglücken mußte, denn die beiden Kraftäußerungen:

Stofs und Druck, sind so heterogen, dafs sie unter Um
wohl gleiche Effecte hervorbringen können, sich aber im Al
neu nicht in Parallele stellen lassen. Man überzeugt sich
dafs sie in gewissen Fällen unmöglich gleiche Wirkungen
können. So ist bereits erwähnt worden, wie der Widerstan
die Wirkung des Schlages sich wesentlich vergröfsert, sob
weiche Zwischenlage über dem Pfahle sich befindet, währe
auf die Aeufserung des Druckes ohne Einflufs ist. Andrerseit
ein Pfahl, wenn der Boden aus einer flüssigen Masse besth
so tief eindringen, als der hydrostatische Druck es erlaubt, w
er während der schnell aufeinanderfolgenden Schläge ein
auch einen tieferen Stand annähme, so würde er in der da
genden Pause doch wieder aufschwimmen, und sonach beis
setzten Rammen sich ungefähr eben so verhalten, als ob er
fest stände, während er bei jeder neuen Belastung auf eine
entsprechende Tiefe herabsinken müfste.

Mariotte stellte directe Versuche über den Effect des
an, und fand, dafs ein Gewicht von 2¼ Pfund, welches 7 2
herabfällt, eine gleiche Wirkung äufsert, wie der todte D
400 Pfund. Giebt man einer solchen Beobachtung, die sich
eine bestimmte Zusammensetzung des Apparates beziehn k.
allgemeine Gültigkeit, so ist es leicht, die gewünschte Rela
zustellen. Perronet versuchte dieses und gelangte dadurch
Resultate, dafs man für Zugrammen das Gewicht desjenige
klotzes findet, der zuletzt kein merkliches Eindringen de
bewirken darf, wenn man das Gewicht, welches der Pfa
soll, durch 1290 oder zu gröfserer Sicherheit durch 645
Doch bemerkt Perronet dabei, er habe hierdurch nur zeige
wie man aus jenen Beobachtungen auf die Tragfähigkeit d
schliefsen könne, und fügt hinzu, es sei unmöglich, die le
und todten Kräfte mit einander zu vergleichen.

Dürfte man den Widerstand gegen Stofs eben so grofs
jenigen gegen Druck, und zwar beide als ein gewisses Ge
sehn, welches gehoben werden sollte, so vereinfacht sich die
so sehr, dafs sie leicht zu lösen ist. Man denke eine in al
len steife und gewichtlose Wage. In die eine Schale lege
Gewicht, welches den Widerstand gegen Druck bezeichnet,
die andere lasse man ein kleines Gewicht aus einer gewis

wird das erste in Folge des Stoßes bis zu einer geringen
϶ sich leicht berechnen läßt, gehoben werden. Diese letzte
tspricht nach dieser Vorstellungsart der Tiefe, zu welcher
l bei jedem Schlage eindringt, während das kleinere Ge-
: Rammklotz ist, der aus jener Höhe herabfällt. Vernach-
an dabei das Gewicht des Pfahles und macht man zugleich
ussetzung, daß das Gewicht des Klotzes vergleichungsweise
n Widerstand verschwindend klein ist, so gelangt man zu
· einfachen Resultate, daß dasjenige Gewicht, welches der
eben noch tragen kann, sich zu dem Gewichte des Rammer-
erhält, wie die Quadratwurzel aus der Fallhöhe des Klotzes
:el aus der Einsenkung des Pfahles beim letzten Schlage.
führe diese Auffassung nur an, weil sie manchen Theorien
igfähigkeit der Pfähle zum Grunde liegt, in England hat
ır in dieser Weise Beobachtungen angestellt, die jedoch ganz
waren, und sich nur gerechtfertigt hätten, wenn es etwa
gewesen wäre, über die Elasticität der Schnüre und andrer
es Apparates Versuche zu machen.
Cessart wählte ein andres Verfahren, um die Wirkungen
es mit denen des Druckes zu vergleichen. Er ließ während
rücke zu Saumur baute, eine Ramme zurichten, an der ein
ın 600 Pfund Gewicht bis 12 Fuß hoch gehoben werden
hierdurch stellte er die lebendige Kraft des Stoßes in den
n dar. Der todte Druck wurde dagegen durch stark be-
ebel erzeugt. Um die Wirkungen beider Kräfte sicher wahr-
und vergleichen zu können, ließ de Cessart eine Anzahl
l in derselben Form gießen, deren Basis 3 Zoll im Durch-
ıielt und deren Höhe 32 Linien betrug, die also im Quer-
;leichseitige Dreiecke von 3 Zoll Seite bildeten. Der Schlag
ıme sowohl, als der Druck des Hebels hatten den Erfolg,
:en der Kegel platt zu drücken und kreisförmige Flächen
larzustellen, deren Durchmesser man messen konnte. Es
nun solche Kegel belastet und zwar mitunter mit sehr be-
ın Gewichten, so daß der Druck in einzelnen Beobachtungen
17000 Pfund betrug. Nachdem auf diese Art die Spitze
∋gels soweit eingedrückt war, daß keine weitere Senkung
so wurde der Durchmesser der eingedrückten Fläche be-
Alsdann stellte man einen andern Kegel unter die Ramme

12*

und lieſs aus einer gewiſsen Höhe den Klotz darauf fallen, w
sich wieder die Spitze in eine kreisförmige Fläche verw
Man maaſs diese und war sie etwa kleiner, als die erste, w
man wieder einen neuen Kegel unter die Ramme und hob d
etwas höher, als früher, und so fort, bis zuletzt gleiche Durc
und sonach gleiche Wirkungen sich herausstellten. Es ist t
leugnen, daſs hierdurch ein Vergleich möglich wurde, aber t
sich gerade nur auf diese Bleikegel, hätte de Cessart statt de
Kupfer, Messing oder Eisen gewählt, so würde er andere l
nisse zwischen Stoſs und Druck erhalten haben. Eine all
Gültigkeit kann man sonach den aus solchen Versuchen be
ten Resultaten nicht beilegen.

Durch einen directen Versuch hatte ich mich schon fr
von überzeugt, daſs die Beziehung zwischen der Tragfähig
cher Pfähle und ihrem Eindringen in feuchten Sand- und
boden unter gleichen Schlägen wesentlich verschieden se
Pfählchen von denselben Dimensionen trieb ich nämlich u
chen Fallhöhen desselben Rammklotzes so weit ein, bis
den letzten Schlägen zu gleichen Tiefen weiter eindrang
Belastungen, denen sie alsdann Widerstand leisteten, ware
wegs dieselben, vielmehr sank der im Thonboden steher
schon unter einem bedeutend geringeren Gewichte herab,
jenige war, welches den andern in Bewegung setzte. Bei
holung des Versuches zeigte sich aber, daſs das erste Gewic
es auch noch kleiner war und sich sogar auf das des Ran
beschränkte, bei dauerndem Drucke den Pfahl zu tieferem
gen veranlaſste, wenn dieses unmittelbar nach dem Aufste
nicht geschehn war.

Dieses spätere Einsinken wurde wohl nur dadurch 1
daſs die starke Compression des Bodens in der nächsten l
des Pfahles, welche das Einrammen desselben verursacht l
deren Folge die gröſsere Reibung war, nach und nach siel
derte, indem einigermaaſsen eine Ausgleichung eintrat un
sammengedrängten Erdtheilchen sich von einander entfern
diesen Umstand, der auch das leichtere Eindringen des Pf
klärt, nachdem die Rammarbeit während einiger Zeit unt
worden, ist schon früher aufmerksam gemacht, er ist abe
urtheilung der Tragfähigkeit der Rostpfähle von groſser B

ers in nassem Thonboden. Ob in reinem Sandboden und
a nassem Sande auch solche Aenderung eintritt, ist nach mei-
rsuchen nicht anzunehmen, doch unbedingt zeigte sie sich bei
ummarbeiten in Pillau, wo der Boden zwar überall aus Sand
l, jedoch mit thonigen und vegetabilischen Theilchen jedesmal
der weniger versetzt war.

n diese später eintretenden Senkungen zu beseitigen, stellte
ch eine Reihe von Beobachtungen mit trocknem Sande und
ei verschiedenartiger Ablagerung desselben an. Die Pfähl-
ud die ganze Vorrichtung zum Einschlagen waren dieselben
vorigen Paragraph beschrieben sind. Nachdem ich sie
tief in die verschiedenen Schüttungen eingerammt hatte,
chte ich ihre Tragfähigkeit, indem ich einen Hebel auf
derselben legte, dessen Drehungs-Achse gehörig befestigt
und auf dem ein Gewicht sich bequem so weit verschie-
ls, bis der Pfahl sich etwas senkte. Die hierbei gefundenen
te zeigten großentheils bedeutende Abweichungen von den
. mitgetheilten Beobachtungen, doch rührte dieses wohl gros-
s davon her, daß die Schüttungen in dem einen und dem
Falle verschieden waren, auch die Erschütterungen beim Her-
i des Rammklotzes mochten wohl den Sand fester abgelagert
Es ergab sich meist eine größere Tragfähigkeit, als nach
ersuchen, dagegen zeigte sich bei dem möglichst fest gestoßenen
eine sehr befriedigende Uebereinstimmung, wiewohl dieses mal
nämlich quadratische Stäbe benutzt, und diese auch tiefer ver-
rurden. Ich fand nämlich, daß diese Pfählchen bei der Ein-
; von 5 Zoll durchschnittlich unter dem Drucke von 10,4 Pfund
eue einsanken, während sie nach der obigen Formel

$$\gamma = 1,1 + 6,1 \cdot s^2$$

die Einsenkung in Zollen bedeutet, unter dem Gewichte von
'fund auf den Quadratzoll, also bei ihrem Querschnitt von
Quadratzoll, erst bei einer Belastung von 11,2 Pfund hätten
sollen. Diese geringe Differenz darf bei der Unsicherheit
Messungen nicht befremden, ich muß aber noch bemerken,
: Form der Spitze oder das gänzliche Fehlen derselben kei-
nfluß zu haben schien.

rnachlässigt man in diesem Ausdrucke für die Grenze der
ag des Pfahles, das erste Glied, welches bei tieferen Einsen-

kungen verschwindend klein ist, so ergiebt sich aus der Ve
mit dem §. 37 gefundenen Werthe von r, daß bei dieser Al
des trockenen Sandes, die Gewichte, unter welchen derse
bei verschiedener Tiefe einsinkt, umgekehrt den Quadra
Senkung bei den letzten Schlägen proportional ist.

Man darf jedoch aus den oben angeführten Gründe
Resultate keine allgemeine Gültigkeit beimessen, und über
alle bis jetzt gemachten Versuche, die Tragfähigkeit eines R
aus seinem Eindringen während der letzten Rammschläge
ten, als verfehlt zu betrachten. Nichts desto weniger ist
hierüber noch Einiges mitzutheilen.

Perronet spricht seine Meinung über diesen Gegenst
gender Art aus: „der Rostpfahl darf nur in dem Falle als h
tief eingerammt angesehn werden, wenn er in jeder Hit
bis 30 Schlägen nur 1 bis 2 Linien eindringt und zwa
mehrerer aufeinander folgender Hitzen. Bei andern Pfäl
gen, die weniger belastet werden, kann man sich auch
gnügen, daß sie in der Hitze noch 6 Linien; auch wohl ei
Zoll eindringen. Das gewöhnliche Gewicht des Rammbl
Rostpfähle beträgt 600 bis 700 Pfund, bei stärkeren un
Pfählen 1200 Pfund und der Klotz muß 4½ Fuß hoch gel
den. Die Rostpfähle bei der Brücke zu Neuilly hatten 12 Z
messer und trugen jeder 105700 Pfund, die bei der Brüc
leans 104900 Pfund. Bei der Brücke zu Tours waren
als die Pfeiler einstürzten, mit 153900 Pfund belastet.“ „]
fährt Perronet fort, „bin ich der Ansicht, daß man einen
8 bis 9 Zoll Stärke nur mit 50000 und einen solchen v
nur mit 100000 Pfund belasten darf.“

Hierbei muß aber erwähnt werden, daß bei der
Neuilly der Boden kiesig war und die Pfähle den Felsbod
ten. Sie wurden so lange gerammt, bis sie unter dem 1
schweren Rammklotze während 16 auf einander folgend
jede zu 30 Schlägen, nur je 2 Linien zogen, oder wenn
Pfund schwere Bär angewendet wurde, mußten sie während
denselben Widerstand zeigen. Beim Bau der Brücke b
wurde die Rammarbeit etwas früher abgebrochen, nämlic
sern Pfähle jedes Pfeilers betrachtete man als feststeh
sie bei einer Hitze von 25 Schlägen mit dem 900 Pfund

te noch 1½ Linien zogen und die innern dagegen schon, wenn sie in Hitze noch 3 Linien eindrangen. Der siebente Pfeiler dieser ke senkte sich aber um 10 Zoll oder um eine Werksteinschicht. ich ist bei der Brücke bei Tours zu bemerken, daſs der Grund Zinsturzes derselben, wie schon oben erwähnt worden, wohl larin lag, daſs die Pfähle in der umgebenden Erde nicht hinnde Haltung fanden, also nicht herabgedrückt wurden, sondern den. Alle hier gemachten Angaben beziehn sich übrigens auf er Fuſs-Maaſs.

Sganzin sagt *) in Bezug auf diesen Gegenstand: „die Erfahund die Praxis bei groſsen Bauten haben dahin geführt, einen als gehörig feststehend zu betrachten, um eine dauernde Beıg von 50000 Pfund zu tragen, wenn er bei Anwendung einer tramme in der Hitze von 10 Schlägen mit einem Rammklotze .200 Pfund der 11½ Fuſs hoch gehoben wird, nur 4,6 Linien sindringt, oder wenn die Zugramme angewendet wird, darf er er Hitze von 30 Schlägen mit demselben Rammklotze, der 'uſs hoch gehoben wird, sich gleichfalls nur um 4,6 Linien n.“   -

Bei einem Bau in Berlin, wo die 40 Fuſs langen Rostpfähle eit eingetrieben waren, bis sie in der Hitze von 20 Schlägen inem 5 Fuſs hoch gehobenen Rammklotze von 1650 Pfund : Linien tief eindrangen, gab sich unter einer Belastung von) Pfund ein Sinken zu erkennen. Der Baugrund bestand aus rem, doch sehr sandigem aufgeschwemmten Boden.

n Holland, wo der weiche Grund es fast nie erlaubt, den en einen so festen Stand zu geben, daſs sie auf die letzte Hitze ıoch wenige Linien ziehn, belastet man sie allgemein mit viel ţeren Gewichten. Bei den Schleusenbauten am nordholländiCanale ist der einzelne Rostpfahl mit 25000 Pfund belastet ennoch waren die Mauern im Trocken-Dock am Helder theilstark gesunken. Bei andern Schleusen stehn die Pfähle noch neben einander, so daſs jeder nur 20000 und mitunter nur) Pfund trägt, wie dieses nach Wiebeking bei der Schleuse enningsveer der Fall ist. Bei der sehr wichtigen Entwässeschleuse bei Catwyk aan Zee trägt der einzelne Pfahl 16500

Programme ou résumé des Leçons. 4. édition. I. p. 169.

Pfund, und es ist interessant, daſs man bei Untersuchung (
grundes die Länge der Pfähle darnach bestimmte, daſs de
pfahl auf 20 Schläge mit dem 1100 Pfund schweren Ba
noch 4 Zoll eindrang, man meinte, daſs bei gleicher Tief
Fuſs auseinanderstehenden Pfähle einen hinreichend festen S
nehmen würden. *) Dieser letzte Bau hat keine Senkung

Um endlich auch ein Beispiel aus England anzuführe
wähne ich, daſs beim Bau des Junction-Dock zu Hull, wo
Pfähle mit einem Gewichte belastet sind, das bis 60000 Pfd
dieselben so lange eingerammt wurden, bis sie in 30 Schl
6 Fuſs Höhe, die mit dem 1300 Pfund schweren Rammk
geben wurden, nicht stärker als 1½ Zoll tief eindrangen. *

Man ersieht hieraus, daſs die Annahmen über die Tra
und ebenso die hin und wieder gemachten Erfahrungen
schieden sind, und hierdurch bestätigt sich wieder, daſs
allgemeine Regel nicht aufstellen kann, sondern die Bes
des Grundes jedesmal berücksichtigen und besonders vors
muſs, wenn derselbe viele Thontheile enthält. In diesem
ursacht dessen Zähigkeit einen groſsen Widerstand gegen d
Eindringen der Pfähle während des Rammens, dieser V
giebt sich aber bei der nachfolgenden dauernden Belas
zu erkennen und man muſs also bei gleichem Ziehn d
eine viel geringere Beschwerung annehmen, als bei san
kiesigem Grunde zulässig ist.

Es stellt sich durch diese Umstände um so mehr das
niſs heraus, auf alle Erscheinungen, die sich beim Einra
Rostpfählen zu erkennen geben, aufmerksam zu bleiben,
nöthig, diese auch gehörig zu notiren. Die Anfertigung s
Rammregister gewährt den Nutzen, daſs der leitende l
sein Verfahren rechtfertigen kann, und überdies wird auc
merksamkeit geschärft und manchen unangenehmen Folge
vorgebeugt, daſs bedenkliche Umstände, die sich vielleich
des Baues schon zu erkennen geben, aufgezeichnet und
wahren Gröſse ausgedrückt werden. Perronet theilt bei C

---

*) Beilage No. 3 im Rapport wegens Onderzoek omtrent ee
ring te Catwyk aan Zee. 1802.

**) *Transactions of Civil Engineers.* I. p. 33.

eschreibung des Brückenbaues bei Neuilly ein Rammregister
Jeder Pfahl wurde auf dem Grundrisse mit einer Nummer
in, dieses Register enthielt aber:

den Tag, an welchem der Pfahl zum Stehn kam,

die Nummer des Pfahles,

seine Länge vor dem Einrammen,

seinen mittleren Umfang,

das Gewicht des Rammklotzes, womit er eingetrieben wurde,

die Anzahl der Arbeiter an der Ramme und

die Tiefe, zu welcher der Pfahl eingetrieben wurde.

Es möchte wohl passend sein, in einer achten Spalte noch
eben, wie stark der Pfahl während der letzten Hitzen sich
t. Wenn auf derselben Baustelle auch drei oder mehrere Ram-
in Thätigkeit sind, so kann der Aufseher, wenn er jeden Pfahl
lem Setzen und nach dem Einrammen mifst und die letzten
n beobachtet, diese Notizen leicht sammeln und eintragen.

§. 39.

Spundpfähle.

Die Spundpfähle werden nicht wie die Spitzpfähle in eini-
Abstande, sondern so nahe neben einander eingerammt, dafs sie
nmittelbar berühren, und sind überdies mit Federn und Nu-
oder mit einer Spundung versehn, wodurch die Fuge in den
rungsflächen zwischen zwei Pfählen gebrochen wird. Sie bil-
onach eine dichte Wand, die man eine Spundwand oder
wand nennt. Eine vollkommene Wasserdichtigkeit besitzen
Spundwände nicht leicht, aber wohl verhindern sie ein star-
Durchströmen des Wassers, sowie auch das Durchfallen der
und des Sandes, und wenn ein Thonschlag dagegen gebracht
so erhält dieser durch die Spundwand eine so feste Lage,
er das Wasser vollständig zurückhalten kann. Der Zweck
pundwände besteht hiernach vorzugsweise darin, alle Wasser-
, die sich in geringer Tiefe am Boden unter der Sohle der
ube befinden, zu unterbrechen, und dieses wird um so mehr
bt, als die Spundwand ringsumher eine Compression des Grun-

des erzeugt, wodurch das Wasser verhindert wird, sich mi
ben Leichtigkeit, wie früher, hindurchzuziehn. Häufig werde
wände nur angebracht, um während des Baues das Was
halten. Demnächst aber wird durch die Spundwand die f
lagerung der Erde in der Baugrube gesichert, und we
später die starke Belastung erfährt, so nimmt sie früher
Spannung, an, welche den nöthigen Widerstand erzeugt,
Compression sich gegen das umgebende Erdreich nicht
chen kann. Dieser Zweck ist besonders wichtig, wenn
bäude mit breitem Fundamente auf einen weichen Baug
stellt wird. Ferner hat die Umschliefsung der Baugrube
ton-Fundirungen noch den Zweck, die eingeschüttete Bö
so lange sie noch weich ist, zurückzuhalten und vor der u
ren Berührung mit fliefsendem Wasser zu schützen. Endlich
nen die Spundwände zuweilen auch dazu, ein Unterspülen
damentes zu verhindern, doch darf man in dieser Bezie
nicht zu viel von ihnen versprechen, indem sie eine gefähr
lung erhalten, wenn sie von aufsen auf den gröfsten T
Höhe entblöfst sind. Alsdann können sie nämlich wege
lenden Gegendruckes nicht mehr den nöthigen Widerstand d
der stark comprimirten Erde unter dem Fundamente entgeg
 Beim Einrammen der Spundpfähle kommt es hiern
ger darauf an, dafs sie zu einer grofsen Tiefe herabreich
fest stehn, wie Rostpfähle, als vielmehr, dafs sie gehörig i
greifen und keine weit geöffneten Fugen zwischen sich la
Rostpfahl erfüllt noch seinen Zweck, wenn er sich auch
einen oder der andern Seite überneigt, die Spundpfähle
gegen nicht aus der Ebene der Wand ausweichen, weil
fehlbar die Federn oder die Backen zur Seite der Spundu
und alsdann weite Fugen sich bilden. Hiernach ist ein r
grund dringend erforderlich, und man thut wohl, sich hie
vorher zu überzeugen, indem man das Sondireisen fleifsig
und in der Richtung der Wand den Boden aufgräbt.
aber beim Eintreiben der Spundpfähle bemerken sollte,
ein grofser Stein, den der Pfahl nicht seitwärts schieben
ein Stück Holz im Grunde liegt, so bleibt nichts übri
Pfähle wieder auszuziehn und durch Graben und Bagg
durch Anwendung von Zangen das Hindernifs zu entfer

brechung und zweimalige Wiederholung derselben Arbeit
ender und kostbarer, als wenn man vorher den Grund
sucht hätte. Auch im reinen Baugrunde muß man für
te Erleichterung der Rammarbeit sorgen, denn jeder
roße Kraftaufwand setzt die Spundpfähle schon in Ge-
shalb macht man, wenn Rostpfähle oder andere Pfähle
gerammt werden sollen, jedesmal mit dem Rammen der
den Anfang.

lie Spundwand, wie häufig geschieht, die Baugrube voll-
chliefst, und letztere wegen der Fundirung noch bedeu-
werden muß, so entsteht die Frage, ob man die Spund-
oder nach der Vertiefung einrammen soll. Die
sind ohne Zweifel weniger ausgedehnt, wenn man sie
irung der Spundwand vornimmt, weil man sie alsdann
diesen umschlossenen Raum beschränken darf, während
alle der umgebende Boden noch abgeböscht werden muß.
·d die Ramm-Arbeit wesentlich erleichtert und das Ge-
lben mehr gesichert, wenn die Vertiefung vorangegangen
ist es nur Aufgabe, die Spundpfähle einige Fuß tief
hle der ausgehobenen Baugrube herabzutreiben und als-
ch die Wand so regelmäßig und scharf schliefsend bei
lnung ausführen, wie es sonst nicht möglich gewesen
mpfiehlt sich daher wohl unbedingt, mit der Vertiefung
zu machen. Auch wenn die Spundwand nur auf einer
hrt wird, wie etwa vor dem Pfahlroste einer Kaimauer, an
fe anlegen sollen, und nicht etwa ein nachtheiliges Ein-
benachbarten Bodens zu besorgen ist, möchte es passend
n Ausbaggern einer Rinne für die Spundwand den An-
hen.

·on den Rostpfählen schon bemerkt wurde, daß man
en Fällen, wo sich zufällig die Gelegenheit zur spätern Un-
erselben bietet, zuweilen Beschädigungen daran wahr-
nan beim Einrammen nicht bemerkte, so ist dieses bei
ı noch in viel höherem Grade zu besorgen. Sobald der
gegen einen harten Körper trifft, und von demselben
rückgedrängt wird, so springt die Feder oder eine der
ıt ab, und es entsteht alsdann eine weit geöffnete Fuge
ı, während die Köpfe der Pfähle, die man allein be-

obachten kann, regelmäfsig in einander greifen. Wenn abr
die Federn und Nuthen unversehrt bleiben, so kann man doc
verhindern, dafs vielleicht zwischen zwei Pfählen ein etwas g
Zwischenraum sich bildet, durch den nicht nur Wasser, a
auch Erde und Sand hindurchdringen. Wollte man diesem
Uebelstande durch Eintreiben von keilförmig zugeschnittenen
len begegnen, wie zuweilen geschieht, so würde man dadur
Uebel nur verstecken, es aber keineswegs beseitigen, und seg
nachtheiligen Fugen in der Tiefe noch erweitern.

  Von den Vorsichts-Maafsregeln, die man anwenden ka
eine möglichst dichte Spundwand darzustellen, wird im Fol
die Rede sein, doch lassen auch diese nur bei reinem Gru
günstiges Resultat erwarten. Volle Wasserdichtigkeit h
wohl nur in wenigen Fällen wirklich erreicht, dabei kom
der gute Schlufs der Federn in den Nuthen, der ohne we
Erschwerung der Rammarbeit nicht darzustellen ist, wenig
tracht, vielmehr gehört dazu, dafs die Backen der Pfähle sic
an einander legen. Eine Wand liefse sich daher ohne S
sogar noch leichter wasserdicht machen, als mit derselben
Bau einer Eisenbahnbrücke neben Potsdam gelang dieses du
Kernwand aus beschlagenem Balkenholze, woselbst die B
20 Fufs tief unter dem Wasserspiegel der Havel, der sie u
bar berührte, nicht nur trocken gelegt, sondern auch stur
trocken erhalten werden konnte, während die Pumpen aufs
tigkeit gesetzt waren.

  Andrerseits gelingt es zuweilen, eine Spundwand dad
dichten, dafs man den umgebenden Grund aushebt, und
die Pumpen in kräftigem Betriebe sind, Sägespähne, Pferde
andere sich leicht zertheilende Stoffe, die ungefähr das sp
Gewicht des Wassers haben, von aufsen dagegen wirft, die
die Fugen der Wand getrieben werden, und diese schliefs
Durchquellen durch den Boden im untern Theile der W
unter derselben läfst sich freilich hierdurch nicht verhinder
bietet sich auch dazu die Gelegenheit, wenn in der Baug
Bétonbette dargestellt wird.

  Indem beim Setzen eines Spundpfahles jedesmal die
die Nuthe des bereits eingestellten Pfahles oder umgekeh
schoben wird, so erhält derselbe hierdurch schon eine ziemli

...rung. Man rammt die Pfähle aber niemals einzeln bis zur ...en Tiefe ein, sondern zwanzig bis dreifsig Stück werden auf ...al gesetzt und mit häufiger Verstellung der Ramme möglichst ...chmäfsig eingetrieben, ja es geschieht nicht selten, dass man ...klötze von verschiedenem Gewichte anwendet und Anfangs ...sanfte Schläge giebt, während später die schwerere Ramme dar-...r kommt und die Pfähle zur vollen Tiefe herabtreibt. Bei einer ...sen Ausdehnung der Spundwände verursacht diese Anordnung ...ne merkliche Vermehrung der Kosten, und trägt sogar wesentlich ...r Beschleunigung der Arbeit bei. Man stellt nämlich mehrere ...men auf, von denen eine der andern folgt und versieht sie mit ...mklötzen von verschiedenen Gewichten. Beim Bau der Brücke ...Moulins benutzte Régemortes vier dergleichen Rammen, von de-...eine nach der andern jeden Pfahl der Spundwand eintrieb. Die ...te hatte einen Klotz von 300 Pfund Gewicht, die zweite von 500, ...dritte von 700 und die vierte endlich von 1500 Pfund. Durch ...b solches gleichmäfsiges Bearbeiten einer ganzen Reihe von Spund-...hlen verhindert man es am sichersten, dafs sich zwischen je zweien ...e zu starke Spannung bildet. Indem nämlich die benachbarten ...hle abwechselnd in Bewegung gesetzt werden, so gleicht sich ...ne entstehende Pressung zwischen Feder und Nuthe leichter aus, ...nd die ganze Spannung verbreitet sich mehr gleichmäfsig über alle ...Pfähle. Es mufs noch bemerkt werden, dafs der Gebrauch der ...gewöhnlichen Scherramme bei den Spundwänden die Schwierigkeit ...macht, dafs die Scheren gerade in die Richtung der Wand treffen, ...also beim tieferen Eindringen der Pfähle den Klotz nicht mehr hal-...ten können. Dieses wird jedoch möglich, indem man die Arme ...des Rammklotzes etwas rückwärts versetzt, oder vier derselben an ...die innere Fläche des Klotzes bringt, wodurch kein wesentlicher Uebelstand erzeugt wird.

Die Spundpfähle können wie die Spitzpfähle aus den meisten Holzarten bestehn, doch ist es bei ihnen noch nöthiger, dafs die Fasern recht gerade sind, weil sonst die Federn und die Backen der Nuthen leicht ausspringen. Aus diesem Grunde pflegt man gemeinhin Kiefernholz zu wählen. Die Länge der einzelnen Spund-pfähle mufs natürlich der Höhe der Spundwand gleichkommen, und es ist hierbei zu erinnern, dafs man die Spundwände nur über das kleinste Wasser vortreten läfst, wenn nicht ihre gröfsere Höhe

während des Baues zur Darstellung eines Fangedammes, s
Unterstützung der dahinter liegenden Erde dient. Die Tiefe,
man die Spundwand herabreichen läfst, richtet sich wieder s
Beschaffenheit des Grundes, jedenfalls ist sie aber geringer,
der Rostpfähle. Es ist gemeinhin auch nicht möglich, ihr ein
Tiefe zu geben, denn die Spundpfähle, die sich gegenseitig kl
erfahren einen so starken Widerstand, dafs sie nicht ohne
weit herab getrieben werden können. Insofern aber in g
Tiefe das Vorkommen von Wasseradern immer unwahrsch
wird, so ist es schon aus diesem Grunde nicht nöthig, di
besonders lang zu machen. Man giebt ihnen nur eine grofs
wenn die Gefahr eintritt, dafs eine starke Auskolkung de
erzeugen möchte, denn jedenfalls darf ihr Fufs durch diese
reicht werden und sie müssen sogar, wenn sie ihren Zweck
sollen, die nöthige Haltung im festen Boden finden. Wo
starkes Auskolken zu besorgen steht, ist es bedenklich, di
wand dem Angriffe des Wassers und dem einseitigen Dr
Bodens bloszustellen, und soweit dieses sonst zulässig ist, pf
sie noch auf der äufsern Seite durch Steinschüttungen zu s

Die Stärke der Spundpfähle ist theils von ihrer Lä
theils von der Festigkeit des Bodens abhängig, doch bleibt
in den Grenzen zwischen 4 und 10 Zoll. Wollte man Bo
wenden, die schwächer als 4 Zoll sind, so könnte man d
dung darin nicht mehr anbringen, und wenn die Pfähle eine
Stärke als 10 Zoll erhalten, so wird der Verlust an Holz d
Anschneiden der Federn zu kostbar, als das man die 8
noch beibehalten könnte. Man pflegt alsdann nur eine sch
Wand zu bilden, in welcher die beschlagenen Pfähle stump
ander stofsen. In der Regel erhalten die sämmtlichen Spt
einer Wand gleiche Stärke, eine Ausnahme hiervon machen
weise die Eckpfähle, welche in den Ecken stehn, wo d
aus einer Richtung in eine andre übergeht, und demnäc
die sogenannten Bundpfähle, die den Anschlufs an eine
abzweigende Wand darstellen. Indem in beiden Fällen di
entweder sich nicht gegenüber stehn, oder eine dritte sol
seitwärts angebracht werden mufs, so ist es nothwendig,
Holz dazu anzuwenden, um dasselbe aber nicht zu verschn
werden darin nur Nuthen, aber keine Federn angeschni

versieht man daher die anschliefsenden schwächern Spund-
Schliefst die Wand eine Baugrube ein, worin ein Béton-
versenkt werden soll, so mufs man alle scharf einspringenden
vermeiden, da diese sich nicht sicher füllen lassen, und be-
leicht zu starken Quellungen Veranlassung geben. Es em-
sich daher, die vortretenden Ecken der Pfähle so weit zu
, dafs die innern Wandflächen sich unter stumpfen Winkeln
, wie Fig. 218 auf Taf. XVI zeigt.

Aufserdem glaubt man zuweilen eine in gerader Linie und ohne
eigung fortlaufende Spundwand dadurch zu verstärken, dafs
sie in gewissen Abständen durch stärkere Pfähle unterbricht,
Fig. 149 auf Taf. XII zeigt. Wenn solche Pfähle zugleich Rost-
sind, die also tiefer eingerammt werden sollen, so müssen
früher, als die zwischen stehenden, und zwar sehr sorgfältig ge-
und eingetrieben werden, dabei tritt aber der Uebelstand ein,
die Zwingen, welche bei Ausführung der Spundung nothwendig
, sich nicht so regelmäfsig und einfach anbringen lassen, weil
Pfähle die Fluchtlinien unterbrechen. Indem aber die Verbin-
der Spundwand mit den Rostpfählen, wie bereits erwähnt, sich
empfiehlt, auch der Zweck der Verstärkung der ersteren durch
che Pfähle aus dem angegebenen Grunde kaum noch erreicht
rden kann, so ist es nöthig, sie nur mit besonderer Vorsicht anwenden.

Was die Art der Spundung oder den Querschnitt der Federn
Nuthen betrifft, so mufs man von allen complicirten Formen
strahiren, die ein recht inniges Eingreifen veranlassen sollen, denn
den starken Schlägen der Ramme ist zu besorgen, dafs die Federn gerade in diesem Falle am leichtesten abbrechen und dadurch
die Fuge sich am weitesten öffnet. Ganz ohne Beispiel sind solche
Verbindungen aber nicht. Fig. 201 auf Taf. XV zeigt die Spundung,
welche Thunberg bei den Fangedämmen bei Carlscrona anwendete *),
und Fig. 202 diejenige Spundnng, die ich einst bei einem Siel am
rechtseitigen Ufer der Elbe ohnfern Glückstadt sah. Im letzten Falle
wurde eine Feder, deren Querschnitt einen doppelten Schwalben-
schwanz bildete, zwischen zwei Nuthpfähle eingerammt, wie in der

---

*) *Essais de bâtir sous l'eau mis en oeuvre par M. Thunberg, publiés par Fellers.* Stockholm 1774.

Figur·angedeutet ist.   Am häufigsten kommt die in Fig. 203 (
stellte quadratische Spundung vor, wobei die Feder im Quer
ein Quadrat bildet, dessen Seite gemeinhin dem dritten Th
der Stärke des Pfahles gleich ist.   Diese Feder läßt sich in
bei schwächeren Spundpfählen oder bei den sogenannten Sp
bohlen nicht mehr mit Sicherheit anwenden, weil sie bei (
Klemmung zu leicht abbricht.   Aus diesem Grunde schmäg
die Seiten der Feder, wie Fig. 204 zeigt.   Man nennt die
Keilspundung; die zuweilen auch so gebildet wird, daß der
schnitt der Feder sich in ein gleichseitiges Dreieck verwand
sen Seite der halben Stärke des Spundpfahles gleich ist.
indessen nicht vortheilhaft, die vordere Seite der Feder in eine
Kante auslaufen zu lassen.   Jedenfalls muß zwischen der (
Fläche der Feder und der Rückwand der Nuthe einiger Sp
bleiben, damit der scharfe Schluß nicht hier, sondern zwisch
Backen der Pfähle sich darstellt.   Zuweilen werden die Fed
Nuthen nur mit der Queraxt ausgearbeitet, dieses Verfahren
dessen nicht zweckmäfsig und die Spundung muß wenigst
einem passend gestellten Hobel nachgezogen und die Profil
mäfsig dargestellt werden, weil sonst bei dem erforderlichen s
Schlufs die Reibung zu grofs würde, vortheilhafter ist es s
Federn und Nuthen mit der Kreissäge einzuschneiden.

Die Spundpfähle werden gemeinhin, wie Fig. 205 zeigt,
den breiten Seiten zugeschärft, wodurch sich unter der
Spundwand eine fortlaufende Schneide bildet.   Man darf (
indessen nicht an den einzelnen Pfählen abschnüren und s
sondern man legt die bereits mit Federn und Nuthen ver
Pfähle zusammen und versieht sie gemeinschaftlich mit der S
Man vermeidet dadurch, dafs nicht vielleicht einzelne Pfähle
bei ihnen die Zuschärfung etwas mehr nach einer Seite ges
beim Einrammen die Tendenz zeigen, seitwärts in dieser F
auszuweichen.   Häufig schneidet man auch auf den schmale
die Ecken ab, so dafs zwar unter jedem einzelnen Pfähle n
Schneide bleibt, aber zwischen je zwei dieser Schneiden e
Zwischenraum sich bildet.   Dieses Verfahren kommt in I
häufig vor.   Fig. 209 stellt es dar.   Régemortes versah die
pfähle mit vollständigen Spitzen, die in beiden Richtungen
Spitzen anderer Pfähle zugeschärft waren.   Zuweilen schnei

Spundpfähle nur an einer Seite schräge ab, und zwar an der, wo Nuthe sich befindet, weil die beiden Backen zur Seite derselben im Eindringen in den Grund besonders leicht beschädigt werden. 206 zeigt diese Anordnung, wobei man den Vortheil erreicht, der Pfahl mit seinem untern Ende an den bereits gesetzten sich näher anschiebt. Ich habe in Holland mehrmals in dieser Art Spundpfähle zurichten sehn, man ist indessen im Allgemeinen gegen diese Zuschärfung an der schmalen Seite misstrauisch, indem die zwischen zwei derselben gebildeten Zwischenräume leicht Veranlassung geben können, die Pfähle auseinanderzutreiben. Wenn z. B. ein Ast im Grunde liegt und nach der Quere der Spundwand gerichtet ist, so wird derselbe, wenn er von der horizontalen Schneide getroffen wird, entweder durchstofsen oder herabgedrückt werden, liegt er dagegen in einen solchen Zwischenraum und werden die Pfähle zu beiden Seiten abwechselnd tiefer gerammt, so wirkt er wie ein Keil auf die beiden gegen einander geneigten Flächen und trennt die Pfähle.

Um einer solchen Wirkung vorzubeugen und um gleichzeitig den Vortheil einer Zuschärfung in der erwähnten Richtung zu erreichen, hat man zwei verschiedene Mittel angewendet, nämlich einmal hat man aufser der ersten Schneide, die nach der Länge der Wand gerichtet ist, an jeden Pfahl noch eine zweite Schneide nach der Quere angebracht, die auf der äufsern Seite von einer senkrechten und auf der innern Seite von dieser schrägen Fläche begrenzt t. Fig. 207 zeigt das untere Ende eines auf diese Art zugeschärften Pfahles. Demnächst aber hat man nach Fig. 208 die gewöhnliche Schneide nicht horizontal gehalten, sondern sie ein wenig geneigt. Die letzte Form, die unstreitig einfacher als die erste ist, hat Telford wiederholentlich angewendet, auch habe ich sie in den Spundwänden mancher älteren Ruhrschleusen wiedergefunden.

In manchen Fällen ist es ganz entbehrlich, und es würde sogar nachtheilig sein, durch eine der erwähnten seitlichen Zuschärfungen die Spundpfähle nach einer Seite zu drängen. Wenn etwa zwei Eckpfähle nicht weit von einander entfernt sind, so wird man dazwischen die sämmtlichen Spundpfähle gleichzeitig einrammen, und diese bilden die regelmäfsigste Wand, wenn sie nach Maafsgabe der Reibung, die sie finden, sich in dem Zwischenraume gleichmäfsig vertheilen können. Zuweilen werden auch längere Wände in dieser Art

behandelt, indem man mit dem Einstellen und vollständigen
men einzelner Spundpfähle in Abständen von etwa 10 F
Anfang macht, zugleich aber dafür sorgt, daß diese mögli
recht und in der Richtung der Wand stehn. Um diese B
zu erfüllen, müssen sie, nachdem sie eingerammt sind, noch
Fuß hoch frei stehn, weil man sich sonst von ihrem lo
Stande in beiden Richtungen nicht überzeugen könnte. Solch
dienen gleichzeitig zur Anbringung der Zwingen, wovon im
den die Rede sein wird. Sobald sie ihren festen Stand
haben, wird der Zwischenraum zwischen ihnen scharf geme
darnach die Anzahl und Breite der dazwischen zu stellende
pfähle bestimmt, so daß diese ohne sich zu klemmen, so
eingebracht und unter Verstellung der Ramme gleichzeitig
ben werden können. Dieses Verfahren wurde beim Bau der S
am Ihle-Canale gewählt, und es gelang dadurch, die Spu
überaus regelmäßig darzustellen.

Man versieht zuweilen die Spundpfähle mit Pfähle
und wenn man im Allgemeinen da, wo eine Spundwand zu
werden soll, einen ziemlich reinen Grund voraussetzen muß
chem daher eine solche Vorsicht minder nöthig wäre, so ist
seits die Schneide leichter einer Beschädigung ausgesetzt.
Spitze des Rostpfahles. Der Pfahlschuh besteht häufig nur
um die Schneide umgebogenen Bleche, welches aufgenag
zuweilen aber wird ein solcher ganz entsprechend den oben
benen Pfahlschuhen ausgeschmiedet. Fig. 209 zeigt diejeni
die für die dichte Pfahlwand (die jedoch keine Spundung b
Fangedamme vor St. Katharine's Dock zu London an
wurde. *)

Zu den Spundpfählen wird nicht trocknes, sondern
Holz, oder doch solches angewendet, welches im Wasse
hat, auch müssen die daraus geschnittenen Spundpfähle ba
rammt oder wenigstens vor dem starken Austrocknen gesic
den. Der Grund, weshalb sie nicht austrocknen dürfen,
daß sie sich in diesem Falle werfen und theils, daß
Setzen zu quellen anfangen. Man könnte freilich glauben,
ihnen noch ein besonders dichter Schluß geben ließe, w

---

*) *Civil Engineer and Architect's Journal. II. p. 284.*

trocken in den Boden brächte, es wird alsdann aber die Arbeit schwierig und eben deshalb ist ein Brechen der Federn um so mehr zu besorgen. Die Federn können auch nur so lange die einzelnen Pfähle gehörig zusammenhalten, als dieselben willig folgen. Man bemerkt übrigens beim Einrammen von ziemlich trocknen Spundpfählen auch noch den andern Uebelstand, dafs die ganze Wand sich hebt und selbst die Zwingen seitwärts drängt. Die Feder ist 2 bis 3 Zoll lang, daher kann jeder Pfahl schon sehr merklich sich vom nebenstehenden entfernen, ohne dafs die Feder aus der Nuthe tritt. Aus diesem Grunde erscheint es zwecklos, die Pfähle durch eine kräftige Zuschärfung ihres Fufses recht fest gegen einander zu treiben, oder dieses durch später einzurammende keilförmige Zwischenpfähle zu thun, oder auch wohl dadurch, dafs man ein starkes Quellen des Holzes eintreten läfst. Da man jedoch auf ein geringes Quellen immer gefafst sein mufs, so ist es passend, jeden Pfahl so zu setzen, dafs er mit seiner Feder in die Nuthe des bereits gesetzten Pfahles eingreift. Letzterer quillt nämlich früher, daher erweitert sich die Nuthe und die Feder findet etwas mehr Spielraum, als im umgekehrten Falle. Von dieser Regel wird jedoch häufig abgewichen, und besondere Bedeutung ist ihr auch nicht beizulegen.

Das Einrammen der Spundpfähle wird vielfach durch manche Umstände erschwert und ist immer mit der Gefahr verbunden, dafs unter den Schlägen des Rammklotzes ein Bruch oder eine Trennung der Wand irgend wo erfolgt, die man gemeinhin gar nicht bemerken kann. Um einer solchen vorzubeugen, giebt es kein sicheres Mittel und man kann sich nur darauf beschränken, Alles zu vermeiden, was den Widerstand und die Klemmung vermehren möchte. Dazu gehört namentlich, dafs die Nuthe in allen Richtungen etwas Spielraum hat und dafs die einzelnen Pfähle nicht zu dicht gesetzt werden, wodurch ihre gegenseitige Reibung vergröfsert wird. Wenn sie vorsichtig bearbeitet, eingestellt und abwechselnd eingerammt werden, so pflegen sie den ihnen gegebenen Abstand auch beim tieferen Eindringen beizubehalten, und wenn ein Pfahl dem andern sich zu sehr nähert, so verursacht der stärkere Druck von dieser Seite, dafs bei dem fortgesetzten Rammen die Pfähle wieder einen etwas gröfseren Spielraum zwischen sich von selbst darstellen. Wenigstens wird dieses bei reinem Baugrunde geschehn. Damit ferner die einzelnen Pfähle nicht aus der Ebene der Wand ausweichen,

wobei die Federn oder Backen brechen, so ist es erforderli
jede Feder gleich Anfangs beinahe in ihrer ganzen Länge
Nuthe eingebracht wird und hierin auch immer bleibt, darn
aber, daß die sämmtlichen Pfähle möglichst gleichmäßig
rammt werden müssen.

Man darf nicht besorgen, daß eine geöffnete Fuge den
der Spundwand vereiteln oder gar den Ruin des Gebäudes j
veranlassen wird. Wäre dieses der Fall, so müßten solche
viel häufiger sein, als sie wirklich sind. Nichts desto wen
man dergleichen Trennungen doch möglichst zu verhindern
und dieses geschieht am sichersten, wenn man alle Spundp
frei setzt, daß sie sich nicht klemmen und daß jede zwei
barten Pfähle möglichst gleichzeitig eingerammt werden, d
Federn immer in der vollen Länge eingreifen. Um ein
wand lothrecht und möglichst regelmäßig einzurammen, ist
wendig, den einzelnen Pfählen die gehörige Haltung zu ver
Dieses geschieht am sichersten, indem man feste Zwing
Lehren anbringt. Dieses sind zwei Balken, die entweder un
auf Pfähle verzapft oder auf andere Art befestigt sind, l
zwischen sich einen Raum frei lassen, dessen Weite die St
Spundpfähle nach Maaßgabe der sorgfältigen Darstellung d
um 3 bis 6 Linien übertrifft. Hierdurch wird die Wand zw
gehalten, aber die Befestigung einer solchen Zwinge ist a
ständlich und kostbar, indem dazu gemeinhin besondere Pf
gerammt werden müssen. Régemortes benutzte hierzu diese
tung, die auch zu den andern Fundirungsarbeiten für den l
bau gebraucht wurde. Diese Rüstung bestand nämlich in ve
Pfahlreihen, welche die Richtung der Spundwände kreuzter
Holme wurden an der passenden Stelle durchschnitten und
beiderseitigen Enden derselben Rahmstücke mit starken
befestigt, wodurch die Zwinge sich bildete. Zuweilen ran
die Rostpfähle der vordern Pfahlreihe schon früher als die
wand ein, und die über selbige treffende Rostschwelle kann
als die eine Hälfte der Zwinge benutzt werden, so daß l
noch auf der andern Seite für eine ähnliche zu sorgen brauc
ses Verfahren ist in Frankreich üblich, und wenn man die
wand auf die innere Seite der äußern Pfahlreihe bringt,

ı gegen die folgende Pfahlreihe die zweite Hälfte der Zwinge
ı und sonach das Einrammen von besonderen Pfählen ver-
Es ist indessen passender, die Rüstpfähle, welche die Zwinge
icht zu nahe an die Spundwand zu stellen, noch auch sie
ı tief und nahe neben einander einzurammen, weil hierdurch
ı neben der Spundwand zu sehr comprimirt wird. Wen-
starkes Balkenholz zu den Zwingen an, so wird eine Un-
ıg desselben in 8 bis 12 Fuſs Abstand genügen, und man
ıhnlich noch Gelegenheit, durch Anbringen von Absteifung,
solche gerade nöthig sein sollte, ein Herausdrängen der
nach der Seite zu verhindern. Auſserdem aber kann man
e sehr sichere Stellung für die Zwingen hervorbringen,
ın in gewissen Abständen durch sie und durch die Spund-
hraubenbolzen hindurchzieht. Diese dürfen indessen natür-
: durch diejenigen Pfähle reichen, die man gerade einrammt,
ıch muſs man sie bald hier und bald dort anbringen, wo-
cht eine groſse Menge von Bohrlöchern in die Wand kommt.
ıders nachtheilig darf man diese Oeffnungen nicht ansehn,
ır Aufmerksamkeit ist es auch leicht, sie jedesmal, sobald
der Zwinge vortreten, durch passende Pflöcke zu schlieſsen.
e Zwinge ist in Fig. 210 a und b in der Ansicht von der
l im Querschnitt dargestellt. Dieselbe Figur zeigt auch,
er Art die Spundpfähle gesetzt werden. Man stellt sie
ıehr schräge in die Zwinge ein und richtet sie alsdann auf,
sie sich nahe genug an die bereits stehenden herandrängen.
· Stellung erhält man sie vorläufig durch eingeschlagene
n, sobald aber die ganze Anzahl von Pfählen, die man auf
ıtzen will, eingebracht ist, so zieht man in der Entfernung
ıen Zollen hinter dem letzten einen starken Schraubenbol-
ı die Zwinge und schlägt hier, jedoch keineswegs besonders
n passend geformten Holzkeil vor, der mit einer recht brei-
ıe sich gegen den letzten Spundpfahl lehnt, worauf jene
Klammern herausgenommen werden. Indem die feste Zwinge,
bisher allein die Rede war, ziemlich tief angebracht zu
ıflegt, so muſs man befürchten, daſs die sämmtlichen zu-
ısetzten Pfähle sich unten stark zusammendrängen und oben
ıder entfernen. Dieses verhütet man am sichersten durch

lose Zwingen, die häufig gleichzeitig mit den festen bren
den, wie dieses z. B. durch Régemortes geschah, oft vertr
aber auch vollständig die Stelle von jenen.

Beim Einrammen der Spundpfähle mufs man auf jen
sehr aufmerksam bleiben, zuweilen springen sie heraus u
häufiger stellen sie sich so fest, dafs die Backen der N
nächsten Pfahles, die sie nur auf eine kurze Länge treffen, a
werden. Man mufs daher in kurzen Zwischenzeiten ih
lung untersuchen und sie entweder fester eintreiben oder h
ist indessen vortheilhaft, denjenigen Pfahl, gegen welchen sie
nen, nicht tief einzurammen, und wie die Figur zeigt, di
in sanftem Uebergange gegen das jedesmalige Ende der W
steigen zu lassen.

Fig. 211 stellt die von Wiebeking vorgeschlagene fest
dar, die auf schräge eingerammten Pfählen ruht, wobei
starke Compression des Bodens unmittelbar neben der Sp
vermieden, und aufserdem der Vortheil erreicht wird, dafs e
pfähle unter der Zwinge, wenn sie auch nur lose eingeram
doch diese wegen ihrer schrägen Stellung sicherer stützen.

Wenn man vor der Ausführung der Spundwand die l
bis zur nöthigen Tiefe ausgebaggert hat, wie oben empfohle
so trifft die Wand auf den Fufs der Dossirung, oder a
noch in dieselbe, und indem sie in beiden Fällen auf der ei
einem stärkeren Erddrucke, als auf der andern Seite ausge
so hat jeder Pfahl die Tendenz, die lothrechte Stellung zu v
und mit seinem untern Ende weiter nach der Baugrube h
dringen. Einem solchen Ueberneigen können die beid
Zwingen, wenn sie in gleicher Höhe angebracht sind, nicht
gen und es wäre passender diejenige, welche auf der Land
befindet, möglichst hoch, und die gegenüber befindliche l
tief zu verlegen. Bei den Spundwänden, welche die Sch
Ible-Canals umgeben, wurde diese Vorsicht angewendet, wie
auf Taf. XVI zeigt. Hinter die Spundwand wurden Pfähle im
von etwa 10 Fufs eingerammt, die Köpfe derselben horizon
schnitten und der hintere Rand der obern Zwinge darauf abg
Diese Linie bezeichnete die Blattzapfen, mit denen die Pf
sehn, und woran mittelst versenkter Schraubenbolzen di
befestigt wurde. Nunmehr rammte man vorsichtig unter

der Beobachtung des Lothes, und zwar in beiden Richtungen,
die Spundpfähle ein, die wie bereits erwähnt als Leitpfähle dienen
llten. Sobald sie fest standen bolzte man unmittelbar über dem
asserspiegel die untere Zwinge dagegen, die in Verbindung mit
r obern Zwinge die dazwischen gestellten Spundpfähle verhin-
rte, aus dem Lothe zu weichen.

Was die losen Zwingen betrifft, so zeigt Fig. 212 ihre An-
endung. Sie unterscheiden sich von den festen theils durch die
ringere Holzstärke (häufig sind es nur starke Bohlen) und theils
adurch, dafs sie allein gegen die Spundwand, nicht aber gegen an-
re Pfähle befestigt werden. Ein Verstellen der Zwingen wieder-
lt sich hierbei sehr häufig, und eine gröfsere Zahl von Bolzenlö-
ern mufs dabei durch die Wand gebohrt werden. Man kann diese
öcher nach dem jedesmaligen Abnehmen der Zwinge sogleich mit
ölzernen Nägeln schliefsen und letztere von beiden Seiten abhauen,
odurch sie in keiner Beziehung schädlich bleiben. Es ist noch zu
merken, dafs das Durchziehn von Schraubenbolzen bei der losen
winge nicht zu vermeiden ist, wenn man nicht etwa die auf ein-
al gesetzten Pfähle ganz für sich behandeln will. Sind die Spund-
ähle schon zu einer grofsen Tiefe eingedrungen, so dafs sie fest
i Boden stecken, so kann man alle Zwingen entbehren, aber es
t dennoch immer nothwendig, sie nicht zu lange einzeln einzuram-
en, sondern noch die Ramme zu verstellen.

Um die Spundwand mit einem Fachbaume zu versehn, wird
i alle Pfähle ein durchlaufender Zapfen angeschnitten, der in das
apfenloch des Fachbaumes pafst, welches sich in diesem Falle in
ne Nuthe verwandelt, man pflegt aber von einzelnen Pfählen die
apfen durch die ganze Höhe des Fachbaumes hindurchgreifen zu
ssen, so dafs sie von oben aus verkeilt werden können, wodurch
e Verbindung besonders fest wird. Indem eine schwache Spund-
and nicht die nöthige Breite hat, um einen starken Fachbaum
her zu unterstützen, so werden daneben noch besondere Pfähle einrammt, die den letztern tragen und sein Kanten verhindern. Spund-
inde von sehr geringer Stärke pflegt man aber nicht mit Fach-
nmen zu versehn, sondern die Pfähle einzeln an Rostschwellen zu
geln, oder auch wohl an beiden Seiten gegen Zangen zu lehnen,
unter sich mit Schraubenbolzen verbunden sind.

Es ist bereits des bedeutenden Aufwandes an Holz bei Dar-

stellung der gewöhnlichen Spundwände gedacht worden. W(
der einzelne Pfahl in der Richtung der Wand 10 Zoll n
mit einer Feder von 2 Zoll Höhe versehn wird, so nim
der Wand nur die Länge von 8 Zoll ein, weil die Fed(
Nuthe des nächsten Pfahles eingreift. Die Gesammtlänge al
in der Richtung der Wand gemessen muſs also um den vie
gröſser sein, als die der Wand ist, und das Verhältniſs (
ungünstiger, wenn die Pfähle schmaler, oder die Federn h(

Um diesem Uebelstande zu begegnen versieht man
die Pfähle nur mit Nuthen, und schiebt in je zwei nebe
befindliche Nuthen eine Feder ein, die beide füllt, und
schiebt dieses gemeinhin erst später, nachdem die Pfä
eingerammt sind. Die Feder läſst sich auch in der That n
einbringen, da sie nicht gehörig gehalten werden kann, u
gar die Pfähle aus einander treiben würde, sobald sie i
verschiedener Richtung der letzteren aus einer Nuthe austr
Wenn indessen die frei neben einander gestellten Pfähle
selbe Richtung behalten, also nicht in ihrer ganzen Länge (
genau auf die andre trifft, so ist auch das spätere Einsch
ser Federn unmöglich und am wenigsten darf man erwa
die ausgewichenen Pfähle durch die Federn wieder paral
werden sollten. In solchem Falle wird die Feder, wen
gewaltsam eintreibt, entweder selbst in der Mittellinie sp
eine der anschlieſsenden Backen zerbrechen.

Zu gleichem Zwecke ist auch vorgeschlagen worden
selnd die Spundpfähle mit zwei Nuthen und mit zwei glatt(
zu versehn, durch die letzten aber an zwei Stellen Rie
die ganze Breite des Pfahles durchzuziehen, welche mit ihi
in die beiderseitigen Nuthen eingreifen. Dabei bleiben
Fugen ganz offen, und indem bei eintretender Divergenz
jene Zapfen auf einzelne Punkte in den Backen den D
üben, so ist das Ausbrechen der letzteren um so mehr zu
Will man die Federn beibehalten und zugleich den '
Material vermeiden, so dürfte der passendste Ausweg n(
sein, die Federn aufzunageln. Da man aber in al
auf die Haltbarkeit der Federn, wie der Backen neben d
kein groſses Gewicht legen darf, so dürfte sich wohl vo
empfehlen, wie auch in England ziemlich allgemein ges(

ernwänden die Spundung ganz fortzulassen, und die
bearbeiteten Hölzer nur stumpf neben einander einzu-

n der Baugrund ziemlich rein, auch die Wand nicht höher
5 Fuß ist, so pflegt man statt der Spundwand, eine Stülp-
ı wählen, die sowol in der Ausführung, als auch in Be-
auf die Beschaffung des Materials viel wohlfeiler ist.
a, b und c auf Taf. XVI. zeigt eine solche in der Seiten-
m Grundriß und im Querschnitt. Nachdem einige Pfähle
tichtung der Wand leicht in den Grund gestoßen sind,
man daran hochkantig eine Bohle, die zunächst als Lehre
ır zur Verbindung der Stülpwand dient. Neben derselben
an Bretter von etwa 2 Zoll Stärke, die unten zugeschärft
der Handramme so ein, daß sie sich nicht berühren, viel-
ıschenräume von 2 bis 4 Zoll frei lassen. Letztere schließt
lann durch andere Bretter, welche an derjenigen Fläche,
ıie die ersten berühren, mit Scheiden versehen sind, also
rammen sich von der ersten Reihe nicht entfernen. Zu
veiten Brettern werden gewöhnlich die äußern Schaldielen
t. Die in solcher Weise dargestellte Wand wird schließs-
ıne hochkantige Bohle genagelt.
eilen wird die Spundwand auch in der Art ausgeführt, daß
le in Abständen von etwa 6 Fuß eingerammt und Bohlen
ır oder halben Spundung nicht vertikal zwischen dieselben
ıondern in horizontaler Lage herabgeschoben werden,
221 a, b und c in der Seiten-Ansicht, im Grundriß und
itt zeigt. Solche Wand läßt sich natürlich nur so weit
fortsetzen, als der Boden aufgegraben oder ausgebaggert
eigentlichen Zwecke der Spundwand gehen sonach dabei
nichts desto weniger kann auch diese Anordnung in man-
len, wie z. B. bei Umschliessung einer Baugrube, behufs
ng des Bétonbettes und bei Fangedämmen noch räthlich
gewährt den Vortheil, dass die Rammarbeit eine geringere
ıng erhält und man kann dabei noch ziemlich sicher mehrere
ır das Wasser herabgehn, indem die Bohlen von oben ein-
nd nach und nach mit der Handramme gleichmäßig her-
ın werden, doch ist es dabei nothwendig, daß die Nuth-
br sorgfältig eingestellt sind. Beim Bau der Eingangs-

schleuse aus dem Rhein nach dem *Ill*-Canale bei Straßburg
man auf solche Art die Umschliefsung der vorher ausgeheb
Baugrube dargestellt, worin der Béton später versenkt werde
und auch in andern Fällen, besonders in Frankreich, sind
Wände zu ähnlichen Zwecken benutzt worden. Ich habe
in einem Falle Gelegenheit gehabt, zu bemerken, dafs diese
welche zur Einschliefsung des Bétons dienten, nicht nur g
regelmäfsig herabgesunken, sondern sogar aus den Nuthen
gefallen waren, während bei ihrem Herabstofsen diese U
mäfsigkeit sich nicht zu erkennen gegeben hatte.

Die Anwendung gufseiserner Spundpfähle ist in
Zeit in England nicht ungewöhnlich, besonders, wenn ma
sowohl eine Unterspülung des Grundes verhindern, als viel
während des Baues einen starken Wasserzudrang abhalt
In diesem Falle werden die Spundpfähle, sobald der G
beendigt ist, wieder herausgezogen, und insofern das G
nicht quillt und seine Oberfläche nicht in der Art angegriff
wie die des Holzes, so ist das Einrammen und das Wieder
leichter, auch sind solche Spundpfähle keiner Abnutzung unte
Alle diese Umstände empfehlen sie besonders, wenn der P
Holzes sehr hoch steht und das Gufseisen dagegen verhältni
wohlfeil ist.

Schon beim Bau des George's Docks in Liverpool wu
Jahre 1825 dergleichen gufseiserne Spundwände statt der
dämme angewendet.*) Nachdem nämlich auf etwa 30 Fuf
die Rostpfähle eingerammt waren, wurde ein viereckiger
hochkantig an die Pfähle gelehnt, so, dafs er sie von
umgab, um aber ein Einbiegen desselben zu verhindern,
zugleich die beiden langen Seiten des Rahmens durch zwe
gegen einander abgesteift. Alsdann setzte man die Spu
von aufsen gegen den Rahmen und rammte sie ein. Si
10 Fufs lang und bestanden aus zwei verschiedenen Ar
gufseisernen Platten oder Bohlen die Fig. 222 in den
Ansichten, in den Längen-Durchschnitten und in ihrer Zu
setzung zeigt. Die eigentlichen Spundpfähle *a* und *b* ware
breit, 1 Zoll stark, an beiden Seiten mit umgebogenen I

---

*) Strickland, *Reports on Canals, Railways, Roads etc.*

der Mitte mit je einer Verstärkungs-Rippe versehen. An
ofe waren Verstärkungen angegossen, welche die Schläge
ıme aufnahmen. Sie wurden mit der flachen Seite an jenen
in der Art gestellt und eingetrieben, daſs sie sich unmittel-
ihrten. Zu ihrer Verbindung und zur Schlieſsung der Fugen
n ihnen dienten andere, ähnlich geformte Pfähle c und d,
ls von 1 Zoll Stärke jedoch nur 8 Zoll breit. Auch diese
ımgebogene Ränder, aber ohne Verstärkungs-Rippen. Ihre
varen gleichfalls verbreitet und zwar auf der convexen Seite,
ıei der Zusammensetzung der Wand die sämmtlichen Köpfe
·n äuſsere Fläche vortraten, wie e zeigt. Aus der letzten
rgiebt sich, wie die umgebogenen Ränder über einander
und die ganze Wand verbinden. Die punktirten Linien
ıen aber die Querschnitte der Pfähle unter den Köpfen.
·her, welche man in den Figuren a und c bemerkt dienen
ıziehn der Pfähle, sobald die Wand ihren Zweck erfüllt hat.
t diesem ersten Versuche hat man denselben vielfach und
ıit verschiedenen Modificationen wiederholt. Indem man
. noch die breiteren Pfähle mit den umgebogenen Rändern
lt, stellte man die Verbindungs-Stücke aus gewalztem star-
enbleche und zwar in derselben Form dar. Man erreichte
den Vortheil. daſs die Ränder noch gehörig in einander
wenn die ersten Pfähle auch nicht genau parallel und in
htigen Abstande von einander eingerammt waren. Ueber-
·fsen sich bei verschiedenen Breiten der Bleche und ver-
en Krümmungen derselben auch leicht die Fugen in den
ler Spundwand überdecken.
lann wurden die Verbindungs-Stücke vielfach ganz fortge-
ndem jeder Spundpfahl an einer Seite mit einer Nuthe ver-
·ır, worin wie bei hölzernen Pfählen der folgende eingriff,
an verwandelte die ganze Spundung in eine halbe, wie
ß im Grundrisse zeigt. Diese Anordnung wurde beim Bau
t-India Dock in London gewählt. Dabei wurde jedoch die
n Abständen von 7 Fuſs durch stärkere und längere guſs-
Pfähle unterbrochen, zwischen die jedesmal je 5 Spundpfähle
wurden. Die letzteren hatten 2 Verstärkungs-Rippen.*)

———

ransactions of the Institution of Civil of Engineers I. pag. 195.

Andre Modificationen bezogen sich darauf, daſs man die Verstärkungs-Rippen nicht nur auf der innern, sondern zugleich auch
auf der äuſsern Seite vortreten lieſs, und man die Anzahl derselben
bei zunehmender Breite der Pfähle vergröſserte. In neuster Zeit
hat man indessen überhaupt nicht mehr einzelne Spundpfähle dargestellt, diese vielmehr zu Platten von etwa 6 Fuſs Breite vereinigt, die den ganzen Zwischenraum zwischen den guſseisernen
Pfählen umspannen. Es wäre auch noch zu erwähnen, daſs man
bei Darstellung der Spundwand aus einzelnen Pfählen diese zuweilen am untern Ende noch mit einem Lappen versehn hat, der
über den bereits eingestellten Pfahl übergreift und dadurch, gleich
der innern Backe einer Nuthe, beide Pfähle in derselben Ebene
erhält. Ein solcher Lappen, am untern Ende des Pfahles A (Fig. 222)
angegossen, ist durch die punktirten Linien angedeutet, und man sieht
leicht, wie dieser in Verbindung mit der auswärts vortretenden
Backe diesen Zweck erfüllt, wenn der Pfahl B schon früher eingestellt war.

Ueber das Einrammen der guſseisernen Pfähle ist nur zu bemerken, daſs man sehr starke Schläge dabei vermeiden muſs. Man
wendet daher in diesem Falle nicht die Kunstramme an, oder läſst
wenn dieses geschieht, den Klotz nicht höher als 3 bis 4 F
heben. Dabei werden freilich auch guſseiserne Rammklötze anwendet, aber auf den Pfahl wird gewöhnlich, um den Schlag
mäſsigen, ein hölzerner Aufsetzer gestellt, der oft nur aus e
Bohle harten Holzes besteht.

§. 40.
Die Grundsäge.

Wenn die Baustelle mit einem Fangedamm umgeben
trocken gelegt wird, so hat man Gelegenheit, die Pfähle mi
wöhnlichen Sägen abzuschneiden und mit Zapfen zu versehn,
man dagegen die Fangedämme ganz umgeht, oder wenn man
der später zu beschreibenden Fundirungsart in Caissons Gebi
machen will, so müssen die Pfähle unter Wasser horizontal
genau in der bestimmten Höhe abgeschnitten werden, wozu

rundsäge dient. Es kommen indessen auch andere Fälle nicht
ben vor, wo man Pfähle in gröfserer oder geringerer Tiefe unter
Wasser abschneiden mufs, und dieses geschieht auch, wenn es sich
überhaupt nur um die Entfernung der Pfähle handelt und ein Ausziehn derselben zu viele Schwierigkeiten machen würde.

Der letzte Fall ist der einfachste, indem es dabei am wenigsten
darauf ankommt, dafs der Schnitt genau in einer vorher bestimmten
Tiefe und horizontal geführt wird. Man braucht hierbei nur eine
auf gewöhnliche Art eingespannte Säge mit einem langen
Stiele zu versehn, so dafs sie schräge von einer Rüstung aus oder
auch wohl von einem gehörig festgelegten Nachen bewegt werden
kann, doch mufs sie zugleich durch eine Stange oder durch ein
Seil gegen den abzuschneidenden Pfahl angedrückt werden. Ich
habe mit solchen Sägen mehrfach einzelne Pfähle in der Tiefe bis
7 Fufs unter Wasser abschneiden lassen, und wenn die Arbeit
auch langsam von statten ging und dabei wenigstens drei Mann
gestellt werden mufsten, so liefs sich doch die Absicht jedesmal sicher ausführen. Aehnliche Vorrichtungen sind zu demselben
Zwecke vielfach benutzt worden.

Das Sägeblatt wird in einen Bügel eingespannt, der solche
Feilhöhe haben mufs, dafs man ohne Verstellung der Säge, den
Pfahl ganz durchschneiden kann. Aufserdem mufs die Richtung
der Säge mit der des Stiels übereinstimmen, und an letzterem befindet sich ein Querarm, der von zwei Arbeitern hin- und herbewegt wird. Das Sägen wird aber noch erleichtert, wenn der Stiel
nicht frei schwebt, vielmehr sicher unterstützt wird. Man legt ihn
etwa in den Einschnitt einer Bohle, aus dem er sich nicht entfernen darf. Alsdann haben die Arbeiter nur darauf zu achten,
dafs die Handhabe beständig horizontal bleibt, wodurch jedes starke
Klemmen vermieden wird. Mittelst einer Leine wird die Säge beim
Beginn der Arbeit bis zu der erforderlichen Tiefe am abzuschneidenden Pfahle herabgelassen und alsdann durch eine zweite Leine,
die am besten an einem der beiden eisernen Arme neben dem
Sägeblatte ihre Befestigung findet, gegen den Pfahl angedrückt.
Es darf kaum erwähnt werden, dafs die Säge nicht andre Pfähle
oder den Boden berühren darf, und überdies ist es gut, die Zähne
der Säge stark zu schränken oder sie recht weit aus der Ebene
des Blattes heraustreten zu lassen, damit der Schnitt möglichst

weit geöffnet wird, so daſs die Säge sich frei darin bewegen k
Die Leine, womit die Säge angezogen wird, muſs nicht zu s
gespannt werden, denn es kommt hierbei weniger darauf an, t
solche Arbeit, die sich nur selten wiederholt, möglichst zu
schleunigen, als vielmehr alle Zufälligkeiten zu vermeiden, wode
der Apparat zerbrochen oder unbrauchbar werden könnte.

Wenn dagegen Rostpfähle in einer vorher bestimmten T
genau und zwar horizontal abgeschnitten werden sollen, so ist l
zu der erwähnte einfache Apparat nicht mehr ausreichend.)
muſs die Säge alsdann in ein Gatter einspannen, das sich horizo
einstellen und in die verlangte Tiefe bringen läſst. Eine f
Rüstung kann man hierbei nicht füglich entbehren, obwohl
Cessart erzählt*), daſs er beim Bau der Kaimauer zu Rouen
Kostenersparung wegen gezwungen worden sei, die Rüstung l
zulassen und die Grundsäge zwischen zwei Schiffen aufzustellen
fügt aber hinzu, daſs nicht nur die Sägeblätter dabei oft brat
und die Schnitte unregelmäſsig ausfielen, sondern daſs auſser
auch die Arbeit sehr viel Zeit in Anspruch nahm. Die l
Rüstung war aber gewiſs unter den dortigen Verhältnissen, w
Folge des starken Fluthwechsels der Wasserstand sich fortwäh
ändert, dringend geboten.

Wenn die Holme einer Rüstung horizontal verlegt sind,
braucht man auf dieselben nur den Schlitten, der die Säge t
hin und her zu schieben, um alle Pfähle ohne weiteres Verste
der Säge horizontal abzuschneiden. Ist das Gewicht des Schlit
bedeutend, so läſst man ihn auf Rollen oder Rädern laufen, und
weilen versieht man ihn noch mit einer Querbahn, worauf
zweiter Schlitten ähnlicher Art steht. Alsdann kann man t
zwei Richtungen die Verschiebung vornehmen und auf diese
alle Rostpfähle in den verschiedenen Pfahlreihen abschneiden.
kommen indessen solche complicirte Vorrichtungen nur da vor,
man in gröſserer Tiefe die Säge gebrauchen will. Am häufig
geschieht es, daſs man einen Rahmen, der in der angemess
Tiefe das horizontal gestellte Sägeblatt trägt, mit erhöhten H
haben versieht und ihn unmittelbar auf der Rüstung hin- und
schieben und zugleich gegen den Pfahl andrücken läſst. I

---

*) *Description des travaux hydrauliques. I. p. 234.*

lelfach benutzte Vorrichtung ist so einfach, daſs sie keiner nähern Beschreibung bedarf, und es wäre kaum darauf aufmerksam zu machen, daſs die beiden abwärts gerichteten Stiele, welche die Säge tragen, durch schräge Bänder gehörig verstrebt sein müssen.

Zu diesen einfacheren Säge-Apparaten gehört auch der Fig. 252 af Taf. XIX. dargestellte, den der Ingenieur Pochet zusammensetzte ad bei verschiedenen Brückenbauten benutzte.[*]) Der Rahmen, der le Säge trägt, ruht auf 4 eisernen Rädern, die auf Geleisen laufen, ber durch so kurze Achsen mit einander verbunden sind, daſs der forderliche Seitendruck nicht durch Anrücken der Bahn veranlaſst werden kann, hierzu dient vielmehr eine Leine, deren beide Enden die Säge fassen, und die durch ein mäſsiges Gewicht von bis 10 Pfund nach dem abzuschneidenden Pfahle gezogen wird. a und b sind die Ansichten von der Seite und von vorn, und c zeigt die Säge von oben. Der Bügel, den man hier bemerkt, ist aber nicht unmittelbar an der letzteren, vielmehr etwas weiter aufwärts zwischen den Stielen angebracht, und derselbe tritt so weit zurück, daſs ohne Verstellung des Wagens und der Bahn der Pfahl ganz durchgeschnitten werden kann. Zwei Mann genügten beim Gebrauche dieser Säge, und wenn dieselben sich mit zwei andern von Zeit zu Zeit ablösten, so konnten sie in einem Tage 15 bis 20 Pfähle in der Tiefe von 8 Fuſs unter Wasser abschneiden.

Diese Säge hat auch später bei andern Bauten Anwendung gefunden. So beim Brückenbau über die Loire zu Nantes[**]), sie wurde daselbst freilich nur für die mäſsige Tiefe von 1 Fuſs unter Niedrigwasser eingerichtet, aber es zeigte sich bald, daſs sie ohne Schwierigkeit auch bei allen Wasserständen des Fluthwechsels benutzt werden konnte.

Bei diesen Apparaten wird nicht nur die Säge, sondern auch die Rüstung, worin sie eingespannt ist, und mit derselben der schwere Schlitten oder Wagen hin- und hergeschoben, wodurch eine gröſsere Betriebskraft bedingt wird, als zu der Bewegung der Säge allein erforderlich wäre. Dabei kommt aber nicht nur die Reibung zwischen den auf einander schleifenden Maschinentheilen in Betracht, sondern auch der Widerstand, den das Wasser auf die

---

*) *Annales des ponts et chaussées.* 1846. *I. pag.* 328.
**) *Annales des ponts et chaussées.* 1865. *I. pag.* 53.

herabreichenden Stiele ausübt, welche die Säge tragen.
Zweifel läßt sich der Schnitt auch schärfer und ebener ausf[...]
wenn man die Säge mit ihrer Fassung auf einem festen und [...]
fältig bearbeiteten starken Rahmen in der verlangten Tiefe hin-
hergleiten läßt.

Ein Apparat dieser Art wurde bereits im Jahre 1738
Etheridge zusammengestellt und beim Bau der Westminster-B[...]
in London benutzt. Eine Rüstung von Schmiede-Eisen, die [...]
gemeinen eine pyramidale Form hatte, wurde zur Seite des [...]
schneidenden Pfahles herabgelassen und an denselben bef[...]
während sie gleichzeitig im Hebezeuge hängen blieb. Ihre G[...]
fläche brachte man in diejenige Ebene, wo der Schnitt gesch[...]
sollte. Die Säge war in ein Gatter eingespannt, das sich [...]
vier Leitstangen in einem Rahmen hin- und herschieben ließ[...]
Gatter erhielt die Bewegung durch Leinen, die über Rollen ge[...]
waren und abwechselnd angezogen wurden. Um das Vorrücke[...]
Säge gegen den Pfahl zu bewirken, war auch der ganze Rahmen[...]
die vier Leitstangen des Gatters umfaßte, beweglich, und [...]
ließ er sich normal gegen die Richtung der Säge verschi[...]
Dieser Rahmen wurde durch zwei andere Leinen, die von [...]
angemessenen Gewichte in Spannung erhalten wurden, immer [...]
den Pfahl gepreßt und sonach rückte die Säge in demselben M[...]
wie sie tiefer einschnitt, auch weiter vor. Diese Beschreibung
von der Anordnung der Maschine im Allgemeinen einen B[...]
geben, die Mittheilung der Specialien scheint aber überflüssig
man seitdem nicht wieder davon Gebrauch gemacht hat, auch
ganze Aufstellung nicht besonders fest sein mochte.*)

Wichtiger ist die Maschine, welche de Cessart bei den
dirungen in Caissons und zwar zuerst bei der Brücke zu Sa[...]
benutzte.**) Diese Vorrichtung unterscheidet sich von jener
vortheilhaft dadurch, daß der Rahmen, worauf die Säge ruht, mi[...]
einer Zange, die von oben geschlossen werden kann, den [...]
umfaßt, und zwar geschieht dieses unterhalb des Sägeschnittes
daß die Verbindung nicht gelockert wird, wenn der Pfahl [...]

---

*) Beschreibung und Abbildung dieser Maschine findet man in [...]
weins prakt. Anweisung zur Wasserbauk. Heft I.
**) De Cessart, travaux hydrauliques. I. p. 71.

schon nahe durchschnitten ist. Die Bewegung wird der Säge mitgetheilt durch ein ziemlich complicirtes Hebel-System. Die äußern Enden der beiden Hebel ruhen in Führungen auf einem Wagen, der jedoch nur bewegt wird, um den ganzen darauf ruhenden oder hängenden Apparat an einen neuen Pfahl zu bringen. Endlich kann die Säge zugleich mit dem Rahmen, worin sie sich bewegt, mittelst zweier gezahnten Stangen, in welche Zahnräder eingreifen, auch weiter vorgeschoben werden, um immer frisches Holz zu fassen.

Die specielle Beschreibung und Zeichnung der ganzen Einrichtung, die man seit Einführung der Kreissägen wohl nicht mehr benutzen dürfte, umgehe ich, wenn sie auch im Anfange dieses Jahrhunderts beim Bau des Pont des Arts in Paris nochmals gewählt wurde.*) Man führte jedoch in diesem Falle die Aenderung ein, daß das Hebel-System etwas vereinfacht wurde, auch die Arbeiter die Zugstangen nicht mehr vor und zurück, sondern wie bei Feuerspritzen auf und ab bewegten.

Mit jener Säge schnitt de Cessart Anfangs nur die Pfähle ungefähr 7 Fuß unter Wasser ab, beim siebenten Pfeiler der Brücke zu Saumur wurde aber die Tiefe, in welcher die Säge wirken sollte, auf mehr als 15 Fuß unter dem Wasserspiegel bestimmt. Die Maschine verrichtete ihren Dienst mit voller Sicherheit und Perronet, der auf die Baustelle zur Inspection gekommen war, untersuchte die Pfahlköpfe und fand sie sämmtlich in der gehörigen Höhe abgeschnitten. De Cessart machte hierbei den Versuch, einzelne Pfähle zuerst 4 bis 5 Linien zu hoch abzuschneiden, darauf aber die Säge richtig einzustellen. Sie schnitt alsdann dünne Scheiben von 2 Linien Stärke ab, welche, ohne zu zerbrechen, sich lösten und an die Oberfläche des Wassers traten. Sie gaben den deutlichsten Beweis von der Genauigkeit, womit die Säge eingestellt und in Wirksamkeit gesetzt werden konnte. Ein Pfahl von 9 bis 10 Zoll Durchmesser wurde etwa in 4 Minuten durchschnitten, man konnte aber auch 18 Zoll starke Pfähle noch damit abschneiden. Das Verstellen nahm jedoch so viel Zeit fort, daß man an einem Tage nicht mehr als zwanzig Pfähle abschnitt. War die Säge ein-

---

*) Schulz, Versuch einiger Beiträge zur hydraulischen Architectur. Seite 82.

herabreichenden Stiele ausfüh..., welche, ...
Zweifel läfst sich der Schnitt ...
wenn man die Säge mit ihrer ...
fältig bearbeiteten starken Rahmen ...
hergleiten läfst.

Ein Apparat dieser ...
Etheridge zusammengestellt ...
in London benutzt. Eine ...
gemeinen eine pyramidal ...
schneidenden Fühler, ...
während ...
fläche ...
sollte. ...
vier I ...
Gatt ...
war ...
Sä ...
d ...
li ...

... werdet
... lagen ... mit ...
... derselben Vaucanso...
gleichmäfsig bewegten. ...
rke eiserne Schraubenspind...
...ehäuse befestigt, durch welc...
...durchgriffen. Letztere wurde dur...
... und her bewegt, und mit einer...
... der Wagen in dem Maafse, wie der...
vorgeschoben. *)

Die ... ...reissäge, welche in neuerer Zeit vielfach
... angewendet wird, hat man auch verschi...
den P ... zu benutzen versucht, und die Resultate
wie ...nd ausgefallen, was sich wegen der einfacher...
v ...warten läfst. Der Rahmen, den man sonst
... hin- und herzuführen, fällt dabei fort, wo...
...igung der Achse nöthig wird, um welche die
...ht. Die Drehung erfolgt gewöhnlich durch eine
... z. B. beim Bau der Brücke zu Bordeaux gesch...
... hierbei auf grofse Geschwindigkeit der Arbeit nicht
..., so möchte dieses auch immer genügen. Zuwe...
..., um die Arbeit etwas zu beschleunigen und u...
...quemer bewegen zu können, letztere an eine hori...
...festigt, die mit einem conischen Rade in ein Getr...
...drerseits hat man auch statt des Rades und G...
...hnur ohne Ende gewählt, wodurch sich die Ansch...
...twas ermäfsigen. Dieses ist z. B. bei der Säge gesc...

---

*) *Annales des travaux publices.* 1844. *pag. 336.*

...ie in Berlin zum Abschneiden der Rost-
...fs unter Wasser benutzt wurde.

...mit einer Vorrichtung versehn sein
...neidenden Pfahl näher herange-
...ühnt werden, und nur wenn
...kann man sich damit be-
...lin ist, nur das untere
... gegen den Pfahl zu
...n der Kreissäge zu be-
...en befestigt sein, der bei un-
...bewegt. Bei festen Rüstungen ist
...chen, da man hier eine Absteifung des
...tung vornehmen und seine Bewegung durch
...en oder Räder erleichtern kann. Die Achse der
...ner diejenige Länge haben, welche der gröfsten Tiefe
..., in der man noch den Schnitt ausführen will, und die
...muls sich am äufsersten Ende befinden, damit sie möglichst
iber dem Grunde wirken kann. Damit die Achse weder bricht,
auch sich biegt, so muls die eine der beiden Pfannen, in wel-
sie sich dreht, möglichst nahe über der Säge befindlich sein.
indere Pfanne dagegen erhält ihre passendste Stelle nahe unter
Rade oder der Kurbel. Auf diese Art bestimmt sich die Höhe
ahmens, der beide Pfannen trägt, und indem es darauf ankommt,
er seine verticale Stellung beibehält, so muls er hinreichend
sein, um nicht durchzubiegen. Das Fortschieben des Rahmens
er festen Rüstung erfolgt entweder durch eine Leine, welche
ogen wird, wie bei der erwähnten in Berlin benutzten Säge
ah, oder besser durch eine Schraube, wie beim Bau der Brücke
rdeaux, wodurch man regelmäfsigere und sanftere Bewegungen
len kann. Die letzte Säge konnte 16 bis 18 Fuls unter Was-
rbeiten. Der Rahmen bestand aus einer festen Verstrebung
lchmiedeeisen, und bei dem grofsen Gewichte desselben durfte
nicht befürchten, dals er durch die oben angebrachte Schraube
ge gestellt werden möchte.

Als Beispiel der Aufstellung einer Kreissäge wähle ich diejenige
htung, welche man zum Abschneiden der Pfähle an den Ufer-
der Donau benutzt hat. Fig 253 a zeigt diese Säge von
eite. Zur Vermeidung einer besondern Rüstung, und da es

14*

mal geschärft, so schnitt sie bis 40 Pfähle durch, ohne d?
eine Verzögerung der Arbeit in Folge des Stumpfwerdens b?
liefs. Dieses ist mehr, als bei dem gewöhnlichen Gebrau?
Säge, und es erklärt sich, vielleicht dadurch, dafs die S?
Wasser nicht warm wird.

Beim Bau der Brücke über das Thal Benoit benutzte ?
Säge, die den beschriebenen ähnlich, jedoch etwas einf?
sammengesetzt war. Ein starker hölzerner Rahmen, der auf ?
lief, konnte gegen den Pfahl, der durchschnitten werden ?
schoben werden. Auf diesem Rahmen lagen 4 mit Zäh?
sehene Schraubenmuttern, die von derselben Vaucanson?
umschlungen sich sämmtlich gleichmäfsig bewegten. An ?
diesen Muttern hing eine starke eiserne Schraubenspindel, ?
waren an ein eisernes Gehäuse befestigt, durch welche?
rangen der Säge hindurchgriffen. Letztere wurde durch ?
fachen Hebel hin und her bewegt, und mit einer h?
Schraube wurde der Wagen in dem Maafse, wie der S?
sich vertiefte, vorgeschoben. *)

Die Kreissäge, welche in neuerer Zeit vielfach m?
Vortheile angewendet wird, hat man auch verschiede
Grundsäge zu benutzen versucht, und die Resultate sind
befriedigend ausgefallen, was sich wegen der einfacheren A
auch erwarten läfst. Der Rahmen, den man sonst bra?
die Säge hin- und herzuführen, fällt dabei fort, wogege
Befestigung der Achse nöthig wird, um welche die Dr?
schieht. Die Drehung erfolgt gewöhnlich durch eine Ku?
dieses z. B. beim Bau der Brücke zu Bordeaux geschehn
es hierbei auf grofse Geschwindigkeit der Arbeit nicht an?
pflegt, so möchte dieses auch immer genügen. Zuweilen
aber, um die Arbeit etwas zu beschleunigen und um d?
bequemer bewegen zu können, letztere an eine horizont?
befestigt, die mit einem conischen Rade in ein Getriebe
Andrerseits hat man auch statt des Rades und Getri?
Schnur ohne Ende gewählt, wodurch sich die Anschaffu?
etwas ermäfsigen. Dieses ist z. B. bei der Säge geschehe?

*) *Annales des travaux publices.* 1844. *pag.* 336.

ιu der Bauacademie in Berlin zum Abschneiden der Rost-
n der Tiefe von 2 Fuſs unter Wasser benutzt wurde.

ſs die Kreissäge jedesmal mit einer Vorrichtung versehn sein
wodurch sie an den abzuschneidenden Pfahl näher herange-
ι werden kann, darf kaum erwähnt werden, und nur wenn
keine sorgfältige Arbeit ankommt, kann man sich damit be-
, wie zuweilen auch wirklich geschehn ist, nur das untere
ler Achse, woran die Säge befestigt ist, gegen den Pfahl zu
n. Um das regelmäſsige Vorschieben der Kreissäge zu be-
, muſs dieselbe an einem Rahmen befestigt sein, der bei un-
erter Lage sich vorwärts bewegt. Bei festen Rüstungen ist
nicht schwer zu erreichen, da man hier eine Absteifung des
as in jeder Richtung vornehmen und seine Bewegung durch
achte Rollen oder Räder erleichtern kann. Die Achse der
ιuſs ferner diejenige Länge haben, welche der gröſsten Tiefe
cht, in der man noch den Schnitt ausführen will, und die
auſs sich am äuſsersten Ende befinden, damit sie möglichst
ber dem Grunde wirken kann. Damit die Achse weder bricht,
uch sich biegt, so muſs die eine der beiden Pfannen, in wel-
e sich dreht, möglichst nahe über der Säge befindlich sein.
dere Pfanne dagegen erhält ihre passendste Stelle nahe unter
ιde oder der Kurbel. Auf diese Art bestimmt sich die Höhe
ιmens, der beide Pfannen trägt, und indem es darauf ankommt,
seine verticale Stellung beibehält, so muſs er hinreichend
ain, um nicht durchzubiegen. Das Fortschieben des Rahmens
ʼ festen Rüstung erfolgt entweder durch eine Leine, welche
gen wird, wie bei der erwähnten in Berlin benutzten Säge
ι, oder besser durch eine Schraube, wie beim Bau der Brücke
leaux, wodurch man regelmäſsigere und sanftere Bewegungen
a kann. Die letzte Säge konnte 16 bis 18 Fuſs unter Was-
eiten. Der Rahmen bestand aus einer festen Verstrebung
ιmiedeeisen, und bei dem groſsen Gewichte desselben durfte
cht befürchten, daſs er durch die oben angebrachte Schraube
gestellt werden möchte.

ι Beispiel der Aufstellung einer Kreissäge wähle ich diejenige
tung, welche man zum Abschneiden der Pfähle an den Ufer-
der Donau benutzt hat. Fig 253 a zeigt diese Säge von
te. Zur Vermeidung einer besondern Rüstung, und da es

hier wahrscheinlich auf eine große Genauigkeit nicht ankam,
der aus drei schmalen Bohlenstücken zusammengesetzte und
sernen Bändern verbundene Rahmen *A B*, der die Säge m
mittelbar an den abzuschneidenden Pfahl befestigt. Oben
dieses durch umgeschlungene Ketten, die vielleicht durch m
getriebene Keile noch scharf angespannt wurden. Unten
gegen hierzu eine Zange, die der von de Cessart angewende
sich ist, sich aber durch eine veränderte Vorrichtung zum S
unterscheidet.   Die Zange ist, wie Fig. *b* und *c* zeigt, so
daß die gekrümmten Arme, welche den Pfahl umfassen, de
Schlusses wegen mit Zähnen versehn, und rückwärts fortge
doch durchkreuzen sie sich nicht, sondern derselbe Arm,
dem Charniere der linkseitige ist, liegt auch hinter dem
auf der linken Seite. Durch Auseinanderdrängen der hint
sätze werden also die gezahnten Bügel geschlossen und ma
dieses, indem man von oben eine eiserne Stange, die unter
passend geformten Keil' ausgeht, zwischen die beiden hint
treibt. Will man später die Zange öffnen, was in der I
geschieht, nachdem der Pfahl bereits abgeschnitten ist und
ganzen Sägeapparat zugleich mit dem abgeschnittenen T
aufziehn will, so befördern zwei Federn, welche die vord
der Zange auseinanderdrängen, das Auslösen derselben, s
Keil herausgeschlagen wird.

Man hat bei dieser Säge die zweckmäßige Anordnu
fen, daß die untere Pfanne der Achse übereinstimmend mit
dem Pfahle genähert werden kann, um die Säge tiefer ei
zu lassen. In jedem der beiden Arme des Rahmens be
nämlich, wie Fig. 253 *b* zeigt, ein Schlitz, durch welchen
hindurchgreift, und in den Schlitzen liegen auf eisernen E
beiden Pfannen. Letztere sind rückwärts mit entsprech
zahnten Stangen versehn und diese werden durch zwei Ge
meinschaftlich bewegt. Sobald die daran befestigte Kurbe
oder der andern Richtung gedreht wird, so schieben sich b
nen gleichmäßig vor oder zurück, und theilen diese Bewe
der Säge *G H* mit. *)

Ein Umstand, welcher der Anwendung der Kreiss

---

*) Förster's allgemeine Bauzeitung 1836. Seite 129.

am obern Ende ihrer Achse hin und her
der Rüstung aus durch eine schräge Leine
wird. Die ganze Zusammensetzung des
254 a, wobei jedoch der Maafsstab
wegen mangelnden Raumes die
ist.

Aufsetzern tief unter Wasser
er Vorkehrungen bedurfte,
neben aufzustellen. Zu
r, mit welchem man
den man wie die
te. War dieses geschehn,
arfte Eisenstange durch den Hals
dieselbe mit starken Hammerschlägen so
dafs sie auch ohne den Trichter aufrecht stehn
tzterer entfernt wurde.

eissäge schwebte einige Zolle unter einem starken
nholz, der die untere Pfanne ihrer Achse trug,
aber an einem darin verzapften Stiele, der bis
trat und auf dieser in der angemessenen Höhe
irchgesteckten Bolzen gehalten wurde. Der Klotz
tarken Bügel versehn, den man beim Herablassen
er jene Eisenstange und den Pfahl streifte, um die
an den Pfahl zu bringen. Bei dieser Aufstellung
er noch nicht die nöthige Haltung, und sie würde,
Thätigkeit setzte, nicht nur um ihre Achse sich
ondern auch hin und her geschwankt sein. Um
ern, mufste jener Klotz noch gegen den Boden be-
an versah ihn daher an beiden Seiten mit eisernen
n diese wurden starke, am untern Ende mit langen
versehene Stangen gesteckt, die man fest in den
Diese Stangen mufsten aber, sobald die Säge tie-
ter vorgerückt, also ausgehoben und wieder einge-
da es überaus mühsam und zeitraubend gewesen
n Ringe in der grofsen Tiefe aufzufinden, so spannte
e jeder Stange eine Kette, die aufserhalb des be-
sich soweit hinzog, dafs die Stange zwar aus dem
d hinreichend hoch gehoben und wieder gesenkt

Schärfe' auszuführen ist.   Hierbei wird freilich eine grö
triebskraft erfordert, besonders wenn eine starke Geschw
sich in diesem Falle als nothwendig 'herausstellen sollte, nic
weniger wird man es immer als einen Gewinn betrachten
eine 'Arbeit, die zu den allerschwierigsten und bedenklichste
werden muſs, mit voller Sicherheit ausführen zu können.

Endlich muſs bemerkt werden, daſs das Princip der '
auch auf eine andere noch einfachere Art für die Grun
benutzen läſst.   Der · Vorzug der Kreissäge vor der gew
Säge besteht darin, daſs man die Drehung um eine feste A
des Hin- und Herschiebens auf einer Bahn einführt.   Man
dadurch die schwierige Einrichtung der letztern, so wie
Klemmen, Reiben und Schlottern, welches die Bahnen und
Führungen, namentlich wenn man sie nicht immer unterso
auch 'vor Stöſsen und andern Beschädigungen gehörig sich
leicht zu zeigen pflegen.   Zur Erreichung dieses Vorthe
aber keineswegs nothwendig, daſs die Drehung ununter
derselben Richtung erfolgt, vielmehr darf die Säge sich
herbewegen, während sie 'um die feste Achse schwingt.   M
also von der Achse nur zwei Arme ausgehn zu lassen
einen Winkel von 60 Graden gegen einander bilden un
diese, wie an den Rahmen einer gewöhnlichen Säge, d
spannen.   Dieses Blatt darf aber an seiner vordern Sei
Zähne sich befinden, nicht durch eine gerade Linie begre
vielmehr muſs es hier einen Kreisbogen bilden, der die
achse zum Mittelpunkte hat.   Auf solche Art würde die
keit der Beschaffung einer groſsen Kreissäge und zugle
gränzte Tiefe des Schnittes leicht vermieden werden, u
wegung dieser Säge würde sich noch dadurch vereinfach
Arbeiter nur die Kurbel hin- und herschieben.

Vorstehende Andeutung einer möglichst einfachen Kr
zum Abschneiden der Pfähle unter Wasser benutzt werd
hatte ich schon in der ersten Ausgabe dieses Handbuc
mitgetheilt, dieselbe ist später in den Niederlanden bei '
der Fundirung des Dampfmaschinen-Gebäudes im Bo
zur Ausführung gebracht, und zwar wurden damit die
21 Fuſs unter Wasser abgeschnitten.   Fig. 254 b zeigt
gewählte Anordnung.   Die Säge umfaſst nur einen Hal

durch zwei Arme am obern Ende ihrer Achse hin und her
it, während sie von der Rüstung aus durch eine schräge Leine
den Pfahl angezogen wird. Die ganze Zusammensetzung des
ates ergiebt sich aus Fig. 254 a, wobei jedoch der Maafsstab
alb so grofs gewählt, auch wegen mangelnden Raumes die
rtiefe auf die Hälfte reducirt ist.

ie Grundpfähle waren mittelst Aufsetzern tief unter Wasser
etrieben, woher es noch besonderer Vorkehrungen bedurfte,
sicher aufzufinden, und die Säge danebenaufzustellen. Zu
Zwecke diente ein langer Blechtrichter, mit welchem man
r Rüstung aus den Pfahl aufsuchte, und den man wie die
zeigt, über den Kopf desselben streifte. War dieses geschehn,
ob man eine unten zugeschärfte Eisenstange durch den Hals
ichters, und trieb dieselbe mit starken Hammerschlägen so
den Pfahl, dafs sie auch ohne den Trichter aufrecht stehn
worauf letzterer entfernt wurde.

e halbe Kreissäge schwebte einige Zoll unter einem starken
von Eichenholz, der die untere Pfanne ihrer Achse trug,
Klotz hing aber an einem darin verzapften Stiele, der bis
ie Rüstung trat und auf dieser in der angemessenen Höhe
inen hindurchgesteckten Bolzen gehalten wurde. Der Klotz
it einem starken Bügel versehn, den man beim Herablassen
parates über jene Eisenstange und den Pfahl streifte, um die
cher nahe an den Pfahl zu bringen. Bei dieser Aufstellung
ie Säge aber noch nicht die nötbige Haltung, und sie würde,
man sie in Thätigkeit setzte, nicht nur um ihre Achse sich
haben, sondern auch hin und her geschwankt sein. Um
tu verhindern, mufste jener Klotz noch gegen den Boden be-
werden, man versah ihn daher an beiden Seiten mit eisernen
und durch diese wurden starke, am untern Ende mit langen
ı Spitzen versehene Stangen gesteckt, die man fest in den
einstellte. Diese Stangen mufsten aber, sobald die Säge tie-
chnitt, weiter vorgerückt, also ausgehoben und wieder einge-
erden, und da es überaus mühsam und zeitraubend gewesen
ene eisernen Ringe in der grofsen Tiefe aufzufinden, so spannte
ı die Spitze jeder Stange eine Kette, die aufserhalb des be-
en Ringes sich soweit hinzog, dafs die Stange zwar aus dem
gezogen und hinreichend hoch gehoben und wieder gesenkt

werden konnte, ihre Spitze aber jedesmal im Ringe bleiben
Die Stangen wurden etwas schräge eingesetzt, so dafs
tieferen Eindringen der Säge steiler gerichtet werden konnte
sie sonach in Verbindung mit jenem Seile die Säge vorsch

Mit diesem, vom Bau-Unternehmer Kool angegebenen
wurden durchschnittlich an jedem Tage 20 und einmal sogar
abgeschnitten. Dabei waren 9 Mann beschäftigt, von den
Achse der Säge in Bewegung setzten. *)

Schliefslich wäre noch eine in ihrer Einrichtung sehr
und im Gebrauche sehr bequeme Säge zu erwähnen, d
weniger genau arbeitet, als die bisher beschriebenen Die
sogenannte Schwungsäge. Ein gewöhnliches Sägeblatt
bei nicht horizontal hin und herbewegt, sondern ist in ei
lichst hohen Rahmen gespannt, der sich oben um eine l
Achse dreht. Jeder einzelne Zahn beschreibt also einen K
und da die Abstände von der Drehungs-Achse verschiede
treffen die mittleren Zähne den Pfahl in einer gröfseren i
die äufsern, und der Schnitt wird viel stärker als er bei h
Führung desselben Blattes gewesen wäre. Dazu kommt
dafs das Blatt auch merklich durchbiegt, und daher keines
eben, sondern ziemlich unregelmäfsig den Kopf des Pfahle
det. Wenn ein solcher Uebelstand, wie zuweilen der Fal
Bedeutung hat, so möchte gerade diese Anordnung sich vo
empfehlen.

Schon bei den Strom-Correctionen am Rhein benut
taine solche Sägen, später wurden sie von Beaudemoulin bei
bau in Tours angewendet, und hier vereinfachte man
stellung noch dadurch, dafs man einen hölzernen Stiel
eisernen Schuh versah, der in einer starken Holzschraul
die man in den Kopf des abzusägenden Pfahles einscl
Bolzen, den man in passender Höhe an den Stiel befestig
alsdann die Achse, um welche der Rahmen mit der Säg
her schwang. Mittelst der beiden Zugstangen wurde abe
diese Bewegung der Säge mitgetheilt, sondern dieselbe au
dig gegen den Pfahl angedrückt. **)

*) *Verhandelingen van het koninglijk Instituut van Ingenieurs.*
pag. 17.

**) *Annales des ponts et chaussées* 1841. *I. pag.* 224.

Indem bei dieser Anordnung der Schnitt in beiden Richtungen krumm ist, so dürfte es sich mehr empfehlen, die Säge an einen ... zu hängen, der auf der Rüstung steht und der bei weiterem Eingreifen der Säge vorgerückt wird. Solche Aufstellung war bei verschiedenen Fundirungs-Arbeiten an der Yonne und an der obern Seine gewählt worden. *) Dieselbe ist Fig. 255 a und b in der Seiten-Ansicht und im Grundrifs dargestellt. Der eiserne Rahmen, in den die Säge eingespannt ist, lehnt sich an die Mittelschwelle des Bockes, die in dem Maafse wie der Schnitt sich vertieft vorgeschoben wird. Die Bewegung kann alsdann auch durch Leinen, statt der Zugstangen, der Säge mitgetheilt werden. Dieselbe schnitt durchschnittlich die Pfähle in der Tiefe von 4½ Fufs unter Wasser ab.

§. 41.
Ausziehn der Pfähle.

Häufig trifft es sich, dafs an der Stelle, wo eine Fundirung ausgeführt werden soll, alte Pfähle bereits im Grunde stecken, die man zuerst entfernen mufs, andrerseits sind auch zuweilen Spund- oder Spitzpfähle, die beim Einrammen nicht gehörig eindringen, wieder fortzuschaffen, und endlich werden manche Pfähle und namentlich die Rüstpfähle und die der Fangedämme nur bis zur Beendigung des Baues gebraucht, und müssen später beseitigt werden. Aus diesen verschiedenen Gründen wiederholt sich häufig das Bedürfnifs, die eingerammten Pfähle wieder auszuziehn, und gemeinhin ist dieses nicht nur an sich sehr schwierig und erfordert einen starken aufwärts gerichteten Zug, sondern es tritt noch der Uebelstand dabei ein, dafs die festen Stützpunkte oft schwer zu beschaffen sind. Das gewöhnlichste und einfachste Mittel besteht in der Anwendung eines starken und schweren Hebels, wozu man entweder einen Pfahl oder einen Balken benutzt. Zuweilen hat man indessen auch von andern mechanischen Vorrichtungen zu demselben Zwecke Gebrauch gemacht. Von diesen soll zuerst die Rede sein.

Beim Hafenbau zu Hull stellte man über die Pfähle der Rüstun-

---

*) *Annalen des ponts et chaussées.* 1861. *II. p.* 66.

gen und Fangedämme, die man ausziehn wollte, einen Bock, worn
mehrere Flaschenzüge hingen, deren untere Blöcke an den Pfahl
befestigt waren. Die darin eingeschornen Taue wurden durch Erdwinden angezogen, und es war bei manchen Pfählen erforderlich,
vier solcher Winden anzubringen, deren jede mit vier Mann besetzt
war: der Widerstand eines solchen Pfahles wurde daher auf 15 bis
20 Tons oder 30000 bis 40000 Pfund geschätzt. *) Dabei ist freilich die Reibung unbeachtet geblieben, die namentlich beim Flaschenzuge sehr stark ist; nichts desto weniger kann man aber annehmen,
daſs der erforderliche Zug, um einen Pfahl zu heben, sich dem
Werthe seiner Tragfähigkeit nähert. Bei weichem und zähem Boden
mögen beide nicht sehr verschieden sein.

Statt des dreibeinigen Bockes läſst sich sehr bequem auch die
gewöhnliche Ramme benutzen, die sich hierzu um so mehr eignet,
wenn sie schon mit einer Winde versehn ist, mittelst deren man
das in den Flaschenzug eingeschorne Tau kräftig anziehn kann.

Demnächst hat man die Schraube zu demselben Zwecke benutzt, schon Bélidor schlägt sie vor, und räth die Einrichtung so
zu treffen, daſs die um den Pfahl geschlungene Kette an einen Wirbel am untern Ende der Schraubenspindel befestigt wird, während
auf einer festen Rüstung die Schraubenmutter lose aufliegt, und durch
vier Hebel wie eine Erdwinde gedreht wird. **) Bélidor bemerkt
auch, daſs man diese Vorrichtung auf Fahrzeuge stellen und so
solche Art die im Wasser stehenden Rüst- und andere Pfähle e
fernen kann. Die starke Reibung der Schraube möchte indeſs
bei festeingerammten Pfählen kaum diesen Apparat als hin
chend wirksam erscheinen lassen. Nichts desto weniger ist bei
eben erwähnten Hafenbauten in Hull hiervon gleichfalls Gebr
gemacht worden und zwar bei Gelegenheit einer Spundwand.
eiserne Schraube hatte dabei eine Stärke von 4 Zoll und übt
weilen einen Zug aus, den man auf 18 Tons oder 36000 F
schätzte. Einige Pfähle lieſsen sich jedoch durch dieses Mittel
nicht heben und es gelang erst, sie in Bewegung zu setzen, nach
man den Boden, der aus reinem Sande bestand, daneben noch
ausgebaggert hatte.

---

*) *Transactions of the Institution of Civil Engineers.* I. p. 45.
**) *Architecture hydraulique.* Vol. III. p. 120.

er hat man anch versucht, die Kette oder das Tau, woran
il befestigt ist, nnmittelbar über eine horizontale Winde
ngen, welche durch irgend eine mechanische Vorrichtung
wird. Eine solche Maschine beschreibt schon Perronet bei
eit der Brücke zu Orleans. Eine hölzerne Welle war anf
fachen Rüstung über dem Pfahle angebracht und ein Durch-
darin wnrde mittelst eines Taues an seinem äufsern Ende
' zweiten ähnlichen Welle auf derselben Rüstung verbunden.
wurde durch Hebel, die man in sie einsetzte bewegt. Man
lauben, dafs die Kraft sich noch wesentlich verstärken liefse,
n in gleicher Weise eine dritte, oder noch mehrere Winden
-bände, aber ein solcher Apparat, der aus vielen und zwar
fen Theilen besteht, eignet sich nicht zur Darstellung eines
Zuges. Perronet machte hiervon auch nur Gebrauch, nm
e der Fangedämme zu entfernen, die nicht besonders fest
nt waren. Sehr ähnlich dem beschriebenen Apparate ist
, dessen man sich bei den Hafenbanten vor Amsterdam
um die alten im Grunde steckenden Rostpfähle heraus-
. Auf das vordere Ende eines Fahrzeuges war eine Winde
ifs Durchmesser aufgestellt, um welche das Tau, das an
l befestigt wurde, umgeschlungen war. Diese Winde hatte
' zum Einsetzen von Hebeln. Ein solcher wurde in das
Loch gesteckt und von seinem äufsern Ende ging eine
)er einen Fufsblock nach einer Erdwinde, die auf dem
des Fahrzeuges stand, und durch vier Mann in Bewegung
urde.*) Es ist wohl nicht anzunehmen, dafs die Pfähle,
hiermit entfernte, grofsen Widerstand leisteten, wie über-
Holland die Pfähle nie besonders fest eingerammt werden.
ich hat man zuweilen die hydraulische Presse zum
der Pfähle benutzt. Dieses geschah z. B. beim Ban der
-Brücke. Man stellte die Presse oder den Cylinder, worin
ere Kolben befindlich ist, anf den noch feststehenden Theil
dwand, und dieser Kolben hob das Ende eines starken
dessen anderes Ende auf einer Rüstung ruhte. Da letzteres
mgekehrten Verhältnifs der Längen der betreffenden Hebel-

---

iz, der Hafen von Amsterdam, in den Verhandlungen des Ge-
is in Preufsen. 1832. S. 179.

arme abwärts drückte, so wurde jene Rüstung nur mäßig
und durfte daher auch weniger fest sein.

Die einfachste Vorrichtung zum Ausziehn der Pfähle
wie bereits erwähnt worden, in der Anwendung des Heb
des Wuchtbaumes. Mittelst desselben läßt sich ein sehr
Zug ausüben und er ist daher bei gehöriger Einrichtung
nutzung für Pfähle, die besonders fest eingerammt sind, vor:
geeignet. Bei den Bohlwerksbauten in Pillau und name
dem des sogenannten hohen Bohlwerkes, das die Stadt
See schützt, war das Ausziehn der alten Pfähle, wenn
einrammen wollte, nothwendig, indem der Grund stelle
besetzt war, daß man neben einen alten Pfahl den n
hineinbringen konnte. Diese Pfähle mußten aber jede
tief eingerammt werden, indem zuweilen bedeutende Aus
eintraten, welche den Einsturz des ganzen Bohlwerkes
haben konnten, wenn die Pfähle nicht ihren festen Stand
halten hätten. Diese Pfähle hatten eine Länge von 50 b
und steckten gemeinhin über 30 Fuß tief im Grunde. Da
derselben war mit sehr großen Schwierigkeiten verbund
das früher hier übliche Verfahren auch sonst vielfa
brauche ist, so will ich mit der Beschreibung desselben e
machen.

Ein starker Pfahl wird an seinem Stammende etwa
Länge an einer Seite behauen und eine eichene Bohle
nagelt. Durch letztere wird das Rollen des Pfahles verh
derselbe zugleich vor Beschädigungen gesichert, dene
Drehn um Brechstangen oder um die scharfen Kanten
ausgesetzt sein würde. Den Drehepunkt sucht man mög
an den auszuziehenden Pfahl zu verlegen und bildet ihn
Balken, der auf andern eingerammten Pfählen ruht. H
man sich aber damit begnügen, den Balken nur durch
und Unterfütterung möglichst zu sichern. Die Arbeit
schwieriger, je loser die Unterlage ist, und bei großer
derselben wird es beinahe unmöglich, den Pfahl noch
Um den hintern oder längern Hebelsarm, also das Wip
Pfahles, zu heben, wird ein dreibeiniger Bock darübergest
ein Flaschenzug befestigt ist. Wenn hierdurch der kürz
arm möglichst tief gesenkt ist, so verbindet man denselb

e des auszuziehenden Pfahles. Man muſs sich, wenn die Pfähle
ganz lose im Grunde stecken, hierzu einer starken Kette be-
n, denn ein Tau leidet dabei theils zu viel, theils aber ist
Elasticität auch der ganzen Operation hinderlich und jedenfalls
e es sehr stark sein, wenn man es mit einiger Sicherheit an-
en wollte. Beim Anstecken der Kette kommt es darauf an,
be sogleich möglichst stark anzuspannen, denn wenn man dieses
umt, so fängt der Hebel an sich zu senken und erreicht viel-
den Erdboden, ohne auf das Heben des Pfahles gewirkt zu
, indem er nur die Kette stärker anspannte. Die Kette wird
nur durch mehrmaliges Umschlingen an den Wuchtbaum be-
. An ihrem andern Ende befindet sich dagegen ein Ring,
den man sie hindurchzieht, und auf diese Art eine Schlinge
Letztere streift man auf den Kopf des Pfahles, stöfst sie
fest mit Brechstangen nieder, und um ein Wiederaufziehn zu
iern, werden noch Bolzen davor geschlagen. Ist Alles auf
Art vorbereitet, so läfst man den Wuchtbaum herabsinken.
i zeigen sich fast jedesmal mancherlei Uebelstände: zunächst
ich gewöhnlich der Wuchtbaum, der Anfangs sehr schräge
in eine gleitende Bewegung und rückt dem Pfahle näher.
:h verlängert sich der kürzere Hebelsarm und der Zug ver-
t sich häufig um die Hälfte. Diese Bewegung hat zugleich
e Folge, dafs der Balken, um welchen der Wuchtbaum sich
soll, verschoben und nicht selten herabgeworfen wird. Beides
die in der Nähe stehenden Arbeiter gefährlich. Der Wucht-
pflegt ferner und besonders bei der ersten Hebung sich nicht
schwebend zu erhalten, denn die Kette, die sich überall an
lz scharf anlegt, auch wohl sich darin eindrückt, giebt so
ich, dafs der kürzere Arm sich heben und der längere bis
oden herabfallen kann. Der erste Versuch wirkt also ge-
:h auf den eigentlichen Zweck gar nicht hin und hat nur
rfolg, dafs die Kette sich in den Wuchtbaum und in den
:iefer eindrückt. Man wiederholt alsdann dieselbe Operation:
ichtbaum wird zuerst zurückgeschoben, sodann gehoben und
dieses geschehn, sucht man die Kette wieder zu spannen.
tzte erscheint am leichtesten, wenn man die Vorsteckbolzen
m Pfahle herausschlägt und mit Brechstangen die Kette von
recht tief herabstöfst und sie wieder durch die Bolzen mög-

lichst sichert. Das Resultat dieses zweiten Versuches ist ge
noch ganz dasselbe, wie das erste Mal. Die Kette faßt
in dem Pfahle frisches Holz, welches sie wieder stark co
und so wiederholt sich nicht selten derselbe Erfolg zehn
wohl noch öfter, bis es endlich gelingt, einen solchen Wi
zu erreichen, daß die Kette nicht mehr nachgeben kann
ganze Zug, den der Wuchtbaum auszuüben im Stande ist,
auf das Heben des Pfahles verwendet wird.

    Wenn der Wuchtbaum auf solche Art endlich in Wir
tritt, so zeigt sich oft, daß der Zug nicht genügt, um e
herauszureißen. Alsdann steigen einige Arbeiter auf de
baum, andere werfen Taue herum und ziehn ihn hera
bleibt es auch nicht bei diesem gleichförmigen Zuge, son
lautem Gesange bemühn sich beide Theile der Mannsc
Wuchtbaum in heftiges Schwanken zu versetzen und sei
dadurch zu verstärken. Sind die Arbeiter Seeleute, wie
Pillau gemeinhin der Fall war, so ist die Gefahr hierb
wenn zufällig etwas brechen sollte, nicht bedeutend.
mehrmals hierbei die Kette reißen oder die ganze R
sammenstürzen sehn, ohne daß auch nur ein einzige
beschädigt wäre. Man muß aber jede Veranlassung
daß die Leute, wenn auch aus eigenem Antriebe, sic
Baustelle einer Gefahr aussetzen, und eine solche ist hi
in Abrede zu stellen.

    Schon aus diesem Grunde mußte der Apparat
werden, dazu kam aber noch, daß der größte Theil der
wendeten Kraft unbenutzt verloren ging, und endlich g
Vorrichtung auch nicht, um diejenigen Pfähle heraus
welche besonders fest im Grunde steckten. Man mußt
mehrere derselben stehen lassen, weil alle Versuche, sie
mißglückten. Es waren hierbei gemeinhin achtzehn M
stellt, vierzehn derselben zogen den Wuchtbaum auf,
Leine vom Flaschenzuge durch einen Block am Fuße
gezogen war, zwei Arbeiter standen auf dem vor d
schwimmenden Flosse und schlugen die Ketten herab und
die Vorsteckbolzen, und endlich sorgten zwei Mann, w
Zimmergeselle war, für die gehörige Lage des Wuchtbaum
starke Mannschaft konnte durchschnittlich von den P

Bohlwerke täglich nur 2⅓ Stück herausziehn, woher diese Arbeit sehr kostbar war. Das Arbeitslohn mit Einschlufs der Kosten für Tauwerk u. dergl. betrug etwa zwei Drittel von dem das Einrammen der Pfähle.

Die Aenderungen, die ich hierbei einführte, sind in Fig. 225 Taf. XVII. dargestellt. Zunächst ist der Wuchtstuhl oder Unterlage zu erwähnen, auf welche die Drehungsachse für den Wuchtbaum befestigt wurde. Dieser Stuhl ist in der erwähnten Figur durch die Schraffirung markirt und Fig. 226 zeigt ihn in der Ansicht von oben. Er besteht aus einem durch Schraubenbolzen verbundenen Rahmen aus Eichenholz, der sich theils leichter und sicherer unterstützen läfst, als ein einzelner Balken, der aber theils auch mit Sicherheit die eiserne Achse trägt, um welche die Drehung des Wuchtbaumes erfolgt.

Der Wuchtbaum selbst bestand aus einem dreizehnzölligen Balken von Kiefernholz, dessen Länge 35 Fufs betrug, und der mit doppelten Pfannen versehen war, damit die Drehungsachse verändert werden konnte. Diese Pfannen wurden gebildet durch eiserne Schienen, die unten gabelförmig gespalten waren, und die Achse umfafsten. Sie waren durch je zwei Schraubenbolzen mit dem Wuchtbaume verbunden. Ihre Entfernung vom Ende des Wuchtbaumes betrug 1 und 2 Fufs. Die Drehungsachse wurde in die vorderen Pfannen gelegt, wenn der Pfahl noch fest im Grunde steckte, in diesem Falle übte der Wuchtbaum an sich schon einen Zug von 28500 Pfund aus, hing man aber an sein hinteres Ende einen Rammklotz von 7½ Centner, so verdoppelte sich der Zug und konnte durch noch gröfsere Gewichte sogar verdreifacht werden. Sobald aber der Pfahl sich etwa um einen Fufs gehoben hatte, so verminderte sich schon merklich der Widerstand, wie man am schnellen Sinken des Wuchtbaumes wahrnehmen konnte. Alsdann wurde der letztere so weit vorgeschoben, dafs die Achse nunmehr in die zweite Pfanne traf und daher bei jedem Zuge der Pfahl noch einmal so hoch stieg, wie früher.

Das Heben des Wuchtbaumes erfolgte mittelst einer Erdwinde. Das darum geschlungene Tau lief über einen Fufsblock und über eine eiserne Scheibe, die am dreibeinigen Bocke hing, nach dem hintern Ende des Wuchtbaumes. Drei Mann konnten bei dieser Anordnung den letzteren heben, und wenn sie mittelst

eines Hemmtaues die Erdwinde festgestellt hatten, so ngs is
auch die an einen Flaschenzug befestigte grofse Kette weter af
den Wuchtbaum. Bei Aufstellung des Bockes, womit der Wucht
baum gehoben wird, mufs man darauf aufmerksam sein, dafs die
verlängerte Richtung des Taues, woran der Wuchtbaum hängt, bei
allen Stellungen des letztern innerhalb der Verbindungslinie
zwischen den drei Füfsen des Bockes bleibt. Im entgegengesetzten
Falle würde der Bock in Bewegung kommen, oder wohl gar um
stürzen, ferner mufs derjenige Fufs des Bockes, woran der Fufs
block befestigt ist, in die Erde etwas versenkt werden, weil er
sonst beim starken Zuge der Erdwinde fortgerissen würde. Bei
jedem einzelnen Pfahle, den man mit diesem Apparate anzieht,
mufs der Wuchtstuhl, sowie auch der Bock verstellt werden, da
gegen kann man die Erdwinde häufig längere Zeit hindurch unver
ändert stehn lassen und sich mit dem Bocke so weit davon ent
fernen, als die Länge des Taues dieses zuläfst.

Der wichtigste Punkt in der Zusammenstellung des ganzen
Apparates ist die Befestigung der Kette, und zwar ebensowohl
am Pfahle als am Wuchtbaume. Jedenfalls mufs dafür gesorgt
werden, dafs die Kette nicht immer nachgiebt und dadurch den
Effect des einzelnen Zuges schwächt und oft ganz vernichtet. Hier
nach durfte die Befestigung am Pfahlkopfe nicht jedesmal auf eine
andere Stelle übertragen werden, vielmehr blieb die Kette hier, so
lange wie möglich ganz unverändert, so dafs sie nur an einer ein
zigen Stelle das Holz comprimirte. Wie stark diese Compression
war, gab sich daran zu erkennen, dafs beim ersten Herabsinken
des Wuchtbaumes, wobei nur die Kette angespannt wurde, gewöhn
lich aus dem anscheinend ganz trockenen Pfahlkopfe eine grofse
Menge Wasser ausgedrückt wurde. Die Kette war am untern Ende
mit einem Ringe versehn, durch welchen wieder eine Schlinge ge
bildet wurde. Diese liefs man über den Kopf des Pfahles gleiten,
stiefs sie, nachdem der Wuchtbaum gehoben war, fest herab und
schlug zwei Spitzbolzen zu ihrer Haltung in den Pfahl hinein. Der
eine Bolzen mufste verhindern, dafs die Kette nicht etwa längs des
Pfahle herauf gezogen werden konnte, und der andere hielt die
Schlinge gespannt, sobald der Wuchtbaum wieder gehoben war,
da sie ohne weitere Befestigung, vermöge ihres grofsen Gewichts
sich von selbst gelöst hätte. Um eine einfachere Befestigung

gegen den Pfahl darzustellen, versuchte ich einen Ring, wie
ar auch sonst angewendet ist, ich gab ihm die Form, die
327 zeigt. Der Ring ist nämlich oben und unten mit einem
an Dorne versehn, der in den Pfahl hineindringt. Er ist als-
leicht zu befestigen und auch leicht wieder loszuschlagen, doch
seine Gröfse der Stärke des Pfahles entsprechen. In schwächere
e und besonders wenn sie durch den Einflufs des Wassers und
aft schon sehr mürbe geworden waren, drückte er sich aber
f ein, dafs er eine Stellung einnahm, die sich der senkrechten
te und in diesem Falle war er nicht mehr zu halten, er glitt
ich herauf und brach häufig den Kopf des Pfahles ab. Es
daher zweckmäfsiger, die Kette unmittelbar umzulegen. In
n Fällen, wo die Pfähle von gleicher Stärke sind, man also
Ringe die passende Gröfse geben kann, dürfte seine Anwendung
ailhaft sein.

Das gehörige Nachziehn und Anspannen der Kette, welches
jedem einzelnen Zuge erfolgen mufs, konnte nur auf dem
hrbaum geschehn, und ich wählte dazu eine Einrichtung, welche
nigen Kette entsprach, die ich dort vorfand. Die Schaken der-
n waren aber für diesen Zweck etwas zu enge, woher die
hsteckbolzen nicht die nöthige Stärke erhalten konnten, die
Zug forderte. Im Uebrigen war die Kette sehr regelmäfsig
eitet, 24 Fufs lang und hatte elliptische Glieder ohne Steg.
derselben war im äussern Umfange 6 Zoll lang und $4\frac{1}{2}$ Zoll
die Stärke des cylindrischen Eisenstabes, aus dem sie geformt
betrug $1\frac{1}{4}$ Zoll. Die Länge der elliptischen Oeffnung im ein-
Gliede maafs $3\frac{1}{2}$ Zoll und indem die beiden nächsten Glieder
ehgriffen, so bildete sich in jedem einzelnen, sobald die Kette
annt wurde, ein freier Raum von $1\frac{1}{2}$ Zoll Länge, doch konnte
diesen nicht ganz für den Durchsteckbolzen benutzen, da
tens $\frac{1}{4}$ Zoll Spielraum gelassen werden mufste. Hiernach
nte sich die Stärke des Durchsteckbolzens, der die Kette
sollte, auf $1\frac{1}{4}$ Zoll, was nur nothdürftig genügte, indem der
n sich häufig verbog und alsdann durch einen andern ersetzt
n mufste. Die freien Oeffnungen in der Kette waren $4\frac{1}{2}$ Zoll
einander entfernt; wenn man also für den Durchsteckbolzen
ine einzige Oeffnung dargestellt hätte, so würde man zuweilen
angen gewesen sein, die Kette, nachdem sie eingespannt worden,

m starken Z   Auf diese Art war
uzelnen Pfa' u verkürzen, und dies
   Wachtstr   welche   sich beim
un man   würde. Fig. 228 *a* und *b* zeigt
ehn l ehkantige Schienen von 4 Zoll Stä
la d'   den Wachtbaum befestigt, und so
         dafs die Kette, wenn diese Thei durch
         sind, die erwähnten drei Oeffnungen
   angebracht.

     die Kette nicht etwa vom Wuchtbaum
   in den kürzeren Hebelsarm nicht stark
   elben Figuren zeigen, am Kopfe des Wt
   gemacht, der eine cylindrisch geformte
die mit einem starken Eisenblech ausgefütter
adurch auch den Vortheil, dafs die Kette leicl
kann.   Ihr Gewicht ist indessen so grofs,
nd durch einen oder wenige Arbeiter nicl
diesem Grunde ist, wie Fig. 225 zeigt, nocl
bracht, womit man sie, sobald der Wuch
zieht.   Dieses geschieht durch dieselben A
winde in Bewegung setzen.   Nachdem die
t, sucht der Zimmermann, der auf dem Wt
ganze Arbeit leitet, die passende Oeffnung
zen aus. Ist letzterer eingebracht, so kann
nzuge wieder aus der Hand gelegt werden,
e festschlingen, damit der obere Theil der K
ume herabstürzt.
eich die Kette auf solche Art sicher befest

'iche Spannung und es kann leicht ge-
ᵃ Zoll weniger hoch gehoben wird,
ᵃ angezogen wäre. Um diesen
ᵃ Kopfe des Wuchtbaumes
ᵃSeiten aus einschlagen,
ᵃben den Spielraum voll-
sie fest eingetrieben waren,
ᵃer gegen die senkrecht herab-
ren durfte, sondern einen so hellen
wenn sie ein fester Stab wäre. Sobald
ᵃng ertheilt war, so übte der Wuchtbaum
Zug auf den Pfahl aus.
ᵃand, welchen die Pfähle leisteten, war gewöhnlich
sie beim ersten Anziehn des Wuchtbaumes nur sehr
ᵃoben, und häufig schien es, als ob sie trotz des
, der noch durch die Beschwerung des Wuchtbaumes
ᵃ, gar nicht zu bewegen wären. In solchen Fällen
ᵃ, sie in starke Erschütterung zu versetzen, doch
ᵃn diesem Mittel niemals einigen Erfolg bemerken.
Erschütterungen zeigten keine Wirkung. Es bedarf
ähnung, daſs das Schlagen mit einer Axt gegen den
ᵃeilen empfohlen wird, ganz zwecklos ist, aber selbst
ᵃ dreiſsigfüſsigen Balken, den ich an zwei Tauen
hing, und wie einen Mauerbrecher schwingen und
ᵃl stoſsen lieſs, zeigte sich ganz erfolglos. Ebenso
ᵃn jederzeit die Schläge, die ich mit der Ramme auf
Pfahles führen lieſs, während der Wuchtbaum ihn
ᵃrts zog. Dieses letzte Mittel ist mehrfach und an-
ᵃofsem Vortheil angewendet, ich habe aber dadurch
ᵃur die geringste Wirkung erreicht. Vielleicht ist es
ᵃlenarten vortheilhafter. Perronet zog bei der Brücke
Pfähle der Rüstungen und Fangedämme aus, indem
Seiten des Pfahles einscheibige Blöcke befestigte,
geschoren waren, die nachdem sie über feste Schei-
ᵃamme gelaufen, durch Winden angezogen wurden.
ᵃetzteren wirkten, lieſs man den Rammklotz auf den
wodurch derselbe sich aus dem Boden gelöst haben
ᵃne Anordnung zeigt aber wohl, daſs hierbei kein

15*

noch nahe 4½ Zoll zurückzuziehn, ehe sie auf den Pfahl
konnte. Dieser Spielraum war jedenfalls zu grofs, er kon
vermindert werden, sobald mehrere Befestigungsstellen
Durchsteckbolzen vorgerichtet wurden, von denen eine
andere pafste. Ich wählte deren drei, welche, wie Figur 2
2½ Zoll von einander entfernt waren. Es ist also ein
Princip, wie bei den Nonien, in Anwendung gebracht, die
Entfernung der Oeffnungen in der Kette ist in drei Theile
und da von den vier Theilungspunkten die beiden und
gleiche Stellung gegen die Theilung der Kette haben,
einer derselben fortfallen. Auf diese Art war es möglich,
von 2½ zu 2½ Zoll zu verkürzen, und dieser Spielraum
gröfste Länge, um welche die Kette sich beim Senken de
verlängert haben würde. Fig. 228 a und b zeigt die g
ordnung: zwei hochkantige Schienen von ½ Zoll Stärke sin
drei Bolzen an den Wuchtbaum befestigt, und stehn so
einander ab, dafs die Kette noch eben frei durchzogen
kann. In ihnen sind die erwähnten drei Oeffnungen für de
steckbolzen angebracht.

Damit die Kette nicht etwa vom Wuchtbaume her
sich auch in den kürzeren Hebelsarm nicht stark eindrü
wie dieselben Figuren zeigen, am Kopfe des Wuchtbau
Einschnitt gemacht, der eine cylindrisch geformte vertie
bildet, die mit einem starken Eisenblech ausgefüttert ist.
langt dadurch auch den Vortheil, dafs die Kette leichter an
werden kann. Ihr Gewicht ist indessen so grofs, dafs
freier Hand durch einen oder wenige Arbeiter nicht zu
ist. Aus diesem Grunde ist, wie Fig. 225 zeigt, noch ein F
zug angebracht, womit man sie, sobald der Wuchtbaum
ist, heraufzieht. Dieses geschieht durch dieselben Arbeiter,
die Erdwinde in Bewegung setzen. Nachdem die Kette
zogen ist, sucht der Zimmermann, der auf dem Wuchtstul
und die ganze Arbeit leitet, die passende Oeffnung für de
steckbolzen aus. Ist letzterer eingebracht, so kann die L
Flaschenzuge wieder aus der Hand gelegt werden, doch m
ihr Ende festschlingen, damit der obere Theil der Kette ni
Wuchtbaume herabstürzt.

Obgleich die Kette auf solche Art sicher befestigt ist,

noch nicht die erforderliche Spannung und es kann leicht ge-
ehn, dafs der Pfahl gegen 3 Zoll weniger hoch gehoben wird,
wenn die Kette sogleich scharf angezogen wäre. Um diesen
Höverlust zu vermeiden, liefs ich am Kopfe des Wuchtbaumes
die Kette noch eichene Keile von beiden Seiten aus einschlagen,
Fig. 225 sichtbar sind. Dieselben hoben den Spielraum vollständig auf und zum Beweise, dafs sie fest eingetrieben waren,
e ein Schlag mit dem Hammer gegen die senkrecht herab-
ende Kette, die nicht klirren durfte, sondern einen so hellen
ig geben mufste, als wenn sie ein fester Stab wäre. Sobald
Kette diese Spannung ertheilt war, so übte der Wuchtbaum
sich den vollen Zug auf den Pfahl aus.

Der Widerstand, welchen die Pfähle leisteten, war gewöhnlich
rofs, dafs sie beim ersten Anziehn des Wuchtbaumes nur sehr
sam sich hoben, und häufig schien es, als ob sie trotz des
igen Zuges, der noch durch die Beschwerung des Wuchtbaumes
ehrt wurde, gar nicht zu bewegen wären. In solchen Fällen
uchte ich es, sie in starke Erschütterung zu versetzen, doch
ate ich von diesem Mittel niemals einigen Erfolg bemerken.
h andere Erschütterungen zeigten keine Wirkung. Es bedarf
m der Erwähnung, dafs das Schlagen mit einer Axt gegen den
hl, wie zuweilen empfohlen wird, ganz zwecklos ist, aber selbst
Stofs eines dreifsigfüfsigen Balken, den ich an zwei Tauen
izontal aufhing, und wie einen Mauerbrecher schwingen und
en den Pfahl stofsen liefs, zeigte sich ganz erfolglos. Ebenso
ecklos waren jederzeit die Schläge, die ich mit der Ramme auf
e Kopf des Pfahles führen liefs, während der Wuchtbaum ihn
ernd aufwärts zog. Dieses letzte Mittel ist mehrfach und an-
blich mit grofsem Vortheil angewendet, ich habe aber dadurch
mals auch nur die geringste Wirkung erreicht. Vielleicht ist es
i andern Bodenarten vortheilhafter. Perronet zog bei der Brücke
Neuilly die Pfähle der Rüstungen und Fangedämme aus, indem
an beiden Seiten des Pfahles einscheibige Blöcke befestigte,
rüber Taue geschoren waren, die nachdem sie über feste Schei-
an der Ramme gelaufen, durch Winden angezogen wurden.
hrend die letzteren wirkten, liefs man den Rammklotz auf den
hl fallen, wodurch derselbe sich aus dem Boden gelöst haben
Die ganze Anordnung zeigt aber wohl, dafs hierbei kein

sonderlicher Widerstand zu überwinden war. Bei den Hafe
zu Sables d'Olonne benutzte Lamandé nach demselben Pri
Maschine, welche aus zwei einander entgegengekehrten
bäumen bestand, die beide auf das Herausziehn des Pfahles
während zwischen ihnen die Ramme befindlich war, deren
den Kopf des Pfahles trafen.*)

Gauthey erklärt die Wirksamkeit des Schlages auf d
ziehn der Pfähle dadurch, daſs die eisernen Pfahlschuhe
was besonders bei der Berührung mit Seewasser bald erfol
sie alsdann die Sand- und Kiestheilchen in der Umgebung
verbinden, woher die Pfähle in diesem Falle auch zuweile
Sandklumpen heraufbringen sollen. Diese Erscheinung fin
dings statt, doch waren die Stücke Conglomerat, die ich
Pfahlschuhen heraufkommen sah, immer nur einige Cubikzo
und konnten keinen merklichen Widerstand verursachen.
das Rammen nur dazu dienen soll, solche erhärtete Massen
brechen oder zu lösen, so wird es bei feststehenden Pfähl
wenig Erfolg haben. Ich habe immer gefunden, daſs der da
Zug viel wirksamer ist, als alle Erschütterungen, die man ac
mochte. Wenn der Pfahl vom Wuchtbaume nicht gleich
wurde und selbst die am langen Hebelsarme aufgehiſsten G
nichts fruchteten, so brach ich, wenn es möglich war, die
sogleich ab und beschäftigte die Leute anderweitig, währ
Wuchtbaum dauernd den kräftigen Zug ausübte. Wenn
eine solche Unterbrechung nicht füglich eintreten konnte,
ich den Wuchtbaum an andere Pfähle schieben, und be
Arbeit am Abende aufhörte, wurde noch der Zug gegen de
Pfahl dargestellt. Der Erfolg war jedesmal der, daſs der
baum am nächsten Morgen sich bis zum Boden gesenkt
Pfahl etwas gehoben hatte, und diese Bewegung war niema
lich eingetreten, sondern ganz unmerklich. Schon bei Gel
des Rammens ist erwähnt worden, daſs in jedem Boden, de
maaſsen die Eigenschaften eines dickkflüssigen Körpers h
dauernde todte Druck weit wirksamer ist, als der Stoſs. Am
sten sollte man dieses noch beim Sande erwarten, da ich
auch hier bestätigt gefunden habe, so möchte ich den Nut

---

*) Gauthey, *Traité de la construction des Ponts.* II. p. 270.

itterungen überhaupt bezweifeln. Man wählt dieses Mittel,
icht müfsig dem langsamen Erfolge entgegensehn zu dürfen,
renn vielleicht ganz unabhängig von dieser Beihülfe die Beıg endlich eintritt, so ist man geneigt zu glauben, dafs sie
ırch veranlafst wurde.

Wenn der Pfahl sich etwas gehoben hat und der Wuchtbaum
dem Zuge schneller herabsinkt, so verstellt man den Wucht-
, so dafs die Drehungsachse in die hintern Pfannen kommt,
lafs der kürzere Hebelsarm sich auf 2 Fufs verlängert. Als-
steigt der Pfahl jedesmal höher auf, und wenn endlich auch
hr wieder der Wuchtbaum mit grofser Geschwindigkeit nie-
kt, so wird die schwere Kette ganz fortgenommen und eine
re Kette am Pfahle und am untern Blocke des Flaschenzuges,
uf dem Wuchtbaume liegt, befestigt und die Arbeiter ziehn
fahl vollends aus dem Grunde.

s waren bei diesem Wuchtbaume im Ganzen sechs Mann mit
ılufs eines Zimmergesellen angestellt, nämlich drei Mann an
rdwinde, ein Arbeiter stand auf dem Flosse und hatte dafür
rgen, dafs die Kette sich nicht vom Pfahle löste, und der
nebst dem Zimmermanne standen auf dem Wuchtstuhle um
eile einzutreiben, zu lösen, die Vorsteckbolzen zu versetzen
lergleichen. Der Arbeiter auf dem Flosse konnte, sobald die
ıge der Kette sich recht fest gezogen hatte, noch zur Hülfe
lrei Arbeiter an die Winde gehn. Auf diese Art wurden von
schwersten Pfählen täglich durchschnittlich 4 Stück gehoben.
Aenderung des Apparates hatte also die Folge, dafs nicht nur
ınzahl der dabei beschäftigten Arbeiter auf den dritten Theil
indert, sondern auch die Arbeit beschleunigt wurde. An den
rerken der beiden Hafen-Bassins hatte man bei früheren Re-
ıren und Neubauten die alten Pfähle immer im Grunde stecken
ı, weil das Ausziehn derselben zu mühsam war. Mit diesem
derten Wuchtbaume boten jedoch die Pfähle, die hier nur
ıfs lang waren, so wenig Widerstand, dafs sie beim ersten
ıllen sogleich willig folgten, wenn daher wegen ungünstiger
rung eine andere Arbeit unterbrochen wurde, oder sonst auf
Zeit ein Theil der Tagelöhner nicht gehörig beschäftigt werden
e, so stellte ich sie an den Wuchtbaum, und liefs sie diese
Pfähle ausziehn. Sie hoben an einem Tage 8 bis 12 Stück

derselben und es wurde dadurch nicht nur der Hafen grei
dern noch eine Menge Holz gewonnen, welches zwar wd
das frische Holz war, aber dennoch zu Rüstungen und vie
Zwecken mit Vortheil verbraucht werden konnte.

Vorstehend ist der Erdwinde gedacht worden, und d
eine sehr kräftige, leicht darzustellende und leicht zu tranq
Maschine ist, welche auf den Baustellen vielfach angewe
den kann, so darf ihre Beschreibung hier nicht fehlen.
a und *b* zeigt sie in der Ansicht von der Seite und im (
In dem Grundrifs ist die Spindel oder die senkrechte Wel
genommen gedacht, die in Fig. 229 *a* gezeichnet ist. D
mensetzung des Rahmens zeigen die Figuren, man läfst s
beiden Schwellen auf der dem Zuge entgegengesetzten Se
eine Spitze vereinigen und überblattet sie hier, wodurch d
noch etwas mehr Festigkeit erhält. Der Zug, der durch
tung des Taues bestimmt wird, entfernt sich zuweilen
oder auch wohl noch mehr von dem Boden, und es entst
die Gefahr, dafs die beiden Stiele herausgerissen und um
Ende der Streben gedreht werden möchten, es ist desha
haft, gekröpfte eiserne Schienen gegen die Stiele zu nag
die Schwellen zu legen, oder diese Schienen unten in l
gehn zu lassen, welche durch die Schwelle hindurchgreif
mit Schraubenmuttern gehalten oder vernietet werden.
gung geschieht sonst in allen Theilen nur mit starken l
wo eine Bohle gegen die andere genagelt ist, wird die
Nagels abgekniffen, eine Niethscheibe aufgesetzt und dari
breit geschlagen. Verbindungen dieser Art sind beim
ganz gewöhnlich, und wie die Erfahrung lehrt, sehr fest
haft. Die Spindel steht mit dem untern Zapfen in ei
Loche auf dem mittlern untern Riegel, und mit dem
sie in einem passenden Einschnitte des obern Riegels. Ei
kommen hier nicht vor, es befindet sich nur ein eiserne
dem viereckigen Kopfe der Spindel, um das Aufspalte
zu verhindern. Der Zug des Taues drückt immer die
ihrem obern Halse in den Einschnitt des Riegels, es is
Herausfallen derselben beim Gebrauche der Winde unda
auch wenn die Winde nicht gebraucht wird, steht die
ihrem Fufse auf dem untern Riegel sicher auf. Aus die

ein Bügel oder Ueberwurf am Halse entbehrlich. Die eigenthüm-
ausgeschmiegte Form im untern Theile der Spindel wird durch
Benutzungsart der Winde bedingt.

Will man die Winde anwenden, um etwa einen sehr schweren
per zu ziehn, oder ihn auf einer flach geneigten Ebene zu heben,
kommt es zunächst darauf an, die Winde so fest zu stellen, dafs
nicht etwa selbst fortgezogen wird. Das gewöhnliche Mittel hier-
ist, dafs man kleine Pfählchen vor die Riegel der Winde in den
den einschlägt, wie die Figur vier derselben zeigt. Zuweilen ge-
dieses aber nicht, und man mufs alsdann durch eine Kette, die
den hintersten Riegel geschlungen ist, die Winde an einen andern
stand befestigen, z. B. an einen Baum oder einen starken Pfahl,
wohl an einen eingegrabenen schweren Schiffsanker u. dergl.

In dieser Art das Gestell in der gehörigen Richtung sicher be-
igt, so setzt man die Spindel ein, versieht sie mit den Durch-
karmen und schlingt das Tau, welches angezogen werden soll,
den dünnsten Theil der Spindel herum. Man macht gewöhnlich
Windungen, doch zuweilen auch nur zwei: wenn aber der Zug
stark ist, deren vier. Diese Windungen müssen so gerichtet
, wie Fig. 229 a angiebt, nämlich so, dafs beim Anziehn des
Taues dasselbe sich immer höher auf die Spindel herauflegt. Das
umgeschlungene Tau würde beim Drehn der Winde gar nicht
fortgezogen werden, wenn nicht an dem hintern freien Ende desselben einige Spannung stattfände. Um diese darzustellen, sitzt ein
Arbeiter auf dem hintern Riegel der Winde, das Gesicht nach der
Spindel gekehrt, die Durchsteckarme gehen über seinem Kopfe fort,
so dafs er deren Bewegung nicht hindert. Indem die Reibung eines
Taues, welches um eine Welle geschlungen ist, sich mit der Vermehrung der Windungen aufserordentlich vergröfsert, so ist ein Gegendruck von einem Pfunde schon hinreichend, die Reibung so zu
verstärken, dafs sie bei drei Windungen einen Widerstand von mehr
als 5 Centnern ausübt und bei vier Windungen schon von mehr als
40 Centnern. Auf solche Art kann ein Arbeiter ohne grofse Anstrengung das Tau gehörig fest anziehn, und wie das Ende, welches
er in der Hand hält und spannt, sich verlängert, so schiefst er dasselbe zugleich regelmäfsig auf, so dafs es nach gemachtem Gebrauche
sogleich fortgetragen und anderweitig benutzt werden kann. Hierbei
rücken die Windungen des Taues immer höher an der Spindel her-

auf und es würde endlich die Arbeit ganz unterbrochen,
wenn nicht von Zeit zu Zeit das sogenannte Schrecken
Jener Arbeiter ruft nämlich der übrigen Mannschaft zu,
anhalten solle, und gleich darauf schiebt er das Ende, d
der linken Hand hält, etwas vor, die sämmtlichen Windung
sich dadurch augenblicklich, und da der Durchmesser der
sich nach unten stark verjüngt, so kann derselbe Arbeiter k
der rechten Hand das Tau wieder auf die dünnste Stelle der
herabdrücken. Es erfolgt diese ganze Operation, wenn der
geübt ist, in der Zeit von etwa einer Secunde, und es w
das Anhalten der Winde gar nicht nöthig, wenn man nicht
den wollte, daß bei dem plötzlichen Aufhören des Wide
die sämmtlichen Arbeiter, sobald dieses ganz unerwartet g
hinfallen könnten.

Um den Effect dieser Winde zu beurtheilen, muß bemer
den, daß die Reibung, die hier nur Achsenreibung ist, ziem
bedeutend bleibt. Die Arbeiter entwickeln aber an den H
men, die sie vor sich schieben, ohne große Anstrengung d
von etwa 60 Pfund, und wenn es nöthig ist und sie sich v
biegen, so steigert sich dieselbe leicht auf das Doppelte. M
sonach durch vier Mann einen Zug von 30 bis 60 Centnern
da aber theils durch längere Arme und theils durch Ver
der Mannschaft diese Kraft sich aufs Neue steigert, ohne
schine wesentlich zu verändern, so ergiebt sich hieraus d
Wirksamkeit dieses so leicht darzustellenden Apparates.

Das Material, woraus die Erdwinde gebaut wird, ist Eic
die Durchsteckarme müssen aber nicht aus starken Stämn
geschnitten sein, vielmehr aus schwachen Bäumen bestehn,
etwas beschnitten sind. Am besten ist es, hierzu junge Birke
zu benutzen, die wegen ihrer Zähigkeit einem Bruche am v
ausgesetzt sind. Man kann diese leicht auf 24 Fuß verlän
daß jeder einzelne Arm 12 Fuß lang wird, und alsdan
16 Mann an der Winde Platz und können ihre volle K
Spindel mittheilen, ohne daß ein Bruch erfolgt.

Bei der in Rede stehenden Anwendung der Erdwinde
ben des Wuchtbaumes braucht man jedesmal nur etwa 5
hungen zu machen, alsdann wird die Winde, wenn der Wa
sinkt, auch wieder zurückgedreht und dieses wiederholt sic

leicher Art. Man kann deshalb in diesem Falle denjenigen Ar-
er, der das hintere Ende des Taues hält, entbehren, indem man
das Ende an die Spindel annagelt, alsdann ist es aber zweckmäs-
ig eine cylindrische Spindel zu benutzen, wodurch man den Vor-
il erreicht, daſs der nöthige Druck gegen die Durchsteckarme
unverändert derselbe bleibt. Hierbei kommt noch der Umstand in
Betracht, daſs, wenn die Winde für mehrere Pfähle stehn bleibt,
der Tau nicht immer die passende Länge hat. Man muſs alsdann
den Wuchtbaum jedesmal an eine andre Stelle des Taues befestigen, und das übrigbleibende Ende des letzteren auf den Wuchtbaum
legen, oder es mit einer dünnen Leine an den Haken binden.

In neuerer Zeit benutzt man vielfach guſseiserne Erdwinden, die sich von den vorstehend beschriebenen dadurch unterscheiden, daſs sie zwei Trommeln haben, welche mit einer Anzahl
ſchförmiger Rillen versehn sind, wie Fig. 256 auf Taf. XIX zeigt.
Bei gleichen Durchmessern haftet auf diesen beiden Trommeln das
Tau eben so fest, wie auf einer einzelnen, es tritt dabei aber der groſse
Vortheil ein, daſs die Arbeit nicht durch das Schrecken unterbrochen
werden darf. Die Achse der eigentlichen Erdwinde, woran die Zug-
seile angebracht sind, befindet sich an dem mittleren Getriebe,
welches beide Trommeln gleichmäſsig und in derselben Richtung
dreht. Der Arbeiter, der das abgewundene Tau in Spannung versetzt, kann auch hier nicht entbehrt werden. Dabei wäre noch zu
bemerken, daſs man die Rillen beider Trommeln etwas genauer einander gegenüberstellen kann, wenn man die Achsen der letzteren
in entgegengesetztem Sinne ein wenig neigt.

Die Anwendung des Wuchtbaumes zum Ausziehn der Pfähle
wird besonders in dem Falle sehr schwierig, wenn einzelne Pfähle
in tiefes Wasser gerammt sind und sonach kein fester Stützpunkt
für den Hebel vorhanden ist. Wenn man nicht starke Rüstungen
bauen will, so ist man auf die Benutzung von Schiffen oder kleineren Fahrzeugen hingewiesen. Die Art, wie diese zum vorliegenden Zwecke gebraucht werden, verdient eine nähere Auseinandersetzung, da namentlich leicht eingerammte Rüstpfähle hierdurch sehr
bequem gehoben werden können.

Daſs man auch auf Schiffen den Wuchtbaum benutzt, ist keineswegs ohne Beispiel, doch muſs man dabei vermeiden, einen einzelnen Theil des Fahrzeuges einer zu starken Belastung auszusetzen,

auch erschwert das verschiedenartige Eintauchen, welches
eintritt, die Arbeit aufserordentlich. Das Heben der Pfähle
Winden kann ohne Umstände auch von Fahrzeugen aus g
und zwar um so leichter, als diese gewöhnlich schon mit b
Windevorrichtungen zum Heben der Anker versehn sind. I
Art wurden, wie bereits erwähnt, die alten Rostpfähle bei
bau in Amsterdam fortgeschafft. Wenn man aber diese M
wendet, so ist man immer nur auf diejenige Kraft beschränkt,
die Windevorrichtung selbst auszuüben im Stande ist, und die
gemeinhin nicht, um fest eingerammte Pfähle zu heben. M
indessen einen sehr starken Zug hervorbringen, wenn man
drostatischen Druck, den ein grofses Fahrzeug erfährt,
ziehn des Pfahles benutzt. Belastet man nämlich ein Schiff,
recht tief eintaucht, und befestigt alsdann an einer ang
Stelle desselben die um den Pfahl geschlungene Kette, so
Schiff, sobald die Ladung herausgenommen ist, mit gro
den Pfahl aufwärts ziehn und denselben heben. Am e
macht sich dieses, wenn man das Schiff voll Wasser l
und letzteres darauf auspumpt, in ähnlicher Art, wie bei A
mittelst der sogenannten Kameele die sehr tief gehenden {
hoben wurden. Man kann hierbei auch die Abwechselung
serstandes benutzen, die in Folge der Ebbe und Fluth in
ten Perioden sich wiederholt. Auf solche Art sah ich bei
Pfähle ausziehn. Es wurden nämlich zwei Kähne zu bei
des Pfahles gestellt, durch eine starke Balkenrüstung mi
verbunden, um die Last möglichst gleichmäfsig zu verb
hieran zur Zeit des niedrigsten Wasserstandes der Pfahl
Sobald das Wasser zu steigen begann, so äufserte sich (
statische Druck desselben gegen die Kähne, die sich e
wenn bei dem zunehmenden Drucke der Pfahl nachgab. D
fahren dürfte sehr vortheilhaft scheinen, da man eine Nat
nutzt, welche keine Kosten verursacht. Der Gewinn ist a
That nicht grofs, denn zunächst ist der Zeitverlust sehr un
da man in einem Tage mit dem kostbaren Inventarium
mit zwei Schiffen, höchstens zwei und gewöhnlich sogar
Pfahl heben kann. Sodann aber sind die Kosten eben
Schiffsmiethe auch bedeutend, und es tritt noch die Gef

r Pfahl nicht sobald nachgiebt und die Fahrzeuge wegen der
imäfsigen Belastung leiden.

:nn nur leicht eingerammte Rüstpfähle ausgezogen werden
io genügen hierzu schon grofse Seeböte, indem man die Zug-
i das vordere Ende befestigt, wo das Boot wegen des vollen
am meisten trägt. Davy beschreibt eine Vorrichtung dieser
s wird nämlich auf dem Boden eines solchen Bootes der
iach eine Eisenbahn angebracht, worauf ein Wagen steht,
bedeutende Last trägt, und zwei Winden sind aufgestellt,
deren man den Wagen von einem Ende nach dem andern
nn. Man schiebt ihn zunächst nach vorn und bringt die
Pfahl geschlungene Kette über das Spill oder die horizontale
nd zieht die Kette steif an. Alsdann bringt man den Wa-
hintere Ende des Fahrzeuges, wodurch das vordere Ende
iser aufwärts gedrückt wird. Sobald der Pfahl nachgege-
schiebt man den Wagen wieder nach vorn, zieht die Kette
:m an und so fort.

ähnliches Verfahren habe ich zum Ausziehn der Rüstpfähle
Wasser vielfach angewendet. Zum Bauinventarium gehörte
:bautes Fahrzeug, das ursprünglich zu einem englischen Bal-
r bestimmt war. Ich liefs in dieses eine Last Ballast hin-
i und bemannte es mit etwa sechs Arbeitern. Der Ballast
igs ganz vorn und sonach neigte sich das Fahrzeug auch
Richtung stark über. In dieser Stellung wurde die Kette
steif angezogen, alsdann mufsten die Leute den Ballast
intere Ende werfen, wobei gewöhnlich schon der Pfahl sich
h ehe die ganze Last versetzt war, und wenn dieses nicht
so liefs ich den Zug dauernd ausüben, während die Leute
ig beschäftigt wurden. Nachdem der Ballast einige Male
'en und dabei die Kette immer von Neuem angezogen war,
der Widerstand des Pfahles sich so sehr vermindert, dafs
gen des Ballastes umgangen werden konnte. Wenn in sol-
ie die sämmtlichen Pfähle gelöst waren, so wurde der Bal-
eschafft, wodurch das Fahrzeug eine gröfsere Beweglichkeit
ind statt des Ballastes benutzte ich nunmehr nur das Ge-
i etwa zwölf Arbeitern. Diese mufsten sich zuerst möglichst
vorn stellen und nachdem die Kette des Pfahles angezo-

gen war, gingen sie nach hinten, worauf der Pfahl sich wieder hob, die Kette wurde aufs Neue steif gezogen und so fort. Der Pfahl wurde hierdurch sehr schnell so lose, dafs er bald mit der Ankerwinde ausgezogen werden konnte.

§. 42.
Darstellung der Baugrube.

Wenn man bei der Aufstellung eines Bauprojectes sich für eine gewisse Fundirungsart entschieden und die Lage und Ausdehnung des Fundamentes bestimmt hat, so ergiebt sich hieraus die erforderliche Gröfse der Baugrube, sowie auch die Tiefe, in welcher dieselbe ausgehoben werden mufs. Gemeinhin darf man das Aufgraben nicht weiter als bis zur untern Grundfläche des Fundamentes ausdehnen, und nur bei Pfahlrosten wird man, um die Pfähle mit Zapfen versehn und die Rostschwellen aufbringen zu können, die Vertiefung etwas unter den eigentlichen Rost herabtreiben, da jedoch auch dieser untere Raum nicht mit der ausgegrabenen Erde wieder verschüttet, sondern entweder mit einem festen Thonschlage oder mit Mauerwerk ausgefüllt wird, so kann man letzteres schon als einen Theil des Fundamentes betrachten, und sonach wird selbst in diesem Falle die Baustelle bis zu der Tiefe aufgegraben, wo das Fundament beginnt. Die Länge, sowie die Breite der Baugrube, mufs jedesmal gröfser als die des eigentlichen Fundamentes sein, und namentlich ist dieses nothwendig, wenn bei der Fundirung bedeutende Rammarbeiten vorkommen, weil diese durch eine starke Beschränkung des Rammes erschwert werden. Man mufs aus dem Grundrisse entnehmen, wie weit die Baugrube zu erweitern ist, um jeden einzelnen Pfahl bequem einrammen und zugleich die übrigen erforderlichen Apparate, wie etwa die Wasserhebungsmaschinen, Wuchtbäume, Böcke, Rüstungen und dergleichen aufstellen zu können. Bei ausgedehnten Fundirungen wird man mindestens einen freien Raum von 5 Fufs gebrauchen, der sich in der Sohle der Baugrube rings um den Rost herumzieht, doch fehlt es nicht an Beispielen, dafs man ihn auch viel gröfser gewählt hat und namentlich hat dieses Perronet jedesmal gethan. Eine zu grofse Erweiterung der Baugrube hat aber

achtheil, daſs der Zudrang des Wassers auch in demselben
 sich zu vermehren pflegt, wodurch nicht nur die Kosten für
höpfen vergröſsert, sondern auch der Baugrund verdorben wird.
nen sehr starken Wasserzudrang zu verhindern, ist es nicht
hnlich, daſs man die Baugrube in mehrere Theile zerlegt.
nzelne Abtheilung läſst sich alsdann durch Anwendung der
chen vorhandenen Schöpfmaschinen leichter trocken legen.
t sich hierbei indessen der Uebelstand, daſs zwischen den
denen Theilen des Fundamentes kein gehöriger Verband dar-
werden kann und dieses ist besonders bei solchen Bauwer-
lenklich, von denen man eine vollständige Wasserdichtigkeit
. Dieses wäre z. B. bei den Schiffsschleusen der Fall, wo
ie Trennung des Grundbaues gern vermeidet. Bei andern
ken, die aus vollen Mauermassen bestehn, und wo man von
ndamente mehr die sichere Unterstützung des darüber gestellten
ls Wasserdichtigkeit erwartet, kann eine solche Trennung
nem wesentlichen Nachtheile sein, und häufig bringt die An-
des ganzen Baues es schon mit sich, daſs die tragenden
icht unmittelbar neben einander liegen und sonach besondere
ente erhalten müssen, wie dieses z. B. bei gröſsern Brücken
ner geschieht.

der Theilung der Baugrube giebt zuweilen auch der Um-
eranlassung, daſs man nicht auf einmal den Bau in seiner
Ausdehnung ohne Störung der Communication oder Hemmung
asserlaufes in Betrieb setzen kann. Um hiervon ein Beispiel
ren, so ist zu erwähnen, daſs bei der Brücke zn Moulins
n Allier, wo die sämmtlichen Pfeiler eine zusammenhängende
ng erhielten, eine Trennung in der Art vorgenommen wurde,
n das Bette des Flusses erst auf die eine und alsdann auf
ere Seite verlegte.

 Wände der Baugrube dürfen nur in dem Falle, wenn der
aus Felsen besteht, sich senkrecht erheben, sonst müssen sie
e Neigung erhalten, in welcher die Erde sich noch sicher
Die Vorausbestimmung dieser Neigung ist insofern oft schwie-
manche Erdarten viel fester zu sein scheinen, als sie wirklich
Namentlich findet dieses bei gewissen Gattungen von Thon
e beim ersten Abstechen sich beinahe senkrecht und oft so-
rhängend erhalten, die aber, wenn sie längere Zeit hindurch

dem Einflusse der Luft und der Witterung blofs gestellt sind, so
stark abfallen, dafs sie zuletzt ebenso flach geböscht sind, wie der
trockne Sand. In dieser Beziehung kann es bei einem recht festen
Thone, der beim Trocknen vielfache Risse bekommt und abbröckelt,
sogar zur Verminderung der Kosten beitragen, wenn man ihn mit
einer dünnen und etwas geneigten Einfassungsmauer umgiebt. Man
braucht dabei, wie Perronet bemerkt, für einen guten Mörtel keineswegs zu sorgen, denn eben dieser Thon vertritt schon die Stelle
desselben und die rückwärts geneigte Lage der Steinschichten verhindert das Ausfallen einzelner Theile. In andern Mischungsver-
hältnissen und namentlich bei einem starken Zusatze von Kalk saugt
der Thon leicht Wasser ein und nimmt dabei vollständig die Eigenschaften einer Flüssigkeit an, so dafs er nach und nach eine horizontale Oberfläche bildet. Dieses ist derjenige Baugrund, worin
eine Grube am schwierigsten zu eröffnen ist. Durch Absteifungen
kann man den Boden wohl einige Zeit hindurch zurückhalten, doch
erfordert dieses eine feste Verstrebung und zugleich eine ziemlich
dichte Umschliessung. Am sichersten ist es, die Veranlassung zu
der gefährlichen starken Durchnässung zu vermeiden, indem man
die Quellen, die hineintreten könnten, abfängt und anderweitig ableitet, und demnächst, dafs man den Bau möglichst beschleunigt,
um die Baugrube bald wieder verfüllen zu können.

　　Perronet *) giebt in Betreff der Dossirungen, welche verschiedene
Erdarten annehmen, manche interessante Mittheilungen: der Töpfer-
thon steht kürzere Zeit hindurch bis auf 30 Fufs Höhe ganz senkrecht und sogar überhängend. Frische Gartenerde, die noch nicht
umgegraben worden und manche Sandarten, welche eine stark
Beimischung von Thon enthalten, stehn auch noch beinahe senkrecht,
doch nimmt der feine und trockne Sand sogleich eine Neigung an
die nur unter 30 Graden gegen den Horizont ansteigt. Wenn man
dagegen in aufgeschütteter Erde gräbt, oder wenn man die ausgehobene Erde abgelagert hat, so gelingt es bei den festeren Bodenarten nicht mehr, so steile Neigungen darzustellen, wie beim erst-
Abgraben. Der reine Sand behält in beiden Fällen dieselbe Neigung
während Thon und andre Erdarten sich höchstens unter ein
Winkel von 30 bis 36 Graden gegen den Horizont aufbringen lassen

---

*) Sur les éboulements in der Description des Ponts p. 631 ff.

Ausnahme macht der grobe Kies oder Steinschutt, der noch einem Winkel von 45 Graden aufgeschüttet werden kann.

idem die frische Erde durch längere Berührung mit der Luft genschaften verliert, wodurch sie Anfangs sich so steil erhalten ', so wird man, wenn die Baugrube lange geöffnet bleiben en Wänden nur die Neigung von 36 bis 30 Graden, oder die s 1½ fache Anlage geben dürfen. Gemeinhin begnügt man dessen, den Neigungswinkel zu 45 Graden anzunehmen und cht man ihn noch gröfser.

itunter ist es in ähnlicher Art, wie bereits bei Gelegenheit usführung der Brunnen und Entwässerungsgräben bemerkt , nicht möglich, die Baugrube in einer gewissen Tiefe dar- n und sie zugleich vom Wasser frei zu halten, indem letzteres tarken Zudrange immer die Erde mit sich reifst und die von Neuem anfüllt. In diesem Falle mufs man eine andre ungsart wählen, wobei die Trockenlegung der Baugrube rmieden wird, oder doch nicht früher eintreten darf, als bis len sicher überdeckt ist. Die nöthige Vertiefung läfst sich aber nicht durch Graben darstellen, sondern mufs durch r n bewirkt werden. Von diesen Fundirungsarten wird lie Rede sein.

wöhnlich läfst man die Seitenwände der Baugrube nicht nterbrechung bis zur Sohle herabreichen, sondern bringt hen in verticalen Abständen von etwa 6 Fufs noch Ban- on 4 bis 6 Fufs Breite an. Durch diese wird die Neigung nde noch mehr ermäfsigt, und man erreicht sonach eine gröfsere Sicherheit gegen das Einstürzen der Dossirungen. reten zugleich andere Vortheile ein, wenn nämlich hin und einzelne Theile in den Wänden nachgeben und herabfallen, zen sie nicht mehr bis auf die Sohle der Grube, sondern auf dem nächsten Banket liegen. Auch kann man diese sehr zweckmäfsig zum Aufstellen von Utensilien und Ma- benutzen, und dadurch der Baugrube etwas mehr Räum- geben, doch mufs man sich hüten, zu grofse Lasten darauf gen, weil die Bankete sonst unter denselben nachgeben.) darf auch diejenige Erde, welche zur späteren Ausgleichung lens in der Nähe der Baugrube abgelagert wird, nicht un- r am Rande der letzteren hoch aufgeschüttet werden, weil

dadurch gleichfalls die Dossirung gefährdet, oder wenn das ?
aus Sand besteht, dieser herabgeweht werden könnte. D
Erde aber, die später nicht gebraucht wird, muß man sog
die dafür bestimmten Stellen schaffen, um das mehrfache A
Abladen zu vermeiden.

Ueber die vortheilhafteste Anordnung der Erdarbeiten
Gelegenheit des Canalbaues die Rede sein, hier wäre nur
auf die Erdtransporte Einiges zu erwähnen. Beim
einer Baugrube sind nämlich häufig bedeutende Erdmassen
denselben Punkten zu bewegen, während bei Canälen und
ausgedehnten Anlagen die zu transportirende Erde von ver
Stellen entnommen und immer an andere Stellen gebrac
die meist weit von einander entfernt liegen. Im vorliegen
ist daher eine Erleichterung des Erdtransportes insofern
als die betreffenden Vorrichtungen für die ganze Dau
Arbeit gebraucht werden, ohne daß man sie verstellen da
ist noch der Umstand von Wichtigkeit, daß gewöhnlich da
stark gehoben werden muß. Wollte man dieses dadurch
daß man die Pferde unmittelbar vor die Wagen spannt,
deren Leistung viel geringer ausfallen, weil das Pferd nic
eigentliche Ladung nebst dem Wagen ziehn, sondern a
mal sein eigenes Gewicht heben muß. Es ist daher
durch einen Pferdegöpel oder eine Dampfmaschine die
zu der Stelle der Bahn heraufziehn zu lassen, wo die stark
aufhört. Außerdem muß dafür gesorgt werden, daß die
hergehenden Wagen einander nicht hindern, auch das
keine Unterbrechung leidet, und überhaupt der ganze Be
regelmäßig erfolgt.

Wird die Erde in Handkarren heraufgeschoben, so
dabei insofern eine Erleichterung einführen, als man
zeitig heraufgehende beladene Karre mit der herabgeher
ein über eine Rolle gezogenes Tau verbindet. Der her
Arbeiter, der sonst die Karre nur zurückhalten würde,
alsdann gleichfalls mit einer gewissen Kraft vor sich,
dadurch mit dazu bei, die volle Karre hinauf zu scha
englischen Baustellen habe ich diese Anordnung wiede
gesehn, und zwar hatten alsdann die Bahnen sehr steile ?

Daß die Anlage leichter Eisenbahnen große

darf kaum erwähnt werden, die Beschreibung derselben in
gewöhnlichen Anordnung gehört zwar nicht hierher, doch
b die Construction einer solchen Bahn und der dazu ge-
Wagen mittheilen, die ich im Jahre 1828 in Pillau aus
ort vorräthigen Material zusammenstellte und mehrere Jahre
h vortheilhaft benutzte. Fig. 230 a und b zeigt diese Bahn
Ansicht von der Seite und von vorn. Ein vierzig Fuß
kieferner Balken war der Länge nach durchschnitten und
tücke waren durch vier Riegel und drei Schraubenbolzen
m festen Rahmen verbunden, der die Bahn bildete. Die
Kanten waren gebrochen, um die schmale Fläche darzu-
welche die eiserne Schiene trug. Das Gewicht eines solchen
iles war nicht viel größer, als das eines 40 Fuß langen
es ließ sich bequem auf einem zweirädrigen Wagen trans-
und eine große Erleichterung für weitere Transporte lag
rin, daß der Rahmen im Wasser schwamm und die Be-
ihm auch nicht schadete. Von diesen Bahnen wurden nach
en zwei bis vier zusammengesetzt und die große Stärke
es erlaubte es, die Unterstützungen in weiten Entfernungen
gen. Am deutlichsten zeigte sich dies beim Löschen der
ich legte ein Ende einer solchen Bahn auf das Fahrzeug,
e Steine angeliefert wurden und das andre auf die Rüstung
, woher der Rahmen fast in seiner ganzen Länge frei lag,
h gingen Steine darüber, die bis 30 Cubikfuß hielten.
ab sich noch der große Vortheil zu erkennen, daß ein
Schwanken des Schiffes bei mäßigem Wellenschlage nicht
e Aufstellen des Steines auf den Wagen verhinderte, denn
en nebst demjenigen Ende der Bahn, worauf er stand,
alle Schwankungen des Schiffes mit, und so wurde das
der Steine nicht leicht durch ungünstige Witterung unter-
Sodann konnten mittelst dieser Bahn, wenn ihr Ende
Bohlwerk etwa 6 Fuß weit vortrat, auch Fahrzeuge be-
rden, ohne daß man, für eine besondere Unterstützung des
nden Endes sorgen durfte.
Zusammensetzung des Wagens richtete sich nach der
d Größe der gußeisernen Scheiben, die zufälliger Weise
nbau-Inventarium gehörten. Von denjenigen Einrichtungen,
heut zu Tage bei Eisenbahnwagen anwendet, konnte damals

16

und unter den dortigen Verhältnissen nicht die Rede sein. Alles
mußte so angeordnet werden, daß es sich ohne große Kosten durch
einen gewöhnlichen Schmid ausführen ließ. Die Achsen bestanden
aus Eisenstangen von quadratischem Querschnitt, die 1½ Zoll breit
und hoch waren, die cylindrischen Ansätze, um welche sich die Räder
drehten, hatten 1½ Zoll Durchmesser. Diese Achsen waren in
zwei Stücke Eichenholz von 4 Zoll Breite und Höhe eingelassen und
zwei Langbäume von denselben Dimensionen verbanden sie mitein-
ander. Vier Schraubenbolzen gaben dem so gebildeten Rahmen die
nöthige Festigkeit und griffen zugleich durch die Achsen hindurch.
Die Spurweite des Wagens maaß 2½ Fuß. Ich versuchte zuerst
den Wagen nur auf einer Holzbahn, also ohne eiserne Schienen
gehn zu lassen, wo sich schon eine merkliche Erleichterung gegen
die gewöhnlichen Erdwagen zeigte, denn ein mit 20 Cubikfuß Sand
oder Kies beladener Wagen konnte bequem durch zwei Arbeiter
fortgeschoben werden. Sobald indessen feuchte Witterung eintrat,
so nahm der Widerstand sehr merklich zu und alsdann trat auch
eine starke Abnutzung der Bahn ein. Hiernach war die Anwendung
von Schienen nicht zu umgehn. Ich versuchte zuerst zu denselben
ganz schwaches Bandeisen anzuwenden, welches 1 Zoll breit und
noch nicht voll 1 Linie stark war. Den erwähnten Uebelständen
wurde hierdurch auch vorgebeugt, aber es zeigte sich die eigenthümliche Erscheinung, daß durch größere Lasten, die darüber gingen,
die Schienen förmlich ausgewalzt wurden. Dieselben lagen nämlich,
wenn die Bahn nicht gebraucht wurde, ziemlich gespannt auf dem
Rahmen, sobald aber der Wagen schwer beladen darüber gezogen
wurde, so erhoben sich die Schienen vor den Rädern und bildeten
wellenförmige Krümmungen, die vor dem Wagen herliefen und gewöhnlich die sämmtlichen Nägel, womit sie befestigt waren, gewaltsam herausrissen, so daß diese oft hoch in die Luft flogen. Als
ich später den Schienen die Stärke von 1½ Linien oder ½ Zoll gegeben hatte, verschwand auch dieser Uebelstand, und nur beim Lösen sehr großer Steine, wo der Einfluß der starken Einbiegung der
Bahn auch schon merklich werden mochte, gab sich zuweilen dieselbe Erscheinung wieder zu erkennen. Die Schienen hatten die
Breite von 1 Zoll und der laufende Fuß wog ¼ Pfund.

    Wenn der Wagen zum Steintransport benutzt werden sollte,
so durften nur einige Lagerhölzer darauf gelegt, oder leicht befestigt

n, wenn dagegen Erde oder Sand und Kies damit verfahren wurde,
r es nöthig, für ein leichtes Entleeren des Kastens zu sorgen.
Kasten hatte die Gestalt eines Trichters und war aus einzölligen
ern, die in den Kanten gegen Leisten genagelt waren, zusammenge-
. Am Boden hatte er eine Oeffnung, die mittelst einer beweglichen
ppe geschlossen wurde. Letztere war an der einen Seite durch
i Charniere oder Bänder befestigt, und die untern Arme dersel-
verlängerten sich bis auf die andere Seite, wo sie in Oesen aus-
ßen. Hier waren die Leinen angesteckt, womit man die Klappe
en und herablassen konnte. Die Figuren zeigen die ganze Ein-
tung. Die Bodenklappe ist in ähnlichen Fällen schon häufig
tzt worden, doch giebt man ihr immer eine andere Einrichtung,
l hebt und schließt sie gewöhnlich durch Griffe und Haken, die
ch Federn angedrückt werden. Es treten jedoch dabei manche
belstände ein: der Arbeiter muß sich nämlich bücken und mit
Hand die Klappe aufheben, ferner ist ein recht scharfes Anziehn
Klappe dabei nicht möglich, und endlich wird dieselbe durch
l Haken nur an einem Punkte unterstützt, woher sie leicht durch-
gt. Bei der hier gewählten Einrichtung ist das Verfahren sowohl
u Oeffnen, als beim Schließen sehr einfach und bequem und die
ppe kann jedesmal scharf angezogen werden. Zwei Leinen, die
die Arme der Charniere befestigt sind, gehn durch gehörig weite
schnitte zwischen dem erwähnten Rahmen und dem Kasten hin-
ch und sind über zwei Klampen geführt, welche seitwärts auf
letzten genagelt sind. Die Gestalt dieser Klampen, welche
Hornklampen nennt, wenn sie wie hier nur einen aufwärts ge-
teten Arm haben, ergiebt sich aus den beiden Figuren. Sie die-
zum scharfen Anziehn und Befestigen der Taue auf Schiffen,
sie allem laufenden Tauwerk die nöthige Haltung geben. Einige
bung verursachen sie freilich, doch kommt es im vorliegenden
le hierauf nicht an. An die eine Leine ist ein kleiner Block be-
igt und um denselben ist die andere Leine gezogen. Sobald man
lose Ende der letzten anzieht, so wird die Klappe auf beiden
ten gehoben. Hat man aber jenes Ende scharf angezogen und
Klappe genau geschlossen, so giebt die Klampe Gelegenheit, die
ine mit der vollen Spannung zu befestigen. Fig 230 *a* zeigt die
r einfache Befestigungsart der Leine, man faßt nämlich von ihrem
en Ende eine Schleife, und zieht diese unter der Leine möglichst

16*

weit auf die Klampe. Alsdann bedrückt die stark gespannte
selbst das untere Ende und die Verbindung kann sich nicht
bis man an dem losen Ende zieht und die Schleife hervo
Wenn der Arbeiter die Klappe wieder heben und befestige
nachdem der Inhalt des Kastens herausgefallen ist, was in d
von einigen Secunden geschieht, so zieht er die Leine, die m
Hand behalten hat, wieder an und versteckt das Ende de
in der erwähnten Art, alsdann ist der Wagen sogleich zu
nahme der neuen Füllung vorbereitet.

§. 43.
Umschliefsung der Baugrube.

Indem das Verlegen der Roste, das Aufbringen der Fach
so wie auch viele andre Arbeiten bei der Fundirung sich n
Trockenlegung der Baugrube ausführen lassen, diese aber n
ten in dem Flufsbette selbst, oder in einer gröfseren Wass
sich befindet, so mufs sie durch eine wasserdichte Wand
werden. Dergleichen Wände, die oft nur in Dammschüttur
stehn, jedesmal aber nach Beendigung des Baues wieder
werden, nennt man Fangedämme. Bevor ich zur Besc
derselben übergehe, mag einer Vorkehrung gedacht werden,
man, ohne die ganze Baugrube zugänglich zu machen, de
maligen Abschlufs nur auf einen sehr kleinen Theil derse
schränkt, um einzelne unter Wasser befindliche Verbandst
Verbindung mit andern vorzubereiten. Auch in der Tauch
ist dieses vielfach geschehn, von der jedoch erst später c
sein kann.

Beim Bau verschiedner Eisenbahn-Brücken in den Nied
wurden wasserdichte hölzerne Kasten benutzt, die in
mit einer Oeffnung versehn waren, durch welche der Rostpfa
sie schwimmend darüber geschoben und gesenkt waren, hine
Nach Verschliefsung der Fuge rings um den Pfahl konnten
gepumpt werden, und so war es möglich bis zur Tiefe von
unter Wasser an den Rostpfahl einen regelmäfsigen Zapfe
schneiden, der in die später darauf zu bringende Schwelle

Kasten war 6 Fufs lang, 4 Fufs breit und 3 Fufs hoch, und
ein Prahm zusammengesetzt und abgedichtet. Fig 257 auf Taf.
 zeigt ihn im Querschnitt. In der Mitte seines Bodens befand
eine Oeffnung von solcher Gröfse, dafs jeder abzuschneidende
Pfahl mit hinreichendem Spielraum darin eindringen konnte. Um
Rand dieser Oeffnung war ein leinener Sack genagelt, der im
Theile mit Leder gefüttert war. Vor dem Versenken des
Kastens schlang man eine Leine einmal lose um den Sack, dieselbe
aber, wie die Figur zeigt, über zwei Rollen geleitet, so dafs
 sie von oben scharf anziehn konnte.
Der Kasten wurde über den Pfahl gebracht, durch eingelegte
Gewichte bis gegen seinen obern Rand gesenkt, und nunmehr der
Zwischenraum zwischen dem Sack und dem Pfahl nahe über dem
Boden möglichst dicht mit Werg gefüllt, was bei beschlagenen Pfählen nicht leicht war. Indem hierauf die beiden Enden der Leine
straff angezogen und befestigt wurden, so hatte man den wasserdichten Abschlufs vollständig dargestellt und man konnte den Kasten auspumpen, wobei man jedoch sehr vorsichtig immer die nöthigen Gewichte einbringen mufste, um den Sack nicht einem zu starken Zuge auszusetzen, wobei er zerrissen wäre. Sobald der Kasten
leer war, stiegen zwei Arbeiter hinein, zogen den obern Theil des
Sackes herab und schnitten in der verlangten Höhe den Zapfen an.
Ober-Inspector des Wasserstaates Herr F. W. Conrad spricht
die Ansicht aus *), dafs man dieselbe Vorrichtung auch für gröfsere
Summen benutzen und sie ohne Schwierigkeit so weit ausdehnen könne,
dafs sich dadurch alle Zapfen, die auf eine Schwelle treffen, gleichzeitig anschneiden lassen.
Was die gewöhnlichen Fangedämme betrifft, so müssen
das Wasser von der Baugrube möglichst abhalten, also wasser-
dicht, hinreichend hoch und so fest sein, dafs sie nicht nur dem
Erddruck sondern auch dem Wellenschlage den nöthigen Widerstand leisten. In manchen Fällen dienen sie nur zur Sicherung der
Baugrube gegen starke Durchströmung, ihre vollständige Wasserdichtigkeit ist alsdann entbehrlich, so wie sie auch keinem starken
Erddrucke ausgesetzt sind.
Bei einem Fangedamme, der die Baugrube zur Seite umschliefst,

---

*) *Verhandelingen van het koninglijk Institut van Ingenieurs.* 1848. p. 33.

ist zunächst die Höhe desselben zu bestimmen, indem v(
seine Stärke und Constructionsart abhängt. Wenn die Wa(
regelmäßig beobachtet sind, so kann man aus den Tabelle
bis zu welcher Höhe die stärksten Anschwellungen m
welche Wasserstände man während der muthmaaßlichen I
Grundbaues erwarten darf. Bis über die höchsten Wa(
welche jemals vorgekommen sind, wird man niemals d'
dämme aufführen, denn man wählt zum Grundbau immer
Jahreszeit, wo die Anschwellungen selten und nicht bedeu
noch auch lange anhaltend sind. Es kann freilich gesc(
der Theil des Baues, für den man den Fangedamm geb
einem Sommer nicht beendigt wird und es sonach auch v
wäre, wenn die Umschließung selbst die höchsten Wi
Frühjahrsfluthen abhalten könnte, da jedoch die Kosten ei
dammes im Allgemeinen nicht der ersten Potenz der Höl
dem Quadrate derselben proportional sind, und in der F
dieses Verhältniß noch nicht genügt, so muß man, um g
Ausgaben zu vermeiden, solche außerordentliche Fälle
lassen, und sich darauf gefaßt machen, sobald sie ei
Arbeit einzustellen und den ausgeführten Theil des V
Wasser bedecken zu lassen.

Auf Baustellen neben Gewässern, die einem starken
sel unterworfen sind, pflegt man die Fangedämme nur t
telwasser aufzuführen. Die Arbeitszeit wird alsdann
wenige Stunden beschränkt, denn sobald das Wasser mer
füllt es die·Baugrube wieder an. Der größte Theil der
ten in England kommt in dieser Art zur Ausführung,
die vielfachen Unterbrechungen dabei auch sehr störer
läßt sich doch nicht verkennen, daß die regelmäßige
des niedrigen Wasserstandes die Fundirung sehr erleich

Gewöhnlich giebt man den Fangedämmen eine etv
Höhe, als diejenigen Wasserstände erreichen, vor welche
chert sein will. Die Stärke eines Fangedammes ist al
ner Höhe abhängig, und zwar ist es nicht nur nöthig, ih
serer Höhe auch eine größere Breite zu geben, sonder
Construction muß alsdann auch solider sein. Bei
von wenigen Fußen genügt es, den Erddamm ohne all
aufzuschütten, doch lagert sich die Erde fester und läß

er stampfen, wenn man sie wenigstens gegen eine dichte Wand
t, die alsdann immer auf der innern Seite oder auf der Seite
der Baugrube sich befindet. Hierher gehört der bereits erwähnte
dafs man den für das Fundament bestimmten Raum mit einer
dwand umgiebt und dieselbe von aufsen mit einem Thonschlage
eht. Statt der Spundwand kann man sich indessen auch einer
wand (Fig. 220) bedienen, und wenn es nicht darauf ankommt,
Boden selbst zu comprimiren, um die etwa darin befindlichen
eradern zu schliefsen, so läfst sich die Rammarbeit merklich
htern, wenn man nicht die Bohlen so tief einrammt, dafs sie
ch einen sichern Stand erhalten, sondern eine verbolmte Pfahl-
anbringt und jene dagegen lehnt. Hierbei wird die Bohlen-
häufig nicht senkrecht gestellt, sondern schräge und zwar mit
Neigung von 30 bis 45 Graden gegen den Horizont auf den
nten Holm gelehnt. In diesem Falle lassen sich die Fugen
and noch durch darübergeworfenen Mist oder belaubte Zweige
dichten, so dafs die Erde nicht hindurchfällt. Man kann als-
lie Spundwand ganz entbehren, und selbst die Ueberdeckung
gen durch eine zweite Lage von Brettern oder die Anbringung
stülpten Wand ist weniger nothwendig, ja es kommt sogar
lafs man nicht einmal Bohlen oder Bretter benutzt, sondern
Vand nur aus Latten oder Stangen darstellt.

dieser Art erbaute man am Zusammenflufs des Cure mit der
Fangedämme, welche, wie Figur 231 a und b Taf. XVII
Ansicht von vorn und von der Seite zeigt, einen Wasserstand
Fufs abhielten *), doch war während ihrer Ausführung der
rstand bedeutend niedriger, weil sie sonst nicht darzustellen
en wären. Im Abstande von 7 Fufs von einander wurden
e Böcke aufgestellt und darüber zwei Reihen Balken gelegt,
die Holzwand trugen. Diese bestand nur aus Stangen, und
ren Fugen zu decken, legte man eine starke Lage belaubtes
h oder Stroh darüber und hierauf ruhte der wasserdichte
. Die Stützen in der Mitte jedes Bockes nebst den Bohlen,
f sie standen, konnten aber erst angebracht und eingetrieben
n, nachdem das Wasser aus der Baugrube schon entfernt war.

Annales des ponts et chaussées. 1832. *I. p.* 403. und in dem *Recueil*
ins, rélatifs à l'art de l'ingénieur.

Es wird angeführt, daſs ein Fangedamm dieser Art in einer Länge von 64 Fuſs in zwei Tagen dargestellt werden konnte.

Auch der wichtige Fangedamm, den Thunberg bei Carlscrona ausführte, wurde durch eine solche schräge Wand gebildet, die jedoch aus einer Spundwand und zwar mit der Fig. 201 angegebenen Spundung bestand. Dieser Fangedamm ist auf eigenthümliche Weise erbaut, indem in der Wassertiefe von einigen zwanzig Fuſs das Gerüste des Dammes aufgestellt und verbunden wurde. Die Balken, welche den Längenverband bildeten, nagelte man tief unter Wasser auf Böcke, die vorher herabgelassen waren, und rammte alsdann die schräge Spundwand davor. Letztere wurde nur etwa bis zur halben Höhe mit Erde hinterfüllt, da sie an sich schon den wasserdichten Schluſs darstellen sollte. Nachdem dieser Fangedamm indessen durchbrochen war, führte man verschiedene Verstärkungen dabei ein. Dazu gehörte, das eine Menge Pfähle normal gegen die Spundwand eingerammt wurden, um diese sicher zu halten, und auſserdem baute man dahinter noch einen zweiten Fangedamm, damit jeder einzelne nur dem halben Wasserdrucke ausgesetzt wäre.[*] Eine nähere Beschreibung übergehe ich, indem ähnliche Constructionen wohl keine Anwendung finden dürften, dieser Bau gehört aber wegen der künstlichen Anordnungen, die dabei gewählt waren, zu den interessantesten Werken, und es ist zu bedauern, daſs die Mittheilungen darüber so wenig klar sind.

Bei Betonfundirungen stellt man häufig auch Fangedämme aus Beton dar, die im Zusammenhange mit dem Grundbette sogleich rings um dasselbe aufgeschüttet werden. Doch geschieht dieses nur, wenn der gröſste Theil solcher Dämme das Mauerwerk ersetzen soll, denn ohne diesen doppelten Zweck würden sie zu theuer ausfallen und auſserdem wäre ihre Fortschaffung unter Wasser auch zu schwierig.

Am häufigsten werden die Fangedämme in der Art construirt, das man zwei senkrechte Holzwände darstellt und den Zwischenraum mit Erde ausfüllt. Da die Erdschüttung vorzugsweise den wasserdichten Schluſs bewirken soll, so ist es nöthig, das sie auch die gehörige Breite erhält, auſserdem aber vermehrt sich durch eine gröſsere Breite auch die Masse des Dammes und trägt dadurch zu seiner Stabilität bei. Hierzu kommt noch, daſs die Fangedämme bei

[*] *Essai de bâtir sous l'eau par J. Fellers.* Stockholm 1776.

schränkten Ausdehnung der Baugrube zugleich zum Bei-
von Materialien und Geräthschaften benutzt werden, wes-
nicht zu schmal sein dürfen. Bei niedrigen Fangedämmen
Breite gewöhnlich der Höhe gleich, wenn aber die Höhe
Fufs übersteigt und sonach die Breite überflüssig grofs sein
so pflegt man sie in geringerem Verhältnisse als die Höhe
zu lassen. Hiernach hat sich bei uns die Regel gebildet,
bei einer Höhe von mehr als 8 Fufs die Breite des Fange-
gleich der halben Höhe und 4 Fufs annimmt. In Frank-
man gewohnt, bei einer Höhe bis zu 9½ Fufs die Breite
n Höhe gleich zu setzen, über diese Grenze hinaus läfst
die Breite nur um den dritten Theil der Mehrhöhe wachsen.*)
nd betrachtet man die Fangedämme nicht als Theile des
e werden daher in die eigentlichen Bauprojecte auch nicht
nommen und es bleibt ihre Anordnung und Ausführung
epreneuren überlassen.

gewöhnliche Construction der Fangedämme ist folgende:
Reihen werden Pfähle in Abständen von 4 bis 5 Fufs ein-
, die beiden Reihen sind aber so weit von einander ent-
s, mit Rücksicht auf die dagegen zu lehnenden Bohlenwände,
hüttung die vorstehend angegebene Breite erhält. Diese
üssen so fest im Grunde stecken, dafs sie nicht nur dem
les Wassers Widerstand leisten, sondern, wenn es nöthig
e, den losen aufgeschwemmten Grund innerhalb des Fange-
auszubaggern, sie auch dadurch nicht ihren sichern Stand
Die beiden Pfahlreihen werden ferner in gleicher Höhe
tten, mit Zapfen versehn und mit Holmen überdeckt.
zeigt diese Anordnung im Querschnitte. Um jedoch den
am gegen ein Ausdrängen durch die einzubringende Erd-
zu sichern und zugleich seine beiden Wände mit einander
den, so werden in demselben Abstande, in welchem die
ehn, Querzangen angebracht, welche über beide Holme
In Frankreich ist eine andere Construction üblich, man
mlich, wie Fig. 233 zeigt, an die äufsern Seiten der Pfähle
von Kreuzholz, und verbindet diese unter sich durch ver-
Zangen. Häufig läfst man aber auch jene Rahmen fort,

———

nzin, *programme IV. édition. p.* 305.

indem schon die innere Verkleidung ihre Stelle vertritt, und man verbindet nur die gegenüberstehenden Pfähle in beiden Reihen durch doppelte und mit Schraubenbolzen zusammengezogene Zangen, wie Fig. 235 *a* und *b* in der Ansicht von oben und im Querschnitte zeigt. Eine solche Anordnung sah ich bei einem Fangedamm in Hâvre. In beiden Fällen ist die französische Constructionsart wohl der bei uns üblichen vorzuziehn, denn zunächst sichert sie die Wände vollständiger gegen ein Ausweichen, als dieses bei der Verbindung durch Zapfen möglich ist, und sodann werden die Pfähle auch nicht verschnitten und können nach Beseitigung des Fangedammes zu gleichem Zwecke wieder benutzt werden.

Bevor die Zangen zur Verbindung der beiden Pfahlreihen aufgebracht werden, muſs man schon die dichten Bohlenwände auf der innern Seite der Pfähle einsetzen, gegen welche die Erdschüttung sich lehnt. Das einfachste Verfahren ist, daſs man Bohlen horizontal an den Pfählen herabschiebt, da es jedoch bei gröſserer Wassertiefe nicht mehr möglich sein würde, die untern Bohlen zu halten, bevor die Füllung eingebracht ist, so verbindet man die einzelnen Bohlen schon vorher zu Tafeln, welche die ganze Höhe des Fangedammes haben, und bemüht sich, sie beim Einsetzen bis in den Grund herabzustoſsen, damit nicht groſse Fugen über dem natürlichen Boden offen bleiben. Zu diesem Zwecke ist es vortheilhaft, unmittelbar an der innern Seite der Pfahlreihen eine etwas vertiefte Rinne auszubaggern, deren Sohle möglichst eben ist. Die Tafeln werden, wie Fig. 232 zeigt, auf der innern Seite durch aufgenagelte Leisten verbunden, man muſs aber dafür sorgen, daſs die Stöſse zwischen je zwei Tafeln jederzeit auf Pfähle treffen und beide Enden sich noch sicher an diese lehnen. Um den Stoſs zwischen beiden Tafeln besser zu dichten und um zugleich ein Aufheben oder Umschlagen derselben zu verhindern, rammt man auch wohl über den Stoſs noch eine Bohle, wodurch die Tafeln an ihren Enden sicher gehalten werden.

Diese Anordnung läſst sich nur so lange anwenden, als der Wasserdruck nicht bedeutend ist: wenn derselbe gröſser wird, so kann man in vielen Fällen noch von den Stülpwänden vortheilhaft Gebrauch machen. Bei diesen schlieſst sich jede einzelne Bohle an die Unebenheiten des Grundes an und läſst sich in einen weichen Boden leicht eintreiben. Die erste Reihe der Bohlen er-

:h die zweite, welche die Fugen verdeckt, noch eine be-
Verstärkung und sonach darf man bei niedrigen Fange-
nicht besorgen, dafs die Bohlen sich ausbauchen. Bei
Höhe des Fangedammes mufs man durch Anbringung
er Riegel dafür sorgen, dafs die Bretterwände nicht zu
·chbiegen und zu weite Fugen sich öffnen. Wenn gerade
driges Wasser zur Zeit der Ausführung des Fangedammes
t und die Wassertiefe nicht grofs ist, so genügt es, in der
Wasserspiegels noch eine Bohle oder ein Stück Halbholz
: Pfähle zu nageln, im entgegengesetzten Falle läfst sich
er Riegel auch mittelst aufgenagelter Latten leicht bis zu
ebigen Tiefe herabschieben und im Wasser erhalten. Indem
i auf eine geringe Differenz in der Höhe nicht ankommt,
ı die Stöfse zwischen diesen Riegeln nicht gerade auf die
effen, sondern es ist besser, ihnen dadurch eine sichere
zu geben, dafs man sie noch über die Pfähle vortreten
nseitig an einander vorbeischiefsen läfst, so dafs sie eine
neigte Lage erhalten. Wenn jedoch die Holme mit der
eite der Pfahlreihe bündig verlegt sind und man gegen
der die Stülpwand lehnen wollte, welche weiter unterhalb
ʲreite des vorgeschobenen Riegels von der Pfahlwand ent-
alten wird, so würde der Fangedamm unten schmaler als
ı. Um dieses zu vermeiden, mufs man vor dem Holme
ig darunter noch einen zweiten Riegel von derselben Stärke,
untern, anbringen und beide als Lehren beim Einrammen
›wand benutzen.
l endlich der Fangedamm etwa 12 Fufs hoch oder darüber,
man zu seiner Verkleidung und namentlich auf der innern
o er nicht nur den Druck der eingeschütteten und fest-
en Erde, sondern aufserdem auch den des äufsern Wassers
en hat, eine Spundwand wählen. Bei derselben ver-
ıan viel sicherer alle weit geöffnete Fugen, die sonst leicht
ı Wasser vorkommen, aufserdem aber besitzt die Spund-
:h grofse Steifigkeit, und wenn vielleicht in ihr ein geringes
ı eintreten sollte, so wird dieses nicht mehr in den ein-
ıhlen stattfinden, sondern sich auf gröfsere Theile der Wand
ı und sonach kein nachtheiliges Oeffnen der Fugen zur
·ben. Endlich ist noch die Anbringung der Spundwände,

und zwar auf beiden Seiten eines Fangedammes, insofern von
Wichtigkeit, als dieselben mehrere Fuſs tief im Boden stecken und
man zwischen ihnen den Grund ausbaggern nnd auf solche Art
den Fangedamm bis unter das natürliche Bett herabführen kann.
Dieses Verfahren trägt bei einem kiesigen Grunde wesentlich zur
Verminderung des Wasserzudranges bei, indem die Spundwand den
Grund neben sich comprimirt und die Wasseradern sperrt. Bei
sehr hohen Fangedämmen kann es indessen auch für die Spundwand noch bedenklich sein, ihr keine Unterstützung unterhalb des
Holmes zu geben, und aufserdem wird das Einrammen derselben
nicht ganz sicher, wenn die Zwinge weit über dem Boden sich
befindet.

Perronet wandte zur Vermeidung dieser Uebelstände beim Bau
der Brücke zu Neuilly ein Mittel an, welches eine nähere Beschreibung verdient. Fig. 233 zeigt den Querschnitt des daselbst
benutzten Fangedammes und man bemerkt, daſs jede Spundwand
von zwei doppelten Zwingen umfaſst wird, von denen die untere
mehr als 3 Fuſs tief unter dem niedrigsten Wasserstande (der in
der Figur angedeutet ist) sich befindet. Der Fangedamm besteht
aus zwei Pfahlreihen, die von Mitte zu Mitte 10 Fuſs von einander
entfernt sind, und der Abstand der einzelnen Pfähle in jeder Reihe
beträgt 4 Fuſs. Die Pfähle hatte man unten bebrannt. In der
Höhe von 5 Fuſs 6 Zoll über dem niedrigsten Wasserstande sind
auswärts an jede Pfahlreihe Rahmen genagelt. die 6 Zoll hoch und
eben so stark sind. In den Stöſsen, die immer gegen die Pfähle
treffen, greifen diese Rahmen mit 14 Zoll langen Blättern über
einander. Auf diesen liegen die Zangen, die 8 Zoll hoch und
15 Fuſs lang sind. An den Stellen, wo letztere die Rahmen kreuzen, sind sie 3 Zoll tief eingeschnitten, die Rahmen selbst haben
aber auch hier ihre volle Stärke. Die Spundwände, welche gegen
die Pfahlreihen gestellt werden sollten, bestanden aus einzelnen
Theilen, von denen jeder 12 Fuſs lang war und in folgender Art
zusammengesetzt wurde. Indem man die beiden Paare der Zwingen
und die beiden äufsern Spundpfähle durch Schraubenbolzen verband, so bildete sich ein verschiebbares Parallelogramm. Diese
Spundpfähle, sowie alle übrigen, waren 4 Zoll stark und 21 Fuſs
lang, die Zwingen bestanden aus 4zölligen Bohlen von 9 Zoll Breite,
hatten aber nicht die volle Länge von 12 Fuſs, um sich nicht

; zu berühren. Beim Zusammensetzen der Zwingen wurden
lichen zugehörigen Spundbohlen eingepafst. Man machte
iit dem Einrammen der beiden äufsern Spundpfähle den
welche durch die angebolzten Zwingen mit einander ver-
aren, und daher sowohl oben als unten den bestimmten
behielten. Man sorgte auch dafür, dafs die Enden der
ich gegen die Pfähle lehnten. Sobald auf diese Art eine
stgestellt war, so wurden die eingepafsten Spundpfähle
hoben und eingerammt, man nahm jedoch darauf Rück-
s die mittleren am spätesten bis zur vollen Tiefe herab-
, wurden, damit die äufsern weniger stark angegriffen und
a durch die Bolzen gespalten werden möchten. Endlich
i der Raum zwischen je zwei solchen Rahmen auszufüllen
s geschah, indem man passende Spundpfähle auch hier
. Die letzten wurden gleichfalls durch die Zwingen ge-
i jede derselben trat noch einige Zoll weit vor und diente
r sichern Führung des zuletzt eingebrachten Spundpfahles.
eigt diese Anordnung. Zwischen den Spundwänden wurde
ge und leichte Boden so tief ausgebaggert, bis man auf
Erde kam, durch welche keine Filtration zu besorgen war.
der Fangedamm eine grofse Höhe hat und sonach auch
werden müfste, so gewährt die beschriebene Anordnung
: die nöthige Sicherheit, indem bei dem vermehrten Drucke
rs ein Durchquellen leichter eintreten kann. Man muf s
Einrichtung wählen, wodurch die beim Füllen des Dammes
gebildeten undichten Stellen noch unterbrochen werden.
rste Schlufs erfolgt vor einer dichten Wand, wenn die
tete und angerammte Erde sich in der Richtung des
ckes dagegen lehnt. Bei der beschriebenen Constructions-
eht dieses nur einmal, und dieses ist bei höheren Fange-
im so weniger genügend, als man in der gröfseren Tiefe
r auf die compacte Ablagerung der Erde hinwirken kann.
m Grunde trennt man den Damm der Breite nach
uch wohl in drei Theile. Es tritt hierbei noch der Vor-
dafs für den obern Theil die halbe Stärke schon genügt
ine Kasten nur etwa halb so hoch zu sein braucht. Will
aber diese geringere Höhe geben, so mufs man den
egel schon gesenkt haben, und hieraus folgt wieder, dafs

dieser niedrigere Theil auf der innern Seite des Dammes oder an der Baugrube sich befinden mufs. Man kann ihn alsdann auf dieselbe Art, wie ein Banket, in der abgestochenen Erdwand zum Aufstellen mancher Utensilien und Materialien und zur Erleichterung der Communication benutzen. Fig. 236 zeigt eine solche Anordnung. Man macht damit den Anfang, dafs man einen gewöhnlichen Fangedamm, jedoch nur von der halben Breite, die er seiner Höhe nach erhalten sollte, ausführt. Alsdann werden die Schöpfmaschinen in Thätigkeit gesetzt, und sobald der Wasserspiegel bis zur Höhe des nächstfolgenden Theiles des Dammes gesunken ist, so wird dieser genau in derselben Art, wie der erste, ausgeführt. Es tritt in der Construction nur die Aenderung ein, dafs man, um die innere Pfahlreihe des ersten Theiles wieder zu benutzen, die Zangen über dem zweiten Theile mit schwalbenschwanzförmigen Zapfen in jene Pfähle eingreifen läfst und mit Bolzen daran befestigt. Eine Strebe, die man zwischen jede solche Zange und den zugehörigen Pfahl mit Versatzung eintreibt, giebt noch eine kräftige Stütze gegen den Wasserdruck.

Bei solchen getheilten Fangedämmen beträgt die Höhe jeder Stufe 8 bis 12 Fufs. Indem man die Breite des Dammes in seiner Grundfläche nur so grofs macht, als oben angegeben ist, so tritt hierbei eine merkliche Verminderung des Quantums an Erde ein, welche man zur Füllung braucht. In manchen Fällen mag dieser Vortheil beachtenswerth sein, doch wird er die Mehrkosten für die dritte Wand nicht decken und sonach darf man nicht hoffen, auf diese Art den ganzen Fangedamm wohlfeiler darzustellen.

Die Fangedämme, die man in England ausführt, erhalten in dem Falle, wo sie sich bis über die höchsten Fluthen erheben, eine sehr grofse Höhe und ihre Construction wird dadurch zwar schwierig, aber nichts desto weniger tritt auch wieder die Erleichterung ein, dafs man zur Zeit der Ebben auch an ihrem untern Theile manche Verstärkung anbringen kann, welche sonst unausführbar wäre. Ein andrer Vortheil, der aus dem abwechselnden Wasserstande entspringt, bezieht sich darauf, dafs man die Füllungserde nicht in grofser Höhe aufschütten darf, bevor man sie anstampfen kann, sondern das Abrammen schon beginnt, sobald die Schüttung die Höhe des niedrigen Wasserstandes erreicht. Schon früher wurde bemerkt, dafs man bei diesen Fangedämmen nicht Spundwände, sondern dichte Pfahlwände ohne Spundung anwendet, gewöhnlich fehlt aber auch die davorstehende verholmte Pfahlreihe, wenn dieselbe nicht etwa zum regelmäfsigen Einrammen der dichten Wand beibehalten wird. Auch die hölzernen Zangen kommen bei diesen gröfseren Fangedämmen nicht vor, ihre Stelle vertreten aber eine Menge eiserner Bolzen, die nicht nur oben, sondern in mehrfachen Reihen so weit abwärts sich erstrecken, als man zur Zeit der niedrigsten Ebben sie einziehn kann.

Um ein Beispiel von der Anordnung eines solchen Fangedammes zu geben, wähle ich dasjenige, welches Hughes in der Abhandlung über die Fundirung der Brücken *) anführt. Dasselbe eignet sich auch insofern zur Mittheilung, als die Details dabei genau angegeben sind und der Verfasser als Entrepreneur mancher grofsen Bauten Gelegenheit hatte, sich mit den Erfordernissen eines Fangedammes genau bekannt zu machen. Fig. 237 zeigt im Querschnitte den Fangedamm, der von beiden Seiten die Baugrube umgiebt, in welcher ein Brückenpfeiler auf dem natürlichen festen Grunde erbaut werden soll. Es wird angenommen, dafs dieser Grund, welcher das Wasser nicht stark durchsickern läfst, auf 12 Fufs Höhe mit grobem Kiese bedeckt ist, der sowohl aus der Baugrube, als auch aus den Fangedämmen entfernt werden mufs, um das Eindringen starker Quellen zu verhindern. Die Wassertiefe über dem Kieslager mifst bei Hochwasser 28, bei Niedrigwasser aber 10 Fufs, so dafs der feste Grund, in welchen die Pfähle eindringen müssen, 40 Fufs unter Hochwasser liegt. Hiernach bestimmt sich die Länge der Pfähle für die dichten Pfahlwände, welche den höchsten Theil des Fangedammes einschliefsen sollen, auf 48 Fufs, indem sie noch 3 Fufs über die Fluthhöhe herausragen und 5 Fufs im festen Grunde stehn sollen. Der Fangedamm wird in drei Abtheilungen zerlegt, zu deren Darstellung vier dichte Pfahlreihen erforderlich sind. Die beiden mittleren sind die höchsten, die äufsere erhebt sich bis 1 Fufs über Niedrigwasser und die innere bis 11 Fufs über denselben Wasserstand. Die lichte Entfernung aller Wände unter sich beträgt 6 Fufs und die Stärke der beiden mittleren ist 12 Zoll, die der innern 8 Zoll und der äufsern 6 Zoll. Alles Holz soll gerade gewachsen sein und aus der besten Sorte Memeler Balken, also

---

*) *Theory, practice and architecture of bridges. Sect. V. p.* 46.

Kiefern, bestehn. Die beiden innern Wände werden oben zu beiden Seiten mit Zangen versehn von 6 Zoll Stärke und 12 Zoll Höhe und durch eiserne Bolzen von 1½ Zoll Stärke mit einander verbunden. Die Bolzen haben Köpfe von 3 Zoll im Gevierten und 1 Zoll Dicke und auf der andern Seite muſs jedesmal ein scharfes Schraubengewinde eingeschnitten sein, worauf eine Mutter paſst, welche dieselben Dimensionen, wie der Kopf hat. Unter jeder Mutter liegt eine Scheibe. Solche Verbindungsbolzen müssen alle 4 Fuſs angebracht sein, sie liegen aber in drei Reihen unter einander und umfassen in der zweiten Reihe drei Wände und in der untersten alle vier Wände. Das Ausbaggern der obern Kiesschicht soll noch vor dem Beginne der Rammarbeit vorgenommen werden, indem diese dadurch wesentlich erleichtert wird.

Die Figur zeigt noch die Absteifungen der beiden Fangedämme gegen einander und gegen den bereits fertigen Theil des Brückenpfeilers. Bei der von Telford ausgeführten Eingangsschleuse in St. Katharine's Dock in London wurde ein Fangedamm benutzt, der dem beschriebenen sehr ähnlich war und gleichfalls aus drei Abtheilungen bestand. Die Absteifungen kamen auch hier vor, obgleich die Schleuse auf einem Pfahlrost erbaut ist. *)

Eine solche Absteifung ist indessen nicht leicht anzubringen, wenn Pfähle eingerammt werden sollen, weil das Versetzen der Ramme dadurch sehr erschwert wird. Am leichtesten ist es, in diesem Falle den Fangedamm so weit herauszurücken, daſs die Steifen noch dahinter Platz finden. In solcher Art wurde beim Bau des neuen Parlamentshauses in London der eigentliche Fangedamm so weit vor das Fundament in das Fluſsbette herausgeschoben. daſs zwischen beiden ein Raum von 25 Fuſs Breite frei blieb. Dieser Fangedamm bestand nur aus einer einzigen Abtheilung, die jedoch auf ähnliche Art, wie eben erwähnt, ausgeführt wurde. Die Breite der Thonschüttung betrug nur 5 Fuſs, aber ihre Höhe über dem natürlichen Bette 21 Fuſs, und sie erstreckte sich noch 9 Fuſs darunter, indem vor dem Beginne der Rammarbeit so tief gebaggert war. Der Fangedamm hatte indessen hier noch auf andere Art eine wesentliche Verstärkung erhalten, denn zunächst umgab ihn auf der innern, sowie auch auf der äuſsern Seite eine Pfahlreihe.

----

*) *The Civil Engineer and Architect's Journal. II. p.* 430 ff.

die Pfähle 6 Fufs von Mittel zu Mittel entfernt waren und
wurde gleichfalls durch drei Reihen Bolzen gehalten. Auf
innern Seite lehnte sich an diese Pfähle eine Verstrebung, welche
einer fünften Pfahlreihe, die 20 Fufs hinter dem Fangedamme
d, getragen wurde. *)

Beim Bau der neuen London-Brücke bestand der 35 Fufs hohe
gedamm aus zwei Abtheilungen von gleicher Höhe, welche
der durch drei dichte Pfahlwände umschlossen wurden. Die äufsere
Abtheilung hatte eine lichte Breite von 6 Fufs und die innere von
Fufs, die Wände waren unter sich mehrfach nicht nur durch eine Bolzen, sondern auch durch Spannriegel verbunden. Eine
sehr feste Verstrebung aus vielen Verbandstücken zusammensetzt, worunter sich auch zwei Reihen horizontaler doppelter
Balken befanden, erstreckte sich etwa 120 Fufs rückwärts. **) Dieselben wurden nach und nach entfernt, sobald sie der Aufführung
des Pfeilers hinderlich wurden, sie konnten alsdann durch kürzere
Streben, welche sich gegen das fertige Mauerwerk lehnten, ersetzt
werden. Ein wichtiges Beispiel einer ähnlichen Verstrebung ist
auch in Venedig vorgekommen, als man daselbst im Jahre 1808,
um den Hafen für Kriegsschiffe brauchbar zu machen, durch das
Bassin *Novissima grande* einen Fangedamm schlug ***) und diesen
gegen die 120 Fufs entfernten Mauern und Gebäude lehnte. Die
Streben bestanden aus den gröfsten Stämmen der Edeltanne, die dort
unter dem Namen Albec zu Masten benutzt werden, sie haben mitunter eine Länge von 127 Fufs, und sind am Stammende 3 bis
4½ Fufs stark.

Beim Bau des Docks zu Great-Grimsby wurde der über
1600 Fufs lange Fangedamm in einem flachen Bogen vor die Baustelle gelegt, wodurch er an sich schon eine bedeutende Verstärkung
erhielt. Indem er sich jedoch 22 Fufs über den Grund erhob und
einem Wasserdrucke von derselben Höhe widerstehn sollte, so
waren bei seiner Anlage noch besondere Vorsichts-Maafsregeln
nothwendig. Seine Breite beträgt zwischen den äufsern Balken-
wänden oben 14 Fufs, unten war sie aber noch etwas gröfser,

---

*) *The Civil Engineer and Architect's Journal. I.* p. 31.
**) *Practical treatise on bridge-building by Cresy.*
***) *Nouvelle Collection de dessins etc.*

indem die seeseitige Wand schräge stand. In der Mitte zwischen den aus starken Balken bestehenden Wänden befand sich noch eine dritte, die man jedoch zu beiden Seiten nicht durch hölzerne Zangen, sondern durch starke Schienen verbunden hatte, damit die Füllungserde frei herabsinken konnte. Eine wesentliche Verstärkung erhielt der Damm aber noch durch Querwände von gleicher Construction, die in Abständen von 25 Fuſs 17 Fuſs weit wie Strebepfeiler in die Baugrube traten, und durch kräftige Verstrebungen auch die zwischen liegenden Theile des Dammes stützten. Um sich zu überzeugen ob der Damm unbeweglich stand, waren zwischen diesen Querwänden auf isolirt stehenden Pfählen Maaſsstäbe angebracht, woran ein sehr geringes Ueberweichen schon bemerkt werden konnte. *)

Wenn der Baugrund bis zu einer groſsen Tiefe aus weichem Schlamm besteht, in welchem die Pfähle keinen sichern Stand annehmen, so wird die Anlage von Fangedämmen sehr schwierig, indem diese durch den Wasserdruck in die Baustelle hineingedrängt werden. Ein solcher Fall ereignete sich in Holland, als man die Eingangsschleusen zu den Hafenbassins vor Amsterdam erbaute**) und das Mittel, welches man dagegen anwandte, bezog sich nur darauf, den Grund durch starke Belastung zu comprimiren.

Zuweilen kann man die Fangedämme nicht mit dem Grunde, auf welchem sie stehn, in gehörige Verbindung setzen, weil das Einrammen von Pfählen entweder wegen der groſsen Tiefe oder wegen des unreinen und felsigen Bodens nicht möglich wird. Ein interessantes Beispiel dieser Art war der Fangedamm, welcher bei der Aussprengung des Vorhafens für den Kriegshafen zu Cherbourg die Mündung desselben gegen die See schloſs. Diese Mündung traf auf eine Stelle, wo das natürliche Ufer zurücktrat und die erforderliche Wassertiefe schon vorhanden war. Die beiden Hafendämme, welche auf der Nord- und Südseite sie begrenzen, bestehn groſsentheils nur aus den Steinen, welche bei den Sprengungsarbeiten gewonnen waren. Der Fangedamm, der schon zur Zeit des niedrigsten Wasserstandes einem Drucke von 30 Fuſs Widerstand leisten

---

*) Förster's allgemeine Bauzeitung. 1850. S. 2.

**) Henz, der Hafen von Amsterdam; in den Verhandlungen des Gewerbevereins 1832. S. 172.

bestand in einem grofsen gezimmerten Kasten, dessen Länge
Breite der Mündung übereinstimmte und 142 Fufs betrug.
war am Boden 84 Fufs, oben 44 Fufs breit, und seine
aus 45 Fufs. Er bestand nur aus einer vordern und einer
Wand, Boden und Seitenwände fehlten ihm, damit die ein-
ete Erde alle Unebenheiten, die sie berührte, ausfüllen und
t dem Grunde und mit den Dossirungen der Hafendämme
n konnte. Man hielt indessen diese Kasten allein nicht
eichend, um dem Drucke des Wassers und dem Wellen-
gehörigen Widerstand zu leisten, daher schüttete man an
re Seite noch eine Erddossirung von etwa 45 Fufs Breite,
ufs sich an eine verstrebte dichte Holzwand lehnte. *)
nliche grofse und fest verbundene Holzkasten, die wieder
zwei Seitenwänden bestanden, wurden zur Bildung der
mme für den Bau der Victoria-Brücke in Canada benutzt,
an sie in den St. Lorenz Strom versenkte.
andern Fällen, wo Fangedämme auf Felsboden erbaut sind,
sie dadurch gegen das Verschieben gesichert, dafs Bohr-
n den Grund getrieben und eiserne Stangen darin gestellt
Dieses Verfahren ist z. B. beim Bau der Schleuse zu
, welche auf der westlichen Seite den Eingang in den Cale-
n Canal bildet, angewendet worden. Dasselbe ist bei
geschehn, als man die Futtermauer auf eine grofse Länge
Bett der Saale stellte, um den Damm der Thüringer Eisen-
gegen zu lehnen.
den Schleusen- und Wehrbauten an der Saar in der Nähe
rbrücken war der Felsboden, der unter dem Wasserspiegel
schen und zu diesem Zweck mit Fangedämmen umgeben
mufste, ein so weicher bunter Sandstein, dafs man zuge-
eiserne Stangen von 18 bis 21 Linien Durchmesser 1 bis
tief eintreiben konnte. Man versah dieselben, wenn das
härter war, mit Stahlspitzen. Diese Stangen, welche die
er hölzernen Pfähle vertraten, wurden im gegenseitigen Ab-
on 2¼ Fufs eingetrieben, die beiden Reihen derselben waren
Fufs entfernt. An die innern Seiten dieser Reihen lehnten

---

a der dritten Ausgabe von Sganzin's *programme* ist ein Querschnitt
ngedammes mitgetheilt.

sich Bretterwände. Eine solche wurde zunächst gebildet durch zwei vertikale Bretter die oben durch Schraubenbolzen mit doppelten Leisten verbunden waren. Zwischen diese Leisten stellte man alsdann die einzelnen vertikalen Bretter, und trieb sie fest gegen den Boden, eben so auch diejenigen, welche den Raum zwischen je zwei solchen Rahmen schlossen, und welche durch die von beiden Seiten vortretenden Enden der Leisten noch gehalten wurden. Bevor man aber den Fangedamm mit Erde füllte, verband man die sämmtlichen Eisenstangen mittelst ausgeglühter starker Drähte über den Bretterwänden mit den gegenüberstehenden. Diese Fangedämme waren einem Wasserdrucke von etwa 4 Fuß ausgesetzt.[*]) Es mag noch hinzugefügt werden, daß man nach Erbauung des obersten Nadelwehres innerhalb des preußischen Gebietes mehrfach Gelegenheit hatte, die Anlage der Fangedämme ganz zu umgehen. Indem man nämlich bei dem damals sehr niedrigen Wasserstande und der trocknen Witterung dieses Wehr vollständig schloß, so senkte sich das Unterwasser so sehr, daß man die hinderlichen Felsen ohne Weiteres beseitigen konnte.

Wenn ein Fangedamm sich an höheres Ufer anschließt, so muß er in dasselbe eingreifen, damit zwischen beiden das Wasser nicht hindurchdringt. Der Anschluß eines Fangedammes aber an Felsen oder Mauern, so wie überhaupt an fremdartige Körper, welche sich mit der Erde nicht innig verbinden, giebt leicht Veranlassung zum Durchquellen des Wassers. Um diese Besorgniß zu entfernen, muß man in solchem Falle die Breite des Dammes vergrößern, damit die Berührung, wenn sie auch nicht so innig ist, doch auf eine größere Fläche sich ausdehnt. Ferner ist es vortheilhaft, die Fläche möglichst uneben zu machen, auch wendet man in solchem Falle zuweilen anderes Material, als Erde an, namentlich Mist, der am Steine fester haftet. Auch stößt man zuweilen Latten, die mit Stroh umwunden sind, in die Ecken des Fangedammes neben Mauern oder an steilen Felsen ein. Beim Bau der Brücke zu Moulins über den Allier führte Régemortes über dem Bohlenboden, den er versenkt hatte, noch einen Fangedamm auf, um das Wasserschöpfen nicht über die ganze Baugrube ausdehnen zu dürfen. Dieser Fangedamm bestand aus hölzernen Kasten, deren Boden mit eingebauenen

---

*) In Erbkams Zeitschrift für Bauwesen. 1866. L. Hagen: die Canalisirung der obern Saar. S. 49.

Furchen versehn waren und die man auf eine eingeschüttete Thon-
lage stellte.

In ähnlicher Art, wie in dem Anschlusse gegen fremdartige
Körper, pflegt die Füllerde auch in den scharfen Ecken eines Fangedammes eine lockere Lage zu behalten, da wegen der vielfachen
Berührung mit den Wänden ein gehöriges Setzen hier nicht erfolgen
kann. Man muß daher plötzliche Unterbrechungen in der Richtung
der Fangedämme möglichst vermeiden, und die etwa vorkommenden
spitzen Winkel in mehrere stumpfe zerlegen, oder noch besser, wie
in England gewöhnlich geschieht, den Uebergang aus einer Richtung
in die andere durch eine Curve mit möglichst großem Radius ver-
mitteln.

Es bleibt noch zu untersuchen, wie man einen Fangedamm
wasserdicht macht. Eine einfache Holzwand, mag sie aus Spundpfählen, oder aus scharf neben einander eingerammten Balken bestehn, läßt gewöhnlich so zahlreiche und weite Fugen offen, daß
die durch sie umschlossene Baugrube nicht trocken gelegt werden
kann. Wenn dieses in sehr seltenen Fällen geglückt ist, so geschah
es nur bei reinem Grunde und bei überaus vorsichtiger Arbeit. Zuweilen hat man versucht solche Wände dadurch zu dichten, daß
man auf ihrer äußern Seite wasserdichte Leinwand herabrollte, die
bei eintretendem Drucke sich fest anlegte. Beaudemoulin stellte hierüber Versuche an, und fand daß man auf diese Art ganz sicher
einen Wasserdruck von 4¼ Fuß abhalten und zugleich das Durchsickern verhindern konnte. Er empfiehlt daher, hiervon Gebrauch
zu machen, sobald man bemerkt, daß die auf gewöhnliche Art construirten Fangedämme sehr undicht werden und stellenweise das
Wasser stark durchlassen.

Die gewöhnliche, bereits beschriebene Construction der Fangedämme bietet Gelegenheit, den dichten Schluß durch Erde darzustellen, die man zwischen die verschiedenen Holzwände schüttet.
Man muß dazu aber eine feine, recht gleichmäßige Erdart wählen,
welche gut bindet, ohne sich beim Einschütten in einen weichen
Brei zu verwandeln und ohne Höhlungen zu lassen. Hauptbeding-
gung ist es aber, daß keine Holzstücke oder andre fremdartige Körper mit eingeworfen werden, oder vielleicht schon beim Bau des
Fangedammes hineingebracht sind, denn neben diesen findet das Wasser immer einen leichten Durchgang. Bei den englischen Fange-

dämmen könnten die durchgezogenen Bolzen in dieser Beziehung auch als nachtheilig angesehn werden, doch haftet daran die Erde stärker, als an Holz, und ein Bolzen bietet wegen seiner geringen Dicke auch keine grofse Berührungsfläche. Alle diese Bolzen sind aber über dem niedrigen Wasser befindlich, und wo sie vorkommen, kann die Erdschüttung schon nachgerammt werden.

Gewöhnlich wird zäher Thon für das beste Material zur Füllung der Fangedämme gehalten, und wenn auch nicht bezweifelt werden kann, dafs diese Bodenart, wenn sie in dünnen Schichten von unten auf eingebracht und angestampft werden könnte, die Wasserdichtigkeit am sichersten darstellen würde, so treten ihrer Anwendung unter Wasser doch grofse Schwierigkeiten entgegen. Man darf den Thon nicht in sehr nassem Zustande benutzen, weil er sonst beim Einschütten vollends erweicht, und alsdann eine dicke Flüssigkeit bildet, die selbst durch die Fugen hindurchdringt. Man wirft ihn daher klumpenweise, wie er gestochen wird, in den Fangedamm. Hierdurch verhindert man seine dichte Ablagerung, für die man auch nicht früher sorgen kann, als bis man mit der Schüttung über Wasser gekommen ist. Man bemüht sich, dieses möglichst schnell zu erreichen, um das starke Aufweichen zu verhindern, liegt der Thon aber schon mehrere Fufs hoch, so wirkt die Handramme, oder die Stampfe, die man benutzt, nicht mehr bis zur ganzen Tiefe, und so können leicht bedeutende Höhlungen sich unten gebildet haben, die nicht zu beseitigen sind, und deren Vorhandensein man auch nicht früher bemerkt, als bis man beim Wasserschöpfen starke Quellen durch den Fangedamm hindurchdringen sieht. Es zeigt sich hierbei aber auch noch der zweite Uebelstand, dafs die Wasseradern, die sich zufällig in solchem Boden bilden, die feinen Thontheilchen, die sie berühren, aufnehmen und mit Leichtigkeit durch die engsten Fugen hindurchführen. Auf diese Art erweitern sich also die Adern immer mehr und die Zähigkeit des Thones ist Veranlassung, dafs die obere Decke eines solchen Canales nicht einstürzt. Man darf sonach, wenn die Ausfüllung in tiefem Wasser geschehn mufs, von der Anwendung eines recht steifen Thones keinen günstigen Erfolg erwarten, vielmehr bilden sich in demselben sogar noch stärkere Wasseradern, als in einer Sandschüttung. Schon Perronet erwähnt bei Gelegenheit des Baues der Brücke zu Neuilly, dafs der fette Thon zum Füllen der Fangedämme sich nicht eigne, weil er zu viele Höhlungen bildet, die man selbst in dem Falle nicht beseitigen kann, wenn man ihn auch unter Wasser zu stampfen versucht, wogegen gewöhnliche Ackererde sehr brauchbar sei.

Beim Sande, den man oft als ganz untauglich zum Füllen der Fangedämme ansieht, können die erwähnten Uebelstände nicht eintreten, und wenn dabei einiges Durchsickern auch nie zu vermeiden ist, so ist man doch vor sehr starken Quellen gesichert. Wenn aber die innere Holzwand, wogegen der Sand sich lehnt, so dicht ist, dafs einzelne Sandkörnchen nicht hindurchdringen können, so lagern sie sich bei dem eintretenden Wasserdrucke und vermöge der geringen sich dabei bildenden Strömung noch um so fester gegen die Wand, und vermehren hierdurch den guten Schlufs. Es soll später bei Gelegenheit der Schiffahrtscanäle erwähnt werden, wie vortheilhaft man sowohl in Frankreich als auch in England feinen Sand benutzt hat, um das Durchsickern des Wassers zu verhindern. Es fehlt auch nicht an Beispielen, welche zeigen, dafs Fangedämme aus Sand das Wasser abzuhalten im Stande sind. So wurde beim Bau des Humber-Dock's in Hull, ein Fangedamm, der jedoch nur zur Zeit des Hochwassers in Wirksamkeit trat, zwischen den beiden dichten Pfahlwänden mit Ziegelmauerwerk gefüllt, wobei die Steine aber nicht in Mörtel, sondern nur in Sand versetzt waren. *)

In neuerer Zeit hat man mehrfach versucht, durch besondere Beimischungen die natürliche Erde, wie sie gerade in der Nähe zu haben ist, für die Füllung der Fangedämme geeigneter zu machen. So setzte man schon bei den Bauten am Canale St. Martin zu diesem Zwecke der sandigen Erde $\frac{1}{11}$ bis $\frac{1}{6}$ ihres Volumens an Kalk zu und beim Bau der Brücke du Sault über die Rhone wurde der sehr strenge Boden mit $\frac{1}{15}$ Kalkbrei vermengt und stark durchgearbeitet, bevor man damit den Fangedamm füllte. Hughes äufsert sich auch dahin, dafs der strenge Thon ohne Beimischung bei tiefem Wasser nicht angewendet werden darf, indem er sich nicht dicht ablagert, man ihm vielmehr noch andere Stoffe zusetzen mufs. Als eine sehr brauchbare Mischung zum Füllen der Fangedämme empfiehlt er drei Theile reinen Thon (clay), zwei Theile Kreide (chalk) und einen Theil Kies (gravel). Die beiden letzten Bestandtheile sollen bis zur Gröfse eines Hühner-Eies zerschlagen und durch sorg-

*) Transactions of the Institution of Civil Engineers. I. p. 15.

fältiges Umrühren vor dem Versenken mit dem Thon vermengt werden. Dabei wird noch bemerkt, dafs es in England üblich sei, den Fangedamm in der Krone einen Fufs hoch in Ziegeln zu übermauern. Hughes meint jedoch, dafs man eine eben so feste und noch dichtere und zugleich wohlfeilere Decke darstellen kann, wenn man eine Bétonlage von recht grobem Kiese aufbringt.

Endlich sind noch die Mittel zu bezeichnen, die man in Anwendung bringen kann, sobald man bemerkt, dafs der Fangedamm seinen Zweck nicht erfüllt und grofse Wassermassen durchläfst. Indem er auf der innern Seite bequem zugänglich ist, so versucht man häufig hier die Fugen zu stopfen, durch welche man das Wasser austreten sieht, doch gelingt dieses fast niemals, denn wenn die Adern schon durch den ganzen Damm bis gegen die innere Seitenfläche gedrungen sind, so bilden sie sich, sobald ein Ausweg hier verstopft wird, sogleich einen andern in der Nähe. Wenn der Leck gedichtet werden soll, so kann dieses nur auf der äufsern Seite oder im Innern des Dammes geschehn. Von aufsen verhindert indessen der Wasserstand einen solchen Versuch, und es bleibt nur übrig, Gegenstände zu versenken, die vielleicht durch die hindurchdringende Wasserader gefafst und vor die Oeffnung geführt werden. Zu diesem Zwecke eignet sich besonders wasserdichte Leinwand, wie bereits erwähnt wurde, auch gelingt es zuweilen, davorgeschütteten Mist, mit Stroh vermengt, in die Oeffnung hereinzuziehn und selbige dadurch zu sperren. Das Verfahren, das aber in ähnlichen Fällen bei Canälen mit überraschendem Erfolge angewendet ist, läfst auch für die Dichtung der Fangedämme in manchen Fällen dieselbe Wirkung erwarten. Man schüttet nämlich feinen Sand in das Wasser vor die Stelle, wo man die Wasseradern vermuthet, die einzelnen Sandkörnchen sinken langsam zu Boden und folgen daher jeder Seitenbewegung des Wassers. Auf solche Art werden sie zum Theil auch in den Fangedamm hineingezogen und finden hier leicht ein Hindernifs, welches sie zurückhält. So kann es geschehn, dafs ein Körnchen sich an das andere lagert, bis zuletzt die Ader gesperrt ist. Die geringe Mühe, womit ein solcher Versuch sich anstellen läfst, dürfte ihn rechtfertigen, wenn das Gelingen desselben auch weniger wahrscheinlich ist, als bei einem Canale, wo die Wasserader durch einen längeren Weg sich hindurchziehn mufs und daher solche zufällige Hindernisse für die einzelnen Sandkörnchen eher

en. Gewöhnlich bemüht man sich, eine undichte Stelle im
damme dadurch zu verbessern, dafs man die entstandene Höh-
m Innern zu beseitigen sucht. Man rammt die schadhafte Stelle
a, und wenn dieses nichts hilft, so gräbt man die Erdschüt-
to tief auf, als der Wasserstand es erlaubt und wendet alsdann
r die Ramme an, oder man baggert auch die Erde aus und
lie Stelle ganz neu. Hierbei mufs man natürlich die Baugrube
7asser laufen lassen, denn wenn die Strömung während dieser
t immer hindurchginge, so würde die Sperrung der Ader um
niger zu erwarten sein.

adem auf kiesigem oder sandigem Untergrunde das Wasser nicht
on der Seite, sondern auch durch den Boden in die Baugrube
, so hat man zuweilen die ganze Sohle der letzteren zu über-
1 versucht. Man nannte dieses einen Grund-Fangedamm.
olcher ist am sichersten durch eine Bétonschüttung darzustel-
och wird hiervon erst später die Rede sein.

eim Bau der Brücke zu Moulins über den Allier führte Ré-
tes eine Ueberdeckung mit Thon aus, die ihren Zweck auch
nd erfüllte. Das Flufsbette bestand aus feinem Sande und
ohrungen zeigten, dafs dieser wenigstens auf 47 Fufs Tiefe
eichte. Die Brücke, welche Hardouin Mansard daselbst im
1705 erbaut hatte, war wenige Jahre später bei einer Fluth
türzt und die Veranlassung dazu lag in den tiefen Auskolkun-
lie sich neben den Brückenpfeilern bildeten, deren Wirkung
ber nicht durch eine tiefere Fundirung vorgebeugt hatte, weil
fahl weiter als höchstens bis anf 15 Fufs eingerammt werden
t. Régemortes stellte sich daher die Aufgabe, das ganze Flufs-
inter der Brücke zu befestigen, und dadurch jede Auskolkung
hindern. Um dieses zu bewirken, war eine wasserfreie Bau-
nothwendig. Ob solche sich darstellen liefs, sollte ein Versuch
dem Ufer des Flusses entscheiden. Es wurde eine Grube
2 Fufs Länge und Breite ausgehoben, mit Pfahlreihen und
wänden eingefafst und alsdann bis 6 Fufs unter den Sommer-
stand ausgebaggert, darauf stellte man zwei Kettenpumpen
och konnte man mittelst derselben das Wasser nur um 15 Zoll
. Nunmehr wurde ein Fangedamm aus Erde rings herum an-
bt, so dafs die Grube nur noch 30 Fufs in der Seite maafs,
en Schöpfmaschinen senkten darauf das Wasser Anfangs 4 Fufs,

das Niveau des Flusses.

Dieser Versuch entschied für das Project, d
zu bedecken, aber zugleich durch eine andere B
hindern, dafs der Thon nicht aufgespühlt werd
wurden fünf Reihen Spundpfähle eingerammt,
selben oberhalb der Brücke und drei unterhalb.
von einem Ufer bis zum andern, und die zweite
wand trafen auf die Ecken der Pfeilerköpfe. Al
schen den Spundwänden sollten überdeckt werc
sie zuerst bis zu der erforderlichen Tiefe aus un
Art noch nicht ein so ebner Grund darstellte, a
der Thondecke nöthig war, so wurde noch eine
chung desselben durch Abstreifen vorgenomme
Schiene wurde nämlich an ein Fahrzeug befestigt
richtet werden, dafs ihr unterer Rand horizontal
bige Tiefe zu stellen war. Sobald man das Fahr
vorwärts bewegte, so strich die Schiene längs d
nete ihn.

Hierauf erfolgte die Versenkung des Thones
13 Fufs Breite und 60 Fufs Länge schwebte zu
zeugen. In denselben war eine grofse Anzahl
eingesetzt, die oben in scharfe Kanten ausliefen

denselben gleichmäfsig über den Rahmen zu verbreiten, waren 5 Hebel an jeder Seite auch über ihren Drehepunkten durch ten E unter sich verbunden. Letztere legten sich, sobald die ppen geschlossen wurden, auf den Rahmen, und dienten alsdann Lehren für das Lineal, womit man den Thon ebnete und abstrich. n man nach diesen Vorbereitungen die vortretenden Hebelarme ob, so öffneten sich alle Klappen und die darauf lagernde Thon- stürzte sehr gleichmäfsig auf die Sohle der Baugrube herab. Der Rahmen wurde alsdann um seine Breite verschoben, und sonach lofs sich die folgende Beschüttung unmittelbar an die erste an.

War diese Arbeit vollendet, so erfolgte die Ueberdeckung der onschicht mittelst Tafeln von 12 Fufs Länge und 12 Fufs Breite, aus ½ zölligen Dielen durch übergenagelte Leisten zusammenge- waren. Alle Tafeln, welche neben den Spundwänden zu liegen en, wurden an der Seite, wo sie diese berührten, nach deren rm genau zugeschnitten. Eine Latte, welche unten mit einem sprunge versehn war, womit sie die Spundwand berührte, wurde senkrechter Stellung neben der Wand hingezogen. Dieselbe be- ete durch ihre Ausweichungen alle Unebenheiten der Wand, in der daneben zu versenkenden Tafel gleichfalls dargestellt wur- n. Das regelmäfsige Versenken der Tafeln geschah, indem auf Ecken jeder derselben eine Leitschiene aufgeschroben war, die bei der Versenkung der Tafel schon benutzt wurde, um letztere her- abzulassen. An diese Leitschienen liefsen sich aber auch die der benachbarten Tafeln befestigen, wodurch alle regelmäfsig und dicht schliefsend versenkt wurden. Um jedoch einen noch bessern Schlufs hervorzubringen, waren Streifen von Zwillich auf ihre Räder gena- gelt. Die Leitschienen wurden nicht früher ausgeschroben und ent- fernt, als bis die benachbarten Tafeln bereits am Boden lagen. Um das Aufschwimmen zu verhindern, hatte man dieselben aber schon beim Herablassen mit kleinen Steinen beschwert.

Nachdem auf solche Art der Boden gedichtet war, führte man erst die Fangedämme auf und setzte die Schöpfmaschinen in Bewe- gung, wobei das Wasser sich regelmäfsig senkte und die Baugrube trocken wurde. Alle erwähnten Arbeiten waren in der Tiefe von 8 bis 9 Fufs unter Wasser ausgeführt. Auf die Tafeln, die nunmehr eine gleichmäfsige und starke Beschwerung erhielten, wurden die Brückenpfeiler gestellt, aufserdem aber auch der ganze Raum ober-

halb und unterhalb der Brücke, 6 Fuſs hoch ausgemauert. Die
sern Spundwände erhielten Fachbäume, die mit der Oberfläche
Pflasters bündig waren, über die innern Spundwände wurde das
das Mauerwerk herübergeführt. Bei diesem ganzen Bau erei
sich kein namhafter Unfall und die Brücke hat sich, soviel bek
gut gehalten. Zur Zeit des niedrigen Sommerwasserstandes b
die Wassertiefe über den Fachbäumen oder der Grundmauer 1
Die Brücke hat 13 Bogen von 60 Fuſs Spannung, während die
filweite der früheren Brücke kaum die Hälfte maaſs. *)

Beim Bau der Spühlschleuse in Dieppe, die in einem C
also ganz ohne Wasserschöpfen erbaut wurde, wendete de (
gleichfalls eine Thonschüttung an, um die Bildung starker V
adern unter dem Schleusenboden zu verhindern. Die Maschi
er zum Versenken des Thones benutzte, war der beschriebe
ähnlich und unterschied sich von dieser nur dadurch, daſs
zelnen Klappen sich unmittelbar berührten, woher die star
terstäbe entbehrt werden konnten. Der Thon war vor dem G
getrocknet und pulverisirt. Zur Bedeckung desselben diente
matratzen, auf denen der Boden des Caissons, also der liege
ruhte. Nichts desto weniger wurde durch diese Vorsichtsma
das Durchströmen des Wassers nicht verhindert und die
stürzte nach wenig Jahren ein. Es war jedenfalls viel gew
man durch einen Bau, der nur auf Kiesboden gestellt war
gend in denselben eingriff, den hohen Wasserstand der I
halten wollte, der zur Zeit der Springfluthen sich hier 30 Fuſ

§. 44.
Trockenlegung der Baugrube.

Die Beseitigung des Wassers aus tiefen Baugruben wii
ders schwierig, wenn der Boden porös ist und ein Fluſs
sich in der Nähe befindet. Eben so wie ein unter gleichen

---

*) Die ausführliche Beschreibung dieses Baues, erläutert durch
Zeichnungen, enthält das bereits citirte Werk von Régemortes: „
du nouveau pont de pierre construit sur la rivière d'Allier à Moulin

geführter Brunnen nie versiegt, so sammelt sich das Was-
n dieser Baugrube, und jemehr man es durch Pumpen oder
senkt, um so stärker fließt es hinzu, indem der Wasser-
ter welchem die Quellen eintreten, sich durch diese Sen-
tärkt. Die Schwierigkeiten, welche der Trockenlegung der
sich entgegenstellen, werden zuweilen so groß, daß man
orhandenen Schöpfmaschinen nicht ausreicht, denn wie
se auch sein mögen, so setzt die Vermehrung des Zuflusses
nehmenden Senkung des Wasserspiegels ihrer Wirksamkeit
ich eine Grenze, und so giebt es jedesmal eine gewisse
der eben so viel Wasser zufließt, als die Maschine hebt,
in ist eine fernere Senkung nicht mehr möglich. Dieser
erstand findet aber nur statt, wenn die Maschine in voller
eit erhalten wird, sobald eine Unterbrechung eintritt, steigt
r und die Maschine muß wieder einige Zeit hindurch geben, bevor die Senkung bis zur früheren Tiefe erfolgt.
eilhaft ist es, wenn die erwähnte Grenze oder die Tiefe,
cher die Maschine das Wasser senken kann, weit unter
der Baugrube liegt. In diesem Falle darf das Pumpen
ununterbrochen fortgesetzt werden. Wenn dagegen jene
diejenige Höhe fällt, bis zu welcher die Senkung statt-
s, wenn der Rost gelegt oder der sonstige Grundbau vor-
werden soll, so darf die Maschine gar nicht zum Still-
amen. Man muß in solchem Falle schon einige Stunden
nfange der eigentlichen Arbeitszeit an jedem Morgen das
öpfen beginnen lassen, um den Zufluß, der während der
at entfernt war, zu beseitigen. Für besonders tiefe und
e Gruben, wie etwa zu Schleusen-Anlagen genügt aber
s nicht, und man muß sogar, um Unterbrechungen der
vermeiden, die Schöpfmaschinen dauernd, also eben so-
Nacht, wie am Tage und nicht minder an Sonntagen,
e erhalten. Vortheilhaft ist es aber, wenn in solchem
die eigentlichen Fundirungsarbeiten ununterbrochen fort-
rden, um den Bau möglichst bald soweit heraufzuführen,
s Pumpens nicht mehr bedarf.
len sind die aufgestellten Maschinen gar nicht im Stande,
r hinreichend tief zu senken. Man muß alsdann mit gros-
rluste, der wieder mit Kosten verbunden ist, die Anzahl

oder die Wirksamkeit der Maschinen vergröfsern, oder in ein
Fundirungsart übergehn, die eine minder tiefe Senkung de
erfordert. Zuweilen ist man sogar gezwungen, die Baustell
verlassen, und dafür eine andere, weniger quellreiche an
Wie störend und kostspielig solche Unterbrechungen sind,
wenn sie unerwartet eintreten, bedarf keiner nähern Au
setzung, es mufs jedoch noch darauf hingewiesen werden,
die Aufstellung einer recht kräftigen Maschine, wodurc
grube wirklich trocken gelegt wird, sich keineswegs alle
keiten beseitigen, indem eben die starke Strömung, welch
den Baugrund hindurchzieht, denselben so auflockern ka
die nöthige Festigkeit verliert.

Die Vorsichtsmaafsregeln zur Vermeidung solcher
lichkeiten beziehn sich zunächst darauf, dafs man sich t
Wasserzudrang möglichst zu schwächen. Diese
indem man für die Baustelle den passendsten Platz aus
sie dahin verlegt, wo der Boden mehr thonig als sandig
ist, und wo der Flufs sich etwas weiter entfernt. In v
ist indessen keine Wahl gestattet, doch jedenfalls ist
wichtigeren Bauten nothwendig, dafs man durch Boh
schon vorher von der Beschaffenheit des Grundes übe
die Stärke des Wasserzudranges einigermaafsen beurtheile

Zuweilen gelingt es auch, starke Quellen, welche
Baugrube ergiefsen, durch Aufschüttungen oder durch
u. dergl. zu schliefsen. Als im Jahre 1813 das Doc
werpen gebaut wurde, traten so grofse Wassermassen
grube, dafs die kräftigen Maschinen, die man aufgestell
erforderliche Senkung nicht bewirken konnten. Man bei
dafs das eindringende Wasser viel Erde mit sich führte
gab sich die Richtung des Zuflusses durch das Einsinken
in einiger Entfernung zu erkennen. Man ersah hierau
Quell aus einem Festungsgraben gespeist wurde, und
Untersuchung desselben fand man, dafs eine ansehnliche
sich darin gebildet hatte. Indem man diese durch ei
Erde ausfüllte und überhöhte, hörte der starke Wa
auf. *)

*) *Annales des ponts et chaussées.* 1856. *II. p.* 321.

der Wasserzudrang hängt von der Höhe des Wasserstandes
in Flüssen oder anderer in der Nähe befindlichen Wasser-
u ab, und da dieser nach der Jahreszeit veränderlich ist, so
ein großer Vortheil darin, wenn diejenigen Arbeiten, wobei
erste Senkung erforderlich ist, in solche Zeit fallen, wo die
die wenigste Wasser führen und überhaupt die größte Dürre
det. Dieses pflegt in den Monaten September und Anfang Octo-
r Fall zu sein. Sodann findet sich zuweilen auch Gelegenheit,
terirdischen Quellen, welche eine Baugrube füllen, schon ehe
ese erreichen, aufzufangen und anderweit abzuleiten. Zu
Zwecke hat man die Anlage von Artesischen Brunnen in
Entfernung oberhalb der Baugrube empfohlen, wovon in-
nur selten einiger Nutzen zu erwarten ist. Solche Brunnen
überfließen, wenn sie etwas helfen sollen, und man muß
emühen, ihre Ergiebigkeit durch Eröffnung recht tiefer Ab-
möglichst zu vergrößern, denn jemehr Wasser man ihnen
t, um so weniger können dieselben Quellen die Baugrube füllen.
ie Trockenlegung der Baustelle läßt sich ferner, wenn auch
lüsse nicht weiter zu vermindern sind, noch dadurch wesent-
:leichtern, daß man durch Eröffnung tiefer Abzugsgräben
atürlichen Abfluß möglichst fördert. Man wird zwar nur
in dieser Art von der Sohle der Baugrube das Wasser ab-
können, aber sehr häufig treten starke Quellen in größerer
ein, und durch Beseitigung derselben werden die Schöpf-
nen schon ansehnlich entlastet. Man muß überhaupt sehr
·ksam sein, daß die Hubhöhe nicht größer wird, als sie
len localen Verhältnissen sein muß. Der Effect der Schöpf-
ne ist das Product aus der Wassermenge, die etwa in einer
gehoben wird, in die Hubhöhe. Gelingt es, die letztere
Hälfte zu reduciren, so kann im Allgemeinen dieselbe Ma-
oder dieselbe Anzahl von Arbeitern doppelt soviel Wasser
l. Dieser Umstand wird häufig ganz übersehn. Man hebt
asser so hoch, wie die vorräthigen Pumpen sind, und gießt
ht selten wohl 6 Fuß über dem Fangedamm aus, während
h nur so eben über das Niveau des äußern Wassers gehoben
·den brauchte.
ie Krone des Fangedammes tritt unter gewöhnlichen Ver-
sen einige Fuß hoch über das äußere Wasser, man mag

indessen dieselbe nicht einschneiden, um den Damm keiner Gefahr auszusetzen. Diese Vorsicht ist jedoch meist nicht gerechtfertigt, denn indem der Einschnitt über Wasser geschieht, so kann man ihn immer schnell und sicher, sobald es nöthig sein sollte, wieder schließen, und eine undichte Stelle im Fangedamme, wenn sie in der Nähe seiner Krone vorkommt, ist jedenfalls wenig bedenklich. Hiernach rechtfertigt sich das Verfahren, welches man hin und wieder anwendet, daß man nämlich die Füllungserde des Dammes vor den Pumpen bis gegen den Wasserspiegel ausgräbt, die beiden Holzwände in dieser Höhe etwa einen Fuß breit durchschneidet und eine Rinne einlegt. Sobald das Wasser wieder steigt, so schiebt man, nachdem die Rinne herausgezogen ist, Bretterstücke auf der innern Seite vor die Einschnitte beider Wände und bringt in dünnen Lagen wieder bis zur passenden Höhe den Thon auf, den man fest stampft. Indem das Steigen des Wassers gemeinhin nicht unerwartet erfolgt und eine wichtige Baustelle doch nie ohne Aufsicht bleiben kann, so findet hierbei keine Gefahr statt.

Andrerseits hat man zuweilen gleich beim Bau des Fangedammes hölzerne Rinnen durch denselben hindurchgezogen. Dieses Mittel wandte schon Perronet beim Bau der Brücke zu Neuilly an und es kommt gewöhnlich auch bei denjenigen Fangedämmen vor welche nur den Wasserstand der Ebbe abhalten sollen, da es Gelegenheit giebt, das Fluthwasser aus der Baugrube abzuführen. Die Rinne selbst läßt sich leicht wasserdicht darstellen, aber ist schwer, ihre Verbindung mit der Füllungserde genügend sichern. Besonders muß man aber befürchten, daß unter ihr Boden sich Quellen hindurchziehn, indem eines Theils die Erde sich hier nicht fest dagegen stampfen läßt und andern Theils auch leicht später ein Setzen der Erde eintreten kann, an welchem die Rinne nicht Theil nimmt.

Eine andre Methode zur Vermeidung der überflüssigen Hubhöhe beruht darauf, daß man das gehobene Wasser in Hebern über den Fangedamm fließen läßt. Dieses Verfahren, welches vor geraumer Zeit in Metz angewendet wurde *). scheint sich vorzugsweise zu empfehlen, man muß dazu aber im Innern der Baugrube einen großen Kübel einrichten, der das Wasser zunächst aufnimmt und

---

*) Sganzin, *programme*. *I.* 4. *édition*. p. 308.

...en Umfassungswände sich bis zum höchsten äufsern Wasser-
...de erheben. Wenn der Heber aus gufseisernen Röhren besteht,
wird er seinen Dienst sehr regelmäfsig und sicher erfüllen, doch
.. er an seinem obern Ende mit einer Füllröhre und hier sowohl,
.. an beiden Mündungen mit Hähnen oder Klappen versehn sein,
.. sich leicht öffnen und schliefsen lassen, weil man ihn sonst
..t in Wirksamkeit setzen kann. Sein Querschnitt darf auch nicht
.. enge sein, mufs vielmehr der durchzuführenden Wassermenge
..sprechend gewählt werden, weil er sonst eine gröfsere Druck-
...he zum Abführen des Wassers gebraucht. Man hat zuweilen auch
.. Pumpen mit Hebern verbunden, oder ihnen eine solche Ein-
...tung gegeben, dafs sich die Hubhöhe nach dem jedesmaligen
...bern Wasserstande von selbst regulirt: hiervon wird bei Be-
..reibung der Schöpfmaschinen die Rede sein.

Demnächst läfst sich auch der Wasserspiegel in dem **A b z u g s -
a b e n** zuweilen durch eine angemessene Leitung desselben senken
.. dadurch wieder die Hubhöhe der Schöpfmaschinen vermindern.
gelang es Régemortes, den Wasserspiegel in der Baugrube um
Zoll zu senken, indem er einen Canal am Ufer des Allier-
..sees etwa 200 Ruthen stromabwärts zog, bei mehreren Schleusen
.. Bromberger Canale war es sogar möglich, die Baugrube ohne
..höpfmaschinen trocken zu legen, indem man jedesmal das Gefälle
..r nächstfolgenden Schleuse benutzte und bis zu ihrem Unterwasser
..er bis zur zweiten Canalstrecke den Abzugsgraben herabführte.

Bei der Unsicherheit, die jedesmal ohnerachtet aller vorher
..henden Untersuchungen über die Stärke des Zuflufses statt zu
..den pflegt, empfiehlt es sich, die Anordnungen so zu treffen, dafs
..an nöthigenfalls mit den beigeschafften Maschinen auch eine
..röfsere Wassermenge zu heben im Stande ist, als man er-
..artet. Wenn hierdurch auch vielleicht und namentlich bei An-
..endung von Dampfmaschinen nicht das Maximum des Nutzeffectes
..wonnen wird, so erreicht man doch den grofsen Vortheil, dafs
..an bei einem unerwartet starken Zuflusse nicht den Bau unter-
..echen darf. Eine solche Unterbrechung ist aber besonders nach-
..eilig, wenn der zur Fundirung günstige Wasserstand des Flusses
..r kurze Zeit hindurch anhält, und sonach eine Störung der Ar-
..it in dieser Periode vielleicht die Beendigung des Baues um ein
..nzes Jahr verzögert.

Das Schöpfen des Wassers geschieht nicht in der Sohle
Baugrube selbst, weil man diese alsdann nicht wasserfrei ma
könnte, auch ist es bei allen Schöpfmaschinen und namentlic
Pumpen vortheilhaft, das Wasser nicht unmittelbar über dem B
zu entnehmen, weselbst es gar zu unrein ist; in einer grö
Höhe darüber ist es frei von den gröbsten erdigen Theilchen.
diesem Grunde pflegt man in der Baugrube selbst noch ein
andere Vertiefung oder den sogenannten Sumpf zu bilden.
Einrichtung desselben muß man aber sehr vorsichtig sein, daß
durch nicht etwa dem Wasser ein leichter Zutritt eröffnet
Dieses wäre zu befürchten, sobald in geringer Tiefe unter der
der Baugrube sich besonders poröse Schichten vorfinden. In s
Fällen kann es nöthig werden, den Sumpf in seiner Sohle
decken und ihn in den Seitenwänden wie einen Brunnen einzu
damit er möglichst wasserdicht wird und sich nur von oben
die Zuflüsse aus der Baugrube füllt.

Zuweilen kann man in einer Baugrube, wenn die S
maschinen im Gange sind, deutlich bemerken, daß an ein
Stellen starke Quellen hervortreten, und man versucht ab
diese zu stopfen, doch ist im Allgemeinen der Erfolg davon
befriedigend. Es kommt hierbei vorzugsweise auf die Besch
heit des Grundes an: wenn derselbe sandig oder kiesig ist, s
durch die Schliefsung derjenigen Oeffnung, durch welche das V
hervorquoll, der vermehrte Druck im Innern sogleich zur Ents
eines neuen Ausflusses Veranlassung geben. Bei einem mehr
haltigen Boden, worin sich vielleicht eine geschlossene Wass
gebildet hat, kann dagegen eine dichte Sperrung, die man
Mündung anbringt, den Quell vollständig verschliefsen. Um
Sperrung zu bewirken, ist das einfachste und gewöhnlichste
dieses, dafs man einen Pfahl hineinrammt; man hat auch hi
wieder recht trockne Thonmassen hineinzustopfen versucht, (
Wasser quellen und sonach die Ader schliefsen, auch ist Bé
diesem Zwecke benutzt worden, doch lassen die beiden l
Mittel nur in dem Falle einigen Erfolg erwarten, wenn ma
ihrer Anwendung die Schöpfmaschinen aufser Thätigkeit gesetz
damit die Strömung für einige Zeit unterbrochen bleibt.
dieses nicht geschehn ist, so dürfte der Thon oder der Béto
gar nicht hineinbringen lassen, oder doch wenigstens nicht

örige Füllung der Oeffnung bewirken, indem das durchfliefsende
asser ihn zu stark angreift und die gelösten Theilchen heraustreibt.

Zuweilen hat man solche Quellen in besondere Fangedämme,
er auch wohl in Fässer oder Röhren eingeschlossen. Dieses
ittel ist gewifs passend, wenn der Zusammenhang der Quellen
t der übrigen Baugrube sich ganz aufheben läfst und das Wasser
der Röhre wirklich zur vollen Druckhöhe ansteigt, wodurch der
ere Zuflufs des Quells unterbrochen wird. In dieser Art wurden
im Bau der Brücke zu Orleans mehrere Quellen eingefafst. Jeden-
ls mufs alsdann der Baugrund hinreichend fest sein, damit das
asser unter dem stärkeren Drucke sich nicht daneben einen neuen
weg eröffnen kann. Ist dieses nicht der Fall, so läfst man das
asser in der Röhre bis über den äufsern Wasserspiegel ansteigen
d leitet es in diesen ab, erhebt es sich aber nicht so hoch, so
t man nur für die gehörige Dichtung der Röhre zu sorgen, damit
ine Ausströmung in die Baugrube erfolgt. In beiden Fällen be-
dert diese Röhre nicht die Ausführung des Fundamentes, wenn
neben demselben sich befindet, tritt sie aber in dieses hinein,
mufs sie durch Mauerwerk umschlossen und nach Erhärtung
letzteren durch Béton gesperrt werden, wie später mitgetheilt
rden wird.

Das sicherste Mittel zum Stopfen der aus dem Grunde hervor-
echenden Quellen bietet der Béton dar, besonders wenn er über
e ganze Sohle als Grundfangedamm ausgebreitet wird. Hauptbe-
ngung ist hierbei aber, dafs man der Bétonlage hinreichende Zeit
m Erhärten läfst, bevor sie dem Wasserdrucke ausgesetzt wird,
nn so lange sie noch weich ist, findet das Wasser leicht Gelegen-
it hindurchzudringen und spült alsdann die Kalktheilchen heraus,
dafs der Béton an einzelnen Stellen alle Festigkeit verliert und
er denselben die Quellen sich wieder zeigen.

§. 45.

Schöpfmaschinen.

Wenn bei ausgedehnten Fundirungs-Arbeiten oder sonstigen Bau-
lagen grofse Wassermassen längere Zeit hindurch gewältigt wer-

den sollen, so wird man unbedingt wohlthun, aus bewährten Maschinenbau-Anstalten die Pumpen oder andere Apparate nebst den zugehörigen Dampfmaschinen zu beziehn, auf kleineren und abgelegenen Baustellen ist der Baumeister dagegen oft gezwungen, die Schöpfmaschinen selbst zusammenzustellen, oder doch ihre Ausführung speciell zu leiten, woher es nöthig scheint, einige Andeutungen über die Einrichtung und den Betrieb solcher einfacheren Maschinen mitzutheilen. Zunächst mag von den zu benutzenden Betriebskräften die Rede sein.

Die Schöpfmaschinen, deren man sich zur Trockenlegung der Baugruben bedient, werden häufig durch Menschen in Bewegung gesetzt, und namentlich findet dieses statt, wenn sie nicht lange Zeit hindurch in Thätigkeit erhalten werden dürfen, oder wenn die Wassermenge, die sie fördern sollen, ziemlich unbedeutend ist. Die Menschenkraft hat vor allen übrigen Betriebskräften den Vorzug, dafs sie sich viel unmittelbarer zur Darstellung der beabsichtigten Wirkungen benutzen läfst. Wenn z. B. eine Pumpe in Bewegung zu setzen ist, so darf man dieselbe nur mit einem Schwengel versehn, um sie durch Menschen treiben zu lassen, und selbst der Schwengel fehlt bei den Schiffspumpen, die mittelst einer Handhabe an der Kolbenstange bewegt werden. Will man dagegen die Pferdekraft zum Betriebe der Pumpe benutzen, so mufs man einen Göpel in der Nähe einrichten und die horizontale und rotirende Bewegung desselben durch eine mechanische Vorrichtung in die verticale auf und abwärts gerichtete verändern. Noch complicirter und kostbarer wird die Einrichtung, wenn man die Wasserkraft oder eine Dampfmaschine benutzt. Die Betriebskosten pflegen in beiden Fällen sich zwar niedriger zu stellen, als bei Anwendung der Menschenkraft, aber die Aufstellung der Maschine ist so theuer, dafs dieselbe lange Zeit hindurch im Gange erhalten werden mufs, um die Anlagekosten zu decken. Hieraus ergiebt sich, dafs die Wahl der Maschine durch die wahrscheinliche Dauer ihres Gebrauches bedingt wird, indem es darauf ankommt, dafs die Summe der Kostenbeträge für Einrichtung und Betrieb möglichst geringe ausfällt.

Demnächst kommt es bei der Wahl der Schöpfmaschinen für den in Rede stehenden Zweck auch sehr darauf an, dafs sie nicht viel Raum einnehmen, denn gemeinhin ist die Ausdehnung des Platzes

ufgestellt werden sollen, sehr beschränkt. Die gewöhn-
mpe ist in dieser Beziehung besonders vortheilhaft, doch
lere Maschinen und namentlich diejenigen, durch welche das
senkrecht gehoben wird, bieten ähnliche Vortheile. Man
bei aber nicht allein die eigentlichen Schöpfapparate berück-
denn auch die Nebentheile und namentlich diejenigen me-
n Vorrichtungen, welche die Betriebskraft unmittelbar auf-
müssen in der Nähe der Baugrube aufgestellt werden.
ian sie davon weit entfernen, so würde das Gestänge, oder
igen Zwischenglieder, welche zur Uebertragung der Kraft
inen Theil derselben consumiren und sie dadurch schwächen.
en Gründen muſs man häufig auf die Benutzung der Pferde-
zicht leisten, welche sich im Uebrigen hierzu sehr wohl
reil sie an sich wohlfeiler als Menschenkraft, auch leicht
affen ist, und im Vergleiche zur Dampfkraft nur einfache
ngen fordert.

er muſs die Schöpfmaschine, welche man wählt, das Was-
Umständen in verschiedene Höhe heben, wie bereits
t ist. Bei den Pumpen läſst sich dieses leicht erreichen,
an den Ausguſs beliebig hoch anbringen kann, ohne eine
Aenderung vorzunehmen, und es kommt nur darauf an, daſs
en beständig unter der Seitenöffnung bleibt. Sobald man
n Steigen des äuſsern Wassers gezwungen ist, den Ausguſs
en und die frühere Oeffnung zu schlieſsen, so ist es ohne
l, wenn dieser Schluſs auch einige Unebenheiten im Innern
pe darstellt.

Wasser, welches man heben muſs, ist gemeinhin nicht
n und führt oft erdige Theilchen und selbst Sand, auch
lre Körper, wie Holzspähne u. dergl. mit sich. Hierdurch
dichte Schluſs der Kolben leicht beeinträchtigt und selbst
le bleiben geöffnet, sobald fremde Körper hineinkommen.
meidet solche Uebelstände zum Theil dadurch, daſs man
ser nahe an der Oberfläche eines tiefen Sumpfes schöpft
durch Körbe oder durch Kasten, die siebartig mit feinen
versehen sind, hindurchtreten läſst. Die Pumpen sind in
eziehung am meisten der Beschädigung unterworfen und
l sich daher andre Schöpfmaschinen, bei denen Ventile

oder Kolben nicht vorkommen, beim Heben des trüben Wassers
dauerhafter, auch sind Reinigungen oder Reparaturen bei ihnen
seltener erforderlich.

Allen Schöpfmaschinen, sowie überhaupt allen Maschinen,
muſs man diejenige Geschwindigkeit geben, welche ihre
Leistung vergleichungsweise zu der darauf verwendeten Kraft zu
einem Maximum macht. Wollte man z. B. das geneigte Schaufelwerk sehr langsam bewegen, so würde durch den freien Spielraum,
der dabei nothwendig ist, der gröſste Theil des Wassers, nachdem
es etwas gehoben worden, wieder zurückflieſsen und der Effect der
Maschine sich sehr vermindern. In noch höherem Grade findet dieses
bei dem Wurfrade statt, welches freilich nicht zum Ausschöpfen
von Baugruben benutzt wird. Letzteres leistet, wie die Erfahrung
lehrt, gar nichts, sobald die Windmühle, die es gewöhnlich treibt,
von einem schwachen Winde nur langsam bewegt wird. Andere
Maschinen dagegen bedürfen einer gewissen Zeit, um das Wasser
aufzunehmen, welches nur vermöge der Schwere in sie hineinflieſst.
Diese zeigen einen unverhältniſsmäſsig geringen Effect, wenn man
sie sehr schnell bewegt, wie z. B. die Kastenkünste, die Schöpfräder u. dergl. Man muſs also jedesmal für die passende Geschwindigkeit der Schöpfmaschine sorgen, doch läſst sich diese
Geschwindigkeit nicht willkührlich dadurch reguliren, daſs man
etwa die Kurbel sehr schnell oder sehr langsam drehn oder den
Kolben einer Dampfmaschine beliebig schnell spielen läſst, denn
diese Theile der Maschine, welche die Betriebskraft unmittelbar aufnehmen, müssen gleichfalls mit der für sie angemessenen Geschwindigkeit sich bewegen, wenn der Effect ein Maximum werden soll.
Sonach bleibt nur übrig, durch die Zwischenglieder in der Maschine,
welche die Bewegung übertragen, das bestimmte Verhältniſs der
Geschwindigkeiten darzustellen, man thut aber wohl, wenn man die
Kräfte gleich so wählt, daſs keine zu grofse Veränderung der Geschwindigkeit erforderlich wird.

Die Thatsache, daſs die Betriebskraft nur bei einer gewissen Geschwindigkeit ein Maximum ist, wird häufig nicht
genug beachtet, und dieses vielleicht aus dem Grunde, weil man
die Gröfse oder das Moment der Betriebskräfte, d. h. die Producte
aus dem Drucke oder Zuge in die Geschwindigkeit durch constante
Zahlen auszudrücken gewohnt ist. Wenn man z. B. das Moment

der Pferdekraft gleich 500 setzt, oder annimmt, daſs der Zug oder das senkrecht gehobene Gewicht multiplicirt in die Höhe, zu der es in der Secunde ansteigt (wobei die erste Gröſse in alten Pfunden und die letzte in Fuſsen ausgedrückt ist), die Zahl 500 giebt, so wird man leicht verleitet zu glauben, daſs dieses Product für alle Geschwindigkeiten sich immer gleich bleibt und daſs sonach der Zug immer umgekehrt der Geschwindigkeit proportional ist. Dieses ist indessen keineswegs der Fall, jene Zahl bezeichnet vielmehr das Maximum des Productes, das nur bei einer bestimmten Geschwindigkeit eintritt. Wahrscheinlich bleibt aber die Leistung des Pferdes, wenn man die dauernde und regelmäſsige Thätigkeit betrachtet, noch unter der angegebenen Gröſse, sowie überhaupt bei der Schätzung der organischen Kräfte dieselben gewöhnlich zu hoch angenommen werden, wie schon bei Gelegenheit der Rammarbeiten bemerkt wurde.

. Bei Anwendung der organischen Kräfte zur Bewegung von Maschinen kommt es demnächst auch sehr darauf an, die Menschen oder Thiere auf solche Art anzustellen, wie es ihrer Natur und ihrem Körperbau am meisten zusagt. Die Aufgabe besteht immer darin, aus der ganzen Tagesthätigkeit den gröſsten Effect zu ziehn. Jede übermäſsige Anstrengung, die bald Ermüdung und Abspannung verursacht, muſs vermieden werden, und man muſs besonders diejenigen Theile des Körpers zur Aeuſserung der Kraft benutzen, welche die stärksten sind und die kräftigsten Muskeln enthalten. Der Natur des Pferdes entspricht mehr der horizontale Zug, als das Steigen, das Pferd giebt also einen gröſseren Effect, wenn es in den Göpel gespannt wird, als wenn es im Laufrade oder auf der Tretscheibe geht, aber auch im Göpel muſs es an einen langen Zugbaum gespannt werden, weil es sonst zu leicht ermüdet, indem sehr kurze Wendungen einen Theil seiner Kraft consumiren.

Noch vorsichtiger muſs man bei Anwendung der Menschenkraft sein. Die groſse Verschiedenheit der Momente derselben, jenachdem die Arbeiter zur Bewegung einer Kurbel, eines Laufrades oder auf andre Art benutzt werden, ist so augenscheinlich, daſs sie schon lange bemerkt worden ist, und man hat in der Maschinenlehre für jede dieser Anwendungen die Gröſse des Momentes zu bestimmen gesucht. Dabei wird indessen gemeinhin die Ursache dieser Verschiedenheit nicht richtig aufgefaßt, indem man sagt, daß ein Mensch entweder durch seine Kraft, oder sein Gewicht wirkt und im letzten Falle seine Leistung größer ist, als im ersten. Daß der Mensch als todte Last oder als bloßes Gewicht eine Maschine in Bewegung setzt, kommt selten vor, und wo es geschieht, da muß der Mensch selbst wieder die Kraft entwickeln, um sein Gewicht zu heben. Bei unbelastetem Steigen, oder indem man nur sein eigenes Gewicht hebt, ist der mechanische Effect größer, als bei jeder andern Kraftäußerung.

Die Anstrengung der Muskeln in den Schenkeln und im Unterleibe tritt aber auch in vielen andern Fällen ein, wo kein eigentliches Steigen stattfindet, so z. B. beim Drehn der Erdwinde, wobei man gleichfalls einen sehr großen Effect erreicht, auch beim Rudern erklärt sich hierdurch allein die sehr große Kraftäußerung, welche besonders durch ihre lange Dauer überrascht. Beim gewöhnlichen Pumpen, sowie beim Rammen ist gleichfalls die Kraft der Schenkel von großem Einfluß, indem der Körper zur Hervorbringung eines starken abwärts gerichteten Zuges gesenkt und durch die Füße immer von Neuem gehoben wird. Bei der Kurbel endlich treten nach dem jedesmaligen Stande derselben sehr verschiedenartige Kraftäußerungen ein, bald hebt man sie, bald wird sie gesenkt, bald horizontal angezogen und bald abgestoßen, der ganze Körper ist bei ihrer Drehung in fortwährender Bewegung, aber der Effect ist in den verschiedenen Perioden so verschieden, daß eine Ausgleichung der Kraft hierbei besonders nöthig wird. Man stellt eine solche dar, indem man ein Schwungrad anbringt, oder die Achse mit zwei Kurbeln versieht, die am vortheilhaftesten unter dem Winkel von 135 Graden gegen einander verstellt sind.

Das Angeführte wird genügen, um die verschiedenen Betriebskräfte und die Art ihrer Anwendung zur Bewegung der Schöpfmaschinen zu beurtheilen. Was die Zwischentheile der Maschine betrifft, welche die Kraft übertragen, so wäre hier nur darauf aufmerksam zu machen, daß man nicht nur eine starke Reibung, sondern auch alles Biegen und Schlottern darin vermeiden muß, denn jeder heftige Stoß veranlaßt Kraftverlust und schwächt die Wirkung der Maschine. Ebenso hat das Schwanken und das Verziehn einzelner Theile nicht nur eine Abnutzung derselben zur Folge, sondern auch darauf wird ein Theil der Betriebskraft verwendet, also der beabsichtigte Nutzeffect dadurch geschwächt.

— In der nachstehenden Beschreibung derjenigen Apparate, wodurch das Wasser gehoben wird, also der eigentlichen Schöpfmaschinen, soll zunächst von denjenigen die Rede sein, welche einen heftigen Stofs dem Wasser ertheilen und es dadurch zu der erforderlichen Höhe heraufwerfen, sodann von denen, welche es in Eimern oder Kasten schöpfen und heben, ferner von solchen, wobei das Wasser in gewisse bewegliche Canäle eingeführt wird, deren Neigung man verändert und dadurch das Wasser zwingt, eine andere Stelle einzunehmen und nach dem höher gelegenen Ausgusse hinzufliefsen. Endlich aber können diese Canäle oder Rinnen auch fest sein und ihre Lage unverändert beibehalten, während Kolben sich in ihnen bewegen, die das Wasser mit sich führen. Dabei treten noch die beiden Modificationen ein, dafs entweder die Kolben sich ununterbrochen in derselben Richtung hinziehn, oder nur auf eine gewisse Höhe sich heben und alsdann sich wieder senken. Im letzten Falle wird dem Wasser nur durch einzelne Stöfse die Bewegung ertheilt.

A. Unter den Maschinen, welche durch einen heftigen Stofs das Wasser in Bewegung setzen und es aufwerfen, sind die einfachsten die Schaufeln. Man unterscheidet aber die Wurfschaufel von der Schwungschaufel, indem man unter der ersten Benennung solche versteht, die ohne weitere Befestigung nur aus freier Hand geführt werden, und unter der letzten diejenigen, welche an einem Bocke hängen. Die ersten kommen auf Baustellen wohl nie vor, weil ihre Benutzung nicht nur sehr anstrengend ist, sondern auch grofse Uebung erfordert. Die Schwungschaufeln finden häufige Anwendung bei Wasserbauten, doch seltener beim Trockenlegen der Baustellen, als beim künstlichen Ausschöpfen kleiner eingedeichter Niederungen. Fig. 239 zeigt ihre gewöhnliche Zusammensetzung, sie besteht aus fünf Brettstücken, ihre Länge beträgt 18 Zoll bis 2 Fufs und ihre Höhe und Breite 9 bis 12 Zoll. Sie ist mit einem langen Stiele versehn und hängt überdies an einem aus Stangen leicht zusammengesetzten dreibeinigen Bocke, letzterer ist etwa 8 Fufs hoch. Ein Arbeiter stöfst die Stange mit Heftigkeit in solcher Neigung fort, dafs der zugeschärfte Boden der Schaufel etwa einen Zoll tief eintaucht. Beim weitern Fortgehn hebt sich der Kasten und giebt dadurch dem Wasser diejenige Richtung, daß es in etwa 6 Fuß entfernten, breiten Rinne fliegt, welche es in Damm nach dem äußern höhern Wasser führt. Daß die L dieser einfachen Maschine nicht ganz unbedeutend sein kan man daraus abnehmen, daß sie häufig angewendet wird. Di zu der das Wasser dabei gehoben wird, beträgt selten m 3 Fuß, und nicht leicht wird ein Arbeiter während eines f ges, der etwa 4 Secunden dauert, einen halben Cubikfuß schöpfen. Zuweilen stellt man an eine Schaufel auch zwei c häufiger drei Arbeiter an, von denen der eine den Stiel fi die andern beiden mittelst Leinen der Schaufel den starken f ertheilen.

Häufig hat man der Schaufel eine feste Aufstellu geben, wodurch ihr Gebrauch sicherer wird. Eine Ei dieser Art, welche bei den Schleusenbauten an der Ems an und sehr gerühmt wurde, zeigt Fig. 240. Die eigentliche l welche in Fig. 241 a und b in der Ansicht von vorn und im schnitte dargestellt ist, besteht aus einem eisernen Rahmen i 2 Fuß Höhe und 1½ Fuß Breite, der mit drei hölzernen geschlossen wird. Letztere drehn sich um horizontale Ac überdecken sich, wenn sie geschlossen sind. Sobald der in derjenigen Richtung bewegt wird, wohin das Wasser fort; werden soll, so schließen sich die Klappen und sperren di worin die Schaufel schwingt, sobald aber die entgegengeset tung eintritt, so öffnen sie sich und durchschneiden auf d ziemlich leicht das Wasser, welches die Rinne wieder anfü Hubhöhe beträgt 3 bis 4 Fuß, und wenn das Wasser re in der Baugrube oder in der Rinne steht, so werden bei jede bis 7 Cubikfuß ausgeworfen. In der Minute erfolgen 10 bis l und die Maschine wird durch 4 bis 6 Arbeiter bewegt, die Zugleinen bei A in ähnlicher Art wie an einer Ramme während ein Arbeiter noch die Leine B führt, um die Schaufe ler zurückzutreiben. Endlich ist noch darauf aufmerksam zu daß der Rahmen sich frei in der Rinne bewegt und ein S; von etwa 1 Zoll ringsum offen ist.

Zu den Maschinen dieser Art gehört endlich noch das rad, welches jedoch fast nie zur Trockenlegung der Baugr nutzt wird, wogegen man es bei Entwässerung eingedeich

n häufig anwendet. Seine Beschreibung findet daher ihre
ste Stelle im zweiten Theile dieses Handbuches. Régemortes
s indessen auch zum ersten Zwecke gebraucht und zwar aus
genthümlichen Grunde, weil er auf dem bereits versenkten
oden, der den Grundfangedamm überdeckte, keine vertiefte
oder keinen Sumpf darstellen konnte, und alle sonstigen
naschinen einen so hohen Wasserstand zurückliefsen, dafs
urerarbeit nicht bequem und sicher auszuführen war.

Schöpfen und Heben des Wassers in Eimern oder
n:

r unmittelbare Gebrauch der Handeimer zum Ausschöpfen
ugrube kommt häufig vor und empfiehlt sich vorzugsweise
1, dafs keine besondere Einrichtung dazu erforderlich wird,
ie Arbeiter ohne alle Uebung diese Verrichtung ausführen
. Wenn jedoch der Effect nicht zu ungünstig ausfallen soll,
en manche Vorsichtsmaafsregeln beachtet werden, die in den
Bemerkungen über die zweckmäfsige Benutzung der Men-
aft ihre Begründung finden. Hierher gehört, dafs die Arbei-
ht über, sondern in dem Wasser stehn, welches sie aus-
n, weil sie im entgegengesetzten Falle sich jedesmal tief bücken
en eignen Körper von Neuem heben müfsten. Steht dage-
r Arbeiter bis an das Knie im Wasser, so kann er schon
echter Stellung den Eimer füllen und ihn bequem 3, auch
Fufs hoch heben. Eine noch gröfsere Hubhöhe wird sehr
nd, wenn eine solche nöthig ist, mufs man zwei Reihen Ar-
iber einander stellen, die alsdann zusammen das Wasser bis
heben können. In diesem Falle ist es aber nicht passend,
e untenstehenden Arbeiter die Eimer in ein Becken giefsen
e obenstehenden hier von Neuem schöpfen, vielmehr müssen
aer gefüllt auf die Rüstung gestellt und von hier weiter ge-
werden, wobei die bereits gewonnene Hubhöhe vollständig
wird. Endlich ist auch dahin zu sehn, dafs die Eimer mög-
eicht und hinreichend fest sind damit sie bei dem unvermeid-
Zusammenstofsen nicht zerbrechen. Lederne Feuereimer
her für diesen Zweck besonders geeignet. Solche lassen sich
ewöhnlich leihweise beschaffen, ihre Anzahl mufs aber wenig-
en so grofs, wie die der Arbeiter sein. In Venedig benutzt

man hierzu breite, aus Weiden geflochtene Körbe, die r
Wasser durchlassen, aber bei ihrer geringen Tiefe beson
quem gefüllt und ausgegossen werden können. Jeder Ko
von zwei Arbeitern geführt. Nach der gewöhnlichen Ann
sieht die Leistung eines Arbeiters darin, daſs er in der Min
den Eimer hebt, der durchschnittlich ¼ Cubikfuſs Wasser fa
muſs indessen hierbei, sowie bei allen diesen Angaben, auf
Pausen rechnen und darf nicht annehmen, daſs ein Arbeite
8 Stunden am Tage diese Leistung fortzusetzen im Stand

Wird die Hubhöhe bedeutender, so ist es vortheilh
Wasser in gröſseren Quantitäten zu heben, und man th
wohl, den Eimer an einen Hebel zu hängen und letzt
ein Gegengewicht zu belasten, welches den Eimer mit l
lang trägt. Man hat auch ähnliche Vorrichtungen oftmal
det, um einzelne gröſsere Eimer abwechselnd zu heben
zulassen und dabei auch zugleich für ein bequemes Füll
ren derselben gesorgt, doch kommen solche beim Trock
Baugruben nicht leicht vor.

Sehr wichtig ist die Anordnung, wobei an einer
Ende eine ganze Reihe von Eimern befestigt ist, welc
Bewegung der Kette abwechselnd unter das Wasser
daselbst füllen, sodann ansteigen und über eine obere Tr
auf der sie sich bei der veränderten Stellung entleeren.
schon früher durch eine andere Vorrichtung umgekippt
ihren Inhalt fallen lassen. Dieses sind die sogenannte
werke oder Norien, welche man schon seit langer Z
in Italien angewendet hat und die bei einer passenden
für gröſsere Hubhöhen sehr günstige Resultate zu gel
Die Reibung beschränkt sich bei ihnen allein auf diejenig
den wenigen Achsen und an der Kette stattfindet. Sie heb
ser in gut schlieſsenden Kasten und auf dem kürzeste
die erforderliche Höhe, woher kein groſser Kraftverlus
tritt. Dabei kommen jedoch manche erhebliche Uebe
die sich besonders darauf beziehn, daſs beim Entleeren
nicht vollständig aufgefangen wird, so daſs häufig ein g
desselben wieder zurückstürzt, ferner daſs das Wasser
auf eine bedeutend gröſsere Höhe gehoben werden muſ
gefangen wird, und endlich daſs das Füllen der Kaste

rin enthaltenen Luft oft Schwierigkeiten verursacht. Um diese **Mängel** zu beseitigen, hat man verschiedene Modificationen eingeführt, **so kurz** bezeichnet werden sollen. Im Allgemeinen ist aber zu **merken**, daſs diese Maschinen eine langsame Bewegung erfordern, **weil sie** sonst weder gehörig das Wasser schöpfen, noch auch es **an der** passenden Stelle ausgieſsen.

Fig. 242 stellt eine Norie dar, welche durch eine Art von **Kammrad** in Bewegung gesetzt wird, oder wo die Stöcke, welche **die Kette** fassen, an der einen Seite aus der Radfläche hervortreten. **Wenn** man das ausgegossene Wasser hier vollständig auffangen **will**, so ist es nöthig, daſs der Trog, der es aufnimmt, nur wenig **höher**, als die Achse des Rades liegt, woher die Welle an dieser **Seite** des Rades nicht vorstehn darf, vielmehr auf der andern Seite **ihre** beiden Lager haben muſs. Ferner fängt man das Wasser zu-**weilen**, wie Fig. 243 im Durchschnitte zeigt, in der Trommel selbst **auf.** Die beiden Ketten, zwischen welchen die Eimer befestigt **sind**, werden nämlich über zwei guſseiserne Scheiben geführt, deren **jede** sechs Arme hat, womit die Ketten gefaſst werden. Die **Zwischenräume** zwischen je zwei Armen sind mit Blech gefüttert, **so** daſs sich hier abgeschlossene Tröge bilden, die jedoch eine **starke** Neigung nach der einen Seite erhalten, oder hier sich der **Drehungsachse** merklich nähern. Am häufigsten gieſsen die Kasten, **nachdem** sie auf die obere Trommel getreten sind, das Wasser in **der** Richtung nach vorn aus. Besonders zweckmäſsig ist in diesem **Falle** die in Fig. 244 dargestellte Einrichtung, welche von Gateau **herrührt** und die man in Frankreich verschiedentlich mit Vortheil **benutzt** hat.*) Die Kasten, welche etwa 1 Fuſs hoch, 6 Zoll breit **und** 9 Zoll lang sind, haben zwei Oeffnungen, nämlich wenn man **die** Stellung betrachtet, in welcher sie aufsteigen und mit Wasser **gefüllt** sind, so haben sie oben und zwar zur Seite neben dem **schrägen** Boden einen offenen Schlitz, der nicht geschlossen werden **kann** und durch welchen sie sich füllen und entleeren, unten da-**gegen** ist eine kleinere Oeffnung befindlich, welche mit einem **Klappenventile** geschlossen ist. Sobald ein Kasten über die obere **Trommel** getreten ist, so öffnet sich dieses Ventil von selbst ver-

---

*) Vergl. Navier's Ausgabe von Bélidor's *Architecture hydraulique* p. 581 und *Recueil de dessins etc.*

... seines Gewichtes und bleibt so lange offen, bis der
... die erste Stellung einnimmt. Diese Anordnung e
... die Füllung des Kastens, denn wie da
... die erste Oeffnung eintritt, so entweicht die Luft de
... Um aber das Wasser, das über dem geneigt
... Kastens zuströmt und dadurch schon seitwärts gef
... aufzufangen, so befindet sich unmittelbar neben
... unter der ersten Trommel noch eine zweite, welche
... den Kasten bis unter die Achse der ersten Trommel zu
... Auf solche Art wird es möglich, die Rinne hinreichend
... die Kette zu schieben, ohne daß sie die Bewegung d
... hindert. Unten ist endlich noch eine dritte gleiche Tro
... deren Achse aber nicht mit dem festen Rahmen
... sondern die war frei auf der Kette liegt, um die au
... gehenden Kasten gehörig von einander entfernt
... den Canales St. Maur an der Marne oberhalb P.
... Maschine von Emmery benutzt und über ihre Leist
... die dann erforderliche Betriebskraft eine Reihe von
... angestellt. Es ergab sich, daß ihr Nutzeffect u
groß war, wie das Verhältniß der ganzen Höhe, auf die d
wirklich gehoben werden mußte, sich zu der nutzbaren
verhält, und da die Differenz beider eine constante (
welche durch die Art der Aufstellung bedingt wird, so er
einen um so größern Effect, je höher man mittelst diese
das Wasser hebt. Die Einrichtung der hierbei benutzter
giebt sich aus der Figur, es greifen nämlich durch jed
zwei eiserne Achsen hindurch und diese sind mit denen de
Kasten durch Kettenglieder verbunden. Die vortretend
der Achsen legen sich außerhalb der Kettenglieder in
schnitte, die sich in den gußeisernen Scheiben der Tr
finden.

Endlich hat man noch die Einrichtung getroffen,
Eimer oder Kasten nicht an zwei Achsen der Kette, s
an einer hängt, um welche er sich dreht. Sobald er bi
gewissen Höhe gestiegen ist, wird er durch einen festen H
Pflock gefaßt, der bei der fortgesetzten Hebung ihm eine
Stellung giebt, daß er seinen Inhalt ausgießt. Eine Anord
Art zeigt Fig. 245. Es tritt dabei noch der Vortheil ei

:, sobald er leer wird, eine geneigte Stellung einnimmt und
ch seine Anfüllung mit Wasser sich erleichtert.

)emnächst werden ähnliche Kasten oder Eimer auch an Räder
racht. Man nennt aldann letztere Schöpfräder. Dabei
n die Eimer zuweilen an horizontalen Achsen, um welche sie
rehn, wie Fig. 246 zeigt. Diese Anordnung ist so einfach,
ie keiner weitern Beschreibung bedarf. Gewöhnlich sind die
n mit dem Radkranze fest verbunden. Diese Zusammenstellung
man gewöhnlich ein chinesisches Rad.

der einfachsten Form trägt ein solches an seinem Umfange
eihe von kurzen Büchsen oder kleinen Tonnen (in China sind
mbusröhren), die an einer Seite geöffnet, an der andern ge-
en sind. Sie werden so befestigt, daß sie gegen die Ebene
ides schräge stehn, und ihre offenen Enden sich der Achse
nähern, als die geschlossenen. Man benutzt diese Räder viel-
amentlich zu Bewässerungen. Das grofse und in früherer Zeit
nte Rad, welches zur Versorgung der Stadt Bremen das
r aus der Weser schöpfte, war gleichfalls ein solches. Ge-
ch hängt man diese Räder in fliefsendes Wasser, und indem
iie unmittelbar mit Schaufeln versieht, so theilt ihnen der
die drehende Bewegung mit. Fig. 247 a und b zeigt dieses
ı seiner gewöhnlichen Zusammensetzung.

as in Fig. 248 a und b in der Seitenansicht und im Durch-
e dargestellte Rad ist wesentlich dasselbe, nur werden die
·ischen Büchsen oder Eimer durch Kasten ersetzt, die viel
·e Wassermassen fördern. Perronet wandte zur Trockenlegung
ıugrube der Brücke bei Neuilly ein solches Rad von 14 Fuſs
messer und 3¼ Fuſs Breite an. Das Wasser wurde damit
hoch gehoben und die Bewegung ging von einem Wasser-
us, das in der Seine hing. Auch beim Bau des Hafens am
ıgazine zu Berlin wurde ein Rad dieser Art benutzt, welches
Menschen gedreht wurde.

. Unter denjenigen Schöpfmaschinen, welche in ge-
n beweglichen Canälen das Wasser heben, durch
veränderte Neigung dieses nach der Ausflufsmündung gelangt,
ıt zunächst der Wipptrog erwähnt zu werden, der entweder
oder doppelt ist. Fig. 249 stellt einen doppelten Wipptrog
rie er beim Bau der Brücke zu Orleans angewandt wurde.

a ist die Ansicht von der Seite und *b* von oben. Eine Rinne von 32 Fufs Länge, 1 Fufs Breite und 1 Fufs Höhe, deren beide Enden aufwärts gebogen sind, schwingt um eine horizontale Achse in der Mitte. Dieser Trog wird abwechselnd auf einer und der andern Seite ins Wasser herabgedrückt und es öffnen sich alsdann die beiden im Boden befindlichen Ventile, wodurch der Trog sich mit Wasser füllt. Wird er darauf in die entgegengesetzte Stellung gebracht, wobei das Wasser auf der andern Seite einfliefst, so wird die erste Wassermasse nach der Mitte der Rinne geschleudert, und hier hemmt eine feste Zwischenwand ihre fernere Bewegung und zwingt sie, seitwärts nach einer gemeinschaftlichen Rinne abzufliefsen. Ueber den Effect dieses Troges führt Perronet an, dafs an jeder Seite zehn Mann angestellt waren, die mittelst Leinen wie an einer Ramme zogen, sie machten in der Viertelstunde 150 Stöfse und hoben durchschnittlich jedesmal 4 Cubikfufs Wasser 3 Fufs hoch. Eine so langsame Bewegung war nothwendig, weil man nach jedem Stofse das vollständige Abfliefsen des Wassers abwarten mufste. Indem diese Maschine viel Raum einnahm, das Wasser in starke Bewegung versetzte und nur einen geringen Nutzeffect ergab, so wurde sie bald beseitigt, und dafür das Ausschöpfen mittels Handeimern gewählt. Beim einfachen Wipptroge fliefst das Wasser über die Drehungsachse ab. Derselbe ist mehrfach bei Bauten versucht, doch dürfte er noch weniger, als der doppelte Trog zu empfehlen sein, da bei ihm das Gegengewicht ganz fehlt und durch unmittelbares Anheben ersetzt werden mufs.

Das Schneckenrad, welches schon von Vitruv beschrieben wird (tympanum), besteht wie Fig. 250 *a* im Durchschnitt zeigt, aus einer grofsen Anzahl langer, gekrümmter Zellen, die bei der Drehung des Rades durch Oeffnungen im Umfange desselben (Fig. 250 *b*) Wasser aufnehmen, und indem sie sich erheben, dieses bis in die Nähe der Achse fliefsen lassen, wo es durch eine weite Röhre seitwärts abfliefst. Es mufs bemerkt werden, dafs dieses Rad im Gegensatze zu den übrigen auf Taf. XVIII dargestellten Schöpfrädern in solcher Richtung gezeichnet ist, dafs sein Umfang an der rechten Seite ansteigt und an der linken niedersinkt. Mit dem Schneckenrade kann das Wasser nur zu einer Höhe gehoben werden, die bedeutend geringer als der Radius ist, dabei erfolgt indessen kein überflüssig hohes Heben und die Bewegung ist sanft

. Kraftverlust durch plötzliche Verminderung der Ge-
keit entsteht, und endlich findet dabei keine andre Reibung
nur die sehr mäßige Achsen-Reibung. Beim Bau der Brücke
s wurde dieses Rad benutzt, es war 25 Fuß hoch, im
¼ Fuß breit und wurde dadurch in Bewegung gesetzt, daß
Seite des Schöpfrades ein Laufrad angebracht war, worin
gingen. Am vortheilhaftesten stellte sich die Wirkung des
aus, wenn es nur 6 bis 9 Zoll tief eintauchte, und seine
übertraf alsdann die von allen sonstigen Maschinen, welche
e gleiche Anzahl Arbeiter bewegt wurden. Sehr nach-
ir es, daß man mit diesem Rade, das so vielen Raum
und so schwer zu versetzen war (es wog 7000 bis 8000
ch keine größere Hubhöhe, als etwa von 8 Fuß erreichen

ächst gehört in diese Klasse der Schöpfmaschinen die
chnecke oder die Archimedische Schnecke. Die-
ährt beinahe alle Vortheile des Schneckenrades und hat
en Vorzug, daß sie leicht aufzustellen ist und in einem
ten Raume Platz findet, auch daß ihre Wirksamkeit durch
Eintauchen nicht beeinträchtigt wird und man sie also in
e Baugrube stellen und, ohne ihre Lage zu verändern, so
rauchen kann, als sie überhaupt noch Wasser schöpft.
reich ist die Schnecke die gewöhnlichste Schöpfmaschine
rwähnten Vortheile machen sie gewiß höchst empfehlens-
zu noch kommt, daß sie bei der Abwesenheit aller Ven-
edes künstlichen Verschlusses auch durch trübes Wasser
eben so wenig leidet, wie das Schöpfrad. Fig. 251 zeigt
nung und Aufstellung der Schnecke. Sie hat im Durch-
bis 24 Zoll. Ihre Länge beträgt etwa 20 Fuß und sie
hnlich so gestellt, daß sie 8 Fuß hoch das Wasser hebt.
lnen Gänge müssen ziemlich schmal sein, weil sie sich
t gehörig mit Wasser füllen, woher man gewöhnlich ein
oder auch wohl ein dreifaches Gewinde darstellt. Man
erdurch noch den Vortheil, daß das Wasser gleichmäßiger
als wenn nur ein einzelner Gang angebracht wäre. Die
t an beiden Seiten die äußere Ansicht der Schnecke oder
tel. In der Mitte ist der Mantel entfernt gedacht, so daß
aus Brettchen gebildeten Gänge sieht, und zum Theil

fehlen auch diese, so daſs die mittlere Welle hervortritt. Die Anzahl der Brettchen beträgt für jede Windung 20 bis 24, man pflegt sie häufig nur an der obern Seite abzuschmiegen und an der unten, wo sie weniger mit dem Wasser in Berührung sind, stufenartig vor einander vortreten zu lassen. Sie greifen mit Zapfen in die Nuthe der Welle ein, unter sich sind sie mit hölzernen Nägeln verbunden, die gleich beim Zusammensetzen eingelassen werden, und ihr äuſsern Ende greift wieder in eine Nuthe, welche in die schmalen Bretter des Mantels eingeschnitten ist. Die Anfertigung der Schnecke erleichtert sich insofern, als alle Brettstückchen einander gleich sind und daher nach derselben Chablone geschnitten werden können. Die Zusammenfügung des Schraubenganges, so wie sein Anschluſs an die Welle und den Mantel erfordert groſse Sorgfalt, weil ein wasserdichter Schluſs wegen der langsamen Bewegung dringendes Erforderniſs ist. Hierzu dienen besonders die Zugbänder, die etwa in 4 Fuſs Abstand um den Mantel gelegt sind. Im Hâvre sah ich eine Schnecke anfertigen, welche von der beschriebenen Construction insofern abwich, als die Gänge nicht in eine Nuthe des Mantels eingriffen, sondern nur stumpf dagegen stieſsen. Nachdem die Brettchen, welche die Schraubengänge darstellten, über getheerte Leinwand in die Fuge der Welle eingesetzt und scharf zusammengetrieben, auch in den Stoſsfugen gedichtet waren, legte man die Schnecke in den Rahmen, worin sie später aufgestellt werden sollte, und indem man sie drehte, so arbeitete man nach einem Lineale den äuſsern Rand der Gänge sehr genau cylindrisch ab. Alsdann wurden Latten von 3 Zoll Breite, welche den Mantel bilden sollten und die im Innern nach der passenden Form etwas hohl gehobelt waren, mit sehr weiten Fugen aufgelegt, durch Zugbänder fest zusammengetrieben und gegen die Schraubengänge gedrückt. Es blieben sonach nur die Zwischenräume in dem Mantel zu dichten, und dieses geschah durch das beim Schiffsbau übliche Breven, indem aufgelockertes Tauwerk mit passenden Eisen fest hineingetrieben und sodann heiſses Pech darauf gegossen wurde. Diese Methode ist jedoch in Frankreich nicht allgemein üblich, vielmehr ist die zuerst erwähnte Verstopfung wohl am häufigsten im Gebrauche, auch läſst man zuweilen die Bretter, welche den Mantel bilden, durch Spundung in einander greifen.

Aus den Versuchen, die d'Aubuisson und Hachette anführen, ergiebt sich, daß eine Schnecke am vortheilhaftesten wirkt, wenn sie unter 30 Graden gegen den Horizont geneigt ist, doch stellt man sie auch unter 45 Graden auf. Eben so hat man die passendste Neigung der Schraubengänge durch Versuche festzustellen sich bemüht, doch fielen diese nicht entscheidend aus. Jedenfalls muß man aber dafür sorgen, daß das Wasser nicht zurückfließt. Nach den von Mallet angestellten Beobachtungen konnte mittelst einer Schnecke von dreifachen Gängen, die 19 Fuß lang war und 19 Zoll im Durchmesser hatte, durch 9 Arbeiter, die in der Minute 35 Umdrehungen machten, eine Wassermenge von 1358 Cubikfuß in der Stunde auf 10⅓ Fuß Höhe gehoben werden. Gewöhnlich rechnet man in Frankreich, daß ein Arbeiter, der während des Tages 6 Stunden hindurch wirklich die Schnecke dreht, in der Stunde 485 Cubikfuß, 3 Fuß 8 Zoll, hoch hebt. Die Arbeit an der schrägen Kurbel ist aber sehr unvortheilhaft, und man muß daher für eine zweckmäßigere Anstellung der Leute sorgen.

In neuerer Zeit werden häufig Schnecken in viel größeren Dimensionen in Eisenblech ausgeführt und durch Dampfmaschinen bewegt, damit sie aber bei großen Längen nicht durchbiegen, so versieht man sie in der Mitte mit einem abgedrehten starken eisernen Ringe, der von zwei Rollen getragen wird.

Häufig tritt der Anwendung der Wasserschnecke das Vorurtheil entgegen, daß man glaubt, sie höre auf zu wirken und könne kein Wasser heben, sobald ihre untere Mündung nicht zum Theil über der Oberfläche des Wassers liegt, so daß jeder einzelne Gang abwechselnd Wasser und Luft schöpft. Wenn dieses richtig wäre, so würde man gezwungen sein, die Schnecke nach dem jedesmaligen Stande des Wassers in der Baugrube zu verstellen. Bei den Bauten an dem Ems-Canale bei Lingen hatte man, um dieser Bedingung zu genügen, ohne die Maschine verstellen zu dürfen, den Mantel der Schnecke vielfach durchbohrt, damit die Luft Zutritt erhalten sollte. Ein starker Wasserverlust war die natürliche Folge dieser Anordnung. Daß die Vorsicht in Betreff der Zuleitung der Luft ganz überflüssig ist, ergiebt sich daraus, daß man in Frankreich und ebenso in Holland und im südlichen Deutschlande, wo die Schnecke oft benutzt wird, hierauf gar keine Rücksicht nimmt und man sie beim jedesmaligen Beginne der Arbeit tief unter Wasser stellt. Jenes

19*

Vorurtheil ist wahrscheinlich durch die Erscheinungen veranlaßt, die kleine Modelle zeigen, wobei der Schneckengang nur durch eine gewundene Glasröhre dargestellt ist. Wenn eine solche Röhre so enge ist, daß Luft und Wasser sich nicht zugleich in demselben Querschnitte befinden können, so ist freilich das Schöpfen der Luft nothwendig. Sobald nämlich keine Luft in den obern Theilen der Windungen sich befindet, diese vielmehr ganz mit Wasser gefüllt sind, so wird bei jeder Erhöhung des Wasserspiegels in der Röhre der Inhalt derselben augenblicklich zurückfließen und sich mit dem äußern Wasser ins Niveau setzen, weil die obern Theile aller Windungen als gefüllte Heber wirken. Ganz anders verhält sich aber die Wasserschnecke, die man wirklich anwendet. Denkt man eine solche Schnecke bis oben mit Wasser gefüllt, so wird freilich zunächst dieselbe Erscheinung, wie im gläsernen Modelle eintreten, das heißt, das Wasser wird zurückfließen, indem die einzelnen Gänge wieder vollständig gefüllte Heber sind. Sobald sich aber in dem obersten Gange der Wasserspiegel bis unter die Welle gesenkt hat, so tritt sogleich die Luft auch von oben ein und setzt den nächsten Heber, oder den obern Schenkel der folgenden Windung außer Thätigkeit, indem sie ihn anfüllt. Dasselbe geschieht bei allen folgenden Windungen und sonach wird die Wirksamkeit aller Heber aufgehoben, und die Luft kann frei von oben herab bis zu derjenigen Windung des Schneckenganges treten, die zunächst über dem äussern Wasserspiegel sich befindet. Es stellt sich also jedesmal ganz von selbst eben der Erfolg dar, den man durch jene besondere Aufstellung der Wasserschnecke herbeiführen will.

D. Endlich können die Schöpfmaschinen auch eine solche Einrichtung haben, daß das Wasser in gewissen festen Rinnen oder Röhren aufsteigt, indem darin Kolben angebracht sind. welche es aufwärts treiben. Die Kolben sind dabei entweder an Ketten ohne Ende befestigt und bewegen sich alsdann immer in derselben Richtung durch die ganze Röhre, oder sie werden abwechselnd auf und abgestoßen. In beiden Fällen veranlaßt der Druck der atmosphärischen Luft das Steigen des Wassers, weil sich sonst unter den Kolben luftleere Räume bilden würden. Bewegt sich der Kolben abwechselnd auf und ab, wie in einer Pumpe, so muß er einen dichten Schluß im Rohre bilden, wenn dagegen eine Kette ohne Ende hindurchgezogen ist, an der sich eine ganze Reihe von Kol-

, von der immer mehrere gleichzeitig in der Röhre sind
rchlaufen, so ist ein genauer Schluß der Kolben gegen
and nicht mehr nothwendig, und die Reibung, die ein
ılassen würde, kann vermieden werden, so lange man
ıelle Bewegung der Kolben sorgt.

iesen Maschinen, bei welchen die Kolben an Ketten
efestigt sind, wird das geneigte Schaufelwerk am
nutzt. Eine Rinne, die im Lichten 1 bis 2 Fuß breit
ıis 1 Fuß hoch ist, wird aus Bohlen zusammengesetzt
Fugen gehörig gedichtet, so daß sie die wasserdichte
den Förderkasten bildet. Man legt sie so, daß ihr
in die Ausgußrinne reicht und das untere Ende sich
Vasser befindet. Eine Kette ohne Ende, woran sich
ıder Schaufeln befinden, ist durch sie hindurchgezogen
ı ihr in einer zweiten Rinne, oder in dem Laufkasten,
kgeführt. Um diese Kette in Bewegung zu setzen,
ıugleich regelmäßig in die Rinne einzuführen und hin-
, sind an beiden Enden Trommeln angebracht. Auf
eln legen sich die Kettengelenke gehörig schießend auf,
von der obern Trommel so sicher gefaßt, daß die Be-
elben sich vollständig auf die Kette überträgt und ein
ıht zu besorgen ist.

ıegung kann durch Menschen oder durch Wasserkraft
ıh ist die Anwendung eines Pferdegöpels hierbei nicht
ı, und namentlich wird das geneigte Schaufelwerk in
ıden, wo man es auf Baustellen vielfach sieht, gemein-
ferde getrieben. Auf den Fangedamm wird ein Göpel
vorzugsweise durch einen starken und gehörig verstreb-
alten wird. An dem Tummelbaume befindet sich unter
vorauf die Pferde gehn, ein Kammrad von 10 bis 16 Fuß
ı, und dieses greift in einen Trilling, der an seinem an-
ıe Trommel der Kette trägt. Diese Trommel hat wie-
alt eines Trillings, wobei die Stöcke jedoch aus Eisen
wöhnlich hat die Trommel acht Stöcke, und ihr Durch-
der Abstand der Stöcke von der Achse muß so gewählt
ıim Umlegen der Kette um dieselben sich wieder ein
Achteck darstellt. Wenn die Trommel nur vier Stöcke
ıt sich zwischen den beiden Kettengliedern, die mit ihren

Enden auf denselben Triebstock treffen, jedesmal ein rechter Winkel, und sonach zieht der Triebstock, indem er immer senkrecht gegen das vorhergehende Kettenglied drückt, sehr sicher die Kette herauf. Wird die Anzahl der Triebstöcke etwa fünf oder sechs, so findet dieses nicht mehr mit derselben Sicherheit statt, und man muſs alsdann für die gehörige Spannung der Kette sorgen, weil sie sonst abgleitet. Vergröſsert sich die Anzahl der Triebstöcke aber noch mehr und steigt sie auf acht, so läſst sich die Kette durch das bloſse Anlegen der Stöcke nicht mehr sicher fassen, man muſs also in diesem Falle noch einen besondern Eingriff bilden, und dieses geschieht am einfachsten, indem jedes Kettenglied dicht hinter seiner Achse mit einem Ansatze versehn wird, wogegen der Triebstock stöſst. Fig. 258 auf Taf. XIX zeigt bei *A* diese Ansätze. Die Bewegung der Kette ist in der Richtung von der linken Seite nach der rechten gedacht. Daſs man die Anzahl der Triebstöcke über vier vermehrt, geschieht aus verschiedenen Gründen. Fürs Erste ist bei vier Stöcken der Unterschied im Zuge sehr bedeutend, je nachdem die Kette auf eine Ecke trifft, oder eine Seite des Vierecks berührt. Durch Vergröſserung der Seitenanzahl der Trommel wird dieser Uebelstand, wenn auch nicht ganz beseitigt, doch sehr vermindert. Sodann lassen sich auch die Kettenglieder auf eine Trommel, die nur vier Stöcke hat, nicht gehörig auflegen, indem die daran befestigten Schaufeln schon gegen die Welle stoſsen. Endlich aber ist es für die Zusammensetzung der Tröge und zur Darstellung der nöthigen Steifigkeit auch vortheilhaft, wenn der Förderkasten vom Laufkasten etwas entfernt wird, wozu wieder die Vermehrung der Triebstöcke dient. Am untern Ende der Kasten befindet sich eine zweite Trommel, die der obern gleich ist, und von der die Schaufeln in den Kasten eingeführt werden, ohne an die Seitenwände oder den Boden anzustoſsen. Man erreicht dieses am leichtesten, wenn man den Boden sowohl des obern, als des untern Kasten möglichst weit unter diejenige Trommel hinführt, von welcher er die Kette aufnimmt. Die beiden Kasten sind unter sich durch übergelegte Rahmen oder Zwingen verbunden, die in Abständen von 4 bis 6 Fuſs angebracht sind, an diese Zwingen sind auch die Wangenstücke befestigt, in welchen die Achsen der beiden Trommeln sich drehen, und gemeinhin ist noch die Vorrichtung angebracht, daſs die

nnen der untern Trommel sich weit herabschieben und festkeilen
en, um die Ketten gehörig zu spannen.

Die Anordnung der Ketten ergiebt sich aus den Figuren. Zwei
ten sind neben einander befindlich, deren Glieder durch gemein-
aftliche Achsen verbunden sind. Jedes Glied ist an dem einen
le gabelförmig gespalten, und umfaßt das Ende des nächsten
edes. Die Glieder greifen durch die hölzernen Schaufeln, und
en dieselben an der einen Seite durch Ansätze und an der an-
n durch vorgesteckte Splinte. Gewöhnlich laufen die Schaufeln
nittelbar über die Boden der Kasten, indem sie sich dabei aber
rk abnutzen, so legt man zuweilen, wie auch in den Figuren angeben ist, an beide Seiten jedes Kastens Eisenschienen, und ver-
ht die Schaufeln mit entsprechenden flachen Einschnitten, die mit
senblech verkleidet werden. Der freie Spielraum ringsum her
trägt etwa 6 Linien. In Frankreich wird häufig statt zwei Ket-
n nur eine benutzt, die aber so breit sein muß, daß sie sich noch
gelmäßig auf die Trommeln auflegt: dieselbe besteht alsdann aus
olz.

Mehrfach sah ich in den Niederlanden diese Schaufelwerke so an-
eordnet, daß die Kette nur etwa die Hälfte der Geschwindigkeit
er Pferde hatte. Wenn letztere nur im Schritt gingen, so beweg-
n sich die Schaufeln nicht schnell genug, um das Zurückfließen
es Wassers zu verhindern. Man trieb sie daher zu schnellem Trabe
n, doch ermüdete sie dieses so sehr, daß nach wenigen Minuten
chon Pausen eintreten mußten, die ungefähr doppelt so lang, als
ie Arbeitszeiten waren.

Ueber die Neigung, welche man dem Schaufelwerke geben muß,
m den möglichst größten Effect zu erreichen, sind die Ansichten
iemlich verschieden. In den Niederlanden werden sie gemeinhin
nter einem Winkel von etwa 30 Graden gegen den Horizont auf-
estellt.

Die Kettenpumpe oder das Paternosterwerk ist dem ge-
eigten Schaufelwerke ähnlich, und unterscheidet sich dadurch von
emselben, daß es senkrecht steht. Seine gewöhnliche Anordnung
t diese: ein hölzernes Pumpenrohr, daß etwa 4 Zoll weit gebohrt
t, bildet die Röhre, worin das Wasser gehoben wird, eine Kette
t hindurchgezogen, die an der äußern Seite desselben herabgeht,

und an ihr befinden sich die einzelnen Kolben oder Scheiben, die
das Wasser heben. Die Kette erhält ihre Bewegung durch eine
hölzerne Walze, in welcher sechs gabelförmige Arme angebracht sind.
Obgleich die Maschine dieser Art sich oft recht günstig gezeigt hat, so
findet sie dennoch nur selten Anwendung, weil die gewöhnliche Kette
nicht sicher von den Gabeln gefaßt wird. Bald greifen die Gabeln gar
nicht ein, so daß die Kette darüber gleitet und für eine kurze Zeit
stehn bleibt, bald dagegen kommt eine Scheibe gerade auf eine Gabel zu liegen und verursacht eine solche Spannung der Kette, daß
man die Walze zurückdrehn und die Kette etwas verschieben muß,
der gewöhnlichste und zugleich auch der unangenehmste Fall ist aber,
daß die Kette sich fest klemmt und nicht von selbst aus der Gabel
fällt. Alsdann muß die Maschine angehalten und die Kette gewaltsam herausgerissen werden.

Das regelmäßige Eingreifen der Kette in die Trommel läßt sich
indessen ebenso leicht darstellen, wie bei dem geneigten Schaufelwerke
und der Norie, man hat dieses auch mehrfach bereits versucht und namentlich ist es auf der englischen Marine geschehn, woselbst die
Kettenpumpe die gewöhnliche Wasserhebungsmaschine geworden ist,
sobald es darauf ankommt, große Wassermassen herauszuschaffen.
Die Kette hat hier dieselben Ansätze, welche Fig. 258 a für das
Schaufelwerk zeigt, doch kann man auch die Gabelwalze zu diesem
Zwecke beibehalten. Ich will eine Anordnung dieser Art beschreiben.
die ich bei zwei Pumpen gewählt habe, welche einen regelmäßigen
Betrieb zuliefsen und sehr günstige Resultate gaben. Diese Pumpen
waren zum Heben gesunkener Seeschiffe bestimmt und sollten im
Allgemeinen nach dem Muster derjenigen gebaut werden, welche
mehrfach zu gleichem Zwecke in Neufahrwasser benutzt waren und
sich daselbst sehr vortheilhaft gezeigt hatten. Die letzteren glichen
dem Paternosterwerke, dessen sich Perronet bediente, und das
Eytelwein in seiner praktischen Anweisung zur Wasserbaukunst
beschrieben hat: ein Unterschied fand nur insofern statt, als das
Rohr auf $7\frac{1}{2}$ Zoll Weite gebohrt war. Beim Gebrauche dieser Pumpe
zeigten sich indessen die erwähnten vielfachen Unterbrechungen und
eben deshalb gab ich der Kette eine andere Einrichtung. Fig. 259
a und b ist die Ansicht der ganzen Pumpe von der Seite und von
vorn, und Fig. 260 a, b und c zeigt die gewählte Construction der
Kette und der Gabeln.

ı Betreff der Kette ist zu erwähnen, daſs die Schraubenbolzen,
ı zwischen je zwei Gliedern die Verbindung darstellen, sich
ırehn dürfen, denn sobald dieses geschieht, so lösen sich leicht
uttern und alsdann stürzt die Kette herab. Man vermeidet
dadurch, daſs man in dem gabelförmigen Ende jedes Gliedes
dem Kopfe des Bolzens das Loch nicht rund, sondern viereckig
und dem Bolzen selbst an dieser Stelle einen quadratischen Quer-
t giebt. Den Gabeln darf die Abrundung am Ende nicht fehlen,
onst das breite Ende des vorhergehenden Gliedes, womit die Kette
uf die Gabel stützt, sich nicht lösen würde. Die vordere Seite
Gabel D muſs so gekrümmt sein, daſs sie einen Kreisbogen
ı, dessen Mittelpunkt in die Drehungs-Achse des nächst folgen-
Kettengliedes B fällt. Daſs alle einzelnen Kettenglieder und
ın nach gehörigen Chablonen angefertigt werden müssen, ver-
sich von selbst, aber eine besondre Schwierigkeit verursacht
die Befestigung der Gabeln. Der Versuch, dieselben in recht
ltig vorgebohrte Löcher einzutreiben, miſsrieth, und ich wählte
das in derselben Figur darstellte Verfahren. Die eichene Walze,
Fuſs stark und eben so breit war und welche schon vorher
eiserne Ringe auf beiden Seiten erhalten hatte, wurde in ihrer
in drei Richtungen durchbohrt, und diese Bohrlöcher durch
mmen in viereckige, 1½ Zoll breite und 2 Zoll lange regel-
durchgreifende Oeffnungen verwandelt. Jede Gabel hatte un-
ı Auge, in welches die eiserne Achse paſste, die Enden der
ı, worin sich diese Augen befanden, waren aber angemessen
ft, wie Fig. 260 c zeigt, wodurch es möglich wurde, die Mit-
n der sämmtlichen Gabeln in dieselbe Ebene zu bringen. Das
ıen der Gabeln erfolgte in der Art, daſs sie der Reihe nach
Walze gestellt, und demnächst die Achse durch die Augen
ıhgesteckt wurde. Die Achse war an einer Seite vierkantig
ıhmiedet, und sobald sie recht fest in die Walze eingetrieben
so steckten die sämmtlichen Gabeln zwar nur lose darauf und
onnte sie beliebig nach vorn und nach der Seite bewegen, aber
ntfernung von der Achse war bereits vollständig gesichert.
f lieſs ich letztere auf Pfannenlager legen, so daſs sie gedreht
ı konnte, und unter fortwährendem Nachmessen der Entfernun-
ıschen den einzelnen Gabeln und unter beständiger Prüfung, ob
ıschnitte in allen Gabeln auch in dieselbe Ebene fielen, wur-

den Keile von Buchenholz in die Oeffnungen der Walze eing
worüber endlich noch starke Bleche genagelt wurden. A
Art gelang es, die Gabeln genau einzustellen. Sie sind in
1 Zoll breit und ebenso stark. Die Kettenglieder sind v
zu Mitte des Bolzenloches 1 Fuſs lang, wurden aber in d
ziehung noch besonders sorgfältig geprüft und zwar mit
eisernen Lineales, worin zwei Bolzen fest eingeniethet wi
jenigen Glieder, welche keine Scheiben tragen, sind in
$\frac{1}{2}$ Zoll breit und stark, sie haben an einem Ende ein
andern zwei kreisförmige Lappen von 1$\frac{1}{2}$ Zoll Durchm
einzelne Lappen ist $\frac{1}{4}$ Zoll stark, jeder von den doppel
Die Bolzen halten aber $\frac{3}{4}$ Zoll im Durchmesser. An
Glied ist eine Scheibe angebracht. Ein solches Glie
und mit einem Ansatze versehn, an letzteren lehnt
eine eiserne Scheibe, auf diese folgt eine mit eiserner
schlagene hölzerne Scheibe und dann das $\frac{1}{2}$ zöllige Led
wieder eine hölzerne und eine eiserne Scheibe liegen. I
getriebenes Splint verbindet Alles fest mit einander.
Ende der Pumpe läuft die Kette über keine zweite W
ist nur ein starker, gehörig abgerundeter Klotz angebi
sicher und ohne daſs sie gegen die Ecken stöſst,
zu leiten.

Die Lederscheiben hatten Anfangs denselben Dur
die Röhre, doch zeigte es sich, daſs die Reibung alsc
wurde. Ich lieſs daher die Scheiben ringsum einen h
schneiden, so daſs sie nunmehr einen Spielraum von
Zolle hatten. Der Erfolg entsprach ganz der bereits e
scheinung, daſs sich nämlich kein Wasserverlust zeigt
Geschwindigkeit nur hinreichend groſs war. Ein meh
holter Versuch ergab, daſs bei einer Geschwindigkeit
4$\frac{1}{2}$ Fuſs in der Secunde die geförderte Wassermeng
einem Wassercylinder entsprach, der 4$\frac{1}{2}$ Fuſs hoch
Weite des Bohrloches zum Durchmesser hatte, die
bei der einen Pumpe 8 und bei der andern 9 Zoll.
ergab sich dabei so stark, daſs es über die 1 Fuſs h
aufgesetzten Rinne herüberfloſs. Die Bewegung erhielt
durch zwei Kurbeln, woran 4 Mann arbeiteten, auſ
an jede Kurbel zwei Zugstangen angebracht, woran 16

Minuten mußte jedoch eine Ablösung erfolgen und man
, um die Maschine einige Stunden hindurch im Gange zu
60 Mann: in der Secunde wurden nahe 2 Cubikfuß 10 Fuß
noben. Bei Anwendung dieser Pumpe zum Heben eines
ast beladenen Schiffes wurde eine Menge Sand und sogar
ies mit herausgeworfen, ohne daß der Gang der Maschine
beeinträchtigt wäre.

se sehr große Anstrengung, welche in der kürzesten Zeit
fte der Arbeiter erschöpfte, entsprach gewiß nicht den Be-
m eines geregelten Maschinen-Betriebes, die Aufgabe, um
ösung es sich hier handelte, war indessen eine ganz unge-
ie. Die Wasserwältigung durfte nur eine oder zwei Stunden
fortgesetzt werden, nämlich nur so lange, bis das Schiff
amm und in den Hafen vor die Baustelle gebracht werden
während dieser Zeit mußte die Maschine aber soviel Wasser
, als durch den Leck zufloß. Es kam daher darauf an,
glichst große Anzahl von Menschenkräften gleichzeitig auf
hine wirken zu lassen, um den Effect so zu steigern, daß
ff unerachtet der dauernden Zuströmung durch den Leck
vimmend erhielt. Gelang dieses nicht, so war das Pumpen
ecklos. Bald nach Ausführung dieser Maschinen wurden
iiffe damit gehoben und in den Hafen gebracht.

dürfte hier die passendste Stelle sein, derjenigen Wasser-
·Maschine zu erwähnen, welche in neuster Zeit vielfach und
nit dem besten Erfolge zur Trockenlegung von Baugruben
det ist. Dieses ist die Kreiselpumpe. Für größere,
kleinere Steigehöhen eignet sie sich, sie nimmt wenig Raum
Reibung ist in ihr sehr unbedeutend, da nur eine Achse
wird, vorzugsweise aber empfiehlt sie sich für diesen Zweck,
ein Ventil und kein Kolben darin vorkommt, also beim
·on unreinem Wasser sie nicht leidet, noch ihren Dienst
Sie wirft mit dem Wasser nicht nur den eintretenden Sand,
selbst Kies bis zu 1 Zoll Größe auf, ohne daß ihre Wirk-
dadurch beeinträchtigt wird. Eine nähere Beschreibung und
g derselben gehört aber nicht hierher, da ihre Anfertigung
iner Maschinenbau-Anstalt erfolgen kann.*)

---

ine detaillirte Beschreibung der Einrichtung und Wirksamkeit einer
npe befindet sich in Erbkam's Zeitschrift für Bauwesen. 1855. S. 107.

Endlich sind noch diejenigen Schöpfmaschinen z er
wobei der Kolben in einer Röhre abwechselnd sich a
abbewegt, also die Pumpen. Ich übergehe ihre Besch
da sie genugsam bekannt sind, und bemerke nur, daß sie
die Trockenlegung einer Baugrube wegen ihrer mäßigen Ansch
kosten, sowie wegen des geringen Raumes, dessen sie
stellung bedürfen, sehr wohl eignen. Auch erlauben sie,
gußöffnung beliebig hoch anzubringen, und man kann sie,
nöthig sein sollte, in jeder beliebigen Neigung aufstellen.
ist die Abwechselung der Bewegung, die bei jedem Zug
mit einigem Kraftverluste verbunden und veranlaßt gewi
starken Wasserverlust, besonders wenn die Kolben und
nicht dicht sind. Endlich aber werden die Pumpen bei
Wasser, und besonders wenn dasselbe Sand enthält, bei
bedürfen daher häufiger Reparaturen. Will man hölzerne
gröfsere Dimensionen geben, so setzt man sie aus vier
sammen, dieses sind die Bohlen-Pumpen. Statt der
Pumpen finden jedoch die gufseisernen auf den Baust
mehr Anwendung, da sie für sehr mäfsige Preise leicht
sind. Gewöhnlich bestehn sie aus zwei Stiefeln, de
durch einen gemeinschaftlichen Schwengel bewegt werd

Man hat sich mehrfach bemüht, die Ausgufsröhre
mit einem Heber zu verbinden, damit das Wasser n
Niveau des äufsern Bassins und nicht bis zur Krone
dammes gehoben zu werden braucht. Bei den gewöhnlich
pumpen ist dieses aber nicht zu erreichen, wenn man
das Wasser in besondere Gefäfse pumpen und es aus die
bern über den Fangedamm leiten will, dagegen läfst si
gabe bei Druckpumpen leicht lösen, indem die Ausgu
den Damm fort, bis unter den Spiegel des äufsern Wa
geführt wird.

§. 46.
Hydraulischer Mörtel. *)

ılisch nennt man solchen Mörtel, der die Eigenschaft
r Wasser zu erhärten. Verschiedene mineralische
bei richtiger Behandlung schon an sich einen Mörtel
ıwöhnlich stellt man ihn aber durch Vermengung ver-
ıbstanzen dar. Das letzte Verfahren ist in neuster Zeit
rch sorgfältige chemische Analysen so sehr verbessert
rt worden, daſs man fast überall das zur Bereitung
ırderliche Material findet.

ımeinen hängt die Festigkeit jedes Mörtels zum Theil
aſs der Kalkbrei in recht vielfache Berührung mit
ten Sande kommt. Der reine Kalk bildet, wenn er
gelöscht ist, an sich keine feste Masse, denn wie er
:h das Wasser an die Luft absetzt, so zerbröckelt er,
und Spalten sich darin bilden, und die kleinen aus-
ȝtückchen, in welche der Kalkbrei endlich zerfällt, sind
's sie sich zwischen den Fingern zerreiben lassen. Auf
echt glatter Oberfläche haftet der Kalk und der Kalk-
enig, deshalb geben polirte Steine und solche, welche
ıligen Bruch und eine glänzende Oberfläche zeigen,
auerwerk, wohl aber läſst sich ein solches durch rauhe
veise durch poröse Steine darstellen, bei denen die
che eine viel gröſsere Ausdehnung gewinnt. So fand
ſs derselbe Mörtel mit einer doppelt so groſsen Kraft
ısen Mühlsteine, der an der Marne bricht, haftet, als
ıliffenem Kalkstein.

lben Art, wie der Mörtel an den Mauersteinen haftet,
:h wieder in dem Mörtel der Kalk an den einzelnen

ıarbeitung dieses und der beiden folgenden Paragraphen bin
unterstützt worden durch meinen Sohn, den Bauinspector Lud-
bei Ausführung des Saar- und des Ihle-Canales sowohl Traſs,
ielfach verwendet, auch bedeutende Béton-Fundirungen aus-

Sandkörnchen. Auch hier ist die Verbindung am innigsten, wenn
die Kalkmasse möglichst dünne Lagen bildet und die Sandkörnchen
recht vielfach berührt. Hierdurch erklärt es sich, daß der scharfe
Sand einen bessern Mörtel giebt, als der matte, bei dem die Ecken
abgeschliffen sind, und wenn man den Sand aus einem Material
darstellt, das auch bei einer feinen Zertheilung noch die scharfen
Kanten und die rauhe Oberfläche behält, so erhärtet der Mörtel
um so schneller und bindet um so fester, je weiter die Zerkleinerung
getrieben war. Weiche Steine, wie etwa Thonschiefer, geben dagegen, wenn sie zerschlagen werden, keinen scharfen Sand, und
sind zur Mörtelbereitung nicht geeignet.

Auf dieser Berührung in möglichst ausgedehnten Oberflächen
beruht vorzugsweise die Festigkeit des gewöhnlichen, aus fettem
Kalke und reinem Quarzsande bereiteten Mörtels. Der Kalkbrei erhärtet, indem er Kohlensäure aus der Luft anzieht, und sich
wieder in kohlensauren Kalk verwandelt, während er fein zertheilt
zwischen allen Sandkörnchen eine genau schließende, feste Zwischenlage bildet. Dieser Mörtel verwandelt sich auf diese Art in eine
zusammenhängende und feste Masse, ohne daß eine chemische Verbindung zwischen dem Kalk und dem Sande vorausgesetzt werden
darf. Der Zusammenhang zwischen beiden scheint vielmehr nur
mechanisch zu sein und allein von der vollständigen Umschließung
der Sandkörnchen herzurühren. Die Bildung des kohlensauren
Kalkes erfolgt indessen sehr langsam und nur wenn die Luft Zutritt
hat. Ein hydraulischer Mörtel, der schnell und selbst unter Wasser
erhärtet, kann daher auf diesem Wege nicht dargestellt werden.

Das Erhärten des hydraulischen Mörtels wird dagegen durch
eine chemische Verbindung veranlaßt, die selbst unter Wasser
zwischen dem im Mörtel befindlichen kaustischen Kalk und der beim
Brennen aufgeschlossenen Kieselsäure und Thonerde sich bildet, wodurch die im Wasser unlösliche Verbindung von kieselsaurer Kalkerde und Kalkthonerde entsteht. Ein Ziegel, der mit dünnflüssigem
Kalkbrei begossen wird, färbt sich nicht nur weiß, sondern diese
Färbung läßt sich auch durch bloßes Waschen mit Wasser nicht
beseitigen. Anders verhält es sich mit andern Bausteinen, z. B.
mit einem Stücke Granit, das in gleicher Weise mit Kalk bedeckt,
sehr leicht vollständig gereinigt werden kann. Hiermit hängt eine
andre Erscheinung zusammen, die wesentlich zur Aufklärung dieser

beigetragen hat. Wenn man nämlich feinen Thon, der
: von 300 bis 400 Graden getrocknet war, mit Kalkmilch
so zieht derselbe aus der Milch den Kalk so rein aus,
ückbleibende Flüssigkeit selbst auf geröthetes Lackmus-
e Wirkung äußert. Hieraus giebt sich augenscheinlich
ie Verwandschaft des Thones und Kalkes zu erkennen,
zwischen reinem Quarzsande und Kalk nicht besteht. *)
idet in der Natur verschiedene Gemenge von kohlen-
c und Thon, die sehr brauchbare hydraulische Mörtel
on der gewöhnliche Mergelkalk gehört hierher, doch tritt
nn sein Thongehalt nur 10 bis 12 Procent beträgt, erst
en Wochen die Erhärtung ein. In den Juraformationen
gegen vielfach Ablagerungen vor, worin der Thongehalt
Procent beträgt. Diese geben einen sehr brauchbaren
schon in wenig Stunden erhärtet.
er gewöhnliche fette Kalk läßt sich zur Darstellung ei-
schen Mörtels benutzen, wenn man ihm künstlich solche
eile beimengt, mit denen er die erwähnten wasserbe-
iemischen Verbindungen eingeht. Schon durch den Zu-
egelmehl nimmt der Mörtel unverkennbar hydraulische
n an, wenn dieses Mehl aus hart gebrannten Steinen
nd möglichst fein gemahlen ist. Durch den Zusatz ge-
tanischer Producte statt des Ziegelmehls wird der
in viel höherem Grade hydraulisch.
n Puzzolanen war diese Eigenschaft schon im Alter-
it. Vitruv sagt **), daß man zu Wasserbauten einen Mör-
en müsse, der aus einem Theile Kalk und zwei Thei-
i - Pulver besteht, welches letztere in der Gegend von
:um Vorgebirge der Minerva, also am Fuße des Vesuvs
üste des Golfs von Neapel gewonnen wird.
ntorin-Erde gehört auch hierher, doch haben die bei
ingestellten Versuche nicht günstige Resultate ergeben,

ingehend ist dieser Gegenstand behandelt in dem vor Kurzem
Werke von W. Michaelis, betitelt: die hydraulischen Mörtel, ins-
Portland-Cement. Leipzig 1869.
hitectura Liber V. Cap. XII. — Auch liber II. Cap. VI. ist von
teolanus die Rede, das in der Nähe des Vesuvs gefunden wird.

während die in Triest damit ausgeführten Mauern hinreichende Härte annahmen. *) Jedenfalls ist diese Erde sehr unrein, und steht den im westlichen Deutschland und in den Niederlanden bei Wasserbauten vorzugsweise benutzten Trafs bedeutend nach.

Letzterer wird aus dem Tuffstein dargestellt, der im östlichen Abhange der Eifel vielfach vorkommt. Namentlich gewinnt man ihn seit langer Zeit im Brohl-Thale ohnfern Andernach, auch bei Plaidt wird er gebrochen und in neuerer Zeit werden mächtige Lager desselben bei Winningen ausgebeutet. Unter der Benennung Trafs versteht man das Pulver, in welches durch Mahlen oder Stampfen der Tuff verwandelt ist.

Das Brohl-Thal ist im Thonschiefer eingeschnitten und größtentheils mit Tuff gefüllt, so daß derselbe bis unter die Sohle des jetzigen Bachbettes herabreicht. Interessant ist es, daß man die Ablagerungen vorzugsweise in den zurückspringenden Erweiterungen des Thales, also gerade da antrifft, wo ein starker Strom am meisten zu Versandungen geneigt sein würde. Hiernach ist es nicht unwahrscheinlich, daß der Trafs durch das Wasser als Schlamm herbeigeführt und abgesetzt wurde, und daß er demnächst erhärtete. Der Grad seiner Festigkeit und Härte ist sehr verschieden. Die untern Lagen, die man in früherer Zeit häufig als Bausteine verwendete, haben die Härte eines weichen Sandsteines. Sie werden mit Pulver gesprengt, und wenn sie lange der Luft ausgesetzt gewesen sind und die Bergfeuchtigkeit vollständig verloren haben, so lassen sie sich zwar immer noch leicht bearbeiten, zeigen aber schon eine große Festigkeit und Tragfähigkeit. Viel weicher sind die obern Lagen, die man auch gegenwärtig noch als Bausteine zum Ausmauern von Fachwänden benutzt. Endlich kommt der Trafs noch in ganz losen Massen in der Form von grobem Sande vor. Zur Darstellung des Mörtels ist der untere feste Stein im Allgemeinen am meisten geeignet, den man daher ächten Trafs nennt. Er wird gegenwärtig nur zur Mörtelbereitung benutzt, denn sein Werth hat sich in der letzten Zeit so hoch gestellt, daß er als Baustein zu theuer sein würde, es geschieht sogar, daß man alte Gebäude, die aus Tuff er-

---

*) Zeitschrift für Bauwesen 1851. S. 293. — Einige Notizen über das Vorkommen der Santorin-Erde sind noch im dritten Theile dieses Werks §. 61. mitgetheilt.

t sind, nur in der Absicht abbricht, um die Steine zur Mörtel-
ikation zu benutzen. Die weicheren Sorten und den darauf lie-
den Sand nennt man wilden Trafs oder Berg-Trafs. Man
ntzt denselben gleichfalls zur Mörtel-Bereitung, doch giebt er ei-
weniger hydraulischen Mörtel, der nur langsam erhärtet.

Der Trafs enthält viele fremdartige Körper und vorzugsweise
et man Thonschieferstücke und Bimsstein darin eingesprengt, auch
tabilische Stoffe und namentlich Holzkohlen kommen vielfach
hin vor. Die Farbe des Trasses variirt vom Grauen ins Braune
geht oft in ein helles Blau über. Letzteres jedoch nur, wenn
Stücke ausgetrocknet sind.

Will man die Güte des Trasses nach seinen äufsern Kenn-
hen beurtheilen, so kann dieses mit einiger Sicherheit nur ge-
ehn, wenn er noch nicht pulverisirt ist. Er mufs möglichst fest
l hart sein, so dafs die scharfen Ecken sich nicht leicht abbre-
n und noch weniger kleine Stücke sich zwischen den Fingern zer-
ben lassen. Besonders mufs der Trafs sich scharf anfühlen, und
em die Beimengungen von Thonschiefer und Bimsstein dem Mörtel
ine Bindekraft ertheilen, sondern ihn nur verunreinigen, so ist
ch derjenige Trafs vorzuziehn, der am reinsten ist. Gewöhnlich
stzt man den grauen Trafs höher als den braunen und giebt dem
htblauen vor allen den Vorzug, doch ist dieses Kennzeichen allein
ht entscheidend. Wenn der Trafs pulverisirt ist, so pflegt man seine
ite nach dem Niederschlage zu beurtheilen, der sich bildet, sobald
an ihn in Wasser geschüttet und dieses umgerührt hat. Am besten
: der Trafs, wenn der Niederschlag bald und zwar vollständig er-
lgt, und keine verschiedene Schichten sich darin zu erkennen ge-
n. Die lange anhaltende Trübung des Wassers zeigt gewöhnlich
nen starken Thongehalt an, der oft von dem Thonschiefer herrührt.
och ist diese Probe weniger sicher, indem der wilde Trafs, wenn
r sonst rein ist, sich hierdurch von dem ächten kaum unterschei-
en läfst.

Die vorstehend erwähnten Kennzeichen sind zum Theil bei dem
Vinninger Tuffstein nicht entscheidend. Derselbe hat eine braun-
raue Farbe, ist weniger fest, sogar leicht zerreiblich, auch fehlen
am die Poren, dagegen hat er ein bedeutend höheres specifisches
lewicht, als der Brohler Stein. Er zieht die Feuchtigkeit aus der

Luft stark an, so dafs er bei feuchter Witterung kaum gemahlen werden kann.

Am sichersten ist es, durch directe Versuche sich von der Bindekraft des Trasses zu überzeugen. In den Niederlanden ist es üblich, aus hart gebrannten Klinkern einen Kasten von 1 Fufs Weite und Höhe mit dem zu prüfenden Trafsmörtel aufzumauern. Der Boden, wie die Wände dieses Kastens haben nur die Dicke des Steines zur Stärke. Nach 24 Stunden füllt man den Kasten mit Wasser und der Trafs wird nur als gut angesehn, wenn kein Durchsickern bemerbar ist.

Zweckmäfsiger ist das von Vicat angegebene Verfahren, welches auf unsern gröfseren Baustellen auch allgemein üblich ist und verschiedene Trasse oder Cemente in Bezug auf ihre hydraulischen Eigenschaften sehr sicher vergleichen läfst. Man bildet nämlich unter Zufügung der sonstigen Beimengungen einen steifen Mörtel, füllt damit ein gewöhnliches Trinkglas etwa bis zur halben Höhe an, und giefst sogleich Wasser darüber. An jedes dieser Probegläser wird ein Zettel geklebt, auf den sowohl der Name des Lieferanten, wie auch die sonst nöthige Bezeichnung des Materials und das Mischungs-Verhältnifs aufgeschrieben und Tag und Stunde der Mörtelbereitung hinzugefügt wird. Zur Untersuchung der Härte, die nach verschiedenen Zwischenzeiten jede Probe annimmt, dient ein kleines dreibeiniges Gestell, unter welchem das Glas Platz findet. Dieses Gestell ist im Abstande von etwa 6 Zoll über einander mit zwei durchlochten Blechscheiben versehn, welche einen etwa 1 Linie starken und unten zugeschärften Drathstift führen, so dafs derselbe lothrecht herabsinken kann. An ihm ist ein durchbohrtes Gewicht von 1 Pfund angelöthet. Indem man den Stift sanft auf den Mörtel-Klumpen stellt, beobachtet man, wie schnell und bis zu welcher Tiefe er eindringt. Diese Probe wird bis zur völligen Erhärtung täglich wiederholt, und das jedesmalige Resultat in ein Register eingetragen.

Durch diese Prüfungen gewinnt man nicht nur ein sicheres Urtheil über jede einzelne Lieferung, sondern man kann dadurch auch leicht das passendste Mischungs-Verhältnifs zum Kalke, den man benutzen will, oder zu den andern beizumengenden Materialien ermitteln.

Der feste Tuffstein wird in gröfseren Stücken von etwa ein Viertel Cubikfufs Inhalt gebrochen, und nachdem er etwas getrocknet

...m Zwecke zerschlägt man ihn zunächst

Zoll Durchmesser, und beseitigt die

..h ziemlich leicht trennen lassen.

..le am häufigsten Stampf-

...entner schwer und mit gufs-

..e Gestalt einer Halbkugel haben,

..en und ihre Hubhöhe beträgt etwa

..u sich gufseiserne Tröge, die in starke

..n der vordern Seite, einige Zolle über dem

..alen Oeffnung versehn sind. Durch diese Oeff-

..rend der Bewegung der Stampfen kleine Trafs-

..er Trafs heraus und Beides fällt auf geneigte Drath-

durch das Mühlwerk geschwungen werden. Der feine

..lt durch die Siebe in die darunter gestellten Kasten, wäh-

..gröberen Körner und gröfsern Stücke in einem andern Kasten

..n Siebe sich ansammeln, und von hier in die Tröge zurück-

..n werden, wobei man jedoch die gröbern Thonschieferstücke

beseitigt.

..lfach erfolgt das Pulverisiren des Tuffsteines auch durch

und zwar entweder in Mühlen, die wie gewöhnliche **Mahl-**

..n mit Läufern und Bodensteinen versehn sind, oder in so-

..en Kuller-Gängen. Im ersten Falle müssen die Mühlsteine

..sonders hart sein, weil sie sonst von dem scharfen Trafs in

..Zeit abgenutzt werden. Man wendet allein die Mühlsteine

..dermendig zu diesem Zwecke an, und es ist nöthig, selbst

..iesen die härtesten auszusuchen. Der Läufer wird in seiner

..Fläche concav bearbeitet, so dafs er in der Nähe des Auges

..Zoll vom Bodensteine absteht. Diese Anordnung ist noth-

..weil sonst die Trafsstücke nicht zwischen die Steine treten

..Auf die Form der Hauschläge scheint es wenig anzukom-

..agegen darf kein festes Gestein von einiger Gröfse mit her-

..irt werden, denn sobald dieses sich von dem Auge entfernt

..n Rande der Mühlsteine sich nähert, woselbst diese sich berüh-

..drängt es sie mit Heftigkeit auseinander und wirft sogar zu-

..len Läufer herab. Es ist daher bei diesem Verfahren beson-

..ithig, den Trafs, während man ihn in kleinere Stücke von

..s 2 Zoll Durchmesser zerschlägt, zugleich von allen fremden

..ben, die darin eingesprengt sind, sorgfältig zu reinigen.

Der Kullergang besteht aus einem horizontalen Flur von etwa 6 Fufs Durchmesser, auf dem zwei verticale Steine von 4 Fufs Durchmesser umlaufen. Bei der einfachsten Einrichtung ist der Flur aus harten Werksteinen gemauert, und in seiner Mitte befindet sich die Spurpfanne einer stehenden Welle. Letztere wird gewöhnlich mittelst conischer Räder durch eine Dampfmaschine in Bewegung gesetzt, und an ihr befindet sich ein hölzernes Geschlinge, von welchem an jeder Seite zwei Arme bis unter die Achsen der Kullersteine herabreichen. In diesen befinden sich die Führungs-Schlitze von 2½ Zoll Weite, worin die 2 Zoll starken eisernen Achsen liegen. Bei solcher Befestigungs-Art können die Kullersteine, sobald sie auf grofse und harte Stücke treffen, die sie nicht sogleich zerdrücken, sich heben und darüber fortgehn.

An das Geschlinge sind aufserdem mittelst Ketten zwei horizontale Rechen gehängt, die unten gekrümmte Messer tragen, welche über den Boden gleiten. Unter dem einen sind die Messer so gestellt, dafs sie die frisch aufgegebenen Tuffsteine von beiden Seiten unter die Kullersteine schieben, unter dem andern greifen sie dagegen tiefer herab und schieben alles Material von der Achse unter die Steine und nach dem Rande des Flurs.

Die Tuffsteine werden, nachdem sie in kleine Stücke zerschlagen sind, hinter den zuletzt erwähnten Rechen aufgeworfen. Der nächste Kullerstein trifft sie schon zum Theil, dem zweiten werden sie aber durch den folgenden Rechen noch vollständiger zugeführt. Der Flur ist mit einem 6 bis 8 Zoll hohen Rande von starkem Eisenblech umgeben, und in diesem befindet sich eine Oeffnung durch welche das dagegen gestrichene Material herausfällt. Ein Arbeiter wirft dieses gegen schräge gestellte Siebe, und schaufelt das gröbere Material, welches sich davor anhäuft, wieder unter die Steine zurück. Die Achse macht in der Minute 10 bis 15 Umdrehungen.

Eine Maschine dieser Art läfst sich ohne grofse Kosten einrichten und eignet sich daher vorzugsweise für Baustellen, auf denen nur eine beschränkte Quantität Tuffsteine verbraucht und gemahlen werden soll. Bei andauerndem und starkem Betriebe wendet man zum Zerkleinen des Tuffsteins zunächst eine Quetschmaschine an. Dieselbe besteht in einem 2½ bis 3 Fufs langen gufseisernen Quetschkasten, der etwa 18 Zoll hoch, oben 16 Zoll und unten 9 Zoll im Lichten weit ist. In demselben liegt die gufseiserne Walze von 8 Zoll

Durchmesser, die mit gekreuzten Reifelungen von etwa 2 Zoll Höhe versehn ist. Dieselbe macht in der Minute 35 Umdrehungen.

Die hierin gebrochenen Tuff-Stücke werden nach der Mühle gefördert, diese unterscheidet sich aber bei ausgedehntem Betriebe von der so eben beschriebenen dadurch, daß nicht das Geschlinge mit den Kullersteinen, sondern der 2 Zoll starke gußeiserne Teller, der den Flur oder Boden bildet, durch die Maschine gedreht wird. Die Lager für die Achsen der Kullersteine befinden sich alsdann an horizontalen eisernen Armen, welche auswärts durch Charniere befestigt sind, so daß die Kullersteine sich einige Zolle hoch heben und senken können. Statt der letzteren benutzt man dabei auch häufig 14 bis 16 Zoll breite gußeiserne Räder, deren innerer Raum zur Vergrößerung des Gewichtes mit Ziegelsteinen in Cement-Mörtel ausgemauert ist.

Der gemahlne Traß wird bei ausgedehntem Betriebe, wie in Amerikanischen Mahlmühlen das Mehl, in prismatische Siebe geführt. Dieselben sind 6 Fuß lang, halten etwa 4 Fuß im Durchmesser, doch pflegt ihr Querschnitt nicht einen Kreis, sondern ein regelmäßiges Sechseck zu bilden. Sie machen in der Minute etwa 30 Umgänge, und die Drathgewebe, mit denen sie überspannt sind, haben auf die Länge eines Zolles 20 bis 25 Maschen.

Man rechnet auf eine Quetschmaschine vier Kullergänge und zwei cylindrische Siebe. Eine Dampfmaschine von 18 Pferdekräften genügt, um diese sieben Maschinen in dauerndem Betriebe zu erhalten.

Obwohl in gehörig eingerichteten Fabriken die Kosten für das Mahlen den Preis gegen den rohen Tuffstein nur unbedeutend erhöhen, so pflegt man doch bei größerem Bedarf den Stein in Stücken anzukaufen und das Mahlen auf der Baustelle selbst zu besorgen, weil man alsdann die Güte des Materials besser beurtheilen, und vor Fälschung durch schlechte Steine und durch wilden Traß sich mehr sichern kann.

Zum reinen Traßmörtel, der keinen Zusatz an Sand erhält, nimmt man auf 1 Cubikfuß Kalkbrei ungefähr 2 Cubikfuß pulverisirten Traß, doch darf dieses Verhältniß nicht als allgemein gültig angesehn werden, da der Kalk keineswegs immer von derselben Beschaffenheit ist. Man muß daher durch die oben beschriebene Probe das passendste Mischungs-Verhältniß jedesmal feststellen.

Wenn ein sehr schnelles Erhärten des Mörtels unter Wasser nicht nothwendig ist, so setzt man dem Mörtel auch Sand zu. Bei Mauerwerk, das nicht immer von Wasser bedeckt bleibt, ist ein solcher Zusatz sogar nothwendig, weil hierdurch die hygroskopischen Eigenschaften gemäfsigt werden, und der nachtheiligen Einwirkung des Frostes auf den Mörtel vorgebeugt wird. Zu derartigem Mauerwerk verwendet man in der Rheinprovinz gewöhnlich ein Gemenge von gleichen Raumtheilen Kalkbrei, Trafs und Sand, und man nennt dasselbe verlängerten Trafsmörtel. Es sind jedoch, jenachdem ein schnelleres oder langsameres Erhärten gefordert wird, auch andere Mischungs-Verhältnisse üblich, und diese werden wieder durch jene Proben ermittelt.

Bei dieser Gelegenheit mufs noch auf eine auffallende Eigenschaft des reinen, wie auch des nur wenig verlängerten Trafsmörtels aufmerksam gemacht werden, die man bei Cementmörteln nicht bemerkt. Derselbe erhärtet nämlich nicht, wenn die Temperatur des umgebenden Wassers nur um wenige Grade den Gefrierpunkt übersteigt. Man hat dieses vielfach bemerkt und man darf sonach keine Béton-Bettung aus Trafs unmittelbar vor dem Eintritt des Winters ausführen.

Die Zubereitung des Trafsmörtels geschieht gewöhnlich in der Art, dafs man den Kalk und Trafs abmifst, alsdann auf einen dichten Dielenboden den Kalkbrei ausbreitet und unter fortwährendem Durcharbeiten mit der Kalkhacke den Trafs nach und nach zusetzt. Der Mörtel wird aber um so besser, je weniger Wasser er enthält. Vortheilhaft ist es auch, den nothwendigen Zusatz an Wasser gleich Anfangs mit dem Kalk zu vermengen, weil alsdann der Trafs sich leichter darin gleichmäfsig einbringen läfst. Der Zusatz an Wasser mufs aber immer auf das kleinste zulässige Maafs beschränkt werden, weil sonst die Erhärtung später eintritt, auch ein merkliches Schwinden dabei erfolgt. Die Darstellung des Mörtels wird aber um so schwieriger, je steifer derselbe ist. Mit Hacken und Krücken läfst er sich oft nicht mehr bearbeiten, man mufs vielmehr Stampfen und Schlägel benutzen, wodurch er bei gleichem Wassergehalt nicht nur ein gleichmäfsigeres Gemenge darstellt, sondern auch weicher und schmiegsamer wird. Früher suchte man denselben Zweck dadurch zu erreichen, dafs die Arbeiter den Mörtel mit Holzschuhen treten mufsten. Dabei liefs sich indessen das Einngen des Mörtels in die Schuhe nicht verhindern, und alsdann rde die Haut der Füfse so angegriffen, dafs wenigstens heftige merzen die Folge waren. Diese Methode ist daher keineswegs empfehlen.

Wenn gröfsere Quantitäten Mörtel dargestellt werden sollen, wie nentlich behufs Béton-Fundirungen, so wendet man Mörtel-Maınen an. Dieselben sind sehr verschieden eingerichtet, im Allneinen wird aber durch sie nicht nur die Fabrikation beschleunigt, dern das Fabrikat pflegt auch gleichmäfsiger und sonach besser zufallen, als durch Handarbeit.

Beim Bau der Ruhr-Schleusen benutzte man Maschinen, in lchen der Mörtel in hohlen Cylindern aus Eisenblech gemengt rde, die horizontal lagen und oben offen waren. An der hindurchhenden eisernen Achse, die gewöhnlich durch eine Dampfmaschine dreht wurde, befanden sich Messer, welche theils normal gegen Achse und theils parallel zur cylindrischen Wand gerichtet waren. fserdem waren noch besondere Blätter an andern Armen befestigt, lche den Mörtel von der Wand des Cylinders abstrichen. Die linder hatten die Länge von 5 bis 6 Fufs, und hielten 2¼ Fufs Durchmesser. Die Messer welche den Mörtel in einer oder der dern Richtung durchschnitten, waren etwa 3 Zoll von einander tfernt.

Die Maschine wurde in der Art benutzt, dafs man zunächst Cubikfufs Kalkbrei einschüttete, die 6 Cubikfufs Trafs aber nur kleinen Quantitäten nach und nach zusetzte, während die Achse it den Messern schon in voller Bewegung war. Dieses Verfahren gründete sich in sofern, als beim Hinzukommen einer gröfseren asse Trafs der Mörtel so steif wurde, dafs die Messer ihn nicht ehr durchdringen konnten. Die Achse machte durchschnittlich) Umdrehungen in der Minute, und in 9 Minuten war der Mörtel nreichend durchgearbeitet. Alsdann öffnete man die Boden-Klappe, orauf der Mörtel aus dem Cylinder herabfiel. Derselbe maafs ieder nur 6 Cubikfufs, woraus sich ergiebt, dafs der Kalkbrei nur eben die Zwischenräume zwischen den Trafskörnchen ausfüllte.

Eine andere Art von Mörtel-Maschinen, die besonders in Frankıich üblich ist, besteht in einem gemauerten oder eisernen kreisrmigen Boden, in dessen Mitte eine Achse steht, an welcher vier serne Arme befestigt sind. An dreien derselben befinden sich ver-

tikale Räder, die auf dem Boden umlaufen und die Mör ......
ten Materialien vermengen, der vierte Arm bildet aber im G...
baum, woran ein Pferd gespannt ist.*) Endlich werden auch ...
ler-Gänge, bei denen sich der Boden dreht, zur Darstellung ...
Mörtels benutzt, bei den sämmtlichen vorstehend erwähnten Maschi...
findet indessen kein continuirlicher Betrieb statt. Dieser Uebel...
wird vermieden, wenn man die Mörtel-Maschine nach Art der be...
kannten Thonschneide-Maschinen einrichtet.

Dieselbe besteht aus einem senkrecht stehenden hölzernen od...
eisernen Cylinder von 4 bis 5 Fuß Höhe und 3 bis 4 Fuß Weit...
Hölzerne Cylinder pflegt man nach oben etwas zu verjüngen, um
die eisernen Bänder beim Eintrocknen der Stäbe nachtreiben zu
können. In der Achse befindet sich eine eiserne Spindel von quadratischem Querschnitt, die unten in einer Spurpfanne steht, und
oben durch einen eisernen Bügel gehalten wird. An dem darüber
vortretenden Kopf ist ein Göpelbaum angeschroben, bei Anwendung
der Dampfkraft ist dagegen ein conisches Rad aufgesteckt, in welches das von der Maschine bewegte conische Getriebe eingreift.

Die erwähnte Spindel ist mit vier oder fünf horizontalen eisernen Armen verbunden, die bis nahe an die innere Wand des Cylinders reichen, und oben wie unten in Abständen von 3 bis 4 Zoll
mit mehreren, etwa 4 Zoll langen, und lothrecht gerichteten eisernen
Dornen versehn sind. Aus der Cylinder-Fläche treten ähnliche Arme
radial bis gegen die Achse vor, die eben solche Dorne tragen. Diese
Arme, so wie die Dorne sind aber so gestellt, daß jene an die Achse
befestigten bei der Drehung der letzteren durch sie frei hindurchgehn.

Einige Zolle über dem Boden sind an die Spindel zwei schräg
gerichtete Messer angeschroben, durch welche die Masse nach einer
Oeffnung geschoben wird, die sich unmittelbar über dem Boden in
dem Cylinder-Mantel befindet, und die durch einen Schieber geschlossen werden kann.

Der Cylinder wird zunächst etwa bis zur Hälfte lagenweise und
in dem richtigen Verhältniß mit den Materialien gefüllt, woraus der
Mörtel bereitet werden soll. Nachdem der Schieber geöffnet ist,
wird die Spindel in Bewegung gesetzt, und nunmehr der Cylinder

---

*) Eine ähnliche Maschine ist im dritten Theile dieses Werkes §. 68.
beschrieben und durch Zeichnung erläutert.

...cher Weise vollständig gefüllt. Der erste Mörtel ist noch nicht
...ig durchgearbeitet, und muſs daher aufs Neue in den Cylinder
...fen werden, nach kurzer Zeit ist dagegen die Vermengung voll-
...ig erfolgt und der alsdann austretende Mörtel ist zur Benutzung
...et. Man muſs darauf achten, daſs der Cylinder stets gefüllt
..., weil die verschiedenen Bestandtheile um so inniger mit ein-
...in Berührung treten, je häufiger jene Arme und Dorne die
... durchschnitten haben. Bei jedesmaliger längern Unterbre-
...der Arbeit, wobei der im Cylinder befindliche Mörtel erhär-
...önnte, muſs die Maschine vollständig entleert und gereinigt
...n, weil der an den Wänden und Armen haftende Mörtel den
...n Betrieb erschweren, auch das Fabrikat verschlechtern würde.
...enn die Lage des Bauplatzes es irgend zuläſst, so empfiehlt
...h, diese Maschine in solcher Höhe aufzustellen, daſs der aus-
...de Mörtel durch eine schräge Rinne von selbst in die darun-
...schobenen Handkarren fällt. Bei dem Betriebe durch Pferde
...die Göpelbahn in der Höhe der Maschine liegen, und über
...Rinne auf einer Brücke übergeführt werden.
...ine der beschriebenen ähnliche Maschine, die bei Lorient auf-
...lt war, und von vier Pferden getrieben wurde, lieferte in der
...e nahe 100 Cubikfuſs Mörtel.
...a der Traſsmörtel schon in wenigen Stunden zu erhärten an-
...so darf man ihn nur unmittelbar vor der Verwendung
...giten. In den Niederlanden wird freilich hiervon zuweilen in
...n abgewichen, als man auch den Traſsmörtel, eben so wie an-
...Mörtel, die besonders bindend sein sollen, mehrere Tage nach
...der umarbeitet. Man bedient sich hierzu eiserner hochkantiger
...gel, die in der Art gebogen sind, daſs ihre schmale Fläche
...twa 1 Fuſs Länge den Boden trifft, und man gebraucht sie so,
...die Schläge unmittelbar neben einander fallen, also die Mörtel-
...e in allen Theilen getroffen und in andere Berührung versetzt
... Bei der spätern Bearbeitung wird dabei kein Wasser zuge-
...*) In den Entreprise-Bedingungen (Bestek) für den Schleu-
...a in Nieuwe-Diep, der 1816 ausgeführt wurde, wird ausdrück-
...verlangt, daſs kein Mörtel verwendet werden dürfe, der nicht

---

) F. Schulz, Versuch einiger Beiträge zur hydraulischen Architektur.
...berg 1808. Seite 126.

während 3 bis 4 Tagen täglich einmal mit diesen eisernen Sch
umgearbeitet worden, er dürfe jedoch auch nicht länger, als 1
gelegen haben. Dabei wird noch gefordert, das beinahe g
Wasser zugesetzt werde. F. Band *) theilt gleichfalls mi
dieses Verfahren in den Niederlanden allgemein üblich sei, di
er hinzu, daſs einige Ingenieure dasselbe bei Traſs- und (
Mörtel nicht billigen.

Indem nun bei den groſsartigen und mit vollster Sachk
ausgeführten Wasserbauten in den Niederlanden der Traſs
weise angewendet ist, so muſs man voraussetzen, daſs die 1
lige Umarbeitung des daraus bereiteten Mörtels, wenn anch
wärtig davon vielfach abgegangen wird, doch eine gewisse
dung hat. Diese liegt, wie es scheint darin, daſs der Kalk
zunächst nur mit den mehr aufgeschlossenen Bestandthe
Trasses verbindet, während seine chemische Verbindung
schwerer zugänglichen Theilen erst später erfolgt. Bei der s
Verwendung des Mörtels ist Letzterer noch nicht eingetret
eben so wenig die Volum-Veränderung, die sie veranlaſst,
diese wird also der Mörtel später gelockert. Wird derselbe
erst gebraucht, nachdem diese Verbindungen vollständig erfo
so findet keine weitere Volum-Veränderung statt. Es wäre
daſs namentlich der verlängerte Traſs-Mörtel, der weniger
bindet, durch dieses wiederholte Umarbeiten an Güte gewin
fehlen darüber entscheidende Beobachtungen.

Die so wichtigen hydraulischen Eigenschaften können de
tel auch in ganz andrer Weise, als durch den Zusatz von T
ähnlichen Substanzen ertheilt werden. Es ist bereits erwäh
den, daſs manche Kalke hierzu überhaupt keines Zusatzes b
vielmehr schon in der Verbindung mit reinem Quarzsand
hydraulischen Mörtel darstellen. Man nennt solchen Kalk, n
oder hydraulischen Kalk. Er unterscheidet sich von (
wöhnlichen fetten Kalke dadurch, daſs er beim Einlöschen
gedeiht, oder eine geringere Quantität Kalkbrei liefert, auch
Farbe wegen der fremden Bestandtheile mehr bräunlich. Wi
diesen Kalk zu Mörtel bearbeitet, so muſs der Zusatz an S

---

*) *Proeve van eenen Cursus over de Waterbouwkunde. II. Dec*
pag. 149.

r sein, als im fetten Kalke. Enthält er nur gegen 10 Procent
erde, so giebt er sich schon in geringerem Grade als hydrau-
r Kalk zu erkennen, beträgt die Thonerde dagegen 20 bis
ocent, so erhärtet der daraus gebildete Mörtel sehr fest unter
r, und man pflegt ihn alsdann vorzugsweise hydraulischen
zu nennen. Nach dem Brennen läfst er sich einlöschen, ohne
man ihn künstlich zu pulverisiren braucht, doch bedarf er
eines Zusatzes von Sand, um Mörtel zu bilden. Beide letz-
nten Eigenschaften verschwinden aber, sobald der Kalkstein
30 Procent Thonerde und Kieselsäure enthält. Man nennt
lsdann Cement. Ein solcher zerfällt nach dem Brennen
an der Luft, noch im Wasser und mufs daher gemahlen
n, dagegen läfst er sich ohne allen Zusatz von Sand in Mörtel
ndeln, der sowohl an der Luft, wie auch unter Wasser er-
. Wenn endlich der Gehalt an kohlensaurem Kalk nur gegen
ocent beträgt, so mufs man nicht nur nach dem Brennen die
pulverisiren, sondern noch fetten Kalk zusetzen.

Inter den natürlichen Cementen ist vor Allen der Ro-
Cement zu nennen. Am Ende des vorigen Jahrhunderts
ames Parker sich ein Patent auf einen hydraulischen Mörtel
, den er aus Lesesteinen brannte, welche auf dem Strande
over sich vorfanden. Er nannte denselben Roman-Cement, weil
ch seiner Erhärtung an Festigkeit dem römischen Mauerwerk
kam. Bald darauf wurde auch in Frankreich die Entdeckung
ht, dafs in den Geröllen am Strande bei Boulogne (galets de
gne) ebenfalls das Material zu vortrefflichem hydraulischen
l vorhanden sei. Die chemische Analyse ergab, dafs beide
rten derselben Formation angehörten, und nach dem Brennen
llgemeinen folgende Zusammensetzung hatten:

Kalk	55	Procent
Thonerde	7	„
Kieselsäure	23	„
Mangan - und Eisenoxyd	12	„
Kali, Natron etc.	3	„

Die natürlichen hydraulischen Kalke und Cemente sind indessen
ganz gleichmäfsig, in den verschiedenen Lagen und Bänken
n sogar sehr bedeutende Abweichungen in den Verhältnissen
hemischen Bestandtheile sich zu zeigen. Indem überdiefs die

Kalk-Arten, welche an sich hydraulischen Mörtel bilden, nicht so allgemein verbreitet sind, wie die Kalk- und Thon-Arten, welche jene Bestandtheile getrennt enthalten, so lag es nahe, durch Verbindung beider **künstliche Cemente** von derselben chemischen Zusammensetzung darzustellen, welche jene natürlichen Cemente haben. Die grofsen Verdienste, die Vicat durch unermüdliche Arbeiten in dieser Beziehung sich erwarb,*) sind bekannt, ein künstlicher Cement, der allen Anforderungen entsprach, wurde jedoch zuerst in England dargestellt. Der Erfinder desselben war Joseph Aspdin und er nannte sein Fabrikat Portland-Cement, weil dieser die Härte des Portland-Steines annahm, der zu den geschätztesten Bausteinen Englands gehört, auch ungefähr die Farbe desselben hatte.

In Frankreich und Deutschland sind seitdem zahlreiche Fabriken entstanden, welche Cement liefern, der dem englischen Portland-Cement in keiner Beziehung nachsteht. Diese Benennung ist auch in Deutschland allgemein beibehalten. In England wurde hauptsächlich der Thon, der im Thale des Medway-Flusses gegraben wird, verwendet, dessen Zusammensetzung der Art ist, dafs er in Verbindung mit Kalk vorzüglichen Cement bildet. Der Septaria-Thon**), der im nördlichen Deutschland grofsentheils benutzt wird, hat nahe dieselbe chemische Zusammensetzung wie der Thon des Medway-Thales.

Bei Fabrikation des Portland-Cementes werden die geeigneten Materialien, kohlensaurer Kalk und kieselsaurer Thon. deren chemische Zusammensetzung vorher genau ermittelt ist, um das Mischungs-Verhältnifs richtig zu wählen, nachdem sie pulverisirt sind, unter reichlichem Zusatz von Wasser in grofsen Bottichen mittelst geeigneter Rühr-Apparate auf das innigste vermengt. Die dünnflüssige Lösung leitet man alsdann in grofse Schlamm-Bassins worin sie so lange steht, bis das überschüssige Wasser theils verdunstet, theils in den Boden eingesogen und die Masse streichrecht

---

*) Das wichtigste Werk von Vicat, welches bei seinem Erscheinen die allgemeinste Aufmerksamkeit erregte, ist betitelt: *Recherches expérimentales sur les chaux de construction, les bétons et les mortiers ordinaires. Paris.* 1818.

**) Diese Thonknollen sind bei ihrer früheren Erhärtung stark geschwunden, und da zuerst die äufsere Schale fest wurde, so bildeten sich im Innern hohle Räume oder Zellen, woher der Name.

worauf man sie wie Ziegel formt, und diese, nachdem
ft oder durch künstliche Erwärmung getrocknet siud,
chlägt und bei Coaksfeuerung brennt.

nen muſs mit möglichster Vorsicht erfolgen. Die
ı nicht so steigern, daſs der Kalk schon im Ofen mit
e der Thonerde unlösliche Verbindungen eingeht, die
icht mehr angegriffen werden und deshalb die Mole-
rung, die für das Erhärten des Mörtels nothwendig
ht mehr eintreten kann. Andrerseits muſs die Hitze
sein, daſs die kieselsaure Thonerde, so wie die
ıgen aufgeschlossen werden und die Kohlensäure aus
ständig entweicht. Soll der Cement besonders schnell
bt man ihm einen stärkeren Zusatz von Thon, brennt
er scharf.

der Cement gebrannt ist, wird er gemahlen oder auf
ᷓerisirt und gesiebt. Eine sehr sorgfältige Verpackung
nothwendig, um ihn vor Feuchtigkeit zu schützen.
egt 3¼ Cubikfuſs zu halten, da der Cement aber fest
st, so giebt sie 4¼ bis 5 Cubikfuſs loser Schüttung.
ewicht der Tonne beträgt etwa 400 Pfund, wovon
᛫ den Cement zu rechnen sind.

sche Zusammensetzung eines guten Portland-Cementes
tlich folgende:

Kalk	60 Procent
Magnesia	1 ”
Thonerde	8 ”
Eisenoxyd	4 ”
Kali und Natron . .	2 ”
Gyps	1 ”
Kieselsäure	24 ” .

᛫e Cement stellt sich, als ein scharfes krystallinisches
ᷓeine Farbe spielt aus dem Grauen ins Blaue oder
Sein specifisches Gewicht ist 3,1 bis 3,2 und im All-
las gröſsere Gewicht ein Zeichen der bessern Qualität.

feine Zertheilung ist dringendes Bedürfniſs, damit
ᷓleichmäſsig und gleichzeitig auf alle Körnchen ein-
Schüttet man Cement unter starkem Umrühren in
ᷓr gefülltes Glas, so muſs er bald und gleichmäſsig

niederschlagen, ohne

darf das Wasser keine starke Trübung behal

Wenn nicht gerade ein möglichst schnell

nothwendig wird, wie etwa beim Stopfen

Verwendung eines etwas langsamer bi

facher Beziehung vorzuziehn. Nach

man dem letzteren ohne merkliche

setzen, aufserdem ist die Verarb

sonders von Wichtigkeit ist, w

etwa zu Béton-Fundirungen

derselbe schliefslich eine b ...asser

an, als der schnell binder ...enn, dafs di

namentlich für Béton-Fu ...benetzt werden,

welchem dem Gewicht ...ch mit Luft gefüllt

Wasser zugesetzt ist ...en und verhindert dahe

Bei Abnahme ...chte Verhältnifs nach d

dafs er keine F ... Um dieses zu verm

Fafse theilweis ...ittelbar über dem Bode

pflegt dagegen ...schon vor dem Einsch

noch ohne ... hinreichend lange, nich

Aufserdem ... zu stellen, und durch diese

Inhalt, ur ... Dafs der cubische Inhalt des eint

D ... in Abzug

den p ...iger Anfüllung das Wasser im

Man ...dem Rande des Gefäfses befin

selb ...änung. Es mag hinzugefügt w

etv ...auf 1 Raumtheil Cement in der

m ...ird geben. Bei Fundament- u

m ...ähnlichen Ausführungen, wob

...ankommt, kann man sogar für

...Theile guten Portland-Cemen

...Sande gemengte Cement ist

...wenn man den Mörtel mit

...letzteren Kalkmilch, so binde

...her in einen zusammenhängenden

...des Kalkes mit Portland-

... vortheilhaft. Durch einen ge

...der gewöhnliche fette Kalk entsch

während das untere entweder unmittelbar die Gewicht-Schale
⁚t, oder mittelst eines Hebels nach und nach stärker belastet
ℓ. Nach acht Tagen muſs ein guter Cement 160 bis 180 Pfund
den Quadratzoll Querschnitt tragen. Seine rückwirkende Festig-
: ist aber viel gröſser und beträgt etwa das Zehnfache der ab-
ten.

Bei ausgedehnten Bauten werden Versuche dieser Art auch auf
Baustellen ausgeführt, wie z. B. bei dem Bau des südlichen
⁚pt-Cloaken Canals in London. Daselbst wurde nur solcher
ent als brauchbar und den Lieferungs-Bedingungen entsprechend
nommen, von dem ein Mörtel-Prisma von 1½ Zoll Engl. Seite
siebenten Tage erst bei einer Belastung von 400 Pfund zerriſs,
es Maaſs wurde aber bald darauf auf 500 Pfund erhöht.*) Auf
inländisches Maaſs und auf Zoll-Gewicht reducirt stellt sich
Tragfähigkeit des Prisma's von 1 Quadrat-Zoll Querschnitt be-
ungsweise auf 154 und 192 Pfund.
Der aus gutem Portland Cement dargestellte Mörtel ist gleich-
ig grau-blau gefärbt, zeigen sich darin gelb-braune oder rostfar-
Flecken, so ist dieses ein Zeichen von ungenügender Mischung der
-Materialien oder von nicht normaler Zusammensetzung derselben.
Der nicht zu schnell bindende Cement erhöht beim Zuthun des
sers seine Temperatur nur etwa um 2 Grad, bei seinem Erhärten
auch keine merkliche Vergröſserung des Volums ein. Wird
elben Sand zugesetzt, so erfolgt die Erhärtung auffallend lang-
r, dieser Umstand pflegt aber in den meisten Fällen nur von
geordneter Bedeutung zu sein.
Wie viel Sand dem Cement ohne Nachtheil zugesetzt werden
, muſs man jedesmal durch die oben bezeichneten Proben fest-
n. Handelt es sich um die Ausführung eines vollständig wasser-
en Mauerwerks, so darf dem Cement nur so viel Sand zugesetzt
en, daſs die Zwischenräume in dem letztern sich noch völl-
ig mit dem erstern füllen. Dieses Maaſs läſst sich durch
einfachen Versuch annähernd feststellen. Man füllt ein Gefäſs
bekanntem Rauminhalt mit trocknem Sande bis zum Rande
und gieſst soviel Wasser darüber, bis dasselbe den Rand des

) Zeitschrift des hannöverschen Architecten- und Ingenieurs-Vereins.
S. 159.

Gefäſses erreicht. Der Rauminhalt des zugegossenen Wassers, verglichen mit dem des Gefäſses stellt das zulässige Verhältniſs des Cementes zum Sande dar, doch thut man wohl, noch etwas mehr Cement zu nehmen. Bei dieser Messung muſs man jedoch auf manche Umstände Rücksicht nehmen, die bereits §. 7, §. 20 und §. 38 berührt sind. Die Schüttung des Sandes muſs möglichst locker sein, weil eine geschlossene Ablagerung der Sandkörnchen in der breiartigen Mörtelmasse nicht erfolgen kann. Gieſst man aber Wasser auf, so tritt sogleich eine dichtere Ablagerung ein und die Oberfläche des Sandes sinkt herab. Man muſs daher das Gefäſs vollständig und über den Sand hinaus mit Wasser anfüllen. Bei solchem Zugieſsen kann es leicht geschehn, daſs die obern Schichten in ihrer ganzen Ausdehnung benetzt werden, während in den untern die Zwischenräume noch mit Luft gefüllt sind. Letztere kann alsdann nicht entweichen und verhindert daher den Zutritt des Wassers, so daſs jenes gesuchte Verhältniſs nach dieser Probe sich leicht unrichtig herausstellt. Um dieses zu vermeiden, empfiehlt es sich, das Wasser unmittelbar über dem Boden des Gefäſses in den Sand einzuführen, also schon vor dem Einschütten des letztern einen Trichter, der in eine hinreichend lange, nicht zu weite Röhre ausläuft, in das Gefäſs zu stellen, und durch diese das Wasser eintreten zu lassen. Daſs der cubische Inhalt des eintauchenden Theils des Trichters von dem des Gefäſses in Abzug gebracht werden, auch bei vollständiger Anfüllung das Wasser im Trichter sich in gleicher Höhe mit dem Rande des Gefäſses befinden muſs, bedarf kaum ' der Erwähnung. Es mag hinzugefügt werden, daſs drei Raumtheile Sand auf 1 Raumtheil Cement in der Regel noch einen undurchlässigen Mörtel geben. Bei Fundament- und Futter-Mauern, Brückenpfeilern und ähnlichen Ausführungen, wobei es auf Wasserdichtigkeit weniger ankommt, kann man sogar fünf und selbst sechs Theile Sand einem Theile guten Portland-Cementes zusetzen.

Der mit vielem Sande gemengte Cement ist indessen schwer zu bearbeiten, wenn man den Mörtel mit Wasser anmacht. Wählt man statt des letzteren Kalkmilch, so bindet er in sich besser, und läſst sich leichter in einen zusammenhängenden Brei verwandeln. Die Verbindung des Kalkes mit Portland-Cement ist auch in andern Fällen vortheilhaft. Durch einen geringen Zusatz des letztern gewinnt der gewöhnliche fette Kalk entschieden hydraulische

nschaften. Ein Gemenge von 1 Theil Cement, 6 Theilen Sand
2 bis 3 Theilen fetten Kalk stellt einen Mörtel dar, der sich
Mauerwerk, das vielfach dem Wasser ausgesetzt ist, vortreff-
eignet.

Es ist vortheilhaft, beim Anmachen des Mörtels möglichst wenig
sser zuzusetzen. Reiner Cement-Mörtel erfordert dem Gewichte
h 30 bis 40 Theile Wasser auf 100 Theile Cement. Nach der Er-
tung sind hiervon 14 bis 16 Theile chemisch gebunden, woher
bis 24 Theile ausgestofsen werden. Letztere dringen aber nicht
reinem Zustande heraus, sondern enthalten zugleich Alkalien,
sich aus dem Mörtel in ihnen auflösten. Bei Mauern, die im
cknen ausgeführt sind, schlagen sich diese beim Verdunsten des
ssers auf den freien Oberflächen nieder. Dieses sind die Ef-
escenzen die man bei Mauern, welche mit hydraulischem
tel ausgeführt sind, gewöhnlich bemerkt. Je mehr überschüssiges
ser in den Mörtel eingeführt wurde, um so stärker wird dieser
elaugt, und das richtige Verhältnifs der Bestandtheile geändert.
erwerk, welches bei Regenwetter ausgeführt ist, pflegt demnach
cere crystallinische Efflorescenzen zu zeigen, als solches das
trockner Witterung dargestellt wurde, obgleich dem Mörtel in
en Fällen in demselben Verhältnifs Wasser zugesetzt war.

Bei Zubereitung des Cement-Mörtels wird der Cement
dem Sande zunächst trocken gemischt, und alsdann erst das
derliche Wasser zugesetzt, worauf die Durcharbeitung erfolgt.
es darf jedoch nur nach Maafsgabe des Verbrauches geschehn,
dieser mufs statt finden, bevor ein Abbinden bemerklich wird.
man statt des Wassers Kalkmilch angewendet, so ist eine
s längere Zwischenzeit zulässig, die auf eine volle Stunde und
st wenig darüber sich ausdehnen darf.

Auf gröfseren Baustellen werden zur Bereitung des Cement-
tels auch Maschinen benutzt, wenn diese aber nach Art jener
den Trafsmörtel eingerichtet sind, so können sie nur das trockne
erial mit dem zugesetzten Wasser in innige Verbindung bringen,
Vermengung des Cementes mit dem Sande mufs daher schon
er durch Handarbeit erfolgt sein. Bei Gelegenheit der Béton-
eitung wird eine Maschine beschrieben werden, welche Beides
ührt.

§. 47.
Béton.

Unter Béton versteht man ein Gemenge von kleinen Steinen und hydraulischem Mörtel. Die Steine müssen solche Größe und Form haben, daß sie bei jeder zufälligen Schüttung sich möglichst geschlossen lagern, auch einiger Verband sich in ihnen bildet, wenn dieser gleich nur sehr unvollkommen ist. Ihre Verbindung erhalten sie durch den beigemengten Mörtel der ihre Fugen füllt, der aber nach dem Erhärten an ihnen sicher haften muß. Aus diesem Grunde dürfen sie keine glatte Oberfläche haben. Vor ihrem Verbrauche werden sie in Wasser getaucht oder übergossen, weil sie sonst dem Mörtel zu schnell die Feuchtigkeit entziehn und dadurch seine Erhärtung verhindern würden. Ferner darf der gehörige Härtegrad ihnen nicht fehlen. Vielfach stellt man auch die Bedingung, daß sie recht scharfkantig sein müssen, um einen guten Verband darzustellen, doch werden oft statt der geschlagenen Steinbrocken auch rund geschliffene Kiesel ohne Nachtheil benutzt, was namentlich in England üblich ist. Gewöhnlich giebt man ihnen solche Größe, daß ihr Durchmesser 1½ bis 2 Zoll mißt. Den Steinschlägern pflegt man zu diesem Zweck Drahtringe von 2 bis 2½ Zoll Weite als Lehre zu geben mit der Anweisung, daß die Steine in jeder Richtung hindurchfallen müssen.

Man könnte leicht vermuthen, daß es vortheilhaft wäre, grössere und kleinere Steine zugleich zu verwenden, damit die kleineren die Fugen zwischen den größeren füllen, und dadurch der Bedarf an Mörtel, der immer besonders kostbar ist, sich möglichst vermindert. Diese Absicht läßt sich indessen bei der zufälligen Ablagerung, und besonders wegen des beigemengten steifen Mörtels nicht erreichen. Ein Stein berührt den andern nur mit einer Kante oder einer Ecke und findet dadurch schon hinreichende Unterstützung, und oft tritt selbst diese Berührung noch nicht ein. Die kleineren Stücke, die man zusetzen wollte, würden daher leicht die Fugen noch mehr vergrößern. Aus diesem Grunde läßt man die Steine nicht absichtlich in verschiedener Größe schlagen, wiewohl sie immer etwas verschieden ausfallen.

Das Material, woraus die Steinstücken bestehn, ist an sich
...lich gleichgültig, wenn es nur den obigen Bedingungen entspricht.
...züglich eignet sich dazu ein fester Sandstein, doch auch Granit,
...auwacke, fester Kalk und besonders recht hart gebrannte und
...schlagene Ziegel können unbedenklich benutzt werden. Vortheil-
...ist es, wenn die Steine nahezu dasselbe specifische Gewicht
...ben, wie der Mörtel, weil alsdann die Mischung, besonders in
...on-Maschinen, homogener wird.

Wie bereits erwähnt, werden in England gewöhnlich Flufskie-
...el zum Béton verwendet, auch in Frankreich und Deutschland ge-
...ieht dieses vielfach. Wenn denselben auch die vorspringenden
...ken ganz fehlen, so pflegt der daraus dargestellte Béton, bei An-
...dung eines guten Mörtels, doch sehr fest und dicht zu sein, oft
...ertrifft er sogar denjenigen aus geschlagenen Steinen. Der Grund
...avon dürfte darin zu suchen sein, dafs eben wegen der fehlenden
...ken die Ablagerung der Steine geschlofsner wird, auch ihre ab-
...rundete Form dazu beiträgt, dafs bei der Fabrikation der Béton
...leichmäfsiger wird. Dazu kommt noch, dafs diese Kiesel gemein-
...lich kleiner sind als die geschlagenen Steine, wodurch gleichfalls
...die Bearbeitung sich erleichtert und der Béton homogener wird.
...an könnte freilich auch für die geschlagenen Steine kleinere Di-
...mensionen wählen, dadurch würden aber bei harten Steinen die Kosten
...erheblicher werden, und bei weichen würde ein grofser Material-
...Verlust durch das Absplittern eintreten. Wo sich in der Nähe der
...Baustelle Flufsgerölle von 1 bis 1½ Zoll Durchmesser vorfinden,
...pflegt deren Verwendung eine sehr erhebliche Ermäfsigung der Ko-
...sten herbeizuführen, da mindestens der Lohn für das Schlagen er-
...spart wird.

Um das Mischungs-Verhältnifs zwischen den Steinen und
...dem Mörtel zu bestimmen, mifst man zuweilen die Zwischenräume
...zwischen den ersteren. Man füllt zu diesem Zweck einen grofsen
...wasserdichten Kasten, dessen cubischen Inhalt man kennt, mit den
...gehörig benetzten Steinstücken, und beobachtet, wie viel Wasser
...man hinzugiefsen kann, bis dasselbe den Rand des Gefäfses erreicht.
Das Volum dieses Wassers ist alsdann dem Gesammtinhalte der
Zwischenräume gleich und bei dieser Art der Ablagerung würde
eine gleiche Quantität Mörtel zur Füllung der Zwischenräume genügen. Man darf dabei aber nicht vergessen, dafs in dem fertigen

Béton die Steine durch den Mörtel verhindert werden, ei
so dichte Lage anzunehmen wie früher, und sonach sind d
schenräume wirklich gröfser oder die Mörtelmasse mufs bed
sein. Die Mischungsverhältnisse, die man wählt, sind nich
dieselben. Bei der ersten Béton-Fundirung einer Ruhrschle
35 Jahren nahm man auf 12 Cubikfufs zerschlagene Steine 6
fufs fertigen Mörtel und erhielt daraus 13 Cubikfufs Béton.
nach gehören zu 100 Cubikfufs Béton 92 Cubikfufs Steine und
bikfufs Mörtel. Aehnlich ist das Verhältnifs, welches ma
Schleusenbau zu Saint-Valery an der Somme wählte. Ma
daselbst nämlich zum Cubikmeter Béton 0,87 Cubikmeter Ste
0,45 Cubikmeter Mörtel. Bei den Schleusen am Rhein-Rhon
rechnete man dagegen auf den Cubikmeter Béton nur 0,6
brocken und die zugehörige Quantität Mörtel war aus 0,22
tem Kalk und 0,40 Sand zusammengesetzt. Bei den B
London hat man die Gewohnheit, die Steine und den Sa
zu trennen, sondern beide wie sie als Ballast aus der Them
gert werden, dem Kalk zuzusetzen, und es ist auffallend, d
die Beimischung des Kalkteiges das Volum des Ballastes v
wird. Dieses erklärt sich dadurch, dafs der Sand hierb
mehr geschlossene Lage versetzt wird. 27 Cubikfufs B
mit 3 Cubikfufs gelöschtem Kalk und 4 Cubikfufs Wasser
werden, geben nur 24 Cubikfufs Béton, die 27 Cubikfu
bestehn aber aus 23 Cubikfufs Geschiebe und 11½ Cubikfu
Zu 100 Cubikfufs Béton sind hiernach erforderlich 96
Geschiebe, 48 Cubikfufs Sand, oder zusammen 112 Cubikf
ferner 12½ Cubikfufs Kalk und 16 Cubikfufs Wasser. B
dung geschlagener Steine braucht man zu einer Schachtrut
Béton 120 bis 130 Cubikfufs Steine und etwa 60 Cubikfufs

Die gehörige Vermengung des Mörtels mit de
stücken wird dadurch mühsam, dafs der Mörtel recht
mufs, wenn er schnell erhärten und den hinreichenden
Festigkeit annehmen soll. Aus diesem Grunde ist ein kri
anhaltendes Durcharbeiten der Masse erforderlich, und d
so lange fortgesetzt werden, bis alle Oberflächen der Stei

---

*) *Nature and properties of concrete by G. Godwin*, in den
of the Institute of British Architects. Vol. 1 Part. I. **London**

örtelschicht bedeckt sind. Kleinere Bétonmassen pflegt man
Handarbeit zu bilden, wobei man sich schmaler Rechen
.t, die drei oder vier 6 Zoll lange Zinken haben. Dasselbe
ıren wird zuweilen auch noch zur Mischung gröfserer Massen
benutzt, und zwar geschieht dies folgendermaafsen. Nachdem
ıine stark benetzt worden, breitet man 6 bis 12 Cubikfufs der-
ı auf einem Dielenboden regelmäfsig aus, so dafs sie eine 6 Zoll
Schicht bilden. Nunmehr setzt man den Mörtel in kleinen
itäten hinzu und wirft ihn jedesmal so hoch, dafs er wenig-
3 Fufs herabfällt, um sogleich in die Zwischenräume zwischen
teinen einzudringen und an einem grofsen Theile ihrer Ober-
zu haften. Um die Berührung zu vervollständigen, bearbeitet
ıierauf noch die Masse mit den erwähnten Rechen so lange,
an sicher ist, dafs alle Oberflächen mit Mörtel bedeckt sind.
ıeitet man dagegen den Mörtel über den Dielenboden aus, und
das erforderliche Quantum Steine heftig darauf, so dafs der
zum Theil schon die Steine überzieht. Darauf wird aber
ısse mit Spaten umgearbeitet, bis die vorstehend erwähnte Be-
g erfüllt ist.
ei gröfseren Ausführungen pflegt man sich besonderer Béton-
binen zu bedienen, die in verschiedenster Weise construirt sind.
ıschine, welche bei den Schleusenbauten an der Ruhr angewandt
, bestand aus einer geschlossenen achtseitigen prismatischen
ıel aus Holz, welche durch die hindurchgehende eiserne Achse
ıer Dampfmaschine gedreht wurde. Bei der Bewegung stieg
ton zugleich mit der Wandung immer an, und stürzte alsdann
ıelben Art herab, als wenn man ihn mit dem Spaten aufge-
hätte. Die Trommel war 6 Fufs lang, 3 Fufs weit und
: in der Minute etwa 9 Umdrehungen. Die eine der langen
liefs sich als Klappe zurückschlagen. Wenn dieselbe nach
ıekehrt und die Oeffnung frei war, warf man die 12 Cubikfufs
und den Mörtel hinein, schlofs die Klappe und setzte die Trom-
ährend 18 Minuten in Bewegung. Alsdann war die Durch-
ng vollständig erfolgt, und wenn die Klappe sich unten befand,
man sie, worauf der Béton herausfiel. Diese häufig eintre-
Unterbrechung ist sehr zeitraubend. Die Besorgnifs, dafs die
n Ecken der Steinstücke abgestofsen werden möchten, bestä-
ch dabei aber nicht, indem die Fallhöhen nicht hoch waren,

auch der Mörtel den Stofs mäfsigte, was sich schon aus dem dumpfen Ton während des Ganges der Maschine, und noch sicherer aus der spätern Untersuchung des Bétons ergab. Die Leistung dieser Maschine war wegen der so oft eintretenden und langen Pausen nicht bedeutend, woher solche Einrichtungen vorzuziehn sind, wobei ein ununterbrochener Betrieb möglich ist.

Dieses geschieht, indem die Trommel schräge gestellt wird, und an beiden Enden offen ist. Durch das obere führt man das Material ein, und aus dem untern tritt der fertige Béton aus. Jene Seitenklappe fällt dabei fort, man pflegt auch wohl das achtseitige Prisma in einen Cylinder zu verwandeln. Die Länge desselben mit 12 bis 14 Fufs und sein innerer Durchmesser 3 bis 4 Fufs.

Eine andere Vorrichtung zur Béton-Bereitung, die man nicht mehr eine eigentliche Maschine nennen kann, bietet Gelegenheit die betreffenden Materialien zusammen von einer bedeutenden Höhe herabfallen zu lassen, jedoch so, dafs sie während des Falles vielfachen Hindernissen begegnen, wodurch sie zurückgehalten werden und in verschiedenartige Berührung mit einander kommen, so dafs sie sich innig vermengen.

Ein solches Fallwerk bestand bei den Hafenbauten im Havre in einer senkrecht aufgestellten, 15 Fufs hohen und etwa 20 Zoll weiten cylindrischen Röhre, durch welche in Abständen von etwa 3 Zoll diametrale Sprossen aus Rundeisen von 9 Linien Stärke hindurchgezogen waren. Diese Sprossen lagen aber nicht parallel unter einander, vielmehr war jede gegen die vorhergehende um 45 Grade versetzt. Es wurden jedesmal gleichzeitig solche Massen eingeworfen, dafs der untergeschobene Wagen die volle Ladung Béton erhielt.

Ein anderes ähnliches Fallwerk, welches man im nördlichen Deutschland vielfach benutzt, ist Fig. 264 auf Taf. XXI im Durchschnitt dargestellt. Eine 25 bis 30 Fufs hohe und 6 bis 8 Fufs breite Rüstung wird durch Zwischenwände in Abtheilungen von 6 bis 8 Fufs Länge getheilt. Jede derselben wird abwechselnd benutzt, so dafs bedeutende Quantitäten Béton gefertigt werden können. An den gegenüberstehenden Seiten jeder Abtheilung sind schiefe Ebenen angebracht, von denen die oberste durch eine Klappe geschlossen werden kann, so dafs sich hier ein Behälter bildet, in welchen die Materialien zu einer halben Schachtruthe Béton schichtenweise in dem beabsichtigten Verhältnisse eingeschüttet werden. Befindet sich

)uantum darin, so löst man die Leine, durch welche die
zurückgehalten wurde, und sogleich stürzt die Masse von
neigten Ebene auf die andre, von wo sie aber immer so-
ieder herabgleitet, und dadurch so vielfach in ihrer gegen-
Berührung sich verändert, dafs in wenigen Secunden der
gemengte Béton auf den unten angebrachten Dielenboden
t. Diese Vorrichtung, so wie auch diejenige, welche im
,ngewendet wurde, erfordern indessen eine tiefe Lage der
e, weil sonst das Heben der Steine und des Mörtels auf
ung unverhältnifsmäfsige Kosten verursachen würde.
vöhnlich sind die Maschinen, worin der Mörtel und
,on bereitet werden, getrennt gehalten, zuweilen hat man
sen auch so verbunden, dafs der Mörtel aus der ersten Ma-
nmittelbar in die zweite fällt, und hier nur die Steine zu-
verden dürfen, um den Béton fertig zu stellen. Eine derar-
,rdnung war zur Gewinnung der grofsen Béton-Massen für
lirung der Schleusen des Ihle-Canales mit sehr gutem Er-
roffen. Fig. 261 auf Taf. XX zeigt in a die Seiten-Ansicht,
. Grundrifs und in c den Querschnitt des Schuppens mit
n aufgestellten Apparaten.
ol die Mörtel-Maschine wie die Béton-Maschine be-
einem Cylinder von 12 Fufs Länge und 3 Fufs Weite. Beide
lurch eine locomobile Dampfmaschine von 8 Pferdekräften
Treibriemen und gezahnter Räder in Bewegung gesetzt, wie
den Zeichnungen ergiebt. Die Trommeln sind im Verhält-
12 gegen den Horizont geneigt, so dafs ihr oberes Ende
ifs höher liegt, als das untere. Sie haben keine durchge-
Achsen, woher der innere Raum in ihnen frei bleibt, dage-
n sie auf Frictionsrollen und erhalten die drehende Bewe-
:ch gezahnte Räder, die an ihren obern Enden sie umfassen.
sherie-Geschwindigkeiten beider Trommeln betragen 1 Fufs
ecunde, sie machen daher in der Minute etwa sechs Umdre-

Stäbe, welche die Trommeln bilden, sind 2 Zoll stark, und
stehn die der obern Trommel aus Kiefern-, die der untern
die wegen der hinzugekommenen Steine stärkeren Angriffen
t sind, aus Eichen-Holz. Auf den innern Flächen beider
n sind aus kurzen Winkeleisen drei Spiralen gebildet (in

Fig. *a* und *c* sichtbar), durch welche die eingeführten Materialien am sanften Herabgleiten verhindert, und so hoch gehoben werden. dafs sie beim Herabstürzen von diesen Schienen eine innige Verbindung eingehn.

In der obern Trommel wurde der Mörtel, in der untern der Béton bereitet. Der Mörtel bestand aus einem Theile künstlichen Portland-Cement und drei Theilen Sand. Zum Abmessen dienten flache Kasten die für den Sand einen halben, und für den Cement ein Sechstel Cubikfufs hielten. Solche wurden gefüllt und abgestrichen auf die Tische *A* und *B* gestellt, und ein dazwischen stehender Arbeiter schüttete abwechselnd den Inhalt eines Sand- und eines Cement-Kastens in die Trommel. Beide Materialien wurden also zunächst trocken gemengt, und nachdem durch Versuche festgestellt war, dafs eine gleichmäfsige Masse sich schon bildete, nachdem dieselbe den dritten Theil der Länge der Trommel durchlaufen hatte, so wurde hier das Wasser zugeleitet. Dieses geschah durch ein Rohr, welches aus dem Bottich *C* gespeist wurde und bei *D* mit einem Hahn versehn war, von hier aber in das untere Ende der Trommel eintrat, dieselbe der ganzen Länge nach durchlief. und an dem schrägen Trichter, durch welchen man die trocknen Materialien einschüttete, unterstützt wurde. Vier Fufs vom obern Rande der Trommel entfernt war die Ausflufsöffnung des Rohres in der Art eingerichtet, dafs das Wasser nach oben ausspritzte. der Strahl stiefs aber gegen eine 3 Zoll über der Oeffnung angebrachte Blechhaube, wodurch das Wasser in feinen Tropfen auf den hier vorübergehenden Cement und Sand herabfiel. Der Hahn *D* wurde von einem zuverlässigen Arbeiter, der dauernd daneben stand, so gestellt, dafs der aus der Trommel tretende Mörtel die verlangte Consistenz hatte.

Der fertige Mörtel fiel auf die zwischen beiden Trommeln befindliche geneigte Ebene, auf der ihm das nöthige Steinquantum zugesetzt wurde. Die Steine wurden auf Handkarren angefahren. die nachdem sie abgestrichen, genau 2 Cubikfufs hielten. deren Boden aber aus einem engen eisernen Roste bestand. Die gefüllten Karren wurden zunächst unter eine Pumpe geschoben und hier standen sie so lange, bis das Wasser aus ihnen ganz rein abflofs, also der Staub und die Erde, die an den Steinen haftete, abgewaschen war. Alsdann schob man die Karren durch das Eingangsthor *E* an jene geneigte Ebene, und so oft ein Kasten Cement und ein Kasten Sand oben eingeschüttet war, was durch eine Glocke angezeigt wurde, stürzte man den halben Inhalt der Karre auf diese Ebene.

Der Mörtel wie die Steine fielen von der geneigten Ebene in die untere Trommel oder in die Béton-Maschine, und wenn die Steine auch in gröfseren Massen periodisch hinzutreten, während der Mörtel sehr gleichmäfsig hineinflofs, so vermengten sich Beide beim Durchlaufen der Trommel doch so vollständig, dafs in dem fertigen Béton keine Ungleichmäfsigkeit bemerkt werden konnte. Dieser fiel aus der untern Trommel über eine bewegliche Klappe, unmittelbar in die darunter stehende Handkarre, und sobald letztere gefüllt war, legte man die Klappe um, so dafs sie nunmehr den Béton auf der andern Seite ausschüttete, wo man inzwischen eine leere Karre untergestellt hatte. In dieser Weise setzte sich die Mörtel- und Béton-Bereitung ohne Unterbrechung fort, wenn nicht etwa in dem Transport und der unmittelbar darauf statt findenden Versenkung des Bétons eine kurze Stockung eintrat, in welchem Falle die Locomobile angehalten werden mufste. Hiervon abgesehn hängt die Leistungs-Fähigkeit der Maschine davon ab, wie schnell der zwischen den Tischen A und B stehende Arbeiter die Sand- und Cement-Kasten auszuschütten vermag. Bei regelmäfsigem Gange wurden in der Stunde 2½ Schachtruthen Béton gefertigt.

Wenn der Béton nicht vorschriftsmäfsig durchgearbeitet war, so dafs nicht sämmtliche Steine sich mit Mörtel überzogen hatten, was jedesmal beim Beginn der Arbeit der Fall war, auch sonst gelegentlich vorkam, so wurde die Karre mit dem unfertigen Béton wieder an die geneigte Ebene zwischen beiden Trommeln zurückgeschoben und ihr Inhalt in die Béton-Maschine geworfen, so dafs dieselben Steine nochmals diese durchliefen.

Die untere Trommel, obwohl sie aus eichenen Stäben zusammengesetzt war, nutzte sich so stark ab, dafs sie, nachdem 1400 Schachtruthen Béton hindurchgegangen waren, erneut werden mufste. Bei ausgedehntem Gebrauche dürfte es sich daher empfehlen, sie im Innern mit Blech zu verkleiden.

Es verdient erwähnt zu werden, dafs diese Maschinen bei ihrer ersten Anwendung während eines recht starken Frostes in Betrieb erhalten werden mufsten. Die Béton-Fundirung der Bergzower Schleuse im Ihle-Canale sollte vor dem Winter von

1866 auf 1867 fertig sein, damit die Uebermaurung im nächsten Sommer erfolgen konnte, äufsere Umstände hatten indessen den Anfang der Arbeit früher unmöglich gemacht, und bei der milden Witterung entschlofs man sich die Bétonirung am 27. December zu beginnen. Unglücklicher Weise trat indessen bald ein starker Frost ein, der sich mehrere Tage hindurch bis auf — 10 Grad R. steigerte. Der Schuppen, dessen Thüren freilich immer geöffnet bleiben mufsten, wurde durch mehrere eiserne Oefen geheizt, auch war dafür gesorgt, dafs wenigstens Sand und Cement lange Zeit im Schuppen lagerten, also eine mäfsige Temperatur annahmen, dasselbe geschah mit dem Wasser im Reservoir. Die Steine, zu deren Ablagerung kein Raum vorhanden war, mufsten freilich stets von aufsen beigefahren werden. Die Mörtel- und Béton- Bereitung erfolgte jedoch ohne Störung, und damit der fertige Béton nicht etwa während des Abfahrens gefrieren möchte, wurde an den kältesten Tagen jede Karre mit erwärmten Säcken überdeckt. Am 17. Januar war die Béton-Versenkung beendigt, und als man bei Beginn des folgenden Sommers die Baugrube auspumpte, zeigte sich das Bétonbette vollständig wasserdicht und erhärtet.

§. 48.
Béton-Fundirung.

In vielen Fällen ist der Zudrang des Wassers zur Baugrube so stark, dafs man dieselbe nicht trocken legen kann, und sonach die Fundirung nach den gewöhnlichen Methoden nicht ausführbar ist, zuweilen darf man aber, wenn die Beseitigung des Wassers auch möglich wäre, doch nicht die Schöpfmaschinen mit voller Kraft wirken lassen, weil die starken Quellen leicht die natürliche Festigkeit und Tragfähigkeit des Bodens beeinträchtigen. Wenn dieses zu besorgen, mufs man eine Fundirungs-Art wählen, wobei das Wasserschöpfen entbehrlich wird. Einige hierher gehörige Methoden, die jedoch nur selten Anwendung gefunden haben, auch in ihren Erfolgen nicht ganz sicher sind, sind bereits erwähnt, von andern wird später die Rede sein, vorzugsweise gehört aber hierher die Fundirung in Béton.

Aus den vorstehenden Mittheilungen ergiebt sich schon, daſs
r Béton unter Wasser erhärtet und sogar ein sehr festes Mauer-
ꝛrk darstellt, obwohl ihm der künstliche Verband der Steine ganz
ꜳlt, auch die Fugen, wie sie sich zufällig gebildet und mit Mörtel
füllt haben, verhältniſsmäſsig sehr groſs sind. Wenn dieses Mauer-
ꝛrk sich daher auch theurer und wegen des fehlenden Verbandes
gar weniger fest, als gewöhnliches herausstellt, so hat es doch
m groſsen Vorzug, daſs es unter Wasser ausführbar ist, also die
'asserwältigung wenigstens so lange entbehrlich macht, bis die Sohle
ꝛr Baugrube überdeckt und die hier befindlichen Quellen gestopft
nd. Diese Methode ist indessen keineswegs neu, da nach Bélidor *)
ꭍhon im Jahre 1748 ein Hafendamm bei Toulon auf Béton fundirt
urde.

Das Verfahren ist dabei im Allgemeinen dieses. Die nöthige
ertiefung der Baugrube wird nicht sowol durch Graben, als durch
ꜳaggern bewirkt, wobei das Wasserschöpfen entbehrlich ist, oder
och nur in geringem Maaſse einzutreten braucht. Alsdann erfolgt
ie Umschlieſsung durch ·eine Spundwand oder in andrer Weise,
nd hierauf die Versenkung des Béton-Bettes in angemessener Stärke.
ꭍauptbedingung ist, daſs während dieser Versenkung und bis zur
ollständigen Erhärtung des Bétons, also während mehrerer Monate,
ie Schöpfmaschinen auſser Thätigkeit bleiben, denn wenn während
ieser Zeit der Wasserstand in der Baugrube erheblich gesenkt,
nd dadurch die Quellen in Thätigkeit versetzt werden, so durch-
ringen sie auch den noch weichen Mörtel im Béton und spülen
enselben aus, wodurch sie freien Zutritt zur Baugrube sich eröffnen
nd der Zweck der Bétonbettung verfehlt wird.

So lange der Béton noch weich ist, muſs man jede Strömung
ꜳn ihm entfernt halten, weil dadurch der Mörtel nicht nur aufge-
ꜳst, sondern selbst fortgespült würde. Dieselbe Wirkung könnte
ꜳch schon eintreten, wenn man den Béton durch das Wasser frei
indurchfallen lassen wollte, wobei sogar nicht nur der Mörtel aus-
espült, sondern wegen der Verschiedenheit der specifischen Gewichte,
ꜳelche gewöhnlich zwischen dem Mörtel und den Steinen besteht,
ꜳrden beide sogar in der nachtheiligsten Weise sich trennen. Beim
ꜳersenken muſs daher der Béton in geschlossener Masse auf die

---

*) *Architecture hydraulique.* *Tome IV.* p. 187.

Sohle der Baugrube so versenkt werden, daſs er mit dem darüber stehenden Wasser möglichst wenig in Berührung kommt.

Die Versenkung geschieht hiernach entweder in Trichtern oder in Kasten. Die Trichter bestehn gewöhnlich in hölzernen prismatischen Röhren von quadratischem Querschnitt, in welche man den Béton einschüttet. Sie werden auf bewegliche Geräste in der Art gestellt, daſs ihr Fuſs oder ihr unterer Rand die Oberfläche der zu schüttenden Bétonlage nahe erreicht. Der unten austretende Béton wird in gleicher Art, wie eine Sandschüttung, keineswegs sich seitwärts über die ganze Baugrube verbreiten, sondern vielmehr nur unter dem Trichter eine abgestutzte Pyramide bilden, deren obere Grundfläche mit der untern Oeffnung des Trichters übereinstimmt und deren Seitenflächen der Böschung entsprechen, welche der Béton unter Wasser annimmt. Hat ein solcher Körper sich gebildet, so hört das weitere Ausflieſsen des Bétons aus dem Trichter auf, und nur wenn letzterer verschoben wird, stellt sich aufs Neue eine Anschüttung dar und setzt den pyramidalen Körper in derjenigen Richtung weiter aus, wohin der Trichter verschoben wurde. Auf solche Art läſst sich durch das Fortrücken des Trichters ein Streifen Béton quer über die Baugrube darstellen, und wenn man hierauf wieder die ganze Bahn, welche den Trichter trägt, so weit verschiebt, daſs die untere Mündung des Trichters vor die Oberkante des bereits dargestellten Streifen vortritt, und läſst wieder den Trichter langsam sich über die Bahn bewegen, so legt sich ein zweiter Streifen neben den ersten. Auf diese Art kann man die ganze Sohle der Baugrube nach und nach bedecken oder die beabsichtigte Schicht regelmäſsig darstellen. Man giebt indessen einer solchen gewöhnlich nicht die volle Stärke, welche das ganze Bétonbette haben soll, sondern nur etwa die Hälfte oder den dritten Theil derselben, und sonach müssen noch andere Schichten in gleicher Art darüber gelegt werden. Dabei muſs man die obern Streifen so legen, daſs sie die Fugen der untern überdecken, weil die Fugen wegen der längeren Berührung mit dem Wasser weniger sicher geschlossen sind.

Um den Trichter bequem aufstellen und bewegen zu können, legt man gewöhnlich, wie Fig. 265 in *a* und *b* auf Taf. XXI zeigt, auf die Seitenwände der Baugrube drei unter einander verbundene Balken, von denen zwei mit Schienen versehn sind, worauf der kleine Wagen läuft, der den Trichter trägt, und der mittelst der an beiden

Enden der Rüstung aufgestellten Winden hin und hergezogen wer-
len kann. Der dritte Balken bildet in Verbindung mit dem mitt-
eren eine Laufbrücke, von welcher aus der Trichter gefüllt wird.
Die kurzen Schwellen, worauf die drei Balken liegen, sind gleichfalls mit Rädern versehn und diese laufen auf Schienen, die auf die
Spundwände befestigt sind.

Ist die Baugrube so breit, daſs sie selbst mit armirten Trägern nicht
überspannt werden kann, oder fehlt ihr eine hinreichend hohe und
feste Seitenwand, so daſs solche Schiebe-Bühne sich nicht aufstellen
läſst, so muſs man den Trichter zwischen zwei Fahrzeuge hängen,
die in der Baugrube schwimmen. Eine Einrichtung dieser Art war
beim Bau der Schleuse St. Valery sur Somme getroffen. *) Hierbei trat aber die Schwierigkeit ein, den Trichter immer in gleicher
Höhe zu erhalten, da eines Theils der Wasserstand in der Baugrube
nicht constant war, hauptsächlich aber auch die Fahrzeuge bald mehr
und bald weniger tief eintauchten, jenachdem sie gerade durch den
aufgeschütteten Béton schwerer oder leichter belastet waren. Um
diese Abweichungen auszugleichen, brachte man an beiden Seiten zehn
groſse Tonnen an, die auf dem Wasser schwammen und die man
mittelst langer Winkelhebel herabdrücken konnte. Geschah dieses,
so trugen dieselben einen Theil der Belastung und die Fahrzeuge
hoben sich. Auf diese Art war es möglich, durch angemessenes
Anziehn der Hebelarme die Fahrzeuge mit dem Trichter immer in
derselben Höhe zu erhalten. Mittelst dieser Vorrichtung konnte man
indessen nicht bis an den Rand der Baugrube gelangen, und um
auch hier den Béton zu versenken, legte man die Rüstung, welche
den Trichter trug, an einer Seite auf ein Fahrzeug und an der andern auf einen Wagen, der auf einer Bahn am Ufer sich bewegte.

Man giebt den Trichtern, deren Zusammensetzung Fig. 165 in
a und b und besonders in dem horizontalen Durchschnitt c mit ge-
nügender Deutlichkeit erkennen läſst, einen quadratischen oder rechtwinkligen Querschnitt von 2 bis 4 Fuſs Seite, der in der ganzen
Höhe sich gleich bleibt, wenn nicht vielleicht oben die Ränder etwas
übertreten um das Einschütten zu erleichtern. Die engeren Trichter
pflegt man sogar nach unten hin in ihren Seiten um 1 bis 2 Zoll
zu erweitern, um zu verhindern, daſs der Béton nicht durch das

*) *Annales des ponts et chaussées.* 1832. *I. p.* 52.

Sohle der Baugrube so versenkt werden, dafs   d, sobald der
stehenden Wasser möglichst wenig in P   üherer Zeit ver-
    Die Versenkung geschieht hiernach en'   h unten vereinigt.
in Kasten. Die Trichter bestehn gew   d, und man ist daher
matischen Röhren von quadratischem
den Béton einschüttet. Sie werden   er den Wasserspiegel der
Art gestellt, dafs ihr Fufs oder ih'   amit sowol der nöthige Druck
zu schüttenden Bétonlage nahe er   , als auch verhindert wird, dafs
wird in gleicher Art, wie eine S   ch darüber stehendes Wasser nicht
über die ganze Baugrube ve   und der Nacht oder aus andern Grün-
Trichter eine abgestutzte P   ehlt es sich, namentlich wenn man C
der untern Oeffnung de   en Trichter vollständig zu entleeren. Bei
flächen der Böschung e   icht weniger geboten, wenn die Unterbr
nimmt. Hat ein solch   dauert, da dieser in etwa 10 Stunden noch
fliefsen des Bétons   t, dafs wirkliche Nachtheile besorgt werden
schoben wird, s   ig ist es indessen, auch ihn während diese
den pyramidal   hig stehn zu lassen, vielmehr den Wächter zu
der Trichter   etwa alle 2 Stunden durch mäfsiges Anziehn der
das Fortrü   de den Trichter etwas fortrückt.
Baugrube   llen des leeren Trichters darf man den Béton nicht
Bahn, v   aschütten, weil er beim freien Hindurchfallen du
untere   sehr ausgewaschen und in seiner Verbindung gelöst
gestell   man mufs ihn vielmehr in Kübeln oder Kasten v
sich i   che nachstehend beschrieben werden. Diese Art d
den   so lange fortzusetzen, bis das Niveau des Wasserstandes
nac'   grube erreicht ist.
da   lange der Béton sich in dem Trichter befindet, ist er d
v   mg mit Wasser vollständig entzogen, beim Austreten a
    schiebt er sich dagegen in dünnen Schichten über die D
    der früheren Schüttung fort, und ohne Zweifel ist ein stark
    Auswaschen des Mörtels alsdann unvermeidlich. Um dieses zu v
    ndern, oder wenigstens zu mäfsigen, hat man auf einzelnen B
    llen in Frankreich versucht, durch geneigte Tafeln vor und zu
    Seite der untern Mündung des Trichters, die Dossirungen zu über-
    decken. Es ist indessen nicht anzunehmen, dafs dadurch ein merk-
    ber Vortheil erreicht werden kann, da beim Vorrücken des Trich-
    ers das Wasser gewifs mit grofser Heftigkeit in den zunächst noch
    eren Raum unter den Tafeln einströmt. Hierzu kommt aber, das

˙ckgehn des Trichters, wenn dabei die
gezwungen ist, die eine Klappe
˙te zu legen.

ntern Mündung des Trich-
˙ese herabreichen. Eine geht
,˙ ihm. Die letztere drückt auf
˙d comprimirt ihn nicht nur, son-
˙rückgehn thut dieses dagegen die an-
˙n Bewegung die vordere war. Das auf
˙ette zeigt eine so ebene Oberfläche, wie
des Bétons in Kasten nicht dargestellt werden
˙eruht wohl besonders der Vorzug, den man viel-
˙dung des Trichters einräumt.

˙ch verschieden ist die Versenkung des Bétons, wenn
˙ben über Wasser in gewisse Gefäſse schüttet, und
˙sdann auf die Sohle der Baugrube herabläſst und sie hier
˙ert. Es werden dadurch einzelne Haufen neben einander ge-
˙det, die sich in ihren Dossirungen überdecken, und sonach wieder
˙usammenhängende Streifen bilden. Die Oberfläche derselben ist
˙ber keineswegs so eben, wie beim Gebrauch des Trichters mit den
˙alzen. Für die untern Schichten ist diese Unregelmäſsigkeit ohne
˙achtheil, weil die darüber versenkten alle Vertiefungen wieder fül-
˙n, aber selbst für die obere Schicht ist die vollständige Ausebnung
˙in dringendes Bedürfniſs, da bei der spätern Uebermaurung solche
˙icht dargestellt werden kann. Man pflegt indessen auch die obere
˙chicht unmittelbar nach dem Versenken des Bétons, also während
˙rselbe noch weich ist, mittelst einer schweren eisernen Scheibe
˙ einer hölzernen Stange anzudrücken und ihn hierdurch einiger-
˙aſsen zu ebnen. Man darf diesen Apparat jedoch nicht als Stampfe
˙nutzen, weil alsdann das Wasser in starke Bewegung versetzt und
˙ leicht löslichen Theile des Mörtels ausspülen würde. Jedenfalls
˙fs man beim Versenken die am untern Ende mit einer kleinen
˙heibe versehene Peilstange vielfach gebrauchen, um sich zu über-
˙ugen, daſs die unvermeidlichen Unebenheiten nicht zu bedeutend
˙rden. Entdeckt man irgendwo groſse Vertiefungen, so sind sol-
˙e noch nachträglich zu füllen.

Die Gefäſse, in welchen man den Béton versenkt, sind sehr
˙rschieden. Zuweilen sind es Eimer, die von den gewöhnlichen

starke Anhaften an den Wänden zurückgehalten wird, sobald der
untere Theil des Trichters sich entleert. Die in früherer Zeit versuchte Anordnung, wobei der Trichter sich nach unten verengte,
war aus dem angegebenen Grunde nicht passend, und man ist daher
gegenwärtig ganz davon zurückgekommen.

Die Trichter müssen immer bis über den Wasserspiegel der
Baugrube mit Béton gefüllt bleiben, damit sowol der nöthige Druck
auf die austretende Masse ausgeübt, als auch verhindert wird, daß
der Béton beim Durchfallen durch darüber stehendes Wasser nicht
leidet. Wird die Arbeit während der Nacht oder aus andern Gründen unterbrochen, so empfiehlt es sich, namentlich wenn man Cement-Mörtel anwendet, den Trichter vollständig zu entleeren. Bei
Trafsmörtel ist diese Vorsicht weniger geboten, wenn die Unterbrechung nicht zu lange dauert, da dieser in etwa 10 Stunden noch
nicht so stark abbindet, daß wirkliche Nachtheile besorgt werden
könnten. Zweckmäßig ist es indessen, auch ihn während dieser
Zeit nicht ganz ruhig stehn zu lassen, vielmehr den Wächter zu
instruiren, daß er etwa alle 2 Stunden durch mäßiges Ansichn der
betreffenden Winde den Trichter etwas fortrückt.

Beim Anfüllen des leeren Trichters darf man den Béton nicht
unmittelbar hineinschütten, weil er beim freien Hindurchfallen durch
das Wasser zu sehr ausgewaschen und in seiner Verbindung gelöst
werden würde, man muß ihn vielmehr in Kübeln oder Kasten versenken, wie solche nachstehend beschrieben werden. Diese Art der
Füllung ist so lange fortzusetzen, bis das Niveau des Wasserstandes
in der Baugrube erreicht ist.

So lange der Béton sich in dem Trichter befindet, ist er der
Berührung mit Wasser vollständig entzogen, beim Austreten aus der
Mündung schiebt er sich dagegen in dünnen Schichten über die Dossirung der früheren Schüttung fort, und ohne Zweifel ist ein starkes
Auswaschen des Mörtels alsdann unvermeidlich. Um dieses zu verhindern, oder wenigstens zu mäßigen, hat man auf einzelnen Baustellen in Frankreich versucht, durch geneigte Tafeln vor und zur
Seite der untern Mündung des Trichters, die Dossirungen zu überdecken. Es ist indessen nicht anzunehmen, daß dadurch ein merklicher Vortheil erreicht werden kann, da beim Vorrücken des Trichters das Wasser gewiß mit großer Heftigkeit in den zunächst noch
leeren Raum unter den Tafeln einströmt. Hierzu kommt aber, daß

n beim jedesmaligen Zurückgehn des Trichters, wenn dabei die
lüttung fortgesetzt werden soll, gezwungen ist, die eine Klappe
r Tafel an die entgegengesetzte Seite zu legen.

Die Figuren zeigen noch neben der untern Mündung des Trich-
s zwei Walzen, die etwas tiefer als diese herabreichen. Eine geht
n Trichter voran, die andere folgt ihm. Die letztere drückt auf
a frisch ausgeflossenen Béton und comprimirt ihn nicht nur, son-
n ebnet ihn auch. Beim Zurückgehn thut dieses dagegen die an-
e Walze, die bei der ersten Bewegung die vordere war. Das auf
che Art überwalzte Bette zeigt eine so ebene Oberfläche, wie
durch Versenkung des Bétons in Kasten nicht dargestellt werden
nn, und hierauf beruht wohl besonders der Vorzug, den man viel-
ch der Anwendung des Trichters einräumt.

Wesentlich verschieden ist die Versenkung des Bétons, wenn
an denselben über Wasser in gewisse Gefäfse schüttet, und
ese alsdann auf die Sohle der Baugrube herabläfst und sie hier
tleert. Es werden dadurch einzelne Haufen neben einander ge-
ldet, die sich in ihren Dossirungen überdecken, und sonach wieder
sammenhängende Streifen bilden. Die Oberfläche derselben ist
er keineswegs so eben, wie beim Gebrauch des Trichters mit den
alzen. Für die untern Schichten ist diese Unregelmäfsigkeit ohne
achtheil, weil die darüber versenkten alle Vertiefungen wieder fül-
a, aber selbst für die obere Schicht ist die vollständige Ausebnung
in dringendes Bedürfnifs, da bei der spätern Uebermaurung solche
cht dargestellt werden kann. Man pflegt indessen auch die obere
hicht unmittelbar nach dem Versenken des Bétons, also während
rselbe noch weich ist, mittelst einer schweren eisernen Scheibe
einer hölzernen Stange anzudrücken und ihn hierdurch einiger-
aafsen zu ebnen. Man darf diesen Apparat jedoch nicht als Stampfe
nutzen, weil alsdann das Wasser in starke Bewegung versetzt und
leicht löslichen Theile des Mörtels ausspülen würde. Jedenfalls
fs man beim Versenken die am untern Ende mit einer kleinen
heibe versehene Peilstange vielfach gebrauchen, um sich zu über-
igen, dafs die unvermeidlichen Unebenheiten nicht zu bedeutend
rden. Entdeckt man irgendwo grofse Vertiefungen, so sind sol-
noch nachträglich zu füllen.

Die Gefäfse, in welchen man den Béton versenkt, sind sehr
schieden. Zuweilen sind es Eimer, die von den gewöhnlichen

sich nur dadurch unterscheiden, daſs die Bügel nicht an dem obern Rande, sondern tiefer abwärts, nämlich wenig oberhalb des Schwerpunktes des mit Béton gefüllten Eimers befestigt sind. Sie lassen sich alsdann durch Leinen, die an die Böden angesteckt sind, leicht umkehren und entleeren. In ähnlicher Art werden auch prismatische Kasten behandelt, die man vielfach benutzt. Sie hängen mittelst Tauen an zwei Zapfen in den Seitenbrettern, damit sie sich aber beim Anziehn der am Boden befestigten Leine leicht umdrehn, und entleeren, so giebt man ihnen einen trapezförmigen Querschnitt, oder oben eine gröſsere Breite hat, als unten.

Diese Eimer und Kasten sind jedoch, wenn man damit gröſsere Massen Béton versenken will, nicht leicht zu entleeren, auſserdem verändern sie beim Umkippen häufig ihre Lage, so daſs die Haufen sich nicht regelmäſsig neben einander stellen, man wählt daher lieber Kasten die statt der festen Böden mit beweglichen Klappen versehn sind, man öffnet diese, sobald die Kasten bis zur Sohle der Baugrube herabgelassen sind. Es kommt hierbei wieder darauf an. eine vielfache Berührung des Bétons mit dem Wasser zu vermeiden, der Kasten muſs sich daher entleeren, während seine Entfernung vom Boden möglichst geringe ist. Zu diesem Zwecke bringt man oft zwei Klappen an, die geschlossen nicht in eine Ebene fallen, vielmehr unter einem rechten Winkel gegen einander geneigt sind. Fig. 262 *a* und *b* auf Taf. XX ist ein solcher Kasten in zwei Seiten-Ansichten dargestellt. Sobald er bis auf einige Zolle dem Grunde sich genähert hat, so werden die beiden Haken, durch welche die eine Klappe an beiden Enden gehalten wird, mittelst der daran befestigten Leinen gelöst, und dadurch schlagen beide Klappen soweit zurück, wie Fig. 262 *a* in den punktirten Linien zeigt. Ist der leere Kasten demnächst wieder aufgezogen, so werden beide Klappen gehoben, und die Haken eingestellt. Diejenige Klappe, welche von den Haken gehalten wird, greift über die andre über und hält dadurch auch diese in ihrer Lage.

Am zweckmäſsigsten ist unbedingt die auf Fig. 263 dargestellte Anordnung, die gegenwärtig auch ziemlich allgemein gewählt wird. Der Kasten besteht dabei aus zwei Viertel-Cylindern, die in der Achse unter sich verbunden, und an den auswärts vortretenden Enden derselben aufgehängt sind. Auſserdem sind an ihnen noch Ketten befestigt, und indem man diese zusammen anzieht, so öffnet

d entleert sich der Kasten, selbst wenn er schon unmittelbar den
und berührt, der freie Fall des Bétons durch das Wasser ist also
rbei auf das geringste Maaſs zurückgeführt. Dieser Kasten be-
rf auch keiner besondern Vorrichtung zum Schlieſsen, er schlieſst
h vielmehr von selbst, sobald nur jene Doppel-Kette nicht ange-
ȝen wird, auch wenn er gefüllt ist, hat er keine Tendenz sich
öffnen. Er besteht gewöhnlich aus Eisenblech.

Fig. 263 *a* und *b* zeigen noch, in welcher Weise die Füllung,
wie die Senkung und das Heben des Kastens ausgeführt wird.
hängt an zwei· starken Tauen, die über die Welle einer Winde
schlungen sind, und letztere wird durch ein Getriebe mittelst zwei
urbeln bewegt. An der Achse der Winde ist ein Sperr-Rad ange-
acht, um den Kasten in der passenden Höhe zu halten. Man
bt ihn so hoch, daſs seine Oberkante so eben unter die Verschwel-
ng des Winde-Gerüstes reicht. Die am Cylinder-Mantel des Ka-
ens befestigten Ketten werden zur Seite geschoben, und der Kasten
it Béton gefüllt. Geschieht dieses mittelst gewöhnlicher Handkar-
n, so werden dieselben so weit an das Winde-Gerüst geschoben,
ſs das Rad dagegen stöſst, damit aber bei dem Ausstürzen nach
xn das Rad nicht zurückläuft, so wird hinter dasselbe ein hölzer-
r Keil, der mit einem Stiel versehn ist, untergeschoben. Bei dem
nmehr erfolgenden Verstürzen wird die Karre so weit umge-
hlagen, daſs deren Handhaben sich auf den Riegel legen, der die
eiden horizontalen Holme des Winde-Gerüstes mit einander ver-
indet. Die Karre entleert sich alsdann vollständig über das Kopf-
rett, welches das Rad überdeckt, und ihr Inhalt stürzt sicher in
en Kasten. Bei der Gröſse des in den Figuren 263 dargestellten
astens faſst derselbe 12 Cubikfuſs, und 5 bis 6 Karren sind erfor-
erlich, um ihn mit geringer Ueberhäufung zu füllen. Hierbei muſs
och mittelst eines Rechens oder einer Hacke der Béton in die Ecken
eschoben werden, die sonst leer bleiben würden.

Nunmehr löst man die Sperrhaken und läſst den Kasten lang-
am herab. Wenn sein oberer Rand das Wasser berührt, und dieses
afängt, die Unebenheiten der Oberfläche des Bétons auszufüllen,
 muſs die Senkung möglichst langsam erfolgen, um ein heftiges
ïnströmen zu verhindern, wobei der Mörtel ausgewaschen werden
önnte. Nachdem der Kasten sich auf die Sohle der Baugrube oder
uf den bereits früher versenkten Béton aufgestellt hat, so werden

die Curbeln in derselben Richtung noch weiter gedreht, so daß die
Winde noch etwa eine Umdrehung macht. Alsdann zieht der Vor-
arbeiter, der hinter dem Winde-Gerüst steht, das Mittel-Tau, mit
welchem die an den Cylinder-Mantel befestigten Ketten verbunden
sind, scharf an, indem er die Windungen desselben auf der Welle
nachzieht, und das Ende dieses Taues anholt. Werden nun die
Curbeln im entgegengesetzten Sinne gedreht, so daß der Kasten
sich hebt, so hängt dieser zunächst nur an dem Mittel-Tau, indem
die beiden Seitentaue, die ihn an der Achse fassen, schlaff sind.
Er öffnet sich daher und nimmt die Stellung an, die Fig. 263 c zeigt.
Die cylindrischen Kasten-Wände werden also unter dem Béton her-
vorgezogen, so daß dieser zum Theil nur in der Höhe der Wandstärke durch das Wasser fällt.

Ist der Kasten bis über das Wasser gehoben, so wird das Mittel-Tau nachgelassen, worauf der Kasten sich wieder schließt. Bevor
derselbe aufs Neue gefüllt wird, schiebt man aber das Windegerüst,
welches zu diesem Zweck auf Rädern steht, die auf Schienen laufen,
um die Länge des Kastens vor, und damit hierbei keine Irrung eintritt, so sind auf der Brücke die betreffenden Marken schon vorher
kenntlich bezeichnet. In dieser Weise bildet sich ein ziemlich gleichmäßiger Béton-Streifen über die ganze Breite der Baugrube, und
damit sich an dieser der nächste genau anschließt, so wird nunmehr
die ganze Brücke, welche mit der oben (bei Gelegenheit der Versenkung durch Trichter) beschriebenen genau übereinstimmt, um die
Breite eines Streifen vorgeschoben. Auch diese Entfernungen sind
an den Bahnen, worauf die Räder der Brücke laufen, vorher deutlich
und scharf markirt. Bei Ausführung der Béton-Bettungen für die
drei Schleusen am Ihle-Canale geschah die Versenkung des Bétons
in der bezeichneten Weise.

Zuweilen hat man diese halbcylindrischen Kasten auch aus Holz
dargestellt, dabei pflegt aber der Uebelstand einzutreten, daß sie
von selbst aufschwimmen, nachdem sie sich entleert haben, wobei
die Taue leicht in Unordnung kommen. Um das Herablassen zu
erleichtern hat man auch Bremsvorrichtungen an den Winden angebracht, was bei grofsen Kasten gewifs vortheilhaft ist. Je gröfser
dieselben sind, um so weniger tritt der Béton mit dem Wasser in
Berührung, da die Oberfläche nicht dem cubischen Inhalte proportional ist. Man benutzt daher zuweilen Kasten, die 24 bis 30 Ca-

bikfuſs faſsen. Es läſst sich indessen dabei doch immer eine vielfache Berührung mit dem Wasser nicht vermeiden, welche eintritt, wenn der ausfließende Béton die zu seiner Unterstützung nöthigen Dossirungen annimmt. Die Frage, ob die Versenkung durch Trichter oder durch Kasten vorzuziehn sei, ist zur Zeit noch nicht entschieden, jedenfalls ist es aber zweckmäſsig letztere zu wählen, wenn die Versenkung von Fahrzeugen aus erfolgt, weil diese bei der periodisch wechselnden Belastung mit Béton in verschiedene Tiefe eintauchen.

Die aus dem Mörtel ausgewaschenen Theile sind so fein, daſs sie einige Zeit hindurch im Wasser schweben, doch schlagen sie bald als eine schlammige Masse nieder. Vermöge ihres geringeren specifischen Gewichtes schiebt der frisch eingeschüttete Béton dieselbe vor sich her, so lange sie nur eine dünne Schicht bildet und noch weich und flüssig ist. Mit der Zeit nimmt sie aber eine gröſsere Consistenz an, alsdann weicht sie nicht mehr aus, und da sie nicht wie der Mörtel erhärtet, so unterbricht sie den wasserdichten Zusammenhang der nach einander versenkten Béton-Massen, und giebt Veranlassung zu starken Quellungen, sobald man später die Baugrube trocken legt. Um dieses zu verhindern empfiehlt es sich, das Schütten der einzelnen Lagen möglichst schnell auf einander folgen zu lassen, damit der Schlamm, der sich auf die untere Schicht absetzt, noch dünnflüssig ist, also ausweichen kann, sobald die Ueberdeckung durch die nächste Schicht erfolgt. Es ist daher passend eben so viele Versenkungs-Vorrichtungen anzuwenden, als man Schichten über einander legen will, und dieselben in möglichst geringen Abständen gleichzeitig im Betriebe zu erhalten. Dabei ist es freilich nothwendig, die Béton-Fabrikation in entsprechender Weise auszudehnen, damit es nicht am nöthigen Material zur Versenkung fehlt.

Mehrfach hat man versucht diesen Schlamm in andrer Weise zu entfernen. Beim Abkehren durch Drahtbesen wird er indessen nur im Wasser vertheilt, zweckmäſsiger ist es ihn mittelst Sackbaggern zu heben, und am vortheilhaftesten dürfte es sein, ihn abzupumpen.

Es mag noch erwähnt werden, daſs aus dem Béton sich auch Gase zu entwickeln pflegen, die, indem sie durch den weichen Schlamm dringen, bisweilen röhrenförmige Niederschläge des letztern veranlassen, welche nach Trockenlegung der Baugrube ein knollenartiges Gefüge zeigen.

Um das ganze Verfahren bei der Bétonfundirung zu beschreiben, wähle ich zuerst den Fall, dafs der Baugrund aus Sand oder Kies besteht, und setze voraus, dafs sich sehr starke Quellen in demselben bilden würden, wenn man die Fundirung in gewöhnlicher Art vornehmen und das Wasser auspumpen wollte. Diese Quellen lockern aber den Sand auf und vermindern daher die Tragfähigkeit des Bodens, woher die Pumpen nicht früher in Thätigkeit gesetzt werden dürfen, als bis man den Béton aufgebracht hat und derselbe so vollständig erhärtet ist, dafs die Quellen nicht mehr hindurchdringen können. Man gräbt gewöhnlich den Boden bis zu derjenigen Tiefe aus, die man ohne Anwendung von Schöpfmaschinen erreichen kann. Alsdann müssen Baggermaschinen aufgestellt werden. Die nähere Beschreibung derselben ist im dritten Theile dieses Werkes gegeben, hier mag nur bemerkt werden, dafs man durch sie auch recht ebene Flächen darstellen kann, die wenigstens keine Erhebungen zeigen, die gröfser als etwa 3 Zoll sind. Man könnte in ähnlicher Art, wie §. 43 bei Gelegenheit des Brückenbaus zu Moulins beschrieben ist, auch durch Abstreichen eine noch vollständigere Einebnung hervorbringen, auch würde, falls das Wasser sehr trübe ist und sonach ein starkes Absetzen von Baggerschlamm befürchtet werden müfste, eine Ueberschüttung mit grobem Kies vortheilhaft sein, wozwischen der Schlamm sich lagern kann, ohne den Béton darüber zu verunreinigen. Dieses Verfahren ist bei der Fundirung der Eingangsschleuse in den Canal St. Martin wirklich in Anwendung gekommen. *)

Falls der Boden nicht aus sehr feinem Sande besteht, so kann man selbst bei durchlässigem Untergrunde den Wasserspiegel durch Auspumpen bis zu einer gewissen Tiefe und oft einige Fufs tief senken, ohne die Tragfähigkeit des Bodens zu beeinträchtigen. Der hierdurch erreichte Vortheil ist zuweilen sehr bedeutend, indem alsdann die Graben-Arbeit weiter fortgesetzt werden darf, die gemeinhin viel wohlfeiler als die Baggerung ist, aufserdem gewinnt man auch, wenn später die Pumpen aufser Thätigkeit gesetzt werden, eine Wassertiefe, in welcher die Baggermaschinen schwimmen können.

---

*) *Annales des ponts et chaussées.* 1832. *I. p.* 87.

Im jedoch sicher zu sein, daſs die statthafte Grenze nicht überschrit-
en wird, thut man wohl, an einzelnen Punkten der Baugrube Eisen-
tangen ohne scharfe Spitzen an unbewegliche Rüstungen in loth-
echter Stellung und so zu befestigen, daſs sie frei herabsinken kön-
en. Durch feste Marken an den Rüstungen bezeichnet man die
löhen der Köpfe der Stangen, und beobachtet diese während des
iefern Ausgrabens. Sobald einige Auflockerung des Bodens ein-
ritt, sinken die Stangen herab, und alsdann darf das Graben nicht
weiter fortgesetzt werden, vielmehr muſs die Vertiefung durch Baggern beginnen.

Die Baugrube muſs in der Sohle diejenige Ausdehnung haben,
welche man für die Fundirung bestimmt hat, auch müssen ihre Seiten so dossirt sein, daſs kein Einstürzen der Ufer zu besorgen ist.
Erst wenn diese Erdarbeiten ausgeführt sind, geht man zum Einrammen der Spundwände über, die alsdann regelmäſsiger und schlies-
sender sich darstellen lassen, als wenn man sie zuerst ausgeführt,
und später die Baugrube ausgebaggert hätte. Den Raum zwischen
den Spundwänden und Dossirungen füllt man sogleich mit einer
für Fangedämme geeigneten Erde an und stampft dieselbe fest. Dieses Verfahren ist indessen insofern bedenklich, als dabei leicht Erdtheilchen durch die Spundwand dringen, welche als Schlamm niederschlagen, und die zusammenhängende Ablagerung des Bétons verhindern. Sodann muſs man bei dieser Hinterfüllung auch die Spundwand gegen das Ueberweichen sichern, und zwar entweder durch
rückwärts angebrachte Erdanker, oder durch gegenseitige Absteifung
der gegenüber stehenden Wände. Das Erste pflegt indessen sehr
kostbar zu sein, und durch die Absteifungen wird die regelmäſsige
und zusammenhängende Béton-Versenkung, wo nicht ganz verhindert,
doch sehr erschwert. Im Allgemeinen empfiehlt es sich daher, die
Spundwände nicht früher zu hinterfüllen, als bis die Béton-
Bettung ausgeführt ist. Die zum Anfahren des Bétons erforderlichen
Laufbrücken legt man entweder auf Querhölzer, die an einer
Seite auf der Spundwand, an der andern aber auf einem Banket der
Erdböschung ruhen, oder auf eine leichte Rüstung, deren Pfähle nur
mit der Handramme eingetrieben sind.

Es ist schon früher (§. 42) davon die Rede gewesen, daſs man
bei beschränkten Bauplätzen die Grube zuweilen nicht in der
ganzen Ausdehnung, also mit Einschluſs des Raumes über den Erd-

dossirungen ausheben kann. Alsdann ist man gezwungen, mit dem Einrammen der Spundwände den Anfang zu machen und zwischen denselben die Vertiefung durch Graben oder Baggern herzustellen. Die Erdarbeiten erhalten dabei freilich nur eine geringere Ausdehnung, aber die Rammarbeit wird dagegen erschwert, auch lassen sich die gegenseitigen Absteifungen in diesem Falle nicht umgehn, sobald man die Baugrube vertieft.

Es muſs noch erwähnt werden, daſs die mehrfach berührte Forderung, den Béton nur in stehendes Wasser zu versenken, zuweilen sich nicht in aller Strenge erfüllen läſst, namentlich bei Wehr- und Schleusen-Bauten, wenn eine starke Niveau-Differenz auch während der Bauzeit nicht zu beseitigen ist, wobei also die Baugrube durch unterirdische Adern theils mit dem Oberwasser und theils mit dem Unterwasser des Flusses in Verbindung steht und sonach fortwährend das Wasser von der einen Seite in sie hinein- und von der andern herausflieſst. Wenn dieses geschieht und man die Bewegung nicht hindern kann, so sind die niederwärts gerichteten Strömungen weniger nachtheilig, als die aufsteigenden, denn die ersten können den Mörtel nicht fortführen, während die letzten dieses thun, und dadurch Canäle im Béton bilden. Aus diesem Grunde ist es in solchem Falle am passendsten, die Baugrube in offene Verbindung mit dem Oberwasser zu setzen und den Wasserstand in ihr möglichst hoch zu halten.

Die Stärke, die man dem Bétonbette giebt, richtet sich nicht sowohl nach dem Gewichte des fertigen Baues, der darauf gestellt werden soll, als vielmehr nach dem Druck der von unten dagegen tretenden Quellen. Der Béton ist gewöhnlich kostbarer als andres Mauerwerk, man wird ihm daher keine überflüssige Stärke geben, und diese vielmehr nur nach jenem Druck bestimmen. Man pflegt bei allen Schleusenbauten, wenn deren Breite auch nur einige 20 Fuſs beträgt, dem Bétonbette mindestens die Stärke von 3 Fuſs zu geben, bei einer gröſseren Breite genügt dieses aber nicht mehr. Bei der Eingangs-Schleuse zum St. Katharine's Dock, dessen Breite im Fundamente 68 Fuſs maaſs, hatte das Bétonbette die Stärke von 7 Fuſs.

Häufig geschieht es, daſs man auf das Bétonbette selbst Fangedämme stellt, deren Anordnung und Construction im Folgenden beschrieben werden soll. Diese tragen zur Vermehrung des Gewichtes wesentlich bei, aber wenn sie auch ein Aufheben der ganzen Fun-

ⁿ können sie doch durch die ungleichmäfsige
ⁿben, dafs das Bétonbette in der Mitte durch-
ⁿommen ist. Man mufs daher der Fun-
ⁿn, dafs sie vermöge ihrer relativen
ⁿcherheit widersteht, und zwar in
ⁿiernach die erforderliche Stärke
ⁿthig, das specifische Ge-
kennen. Das erste hängt
d ein Mittelwerth dafür
ⁿegelsteine anwendet, auf 1,5
ⁿchieben auf 2 bis 2,5 stellen.
ⁿ läfst sich mit hinreichender Genauig-
ⁿerleiten. Letztere steigert sich zwar nach
ⁿ sogar bis auf 400 Pfund und darüber auf den
ⁿ Allgemeinen wird dieses Maafs aber nicht erreicht.
ⁿ theilt mit, dafs die auf Veranlassung des Ober-Bergamtes
nn mit reinem Trafsmörtel (1 Theil Kalk und 2 Theile Trafs)
ⁿellten Versuche nach 18 Wochen die Tragfähigkeit desselben
114 Pfund auf den Quadratzoll Querschnitt ergaben, wogegen
nt-Mörtel aus 1 Theil Portland-Cement und 3 Theilen Sand
ⁿend nach andern sorgfältigen Versuchen schon nach drei
en die absolute Festigkeit von 100 Pfund auf den Quadrat-
ⁿeigte. Für die grofsen Mörtelmassen, die bei Bétonfundi-
ⁿ versenkt werden, darf man wegen der verschiedenen Zu-
ⁿeiten das Maafs der Festigkeit im Allgemeinen nicht zu grofs
men, wenn man aber, um ganz sicher zu sein, dieses so ge-
ⁿetzen wollte, wie einzelne Versuche es ergeben, so würde
ⁿ die Nothwendigkeit einer ungewöhnlichen Mächtigkeit des
bettes folgen, die aus der Erfahrung sich nicht ergiebt. Hier-
ⁿmmt auch noch der Umstand in Betracht, dafs die umgebende
und diejenigen Theile des Fangedammes, welche an beiden
ⁿen Seiten die Baugrube einschliefsen, wesentlich zur Ver-
ⁿung eines Bruches beitragen, während in der nachstehend an-
ⁿenen Berechnung die Bedingung für das Gleichgewicht in je-
ⁿinzelnen Querschnitt ohne Rücksicht hierauf hergeleitet ist.
ⁿarf deshalb wohl die Festigkeit des Bétons, wenn er mit der
en Sorgfalt bereitet und versenkt ist, zu 100 Pfund auf den
ⁿatzoll Querschnitt annehmen.

tern veranlaſst, welche nach Trockenleg...
knollenartiges Gefüge zeigen.

Um das ganze Verfahren bei ...
schreiben, wähle ich zuerst den ...
oder Kies besteht, und setze vo...
in demselben bilden würden, ...
licher Art vornehmen und...
Quellen lockern aber den...
fähigkeit des Bodens, ...
gesetzt we ...   dürfer...
derselbe ...
durch ...
jen ig ...
rei ...
D
h

... mit da ... ...hn, so
... wied ... ...fachzaug ...
... erzwelba ...mals v...
... ter Ausfld... ... elke Stär
... auch lang... ... ken Bruc
... nicht umgeta, ...cha Querse...
... ...bes zu bes...
...ch berührte For- ... ... Festig...
...ser zu versenken, zu- ... ... tan verwe...
... läſst, namentlich bei Wehr- ... ... wenn m...
... starke Niveau-Differenz auch vät- ... ... fnchutrin
... ...igen ist, wobei also die Baugrub... ... relative ...
... ...eils mit dem Oberwasser und theils mit ... ... ter abet
... ...sses in Verbindung steht und sonach fort... ... ...fersu
... von der einen Seite in sie hinein- und von ... ...r is
... ...ſst. Wenn dieses geschieht und man die Bew... ... ...s th...
... ...dern kann, so sind die niederwärts gerichteten Strö ... ...l...
... ...ge nachtheilig, als die aufsteigenden, denn die erst ... ...l...
... ...or Mörtel nicht fortführen, während die letzten dieses thun, ...
... ...rch Canäle im Béton bilden. Aus diesem Grunde ist es ...
...chem Falle am passendsten, die Baugrube in offene Verbindung mit dem Oberwasser zu setzen und den Wasserstand in ihr
möglichst hoch zu halten.

Die Stärke, die man dem Bétonbette giebt, richtet sich nicht
sowohl nach dem Gewichte des fertigen Baues, der darauf gestellt
werden soll, als vielmehr nach dem Druck der von unten dagegen
tretenden Quellen. Der Béton ist gewöhnlich kostbarer als andres
Mauerwerk, man wird ihm daher keine überflüssige Stärke geben,
und diese vielmehr nur nach jenem Druck bestimmen. Man pflegt
bei allen Schleusenbauten, wenn deren Breite auch nur einige 20 Fuſs
beträgt, dem Bétonbette mindestens die Stärke von 3 Fuſs zu geben,
bei einer gröſseren Breite genügt dieses aber nicht mehr. Bei der
Eingangs-Schleuse zum St. Katharine's Dock, dessen Breite im Fundamente 68 Fuſs maaſs, hatte das Bétonbette die Stärke von 7 Fuſs.

Häufig geschieht es, daſs man auf das Bétonbette selbst Fangedämme stellt, deren Anordnung und Construction im Folgenden beschrieben werden soll. Diese tragen zur Vermehrung des Gewichts
wesentlich bei, aber wenn sie auch ein Aufheben der ganzen Fun-

dirung verhindern, so können sie doch durch die ungleichmäfsige Belastung Veranlassung geben, dafs das Bétonbette in der Mitte durchbricht, wie mehrmals vorgekommen ist. Man mufs daher der Fundirung eine solche Stärke geben, dafs sie vermöge ihrer relativen Festigkeit diesem Bruche mit Sicherheit widersteht, und zwar in jedem einzelnen Querschnitt. Um hiernach die erforderliche Stärke des Bétonbettes zu bestimmen, ist es nöthig, das specifische Gewicht und die Festigkeit des Bétons zu kennen. Das erste hängt von dem dazu verwendeten Material ab, und ein Mittelwerth dafür dürfte sich, wenn man zerschlagene Ziegelsteine anwendet, auf 1,5 und bei Bruchsteinen und Flufsgeschieben auf 2 bis 2,5 stellen.

Die relative Festigkeit läfst sich mit hinreichender Genauigkeit aus der absoluten herleiten. Letztere steigert sich zwar nach einzelnen Versuchen sogar bis auf 400 Pfund und darüber auf den Quadratzoll, im Allgemeinen wird dieses Maafs aber nicht erreicht. Michaelis theilt mit, dafs die auf Veranlassung des Ober-Bergamtes in Bonn mit reinem Trafsmörtel (1 Theil Kalk und 2 Theile Trafs) angestellten Versuche nach 18 Wochen die Tragfähigkeit desselben gleich 114 Pfund auf den Quadratzoll Querschnitt ergaben, wogegen Cement-Mörtel aus 1 Theil Portland-Cement und 3 Theilen Sand bestehend nach andern sorgfältigen Versuchen schon nach drei Wochen die absolute Festigkeit von 100 Pfund auf den Quadratzoll zeigte. Für die grofsen Mörtelmassen, die bei Bétonfundirungen versenkt werden, darf man wegen der verschiedenen Zufälligkeiten das Maafs der Festigkeit im Allgemeinen nicht zu grofs annehmen, wenn man aber, um ganz sicher zu sein, dieses so geringe setzen wollte, wie einzelne Versuche es ergeben, so würde daraus die Nothwendigkeit einer ungewöhnlichen Mächtigkeit des Bétonbettes folgen, die aus der Erfahrung sich nicht ergiebt. Hierbei kommt auch noch der Umstand in Betracht, dafs die umgebende Erde und diejenigen Theile des Fangedammes, welche an beiden schmalen Seiten die Baugrube einschliefsen, wesentlich zur Verhinderung eines Bruches beitragen, während in der nachstehend angegebenen Berechnung die Bedingnng für das Gleichgewicht in jedem einzelnen Querschnitt ohne Rücksicht hierauf hergeleitet ist. Man darf deshalb wohl die Festigkeit des Bétons, wenn er mit der nöthigen Sorgfalt bereitet und versenkt ist, zu 100 Pfund auf den Quadratzoll Querschnitt annehmen.

Ich setze voraus, daß an beiden langen Seiten der Baugrube auf dem Bétonbette Fangedämme aus Béton aufgeführt sind, welche das Aufschwimmen des ganzen Bettes durch ihr Gewicht verhindern, daß sie aber einem Bruche in der Mitte des Bettes nicht entgegen wirken, sondern in diesem Falle eine drehende Bewegung machen können, ohne die Höhenlage ihres Schwerpunktes zu verändern. Hiernach bestimmt sich die Kraft, welche auf den Bruch hinwirkt durch den Druck des Wassers gegen denjenigen Theil des Bétonbettes, welcher zwischen den Fangedämmen liegt, und diesem Bruche wirkt sowohl das Gewicht von oben dieses Theile des Bétonbettes, als dessen Festigkeit entgegen. Bezeichnet man mit

b die Breite des Bétonbettes zwischen den Fangedämmen,

e die Dicke desselben,

h die Höhe des äußern Wasserstandes über dem Bétonbette,

m die absolute Festigkeit des Bétons in Pfunden, und zwar für die angenommene Maaseinheit, nämlich den Quadratfuß,

γ das Gewicht eines Cubikfußes Wasser und mit

$p\gamma$ das Gewicht eines Cubikfußes Béton;

so ist für den am meisten zu besorgenden Bruch, nämlich in der Mittellinie der Fundirung, das Moment des Wasserdruckes gegen den halben Boden des Bétonbettes und zwar für einen Abschnitt desselben von 1 Fuß Breite

$$\tfrac{1}{2} b (h + e)\, \gamma \cdot \tfrac{1}{4} b$$

und das Moment vom Gewichte des Bétonbettes

$$\tfrac{1}{2} b e p \gamma \cdot \tfrac{1}{4} b$$

Bei Bestimmung des Momentes der relativen Festigkeit ist darauf Rücksicht zu nehmen, daß die rückwirkende Festigkeit des Bétons ohne Vergleich viel größer als die absolute ist, und daher die neutrale Achse nahezu in der Oberfläche des Béton-Bettes liegt. Jenes Moment ist also

$$e\, m \cdot \tfrac{1}{2} e$$

und die Bedingung des Gleichgewichtes

$$\tfrac{1}{8} b^2\, \gamma\, (h + e) = \tfrac{1}{8} b^2\, e\, p\, \gamma \dotplus \tfrac{1}{2} e^2\, m$$

Durch Auflösung dieser Gleichung läßt sich der Werth von e bestimmen.

Bei der Schleuse in Ruhrort war

$$b = 29 \text{ Fuß}$$

$$e = 3,5 \text{ Fuß}.$$

an für diesen Fall

  $p = 1,5$

  $m = 14400$ Pfund und

  $\gamma = 62$ Pfund,

  $h = 10,8$ Fuſs

ɂ Bétonbette von dieser Breite und Stärke konnte noch dem
widerstehn, wenn der äuſsere Wasserstand sich gegen 11 Fuſs
ɂ Oberfläche des Bétons erhob. Dieses war in der That
r Fall gewesen, als aber beim Anschwellen die Ruhr einige
her stieg und man die Baugrube noch immer trocken erhal-
lte, so brach die Bettung, die schon manche undichte Stellen
ler Länge nach auf. Um dem Drucke eines Wasserstandes
Fuſs über der Oberfläche widerstehn zu können, hätte das
tte nach der vorstehenden Formel die Stärke von etwas über
haben müssen.

  sehr groſser Breite der Baugrube, also wenn das Bétonbette
ɂhr stark werden müſste, pflegt man zur Ermäſsigung der
eine etwas geringere Dicke zu wählen, als nach der vor-
ɂn Rechnung erforderlich wäre, man muſs aber alsdann das
anderweitig belasten, um das Heben und Brechen desselben
ɂndern. Zu diesem Zwecke versenkt man vor dem Auspum-
e groſse Quantität Steine, die man später vermauert, auf den
oder stellt unter die Verstrebungen, durch welche die Spund-
gegen einander abgesteift sind, hölzerne Stempel, die zur
.ung des Druckes auf Unterlagen über dem Boden stehn. In
Falle müssen aber die Verstrebungen, nachdem sie mit Bret-
erdeckt sind, noch durch hinreichend groſse Steinmassen be-
ɂerden. Die Fälle, daſs Bétonbetten wegen ungenügender
oder weil sie noch nicht vollständig erhärtet waren, gebro-
nd, haben sich so oft wiederholt, daſs in dieser Beziehung
ſste Vorsicht sich gewiſs rechtfertigt. Man thut auch wohl,
uf einen etwas höhern Wasserstand Rücksicht zu nehmen,
h der Jahreszeit erwartet werden darf. Sollte indessen ein
ɂnlich hoher Wasserstand eintreten, wobei der Druck gegen
onbette gefährlich wird, so bleibt nur übrig, den Bau zu
ɂchen und die Baugrube voll Wasser laufen zu lassen.

  .über das Erhärten der Schüttung ein sicheres Urtheil zu

gewinnen, füllt man während der Bétonirung und besonder
das Ende derselben, Kasten oder Fässer mit Béton an, und v
dieselben in Wasser. Indem man sie von Zeit zu Zeit ansh
untersucht, kann man sich leicht von der Erhärtung über
die der Béton angenommen hat, doch muſs man schlieſslich di
pen zerschlagen, um sicher zu sein, daſs der Mörtel im Innern
falls vollständig fest ist.

Ist das Bétonbette von einer dicht schlieſsenden Spu
umgeben, und diese sorgfältig mit guter Erde hinterf
pflegt die Trockenlegung der Baugrube keine Schw
zu machen. Der Wasserzudrang durch die Fugen zwisc
Spundbohlen läſst sich auch dadurch ermäſsigen, daſs man
ein solcher über Wasser sich zeigt, durch eingetriebenes V
Fuge stopft. War dagegen der Boden sehr unrein, so daſs di
wand sich nicht regelmäſsig ausführen lieſs, oder hatte man die E
nur durch Stülpwände oder Brett-Tafeln umschlossen, die ge
zelne Pfähle gelehnt waren, so ist der Wasserzudrang viel b
der. Es kann alsdann sogar geschehn, daſs die unter den
bette austretenden Quellen dieses umgehn und durch die ur
sende Wand zur Baugrube gelangen. Führen dieselben rein
ser, so sind sie nur insofern nachtheilig, als die Wasserw
schwieriger wird, wenn aber mit ihnen gröſsere Sandmasser
kommen, die sich neben dem Ausflusse in die Baugrube
so ist dieses ein sicheres Kennzeichen, daſs irgend wo Höh
sich bilden, die möglicher Weise unter dem Bétonbette
finden und die sichere Unterstützung desselben gefährden.

Häufig giebt man dem Bétonbette eine gröſsere Aus
so daſs man die umschlieſsenden Fangedämme noch auf
stellen kann. Diese Fangedämme werden gleichfalls au
gebildet, und ihre äuſsern Wände, wogegen sie geschüttet
sind die Spund- oder sonstigen hölzernen Wände, die das B
geben, die innern Wände müssen aber besonders zu diesem
hergestellt werden. Da ein ganz dichter Schluſs in ihnen ni
wendig ist, so pflegt man sie nur leicht aus Brettern zu con
die gegen Pfosten gelehnt sind. Nicht selten versieht m
Pfosten mit stumpfen Spitzen und treibt sie soweit in di
noch nicht erhärtete Bétonlage ein, daſs sie gegen das Ver
gesichert sind. Ein solches Verfahren ist aber nicht zu billig

as Bétonbette leicht beschädigt werden kann und jedenfalls
n diesen Stellen nicht mehr die volle Stärke behält.

nder ist es, nachdem das Bétonbette vollständig angeschüt-
nigermaafsen erhärtet ist, auf dasselbe in der Richtung der
nden Wand noch einen schmalen und etwa 1 Fufs hohen
éton zu legen, und hierin sogleich die Pfosten einzustel-
266 auf Taf. XXI zeigt diese Anordnung. Man lehnt
se Pfosten in Abständen von 4 bis 5 Fufs horizontale Boh-
nter sich durch Leisten verbunden sind, und stöfst dahin-
etter, welche die Wand bilden sollen, möglichst schliefsend
ch weichen Béton ein, und nagelt sie an die über Wasser
oberste Bohle. Die Pfosten, die schon früher durch ein
gelegtes Rahmstück unter sich verbunden waren, werden
durch Zangen an die Spundwand geankert.

g wählt man zur Darstellung der innern Wände der Fan-
auch die in Fig. 267 gezeichnete Construction, indem man
gegenüber stehende Pfosten vor ihrer Aufstellung durch
el und Streben zu einem Rahmen verbindet. Um diese
zu richten und vorläufig in ihrer Stellung zu halten, müssen
nur durch übergenagelte Latten gegen die Spundwände
sondern auch durch angehängte Steine gegen das Auf-
n gesichert werden. Eine vollständige Befestigung erhal-
urch die seitwärts angebrachten Rahmen und die Zangen,
einer Spundwand bis zu der andern herüberreichen. Bei
ordnung stehn die Pfosten nur auf dem Bétonbette, ohne
e einzugreifen. Brett-Tafeln, die man gegen sie lehnt,
innern Wände der Fangedämme.

r die Fangedämme geschüttet werden, mufs der Schlamm,
auf dem Bétonbette abgelagert hat, möglichst beseitigt wer-
se Vorsicht ist besonders nöthig, wenn der Damm wieder
bestehn soll. Wie schon oben erwähnt, wird diese Rei-
rch Sack-Bagger und Pumpen bewirkt. Auf wichtigen
läfst man sogar die Saugeschläuche der Pumpen von
führen.

en die Fangedämme später wieder entfernt werden,
Abbruch, wenn sie aus Béton bestehn und vollständig
ind, überaus schwierig. Man pflegt daher solche vorzugs-
anzuwenden, wo sie nicht hinderlich sind, und zum Theil

die davor und darüber auszuführenden **M a u e r n** ersetzen, denen sie an Härte und Tragfähigkeit nicht bedeutend nachstehn. Dabei ist freilich eine vollständige und innige Verbindung des Bétons mit dem Mauerwerk nicht zu erwarten, woher man die Gesammt-Stärke etwas gröfser annehmen mufs, als bei einer in gehörigem Verbande ausgeführten Mauer erforderlich gewesen wäre. Man mufs auch guten hydraulischen Mörtel verwenden, der bald abbindet und ein späteres Setzen der Mauer verhindert.

Bisweilen werden in solchen Fällen die Béton-Fangedämme auf der Seite, welche der Baugrube zugekehrt ist, dossirt, hierdurch wird aber die gehörige Ablagerung des Bétons, der wegen der übergreifenden Zangen nur in Kasten versenkt werden kann, wesentlich verhindert.

Bei Schleusenbauten bietet sich vielfach Gelegenheit, nicht nur an beiden Seiten, sondern auch gegen das Oberwasser Béton-Fangedämme zu benutzen, insofern der Oberboden den in der letzten Richtung ausgeführten Fangedamm überdeckt, oder nur wenig darunter bleibt. Nicht selten bildet man auch den Abschlufs gegen das Unterwasser gleichfalls aus Béton. Dieser Damm mufs aber später entfernt werden, und gemeinhin läfst sich dieses nicht anders, als durch Sprengen mit Pulver ausführen. Um dabei das schwierige Bohren der Löcher, worin die Schüsse eingesetzt werden, zu umgehn, hat man zuweilen cylindrische Eisen-Stangen von passender Stärke in die untere Bétonlage eingestellt und bis zur vollen Höhe des Dammes umschüttet, wodurch jene Bohrlöcher sich bildeten.

Es mufs noch einer eigenthümlichen Beschränkung der Höhe der Fangedämme erwähnt werden, wodurch eine Ermäfsigung der Stärke des Bétonbettes zulässig wird. Diese Stärke ist so zu bestimmen, dafs nach Trockenlegung der Baugrube die von unten dagegen tretenden Quellen das Bette nicht durchbrechen, eine solche Gefahr verschwindet aber, wenn das ganze Bauwerk fertig oder zum Theil ausgeführt ist. Ist dasselbe eine Schiffsschleuse oder ein Trockendock, so beseitigt sich schon die Gefahr, sobald man den Boden mit dem verkehrten Gewölbe überspannt hat. Es kommt also nur darauf an, während einer gewissen Periode den Wasserdruck zu mäfsigen, und dieses ist möglich, wenn man neben, oder noch besser rings um die ganze Baustelle Gräben eröffnet, in welchen man durch kräftige Schöpfmaschinen den Wasserspiegel senkt. Unter Vor-

...setzung eines durchlässigen Untergrundes, der etwa aus Kies be-
..., wird alsdann der Druck in der Baugrube nur diesem äufsern
...erstande und nicht dem des natürlichen Grundwassers entspre-
.... Wenn man aber den Fangedämmen, welche die Baugrube
...schliefsen, nur eine Höhe giebt, welche diesen gesenkten Wasser-
...nd etwas überragt, so vermindern sich nicht nur die Kasten, son-
...rn man gewinnt auch die Sicherheit, dafs das Bétonbette keinem
... starken Drucke ausgesetzt werden kann, weil bei höherem Was-
...serstande die Baugrube sich anfüllt, und der Druck aufhört. Es
...ist nicht zu verkennen, dafs eine solche Anordnung, wobei man eine
...innere und eine äufsere Baugrube darstellt, wegen der Schöpf-
...maschinen sich vertheuert, aber in Betreff der Ersparung an Bé-
...ton sowol für das Bette, als für die Fangedämme veranlafst sie doch
...eine wesentliche Ermäfsigung der Kosten, namentlich da die Schöpf-
...maschinen nur während des Beginnes der Maurer-Arbeiten in Betrieb
...bleiben dürfen. Beim Bau der Schleuse zu St. Valery sur Somme
...kam vor etwa 50 Jahren dieses Verfahren zur Anwendung. *)

Bei Bétonfundirungen ereignet es sich zuweilen, dafs an einzelnen
Stellen bedeutende Quellen durchtreten. Eine Unregelmäfsigkeit beim
Versenken des Bétons, oder ein zu frühzeitiges Auspumpen des Wassers,
vielleicht auch eine zu starke Wasserwältigung in späterer Zeit, während die Quellen gerade besonders reichhaltig waren, können hierzu
Veranlassung geben. Wenn ein solcher Fall eingetreten ist, mufs
eine besondere Vorsicht angewandt werden, um den Zuflufs zu sperren und ihn von dem darüber aufzuführenden Mauerwerk abzuhalten.
Wollte man eine undichte Stelle im Béton, welche das Wasser stark
durchläfst, durch ein darüber versetztes Werkstück oder durch unmittelbare Uebermaurung schliefsen, so würde der noch weiche Mörtel in dieser Mauer sogleich ausgespült werden, und der Quell würde
nach und nach, so oft man ihn abzusperren versucht, immer weiter
durch die Mauer dringen und selbige beschädigen, sein Austreten
in die Baugrube wäre daher auf solche Art nicht zu hemmen. Man
mufs sonach, wenn man die undichte Stelle mit Mauerwerk überdecken will, darin künstlich einen Canal bilden, worin das Wasser
mit Leichtigkeit abfliefsen kann. In diesem Falle greift der Quell
die Fugen daneben nicht an und der Mörtel in den letzteren kann

---

*) *Annales des ponts et chaussées* 1832. *I. pag.* 75.

vollständig erhärten. Ist die Erhärtung erfolgt und tritt das Wasser durch eine gehörig vorgerichtete Ausflußöffnung hervor, so kann man die letztere leicht verschließen und sonach den Quell sperren. Man hat dieses Mittel häufig in Anwendung gebracht und namentlich hölzerne Röhren zur Ausmündung des Quelles benutzt, die eingemauert, und nach der vollständigen Erhärtung des Mörtels durch einen hölzernen Pfropf verschlossen wurden. Dabei tritt aber, wenn man auch die Verschiedenartigkeit des Materials unbeachtet läßt, noch der Uebelstand ein, daß der Canal im Mauerwerk bleibt, und bei einer zufälligen spätern Oeffnung der umgebenden Fugen das Wasser wieder durch das Bauwerk zu fließen anfängt. Es liegt hiernach ein großer Vorzug in der Methode, den ganzen Canal mit einer Masse auszufüllen, welche vollständig erhärtet und das Mauerwerk an dieser Stelle ersetzt. Zu diesem Zwecke eignet sich am besten ein stark hydraulischer Mörtel. Das dabei anzuwendende Verfahren verdient eine nähere Beschreibung.

Bérigny versuchte zuerst, unter einem Bauwerke die hohlen Räume durch Einspritzen einer dickflüssigen Masse anzufüllen. Unter dem Boden des alten Schiffdocks zu Rochefort hatte das durchdringende Wasser den Grund ausgespült, und es zeigten sich Risse und Versackungen im Mauerwerk, welche den Einsturz des ganzen Baues befürchten liefsen. Durch das erwähnte Verfahren füllte man die Höhlungen wieder an. Man bediente sich dabei einer ausgebohrten eisernen Röhre von 6 Zoll Weite und nahe 4 Fuß Länge, die auf ein im Boden ausgeführtes Bohrloch gestellt wurde. Die Röhre wurde mit einem dicken Thonbrei angefüllt, worauf der passende Kolben mit der Kolbenstange eingesetzt und letztere mittelst eines Rammklotzes, der 160 Pfund wog, eingetrieben wurde. Sobald man auf diese Art nach mehrmaliger Füllung der Röhre kein Material durch das Bohrloch mehr hineinbringen konnte, so wiederholte man dieselbe Operation in einem zweiten Bohrloche, das etwas über 3 Fuß vom ersten entfernt war und eben so in andern. Bei der Spülschleuse zu Dieppe, wo dieselbe Reparatur erforderlich war, benutzte Bérigny statt des Thones schon den Mörtel *), der später zu ähnlichen Arbeiten immer angewendet ist. Es

---

*) Sganzin, *programmes*. 4. *édition*. *I. p.* 52. Bérigny hat diese Arbeiten auch in einem besondern Mémoire beschrieben.

mag bei dieser Gelegenheit noch die Ausfüllung des Rostes unter
ben Pfeilern der Brücke zu Tours erwähnt werden, die in den Jahren 1835 und 1836 erfolgte. Man mußte hier die Brückenpfeiler
ihrer ganzen Höhe nach durchbohren, um zu den Höhlungen unter
dem Roste zu gelangen. Das Bohrloch hatte die Länge von 38 Fuß,
seine Weite betrug 5½ Zoll. Das Eintreiben des Mörtels unter einem starken Drucke, der von oben angebracht wurde, ließ sich wegen des großen Widerstandes in dem langen Bohrloche nicht mehr
bewirken, daher wählte Beaudemoulin das Verfahren, daß er einen
durchbohrten eisernen Kolben, dessen Ventile nach unten aufschlu-
gen in der Höhe des Rostes, also unmittelbar über den auszufüllen-
den Räumen, mittelst des Bohrgestänges auf- und abbewegen ließ.
Dieser Kolben schob das darüber befindliche Material abwärts und
füllte auf solche Art die Höhlungen an. Unter dem zehnten Pfeiler
der Brücke sollen auf diese Art 1123 Cubikfuß Mörtel eingepumpt
sein, doch war derselbe vorher nicht zubereitet, weil er in diesem
Falle zu schnell erhärtete, man sah sich vielmehr gezwungen, die
Bestandtheile desselben besonders zu versenken, und die beschriebene
Operation bezog sich nur auf den Kalkbrei, während der Sand dazwischen frei eingeschüttet wurde. *)

Die Schließung der ausgesparten künstlichen Canäle, worin die
Quellen bis zur vollständigen Erhärtung des umgebenden Mauerwer-
kes frei abfließen, geschieht in ähnlicher Art, man darf aber in diesem Falle nie eine ganz abgeschlossene enge Höhlung zu füllen versuchen, denn das darin enthaltene Wasser kann dem eindringenden
Mörtel nicht ausweichen, und sonach erfolgt die Füllung eines solchen Raumes gar nicht, oder doch nur sehr unvollständig. Das Verfahren, das man hierbei in Anwendung bringen muß, ist folgendes.

Wenn aus dem Bétonbette an einer Stelle eine Wasserader oder
ein stärkerer Quell hervortritt, so wird künstlich ein nahe horizontaler Canal von mindestens 3 Zoll Weite dargestellt, worin
das Wasser unbehindert abfließen kann. Der Quell wird so weit
geleitet, bis man ihn sicher eingefaßt hat und man sonach die Schlies-
sung vornehmen kann, ohne ein Durchbrechen des Wassers an einer
andern Stelle zu besorgen. Zur Einbringung des Mörtels darf indessen der erwähnte Canal nicht benutzt werden, weil in diesem

-----

*) Annales des ponts et chaussées. 1839 II. p. 117

Falle das Wasser sich nicht zurückdrängen läfst, man mufs vi
hierzu eine besondere Oeffnung vorrichten, oder dem (
noch eine zweite Mündung geben, die am besten nach oben g
ist, wobei aber scharfe Biegungen vermieden werden müsse
die obere Oeffnung setzt man das Gufsrohr von einer Spritz
Dieses ist eine ausgebohrte hölzerne Röhre und das Gufsro
steht aus Eisenblech. Die lichte Weite der Röhre beträgt etwa
und die des Gufsrohres 2¼ Zoll. Letzteres wird sobald es
aufwärts gerichtete Mündung des zweiten Canales eingestellt i
Werg umwunden, und vollständig abgedichtet, um jeden Sei
flufs zu verhindern. Man füllt nunmehr die hölzerne Röh
einem zwar dünnen, aber stark hydraulischen Mörtel an. Of
derselbe schon durch sein eignes Gewicht herab, und füllt d
nal, doch pflegt dieses nur im Anfange zu geschehn, und bei
sen noch besondre Mittel angewendet werden, um ihn herabzu
Dieses geschieht, nachdem die Röhre ganz angefüllt ist, inde
einen Pfropfen aus aufgelöstem Tauwerk bildet und denselbe
auf setzt, worüber alsdann eine Kolbenstange kommt, die
der hölzernen Röhre ohne Widerstand hin- und herbewege
Diese Stange drückt man mit Gewalt hinein, und wenn de
Druck sie nicht mehr bewegt, so treibt man sie mit Schläge
auch wohl mit einer Handramme herab, bis der in der Röl
findliche Mörtel in den Canal gedrungen ist. Hierbei mufs m
aufmerksam sein, dafs der Mörtel nicht etwa durch den Pfro
zur Seite desselben rückwärts herausquillt, weil er sonst das
Herausziehn des Pfropfes sehr erschweren und das Aushel
Pumpe zu diesem Zwecke nöthig machen würde. Das Le
besonders insofern nachtheilig, als die ganze Operation schn
ohne Unterbrechung ausgeführt werden mufs, damit der Mört
etwa schon erhärtet, während man ihn noch weiter treibe
Bemerkt man also, dafs der Pfropf nicht dicht schliefst, s
man sogleich die Kolbenstange herausnehmen und eine zweit
Werg über die erste legen. Sobald die Kolbenstange soweit
getrieben ist, dafs man annehmen darf, die Röhre sei entle
zieht man sie heraus und fafst mit einem Krätzer den Pfropf
gleichfalls entfernt wird. Alsdann füllt man die Röhre wie
Mörtel und wiederholt dieselbe Operation. Dieses geschieht so
bis der Mörtel in zusammenhängender Masse aus der unter

ng des Canales hervortritt, oder wenn man wegen des hohen
asserstandes in der Baugrube sich hiervon nicht unmittelbar über-
agen kann, bis die eingespritzte Quantität Mörtel überreichlich
nügt, um den ganzen Inhalt des Canales zu füllen.

Der Mörtel kann nunmehr von dem Quell nicht sobald durch-
ungen werden, weil das Wasser auf eine zu grofse Länge hin-
rchdringen müfste. Am sichersten ist es, die Operation vorzuneh-
en, während die Baugrube mit Wasser gefüllt bleibt. Wenn nach
niger Zeit der Mörtel erhärtet ist, so wird durch ihn nicht nur
r Wasserlauf vollständig gesperrt, sondern das Mauerwerk ist auch
rch den Béton, also eine ähnliche Masse, ersetzt, und der frühere
anal kann kaum noch als eine schwache Stelle angesehn werden,
ieses Verfahren ist so sicher, dafs man bei einiger Uebung und
niger Vorsicht in seinem Gebrauche wegen des Erfolges nicht be-
rgt sein darf, doch mufs der Canal in seiner ganzen Länge und in
iden Mündungen gehörig geöffnet sein. Wenn dagegen diese Be-
ingung nicht erfüllt ist, so darf man auch auf einen günstigen Er-
lg nicht rechnen. Hieraus erklärt es sich auch, weshalb die Ver-
uche, das Bétonbette selbst durch eingespritzten Mörtel zu dichten,
mmer erfolglos geblieben sind. *).

Wenn das Bétonbette zu schwach, oder beim Auspumpen noch
icht gehörig erhärtet war, so bricht es der Länge nach auf, und
ie in dieser Weise entstandene Fuge läfst sich nicht schliefsen. Sie
t freilich ohne wesentlichen Nachtheil, wenn man eine hohe Mauer-
asse, etwa einen Brückenpfeiler darauf stellen will, wenn aber wie
m Schleusenboden nur eine schwache Uebermaurung oder etwa ein
mgekehrtes Gewölbe darüber kommt, so pflegt die Fuge sogleich
lurch dieses sich fortzusetzen und der Boden hebt und senkt sich,
achdem die Baugrube ausgepumpt wird, oder sich mit Wasser
llt. Bei einer Schleuse an der Ruhr war diese Bewegung sehr
eutlich zu erkennen, indem die Oberkanten der Bétonfangedämme

---

*) In den *Annales des ponts et chaussées* befinden sich über diesen Ge-
mstand mehrere Aufsätze, die vorstehende Beschreibung des Verfahrens ver-
mke ich jedoch der sehr gefälligen mündlichen Mittheilung des rühmlichst
kannten Ingenieur Mary, der ähnliche Arbeiten vielfach geleitet hat, und im
hre 1840 unter Vorzeigung der betreffenden Pumpen mich damit bekannt
achte.

bei solchem Wechsel des Wasserstandes um 1¼ Linien sich einander
näherten oder entfernten. Glücklicher Weise war die Schleuse nach
ihrer Vollendung keinem starken Wasserdruck ausgesetzt und sie
hat sich auch schon mehrere Jahrzehende hindurch ohne Beschädigung erhalten.

Vielfach versucht man die Quellen durch eingeworfenen schnell
bindenden Cement zu stopfen. Dieses Mittel ist wiederholentlich
bei den Hafenbauten in Saint-Nazaire und nach der Mittheilung des
Ingenieur Ferme *) stets mit dem besten Erfolge zur Anwendung
gebracht. Ueber einem festen, aber vielfach gespaltenen Felsboden
wurden Mauern in Bruchsteinen ausgeführt. Sobald man auf einen
Quell traf, mußte derselbe von den noch nicht erhärteten Mörtel-
fugen und namentlich auch von den Lagerfugen der untern Steinschicht entfernt gehalten werden, weil hier wegen der ziemlich ebenen Oberfläche des Felsens besonders leicht sich weit geöffnete
Wasserläufe bildeten. Die Quellen waren im Allgemeinen nicht
reich, doch traten sie unter starkem Drucke vor. Man ließ mehrere Fuß weit um sie den Raum frei, so daß über ihnen ein weit
geöffneter Schacht in der Mauer sich bildete, den sie bis zu einer
gewissen Höhe anfüllten, wo man das Wasser seitwärts abfließen
ließ. War in dieser Weise die Mauer etwa 4 Fuß hoch aufgeführt,
so stellte man eine eiserne Röhre von 3 bis 4 Zoll Weite ein und
ummauerte diese mit schnell bindendem Mörtel. Das Quellwasser
floß während dieser Zeit durch die Röhre frei ab, übte also nur
einen mäßigen Druck auf die frischen Fugen aus. Waren endlich
letztere vollständig erhärtet, so daß man sie ohne Nachtheil einem
stärkeren Angriff aussetzen durfte, so ging man zur Absperrung des
Quells über, die allerdings möglichst schnell erfolgen mußte. Man
stellte in jene Röhre das Saugerohr einer Pumpe, und setzte dies
kräftig in Bewegung, um die Röhre ganz oder doch großentheils
zu entleeren, alsdann stürzte ein andrer Arbeiter trocknen schnell
bindenden Cement in solcher Masse hinein, daß die Röhre damit
bis zur Hälfte oder zwei Drittheilen der Höhe gefüllt wurde, und
ein dritter Arbeiter schob unmittelbar darauf einen vorher vorbereiteten hölzernen Pflock in die Mündung der Röhre und trieb ihn
fest ein. Nach 48 Stunden nahm man den Pflock heraus, der Quell

---

*) *Annales des ponts et chaussées.* 1869. *I. pag.* 420.

war alsdann vollständig gestopft, doch pflegte der obere Theil der Röhre mit Wasser gefüllt zu sein. Dieses pumpte man wieder aus, und stampfte Béton ein.

Um das Durchdringen von Quellen durch Bétonbettungen zu verhindern, hat man in Frankreich wiederholentlich den Béton nicht unmittelbar auf die Sohle der Baugrube, sondern auf wasserdichte Leinwand geschüttet. Treussart soll dieses Verfahren zuerst empfohlen haben, und es ist, wie es scheint, immer mit günstigem Erfolge angewendet worden, weil eines Theils die im Bétonbette etwa vorkommenden schwachen und undichten Stellen vor dem ersten Hinzutreten der feinen Wasseradern gesichert bleiben, auch verhindert die Leinwand die Ablösung des Schlammes von der Oberfläche des natürlichen Bodens und die Verunreinigung des Bétons durch denselben. Bei den Schleusenbauten in dem Ardennen-Canale hat man besonders hiervon Gebrauch gemacht und eine starke und mehrfach mit Theer bestrichene Leinwand benutzt. Um diese aber gegen Beschädigung durch die scharfen Ecken der Steine zu sichern, hat man sie sowohl oben, als auch unten mit gewöhnlicher Leinwand umgeben. Eine andere Vorsichtsmaasregel, die bei der Schleuse zu Brienne in Anwendung kam, bestand darin, dafs man kurze Holzstücke in dünnen Bündeln mehrfach unter die Leinwand und zwar normal gegen die Längenachse der Schleuse befestigte, um auf diese Art den Quellen einen Seitenabfluſs wie in Rigolen zu eröffnen. *) Eine solche Anordnung dürfte aber auf einem stark durchdringlichen Boden, wo vorzugsweise die Bétonfundirungen Anwendung finden, überflüssig sein.

Das vorstehend beschriebene Verfahren bei Bétonfundirungen bezog sich zunächst auf den Fall, dafs der Baugrund sehr sandig ist und bei einer starken Senkung des Grundwassers aufgelockert wird und dadurch an Tragfähigkeit verliert. Die erwähnten Methoden bleiben aber dieselben, wenn man bei einem festen Baugrunde wegen der Reichhaltigkeit der zudringenden Quellen zu dieser Fundirungsart gezwungen ist. Namentlich tritt der letzte Fall in einem klüftigen Kalkboden häufig ein, und ebenso in jedem Fels-

---

*) Ueber die Anwendung der wasserdichten Leinwand handelt besonders ein Aufsatz von Barré de Saint-Venant in den *Annales des ponts et chaussées.* 1834. *I. p.* 125.

boden im Flufsbette selbst, oder in grofser Nähe desselben. Auch hier läfst sich durch Ausführung des Bétonbettes und der Béton-Fangedämme eine bequeme Baustelle am leichtesten darstellen, und es bleibt hierüber nur zu erwähnen, dafs in solchen Fällen vor der Versenkung des Bétons häufig der natürliche Boden stellenweise ausgebrochen werden mufs, damit das Bette die nöthige Stärke erhalten kann.

Dafs man durch Bétonschüttungen den eigentlichen Rost über den Rostpfählen ersetzen und dadurch auch die Wasserwältigung ganz umgehen kann, ist bereits §. 34 erwähnt und dabei zugleich bemerkt worden, dafs diese Methode noch den wesentlichen Vortheil bietet, dafs die Pfähle hierdurch gegen einander abgesteift und gegen ein Ueberweichen gesichert werden.

Zuweilen hat man auch den Béton zur Darstellung hoher Mauermassen unter Wasser benutzt, und besonders zu Brückenpfeilern in tiefen Flufsbetten. Das Verfahren ist hierbei dieses, dafs man den ganzen Raum für die Pfeiler mit einer Spundwand, oder auch wohl nur mit einer andern ziemlich dichten Wand umgiebt, denn wenn auch Fugen von etwa 1 Zoll Weite darin vorkommen, so wird noch immer keine merkliche Quantität Béton hindurchfliessen. Der so umschlossene Raum wird so tief ausgebaggert, dafs man keine Unterspülung des fertigen Pfeilers besorgen darf. Alsdann geht man zur Versenkung des Bétons über, und setzt diese so weit fort, bis man nahe unter dem kleinsten Wasserstande das gewöhnliche Mauerwerk beginnen kann. In dieser Höhe pflegt man die Stärke des Pfeilers zu vermindern, und dadurch gewinnt man hinreichenden Raum, um eine leichte Umschliefsung des Pfeilers, wie durch einen kleinen Bétonfangedamm oder durch eine schwache Ziegelmauer vorzunehmen, und im Schutze derselben etwa einen Fufs tief, oder auch wohl noch tiefer, das Wasser über dem Pfeiler auszuschöpfen.

Wenn die Sohle des Flufsbettes aus gewachsenem Felsen besteht, und besonders wenn der Wasserstand darüber bedeutend ist, so ist die Umschliefsung des Raumes, den man mit Béton füllen will, sehr schwierig und man mufs alsdann die Methoden anwenden, die für solchen Fall bei Gelegenheit der Fangedämme beschrieben sind (§. 43). Hier wäre nur noch zu erwähnen, dafs man in neuerer Zeit bei Fundirung von Brückenpfeilern eiserne Cylinder

ntzt hat, die man wie Brunnenkessel versenkt und mit Béton
. Diese Methode zeigt sich besonders unter Anwendung com-
irter Luft (§. 50) sehr vortheilhaft.

Schliefslich wäre zu bemerken, dafs man vielfach und nament-
in Frankreich den Béton nicht nur unter Wasser, sondern auch
olchen Fällen anwendet, wo gewöhnliches Mauerwerk ausführ-
ist. So hat man die Bassins zu Wasserleitungen ver-
dentlich ganz aus Béton erbaut. Das Reservoir Racine in
Strafse gleiches Namens in Paris, das in drei Abtheilungen
)OO Cubikfufs fafst, ist in dieser Art construirt. Der Baugrund
hier so schlecht, dafs man mit den Fundamenten der Pfeiler,
nur aus Béton bestehn, 15 Fufs tief herabgehn mufste. Zwi-
n diese Pfeiler sind Kreuzgewölbe von etwa 10 Fufs Spannung
Béton ausgeführt, die mit ihrer Uebermaurung den Boden des
sins bilden. Sie hatten sich gut gehalten und man bemerkte nur
und wieder einzelne Tropfen an der untern Fläche dieser mit
m 10 Fufs hohen Wasserstande belasteten Gewölbe. Es war
sicht gewesen, die Bassins von innen mit einer festen Cement-
icht zu überziehn, die von Zeit zu Zeit ausgebessert werden
lte. Hierbei zeigte sich aber der Uebelstand, dafs auf dem Béton
n Ueberzug sicher haftet, und aus diesem Grunde hat man das
ter ausgeführte Bassin Vaugirard neben dem Boulevard des In-
ides mit Wänden umgeben, die nur im Innern aus Béton bestehn
l von beiden Seiten mit Stücken des sehr porösen Mühlsteines,
· an der Marne bricht, verkleidet sind. Auf diesem haftet der
berzug aus Cement sehr gut, und läfst sich daran, so oft es nö-
g ist, auch erneuern. Dieses letztgenannte Bassin besteht aus
ei Abtheilungen und fafst im Ganzen 323000 Cubikfufs. Es wird
rch dieselben Leitungen aus dem Ourcq-Canale gespeist, welche
: Springbrunnen auf dem Place de la Concorde mit Wasser ver-
n, und zwar geschieht die Füllung dieses Bassins nur während
r Nacht, wenn die Springbrunnen nicht fliefsen. Die Mauern des
ssins Vaugirard sind 16 Fufs hoch, oben 5 Fufs breit, zu beiden
iten stark dossirt und unten mit einer überwölbten Galerie um-
ben, durch welche man die Filtrationen leicht zu entdecken und
ren nachtheiligen Einflufs auf die umgebenden Grundstücke zu
seitigen hofft.

Eben so, wie bei Wasser-Reservoiren pflegt man in Frankreich auch bei Canal-Schleusen, deren Baugrube vollständig trocken, und vom Wasserzudrange ganz frei ist, unter den gewölbten Boden eine 3 bis 4 Fuſs starke Bétonschicht zu legen, obwohl der Ausführung des Mauerwerks nichts entgegensteht. Das in gehörigem Verbande und mit vollen Fugen sorgfältig ausgeführte Mauerwerk hat in jeder Beziehung vor dem Béton Vorzüge, wenn aber diese Sorgfalt fehlt, so steht es ihm leicht bei Weitem nach. Die künstlichen Blöcke, die zur Ueberdeckung der Steinschüttungen der Hafendämme dienen, wurden in einem unserer Häfen theils aus gespaltenen Graniten gemauert, theils aus demselben zerschlagenen Granit in Béton dargestellt, während derselbe Mörtel in beiden Fällen benutzt wurde. Es stellte sich augenscheinlich heraus, daſs die Béton-Blöcke nicht so leicht zerbrachen, noch auch sich abrundeten als die gemauerten, während doch diese wegen des Verbandes eine viel gröſsere Festigkeit haben sollten. Es zeigte sich indessen, daſs dieser Verband höchst unvollkommen war, die Fugen schienen auch vielfach offen geblieben zu sein und namentlich haftete der Mörtel viel weniger an den vermauerten, als an den im Béton verarbeiteten Granitstücken. Dieses rührte ohne Zweifel davon her, daſs für die gehörige Benetzung nicht gesorgt war. Dazu kam noch das nicht zu beseitigende Bemühn der Maurer, den Blöcken ein recht regelmäſsiges Ansehn zu geben, woher an den Seitenflächen vielfach Steine verwendet waren, die gar nicht einbanden.

Die Zubereitung des Mörtels und des Bétons läſst sich dagegen, besonders wenn Beides in Maschinen geschieht, leicht controlliren. und eben so die Schüttung und Befestigung desselben durch Andrücken und Ausebnen. Es können daher hierbei solche Fehler, wie bei der gewöhnlichen Maurerarbeit, wenn hinreichende Aufsicht fehlt, nicht vorkommen, und es rechtfertigt sich daher, unter solchen Verhältnissen dem Béton den Vorzug zu geben.

§. 49.
Senk-Kasten.

Man kannte schon im Alterthum das Verfahren, in tiefem Wasser durch Versenken von Schiffen künstlich einen Baugrund zu bil-

den, worauf Hafendämme oder andre schwere Bauwerke gestellt
wurden. Diese Methode wurde wesentlich verbessert, als man die
Schiffe nicht mehr mit losen Steinen füllte, sondern sie vollständig
ausmauerte, was im Trocknen geschah, während die Schiffe noch
schwammen. Sie versanken erst, wenn man das Wasser eintreten
ließ. Man erreichte auf solche Art den Vortheil, daß man eine
große zusammenhängende Masse darstellte, welche zum Tragen des
Oberbaues geeigneter war, als eine lose Steinschüttung. Um ein
gehörig sicheres Fundament zu bilden, mußte das Schiff aber auch
mit einer großen Basis sich auf den Grund aufstellen. Benutzt man
hierbei statt gewöhnlicher Schiffe solche, die besonders zu diesem
Zwecke erbaut sind, so giebt man ihnen flache Boden und senkrechte Wände. Erstere vertreten alsdann die Roste, und letztere
sind nur während des Baues selbst, wo sie als Fangedämme dienen,
von Nutzen, man muß sie also in der Art befestigen, daß sie sich
von oben lösen und entfernen lassen, und man kann sie alsdann bei
den folgenden in gleicher Art construirten Kasten aufs Neue gebrauchen.
Diese Kasten heißen gewöhnlich übereinstimmend mit ihrer französischen Benennung Caissons, doch wird bei uns dafür vielfach
auch der Ausdruck Senk-Kasten gewählt. Es ist nicht zu leugnen, daß dieses Verfahren die Schwierigkeiten einer Fundirung in
tiefem Wasser wesentlich vermindert, und es fand daher besonders
in Frankreich und England vielfache Anwendung. In Deutschland ist
davon nur selten Gebrauch gemacht worden, aber auch im Auslande
ist man in der neusten Zeit, nachdem die Bétonfundirung üblich
geworden ist, hiervon beinahe ganz zurückgekommen, wozu wohl
die Unfälle wesentlich beigetragen haben, welche bei den in Caissons fundirten Bauwerken sich häufig ereigneten. Aus diesen Gründen ist es entbehrlich, die ältere Methode noch mit allen dabei vorkommenden Modificationen zu beschreiben, es wird vielmehr genügen, das Verfahren im Allgemeinen zu bezeichnen.

Zunächst entsteht die Frage, ob man den Boden des Caissons
unmittelbar auf den gehörig geebneten Grund, oder auf Pfähle stellen soll. Im ersten Falle vertritt der hölzerne Boden die Stelle
eines liegenden Rostes und im zweiten die eines Pfahlrostes. Beides kommt vor. Wenn man den Kasten unmittelbar auf den
Grund stellt, so muß letzterer geebnet und so tief gegen das umgebende Flußbette gesenkt werden, daß keine Unterspülung eintre-

ten kann. Zu diesem Zweck umgiebt man die Baustelle mit einem leichten Fangedamme, der, wenn er auch nicht wasserdicht ist, doch wenigstens das heftige Durchströmen verhindern muſs, weil der starke Strom immer Sand und Kies herbeiführen und dadurch die künstliche Ausebnung sehr schnell aufheben würde.

De Cessart, der besonders die Fundirung in Caissons vielfach angewendet und empfohlen und ihre Vorzüge namentlich in Bezug auf Kostenersparung wiederholentlich gerühmt hat, wendete beim Bau der Brücke zu Saumur folgendes Verfahren an. Den Raum zwischen zwei Reihen leicht eingerammter Pfähle packte er mit Faschinen aus, in welche Steine eingebunden waren, oder mit sogenannten Senkfaschinen. Hierdurch bildete sich die Umschlieſsung, welche die starke Strömung von der Baustelle abhielt, doch war letztere dadurch nicht vollständig geschlossen, vielmehr wurde auf der vom Strome abgekehrten Seite eine Oeffnung frei gelassen, durch welche der Senk-Kasten eingeschoben werden konnte. Hierauf wurde die Baugrube durch Baggern vertieft, und sobald man die gehörige Tiefe erreicht hatte, erfolgte die Ausebnung des Grundes, damit der Boden des Caissons überall gleichmäſsig zum Tragen kam. Dieses geschah, indem die tieferen Stellen mit Kies gefüllt, oder auch wohl der ganze Raum mit Kies beschüttet und alsdann die Oberfläche desselben mit einer Schiene horizontal abgestrichen wurde. *).

Wenn dagegen der Kasten auf Pfähle gestellt werden soll, so kommen wieder die beiden Fälle vor, daſs nämlich entweder der Rost bis zum Fluſsbette und vielleicht auch noch tiefer versenkt wird, oder daſs man ihn nur eben unter den niedrigsten Wasserstand bringt. Das letzte Verfahren ist jedenfalls das bequemere, dabei tritt aber der Uebelstand ein, daſs man die Zwischenräume zwischen den Pfählen, wie §. 34 bereits erwähnt worden, nicht gehörig ausfüllen und gegen Ausspülung sichern kann. Man pflegt alsdann die Rostpfähle mit einer Spundwand zu umschlieſsen, und wenn die Zwischenräume gehörig gefüllt sind, eine Steinschüttung rings um die Spundwand anzubringen. Wenn dagegen bei Anwendung der Rostpfähle die Versenkung des Rostes bis unter das Fluſsbette stattfinden soll, so muſs man wieder den leichten Fangedamm darstellen und die Baggerung so tief herabführen, daſs man mit der

---

*) De Cessart, *travaux hydrauliques.* Vol. I. Paris 1806.

Grundsäge die Pfähle in der gehörigen Tiefe abzuschneiden im Stande ist. Hierauf werden die Zwischenräume zwischen den Pfählen ausgefüllt und in einer geringen Höhe über den Pfahlköpfen horizontal abgestrichen. Daſs dabei die Kiesschüttung über die Pfähle noch etwas vorragt, ohne jedoch dieselben zu überdecken, wird nicht als nachtheilig angesehn, weil sie sich noch setzt oder eingedrückt wird und man dadurch dem Entstehen hohler Räume unter dem Roste vorzubeugen glaubt.

Die Dimensionen der Caissons müssen der Gröſse des darin auszuführenden Bauwerks entsprechen, doch kann man eine lange Kaimauer nicht in einem Caisson ausführen, man muſs vielmehr eine Trennung vornehmen und die einzelnen Theile mit einander möglichst zu verbinden suchen. Die Höhe der Wände muſs ferner so gewählt sein, daſs dieselben nach der Versenkung bis über das niedrigste Wasser vorragen, damit man die weitere Erhöhung über Wasser ausführen kann. Findet auf der Baustelle Ebbe und Fluth statt, so pflegt man den Wänden der Caissons nur eine solche Höhe zu geben, daſs das Mauerwerk beim Versenken über Niedrig-Wasser reicht. Bei der Spülschleuse zu Dieppe, die de Cessart baute, war die Anordnung in dieser Art getroffen. So lange das Caisson noch schwimmt, so hebt es sich mit der Fluth und sinkt mit der Ebbe, sobald man es aber versenkt hat, so tritt während der Fluth das Wasser ein, und nur bei niedrigem Wasser kann man den Bau weiter fortsetzen. Daſs die Wände gehörig stark sein müssen, um einem Wasserdrucke, der ihrer Höhe entspricht, zu widerstehn, darf kaum erwähnt werden.

Die Construction des Bodens ist von der Aufstellungsart des Caissons abhängig. Wenn keine Rostpfähle vorkommen und sonach der ganze Boden gleichmäſsig trägt, so werden die Balken nur von unten mit Bohlen verkleidet, wenn dagegen Pfähle eingerammt sind, so ist es nöthig, daſs die sämmtlichen Köpfe derselben auf Balken treffen, und man muſs alsdann das Einrammen zwischen gewissen versenkten Lehren vornehmen, wodurch man allein in einer gröſseren Tiefe unter Wasser eine regelmäſsige Lage der Pfahlköpfe erreichen kann. Vortheilhafter ist jedoch die Methode, die man in Frankreich angewendet hat, wonach der Boden des Caissons nicht mit Bohlen verkleidet, sondern aus einer dichten Balkenlage gebildet wird. Man erreicht dadurch den Vortheil, daſs jeder Pfahlkopf,

wo er sich auch befinden mag, vollständig zum Tragen komt
Verbindung des Pfahles mit dem Boden des Caissons, oder
Rostschwellen durch Zapfen, oder auf andre Art, läßt s
darstellen, sie ist auch entbehrlich, weil das große Gewicl
tigen Baues ein Verschieben undenkbar macht und die Pl
auch wirklich etwas einzudrücken pflegen.

Fig. 269 auf Taf. XXII zeigt den vertikalen Quersch
Caissons, wie solche bei mehreren Brückenbauten in Pari
sind. Der Boden besteht aus einer geschlossenen B
welche der Länge nach durch fünf Gänge Halbholz verbu
außerdem durch einen Rahmen umschlossen ist, worin di
lichen Balken mit Zapfen eingreifen. Zur Verbindung d
mit dem Rahmen sind rings umher in Abständen von 3 Fu
ben-Bolzen angebracht, deren Muttern in die Balken e
sind, und deren Köpfe sich gegen den Rahmen lehnen, w
gur auf der linken Seite zeigt.

Die Seitenwände werden gebildet durch Stiele
10 Fuß von einander entfernt und in die Rahmen ver
In ihnen befinden sich Nuthen, worin man starke Bohlen
welche die eigentlichen Wände bilden. Auf der äußern
fen außerdem noch schräge Streben, die auf jenen Rahme
mit Versatzung in die Stiele. Ueber je zwei einander
stehende Stiele ist eine Zange gelegt, die an beiden Se
eine starke eiserne Stange mit dem Rahmen verbunden i
den Boden einschließt. Die Figur zeigt auf der rechten
Stange. Sie ist unten mit einer Oese versehn, womit s
nen Haken greift, der in den Rahmen und den anstoß
ken eingetrieben ist. Oben ist sie durch den Kopf der
zogen und wird hier durch die Schraubenmutter gehal
man die letztere, so kann man die Stange vom Haken a
die Wände des Caissons werden frei, so daß man sie
des folgenden Pfeilers wieder benutzen kann. Um die
einander fest zu verbinden, sind endlich über die Zangen i
hölzer gelegt und an diese mit Schraubenbolzen befestig

Die Erbauung solcher Caissons erfolgt wie die der £
Hellingen oder geneigten Ebenen am Ufer, von wo
Wasser herabgleiten, doch ist hierbei große Vorsicht n
sie bei ihrer Länge und bei ihrer schwachen Verbindung

Um sie gehörig wasserdicht zu machen, wird jede einzelne
ebensowohl im Boden, wie an der Seite, von aufsen durch ein-
enes Werg gedichtet und demnächst mit heifsem Pech über-
. Gewöhnlich erhalten die Caissons an einer Seite noch ein
·, damit man beim Versenken das Wasser sanft einlassen kann,
· einige Pumpen, die theils zur Beseitigung des eingedrungenen
rs dienen, theils aber auch um den ganzen Kasten wieder zu
, falls er beim ersten Versenken nicht genau eingestellt sein

eber die Ausführung des Mauerwerks in den Caissons ist zu
ten, dafs dieses sehr gleichmäfsig vertheilt werden, oder dafs
wenigstens durch eine sonstige Beschwerung für eine gleiche
ung aller Theile sorgen mufs, weil sonst ein Bruch erfolgt.
der Grund, auf dem das Caisson aufstehen soll, gehörig aus-
en ist, so pflegt man dieses sogleich darüber zu führen, und
glichst bald mit Wasser zu füllen und zu versenken. Man
t sich immer, den Bau so anzuordnen, dafs die Maurerarbeit
er Zeit weit genug gediehn ist, um die Versenkung sogleich
n zu lassen, weil die erwähnte Ausebnung ihre Regelmäfsig-
ld verliert. Wenn das Caisson an der passenden Stelle ver-
ist, so wird die nöthige Beschwerung desselben durch Auf-
von Steinen auf die darüber angebrachte Rüstung vorgenom-
ıd man pumpt das eingelassene Wasser aus. Auf diese Art
ıan im Schutz der Seitenwände, wie zwischen Fangedämmen,
ıerwerk bis zur gehörigen Höhe herausführen. Jedenfalls
las Caisson weniger, wenn es möglichst bald versenkt wird,
ın man es lange Zeit hindurch mit dem begonnenen Mauer-
hwimmen und es wohl gar, wenn Ebbe und Fluth stattfindet,
selnd auf den Grund setzen läfst.
ɛnn man das ganze Bauwerk nicht in einem einzigen Caisson
en kann, was namentlich bei Kaimauern der Fall ist, so mufs
r die gehörige Verbindung der besonders fundirten Theile
De Cessart spannte zu diesem Zweck nach der Entfernung
issonwände Bogen von einer Mauer zur andern und zwar in
Tiefe, als der Wasserstand irgend zuliefs. Dabei sind aber
ffnungen unter den Bogen nicht gehörig zu schliefsen und
lürfte ein anderes Verfahren den Vorzug verdienen, welches
le bei den Kaimauern in Paris anwandte. Derselbe suchte

nämlich die Zwischenräume zwischen den langen Wänden
neben einander versenkten Caissons durch vorgeschlagene Pf
leichte Fangedämme möglichst zu dichten, worauf die beid
sten Wände an den schmalen Seiten entfernt werden, so d
Caissons sich in einen verwandelten. Hierauf konnte man
tervall der Mauer vom Grunde aus aufführen, und damit r
Wände der sämmtlichen Caissons stehn bleiben durften und d
Baugrube sich zu sehr ausdehnte, so wurde jedesmal in d
der Stelle, die man auf solche Art ausmauern wollte, d
zwischen der langen Wand des Caissons und dem fertigen
werk geschlossen. Der wasserfreie Raum umfasste also j
nur diejenige Stelle, woselbst die Verbindung stattfinden so

Die vorstehend beschriebenen Senkkasten sind, wie be
wähnt, in neuerer Zeit durch die viel einfachere und sehr
Methode der Fundirung auf Béton verdrängt worden. Le
in der That in allen Fällen leicht anwendbar, wo die W
so mäßig bleibt, daß man Senkkasten hätte benutzen könn
gegen hat man in den letzten Jahren mehrfach und zum T
überraschend günstigem Erfolge eine wesentlich verschiede
dirungs-Art angewendet, wobei das Bauwerk auf kastenförm
bis zu großer Tiefe versenkten Mauern ruht, die wieder
Kasten genannt werden.

Diese Methode ist nur eine Modification oder weitere
nung des im Landbau vielfach angewandten Verfahrens,
auf Senk-Brunnen zu stellen. Von den Senk-Brunnen w
§. 8 die Rede. Sie werden, wie dort beschrieben, ausge
versenkt, man geht damit aber so weit herab, bis man e
schicht trifft, welche hinreichende Tragfähigkeit besitzt, um
bäude sicher zu unterstützen. Demnächst wird aber der
entweder mit Béton, oder bis zur Höhe des Grundwassers
bem Kies angefüllt und weiter aufwärts bis zu seinem obe
ausgemauert, so daß die darauf ruhende Last sich über d
kreisförmigen Querschnitt vertheilt.

Der wesentliche Vortheil dieser Fundirungs-Art besteht d
man bei aufmerksamer Führung des Baues und wenn das M
in sich fest verbunden ist, bis zu großer Tiefe herabgehn ka
aber Brunnen von geringem Durchmesser sich nur in rein
versenken lassen, so kann man in weiteren Brunnen oder Kas

ro ein Hinderniſs sich vorfindet, die Vertiefung so weit vortrei-
ſs der Widerstand gehoben und der Brunnen nicht mehr zurück-
n wird. Schon bei Ausführung der Schachte, welche die Zu-
ıu dem Themse-Tunnel bilden (§. 8), machte man die Erfahrung,
:hwierigkeiten dieser Art sich überwinden lassen. Bedingung
ıber, daſs der Boden, auf dem man solche Brunnen oder Senk-
ausführen will, über Wasser, oder doch wenigstens in der
les Wasserspiegels liegt. Ist dieses nicht der Fall, die Was-
fe aber nicht groſs, so bleibt noch übrig, durch Anschütten
de die erforderliche Erhöhung darzustellen. Hat der Brunnen
ı nur eine mäſsige Weite und keine bedeutende Wandstärke,
gt man auch wohl den hölzernen Kranz mittelst Schrauben
ı Rüstung, und übermauert ihn, indem man ihn stets so weit
ınken läſst, daſs nur der obere Mauer-Rand über Wasser tritt.
der Kranz sich auf den Grund aufstellt, beseitigt man die
:isen und Schrauben, und bewirkt nunmehr durch Baggern im
die weitere Versenkung. In dieser Weise hat man zuweilen
ınpfeiler von mäſsigen Dimensionen fundirt.
enn man auf sumpfigem Grunde sichere Bauwerke ausführen
ı ist diese Fundirungs-Art besonders zu empfehlen. So wur-
ə Pfeiler des Eisenbahn-Viroductes über die Silberwiese bei
auf dergleichen gemauerte Kasten gestellt. Wenn dieselben sehr
rsenkt werden, so hindert nichts unmittelbar daneben auch
ſse Wassertiefen darzustellen, daſs Seeschiffe daran anlegen
. Dabei bleibt freilich die Schwierigkeit, diese einzelnen Fun-
e mit einander so zu verbinden, daſs durch die Zwischenräume
le nicht herabstürzen kann. Sehr zweckmäſsig ist in dieser
ıng, wie überhaupt in der ganzen Anordnung und Ausführung
au der südlichen Kai-Mauer des Sandthor-Hafens bei Ham-
ırfahren. Die von dem Erbauer derselben, dem Wasserbau-
ector Dalmann, meinen Wunsch entsprechend mir mitgetheil-
ızeichnungen sind in Fig. 268 auf Taf. XXI wiedergegeben.
r seit einigen Jahren ausgeführte und wegen der Verbindung
· Eisenbahn stets mit groſsen Seedampfern belegte Sandthor-
am obern Theile von Hamburg, war bisher nur auf der nörd-
Seite mit einer Ufereinfassung, und zwar einer hölzernen,
ı, neben der ein breitspuriges Geleise sich hinzog, worauf
ıhn Dampfkrahne standen, um die eingehenden Güter in die da-

hinter stehenden überdachten Schuppen zu heben, von wo sie unmittelbar auf die Eisenbahn-Wagen verladen werden konnten. Dieser Kai genügte aber nicht für den Verkehr, woher auch das südliche Ufer in ein Kai, und zwar in ein massives verwandelt werden sollte. Dieses Ufer war niedriges sumpfiges Terrain, von dem jedoch für die erforderliche Verbreitung des Hafens ein Theil abgegraben werden mußte. Bevor dieses geschah, fundirte man die Kaimauern auf solchen Senkkasten. Dieselben haben oblonge Querschnitte, wie Fig. 268 *b* und *c* zeigt, deren äußere Seite in der Richtung des Kais 12 Fuß 9 Zoll Rheinländisch, und in der darauf senkrechten Richtung 18 Fuß 3 Zoll messen. Die Mauern sind 2 Fuß 6½ Zoll, oder 3½ Klinker stark. Die Kasten verbreiten sich aber nach unten, um durch den Seitendruck am Herabsinken möglichst wenig behindert zu werden. Der lichte Abstand der Kasten von einander, und zwar zwischen den obern senkrechten Mauern mißt 14′ 7″. Auf nahe 2½ Ruthe Länge wurde daher immer ein Kasten versenkt, und die Länge des ganzen Kais mißt ungefähr 270 Ruthen.

Der gewöhnliche Fluthwechsel in Hamburg beträgt 5½ Fuß, die Hafensohle sollte 14½ Fuß unter ordinär Niedrigwasser liegen, woher die Kasten noch ungefähr 3 Fuß tiefer gesenkt wurden. Das Terrain lag einige Fuß über ordinär Hochwasser, doch befanden sich darin mehrere tiefere Rinnen, durch welche das Wasser eingetreten wäre. Diese mußten durchdämmt werden, damit abgesehn von besonders hohen Fluthen, in der ganzen Baustelle der Wasserstand auf 4 Fuß unter ordinär Niedrigwasser gehalten werden konnte. Bis zu diesem Horizont sollten auch die Kasten versenkt werden, sie erhielten daher sogleich die Höhe von nahe 18 Fuß.

Die Ausführung der Senkkasten war derjenigen der Senkbrunnen sehr ähnlich. Man machte den Anfang mit dem Abgraben und Planiren des Bodens bis man auf Grundwasser traf, alsdann legte man aus doppelten Bohlen einen Rahmen aus, der genau der Ausdehnung der untern Mauerschicht entsprach und hierauf wurden die Mauern aus hartgebrannten Klinkern in stark hydraulischem Mörtel bis zur vorbezeichneten Höhe aufgeführt.

Nunmehr stellte man auf jeden Kasten eine Baggermaschine, welche den Boden lothrecht aushob, oder deren Baggerleitern sich doch wenigstens nicht weit von der lothrechten Richtung entfernten. Diese Maschine, durch eine am Ufer stehende Locomobile ge-

..... stand auf einer über die längern Seiten des Kastens gestreck-
..... Eisenbahn, konnte also der Uferlinie beliebig genähert, oder von
..... entfernt werden. Einige Maschinen liefsen sich auch in
..... Quer-Richtung, also parallel zum Ufer, in gleicher Weise ver-
..... Doch zeigte sich diejenige Einrichtung bequemer, wobei
..... Maschine immer in der Achse des Kastens blieb, aber die Bag-
..... in ihrem untern Theile vor und zurückbewegt werden konnte,
..... um die Achse der obern Trommel sich drehte. Endlich waren
..... Maschinen noch mit der Vorrichtung zum Heben und Senken
..... Leitern versehn, so dafs beliebig an jeder Stelle die Eimer in
..... oder geringerer Tiefe wirken konnten. *)

..... Sobald die Baggermaschine einige Zeit hindurch gewirkt und im In-
..... des Kastens eine merkliche Vertiefung bewirkt hat, so verliert der
..... Boden, auf dem der Rahmen ruht, seine Unterstützung, er dringt nach
..... vor und der Kasten senkt sich. Dieses geschieht sehr sanft und
..... gleichmäfsig, wenn der Untergrund rein, und die Baggerung rings umher
..... bis zu derselben Tiefe erfolgt ist. Der Untergrund war indessen sehr
..... unrein und daher der Widerstand sehr verschieden. Es kam sogar vor,
..... dafs Baumstämme in der Tiefe lagen. Durch vorsichtige Führung
..... des Baggers gelang es aber, auch diese tiefer zu versenken oder zu
..... durchbrechen, und sonach die Kasten bis zur vollen Tiefe, und zwar
..... in senkrechter Stellung, herabzubringen. Oft genug neigten sie sich
..... nach einer Seite stark über, alsdann mufste der Bagger da wirken,
..... wo ihre Oberfläche sich am meisten erhob. Ein Bruch des Mauer-
..... werks erfolgte in keinem Falle, und da die ganze Masse innig zu-
..... sammenhing, so war es ohne Nachtheil, wenn dieselbe zuweilen
..... auch nur durch einen einzelnen Gegenstand von geringer Ausdeh-
..... nung am Herabsinken verhindert wurde. Dieses Hindernifs mufste
..... aber durch starkes Vertiefen im Innern beseitigt werden. In sol-
..... cher Art gelang es, alle Kasten recht regelmäfsig zu senken und
..... nahe genug in die beabsichtigte Ufer-Linie zu stellen.

..... Indem die Kasten nicht nur ihr eignes Gewicht tragen, sondern
..... auch durch die massive Mauer und die Hinterfüllung belastet wer-
..... den sollten, so war eine starke Probe-Belastung nothwendig.
..... Zu diesem Zwecke stellte man auf jeden versenkten Kasten ein Ge-
..... fäfs aus starkem Eisenblech auf, das einen abgestutzten Kegel bil-

---

*) Diese Baggermaschine ist derjenigen ähnlich, die im III. Theile die-
ses Werkes §. 75. beschrieben ist.

███. Der untere ████████ ██████ ████ ██ ██ Fu
obere ██ Fuß, und die Höhe ██████ ██ Fuß. █████ wurde
gepumpt, und dadurch ein ████████ von mehr als 10 000 █
dargestellt. Einige Senkung wurde ███████ jedesmal █
doch war dieselbe meist sehr unbedeutend, und hörte bald █

Nachdem die Kasten als feststehend angesehn werden █
wurden sie mit Béton gefüllt und übermauert, wie die F█
den verschiedenen Schnitten zeigen. Der freie Raum zwi
zwei Kasten wurde aber mit einer 2½ Fuß starken Kappe █
kern überspannt. Auf diesen Kappen, so wie auf der Ue
rung der Kasten steht zunächst die eigentliche Kaimauer,
bis 14 Fuß 7 Zoll über Niedrig-Wasser erhebt, außer█
zweite Mauer, welche die hintere Stühlne des Goldne█
Dampfkrahne trägt. Beide sind durch massive Pfeiler v█
die sehr kräftige Contreforts bilden. Die freien Räume █
je zwei Kasten hat man aber rückwärts durch Spundwände █
sen, um das Ausspülen der Hinterfüllungs-Erde zu verhinder
rend vor den Spundwänden auf die Länge der Senkkasten █
hinreichend flache Böschung bis zur Sohle des Hafens bild█
Durchschnitte e und f zeigen diese Mauern, wie die Spundw

Schließlich muß noch von den eisernen Senkkas█
Rede sein, die man in neurer Zeit hin und wieder bei Fund
in tiefem Wasser benutzt hat, und die auf weichem Unte
manche Vortheile bieten.

Beim Bau der Eisenbahn-Brücke über die Marne b
gent kam es darauf an, den Mittelpfeiler in dem sehr bew█
Flußbette zu fundiren, da große Vertiefungen zu besorgen
Beim gewöhnlichen Sommer-Wasserstande maaß die Tiefe
ser Stelle nahe 13 Fuß, und die Sohle bestand bis 3 Fuß █
aus losem Sande, und auf weitere 4 Fuß aus einem Gemen█
Sand und Thon, worunter sich erst Kies vorfand, den man █
sten Baugrund ansehn konnte. Die Fundirung mußte █
20 Fuß unter Wasser herabgeführt werden. Der Ingenieur P
der diesen Bau ausführte, entschloß sich daher einen sow█
wie unten offenen Kasten aus Eisenblech anzuwenden. █
demselben solche Dimensionen, daß rings um den über█
vortretenden Brückenpfeiler ein Raum von 6½ Fuß Br
Unten war der Kasten weiter, als oben, so daß er

Gestalt hatte. Die horizontalen Querschnitte bildeten in den mittleren Theilen Rechtecke, und waren durch Halbkreise an beiden Seiten begrenzt. Die ganze Länge maaſs oben 69 Fuſs und unten 78 Fuſs, die Breite dagegen oben 32 Fuſs und unten 36 Fuſs. Die ganze Höhe betrug nahe 29 Fuſs, so daſs der Kasten, wenn er 1 Fuſs tief in den Kies versenkt wurde, noch 8 Fuſs den Sommer-Wasserstand überragte.

Die Blechstärken waren nach dem Drucke, dem die Schichten ausgesetzt werden sollten, verschieden angenommen, und auſserdem durften sie an den abgerundeten Enden schwächer sein, als in den mittleren Theilen. Sie maaſsen in der untern $9\frac{1}{4}$ Fuſs hohen Zone, die den Béton umschlieſsen sollte und daher nur geringem Drucke ausgesetzt wurde, beziehungsweise 1,8 und 2 Linien. In der zweiten 11 Fuſs hohen Zone, die nach dem Versenken des Bétons den vollen Wasserdruck auszuhalten hatte, da sie erst später ausgemauert wurde, 3,7 und 4,6 Linien. Die obere Zone endlich, die nur bei höheren Wasserständen als Fangedamm dienen sollte, bestand aus Blechen von derselben Stärke, wie die untere. Mit Einschluſs der Anker, die im mittleren Theile die gegenüber stehenden Wände gegen einander verstrebten, wog der Kasten 1400 Centner.

Nachdem das Fluſsbette durch Baggern bis zur Kieslage vertieft war, führte man, zwischen zwei Fahrzeugen schwebend den Kasten darüber und versenkte ihn mittelst Schrauben. Sodann wurde der Schlamm, der auf der Sohle sich inzwischen abgesetzt hatte, durch Handbagger im Innern entfernt, auch dabei wieder für eine gleichmäſsige Einsenkung gesorgt, und nunmehr der Béton eingebracht. Nach Erhärtung desselben pumpte man den Kasten leer und führte die Ausmaurung und den untern Theil des Pfeilers aus. Schlieſslich beseitigte man den über das Sommerwasser vortretenden Theil des Kastens, indem die Verbindung hier nicht durch Niethe, sondern durch Schraubenbolzen dargestellt war[*]).

Gegen dieses Verfahren sprach sich Beaudemoulin sehr entschieden aus[**]), indem er meinte, die Umschlieſsung mit hölzernen Wänden und die Darstellung von Béton-Fangedämmen wäre nicht nur sicherer, sondern auch wohlfeiler gewesen. Die für die grös-

---

[*]) *Annales des ponts et chaussées.* 1856. *II. pag.* 282.

[**]) *Annales des ponts et chaussées.* 1857. *II. pag.* 238.

sere Sicherheit angeführten Gründe dürften indessen zweifelhaft sein, und sonach begründet sich auch kaum die Voraussetzung in Betreff der geringeren Kosten.

Eben so, wie diese Blechkasten, hat man in den Niederlanden zu gleichem Zweck auch Kasten angewendet, die aus gußeisernen Tafeln zusammengesetzt waren. In einem Falle traten dabei sehr bedenkliche Beschädigungen ein, die vorzugsweise wohl durch die zu grofsen Dimensionen veranlafst waren, während auch die eigenthümliche Beschaffenheit des Untergrundes den Bau aufserordentlich erschwerte *).

Die Eisenbahn zwischen Alkmar und Nieuwe-Diep über schneidet zweimal den Nordholländischen Canal und mufste, um den Durchgang grofser Seeschiffe zu ermöglichen, auf Drehbrücken darüber geführt werden. Zu diesem Zwecke kam es darauf an, aufser den beiden Landpfeilern, jedesmal noch einen Pfeiler, auf dem die Drehbrücke ruht, und einen der theils diese unterstützt, wenn sie geschlossen ist, und theils die feste Brücke trägt, ausführen. Durch die Drehbrücken wurden je zwei Oeffnungen von 64 und 32 Fufs lichter Weite überspannt, und sie stand auf einem cylindrischen Pfeiler von 19 Fufs Durchmesser. Der andre Pfeiler war 22 Fufs lang und 9½ Fufs breit. Beide sollten in versenkten eisernen Kasten fundirt werden, jedoch war es ursprünglich Absicht gewesen, die langen Pfeiler auf je zwei Cylinder von 9½ Fufs Durchmesser zu stellen und diese über Wasser durch vertikale Eisenplatten mit einander zu verbinden. Der Bau-Unternehmer glaubte jedoch, die Ausführung würde sicherer und bequemer sein, wenn er Kasten anwendete, die der Ausdehnung dieser Pfeiler entsprächen und bei der Länge von 22 Fufs und der Breite von 11 Fufs, an beiden Enden abgerundet wären. Die Genehmigung zu dieser Aenderung wurde ertheilt.

Was die Höhenverhältnisse betrifft, so wird der Wasserspiegel in dieser Canalstrecke auf ungefähr 2 Fufs unter Amsterdamer Peil, d. h. unter mittlerem Hochwasser in Amsterdam gehalten. Die Sohle des Canales liegt 20 Fufs unter diesem Normal-Horizont oder die Wassertiefe mifst 18 Fufs, und die eisernen Kasten sollten noch 19½ Fufs tiefer versenkt werden. Indem diese während des

---

*) Verhandelingen van het koninklijk Instituut van Ingenieurs. 1868—1869.

Baues bis Amsterdamer Peil heraufreichen sollten, so betrug ihre ganze Höhe 39½ Fufs.

Die Kasten bestanden aus gufseisernen Platten von 1 Zoll Stärke, nahe 5 Fufs Höhe und durchschnittlich etwa 6 Fufs Breite. Sie waren an den Seiten, wie auch oben und unten mit Flanschen versehn und wurden durch Schraubenbolzen so mit einander verbunden, dafs sie Ringe bildeten, bei deren Zusammenstellung die vertikalen Fugen versetzt waren.

An starke hölzerne Rüstungen hing man zunächst diejenigen Platten auf, welche den untersten Ring bilden sollten, und verband sie mit einander. Darüber stellte man den folgenden Ring und so fort, indem man den bereits verbundenen Kasten stets so weit versenkte, dafs sein oberer Rand noch über Wasser blieb. Die Kasten hingen dabei beständig an 9 oder 12 starken eisernen Schrauben, woran man sie gleichmäfsig herablassen konnte. Diese Vorsicht wurde auch fortgesetzt, nachdem die Kasten sich bereits auf die Sohle aufgestellt hatten.

Bei der zuerst ausgeführten Brücke auf dem Koegras, eine Stunde von Nieuwe-Diep entfernt, erfolgte die Aufstellung und Versenkung bis zur beabsichtigten Tiefe sehr regelmäfsig und ohne Unfall. Sobald sie die Sohle des Canals erreicht hatten, stellte man eine Baggermaschine mit lothrechter Eimerleiter auf jeden Kasten, und in dem Maafse, wie dieselbe den feinen und ziemlich locker abgelagerten Sand aushob, drang der Kasten tiefer in den Grund ein. Sobald dieses geschehn war, ebnete man einigermaassen den Grund, und brachte mittelst halb-cylindrischer Senkkasten Béton ein, und zwar bis zur Höhe der Canal-Sohle. War diese Bettung etwas erhärtet, so pumpte man den Kasten aus und das Mauerwerk konnte darüber im Trocknen ausgeführt werden. Schliefslich wurden die Ringe, die sich über das volle Mauerwerk erhoben, einer nach dem andern gelöst, indem man mittelst besonderer Schraubenschlüssel die Muttern über den horizontalen Fugen unter Wasser fafste und zurückdrehte. Dabei wäre nur zu erwähnen, dafs schon auf dieser Baustelle während des Baggerns das Wasser in den Kasten meist etwas höher, als im Canale stand.

Viel gröfseren Schwierigkeiten begegnete man beim Bau der Brücke neben Alkmar. Der Boden bestand auch hier aus Sand, doch war dieser so fest abgelagert, dafs die Baggereimer nicht ein-

24*

drangen. Man war daher gezwungen, mit zugeschärften Stofseisen den Grund aufzulockern und unter fortwährendem Verschieben des Baggers den so eben gelösten Sand auszuheben. Dabei konnte es natürlich nicht fehlen, dafs der Widerstand an verschiedenen Stellen verschieden war, und der Kasten sich alsdann schräge stellte. Durch kräftiges Baggern neben den höchsten Punkten, und indem man diese noch mit grofsen Gewichten (bis zu 1600 Centner) belastete, gelang es endlich, die Kasten in die richtige Lage zurückzubringen. Bei dem längeren Kasten ereignete es sich sogar, dafs derselbe, nachdem er bereits 9 Fufs tief in den Grund eingedrungen war, sich plötzlich seitwärts verschob. Es blieb nur übrig, an einer Seite von innen, und an der andern von aufsen zu baggern, um ihn wieder an seine Stelle zu bringen. Dabei traten häufig die Senkungen plötzlich und so heftig ein, dafs sie mit starken Stöfsen verbunden waren.

Bei dieser mühsamen Arbeit war es endlich gelungen, den langen Kasten bis auf 11½ Fufs unter die Canal-Sohle zu versenken. Man hatte so eben einen neuen Kranz von Platten aufgesetzt, auch darüber eine starke Belastung gebracht und begann das Baggern aufs Neue, als plötzlich das Wasser in dem Kasten anschwoll und den 6 Fufs über dem äufsern Wasserspiegel liegenden Rand mit Heftigkeit überströmte. Der Kasten stürzte dabei 5 Zoll tief herab, und hierbei zerbrach er, so dafs an der einen schmalen Seite, nahe im Scheitel der Verbindungs-Curve ein Rifs sich auf 13½ Zoll öffnete, während gegenüber nur eine feine Bruchfuge entstand. Nachdem das Ausströmen des Wassers aufgehört, bemerkte man, dafs der Kasten sich nahe 13 Fufs hoch mit Sand gefüllt hatte, während das nächste Canal-Ufer eingestürzt war. Man fand auch einen durch die ganze Länge des Kastens hindurchgehenden Bruch in der einen Seitenwand, der von 18 bis auf 15 Fufs unter dem Wasserspiegel anstieg.

Veranlassung zu der höchst auffallenden Erscheinung, dafs das Wasser sich plötzlich so hoch in dem Kasten erhob, und bei der heftigen Einströmung so viel Sand hineintrieb, konnte nur sein, dafs man eine wasserführende Schicht eröffnet hatte, welche von einem bedeutend höher liegenden Terrain gespeist wurde. Der starke Zuflufs hörte indessen angeblich nach 5 Minuten auf, vielleicht weil bei der eintretenden Bewegung der Druck so schnell abnahm, wie man dieses auch bei springenden Strahlen bemerkt (vergl. §. 16).

Wahrscheinlich verhinderte auch der eingedrungene Sand das fernere starke Zuströmen des Wassers.

Man betrachtete es als einen besonders günstigen Umstand, daſs der ganze Kasten noch in den Schrauben hing, und sonach das abgebrochene Stück nicht herabstürzen konnte. Jedenfalls muſste die Brücke an dieser Stelle ausgeführt werden, da die Eisenbahn wegen der Nähe von Alkmar sich nicht verlegen lieſs, das Ausheben des Kastens, also die Ersetzung desselben durch einen neuen war aber unmöglich. Es blieb sonach nur übrig, die getrennten Theile so gut es geschehn konnte, zu vereinigen und in demselben Kasten den Brückenpfeiler aufzuführen.

Die Baggermaschine wurde wieder in Gang gesetzt und der eingedrungene Sand, soweit thunlich beseitigt. Alsdann hob man das abgebrochene Stück etwas an und näherte es durch umgeschlungene Ketten und durch Ziehbänder soweit dem andern Theile, daſs jene Fuge im obern Rande nur noch etwa 5 Linien geöffnet blieb. Von jedem Versuche, den Kasten noch weiter zu versenken, muſste man absehn, doch gewann man eben wegen der festen Schichten, die so schwer zu durchbrechen gewesen waren, die Ueberzeugung, daſs es unnöthig sei, den Kasten bis zu der früher beabsichtigten Tiefe, woran noch 8 Fuſs fehlten, herabzutreiben.

Die Baggerung wurde nunmehr bis nahe an den untern Rand des Kastens fortgesetzt, alsdann die Füllung mit Béton sogleich begonnen und diese 3 Fuſs höher, als es im ursprünglichen Plane lag, heraufgeführt, um jene horizontale Fuge vollständig zu überdecken. Zum Sperren der vertikalen Fugen umgab man den Kasten mit getheerter Leinwand, worauf die Pumpen so weit das Wasser wältigten, daſs die Uebermaurung möglich wurde. Der gröſsern Sicherheit wegen niethete man über die Bruchstellen auf beiden Seiten noch Laschen auf und um wegen der geringeren Tiefe der Fundirung einer Unterspülung vorzubeugen, baggerte man rings um den Kasten einen Graben, durchschnittlich von 40 Quadratfuſs Querschnitt und füllte diesen bis zur Canal-Sohle mit Béton an. Man bemerkte, daſs die Sandmasse, die man im Ganzen aus diesem Kasten gebaggert hatte, ungefähr das Fünffache vom Inhalt desselben maaſs.

Die Versenkung des cylindrischen Kastens für den Drehpfeiler erfolgte darauf ohne einen ähnlichen Unfall, doch scheint man auch

hier nicht bis zu der früher beabsichtigten Tiefe herabgegangen zu
sein, auch wurde eine Lage Basalte zur Verhinderung einer Unterspülung umher versenkt.

Bei der Probe-Belastung der Brücke mit 4000 Centnern, so wie
auch während des dreijährigen Bahnbetriebes haben diese beiden
Pfeiler keine Sackung und überhaupt keine Bewegung bemerken
lassen.

§. 50.
Fundirung unter Luftdruck.

Man hatte bereits vielfach und namentlich bei Erbauung von
Hafendämmen die Taucherglocke in großer Tiefe unter Wasser
benutzt, um theils Werkstücke regelmäßig zu versetzen, theils aber
auch um andres Mauerwerk auszuführen, oder um den Grund zu
reinigen und dergleichen. Diese Anwendung des Luftdrucks blieb
jedoch räumlich immer nur sehr beschränkt, und erst in den letzten
Jahrzehenden hat man mit überaus günstigem Erfolge, sowol weite
Röhren als auch ganze Fundamente von Brückenpfeilern durch Benutzung der comprimirten Luft bis zu bedeutender Tiefe unter
Wasser versenkt, und diese Methode hat sich sowol durch ihre
Sicherheit, als auch durch ihre Wohlfeilheit so sehr empfohlen, daß
sie gegenwärtig fast bei allen Ueberbrückungen großer und tiefer
Ströme Anwendung findet. Man hat indessen auf zwei ganz ent-
gegengesetzte Arten den Luftdruck benutzt, doch ist man von
der Methode, die man Anfangs befolgte, und die unter gewissen
Verhältnissen sich schon sehr brauchbar erwies, gegenwärtig zurückgekommen, während die andre allgemeinen Eingang gefunden hat.

Zunächst mag die erste kurz berührt werden. Im Jahre 1843
nahm Dr. Pott in England ein Patent auf die Erfindung, Pfähle
durch Luftdruck in den Grund zu treiben. Diese Pfähle sollten
aus hohlen eisernen Röhren bestehn, die unten offen sind, oben
dagegen durch Klappen luftdicht geschlossen werden können. Nachdem sie durch ihr eignes Gewicht sich etwas in den Boden eingedrückt haben, schließt man diese Klappe und pumpt den innern
Raum nahe luftleer. Alsdann wird der Pfahl vom Druck der

ln̄ern Luft belastet und dringt noch etwas tiefer ein, doch wäre
dieser Erfolg von wenig Bedeutung, wenn nicht das aus dem Boden in den Pfahl tretende Wasser den Sand oder die Erde auflockerte, und hierdurch das weitere Herabsinken veranlafste. Der
Pfahl füllt sich hierbei aber nicht nur mit Wasser, sondern zum
Theil auch mit Erde an. Alsdann läfst man die Luft wieder eintreten, öffnet die Klappe, pumpt das Wasser aus und beseitigt zugleich die eingedrungene Erde, worauf man wieder die Klappe
schliefst und die Luftpumpe in Bewegung setzt. Der Untergrund
wird nunmehr aufs Neue gelockert und der Pfahl sinkt tiefer ein
und so fort, bis er endlich die beabsichtigte Tiefe erreicht hat.

Wenn der Boden fester ist und durch eine schwache Strömung
nicht gelockert wird, so läfst sich durch dieses einfachste Verfahren
das gehörige Eindringen des Pfahles nicht bewirken, und man mufs
sodannn eine kräftigere Strömung veranlassen. Dieses geschieht,
wenn man die Luftpumpe nicht unmittelbar mit dem von der Röhre
umschlossenen Raum in Verbindung setzt, der nur nach und nach
entleert, also auch in gleicher Weise mit Wasser gefüllt wird. Man
bringt daher einen grofsen Behälter, gleichsam einen Windkessel
an, den man möglichst luftleer macht, und in diesen durch plötzliches Oeffnen eines Hahnes die Luft aus der Röhre einströmen läfst.
Dadurch erfolgt die Luft-Verdünnung schneller und in gleichem
Maafse verstärkt sich die Einströmung des Wassers, welches den
Grund kräftiger angreift.

Aufserdem hat man den Apparat noch in andrer Weise vervollständigt. Der in den Pfahl eindringende Boden lagert sich nämlich in demselben oft so fest ab, dafs seine Beseitigung schwierig
wird, die aber nothwendig ist, weil entgegengesetzten Falles beim
folgenden Auspumpen die Wirkung um so schwächer werden würde.
Man stellt daher eine zweite, jedoch viel engere Röhre, die unten mit einem nach oben aufschlagenden Ventil versehn ist, in den
Pfahl, und nachdem letzterer sich gefüllt hat und die Luft wieder
ausgetreten ist, setzt man den von der Luftpumpe ausgehenden
Schlauch mit dieser engeren Röhre in Verbindung. Dieselbe füllt
sich alsdann mit einem Theile von dem Inhalte des Pfahles und
lockert zugleich den übrigen Theil auf. Da sie sich aber unten
schliefst, so kann man mit ihr nach und nach die ganze Erdmasse
ausheben.

Diese Erfindung wurde seit dem Jahre 1845 mehrfach, und zum Theil mit günstigem Erfolge angewendet *), besonders verdient der Bau eines Viaductes auf der Insel Anglesea Erwähnung. Jeder Pfeiler wurde dabei auf neunzehn gufseiserne Pfähle von 13½ Zoll äufserm Durchmesser und 15½ Fufs Länge gestellt, die in den Wänden 17 Linien stark waren. Das Versenken derselben erfolgte in der beschriebenen Art sehr schnell, mitunter sogar 2 Fufs tief in einer Minute. Nachdem die Pfähle bis zur beabsichtigten Tiefe von 12 Fufs in den Grund eingedrungen waren, und man den darin eingetretenen Sand ausgehoben hatte, füllte man sie mit Béton an. Sie bildeten einen sehr festen Pfahlrost und die darauf gestellten Pfeiler liefsen selbst beim Uebergange der schwersten Eisenbahn-Züge keine Bewegung bemerken.

Es dürfte hier die passendste Stelle sein, einer andern in neuster Zeit versuchten Methode zum Eintreiben gufseiserner Pfähle Erwähnung zu thun, die auf demselben Princip, nämlich auf der Auflockerung des Bodens beruht, obgleich der Luftdruck dabei nicht in Anwendung kommt. Dieses Verfahren ist in der That sehr einfach. Nachdem der hohle eiserne Pfahl an der Rüstung so befestigt ist, dafs er frei herabsinken, jedoch sich nicht seitwärts überneigen kann, so führt man bis nahe über dem untern Rande den Schlauch einer Feuerspritze herab, der mit zwei Ausgufsröhren nach entgegengesetzten Seiten versehn ist. Sobald die Spritze in Thätigkeit gesetzt wird und die starken Strahlen gegen den Boden unter der Röhrenwand gerichtet werden, so lockern sie diesen auf. Man dreht aber an einem Hebel den Pfahl, und verbreitet dadurch die Auflockerung rings umher. Das hindurchströmende Wasser findet den bequemsten Ausweg unmittelbar an der äufsern Wandfläche des Pfahles, wodurch hier in hohem Grade die Reibung gemäfsigt wird, und der Pfahl bald die erforderliche Tiefe erreicht. Die Bewegung mufs aber ohne Unterbrechung fortgesetzt werden, weil sonst die äufsere Erde nachstürzt, und alsdann der Pfahl sich so fest stellt, dafs man ihn weder heben, noch tiefer senken kann. Bei Fundirung des Leven-Viaductes in der Morecombe-Bai drangen die Pfähle in dieser Art jedesmal während 20 bis 30 Minuten 19 Fufs

*) Mittheilungen hierüber befinden sich in Förster's allgemeiner Bauzeitung. 1858. Seite 189.

tief ein. Bei der Kaimauer in Southport brachte man aber die Aenderung an, daſs man die untern Oeffnungen der Röhren durch Scheiben schloſs, die in ihrem Umfange mit sägeförmigen Zähnen versehn waren, welche vor die äuſsere Wandung vortraten. In der Mitte der Scheibe war aber das Ausguſsrohr des Schlauches hindurchgeführt. Gewiſs wird man von dieser Methode nur unter besonders günstigen Boden-Verhältnissen Gebrauch machen können, obwohl sie vielleicht vor der Anwendung der Luftverdünnung noch Vorzüge hat.

Mittelst der beschriebenen Luftverdünnung sollte 1851 die Fundirung der beiden Mittel- und der beiden Landpfeiler der Brücke bei Rochester über den Medway zur Ausführung kommen, und zwar wollte man unter jeden Mittelpfeiler vierzehn guſseiserne Röhren von 6 Fuſs Weite stellen, deren einzelne Theile durch Flanschen im Innern verbunden waren. Nach vorgängiger Untersuchung des Baugrundes erwartete man, daſs die Versenkung derselben bis 20 Fuſs unter die Sohle des Fluſsbettes ohne Schwierigkeit möglich sein werde. Hierin hatte man sich indessen getäuscht. Der Boden war so compact, daſs das Wasser nur spärlich durch denselben in die Röhren eindrang und sonach die Auflockerung nicht erfolgte und die Pfähle sich nicht senkten. Dazu kam noch, daſs unter dem einen Landpfeiler vielfach Steine und Holzstämme sich vorfanden, die vollends die beabsichtigte Fundirungs-Art unmöglich machten.

Der Ingenieur Cubitt, der die Arbeiten leitete, entschloſs sich daher zu einem ganz entgegengesetzten Verfahren, nämlich die Räume in den Pfählen nicht luftleer zu machen, sondern die Luft darin so stark zu comprimiren, daſs das Wasser daraus zurückgedrängt würde, und der Boden ausgegraben werden könnte. Das Verfahren war sonach dasselbe, von dem Triger schon 1840 Gebrauch gemacht hatte, um einen Schacht bis zum Kohlenflötz abzuteufen, das einige sechszig Fuſs unter dem Niveau der Loire bei Haie-Longue lag. Dabei wurde damals eine 5 Fuſs 9 Zoll weite Blechröhre angewendet, die oben mit einer Luftschleuse versehn war (§ 8). Cubitt benutzte dagegen die bereits vorhandenen guſseisernen Röhren.

Er brachte an dem obern Ende jeder derselben je zwei kleine Luftschleusen an, die noch nicht 5 Quadratfuſs in ihrer Grundfläche hielten, oben mit den Einsteige-Oeffnungen und zur Seite mit Thüren versehn waren. Zwischen beiden befand sich ein Krahn, mittelst dessen man den mit Erde gefüllten Kübel aus der Tiefe heben und zugleich in eine der beiden Schleusen stellen konnte. *)

Sowol die Klappen, welche die Einsteige-Oeffnungen schließen, wie auch die Thüren öffneten sich nach innen und wurden durch den Luftdruck geschlossen erhalten. In Abständen von 9 Fuß unter einander, nämlich jedesmal auf den Flanschen der Röhren befanden sich Böden, die durch Leitern mit einander verbunden waren.

Die Operation war einfach diese, dafs mittelst einer Dampfmaschine Luft in die Röhre gepumpt und hier so stark comprimirt wurde, dafs sie das Wasser vom Eindringen durch die untere Oeffnung abhielt und es zurückdrängte. Auf diese Weise blieb die ganze Röhre wasserfrei, und man konnte den Boden darunter ausgraben und in die Kübel werfen.

Damit aber beim Ausbringen der Kübel aus der Röhre der Luftdruck nicht aufgehoben, sondern nur wenig vermindert würde, so hatte jede Luftschleuse doppelten Verschlufs und wirkte in ähnlicher Art, wie eine Schiffsschleuse. Sollte ein gefüllter Kübel entleert werden, so stellte man durch Oeffnen eines Hahnes die Verbindung der Röhre mit der Schleuse dar, und sobald der Luftdruck sich hier ausgeglichen hatte, öffnete man die Thüre, und schob mittelst des Krahns den Kübel hinein. Man löste die Kette, woran der Kübel hing, schob sie zugleich mit dem Krahne zurück und schlofs die Thüre. Nunmehr öffnete man ein Ventil, wodurch die Luft aus der Schleuse nach aufsen entwich, worauf die obere Klappe von selbst herabfiel, und alsdann wurde der gefüllte Kübel mit einer zweiten Winde durch jene Oeffnung, welche bisher von der Klappe geschlossen war, ausgehoben und verstürzt. Der Kübel konnte hierauf sogleich wieder in die Luftschleuse gestellt, und nachdem diese gegen die äufsere Luft geschlossen und mit der Röhre in Verbindung gesetzt war, bis zum Grunde herabgelassen werden. In gleicher Weise gingen auch die Arbeiter, so oft es nöthig, aus und ein.

Indem der starke Luftdruck gegen den obern Boden aufwärts wirkte, die Röhre auch vollständig leer von Wasser war, so verlor sie so sehr an ihrem Gewichte, dafs ihr weiteres Eindringen verhindert, und sie zuweilen sogar gehoben wurde. Um sie hinreichend zu

--- -- —

*) Wiener Bauzeitung. 1858. Seite 190.

Kasten, mußte man zwei Balken darüber legen, an welchen symmetrisch zwei große Steinkasten gehängt waren. Es war jedoch zuweilen nöthig, das Gewicht auf einer Seite kräftiger wirken zu lassen, als auf der andern, wenn die Röhre nicht gleichmäßigen Widerstand fand. Alsdann ließ man den einen Kasten in das Wasser eintauchen, damit er aber von der Strömung nicht in zu heftige Bewegung gesetzt würde, blieb nur übrig, diese beiden cylindrischen Kasten in Blechröhren zu hängen, die auf der Sohle des Flußbettes feststanden.

Endlich wäre noch zu erwähnen, daß bei dem stellenweise sehr weiten Grunde zuweilen das darüber angesammelte Wasser durch den starken Luftdruck nicht zurückgedrängt werden konnte. Man brachte daher einen Heber an, dessen längerer Schenkel bis zur Sohle herabreichte, während der kürzere in das äußere Wasser reichte. Hierdurch wurde die Entleerung sehr schnell bewirkt, doch mußte man aufmerksam sein, den Hahn sogleich zu schließen, sobald der Heber Luft schöpfte. Unterließ man dieses, so hatte die stetige Ausströmung eine sehr schnelle Verdünnung der Luft zur Folge, die mit einer starken Abkühlung verbunden war. Letztere veranlaßte plötzlich die Bildung eines so intensiven Nebels, daß ungeachtet der im Schachte brennenden Lampen volle Dunkelheit eintrat.

Indem die Fundirung unter comprimirter Luft bei diesem Verfahren sich so bewährt hatte, daß man dadurch Schwierigkeiten überwand, die in andrer Weise nur mühsamer und mit größeren Kosten zu beseitigen gewesen wären, so wurde bald dasselbe Verfahren auch anderweit angewendet. In Frankreich geschah dieses bei verschiedenen Brückenbauten, wie bei Lyon, Moulins und Maçon, die erste und wichtige Anwendung dieser Methode war aber die Fundirung der Brücke über die Theiß bei Szegedin, die im Jahre 1857 durch die französische Eisenbahn-Gesellschaft zur Ausführung kam.

Der Oberbau, von Blech-Bogen getragen, ruht auf sieben Mittel- und zwei Land-Pfeilern. Die Durchfluß-Oeffnungen zwischen ihnen haben sämmtlich gleiche Weite, nämlich von 132 Fuß. Die beiden Landpfeiler, unter denen der Boden hinreichende Festigkeit hatte, sind unmittelbar auf diesem mit verbreiteten Banketen aufgemauert, die Mittelpfeiler dagegen, die durchschnittlich auf 9 Fuß Wassertiefe stehen, und wo der Untergrund zum Theil nur wenig Festigkeit

hatte, mußten bis 38 Fuß unter das gewöhnliche Sommerwasser
herabgeführt werden. Hierbei wurden gußeiserne Säulen angewendet, aus denen man mittelst starken Luftdruckes das Wasser beseitigte und in denen man den Boden ausgrub, wodurch wieder ihre
tiefere Einsenkung erfolgte. Jeder Pfeiler bestand aus zwei Säulen,
die über Wasser durch eine etwa 5 Fuß hohe Eisenplatte mit einander verbunden waren.

Die gußeisernen Säulen hielten 9½ Fuß im Durchmesser, da
man ihnen die möglichste Weite geben wollte, ohne sie aus einzelnen Cylinder-Segmenten zusammensetzen zu dürfen. Ihre Wandstärke maaß 14 Linien. Jeder einzelne Theil war nahe 6 Fuß
hoch, und sowol oben, wie unten mit einer nach innen vortretenden Flansche versehn, die durch eine Anzahl angegoßner Consolen
verstärkt war, während zwischen je zweien der letzteren ein Schraubenbolzen diesen Theil des Cylinders mit dem anschließenden verband.

Die Röhren waren aus Schottland bezogen, doch wurde jede
einzelne derselben auf der Baustelle an beiden Seiten abgedreht, so
daß sie nicht nur möglichst schließend auf einander paßten, sondern
auch concentrisch verbunden werden konnten. Nachdem sie in dieser Art vorbereitet waren, erfolgte erst das Bohren der Bolzenlöcher.
Vor dem Zusammensetzen überstrich man aber die berührenden Flächen mit gewöhnlichem Eisenkitt aus Feilspähnen, Ammoniak und
Schwefel-Blumen bestehend, der nach wenig Tagen vollständig erhärtet war, doch ist der Ingenieur Cezanne, der den Bau leitete,
der Ansicht, daß man besser gethan hätte, wie beim Brückenbau
zu Bordeaux geschehn, eine Zwischenlage aus Kautschuk zu wählen.

Man war indessen nicht im Stande, die Röhren in ihren ganzen
Längen auf dem Ufer zusammenzusetzen, weil sie dadurch zu schwer
geworden wären. Sie konnten nur zur Hälfte verbunden werden,
und von diesen wurde der untere Theil auf seine Stelle in Fahrzeugen geführt und hier von festen Rüstungen aus gehoben und auf
den Grund gestellt. Er hing dabei jedoch in Ketten, bis die Vereinigung mit der andern Hälfte erfolgt war.

Wurden demnächst die Hängeketten gelöst, so drang die
Säule sogleich mehrere Fuß tief in den Grund ein, sie mußte dabei aber zwischen den Führungen am Gerüste sehr sicher gehalten
werden, damit sie weder sich überneigen, noch auch seitwärts schie-

n konnte. Durch fremde Belastung bemühte man sich, sie noch
öglichst tief herabzudrücken, sobald dieses aber keinen Erfolg
ehr hatte, so wurde die Luftschleuse eingesetzt, deren beide Bo-
en man gegen die obern Flanschen befestigte. Beim Einpumpen der
uft mufste die fremde Belastung beibehalten werden, weil die Röhre,
sbald das Wasser daraus zurückgetrieben war, weniger wog, als
as Wasser welches sie verdrängte. Sobald die Luftpumpe in Be-
'egung gesetzt war, konnte man zwar die eingedrungene Erde
urch die Luftschleuse ausheben, aber die beabsichtigte Senkung
nterblieb dennoch entweder ganz, oder trat nur in geringem Maafse
in. Um diese darzustellen, blieb nur übrig, dafs man die Arbeiter
astreten liefs und den Cylinder mit der äufsern Luft in Verbindung
etzte. Durch das alsdann eindringende Wasser vergröfserte sich
sicht nur sehr bedeutend das Gewicht, sondern bei diesem Einströmen wurde auch der Boden unter dem Cylinder gelockert, so
dafs oft ein plötzliches Herabsinken um mehrere Fufse erfolgte.
Bei thonigem Boden, in welchem die starke Reibung gegen die
Seitenwände die Röhre zurückhielt, waren diese heftigen Stöfse besonders gefährlich und bedrohten mehrmals die Rüstung, gegen
welche die Führung sich lehnte. In Betreff der Versenkung mufs
noch erwähnt werden, dafs man vielfach das eingedrungene Wasser
nicht durch den Boden zurücktreiben konnte und man alsdann in
eingestellten Hebern dasselbe aufsteigen und über dem äufsern
Wasserspiegel abfliefsen liefs.

Aus vorstehender Beschreibung ergiebt sich, dafs diese Fundirungs-Art in mehrfacher Beziehung doch bedenklich ist und namentlich dabei besorgt werden mufs, dafs der Cylinder schliefslich gar
nicht von einer festen Erdschicht, vielmehr nur von der Reibung
und Adhäsion der Seitenwände getragen wird. Letztere kann aber
leicht mit der Zeit sich mäfsigen, und dadurch würde die Sicherheit
des Baues wesentlich gefährdet. Um dieser Besorgnifs zu begegnen,
wählte man bei Szegedin ein eigenthümliches Mittel. Man rammte
nämlich zwölf Pfähle in jeden Cylinder, die etwa 18 Fufs unter
den untern Rand desselben herabreichten. Dafs der Grund durch
sie befestigt wurde, ist um so mehr anzunehmen, da sie aufserdem
noch den günstigen Erfolg hatten, den ganzen Raum wasserdicht
abzuschliefsen. Nachdem man das Wasser ausgepumpt hatte, schnitt
man die Pfähle nahe über dem Grunde ab, und brachte Béton ein,

den man vorsichtig ausbreitete und bis zum obern Rande de
ren auftrug. Dieser Béton schloß sich also an die Röhre
und namentlich an die Flanschen sehr scharf an, so daß sei
tere Trennung undenkbar ist, während er selbst auf den :
ruht. Man hatte also eigentlich die gußeiserne Säule auf
Pfahlrost gestellt.

Bei den mancherlei Zufälligkeiten beim Versenken der
konnte es nicht fehlen, daß dieselben zuweilen tiefer eind
als man beabsichtigt hatte, alsdann mußten die Ringe, wel
Capitäle trugen, etwas größere Höhe erhalten. Eine andre
gelmäßigkeit, die bei einigen Pfeilern eintrat, ließ sich nich
tigen. Es kam nämlich vor, daß beim Versenken der zweiten
die daneben stehende erste wieder in Bewegung kam, und i
ner näherte. In diesem Falle blieb nur übrig, den Riegel, de
verbinden sollte, in etwas geringerer Länge umzugießen. *)

Die verschiedenen Schwierigkeiten, die bei diesem Bau ein
wurden zum Theil durch die Anwendung der gußeisernen :
veranlaßt, welche eine größere Ausdehnung der Fundamente
lich machte. Eine wesentliche Verbesserung der Methode
daher, als man statt des Gußeisens gewalzte Bleche wählte
solchen ließen sich nicht nur Kasten darstellen, welche den
Pfeiler umfaßten, sondern die Versenkung derselben war auch
rer, indem dieses Material weniger der Gefahr des Bruches
setzt ist, wenn vielleicht die Unterstützung nicht gleichmäß
oder heftige Erschütterungen eintreten. Ueberdieß hatte die
rung an den Kesseln der Hochdruckmaschinen bereits gezeig
solche Bleche sich sehr sicher und zugleich luftdicht verbind
sen. Dazu kommt aber noch, daß die auf solche Art consi
Kasten mit horizontalen Decken versehn werden können, übe
schon während des Versenkens die Uebermaurung sich an
läßt, wodurch ein so großes Gewicht dargestellt wird, d
Kasten von selbst in dem Maaße tiefer eindringt, wie der Er
darin ausgehoben wird.

Die erste und in jeder Beziehung höchst wichtige Fui
dieser Art geschah beim Bau der Rhein-Brücke zwischer

--- -- ---   - -

*) Vorstehende Mittheilungen sind aus der von Cezanne gegeben
schreibung in den *Annales des ponts et chaussées* 1859. *I. p.* 384, ent

d Straßburg im Jahre 1859. Wenn man in neuster Zeit auch ache Modificationen eingeführt hat, so sind doch viele Anordnungen, damals getroffen wurden, ungeändert beibehalten, und gewiß nicht in Abrede zu stellen, daß das ganze Verfahren sowol im gemeinen, wie in allen Einzelheiten mit großer Ueberlegung und :hkenntniß erdacht war und zur Ausführung gebracht wurde. ; Ingenieure Vuignier und Fleur-Saint-Denis entwarfen die Prote, doch scheint der Bauunternehmer Castor dabei wesentlich be-iligt gewesen zu sein, wenigstens erstattete die Gesellschaft zur förderung der National-Industrie in Paris ihm ihren Dank für a Eifer und die Sachkenntniß womit er diese wichtige Ausfüh-ag ermöglicht habe. Eine nähere Beschreibung der hierbei ge-ihlten Einrichtungen dürfte daher sich rechtfertigen. *)

Zur Verbindung der beiderseitigen Eisenbahnen sollte zwischen raßburg und Kehl eine Brücke erbaut werden, die zwei Geleise id zwei Fußpfade enthielt. Ihre ganze Länge zwischen den Land-äilern war auf 718 Fuß festgestellt. Die drei mittleren Oeffnun-:n durch feste Gitter überspannt, waren je 178 Fuß weit und e zwei Oeffnungen an beiden Ufern, über welche Drehbrücken führ-n, jede 83 Fuß. Man hatte sich dahin geeinigt, daß die franzö-sche Regierung den Bau der sämmtlichen Pfeiler mit Einschluß der undirung derselben, die Badensche Regierung dagegen die Dar-ellung des Oberbaues übernehmen solle.

Das Strombette besteht bis zu großer Tiefe aus Kies, der doch von der starken Strömung fortwährend in Bewegung erhal-a wird, so daß man beim Fahren in kleinen Nachen und wenn it dem Rudern inne gehalten wird, das Rollen des Kieses deutlich iren kann. Diese Stromstrecke befindet sich übrigens noch in hr ungeregeltem Zustande, woher vielfach hohe Bänke mit großen iefen wechseln, doch bleiben beide keineswegs dauernd an ihren Stel-n, vielmehr verändert sich häufig, und namentlich zur Zeit der oft iederkehrenden Anschwellungen, das Bette so vollständig, daß nicht lten nach Ablauf des Hochwassers Tiefen von 20 bis 30 Fuß

*) Sehr wichtig sind die Mittheilungen von Schwedler und Hipp in Erb-m's Zeitschrift für Bauwesen 1860. Seite 182, und eben so auch die Be-hreibung, die Castor selbst unter Beifügung sehr schöner Zeichnungen in m Werke: *Travaux de navigation et de chemins de fer*, Paris 1861, ver-'entlicht hat.

verstärkte, wenn zufällig gerade höherer Wasser
Bei Ausführung dieser Fundirung wählte m
welches von der bisherigen Methode zum Verse
unter starkem Luftdrucke wesentlich verschieden
jedoch später wieder abgegangen ist, wiewohl e
ziehung vortheilhaft erscheint. Man hat nämlich d
Kasten, oder den Luftkasten, der den untern Theil
mit comprimirter Luft erfüllt, und man ist alsdann ge
die aus- und eingehenden Arbeiter nebst den Ger
Materialien jedesmal die Luftschleuse passiren z
man muſs auch die groſsen Massen des aus dem
hobenen Materials in gleicher Weise herausschaffen
dagegen bei der hier gewählten Anordnung dadur
in jedem Kasten sich eine weite eiserne Röhre
und unten offen war, worin sich also der äuſsere
stellte, und worin man Baggermaschinen mit
einhing, die unmittelbar von der Sohle des Be
lösten, und ohne Vermittelung einer Luftschleuse
hoben, daſs es von selbst in die zur Abfuhr be
stürzte. Der Vortheil, den man dabei erreichte, b
die Baggermaschine durch Dampfkraft bewegt ur
chenem Betriebe erhalten werden konnte, währen

In einer andern Beziehung hatte man die Vorsicht weiter ge-
en, als es nöthig war, wie man schon bei der Fundirung des
·n Pfeilers bemerkte. Die Fundamente der beiden äufsern Pfei-
iollten 74 Fufs lang und 22½ Fufs breit sein. Man wagte aber
t Kasten von diesen Dimensionen, die nahe 11 Fufs hoch sein
eu, im Zusammenhange darzustellen, und zerlegte sie daher in
ier besondere Kasten, von denen jeder bei gleicher Breite
Höhe nur 18¼ Fufs lang war, also nicht nur an beiden Seiten
Wänden, sondern aufserdem auch mit einem besondern Brunnen
den Bagger und mit je zwei Einsteigeschächten versehn sein
ste. Als man indessen diese Kasten zur Fundirung des ersten
lers zusammensetzte, verband man sie schon durch einige Bolzen,
man später entfernen wollte, um sie einzeln zu versenken. Man
indessen diese leichte Verbindung beim ersten Herablassen noch
ehn, und fand auch später keine Veranlassung sie zu beseitigen,
.er man für die folgenden Pfeiler eine solidere Verbindung dar-
.te, und aufserdem auch, wie Figur a zeigt, in die Zwischen-
ide weite kreisrunde Oeffnungen einzuschneiden wagte, wodurch
uöglich wurde, die Vertiefungen in der ganzen Ausdehnung des
lers möglichst gleichmäfsig eintreten zu lassen, und sonach den gan-
Kasten gegen Durchbiegen oder Brechen um so mehr zu sichern.
Die Construction der Luftkasten ergiebt sich im Allgemei-
aus den Figuren. Starke Träger aus halbzölligem Eisenblech
in sich in beiden Richtungen unter den Decken hin und werden
wärts von eben so starken eisernen Winkel-Bändern oder Con-
:n getragen, die zugleich wesentlich zur Absteifung der Seiten-
ide dienen. Die Blechstärke der letztern mifst nahe 4 Linien
l die der Decken 6 Linien.
Rings um jeden Brückenpfeiler war eine hohe Rüstung auf
gerammten Pfählen erbaut, die zwei Böden über einander trug,
i denen der untere etwa 9 Fufs, der obere aber 27 Fufs über
u mittleren Wasserstande lag. Darüber befand sich eine Ueber-
:hung, damit unter allen Witterungs-Verhältnissen die Fundirung
ie Störung fortgesetzt werden konnte. Der untere Boden war
:r dem Pfeiler offen. Auf dem obern lagen zu beiden Seiten der
ffnung starke Schienen, auf welchen ein Laufkrahn stand, mittelst
sen man sowol die Theile der Kasten, als auch die Mauerma-
:alien an jede beliebige Stelle niederlassen konnte. Nachdem in

dem untern Boden die Oeffnung durch übergelegte Balken überspannt war, wurden hier die vier Kasten zuerst einzeln zusammen geniethet und alsdann unter sich verbunden, sodann aber mittelst der Schrauben, die vom obern Boden getragen wurden, etwas angehoben. Hierauf konnten jene Balken zurückgezogen, und der ganze Kasten beliebig tief herabgelassen werden.

In der Decke jedes Kastens befanden sich, wie der Grundriß Fig. 270 c zeigt, drei Oeffnungen. Die mittlere ist für den offenen Förderschacht bestimmt, der bis unter den untern Rand des Kastens herabreicht, und worin die Baggermaschine hängt. Die beiden andern dienen zur Verbindung mit den Einsteigeschachten, die mit Luftschleusen versehn sind. Zwei solcher Schachte waren nothwendig, wenn keine Unterbrechung eintreten sollte, sobald beim tiefern Einsenken ihre weitere Erhöhung nothwendig wurde. Man hat diese Schachte daher nicht gleichzeitig, sondern abwechselnd gebraucht. Daß die drei aus Eisenblech bestehenden Schachte luftdicht mit der Decke des Kastens verbunden waren, bedarf kaum der Erwähnung.

Wichtig ist die Anordnung der Schrauben, die man auch bei spätern Bauten ohne wesentliche Aenderung beibehalten hat. Ueber den obern Boden treten durch kräftige Verstrebungen unterstützt an jedem Ende eines einzelnen Kastens drei eichene Balken von 9½ Zoll im Gevierten vor, so daß die zwei darauf liegenden gußeisernen Scheiben mit ihren Oeffnungen sich nahe lothrecht über dem äußern Rande des Kastens befinden. Solcher Scheiben sind aber jedesmal zwei neben einander gelegt, nämlich eine zwischen den ersten und zweiten und die andere zwischen den zweiten und dritten Balken, so daß je zwei Schrauben durch die drei Balken hindurchgreifen. Eine Schraube kann nämlich nur so lange gebraucht werden, bis sie nahe ausgelaufen, oder die Mutter bis gegen ihr oberes Ende getreten ist. Damit alsdann die weitere Senkung vorgenommen werden kann, muß eine zweite vorgerichtet sein, an welche man den Kasten hängt.

Die Schrauben, aus Eisen bestehend, halten 3 Zoll im Durchmesser und sind, wie Fig. 272 zeigt, 8 Fuß lang, die Muttern aus Glockenmetall sind in den untern Flächen flach sphärisch und zwar convex abgedreht, eben so auch die gußeisernen Platten, auf denen sie ruhn, damit die Schrauben sich jederzeit nach der Richtung des

ges einstellen können. Die Schrauben sind an den untern Enden
it Oesen versehn, woran durch Schraubenbolzen gabelförmige
ingeeisen befestigt sind, die abwärts wieder solche umfassen, und
fort, so daſs sich aus diesen eine Kette bildet, die aus Gliedern
n 6 Fuſs Länge besteht. So oft eine Schraube ausgelaufen, und
eder zurückgedreht ist, wird ein neues Glied in die Kette einge-
haltet. Die Kette greift unten durch einen starken Bügel, der an
e Seitenwand des Kastens angeniethet ist, wie Fig. 272 *b* zeigt.

Um die sämmtlichen sechszehn Schraubenmuttern gleichmäſsig
bewegen, an denen die vier mit einander verbundenen Kasten
ngen, sind alle Muttern übereinstimmend mit Zähnen versehn, in
lche sowol in der einen Richtung wie in den andern Sperrkegel
igreifen, die an eisernen Hebeln, gleichsam Schraubenschlüseln,
n 6 Fuſs Länge befestigt sind. Die Hebel werden an jeder Seite
s Pfeilers durch Eisenstangen unter sich verbunden (Fig. 270 *c*),
d wie man diese anzieht, so bewegen sich alle Muttern um eine
äche Anzahl von Zähnen, oder der ganze Kasten senkt sich auf
ler Seite gleich tief. Indem aber auf der andern Seite die Be-
gung nach demselben Zurufe erfolgt, so tritt auch hier die gleich-
 lſsige Senkung ein.

Vor der Versenkung jedes Kastens waren bereits die Anfänge
r verschiedenen Schachte angenietet. Die Fördeschachte, deren
elle weiter aufwärts das Mauerwerk vertrat, reichten nur bis zu
ſsiger Höhe herauf, die Einsteigeschachte muſsten dagegen bei
ferem Herabgehn des Kastens immer verlängert werden, weil sie
i den obern Enden die Luftschleusen tragen sollten.

Die mit einander verbundenen Kasten muſsten so schwer sein,
iſs sie versanken, doch durften sie nicht die Schrauben zu stark
lasten. Letzteres war am meisten während der Zeit zu besorgen,
iſs die Kasten über Wasser schwebten. Sie wogen alsdann zu-
immen 2900 Centner. Beim weitern Eintauchen verloren sie an
rem Gewichte, denn man konnte alsdann, indem die Luftpumpen
. Thätigkeit gesetzt wurden, das Wasser aus den Kasten verdrän-
n und dadurch den Auftrieb wesentlich verstärken, während die
ebermaurung, soweit es thunlich war, in das Wasser eintauchte.

Ursprünglich war es Absicht gewesen, und bei dem ersten Pfei-
r geschah dieses auch wirklich, die Uebermaurung nur in einer
rwissen Höhe beginnen zu lassen, und zunächst über dem Kasten

25 *

eine .... anzubringen, die von hölzernen Wänden um-
.... war. Man fand diese Vorsicht aber bald entbehrlich, und
.... das Mauerwerk im Innern aus Bruchsteinen und im Aeußern
aus .... bearbeiteten Werkstücken schon unmittelbar auf die Kasten,
indem man aber die Seitenflächen nach innen ein wenig zurückzog,

Die Baggermaschine war im Wesentlichen dieselbe, die Re-
.... schon beim Bau der Brücke zu Moulins benutzt hatte.
Je zwei derselben wurden durch eine Dampfmaschine von 12 Pfer-
dekräfte getrieben. Um den untern Trommeln der Baggerketten
eine sichere Haltung zu geben, und um sie nach beendigter Versenkung des Pfeilers wieder anzuheben zu können, so sind dieselben an
Rahmen befestigt, die man in gewissen Führungen des Schachtes
tiefer herablassen oder heben kann, und die nur in Ketten hängen.
Jeder Baggereimer faßt 1,6 Cubikfuß, und dieselben sind ungefähr
.... von einander entfernt. In jedem Kasten stehn vier Arbeiter, ... den Kies von den Seitenwänden des Kastens in die Vertie-
.... Baggermaschine denselben faßt und
hebt. Da die Geschwindigkeit der Kette .... Zoll beträgt, so
hätte man erwarten dürfen, daß die vier Baggermaschinen in der
Stunde etwa 10 Schachtruthen heben würden, der wirkliche Effect
stellte sich aber wegen der vielfachen Unterbrechungen und da die
Eimer sich keineswegs immer vollständig füllten, durchschnittlich
nur etwa auf 3 Schachtruthen.

Die Baggermaschine war übrigens wie bei den vertikalen Leitern immer geschieht, so eingerichtet, daß vor der Entleerung jedes
Eimers die steil abfallende Rinne, worin der Kies in das zu seiner
Aufnahme bestimmte Fahrzeug stürzt, bis unter den Eimer verlängert wird. In diesem Falle erfolgte das Vor- und Zurückschieben
der Verlängerung durch einen besonders dazu angestellten Arbeiter.

Die Einsteige- oder Fahr-Schachte waren cylindrische
Blechröhren von 3 Fuß Weite. Sie waren unten mit einem Ansatze versehn, gegen welchen eine Klappe sich luftdicht anschloß.
Dieselbe war in demjenigen Schacht, den man gerade benutzte, geöffnet, da der Verschluß in der Schleuse statt fand, nur während
der Verlängerung eines Schachtes, wobei die Schleuse abgehoben
werden mußte, kam diese Klappe zur Wirksamkeit, und so lange
der starke Ueberdruck im Innern statt fand, wurde sie durch diesen

geschlossen gehalten. In den Schachten befanden sich eiserne Leitern, die sich, wie die Figuren zeigen, bis durch die Schleusen hindurch fortsetzen. Auch die Einrichtung der Schleusen ergiebt sich aus den Zeichnungen. Sie sind über 6 Fufs weit und zwischen den beiden Böden 8 Fufs hoch. In den letzteren befinden sich die Einsteige-Oeffnungen, die durch starke Klappen luftdicht geschlossen werden. Bei dem grofsen Gewichte dieser Klappen war es aber nöthig, besondere Winden zu ihrem Anheben und sanften Herablassen anzubringen. Aufserdem waren Hähne angebracht, durch welche die Schleuse sowol mit der äufsern Luft, als mit derjenigen im Kasten in Verbindung gesetzt werden konnte.

Um aus den Kasten beim Versenken das Wasser zu verdrängen und sie mit Luft zu füllen, waren sehr kräftige Luftpumpen vorgerichtet, die durch Dampfmaschinen in Bewegung gesetzt wurden und sich auf besondern Fahrzeugen befanden. Man hatte deren Leistungsfähigkeit nach dem muthmaafslichen Bedürfnifs bestimmt, als die Besorgnifs angeregt wurde, der Verlust an Luft möchte sich vielleicht noch höher stellen, woher man überdiefs eine Hülfsmaschine hinzufügte, die durch eine Dampfmaschine von 25 Pferdekräften getrieben wurde. Sie pumpte in der Stunde etwa 13000 Cubikfufs atmosphärischer Luft in den Kasten, doch verminderte sich dieses Volum in gröfserer Tiefe nach dem Mariotteschen Gesetze bis auf die Hälfte und sogar auf den dritten Theil. Man machte die Beobachtung, dafs diese Maschine allein genügte, um einen der beiden mittleren Pfeiler, die wegen ihrer geringeren Länge nur aus je drei Kasten bestanden, bis 27 Fufs unter Wasser zu senken. Gewifs war die Vorsicht in Betreff der doppelten Pumpen sehr wichtig, und trug wesentlich zum geregelten Fortgange des Baues bei, da bei jedem Zutritt des Wassers in den Kasten nicht nur eine Unterbrechung der Arbeit, sondern auch wegen der Auflockerung des Untergrundes die unangenehmsten Erfolge zu erwarten sind, das Versagen einer Pumpe aber wegen eingetretener Beschädigungen nie mit Sicherheit vermieden werden kann. Bei der erwähnten Hülfspumpe hatte man den Cylinder in einen Wasserkasten gelegt, dessen Inhalt durch steten Zuflufs fortwährend erneut wurde, um die Luft, die bei der starken Compression eine hohe Temperatur annahm, etwas abzukühlen, und dadurch den Aufenthalt im Kasten minder beschwerlich zu machen.

V. Fundirungen.

Nachdem die Kasten in sich verbunden und bis zu einer gewissen Höhe mit ihren Schachten versehn waren, hob man sie mittelst der Schrauben an, so daß sie an diesen hingen und an denselben soweit herabgelassen werden konnten, daß ihre Decken nur wenig über Wasser vorragten. Alsdann übermauerte man sie, und schloß die Mauern an die Förderschachte scharf an, während rings um die Einsteigeschachte ein geringer Raum frei gelassen wurde, um diese später auszuheben, und bei andern Kasten aufs Neue gebrauchen zu können. Die weitere Verlängerung des Förderschachtes wurde aber nur bis zur Höhe von 18 Fuß über der Decke des Kastens fortgesetzt, indem der luftdichte Anschluß des Mauerwerks so dargestellt war, und weiter aufwärts das letztere seine Stelle vertreten mußte.

Auf solche Art wurde die Versenkung der Kasten so weit fortgesetzt, bis sie die Sohle des Strombettes erreichten. In einem Falle wich diese sehr stark von der Horizontal-Ebene ab, indem sie am vordern Kopfe 16, am hintern aber 24 Fuß unter Wasser lag. Durch vorhergehende Baggerung mußte diese große Ungleichförmigkeit beseitigt werden.

Saß der Kasten eines Pfeilers endlich auf dem Grunde, so setzte man ihn nicht mehr in Bewegung, und wenn diese das Wasser ...... so stiegen vier und zwar jedesmal rechts ...... in den trockenen Kasten, wo sie möglichst gleich ...... und ihn unter den Bagger-Schacht war ...... drei und dreißig Fuß verursachte der Luft ...... Beschwerde, doch trat solche bei ein ...... woher sie durch Andre abgelöst ...... Aber wenn der Druck auf drei Atmosph ...... Falle eine nachhaltige Störung der ...... Arbeiten, welche durch andre abgelöst waren ...... Eintritt bei einem neuen Pfeiler.

Die Versenkung des ersten Pfeilers nahm 55 Tage in An ...... vielfache Unterbrechungen eintraten, die des ...... Tage, die des dritten 26 und die des vierten nur 22 Tage. Wenn die Arbeit in vollem Gange war, so sank der Pfeiler im Sandboden Anfangs in der Stunde bis 4 Zoll herab, bei der größten Tiefe aber nur noch 1 Zoll, durchschnittlich nahe 3 Zoll. Bei großem Kiese war das Eindringen mäßiger. Die ganze ausgehobene

Sand- und Kies-Masse stellte sich etwa auf das 1½fache von dem Volum des Pfeilers und des Kastens.

Ueber die Ausfüllung der bis zur beabsichtigten Tiefe versenkten Kasten mit Cement oder Béton wird in der folgenden Beschreibung ähnlicher Fundirungen die Rede sein, da in Bezug auf die Rheinbrücke nähere Mittheilungen hierüber nicht veröffentlicht sind.

Dieselbe Fundirungsart, die man bei der Kehler Brücke gewählt hatte, wurde mit wenigen Abänderungen auch beim Bau der **Eisenbahnbrücke über den Pregel in Königsberg** angewendet. Mehrfache Erfahrungen, die man in diesem Falle machte, sind so wichtig, dafs ihre Mittheilung nicht umgangen werden darf[*]).

Um die Ostbahn mit der Bahn von Königsberg nach Pillau in Verbindung zu setzen, mufste der Pregel überbrückt werden und dieses geschah, wie es für das Interesse der Bahn am günstigsten erschien, auch in fortificatorischer Beziehung gewünscht wurde, unmittelbar neben dem Bahnhofe der Ostbahn, also am untern Ende der Stadt, so dafs alle einkommenden und ausgehenden Seeschiffe gezwungen sind, die Drehbrücke zu passiren. Der Pfeiler, worauf diese ruht, liegt nahe am südlichen oder linken Ufer. Die Durchlafsöffnung ist 47 Fufs weit, die Breite des anschliefsenden Strompfeilers mifst 13 Fufs, und die Entfernung desselben vom rechten Ufer, die durch eiserne Polygonal-Träger überspannt ist, 195 Fufs. Das Strombette besteht, wie die anschliefsenden und sich weit ausdehnenden niedrigen Ufer bis zu grofser Tiefe, aus sehr lockern, schlammigen Ablagerungen. Eine 8 Fufs mächtige Kiesschicht, die auf reinem Sande aufliegt, wurde erst 50 Fufs unter dem mittleren Wasserstande angetroffen, während die Wassertiefe hier 28 bis 30 Fufs beträgt und nur unmittelbar neben den Ufern sich etwas vermindert.

Unter diesen sehr ungünstigen Local-Verhältnissen schien es gerathen, den Strompfeiler auf eine zusammenhängende und möglichst weit ausgedehnte Fundirung zu stellen, woher man die bei der Kehler Brücke gewählte Methode zum Muster nahm. Von der Zerlegung des Kastens in drei oder vier kleinere, die sich bereits als entbehrlich herausgestellt hatte, wurde abgesehn. Man wählte

---

[*]) Erbkam's Zeitschrift für Bauwesen. 1866. Seite 518.

daher einen einzigen Kasten aus Eisenblech, der 47 Fuß lang,
17 Fuß breit und 9 Fuß hoch war. Die Blechstärke maaß 4½ Linien. Die Decke wurde in Abständen von 3½ Fuß durch Querträ-
ger von 2 Fuß Höhe unterstützt, und diese waren in gleichen Entfernungen durch Längsträger mit einander verbunden, deren Höhe,
soweit nicht eine besondere Verstärkung nöthig war, nur 10 Zoll
betrug. Die Seitenwände schlossen sich an Consolen an, die am
Fuße der Wände scharf ausliefen, oben aber 3½ Fuß breit, und
außerdem nicht nur an den aufgehenden Rändern, sondern auch an
jeder Seitenfläche mit je drei horizontalen Eckeisen versehn waren.
Sogleich nach der Zusammenfügung des Kastens wurden zwischen
je zwei Consolen passende Stücke Eichenholz auf die untern Eckeisen
gelegt und darüber eine Maurung ausgeführt, deren Schichten aus
der horizontalen Richtung bald in eine schwache Wölbung übergin-
gen, damit die oberen Eckeisen gleichfalls zum Tragen kämen. In
dieser Art wurden die Nischen zwischen den Consolen vollständig
gefüllt. Außerdem überspannte man die quadratischen Felder zwischen den Trägern der Decke mit flachen Kappen. Dieses Mauerwerk, welches den innern Raum nicht beengte, ließ sich im leeren
und feststehenden Kasten unbedingt besser ausführen, als nach dem
vollständigen Versenken, außerdem aber trug es auch zur Vermehrung der Luftdichtigkeit des Kastens bei.

Die auf eingerammten Pfählen ruhende Rüstung stellte wieder
zwei Etagen dar, von denen die untere, die nur 4 Fuß über Wasser lag, als eigentliche Baurüstung zur Zusammensetzung des Kastens
diente, und daher mit einer 50 Fuß langen und 19 Fuß breiten
Oeffnung versehn war, während die obere die Schrauben-Vorrich-
tungen zum Herablassen des Kastens und die Geleise für den Laufkrahn trug. Sie stellte gleichfalls eine ziemlich freie Oeffnung dar,
durch welche mittelst des Krahnes die Maurermaterialien, so wie
die Luftschleusen u. d. g. in der ganzen Ausdehnung des Pfeilers
bequem gehoben und versetzt werden konnten.

Die Vorrichtungen zum Heben und Senken des Kastens, waren
genau dieselben wie bei der Kehler Brücke. Die Anzahl der
Schrauben oder Hänge-Eisen betrug im Ganzen 32, und auch
hier befanden sich immer je zwei nahe neben einander, nur war
ihre Benutzung insofern abweichend, als man hier nicht nur die
Hälfte derselben gleichzeitig in Wirksamkeit setzte, während die

andre Hälfte zur weiteren Versenkung vorbereitet wurde, vielmehr
die Einrichtung getroffen war, daſs immer nur 1 oder höchstens
2 Schrauben auf einmal gelöst und neue Kettenglieder eingeschaltet
werden durften. Die Senkung lieſs sich nur auf 1 Fuſs in der Stunde
bringen, was beim geregelten Fortgange der Arbeit genügte.

In der Decke des Kastens befanden sich drei Oeffnungen, eine
für den Baggerschacht und die beiden andern für die Einsteige-
Schachte. Die erste Oeffnung war 5 Fuſs weit, und durch einen
Blechcylinder umgeben, der von der Decke bis 1 Fuſs unter den
untern Rand des Kastens herabreichte. Ueber dem Kasten setzte
sich der Schacht nur in dem gemauerten Brunnen fort. Aus diesem
traten vier eiserne Consolen zur Führung der Baggerleiter vor, die
bis zu einer mäfsigen Höhe sich erhob. Damit man aber, wenn
die Leiter etwa ausgenommen werden muſste, sie später wieder einstellen könnte, so wurden an das Mauerwerk zwei Blechrinnen befestigt, welche die Fortsetzung der Führung bildeten. Die Baggermaschine war dieselbe, wie bei der Kehler Brücke, bei ihrer Aufstellung war aber die Aenderung eingeführt, daſs sie nicht wie dort
auf dem festen obern Boden, sondern auf dem Mauerwerk des Pfeilers ruhte, also die obere Trommel an allen Bewegungen desselben
Theil nahm. Sie wurde wieder durch eine Locomobile getrieben.

Ueber die zwei Einsteigeschachte, von 3 Fuſs Weite, ist nichts
zu bemerken und eben so wenig über die Luftschleusen, deren
Weiten 6 Fuſs und deren Höhen 10 Fuſs maſsen.

Nachdem der Kasten vollständig zusammengesetzt und zwischen
den Consolen, wie in den Deckenfeldern ausgemauert war, wurde
er etwas angehoben und der provisorische Boden darunter beseitigt.
Nunmehr begann die Uebermaurung, indem man eine Werksteinschicht darüber in hydraulischem Mörtel versetzte. Das folgende
Mauerwerk wurde nur aus hart gebrannten Ziegeln in Cement-Mörtel ausgeführt. Um jedoch das Gewicht desselben möglichst zu ermäfsigen, da die Rüstung ohnerachtet der langen Pfähle nicht unbedingt sicher erschien, so wurde der Pfeiler noch nicht voll ausgemauert, vielmehr nur rings umher, so wie um die drei Schachte
mit 2½ oder 2 Fuſs starken Mauern umgeben, wozu noch die drei
Zwischenmauern neben den Schachten kamen. Es blieben also acht
hohle Räume frei, deren Querschnitte nahe die Hälfte von dem des
Pfeilers enthielten. Es muſs aber noch bemerkt werden, daſs an

den vier Ecken Maaſstäbe eingemauert wurden, mit welchen man die Schichten häufig verglich, um sich zu überzeugen, daſs sie überall gleich weit von der Decke des eisernen Kastens entfernt waren, derselbe also gleichmäſsig belastet wurde.

In gleichem Maaſse, wie die Mauer an Höhe zunahm, wurde der Kasten tiefer herabgelassen. Am 5. October 1864 tauchte der untere Rand des Kastens in das Wasser ein, und am 26. October berührte er das Fluſsbette, während die Schrauben und Hänge-Eisen einem Zuge von etwa 7000 Centner ausgesetzt waren. Indem nunmehr die Luft-Pumpe in Bewegung gesetzt und das Wasser aus dem Kasten entfernt wurde, so verminderte sich der Druck auf die Rüstung so sehr, daſs man zur Ausmauerung der bisher noch offen gelassenen Räume übergehn konnte. Von jetzt ab wurde auch die Bagger-Maschine in Thätigkeit gesetzt, indem 10 Mann im Kasten standen und aus dem ganzen umschlossenen Raume die Erde der Maschine zuwarfen. Die Arbeit wurde Tag und Nacht hindurch fortgesetzt, indem eine dreifache Ablösung eingerichtet war, die einzelnen Arbeiter blieben jedoch jedesmal nur 4 Stunden unten, indem sie zweimal am Tage herabgingen.

Die Versenkung erfolgte anfangs ganz regelmäſsig, und wenn der Kasten zuweilen an einer Seite stärkeren Widerstand fand, als an der andern, so nahm er doch bald wieder die horizontale Lage an, indem neben der zurückbleibenden Wand die Erde besonders tief ausgestochen und vor den Bagger geworfen wurde.

So war der Kasten am 5. November 11 Fuſs tief in das Fluſs-bette eingedrungen, als die Locomotive ihren Dienst versagte, und eine geringe Ausbesserung erforderte, die in wenig Stunden beendigt sein konnte. Diese kurze Unterbrechung hatte aber sehr ernste Folgen, denn der Pfeiler fing bald an, sich zu senken. Man bemühte sich zwar die Hängeeisen möglichst schnell herabzulassen, doch ging dieses nicht rasch genug von statten, und da nunmehr ohne den Gegendruck der Luft und den Widerstand des Bodens der Pfeiler einen Zug von 15 000 Centner ausübte, so sank derselbe plötzlich noch 6 Zoll tiefer. Wiewohl die Hängeeisen dabei unversehrt blieben, so neigten sich doch die beiderseitigen Rüstungen gegen einander, und erlitten einige Beschädigungen. Indem man mit dem Zurückdrehn der Schrauben fortfuhr und diese entlastete, so nahmen die Rüstungen später wieder ihre frühere Stellung ein.

Die Ursache dieses Unfalls war leicht erklärlich. Indem die
aft entwich, so drang unter den Wänden des Kastens das Wasser
in, und riß zugleich den daselbst liegenden Sand und Schlamm mit
ch, den es in den Kasten und vorzugsweise in den Baggerschacht
hrte. Eben so wie nach den obigen Mittheilungen Röhren dadurch
ehrfach versenkt sind, daß man unter ihren Rändern eine starke
römung veranlaßte, so war hier aus demselben Grunde derselbe
folg herbeigeführt.

Die größte Störung verursachte der in den Baggerschacht ein-
drungene Sand. Die Maschine war so eingeklemmt, daß selbst
ter einem Zuge von 150 Centner die Kette nicht bewegt werden
nnte. Man sah kein andres Mittel zur Beseitigung des Sandes,
daß man denselben aufzulockern versuchte. Zu diesem Zwecke
hrte man vom Kasten aus Löcher in den Baggerschacht, und be-
ihte sich durch diese den Sand theilweise herauszuholen, indem
an gekrümmte Eisenstangen hineinschob und umdrehte, doch war
r Erfolg ganz unbedeutend, und eben so auch, wenn man durch
ese Löcher Wasser hineingoß.

Es blieb nur übrig, durch tiefes Aufgraben den Schacht von
iten zu entleeren. Zu diesem Zwecke mußte der ausgehobene Bo-
m durch die Luftschleuse beseitigt werden. Dieses verursachte
enig Schwierigkeit, indem man auf passenden Gestellen zwölf Ei-
er in der Schleuse unterbringen und diese zusammen durchschleu-
n konnte.

Es wurde sonach die Versenkung des Kastens wieder begonnen
id beim Aufgraben vorzugsweise dafür gesorgt, unter dem Bagger-
hacht eine recht tiefe Grube frei zu halten, in welche der Sand
n oben herabstürzte. Dabei drang auch der Kasten etwas tiefer
o, und als endlich am 16. November der Schacht so weit geleert
ar, daß die Maschine wieder in Thätigkeit gesetzt werden konnte,
trug die inzwischen erfolgte Senkung etwa $1\frac{1}{2}$ Fuß, die Förde-
ng durch die Schleusen hatte indessen nahe dreimal mehr gekostet,
s durch die Baggermaschine.

Die Arbeit nahm hierauf während einiger Tage einen geregelten
ortgang, und der Kasten war bis 40 Fuß unter Wasser gesunken,
s man am 20. November bemerkte, daß die Luftpumpe nicht ge-

hörig wirkte, weil die Kolben undicht geworden waren. Eine Reparatur war nothwendig, die indessen, da Alles vorbereitet wurde, in wenig Stunden beendigt werden konnte. Man war indessen so vorsichtig, beim Einstellen des Pumpen-Betriebes die Baggermaschine sogleich auszuheben. Aufserdem drehte man auch, so schnell es geschehn konnte, die Schraubenmuttern zurück, indem man hierdurch das stofsweise Versinken des Kastens zu verhindern meinte. Dieses war jedoch nicht der Fall, derselbe sank vielmehr plötzlich 2½ Fuſs herab, und die Rüstung verschob und krümmte sich dabei sehr bedenklich.

Nachdem die Hänge-Eisen gesenkt waren, wurden die beiderseitigen Rüstungen so fest gegen einander verstrebt, wie die Benutzung des Laufkrahnes es irgend gestattete. Die Oberfläche des Pfeilers war in der Längenrichtung um 6 und in der Querrichtung um 2 Zoll aus der Wage gekommen, was sich durch kräftigeres Aufgraben neben den minder tief herabgesunkenen Wänden später ausgleichen liefs. Die hierbei eingetretene Versandung ergab sich aber viel stärker, als sie bei dem ersten Unfall gewesen war. Der Kasten hatte sich bis zur Decke mit Sand angefüllt, aufserdem war dieser aber auch in beide Einsteige-Schächte gestiegen und zwar in den einen 13, in den andern 3 Fufs hoch, während seine Höhe im Baggerschachte 12 Fufs betrug.

Man mufste mit den Ausgrabungen in einem der beiden ersten Schachte den Anfang machen, und aus diesem in den Kasten herabgehn, um denselben nach und nach zu entleeren. Beide Luftschleusen zusammen förderten in 24 Stunden 4 Schachtruthen, und bei der grofsen Schwierigkeit, welche die Aufräumung des Baggerschachtes verursacht haben würde, entschlofs man sich, von der weitern Benutzung desselben ganz abzusehn. Dieses empfahl sich um so mehr, als schon in der letzten Zeit des Betriebes der ausgestochene Boden viel compacter geworden war, so dafs man nur gröfsere Klumpen abstach. die von den Bagger-Eimern selten gefafst und gehoben wurden.

Inzwischen war starker Frost eingetreten, der jedoch die Arbeit in sofern nicht hinderte, als die Temperatur im Kasten sich dauernd auf + 10 Grade Réaumur erhielt. Nur beim Durchgange durch die Schleuse war der plötzliche Luftwechsel, der zugleich eine starke Nebelbildung veranlafste, sehr unangenehm und nachtheilig. Die Seitenreibung gegen den Pfeiler wurde in der grofsen Tiefe so bedeutend, dafs die weitere Senkung nicht früher erfolgte, als bis man einige Zoll tief unter dem untern Rande des Kastens die Erde ausgegraben hatte.

Am 12. December erreichte man endlich 50 Fufs unter dem Wasserspiegel eine Kiesschicht. Die Mächtigkeit derselben betrug, wie eine neue Bohrung ergab, 8 Fufs und sie ruhte auf reinem Sande. Dieses schien ein hinreichend fester Baugrund zu sein, woher die Versenkung hiermit abschlofs. Der Boden unter dem Kasten wurde geebnet und alsdann übermauert. Die Steine, wie den Mörtel mufste man durch die Luftschleusen herablassen, und das Mauerwerk wurde ringförmig um die beiden Luftschleusen und zwar immer in der vollen Höhe vom Boden bis zur Decke so ausgeführt, dafs es sich nach und nach den Mittellinien der Schachte näherte, bis der letzte cylindrische Raum endlich geschlossen werden konnte und die Arbeiter in den Schacht traten. Nunmehr wurde der Betrieb der Luftpumpe eingestellt, die Luftschleusen abgenommen, und die eisernen Röhren, welche die Schachte bildeten, ausgehoben. Die Schachte selbst füllte man aber bis zum gewöhnlichen Wasserstande des Pregels mit Béton an. Um sich zu überzeugen, ob der Pfeiler hinreichende Tragfähigkeit besäfse, brachte man später eine Probe-Belastung von 9500 Centnern darauf, die dem gröfsten Gewichte entsprach, welches der Pfeiler zu tragen haben würde. Es war dabei keine Senkung zu bemerken.

Aus vorstehenden Mittheilungen ergiebt sich, dafs man in Betreff der Beschaffenheit des Baugrundes hier weit gröfsern Schwierigkeiten begegnete, als bei Fundirung der Kehler Brücke. Diese zeigten sich namentlich darin, dafs man der Rüstung nicht die nöthige Festigkeit geben konnte. Andrerseits handelte es sich hier nur um die Erbauung eines einzigen Pfeilers, und deshalb mochte man bei Beschaffung der nöthigen Apparate nicht zu weit gehn. Die beiden erwähnten sehr unangenehmen Störungen wären vermieden worden, wenn man für Ersatz der Pumpe und Locomobile gesorgt hätte, so dafs beim Schadhaftwerden einer Maschine augenblicklich eine andere für sie eintreten konnte. Auch die Baggermaschine, obwohl sie sich sehr zu empfehlen scheint, insofern sie ganz unabhängig von dem Luftdruck das Material von der Sohle der Baugrube aushebt, leistete in dem compakten Boden, den die

Eimer nicht durchschnitten, verhältnifsmäfsig nur wenig. Indem die
Maschine aufserdem auch vielfachen Beschädigungen ausgesetzt war,
und namentlich bei eintretenden Zufälligkeiten nur schwer wieder
in Thätigkeit zu setzen war, so benutzte man sie schliefslich gar
nicht mehr, und zwar gerade in der Zeit, als sie wegen der gröfsten
Förderungs-Höhe vorzugweise vortheilhaft gewesen wäre.

Obwohl bei Fundirung der Rheinbrücke, soviel bekannt, kein
Unfall sich ereignet hatte, so zeigte sich dennoch schon hier, dafs
die Methode mit manchen Mängeln verbunden sei, die sich wohl beseitigen liefsen. Als daher der Unternehmer Castor zwei Jahre später, im Winter von 1861 auf 1862 auf der Bahnlinie von Paris nach
Dieppe die Brücke zu Argenteuil über die Seine ausführte,
so wählte er eine wesentlich verschiedene Anordnung, die später
auch vielfache Nachahmung gefunden hat. In der bereits erwähnten
Schrift sagt Castor, dafs diese neuere Methode vor der früheren
durch ihre Einfachheit, so wie durch gröfsere Wohlfeilheit und Sicherheit den Vorzug verdiene. *)

Die Brückenpfeiler wurden bei diesem Bau nicht mehr in ihrer
ganzen Ausdehnung fundirt, sondern auf je zwei Säulen von 11½ Fufs
Durchmesser gestellt, die über Wasser mit einander verbunden wurden. Die Versenkung jeder dieser Säulen geschah wieder unter
starkem Luftdrucke, über dem Luftkasten stand aber nur ein einzelner ummauerter Schacht, der sich oben an die Luftschleuse
anschlofs.

Jede Säule ist in ihrer ganzen Höhe von einem eisernen Mantel
umschlossen, wie Fig. 271 zeigt. Castor wählte dazu Gufseisen, doch
erklärt er schon in der Beschreibung, die er abfafste, nachdem er
erst vier Säulen versenkt hatte, dafs die Anwendung des Eisenble-
ches sich hierzu mehr eigne, auch wohlfeiler sei. Die gufseisernen
Ringe, die er übereinander legte, hielten bis zum Spiegel des Som-
merwassers 11½ Fufs und weiter aufwärts 10 Fufs im Durchmesser,
und waren 3¼ Fufs hoch. Die Flanschen, durch angegossene kleine
Consolen unterstützt, traten nach innen vor. Auf ihren obern Flächen waren flache Rinnen angebracht, in welche man Ringe von
vulkanisirtem Kautschuk legte, worauf sie durch je vierzig Schrau-

---

*) Verschiedene interessante Mittheilungen hierüber findet man auch in
Oppermann's *nouvelles annales de construction*. Januar 1864.

-enbolzen mit einander verbunden wurden. Der untere Ring, der
n den Boden eindrang, war am untern Ende mit einer auswärts zugeschärften Schneide versehn. Die Wandstärken dieser jedesmal
n einem Stück gegossenen Ringe maßen, jenachdem sie mehr oder
weniger zufälligen Stößen ausgesetzt waren, 1¼ bis 2 Zoll.

Der untere Ring trägt nicht allein die darauf gestellten folgenden Ringe, sondern außerdem eine durchbrochene Kuppel oder
ein kegelförmiges Gitter, das den untern Arbeitsraum überdeckt und
auf dem das darüber aufgeführte Mauerwerk ruht, wie Fig. 271 *a*
zeigt. Dieses Gitterwerk besteht gleichfalls aus Gußeisen. Seine
Höhe mißt etwa 6¼ Fuß. Die Stäbe, deren Anzahl in der untern
Hälfte noch einmal so groß, als in der obern ist, werden in ihrer
halben Höhe durch einen starken Ring unterstützt, der auswärts
vertritt, und eben so wie der obere Ring ein sicheres Auflager dem
Mauerwerk bietet, damit dieses nicht etwa, indem es von der Kegelfläche herabgleitet, einen zu heftigen Druck gegen den äußern Mantel ausübt. Wie die Figur zeigt, wird die in Rede stehende durchbrochene Kuppel *) mit bearbeiteten Werkstücken in hydraulischem
Mörtel ummauert, der hintere Raum aber mit Béton ausgefüllt.

Mit der Erbauung des Gerüstes wurde der Anfang gemacht.
Dasselbe stellte wieder zwei Böden dar, von denen der eine 9 Fuß,
der andre 27 Fuß über Wasser lag. Der untere dient zur Anfuhr
und Ablagerung der Materialien, wie auch zum Befestigen der Führungen, zwischen denen man die Säule herabgleiten läßt. Der obere
Boden, an welchen man in gleicher Art wie bei der Kehler Brücke,
nach den mitgetheilten Zeichnungen jedoch nur an vier Hänge-Eisen
und Schrauben die Säule aufhängt, trägt die Eisenbahn eines Laufkrahnes. Mit dem letztern werden die einzelnen Ringe, so wie auch
die Luftschleuse beigefahren und während ihrer Befestigung gehalten.
Zugleich dient der obere Boden auch zur Führung der Säule, bis
diese sich hinreichend fest in den Boden eingestellt hat.

Ueber die Oeffnung im untern Boden der Rüstung werden zwei
starke Balken gelegt, hierauf der untere mit der Schneide versehene
Ring gestellt, die durchbrochene Kuppel darauf befestigt, wie auch
der nächste äußere Ring. Der dazwischen befindliche Raum wird

------

*) Man nannte dieselbe Crinoline, und diese Benennung ist ziemlich
allgemein für diese Construction eingeführt.

Der Schacht, durch welchen die Arbeiter hinab
weit, er wird aber nicht durch eine eiserne Röh
vielmehr nur durch hölzerne Stäbe, die wie in eii
einander lehnen und durch eiserne Ringe im Inn
gehalten werden. Den Raum zwischen ihnen und
dung füllte man mit Béton an und liefs die Säul
dieser Erhöhung tiefer herab, bis sie die Sohle
das etwa 5 Fufs unter Wasser lag, erreichte.

In der Tiefe von 15 Fufs unter Wasser traf i
Boden an, in welchen die Säulen sehr schwer eii
chen Widerstand fanden, dafs man unbedenklich
abheben und durch Aufsetzen neuer Ringe die Säu
Der Bau wurde in der Weise ausgeführt, dafs die
ander stehenden Säulen, die einen Pfeiler darstell
zeitig in Angriff genommen wurden, und der Ro
schleuse abwechselnd auf die eine und die andre

Die Luftschleuse war eigenthümlich eing
steht, wie Fig. 271 b zeigt, aus zwei concentrisch
Eisenblech. Der innere 4½ Fufs weit und 7½ F
offener Verbindung mit dem Schacht, in ihm find
der starke Luftdruck statt. Der äufsere Cylind
1 Fufs niedriger ist, hält 10½ Fufs im Durchmesse

hoch, 18 Zoll breit. Man kann also ohne Schwierigkeit hindurch-
steigen. Um den luftdichten Schluß darzustellen, sind die starken
eisernen Zargen mit einem Kautschuk-Bande überdeckt.

Jede Luftschleuse kann bei ihrer großen Ausdehnung eine bedeutende Quantität des geförderten Materials fassen, welches, nachdem es darin angesammelt ist, auf einmal durchgeschleust wird.
Um dieses Material aber von der Sohle des Senkkastens bis zur
Schleuse zu heben, ist die in der Figur angedeutete Anordnung
getroffen. Auf der Decke des äußern Cylinders liegt nämlich eine
kleine Dampfmaschine von einer Pferdekraft, zu welcher der Dampf
von der andern Maschine, welche die Luftpumpen treibt, in einem
flexibeln Rohre zugeführt wird. Die Maschine dreht die Achse
eines Schwungrades und von dieser überträgt sich die Bewegung
unter Verminderung der Geschwindigkeit bis auf ein Fünftel, auf
eine andre Achse, die durch eine Stopfbüchse in den innern Cylinder, also über den Schacht geführt ist. Hier befindet sich eine
Riemscheibe, und eine zweite solche ist an der Winde angebracht,
welche die gefüllten Eimer hebt. Der Riemen, der beide verbindet,
ist jedoch so lang, daß er sich selbst überlassen die Bewegung nicht
der Winde mittheilt. Dieses geschieht erst, wenn er durch Andrücken einer dritten Scheibe mittelst eines Hebels in Spannung
versetzt wird. Aus der Figur ergiebt sich diese Anordnung.

An der Decke des mittlern Cylinders, der stets dem vollen
Luftdrucke ausgesetzt ist, befindet sich sowol ein Manometer, als
auch ein Sicherheitsventil, welches in der Art belastet wird, daß
der Druck nicht bedeutend höher gesteigert werden kann, als zum
Zurückdrängen des Wassers erforderlich ist.

Das Verfahren beim Ausschachten ist nun dieses: je fünf Arbeiter, die nach 4 Stunden abgelöst werden, befinden sich in dem
Raume, der mit comprimirter Luft gefüllt ist. Drei derselben stehn
im Luftkasten, und graben den Boden auf, den sie in den Eimer
werfen, der etwa ⅓ Cubikfuß faßt. Der vierte Arbeiter steht oben
im innern Cylinder, und setzt auf den Zuruf der Gräber die Winde
in Thätigkeit. Sobald der Eimer aber hinreichend hoch gehoben
ist, so stürzt er den Inhalt des Eimers in diejenige Luftschleuse, die
gerade gefüllt werden soll. Hierauf läßt er den leeren Eimer herab,
indem er mittelst des Hebels, der hierbei als Bremse wirkt, seine
Bewegung mäßigt. Der fünfte Arbeiter endlich befindet sich in der

Luftschleuse, und wirft die Erde nach beiden Seiten. Unter günstigen Umständen wird in 4 Arbeitsstunden eine Schleuse gefüllt, ihr Inhalt mißt ziemlich genau 1 Schachtruthe, doch bemerkt Castor, daß zuweilen in derselben Zeit nahe 200 Cubikfuß gefördert werden.

Sobald die Schleuse gefüllt ist, wird die innere Thüre geschlossen, die Luft aus der Kammer gelassen und die äußere Thüre geöffnet, durch welche man die Erde auswirft. Während der Anfüllung der einen Schleuse, kann die andere zum Ein- und Ausgehen benutzt werden, mit der Anfüllung der letzteren wird auch sogleich der Anfang gemacht, wie jene gefüllt ist.

Indem der zu durchfahrende Boden großentheils aus zähem blauen Thon bestand, worin jedoch vielfach Kies und gröberes Gerölle abgelagert war, und in der Tiefe in Mergel überging, so ereignete es sich häufig, daß das Wasser, welches sich am Boden ansammelte, durch den Luftdruck nicht zurückgedrängt werden konnte. In diesem Falle benutzte man einen Heber, der durch eine der Luftschleusen in das äußere Wasser geführt war, während sein längerer Arm in einem Schlauch bestand, der bis zur Sohle herabreichte. Sobald der Hahn am Ende des letzteren geöffnet wurde, strömte das Wasser in Folge des starken Luftdruckes aufwärts. Genügte der letztere aber nicht, so brauchte man nur den Schlauch momentan aufzuheben, so daß er etwas Luft schöpfte, alsdann war das Gewicht des Inhaltes so sehr gemäßigt, daß ein starker Strahl ausfloß. Es wurde also von demselben Hülfsmittel hier wieder Anwendung gemacht, welches Triger schon benutzt hatte (§. 9).

Wenn man endlich eine Erdschicht erreicht hatte, die hinreichende Tragfähigkeit besaß, so wurde der Boden im Innern des Kastens geebnet, darüber eine 8 bis 10 Zoll hohe Lage Béton ausgebreitet, und diese mit einer eben so starken Mörtelschicht aus reinem Portland-Cement überdeckt. Besonders kam es darauf an, den letztern recht fest gegen die Wandungen zu verstreichen. Eine dritte Schicht reinen Cementes füllte alsdann den Raum bis zum obern Rande des untern Ringes an. In diese drei Schichten stellte man aber vorher eine Anzahl 2 Zoll weiter und 3 Fuß langer, an beiden Enden offener eiserner Röhren ein, welche bis zum Erhärten des Mörtels sowol der Luft, wie dem Wasser den Durchgang gestattete, falls der Druck auf beiden Seiten verschieden wäre, und

sonach das Durchziehn des Wassers durch den noch weichen
Mörtel verhinderten. War letzterer endlich erhärtet, so füllte man
se Röhren mit steifem Mörtel. Hierauf wurde die Anfüllung mit
ton bis zur Kappe des kegelförmigen Raumes fortgesetzt. Nun-
hr konnte man den Schacht mit der atmosphärischen Luft in
rbindung setzen. Die Luftschleuse wurde also beseitigt und der
hacht im untern Theile mit Béton gefüllt und bis über Wasser
gemauert.

Dieses Verfahren zur Versenkung der Fundamente und zwar
ter Beibehaltung der Umschliefsung durch eiserne Cylinder und
r Ueberdeckung des untern Raumes durch den gitterförmig con-
uirten Kegel, der in den Schacht übergeht, ist mit manchen Mo-
ficationen in neuerer Zeit vielfach in Anwendung gekommen. So
d die Pfeiler der neuen Eisenbahn-Brücke über die Oder bei
ettin in dieser Weise fundirt, und so auch die der Rheinbrücke
i Hamm neben Düsseldorf. Man hat dabei indessen statt des
ufseisens, grofsentheils Verbindungen aus Blech gewählt, wie die-
s schon Castor empfahl.

Nichts desto weniger ist man auch in neuster Zeit zuweilen
ieder auf die ältere Methode zurückgekommen, wonach man das
undament im Zusammenhange über die ganze Grundfläche des
feilers ausdehnte. Dieses ist namentlich im Jahre 1869 beim Bau
r Eisenbahnbrücke über die Elbe bei Hämerten ohnfern
tendal geschehn. Unter Berücksichtigung früherer Erfahrungen
urden jedoch manche sehr passende Aenderungen hierbei einge-
hrt, deren Mittheilung um so wichtiger sein dürfte, als der Bau-
rector der Berlin-Hannoverschen Eisenbahn Herr Stute mir auf
einen Wunsch nicht nur die betreffenden Bauzeichnungen zu vor-
gendem Zwecke zur Verfügung stellte, sondern mich auch von
anchen Einzelheiten der Ausführung in Kenntnifs setzte, die in
en vorstehenden Beschreibungen unberührt geblieben sind.

Die Brücke, welche zugleich Strom- und Fluthbrücke ist und
nen grofsen Theil des Elb-Thales überspannt, hat neunzehn Oeff-
ungen von verschiedenen Weiten, die mit Ausnahme der beiden
on einer zweiflügeligen Drehbrücke geschlossen, sämmtlich mit
olygonal-Trägern überspannt sind. Vom linken oder dem westlichen
fer beginnend sind die ersten acht Oeffnungen 100 Fufs weit, als-
ann folgt eine von 120 Fufs Weite, darauf vier von 201 Fufs und

26*

auf diese die beiden, welche die Drehbrücke überspannt und deren Weiten 42 Fuß messen. Die nächste ist wieder 201 Fuß, und die letzten drei sind 120 Fuß weit. Die sechs Pfeiler zwischen der zehnten und sechszehnten Oeffnung, welche in dem eigentlichen Flußbette stehn, sind in Blechkasten und unter Anwendung des Luftdruckes 28 bis 36½ Fuß unter dem niedrigen Sommerwasserstande gegründet. Die Wassertiefe in der Brückenlinie maaß bei diesem Wasserstande im Maximum 5 Fuß. Der Boden bestand zunächst aus Sand und Kies, worin aber möglicher Weise starke Vertiefungen eintreten können, in größerer Tiefe fand sich fester Thon, der stellenweise in compacten Mergel überging.

Die Rüstungen, die durch Arbeitsbrücken mit dem einen oder dem andern Ufer verbunden waren, hatte man beim Beginn des Baues ungefähr nach dem Muster der Kehler Brücke angeordnet. Es waren darin wieder zwei über einander befindliche Böden angebracht, von denen im untern eine Oeffnung freigelassen war, durch welche der ganze Kasten versenkt werden konnte, während die ähnliche Oeffnung im obern, durch welche mittelst des Laufkrahnes die größern und schwerern Theile des Senk-Apparates gehoben und herabgelassen wurden, in Abständen von 15 Fuß durch Balken überspannt war, welche namentlich zur sichern Unterstützung der Schrauben dienten, an denen der Kasten hing. Die Muttern dieser Schrauben ruhten aber nicht auf übergekragten Querbalken, sondern auf je zwei Längsbalken, die theils von starken Streben und theils von den erwähnten übergreifenden Balken getragen wurden.

Indem die Schrauben am stärksten belastet waren, wenn der vollständig zusammengesetzte und sowol in den Wänden, wie auch in der Decke bereits ausgemauerte Kasten von dem untern Boden abgehoben und bis zum Wasser herabgelassen wurde, während dieser Zeit aber die ganze Oeffnung im untern Boden frei bleiben mußte, also hier keine gegenseitige Absteifung angebracht werden durfte, so führte man später die Aenderung ein, daß der Kasten nicht über dem untern Boden, sondern **auf darunter gestellten Prahmen** zusammengesetzt und ausgemauert wurde, wodurch es möglich war, der ganzen Rüstung größere Festigkeit zu geben.

Eine andere Abweichung gegen die Rüstung der Kehler Brücke bezog sich darauf, daß der Laufkrahn nicht auf dem obern Boden

selbst, sondern auf darüber ausgeführten vielfach verstrebten doppelten Wänden stand, wodurch seine Höhe und sein Gewicht sich ansehnlich verminderten.

Der Luftkasten für einen gewöhnlichen Mittelpfeiler ist
Fig. 273 auf Taf. XXIII in der Ansicht von oben dargestellt. Seine
Länge mißt 49 Fuß 9 Zoll und seine Breite 16 Fuß, während der
darauf ausgeführte Pfeiler bis über das höchste Wasser dieselben Dimensionen hat. Fig. 274 b zeigt in größerem Maaßstabe einen Querschnitt des
Kastens durch die Mitte eines Schachtes, und Fig. 274 a sowol die
obere Ansicht, wie auch den horizontalen Durchschnitt desjenigen
Theiles, durch welchen der Querschnitt gelegt ist. Aus diesen Figuren ergiebt sich eine wesentliche und gewiß sehr zweckmäßige
Abweichung von der früher gewählten Constructionsart. Die Träger, welche die Decke unterstützen, liegen nämlich nicht unter,
sondern über derselben, und hierdurch wird der wichtige Vortheil
erreicht, daß man die Felder dazwischen, die hier von oben frei
sind, viel bequemer und sorgfältiger ausmauern kann, während die
schließliche Ausmaurung des Kastens dadurch erleichtert wird, daß
derselbe eine ebene Decke hat.

Die Zusammensetzung des Kastens ergiebt sich mit hinreichender Deutlichkeit aus den Figuren, worin die durchschnittenen Bleche,
so wie auch die aufgenietheten Eckeisen und sonstigen Schienen
durch starke Linien bezeichnet sind. Die obere Ansicht des ganzen
Kastens Fig. 273 stellt die Lage der Träger, so wie auch die zur
Unterstützung der Wände angebrachten Consolen vollständig dar,
und es darf in dieser Beziehung nur hinzugefügt werden, daß die
Bleche vergleichungsweise gegen sonstige Anordnungen nur mäs-
sige Stärken hatten. Diese betrugen nämlich nur $\frac{7}{16}$ Zoll, wodurch das ganze Gewicht des eisernen Kastens sich auf 413 Centner
reducirte. Die Erfahrung zeigte auch, daß dieses vollständig genügte. Man beachtete aber die Vorsicht, daß man die Ueberman-
rung vorzugsweise durch die Träger unterstützte, indem man auf
diese breite und feste Steinplatten legte. In Betreff der Wände,
welche durch die zahlreichen Consolen verstärkt wurden, ging man
aber von der richtigen Ansicht aus, daß dieselben während des geregelten Fortganges der Arbeit nicht das volle Gewicht des Pfeilers
zu tragen haben, weil dieses bis nach Ausmaurung des Kastens

durch den Auftrieb der darin befindlichen Luft, außerdem aber auch durch die Seitenreibung des Pfeilers gegen den anschließenden Grund sehr gemäßigt wird.

Indem die Wände des Kastens über die luftdichte Decke hinausreichten, so ließen sich die Bügel, woran der Kasten hing, bequem mit jenen verbinden, und man brauchte damit nicht bis an den untern Rand herabzugehen. Diese Bügel bestanden aus zweizölligen Rundeisen, und ihre verbreiteten Enden umfaßten, wie Fig. 276 zeigt, die vortretenden Ränder der Wände, indem zur Verstärkung der letztern noch Zwischenbleche angenietet waren.

Die Anzahl dieser Bügel und sonach auch die der Schrauben betrug, wie Fig. 273 zeigt, im Ganzen zwanzig, indem an jeder Seite sich fünf Paare befanden. Die Hängeeisen, welche die Kette bildeten, wie auch die Schrauben, waren nach dem Muster der an der Kehler Brücke gebrauchten geformt und zusammengesetzt. Man machte jedoch hier die Erfahrung, daß die gleichzeitige Drehung der Schraubenmuttern durch die mit einander verbundenen langen Schraubenschlüssel keineswegs ganz sicher sei, was vielleicht von der Drehung der Ketten herrührte, und daß man daher die sämmtlichen Ketten stets sorgsam beobachten muß, um sie möglichst gleichmäßig zum Tragen zu bringen. Beim Versenken des Kastens ließ man denselben aber nicht abwechselnd an der einen und der andern Schraube jedes Paares hängen, vielmehr wurden gleichzeitig die sämmtlichen Schrauben aller Paare in Thätigkeit gesetzt, soweit einzelne Ketten nicht verlängert werden mußten. Die Verlängerung der Kette erfolgte daher bald hier und bald dort, und man hatte dafür gesorgt, daß gemeinhin dieses nur bei einer oder höchstens bei zweien zugleich geschah, aber unbedingt eine Schraube jedes Paares immer in Wirksamkeit blieb. Auf diese Weise hing der Kasten gewöhnlich an neunzehn, oder doch wenigstens an achtzehn Ketten. Diese Anordnung war aber keineswegs getroffen, um die Ketten möglichst zu entlasten, vielmehr hätte die Hälfte derselben den Kasten noch sicher getragen, aber es fehlte an dem nöthigen zuverlässigen Aufsichts-Personal, um das gleichzeitige Einziehn neuer Glieder an vielen Ketten zu überwachen. Das hier in Anwendung gebrachte Verfahren verhinderte daher die sonst nothwendig werdende längere Pause.

Aus der Decke des Kastens steigen drei Schachte von 3 Fuß

Weite empor. Das untere Ende von einem derselben ist in Fig. 274 sichtbar. Sie erhalten nicht gleich Anfangs die volle Höhe, werden vielmehr nach und nach verlängert, wie die Mauern des Pfeilers sich höher erheben. Jeder derselben trägt eine Luftschleuse. Der mittlere dient als Fahr- oder Einsteige-Schacht, die beiden äußern als Förder-Schachte. Alle drei sind im Innern mit eisernen Leitern versehn, wie die Figur zeigt. Die einzelnen Theile der Schacht-röhren bestehen aus ½ zölligen Blechen, sie sind 6 Fuß lang und sowol oben, wie unten durch eingeschobene und angeniethete Ringe aus Eckeisen verstärkt. Beim Aufbringen eines neuen Röhrentheiles werden Gummischeiben zwischen die Ringe gelegt und Schrauben-bolzen hindurchgezogen.

Die Fahrschleuse, vom Bau der Königsberger Brücke über-nommen, hielt 5½ Fuß im Durchmesser und hatte die Höhe von 10 Fuß. Außer den beiden Klappen an der Decke und im Boden, wodurch man ein- oder austrat, war sie nur mit den Hähnen zum Ein- und Auslassen der comprimirten Luft und mit der Winde-Vor-richtung zum Heben und Herablassen der Klappen versehn.

Wichtiger waren die Förderschleusen, von denen eine Fig. 275 im verticalen und horizontalen Durchschnitt dargestellt ist. Sie haben solche Einrichtung erhalten, daß man darin mehr als eine halbe Schachtruthe ausgehobenen Bodens unterbringen und densel-ben leicht beseitigen kann, sobald die Verbindung mit der äußern Luft dargestellt ist. Es muß aber erwähnt werden, daß Erfahrun-gen bei früheren ähnlichen Bauten bereits gezeigt hatten, wie das Versenken solcher Kasten nicht sowol durch die Beseitigung des ausgehobenen Bodens, als vielmehr durch den langsamen Fortgang der Uebermaurung verzögert wird. In letzter Beziehung läßt sich aber bei dem beschränkten Raume und der nothwendigen Sorgfalt in dieser Arbeit eine größere Beschleunigung nicht einführen, und es ist daher entbehrlich, irgend welche Anordnungen zu treffen, wo-durch die abgestochene Erde möglichst schnell fortgeschafft werden kann. Aus diesem Grunde wurde nicht nur von jener Baggerma-schine abgesehn, deren Einführung, wie sich in Königsberg gezeigt hatte, bei unvorhergesehenen Zufälligkeiten überaus nachtheilig wer-den konnte, sondern es bedurfte auch keiner sonstigen kostspieligen und complicirten Einrichtungen zu diesem Zwecke, wodurch über-dieß der luftdichte Verschluß gewissermaaßen bedroht wurde. Man

V. Fundirungen.

... nur die Aufgabe, die Schleuse so einzurichten, daß
... über mit der äufsern Luft in Verbindung gesetzt werden
... eine grofse Quantität Erde darin angesammelt war, und
... das häufige Durchschleusen entbehrlich wurde.

... Schleuse, gleichfalls von cylindrischer Gestalt, erhielt hier
... die Weite von 8 Fufs und die Höhe von 7 Fufs. Der obere Eingang,
... Lage in Fig. 275. *b* durch den punktirten Kreis angedeutet ist,
... sich seitwärts, der untere dagegen in der Mitte des Cylinders
... des Schachtes. Der Raum der Schleuse zerlegte sich aber in
... Seitenkammern und in den mittleren Gang, der zwischen je-
... ungefähr diametral hindurchging. Den Abschlufs bildeten Blech-
... von 3 Fufs Höhe, welche an ihren Enden gegen die cylin-
...sche Wand geniethet und aufserdem durch je drei eiserne Haken
... dieser gehalten wurden, damit sie bei der Füllung der Kam-
...ern mit Erde nicht etwa in den Gang gedrängt würden. Jede
Kammer faiste, wenn sie ganz gefüllt war, 50 Cubikfufs, doch wurde
darin gewöhnlich nur etwa ¼, oder in beide Kammern zusammen
½ Schachtruthe eingebracht.

In dem mittleren Gange befand sich auf der einen Seite die Leiter
... Einsteige-Oeffnung führte, auf der andern dagegen di
W ...V ...ung, mittelst deren die obere, wie die untere Klappe g
... gelassen wurde. Zwei Thüren, in der Figur mit
... die Verbindung mit den Kammern dar, aufser
... kleine Leiter angebracht, von welche
... die Blechwand gestürzt werden konnte
... Füllung der Kammern die Thüren geschloss
...

... der Kammern waren aufserdem in jeder Wan
... Nach dem Ziehn derselben v
... Material über beide Enden des Gange
... ... öffnungen im Boden, mit lutteke
... ... vor dem Ziehn der Schütze aufs
... W ... Art machte die Erde nicht weit
... w ... nur durch die Schütz-Oe
... ... B ... geschoben, von wo sie üb
... ... Pracune herabtiel.
... ... sammelte Erde beseitigt werd
... ... dem Schachte aufgehoben, also e

Bodenklappe der Schleuse geschlossen werden, was mittelst der erwähnten Winde-Vorrichtung geschieht. Alsdann öffnet man einen
der beiden Hähne *A*, durch welche die comprimirte Luft entweicht,
und nunmehr öffnet sich die obere Einsteige-Oeffnung und die Schleuse
wird dadurch bei Tage stark erleuchtet, während sie bisher nur das
schwache Licht empfing, welches durch die starke G l a s l i n s e drang,
die in die obere Klappe eingesetzt ist. Es muß hierbei noch bemerkt werden, daß beide Einsteige-Klappen, wie auch die Klappen *E* durch G u m m i - R i n g e gedichtet sind, welche die Oeffnungen
rings umgeben. Die beiden ersten Klappen, die ein bedeutendes
Gewicht haben, werden durch die in der Figur dargestellte W i n d e -
V o r r i c h t u n g gehoben und herabgelassen, indem der Haken an der
Zugleine in einen oder den andern Ring gesteckt wird. Der Ring
der obern Klappe befindet sich aber an einem abwärts gerichteten
Arme, damit die Klappe vollständig geschlossen werden kann. Dieselbe muß auch zunächst in dieser Lage festgehalten werden, bis
sich ein starker Ueberdruck auf der untern Seite gebildet hat, der
sie alsdann noch fester andrückt, als dieses durch die Winde möglich war.

In dem conischen Ansatze unter der Schleuse bemerkt man

Nachdem man beide Seiten-Kammern der Schleuse entleert hat,
müssen die Rahmen, auf welche die Klappen *E* aufschlagen, sorgfältig gereinigt werden, damit sich hier der luftdichte Schluß wieder
herstellt, und wenn darauf auch die obere Klappe gehoben ist, wird
mittelst der H ä h n e *B* die Verbindung mit dem Schachte dargestellt
und die Schleuse mit comprimirter Luft gefüllt. Einer dieser Hähne,
dessen Anordnung mit den Hähnen *A* im Wesentlichen übereinstimmt,
ist Fig. 277 im vertikalen und horizontalen Durchschnitt dargestellt.
Der Kegel, den man mittelst der Handhabe dreht, ist im untern
Theile hohl und befindet sich über einer Oeffnung in der Boden-
Platte der Schleuse, der Raum im Kegel steht also fortwährend in
Verbindung mit der Schachtröhre, und sobald man den Kegel dreht,
so daß die darin befindliche Seiten-Oeffnung gegen die kleine Aus-
luß-Röhre tritt, so setzt sich diese Verbindung bis zur Schleuse
fort.

In dem conischen Ansatze unter der Schleuse bemerkt man
noch in Fig. 275 *a* die Z u l e i t u n g s - R ö h r e *F*. Durch diese tritt
mittelst eines elastischen Schlauches aus den Luftpumpen die comprimirte Luft in den Schacht und in den Senkkasten. Sollten die

Pumpen momentan angehalten werden, so fällt sogleich die an der Ausmündung dieser Röhre angebrachte Klappe herab und verhindert das Austreten der Luft.

Es waren zwei Luftpumpen aufgestellt, von denen jede allein das Bedürfnifs befriedigen konnte, die eine arbeitete mit zwei Cylindern, die andere dagegen nur mit einem. Man bemerkte aber, dafs die letztere in starken Stöfsen die Luft zuführte, was nicht nur für die Arbeiter unangenehm war, sondern auch den ganzen Apparat zu gefährden schien, woher bei solcher Pumpe die Anbringung eines Windkessels erforderlich ist. Die eine wie die andre Pumpe wurde durch Dampfkraft in Betrieb gesetzt, doch war stets nur eine im Gange.

Nach dieser Beschreibung der ganzen Vorrichtung wäre noch über die Art der Benutzung derselben Einiges hinzuzufügen.

Mit dem Abstechen und Ausheben der Erde waren bei jedem Schacht sechs Mann beschäftigt. Vier derselben befanden sich im Kasten, gruben den Boden aus, warfen ihn in den Eimer und zogen diesen an der über eine Rolle geschlungenen Leine herauf, die in Fig. 275 a sichtbar ist. In der Schleuse stand der fünfte Mann, der den vollen Eimer entweder durch die Thüre oder über die Wand fort in eine Kammer verstürzte. Der sechste Mann befand sich endlich in einer der beiden Kammern und verbreitete darin das eingeworfene Material. Nach vier Stunden wurden diese Arbeiter durch andere abgelöst, sie traten aber an demselben Tage noch einmal während vier Stunden ein. Die Arbeit wurde ununterbrochen Tag und Nacht hindurch fortgesetzt, und es waren daher dreifache Ablösungen, also für beide Schachte zusammen sechs und dreizig Mann erforderlich. Dieselben waren nicht auf Taglohn angestellt, wurden vielmehr für jeden Cubikfufs ausgebrachten Bodens bezahlt. In jeder Schicht von 4 Stunden konnte ohne besondere Anstrengung in jedem Schachte eine halbe Schachtruthe gefördert werden. Es liefs sich aber durchaus nicht bemerken, dafs diese Beschäftigung in der comprimirten Luft auf die Leute nachtheilig gewirkt hätte, die meisten derselben waren bei der Versenkung aller Pfeiler thätig.

Bei einem Besuche auf der Baustelle, während der Kasten freilich noch nicht besonders tief in den Boden eingedrungen war, bemerkte ich, dafs die comprimirte Luft das Wasser aus dem Sande so vollständig zurückgedrängt hatte, dafs beim Niederlegen auf den

die Kleider gar nicht befeuchtet wurden. Man hat auch wie-
ntlich wahrgenommen, daſs die eingepumpte Luft nicht nur
lbar am Rande des Kastens, sondern noch 20 bis 24 Fuſs
entfernt in Blasen aufstieg.

de der benutzten Luftpumpen genügte mehr als hinreichend,
Verluste zu decken, die durch den unvermeidlichen Man-
dichtem Schluſs der vielfachen Fugen veranlaſst wurden, es
)er darauf hingewiesen werden, daſs die Fugen um so nach-
r sind, je höher sie liegen, weil der Druck auf der innern
urch den ganzen Schacht und bis in die Schleuse sehr nahe
ə bleibt, der äuſsere dagegen unter Wasser bedeutend zu-
und am untern Rande des Kastens so groſs wie der innere
voher der Ueberdruck, der allein das Entweichen der Luft
ſst, hier aufhört.

ıs den Erfolgen, die bei manchen kurzen Unterbrechun-
ɛammelt waren, schloſs man, daſs der Kasten in der Zeit
.er halben Stunde sich mit Wasser vollständig füllen würde,
ə Pumpe so lange auſser Thätigkeit bliebe. Dieses geschah
nicht, wohl aber lieſs man zuweilen absichtlich mäſsige Quan-
Wasser in den Kasten eindringen. Sobald man nämlich den
)den erreichte, wurde die Reibung so stark, daſs der Kasten
:htet der Vertiefung durch Aufgraben und des Gewichtes der
ruhenden Mauermasse nicht herabsank. Das Graben wurde
sdann auch sehr schwierig, indem der Thon bei dem unver-
hen Zudringen des Wassers sich in Schlamm verwandelte.
ers zeigten sich diese Uebelstände, als unter dem einen Pfei-
einer Seite des Kastens die steil ansteigende Mergelschicht
rde. Um die Fundirung hinreichend tief herabzuführen, blieb
kein andres Auskunftsmittel, als das bereits oben erwähnte,
ı das Wasser unter dem Kasten in starke Strömung zu ver-
und es hierdurch zur Beseitigung der Hemmnisse zu veran-
welche das Herabsinken des Kastens verhinderten. Dabei
freilich eine Menge Kies mit hinein, der wieder ausgehoben
muſste, aber der beabsichtigte Zweck wurde doch erreicht.
ɛmerkte dabei, daſs die Masse des eintretenden Kieses gerin-
ɟb, wenn die Strömung recht stark war, als wenn sie weniger
und dafür längere Zeit hindurch unterhalten wurde. Man

öffnete daher plötzlich die Hähne, und schloſs dieselben wieder nach kurzer Zeit.

Was die Uebermaurung betrifft, so sollte dieselbe im Allgemeinen mit Bruchsteinen und einer Umschlieſsung mit Werkstücken erfolgen. Die Felder bis zur Oberkante der Träger wurden auch in Bruchsteinen und gutem Cementmörtel ausgemauert, darüber legte man eine vollständige Schicht Werkstücke, und über dieser wurde rings umher die Verkleidung mit Läufen und Bindern dargestellt. Im Innern sah man sich aber mehrfach gezwungen, statt der Bruchsteine, die von Magdeburg her bezogen wurden, aber oft nicht rechtzeitig ankamen, Ziegel zu verwenden. Auch während der Nacht ließ sich ohnerachtet der starken Beleuchtung das Bruchstein-Mauerwerk nicht in gehörigem Verbande ausführen und alsdann wurde die Verwendung der Ziegel gleichfalls nothwendig.

Indem die Schachtröhren, die durch Schraubenbolzen befestigt waren, später wieder herausgenommen und anderweit benutzt werden sollten, so durfte das Mauerwerk sich nicht unmittelbar an sie anschließen. Man richtete deshalb hölzerne Ringe von 3 Zoll Stärke vor, die man über das fertige Mauerwerk legte, und bei Erhöhung des letzteren weiter hob. Diese Vorsicht genügte indessen nicht, um das zufällige Hineinfallen des Mörtels zu verhindern, woher die Röhren noch mit Stroh umwunden wurden.

Wenn endlich die Versenkung in solche Tiefe erfolgt war, daſs eine Unterspülung nicht mehr besorgt werden konnte, man auch einen festen Baugrund erreicht hatte, so kam es darauf an, den Kasten möglichst dicht schlieſsend in der Art auszufüllen, daſs die Füllung als Fortsetzung des Pfeilers angesehn werden durfte, und noch volle Sicherheit bot, wenn auch die Wände des Kastens durch Rost oder sonstige chemische Einwirkungen ihre Haltbarkeit später verlieren, oder vollständig zerstört werden sollten. Man überzeugte sich auch hier, daſs eine möglichst sorgfältige Ausmaurung am passendsten sei. Eine solche bedarf aber wieder eines festen Auflagers, und dieses ist in der Sohle des Kastens nicht leicht zu beschaffen. Schon der Sand und feine Kies ist in der Oberfläche sehr lose abgelagert, und noch mehr der Thon. Sobald aber später der Luftdruck aufhört und das Wasser freien Zutritt erhält, so ist einige Bewegung wieder unvermeidlich, und soweit der Kasten mit der Uebermaurung nicht durch die Reibung zurückgehalten wird, so mufs er sich alsdann etwas senken, oder dieses ist noch später zu besorgen. Die Verhältnisse sind eigentlich dieselben, wie sie sich in aufgeschwemmtem Boden bei jeder gewöhnlichen Fundirung wiederholen. Wenn dabei auch keine wesentliche Gefahr für den ganzen Pfeiler zu besorgen ist, so empfiehlt es sich doch gewifs, einer solchen möglichst vorzubeugen. Meines Erachtens wäre es auch in diesem Falle am passendsten, die ganze frei gelegte Bodenfläche mit einem fest eingerammten Pflaster zu versehn, um die obern Erdschichten in eine recht geschlossene Ablagerung zu versetzen, und sie dadurch tragfähiger zu machen (vergl. §. 32).

Zuweilen hat man die Kasten mit Béton gefüllt, statt sie auszumauern, bei dem in Rede stehenden Bau ist dieses nicht geschehn, und zwar vorzugsweise deshalb, weil das Material am schnellsten herabgeschafft werden konnte, wenn Ziegel und Mörtel gewählt wurden. Die Ausmaurung wurde an beiden schmalen Seiten des Kastens begonnen und immer von der Sohle bis zur Decke heraufgeführt, um sie möglichst dicht an die letztere anzuschliefsen. Die Klappen unter den Schachten mufsten, sobald man einer solchen sich näherte, geschlossen und eingemauert werden, weil sie wegen ihrer gröfsern Ausdehnung sich nicht herausbringen liefsen. In der Nähe des mittleren Schachtes wurde das Mauerwerk in concentrischen Kreisen herum geführt und schliefslich auch erhöht, bis man den Schacht erreichte, und sonach der ganze Kasten gefüllt war. Nunmehr durften die Luftpumpen aufser Betrieb gesetzt, und die Luftschleusen beseitigt werden. Diejenigen Theile der Schachtröhren, die an dem Kasten selbst befestigt sind, und sich nicht lösen liefsen, wurden mit Béton gefüllt, alsdann die Schachte ausgepumpt, die einzelnen Röhren abgeschroben und ausgehoben und schliefslich die brunnenartigen Oeffnungen ausgemauert.